经典译丛·信息与通信技术

无线接入与定位
——原理与技术

Principles of Wireless Access and Localization

[美] Kaveh Pahlavan
Prashant Krishnamurthy 著

王 海 郭 艳
陈 涓 胡 磊 等译

電子工業出版社
Publishing House of Electronics Industry
北京·BEIJING

内容简介

本书以无线，网络为研究背景，对目前主要的无线网络和定位技术做了系统而全面的阐述。本书展示了广域网、局域网和个域网中用来提供无线接入和定位的基础设施设计和部署原则。第一部分(第2章至第4章)介绍了传输和接入基础，讲解了无线媒体的特点，详细论述了无线网络物理层特性和媒体接入方法。第二部分(第5章至第7章)详细介绍了网络底层设计的原理，深入阐述了无线网络的应用、操作及安全问题。第三部分(第8章至第10章)概括了无线局域网络接入技术，其中详细介绍了无线局域网、低功率传感器网络及无线以太网接入技术。第四部分(第11章至第13章)论述了无线广域网接入技术，内容涵盖TD-MA蜂窝网、CDMA蜂窝网、OFDM和MIMO蜂窝网。第五部分(第14章至第16章)详细介绍了无线定位技术，在引入地理位置信息系统的基础上，详细介绍了射频定位的基本原理，最后阐述了实际应用中的定位技术。本书通过实际案例和图表对原理、标准与核心技术进行了辅助说明，并设计了具有针对性的习题、思考题以供读者参考学习，学生可以利用MATLAB进行仿真来解决这些问题。

本书可用作高年级信息与通信工程专业本科生、研究生的教材，对从事无线通信、网络研究的教学和科研人员及工程技术人员也有很好的参考价值，同时适合对无线通信和网络相关领域感兴趣的读者自学。

版权贸易合同登记号　图字：01-2014-5487

图书在版编目(CIP)数据

无线接入与定位：原理与技术/(美)卡韦赫·巴列维安(Kaveh Pahlavan)，(美)普拉沙特·克里希纳穆尔蒂(Prashant Krishnamurthy)著；王海等译. —北京：电子工业出版社，2017.8
(经典译丛·信息与通信技术)
书名原文：Principles of Wireless Access and Localization
ISBN 978-7-121-30700-3

Ⅰ. ①无…　Ⅱ. ①卡… ②普… ③王…　Ⅲ. ①无线接入技术 ②无线电定位　Ⅳ. ①TN92 ②TN95

中国版本图书馆CIP数据核字(2016)第312915号

策划编辑：马　岚
责任编辑：周宏敏
印　　刷：北京京科印刷有限公司
装　　订：北京京科印刷有限公司
出版发行：电子工业出版社
　　　　　北京市海淀区万寿路173信箱　邮编　100036
开　　本：787×1092　1/16　印张：35.5　字数：932千字
版　　次：2017年8月第1版
印　　次：2017年8月第1次印刷
定　　价：109.00元

凡所购买电子工业出版社图书有缺损问题，请向购买书店调换。若书店售缺，请与本社发行部联系，联系及邮购电话：(010)88254888，88258888。

质量投诉请发邮件至zlts@phei.com.cn，盗版侵权举报请发邮件至dbqq@phei.com.cn。

本书咨询联系方式：classic-series-info@phei.com.cn。

译 者 序

我们很高兴向各位读者推荐 Pahlavan 教授的新书《无线接入与定位——原理与技术》。

Kaveh Pahlavan 教授是国际上知名的无线网络与定位技术专家。他是美国伍斯特理工学院无线信息网络研究中心主任，电子与通信工程系教授和计算机系教授，他也是芬兰奥卢大学电信实验室和无线通信中心的访问教授。他的研究领域是基于位置感知的宽带传感器和自组织网络，出版了多部有关无线网络的书籍。

本书凝聚了 Pahlavan 教授的研究精华。在书中，他以多年深厚的无线网络研究功底为依托，对目前主要的无线网络和定位技术进行了系统而全面的阐述。本书分析了广域网、局域网和个域网中用来提供无线接入和定位的基础设施设计和部署原则。本书第一部分讲解了无线媒体的特点，详细论述了无线网络物理层特性和媒体接入方法。第二部分探讨了网络底层设计的原理，深入阐述了无线网络的应用、操作及安全问题。第三部分则概括了无线局域网络接入技术，其中详细介绍了无线局域网、低功率传感器网络及无线以太网接入技术。第四部分论述了无线广域网接入技术，内容涵盖 TDMA 蜂窝网、CDMA 蜂窝网、OFDM 和MIMO蜂窝网。第五部分详细介绍了无线定位技术，在引入地理位置信息系统的基础上，详细介绍了射频定位的基本原理，最后阐述了实际应用中的定位技术。本书通过实际案例和图表对原理、标准与核心技术进行了辅助说明，并设计了具有针对性的习题、思考题以供读者参考学习，学生可以利用 MATLAB 仿真来解决这些问题。本书可用作高年级信息与通信工程专业本科生、研究生的教材，对从事无线通信、网络研究的教学和科研人员及工程技术人员也有很好的参考价值。同时适合对无线通信和网络相关领域感兴趣的读者自学。

本书第 1 章、第 11 章和第 12 章由王海翻译，第 2 章至第 5 章由郭艳翻译，第 6 章由胡磊翻译，第 7 章由秦恒加翻译，第 8 章和第 9 章由陈涓翻译，第 10 章由庄洁琼翻译，第 13 章由谢劼劼翻译，第 14 章由连良翻译，第 15 章由苏国强翻译，第 16 章由王玉鑫翻译。全文由王海、张娟统校。

由于译者水平有限，本书中翻译错误和不当之处在所难免，敬请读者提出宝贵意见。来信请寄 haiwang@ ieee. org。

译者
2017 年 1 月

前　言

工科领域正在经历一场“变革”，即从传统的目标式课程教学向“多学科”课程和“交叉学科”研究领域迁移，以培养学生的创新和创业能力。这一现状需要更加频繁的课程更新和调整，以项目为导向提供教学内容，以及在研究课题里形成跨学科协作的能力。这种形式的成功转型需要创业精神以及前瞻能力，以适应这些频繁的变化和业界的经验，将变革引向新兴的交叉学科领域。无线接入和定位是在过去几十年里出现的一个极好的样板，它是多学科研究和学术领域融合的标杆。无线接入和定位的教学内容包含诸如信号处理、数字通信、排队论、检测和估算理论，以及导航等多个学科。无线接入和定位的课程内容对传统的电子和计算机工程(ECE)与计算机科学(CS)学生以及新出现的多学科交叉领域如机器人和生物医学工程，甚至传统的机械和土木工程领域都有益处。传统的机械和土木工程也像ECE一样，正在向交叉学科课程迁移。未来网络物理系统在这些多学科和交叉学科领域的工程项目里将起到重要的作用，无线接入和定位在将所有这些系统集成在一起时至关重要。因此，有必要在院校里开设课程，采用详细的教材实施无线接入和定位原则这一多学科课题的教学。

要准备一本适合在院校教学的涉及多学科领域的课程教材，需要从多个学科的大量实践环节里选择适合的内容，从而给用户一个直观的感受，以了解这些学科是如何工作和互相交互的。在本书中，为了达到此目标，我们将描述重要的无线组网标准和定位技术，从逻辑上厘清其潜在的科学和工程问题，同时详细描述成功转化为实际应用的科学和工程案例。在一个拥有纷繁多样技术规则的多学科领域里选择详细的技术素材非常具有挑战性，尤其是在教授无线接入和定位这一领域时更是如此，因为在这个领域里，课堂上需要掌握的重点技能随时间在不断变更。

20世纪90年代，无线信息网络的成功催生了一系列介绍广域和局域无线网络的教科书[Pah95，Goo97，Wal99，Rap03，Pah02]。这些教材的技术重点放在描述广域蜂窝网络和无线局域网络，由电气工程和计算机工程领域的教授编著，不同程度地侧重于无线网络的底层问题以及系统工程方面实现细节的描述。在过去十年里，无线定位的重要作用越来越凸显，而前述教材却没有将无线定位技术的细节作为重点。因此，目前尚没有一本教材综合讲述无线接入和定位技术。无线接入和定位在应用以及设计和工作模式上高度相关，在理解物理层实现和理解无线电波的环境传播原理上，两种技术均有非常多的共同点。

本书详细阐述了无线接入和定位技术。本书的新颖之处在于重点研究了在不同网络里的无线电传播与物理层问题，这些问题与如何形成和发送分组、接收到的信号如何被用作无线电定位有关。本书的结构和顺序最初来源于第一作者在马萨诸塞州伍斯特工学院(WPI)为研究生院授课时使用的系列讲稿，名为“无线接入与定位”。第一作者还在不同的会议和大学里讲授过这两个专题的短课程。本书的合著者在匹兹堡大学为信息科学和电信专业的一年级研究生和低年级/高年级本科生讲授过书中部分内容。

本书的结构组织如下。首先概述基于公共交换电话网(PSTN)以及基于因特网的用于传输面向话音和面向数据信息的无线接入技术发展，然后概述无线定位技术。接下来分为四个部分，每个部分包含数章。第一部分包含第2章到第4章，解释了无线网络物理层的设计和分析原则。在第2章中，我们在该部分的开头描述了无线信道在室内和市区内的多径传输特性，这一特性对于新出现的智能无线终端的无线接入和定位都适用。然后解释了信号的多径到达将如何影响波形的传输，从而影响无线接入和定位。在第3章、第4章中，我们将分别讨论比特信息如何传输，以及分组信息如何形成并传输。本书的第二部分专门讨论设计无线网络基础设施的原则，本部分包含三章，即第5~7章，分别讲述这些网络的部署、运行和安全。

第三部分专门讨论无线局域接入技术。本部分的章节覆盖了传统的无线局域网(第8章)和低功率传感器技术(第9章)以及面向吉比特无线接入的技术(第10章)。本书的第四部分描述了广域无线蜂窝网采用的技术，其中的三章分别讨论TDMA技术(第11章)，CDMA技术(第12章)，以及在2G、3G和4G蜂窝网络中使用的OFDM/MIMO技术(第13章)。第五部分讨论无线定位技术，其中的三章分别描述系统问题(第14章)、无线定位的原则(第15章)以及这些技术的实用问题(第16章)。

本书的结构划分，使得不同学科的教师能够灵活地选取必需的教学内容。我们认为，对于学生来说难点在于第2~5章以及第15、16章，这些章节概括性地提供了各种技术和算法的数学描述。本书的其余章节从数学上看起来简单一些，但是包含了系统如何工作的更多细节。为了使学生更容易理解难点部分，教师可以对这些主题适当进行穿插融合。举例来说，本书的第一作者曾经在本科生的一门无线网络课程中讲授了相似的内容：首先介绍信道行为(第2章)，接下来在讲解TDMA蜂窝网络(第11章)之前介绍了指定的接入方法(第4章)，然后，介绍扩频调制和编码技术(第3章)以及CDMA蜂窝网络(第4章和第12章的一部分)，最后在论述无线局域网(第8章)之前先讲述了多维星座图(第3章)。他所开的关于无线接入和定位的新研究生课程则深入阐述第1~5章和第14~16章。

实际上，我们相信这是一个能够帮助学生理解无线接入与定位基础概念的有效方法。因此，根据对内容的取舍、所涵盖范围的深度和学生、老师的不同背景，本书可以用作为计算机科学、电子与通信工程、机器人、生物医学、机械或土木工程高年级本科生以及一、二年级研究生开设的一门或两门系列课程的教材。

作者第一次产生编写本书的想法是在2007年，当时要修订作者以前出版的*Principles of Wireless Network: A unified Approach*一书，将其扩展以包含新出现的无线定位技术。当本书于2013年新年前刚刚完成时，我们发现本书已经与前书有了本质的区别，因此决定将其作为一本独立的书籍出版，并给其起了一个更恰当的书名——《无线接入与定位——原理与技术》。

本书第一作者的大部分写作是其2011年春季学期离开马萨诸塞州伍斯特市的伍斯特理工学院，而在马萨诸塞州剑桥市的哈佛大学工程和应用科学学院渡过的学术假期里完成的。在此对伍斯特理工学院和哈佛大学给他提供这一机会表示深深感谢。特别感谢哈佛大学的Vahid Tarokh教授及时地安排访学，感谢哈佛大学工程和应用科学学院院长Cherry A. Murray批准作者的访学。同时也感谢WPI ECE系主任Fred Looft教授，以及WPI的John A. Orr教务长，感谢他们对作者在学术假期里从事本书撰写的支持。

有关定位和体域网的大量新素材取自于WPI无线信息网络研究中心(CWINS)学生的研究工作。我们非常有幸感谢这些学生和同事的贡献，以协助我们理解无线信道的特点及其在无线接入和定位技术上的应用。作者要特别感谢CWINS的Xinrong Li博士、Bardia Alavi博士、Nayef Alsindi 博士、Mohammad Heidari 博士、Ferit Akgul 博士、Muzzafer Kannaan 博士、Yunxing Ye 博士和 Umair Kan，WPI 的 Sergey Makarov 教授、Turfs 大学的 Pratap Misra 教授，以及 Ted Morgan 先生和 Skyhook 无线通信公司的 Farshid Alizadeh 博士，他们直接或间接地帮助作者扩展了这方面的知识，并协助作者明晰了在准备本书新素材上的思路。我们还需要特别感谢美国国家科学基金会(NSF)，国防远景研究规划局(DARPA)，国家标准和技术委员会(NIST)、国防部(DoD)[1]，以及美国的 Skyhook 公司，芬兰技术和研究基金会(TEKES)以及芬兰的 Nokia 公司资助了 WPI 的 CWINS 项目，使得 CWINS 的研究生以及职员持续地从事这一重要领域的研究。本书新素材里的一大部分来自于这些机构的资助成果。

另外，作者还要向 Allen Levesque 博士致谢，这是因为他和第一作者在另外一些书中所做的工作，间接影响到了本书的构思和内容细节。作者还要感谢 Norwich 大学的 Jacques Beneat 教授的间接帮助，他为我们的另外一本书 *Principles of Wireless Network*：*A unified Approach* 准备了参考手册。这本书用到了里面的很多习题和答案。第一作者同时要感谢 Mohammad Heidari 博士、Yunxing Ye 博士、Bader Alkandari 博士，他们在前述习题解答的基础上准备了本书的习题答案，感谢 Guanqun Bao 和 Bader Alkandari ，感谢他们仔细地校对了几章。本书的第二作者还要向匹兹堡大学讲授电信与网络方面研究生课程的 Richard Thompson 博士、David Tipper 博士、Martin Weiss 博士、Taieb Znati 博士表达谢意。作者在与他们的交流和交往中学到了很多知识，也了解了许多有关网络方面的不同观点。与第一作者一样，他想感谢他的在读学生和前学生，他们直接或间接地帮助作者扩展了这方面的知识，并协助作者明晰了在准备本书新素材上的思路。同样，我们还要感谢 WPI CWINS 实验室的所有研究生和工作人员，以及匹兹堡大学电信工程专业的许多研究生，他们的工作以及他们与作者的交流都直接或间接地影响到了本书的内容编排。

我们在参考资料中没有直接提及因特网上的一些资源，特别是 Wikipedia。尽管有人质疑网上资源的准确性，然而这些资源却能够使我们快速获得信息、参数、缩略语和其他一些有用的参考文献，帮助我们积累更全面、更新的有关标准和技术内容。我们真心感谢这些使我们获益的资源。

作者还要感谢 John Wiley & Sons 出版社的 Mark Hammond、Sarah Tilley 以及 Sandra Grayson 提供的帮助，感谢他们在本书出版各阶段提出的建设性意见，感谢 Aptaracorp 公司的 Shikha Jain 在手稿审校过程中提供的帮助。最后，我们感谢 John Wiley & Sons 出版社提供本书的 Web 网站服务。网址是 http://www.wiley.com/go/pahlavan/principles。

[1] 以上均是美国的机构，因此“国家”指的是美国。——译者注

目　录

第一部分　空中干扰设计

第二部分 网络基础设施设计原则

第三部分 无线本地接入

第四部分　广域无线接入

第五部分 无线定位

第1章　概　　要

1.1　概要

在过去的一个世纪里，工程师带来的技术变革已经深深地改变了我们的日常生活模式。今天，当我们在晚间乘飞机飞越一个现代城市时，会看到一个到处充满由工程师创造的印记的现代文明。下方闪亮的灯光让我们想起电气工程师所取得的成绩，乘坐的飞机和移动的轿车让我们想起机械工程师的成就，而高楼大厦和复杂的道路系统则让我们想起土木工程师的成就。通过工程师的眼睛，灯光的闪烁、车辆的移动和土木建筑的复杂性展示了实现上的挑战，展示了这个产业市场的规模，也展示了这一技术对人类生活的影响。除此之外，还有一个产业，它的基础设施从飞机上看不到，因为它的大部分被埋在地下，但同时它也最复杂，拥有最大的市场规模，它使我们改变了生活模式，进入了信息技术时代。它就是信息网络产业。

也许人类与地球上其他生物种类相比，最显著的特征就是生成复杂语言的能力，这一能力使我们能够基于生活中的经验产生信息，与其他人交互，并通过书写将信息保存下来，通过阅读获取信息。因此，当其他物种很少了解到其他地方，包括生活在它们身边同类的经验的同时，我们的生活却源自基于世界范围内数千年来收集和整理的信息精华。取材自这一巨大信息宝库，使我们能够创造远远超出地球上其他种群的先进文明。因此，信息的可提供性是文明进步的最重要因素。信息网络实现了信息在世界范围内的传输。高速公路系统实现了货品和人跨洲际的物理传输，培育了经济增长，同样，信息网络实现了货品描述信息以及人类思想的传递，刺激了经济的发展。高速公路系统使货品和人的物理呈现可以位于多处，而信息网络则使货品和人的信息近乎同时地在多个地方虚拟呈现。信息在多处呈现对于我们经济增长的重要性导致了对信息网络基础设施的巨额投资，同时也使这一产业成为工程师创造的最大产业。

为了对信息网络产业的规模能有一个更加直观的理解，以20世纪80年代早期的AT&T公司为例。在公司拆分之前，该公司的财政预算已经接近世界第五大经济体的财政预算。当时，AT&T是全球最大的电信公司，它的核心收益主要来自于通过有线连入公共交换电话网（PSTN），从而仅获得基本的电话呼叫应用。而电话呼叫应用的第一个专利则申请于1876年。在过去30年里，依靠全球接近70亿的蜂窝电话用户的用户话费，蜂窝电话产业增加了繁荣的电路交换话音业务的收入。如今，无线通信业务的收益已经远远超越有线电话业务的收益，但这一收益还主要是由蜂窝电话呼叫以无线方式接入PSTN网络，并由此引入的用户费用构成的。

在过去的几年中，分组交换无线数据网络需求增长的主要背后推手是智能手机突如其来的成功。智能手机在出现之初就成为风尚，而在2007年iPhone出世后更是空前流行。智能手机，特别是iPhone，为各种数据应用开辟了一个新的模式，并培养了社交网络的发展。社交网络是网络应用的另一场革命。使用无线数据传输的多媒体信息和互联网浏览应用程序的指数增长，在2000年代末引起了无线局域网络行业的指数增长，迫使移动电话产业重心和服务质量从传统的电话应用迁移到新兴多媒体数据应用上来，而这些应用需要更高的数据速率，但对延迟更加容忍。

这些新兴设备产生的信息量非常庞大，我们需要一个方法来过滤有用的应用程序并获取其中最有用的部分。最受欢迎的过滤是通过信息的时间和位置(空间)关联。因此,测量时间和地点是信息处理的重要组成部分，工程师们在100多年里一直在试图更准确地测量它们。在过去的几个世纪里，我们发现了精确测量时间的技术，以及将其应用于各种各样的应用里的方法。而在过去的几十年里，定位产业几乎每天都使用的方法是用射频(RF)信号来测量一个地标(landmark)和移动电子设备之间的距离。首先，在户外环境里引入了全球定位系统(GPS)，然后发射塔和WiFi定位补充了其功能，扩展覆盖了室内区域，而最近的定位技术则是在研究人体内部的定位。

iPhone，以及其他智能手机跟随其后，第一次大规模地为用户提供了流行和廉价的无线定位技术。定位和移动计算的流行，导致了新一轮在智能设备上的应用程序开发中使用无线定位的热潮。2007年初，智能设备的定位只在少数流行应用上使用，例如转弯时保持方向的应用。到2010年为iPhone开发的超过100 000个应用的15%左右使用了无线定位[Mor10]。移动智能设备上多媒体和支持定位应用的普及已经从根本上改变了人类在通信和信息处理上的习惯，并深刻影响了我们生活和与他人交流的方式。

本书的目的是向读者提供理解无线接入和定位原理的教材。无线接入和定位是跨多学科的技术，要了解这个行业，我们需要了解很多学科，以建立一个直观的感受，理解这些学科是如何相互作用的。为达到这一目标，我们概述重要的无线接入和定位应用及其技术，逻辑化地描述和分类它们底层的科学和工程原理，以翔实的示例展示成功的标准和产品，并对新兴的技术加以预测。本章概述无线产业及其发展的路径，下面三章描述无线电传播、传输策略，以及无线网络媒体访问控制技术的基本原则。接下来的三章则讨论无线网络基础设施部署、运营和安全的原理。再接下来的三章描述流行的无线局域网络和个域网，以及发展到能够支持低功耗传感器网络和高速千兆无线多媒体应用的补充机制。接下来的三章提供不同代无线广域蜂窝网络的实现细节。本书最后三章专门讨论无线定位技术。

在本章的其余部分，我们首先探讨无线网络的要素，然后总结一下无线网络的重要标准和技术的演变，同时讨论无线定位技术的演变。最后,我们给出本书的章节大纲，并阐明它们之间的联系。

1.2 信息网络的要素

信息网络已经发展出相当强的能力，它能将广泛地域内可联网的设备互联起来，并在这些设备之间共享其上应用产生的信息。图1.1解释了这一基本概念的摘要。信息的来源可以是一个人的话音，通过电话设备产生一个电信号，然后该信号连接到本地公共的分局电话交换机或PSTN，藉此传输到另一个地理位置。信息的来源也可以是视频摄像机产生的视频流或机器人的传感器数据，这些数据通过一个网络接口卡发送到局域网或互联网上，以便交付给地理上分隔很远的另一个具有网络功能的设备。例如，传感器数据可以用于远程引导机器人。信息可能是由一个灯开关产生的简单的开关信号，该信号通过通信网络接口协议传输到另一个位置，点亮一盏灯。所有的这些例子，其共同特点有以下两点：其一是设备上的某个应用程序需要将一定数量的信息从一个位置发送到另一个位置；其二是有一个网络，该网络可以携带信息，同时该网络有一个接口装置，这个接口装置将信息的格式或协议设计成适用于该特定的网络技术。

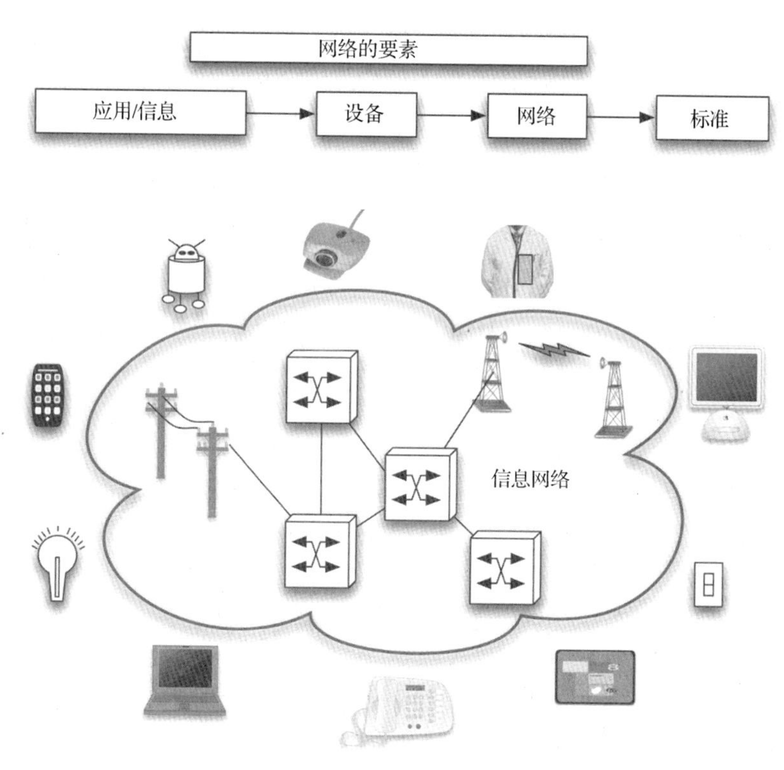

图 1.1　信息网络一般概念的摘要

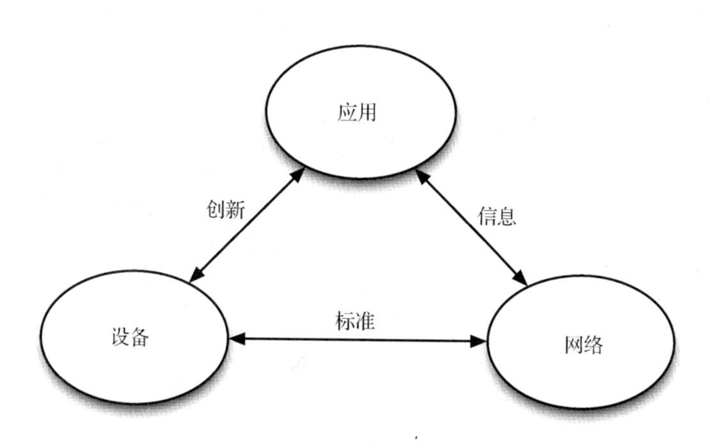

图 1.2　信息网络的要素

图 1.2 显示了影响信息网络和它们之间关系的要素图。应用程序生成的信息交付给一个通信装置，然后这一装置利用网络将这些信息传送到另一个位置。当网络包括多个服务提供者时，设备和网络之间的接口应标准化，以允许不同的网络提供商和各种用户设备之间的沟通。标准化同时还允许多厂商供货，这样不同的制造商可以设计网络的不同部分。应用程

序、通信设备和通信网络共同发展，以支持创新，给用户带来新的应用。这些新应用是促进经济发展和生活质量不断提高的动力。例如，iPhone 和 iPad 的引入，在过去的几年里为成千上万的新应用开创了一片天地。这些设备的发展由可靠的无线移动数据服务和定位技术来支撑。可靠的无线移动数据服务，通过移动蜂窝网、WiFi 和蓝牙技术随时随地通过无线接入 PSTN 和因特网；而 GPS 芯片组、WiFi 和发射塔无线定位技术则通过射频(RF)信号实现定位。这些应用正在改变人们工作、吃饭和社交的习惯，因此事实上它们已经成为了我们生活习惯的进化器。

1.2.1　应用、设备和网络的发展

图 1.3 展示了应用、设备和网络的发展。最早支持受欢迎应用的通信装置是在 1837 年发明的摩尔斯电报机。它用于生成莫尔斯电报。电报是第一个短消息传递系统(SMS)，它需要两个熟悉莫尔斯电码的操作员在电信网络的两个节点之间传递消息。在一个节点上的操作员读取消息并将消息重新发送给网络中离目的地更近的另一位置上的操作员。消息将沿着网络从一个节点到另一个节点，直到到达目的地。这些操作员就像是第一个电信网络里的“人工路由器”。操作员在收到消息和发送给下一个节点之间，可以喝杯咖啡，因为数据应用可以在一定程度上容忍这种延迟。设备采用的传输技术是数字通信。因此，电报网可以被认为是为数据突发的短消息应用而设计的，拥有人工路由器的第一个分组交换数字网络。

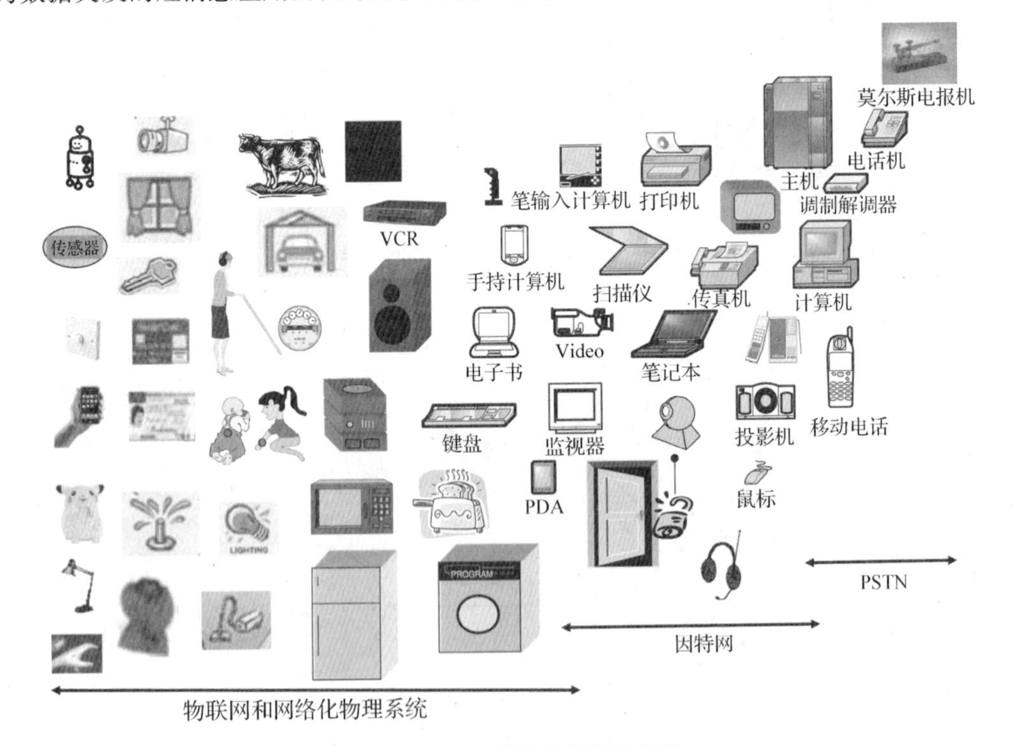

图 1.3　应用、设备和网络的发展

更受欢迎的电话网络发明于 1876 年，它使用的是模拟电话设备。设备的使用者将与接线员连接，而接线员与其他接线员交流，以在对话开始前在源和目的地之间建立一条线路，信息藉此通过网络传输。在该应用中的接线员必须努力工作，以足够快地建立连接和在信息传输期间保持连接，保证两个方向上的对话流畅。接线员在本例中是一个人工交换机，他/

她需要快速地建立连接并在通话期间保持这个连接。因此，电话网络是一个模拟的、基于连接的电路交换网络，它最初为语音应用而设计。用于电报网络的莫尔斯电报机需要一个能够使用莫尔斯码实现数据通信的专业操作员，因此电报产业发展成一个基于办公室的应用①，网络的发展规模受到某些限制。相比之下，任何人都可以使用电话设备，因而电话进入了家用市场。电话设备的销量比电报高好几个数量级，而电话网络则发展成比电报网大得多的网络，为运营公司带来了巨量的收益。通过比较电话和电报网络，我们观察到在20世纪初，电信行业已经揭示出许多重要的话题，这些话题在整个过去的一个世纪里始终扮演着类似的角色，最终促使了现代无线网络的出现。模拟和数字、语音与数据、分组交换和电路交换网络以及家庭和办公室网络的较量均是这些重要话题中的内容。

下一个与信息网络相关的受欢迎的电信设备是话音频段调制解调器。这类设备出现在第二次世界大战后，使用它可以使地理位置分离的计算机终端和计算机终端之间进行通信。通过这种方式，计算机网络发展起来了，同时在传统的电报支持的短消息外扩展了其他数据应用，如文件传输和远程终端访问。当时计算机通信行业的规模与电话行业相比还非常小，直到互联网渗透到家庭，以及桌面和笔记本电脑的普及。计算机网络的发展开辟了新的应用，引入了可以附加到应用上的新的通信设备，如打印机、扫描仪、传真机、摄像机、监控器等。

无线网络的流行始于20世纪80年代出现的蜂窝和无绳电话，将语音应用同时扩展到了本地和广域网络。20世纪90年代，无线局域网络(WLAN)技术出现并培育了移动计算，将家庭和小型办公室网络的笔记本电脑(当时主要的移动计算设备)连接在一起。在本世纪初，无线个人区域网络(WPAN)技术的引入实现了传感器之间和传感器内部的通信，使几乎所有东西都可以联入网络，从而产生了物联网。

对信息网络技术演变产生极大影响的最新设备是移动智能设备。于2007年推出的iPhone为无线数据应用开创了一片新天地，这些应用需要更高效的网络来支撑。智能手机，由iPhone引领，创建了一个在无线环境下运行诸如YouTube访问和网页浏览这样大量消耗数据的应用的平台。这种需求进一步提高了无线局域网的普及率，迫使移动电话服务提供商被迫采用用于无线局域网的物理层技术，以增加可支持的数据速率。在本书编写时网络物理系统已经开始利用大规模数据处理技术，以处理从分布式传感器收集到的大量医疗、交通、配电和其他应用领域获得的数据。

1.2.2 信息网络基础结构和无线接入

20世纪已经开发出多种有线信息网络基础设施以支持传输语音、数据和视频。无线网络允许移动无线设备访问这些有线信息网络基础设施。乍一看，无线网络好像只是一个连接到有线信息基础设施中的某交换机或路由器的天线站或基站，通过这种连接使移动终端连接入骨干网络。事实上，除了天线站外，无线网络还需要添加属于自己的具有移动感知能力的交换机、数据库和基站控制设备，以在移动终端改变网络连接点时能够支持移动和管理稀缺的无线电资源。因此，无线网络有自己的固定基础设施，它包括具有移动感知能力的交换机和与其他有线基础设施类似的网络连接，以及天线站和移动终端。

当网络的地理覆盖范围非常大，基础设施的部署和维护成本非常高，且只有一个服务提供

① 指需要设立专门的电报收发站。——译者注

者实施网络基础设施的投资时，为了弥补大型投资，服务提供者往往会向用户出租其基础设施访问权。我们称这些大型基础设施为骨干或广域有线主干网络。这些骨干网络的两个主要的例子是 PSTN 和互联网，每个网络在不同国家都有许多服务提供商。若以无线方式访问这些网络，要么可以通过广域无线蜂窝网络，它通过服务提供商部署的大面积覆盖的无线接入服务实现；要么可以通过私营企业或个人拥有的小型网络实现，这些小型网络形成了所谓的局域、个人和身体区域网络。局域网可以是有线的，也可以是无线的，而骨干网络大多则是有线网络。在本书中我们讨论无线网络技术，而有关有线广域网、局域网的细节在[Pah09]中探讨。

图 1.4 显示了使用有线和无线 PSTN 电话服务的整体图。PSTN 旨在提供有线电话服务，在它的基础上增加了用于无线接入的固定基础设施，以支持移动设备的移动，届时移动设备需要和天线站上安装的几个基站通信。PSTN 的基础设施包括交换机、点对点的连接，以及用于网络的运行和维护的计算机。蜂窝电话服务的固定基础设施有它自己的移动感知(mobility-aware)的交换机、点对点的连接，以及移动网络操作和维护所需要的其他硬件和软件要素。无线通信设备，例如智能手机，可以通过将无线电收发器更换为线连接器从而直接连接到 PSTN 基础设施。但是，如果无线设备要改变它的连接点，PSTN 里的交换机必须要能够支持移动性。在 PSTN 基础设施里的交换机最初并没有设计成支持移动。为了解决这个问题，移动电话服务提供商在自己的固定基础设施里增加了移动感知的交换机。移动电话服务提供商的固定基础设施是一个基站与 PSTN 基础设施之间的接口，通过这一接口提供了支持移动的环境。无线接入 PSTN 最简单的方法是通过无绳电话。这其中不牵扯到基础设施里的任何交换机，基本的工作模式就是一个耳机话筒组通过无线和一个以有线方式连接到 PSTN 的电话机座连接，而这耳机话筒组和机座之间的无线连接大多数是通过标准化的，或者是专有的协议实现的。

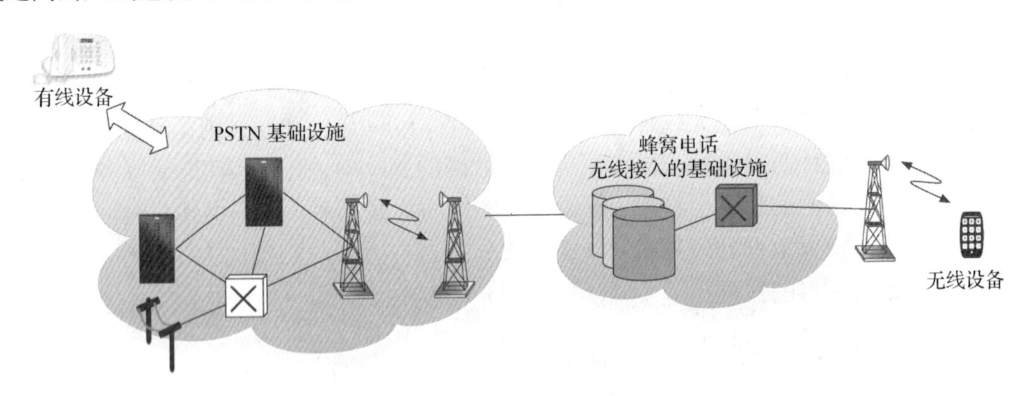

图 1.4　PSTN 及其蜂窝电话服务的扩展

以同样的方式，电话服务提供商需要添加自己的基础设施，以允许移动电话连接到 PSTN，无线数据网络提供商需要它自己的基础设施，以支持无线上网。图 1.5 显示了传统无线数据基础设施和额外的无线数据基础设施，这些额外的设施用于支持无线连接互联网。传统的数据网络包括路由器、点对点连接和用于操作和维护的计算机。无线网络的元素包括移动设备、接入点、移动感知路由器和点对点连接。如果无线数据访问打算提供大覆盖范围的无线数据服务，新的基础设施必须要求所有功能单元能够支持移动性。在简单的应用中，如热点或家庭接入，无线基础设施并不一定需要具有移动感知能力，因为用户只通过一个接入点连接到互联网。然而，要让移动设备能够支持用户连接到不同的访问点，就有必要通过协议和硬件来支持移动性。

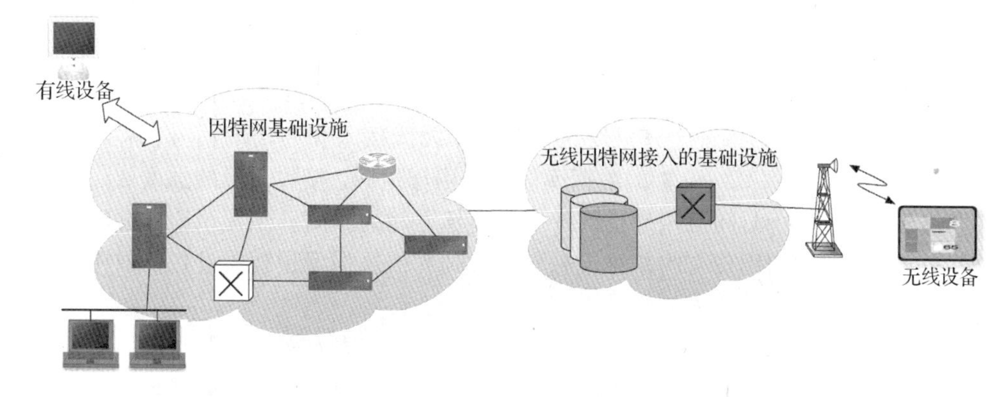

图1.5 因特网及其蜂窝电话服务的扩展

无线接入PSTN和互联网之间的主要区别是无线接入PSTN，如图1.4所示是接入一个基于连接的面向话音业务的网络；而无线接入互联网，如图1.5所示，是接入一个无连接的、面向数据业务的网络。基于连接的网络需要一个拨号过程，拨号后，可以保证用户在通信会话的过程中服务质量不会低于某个最低值。在无连接的网络中没有拨号过程，终端始终与网络连接，但是却无法保证始终如一的服务质量。图1.6展示了分组交换和电路交换网络从源到目的地终端，处理和传递数据包的基本区别。在无连接数据报网络中，信息分组逐站采用路由器决定的路由，而路由的确定则基于到达和离开某站的流量和资源情况。因此，从一个单一的信息源产生的连续分组可能采取不同的路径到达接收者。这种方法提供了一种更有效的方法来利用传输线路的能力，但对到达的数据包之间的时延却没有任何保证，这对支持为用户提供一个约定好的服务质量带来了挑战。在基于连接的网络中，可以在源和目的地之间建立虚路径，连续的数据分组选择的是同一路径。这一形式可以更好地控制时延，从而控制对用户提供的服务质量。

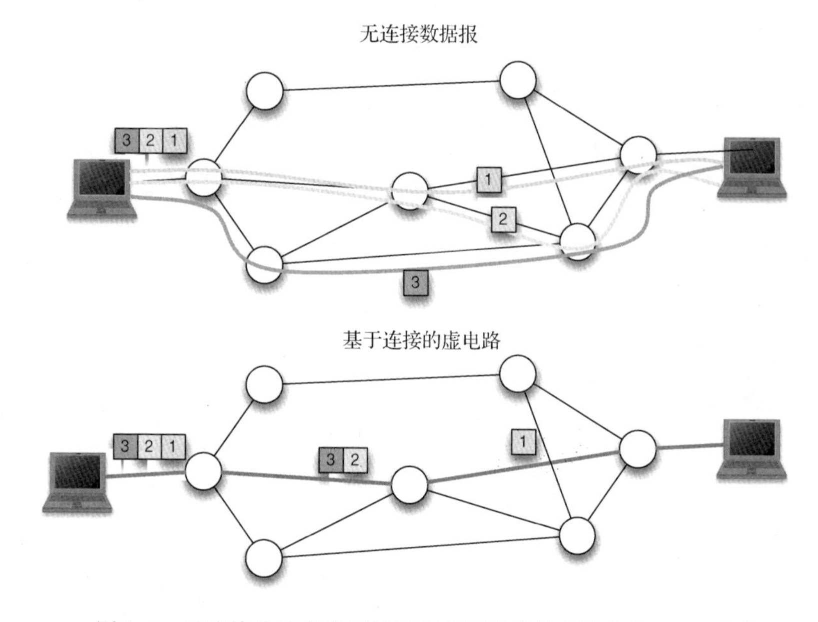

图1.6 无连接分组交换因特网与基于连接的电路交换PSTN比较

1.2.3 无线接入与定位之间的关系

无线定位与无线接入有着双重关系。第一，流行的无线定位技术，如 WiFi 定位和蜂窝基站定位，使用了现有的基础设施，并且发送最初用作无线接入和通信的信号，借此定位移动终端。WiFi 接入点和蜂窝基站位置的数据库信息被用作地标，接收信号的强度或者信号从地标到移动终端之间的飞行时间被用来估算终端与地标之间的距离。到几个地标之间的距离被用来估算终端的位置。使用现有的基础设施和接收到的信号强度是智能设备目前用于无线定位最廉价和商业流行的方法。

无线接入和定位的第二重关系在于理解多路径信道的特点，这一特点产生的多路径效应会导致传输波形变形。稍后我们将在本书说明，传输波形因为多路径传输特性而变形，会给室内和城市地区无线通信中通信应用的最高符号传输速率带来限制。当定位应用使用传输波形的飞行时间来更精确地测量它与地标之间的距离时，由多路径效应导致的波形变形会导致错误的估计飞行时间。信号的飞行时间计算通常依赖波形特征里的某个参考位置，例如传输波形的峰值。在多径环境中接收到的信号，其峰值受多路径影响发生错位，会在利用飞行时间估计距离过程中引入不必要的误差。因此，高速无线接入和精确定位技术都需要仔细地理解无线媒体中多路径到达的性质，这是本书要讨论的一个重要话题。

1.2.4 信息网络的标准化组织

越来越多的多种多样的通信设备上的便携式和移动应用，对工作在不同频段的无线接入技术的标准化提出了要求。频率带宽等由国家监管机构负责管理。在美国，相应的管理机构是联邦通信委员会(FCC)。本书所讨论的无线技术包括蜂窝电话和工作在授权频带的个人通信系统，以及工作在无需授权频带的 WLAN 和 WPAN 技术。授权频带就像一个私有的后院。频带的所有者需要投入大量的金钱和精力去获得在一个特定的地理区域里的使用许可。这些频带通常允许更高的发送功率，但往往带宽大小会受到很大限制。无需授权的频段则类似于公共花园，这些频带的用户可以获得更大的带宽，但他们的发送功率要受到限制。图 1.7 展示了美国的几个授权和无需授权频段，这些频段用于蜂窝网络和无绳电话，以及一些用于 WLAN 和 WPAN 应用的无需授权频段。

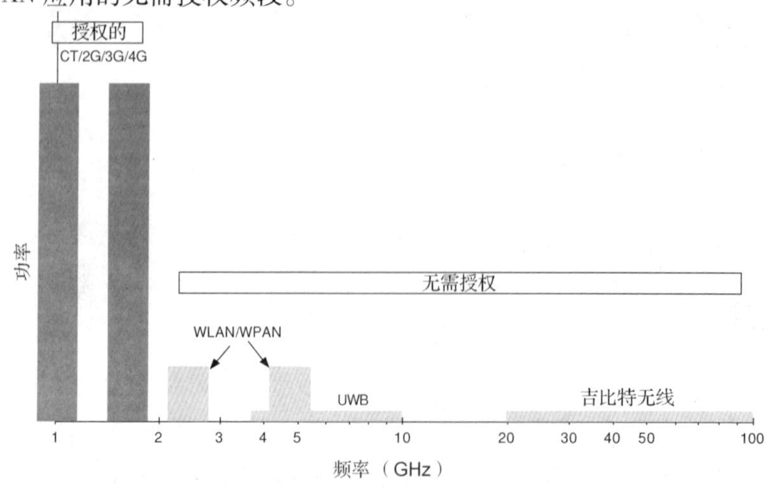

图 1.7 美国的授权和无需授权频谱示例

标准定义了无线网络基础设施要素之间的接口规范，从而允许全球化的多厂商供货，促进了行业的发展。图 1.8 提供了一个信息网络的标准化过程的概述。标准化过程开始于一个标准制定机构里的特殊兴趣组，而标准制定机构是诸如电气和电子工程师协会（IEEE 802.11）或全球移动通信系统（GSM）通信分会这样的组织，它定义了网络技术的技术细节的操作过程标准。定义的所需网络实施标准随后会送交地区组织批准。这些地区组织包括欧洲电信标准协会（ETSI）或美国国家标准协会（ANSI）。地区规范最终会提交给世界级组织，如国际电信联盟（ITU）、国际标准化组织（ISO）和国际电工委员会（IEC），以待最终被批准为国际标准。有许多标准组织参与信息网络的标准制定。表 1.1 提供了一个重要标准的总结，这些标准在塑造信息网络产业的过程中发挥了重要作用，这些作用也将在本书中提及。

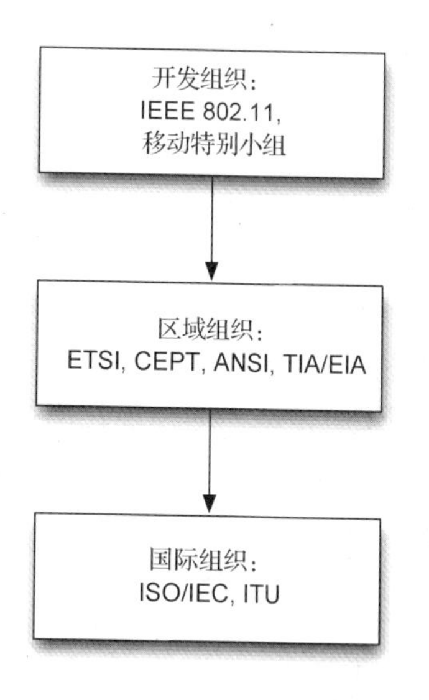

图 1.8　标准开发过程

表 1.1　致力于信息组网的重要标准化组织总结

FCC（联邦通信委员会）：美国的频率管理部门
IEEE（美国电子电气工程师协会）：发布无线局域网和个域网无线应用的 802 系列标准
GSM（全球移动系统）：定义 2G TDMA 标准的特殊工作组，它由 ETSI 赞助
ATM（异步传递方式）论坛：致力于 ATM 网络标准的工业组织
IETF（因特网工程任务组）：发布包括 TCP/IP 和 SNMP 在内的因特网标准。它并不是一个经过认证的标准化组织
EIA/TIA（电子/电信工业联盟）：北美无线系统的美国国家标准制定单位
ANSI（美国国家标准协会）：接受 802 系列并转给 ISO。为无线信道开发了 JTC 模型
ETSI（欧洲电信标准协会）：发布了 GSM、HIPERLAN-1 和 UMTS
CEPT（欧洲邮电委员会）：欧洲电报和电话部的标准化组织，与 ETSI 一起联合出版 GSM
IEC（国际电子技术委员会）：与 ISO 一起发布标准
ISO（国际标准化组织）：审查国际标准是否通过的终极权威机构
ITU（国际电信联盟，前身是 CCITT）：联合国下属的国际建议委员会。电信分会，ITU-T①，发布了 ISDN 和广域网 ATM 标准。同时也在致力于 IMT-2000 标准开发。

本书中所描述的所有由标准化组织开发的技术标准中，最重要的标准系列是 IEEE 802 系列为个人、地方和市区网络开发的标准。IEEE 是世界上最大的工程机构，出版了许多技术期刊和杂志，在世界各地组织了众多的会议。IEEE 802 社区参与定义信息网络的标准规范。802 号只是 IEEE 在 1980 年 2 月时尚未被使用的空闲组号，它随即被分配给一个刚成立的委员会小组，尽管有时人们也将“80-2”与第一次会议的日期联系在一起。不考虑名称来源的模糊性，IEEE 802 社区在无线信息网络的发展过程中发挥了重要作用，引入了 IEEE 802.11 无线局域网、IEEE 802.15 WPAN、IEEE 802.16WMAN，以及其他本书要详细讨论的标准。

另一个重要的标准开发组织是因特网工程任务组（IETF）。它成立于 1986 年 1 月，致力于开发和促进互联网标准协议，为各种流行的应用开发传输控制协议/网际协议（TCP/IP）族标准。在 20 世纪 90 年代，异步传递模式（ATM）论坛是一个重要的标准开发组织，它试图开

① 原文有误，为 UTU-T。此处已更正。——译者注

发基于连接的综合了全部业务的固定分组长度通信标准。这种思想与互联网/以太网网络使用的无连接通信以及变长的长分组思想是相反的，它已经失去了发展势头。

通信/电子行业协会(TIA / EIA)是定义各种用于局域、城域和广域网络电线规格的美国国家标准组织。TIA/EIA 是一个代表了几百个电信公司的美国贸易协会。TIA/EIA 与 IEEE 802 社区合作定义了大部分有线局域网(LAN)中使用的快速和千兆以太网媒介标准。TIA/EIA 还定义了移动电话标准，如临时标准(例如 IS-95)或 cdmaOne 第二代(2G)蜂窝网络和 IS-2000 或 CDMA2000 第三代(3G)移动电话网络。ETSI 及欧洲邮政和电信委员会(CEPT)是欧洲的标准化组织，它们发布了无线网络标准，比如 2G 蜂窝移动网络和 GSM 通用移动电话标准以及在欧盟使用的 3G 蜂窝标准——通用移动电话标准(Universal Mobile Telephone Standard)。

最重要的国际标准组织是国际电信联盟(ITU)和国际标准化组织(ISO)及国际电工委员会(IEC)，它们的总部都设在瑞士的日内瓦。ITU 成立于 1865 年，它是联合国下属的一个国际咨询委员会，其职责是电信标准化和无线电频谱的分配。举例来说，ITU-T 电信部门(ITU-T)已经发布了综合业务数字网(Integrated Service Data Network)和广域 ATM 网络的标准，以及 3G 蜂窝网标准——IMT-2000(International Mobile Telephone 2000)标准。

2009 年，ITU 的无线电通信部门 (ITU-R)定义了第四代蜂窝网络 IMT-Advanced 标准需求。在撰写本书时，UMTS 所谓的长期演进 LTE (Long Term Evolution)已经成为该标准的最受欢迎选项。世界无线电管理会议(WARC)是 ITU 的技术会议，ITM 成员国派出的代表相聚一起，修订或修改整个国际无线电条例，以适用于全世界所有的电信服务。ISO 和 IEC 由国家标准机构组成，每个经济实体一名成员。这两个标准组织经常与另一个组织合作，成为终极的世界标准组织。ISO 成立于 1947 年，旨在培育全球私有工业和商业标准，这些标准往往通过条约或国家标准的形式成为法律。计算机网络的 ISO 七层模型是一个著名的 ISO 标准的例子。IEC 始于 1906 年，它是一个非政府的电工学国际标准组织，制定了大量的标准，从发电、电力传输、配电到家用电器和办公设备、电信标准。IEC 和 IEEE 一起出版标准，和 ISO 及 ITU 共同开发标准。

1.2.5 无线组网标准发展的四个市场

无线网络市场已经发展成四个不同的分区，可以在逻辑上分为两类：面向话音的市场和面向数据的市场。面向话音的市场主要围绕到 PSTN 的无线连接发展，以实现无线电话应用。这些服务进一步发展成为局域和广域市场。局域无线接入 PSTN 基于低功率、低移动设备，围绕无绳电话应用提供高质量的话音。广域无线接入 PSTN 市场则围绕蜂窝移动电话业务发展，使用的服务终端能耗高、覆盖面全、话音质量低。图 1.9(a)比较分析了无线接入 PSTN 市场的这两个区段的特性差异。

面向数据的无线市场围绕无线接入因特网和计算机通信网络基础设施发展。面向数据的无线接入服务分为宽带本地、ad hoc 和广域移动数据市场。广域无线数据市场为移动用户提供覆盖能力与蜂窝网话机类似的无线互联网接入。本地宽带和 ad hoc 网络包括在无线本地和个人区域网络里提供高速互联网接入，以及朝特定的无线消费产品市场发展，在这一类网络里局部的热点覆盖与无绳电话系统类似。图 1.9(b)说明了局域和广域无线数据网络的一些差异。

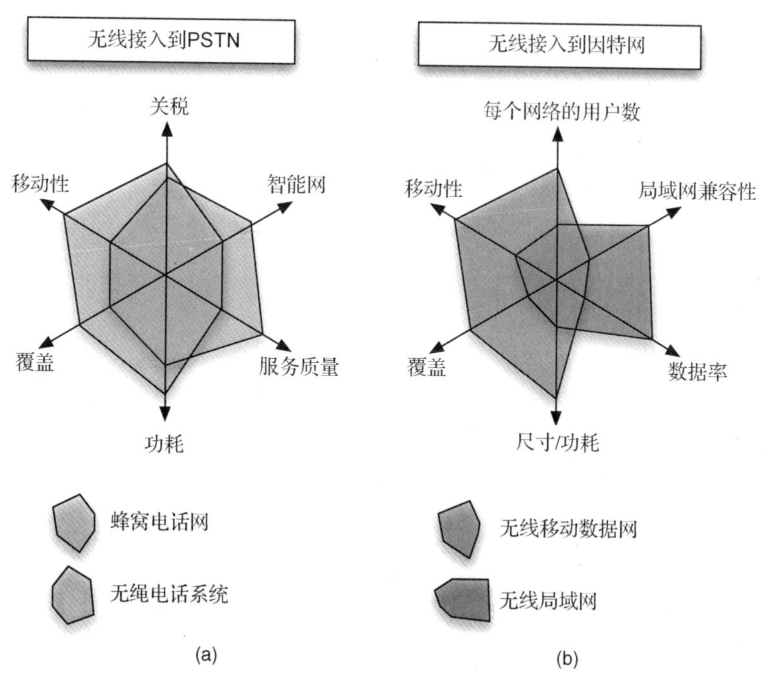

图1.9 无线接入(a)PSTN和(b)因特网的不同无线市场分区

无线接入到PSTN和因特网的标准围绕着这四个市场发展，如图1.9所示，以支持无线电话和无线数据应用。这些技术的演进路线并不相同，因为在无线网络技术发展的中期，因特网开始出现，数据和话音应用的市场需求受到了巨大影响。早期的标准聚焦于利用PSTN实现话音和电话应用，当时电话是电信网络运营公司的主要收入产生源(在撰写本书时仍然如此)。然而，在20世纪90年代末因特网和数据应用开始普及以及2000年代末智能手机出现后，这一趋势开始转变。智能手机导致无线数据应用的使用呈指数性增长，而这一需求强迫蜂窝网提供者在新出现的无线蜂窝网系统里重点关注数据应用。其结果就像我们将在下面两节看到的那样，尽管四个主要市场的媒体接入控制和物理层技术在本行业早期差别明显，但它们目前均在向原来为无线局域网和无线局域数据应用开发的技术发展。

1.2.6 无线数据应用的发展趋势

无线接入和定位技术是多学科系统工程领域。在这些技术的发展过程中，应用和市场以及研究和开发的重点一直在随时间迁移。在20世纪90年代和本世纪初，蜂窝电话网络业呈指数级增长。移动电话行业运营的是基于连接的电话语音应用程序，每个用户的带宽约10 kbps，很多用户同时通话，每次通话时间在几分钟之内。图1.10显示了两个主要的应用环境，分别对应个人和移动无线通信。主营的应用程序与网络连接的时间只有几分钟，它们四处走动，且对实时延迟非常敏感。因此，无线接入网络供应商把重点放在增加并发用户数和在用户移动时保持连接期间的服务质量稳定性上。用户数增长以及上述需求的结果导致了时分多址(TDMA)和码分多址(CDMA)的媒体接入技术的出现，以及频率管理机构为这些应用发放更多的带宽，以支持用户数量的增长。那些从花费百万美元左右，安装能覆盖几十千米的宏蜂窝起步的服务供应商已经开始在人口密集的城市区域部署更小的微蜂窝，这些微蜂窝覆盖只有数百米，其代价要比用宏蜂窝覆盖城市区域低一个数量级。随后他们朝微微蜂窝转移，在大型建筑的内部布点，其覆盖范围和布设代价又比微蜂窝小一个数量级。最近世界范围内的电话语音用户数已经趋于稳定，共计约70亿。

图1.10　语音电话应用的移动和个人用户

如图1.11所示，随着2000年代后期智能手机的出现及立即普及，无线数据应用开始呈指数级增长，这种增长态势将在未来的几十年里继续保持。到本书撰写时，无线数据的70%是通过WiFi连接承载的，而这些WiFi是个人用户和私人机构随机部署用来覆盖他们的工作区域，而并非由服务提供商提供。服务提供商提供这些WiFi覆盖不到区域的补充覆盖，同时为移动数据用户提供更可靠的连接。如图1.12所示，数据应用程序主要是从位于因特网某处的云里下载数据，存到某个固定或半固定设备里。因特网由光纤构成骨干网，可以提供从云到无线接入点的数据管道，而瓶颈是从接入点到用户的快速传输。数据应用对传输速率很敏感，因为它们的应用程序往往是大小不等的数据块，内容从短消息一直到流媒体视频。这种对更高数据速率的需求导致了正交频分复用(OFDM)、空时编码和多输入多输出(MIMO)天线系统技术的出现。这些技术首先在WiFi里得到应用，然后出现在4G蜂窝网络的LTE系统里。WiFi支持本地无线数据接入，而4G则专为支持数据应用的广域接入备份而设计。为了支持数据的增长，采用更多的高带宽效率调制技术，频率管理部门发放更宽的频段，以及使用更小的蜂窝将是未来的发展趋势。无线局域网产业在探索吉比特无线技术，而蜂窝网络产业则在探索微微蜂窝技术。

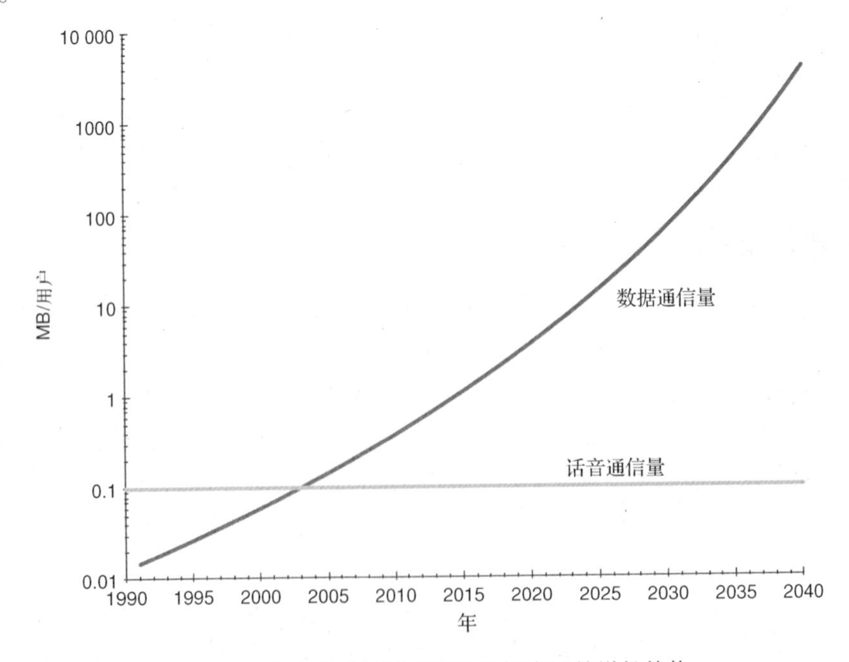

图1.11　未来数十年里话音和数据应用的增长趋势

图1.12 无线数据应用的固定或半固定用户

1.3 无线接入到PSTN的发展

无线接入PSTN围绕着两个应用在发展，这两个应用分别是用于局域接入的无绳电话和用于广域无线接入的蜂窝电话。表1.2显示了一个简短的年鉴，展示了无线接入网络连接到PSTN的演进历史。局域网无线接入到PSTN，主要用于家庭和小型办公应用，开始于20世纪70年代末市场上出现的无绳电话。无绳电话用无线连接取代了听筒和话机座之间的连线。用于实现无绳电话的无线技术与对讲机使用的技术相似，这些技术早在第二次世界大战就有了。无绳电话的重要特征是，当它一面世，它就成为一个重要的商业成功案例，销售量数以千万计，总销售收入超过几十亿美元。无绳电话的成功鼓励在这一领域的进一步发展。第一个数字无绳电话是CT(Cordless Telephone)、CT-2无绳电话，其标准由英国于20世纪80年代早期开发。无绳电话的下一代是无线多通道局域无绳电话，它有更高的传输速率，支持使用欧洲数字无绳电话(DECT无绳)标准传输无线数据。CT-2和DECT除了简单的无绳话机本身外，都对网络基础设施要求很少，并且覆盖了更大的区域，支持多种应用。然而，尽管传统的无绳电话取得了巨大的成功，但是无论CT-2还是DECT都没有立即成为商业上成功的系统。这些局域系统很快就演变成为所谓的个人通信系统(Personal Communication System, PCS)，这些系统都是拥有独立基础设施的完整系统，与蜂窝移动电话非常相似。

表1.2 面向语音的无线网络历史

贝尔实验室探索第一代移动无线电：20世纪70年代早期
第一代无绳电话：20世纪70年代晚期
探索第二代数字无绳电话CT-2：1982年
第一代NORDIC(北欧)模拟NMT[①]部署：1982年
美国AMPS部署：1983年
探索第二代数字蜂窝GSM：1983年
DECT探索无线PBX：1985年

① NMT是Nordic Mobile Telephone的缩写，是北欧移动电话系统。——译者注

续表

GSM 开始开发：1988 年
IS-54 TDMA 数字蜂窝开始部署：1988 年
高通公司 CDMA 技术探索：1988 年
GSM 部署：1991 年
PHS/PHP 和 DEC-1800 部署：1993 年
CDMA 的 IS-95 标准开始制定：1993 年
美国联邦通信委员会拍卖 PCS 频段：1995 年
PACS 部署完毕：1995 年
3G 开始标准化：1998 年(以及 WiMax 和 LTE)
WiMax 论坛成立：2001 年
WiMax 定型：2004 年
WiMax 移动：2005 年
LTE 产品：2006 年
LTE-advanced 标准化：2009 年

1.3.1 无绳电话系统

在 20 世纪 90 年代早期的技术社区里，PCS 系统已经从如图 1.9(a)所示的蜂窝系统里分化出来了。PCS 服务被认为是专为居民区设计的下一代无绳电话，它提供了各种各样超出传统无绳电话的服务。个人通信系统的第一个真正的部署是个人手持电话(Personal Handy Phone，PHP)[①]，后来改名为个人便携电话系统(Personal Handy System，PHS)，它于 1993 年由日本率先引入。在当时，通常认为个人通信系统和蜂窝系统之间的技术差异是更小的蜂窝尺寸，更好的语音质量，更低的资费，更少的耗电，以及较低的流动性。然而，在用户看来 PCS 和蜂窝系统的终端和服务都非常相似，唯一重要的区别是营销策略以及它们进入市场的方式。例如，在同一时间，在英国，欧洲数字无绳 DEC-1800 服务被当作一个 PCS 服务推向市场。该 DEC-1800 服务使用的是第二代(2G)蜂窝类 GSM 技术，工作在更高的 1800 MHz 频段，但它采用了与 GSM 不同的营销策略。最后一个 PCS 的标准是美国于 1995 年完稿的个人接入通信系统(Personal Access Communications System，PACS)标准。总之，没有一个 PCS 的标准最终能够成为主要的商业成功案例并能够和蜂窝网服务竞争。

1995 年美国 FCC 拍卖了约 2 GHz 的频带，用作 PCS 频段，但是在这些频率上最终并没有采用 PCS 相关标准。最终，个人通信系统(PCS)这个名字变成了某些服务提供商推销数字蜂窝服务的市场营销名称，而这些数字蜂窝服务在某些情况下甚至并不工作在 PCS 频段内。在从简单的无绳电话应用朝更加先进和复杂的 PCS 服务的演进没有取得成功，最终该演进被并入蜂窝电话行业的同时，简单的无绳电话行业本身仍然保持活跃。在本世纪初，无绳电话产品的工作频率被转移到无需授权的工业、科学和医疗(ISM)频段而非授权的 PCS 频段。无绳电话在 ISM 频段可以使用扩频技术来提供更可靠的连接。随着无线局域网作为家庭组网技术的普及性不断提高，在家庭和小型办公室里的无线互联网接入和无绳电话之间的干扰引起了这一领域制造商的注意。最近，DECT 标准作为实现无绳电话的手段重新得到了足够的重视，DECT 设备迅速占领了这个市场，代替了工作在 ISM 频段的无绳电话。这些设备使用

① 即国内称呼的“小灵通”。——译者注

的是1.8 GHz和1.9 GHz PCS频段，不干扰日益流行的用于住宅和小型办公室内无线组网的无线局域网应用。DECT标准采用TDMA技术的时分双工(TDD)选项，该技术在一个单一的载波频率里承载多个手机和基站之间的双向数据流。

1.3.2 蜂窝电话网络

广域无线接入PSTN开始于模拟蜂窝电话。第一代(1G)模拟蜂窝系统的技术由AT&T的贝尔实验室于20世纪70年代开发。然而，这些1G系统首次部署却发生在北欧国家，他们使用的是北欧移动电话(NMT)技术，比美国部署先进移动电话服务(AMPS)要早近一年。因为美国是一个大国，在部署过程中的频率管理及其他流程较慢，所以整个过程花了较长时间。所有的1G系统均使用传统的模拟调频传输和频分多址接入(FDMA)，以在不同用户之间共享介质。北欧国家的数字蜂窝网络带来了GSM标准化组织的开始形成。GSM标准化组织最初成立来应对国际漫游问题，该问题对于欧盟国家的蜂窝系统的正常工作影响严重。标准化组织很快就决定采用一个新的数字TDMA技术，因为它可以整合其他服务，以扩大无线应用的适用范围[Hau94]。然而，在美国，迁移到数字蜂窝的原因是，在大城市(如纽约市、洛杉矶)，模拟系统的容量已经达到了峰值，需要在现有的已分配频段范围内进一步扩展容量。尽管由芬兰领导的北欧国家保持着本行业初期最高的蜂窝网用户普及率，但美国才是当时最大的市场。到1994年，全球有4100万蜂窝网用户，其中2500万在美国。对更高容量的需求刺激了CDMA技术的研究，人们认为采用CDMA较其他模拟频段分割或数字TDMA技术可以带来高达两个数量级的容量增益。用于蜂窝网络的CDMA技术采用直接序列扩频(DSSS)来传输数据，不同的用户使用不同的扩频码字加以区分。

20世纪90年代早期，当美国还在争论2G蜂窝网络的TDMA和CDMA容量差异时，GSM技术开始在欧盟部署，当时一些准备成立欧洲联盟的国家正在寻找一种技术以解决这些国家之间的漫游问题。与此同时，还没有部署任何蜂窝网络的发展中国家开始了他们的蜂窝电话网的规划，他们大部分都采用了2G GSM TDMA数字蜂窝技术以替代传统的模拟蜂窝系统。不久之后，GSM已经渗透进了超过180个不同的国家。蜂窝电话产业演进的一个有趣的现象是，在发展中国家这一行业的扩张速度令人意想不到。在这些国家，有线电话基础设施的增长速度低于新开户需求的增长，因此总需要等待较长的时间来获得一根有线电话线。其结果是，在大多数这些国家里，在黑市上出售的电话开户价格数倍于其实际价值。这些国家的蜂窝电话的普及比发达国家容易得多，因为人们已经准备好为电话开户支付一个更高的价格。此外，原始部署、维护和蜂窝网络的扩张可以比有线电话快得多，从而导致了蜂窝网手机在世界市场上的快速渗透。

在TDMA和CDMA之间的竞赛伊始，CDMA技术只在少数的几个国家部署。此外，实验表明，CDMA容量的改善因子小于预期。自20世纪90年代中期CDMA技术首次在美国部署开始，大多数公司要获得补贴才能有资本与TDMA和模拟方案竞争。然而从一开始，使用CDMA的语音质量就要优于安装在美国的TDMA系统。因此，在美国，CDMA服务提供商采用像“你无法相信自己的耳朵”这样的横幅来推销这一技术，并很快受到了用户的欢迎。同时，随着数字蜂窝电话的巨大成功，世界各地的制造商开始致力于3G国际移动电话(International Mobile Telephone)IMT-2000无线网络的研发。大多数这些厂商采用宽带CDMA(W-CDMA)为IMT-2000的选定技术，他们认为W-CDMA能简化集成服务，提供更好的语音质量，并支持更高的数据速率，其无线因特网接入的速率高达2 Mbps。

在本世纪初，互联网接入家庭打开了无线数据应用的新领域，无线局域网成为家庭、办公室和热点地区局域接入因特网的选项。无线网络覆盖的零星特性要求移动运营商重点关注为用户提供广域高速无线数据接入。无线局域网技术采用的不再是 CDMA，这些技术源自 OFDM 和 MIMO 技术，而它们在无线局域网产业里已经成熟。广域接入运动首先从微波接入全球互通(Worldwide Interoperability for Microwave Access，WiMAX)开始，它是 IEEE 802.11 指定的 WLAN 技术的扩展。WiMAX 没有获得预期的市场成功，在写作本书的时候，长期演进(Long Term Evolution，LTE)更加受欢迎。此外，LTE 技术提供了一种增强技术，使得它与 WiMAX 相比更适合于分散频段的蜂窝网络。这些技术被称为第四代(4G)无线技术。LTE-advanced 是该领域的最新标准，其目标最大数据速率在每秒吉比特量级。这些技术的基本物理层与 WLAN 的物理层相似，更适合新兴的数据应用。所实现的介质访问控制机制已被调整为专门适合蜂窝网络，设计上支持更全面的广域覆盖以及碎片化的带宽分配。图 1.13 提供了如图 1.9 所示在本地和广域上支持声音和数据的四个初始应用的相关技术的发展情况。

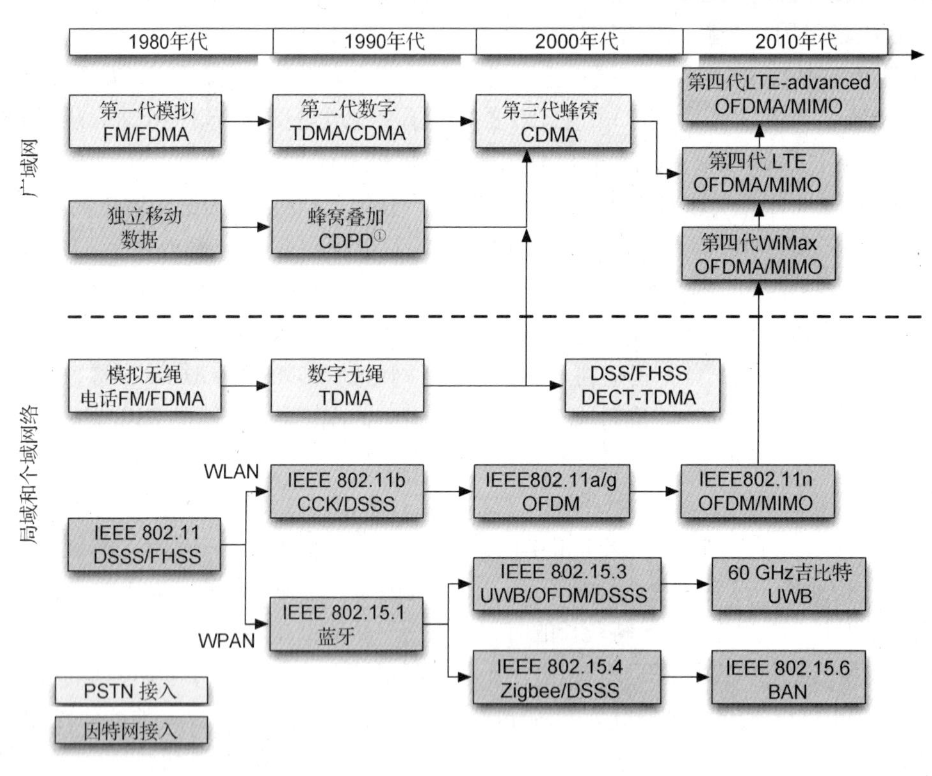

图 1.13 无线接入 PSTN 和因特网的组网技术发展情况

1.4 无线接入到因特网的发展

无线接入到因特网和无线接入到 PSTN 之间的主要区别是，PSTN 是一个基于连接的网络，它主要设计用于电话语音应用，而因特网是一个无连接的网络，它主要用于数据应用。

① CDPD(Cellular digital packet data)，即蜂窝数字式分组数据交换网络。——译者注

电话应用产生大量的时长为几分钟的双向通信实时流，这些实时流维持在每用户约10 kbps的较低速率，且需要在谈话过程中维持一个稳定的服务质量。这些功能需要比较简单的传输技术，但却要求可预测性更强的介质访问控制方法。因此，无线接入这类网络的设计重点是介质访问控制技术，以及在一个给定的带宽里如何可支持更多的用户，同时提供更好的语音质量。而数据应用则用突发信息来描述最合适，这些突发的信息需要以最快的方式穿越网络，以产生最小的延迟。因为这个原因，最高可达到的数据速率主宰了面向数据网络的设计。因此，无线数据网络的发展一直聚焦于如何在给定带宽内达到最高的数据速率，而这一点则需要通过用于在无线介质里传输比特流的物理层创新来实现。

表1.3提供了面向数据的无线网络的发展年表。如图1.9(b)所示，面向数据的无线网络可分为广域无线移动数据网络以及无线局域和个域网络。无线局域网络开始于WLAN，后来扩展到无线个域网技术领域。WLAN最初支持超过1 Mbps的高数据速率(与当时支持低于10 kbps的数据速率的移动数据网络相比)。经过30年的发展之后，无线局域网产业在发展创新技术和市场营销上均带来了深刻的变化，所到达的水平是，如今的IEEE 802.11 WLAN标准化委员会正在评估吉比特无线技术，以为将来使用做准备，同时WLAN芯片组的销量已经超过每年数十亿片。无线个域网技术在IEEE 802.15标准化过程的指导下发展，它作为WLAN的一种补充，用来解决WLAN没有覆盖到的应用领域。他们已经提出了流行的标准，如用于设备间短距离通信的蓝牙，以及用于低功耗传感器网络应用的ZigBee。这个团队一直致力于3.4～10.6 GHz频段，最近开始在60 GHz频段实现高数据率(千兆无线技术)的短距离无线连接，例如无线通用串行总线(USB)、三维(3D)游戏或替代多声道高清晰度电视应用的电缆。

1.4.1 局域无线数据网络

图1.13的下部说明了WLAN和WPAN技术的进化路径。利用扩频和红外技术实现WLAN的概念首次出现于约20世纪80年代[Pah85]，第一个使用这些技术的IEEE 802.11标准于1997年发行，而用于无线个域网的IEEE 802.15技术则出现于次年。然而，能够与手机芯片组市场相媲美的每年高达数十亿片芯片组的庞大市场则是近几年才出现的。WLAN和WPAN产业的一个关键功能就是该产业运行于无需授权频段。第一个无需授权频段是位于900 MHz、2.4 GHz和5.2 GHz的工业、科学和医疗(ISM)频段，该频段于1985年由美国发布[Mar85]。后来美国分别在1994年和1997年发布了无需授权的PCS频段和无需授权的国家信息基础设施(Unlicensed National Information Infrastructure , U-NII)频段。原来传统的IEEE 802.11采用工作在2.4 GHz的直接序列扩频(DSSS)和跳频扩频(FHSS)，以及差分红外技术，1Mbps和2 Mbps可选。直接序列扩频和跳频后来成为流行的选项，使用互补码键控(CCK)的DSSS选项的增强版本则成为802.11b标准，该标准完成于1998年，它可以支持高达11 Mbps的速率，并和传统扩频选项后向兼容。完成于1999年的IEEE 802.11a标准，运行于5 GHz的ISM和U-NII频段，首次在无线组网标准里使用了正交频分复用(Orthogonal Frequency Division Multiplexing, OFDM)技术，其速率高达54 Mbps。

IEEE 802.15无线个域网标准化委员会是从IEEE 802.11 WLAN社团发展而来的，它的确发端于该社团，然后于1998年变成一个独立的委员会[Hei98]。这个社团第一个成功的标准是IEEE 802.15.1标准，俗称蓝牙，它在IEEE 802.15形成的第一年发布。蓝牙专为低功耗 ad hoc 传感器组网而设计，采用较低的传输功率和跳频扩频技术。蓝牙的跳频扩频传输技术与传统的802.11 跳频通信技术非常相似，但其媒体访问控制机制是集中式的，这更适合语音应用程序。其结果是，蓝牙获得了非常短距离内无线电话的市场，如连接到蜂窝网手机，或将耳机连接到计算机上，或实现与汽车上电话底座的连接。ZigBee 技术是由 IEEE 802.15.4 工作组于2003 年推出的，用作低功耗 WPAN 技术，用来在传感器组网中实现简单的短数据分组传输应用。ZigBee 类似于传统的 802.11 直接序列扩频(DSSS)选项，使用一个基于竞争的媒体访问控制，它是 IEEE 802.11 的简化版本，更适合突发性的和低功耗应用。可以将蓝牙和 ZigBee 等 WPAN 技术归类为传统 IEEE 802.11 在低功耗、小覆盖区域方向的扩展，这两个技术分别侧重于话音和数据应用发展。

表 1.3 无线数据网络的历史年表

差分红外 WLAN：1979 (IBM Rueschlikon 实验室，瑞士)
扩展频谱 WLAN：(HP 实验室，加州)
ARDIS：1983 年 (Motorola/ IBM)
商业扩展频谱应用于 ISM 频段：1985 年
Mobitex：1986 年(瑞士电信和爱立信)
WLAN 的 IEEE 802.11 标准：1987 年
HIPERLAN-1：(高性能局域网)欧洲：1992 年
欧共体发布 2.4 GHz、4.2 GHz、5.2 GHz 和 17.1 ~ 17.3 GHz 频段：1993 年
PCS 的授权和无需授权频段发布：1994 年
CDPD：1993 年 (IBM 和 9 个运营商)
U-NII 频段发布，IEEE 802.11 完成，GPRS 开始：1997 年
11Mbps 的 IEEE 802.11b ：1998 年
用于 WPAN 的 IEEE 802.15 和用于蓝牙的 15.a ：1998 年
IEEE 802.11a/HIPERLAN-2 开始：1999 年
GPRS(通用分组无线电服务)：20 世纪 90 年代晚期
EDGE(增强数据速率的 GSM 演进)：2000 年代早期
EV-DO (演进数据优化或演进唯数据)：2000 年代中期
用于 UWB 技术的 IEEE 802.15.3a：2003 年
用于 ZigBee 的 IEEE 802.15.4：2003 年
移动 WiMax (微波接入全球互通)：2005 年
HSPA(高速分组数据)：2008 年
LTE(长期演进)：2009 年
飞蜂窝(Femtocell)技术：本世纪 10 年代早期
IEEE 802.11ad 和用于吉比特无线的 IEEE 802.15.3c：本世纪 10 年代早期

此外，除了作为 IEEE 802.11 标准的低功耗传感器补充外，IEEE 802.15 也提出了高数据率传输技术，这些高数据率的工作频段更高。这些工作首先是由 IEEE 802.15.3a 分委员会发起的，定义了无线个域网工作在3.1 ~ 10.6 GHz 频段的标准规范，而该频段为 FCC 于2002 年发布的无需授权的超宽带(Ultra WideBand，UWB)频段。IEEE 802.11 社团在 2.4 GHz 所拥有的全部带宽为 84 MHz，当时流行的 IEEE 802.11b 无线局域网规范占用的带宽为每载波 26 MHz，支持最大数据速率为 11 Mbps。协议中有大量的开销，导致其最高数据速率约为 5.5 Mbps。在超宽带系统规范里，可以占用的带宽为数吉赫兹，所支持的数据率可以达到每秒吉比特的量级。在实践中，IEEE 802.15.3 于 2003 年开始完成 11 Mbps 和 55 Mbps 在 UWB

频段工作的初步标准。在这之后不久，IEEE 802.15.3a 组成立。该组致力于使用 UWB 频段和相关技术以将有效数据率提升到几百 Mbps 至数 Gbps(当时比相应的 IEEE 802.11b 的 11 Mbps 数据传输速率高一个数量级)。IEEE 802.15.3a 工作组评估了好几个 UWB 通信选项，其中包括历史悠久的脉冲无线电技术，以及直接序列 UWB(DS-UWB)和多频带 OFDM(MB-OFDM)系统。这一标准后来丧失了其动力，于 2006 年 1 月撤销。然而，该委员会所做的技术工作后来转化为 60 GHz 频带的相关标准化工作。

2001 年，FCC 颁布了 57 ~66 GHz 的无需授权频带，这一频段引发了另一波千兆无线应用的标准化活动。在该领域的研究和开发社团认为，毫米波频段与 UWB 频带相比有几个优点。首先，在不同国家的 UWB 法规是不一样的。其次，UWB 频谱与其他技术的频谱重叠，会造成对流行应用的潜在干扰，例如 802.11a WLAN 和其他工作在 5.2 GHz 的消费类电子产品都有可能被干扰。IEEE 802.15c 工作组成立了，其宗旨是要为 2003 年发布的 802.15.3 WPAN 标准寻找另一个物理层替代解决方案，该方案使用 60 GHz 的毫米波。该工作组成立于 2005 年 3 月，它于 2009 年 9 月定义了新的基于 60 GHz 信道的 MAC 和物理层标准。这项技术可望与其他 WPAN 技术共存，以支持高清视频流和其他流媒体应用，这些应用需要的数据速率大于 2 Gbps。然而，IEEE 802.11ad 工作组正在追求 Gbps 无线的另一种替代方案，该方案建立在传统 IEEE 802.11基础上，同时也可利用其商业成功特点，使用 MIMO / OFDM 技术来实现类似的数据率。IEEE 802.11ad 工作组当时预计于 2011 年 12 月完成标准①[Per10]。

图 1.13 的下部说明了局域和个域网的组网标准和技术演进，这些技术都源自用于无线因特网接入的无线局域网。在过去 30 年里无线局域网接入到因特网的演变是一个成功的和复杂的技术进化的绝佳范例。这种演变经历了从 20 世纪 90 年代早期无线局域网市场的绝望到意想不到的全球繁荣和 WiFi 技术的日益普及，并在本书撰写时成为新兴的智能手机、平板电脑和其他设备无线上网的主导技术这样的巨大摆动。在这一演化过程中，扩频通信、OFDM、MIMO 技术均在无线组网行业里发现了它们的首个流行应用。扩频成为低功耗应用的技术首选，MIMO / OFDM 则成为支持最高数据速率的技术选择。无线局域网的另一个有用的应用是在室内利用其来实现机会式无线定位[Pah10]。WiFi 定位有望成为一个最流行的无线定位方法，为智能手机和无线平板电脑上成千上万的位置相关应用程序提供服务。

1.4.2 广域无线数据网络

在广域中，移动分组交换无线数据服务最先由先进无线电数据信息服务(Advanced Radio Data Information Service, ARDIS)提供，该项目是 1983 年由 Motorola 和 IBM 提供的，覆盖了多个美国城市，数据速率为 4800 bps [Pah94]。这个网络的目的是让 IBM 外场员工操作他们的便携式电脑，以随其所愿地在任何地方提供服务。1986 年，爱立信引入了 Mobitex 技术，它采用开放体系结构实现了 ARDIS，数据速率为 8000 bps。1993 年，IBM 和 9 个贝尔运营公司开始在美国部署蜂窝数字分组数据(Cellular Digital Packet Data, CDPD)项目，其工作数据率为 19200 bps，当时期望着到 2000 年会形成一个巨大的市场。ARDIS 和 Mobitex 是独立的网络，拥有自己的基础设施和频带，分别利用各自的传输技术和基于竞争的媒体访问控制机制。与之对应的是，CDPD 的基础设施是叠加在已有的 AMPS 天线和频段之上的，增加了一

① 实际该标准于 2012 年 12 月发布。——译者注

个独立的物理层和基于竞争的媒体访问控制机制。这样的安排可以让 CDPD 的覆盖更全面，同时可以节省基础设施的建设成本，这些成本受土地成本、天线塔和频率段成本影响很大。在 20 世纪 90 年代早期，CDPD 被认为是移动数据产业的未来，当时它支持低速的应用，如远程访问计算机、文件传输和电子邮件。

在 20 世纪 90 年代中期，互联网开始进入家庭市场，连接到互联网的个人电脑的运行速度和内存大小发展迅速，从而为大量带宽饥渴应用的发展开创了一个新天地，这些应用需要的带宽比那些新兴的无线移动数据服务如 CDPD 所能提供的更高。这一动向促使蜂窝电话研发社团考虑将高速分组交换数据网络集成入 3G 蜂窝网络。3G 蜂窝网络的 IMT-2000 规范将数据速率 2 Mbps 设置为无线分组交换网络的目标。

当 3G 标准正在制定时，2G 的标准化活动已经开始考虑应对市场对高速分组交换数据的需求，并对当时的 2G 数字蜂窝网络加以扩展。流行的 2G 网络包括电路交换的分组数据应用，其速率很低，小于每秒数十千比特，并与 PSTN 接口。新服务将修改基础设施，增加新的硬件元素，直接把分组交换数据导向因特网，并将重点放在增加空中接口的数据传输率上。20 世纪 90 年代末，集成于商业成功的 GSM 蜂窝系统上的通用分组无线服务(GPRS)开始引入，其理论数据速率约为 100 kbps。它与之前提供移动数据服务的技术相比提高了一个数量级。GPRS 系统使用与 GSM 相同的物理空中接口，但是给一个用户分配更多的 TDMA 时隙。在本世纪初，增强数据率 GSM 演进技术(Enhanced Data rate for GSM Evolution, EDGE)发布，它是使用带宽效率更高的传输技术的标准，数据速率得到数倍提高，达到几百 Kbps。EDGE 仍然使用 GSM 基础设施和 TDMA 帧结构。GPRS 和 EDGE 的数据速率的真正限制是运营公司的带宽，GSM 只有 200 kHz。

2G cdmaOne(IS-95)和 3G CDMA2000(IS-2000)的每个运营商带宽为 1.25 MHz，其理论数据率可达几 Mbps，而几 Mbps 就是 3G 蜂窝网络的目标。在 2000 年代中期，演进数据优化，又被称为演进数据(EV-DO)标准被引入，从而可以采用原有的 QUALCOMM 2G CDMA 技术实现几 Mbps 的数据率，方法是将 1.25 MHz 载频全部用于分组数据服务。为了实现更高的数据速率，在某种程度上类似于 GPRS 和 EDGE，多个语音用户信道(现在用码字区分)被分配给一个数据用户，以高速传输突发的数据。数据占用的带宽与语音相同，但与 EDGE 相似，可以使用带宽效率更高的传输技术以实现更高的数据传输速率。同样，当这个思路应用于通用移动电信系统(Universal Mobile Telecommunications System, UMTS)时，由于 UMTS 使用宽带 CDMA 技术，其带宽为 5 MHz，因此它可以允许数据突发传输的数据速率进一步增长。在 2000 年代后期，高速分组数据(High Speed Packet Data, HSPA)被引入，它可以达到几十Mbps 的速率。当这些技术结合 MIMO 技术，在相同的带宽上允许传输多个数据流的信号时，数据速率又有了新一轮增长，无线移动数据访问的速率可达到几百 Mbps，这是目前从基于CDMA 的技术中所能期望的带宽最高值。

另一条蜂窝数据网络进化的路径来自 IEEE 802.11 无线局域网技术。在 20 世纪 90 年代早期，当时欧盟的蜂窝产业还由 Nokia 和 Ericsson 领导，它们主宰了移动电话行业，从 GSM 标准的成功及其全球广泛应用中获取了巨大利润，一个较小的组织发起了高性能 LAN(HIPERLAN)(Wil95a,b)的构想，它要比当时的其他局域网实现更高的数据速率。HIPERLAN-1 是第一个采用 5 GHz 无需授权频段，且在下一代无线局域网中采用非扩频技术的标准。FCC 强制在原来的无需授权 ISM 频段使用扩频技术，牺牲带宽以实现抗干扰及更低的功耗。与之相反的是，局域网行业的焦点却一直是实现更高的传输速率。HIPERLAN-1 采用的是一种自适应的信道均衡技术，它能达到的数据速率要比传统的 IEEE 802.11 采用的扩频技术高一个数量级［Sex89］。这个标准并没有在商业领域流行开来，它的后续版本 HIPERLAN-2 将其物理层与 IEEE 802.11a 合并。前面提过，HIPERLAN-2 采用 OFDM 技术，可以在多径非常丰富的室内环境下达到最高数据速率。早期对所有这些 WLAN 应用的传输技术的比较可以在［Fal96］中找到。HIPERLAN-2 和 IEEE 802.11a 的区别是媒体访问控制机制。HIPERLAN-2 致力于集中的媒体访问控制，而不像 IEEE 802.11 那样采用基于竞争的媒体访问机制，HIPERLAN-2 的机制在通信量大的时候能够更好地支持服务质量，蜂窝网生产者更喜欢这样，因为当时他们的收入主要来自蜂窝电话应用。

HIPERLAN-2 在商业上也没有成功。然而，接近于 20 世纪 90 年代末，采用集中媒体访问控制以获得更好的服务质量以及使用类似于无线局域网传输技术的思想扩展到了用于城域组网的 IEEE 802.16 网络，多点固定接入被作为无线组网的骨干。这些活动后来演变成移动 WiMax 标准，它使用 OFDM 和 MIMO 技术，采用集中分配的媒体访问控制机制，在 2000 年代末引起重大关注，并在全球部署了相当多的数量。这个进化路径的下一步是长期演进（LTE），在本书写作的时候，LTE-Advanced 紧随其后。这些无线技术的目的是在广域覆盖下实现千兆比特每秒的数据率。

过去几年藏在这些技术背后的激励是 iPhone 的巨大成功，以及紧随其后的其他智能手机和平板电脑数据应用的巨大带宽需求。这些设备的普及已经改变了人们的习惯，包括从将电话作为主要的通信媒介改为以电子邮件、短信和社会网络为主要媒介。新的多媒体应用，如 YouTube 的使用量暴增。这些数据应用的高数据率需求已迫使服务提供商来重新设计他们的网络，以适应即将到来的数据通信世界，它们同时也是 WiMAX 和 LTE 标准出现的背后力量。使这些技术适应新兴的智能设备是这些网络未来成功的关键。然而，智能设备倾向于使用 WiFi，是因为它大多数时候是免费的，为每个用户提供更高的数据速率，并消耗更少的电量。要将这些功能的优势引入蜂窝应用，这个行业正在考虑使用毫微微蜂窝技术来实现，毫微微蜂窝技术使用传统的蜂窝技术在例如 WiMAX 和 LTE 的全 IP 环境里集成语音和数据，但其基站的覆盖范围很小，与 WLAN 类似。未来的本地无线接入行业可能是毫微微蜂窝技术和现有无线局域网技术之间的竞争。毫微微蜂窝基站可以由服务提供者部署，也可以由用户在对自己的语音应用有更高的服务质量要求时由用户自己部署。无线局域网则大多由个人随机部署，但是其价格低廉。如果真的能形成竞争局面，这将是一个很罕见的案例，数据通信网络技术的成功增长势头反过来被面向话音的技术所遏制。在广域覆盖方面，3G 和 4G 技术在相互竞争，以赢得智能手机、平板电脑和笔记本电脑制造商的青睐。

图 1.14 草绘了广域、局域和个域无线网络的比较图。纵轴显示了移动的程度，横轴表明了每个用户的数据率。由于蜂窝塔的覆盖区域可能跨越几十千米，而 WLAN 接入点的覆盖区域小于 100 米，WPAN 的覆盖范围在 10 米左右，共享同一个载频的用户数量将比大区域多得多，因此大区域限制了交付给每个用户的数据率。在比较图中另一个隐藏的因素是移动终端的电池寿命问题。大区域需要更高的功率消耗，随之而来的是移动终端的电池使用时间降低。这些问题对于该行业未来技术的选用是至关重要的。例如，一个智能手机制造商可能会选用 3G，它的数据速率较低，但功耗较小，而不会选择 4G，虽然 4G 拥有更高的数据速率，但它的功率消耗过大。

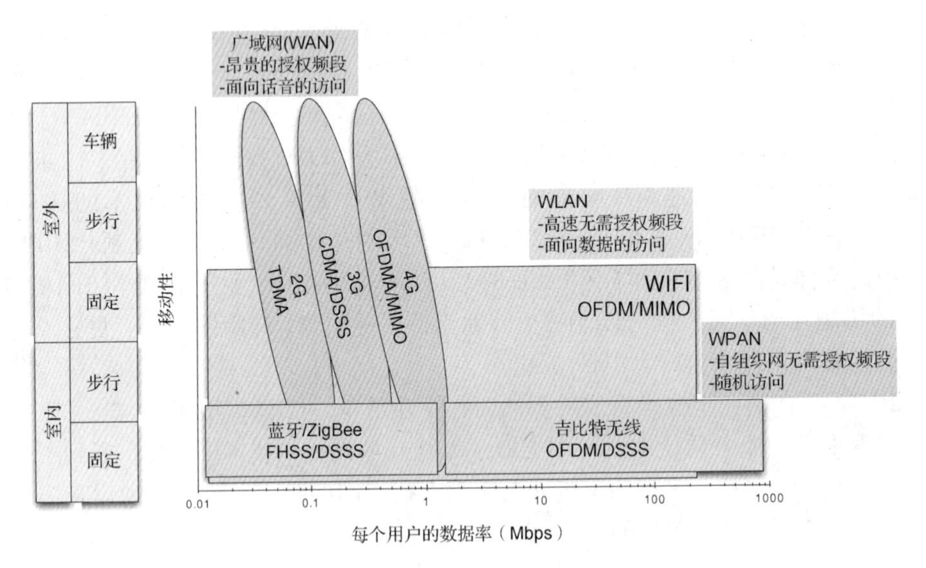

图 1.14 从用户角度看到的无线技术概览

1.5 无线定位技术的发展

无线定位产业始于在二战期间定位用于军事行动的电台，从而定位处于紧急状况下的士兵。20 年后，在越南战争期间，美国国防部推出了一系列的全球定位系统(GPS)卫星，以支持在战斗地域内展开的军事行动定位。到 20 世纪 90 年代，GPS 卫星信号开始对私人领域的商业应用开放，这些商业应用包括车队管理、导航和紧急援助。到今天，GPS 技术广泛应用于民用市场，用于个人导航应用。GPS 接收机被设计用于确定在开放区域例如航道、航线、公路上的船只、飞机或移动车辆的位置。然而，GPS 定位的精度在市区和室内区域会严重受损，这些区域里接收的信号会受到广泛的多径效应和额外的路径损耗。在过去的 10 年中，为了应对这种情况，使用 GPS 以外信号的无线定位技术开始显现。我们可以将这些定位技术称为“利用机会信号”。对 GPS 系统的完整描述超出了本书的范围，但感兴趣的读者可以在公开的文献[Kap96]里发现大量的信息。在本书中我们主要讨论采用机会信号的到达时间(Time of Arrival, TOA)和接收信号强度(Received Signal Strength, RSS)的无线定位技术。

1.5.1 基于 TOA 的无线定位

GPS 接收机测量接收信号的 TOA 来测量到卫星的距离，并据此来定位自己在地球上的位置，误差在几米范围内。然而，它无法在市区和室内正常工作，而这个区域里有许多与计算机相关的应用程序可以从位置信息中获益。20 世纪 90 年代中期，美国国防部高级研究计划局(DARPA)推出了小单元运行态势感知系统(Small Unit Operation Situation Awareness System, SUO/ SAS)计划，旨在为军事和公共安全行动提供精度为 1 米的室内定位技术。大约在同一时间，风险资本家开始资助一些初创企业，例如 PinPoint(位于美国马萨诸塞州的沃本)和 WhereNet(位于美国加利福尼亚州的圣克拉拉)，这两个公司都在寻求开发和实现精度不低于 SUO/SAS 要求的室内定位技术。

基于 TOA 的定位技术在 GPS 定位系统里的成功应用让军事和商业研究人员首先朝这个

方向努力。这个想法听起来很简单。使用与GPS系统相同的工作频率、带宽和信号强度，可以在几分钟内实现几米左右的精度。如果我们想将这一技术扩展到实际的室内定位，则必须克服四大挑战：

1. 需要定位精度高于几米，以识别对象处于楼宇的哪个房间里。
2. 需要应对20~30分贝的额外路径损耗，这个损耗是穿透建筑物墙体引入的。
3. 需要算法来应对多径情况。
4. 需要将首次定位的时间减少到数秒。

于20世纪90年代后期开发的基于TOA的先驱军事和商业定位系统并没有满足这些挑战。DARPA不得不对其精度要求做了妥协，而那些商业初创公司则是失败了。

由SUO/SAS计划开展的无线电传播研究揭示，室内定位的主要问题源于视线通视受阻挡(Obstructed Line Of Sight，OLOS)条件下的严重多径，而这一问题经常导致大幅度的误差[Pah98]。亡羊补牢，军事和公共安全应用开发者开始求助于超宽带(Ultra Wide Band，UWB)、超分辨率、多径分集、协作定位[Pah06]等诸如此类的方法。最近，惯性导航系统和其他传感器已被添加入某些系统中，以协助克服RF室内定位的不足，同时使用各种传感器补偿基于TOA的RF定位的混合定位方法也正在开发中[Moa11]。军事和公共安全应用的特殊技术要求是，这些技术设计用于应急响应状况，此时对环境的信息了解很少，因为环境要么像军事目标一样未知，要么像灾害现场一样正在快速改变。而在商业应用中，建筑的地图则可以获知，通过大楼里现有基础设施的无线电特征可以查找对应的地点。这种区域内无线电特征调查的结果可以用作比较简单的基于RSS定位方法的补充。

1.5.2 基于RSS的定位

对于商业应用来说，其他主要的问题还包括：新的专属硬件的成本和基础设施的部署。这些成本因素使得产业界在开发室内定位技术时，尽量利用现有的WiFi和蜂窝网络基础设施，而这些WiFi和蜂窝网络基础设施在各种室内环境里增长迅速。基于RSS的定位精度与接入点或基站的覆盖范围处于同一量级。由于WiFi覆盖范围在数十米左右，而基站覆盖几公里，因此使用RSS的WiFi定位技术已成为一个非常重要的补充定位技术，用来弥补GPS在室内定位上的不足。在本书写作时，基于RSS的WiFi定位已经成为智能设备如iPhone、iPad、Kindle以及其他类似设备里最流行的定位引擎。为智能设备服务的、业界领先的WiFi定位公司Skyhook(波士顿，马萨诸塞州)，其数据库每天接收从智能设备发来的位置请求信息数以亿计。

在室内使用WiFi基础设施的TOA和RSS的定位的概念首次出现于2000年[Li00; Bah00]。基于RSS的定位需要做现场调查，以构建一个数据库，作为楼宇内处于不同位置上的无线WiFi设备的RSS样式参考[Roo02a，b]。在本行业的早期，数据库是使用站点地图在室内区域里逐点采集的。每个采集数据的位置均标注在地图上。这种方法有三个缺点：(1)室内区域的地图对外是不公开的；(2)数据的收集非常耗时；(3)系统的覆盖范围仅限于有限的几个互不相干的建筑物。这些应用程序的市场当然只是一些特定的建筑物，例如，医院、博物馆和仓库。在这些建筑中对设备、物品和人员的定位要求非常高。

在2000年代中期，用于城区的WiFi定位技术出现在市场上。这些系统中的数据采集包括如下流程：驱车穿越城区的街道，接收器标记采集的位置，同时用PGS测量当前接入点的

RSS 信号强度[Pah10]。这些系统称为无线定位系统(WPS)，它们覆盖了大都市地区。WPS 系统最先被 iPhone 采用，而 iPhone 这类业界领先的流行智能终端则给通信应用及支持这些应用的网络带来了革命性变革。这些系统的优点是使用谷歌卫星地图实现了全面覆盖。最近，谷歌开始收集流行的公共场所的室内地图，例如机场、商场等，这也激发了许多新的创业公司投身到这些区域的室内定位应用开发上。

1.6 本书的结构

无线接入和定位是非常复杂的多学科系统工程学科。要描述这些网络，我们需要将它们的内容分为几类，构建逻辑组织结构，以展现重要的内容。从前述章节中讨论无线网络发展的相关内容，可以观察到如果学生要详细地理解这些系统，他们需要的关键知识是所应用的传输技术和媒体访问控制方法的细节。对这些技术的比较需要理解无线电在城市和室内区域下的传播特性，在这些地方无线电将会受到严重的多径条件的影响。为了让这本书适用于工程或科学课程的教学，我们需要提供有用的、与比较和评估这些系统关联紧密的定量分析和理论分析示例。在特定领域如数字通信或信号处理的相关教材和课程中，给出传输技术演化的细节，或者设计过滤器、转换器来有效地处理信号是很常见的。而多学科领域例如无线网络、机器人工程或者生物工程则使用其他学科的结果，并将其融合形成新的领域。这些领域的学生所使用的理论分析示例将更加纷繁复杂，需要对这些示例仔细选择以避免过度繁复，同时保持其有用性和避免肤浅化，能够很好地承载教学价值。因此，对所要表达的内容以及对各种问题的讨论深度的清晰组织是非常必要的，因为内容的多学科本质将对本书的恰当性起到至关重要的作用。

本书的目的是描述前述章节和在图 1.13 中总结的技术，这些技术均是在无线接入技术发展过程中产生的，同时本书也用于理解正在涌现的无线定位技术的基本原理。它旨在提供标准和技术的概述，阐述隐藏在这些技术背后的基本科学思想，以及给出使用这些基本技术的流行标准的示例。这些标准被用以解释这些技术“为什么”和“在哪里”使用的问题。本书分为导论章及五个部分。第 1 章的概述内容明确了无线网络的意义，绘出了无线网络演进的草图。本章还提供了重要的无线系统的概述，纵览了本书其余章节的组织结构。第 1 章里给出的内容区分了无线市场的不同区域，加深了读者对于驱动这些区域成长的背后力量的认识，并给出了已开发出的相关标准的概述。第一章提供的材料鼓励读者继续研究本书后续章节提供的细节。

本书分为五个部分，每个部分均设有多个章节，分别侧重描述无线网络的某个方面。本书的第一部分和第二部分致力于空中接口设计和无线网络的工作原理。这些部分提供了要了解无线网络所需的技术背景。技术细节要么与空中接口的设计有关，要么与基础设施的部署和运营相关。第一部分包括三章，主要描述空中接口的技术细节。第二部分包括三章，主要探讨无线网络基础设施的技术方面的问题。本书的第三部分和第四部分专门以比较的方式描述典型无线网络的技术细节。第三部分包含介绍局域宽带和 ad hoc 无线网络的三章，分析了流行的 WLAN 和 WPAN 技术。第四部分的三章用于描述实现无线广域网的技术。本书的第五部分专门探讨无线定位，它包含三章，分别描述了无线定位的系统因素、理论边界和实际应用。

1.6.1 第一部分：空中接口设计的基本原则

有线终端与传输线连接并由其供电，通过有线接入信息网络可靠、固定并相对简单。无线移动终端由电池供电，无线接入通过空中实现，不可靠且带宽受限。物理层连接和接入方法的设计，以及对无线工作过程中媒体行为的理解要比有线工作机制复杂得多。设计无线连接的空中接口需要对信道行为和更复杂的物理和媒体接入控制机制的更深入理解。无线媒体的行为比有线媒体更复杂，因为在无线信道上接收信号强度会受到广泛的功率波动影响，而这些影响是由时间和空间的信道动态变化所引起的。用于无线接入的传输技术更复杂，因为它们必须是功率和带宽有效的，它们需要采用技术来应对由媒体导致的接收功率抖动。本书的第一部分就专门在第2章里分析讨论信道的行为，在第3章里概述已应用的无线传输技术，并在第4章里描述用于无线接入到PSTN和因特网的媒体接入控制技术。

第2章介绍了路径损耗模型、信道的波动以及信号的多径到达。路径损耗模型描述了移动站平均接收功率和它与基站距离之间的关系。这些模型在部署网络时使用，以确定一个基站的覆盖范围。在无线媒体的通信过程中，接受功率并不恒定，它在移动终端运动或环境变化时随时间变化。信道变化的模型用于设计接收机的自适应单元，如同步电路或均衡器，以应对信道的变化。多径特性模型用于设计接收器，该接收器可以处理沿不同路径到达接收机的信号之间的相互干扰。

与空中接口相关的另一章是第3章。第3章描述了用于实现各种无线网络的数字传输技术。无线系统的多样性和传输技术的复杂性要比在有线网络中能观察到的大得多。本章提供了用于无线接入到PSTN和因特网的无线传输技术基本原则的概览。我们首先简要描述了多径效果对无线网络性能的影响。然后，我们描述了传统的传输技术，抗多径传输技术，无线网络里采用的编码技术，并简要介绍了认知无线电和动态频谱管理。

与空中接口相关的第三个章节是第4章，它致力于应用多址接入方案来实现无线媒体里的分组传输。本章首先描述和比较了指定接入策略，例如TDMA和CDMA，它们的演变用于无线接入进PSTN。本节的第二部分专门探讨基于CSMA和ALOHA的随机接入技术，例如ALOHA和载波侦听多路接入(Carrier Sense Multiple Access，CSMA)，以无线接入进因特网。本节的最后一部分分析已经应用的语音和数据集成接入方法，这些方法早就被用于无线接入PSTN和因特网了。

1.6.2 第二部分：网络基础设施设计的基本原则

在本书的第二部分我们讨论无线网络的固定基础设施方面的设计技术。这部分包括第5~7章，分别探讨部署、运营和无线网络的安全性。无线网络中的媒体是共享的，因此当它们在同一个或相互交叠的频段工作时，相互之间会干扰。其结果是，对干扰本质的理解是无线网络基础设施部署的根本。不同无线网络使用的频段不同，可能是无需授权的，例如WLAN和WPAN通常使用的频段；也可能是授权给一个地区的服务提供商的，这在蜂窝电话网络中很常见。无需授权的频带是面向大众公开的，其结果是网络的部署和设备之间的干扰几乎不可控。在授权频段，服务提供者拥有带宽以及网络基础设施，因此，它可以控制干扰和发挥它的优势，提供有效的和全面的网络覆盖。在第5章中，我们讨论了WLAN和WPAN的产品在不受控制的无需授权频段时相互之间的干扰，以及在授权频段的用于控制干扰的频率管理方法。使用授权频段的服务提供商经常从最小的基础设施和几个天线站点开始，以保持较低的初始投资。随着用户数的增加，服务提供者扩展他们的无线基础设施来增加容量，提高质量。蜂窝基础设施的部署和扩建的相关技术也在第5章介绍。该章是探讨网络基础设施的相关技术方面的第一章。它讨论了一般无线网络的干扰，不同的拓扑结构在蜂窝基础设施部署时的频率管理问题，以及与扩展和朝新技术迁移有关的问题。

第6章和第7章专门探讨固定网络基础设施支持移动操作的功能。这些功能包括移动、无线资源管理、电源管理和安全管理。这些问题在第6章里的两个独立部分和第7章里分别讨论。第6章的移动性管理部分描述了移动终端如何在不同位置向网络注册，以及网络在移动终端从一个天线站换为另一个天线站接入网络时如何追踪移动终端的位置。第6章的无线资源和电源管理部分专门探讨用于控制质量和终端发射功率的技术。面向语音的网络控制移动终端的发射功率，以最大限度减少对使用相同频率的其他终端的干扰，同时最大限度地延长电池寿命；面向数据的网络则使用睡眠模式以避免不必要的功率消耗。对如何实现这些功率控制和睡眠模式的方法的解释和示例在第6章里提供。第7章专门探讨无线网络安全问题。无线连接天生容易受到欺骗连接和监听的攻击，它需要一些安全手段来避免这些攻击。无线网络的安全通过鉴权和信息加密来实现。当无线终端连接到一个网络时，网络和终端之间就要运行一个鉴权过程以检验终端的真实性。连接建立后，所发送的比特将被加密机制加以扰乱，以防止窃听。用于这些目的的算法将在第7章的最后一部分讨论。

1.6.3　第三部分：无线局域接入

在第1章中完成对标准的概述，以及完成第一部分和第二部分的技术方面的概况研究之后，我们将在第三部分和第四部分中提供实用的无线接入技术的详细描述。这些详细描述分为两部分，分别针对无线局域接入（第三部分）和广域无线接入（第四部分）。

本书第三部分介绍了用于在无需授权频段实施局域无线接入的WLAN和WPAN技术，它由三章组成。首先是第8章，它提供了对无线局域网产业和IEEE 802.11标准化委员会的概述。该章提供了IEEE 802.11的细节，展示了工作在无需授权频段的分组交换无线标准的各个方面。IEEE 802.11的媒体接入技术是CSMA / CA（避免碰撞的CSMA），它导致该标准的定位是无连接的分组交换标准。这一特征简化了因特网接入，可通过直接连接或通过连接到现有的有线局域网来实现。该章的内容描述了标准的目标，解释了分组成帧规范，该标准支持的物理和媒体接入控制层可选项，并提供了移动性支持机制的细节，如注册、切换、电源管理以及安全等。

第9章致力于低功耗的无线个域网技术，其工作的数据速率低于WLAN的速率，该章重点在于强调蓝牙和ZigBee技术的细节。该章首先描述了IEEE 802.15标准委员会，以及WPAN的低功耗与千兆无线技术。然后，以合理的深度描述了蓝牙和ZigBee技术的细节。这类WPAN网是专门工作在短距离，以实现个人设备或传感器之间连接的无线ad hoc网络。这些个人设备或传感器最终为用户提供面向话音或面向数据应用的无线通信。这些系统的物理层和媒体接入控制方法要设计成适合这类应用程序之一。蓝牙接入是集中式的，它更适合于话音应用的实时流的质量控制，因此它在诸如无线耳机或无线麦克风这类应用中得到了普及。ZigBee接入方法是基于竞争的CSMA/CA的轻量级版本，它原本用于IEEE 802.11，更适合数据突发的应用，从而导致这一技术主要用于传感器网络应用，以实现低功耗低速率分组传输。在描述完作为WPAN标准的蓝牙和ZigBee后，我们用另一个低功耗的新兴标准的简短描述来结束第9章，这个新兴标准就是IEEE 802.15.6，它为体域网(Body Area Network，BAN)而设计，在本书写作时它是一个活跃的研究领域。

第10章致力于支持数据速率超过现有无线局域网的技术，并将这些技术称为局域和个域网络里的千兆无线网络。在本书写作时，超高速无线个域网行业尚不如低功耗无线个域网成熟，它正在其发展道路上前行，期待在不久的将来会迎来一个可观的市场。然而，本行业那些从事研究和开发的人员却相信它可以支持大量应用，包括高清视频流媒体、无线千兆以太网、无线对接站、桌面点到多点的连接、无线主干网和无线 ad hoc 网络[Guo07；Per10；Dan10；Kum11]。我们在第10章开始首先介绍3.4~10.6 GHz频段的UWB技术，随后将继续讨论用于短距离千兆无线的、演进到57~64 GHz频段的千兆无线技术。本章的目的是提供对这个行业的发展概览，对这些网络的设计和运行的基本概念提供一些详尽的示例。

1.6.4 第四部分：广域无线接入

本书第四部分专门描述用于无线接入PSTN和互联网的重要广域组网技术。正如在1.2节中解释的那样，蜂窝网络最初设计用于蜂窝电话应用，并且与电路交换网PSTN连接。因此，设计1G、2G和3G蜂窝网络的关注核心是蜂窝电话应用如何与PSTN连接。蜂窝电话需要为每对用户提供大约10 kbps的低数据速率，而同时会有众多用户从事双向对话。当移动用户变更它们的连接点，从一个天线接入网络改为从另一个天线接入网络时，其业务的服务质量对用户来说非常重要。这些需求要求更简单但是更健壮的蜂窝传输技术，以及集中控制的媒体接入技术。为蜂窝电话应用所发展起来的蜂窝网络技术在一代、二代、三代蜂窝网络中分别采用了FDMA、TDMA和CDMA技术，以适应这一需求。在2000年代末期，随着智能手机开始普及，蜂窝网络运营商开始关注全IP的4G网络，以实现因特网接入，因此OFDM和MIMO技术被发展用于无线因特网接入。在本书的该部分我们用三章的篇幅解释TDMA和CDMA蜂窝网络的工作原理，它们主要被设计用于无线接入PSTN，我们还将介绍4G蜂窝网络和用于无线因特网接入的WLAN技术之间的差异。

在第11章中描述了与PSTN连接的广域无线接入网络的整体基础设施，以及在流行的2G TDMA数字蜂窝网络GSM里使用的TDMA空中接口的细节。在第12章中我们描述在传统的2G cdmaOne及其3G蜂窝网络扩展里使用的CDMA技术细节，它被用于实现PSTN无线接入。选择这些内容的显著原因是GSM在世界范围内的普及和CDMA技术被3G蜂窝系统选为核心技术。在本部分的最后一章，也就是第13章里，我们致力于分析用于4G蜂窝网络的OFDM和MIMO技术的实现。

有关体系结构的详细信息、支持移动性的机制以及蜂窝电话网络的分层协议在第11章里描述，另外还作为TDMA空中接口的范例补充了GSM空中接口规范的内容。其他的TDMA数字蜂窝标准如目前在无绳电话领域广泛应用的DECT，与GSM的本质非常相似。在第11章中，我们首先描述所有的蜂窝网络结构的要素。然后，我们研究移动支持机制，包括注册、呼叫建立、切换和安全的实现细节。本章的最后一部分提供了分组如何形成并在TDMA空中接口上发送的细节。本章向读者展示了无线蜂窝网络发展所涉及问题的复杂性和多样性。

第12章致力于适用于3G蜂窝系统的CDMA和WCDMA技术。由于TDMA和CDMA系统的有线骨干网非常相似，因此我们重点关注CDMA的空中接口部分，这一部分CDMA与GSM系统的TDMA完全不同。在本章中，我们描述采用CDMA的原因，用户使用扩频码字在蜂窝内部或蜂窝之间相互区分的方法，以及扩频如何利用多径分集效应。扩展频谱如何影响了2G和3G系统空中接口设计的细节，以及CDMA的特殊挑战如软切换和功率控制也都在本章解释。有关HSPA的发展导致网络体系结构和空中接口变更的内容将用来总结本章。

这一部分的最后一个主题是有关4G蜂窝网络的描述，位于第13章。该章专注于蜂窝网络的WiMax和LTE技术的实现细节。在这一章中，我们说明使用OFDM作为主要传输策略，用MIMO技术实现高数据率的主要原因。我们还描述了采用WiMax和LTE的扁平化网络体系结构与传统的GSM和CDMA网络采用的分层体系结构相比的优势。最后讨论LTE-Advanced，它是上述技术的演进。

1.6.5 第五部分：无线定位

本书的最后一部分致力于无线定位技术。定位的基本要素是地图，以及一种寻找到地图上可以识别的地标之间距离的手段。如果使用一个射频信号发现到地标之间的距离，我们可以称这个系统为射频定位系统。第一个流行的射频定位系统是GPS，它最初设计用于军事应用，后来可用于商业应用。GPS并不能在室内或者在高度密集的城市地区有效工作，它有一个相对较长的预热时间，它同时也是一块硬件，也要消耗移动设备上的电池电量。将GPS扩展到室内和城市区域，为军事和商业应用服务，采用非GPS信号的无线定位技术近几年才开始应用。无线定位技术和无线网络之间的技术连接点是对信道行为及其对不同媒体上无线波形传输影响的理解，同时无线定位技术也经常使用无线基础设施和无线信号来实现定位。在第五部分中我们用三章解决无线定位的不同方面。第14章提供了对无线定位系统的简介，第15章涵盖了无线定位的基本原理，第16章则讨论无线定位的实际问题。

第14章致力于室内定位和蜂窝定位的介绍，它们正作为新兴的技术补充局域和广域无线服务。本章介绍了一个通用的无线定位服务体系结构，描述了这些系统的实施的可选技术，并给出了不断发展的基于位置服务的示例，基于位置的服务已经成为各种各样应用的必要组成部分。

第15章首先对用于定位技术的射频传感器建模。行为建模对于理解无线室内和城区定位技术的复杂性很重要。本章的第二部分专门致力于计算Cramer-Rao下界(CRLB)，以用于无线定位技术的性能评估。这些界使我们能够以定量的方式比较不同无线传感器的性能。第14章的最后一节专门用于综述使用不同的射频感知技术的基本定位算法。

第16章致力于无线定位技术的应用方面。本章开始我们首先解决基于RSS的WiFi定位相关问题，它是当前在智能设备里各种常见的基于位置应用最常使用的无线定位技术。然后我们探讨采用基于TOA的更精确的室内定位方法，介绍在测量TOA时的挑战，重点强调当发送者和接收者之间的直达路径被阻断时而导致的大偏差。随后讨论在发送者和接收者之间的直达路径被阻断时，采用多径分集和协同定位的定位方法。本章的最后一节专门讨论用于人体内定位的最新定位技术，这一技术在本书写作时出现。人体是一个非均匀的液体状媒体，它对射频具有深度的路径损耗，其地图是模糊的，因为它里面的对象是不断移动的。随着定位从室外变迁至室内，再转移至人体内，我们解释研究团队将会面临的挑战，以应对正在出现的无线健康应用所需要的人体射频定位需求。

思考题

1. 为什么无线基础设施里，通常有一个有线网络作为其一部分？
2. 无线网络与有线网络有哪些差别？至少解释5个差别。

3. 授权频段和无需授权频段的区别是什么？举出两个无线技术标准的示例，一个运行在授权频段，一个运行在无需授权频段。

4. WLAN 和 4G（WiMax 和 LTE）数据服务的区别是什么？请从工作频率、数据率、覆盖范围和资费策略上分别阐述。

5. 什么是 WiFi 定位？WiFi 定位如何弥补了 GPS 技术的不足？

6. 说出无线网络已经发展出的四种市场类型。

7. 解释为什么标准化对于广域、局域和个域无线网络很重要。

8. 无线接入到 PSTN 和因特网所需的技术特征的主要差异在哪里？

9. 无线网络的标准如何发展？哪种类型的组织参与这些发展过程？

10. 基于连接的和无连接网络的区别是什么？对这两个网络各试举一例。

11. 什么是 WPAN？WPAN 和 WLAN 的区别是什么？举出起草这些网络草案标准的两个主要的标准化组织的名字。

12. 当 ISM 频段开放后，它们有什么新颖之处？ISM 在 0.9 GHz、2.4 GHz 和 5.7 GHz 的可用带宽分别是多少？

13. 什么是 ZigBee 技术？它与蓝牙技术有什么区别？哪个标准化组织正在研究这些技术？

14. BAN 代表什么？举出两个使用 BAN 的常用应用名字，举出致力于该技术的标准化组织名字。

项目

项目 1.1

搜索第1章和互联网（IEEE Explore，维基百科，谷歌学者，ACM 数字图书馆）来确定一个研究领域和一个商业开发领域，它们分别是你认为在无线信息网络产业未来最重要的领域。给出你的理由，你为什么认为该领域是重要的，并至少引用一篇文献或一个网站来支持你的陈述。

项目 1.2

访问 http://www.cwins.wpi.edu/workshop11/program.html 网页，复习于 2011 年 6 月 20 日召开的 WPI 体域网技术和应用研讨会上的技术演示和摘要①，用谷歌学术搜索每个摘要后面每一类问题的基本挑战，并找出该领域里你认为最感兴趣的一篇文献。列出你为每一类选出的文献的作者、标题、出版者以及日期信息。同时，打印并仔细阅读其中你最喜欢的一篇文献，解释你为什么喜欢这篇文献。

项目 1.3

阅读以下文献：

http://www.intomobile.com/011/12/23/were-top-mobile-trends-2011-infographic/

http://www.businessweek.com/magazine/map-apps-the-race-to-fill-in-the-blanks-01122012.html

http://www.insidegnss.com/auto/may10-Pahlavan.pdf

写一篇一页论文，讨论当前和未来的 WiFi 定位发展方向。你需要提到商业情况、技术挑战以及该领域的未来发展方向。

---

① 原书是 Synapses，神经元，经查实网站，此处应该是 Synopsis，即摘要。原文有误。——译者注

第一部分

空中干扰设计

第2章　无线媒体特性

2.1　引言

理解无线电传播的特性，对于合理制定无线网络的设计、部署和管理策略是非常必要的。事实上，正是“无线电信道”的特殊性质使得无线网络颇为复杂。本书主要聚焦于无线设备的接入和定位，在通信过程中，我们使用无线电信号来传递通信信息；而在定位方面，则根据信号波形的某种特征来测量发射端与接收端之间的距离。在开放空间中，波形的传输过程是可预测的，例如卫星通信，其波形的变化主要由天线的特征决定。因此，设计师可以根据接收端的一些重要特征来设计天线。在此过程中，唯一不可预知的接收信号是噪声，它们是由天线接收到的，或者是产生于发射和接收过程中的信号。系统设计者最关心的是如何通过调整发射功率来控制接收信噪比（接收到的信号强度与噪声功率之比），以适应期望信号覆盖范围。

开放空间与室内或城市中的无线电传播模型有很大差别。分析研究表明无线电波在开放性区域（短距离或自由空间）的传播是相对简单和确定的，这是因为在信号发射端和接收端之间仅有一条传播路径，而室内和城市中的信号传输则存在多径效应，在本章的后续章节中，我们会详细介绍这一特征。在设备的无线接入和定位过程中，多径到达会造成信号衰落、频率选择性衰落和信号波形失真。其中信号衰落是由信号发射机或接收机的移动造成的，并且发射机和接收机附近的目标的运动同样也会造成信号衰落。频率选择性衰落是由于多径信号的叠加而引发的一种破坏性结果。在定位过程中，信号波形失真会对发射信号所携带的比特信息或信号传输的测量时间产生干扰。熟悉室内和城市区域内多径传输的特征十分重要，有助于我们设计和合理地配置无线网络。

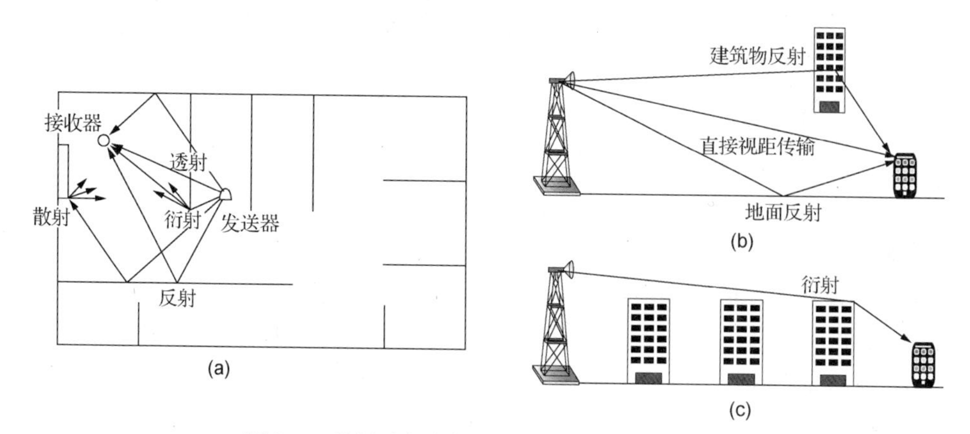

图 2.1　传播路径的例子和产生传播路径的机制

2.1.1　多径传播的产生

无线网络使用的无线信号波长比建筑物尺寸小，因此电磁波可以被简单地视作射线

[Ber94]，每一条射线代表从发射机到接收机之间的一条路径。在自由空间中，在发射机和接收机之间有且仅有一条直接的视距传输路径。在室内和城市区域，多条传输路径沿不同方向将信号传递给接收端。图2.1给出了三种不同无线传输场景下的信号传输路径。图2.1(a)描述了室内信号传输的四种不同机制，即透射、反射、衍射和散射。图2.1(b)刻画了在城市区域中信号的两种传输方式——直接视距传输和通过建筑物或地面的反射。图2.1(c)则展示了在密集的城市区域中信号衍射的传播机制。因此，造成多径传输的原因可以归结为信号的非直接视距传输和图2.1(a)中提到的另外四种传播机制。

反射与透射 对于反射或透射，影响信号衰减的因素包括：频率、入射角度、建筑使用的材料以及墙的厚度。这些因素主要用于分析室内无线电传播特性。对于市区的室外环境，因为透射遇到的墙壁太多，信号强度也就减弱到可以忽略的程度，透射因素往往就不重要了。

衍射 射线遇到建筑物、墙壁和其他大型物体的边缘时，可以看作在边缘处激起次生波源。次生波源产生的衍射场从边缘处以柱面波方式向外传播。由于衍射场可以到达非视距区域，因而衍射传播可以到达“阴影”地区。由于产生了次生波源，因而衍射产生的损耗比反射、透射的损耗大得多。因为信号穿透建筑物是不现实的，所以衍射是室外传播的一种重要传播特性(尤其在微蜂窝区域)。但是，相对于反射信号或穿透薄墙壁的透射信号而言，衍射信号是极其微弱的，因此衍射对于室内就显得微不足道了。

散射 射线遇到不规则物体时，如室内粗糙的墙面和家具、室外的车辆和植物等，会发生散射，以球面波形式向所有方向传播。散射主要发生在物体尺寸与电磁波的波长相当或者小于波长的情况下。射线向多个方向传播时会降低功率等级，尤其是在距散射体较远的区域。因此，除非发射端和接收端处于十分杂乱的环境中，否则散射现象并不重要。这种特性主要体现在漫射红(DFIR)传播，这是因为红外线信号的波长与墙面的粗糙程度相当，会产生较强的散射。对于卫星和移动通信，树叶和植被都会造成散射。然而，散射有助于发送多样化信号，以及接收端使用MIMO技术接收信号。

本章的其余章节，我们会分析在不同的环境和通信频率中，多径到达给无线网络造成的影响，并研究不同多径传输信道的建模方法。

2.1.2 多径传播的影响

在无线网络中，从发射端发送信号波形或电信号，在接收端分析接收到的波形既可以用来提取发送信号和信道的某些信息，也可以用来估计发射端和接收端之间的距离。信道的多径特性导致某些波形沿不同的路径到达接收端，每个路径有不同的振幅、相位和到达时间。因此，多径结构造成所接收到的信号发生变化。传播策略(参见第3章)信息通常隐含在发送信号的幅度和相位中。估计发射端和接收端之间的距离则是通过到达时间或接收信号强度来获得。因此，无线通信和定位容易受信道多径特性的影响。要设计可靠的无线通信机制和准确的定位算法必须分析该因素。这一因素在静态环境中是非常复杂的，随着移动终端移动或人在发射端链路附近走动，多径的结构就会发生变化，更进一步增加了问题的复杂性。此处忽略细节，首先阐述多径所造成的影响以及信道模型的种类，这样有利于我们进一步研究无线网络。

图2.2给出了在移动终端远离接入点(发射端)的多径环境下接收信号强度(RSS)的例

子。当发射端接近于接收端时，以直接视距(LOS)路径的功率为主，其他路径(由不同机制产生)的功率则可以忽略。随着接收端远离接入点，其他路径的功率渐渐可与直接视距路径的功率相媲美，我们可以看到信号强度相似的若干个多径分量。若某些物体诸如墙、人体、家具等，阻挡了发射端和接收端间的直接视距，会对直接视距接收到的信号强度造成衰减，它的功率会小于其他的多径分量(这是信号经过传输的影响)。接收信号的功率波动很大，这是由于终端的移动和多径结构的变化所产生的功率衰减，后续章节中我们会把这一特征与信道频率的变化进行对比。因为这种衰落是基于多径而产生的，我们把这种基于时间和距离的不同程度的衰落定义为多径衰落。从图 2.2 可以看出，随着接入点和终端的距离的增加，平均接收功率在减小。我们需要研究的模型是：(a) 随着距离增大平均功率如何减少；(b) 随时间变化瞬时功率如何波动。

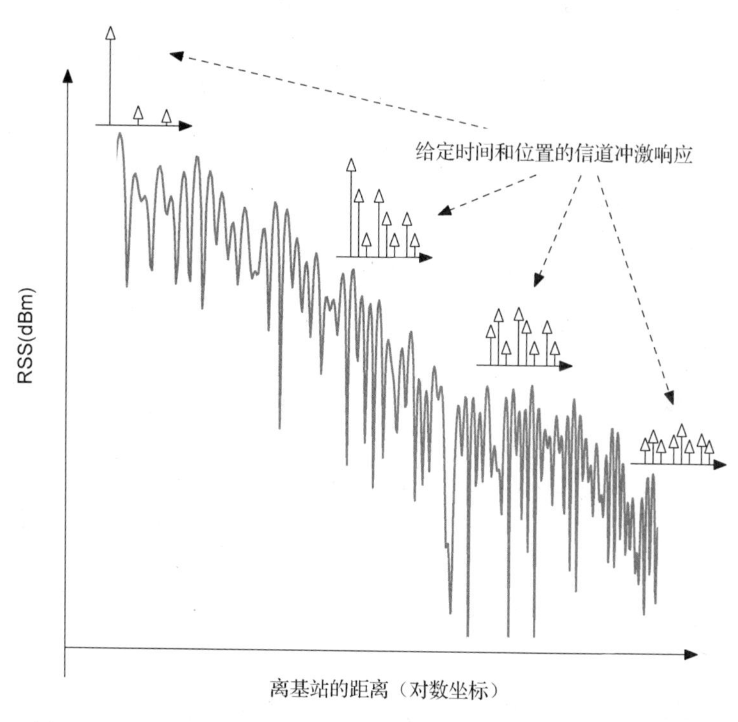

图 2.2　多径分量的功率与 RSS 随无线信道中的距离而波动的关系

图 2.3 表明了一个建筑物内的两个位置之间的信道冲激响应和信道频率响应的测量结果。频率响应与冲激响应的傅里叶变换有关。测量冲激响应和频率响应特性有如下方式：(a) 为了无线通信和定位使用，通过在想要的频率宽带里扫描，并对接收到的波形进行傅里叶逆变换得到冲激响应波形；(b)通过发送窄带脉冲，并对不同路径到达的脉冲组成的接收波形进行傅里叶变换。在图 2.3 中，在频率域已经扫描过信道，从已测量的频率响应中得到信道的冲激响应。冲激响应验证了许多接收脉冲沿着不同路径到达的事实。频率响应表明不同频率的信号强度有大的变化，尤其是某些特定频率的信号强度受到严重衰减(也就是它们导致接收信号的衰落)。换句话说，信道的多径特性导致接收信号的频率选择性衰落。因此，除了 RSS 和时间变化的模型外，为了理解信道的特性，我们需要设计模型来解释信道的频率选择行为。

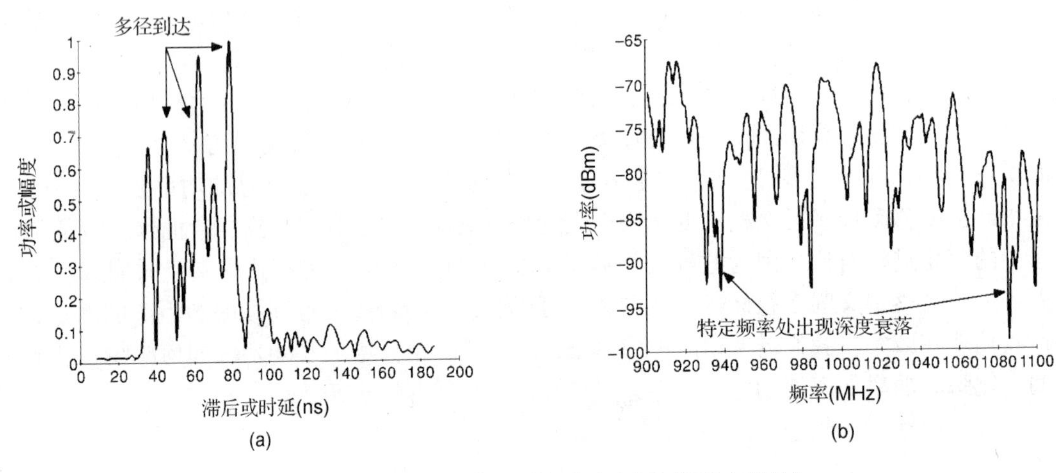

图 2.3 无线信道的典型时间响应(a)和频率响应(b)

如图 2.2 所示，在无线网络应用中，当接收端远离发射端时，多径特性和 RSS 随着距离变化而随机地发生变化。这些变化的统计行为取决于工作频率、系统带宽、环境架构配置、用户移动的场景以及用户运行的程序。工作频率从早期蜂窝电话应用的数百 MHz 增加到用于多信道的高清视频工作的数十 GHz。用于实现这些系统的带宽从手机的几十 kHz 到多信道高清视频的几个 GHz 不等。架构配置具有多样性，可以运行在一个简单、大的开放区域的高速广域蜂窝网络中，也可以是挤在小面积内的很多建筑物的城市街道上，还可以是一般室内区域，这个区域的 WiFi 装置安装在房间里或者安装在有蓝牙信号的车里，甚至是为了内窥镜手术安装在人体里。移动终端的移动速度有很大差异，有的像放在办公桌上的笔记本电脑中的准静止程序，有的像在高速列车上的移动电话。多路径特征和信道行为特征的统计变化率在这些场景中有很大的区别。为了得到无线信道在各种不同情况下的统计特征，标准化组织和无线网络的设计者需要花费很多时间来仿真新型无线技术的信道行为，研究其应用的发展。如果认为无线网络的发展始于应用和传播的话，这个认识与事实相去不远。

2.1.3 无线通信应用的应用信道模型

用于无线信息网络的设计、分析和安装的三个最重要的无线传播特征，分别是可达到的信号覆盖范围、信道支持的最大数据率、信道的波动率[Pah05]。无线网络的标准委员会通常提供功率行为模型或 RSS 行为模型，以及由多路径产生的典型信道冲激响应模型。在仿真无线接入应用的信道行为时，标准化组织和新系统的设计者通常将这些模型分成两大类：RSS 的行为模型和信道多径行为模型。人们已经制定了很多方法来描述无线信道的随机行为。这些模型有助于找到无线接入点的覆盖范围、比较不同的传送能力、在室内和城市区域的各种多径条件下的定位技术，这些定位技术通常用于流行的无线网络应用中。这些模型为信道的某种特征的分析提供了数学工具，而这些分析将会影响无线网络的设计、开发和运行。RSS 模型应用于计算覆盖范围、计算无线网络部署的干扰、计算无线链路衰落随时间变化的出错率、找到信道随时间变化而变化的建模和仿真技术。多路径行为模型是用于分析由多径条件产生的传播波形的变化，多路径条件需要设计信号处理和调制技术，而这个技术对多路径信道的通信和定位起作用。

给定发送功率的可达到信号覆盖范围决定了蜂窝拓扑大小，以及基站发射端的工作范围。可达到信号覆盖范围通常由经验路径损耗模型获得，而经验路径损耗模型主要是通过测试 RSS 作为距离函数。绝大部分路径损耗模型是以距离-功率或路径损耗梯度为特征的。随机成分描述了因阴影衰落或其他原因而产生的围绕平均路径损耗而上下波动的量。对于高效的数据通信，信道所能支持的最大数据率是非常重要的参数。数据率限制受信道的多路径结构和扩散，以及多径分量衰落特性的影响，数据率限制也受信号策略和接收端设计的影响。另一个因素是与编码、交织的设计以及接收端适应部分有紧密的联系，诸如时间和载波的同步，相位复位以及信道的波动率等。信道的波动率通常由发送方的移动，或者接收方的移动，或者发送方和接收方之间物体移动而产生。这就是信道的多普勒效应带来的影响。我们研究路径损耗模型，并总结多路径影响和后续章节中的多普勒效应。

数据率需要应用和环境特征的支持，对于无线系统设计来讲，数据率的某些特征比其他特征更重要。这是因为信道特征影响所发送的符号，这部分内容将在第 3 章讨论。符号持续时间越长，数据率越低，但多径的影响限制了信道的波动率。如图 2.3 所示，发送信号的带宽比较窄，信号随着频率的变化而平坦地衰减(也就是没有频率选择性，即所有信号面临同样的衰减)。因此，对于绝大部分窄带蜂窝技术而言，信号面临着窄带或平坦衰落，此时对于窄带蜂窝电话系统来说，时间抖动影响最大。如果符号持续时间非常短，那么数据率就更大，但这时多路径会产生码间干扰。因此，对于高数据率宽带系统而言，多路径时延扩散变得重要，特别是这些采用扩频、OFDM 技术、应用于 3G 和 4G 的蜂窝网络，以及 WLAN 和 WPAN 中更是如此。另一种方法是信号的带宽很大，不同频率的信号成分面临不同程度的衰减特性。因此，随时间波动和随频率的不同衰落特性在这里变得重要。

无线信道的特性之所以变得重要的其他因素，还在于决定电池消耗、发射端和接收端对移动终端的速度容忍的设计、媒体接入控制协议的设计、自适应性和灵敏天线的设计、链路层监测更高层协议的性能以及无线系统协议在握手、功率控制、干扰消除等方面的设计。

2.2 大规模 RSS 模型、路径损耗模型和阴影衰落模型

图 2.4 表明，RSS 变化是一个关于发射端和接收端之间距离的对数函数，根据不同的用途采用不同的模型。多路径环境 RSS 总是随着时间、小局部环境、载波频率的波长、发射端和接收端位置或者发射端和接收端之间的物体位置的变化而变化。然而，在小区域的平均接收功率与从发射端到接收端的中心距离有关。要仿真无线网络应用的行为，可将它们分成两类模型：(1)平均 RSS 与距离的关系模型；(2)RSS 局部波动的模型。在这节中，我们关注与距离有关的大规模平均 RSS。

2.2.1 大规模 RSS 的一般特征

要仿真平均 RSS 和距离的关系，首先用距离的对数函数来拟合实验数据。我们将在后面解释，在无线通信中接收功率与距离呈指数关系，这正是用距离的对数函数来得出功率与距离之间的简单线性关系的原因所在。换句话说，以分贝形式衰减的大规模平均 RSS 和传输距离的对数呈线性关系。正是这个原因，接收端的信号衰减被称为路径损耗(即由于距离或路径而产生信号强度损耗)。简单地说，路径损耗是信号的发送功率与大规模平均 RSS 之差。

如果我们考虑路径损耗而不是 RSS 的话，那么路径损耗与发射端和接收端之间的距离对数呈线性递增关系。

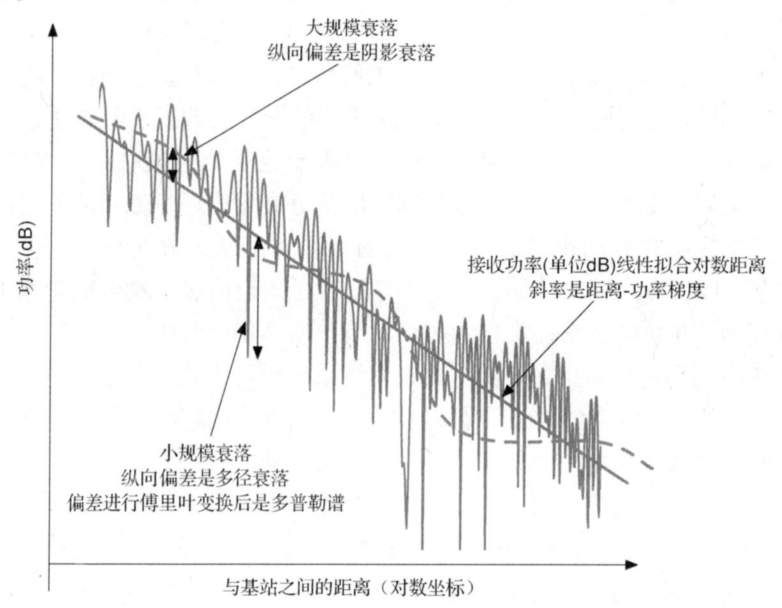

图 2.4　用线性拟合给移动用户的平均 RSS 与路径损耗、随机阴影衰落的关系建模；快衰落和多普勒谱的统计建模

但是，当我们在开放区域时，这个区域的接收端和发射端总是处于通视条件（即接收端和发射端之间没有障碍物，彼此都能看见），并远离障碍物如隔离物或家具。平均 RSS 的最佳匹配线并不一定符合实际的平均 RSS。如图 2.5 所示，将发射端放在房间的中心，并以发射端为中心画一个半径为 d 的圆。发射端与接收端之间的障碍物随着接收端的位置的不同而不同，因此，圆内的平均 RSS 与使用最佳匹配线的平均 RSS 计算值相偏离。同一个位置的不同方向功率不同，因为随着距离不断变大，发射端与接收端之间不再能够通视。在每个不同方向会有不同物体阻碍通视。平均 RSS 与最佳匹配线相偏离，主要是由于障碍物遮蔽直接传输路径，因此称为阴影衰落。如图 2.5 所示，阴影衰落不仅导致在相同距离的平均 RSS 产生变化，而且当传输距离增大时，其功率也会随机地偏离最佳匹配线所预测的功率。因此，在传输距离固定时，阴影衰落在平均 RSS 上下波动，而传输距离增大时，阴影衰落的 RSS 与最佳匹配线相偏离。在大的距离尺度上，阴影衰落与信号的平均短时衰落相关，因此也称为长距离、长时间或大尺度衰减，其中长时间是指移动用户沿一条路径行走产生的效果。

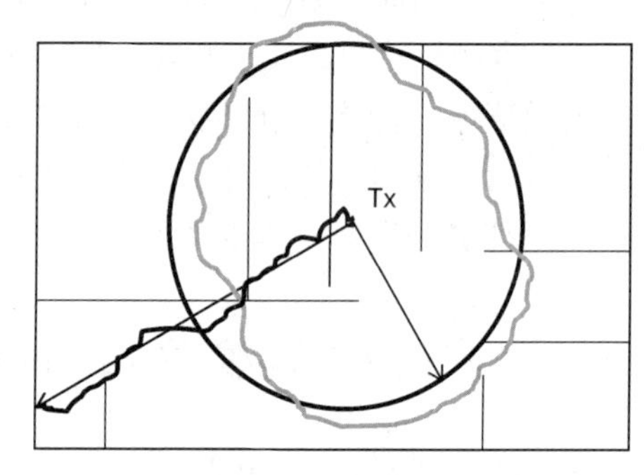

图 2.5　在距离不变和距离增加情况下由于阴影衰落产生的平均RSS变化

如图 2.4 所示的平均 RSS 模型，最佳匹配线的斜率代表了平均 RSS 与距离的指数变化率。我们把这个指数变化率称为距离-功率梯度。阴影衰减是由发射端与接收端之间的大物体（例如，市内的建筑、室内的隔离物和家具）相对位置的变化而引起的 RSS 长期平均水平的变化。RSS 平均幅度变化的概率密度函数是信道的阴影衰落特性。

现在我们对大规模的 RSS 的特征有了直观的认识，因此开始介绍无线通信应用计算 RSS 值的方法。我们首先用 Friis 等式计算自由空间中的路径损耗模型，再延伸到多径环境中的经验路径损耗模型，然后提供几个模型例子，如路径损耗计算模型、阴影衰落模型、多路径衰落模型和多普勒谱模型。

2.2.2 Friis 等式和自由空间的路径损耗模型

哈罗德·弗瑞斯出生于丹麦(1893—1976)，是贝尔实验室的一位科学家。他发明了简单而实用的自由空间的 RSS 模型[Friis46]，在自由空间中发射端与接收端之间只有一条路径。这个简单模型对于无线传播的实验模型是有用的。自由空间意味着发射端与接收端之间是以真空方式传输，甚至发射端与接收端之间没有地球障碍。在太空中，发射端与接收端两个都分别看成一个点，使用理想的等方性的辐射和接收天线，其中等方性天线是指天线以相同的功率向所有方向辐射信号，接收天线具有理想的有效区域 $\frac{\lambda^2}{4\pi}$，其中 λ 是传送载体的波长。离发射端距离为 d，信号强度密度等于辐射强度总和除以半径为 d 的球面积即 $4\pi d^2$。换句话说，球面上的信号强度密度为$\frac{P_t}{4\pi d^2}$。天线的有效面积为 $\frac{\lambda^2}{4\pi}$，所接收的功率 $P_r=\frac{\lambda^2}{4\pi}\times(\frac{P_t}{4\pi d^2})$（参见图 2.6）。因此，发射功率 P_t 和接收端功率 P_r 在自由空间上的关系为：

$$\frac{P_r}{P_t}=\frac{\lambda^2}{4\pi}\times\frac{1}{4\pi d^2}=\left(\frac{\lambda}{4\pi d}\right)^2 \tag{2.1}$$

其中，d 是发射端与接收端的距离，$\lambda=\frac{c}{f}$ 是载波的波长，c 是真空的光速(3×10^8 m/s)，f 是无线载波的频率。假设发射端有 G_t 的增益，接收端有 G_r 的增益，因此式(2.1)可改为：

$$\frac{P_r}{P_t}=G_t\times G_r\times\left(\frac{\lambda}{4\pi d}\right)^2 \tag{2.2}$$

简化等式为 $P_r=\frac{P_0}{d^2}$，其中 $P_0=P_t\times G_t\times G_r\times(\frac{\lambda}{4\pi})^2$ 是接收信号在 1 m 处的强度($d=1$ m)。现在，可以看出接收功率以指数级下降，也就是随着发射端与接收端距离的平方下降，与 d 有关的指数通常为路径损耗梯度，它决定了平均 RSS 衰落的速度。

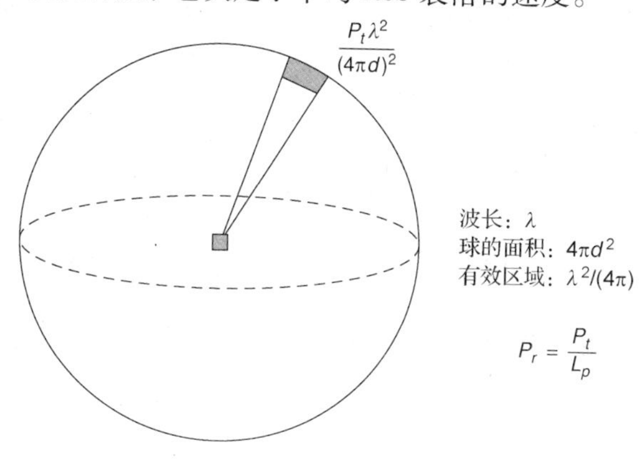

图 2.6　自由空间模型的视图

可以用对数或分贝形式重写式(2.2)如下：[①]

$$10\log\left(\frac{P_r}{P_t}\right)=10\log G_t+10\log G_r+20\log\left(\frac{\lambda}{4\pi}\right)-20\log d$$

第一项是以分贝形式的路径损耗 $L_p=10\log P_r/P_t$)，假如把发射端与接收端之间距离为1 m处的路径损耗定义为：

$$L_0=10\log G_t+10\log G_r+20\log\left(\frac{\lambda}{4\pi}\right) \tag{2.3}$$

解得：

$$L_p=L_0+20\log d \tag{2.4}$$

式(2.2)和式(2.4)分别以线性和对数形式来提供 Friis 等式的简单而实际的描述，这两种形式常用于本书讨论的无线网络的各种应用中。在1 m 处的 RSS 即 P_0，可以计算或者在实际中可以测量的，它是通过在离发射端距离为1 m 处搭建一个接收天线来测量的。在自由空间的任何距离的 RSS 值，是由在1 m 处功率除以发射端与接收端之间距离的平方所得到的。换句话说，对于单路径的无线传播，RSS 是以距离功率梯度为2 的速度衰减。出于各种有用的实践考虑，我们使用这个简单等式来分析无线信道发送信号的行为。

式(2.4)提供了路径损耗和距离之间的简单关系。这个等式表明每增加10 倍的距离，路径损耗就增加20 dB。换句话说，如果画出路径损耗或 RSS(即以分贝形式路径损耗的倒数)关于距离的对数函数，则它是一条斜率为20 的直线。对于不同的无线网络，在路径损耗经验模型中，这些图是很普遍的。前面已经提到，从式(2.4)可知，在自由空间中，一条路径的 RSS 每增加10 倍，距离损耗20 dB，或者每增加1 倍，距离损耗6 dB。我们用这些等式来计算任何距离的 RSS。在下面例子中，我们用 Friis 等式来计算自由空间中接收端离发射端1 m 处的 RSS。

例2.1　自由空间的覆盖和路径损耗

WiFi 装置的发送功率是100 mW (20 dBm)，蓝牙装置的发送功率是1 mW (0 dBm)。这些装置的接收端的灵敏度是 -90 dBm。两个装置都工作在 ISM 波段的2.45 GHz 上。

(a) 当使用零增益(0 dBi)的天线时，确定自由空间的 WiFi 装置的覆盖范围。

(b) 使用蓝牙装置,重复(a)。

(c) 假如每个天线有3 dBi 的增益，重复(a)。

解答：

(a) 假设接收端要可靠解调信号需要平均 RSS 至少为 -90 dBm，最大可允许的路径损耗为 $L_p=20\ \text{dBm}-(-90\ \text{dBm})=110\ \text{dB}$。由于装置运行在2.45 GHz，所以第一米处路径损耗算出如下：

$$\lambda=\frac{c}{f}=\frac{3\times10^8}{2.45\times10^9}=0.122\ (12.2\ \text{cm});$$

$$L_0=-20\log\left(\frac{\lambda}{4\pi}\right)=-20\log\frac{0.122}{4\pi}=40.2\ \text{dB}$$

则路径损耗和覆盖范围计算过程为：$L_p=L_0+20\log d\Rightarrow110=40.2+20\log d\Rightarrow d=10^{69.8/20}=3090\ \text{m}$。

① 注意所有的对数在不特别声明时都是以10 为底。

(b)对于蓝牙装置，最大可允许的路径损耗为 L_p = 0 dBm – (–90 dBm) = 90 dB。同上，$L_p = L_0 + 20\log d \Rightarrow 90 = 40.2 + 20\log d \Rightarrow d = 10^{49.8/20} = 309$ m。值得注意的是，当 WiFi 发送功率比蓝牙的发送功率大 20 dB 时，蓝牙的覆盖范围是 WiFi 覆盖范围的 1/10。

(c)假如每个天线增加 3 dBi 增益，L_p = 3 dB + 3 dB + 20 dBm – (–90 dBm) = 116 dB。同上，$L_p = L_0 + 20\log d \Rightarrow 116.8 = 40.2 + 20\log d \Rightarrow d = 10^{75.8/20} = 6165.95$ m。

值得注意的是，当 WiFi 的天线增益总和为 0 dBi 而不是为 6 dBi 时，发送距离增加了 1 倍。

以上例子表明，在自由空间中，简单而实用的 Friis 等式建立了距离与功率之间的关系，此时的路径损耗梯度为 2。这个关系对大而开放的室内区域和短距离的室外区域起约束作用。短距离的室外区域的第一条路径是最强的路径，它决定了 RSS。随着发射端和接收端的距离增大，其他多径分量变强，而直接 LOS 变得有障碍，路径损耗梯度不再固定为 2。描述这些情况的统计模型，假定距离和功率之间的关系，类似于自由空间传输，是逆指数关系。然而，以 d 为底的指数并不一定为 2，在其他不同通信场景有不同的值。这个指数值通常是指路径损耗或距离–功率梯度 α。也就是，在与发射端距离为 d 米处，其功率与大规模的平均接收信号功率 P_r 呈线性关系，可表示为：

$$P_r = \frac{P_0}{d^\alpha} \tag{2.5}$$

单路径自由空间通信场景的距离–功率梯度 $\alpha = 2$，但是多路径情况下的不同环境，α 取不同的值。用对数形式表示，这个关系把式(2.4)转变为一般等式形式：

$$L_p = L_0 + 10\alpha \log d \tag{2.6}$$

这个等式把总的路径损耗定义为：在 1 m 处的路径损耗加上相对于 1 m 处接收功率的功率损耗。这个等式的变化有时用于无线通信文献中，作为路径损耗模型来表示在不同环境和不同工作场景下的距离–功率关系。

无线基站或接入点的覆盖范围与距离–功率梯度变化有关，为了对这个有一个定量的直观的认识，我们给出下面简单的例子。

例 2.2　覆盖范围和距离–功率梯度

基站覆盖面积是半径为 1 km 的圆，这个区域的无线传播是用距离–功率梯度为 4 的双射线信道来仿真的。假如用自由空间传播来替代卫星传播，覆盖范围又是怎样？

解答： 在基站的区域里，路径损耗梯度是以每 10 倍距离路径损耗 40 dB。因此，覆盖 1 km的距离信号强度减少为：

10 倍的 3 次方距离 ×40 dB/10 倍 = 120 dB

10 倍的 3 次方距离是由于 1 km = 1000 m = 10 × 10 × 10 m。对于卫星的自由空间通信，每 10 倍距离损耗是 20 dB，即在 10 倍的 6 次方距离或 1000 km 处，信号衰减 120 dB。覆盖范围的巨大差异是由于距离–功率梯度的差异导致的，我们将式(2.5)中距离的指数加倍，因而得到了上例的结果。

由式(2.6)给出的简单路径损耗模型，以及发射端和接收端之间功率参数，用于计算在各种环境下不同无线装置的覆盖范围。下面用一个简单的例子来进行更进一步的阐述。

例 2.3　在第一米处的覆盖和路径损耗

802.11 装置的发送功率是 20 dBm，接收端的灵敏度为 -90 dBm。当距离功率梯度 α 分别为 2、3、4 时，确定其覆盖范围。假设天线的增益为 1，工作频率为 2.45 GHz。

解答： 允许路径损耗的最大值为 $L_p = 20\text{ dBm} - (-90\text{ dBm}) = 110\text{ dB}$。装置工作频率为 2.45 GHz。因此，由例 2.1 得出，路径在第一米处的路径损耗 $L_0 = -20\log(\lambda/4\pi) = -20\log(0.122/4\pi) = 40.2\text{ dB}$，那么对于不同的 α 值的覆盖范围计算如下：

$$L_p = L_0 + 10\alpha\log d \Rightarrow 110 = 40.2 + 10\alpha\log d \Rightarrow d = 10^{\frac{69.8}{10\alpha}}$$

对于 $\alpha = 2, d = 3$ km；对于 $\alpha = 3, d = 212$ m；对于 $\alpha = 4, d = 56$ m。

随着频率的增加，第一米处的路径损耗也增加，这导致了更大程度的整体路径损耗。然而，对于某些应用来说更高的频率可能会更好，因为会有更多的可用频谱以及所需要的天线更小。

例 2.4　不同频率在第一米处的路径损耗

假设用两个服务提供商来做基站塔。第一个工作频率为 875 MHz，另一个以两倍的频率，即 1750 MHz，假设是自由空间传播，两种情况都是在 1 km 处观察路径损耗。

解答： 两个频率的波长分别为 $(3\times10^8\text{ m/s})/(875\times10^6) = 0.3429$ m，$(3\times10^8\text{ m/s})/(1750\times10^6) = 0.1714$ m。因此，两种情况的第一米处的路径损耗分别为 $L_0 = -20\log(\lambda/4\pi) = -20\log(0.3429/4\pi) = 31.3\text{ dB}$，$L_0 = -20\log(\lambda/4\pi) = -20\log(0.1714/4\pi) = 37.3\text{ dB}$。那么频率为 875 MHz 的 1 km 处的路径损耗为 $L_p = L_0 + 20\log d = 31.28 + 60 = 91.3\text{ dB}$；同理可得，频率为 1750 MHz 的 1 km 处的路径损耗为 97.3 dB，与频率为 875 MHz 相比，路径损耗高 6 dB。

我们从后面可以看到，实际的无线网络应用的路径损耗模型比这里的简单模型要复杂。然而，它们都遵循相同的原则。在给出一些应用路径损耗模型的例子之前，我们讨论在无线通信应用中如何计算距离-功率梯度。

2.2.3　路径损耗梯度的经验确定法

在非常简单的情况下，诸如在开放区域中移动无线应用的双路径模型，此时通过数学近似来确定距离-功率梯度。在绝大部分其他室内和城市区域，这些计算是不现实的，这是因为多路径场景更复杂，在不同的位置和应用场景中它们有显著差异。所以，研究者和标准组织通过测量 RSS 来计算路径损耗梯度经验值。对不同应用场景，他们通过经验计算来定义路径损耗模型。要测量给定区域的距离-功率关系的梯度，可以将接收端固定在某个位置，而发送端放在距接收端不同距离的多个不同位置上。接收功率或路径损耗的分贝值与距离是对数关系，最佳匹配直线的斜率可视作距离-功率的梯度值。

如图 2.7 所示，在室内 1～20 m 处所测量的一系列数据，通过对测量数据的线性回归可得到最佳匹配线。在一个特殊的场景，随着距离的 10 倍增长（从 1 m 到 10 m），信号强度有 24 dB的变化。利用式(2.6)可得 $10\times\alpha = 24$，距离功率梯度为 2.4，利用图 2.7 的最佳匹配线，我们可确定在 1 m 距离接收端功率估计值，即约为 -5.7 dBm。知道发送功率和估计的接收功率，就可以估计在 1 m 处的路径损耗了。表 2.1 显示的是，在各种中心频率、环境以及常用于 WLAN 应用的场景下，距离 1 m 处的距离-功率梯度和路径损耗的计算的不同例子 [Pra92；Gue97；McD98]。

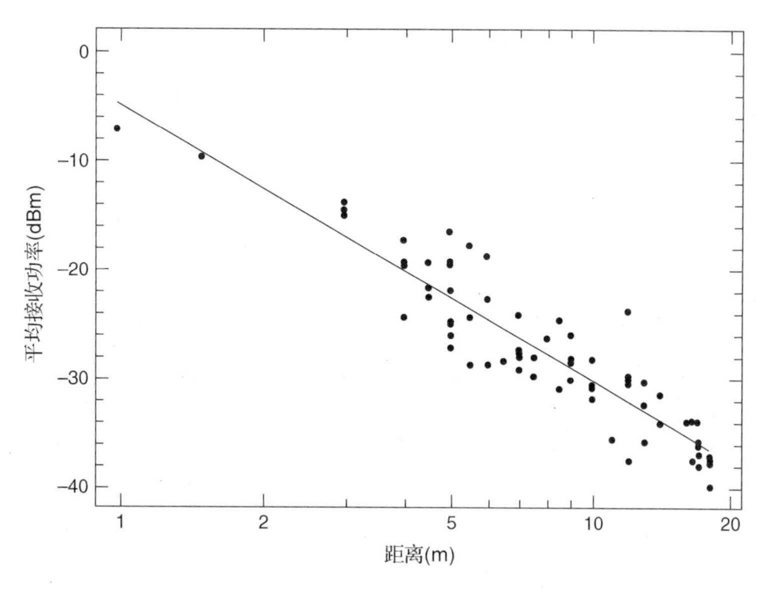

图 2.7　接收信号功率测量值与距离关系的线性回归

表 2.1　2.4 GHz 和 5.0 GHz 样本环境中的距离-功率梯度

中心频率 f_c(GHz)	环境	场景	第 1m 处的路径损耗(dB)	路径损耗梯度 α
2.4	办公室室内	LOS 通视	41.5	1.9
		OLOS 不可通视	37.7	3.3
5.1	会议室	LOS 通视	46.6	2.22
		OLOS 不可通视	61.6	2.22
5.2	郊区住宅	LOS 通视且同一楼层	47.0	2 ~ 3
		OLOS 不可通视且同一楼层		4 ~ 5
		OLOS 不可通视且房间在发射站的正上方楼上		4 ~ 6
		OLOS 不可通视且房间在发射站的非正上方楼上		6 ~ 7

2.2.4　阴影衰落和衰落余量

如图 2.5 所示，对于相等的传输距离，随着环境、周围物体和物体位置的不同，接收信号强度也不同。实际上，式(2.6)得到的是信号强度的平均值。实际的 RSS 会围绕这个平均值发生变化。这种由于位置引起的信号强度变化称为“阴影衰落”或“慢衰落”。之所以将其称为阴影衰落，是因为信号强度围绕平均值进行的波动，是由于信号受到建筑物(室外)、墙壁(室内)以及环境中其他物体的阻挡造成的。将其称为慢衰落，是因为信号强度随着距离的变化较慢，而后面将要讨论的由多径传输造成的衰落则快得多。还可以发现，阴影衰落与运行频率之间的关系不是十分密切，而后面将要讨论的多径衰落或快衰落与频率之间的关系则密切得多。为了计算慢衰落带来的影响，需要对路径损耗表达式(2.6)进行修改，增加一个随机部分，可以表示为：

$$L_p = L_0 + 10\alpha \log d + X \tag{2.7}$$

这里，X 是一个随机变量，表示由于衰落引起的失真。假如用这个等式来计算平均 RSS，那么 X 代表阴影衰落的实际值。如图 2.7 所示为不同距离的平均接收功率和计算距离-功率梯度的最佳匹配线。图中，实际测量值与最佳匹配线的偏离程度表明这个随机变量的样本值。多次测量和模拟的结果表明，这种随机变化通过对数转换后，可以用一种正态分布的随机变量表示。因此，这个随机变量的概率密度函数表示阴影衰落的影响，用分贝形式表示为：

$$f_{SF}(x) = \frac{1}{\sqrt{2\pi}\sigma} \exp\left(-\frac{x^2}{2\sigma^2}\right) \tag{2.8}$$

其中，σ 是阴影衰落的标准差。由标准组织推荐的路径损耗统计模型，提供距离-功率关系模型和阴影衰落的标准差模型。阴影衰落的标准差模型可与式(2.7)相类似的模型相结合。

假如不考虑阴影衰落成分而使用式(2.7)，可以找到基站覆盖范围的 d 值，正如前面的例子所表明的，这仅仅是基站的平均覆盖半径。事实上，距离基站为 d 的区域，有充足信号强度的概率只有50%(即信号接收强度比接收端灵敏性强)。这是因为以分贝形式表示的正态分布的阴影随机变量有50%的概率有正值，这个正值增加了路径损耗。图2.8直观地解释了这个现象。离基站距离为 d 的终端有50%的概率工作在所需的最小信号强度。要增加这个概率，需要增加发射功率来增加距离为 d 的区域的覆盖概率。这个增加的功率称为衰落余量，用 F_σ 表示。对于 γ% 的覆盖率，基站应该增加的衰落余量 F_σ 如下：

$$1-\gamma = \int_{F_\sigma}^{\infty} f_{SF}(x)\mathrm{d}x = 0.5\ \mathrm{erfc}\left(\frac{F_\sigma}{\sqrt{2}\sigma}\right) \tag{2.9}$$

衰落余量通常是指额外的信号功率，能够为小区边缘(或接近边缘)区域的某一确定部分提供必要的信号强度。为了计算覆盖区域，我们首先用阴影衰落的变量来确定衰落余量。因此，采用下列公式：

$$L_p = L_0 + 10\alpha \log d + F_\sigma \tag{2.10}$$

其中，F_σ 是为了克服阴影衰落的衰落余量部分。衰落余量的实现方法，可以在保持小区大小不变的情况下提高发射功率，也可以通过设置一个更高的阈值来控制越区切换(参见第6章)。

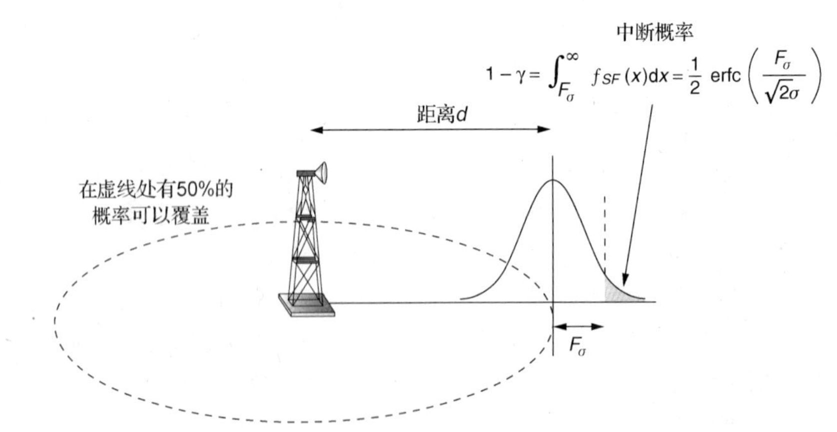

图2.8 覆盖范围的计算和覆盖范围与衰落余量的关系

为了使覆盖率达到90%或95%，我们可以用如下公式来计算衰落余量。边缘区域覆盖率为90%的 F_σ 值等于1.282σ，而边缘区域覆盖率为95%的 F_σ 值等于1.654σ。下面的例子有助于阐述这个概念。

例 2.5　衰落余量计算

一个移动系统在覆盖区域边缘位置支持95%的成功通信，边缘位置的信号强度变化符合零中值高斯分布，均方差是8 dB。需要的衰落余量是多少？假如要求90%的覆盖率，衰落余量是多少？

解答： 注意到位置变化部分 X (dB)是零中值高斯随机变量。在这个例子中，X 的方差是 8 dB。由公式 $1-\gamma=0.5\mathrm{erfc}\left(\frac{F_\sigma}{\sqrt{2}\sigma}\right)$ 得出 $F_\sigma=0.05$，也就是说95%位置的衰落小于阈值。采用 MATLAB 软件包的补差函数，可以确定 F_σ 是公式 $0.05=0.5\mathrm{erfc}\left(\frac{F_\sigma}{\sqrt{2}\sigma}\right)$ 的解。在此例中，衰落余量为 13 dB。我们可以使用以上具体公式计算，即 $F_\sigma=1.654\sigma=1.654\times8=13$ dB。对于覆盖率为 90% 的情况，衰落余量 $F_\sigma=1.282\,\sigma=1.282\times8=10$ dB。

至此，我们从 RSS 和路径损耗的角度讨论了信号覆盖范围。在后续内容中，将讨论无线通信中常用的多种路径损耗模型的例子，也将讨论与这些路径损耗模型相关的重要因素。

2.2.5　常用的路径损耗和阴影衰落模型

如今，所有无线通信标准委员会的重要工作之一，是对被认为是新型技术的特殊应用定义信道模型。我们把本书后续章节的技术进行分类，在有关章节中对这些技术所采用的信道模型给出详细说明。本节中我们给出了蜂窝网和 WLAN 应用中用于室内和室外环境的路径损耗的许多例子。我们以室内环境的两个简单模型为例，这两个模型假设单频率带宽、发射端和接收端在相同的平面，此时天线的高度不是重要因素。

第一个模型是简单的隔离物模型，假设在室内环境里自由空间传播，路径损耗与发射端和接收端的隔离物有关，取决于隔离物的建筑材料。在这个模型中，我们需要知道隔离物的个数、隔离物的建筑材料，路径损耗与沿着发射端和接收端的连接直线上的每个隔离物有关。然后我们讨论由 IEEE 802.11 WLAN 标准委员会推荐的距离分隔模型。这个模型采用不同的距离功率梯度来计算路径损耗。它可以在不同建筑有梯度变化处确定恰当的断点。这两个模型都可应用于室内。

用于路径损耗模型的最后例子，是用于室外蜂窝网络规划的奥村哈塔模型。这个实验模型给出了在不同城市环境下路径损耗作为工作频率和天线高度的函数。在世界范围内，蜂窝网络使用的频带散布于从几百 MHz 到几个 GHz 的频带范围。在这些应用中，天线可能要移到和几百米高的建筑一样高的塔顶，移动天线也可能要在非常低的城市峡谷的地面上工作。奥村哈塔模型在计算路径损耗时提供的因素包括工作频率和天线高度。

简单的室内隔离物模型　隔离物模型是在式(2.6)的基础上，通过引入发射端和接收端之间的每条直线上所遇到的隔离物的损耗来计算自由空间路径损耗。这个路径损耗模型可表示为：

$$L_p=L_0+20\log d+\sum_{i=1}^{N}w_i \tag{2.11}$$

其中，w_i 是指发射端和接收端之间每个隔离物的损耗(以分贝为单位)。这个模型需要一些建筑架构的视觉知识来决定隔离物的数量、这些隔离物建筑采用的材料信息，以及与路径损耗有关的测量值。表 2.2 列举了哈里斯半导体公司测量的 2.4 GHz 信号穿过不同类型隔离物的损耗分贝值。更详细的表格可以查阅 Rappaport 的著作[Rap02]。从 1 dB 的干胶合板变化到 20 dB 的混凝土的隔离物，这些损耗随着载波频率的变化而变化。对于同样的距离 d，需要设置合适的衰落余量来计算路径损耗的变化。如果我们想要使用隔离物模型来计算覆盖范围，则需要知道从发射端到接收端之间的隔离物的知识(或假设隔离物的个数)。

表 2.2　与隔离物相关的损耗

经过下述隔离物的 2.4 GHz 信号衰减值	dB
砖墙上的窗户	2
金属框，建筑物的玻璃墙	6
办公室墙	6
办公室墙上的金属门	6
煤渣墙	4
砖墙上的金属门	12.4
与金属门连接的砖墙	3

例 2.6　使用隔离物模型的覆盖范围

802.11 装置的发送功率是 20 dBm，接收灵敏度是 −90 dBm。确定一个每 17 米平均有一个隔离物的办公建筑的覆盖范围。假设天线增益是 1，工作频率是 2.45 GHz。使用例 2.3 的其他数据。

解答：从例 2.3 可知，最大允许的路径损耗 $L_p=110$ dB，工作频率为 2.45GHz 时，在 1 m 处路径损耗 $L_0=40.2$ dB。从表 2.2 可得每个办公室隔离物损耗 6 dB，那么覆盖范围为 $L_p=L_0+10\alpha\log d+N\times 6$，其中 $N=\left\lfloor\frac{d}{17}\right\rfloor$表示下取整，要得到覆盖范围，求解下面方程(已知 $\alpha=2$)：

$$\begin{cases} N=\left\lfloor\dfrac{d}{17}\right\rfloor \\ 69.8=10\alpha\log d+6N \end{cases}$$

从上式可以得出：

$$d=10^{(69.8-6N)/20}$$

其中，$N=\left\lfloor\frac{d}{17}\right\rfloor$，通过尝试不同的 N 的值，对于 $N=5$，覆盖范围 $d=97.7$ 时，$N=\left\lfloor\frac{d}{17}\right\rfloor=\left\lfloor\frac{97.7}{17}\right\rfloor=\lfloor 5.74\rfloor=5$。

例 2.6 的结论在例 2.3 结论给出的 56 ~ 212m 覆盖范围内，在例 2.3 里使用的是单路径损耗梯度模型，距离功率梯度分别是 3 和 4。以上的例子表明，这个看似简单的概念性方法在计算覆盖范围时有较大困难，在前面提到的其他困难之上进一步增加了复杂性。

IEEE 802.11 距离分隔模型　对于室内区域，发射端与接收端之间通常不是单一性的媒体，因而单一的距离-功率梯度不适合该情形。对于短距离，发射端和接收端通常是位于同一个房间，主要的 RSS 是由发射端到接收端之间的直接 LOS 路径到达的，此时由其他路径到达的功率是可忽略的。随着距离不断变大，障碍物破坏了发射端和接收端之间的 LOS，由多路径接收的信号构成了全部的接收信号，距离功率梯度增加到更高值。近来为 WLAN 和 WPAN 应用开发的路径损耗模型，大多数都考虑了这种现象。通常都是将发射端与接收端之间的路径分段，每一段采用不同的距离-功率梯度。两个分段的距离分隔模型在业界最流行。

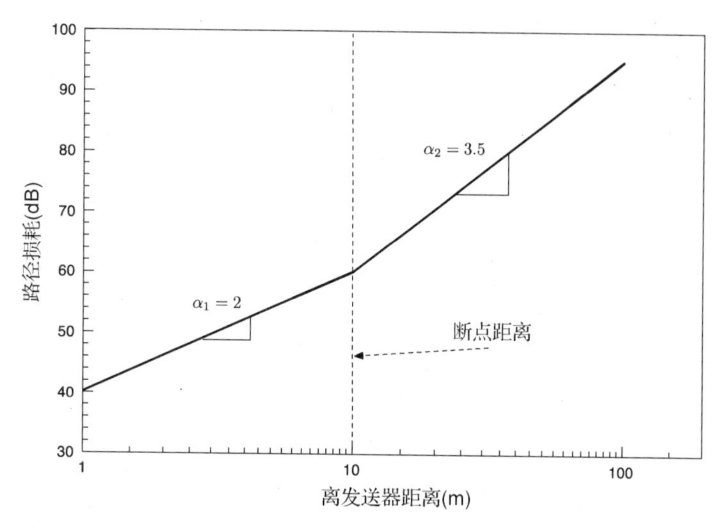

图2.9　IEEE 802.11 距离分隔路径损耗模型

在本节中，我们把 IEEE 802.11 推荐的距离分隔路径损耗模型作为距离分隔路径损耗模型的例子。图2.9 显示了该模型的基本情况(表2.3 的 D 模型)，图中发射端与接收端之间的距离从断点 d_{bp}处分为两段。距离-功率梯度分别是 $\alpha_1=2$、$\alpha_2=3.5$。代表这些模型的等式可表达为：

$$L_p = L_0 + \begin{cases} 10\alpha_1 \log d, & d < d_{bp} \\ 10\alpha_1 \log d_{bp} + 10\alpha_2 \log\left(\dfrac{d}{d_{bp}}\right), & d > d_{bp} \end{cases} \tag{2.12}$$

其中，使用式(2.6)可以计算 1 m 处的路径损耗 L_0，例如，在2.4 GHz 和5.2 GHz，1 m 处的路径损耗值分别为40.5 dB 和47 dB。

表2.3　6 种环境下 IEEE 802.11 推荐的路径损耗模型参数

环境	d_{bp}(m)	α_1	α_2	阴影衰落标准差(dB)
A	5	2	3.5	5
B	5	2	3.5	5
C	5	2	3.5	8
D	10	2	3.5	8
E	20	2	3.5	10
F	30	2	3.5	10

标准定义了6 种不同的模型、4 种不同的断点。表2.3 列出了这些模型相关的路径损耗参数。模型 A 是一种平坦衰落模型，在发射端与接收端之间只有一条路径，断点在5 m 处，阴影衰落的均方差是5 dB。模型 B 推荐用于在发射端与接收端之间有通视条件的典型的住宅环境，在发射端与接收端之间有多条路径。该模型的路径损耗参数与模型 A 相同。模型 C 推荐用于在发射端与接收端之间有通视条件和非通视(NLOS)条件的住宅和小型办公室环境，断点仍在5 m 处，但是阴影衰落的均方差增加到8 dB。模型 D 推荐用于非通视条件的办公室环境，断点在10 m 处，阴影衰落的均方差是8 dB。模型 E 推荐用于非通视条件的较大开放空间和办公环境，断点在20 m 处，均方差是10 dB。模型 F 推荐用于非通视条件的室内和室外环境的较大开放空间。

例 2.7　采用 802.11 距离分隔模型计算覆盖范围

802.11 装置的发送功率是 20 dBm，接收灵敏度是 -90 dBm。确定使用模型 C 并且有通视条件和非通视(NLOS)条件的小型办公室的覆盖范围。假设天线增益是 1，工作频率是2.45 GHz。

解答： 应用式(2.12)和表2.3 中模型 C 的参数，计算 IEEE 802.11 的覆盖范围，最大路径损耗 110 dB，1 m 处的路径损耗为 40.2 dB，与例 2.3 和例 2.6 中的参数相同，在通视/非通视条件下较小的室内和室外办公环境中且断点在 5 m 处，覆盖范围可表示为：

$$110 = 40.2 + 20\log 5 + 35\log\left(\frac{d}{5}\right)$$

由此可得，50% 置信度的覆盖范围是：

$$d = 5 \times 10^{\frac{69.8-14}{35}} = 195\ \mathrm{m}$$

如果将置信度提高到 95%，采用例 2.5 中的 8 dB，需要额外的 13.2 dB 的衰落余量，覆盖范围就会缩小到：

$$d = 5 \times 10^{\frac{69.8-14-13.2}{35}} = 82.4\ \mathrm{m}$$

应该注意到，例 2.7 使用 802.11 距离分隔模型计算得到的距离，是用例 2.6 的隔离物模型计算得到的距离的两倍。在例 2.6 中，如果在发射端和接收端中添加一个隔离物的话，将导致相似的覆盖范围。同时请注意，WLAN 的覆盖范围，以及从整体上说所有最初设计用于无线数据应用的网络的覆盖范围，都是数据发送率的函数。通常数据率越高，覆盖范围越小。我们需要使用这些路径损耗模型和不同数据率的功率要求来确定所有数据率的覆盖范围。功率与数据率的关系将是第 3 章谈到传输技术时的讨论点之一。

室外路径损耗模型　室外区域无线通信系统的路径损耗模型用于蜂窝电话系统的部署，它比用于室内区域的模型有更多的细节问题。这是因为一些重要因素导致的。蜂窝网络最初用于电话应用，需要为大区域提供稳定的服务。蜂窝网络的基站成本相当高，以至于基站运行在授权带宽上非常昂贵，这些带宽是碎片化的，并分布于很多不同频率上。因此，网络的高效部署是非常重要的，室外区域的地面并不是平坦的，而是包含有截然不同高度的山坡和城市峡谷。因此，用于室外应用的路径损耗模型有更多参数，包括天线的高度和工作频率。

研究人员对许多城市中蜂窝区域内的 RSS 进行了广泛测量并在相关文献中发表。最有影响的测量是由奥村(Okumura)完成的，他在 1968 年绘制了一系列的路径损耗曲线[Oku68]，信号频率范围为 100 ~ 1920 MHz。奥村考虑的参数还包括基站天线的高度 h_b 和移动终端天线的高度 h_m。福山瀬端(Masaharu Hata)[Hat80]创建的经验模型与奥村对发射端与接收端相距 $d > 1$ km 时的测量结果非常吻合。哈塔创建的路径损耗表达式称为奥村-哈塔模型，简称哈塔模型。表 2.4 对这些模型进行了汇总。式(2.13)的一般公式与式(2.6)表明的一般路径损耗模型相同。然而，移动站和基站之间的距离 d 是用千米作为单位的。因此，等式的前四项是在 1 km，而不是在 1 m 处的路径损耗。由于这个经验等式是对不同频率(MHz)计算，对于 1 km 处的路径损耗有一个依赖频率的术语。另一个附加的调整是包括在 1 km处路径损耗的天线高度。这个依赖关系在 2.3.1 节例 2.10 里两个路径的移动无线环境中有所阐述，接收信号取决于天线的高度。式(2.13)表明 $10 \times \alpha$ 导致距离-功率梯度在

4.49 ($h_b=1$ m)与3.18 ($h_b=1$ m)之间。正如2.3.1节所述，这些数值在4.0左右，它们是在开放区域的用于蜂窝网络应用的距离功率梯度。

表 2.4　宏蜂窝路径损耗的奥村-哈塔模型

通用公式

$$L_p=69.55+26.16\log f_c-13.82\log h_b-a(h_m)+[44.9-6.55\log h_b]\log d \tag{2.13}$$

其中，f_c的单位是 MHz，h_b和h_m的单位是 m，d的单位是 km

取值范围：

f_c 中心频率(MHz)			150 ~ 1500 MHz
h_b，h_m(m)			30 ~ 200 m，1 ~ 10 m
$a(h_m)$的单位 dB	大城市	$f_c\leqslant 200$ MHz	$8.29[\log(1.54h_m)]^2-1.1$
		$f_c\geqslant 400$ MHz	$3.2[\log(11.75h_m)]^2-4.97$
	中小城市	$150\geqslant f_c\geqslant 1500$ MHz	$1.1[\log f_c-0.7]h_m-(1.56\log f_c-0.8)$

郊区公式

采用式(2.12)，减去一个校正因子，该校正因子由下式给出：

$$K_r(\text{dB})=2[\log(f_c/28)]^2+5.4 \tag{2.14}$$

其中，f_c的单位是 MHz

例 2.8　采用奥村-哈塔模型计算覆盖范围

手机的接收灵敏度为 −126 dBm，工作频率为 900 MHz，基站天线高 $h_b=100$ m，移动站高 $h_m=2$ m，基站要达到 30 km 覆盖范围，计算最小发送功率。

解答：利用奥村-哈塔模型计算如下：

$$a(h_m)=3.2[\log(11.75h_m)]^2-4.97=1.05\text{ dB}$$

路径损耗为：

$$\begin{aligned}L_p&=69.55+26.16\log f_c-13.82\log h_b-a(h_m)+[44.9-6.66\log h_b]\log d\\&=69.55+26.16\log 900-13.82\log 100-1.05+[44.9-6.55\log 100]\log 30\\&=165.11\text{ dB}\end{aligned}$$

因此，基站的发送功率应为：

$$P_t(\text{dBm})=L_p(\text{dB})+P_r(\text{dBm})=165.11+(-126)=39.11\text{ dBm}$$

用瓦特来表示发送功率为：

$$10^{39.11/10}=8147\text{ mW}\approx 8\text{ W}$$

2.3　RSS 波动模型和多普勒谱

在上节中，我们讨论了平均 RSS 的行为、路径损耗模型的应用，以及阴影衰落的影响。功率和距离的关系对于无线网部署是关键的，这些模型有助于对功率和距离之间关系的理解。如图2.4所示，事实上，接收信号的快速波动会随着时间和空间的变化而变化，可能是源于移动终端的移动，也可能是源于发射端或接收天线附近其他物体的移动导致的信号多径传输变化。

信号幅度的快速波动有两个主要原因。第一，是由于移动终端远离或驶近基站发射端的移动造成的，称为“多普勒谱”。第二，是通过多路径传输造成的，被称为短时、小尺度或多径衰落。

RSS 的短距离或短时间变化称为小尺度衰落，即由于小的移动产生不同路径的接收信号的相位快速变化而产生的接收信号功率快速瞬间变化。如图 2.4 所示，通过分析信道短期变化，我们对短期多路径衰落的统计信息和信号多普勒谱的形状感兴趣。RSS 短期变化的统计信息可以用于计算不同传输技术的差错率。快速多路径衰落时间统计是以信道快速变化的样本值的概率密度函数为特征的。在本章后面可以看到，这个变化大多数都服从瑞利分布，因此，这个类型的衰落有时称为瑞利衰落。

对信号变化样本进行傅里叶变换，就可以得到信道的多普勒谱。对多普勒谱进行建模非常重要，因为如果想要仿真这些变量，需要一个很好的模型。如果我们知道随机信号的多普勒谱，就可以利用这个谱来设计过滤器，用随机信号一样的噪声来仿真过滤器。多普勒谱让我们了解如何仿真不同时间的信道变化，检查它对通过信道传送分组的影响，然后再用昂贵的硬件来实现特定的传输技术。

无线信道所有问题的原因是多路径。本节中我们使用 Friis 等式以及我们称为几何射线追踪的简单模型，显示多路径如何产生距离-功率梯度的变化，以及多路径如何产生接收信号强度的波动。随后提供了一些模型示例，这些模型在实际无线网络应用中用于小尺度多路径衰落计算。

2.3.1 Friis 等式和几何射线追踪

为了给路径损耗建模，我们先用式(2.4)以对数形式表示 Friis 等式，基于这个等式，我们说明了如何为多径条件下的不同无线系统设计经验路径损耗模型，如何提供大尺度阴影衰落概念。为了说明多路径如何产生短期或小尺度衰落，以及要发现多普勒谱的平均值，我们先从式(2.1)给出的线性形式的 Friis 等式开始。

在 2.1 节中曾提到，用于无线网络的高频电磁波可以视为射线，假如在几何图形的区域内，我们可以把这些射线的长度和几何光传播的原理联系起来。几何光传播的原理已经应用了数千年，用来解释镜子里的图像。使用几何光传播原理，可以追踪在发射端和接收端之间波形经过的路径。假如对于每个路径，都能找到接收信号的幅度和相位的话，就可以在一个位置分析接收信号，解释它是如何导致诸如距离-功率梯度或多路径衰落变化这类违反直觉的现象的。

首先看一个示例，该例子采用单路径无线信道发送信号，用 Friis 等式来计算单调波形的幅度和相位。

例 2.9　单频单信道发射端

假设单频率信号 $x(t)=\sqrt{P_t}\cos 2\pi ft$ 在单信道的自由空间媒体传播，其中 P_t 为发送功率，f 为信号频率，那么接收信号的幅度和相位是多少?

解答: 假如接收信号用 $y(t)$ 表示，接收信号的幅度由接收信号功率的平方根可得，接收信号的功率由 Friis 等式的线性形式简化为式(2.2)，也就是

$$P_r=\frac{P_0}{d^2}\Rightarrow\sqrt{P_r}=\frac{\sqrt{P_0}}{d}$$

在这种情况下，由于无线发送环境形成一个线性的时不变系统，假如发送信号是一个余弦信号，接收信号也是带有时延的相同频率的余弦信号。时延为:

$$\tau=\frac{d}{c}$$

其相位值为:

$$\phi = 2\pi f\tau = \frac{2\pi f d}{c} = \frac{2\pi d}{\lambda}$$

其中，$\lambda = \frac{c}{f}$ 是发送的正弦波波长。接收信号简化为：

$$y(t) = \sqrt{P_r}\cos 2\pi f(t-\tau) = \frac{\sqrt{P_0}}{d}\cos(2\pi ft - \Phi)$$

图 2.10 说明，在自由空间中，单信道的无线发送媒体的单音发送背后的基本概念。在例 2.9 中已经说过，由于信道是线性的，所以发送的正弦信号通过距离为 d 的传播后，接收信号仍为正弦信号。接收的正弦波的幅度 $\sqrt{P_0}/d$、相位 $\phi = 2\pi d/\lambda$ 都是距离的函数。幅度随着距离的倒数很慢地变化，而相位旋转是以每 d/λm 的 2π 半径旋转的速度快速变化。假如，WiFi 装置工作频率为 2.45GHz，波长为 12.2 cm（由例 2.1 可知），相位表示该路径上每12.2 cm就旋转一圈。同样指出，信号的幅度变化不大。后面可知，这个观察有助于我们对多径衰落的原因形成清晰的认识。

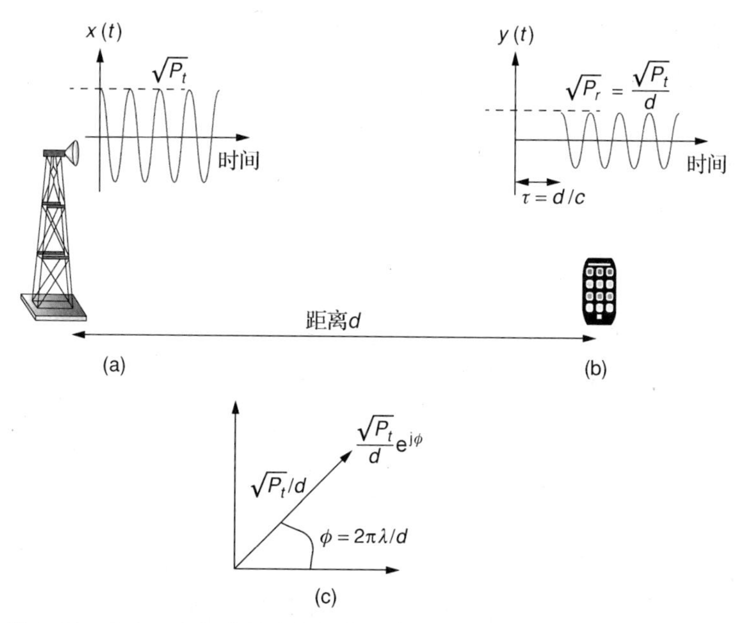

图 2.10　在自由空间中单路径的单音传输无线传播链路的基本概念视图

要分析单音传输的多路径影响，我们将例 2.9所提供的单音传输的结果扩展运用于被墙面反射之后的单路径到达的场景。对于从墙面反射过来的路径，可以使用相同的等式，稍加修改来计算接收信号的幅度和相位。如图 2.11所示，通视路径与反射路径之间的差异在于：反射之后的波形根据反射率在幅度上有损耗，同时相位的极性也发生改变。因此，假如信号从墙面反射的路径长度为 d_i，墙面的反射率为 a_i，则接收信号的幅度和相位是 $\frac{a_i\sqrt{P_0}}{d_i}$

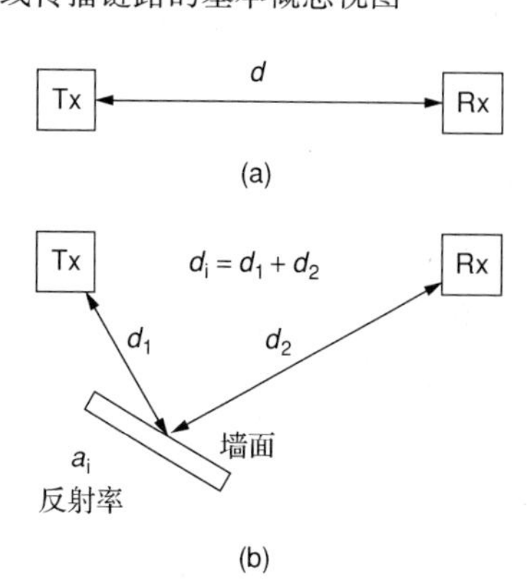

图 2.11　直达与反射路径之间的比较：(a)直接通视（LOS）路径；(b)带有反射率的反射路径

和 $\phi_i = \dfrac{2\pi d_i}{\lambda} + \pi$。假如用负数来表示反射效率，那么就不需要在相移中加一个π，这个简单的观察可以让我们解释多径效应。也就是除了直线通视路径外，还存在反射路径的影响。

这个简单分析的好处可以通过一些例子来进一步阐述。作为第一个例子，我们用这个简单的技术计算由直达路径和反射路径组成的由两路径环境下的信号幅度和相位，说明一个简单反射信道如何大幅度改变距离-功率梯度。

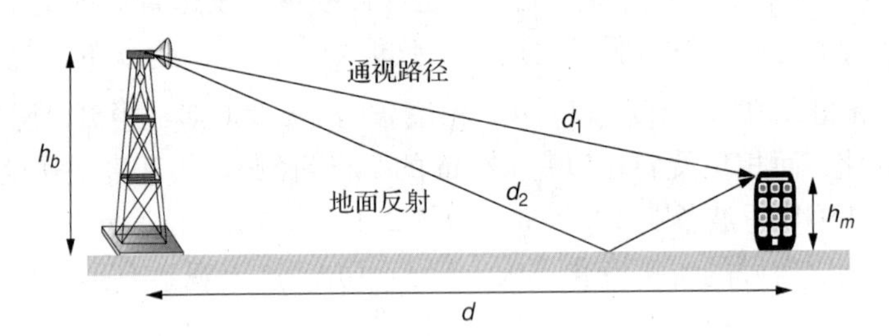

图 2.12 在开放区域地面移动无线通信的双路径模型

例 2.10 双路径环境的距离-功率梯度

图 2.12 表明了在开放环境中蜂窝电话应用的传播环境，蜂窝塔和手机之间的通信包含两个路径。基站和移动终端都假定为在地面上，而基站和移动终端之间存在平坦地面。基站与移动终端之间存在通视条件，类似于自由空间。在基站与移动终端之间也存在平坦的地球表面反射的路径。由基站天线的高度 h_b 和移动终端天线的高度 h_m 决定两个路径经过不同的距离。假设发射端和接收端之间的距离比两个天线中任何一个的高度都大，反射率为 $a_i = -1$，这意味着地面作为一理想的无损耗的反射器。证明这个环境的距离-功率梯度是 4。

解答： 参考图 2.12，两个终端之间的距离比天线的高度更大，用于计算接收信号幅度的两个路径长度近似于与发射端和接收端之间的距离相等，即 $d_1 \approx d_2 \approx d$。然而，两个路径的相位是 $\Delta\phi$，其中 $\Delta\phi$ 是指两个路径之间相位之差，是一个非常小的值。假如用复杂的形式(矢量)表示路径，对于沿着第一条和第二条路径到达的信号，幅度为 $\dfrac{\sqrt{P_0}}{d_1}\mathrm{e}^{\mathrm{j}\phi_1} \approx \dfrac{\sqrt{P_0}}{d}\mathrm{e}^{\mathrm{j}\phi_1}$ 和 $a_i\dfrac{\sqrt{P_0}}{d_1}\mathrm{e}^{\mathrm{j}\phi_2} \approx \dfrac{\sqrt{P_0}}{d}\mathrm{e}^{-\mathrm{j}\phi_2}$。接收信号的幅度是两个矢量之和，类似于图 2.10(c)所示，可计算为：

$$\frac{\sqrt{P_0}}{d}\mathrm{e}^{\mathrm{j}\phi_1} + \frac{\sqrt{P_0}}{d}\mathrm{e}^{-\mathrm{j}\phi_2} = \frac{\sqrt{P_0}}{d}\mathrm{e}^{\mathrm{j}\phi_1}\left(1 - \mathrm{e}^{\mathrm{j}\Delta\phi}\right)$$

其中，$\Delta\phi$ 是两个相位之差，接收信号是这个幅度的平方。即

$$P_r = \frac{P_0}{d^2} \times \left|1 - \mathrm{e}^{\mathrm{j}\Delta\phi}\right|^2 \approx \frac{P_0}{d^2} \times |\Delta\phi|^2$$

由于 $\Delta\phi$ 的值很小，可得：

$$\left|1 - \mathrm{e}^{\mathrm{j}\Delta\phi}\right| \simeq \left|1 - (1 + \mathrm{j}\Delta\phi)\right| \simeq |\Delta\phi|$$

相位差 $\Delta\phi = 2\pi f\Delta d/c = (2\pi/\lambda) \times \Delta d$，其中 Δd 为两个路径之间的差。由

$$d_1 = \sqrt{(h_b + h_m)^2 + d^2} \simeq d + \frac{(h_b + h_m)^2}{2d}$$

$$d_2 = \sqrt{(h_b - h_m)^2 + d^2} \simeq d + \frac{(h_b - h_m)^2}{2d}$$

可得：

$$\Delta d = d_1 - d_2 \simeq \frac{(h_b + h_m)^2}{2d} - \frac{(h_b - h_m)^2}{2d} = \frac{2h_b h_m}{d}$$

$$\Delta\phi = \frac{2\pi}{\lambda} \times \Delta d \simeq \frac{2\pi}{\lambda} \times \frac{2h_b h_m}{d}$$

用这个相位差代入功率计算等式，可得：

$$P_r \approx \frac{P_0}{d^2} \times |\Delta\phi|^2 = P_0 \times \left(\frac{2\pi}{\lambda}\right)^2 \times \frac{4h_b^2 h_m^2}{d^4}$$

其中，距离-功率关系的梯度为4。因此工作在这个场景下的移动无线功率，每增加10倍距离就会减少40 dB，这个值与自由空间中通视传输时每10倍距离减少20 dB相比衰减要快得多。

我们将在第5章(讨论无线网络部署)讨论，距离-功率梯度为4的情况通常用于确定蜂窝网络的覆盖范围和干扰。这个例子表明天线高度影响了蜂窝网的接收信号平均值的计算。这也是在WLAN中路径损耗模型不考虑天线高度，而在蜂窝网中的奥村哈塔模型对天线高度有调节因子的原因。

在例2.10中，我们利用自由空间的Friis等式和光传播原理得出的结论说明了在大区域蜂窝网络中多路径是如何影响链路的距离功率梯度的。下面的例子用同样的方法来表明在局域室内应用中多路径如何产生RSS的短期衰落。在这个例子中，我们考虑在大而开放的区域有两个移动终端的场景，如图2.13(a)所示，有直接通视路径、建筑物的天花板和地面反射三条路径。在这种情况下我们假设其他路径的影响可忽略。

例2.11　在开放室内区域的多路径衰减

图2.13(a)所示为一开放室内区域有三条路径的工作场景，假设天花板的高度为5.0 m，天线离地板高为1.5 m。反射率为 $a_i = -0.7$。对于这个场景：

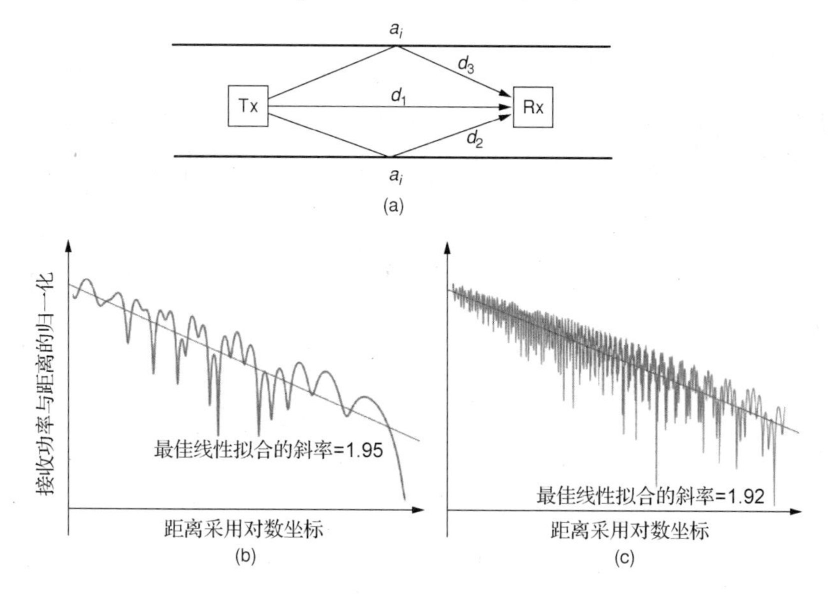

图2.13　在开放区域的射线追踪：(a)工作场景；(b)在1 GHz工作频率下接收功率与距离的归一化；(c)在10 GHz工作频率下接收功率与距离的归一化

(a)假如发送功率和天线增益归一化为1，给出所有路径的接收信号强度的计算方程。

(b)使用MATLAB画出$1 < d < 100$ m距离的接收信号强度，单位是dB，以说明多路径衰减的成因，假设工作频率为1GHz。

(c)假设工作频率为10 GHz，重复(b)。

解答：

(a)由$\frac{a_i\sqrt{P_0}\mathrm{e}^{\mathrm{j}\phi_i}}{d_i}$得出第$i$条路径的幅度和相位，其中通视路径为$a_i=1$，其他两条路径为$a_i=-0.7$。接收信号的幅度和相位是与三个路径有关的三个矢量的和，表示为：

$$\sqrt{P_0}\sum_{i=1}^{3}\frac{a_i}{d_i}\mathrm{e}^{\mathrm{j}\phi_i}$$

接收信号强度是这个复合接收信号的平方，即：

$$P_r=\left|\sqrt{P_0}\sum_{i=1}^{3}\frac{a_i}{d_i}\mathrm{e}^{\mathrm{j}\phi_i}\right|^2=P_0\left|\sum_{i=1}^{3}\frac{a_i}{d_i}\mathrm{e}^{\mathrm{j}\phi_i}\right|^2$$

其中，

$$P_0=P_tG_tG_r(\lambda/4\pi)^2=(\lambda/4\pi)^2$$

在这个例子中，天花板高度为5.0 m，天线离地板1.5 m。通视路径的反射率为$a_1=+1$，而其他两个路径的反射率分别为$a_2=a_3=-0.7$。直达路径上的距离实际上是发射端和接收端之间的距离，而经由地面和天花板的路径距离表示为：

$$d_2=2\times\sqrt{\frac{d_1^2}{4}+(1.5)^2}$$

$$d_3=2\times\sqrt{\frac{d_1^2}{4}+(3.5)^2}$$

(b)以下的MATLAB代码是用于确定各种参数情况下接收信号的归一化的幅度和相位。图2.13(b)表明在1～100 m距离范围中，MATLAB计算得到的归一化的接收功率和距离的关系。这个图显示的功率单位是分贝，距离是对数坐标。该图表明由于多路径衰落导致功率波动。

(c)图2.13(c)显示了工作频率为10 GHz的结果。

```
%Define parameters
c = 3e8;
Pt = 1; Gr = 1; Gt = 1;
a = [1, -0.7, -0.7];
fc = [100e6 1e9 10e9];
lambda = c./fc;
d = logspace(0,2,1000);

%Define NLOS distance vectors d1 and d2
d1 = 2*sqrt(0.25*(d.^2)+(1.5^2));
d2 = 2*sqrt(0.25*(d.^2)+(3.5^2));

%Part 1abcd:
for i=1:length(fc)

    %Calculate P0 for fc(i)
```

```
    P0 = Pt*Gr*Gt*((lambda(i)/(4*pi))^2);

    %Calculate phases for fc(i)
    phi1 = -(2*pi*fc(i)*d)/c;
    phi2 = -(2*pi*fc(i)*d1)/c;
    phi3 = -(2*pi*fc(i)*d2)/c;

    %Calculate received power for fc(i)
    Vr =
    (a(1)*(exp(j*phi1)./d)+a(2)*(exp(j*phi2)./d1)+a(3)*(exp(j*phi3)./d2));
    Pr_dB = 10*log10(P0*abs(Vr.^2));

    %Find the best-fit curve for the received power plot
    bf = polyfit(10*log10(d),Pr_dB,1);
    bf_val = polyval(bf,10*log10(d));

    %Plot power vs. distance
    figure(i)
    semilogx(d,bf_val,'r:',d,Pr_dB,'b-');

    %Labels
    xlabel('Distance [m]'); ylabel('Received Power [dB]');
    title('Received Power vs. Log Distance');
end
```

图 2.13 阐明了上述例子的计算过程。这个图表明平均功率随着距离减少的同时，该功率还以 20 ~ 30 dB 的幅度上下波动，抖动频率与工作频率成正比例。要解释为什么产生波动，我们求助于一个复数平面的矢量图，图 2.14 给出了在平面上的三条路径及这三条路径矢量和，这三条路径分别用幅度和相位表示。作为一个远离发射端的移动用户，这三个矢量不断改变它们的幅度和相位。然而，路径的幅度变化很慢(与距离的倒数成正比)，而相位以每米 $2\pi/\lambda$ 的变化率在快速变化。这意味着对于载波频率为 1 GHz 的手机，每 $\lambda = 1/3$ m 就有 360°的相位变化。因此，为了将多路径环境的 RSS 可视化，我们考虑图 2.14，当所有的幅度和相位都在变化时，幅度变化很慢而相位变化很快。像路上的跑步者在拐弯时，每个矢量幅度缩小很慢。接收信道的幅度是所有路径的幅度和相位的矢量和。当所有路径是线性时，它们加起来产生很大的幅度。当所有路径的方向互不相同时，会产生很小的幅度，从而引起接收信号的衰落。因此，随着手机的移动，可以观察到，由不同相位的结合引起了总幅度的增加或减少这一比较大的波动。这些变化率和衰落的发生与旋转的速度成正比，因此也与信号的波长成正比。正如图 2.13(c)所示，当频率增加到 10 GHz 时，衰落的频率增加了 10 倍。多路径的相位变化率与频率成正比。

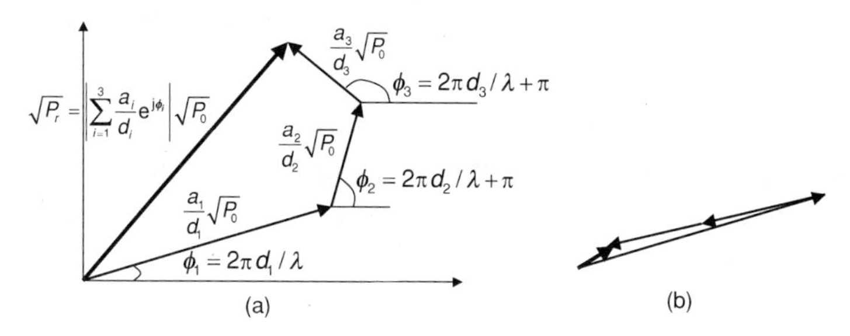

图 2.14 (a) 矢量图表示多径矢量如何叠加；(b) 多径衰落的产生

要把这个例子与路径损耗模型联系起来，读者应该注意，接收信号强度的最佳线性拟合的斜率是正如图 2.13(b)和(c)所示的距离-功率梯度。这个斜率非常接近 2 (1.95 和1.92)，它与自由空间和IEEE 802.11模型的路径损耗相一致。IEEE 802.11模型假定在开放室内区域的距离-功率梯度为2。然而，平均功率没有表明任何阴影衰落，因为家具或其他物体产生的阴影不包括在这个场景内，即接收端和发射端之间没有遮蔽物。

例2.11表明，随着发射端和接收端之间距离的增加，多路径的相位快速变化产生了快速的多径衰落。在室内或城市区域的典型环境，甚至我们就像图2.5那样沿着圆的轨迹移动，保持距离恒定，多路径变化的相位仍然会产生快速的多径衰落。甚至我们保持相同的距离，当人或车辆移近接收端和发射端时，仍然可以观察到多路径的相位变化和多径衰减。图2.15给出了在笔记本电脑上测量到的IEEE 802.11接入点传输信号RSS的平均值。

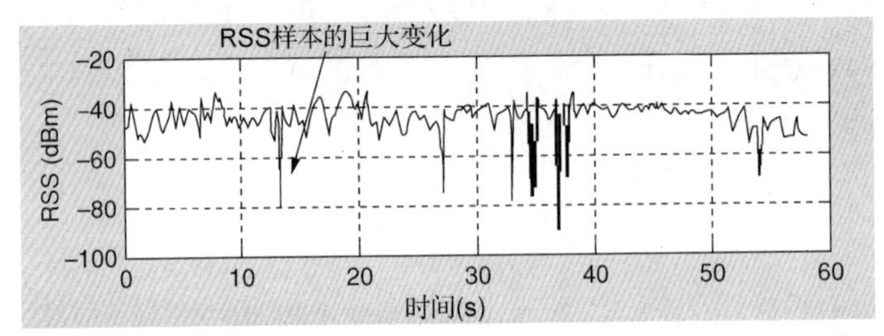

图2.15 笔记本电脑的位置固定，测量到的IEEE 802.11b/g接入点的信号强度值

在本节中我们阐述了多路径如何造成接收信号强度的波动。无线链路RSS的波动要通过多路径衰落统计信息和多普勒谱来建模。接下来，我们提供一些用于RSS波动建模的流行模型示例。

2.3.2 小尺度衰落建模

多径衰落造成信号幅度波动，是因为经过不同路径传输之后，到达信号的“相位”不同。相位差异是由于不同路径的传输距离不同造成的。由于接收信号相位的快速变化，接收信号幅度也会快速波动，其模型通常是服从某种分布的随机变量。

为了建立这些波动的模型，可以先绘制RSS与时间的柱状图。柱状密度函数表示了RSS波动值的分布。多径衰落最常见的分布是瑞利分布，其PDF由以下公式给出：

$$f_{ray}(r) = \frac{r}{\sigma^2}\exp\left(-\frac{r^2}{2\sigma^2}\right), r \geqslant 0 \tag{2.15}$$

这里，假设所有信号经历了近乎相同的衰减，但到达时相位不同，并设定信号幅度的随机变量是r。从理论上看，信号总的幅值服从式(2.15)的瑞利分布。多个频段的测量结果也支持此结论[Pah05]。当存在较强的LOS信号时，随机变量服从莱斯分布，该分布的PDF由以下公式给出：

$$f_{ric}(r) = \frac{r}{\sigma^2}\exp\left(-\frac{r^2+K^2}{2\sigma^2}\right) I_0\left(\frac{Kr}{\sigma^2}\right), r \geqslant 0, K \geqslant 0 \tag{2.16}$$

其中，K是判定LOS信号与其他多径信号相比差别有多大的关系因子。

式(2.15)和式(2.16)用于判断哪些时间段的接收信号可以解码，哪些区域的接收信号强度满足要求。不能解码的时间段和不满足信号强度要求的区域称为中断。

小尺度衰落会带来非常高的比特差错率(BER)。为了克服小尺度衰落的影响，不能简单地依靠提高发送功率的方式，因为这样需要极大地提高发送功率的幅度。多种技术可用于消除小尺度衰落带来的影响，特别是交织差错控制编码、分集方案、定向天线等应用广泛。这些技术将在第3章中讨论。

2.3.3　多普勒谱

式(2.15)和式(2.16)描述了经历小尺度衰落的无线电信号幅度的分布情况。一般来说，设计者还需要掌握其他一些重要因素。例如，信号强度低于某个特定值的持续时长(衰落持续时间)，信号强度穿越阈值的频繁程度(频率跳变或衰落速率)。这对于设计编码方案和交织块大小非常重要，可以被视作一种次生统计量，而这些统计量可以通过信号的“多普勒谱”获得。

多普勒谱是 RSS 波动的频率。图 2.16[How90]显示了信号幅度波动的测量结果，以及在不同条件下的波动频谱。图 2.16 的上图中，发射端和接收端之间的距离保持不变，周围也没有移动物体。接收信号有恒定的包络，其频谱只有一条谱线。图 2.16 的下图中，发射端随机移动，造成接收信号波动。信号频谱大约扩散了 6 Hz(不再是一条谱线)，反映出 RSS 的变化率。这种频谱就是多普勒谱。

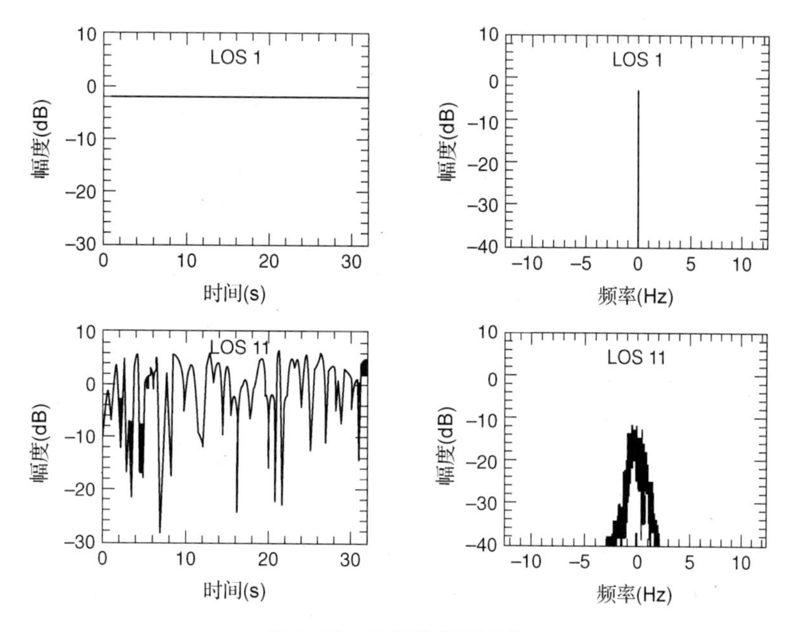

图 2.16　多普勒谱测量值

在移动无线应用中，瑞利衰落信道的多普勒谱模型可以表示为：

$$D(\lambda)=\frac{1}{2\pi f_m}\times\left[1-\left(\frac{\lambda}{f_m}\right)^2\right]^{-\frac{1}{2}},\qquad -f_m\leqslant\lambda\leqslant f_m \tag{2.17}$$

其中，f_m是与移动终端速率相关的多普勒频率的最大值。$f_m = v_m \times c/f$，其中v_m是移动速率，λ是无线信号的波长。如图 2.17 所示，这种频谱通常用于移动无线建模中，也称为经典多普勒谱。另外一种流行的多普勒谱模型是室内钟形分布模型[Pah05]。

从多普勒扩散的形状，可以得到某个移动速率下的衰落比率和衰落持续时间[Pah05]。这些数值可用于设计编码和交织技术，用以消除衰落的影响。分集技术在接收端提供了信号的多份副本，可以有效地克服快衰落的影响。由于所有信号副本同时衰落的可能性较小，因而接收端能够正确解码并接收数据。跳频技术是另外一种对抗快衰落的通信技术。因为所有频点不会同时衰落，所以发送数据时在不同频点之间跳动是一种对抗衰落的方法。这将在第 3 章中讨论。

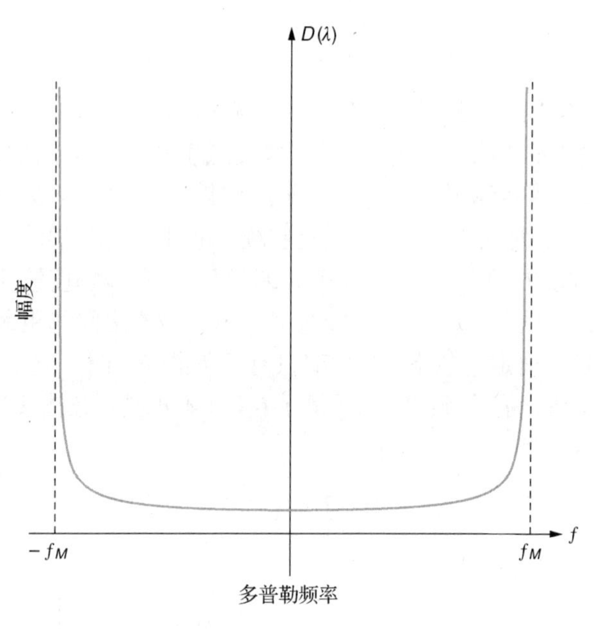

图 2.17 经典多普勒谱

2.4 多路径特点的宽带模型

我们在 2.3 节里采用基于 Friis 等式的矢量图，依据几何光原理解释了接收信号强度的多路径衰落产生的原因，分析过程中假设给定频率发送一个正弦波信号。在电路和系统中，这个分析有时是指频域分析。如图 2.18(a) 所示，在频域中正弦波的频谱只是一个单频的冲激谱。

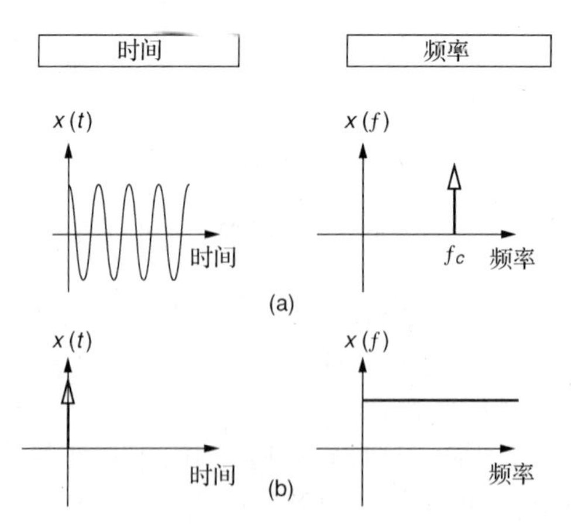

图 2.18 用于信道建模的信号时间 - 频率特征：(a) 理想的窄带宽信号为正弦波；(b) 冲激响应，理想的宽带信号

在频域中正弦波是一个理想的信号。在时域中理想信号与理想冲激是等价的，如图 2.18(b) 所示，我们常常用它来发现一个系统的时域特征。时间冲激在频率上有一个不断的扩散（也就是它包括所有功率相同的频率成分）。通过理想的冲激，能够确定信号的冲激响应，这个冲激响应的信道用于发现当信号通过多路径信道传播时波形是如何产生的。波形在通信中用

于携载若干比特信息(参见第 3 章),波形在定位中用于确定发射端与接收端的距离。知道发送波形是如何产生的是设计高效无线接入和定位系统的关键。

2.4.1　冲激响应和多径强度以及带宽

基于几何光传输原理的射线追踪技术,可以发现在理想的情况下,假如我们发送一个冲激信号,接收端会接收到沿着不同路径到达的若干冲激信号。换句话说,多路径信道的冲激响应具体函数的形式为:

$$h(\tau) = \sum_{i=1}^{L} A_i \delta(\tau - \tau_i) e^{j\Phi_i} \tag{2.18}$$

其中,$A_i = \frac{a_i \sqrt{P_0}}{d_i}$ 和 $\Phi_i = \frac{2\pi d_i}{\lambda}$ 是路径 i 的幅度和相位,$\tau_i = \frac{d_i}{c}$ 是路径到达的时间。三条路径的复合冲激响应如图 2.19(a)所示。复合冲激响应的幅度平方称为时延功率谱,如图 2.19(b)所示:

$$Q(\tau) = |h(\tau)|^2 = \sum_{i=1}^{L} P_i \delta(\tau - \tau_i) \tag{2.19}$$

其中,$P_i = |A_i|^2$ 是沿第 i 条路径到达的信号功率。时延功率谱是把沿着不同路径到达的接收功率表示为这些路径到达时延的函数。因此,水平轴不是真实时间,而是在不同的多径之间的时延,而不同路径到达时间则以第一条路径的到达时间作为参考。

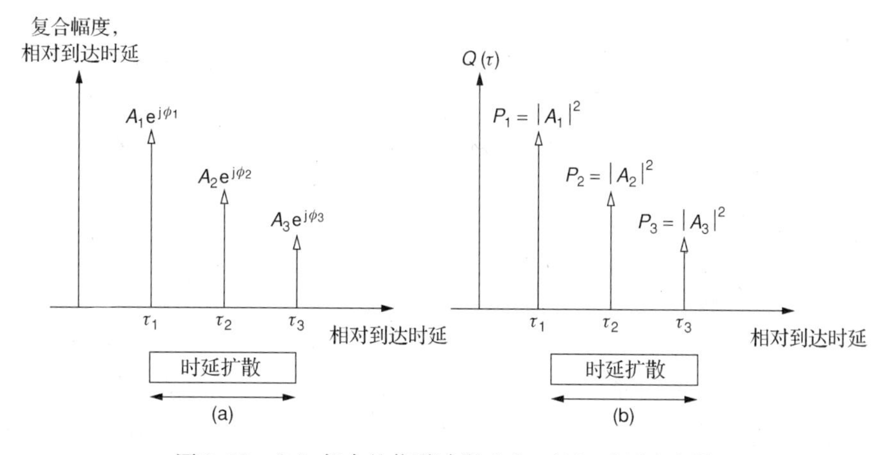

图 2.19　(a) 复合的信道冲激响应;(b) 时延功率谱

要测量典型信道冲激响应,我们需要发送类似于冲激一样的窄脉冲。脉冲越窄,发送脉冲所需的带宽越大。要测量所有多路径,脉冲的带宽应该足够大,即它的倒数与不同路径到达时延的差值 $\Delta\tau$ 成正比。这个时延反映了多路径到达信号的强度。由于时延是距离的函数,到达时间之间的差异,或路径强度之间的差异,与路径长度差值 Δd 有关。一个测量系统能够分离多路径的带宽要求近似为:$W = 1/\Delta\tau = c/\Delta d$。

例 2.12　解析室内和室外区域的多路径分量

在室内区域使用 WLAN 应用,隔离物和其他物体之间距离数米。因此,假设测量室内多径的测量系统能够解决相距达到 1 m 的多径分量,这个假设是合理的。因为距离差为 1 m,

需要带宽 $W=3\times10^8=300$ MHz，假如室外区域的建筑离测量系统相距几十米，需要带宽为 30 MHz 的测量系统。如果要构建 WPAN 的测量系统，由于装置之间的距离只有零点几米，所以需要一个带宽为 1 GHz 的测量系统。

图 2.3 所示为一个典型无线信道的时间和频率响应的样本测量值。在时域中，如图 2.3(a)所示，发送的窄脉冲是以不同强度和不同时延沿多路径到达的。在频域中，如图 2.3(b)所示，这个响应不平坦并受到深度的频率选择性衰落。这是在典型的室内办公区域测量的结果。这个测量方案的带宽是 200 MHz(从 900 MHz 到 1100 MHz)，中心频率为 1 GHz。

在实际应用中，当我们为了通信或定位发送波形时，知道工作环境所需要的带宽是非常重要的。在定位应用中，假如我们想要基于信号飞行时间测量两点之间的距离，则必须对发射端和接收端进行同步，并计算在发送脉冲的峰值与信号沿接收端的第一个到达路径到达之间的时间差。在这个应用中，带宽必须足够宽，以便于能将第一条路径与其他路径相隔离。带宽要求与本节前面讲过的多路径信道测量系统的带宽要求相类似。这与无线通信对带宽的要求不同，因为可靠通信强调的是符号发送率。对于给定的多路径场景，我们需要增加符号的发送率，而增加符号发送率或超过特定值的带宽会导致符号之间相互干扰。

2.4.2 多径扩散和符号间串扰以及带宽

在图 2.19 中，第一条路径到达信号和最后一条路径到达信号之间的时延，被称为过量多径时延扩散或简称为信道时延扩散。在无线通信中，发送符号宽度的倒数近似表示为数据发送所需的带宽。假如多径时延扩散等于或大于符号周期，接收波形就会扩散到相邻符号，那么就产生了相当大的符号间串扰。假如符号间串扰使符号变形，就会导致接收端不能区分可能的发送符号(即便我们提高发射端的功率也不能识别发送符号)，在检测过程中就会产生错误。

图 2.20 对这一现象进行了解释。为了通信，我们想要在三条路径的信道上发送矩形波形。信息以波形的幅度编码，每隔 T_s 时间发送一个符号。这个发送系统的数据率或所需的带宽 $W=1/T_s$。由于多路径，接收端有三个波形的叠加，叠加后的波形超过了符号要求持续时间 T_s，干扰了下一个符号的传送，产生符号间串扰。符号间串扰的增加引起发送系统性能的下降。在单路径信道进行数据通信时，发送性能的下降是由于背景噪声引起的。当遇到这种情况时，我们增加发送功率，使得发送信号比固定的背景噪声大。而在符号间串扰环境中，增加发送功率不能解决这个问题，因为符号间串扰的功率值也同时增加。

符号间串扰的大小是由时延扩散和相对于第一路径的其他路径的强度所决定的。多路径强度的二阶中心矩称为均方根(RMS)多径时延扩散，它被用作符号间串扰的一种测量值。二阶中心矩的基本定义可以表示为：

$$\tau_{rms}=\sqrt{\overline{\tau^2}-(\bar{\tau})^2}$$

其中，n 阶中心矩定义为：

$$\overline{\tau^n}=\frac{\sum_{i=1}^{L}\tau_i^n P_i}{\sum_{i=1}^{L}P_i},n=1,2$$

其中，τ_i 和 P_i 分别是到达时延和第 i 条路径的功率。如果结合上面两个方程，可得：

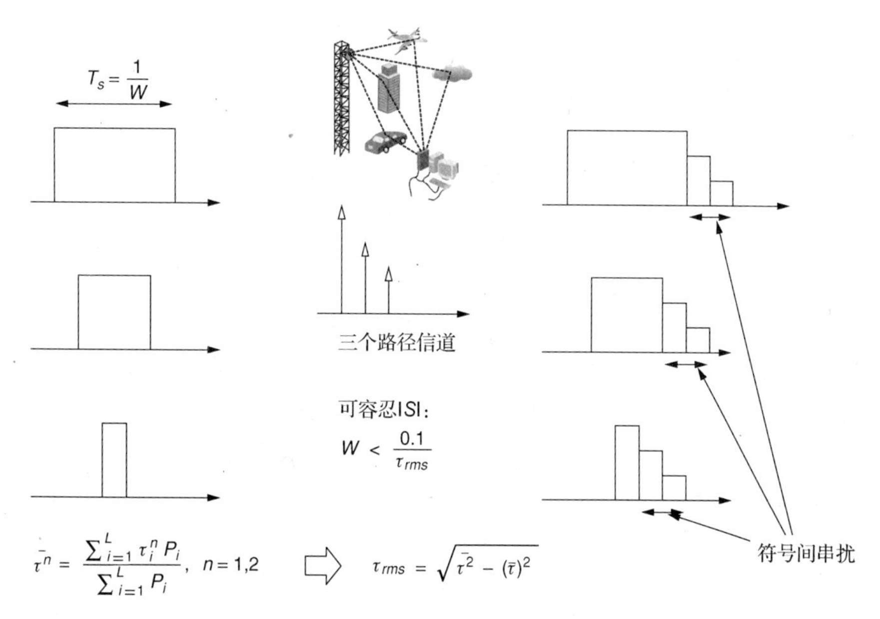

图 2.20　信道的冲激响应、符号间串扰、符号发送率或带宽之间的关系

$$\tau_{rms} = \sqrt{\frac{\sum_{i=1}^{L} \tau_i^2 P_i}{\sum_{i=1}^{L} P_i} - \left(\frac{\sum_{i=1}^{L} \tau_i P_i}{\sum_{i=1}^{L} P_i}\right)^2} \tag{2.20}$$

例 2.13　多径时延扩散计算

一条两路径信道，信号传输时延分别是 $\tau_1 = 0$ ns，$\tau_2 = 50$ ns，功率分别是 $P_1 = 1(0\text{ dB})$，$P_2 = 0.1(-10\text{ dBm})$，如图 2.21 所示，分别利用式(2.20)和直接计算矩来确定 RMS 时延扩散。

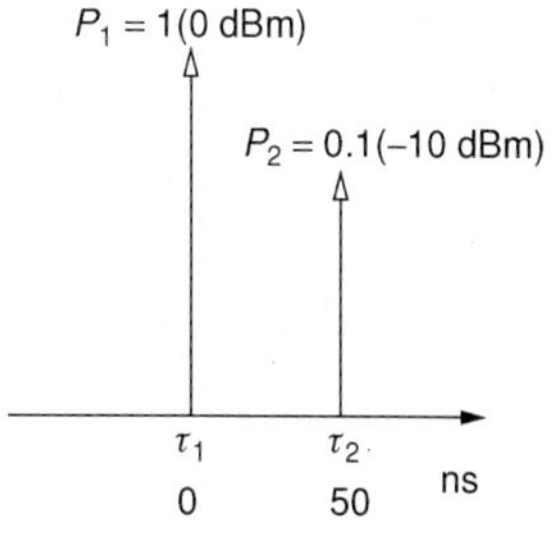

解答：对于 RMS 时延扩散直接计算，采用矩的表达式，可以分别计算一阶矩和二阶矩为：

$$\bar{\tau} = \frac{0 \times 1 + 50 \times 0.1}{1 + 0.1} = 4.55(n\,\text{sec})$$

$$\overline{\tau^2} = \frac{0 \times 1 + 2500 \times 0.1}{1 + 0.1} = 227.27(n\,\text{sec})$$

我们可以确定 RMS 时延扩散：

$$\tau_{rms} = \sqrt{\overline{\tau^2} - (\bar{\tau})^2} = \sqrt{227.27 - (4.55)^2} = 14.37(n\,\text{sec})$$

图 2.21　例 2.9 的信道时延功率谱

也可以使用式(2.20)只要一步就可以确定相同的值：

$$\tau_{rms} = \sqrt{\frac{0 \times 1 + 2500 \times 0.1}{1 + 0.1} - \left(\frac{0 \times 1 + 50 \times 0.1}{1 + 0.1}\right)^2} = 14.37(n\,\text{sec})$$

由图 2.20 可知，面对多路径，我们想要对其信噪比有一个直观的了解，就得认识到信号强度与符号间串扰之比与发送脉冲的持续时间有关。脉冲的长度越长，符号间串扰的影响越小。因此，$\frac{T_s}{\tau_{rms}} = \frac{1}{W \times \tau_{rms}}$ 是信号和 ISI 干扰比的测量值。在第 3 章可以看到，当信噪比在10 dB以上时，绝大部分基本数字传输系统工作在合理的差错率上。考虑到这个值，我们可以得出结论，在多路径信道上保证简单数字通信链路的可靠工作是可能的，条件是符号传输率或系统的带宽小于 RMS 时延扩散的倒数的 10%，或者

$$W < \frac{0.1}{\tau_{rms}} \tag{2.21}$$

如果在多路径信道上发射端系统的带宽在以上公式值以下，那么发送符号的形状可以保持，即波形的形状没有严重的扭曲。RMS 时延扩散的倒数，对计算多路径信道的数据发送率具有非常重要的作用。在文献中，这个倒数有时称为信道的相干带宽 B_c。

RMS 时延扩散随着环境类型的改变而改变，在室内区域或住宅区，它可以小到 30 ns，而在工厂区里可以大到 300 ns[Pah05]。在都市的宏小区里，RMS 时延扩散可以达到几微秒的量级。这意味着一个简单调制解调器可支持的最大数据速率，在室内大约是 6.7 Mbps（基于 30 ns），在室外大约是 50 kbps（基于 4 μs）。这个观察表明随着无线网络覆盖范围的增加，由多径产生的物体距离变大，从而 RMS 的时延扩散增加，最终导致使用单频率载波的简单方案可支持的数据率更低。

为了支持更高的数据率，需要采用不同的接收端技术：均衡是一种接收端消除多径时延扩散影响的方法；直接序列扩频可以解决多径效应问题；OFDM 使用多载波，每路载波承载较低的数据速率以避免 ISI；MIMO 天线系统的波束成形减少了多径分量的数量，从而缩小了总的时延扩散。这些主题将在第 3 章中讨论。在这里，我们已经讨论了将带宽和符号间串扰关联起来的简单模型。

2.4.3 标准化组织的宽带信道模型

实际上，时延功率谱 $Q(\tau)$ 是关于时延和到达时间两个变量的函数 $Q(\tau, t)$。然而，它是一个随着信道变化而慢变的函数，在实际应用中，我们可以用只含时延的函数来表示它[Pah05]。慢时变信道的物理含义是为了通信或定位发送一个波形时，在符号发送期间，信道是稳定或不变的。我们已经用多普勒谱函数 $D(\lambda)$ 来反映在工作区域内运动的效果。在典型的无线应用中，信道的变化率绝大部分是几百赫兹，而典型的发送率是每秒百万个符号。在这种情况下，慢变模型是合理的。在这个假设下我们把信道行为分为静态和动态两部分。静态部分由时延功率谱 $Q(\tau)$ 表征，动态部分由多普勒谱 $D(\lambda)$ 表征。在经典的无线信道模型中[Pah05]，这两个函数的结合称散射函数，定义为：

$$S(\tau, \lambda) = Q(\tau) \times D(\lambda) \tag{2.22}$$

如果将标准里定义的式(2.22)再用路径损耗模型加以补充，就可以得到完整的分析模型，可用于仿真评估一个信道的覆盖范围和通信性能。

标准化组织通常为不同场景提供不同信道模型来识别散射函数和路径损耗模型。比较和选择最好的模型，以用于多个系统的物理层实现，是无线标准组织最主要的挑战之一。为了在这些提议中有一个比较，共同接受的信道模型是必要的。在标准补充完善后，这些模型被制造商用于他们产品的设计和性能评估。由于带宽和这些信道模型适用的环境不同，因此许多标准组织提出了自己的标准模型。由于大区域和局域网具有不同的信道模型，因此在本书中分别以不同的后续相关章节来讨论这些细节。

为了理解由标准化组织推荐的信道模型，作为一个简单示例，我们进一步阐述由 GSM 推荐的宽带模型。

例 2.14　时分多址蜂窝网络的宽带模型

GSM 标准化组织对于乡村、城市、山区等不同类型的区域，分别采用不同的时延功率谱来定义信道特性集[GSM91]。这些信道之间的基本差异是 RMS 时延扩散的值和用于代表信道特性的多路径分量不同。这些模型适用于 TDMA 蜂窝网络，该系统带宽为 200 kHz。这些模型对于任何用相同的带宽，在城市区域里工作的无线接入方法都是有用的。

在这个例子中，我们只描述用于乡村区域的模型。这个模型用 6 条多路径或 4 条多路径两种选择来定义时延功率谱。图 2.22 表明有两个时延功率谱推荐用于乡村区域。在 6 条多路径的模型中，多路径间隔为 0.1 μs，它们包含 0.5 μs 的时延扩散。每个路径的接收信号功率从为 0 dB 开始，后续的路径每个都是多损耗 4.0 dB。在 4 条多路径的模型中，多路径间隔为 0.2 μs，它们包含 0.6 μs 的时延扩散。接收信号各路径的相对功率分别为 0 dB、-2 dB、-10 dB和 -20 dB。6 条多路径模型和 4 条多路径模型都提供相同的 RMS 时延扩散。假如在设计不同的调制解调器时要分析多径的影响，两个模型都会提供类似的结果。6 条多路径的模型以额外增加硬件多实现两条路径的代价，实现了更精确的模型。GSM 信道的带宽是 200 kHz，脉冲宽度为大约 5 μs。信道的时延扩散大约是该值的 10%，这符合在式(2.21)里定义的可管理 ISI 给出的带宽限制条件。

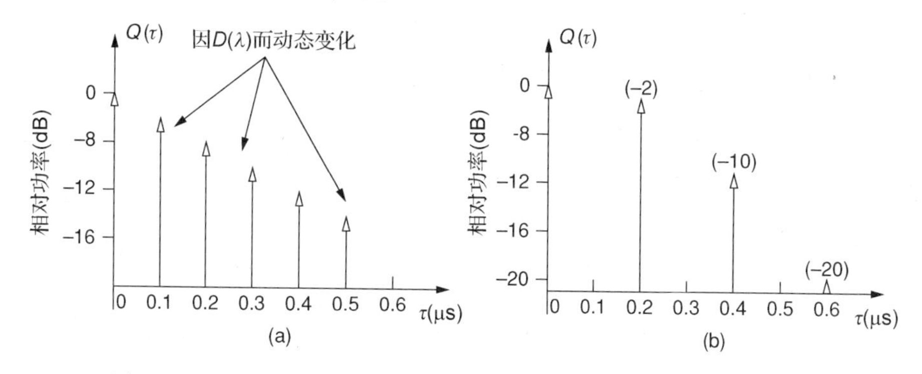

图 2.22　GSM 委员会推荐的两种时延功率谱：(a) 6 路径；(b) 4 路径

两种模型的第一个路径被假设为服从由式(2.16)表示的莱斯分布。因为它们被假设为直达 LOS 路径。其余路径被假设为由式(2.15)表示的经典瑞利分布。每个路径或模型的多普勒谱要么选莱斯模型要么选瑞利模型。采用类似于窄带信号的仿真，经典的瑞利模型的多普勒功率谱由式(2.17)给出，如图 2.17 所示。莱斯谱是等式(2.17)中经典的多普勒功率谱以及一个直达路径的加权和，从而保证整个多路径功率的归一化，它表示为：

$$D(\lambda)=\frac{0.41}{2\pi f_m}\left[1-(\lambda/f_m)^2\right]^{-1/2}+0.91\delta(\lambda-0.7f_m),\quad -f_m<\lambda<f_m \tag{2.23}$$

假如用奥村哈塔路径损耗模型作为这个多路径模型的补充，我们就有了一个在特定区域里信道行为的完整模型。使用这些模型，可以预测系统的覆盖范围和仿真信道波动的影响以及波形多径传输的影响。

2.4.4　仿真信道行为

在硬件和软件仿真方面，静态和动态行为的分离使我们可以利用带抽头的时延线来重现含时延变量的信道行为。抽头的间距由时延功率谱 $Q(\tau)$ 决定，每条路径的短期衰落波动是通过过滤的具有多普勒谱 $D(\lambda)$ 形状的复合高斯噪声来实现的，如图 2.23 所示。在图 2.23(b)中，我们有多条时延不同的路径，每个路径的时延用 $Q(\tau)$ 表示，以平行的分支方式实现。图 2.23(a)显示了每条路径的幅度和相位的实现，每条路径是通过过滤的谱形状由 $D(\lambda)$ 描述的高斯噪声产生的。在图 2.23(a)中，仿真合成的信道波动与路径信号强度取值相同，从而使得图 2.23(b)中整个信道响应符合式(2.19)定义的时延功率谱。一般来说，时延 τ_i 也是一个随机变量，但为了实现简单起见，传统的标准化组织假定时延为固定值，并尝试在模型所针对的环境中用典型的测量值来匹配多路径特性的 RMS 时延扩散。

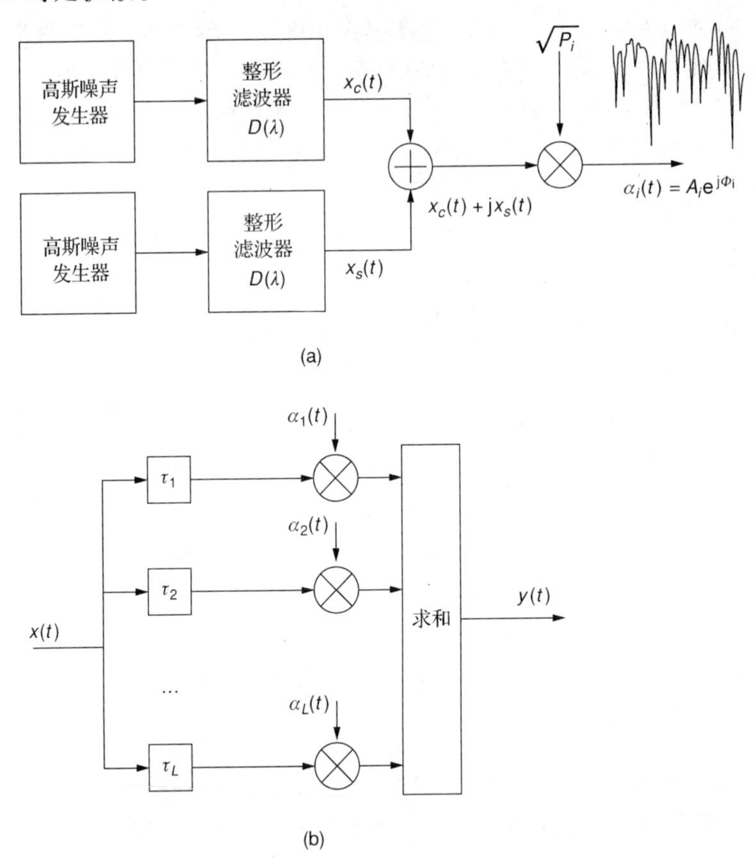

图 2.23　一个完整信道仿真器的要素：(a) 对 $D(\lambda)$动态行为的抽头增益仿真；(b)对采用$Q(\tau)$的静态多径仿真

信道宽带特征模型发展的主要目标是为无线调制解调器的设计和性能评估的发展奠定基础。性能分析在传统上是用解析式完成的，而解析式的计算用数字计算机来实现。随着总体上计算机和数字硬件的速度增加，信道宽带特征模型也开始应用于信道行为的实时硬件和计算机软件仿真中。

2.5　新兴信道模型

在本节中我们讨论一些新兴的无线信道模型。对于突发事件和位置感知应用(参见第 14 ~16 章)，定位是非常重要的。而为通信系统开发的模型却难以满足地理定位方案的性能评估要求。智能天线和自适应天线阵列需要获得多径分量的到达角度(AOA)，以便将天线的波束调整到正确的方向。下面对这些模型进行简要的讨论。

2.5.1　地理定位宽带信道模型

随着 20 世纪 90 年代无线通信的发展，利用无线电信号实现对人、移动终端、宠物和设备等进行定位的技术开始越来越受到重视。市场上也很快出现了几种新的定位应用[Pah98]。民用定位技术可用于智能交通系统(ITS)、公共安全(增强 911 或 E-911 服务)、自动计费、欺诈侦测、货物追踪和事故报知等。定位技术还可能用于蜂窝系统设计和未来的"智能办公室"环境[War97]。另一方面，在军事应用中，大多数战术单元都紧紧依赖无线通信。单兵之间的自组织连接，例如在小股部队的作战行动中，在受限的无线电传播环境里需要"态势感知系统"来确保单兵能够判断自身的位置和其他相关信息。此时单兵所处的环境可能是建筑物中、隧道内、其他城市结构、洞穴、山腰以及丛林里的双重伪装中。在任何一种情况下，定位服务需要在传统的定位技术如 GPS 因缺乏足够的信号功率或严峻多径条件下无法工作时，能够继续提供定位服务。

过去对于 RF 传播的研究主要集中在电信应用方面，而定位应用需要不同特性的室内无线电信道[Pah98]。对于定位应用，精确测试发射端与接收端之间的直达 LOS (DOLS)路径是极其重要的，DLOS 路径是指它们之间的直达连线路径，即便两者之间有障碍物(例如墙壁)隔开。DLOS 路径的检测对定位应用非常重要，这是因为 DLOS 路径的到达时间或者到达角度(TOA 或 AOA)对应着发射端与接收端之间的距离(或方向)。通过多个方向的测量，就可以确定发射端或接收端的位置。这与电信应用完全不同，电信应用考虑的是如何通过链路正确有效地传送数据比特。定位系统需要考虑的另外一个问题是定位精度与传送信号带宽之间的关系。在估计到达多径分量的时延时，如果有 100 ns 的误差则会导致 30 m 的距离误差。因此，采用 TOA 技术的定位系统通常需要宽带信号来消除多径影响，以便检测第一条路径信号的到达时间。

对于电信应用在室内宽带无线电传播的研究，通常在建筑物的不同位置测量信道特性。信道一般划分为通视和无法通视两大类，这是因为这两类信道对电信系统的性能有着不同的影响。

如图 2.24 所示，对于定位应用，信道通常可以划分为三类。第一类是优势直达路径(DDP)信道，这种信道中 DLOS 路径信号最强。例如，传统 GPS 接收端[Get93; Eng94; Kap96]就是基于 DDP 信道的。对于 GPS 室外信号，其多径信号比 DLOS 路径信号弱得多。因此，GPS 接收端能够锁定 DLOS 路径并精确检测到达时间值。第二类是非 DDP(NDDP)信道，DLOS 路径信号可以被检测出来，但 DLOS 路径信号的强度在信道中并不占优势。在这种信道中，传统的 GPS 接收端锁定信号最强的路径，可能会对到达时间做出错误的判断，从而导致位置估算错误。传统接收端造成差错的数量，是最强路径信号到达时间与 DLOS 路径信号到达时间之间的误差所对应的距离。对于第二类 NDDP 信道的定位，可以采用更加复杂的接收端[Pah98]来消除多径传输的影响，能够对 DLOS 路径的到达时间做出智能判断。第三类是不可检测直达路径(UDP)信道，系统无法检测到 DLOS 路径，因此传统的 GPS 接收端和其他接收机都不能检测到 DLOS 路径。实际中，直达 LOS 永远是存在的，但是当信号强度低于接收机的灵敏度门限，且有其他路径信号强到可以被接收机检测时，就会出现检测不到的直达路径。在这些环境里，没有接收机可以检测到直达路径，此时就肯定会产生定位误差。要理解这种情况是如何发生的，可以假设一个大的金属物体，例如电梯，阻挡了室内环境发射机和接收机之间的直达路径。此时直达路径将无法被实际系统检测到，而从周围隔离物反射的其他路径可被接收机检测到。有关这个话题的更详细内容在第 15 章讨论。

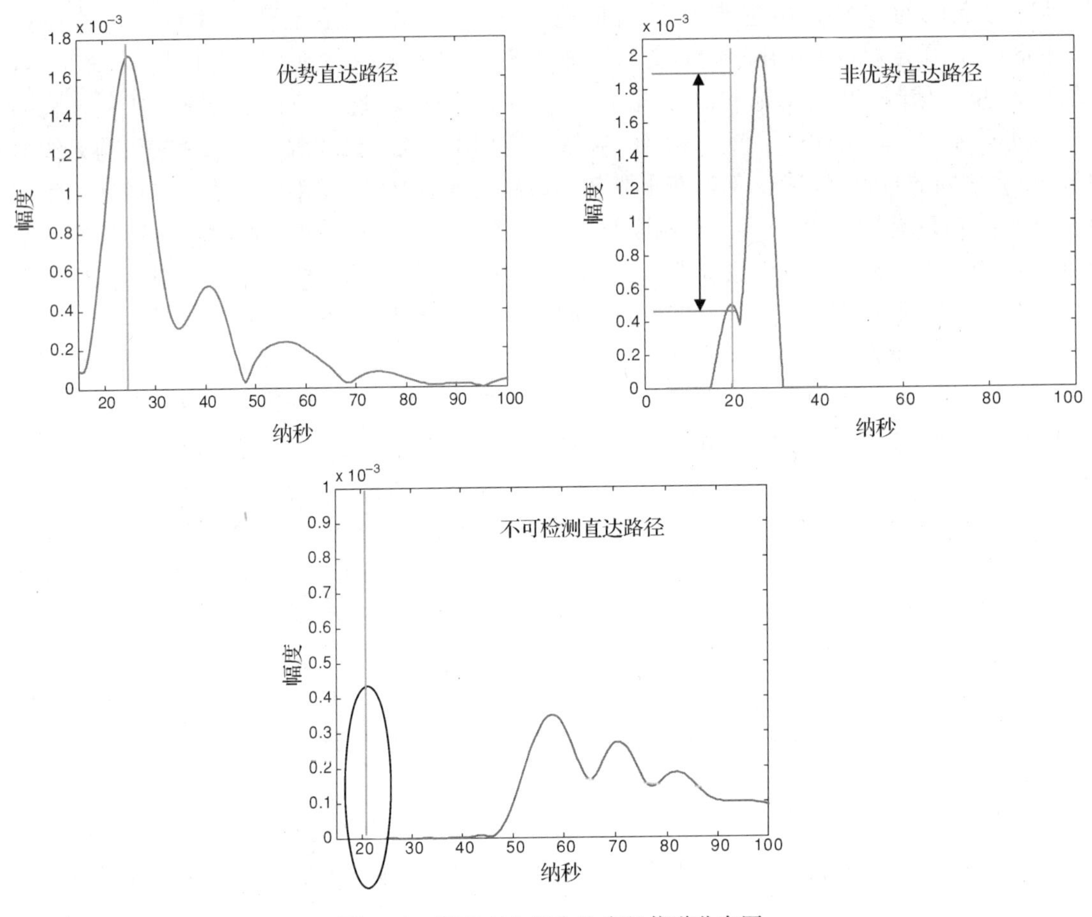

图 2.24 用于室内定位的多径信道分布图

图 2.25 显示了在伍斯特理工学院 Atwater Kent 实验室一层中心位置安放通道测试仪时，区域里不同类型多径信道的射线追踪仿真示意图。

对于数字通信来说，误码率是衡量接收机性能的重要指标；而对于定位应用，DLOS 路径到达时间或到达角度测量的误差是衡量接收机性能的重要指标。传统无线电研究所考虑的路径损耗和前面提到的τ_{rms}已不足以解决定位难题。DLOS 路径相对于其他路径的功率、延迟、信道噪声、信号带宽和干扰，都会影响 DLOS 路径的检测，也就是说会导致发射机与接收机之间估算范围(距离)的差错。

近来，很多著作[Pah98;Kri98;Kri99a,b,c;ALa06a,b]发表了一些用于检测 DLOS 路径实现定位的室内无线电信道传播模型。在这些成果中，参数的重要性和模型开发都基于对无线电信道的测量，同时也作为软件仿真的输入。

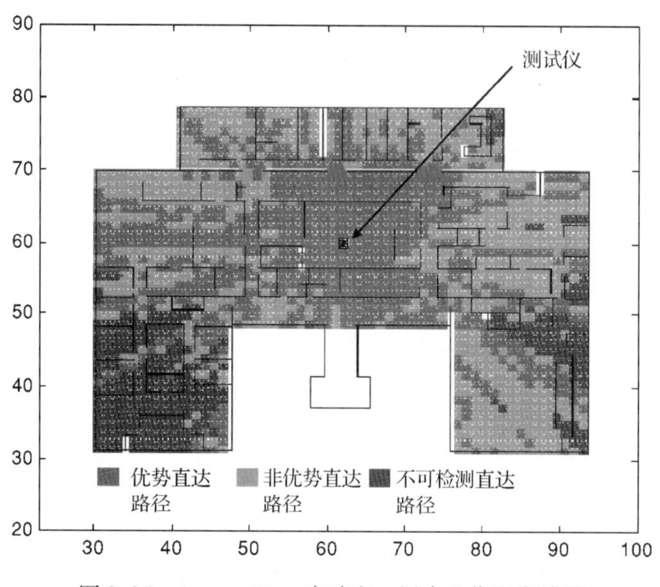

图 2.25　Atwater Kent 实验室一层中心位置安放通道测试仪后各类多径信道的分布示意图

2.5.2　单输入多输出(SIMO)和多输入多输出(MIMO)信道模型

近年来,“空域宽带信道模型”引起了更多的关注,它不仅能够提供式(2.19)中讨论的时延功率谱,还能够提供多径分量的到达角度。天线阵列系统用于干扰消除和定位应用的进步,使得我们有必要理解无线通信信道的空间特性。

首先看一下单输入多输出(SIMO)无线电信道模型[Ert98]。这些模型可用于典型的蜂窝环境,假设移动终端的发射机相对简单,而基站拥有带 M 个天线单元的自适应智能天线的复杂接收机。如图 2.26 所示,多径传输环境有从多个移动终端传到基站端的 L 个到达信号,这些信号的幅度与相位 ψ 不同、延迟 τ 不同、方向角 θ 也不同。一般来说,这些信号随着时间不断发生变化,信道脉冲响应通常可以表示为:

$$\vec{h}(t)=\sum_{l=1}^{L(t)}\alpha_l(t)\mathrm{e}^{\mathrm{j}\phi_l(t)}\delta(t-\tau_l(t))\vec{a}(\theta_l(t))$$

可以看出,信道脉冲响应具有“向量”特征,而不是时间的标量函数。$\vec{a}(\theta(t))$ 称为阵列响应向量,如果有 M 个天线阵元,那么阵列响应向量就有 M 个分量,每个分量都有 L 个多径分量。其他模型可以查阅[Ert98]。虽然此时信号的幅度取决于阵列响应向量 $\vec{a}(\theta(t))$,但通常情况下,仍假设信号的幅度服从瑞利分布。

这种模型可以扩展为 N 个移动天线单元和 M 个基站天线单元的系统[Ped00],这种系统被称为多输入多输出(MIMO)信道。此时,信道的脉冲响应是一个 $M\times N$ 矩阵,矩阵对应着每一对天线的每一个多径分量的传输系数。更多实验模型可以查阅[Ker00;Ped00]。

这些使用 MIMO 天线系统来改进系统容量的方法有很大潜力。在蜂窝环境中,容量增加 300% ~500% 是可能的。频谱效率也可以增加。例如,一个 4 × 4 天线阵列系统在 MIMO 信道能够提供的频谱效率为 27.9b/s/Hz [Ped00],而传统 SISO 无线系统能够提供的频谱效率为 2 b/s/Hz。

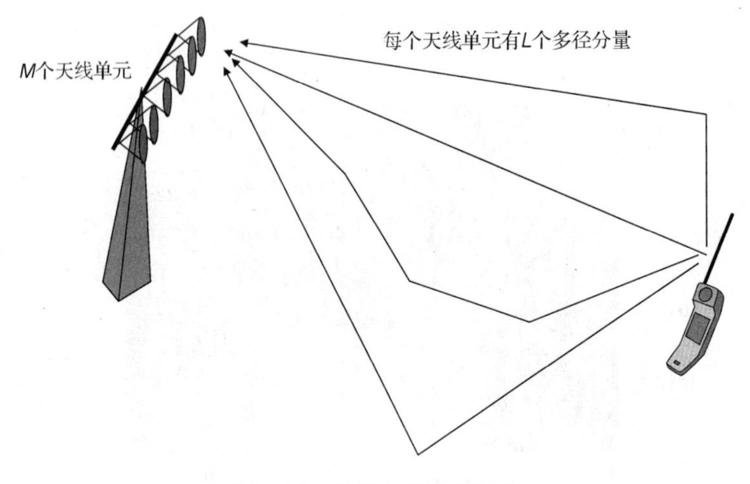

图 2.26 单输入多输出模型

附录 A2：什么是分贝

分贝(dB)通常是计算功率和功率比的对数度量单位。使用 dB 的原因是把所有像乘法和除法这样的复杂计算弱化为加法和减法。每一个链路、节点、转发器或信道都可以被视为一个具有特定分贝增益的黑盒子(参见图 A2.1 的左图)。该黑盒子的分贝增益可以表示为:

$$\text{dB 增益} = 10\log\left(\frac{\text{输出信号功率}}{\text{输入信号功率}}\right) = 10\log(P_{out}/P_{in}) \tag{A2.1}$$

这对应于输出功率与输入功率相比的相对输出功率值。对数通常是以 10 为底。假如式(A2.1)的比值是负数，那么它就是分贝损耗。

相对于绝对功率 1mW 的分贝增益表示为 dBm，相对于绝对功率 1 W 的分贝增益则表示为 dBW。例如，假如输入功率为 50 mW，相对于 1 mW，则输入功率为 10 log(50 mW/1mW) = 16.98 dBm。如果紧接着的一条链路有 10 dB 损耗，则输出链路的绝对功率为 16.98 - 10 = 6.98 dBm。如果相对于 1W，则这些值将分别为 $10\log(50\times10^{-3}/1) = -13$ dBW 和 -23 dBW。注意两个功率电平用 dBm 表示的值 P_1 和 P_2，它们的差值是用 dB 表示的。$P_1(\text{dBm}) - P_2(\text{dBm}) = P_d(\text{dB})$。参见图 A2.1 的右侧。

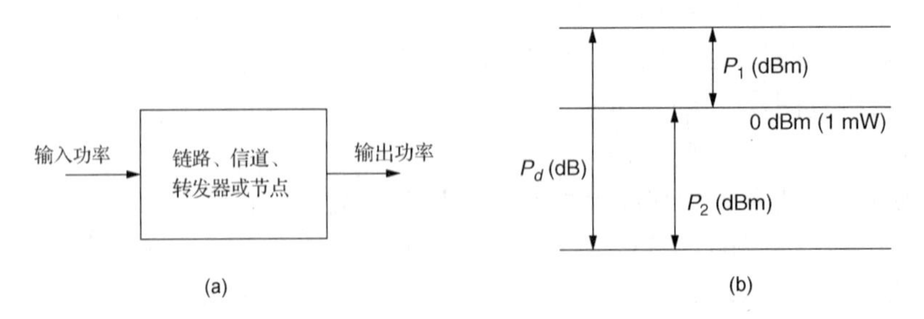

图 A2.1 分贝：(a)总体概念；(b)dB 和 dBm 的关系

对于全向天线(在所有方向上辐射增益相同的天线)或双极天线来说，天线的增益也有类似不同的表示方法。前者增益的单位是 dBi，而后者的增益单位是 dBd。dBi 单位比 dBd 单位大 2.15 dB。

思考题

1. 高频无线电有哪三种重要的传播现象？哪一种在室内环境中占主导地位？

2. 解释路径损耗梯度的含义。列举出几种不同环境的路径损耗梯度的典型数值。

3. 解释“距离每增加 10 倍损耗 37 dB”的含义。此时路径损耗梯度 α 的值是多少？

4. 为什么无线信道的多径传输限制了码元的最大传输速率？如何克服此限制？

5. 什么是多普勒频谱？如何测量？

6. 多径衰落、阴影衰落和频率选择性衰落的区别是什么？给出用于多径衰落模型的分布函数的例子和用于阴影衰落模型的例子。

7. 什么是衰落余量？解释其含义。

8. 奥村哈塔模型可用于什么环境下？它能直接应用于 2.4 GHz ISM 频带传输吗？

9. 在通视环境下，采用什么样的分布模型来给有多径衰落的信号幅度建模？在有阻挡的通视环境下呢？

10. 当考虑无线传输时码元持续时间为什么重要？解释由多径导致的码间干扰。

11. 相干带宽和均方根多径时延谱之间的关系是什么？

12. 采用什么技术可以消除频率选择性衰落（多径时延扩散）的影响？

13. 对于采用到达时间的定位应用，宽带无线电信道是如何分类的？这样的分类有什么作用？

14. SIMO 和 MIMO 无线信道的区别是什么？

15. 解释射线追踪以及它与几何光学的关系。

习题

习题 2.1

假设无线设备使用的天线长度是发送信号波长的 1/4，那么对于 900 MHz 的蜂窝电话系统、1800 MHz 的 PCS 以及运行在 2.4 GHz 和 5.2 GHz 的 WLAN，天线长度分别是多少？

习题 2.2

在自由空间里，信号的发送功率是 1 W，载波频率是 2.4 GHz，接收器与发送器之间的距离是 1 英里（约 1.6 km），接收信号的功率是多少 dB？路径损耗是多少 dB？假设天线的增益是 1。

习题 2.3

建筑物内的路径损耗需要在自由空间路径损耗基础上增加两个因素：一个因素与距离具有直接的比率关系，另一个是地面衰落因素（FAF）。换句话说，路径损耗 = 自由空间损耗 + βd + FAF。如果 FAF 是 24 dB，接收器与发送器之间的距离是 30 m，为了确保路径损耗不超过 110 dB，计算 β 的值。

习题 2.4

模拟蜂窝无线电系统采用的调制技术是模拟 FM。每个信道的传输带宽是 30 kHz，移动用户的最大发送功率是 3 W。接收信号可接受的 SNR 是 18 dB，系统背景噪声的功率是 −120 dBm

(低于1mW参考功率120 dB)。假设离发送天线第一米处信号强度衰落30 dB，在1 m以外，距离每增加10倍信号衰弱40 dB。

a. 在我们可接受的信号质量内，移动终端与基站之间的最大距离是多少？使用奥村哈塔模型来计算。

b. 对于数字蜂窝系统，假设可接受的SNR为14 dB，重复(a)。

习题2.5

IEEE 802.11g的发送功率是100 mW，工作频率为2.45GHz。当终端接近接入点(AP)时，最大数据速率是54 Mbps，需要−72 dBm的接收信号强度(RSS)。在最小支持数据速率6 Mbps时，所需要的最小RSS是−90 dBm。

a. 使用IEEE 802.11信道模型C，确定AP在小型办公室中数据速率分别是54 Mbps和6 Mbps时的覆盖范围。

b. 假设距离-功率梯度 $\alpha=2.5$，重复(a)的计算，并把这个结果与(a)的结果进行比较。

习题2.6

IEEE 802.11a设备的最大传输功率是100 mW，工作频率是5.2GHz。当终端接近接入点(AP)时，最大数据速率是54 Mbps，需要−72 dBm的接收信号强度(RSS)。随着离AP距离的增加，数据率减少到某个值，这个值可以容忍更小的RSS。最小可支持的数据率为6Mbps，它需要最小的RSS为−94 dBm。

a. 计算第一米处的路径损耗分贝值。

b. 使用表2.3的IEEE 802.11信道模型D，确定AP在带有可通视或不可通视的小型办公室的数据速率分别是54 Mbps和6 Mbps时的覆盖范围。

c. 确定在覆盖范围的边缘处保证90%成功的系统衰落余量，在(b)中用同样的模型重新计算。

d. 在大而开放的不可通视条件下的室内和室外空间中，重复计算(b)和(c)。

习题2.7

IEEE 802.11 WLAN最大传输功率是100 mW(20 dBm)，采用多载波信道。IEEE 802.11g使用2.402～2.480 GHz频带，IEEE 802.11a使用5.150～5.825 GHz频带。两种标准都使用OFDM调制，带宽都是20 MHz。

a. 计算IEEE 802.11g距接入点1 m距离处最低和最高载波频率的接收信号强度(dBm)。假设发送器和接收器的天线增益都是1(0 dBi)，1 m距离处信号传播符合自由空间传播规则。

b. 对于IEEE 802.11a WLAN，重新完成(a)中的计算。

c. 对比IEEE 802.11g设备与IEEE 802.11a设备在1 m距离处的接收信号强度。计算中可采用两个标准分配频带的中间值作为载波的频率。

d. 对比IEEE 802.11g与IEEE 802.11a接收信号的波动速率(最大多普勒频移 f_m)。计算中可采用两个标准分配频带的中间值作为载波的频率。假设该环境中移动速度为1 m/s。

习题2.8

表P2.1提供了IEEE 802.11b设备支持不同数据速率时对最小RSS值的需求。

a. 计算表中每一种数据速率的信号覆盖范围。

b. 给出数据速率相对于 RSS 的分段函数。

c. 给出数据速率相对于距离的分段函数。

d. 如果一个移动终端远离一个 802.11 AP，直至 AP 的覆盖区域之外，计算移动终端在 AP 覆盖范围内整个移动过程的平均数据速率。假设移动终端以恒定的速度移动，它总是一直接收或发送分组，并且没有任何干扰以及忽略任何 MAC 影响。

表 P2.1　IEEE 802.11b 设备数据速率与对应的最低功率需求

数据速率(Mbps)	RSS(dBm)	采用路径损耗模型 D 计算 IEEE 802.11 的覆盖范围(m)
11	-82	
5.5	-87	
2	-91	
1	-94	

习题 2.9

使用奥村哈塔模型分别确定 900 MHz 和 1900 MHz 蜂窝系统小区的最大半径。假设可接受的最大路径损耗是 130 dB，$a(h_m) = 3.2[\log(11.75\ h_m)^2 - 4.97]$。同时假设 $h_b = 200$ m、$h_m = 10$ m。这里频率 f_c 的单位是 MHz(用 1900)，天线高度的单位是 m，距离 d 的单位是 km。

习题 2.10

一个移动通信网络最小信噪比需求是 12 dB(也就是 RSS 必须比背景噪声电平大 12 dB)。运行频段的背景噪声是 - 115 dBm。如果发送功率是 10 W，发送器天线增益是 3 dBi，接收器天线增益是 2 dBi，运行频率是 800 MHz，基站天线高度是 100 m，移动终端天线高度是 1.4 m。采用下列路径损耗模型，计算可接受的建筑物最大穿透损耗，要求基站的覆盖是 5 km。

a. 自由空间路径损耗模型。

b. 两通路路径损耗模型。

c. 用于小型城市的奥村哈塔模型。

习题 2.11

一个移动系统在覆盖边缘处具有 95% 的成功通信率，位置变化服从零中值高斯分布，均方差是 8 dB，需要多少衰耗余量?

习题 2.12

旧金山湾区低层建筑与高层建筑混在一起的市区中，通过微小区信号强度测量表明路径损耗 L_P 的分贝值是距离 d 的线性函数，表示为：

$$L_P = 81.14 + 39.40\log f_c - 0.09\log h_b + [15.80 - 5.73\log h_b]\log d,\ \text{for } d < d_{bk}$$

$$L_P = [48.38 - 32.1\log d_{bk}] + 45.7\log f_c + (25.34 - 13.9\log d_{bk})\log h_b + [32.10 + 13.90\log h_b]\log d + 20\log(1.6/h_m),\ \text{for } d > d_{bk}$$

其中，d 的单位是 km，载波频率 f_c 的单位是 GHz(在 0.9 ~ 2 GHz 范围内)，h_b 是基站天线的高度(单位是 m)，h_m 是移动终端天线的高度(单位是 m)。“断点”距离 d_{bk} 是路径损耗模型两段匹配线的交点，$d_{bk}=4h_b h_m/(100\lambda)$，其中 λ 表示以米(m)为单位的波长。单位为 dB 的阴影衰耗由标准差为 5 dB 的零均值高斯随机变量表示。

a. 如果需要覆盖蜂窝边缘 90% 的区域，那么衰落裕量应该是多少？如果采用的衰落裕量是 5 dB，那么可以覆盖多大比例的蜂窝边缘？

b. 一个高度 15 m、工作在 1.9 GHz、发送功率为 10 mW、采用定向天线增益为 5 dBi 的基站，它的覆盖半径是多少？假设衰落裕量为 7.5 dB，移动接收机的灵敏度为 −110 dBm。假设 $h_m=1.2$m。如何能够增加蜂窝的覆盖半径？

请注意由两个等式预测的路径损耗在 $d=d_{bk}$ 处非常接近，但是并不相等。在计算时可以使用其中任何一值。

习题 2.13

AT&T 无线部门对 95 个工作频率为 1.9 GHz 的现有城镇宏蜂窝的路径损耗进行了测量，其中包括新泽西、西雅图、芝加哥、亚特兰大和达拉斯等城市。这些地区的特征是地形平坦，低密度树林覆盖，基于上述测量结果，他们提出路径损耗模型表示为：

$$L_p = A + 10\alpha\log\frac{d}{d_0} + \sigma X$$

其中，$A=78$ dB，α 为正态分布随机变量，其平均值表示为：

$$m = a - bh_b + c/h_b$$

其中，h_b 是基站天线的高度。α 的标准差记为 σ_α。参考距离 d_0 是 100 m。X 是平均值为 0 且标准差为 1 的正态分布随机变量，它代表了阴影衰落分量。阴影衰落的标准差 σ(当考虑穿过不同的宏蜂窝时)本身是平均值为 p 且方差为 q 的正态分布。因此整个路径损耗模型可以表示为：

$$L_p = \left[A + 10\left(a - bh_b + \frac{c}{h_b}\right)\log\frac{d}{d_0}\right] + Z$$

a. 证明 Z 是由下式表示的随机变量：

$$Z = 10Y\sigma_\alpha\log\frac{d}{d_0} + Up + UVq$$

其中，Y、U、V 是平均值为 0 且标准差为 1 的正态分布随机变量。

b. 假如 $a=3.6$，$b=0.005$，$c=20$，$h_b=25$ m，计算离基站 1 km 处的中间点路径损耗。

c. 假设在(b)计算的路径损耗是可接受的路径损耗。设 $\sigma_\alpha=0$，$q=0$，给定 $p=8.2$ dB，如果要保证在蜂窝边缘的 95% 的位置有可接受的路径损耗，衰退余量应该是多少？

d. 设 $\sigma_\alpha=0.6$，$q=0$，$p=0$。离基站 1 km 处，哪个位置是可接受的路径损耗？假设在(b)处计算的路径损耗是可接受的路径损耗。

习题 2.14

假设路径损耗的形式为 $L_p=K+10\alpha\log d$，在离发射机距离为 d 的点，其实际路径损耗还包括阴影衰落分量，其分量是平均值为 0 且方差为 σ^2 的正态分布。假如系统可接受的最大路径损耗是 $K+10\alpha\log R$，计算在蜂窝的用户区域(不在蜂窝的边缘)里有可接受的路径损耗的用户比例是多少。可以用积分来表示答案。

习题 2.15

一个多径信道有三条路径，延迟分别是 0 ns、50 ns、100 ns，相对强度分别是 0 dBm、-10 dBm、-15 dBm。

a. 信道的多径扩散是多少？

b. 计算信道的 RMS 多径扩散。

c. 对于此三路径信道以及由第一和第三路径构成的两路径信道，多径扩散与 RMS 多径扩散的差别分别是多少？

d. 两个信道的相干带宽是多少？

习题 2.16

描绘下列宽带信道的“功率-延迟”特性。计算表 P2.2 中描述的多径信道的时延扩散余量、平均延迟和 RMS 时延扩散。如果一个信道的 RMS 多径扩散的倒数小于系统的数据速率，可以认为该信道是“宽带”信道。对于 25 kbps 二进制数据系统可以认为是宽带信道吗？为什么？

表 P2.2　宽带信道的数据

相对延迟(ms)	平均相对功率(dB)
0.0	-1.0
0.5	0.0
0.7	-3.0
1.5	-6.0
2.1	-7.0
4.7	-11.0

习题 2.17

在 1900 MHz 频段，测量表明 RMS 时延扩散随着距离的增加而增长[Bla92]。RMS 时延扩散的上限可以表示为 $\tau = e^{0.065L(d)}$，单位是 ns，其中 $L(d)$ 是以 dB 表示的平均路径损耗，它是发送器与接收器之间距离 d 的函数。路径损耗可以表示为 $L(d) = L_0 + 10\alpha \log_{10}(d/d_0)$，其中 $L_0 = 38$ dB；在 $d < 884$ m 时，$\alpha = 2.2$；在 $d > 884$ m 时，$\alpha = 9.36$。阴影衰退的标准差是 8.6 dB。假设采用的是在没有均衡时码元速率为 135 ksps 的传输方案。如果允许的最大路径损耗是 135 dB，限制小区半径的因素是 RMS 时延扩散？还是小区覆盖边缘 90% 的中断区域？请列出详细的计算步骤。

习题 2.18

式(2.22)表示了散射函数。室内无线信道的散射函数定义为时延功率谱的时间函数 $Q(\tau)$ 与多谱勒的频率函数 $D(\lambda)$ 的积(参见式(2.22))，也就是：

$$S(\tau;\lambda) = Q(\tau)D(\lambda)$$

散射函数提供更好的无线信道描述，假设用 τ (单位为 ns)表示，可得：

$$Q(\tau) = 0.4\,\delta(\tau - 50) + 0.4\,\delta(\tau - 100) + 0.2\,\delta(\tau - 200)$$

用 λ 表示(单位为 Hz)，可得：

$$D(\lambda) = 0.1\,U(\lambda + 5) - 0.1\,U(\lambda - 5)$$

其中，$\delta(.)$和 U(.)分别是冲激函数和单位阶跃函数。

a. 假设 $Q(\tau)$类似于式(2.19)，均方根值已知，确定信道的均方根时延扩散。

b. 信道的多谱勒扩散的最大值是多少?

c. 计算信道的相干带宽。

项目

项目 2.1：多径衰退模拟

图 2.13(a)所示为两个移动装置在一个空旷的室内区域互相通信的场景，天花板高度为 5 m，移动装置的天线高度都距地面 1.5 m。两个终端之间通信有三条路径：直达路径、地面反射路径和天花板反射路径。地面反射系数和天花板反射系数都是 0.7，而且每次反射都会造成 180°的相位跳变。

a. 如果发送功率是 1 mW，列出计算距发送器 1 m 处自由空间的接收信号强度 P_o 表达式，它为运行频率 f_c的函数。

b. 列出计算每一条到达路径的幅度、延迟和相位的表达式，它可以表示为距离 d 和运行频率 f_c的函数。

c. 列出计算接收信号强度(RSS) 表达式，它可以表示为距离 d 和运行频率 f_c的函数。

d. 使用 MATLAB 绘制 RSS 与距离的对照关系图，其中 $1\ \text{m} < d < 100\ \text{m}$，中心频率分别是 900 MHz、2.4 GHz 和 5.2 GHz。

e. 讨论接收信号强度、波动速率与运行频率之间的关系。

f. 根据对 2.4 GHz 的计算结果，为 RSS 设计一个两段的路径损耗模型，确定合适的断点以及两个区域的距离-功率梯度值。将你的模型与 IEEE 802.11 模型进行对比，有什么发现?

项目 2.2：多径衰落的射线追踪模型

图 P2.1 所示为一个接入点和笔记本电脑在 20 m×50 m 的房间互相通信的场景。两个终端之间通过 5 条路径进行通信：1 条直接路径和 4 条路径(从每个墙反射回来)。从墙反射的系数为 0.7，每个反射造成 180°的相位跳变。接入点位于离左墙 2 m 处，离房间更低的墙距离为8 m。笔记本电脑从离接入点为 1 m 处向右边墙移动直到离右墙为 2 m 处。

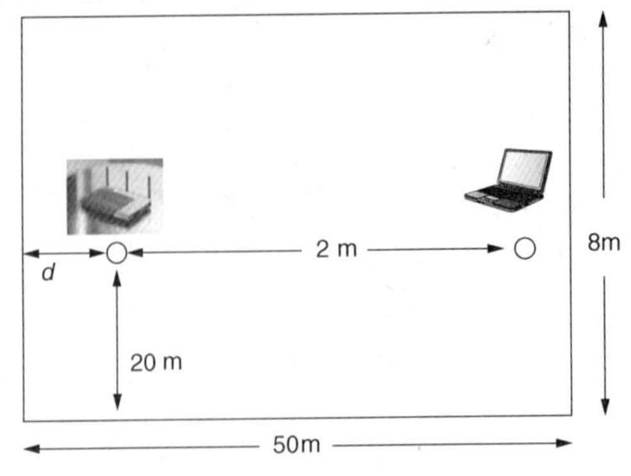

图 P2.1　项目 2 的场景

1. 假如发送功率为 100 mW，列出计算距发送器 1 m 处自由空间的接收信号强度 P_o的表达式，它可以表示为运行频率f_c的函数。
2. 阐述用几何方法，计算 5 条路径的每一条路径长度，该长度是发送器和接收器之间距离 d 的函数，房间的尺寸如图 P2.1 所示。
3. 列出计算每一条到达路径的幅度、延迟和相位的表达式，它可以表示为距离 d 和运行频率f_c的函数。
4. 简述对于 d =5 m，f_c =2.4 GHz 信道的冲激响应，并计算信道 RMS 时延扩散。信道的相干带宽是多少？它与符号发送率的关系如何？
5. 对于 d =10 m，f_c =5.2 GHz，重复(4)，解释(4)和(5)结论的差异。
6. 列出计算接收信号强度(RSS) 的表达式，它可以表示为距离 d 和运行频率f_c的函数。
7. 使用 MATLAB 绘制 RSS 与距离的对照关系图，其中 $1\text{ m} < d < 46\text{ m}$，中心频率分别是 2.4 GHz 和 5.2 GHz。
8. 讨论 RSS 的波动速率与运行频率之间的关系。
9. 根据对 2.4 GHz 的计算结果为 RSS 设计一个路径损耗模型，与 IEEE 802.11 模型进行对比，基于你的观察，假如你用两区域的 IEEE 802.11 模型作为测试场景，合适的断点是什么？
10. 如何使用这个基本概念来开发射线追踪软件(该软件可通过使用建筑的电子地图找出信道的冲激响应)？

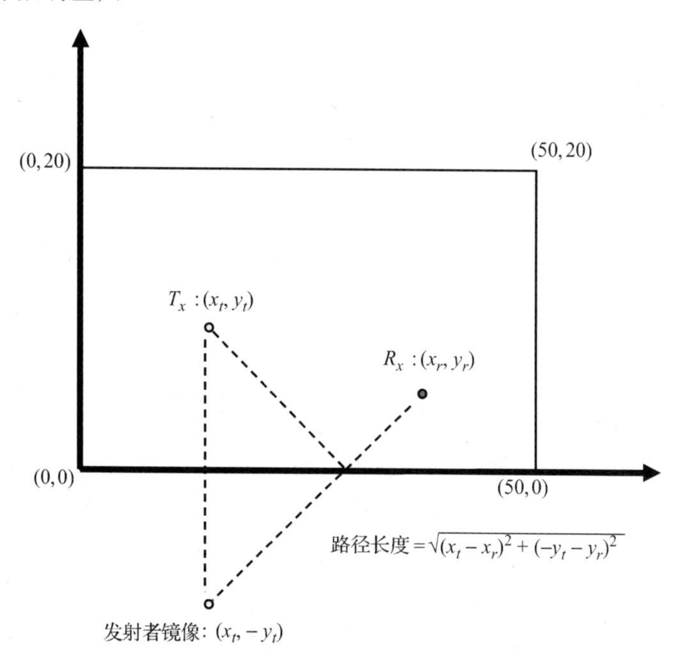

图 P2.2　在一个方形房间里的射线追踪程序利用结合方法计算路径长度

项目 2.3：多径、无线接入和定位

在这个项目中，我们重点强调无线信道传播研究在无线接入和定位技术方面的应用。图 P2.2 所示为在 20 m×50 m 的房间平面布局和两个移动装置在这个房间的通信。天花

板高度为5 m，移动装置的天线高度都距地面1.5 m。两个终端之间通信有7条路径：直达路径、地面反射路径、天花板反射路径和通过4个墙反射回来的4条路径。假设反射多次的路径信号强度可以忽略，墙的反射系数、地面反射系数和天花板反射系数都是0.7，而且每次反射都会造成180°的相位跳变。

a. 假如发送功率为1 mW，列出计算距发送器1 m处自由空间的接收信号强度 P_o 的表达式，它可以表示为运行频率 f_c 的函数。

b. 从图P2.2所示的几何关系中，计算7条路径中每个路径的长度。

c. 利用图P2.3，计算每条路径的幅度、相位和时延。

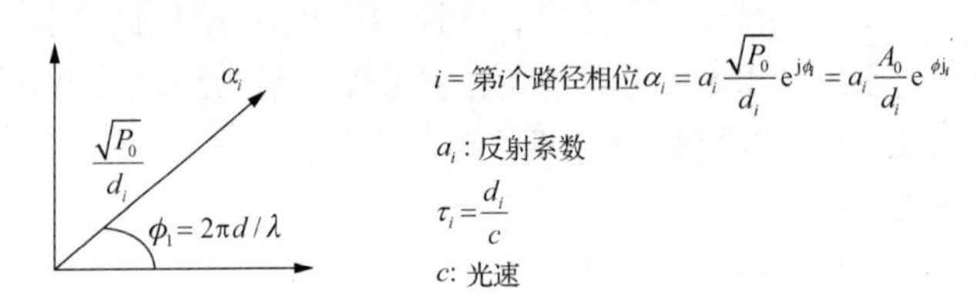

图P2.3 计算幅度、延迟和长度为 d 的路径相位的相位图

d. 通过式(P2.1)计算总窄带接收功率，并画出发送机在 T_x：(25,15)，接收机从 R_x：(1,10)到 R_x：(49,10)，步长为1 m的接收功率图。假设工作频率为2.4 GHz。描述使用接收信号强度来计算距离的一种方法。

$$P_{NB} = \left|\sum_{i=1}^{7} \alpha_i\right|^2 = P_0 \left|\sum_{i=1}^{7} \frac{a_i}{d_i} e^{j\phi_i}\right|^2 \tag{P2.1}$$

e. 通过式(P2.2)重复(d)计算宽带接收功率，解释(d)和(e)的不同之处的理由。

$$P_{WB} = \sum_{i=1}^{7} |\alpha_i|^2 = P_0 \sum_{i=1}^{7} \left|\frac{a_i}{d_i} e^{j\phi_i}\right|^2 = P_0 \sum_{i=1}^{7} \left|\frac{a_i}{d_i}\right|^2 \tag{P2.2}$$

f. 画出接收机在Tx：(10,10)时信道的冲激响应。无线信道冲激响应表示为：

$$h(t) = \sum_{i=1}^{N} \alpha_i e^{j\phi i} \delta(t - \tau_i) \tag{P2.3}$$

其中，$N=7$ 表示响应路径总数目。图P2.4表示无线信道冲激响应 $|h(t)|$。值得注意的是，在图中没有显示路径信道相位 ϕ_k。

g. 无线信道冲激响应的均方根时延扩散可以通过式(P2.4)计算获得，均方根时延扩散的逆与信道相干带宽成正比，而相干带宽代表了无线信道接入时可达到的数据率上限。画出发送机沿(d)中指明的移动路线移动时的相干带宽。

$$\tau_{rms} = \sqrt{\frac{\sum_{k=1}^{N} \tau_k^2 \alpha_k^2}{\sum_{k=1}^{N} \alpha_k^2} - \left(\frac{\sum_{k=1}^{N} \tau_k \alpha_k^2}{\sum_{k=1}^{N} \alpha_k^2}\right)^2} \tag{P2.4}$$

h. 使用式(P2.5)给出的一个上升余弦脉冲来画出(f)定义的发送机和接收机位置处的系统信道冲激响应，其中 W 是系统的带宽。假设带宽 $W=1$ MHz，5 MHz，10 MHz，50 MHz，100 MHz，500 MHz和1000 MHz。对于每个带宽使用第一个发送脉冲的峰值来估算距离。画出距离测量误差和系统带宽的对比图。

$$f(t) = \frac{\sin(\pi W t)}{\pi W t} \frac{\cos(\beta \pi W t)}{1 - (4\beta W t)^2} \tag{P2.5}$$

i. 假设发送机和接收机之间的直达路径被人体遮挡住了，重复(h)。

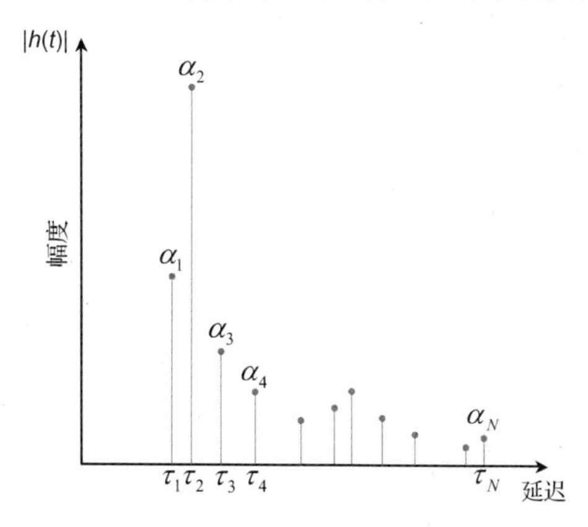

图 P2.4　典型的信道冲激响应

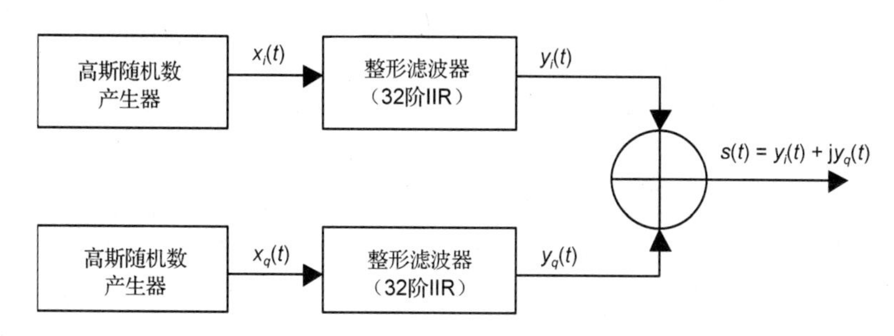

图 P2.5　采用滤波器的高斯噪声仿真信道抖动

项目 2.4：快速包络衰落的仿真

无线信道的波形仿真可用于更大项目来评估最佳系统设计参数，诸如用于出错恢复的编码长度设置和用于自适应均衡器要消除无线信道瞬间特性的训练时间设置。

要仿真无线信道的抖动，需要用特定的包络衰落密度函数和特定的多谱勒谱来产生随机过程。此时的随机变量很复杂。其幅度要服从瑞利衰落分布，而相位则服从均匀分布，随机变量频谱的功率谱密度必须服从经典多谱勒谱，表示为：

$$D(f)=\frac{1}{2\pi f_m}\times\frac{1}{\sqrt{1-\left(\frac{f}{f_m}\right)^2}},\qquad |f|\leqslant f_m$$

其中，f_m是最大多谱勒频率。多谱勒谱的样子如图 2.17 所示。

实现这些抖动的一个方法如图 P2.5 所示。在这个模型中，两个独立的高斯(正态)随机变量通过数字 IIR 过滤器过滤，这个 IIR 过滤器近似于经典多谱勒谱，两个独立的高斯(正态)随机变量通过使用 I 分量和 Q 分量相加。假如 y_i 和 y_q 是两个独立的高斯随机变量，那么 $s=\sqrt{y_i^2+y_q^2}$是瑞利分布随机变量。因此，系统的输出信号的幅度表示为瑞利分布，功率谱密度近似服从经典多谱勒波形。

使用 MATLAB 里的函数 randn(1,5120)可产生两个独立的高斯随机变量 x_i和 x_q的两个序列，长度为5120。如图 P2.5 所示，计算过滤高斯向量 y_i和 y_q。使用 MATLAB 的 filtfilt 函数作为过滤输出，IIR 过滤器的系数由表 P2.3 提供。

表 P2.3　经典频谱 IIR 过滤器的系数

分母系数	分子系数
1.0000000000000000e+00	6.5248059900135200e.02
-1.2584602815172037e+01	-5.6908289014580038e.01
8.3781249094641240e+01	2.7480451166883220e+00
-3.8798703729842964e+02	-9.4773135180288293e+00
1.3927662726637102e+03	2.5786482996126544e+01
-4.1039030305379210e+03	-5.8241097311312117e+01
1.0278517997545167e+04	1.1247173657687033e+02
-2.2393748634049065e+04	-1.8904842233132774e+02
4.3133809439790406e+04	2.7936237305345003e+02
-7.4319282567554124e+04	-3.6418631194112885e+02
1.1554604041649372e+05	4.1715604202981109e+02
-1.6315680006218722e+05	-4.1320604132753033e+02
2.1026268214607492e+05	3.3901659663025242e+02
-2.4818342600838441e+05	-2.0059287960205506e+02
2.6898038693500403e+05	2.3734545818966293e+01
-2.6809721585952450e+05	1.5363912802007360e+02
2.4593366073473063e+05	-2.9424154728837402e+02
-2.0763108908648306e+05	3.7359596060374486e+02
1.6120527209223103e+05	-3.8642988435890055e+02
-1.1492103434104947e+05	3.4521505714177903e+02
7.5041686769138993e+04	-2.7265055759799253e+02
-4.4731841330872761e+04	1.9230535924562764e+02
2.4231115205405174e+04	-1.2153980630698008e+02
-1.1857508216082340e+04	6.8773930574859179e+01
5.2013837692697152e+03	-3.4696126060493945e+01
-2.0246855591971096e+03	1.5489134454590417e+01
6.9005516614518956e+02	-6.0495383196143626e+00
-2.0220131802145625e+02	2.0332679679817174e+00
4.9649188538197400e+01	-5.7404157101686004e-01
-9.8333304002079363e+00	1.3121847123296254e-01
1.4770279039919996e+00	-2.2867487042024594e-02
-1.5005452926258436e-01	2.7118486134987282e-03
7.7628588864503741e-03	-1.6371291227220021e-04

对于下列所有问题，假设 $s(t)$ 是最大多谱勒频率 f_m 的四次采样。

a. 画出作为时间函数的 $s(t)$ 的幅度（用分贝表示）和相位（用度表示）的关系图。

b. 画出 $s(t)$ 的幅度（用线性表示，不用分贝表示）和相位（用度表示）的柱状图。检查它们是否服从期望的瑞利和均匀分布。

c. 画出功率谱密度 $|S(f)|^2$，它是归一化频率 f/f_m 的函数，其中 $S(f)$ 是 $s(t)$ 的傅里叶变换。将仿真结果与图 2.17 所示的期望频谱进行比较。

第3章　无线网络物理层的可选方案

3.1　引言

本章对传输技术进行描述和回顾，这个技术已经被无线信息网络的很多发展中的标准和产品采纳。理论上讲，有线传输和无线传输技术是通用的，这是因为它们的基本处理过程相似。所有通信系统的总目标是能够使数据传输速率尽可能高，功耗尽可能小，占用带宽尽可能窄，发送器和接收器的复杂度尽可能低。换句话说，既要最大限度地提高带宽利用率和功率效率，又要把传输系统的复杂度降到最低。然而，随着应用需求、带宽的可用性和传输媒体的不同，这三个目标的侧重点也不同。对特定的应用也有一定的限制条件和细节要求。例如，对于以很高速度移动的车内用户，蜂窝电话应用要有稳定的服务质量，数据率要求相对较小，大约在10 kbps左右，但是要有很大的覆盖范围。另一方面，使用无线局域网的数据应用大多设计为在较小的覆盖区中以可用的最快数据率传输突发数据。然而，影响设计的另一个重要因素（在第2章中讨论过）是传输介质（信道）的特征。这些设计目标往往相互冲突，需要工程权衡哪些因素更加重要一些。作为目标和信道行为差异性的结果，涌现出了许多传输技术，并应用在各种无线标准和产品中。严格涵盖这些技术的细节超出了本书范围，读者可以参考书籍寻找数字传输技术的细节（如参考[Pro08]）。在本章中，我们专注于传输技术的系统比较理解，它应用于流行的蜂窝、局域和个人区域的无线网络。

无线网络中使用的传输技术在更可靠的有线通信信道的传输技术基础上演变而来。在大多数有线数据应用中，如局域网，为了使用双绞线电话线、同轴电缆或光纤，开发出了各种传输方案，同时它们也都比较简单。来自较高层的接收数据被编码成直接施加到介质上的电压信号或光信号。这些传输技术经常被称为基带传输方案。在用于广域应用的较长电话线或同轴电缆调制解调器上，发送信号被调制在特定频率的正弦载波上。振幅、频率、载波的相位，或这些因素的组合被用于携带数据。在这些应用中，调制的目的是消除传输频谱中的直流分量，获得更高的带宽利用率，以支持更高的数据传输速率。对于其他的数据通信应用，调制用于允许在单一介质中有多个信道。电话信道中的损伤指的是振幅失真、延迟畸变、相位抖动、频率偏移和非线性的影响等。有线调制解调器的一些实用技术对处理此类损伤有很好的效果。在下一节中，我们讨论最基本的物理层技术，如数据率、带宽和功率。

3.2　物理层基础：数据传输速率、带宽和功率

无线网络物理层最基本的责任是通过无线信道从发射机到接收机传送信息比特流。发射机处理来自更高层的使用各种编码和调制技术到达的数据比特流。通过编码过程，发射机控制比特流，并加上奇偶校验比特用于可靠传输。编码后的数据流映射成电信号波形，用于传输信息符号，单位符号携带一些比特编码数据。若使用不同幅度的简单脉冲波形作为传输符号，如图3.1所示就是这个基本概念，在这种情况下，单位符号携带2比特的信息。发送符

号或波形被馈送到发射机天线，并且被发送到整个信道。在接收端，接收信号被探测，并用于决定所发送的比特。设计数字通信技术的最终目标是要找到波形，然后高效可靠地从发射机到接收机发送信息比特。高效性是指在给定带宽下能够支持更高的数据率。可靠性是指所检测的接收数据流具有低的符号和比特差错率。要设计这样的波形，需要建立一个量化的性能评估方法，使我们能够比较不同调制和编码技术的性能。在理想情况下，我们希望增加数据率 R_b，并减少单位符号的平均发射能量 E_s，同时保持低的带宽 W。在本节中，提供有关物理层的基本总图。本章的最后一节和后面几章则涉及应用的调制和编码方案的细节。

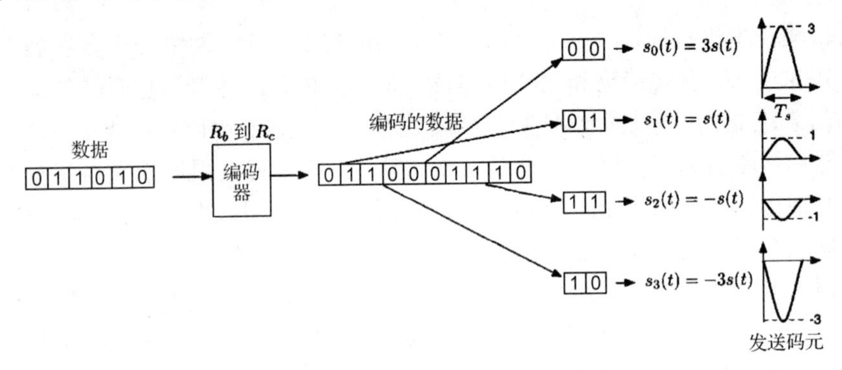

图 3.1　数字通信的基本概念及其与编码和调制的关系

3.2.1　数据率和带宽

如图 3.1 所示，如果一个符号使用 m 个编码比特，则 m 和符号数量 M 的关系是 $M=2^m$。如果假定符号持续时间为 T_s，符号传输速率 $R_s=1/T_s$，并且 W 代表信道带宽，即 $W\approx R_s$。在信息理论和相关应用中，通常定义带宽为符号传输速率。实际上，负责规划电信的政府机构或电信标准组织则基于频域上的滤波器实际实现来定义带宽。因此，带宽与符号传输速率的值不同。在本书中，将符号速率的倒数作为带宽的测量值。

编码数据流的比特速率 R_c 与符号传输速率有关，即 $R_c=m\times R_s$。因此，应用数据（比特）速率 R_b 和带宽之间的关系为：

$$R_b=r\times R_c=r\times m\times R_s\approx r\times m\times W \tag{3.1}$$

其中，r 是编码率，即数据编码比特数量与信息比特数量（详见 3.3.6 节）的比值。

例 3.1　在 802.11g 中数据率和符号传输速率之间的关系

用于无线局域网的 IEEE 802.11g 标准，通过提供不同的单位符号比特数和不同的编码率，为一个 12 MSps 的固定符号传输速率定义了多种数据率的数值。若单位符号携带 4 比特 $m=4$，编码率 $r=1/2$，由式(3.1)可以得到数据率为：

$$R_b=12(\text{MSps})\times 4(\text{bps})\times\frac{1}{2}=24\ \text{Mbps}$$

3.2.2　功率和差错率

为了考虑功率和差错率性能，并将它们与带宽和数据率相关联，需要探测传输符号的形状，以及为传输单位信息比特所需携带的能量。如果用 $s_i(t)$ 表示第 i 个符号的传输波形，单位符号的传输能量是：

$$E_i = \int_{-\infty}^{\infty} |s_i(t)|^2 \mathrm{d}t \tag{3.2a}$$

并且接收到的信号振幅与 $\sqrt{E_i}$ 成正比。如果假设等概率符号传输，那么符号平均传输能量由下式给出：

$$E_s = \frac{1}{M}\sum_{i=0}^{M-1} E_i \tag{3.2b}$$

这被称为单位符号平均能量。单位符号平均能量表示发射功率(当除以符号持续时间时)，并且它直接关系到系统的性能。性能的度量是符号或比特差错率，如果假定差错原因是在接收机处的背景噪声干扰了信号探测过程，那么差错率定量值的测定是可行的。如果做出合理的假设，即背景噪声的样本是具有零均值和 N_0 方差的高斯分布，差错率和功率之间的关系变得相对简单。仅由背景噪声造成差错的传输信道模型通常称为加性高斯白噪声(AWGN)信道。

图 3.2 说明了符号能量、噪声方差和符号差错率之间的关系。在这张图中，具有一个期望接收幅度 $\sqrt{E_i}$ 的期望符号，它在接收端与方差 N_0 的高斯分布噪声同时到达。也有幅度为 $\sqrt{E_j}$ 的第二个符号。可以定义两个符号幅度之间的差或距离为：

$$d_{ij} = \sqrt{E_i} - \sqrt{E_j}$$

当高斯噪声电平超过两者距离的一半时，探测期望符号出现差错，并且这个事件发生的概率与如图 3.2 所示重叠区域的一半相同。这个区域是高斯随机变量的分布的尾部区域，它是通过互补误差函数(erfc 函数)确定的，以前在式(2.8)中定义。由于互补误差函数是通过一个指数函数来渐近界定的，可以判断差错率及其约束为：

$$P_e = \frac{1}{2}\mathrm{erfc}\left(\frac{d_{ij}}{2\sqrt{N_0}}\right) \leqslant \frac{1}{2}\mathrm{e}^{-\frac{d_{ij}^2}{4N_0}}$$

在多符号传输方案中，需要计算传输符号的所有可能组合的差错率，并取所有差错率的平均值。然而，由于差错率和符号间距离的关系呈指数分布，平均差错率将被符号间最小距离相关的差错率支配，可以得到：

$$P_e \approx \frac{1}{2}\mathrm{erfc}\left(\frac{d_{min}}{2\sqrt{N_0}}\right) \leqslant \frac{1}{2}\mathrm{e}^{-\frac{d_{min}^2}{4N_0}} \tag{3.3}$$

其中，$d_{\min}$是传输组合中任意符号对之间的最小距离。为了显示符号之间的距离，常常把传输策略的所有信号映射到多个维度的框图中，并称它为信号星座图。

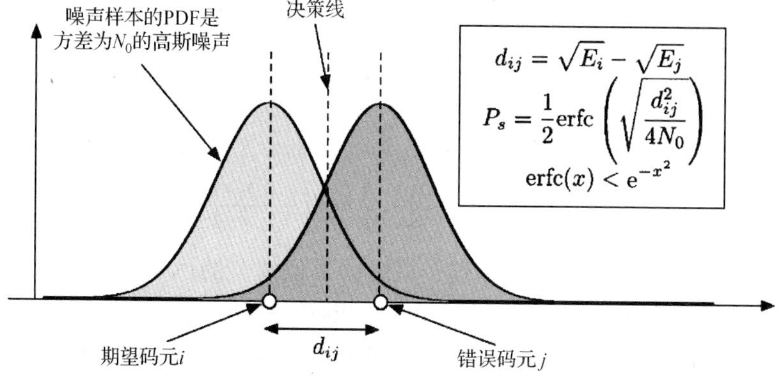

图 3.2　符号差错率、信号能量和噪声电平之间的关系

例 3.2 信号星座图和差错率

图 3.3 给出了图 3.1 描述的系统的信号星座图。

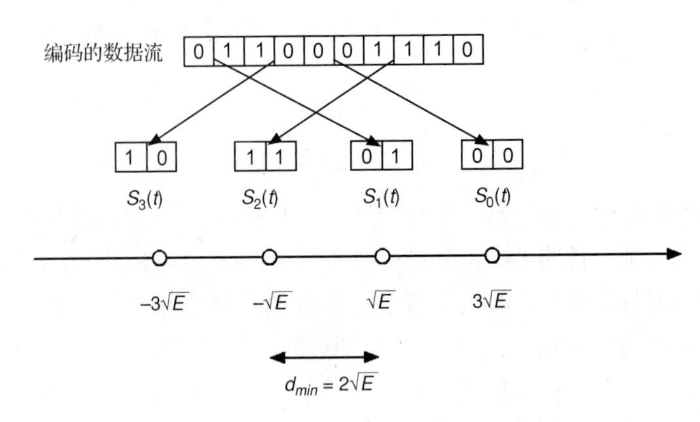

图 3.3 在图 3.1 中系统的信号星座图表示

假设第一个信号(表示一个符号)的能量是:

$$E = E_1 = \int_{-\infty}^{\infty} |s_1(t)|^2 \mathrm{d}t$$

在星座图中信号之间的最小距离给定为 $d_{\min} = \sqrt{E}$。注意星座中的平均能量为:

$$E_s = \frac{1}{4}\sum_{i=0}^{3} E_i = \frac{9E_1 + E_1 + E_1 + 9E_1}{4} = 5E_1 = \frac{5}{4}d_{min}^2$$

对于所有的实际目的,由式(3.2)定义,最小距离平方与单位符号的平均传输能量是线性相关的,并且有 $d^2 = a \times E_s$,其中 a 是一些常数。与之相反,单位符号的平均能量与背景噪声的方差的比值是系统信噪比的度量,定义为:

$$\gamma_s = \frac{E_s}{N_0} \tag{3.4a}$$

将式(3.4a)代入式(3.3),并考虑平均能量和距离平方之间的线性关系,符号差错率可以由下式近似:

$$P_e \approx \frac{1}{2}\mathrm{erfc}\left(\frac{1}{2}\sqrt{a \times \frac{E_s}{N_0}}\right) = \frac{1}{2}\mathrm{erfc}\left(\frac{1}{2}\sqrt{a \times \gamma_s}\right) < \frac{1}{2}\exp\left(-\frac{a \times \gamma_s}{4}\right) \tag{3.4b}$$

对于不同的传输系统,一个符号可以携带不同数量的比特。因此,比信噪比更公平的度量是所谓的单位比特信噪比,它分配能量到信息的单位传输比特:

$$\gamma_b = \frac{E_b}{N_0} = \frac{E_s}{m} \times \frac{1}{N_0} = \frac{\gamma_s}{m} \tag{3.5a}$$

根据归一化的单位比特信噪比,符号差错率由下式给出:

$$\frac{1}{2}\mathrm{erfc}\left(\frac{1}{2}\sqrt{a \times m \times \gamma_b}\right) < \frac{1}{2}\exp\left(-\frac{a \times m \times \gamma_b}{4}\right) \tag{3.5b}$$

在开始根据单位比特信噪比的函数给出这个概率的典型情节的例子之前,提出几个有趣点。如图 3.3 所示,比特被指派给符号,因此,如果在相邻符号之间产生一个差错,只有两个比特中的一个是差错的。这种类型的信号星座图编码称为格雷编码,并且根据这个编码可知,当符号差错大多是在相邻符号之间时,比特差错率(BER)与符号差错率是相同的。在式(3.3)

~式(3.5)中，如果有相同距离的几个符号，那么指数的前1/2因子会改变为另一个常数。但是，读者应该也知道，事实是信噪比以指数形式影响差错，但这个因子仅是线性的，因此，与信噪比的影响相比，它大多是可以忽略的。在文献中更准确的差错率计算也考虑到线性因子的变化。

例3.3　差错概率与信噪比关系例图

如图3.4所示是具有两个符号的传输系统的信号星座图，每个符号具有相同的能量等级，但以不同的极性发送。这是一个二元体系(只有两个符号，每个符号有1比特，$m=1$)，且最小距离和平均能量之间的关系是 $d = 2\sqrt{E} \Rightarrow a = 4$。然后这个传输系统参照单位比特信噪比的差错概率及其渐近约束(根据式(3.5b)可知)是：

$$P_s \approx \frac{1}{2}\text{erfc}\left(\sqrt{\gamma_b}\right) < \frac{1}{2}\mathrm{e}^{-\gamma_b}$$

如图3.4所示，是符号差错概率及其作为单位比特信噪比函数的约束的曲线图(以分贝为单位)，基本曲线图由附录A3中的MATLAB®代码生成。

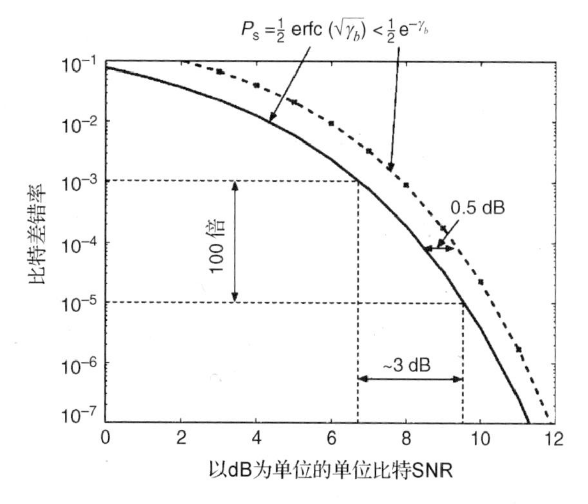

图3.4　典型的差错概率及其作为单位比特信噪比函数的约束(以分贝为单位)

调制解调器设计者使用诸如图3.4所示的曲线图，来将应用或客户的差错率要求转化为信噪比。根据图3.4，如果客户需要10^{-5}的BER，设计者应实现这样的系统，使接收端处的接收信号功率与背景噪声功率的比值如下：单位比特信噪比超过10 dB。

如图3.4所示，说明几个有趣的现象。如果根据比特差错率来比较性能，差错率减少到原来的1/100的需求大约仅降低3 dB的单位比特信噪比的需求。换句话说，如果将功率降低到原来的1/2 (3 dB)，将有100倍以上的差错。这个一般的现象是基于这一事实，即差错率和单位比特信噪比之间的关系是指数分布的。另一个有趣的现象是，简单的指数约束提供大约0.5 dB以内精度的结果。这些有用而简单的事实已经清楚地显示在图中。

3.2.3　可提高数据率的香农-哈特利约束

讨论到目前为止，已经展示了可提高数据率、带宽利用率和功率效率的信号星座图。此时，了解数据传输速率和效率的理论极限是必要的。这些理论已被著名的香农-哈特利(Shannon-Hartley)公式解决：

$$R_b \leqslant W \log_2\left(1+\frac{E_s}{N_0}\right) \text{bps} \tag{3.6}$$

其中，R_b是数据传输速率。等式右边给在带宽 W Hz 内可以实现的最大信息传输速率上限提供了一个约束，单位是 bps，其中信噪比为 E_s/N_0[Sha48]。

为了获得关于该式的直观想法，考虑图 3.5(a)，其中在接收端处收到的多个具有平均能量 E_s的符号，被 N_0方差的加性高斯白噪声干扰。符号的持续时间是 T_s，相应的带宽为 $W=R_s=1/T_s$。此系统的信号星座图如图 3.5(b)所示。哈特利已经第一个观察到，如果接收机彼此区分两个符号的灵敏度是已知的，那么可以通过该通信信道发送的符号数量，总是小于信号范围除以灵敏度 +1，即：

$$M \leqslant 1+\frac{\text{信号范围}}{\text{灵敏度}}=1+\frac{E_s}{N_0}$$

后来香农表明，信号范围与灵敏度的比值实际上是信道单位符号的信噪比 E_s/N_0。由于单位符号的比特数量和符号总数由 $M=2^m$决定，并且单位符号的比特数量是 $m=R_b/R_s=R_b/W$，那么可以导出等式：

$$m=\frac{R_b}{W} \leqslant \log_2\left(1+\frac{E_s}{N_0}\right)=\log_2\left(1+m\frac{E_b}{N_0}\right) \tag{3.7}$$

它为式(3.6)提供了基础。而这不是约束的严格推导，它提供了一个我们下一步所要分析问题的直观感受。

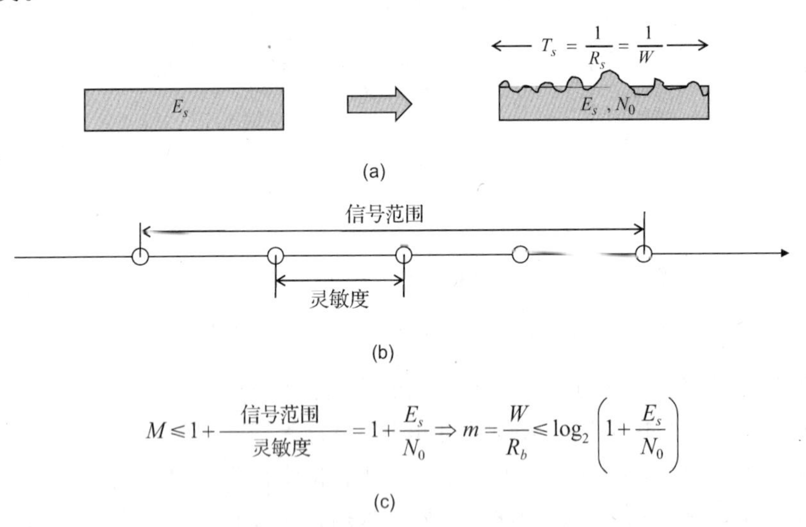

图 3.5 将功率、带宽和数据率相关联的香农-哈特利约束：(a)传输参数；(b)哈特利现象；(c)约束条件

例 3.4 差错概率的例图

给定条件的电话线路的信噪比可以高达 30 dB(1000 倍)。因此，可以说：

$$m \leqslant \log_2(1+2\times 5)=3.47 \text{ bpS}$$

由于语音频带电话信道的带宽为 4 kHz，数据率不能超过 40 kbps 左右。为了支持更高的数据率，有必要增加信噪比。在 56 kbps 的调制解调器中，下行流信道通过消除用户和电话网之间连接的模拟电路使得信噪比增长。

式(3.6)的香农-哈特利约束揭示了功率、带宽和数据率之间的基本关系。通过检查这个等式，可以得出这样的结论，如果带宽比数据率大得多，可以设计出允许更宽覆盖范围的在低信噪比工作的系统。这是被称为扩频系统的一类传输技术的功能。原始的传统 IEEE 802.11 无线局域网是这种扩频系统的一个例子。这种 WLAN 技术的数据传输速率为2 Mbps，但它的工作带宽超过 26 MHz。该系统的空间覆盖域比后来发展的更高速度的 IEEE 802.11 系统更大。如果有一个小的带宽，并且需要高数据率，式(3.6)表明，需要使用多个符号和较高的单位比特信噪比。例 3.4 说明了这样的通信系统的一个例子。

从式(3.4)观察到，信噪比也与所要求的差错率相关。如果降低差错率的要求，所要求的信噪比降低，使我们能够实现较高的数据率。对于一个给定的传输技术，如果减少如例 3.5说明的差错率的要求，可以更接近香农-哈特利约束。

例 3.5　QPSK 的差错率和约束

具有 $m=2$ bpS 的 QPSK 调制技术需要 10 dB(线性标尺中的 10 倍)的单位比特信噪比，以提供 10^{-5}的差错率。利用式(3.7)，这种传输技术的比特数量的约束是：

$$m \leqslant \log_2(1+2\times 10) = 4.39 \text{ bpS}$$

这表明，单位符号比 QPSK 多2.39 比特。如果降低差错率要求到 10^{-3}，则需要更小的信噪比(小 3 dB)，因为已经将差错率的要求降低到原来的 1/100。在这种情况下，信噪比为 7 dB(线性标尺中的 5 倍)，并且：

$$m \leqslant \log_2(1+2\times 5) = 3.47 \text{ bpS}$$

通过降低差错率要求，QPSK 的性能变得更接近于最大可达到约束。

同样，如果可以增加单位符号的比特数，就可以更接近于约束。因此，具有更多点的星座图在接近香农-哈特利约束方面可以更高效。

3.3　多径无线信道的性能

影响调制解调器性能的无线介质的两个主要特征是接收功率电平的大波动(称为衰落)，以及接收信号通过延迟的多条路径到达，被称为多径传播。本节的其余部分给出了基本的幅度、相位和频率调制技术的性能概述，并分析了当瑞利衰落和简单多径条件影响时它们的性能。当增加功率电平或者当暴露在衰落或多径条件下时，将使读者从直观上理解用来评估调制技术的措施，以及如何影响这些措施。

3.3.1　平坦衰落的影响

在无线传输媒体中影响传输性能的主要因素之一是接收信号能量的明显波动，这就是“平坦衰落”。与有线信道不同的是，无线信道的接收信号振幅在时域和频域有强烈的波动(30 ~ 40 dB)，它被称为接收信号的衰落。在信号衰落阶段，传输系统的差错率大幅增加。而当系统消除衰落时，差错率则变得微不足道。

如图 2.15 所示是在发射机或接收机周围移动所引起的多径衰落中，接收的信号强度的一个典型测量值。信噪比遵循着波动的相同波形，因为它是波动的接收信号强度与固定值的噪声功率的比值。因此，如图 3.6 所示，由于衰落的影响，信号强度和单位比特信噪比 γ_b在时间上随机波动。如果通过 $\bar{\gamma}_b$ 定义平均单位比特信噪比，当信号接近该平均值时差错率非常小(接近于零)，并且当信号电平处于深衰落时非常高(接近于0.5)。因此，当信号电平很低时，大部分差错发生在深衰落处，并且衰落发生的频率决定了整体平均差错率。

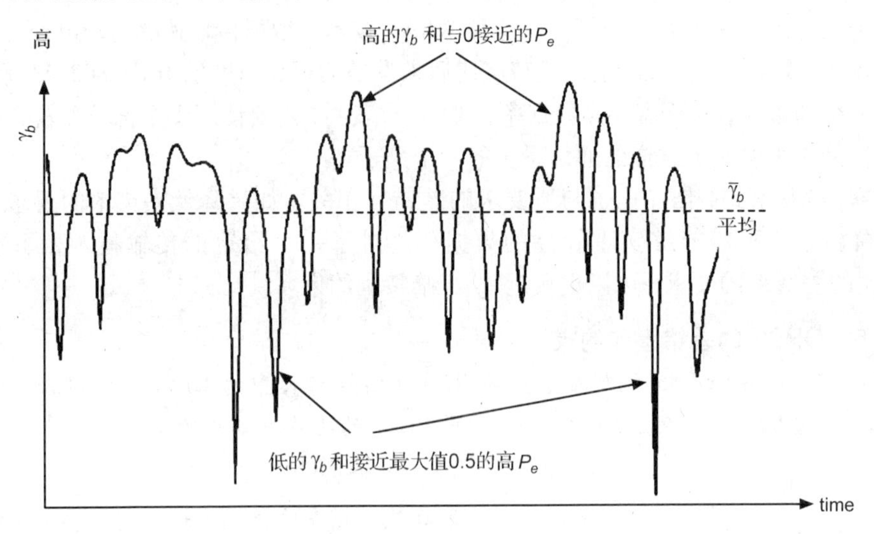

图3.6 单位比特信噪比的波动以及在进出衰落中它与差错率的关系

为了评估一个具有衰落特性无线信道的性能，需要用到平均差错率 $\bar{P}_e$，并与接收信号单位比特信噪比 $\bar{\gamma}_b$ 的平均值进行对比。为了计算平均差错率，需要设计一个统计 γ_b变化率的模型。如2.4.2节中讨论的，在衰落信道中描述信号振幅变化的常用模型是瑞利分布，由式(2.41)给出。瑞利幅度的平方的概率密度函数具有指数分布。由于信号功率与幅度的平方相关，并且信噪比与功率遵循相同的统计特性，在瑞利衰落信道中的信噪比遵循指数分布。结果，为了计算平均信噪比 $\bar{\gamma}_b$，使用的遵循指数分布的信噪比的分布函数由下式给出：

$$f_\Gamma(\gamma_b) = \frac{1}{\gamma_b} e^{-\frac{\gamma_b}{\bar{\gamma}_b}} \tag{3.8}$$

其中，γ_b是即时单位比特信噪比，$\bar{\gamma}_b$ 是在一个位置附近的单位比特信噪比的平均值。式(3.8)给出单位比特信噪比和用于给定单位比特SNR特定值的差错概率之间的关系。当信道波动时，差错率也发生波动，平均差错率是差错率函数在单位比特信噪比分布上的积分，由下式给出：

$$\bar{P}_e = \frac{1}{2\bar{\gamma}_b}\int_0^\infty \operatorname{erfc}\left(\frac{1}{2}\sqrt{a\times m\times\gamma_b}\right)e^{-\frac{\gamma_b}{\bar{\gamma}_b}}d\gamma_b \approx \frac{1}{2}\left[1-\sqrt{\frac{a\times m\times\bar{\gamma}_b}{1+a\times m\times\bar{\gamma}_b}}\right] \approx \frac{1}{am\bar{\gamma}_b} \tag{3.9a}$$

如果考虑式(3.5)中描述差错的指数渐近约束，则平均差错率 $\bar{P}_e$ 与单位比特信噪比的所有可能值的关系如下：

$$\bar{P}_e = \frac{1}{2\bar{\gamma}_b}\int_0^\infty \exp\left(-\frac{a\times m\times\gamma_b}{4}\right)e^{-\frac{\gamma_b}{\bar{\gamma}_b}}d\gamma_b = \frac{1}{2}\left[\frac{1}{4(1+a\times m\times\bar{\gamma}_b)}\right] \approx \frac{1}{2am\bar{\gamma}_b} \tag{3.9b}$$

在多径衰落的环境中，平均差错率 $\bar{P}_e$ 是单位比特信噪比平均值 $\bar{\gamma}_b$ 的反函数。如图3.4所示，在没有衰落的有线信道中，考虑差错率 P_e和单位比特信噪比 γ_b的对照关系时，在无衰落信道中传输功率增加3 dB，就可以使比特差错率降低两个数量级(近百倍)。式(3.9)表明，在衰落信道中需要 20 dB(100 倍)以上的平均功率，才能够将平均比特差错率改善两个数量级。如图 3.7 上半部分所示，是对数形式的平均比特差错率与以分贝为单位的比特信噪比平均值在 $a \times m = 4$ 时的对照关系。这种关系近似是一条固定斜率的直线。如图 3.7 的下半部分所示，是比特差错率与单位比特信噪比的对照关系曲线，其形状如瀑布一般。从中可以得知，需要更强的功率去克服衰落带来的影响，以获得同样的比特差错率。例如，在无衰落有线信道中为得到 10^{-5} 的比特差错率，需要 γ_b 小于 10 dB；而在多径衰落无线信道中要得到相同的比特差错率，需要单位比特信噪比平均值接近 45 dB。这种差异意味着无线信道要得到相同的比特差错率，需要大于 3000 倍(35 dB)的功率。过去半个世纪以来，无线调制解调器的设计人员努力缩小无衰落有线信道和衰落无线信道之间性能的差异。他们已经提出了很多创新的解决方案，如差错控制编码、多个接收天线、空时编码(STC)和多输入多输出(MIMO)系统，这是无线网络物理层设计的最新成果。所有这些解决方案都采用了所谓的分集技术，我们将在以后讨论。

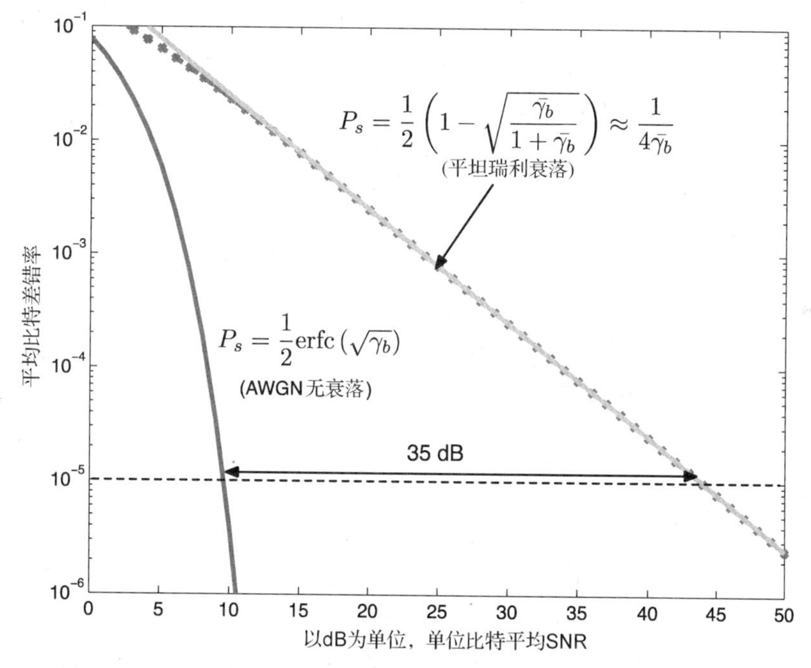

图 3.7　对于无衰落有线信道和瑞利衰落无线信道，当 $a \times m = 4$ 时对数形式的平均差错率与以dB为单位的比特信噪比的对照关系

3.3.2　基于多径的 ISI 影响

无线信道和有线信道之间的一个主要区别是无线信道受多径传播的影响。如2.5.2 节所讨论的，信号经过多条路径传输，导致接收脉冲的形状和信号波形的持续时间发生改变。第一个和最后一个接收脉冲的差异称为信道的“延迟扩散”。如果符号持续时间大大超过了多径延迟扩散，这意味着，该数据率比信道的相干带宽小得多(见 2.5.2 节中的式(2.20))，那么经过不同路径的所有接收脉冲会叠加在一起，造成振幅波动和衰落现象。这些现象在前面的章节中提到过(称为平坦衰落)。如果延迟扩散时间与脉冲持续时间的比率变得相当大，那么接收脉冲的形状就会严重失真，同时也会干扰相邻的符号，这称为码间串扰(ISI)。除了衰

落对信噪比造成波动影响以外，干扰功率也会降低系统的性能。然而，多径效应引起的码间串扰对系统性能影响的方式与平坦衰落影响的方式不同。平坦衰落产生的影响，可以通过增加传输功率来弥补(即使它可能大到 20 dB)。增加功率不能补偿码间串扰带来的影响。这是因为在增加传输功率的同时也增加了码间串扰功率，信噪比仍然保持原来的水平。一个简单的例子会说明情况。

例 3.6　多径的 ISI 影响

假设有一个多径信道，它引入的每比特 ISI 能量是发送符号的单位比特能量的 10%。进一步假设，可以考虑 ISI 干扰为高斯噪声。包括 ISI 的信噪比由下式给出：

$$\gamma_{b-ISI} = \frac{E_b}{N_0 + 0.1E_b} = \frac{1}{\frac{1}{\gamma_b} + 0.1}$$

当 $a \times m = 4$ 时，使用传输技术的式(3.5)，可以得到：

$$P_e \approx \frac{1}{2}\mathrm{erfc}\left(\sqrt{\frac{1}{\frac{1}{\gamma_b} + 0.1}}\right)$$

图 3.8 比较了有 ISI 和无 ISI 情况下的性能。当信噪比较低时，相关的 ISI 小于背景噪声，并且在这两种情况下性能接近。

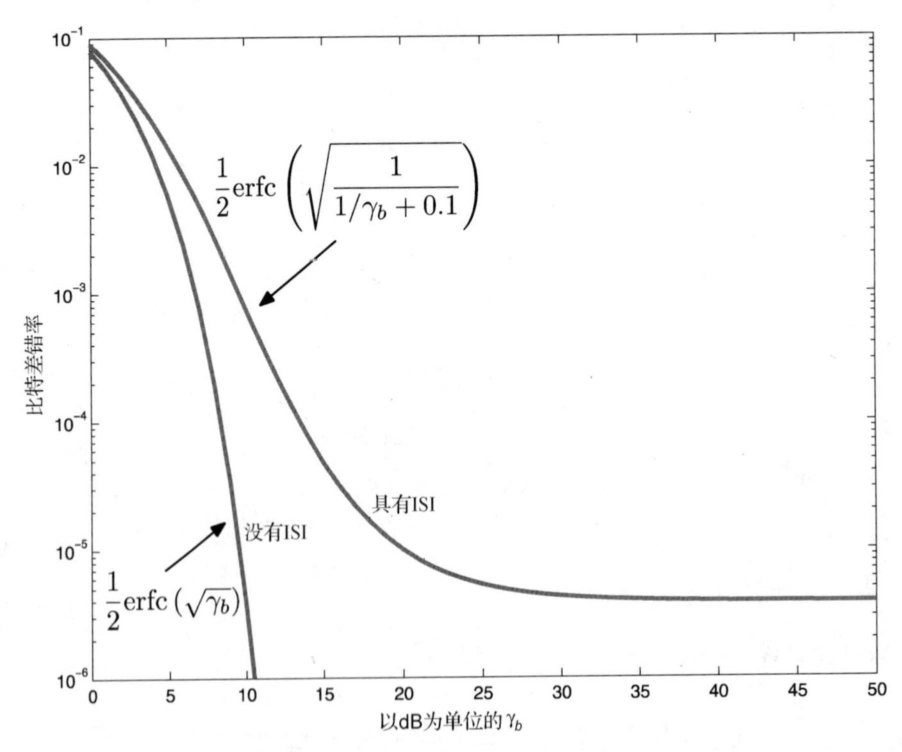

图 3.8　当有 ISI 时差错率与信噪比的关系：(a)无 ISI；(b)有 ISI 时的影响

当信号强度增加时，ISI 也增加，并且它逐步盖过背景噪声。从这一点开始，当增加信号强度时，总体信噪比将保持大致平坦，从而导致平坦的差错率曲线。差错率的平坦值有时被称为 ISI 引起的不可约差错率。

3.4 无线传输技术

第一代无线蜂窝电话系统和无绳电话系统使用模拟调频(FM)技术，本书不涉及模拟技术。随着第二代无线网络的兴起，数字传输技术取代了模拟传输技术来增加系统容量。移动终端对话音模拟信号进行信源编码，以变成数字信号。终端话音编码技术也促进了话音和数据服务在单一终端的集成。第二代无线系统出现后，数字传输技术已成为无线通信的主要选择。在本章的剩余部分将讲述应用到现代无线网络的数字传输技术。

根据应用，数字传输技术可分为3类。第一类包含功率高效的基带脉冲传输技术，用于光纤无线和超宽带网络的短距离无线网络。第二类是带宽高效的载波调制传输技术，使用基本调制技术，广泛用于2G TDMA蜂窝和一些移动无线数据网络。随着无线互联网的重要性越来越明显，第三类的抗多径传输技术已经出现，来增加系统的数据传输速率，以支持宽带上网接入和其他面向数据的应用。第三类包括多输入多输出(MIMO)天线系统、扩频技术和正交频分复用(OFDM)技术。扩频首先在传统的无线局域网、后来在3G CDMA系统中采用。OFDM和MIMO技术也被WLAN标准组织和后来被4G蜂窝网络(见图1.10)采用。在本章的后面部分，考虑传输技术的基本内容。实现细节，特别是更高级的传输方案，在稍后的面向技术的章节涉及。

3.4.1 功率高效的短距离基带传输

在基带传输中，数据信号发送时不经过高频载波调制而直接发送，频谱以零频率为中心。没有载波信号，系统不能以频分复用形式支持多个信道，因此一个信号(属于一个用户)占据介质的整个可用带宽。一个用户占用整个频带，系统设计者不需要担心带外辐射。为了支持基带传输的多用户环境，必须使用创新技术，而不是简单的传统频分复用(例如，TDMA或CDMA)。

有两种基本的基带传输技术—— 线路编码传输和脉冲调制传输。第一种传输技术中，数字数据通过采用线路编码机制确保了与接收器实现同步，并且在传输过程中消除了直流分量的影响。如果计算机产生的数据流直接通过线路传输，接收器就很难与传输符号保持同步。为了给接收器提供同步信号，发送数据流之前要修改其格式，此修改过程通常称为线路编码。基带传输通常用于短距离的无线传输。例如，利用红外线无线光信号的WLAN经常采用线路编码基带传输。在脉冲调制中，传输的信息被编码成脉冲形状的振幅、位置或持续时间。脉冲调制的基带传输通常用于低速红外数据通信，如遥控器或个人计算机和打印机或键盘之间的连接。超宽带脉冲调制也曾被作为超低功率的短程无线通信的可选方案。

在有线应用中，以太网采用的是基带信号，它是占主导地位的有线局域网技术。在无线应用中，线路编码基带传输在高速散射和定向光束红外WLAN中比较流行。

例3.7　IR发射器中的曼彻斯特编码

如图3.9所示是在红外无线局域网中使用的红外发射器的曼彻斯特编码实现。该数字数据流首先被称为曼彻斯特编码的格式进行线路编码。在此格式中，脉冲中间始终有跳变。如果从高电平电压值开始，数据流是“1”；如果从低电平电压值开始，数据流是“0”。然后，线路编码信号由发射的红外光加以强度调制，通过简单地把发射光打到打开和关闭位置就可以实现。接收机由一个简单的光敏二极管组成，用于检测光的存在和缺失。接下来会相应地产生或不产生电信号，然后放大，并用作接收信号。曼彻斯特编码数据使传输速率加倍(单位比特包含两个脉冲)，但每个比特提供一次跳变。这些跳变对于接收机是重要的，因为接收机使用它们来将时钟与发射机时钟同步。在没有跳变的原始数据流中，如果有“0”或“1”的长数据流，接收器就会失去发射机的基准定时。

在例3.7中描述的基带脉冲传输技术，编码数据流使用信号的强度或幅度来进行发射机和接收机之间的通信。基带脉冲调制技术可以用脉冲的持续时间或位置进行通信。由于无线信道受到衰落和远近问题引起的宽幅度波动的影响，使用脉冲宽度或位置的通信在无线基带通信中很受欢迎。下面的例子中提供了一个实用的实例以说明这个概念。

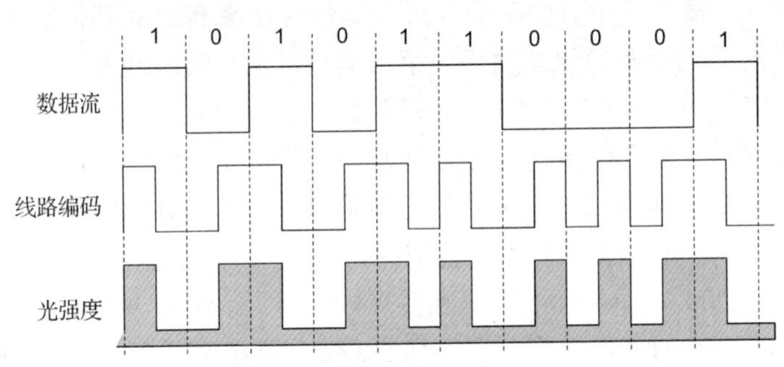

图3.9　红外传输系统光强度的数据流和线路编码

例3.8　使用脉冲位置来通信

如图3.10所示是使用脉冲位置连接键盘到计算机的红外通信系统的一个实际实现。所接收的数据流首先用曼彻斯特编码，然后将编码信号的下降沿用于产生脉冲位置的通信信号。不是一个单一脉冲而是多个窄脉冲被传输，通过这种方式实现了数字化信息的编码传输。当多个窄脉冲被接收机处的光敏二极管检测到时，二极管将产生一个单一的连续脉冲，其形状与发方如果发单脉冲时将要接收到的形状相似。然而，由于有多个窄脉冲，那么所需要的发送功率较小，因为光线只需要持续更短的时间周期。因此，多脉冲传输可以节省发射机的电池寿命。单位符号使用多个脉冲的缺点是每个脉冲占据的带宽太大。然而，这在红外应用中不是太重要，因为一个用户占用了整个频带。

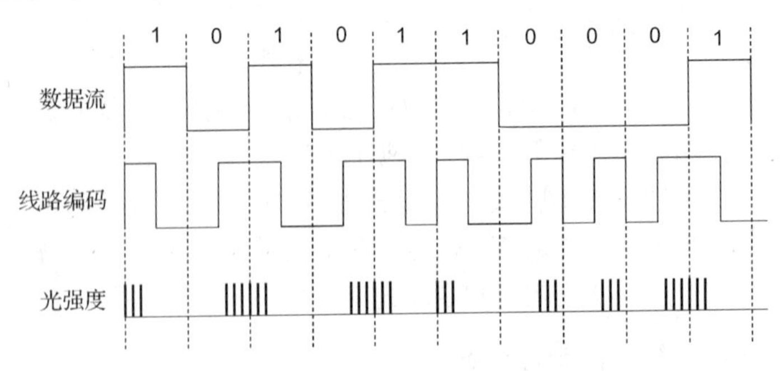

图3.10　传输系统脉冲位置的数据流和线路编码

3.4.2　高效带宽的载波调制传输技术

在载波调制信号中，消息信号在传输之前与一个更高频率的载波信号混合。载波调制将发射信号的频谱迁移到频谱中载波的位置，允许通过频分复用使一些传输有序共存。在有线网络中，可以为新的应用随时添加新的连线，有电话线用于电话，有同轴电缆或光纤电缆用于视频分发，有局域网布线用于数据通信。在无线网络中，只有一种介质(空气)，它必须在众多采用频分复用的应用程序中共享。电视、收音机、无绳和蜂窝电话、遥控器和其他无线应用共享相同的介质，并且仅通过载波频率被隔离开。因此，载波调制和频分复用是多业务无线通信、无线接入和定位的基石。

载波调制也将工作频率搬移到更高的值，从而提供更高的容量，并减小天线的长度，使其长度符合实际。天线的长度通常与传输波长在同一数量级。随着载波频率增大，波长和相应的天线长度减少。随着载波频率增大，有更宽的可用频带来支持更高的数据率。然而，随着载波频率增加，位于发射机 1 m 内的路径损耗增加，电路的设计变得更具挑战性，并且信号的建筑物内渗透能力也变得更小。无线调制解调器的设计人员需要在操作频率的可用性、需要的带宽、室内外区域的覆盖范围和实现的成本之间进行折中。载波调制的另一个优点是可以在相同的频带实现二维(2D)传输。要了解什么是 2D 传输方式，要先从一个简单的 1D 数字载波传输的例子开始讲起。

例 3.9　用于例 3.3 的一种实现方式

图 3.11 给出了在例 3.3 中描述的二进制通信系统的载波调制实现的一个简单例子。在这个传输系统中，基带信息信号首先被编码，然后在用天线传输之前，在发射机处乘以频率 f_c 的余弦载波。

接收信号乘以一个本地产生的相同余弦载波，并通过一个积分器来恢复所发送的信号。选择载波的频率，使得一个符号的传输经历了载波频率的周期的整数倍(即总有 T_s 秒的完整周期的余弦)。在这种情况下，可以得到：

$$\frac{2}{T_s}\int_0^{T_s}[\cos 2\pi f_c t]^2 \mathrm{d}t = \frac{1}{T_s}\int_0^{T_s}[1+\cos 4\pi f_c t]\mathrm{d}t = \frac{1}{T_s}\int_0^{T_s}\mathrm{d}t + \frac{1}{T_s}\int \cos 4\pi f_c t \mathrm{d}t = 1+0=1$$

因此，在没有噪声时，检测的接收信号与发送信号相同。如图 3.11 所示，在此传输技术中“1”和“0”信号之间的差是在载波频率中的 180°偏移。出于这个原因，该调制技术被称为二进制相移键控或 BPSK 调制。此系统的信号星座图和差错率曲线与例 3.3 的相同。

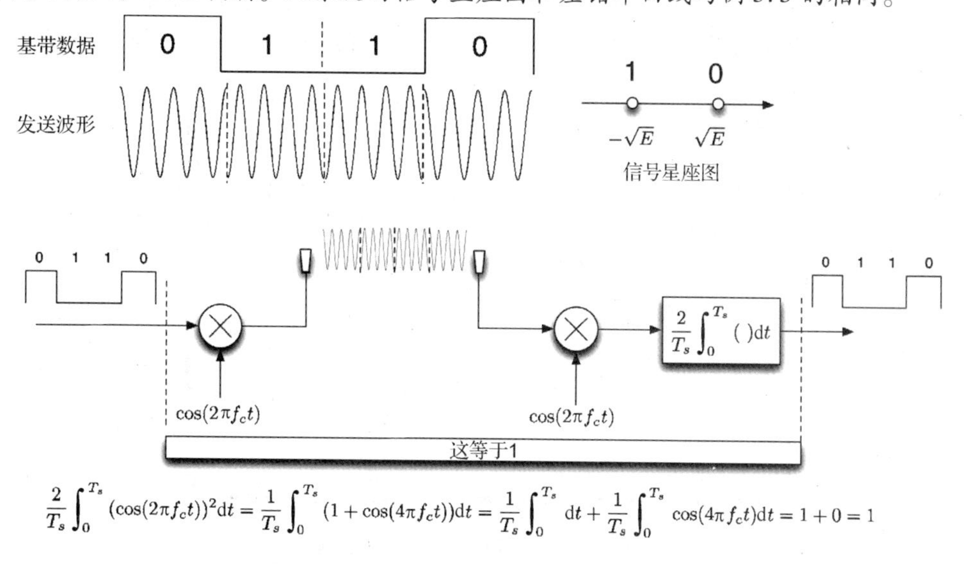

图 3.11　使用载波调制的例 3.3 的简单实现

可以扩展这个概念来实现具有多个符号的任意信号星座图。比如，如图 3.3 所示，具有 4 个符号的星座。图 3.12 给出了一个二进制传输到多符号传输实现的简单扩展，其中 a_n 表示不同符号的幅度。这种类型的调制通常称为脉冲幅度调制(PAM)，并且如图 3.3 所示，对应的星座图具有一维表示。

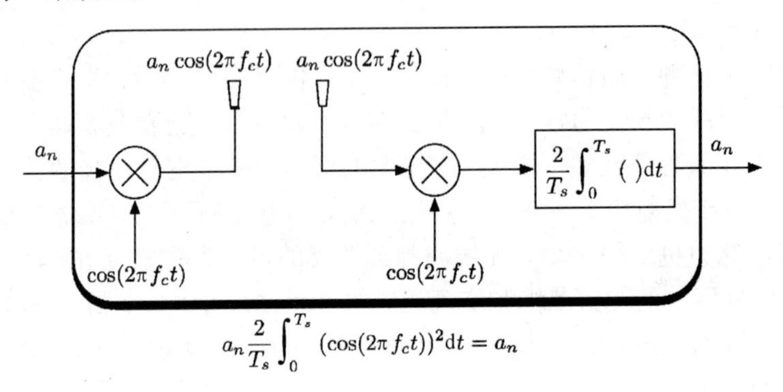

图 3.12　载波传输背后的简单概念

在无线通信中，也可以在单个载波上创建一个二维传输系统。这种传输技术通常被称为正交幅度调制(QAM)，并且它们的星座图具有二维表示。要了解二维传输的概念，考虑图 3.13。这里，有两个数据符号流——a_n 和 b_n，它们分别与一个余弦和正弦载波混合。然后，具有载波的流加在一起，并发送到无线信道。现在接收机包括两个乘法器和积分器，类似于图 3.12 中的单个，一个同步到发送的余弦，而另一个同步到发送的正弦。由于具有相同的频率的余弦和正弦是相互正交的信号，因此可以得到：

$$\frac{2}{T_s}\int_0^{T_s}[\cos 2\pi f_c t]^2 dt = 1,\ \frac{2}{T_s}\int_0^{T_s}[\sin 2\pi f_c t]^2 dt = 1,$$

$$\frac{2}{T_s}\int_0^{T_s}\cos 2\pi f_c t \sin 2\pi f_c t dt = \frac{1}{T_s}\int_0^{T_s}\sin 4\pi f_c t dt = 0$$

因此，信号的余弦分量在上支路被检测到，在下支路被消除，这是为正弦信号设计的，反之亦然。结果是，两个输出流在接收机处被无干扰分离。由于无线传输系统能够携带两个具有不同的振幅 a_n 和 b_n 的独立符号流，因此可以建立一个具有二维信号星座图的二维通信系统。

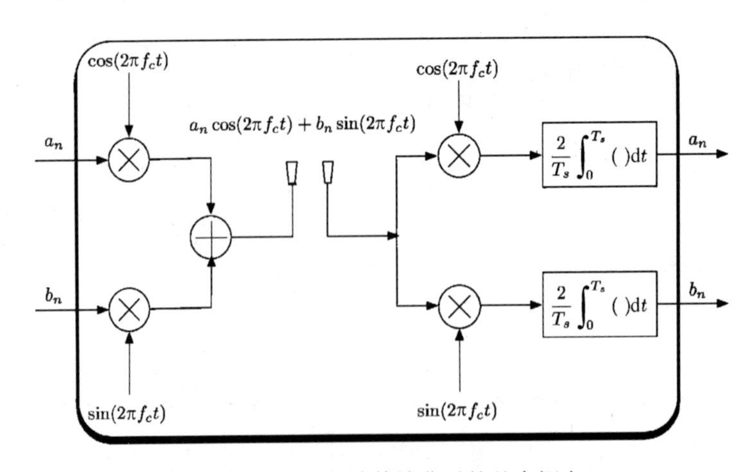

图 3.13　二维载波传输背后的基本概念

例 3.10　QPSK 传输

图 3.14 给出了 4 符号(4-QAM)传输系统的二维信号星座图，也被称为正交相移键控(QPSK)。它是如图 3.13 所示的系统的实现，其中每个正交分支承载二进制信息流，映射两个比特到星座图中的每个点。这个星座图的一维对应部分在例 3.3 和图 3.3 中描述。对于 $d_{min} = 2\sqrt{E_1}$ 的相同最小距离，单位符号平均能量为：

$$E_s = \frac{1}{4}\sum_{i=0}^{3} E_i = \frac{2E+2E+2E+2E}{4} = 2E = \frac{1}{2}d_{min}^2$$

考虑到最小距离在差错率中是决定性因素，可以看到，具有相同的差错率或最小距离，2D QPSK 调制解调器需要2.5 倍或大约小于4 dB 的平均功率，以获得与4-PAM 相同的差错率。4-PAM 在例 3.2 中描述，它也采用4 个符号，但是星座图只有一维。

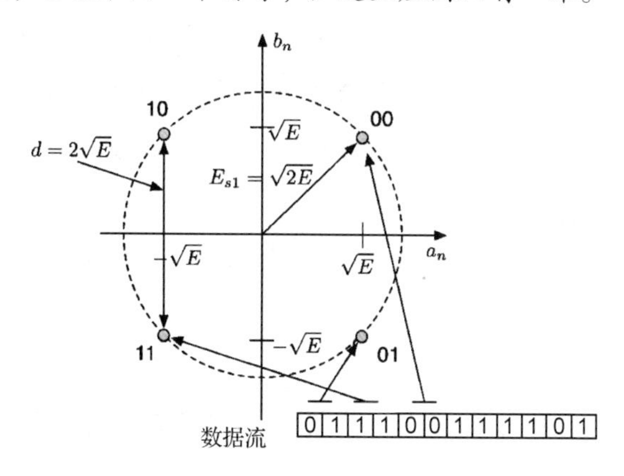

图 3.14　单位符号 2 比特的二维 4-QAM 或 QPSK 星座图

如果将 QPSK 星座图与图 3.11 的 BPSK 星座图比较，两个传输方案的单位符号平均能量是相同的。然而，在 QPSK 的情况下，发送的每个符号传输 2 比特，并从上下文可知，每个比特的 QPSK 能量比 BPSK 小 2 倍，或比 BPSK 小 3 dB。一般情况下，可以证明，如果在星座图中的符号数量比较大，在二维星座图中，要达到相同的差错率，则每在符号中多传 1 比特，将需要 3 dB(4 倍)以上的功率符号。这个每符号多 1 比特，需要多 3 dB 的规则符号对于系统工程的设计是非常有用的，很多时候我们需要对有大信号星座图的复杂系统的性能比较的直观量化。

当移动设备与接入点或基站之间的距离改变时，无线数据网络使用多种信号星座图来调整数据率。当用户接近一个接入点时，信噪比较高，此时使用一个较大的信号星座图。当用户与接入点之间的距离增加时，星座图中点的数量减少。正如在第 2 章中描述的，功率和距离以对数形式相关联，并且以 dB 为单位的功率与 $10\alpha\log d$ 成正比，其中 α 是路径损耗梯度，d 是发射机与接收机的距离。如果要增加 1 倍的覆盖范围，需要 $10\alpha\log 2 \approx 3\alpha$ 倍更多的功率，以 dB 为单位。如果想增加 10 倍的覆盖范围，需要 10α 倍更多的功率，以 dB 为单位。数据实例可以提供一些直观的工程概念。

例 3.11　QAM 系统的数据率覆盖范围

考虑单位符号 2 个比特的 QPSK 星座，如图 3.14 所示，以及 16-QAM(单位符号 4 个比特)和 64-QAM(单位符号 6 个比特)信号星座图，如图 3.15 所示。同时假设所有这些星座图在传输前的差错控制编码速率 $r=3/4$，这些星座图的符号传输速率都是 12 MSps。以类似于例 3.1的方式，可以判断 QPSK 的比特率为 $R_b=12(\text{MSps})\times 2(\text{bpS})\times\frac{3}{4}=18\ \text{Mbps}$。对于 16-QAM 和 64-QAM，分别有数据率为 36 Mbps 和 54 Mbps。换句话说，本系统支持(QPSK 时 18 Mbps、16-QAM 时 36 Mbps 和 64-QAM 时 54 Mbps)。考虑覆盖的术语，按照上述的单位比特 3 dB 的规则，16-QAM 和 64-QAM 分别需要比 QPSK 多 6～12 dB 的功率。这意味着，如果 64-QAM 覆盖 D 米，因为在这个距离上它的功率已经不足以提供可接受的差错率了，而 16-QAM的差错率仍然是可以接受的，因为它比 64-QAM 的工作功率需求至少低 6 dB 以上。为了获得一个量化数据，考虑 $\alpha=2$ 的距离功率梯度的环境。在这样的环境中，16-QAM 的覆盖范围为 d，相对于 64-QAM 的覆盖范围 D 的关系是：

$$10\alpha\log\frac{d}{D}=6\Rightarrow d=10^{6/(20)}D=2D$$

同样，在相同的环境中，具有 12 dB 更少功率优势的 QPSK 系统，将确定有 $4D$ 的覆盖范围。

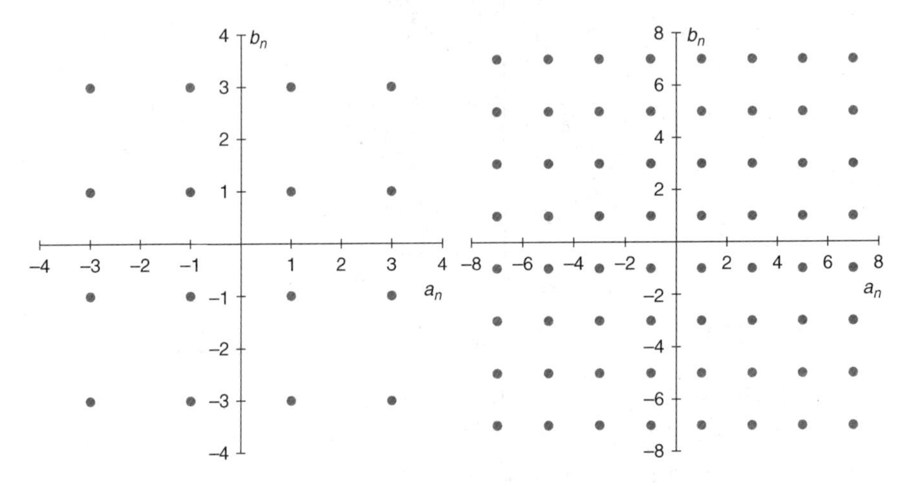

图 3.15　单位符号 4 比特和 6 比特的 16-QAM 和 64-QAM 星座图

上面的例子提供了简单和有用的方法，将数据率、覆盖范围和无线网络的环境相关联。使用图 3.13中的二维实现方法，可以实现大部分信号星座图。部分星座图有具体的名称。正如前面所讨论的，如图 3.15 所示的矩形星座图被称为 QAM，图 3.14中被称为 QPSK 的四点星座图。如图 3.16 所示是另一种称为 8-PSK 的流行星座图，它通常用于广域高速率的无线数据通信。M-PSK 相对于 M-QAM 的优势是所有符号的幅度是相同的。因此，接收机不需要有非常准确的幅度值来检测接收的符号，因为发射的信息仅被嵌入到信号的相位中。

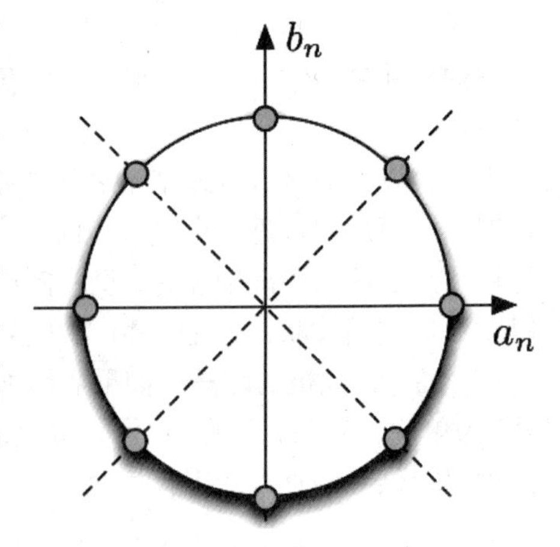

图 3.16　一些广域无线数据网络使用的8-PSK信号星座图

基于最小距离和能量之间的关系，可以确定与这些星座图相关联的差错率。M-QAM 的差错率由下式给出：

$$P_e \approx \frac{1}{2}\text{erfc}\left(\sqrt{\frac{3}{2M-1}m\gamma_b}\right) \tag{3.10}$$

M-PSK 的差错率由下式给出：

$$P_e \approx \frac{1}{2}\text{erfc}\left(\sqrt{\sin^2\left(\frac{\pi}{M}\right)m\gamma_b}\right) \tag{3.11}$$

3.5 抗多径技术

上一节描述了用于无线网络的基带和载波调制技术，其中假设多径传播不会影响差错率，或不会通过 ISI 显著改变波形的形状。以上假设在符号传输速率比信道的相干带宽低得多时成立。在这种情况下，沿多条路径到达的信号加在一起作为移相器，会产生很大的功率波动，称之为小尺度衰落。在 3.3.1 节中介绍了瑞利多径衰落对于数字通信系统(如图 3.7 所示)的性能影响，如图 3.6 所示。从多径信道建模的角度来看，我们仅用一个脉冲代表信道脉冲响应，并声明脉冲的幅度根据瑞利或莱斯分布波动。脉冲的傅里叶变换在频域是平坦的线，所以这种类型的衰落信道也称为平坦衰落信道。当增加符号传输速率，使得它与信道的相干带宽相当或更大时，沿多条路径到达的一个符号与下一个发送的符号重叠，引起码间干扰(ISI)，并且接收波形的形状与发送符号的形状(如图 2.20 所示)是不一样的。这种情况的信道模式有几个脉冲，每个代表多个到达路径集群及其关联路径的波动。在频域，频谱不再平坦，它受频率选择性衰落的影响。图 3.17 给出了典型多径的分布图，它显示出了多径到达，以及典型的频域特征，它不再是平坦的了，而是受频率选择性衰落影响。频率选择性衰落的原因与多径衰落的方式类似，是由于沿不同路径到达的信号相位的改变。对多径结构如何与符号传输速率相关有一个直观了解是必不可少的，以用来理解不同的调制解调器设计技术是如何发展的。

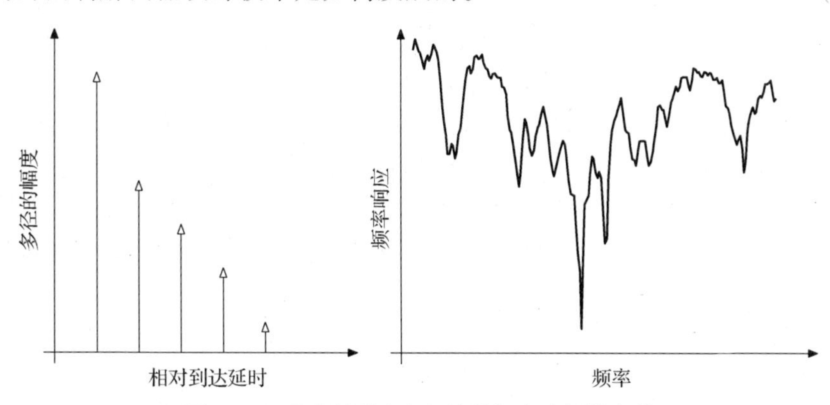

图 3.17　多路径到达和相关的频率选择性衰落

对于低数据率传输来说，它所对应的是平坦衰落。然后在接收机处，只需要处理功率的波动，因为发送波形保持了它的形状。在平坦衰落信道中，在衰落期间出现的大量差错构成了任何传输技术的差错率性能的主要成分。任何降低衰落命中次数的缓解技术都可改善系统的性能。如果增加数据率，则会接触到由多径到达和频率选择性衰落引起的 ISI。任何处理 ISI 或减轻频率选择性衰落的技术对于在多径信道条件下的高速或宽带无线组网技术都是需要的。

在过去的几十年里，无线网络发展成为最流行的接入技术，它用于接入最初设计用于语音应用的传统电话网络，同时也用于主要面向数据应用的移动设备来上网。在此期间，一些多径衰落缓解技术得到发展。原则上，可以将这些技术分为3类：(1)解决平坦衰落的天线分集技术；(2)解决多径到达和ISI的直接序列扩频(DSSS)技术；(3)解决频率选择性衰落的跳频扩频(FHSS)技术。

3.5.1 平坦衰落、天线分集和MIMO

正如上节所述(如图3.6所示)，衰落表现为信号振幅在较大范围内的波动。特殊情况下，信道在较短时间内进入深度衰落就会导致大量差错的出现，这基本决定了整个系统的平均差错率。采用固定功率的发送器时，为了弥补衰落带来的影响，通常它的功率相对无衰落的信道要增加几个数量级(如图3.7所示)。当信道在短时间内进入深度衰落时，增加的功率就可以保护系统免受影响。除了显著增加发送功率，一种很有效的抵消衰落影响的方法是采用分集技术传输和接收信号。这个概念是接收多个信号副本，各信号副本的衰落模式不同(希望它们是独立的，见后续内容)。使用分集技术，所有接收信号同时衰落的概率明显减小，相应地可以极大降低系统的平均差错率。分集可以在空域中使用多天线系统获得，也可以在频域中使用由相干带宽分离的多个载波频率获得，或者在时域中采用由信道相干时间分离的多个时间段传输同一信号副本。习惯上把分集成员称为分集分支。假设不同的分支用于接收相同的符号，并且每个分支受到的随机波动影响是独立的，这样就会获得降低差错率的效果，这是由于只有当所有分支同时受到衰落影响时才会发生差错，因而就相应地降低了整体中断概率和平均比特差错率。

图3.18显示了分集信道两个分支的波动情况，以及降低整体差错率的实现方法。当一个分支处于深度衰落并造成大量的差错时，可以从其他分支检索出正确的数据(见左边的虚线框)。在分集信道中，当所有分支同时处于深度衰落时，就会导致大量差错的产生。因为所有分支同时发生深度衰落的概率要远小于在一个分支发生的情况，所以分集信道的差错率要比单分支衰落信道的差错率小很多。所有分支同时发生深度衰落的概率是不同分支之间的相关性和分集信道数量的函数。当分集分支之间的相关性减小时，各分支相对独立，差错率就会下降；分支数量增加时，差错率也会下降。

多种技术可用于分集的信号接收。最流行和最优化的合并方法称为“最大比合并”算法，该算法将多个分支加权求和，权值与分支接收信号的振幅成正比。

假设不同分支接收信号的振幅与瑞利分布的随机变量都不相关，并且分集的所有分支接收信号的平均功率相同，每个分支的平均信噪比记为$\bar{\gamma}_b$。最大比合并信噪比的概率分布函数由伽马函数给出：

$$f_\Gamma(\gamma_b)=\frac{1}{(D-1)!}\frac{\gamma_b^{D-1}}{\bar{\gamma}_b^D}\mathrm{e}^{-\gamma_b/\bar{\gamma}_b} \tag{3.12}$$

其中，D是分集的阶数。可以看出，采用式(3.12)代替式(3.9)中的指数函数，最大比合并输出的平均差错率如下[Pah05；Pro08]：

$$\bar{P}_e=\int_0^\infty f_\Gamma(\gamma_b)\,P_b(\gamma_b)\,\mathrm{d}\gamma_b\approx\left(\frac{1}{8\frac{m}{a}\bar{\gamma}_b}\right)^D\binom{2D-1}{D} \tag{3.13}$$

其中使用了二项式系数的标准表示法：

$$\binom{N}{k}=\frac{N!}{(N-k)!k!}$$

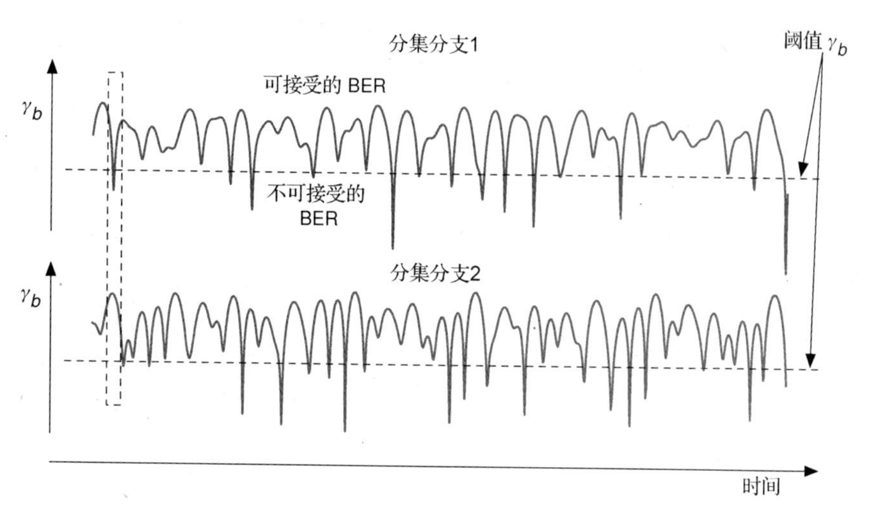

图 3.18　分集信道的两个分支中的衰落

式(3.13)表明随着参数 D 的增大，最大比合并输出平均比特差错率以指数级改善，D 是指分集分支的阶数或者数目。图 3.19 给出了不同分集阶数条件下的平均差错率 $\bar{P}_e$ 与单位比特信噪比平均值 $\bar{\gamma}_b$ 的对照关系。图中包含了稳定信号接收的差错率曲线(无衰落)。正如前面所看到的，在比较合理的差错率下，只有一个天线时的性能会比稳定信号接收的性能减少 30 ~ 35 dB。两个独立分支的分集，可以使性能损失减少到约 25 dB，而 4 个分支的分集可以将信噪比的损失减少到约 10 dB。更多阶数的分集会进一步降低相对于无衰落信道的损失。当然，分集阶数在实现时会受到实际情况的限制。例如，不可能在一个用作无线通信终端的小型智能手机中放置任意多的天线。

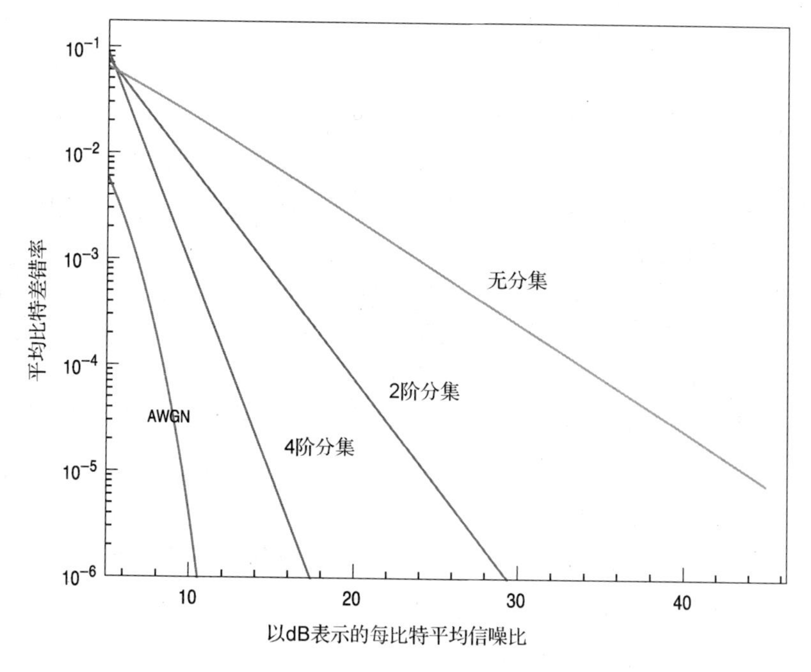

图 3.19　不同阶数分集的平均比特差错率与单位比特信噪比平均值之间的对照关系

无线网络中的 MIMO 定义为，在发射机和接收机处使用多个天线来提高通信性能的系统。它是智能天线技术的几种形式中的一种，智能天线设计用来支持波束成形，发送或接收信号时采用不同的天线及不同的加权组合。在 CDMA 数字蜂窝式电话网络中，智能天线系统调整基站和特定用户的移动设备的空间天线方向图，以减少来自其他用户的干扰。移动用户之间的干扰减少在区域内允许更多的并发用户，从而增加了网络的容量。在无线数据应用中，如果天线方向图被聚焦到发射机之间的直接路径，则来自其他路径的接收信号降低，从而导致信道多径传播的均方根显著减少。因为最大数据率与发射机和接收机之间的有效信道延迟传播的均方根成反比，MIMO 系统提高了无线数据网络的最大数据传输速率或吞吐量。由于这些好处，MIMO 技术已经被认为是 3G CDMA 移动电话的标准，并已被最新的基于 OFDM 的无线数据网络标准如无线局域网的 IEEE 802.11n 标准和 4G 长期演进(LTE)系统所采纳。

3.5.2 跳频扩频传输

扩频技术首次出现于第二次世界大战，当时它在军事通信应用中占有主导地位。由于具有抗干扰、抗截获的能力，并且具有很高的测向精度，因而非常具有吸引力。20 世纪 80 年代后期，扩频技术开始进入商业应用领域并用于无线办公信息网络[Pah85,Pah88a]，如今这种传输技术大量应用于 3G 移动电话、无绳电话、最初的 IEEE 802.11 无线局域网、IEEE 802.15 蓝牙、ZigBee 和 UWB WPAN 中。面向话音的数字蜂窝系统为了增加系统容量，采用扩频技术用 CDMA 网络代替 TDMA/FDMA 网络。这种技术还能够确保系统提供更可靠的服务以及实现蜂窝电话系统的柔性越区切换，这些内容将在后面的章节中详细讨论。在无线局域网产业中采用扩频技术，主要是因为当时美国联邦通信委员会(FCC)颁布了第一代不需要许可证的 ISM 频段。该频段用于工业、科研和医疗，适合采用扩频通信技术实现高速无线通信。因为实现简单且功耗较低，蓝牙、ZigBee 和 UWB WPAN 均采用扩频技术。而低功耗对于自组织网络和传感器网络是非常重要的。

扩频技术和本章前面讨论的传统无线调制解调技术的主要区别是扩频系统中的传输信号要比传统无线调制信号占用更大的带宽。与基带脉冲传输技术相比，扩频系统占用的带宽仍然受到限制。这样一来，无线扩频系统就可以与其他无线扩频系统、传统无线电系统按照频分复用的方式共享传输媒体。有两种基本的扩频传输方法：直接序列扩频(DSSS)和跳频扩频(FHSS)。本章讨论 FHSS。

简单的 FHSS 发送器变换传输信号的中心频率。频率的变换或者频率的跳变按照一个随机的图案进行，这个图案只有发送器和接收器知道。如果中心频率在 100 个不同的频率中随机转换，那么所需要的带宽将是原来传输带宽的 100 倍。由于它的频谱要比早期传统的无线带宽大 100 倍，我们称这种技术为扩频技术。FHSS 既可以用于模拟通信又可以用于数字通信，但主要用于数字传输。

例 3.12 FHSS 和 LFSR 编码

图 3.20 所示是在空中发送数据分组的跳频系统的跳频模式和有关频率。三态递归发生器用于产生编码，以决定发射机下一个跳频的频率。如图 3.20(a)所示，发生器产生一个序列，序列中的 7 个状态代表 7 个非零值，这 7 个非零值可以由 3 个二进制数字构成。图 3.20(b)给出了发生器的 7 个状态及其相关的十进制数，这些编号用作 FHSS 跳频频率的索引号。每个数据分组使用其中的频率传输。频率序列为 f_4、f_2、f_5、f_6、f_7、f_3、f_1、f_4，最后回到第一个频率 f_4。

图 3.20(c)显示了传输的信息分组在 FHSS 跳频系统中时间和频率上的分布。在这种情况下，用来挑选频率的随机序列称为伪噪声(PN)序列。使用线性反馈移位寄存器(LFSR)编码(后文详细介绍)来产生这里用到的特定代码。

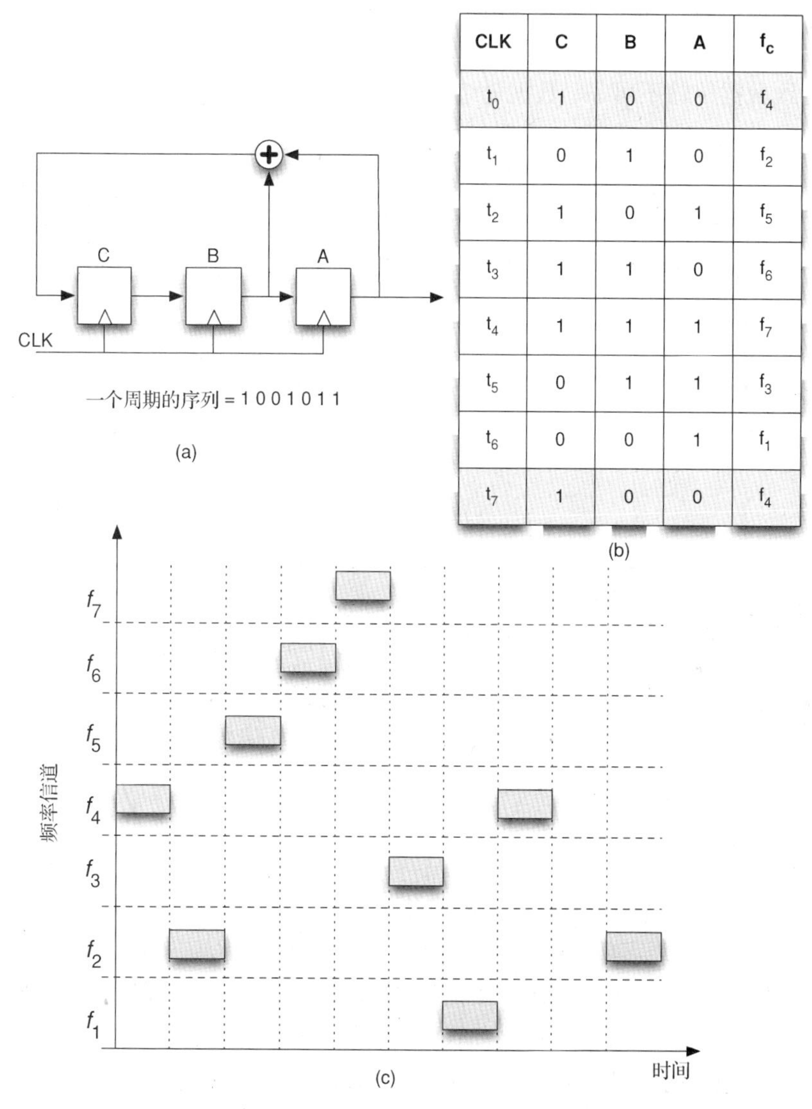

CLK	C	B	A	f_c
t_0	1	0	0	f_4
t_1	0	1	0	f_2
t_2	1	0	1	f_5
t_3	1	1	0	f_6
t_4	1	1	1	f_7
t_5	0	1	1	f_3
t_6	0	0	1	f_1
t_7	1	0	0	f_4

图 3.20　FHSS 采用长度为 7 的 LFSR 随机码：(a)产生 LFSR 码的三阶状态发生器；(b)时间与频率之间的对应关系；(c)FHSS系统中传输信息比特在时间和频率上的分布

在 FHSS 中，载波频率的跳变并不改变附加噪声的影响，这是因为每一跳的噪声水平与传统的调制噪声水平相同。因此，FHSS 系统的性能在无干扰的环境和非衰落环境中与传统非跳频系统的性能完全相同。在窄带干扰环境中，工作在干扰频率下的传统调制的信噪比变得非常低，损坏了接收数字信息的完整性。当传统系统的中心频率与深度选择性衰落频率相吻合时，同样的情况就会发生在频率选择性衰落信道中。无线信道中的多径条件造成频率选择性衰落，这导致某些频率区域表现非常差，而其他频率区域性能是可以接受的。在 FHSS 系统中，由于载波频率是不断变化的，干扰或频率选择性衰落只损坏了传输信息的一小部分，而中心频率的其余传输部分不受影响。FHSS 的这一特点在无线网络的设计中得到了应用，当信号受干扰或者系统工作在频率选择性衰落信道时可用于实现可靠的传输。

如图 3.21 所示，FHSS 系统经过设计可以使深度衰落只损坏跳变频率中的一小部分，而其他跳可以成功地实现传输。在室内环境中，衰落频带带宽(相干频带)大约是几兆赫兹，IEEE 802.11 与蓝牙技术中的 FHSS 系统跳变的频率之间相差 1 MHz。因此，如果某一跳发生深度衰落而导致数据传输不可靠，数据分组将可能会在下一跳重传。

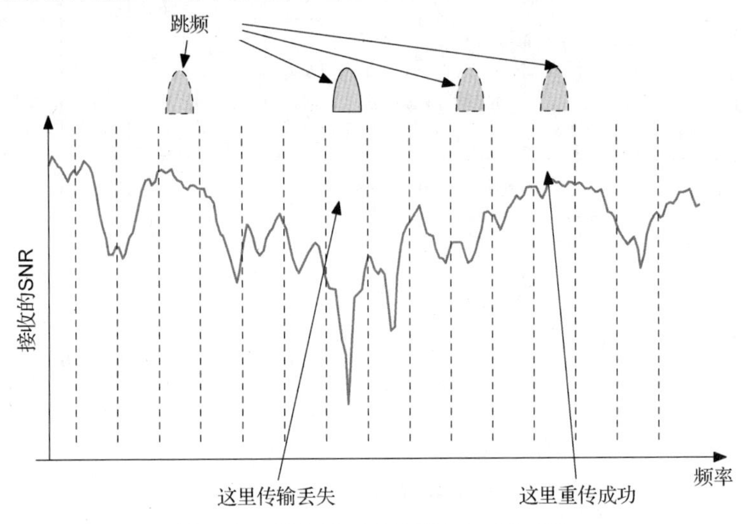

图 3.21　频率选择性衰落与 FHSS 系统

这种方式中扩频的主要缺点是它不是一个带宽高效的技术。当使用 100 个频率中的一个用于传输时，仅频带的一部分是被占用的，而其余信道是空闲的。为此开发了跳频码分复用(FH-CDMA)和正交频分复用(OFDM)来弥补这个问题。

3.5.3　FH-CDMA 和 OFDM

不同的 FHSS 系统通过采用不同的跳频码从而实现了在同一频段内并存。同一网络中的用户使用相同的跳频模式，两个不同的网络分别应用各自的跳频模式。例如，IEEE 802.11 和蓝牙技术的 FHSS 系统都使用 1 MHz 的单跳带宽和 2.4 GHz 的 ISM 频段中的 78 个信道，如图 3.22 所示。同一网络的不同用户要协调好他们的传输和他们自己网络中的跳频模式，而在两个不同网络中用户之间没有协调，他们简单地共存。当两个不同的用户在同一个跳频点上传输数据时，就会发生多用户干扰。如果跳频码是随机的并且彼此独立，那么这种“碰撞”的发生概率就是可计算的。如果跳频码是同步的并且跳频模式是经过选择的，使得两个用户不会同时跳到同一频率，那么多用户干扰就会消除。当有多个具有较低数据率的用户时，这种方法可以让他们分享媒介。

基本的 OFDM 可以被认为是一个协调 FH-CDMA 系统，其中所有信道被分配给单个用户。它遵循 FHSS 相同的功能，但它可以为数据率敏感的应用支持高数据率，如无线上网。基本的 OFDM 也可以认为是多载波调制系统，其中所有载波分配给单个用户，使得用户具有对于突发性数据的应用有高速接入的能力。这样，OFDM 是使用正交的相邻载波的多载波调制的一种实现方式。OFDM 是一种多载波操作的实现方式，它充分利用了信道正交的优势，具体实现基于快速傅里叶变换(FFT)算法，计算效率很高。

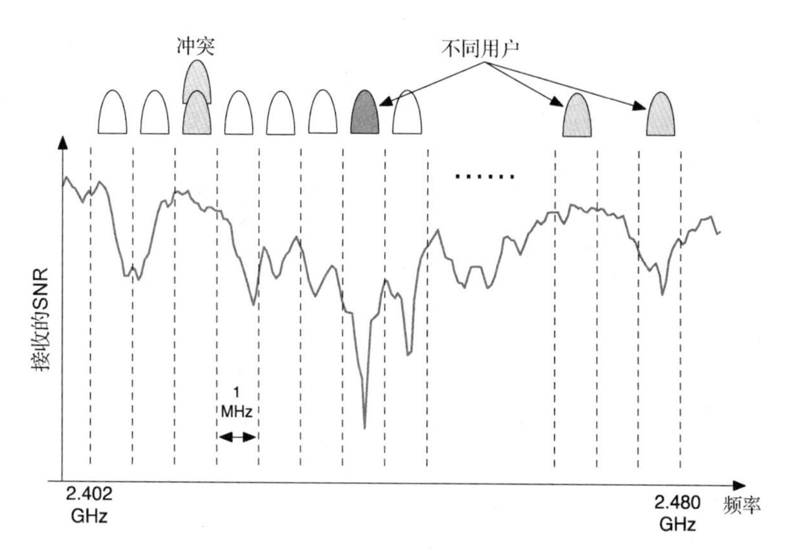

图3.22　在传统IEEE 802.11和蓝牙系统中的FH-CDMA系统

20世纪60年代初，MCM第一次用于高速话音频带调制解调器。80年代初，在相同的应用中采用FFT而得以改进[Pah88b]。90年代，它开始步入无线局域网WLAN(IEEE 802.11)、DSL调制解调器、电缆调制解调器(IEEE 802.14)、无线城域网(IEEE 802.16)、无线个域网(IEEE 802.15)以及其他有线和无线应用中。MCM的概念很简单，不再采用每秒R_s个符号的单数据流传输方式，而是在N个载波上传输N路数据流，每个载波频率谱空间大约为R_s/N赫兹，每一路数据流的符号速率是R_s/N。MCM的主要优点是有能力应付恶劣的信道条件，如克服远程铜缆上的高频衰减效应或无线信道中频率选择性衰落的影响。子信道是频率分集的一种方式，可用于差错控制编码在另外子信道中传输跨接符号。在OFDM系统的实现方式中，后来出现了一种方法，称为编码OFDM(COFDM)。为了进一步提高OFDM的传输性能，可以检测不同的子信道接收信号的功率，通过反馈信道调整子信道的载波频率来优化系统的性能。基于这些特性，OFDM已成为宽带传输系统的理想解决方案。在OFDM系统中，提高数据传输速率仅仅是增加载波数量的问题，其局限性体现在硬件实现的复杂度和传输功率。

图3.23代表了有N路载波的MCM系统和一个频率选择衰落信道的频率响应。从图中可以看出，不同频率的载波可以获得不同的信道增益。因此，每个载波上的接收信号有不同的信噪比和比特差错率。如果系统使用冗余载波，那么不良信道中由低信噪比带来的差错就会得到恢复。这种冗余可以在传输之前对数据加以扰码的方式方便地实现。虽然整个系统带宽容易受到频率选择性衰落的影响，但是单个信道仅会受到平缓衰落的影响，因而不会导致码间串扰(ISI)。如果不是平坦衰落，接收机需要密集计算的硬件来实现自适应均衡技术。实际应用中，在OFDM两个脉冲之间加入时间保护以防止符号重叠，但是会降低数据的有效传输速率。另外，一些载波专用于信号同步，还有一些为冗余预留。下面举例说明OFDM系统中硬件的实现细节。

例3.13　IEEE 802.11g中OFDM的实现

IEEE 802.11g传输有48个有效子载波，每个子载波以250KSps的符号速率传送数据。用户符号传输速率为48×250 KSps = 12 MSps。比特传输速率取决于单位符号比特数(即用于传输的星座图)，以及用于传输的卷积码的速率。对于 BPSK，编码率 $r=1/2$ 和 1 bpS，数据率是 12(MSps) × 1/2 × 1(bpS) = 6(Mbps)，并且对于 64-QAM，6 bpS，以及卷积编码速率 $r=3/4$，有 12(MSps) × 3/4(bpS) × 6(bpS) = 54(Mbps)。当发射机与接收机之间的距离增加时，数据率减小，通过调节编码率和符号传输速率(星座图的大小)来保持可靠的通信。

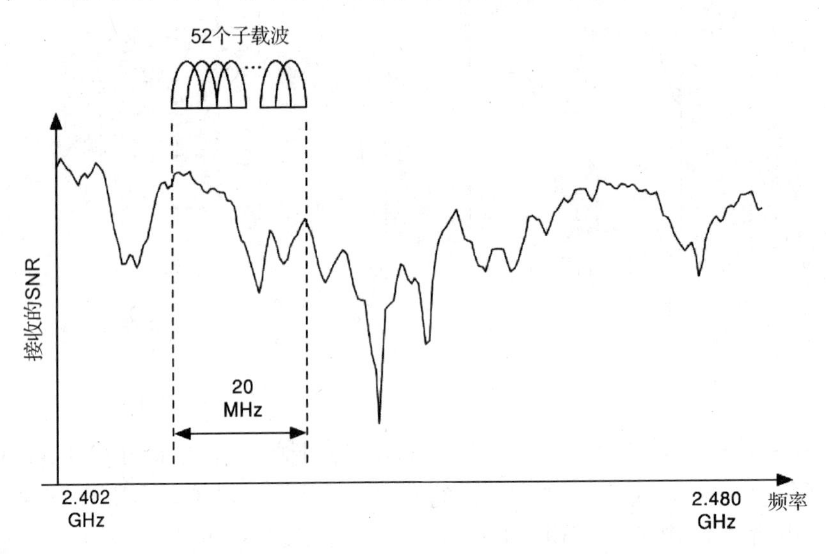

图 3.23　频率选择性衰落和 MCM

3.5.4　直接序列扩频传输

在 DSSS 中，每个传输的信息位进一步编码为 N 个更小的脉冲，被认为是使用 PN 序列的码片。在接收机端，码片首先解调，然后通过自相关函数(ACF)进行计算。现在，在长度为 N 的 PN 序列 $\{b_i\}$ 上定义 ACF：

$$R(k)=\sum_{i=0}^{N-1} b_i b_{i-k}=\begin{cases} N, k=mN \\ -1,\ \text{其他} \end{cases}$$

PN 序列是一个长度为 N 的周期序列，因此，相关性的计算是在序列的一个周期上执行。当 $k=0$时，一个 PN 序列的相关函数有一个高度为 N 的很高的峰值，是 N 的整数倍，通常称为接收器的处理增益。当 $k\neq 0$ 时，相关函数值远低于峰值(对于最大长度序列，它是 -1)。因此，DSSS 系统使用相关函数的峰值检测传输比特。

例 3.14　使用 7 个码片的 LFSR 码的 DSSS

如图 3.20(c)所示，LFSR 电路的输出是序列{ -1 -1 1 -1 1 1 1}。如图 3.24 所示是二进制通信 DSSS 系统中的样本数据比特“1”，以及数据比特的传输编码和接收机处的高峰值和低旁瓣的自相关函数。用具有反馈的简单状态机产生 LFSR 码，并且通常会产生最大长度 2^m-1 的 PN 序列。这个最大长度的 PN 序列被广泛应用于 CDMA 蜂窝网络和基于到达时间测量的定位技术。更多细节在第 12 章提供。

如图 3.24 所示，对于任何发送比特，接收机的相关函数会输出一个窄脉冲，脉冲的高度为 N，持续时间是码片的两倍。因此，DSSS 扩频系统可以看作是一种伪脉冲传输技术，一个窄脉冲表示一个比特。在有多径效应的无线信道环境中，如图 3.25 所示，沿不同路径到达的信号将在不同的时间在接收机处带来不同的脉冲。一个智能的接收器可以将这些脉冲作为时间分集的信源来改善其性能。这些接收器称为 RAKE 接收机，常用于无线 DSSS 传输系统中以实现可靠的通信。图 3.25 也将 DSSS 传输与传统符号传输进行了比较。在传统的系统中，多径会引入非常有害的 ISI，而具有 RAKE 接收机的 DSSS 系统则在同一信道上享受多径分集。

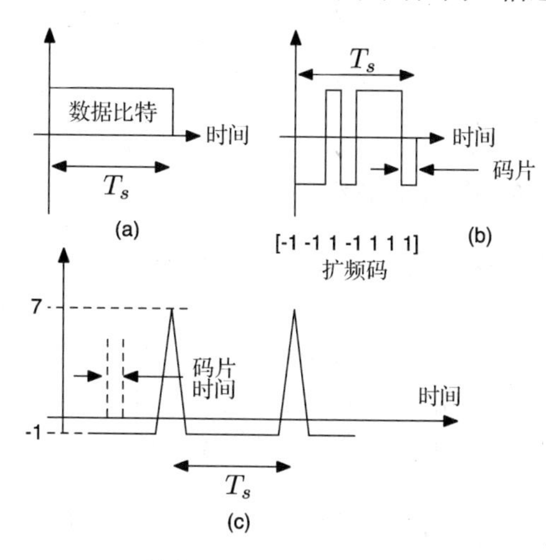

图 3.24　DSSS 系统使用的 7 码片的 LFSR-7 码：(a)发送的比特；(b)7码片码；(c)码字的循环自相关函数

例 3.15　CDMA 中的多径接收

原高通 CDMA 系统采用 1.25 Mcps 的码片速率和 9600 Sps 的符号传输速率。因此，它可以解决数量级在 1/(1.25 Mcps) = 800 ns 间隔的多径分量。高达 1/(9800 bps) = 1.04 ms 的多径传播不会引起系统的 ISI。室外微蜂窝环境中多径传播是几十微秒的数量级，而在室内微微小区是几百纳秒的数量级。因此，该系统不会受任何室内或室外环境的 ISI 影响。然而，在一个室内微蜂窝环境中，由于扩频小于 800 ns，系统解决多径分量是不可能的。一些 3G 宽带 CDMA(W-CDMA)系统提供类似的比特速率，码片持续时间达到更小幅度的数量级(10 倍大带宽)。对于具有大约 80 ns 的脉冲分辨率的 W-CDMA 系统来说，即便是在室内微蜂窝环境中，接收机预计也能够解析出多个多径分量。

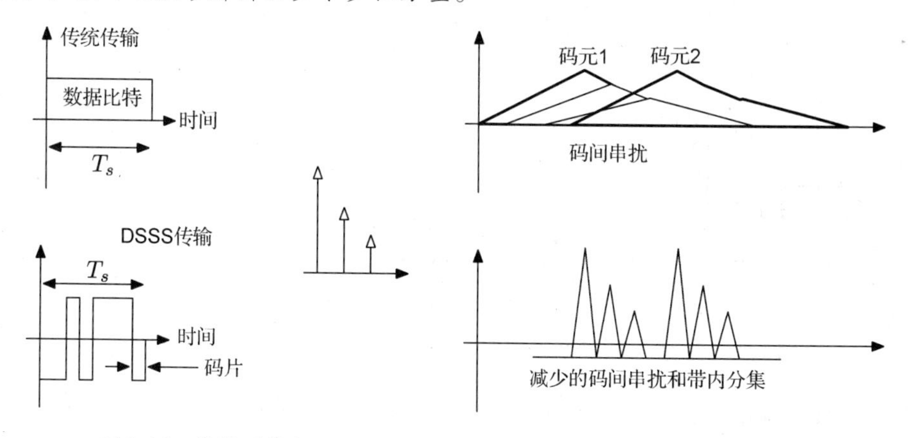

图 3.25　传统系统和 DSSS 系统的比较，用于信道上有 3 路多径的通信

任意数字系统的带宽与发射脉冲或符号的持续时间成反比。因为发射的码片比数据比特要窄 N 倍，发送的直接序列扩频信号的带宽比没有扩散的传统系统要大 N 倍。结果是，类似于 FHSS 方式，DSSS 传输本身不是一个带宽有效的系统，因为它比其符号传输速率占据宽得多的带宽。为了增加蜂窝电话应用中 DSSS 的带宽效率，考虑到该应用用户众多，但是每个用户所需要的数据率相对较低，因此可以通过给每个用户分配不同的码字来使用CDMA。对于数据应用，当单个用户的突发传输需要非常高的数据率时，需要采用 M 进制正交编码，其中单个用户使用多个正交码来传输。

3.5.5 DS-CDMA 和 M 进制正交编码

在用于蜂窝电话应用的直接序列 CDMA 多用户环境中，为不同用户分配不同的扩频码。换句话说，就是每个用户都有自己的"密钥"扩频码，用于对自己的报文进行扩频和解扩。分配给其他用户的扩频码要仔细选择，以便使接收机解扩过程中自相关函数的旁瓣信号的强度尽可能小(像噪声)。这样一来，就不会对目标接收器自相关函数的峰值检测产生干扰。在这种方式下，每个用户只是其他用户信号检测的噪声源而已，不妨碍所有用户同时占用相同带宽。

图 3.26 给出了 CDMA 里使用不同码字的两个用户操作的一个例子。各用户的实际符号传输速率或带宽是 R_sHz，但是他们的频谱被扩展 N 倍，传输带宽被扩展到 $W=NR_s$Hz。在这张图中，上面的码字属于所需的用户，并且接收机用它的码字与其相乘。码字将传输信号回转成扩频前的信号形式，带宽变小，然后将信号返回给接收机。而不需要的信号是不会解扩回其原始形态的。它保持与 $W=NR_s$相同的传输带宽。其结果是，接收机处所需要信号的峰值比干扰信号高 N 倍，干扰信号来自其他用户，现在仅是一个噪声源。

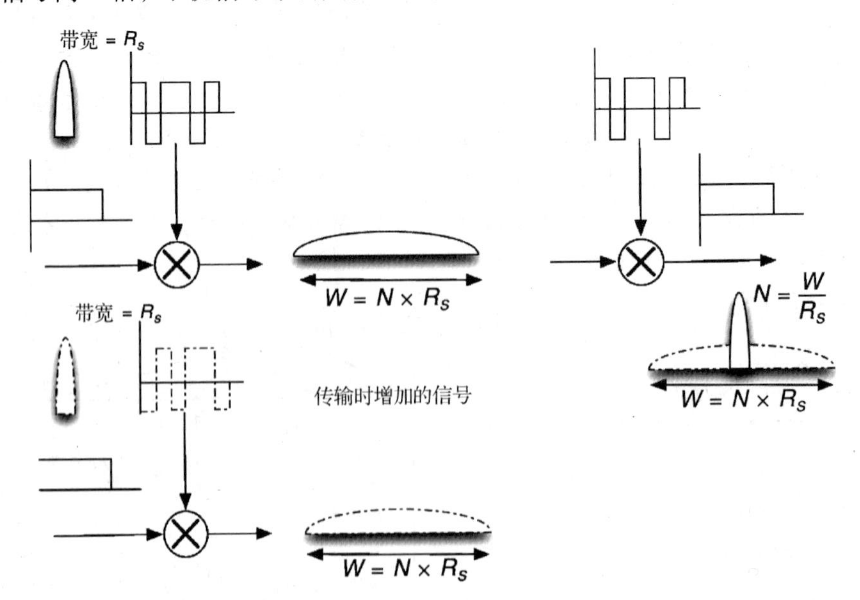

图 3.26 DS-CDMA 的基本概念，两个用户的通信过程，用频域解释

随着用户数量的增加，多用户之间的干扰也随之增加。这种现象会持续上升，直至所有终端之间都相互干扰，使得所有用户都不能正常运行。

PN 序列具有良好的自相关属性，但互关性是非零的，并且对同一信道工作的其他用户造成干扰。为了增加容量，CDMA 系统有时使用正交序列。由定义可知，两个正交序列之间的互相关为零，因此，如果两个用户使用正交序列以用于扩频，在接收机处，有可能完全分离两个信号，方法是将它们无干扰地与信号副本做相关运算。正交序列的问题在于，用户必须同步，因为正交序列没有良好的自相关属性。因此，正交序列应用于下行链路，其中基站可以同步指向所有用户的传输。对于上行链路上的传播，PN 序列是优选的。

例 3.16　CDMA 的沃尔什正交序列

通过哈达玛矩阵(Hadamard Matrix)的行产生沃尔什(Walsh)序列。哈达玛矩阵是 $n \times n$ 阶的方阵，其中所有行对是正交的。下面的矩阵是哈达玛矩阵的示例。

$$\begin{bmatrix} 0 & 0 & 0 & 0 \\ 0 & 1 & 0 & 1 \\ 0 & 0 & 1 & 1 \\ 0 & 1 & 1 & 0 \end{bmatrix}$$

行[0 0 0 0]对应于全零沃尔什码。哈达玛矩阵的各行对应于一个唯一的沃尔什码。很容易建立秩为 $2^m \times 2^m$ 的哈达玛矩阵。由高通公司设计的第一个 CDMA 系统使用由 64×64 阶哈达玛矩阵产生的 64 阶沃尔什码，以分离从基站发送到不同移动用户的数据流。实现该系统的细节将在第 12 章讨论 CDMA 蜂窝技术时介绍。

使用一组正交码来分离下行链路上的不同用户，在 CDMA 蜂窝电话网络中常用。在无线数据网络中，可能期望分配一组扩频码给单个用户，使得突发的数据能够以高数据率进行传输。如果所有的正交码被分配给单个用户，发送系统被称为 *M* 进制正交编码。从不同的角度来看，*M* 进制正交编码是一种编码技术，它在发送的比特流中提供冗余，因此增加了传输的可靠性。在无线室内数据网络中，它可以用来增加数据率[Pah90]。在 CDMA 蜂窝电话应用中，因为正交码难以在上行链路上保持信号同步，所以有时以不同方式使用正交码。它们不再通过正交来分离用户信号，而是通过对信号进行编码，在编码里增加冗余来扩展信号。即使有来自其他信号的干扰，这种方式仍然能改善信号的可靠性。一个例子说明这种称为 *M* 进制正交编码的传输方式。

例 3.17　用于 *M* 进制正交编码的沃尔什码

考虑到 4 个正交码构成例 3.16 中描述的矩阵的行，可以将 2 比特数据编码为扩频码 4 比特行中的一个。这样，在解码过程中创建冗余来保持信号的完整性。在例 3.16 中，有 4 个扩频码字，每个长度为 4 比特。4 比特扩频码字的总数量为 16，因此选择的正交集合只使用了 16 个可能性中的 4 个。这种冗余允许接收机纠正一些差错比特，增加传输的完整性。在这个速率为 1/2 的编码技术中，如果收到接收序列的 12 个可能性中的 1 个，且它没有被我们的编码方案使用，则可以找到与该传输最接近的可能码字，并纠正差错的比特。这个系统是一个 4 元正交编码系统。这些传输方案的具体实例在第 8 章和第 12 章分别讨论 CDMA 系统和 IEEE 802.11b WLAN 物理层时再详细描述。

3.5.6　DSSS、FHSS 和 OFDM 的比较

在本节中，参照[Fal96]，我们对扩频技术和 OFDM 工作在测试室内区域时的带宽和功率需求做一比较，如图 3.27 所示。之所以考虑室内区域，是因为如 WLAN 这样的宽带通信

应用是非常重要的。然而，本节的所有结论都可以扩展到任何其他无线多径衰落信道环境中。试验区包括伍斯特理工学院的阿特沃特肯特实验室二楼的 7 个房间。在这些房间 [How90] 中测得了 700 个宽带信道测量结果，被用来校准射线跟踪算法 [Yan94]，然后在这个室内区域中，用此算法生成数十万个信道多径分布值。之后，这些分布值被用于评估在这个区域工作的不同调制解调器设计技术的性能。所有技术的基本调制方式是 QPSK，并且调制解调器可接受的性能标准是在区域中 99% 的位置上差错率要优于 10^{-5}。这个测试的目的是检查带宽和功率要求与每种技术的最大数据率之间的关系，所基于的环境是真实的具有大量多径存在的室内环境数据率。

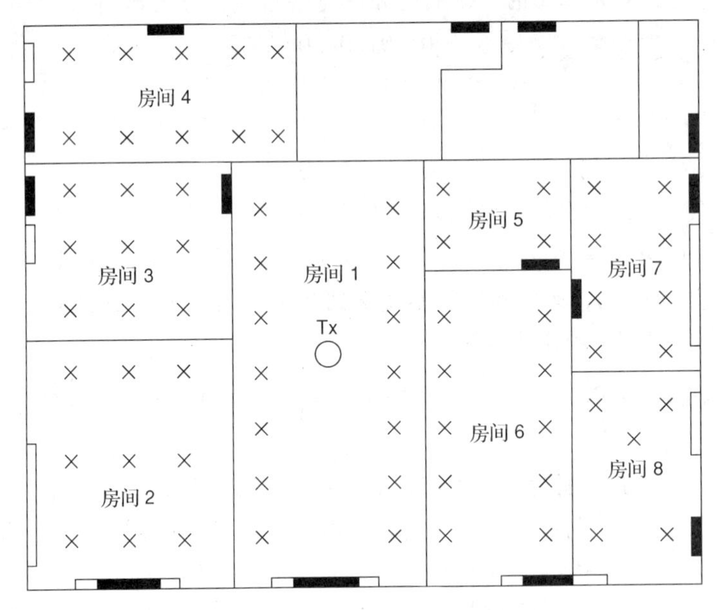

图 3.27 伍斯特理工学院的阿特沃特肯特实验室的室内试验区

首先假定 10 MHz 的固定带宽，并且比较了每个传输技术覆盖试验区所需的最小发射功率。这部分将用于解答设备功耗问题，而这一问题对于电池供电的移动终端来说很重要。结果发现，在最大发送功率 100 mW 时，所考虑的 DSSS、FHSS 和 OFDM 传输技术都能够覆盖测试区域。如果假设发送功率维持在 100 mW，且对带宽没有限制，就可以判定在测试区域中任意传输技术可实现的最大数据率。这个测试响应了对更高数据率的需求，而这一需求在 WLAN 产业发展中已经成为极为重要的因素。

例 3.18 DSSS、FHSS 和 OFDM 的比较

图 3.28 给出了要达到试验区 90% 的覆盖率时不同技术所需要的最小发射功率比较图，试验区如图 3.27 所示，信道带宽为 10 MHz，采用 DSSS 时使用具有 4 抽头的 RAKE 接收机，处理增益为 15（中间柱子）、FHSS（左侧柱子）和 OFDM 都使用 15 个载波（右侧柱子）。每项技术由两根柱子表示，分别代表功率要求以及该技术支持的数据率。因此，使用这张图，可以找到在固定带宽（10 MHz 的）环境下 3 种不同技术的功率要求和支持的数据率。从这张图可以得出许多实际结论。

在 10 MHz 带宽时，拥有处理增益为 15 和抽头为 4 的 RAKE 接收机的 DSSS 系统，利用时间分集需要 -9 dBm 来覆盖整个区域，此时的数据率为 1.33 Mbps。跳频数为 15 的 FHSS

系统，利用频率分集，在功耗为 -7 dBm① 时是一个数据率为 1.33 Mbps 的系统。因为处理增益为 15，符号传输速率为 10/15 =0.665 MSps。在 QPSK 调制中每个符号传输 2 比特，两个系统的数据传输速率都是 1.33 Mbps。DSSS 方式消耗更少的功率，因为它隔离了多径分量，并且有一个 4 抽头 RAKE 接收机，可以利用频带内多径分集的优势。相比较而言，OFDM 在相同的 10 MHz 带宽工作时，数据率为 13.3 Mbps，因为它比 FHSS 多分离 1.5 倍的载波。这在 OFDM 系统中对于消除邻信道干扰非常重要，因为所有的载波都在同时发送数据。OFDM 系统的功率消耗比 DSSS 大 9 dB，比 FHSS 系统大 7 dB。

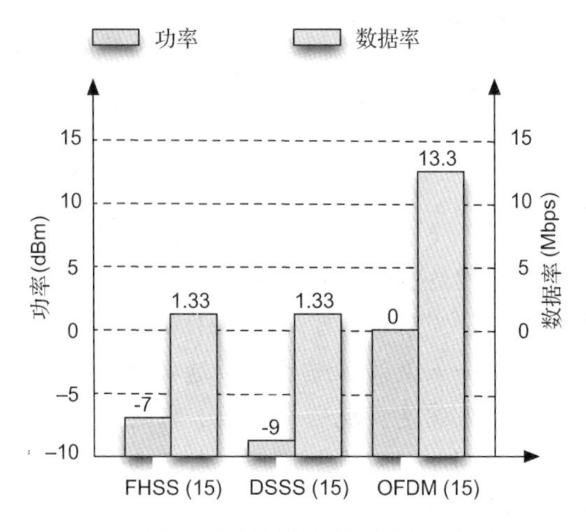

图 3.28　不同的传输方式的功率需求

根据上面的例子得到结论，对于固定的带宽信道，OFDM 以更高的功率消耗为代价提供更高的数据率。扩频系统以降低工作数据率为代价提供更好的覆盖。

辐射功率消耗的定量研究很重要，原因有两个：

1. 根据频率管理机构给出的最大辐射功率限制，我们需要知道，各种传输技术的覆盖范围相比如何。
2. 考虑到电池供电的无线局域网的市场不断扩大，我们需要检查调制解调器的总功耗。

在[Fal96]中，图 3.28 的结果扩展到各种调制解调器设计技术，并且它们可直接用于分析一个典型室内区域中各种传输技术的覆盖范围。这允许设计师或标准监管机构根据一个指定的系统描述来确定相应的传输技术。由于功率消耗随着 WLAN 实现中使用的设计和制造技术变化巨大，设计者可以使用这些结果来评估他们自己的系统实现的电子功率消耗情况。

如图 3.29 所示，是图 3.27 所示测试区域中不同传输技术的最大可达到的数据率。发送功率保持为 100mW，并且带宽没有限制。这个条件与大多数开放频段情况类似，这些频段有数百兆赫(MHz)的带宽可用于实现宽带业务。在这张图中，最大可实现的数据率和每种技术所需要的带宽用两根柱子表示。与图 3.28 的方式类似，也可以从这张图中得出许多有趣实用的结论。

一个使用频率分集的具有 15 个载波的 OFDM 系统，在约 35 MHz 带宽中可实现的数据率

① 此处原文是 -9，无单位，有误。——译者注

接近40 Mbps。一个FHSS方案要获得与QPSK调制解调器(2.4 Mbps)相同的数据率，则它要比QPSK调制解调器消耗的带宽大15倍(36 MHz)。使用RAKE接收机的DSSS方案利用45 MHz的带宽可以将数据率稍微增加到3 Mbps。

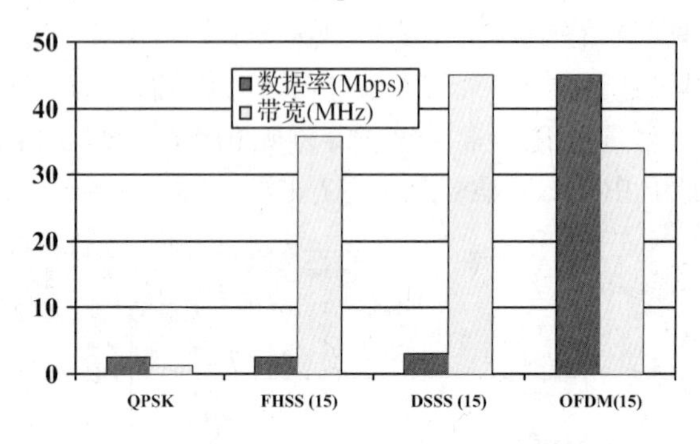

图3.29 不同的传输方式最大可实现的数据率

从以上的例子可以看到，通过适当选择独立载波的带宽，可以补偿系统的多径衰落的影响。其结果是，如果没有功率或带宽限制，可以用OFDM调制解调器实现任何数据率。数据率的增加最终达到一个点，在这一点上该信道的频率选择性的影响占主导地位，并且发射功率的增加将不再有效。OFDM的限制是实现的复杂度，它随着载波数量的增加而增加。在实际的频带-受限和功率-受限的应用中，预计上述性能甚至会进一步提高，只要智能频率分集接收机使用多速率传输或利用信道特性的测量来调整不同的载波中的功率就行。由于这些特性，OFDM传输主导着WiFi和4G蜂窝数据服务的无线数据通信，对于这些系统来说，最大可实现数据率比功耗更重要。

例3.19 OFDM的数据率

显然，扩展频谱的数据率比OFDM低。然而，带宽效率仅是等式的一个方面，扩展频谱提供的处理增益可用于减少发射机功率要求。如果无线网络被用来连接便携式、电池供电的传感器，这是一个重要的考虑因素。正是由于这些特征，扩频技术被普遍应用于低功率的ad hoc无线传感器网络技术中，例如蓝牙或ZigBee。

3.6 无线通信的编码技术

比特编码是常用技术，它被用于各种类型的无线网络。事实上，我们已经提到基带信号的曼彻斯特编码，以及CDMA和M进制正交编码应用中的PN序列编码和沃尔什码。传统上采用编码的原因是差错控制。编码也用来将语音转换成比特。语音的感知质量通常取决于采用的语音编码，并且在质量和数字化语音的带宽要求之间有所折中。

在3.5节中，我们讨论了各种分集技术，它们基本上在时域、频域或空域中都采用冗余，从而提高发送数据的接收可靠性。从某种意义上说，差错控制编码也是一个分集方案，因为它在传输比特中引入了冗余来纠正差错，这个差错可能是由一个信道引入的，且如果校正是不可能的，它可用于提供能够检测到出现差错的能力。

差错控制编码，顾名思义，是对传输比特进行编码来控制差错率的一种技术。因为恶劣的信道条件，这种技术在无线通信中变得越来越重要。在无线信道中，差错通常以突发方式发生。也就是说，数据比特流受衰落或其他恶劣损害如干扰的影响，导致在接收机处以差错方式到达的有几个连续比特(突发中高达 50% 的比特)。这与有线通信不同，有线通信中差错通常以随机方式出现，任意时间有一个比特。因此，对于有线和无线信道，差错控制编码方案不同。

差错控制编码也取决于所考虑的应用。语音分组通常可以容忍的差错率高达 100 比特 1 个或 10^{-2}。这样的差错率对数据分组和消息系统来说通常是不能接受的，它们需要差错率低至 10^{-5}。在某些情况下，实现这种低的差错率是不可能的，在这种情况下，重传所丢失的数据分组是合理的。这样的方案被称为自动重传请求方案。为了确定一个分组(或比特数据块)是否已被错误地接收，采用块编码方案，并且该过程被称为差错检测。块编码也可以用来纠正差错，并且这称为前向纠错。可用于前向纠错的另一编码方案是卷积编码，它采用存储的一些先前发送的比特，来确定发送比特的一个最大可能序列。在过去几十年，人们开发了强大的 turbo 编码方案，它进一步改进了块和卷积码的性能。空时编码是在多天线系统中使用的另一种重要技术。编码技术也用于块交织、扰码和无线网络中使用的语音编码中。在本节的剩余部分提供了这些编码技术的简要概述。

3.6.1　块编码

块编码，顾名思义，即把一个比特块编码为另外一个比特块，增加一些冗余来应对差错。最简单形式的块编码仅由一个“奇偶校验比特”组成。在每 k 比特的块上额外增加 1 比特，使得每个新组成的 $k+1$ 比特的块中 1 的数量为偶数或者奇数。其中，额外增加的比特称为奇偶校验比特。如果 $k+1$ 比特的块在信道传输中有 1 比特发生差错，块中 1 的数量将不再是偶数(或者奇数)，接收端就可以判断出发生了差错。这种编码的简单性是显而易见的，如果块中差错比特的数量也是偶数，由于 1 的数量仍保持，因此就无法判断是否发生了差错。

通过使用多种不同的代数方法，人们已经发现了有效的编码规则来计算 $n-k$ 比特的奇偶校验比特组，用于对 k 比特数据块进行奇偶校验。连同这些奇偶校验比特，编码后块的总长度为 $k+(n-k)=n$ 比特。这样的块码称为 (n,k) 块码，编码率 $r=k/n$。这意味着如果原始数据率为 R(bps)，那么实际数据率仅有 kR/n(bps)。比特的其余部分不包括有用的信息，只是为了用于实现差错控制。

例 3.20　用于 GSM 控制信道的编码速率

在 GSM 中，最流行的 TDMA 2G 蜂窝系统，在控制信道上，184 比特的块在发送到卷积编码器之前，被编码为 224 比特码字。奇偶校验比特的数量为 40。此块编码器的编码率是 $184/224=0.82$。

块编码利用基于有限域算术的特征来对比特块或者符号进行编码和解码。大多数运算均基于容易实现和成本低廉的线性反馈移位寄存器。大多数块码有规则地创建，即 k 个数据比特保持原样，$n-k$ 个奇偶校验比特附加在原始数据比特块的前面或者后面(如图 3.30 所示)。奇偶校验比特通过一个生成矩阵或者生成多项式来产生。编码后的 n 比特数据块称为编码字，并通过信道传输。由多项式产生的编码称为循环码，这种性质的块码称为循环冗余检验码(CRC)，用在多种数据传输机制中进行纠错和检错。

在传输过程未出现差错的情况下，接收编码字与传输编码字完全相同。接收编码字也可能因信道差错而被改变。这种改变可能会使接收编码字变成另外一个有效的编码字，在这种情况下，检错和纠错都是不可能的。此类误检的出现概率上限为[Wol82]：

$$P_{FD} \leqslant 2^{-(n-k)} \tag{3.15}$$

设计块编码的指导思想就是使任一对编码字之间有较大"距离"。该距离指的是两个编码字在对应位置(比特或者符号)上差异的数量，称为汉明距离。一种块编码方法的编码字集合中所有编码字之间的最小汉明距离决定了该方法的检错或纠错能力。最小汉明距离为 d_{min} 的块编码能够检测"权重"小于 d_{min} 的块差错，并且可以纠正权重不大于 t_{max} 的块差错，此处：

$$t_{max} = \left\lfloor \frac{d_{min}-1}{2} \right\rfloor \tag{3.16}$$

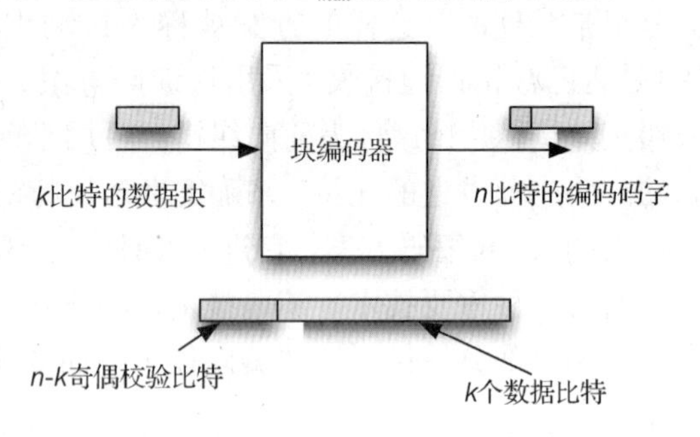

图 3.30 块编码的操作

这里，$\lfloor x \rfloor$ 表示不大于 x 的最大整数。一个差错块也用类似数据比特块的形式来表示，未改变的比特用 0 表示，改变的比特用 1 表示。差错块的"权重"，即块中 1 出现的个数，或者是被改变(也就是出错)的比特数。我们可以很直观地看出最小距离为 d_{min} 的块编码最多能够纠正 t_{max} 个差错。集合中两个编码字之间的距离大于或者等于 d_{min}。使用差错块能够将编码字更改为接收字。如果接收字与正确编码字之间的距离小于正确编码字与其他任何编码字之间距离的一半，那么就能够将它与最接近的原始编码字相关联并且能够改正它。当然，如果差错块使得接收字与其他编码字相接近，那么纠错过程就不能正常工作了。

对于敏感数据传输，如果其权重大于 t_{max}，也可以检测出发生差错。这可以通过从 k 个数据比特计算奇偶校验比特，以及将计算结果与从信道接收到的奇偶校验比特进行比较来进行。也有可能出现数据比特正确而奇偶校验比特出错的情况，这种情况与正常情况是无法区别的。

3.6.2 卷积码

卷积码与块编码不同，不是将单个块映射为编码字块，而是将一个连续的比特流映射为输出流，并且在映射过程中引入冗余。通常，也可以定义卷积码的编码率。如果卷积码编码器每秒有 k 比特输入、n 比特输出，那么编码率就是 k/n。然而，冗余比特不仅与当前输入的 k 比特相关，而且与之前的几个 k 比特相关。参与当前编码过程之前的 k 比特块的数目称为约束长度 m，这与系统中的存储相类似。

例 3.21 无线系统中的卷积编码

在高通公司的 CDMA 网络中，一个卷积编码器在正向链路和反向链路都被采用。在正向链路，使用速率为 1/2 的卷积编码器，它的约束长度为 $m=9$。在反向链路上，使用速率为 1/3的卷积编码器，它具有同样的约束长度。

属于 2G 时分复用蜂窝系统的 GSM 也采用了卷积编码器。数字化的语音被分解成 182 个第Ⅰ类比特和 78 个第 II 类比特。最重要第 I 类的 50 比特使用块编码进行增强，增加了 3 个奇偶检验比特。第 I 类和第 II 类加起来共有 182 比特，再加上 3 个奇偶校验比特以及 4 个尾部比特(共 189 比特)，传送给一个 1/2 编码率的卷积编码器，形成 378 比特的编码数据。第 III 类的 78 比特，未经任何编码处理直接加到这 378 比特上，形成 456 比特的编码数据。

一般情况下，在前向纠错方面，卷积码比块码功能更强大，但在差错检测或自动重传请求方案方面不太有用。在接收机处，使用最大似然解码算法实现前向纠错，这个算法决定在给定的接收序列比特条件下最有可能发送的是什么序列。维特比算法是所有算法中最常用的算法，并且在[Pro08]中提供这种算法的几种实现。

大多数接收机简单地判决接收的比特是0或1，并发送信息到信道解码器。在这个阶段，解码器采用编码方案的知识来检测或纠正差错。这样的过程称为硬判决。在软判决解码方案中，接收机将接收的信号转换成几个级别的输出。通常有Q量化级别，其中Q比字母的数量更大。例如，在一个二进制系统中，可能有8个级别的量化解调器输出，而不是硬判决常用的两个级别。解码器将使用现在可用的附加信息，以便在接收块上做出决定。维特比算法可用于卷积编码和块编码技术中的软判决。

3.6.3 Turbo码和其他的先进编码

在过去几十年中，差错控制编码出现，它可以显著降低差错率，甚至在低信噪比的情况下。如低密度奇偶校验码这样的编码已经面世几十年了，但它们具有实现复杂性问题，导致这些编码直到最近才被用于通信系统。而其他一些编码，如Turbo码，则已经走进了3G和4G蜂窝电话标准中。

Turbo编码使用截短卷积码级联。输入的数据流利用截短的卷积码进行编码。它进行扰码，然后使用另一种卷积码进行编码。其想法是借助编码前的扰码，以低概率丢失的比特将得到附加冗余。Turbo编码采用迭代解码和软判决来提高性能。Turbo编码的缺点之一是，一旦达到某一单位比特信噪比门限后，其传输差错率就呈现平坦曲线，不会再改善了。这个差错率通常在10^{-5}左右的量级，而这个量级对实际应用来说仍然是有用的。

3.6.4 空时编码

空时编码(STC)技术用于多个发送天线或多个接收天线的无线通信系统。STC技术通过把时间和空间的相关性引入不同天线的发送信号中来实现数据传输。在具有或不具有MIMO功能的传统多天线系统中，时域中相同的数据传输流在所有的天线上同时发送和接收。发射机和接收机天线增益被调整，以优化检测到的接收数据流的性能。因此，通过对空间中信号传播的操作，这些系统的优势得以实现。在STC中，传送的序列被编码成不同的流，并且每个天线携带这些不同的数据流中的一个。接收机处的解码器根据解码方案将接收到的不同数据流合并来重建原始数据流。通过这种方式将时间分集添加到具有多个天线的系统的现有空间分集中，这也是它们为什么被称为空时编码技术的原因。

使用STC不需要增加总的传输功率或者传输带宽。编码时间分集增益与多天线空间分集增益构成了STC技术的整体分集增益。在无线网络中，接入点(AP)或基站(BS)可以采用许多天线。然而，移动终端的接收器通常只有一个主天线，也许还有其他一些辅助天线，具体取决于终端的大小。在传统的AP或BS多天线系统中，所有发送天线发送相同的信号，每个接收天线的接收信号是接收所有发送天线信号的总和。移动站将来自不同发送天线的分集信号结合起来以优化系统的性能。STC的基本原则是基站对各天线传输符号编码，并且增强接收器的处理，对于来自多个发送天线的信号采用空间分集与时间分集技术。在BS中采用STC技术，可以极大地提高下行(基站到移动终端)信道的性能来支持非对称应用，如因特网接入，这类应用的下行数据流数据率要比上行数据率高很多。

采用STC技术，BS只采用两副天线并且移动终端只有一至两副天线，就可以获得比单天线系统大幅提高的吞吐量。对于简单接收器，其实现方法可以采用块码[Ala98]或卷积码[Nag98；Tar98]。在[Ala98]中说明了STC的基本概念，此STC具有简单的两副发射天线和一副接收天线的块编码系统，[Ala98]也说明了一个用于两副发射天线和两副接收天线的简单MIMO方案。仿真结果表明，其性能与有一副发射天线和四副接收天线的最大比合并系统的性能相同。换句话说，Alamouti宣称，在两副发送天线和一至两副接收天线的系统中，应用简单块码STC技术所获得的分集性能，与采用两副发送天线和四副接收天线的优化MRC系统获得的分集性能相同。传输分集与信道编码相结合的方式还有一些更简单的实现方法，类似于TCM[Tar98；Nag98]。[Dha02]对STC技术及其应用进行了全面综述。

3.6.5 自动重传请求方案

在语音网络中，如果数据分组接收出错，它或者被丢弃，或者用前一数据分组的消弱版本代替以保持近似的连续性。由于话音对于延迟的敏感性，因而不会重传出错的数据分组。自动重传请求或ARQ方案主要用于那些与实时多媒体应用相比，对接收信息的可靠性要求较高但是对延迟要求较低的数据网络中。如果一个块数据接收出现差错，接收端请求重传出错的块数据。这一请求可以是显式的，也可以是内建于系统中用于流量控制或者其他用途的协议中。通常使用一个确认数据分组来确认一个或者多个传输数据分组的正确接收。如果在一定的期限内未收到确认或者收到“接收差错”的确认，那么发送端将重新传输数据分组。这种机制在第4章讨论的随机访问协议中被普遍采用。

有3种基本的ARQ方案。一是停止并等待方案，在发送下一个数据分组之前等待上一个数据分组的确认。该方案在数据分组往返时间比较长的情况下显得尤为低效，这是因为发送端需要花费大量时间等待确认数据分组。二是退避N重传方案，在第一种方案的基础上进行了改进，允许一次性传输最多N个数据分组，然后等待确认。多个数据分组可以使用一个确认数据分组进行确认。根据接收到的确认数据分组，发送端将退避到最近正确接收的数据分组处，并且重传后续的数据分组(N个或者更少的包)。有可能后续一些数据分组被正确接收，但由于前面数据分组出错，它们也会被丢弃。三是选择重传方案，为了提高效率，可以仅重传那些接收出错的数据分组。

例3.22 IEEE 802.11中的确认和重传

在IEEE 802.11应用中，由于信道的不可靠，每个传输数据分组都需要确认。在某种意义上类似于停止并等待协议。由于往返时间较短以及接入点(AP)和移动基站之间共享信道，这种影响是有限的。通常有可能在相反方向传输数据分组的同时捎带确认信息。

3.6.6 块交织

块交织是在无线系统中使用的一种技术，用于在很大数目的码字上扩展差错。例如，考虑可以纠正长度为7的编码字上出现1比特差错的汉明码。这意味着，如果在一个7比特的比特块上有1比特出错，编码方案能够进行纠错。但是，该编码方案不能纠正突发的5比特差错。然而如果能够将这些差错扩散到5个编码字上，每个编码字仅包含一个差错，就有可能纠正每个差错。其工作原理如图3.31所示。编码字纵向排列，比特沿垂直方向依次传输。

在接收端重新构建编码字，沿水平方向解码收到的比特。由于突发差错影响了串行传输的垂直比特，而且差错比特被扩展至多个编码字，从而可以纠正差错。块交织引入了延迟，这是因为多个编码字必须首先全部接收，然后才可以重构话音数据分组。此处的延迟对于普通的通话是可以接受的，交织过程不应产生不能接受的延迟值。

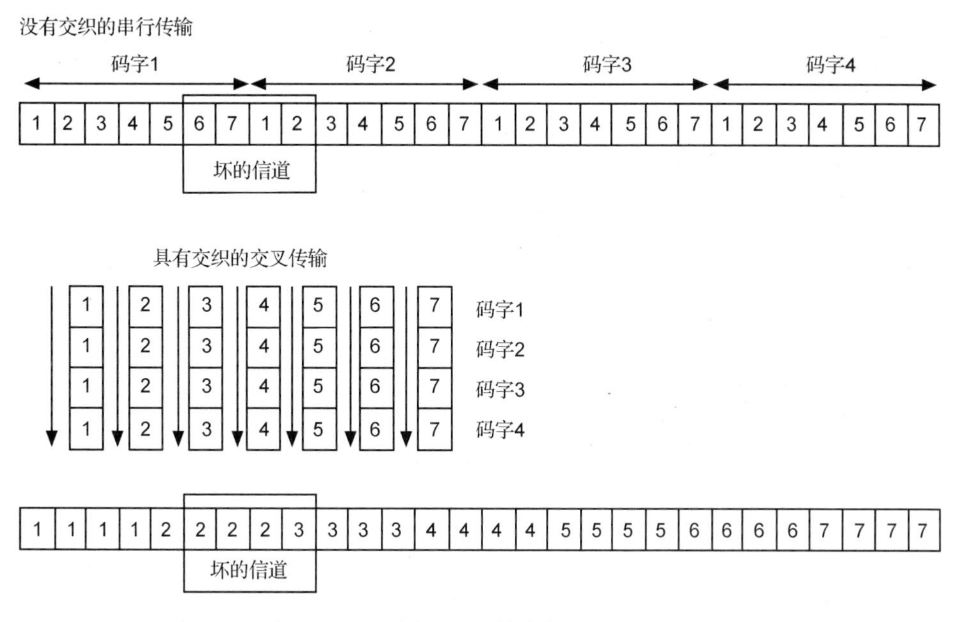

图 3.31　块交织

例 3.23　在 2G 蜂窝中的块交织

在属于 2G 蜂窝技术的 GSM 系统中，卷积编码器将 228 比特的输入语音流转换为 456 比特组成的输出数据流。将 456 比特分隔成 8 个 57 比特的块，57 比特分散于 8 个帧中进行传输，这样一来，即使 8 个帧中有 1 个丢失了，话音质量也不受影响。重构编码字的延迟对应于接收这 8 个帧所需时间，即 37ms，小于 100 ms 的延时通常对于通话是可以接受的。

3.6.7　扰码

无线网络使用扰码器来提供数据保护，防止数据在空中传播时遭到窃听。通过这种方式，蜂窝网络运营商可以保护在空间传播的客户数据，广播卫星业务运营商可以确保只有其订购者能够使用其信道。扰码器的另外一个作用是避免大量连续 0 或 1 序列的传输。在这种情况下，扰码器不同于采用数据加密的方法使得非法用户无法理解数据的内容，而是用另外的数据流代替原始数据流，减少了不适合在接收端同步处理的连续相同比特的长序列出现的可能性。无论如何，特别是在没有数据传输和传输媒体空闲的时候，扰码器可以对数据进行随机处理。为了确保接收数据流有足够的跳变，如前所述，扰码器使用了线路编码技术。

扰码器是一个伪随机数产生设备，在传输前对一个数据流进行处理。在接收端使用一个译码器进行相反的处理来恢复原始数据流。简单的扰码器使用线性反馈移位寄存器（与图 3.20所示的相似）编码实现，扰码器和译码器的实现非常相似。下面进一步举例说明扰码器和译码器的基本实现过程。

例 3.24 扰码器和译码器的实现

图 3.32 显示了一个使用移位寄存器实现的典型扰码器和译码器。图 3.33 显示了 IEEE 802.11g 发送器的一般框图，卷积编码器前面放置的就是扰码器。在 FEC 之后和数据发送给 OFDM 调制解调器之前进行块交织操作。

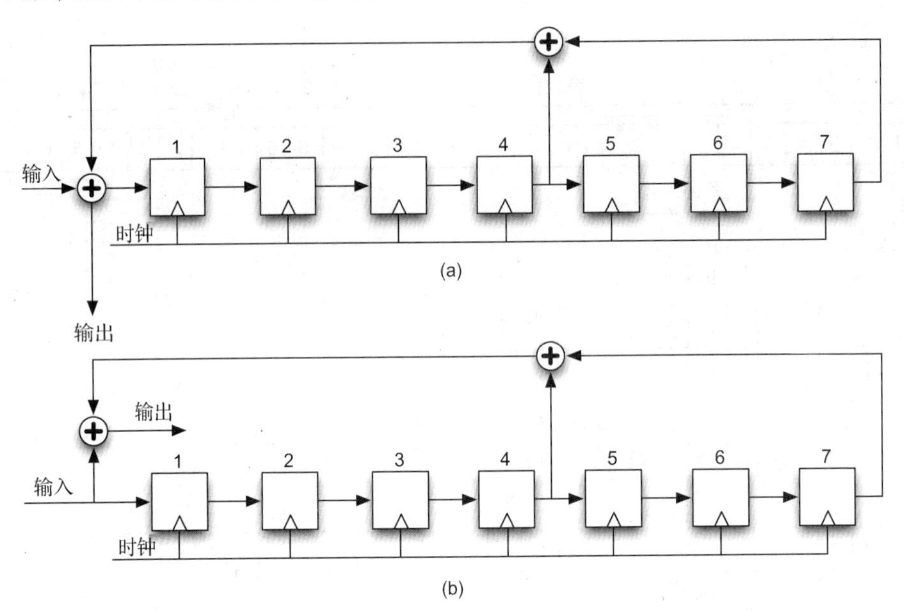

图 3.32 一个典型(a)扰码和(b)解扰器的实现，用移位寄存器编码

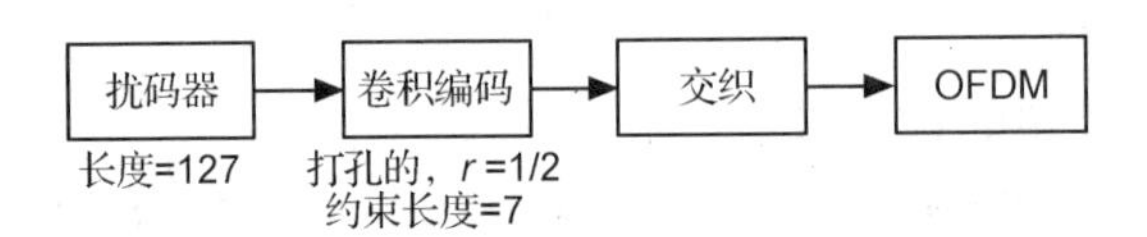

图 3.33 IEEE 802.11g 的总体框图，使用了用于随机化数据的扰码器、用于FEC的卷积码和用于扩展差错块的块交织

3.6.8 语音编码

模拟语音编码转换为数字格式已引起广泛关注，因为它不仅会影响语音质量，而且也影响系统的性能和容量。语音编码的重要参数是发送比特速率、语音质量、出现传输差错时的稳健性和实现的复杂性。语音质量通常是主观的，并且由“平均评价分”或 MOS[Jay84]值确定。低速率语音编码器将大大减少所需要的传输带宽(这在无线环境是有益的)，但通常会损害语音质量。

与语音编码器相关联的有两个比特速率：一个是未编码或原始比特速率，另一个是用于差错纠正的编码比特速率。其中，带宽效率不是最重要的评价标准，而语音质量是人们最关心的，所以更高速率编码方案被用于实现语音编码。抗信道差错也是一个重要问题。当差错率大至 10^{-2}时，语音编码可能会表现欠佳。这就是为什么有些差错控制编码应用于低速率语音编码器的原因。语音压缩方案去除了数字化语音的冗余，并且差错编码方案引入了一些结构化冗余来提供更好的性能。块交织技术则有时用来提高性能。

重要的语音编码技术包括波形编码技术，如脉冲编码调制、基于模型的语音编码器、规则脉冲激励和编码激励线性预测技术，以及混合方案。在波形编码方案的情况下，实现的复杂性较低，并且语音的质量极高。比特速率也相应更大，使得它们对无线应用没有吸引力。线性预测编码技术以繁重的计算为代价，与 64 kbps 速率的脉冲编码调制相比，在比特速率低至 2400 bps 时可以提供良好的语音质量。GSM 使用规则脉冲激励的一个版本，这个版本具有可接受的实现复杂性和延迟。它工作在 13 kbps，并且使用持续 20 ms 的语音帧。当比特速率进一步降低时，GSM 编码器的语音质量就达不到要求了，此时编码激励线性预测技术是优选方案。高通公司在他们原有的 CDMA 网络中使用这种编码技术的某个版本，可以实现 8 kbps 和更低的语音编码速率。[Pah09]第 4 章中提供了采样语音编码技术的详细表格和它们相对的数据率。

3.7　认知无线电和动态频谱接入

到现在讨论的接收机技术都被认为是传统的实施方式。随着大量标准的出现，移动终端的软件实现可以动态地随着时间使自己适应于它所位于的无线电环境，这个移动终端的软件实现是一个有吸引力的解决方案。这个概念通常称为软件无线电[Bur00]。软件无线电提供了新业务快速部署的动力、各种标准提供的混合和匹配服务，为客户提供选择，并增加移动终端的硬件寿命。在文献中，软件无线电有几个定义，包括：(a)一种软件可控和灵活的发射机/接收机结构；(b)尽可能用信号处理置换无线电功能；(c)下载空中接口结构和动态重新配置用户终端的能力；(d)多模式或多标准支持；(e)一个收发器，它可以定义频带、调制和编码方案、无线资源和移动性管理，以及在软件中使用的用户应用程序。DSP 技术和可重构硬件技术正在推动软件无线电的实际执行的力度。

从移动终端的角度来看，软件无线电需要有限的电路复杂性、成本低、功耗低，并且有一个较小的外形尺寸。理想情况下，软件无线电的模拟元件是有限的，并且大多数的无线电功能应该是数字化实现，以便支持软件的可重配置性。然而，在射频端的模拟数字转换是非常困难的，其可能的替代方案是采用可编程的下变频器。然而，变频器的有限带宽、数字操作引入的抖动和互调产物对采样信号来说都是问题，这些问题尚未被完全解决。由于移动终端通过电池供电工作，因而处理功耗成为移动终端的另一个重要问题。用于实时计算的专用 DSP 是昂贵的和复杂的。

对于自适应可重配置，有如下几个解决方案。每个制造商可以有自己的专用软件，可以用于各种硬件平台。这提供了区分市场上产品的能力，但这种方式给网络运营商带来了问题，特别是当移动终端要求“下载”空中接口时问题更明显。一个标准的硬件平台将会排除大量专用的解决方案，但这样会限制产品的区分度。第三种解决方案包括一个实时编译器，这个编译器将一个公共源代码编译为用于不同硬件平台的解决方案。在[Bur00]中，建议 Java 作为实现第三个选项的编程语言。这是因为 Java 已经具备这样的能力，它可以拥有一个用于所有硬件平台的统一“字节码字”，只需要一个解释器就可以用于每个平台。

采用智能卡或者通过空中接口将终端与 PC 连接，就可以通过空中接口下载软件。采用 PC 并不是一个便利的解决方案，尤其是当用户在移动时更是如此。智能卡有潜在的能力，可以很快速地提供更换空中接口的方案，但是到目前为止该方案还存在技术难点。空中加载软件是更受欢迎的解决方案，它对用户没有要求，可以用以实现智能更新。此时，有建议要设置一个通用的控制信道，以通过空中接口获取当前无线电的属性特征。该解决方案的问题是下载的安全性，在下载过程中无线电信道引入差错的可能性，延迟和下载过程的缓慢速度，以及对协助该过程实施的协议、资源和带宽上的要求，这些问题都有待解决。

附录 A3

例 3.3 的 MATLAB 代码：

```
gb_db = linspace(0, 15, 100);
gb = 10.^(gb_db/10);
pe_0 = 1e-5;

% m/? = 1
a = 0.5;
b = 1;
pe = a * erfc (sqrt(b * gb));
%pe_bpsk_fading = 1 ./(2.*gb);
pe_bound = a * exp (-b * gb);
gb_0 = (1/b) * (erfinv(1-(pe_0/a)))^2;
gb_bpsk_db = 10 * log10(gb_0);
figure(1)
semilogy(gb_db, pe)
hold on
grid off
semilogy(gb_db, pe_bound)
%semilogy([0 15], [1e-5 1e-5],'r')
%semilogy([0 15], [1e-3 1e-3],'r')
axis([0 12 1e-7 1e-1])
set(gca, 'XTick', [0:1:15])
xlabel('SNR/bit (dB)')
ylabel('BER')
```

思考题

1. 符号数量、符号传输速率、带宽和数据率之间的相互关系是怎样的？
2. 如何在无线媒体中实现一个系统来携带二维信号星座图的符号？
3. 为什么带宽和功率效率对无线网络非常重要？
4. 物理层实现中的数据率和功率之间是怎样相互关联的？
5. 为什么香农-哈特利方程对于理解传输技术很重要？
6. 在 QAM 系统中，单位符号每多传输一个比特所需的额外功率是多少？
7. 在多径信道中，解释码间串扰(ISI)是如何形成的？
8. 蜂窝电话网络的调制方案的设计中，为什么带外辐射是一个重要问题？
9. 用图 3.5 来解释无线衰落信道中差错率模式。
10. 解释为什么在图 3.7 中，对于相同的比特差错率，在衰落信道的情况下，需要高得多的信噪比。
11. 用图 3.19 解释为什么分集技术在改善衰落信道的性能方面非常有效。
12. 跳频和直接序列扩频之间的区别是什么？
13. 当一个扩频系统被用于蜂窝电话应用时，如何增加扩频系统的带宽效率？解释为什么。

14. 当一个扩频系统被用于无线数据应用时，如何增加扩频系统的带宽效率？解释为什么。

15. 说出 4 个分集技术的名称。

16. 解释使用 RAKE 接收机的扩频接收机如何利用多径分集。

17. MIMO 系统和使用多个天线来获得空间分集的传统系统之间的区别是什么？

18. 对于一个固定的给定带宽，在 OFDM、DSSS 和 FHSS 中，哪一个传输技术提供最高数据率？哪一个消耗最小功率？

19. 如果传输功率固定和带宽无限可用，在 OFDM、DSSS 和 FHSS 中，哪一个传输技术可以提供最高的数据率？

20. 块码和卷积码之间的区别是什么？

21. 什么是块交织？在削弱快衰落的影响方面它起怎样的作用？

22. 一个 STC 天线系统和一个使用多天线来获得空间分集的传统系统之间的区别是什么？

23. 什么是 Turbo 编码？

24. 在蜂窝电话应用中，为什么动态频谱接入吸引了更多的关注？

习题

习题 3.1

WiFi 设备在相同的传输带宽中使用多个调制技术，以提供不同的数据率。当移动终端接近接入点时，使用 64-QAM 调制，并且当调制解调器进入所述接入点的覆盖区域的边缘时，使用 BPSK 调制，BPSK 调制的操作需要相当低的接收信号强度。

a. 如果对于 BPSK 用户，数据传输速率是 6Mbps，并且对于调制解调器的数据率，使用速率为 $r = 1/2$ 的卷积码，该系统的符号传输速率是多少？

b. 如果 64-QAM 调制解调器使用相同的符号传输速率，并且用户数据率是 54Mbps，调制解调器的编码速率是多少？

习题 3.2

a. 确定 BPSK 和 64-QAM 的单位符号平均能量，并且在习题 3.1 给出的 WiFi 应用场景中，根据这个单位符号平均能量，给出两种调制技术的接收信号强度要求之间的区别。

b. 在一个具有 $\alpha = 2$ 的距离-功率梯度的大型室内开放区域中，如果 64-QAM 的覆盖域为 D 米，BPSK 调制解调的覆盖域是多少？

c. 在 $\alpha = 3.5$ 的距离-功率梯度的室内办公区中，重复(b)。

习题 3.3

在整个具有 150 MHz 带宽和 10 dB 信噪比要求的信道上，使用香农-哈特雷约束来确定最大可达到的数据率。

习题 3.4

a. 绘制 16-PSK 和 16-QAM 调制的信号星座图。

b. 确定每个星座图中的平均能量 E_s，将其作为所述星座图中的点之间的最小距离的函数 d_{min}。

c. 以式(3.3)开始：

$$P_s \approx \frac{1}{2}\mathrm{erfc}\left(\frac{d_{min}}{\sqrt{N_0}}\right) \geqslant \frac{1}{2}\mathrm{e}^{-\frac{d_{min}}{\sqrt{N_0}}}$$

给出一个近似等式用于计算这些调制解调器中每一个的差错率，这个等式将符号差错概率 P_s 与星座图的平均能量 E_s 和背景噪声的方差 N_0 相关联。

d. 绘制符号差错概率和两个调制技术信噪比的关系图。用图 3.4 作为指导来绘图。

e. 评论结果。哪个调制方案是功率更高效的？使用另一个的优势是什么？

习题 3.5

a. 确定和绘制差错率作为 4-QAM、16-QAM 和 64-QAM 的单位比特信噪比函数的曲线。

b. 确定所需的单位比特的信噪比来获得用于上述各调制方案的 10^{-5} 的差错率。你可以使用绘图或 MATLAB erfinv 功能来计算。

习题 3.6

a. 给出 QPSK 的符号差错率，作为信噪比的函数，并且以 dB 为单位，绘制差错率和信噪比的关系图。

b. 如果码间串扰(ISI)为 5%、10% 和 20%，重复(a)。

c. 对于没有 ISI 和具有每个级别的 ISI 的 QPSK，最大可达到的差错率是多少？

习题 3.7

a. 给出 8-PSK 的符号差错率，作为在仅有白高斯噪声(WGN)干扰的整个信道上的信噪比的函数。

b. 以 dB 为单位，绘制差错率与信噪比的关系图。如果差错率是 10^{-5}，给出信噪比的要求。

c. 给出 8-PSK 的平均符号差错率，作为整个平坦衰落信道的平均信噪比的函数。

d. 以 dB 为单位，绘制平均差错率与平均信噪比的关系图。如果平均差错率是 10^{-5}，给出平均信噪比的要求。

e. 以 dB 为单位，需要多少额外平均信号功率，使得在 WGN 中的差错率与整个衰落信道的平均差错率变得一样？

习题 3.8

a. 给出 BPSK 的符号差错率，作为在仅有白高斯噪声(WGN)干扰的整个信道上的信噪比的函数。

b. 以 dB 为单位，绘制差错率与信噪比的关系图。如果差错率是 10^{-5}，给出信噪比的要求。

c. 当系统集成了两阶的独立分集时，给出 BPSK 的平均符号差错率，作为整个平坦衰落信道的平均信噪比的函数。

d. 以 dB 为单位，绘制平均差错率与平均信噪比的关系图。如果平均差错率是 10^{-5}，给出平均信噪比的要求。

e. 以 dB 为单位，需要多少额外平均信号功率，使得在 WGN 中的差错率与整个衰落信道的平均差错率变得一样?

习题 3.9

如图 P3.1 所示，在差分曼彻斯特编码信号中，信息被编码为比特之间的过渡。“低到高”是指下一个比特是“0”，“高到低”的意思是“1”。

a. 显示每一个比特的开始和结束。

b. 识别数据序列中的所有比特。

图 P3.1　差分曼彻斯特编码波形的样本

习题 3.10

这个问题说明了在 CDMA 中使用正交波形的概念。如图 P3.2 所示是阿尔、比尔和乔治 3 个用户使用的波形，用来从一个无线文本发射器装置发送消息到一个基站。码片持续时间是 100 ns，并且比特持续时间是 400ns。它们中的每一个每次发送 8 比特，分别对应于 A、B 和 G 的 ASCII 码。如果 ASCII 码比特是 0，发送它们的波形，并且如果 ASCII 码比特是 1，发送它们的波形的负值。

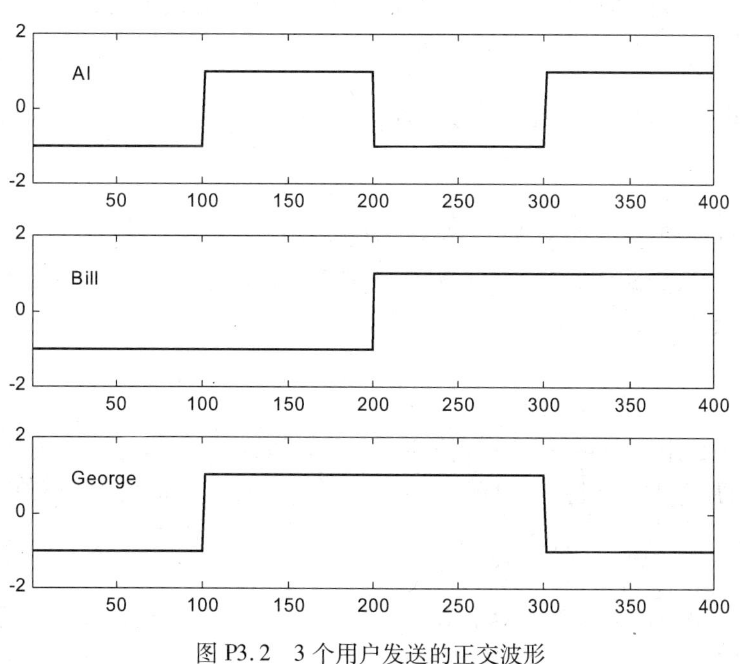

图 P3.2　3 个用户发送的正交波形

a. 绘制信号，对应于由它们中的一个发送 ASCII 码。

b. 绘制单个信号总和的复合传输信号，条件是它们在同一时间传输，并且完全同步。

c. 参照(b)中的发送信号。应该将持续时间 0 ~ 400 ns、400 ~ 800 ns 等等的信号部分称为“符号”。在具有阿尔、比尔和乔治波形的发射波形中，计算每个符号零延迟处的互相关值。评论结果。

习题 3.11

假设不是上面显示的波形，阿尔、比尔和乔治使用以下波形：

阿尔：$\cos(\pi t/T)$，$0 \leq t \leq T$；比尔：$\cos(2\pi t/T)$，$0 \leq t \leq T$；乔治：$\cos(3\pi t/T)$，$0 \leq t \leq T$

绘制 $T=1$ μs 时的 3 种波形。用结果表明它们是正交的。同时也绘制 3 个波形的频谱。注意到这些波形是在基带上。如果单个用户在单个载波上传输所有的 3 个波形，我们就会有 3 个子载波的 OFDM。

习题 3.12

在 MATLAB 中，conv 函数执行两个向量的卷积。信号样本可以表示为向量(如扩频脉冲的情况)。假设 M-序列[1 -1 -1 1 1 1 -1 1 1 1 -1 -1 -1 -1 1]作为基本波形，用于发送一个 0，并且它的负值被用来传送一个 1。匹配滤波器将 M-序列的翻转形式作为其脉冲响应，也就是[1 -1 -1 -1 -1 1 1 1 -1 1 1 1 -1 -1 1]。用该矢量将输入卷积到匹配滤波器以获得输出。假设我们正在传送 4 个比特 0，1，1，0。也假定该信道是分别具有 $5T_c$ 和 $8T_c$ 的路径延迟的 3 路径信道。画出匹配滤波器的输出。

习题 3.13

说明例 3.16 所示的序列彼此正交。提示：在序列中用 -1 代表 0。正交性的证明如下：乘以序列的元素权值并计算元素的和。如果和是零，所述序列是正交的。

习题 3.14

说明从如图 3.20 所示的线性反馈移位寄存器产生周期为 7 的周期 M-序列的步骤。

习题 3.15

假设无线电信道上最大衰落持续时间是 0.001 ms。当一个信号遇到衰落时，假定所有比特都是差错的。如果数据率是 10 kbps，对于通过这个信道的传输，差错的连续比特的最大数目是多少？如果数据率是 11 Mbps 呢？

习题 3.16

块交织是一种采用简单纠错码来校正长时间突发差错的解决方案。对于习题 3.15 中的两种情况，如果码字的长度是 7 比特，并且单个比特差错可以被校正，请确定所需要交织的码字数目。

习题 3.17

如果消息传送时码字按顺序接收，确定习题 3.16 的块交织方案遇到的延迟。它是如何影响语音传输的？

习题 3.18

对于阿特沃特肯特建筑物的中央部分(如图 3.28 和图 3.29 所示)，利用数据率与能耗的关系结果，回答下列问题：

a. 对于 10 MHz 的带宽，DSSS-15 和 OFDM-15 支持的最大数据率和功率需求是多少？

b. 最大数据率和所需带宽是多少，使得 DSSS-15、OFDM-15 调制能够用 100 mW 功率覆盖此区域？

c. 举出 3 个使用 DSSS 技术的标准，以及 3 个无线网络实现中使用 OFDM 技术的实例。

项目

项目 3.1：在 QPSK 调制中的差错率和相位抖动

a. 画出一个典型的 QPSK 信号星座图，并且分配两比特二进制码到星座图中的每个点。为接收信号星座图定义判定线，使得接收机可以检测识别接收的噪声符号。

b. 在 3.3 节中，我们讨论了用于多振幅的符号差错概率，具有相干检测的多相调制解调器可以用 $P_s = 0.5\mathrm{erfc}(d/2\sqrt{N_0})$ 来近似，其中 d 是在星座图中点之间的最小距离，而 N_0是加性高斯噪声的方差。使用该等式计算 QPSK 调制解调器的差错概率。如果考虑信号星座图和(a)部分采用的决策线，该等式可被修改为 $P_s = 0.5\mathrm{erfc}(\delta/8\sqrt{N_0})$ ，其中 δ 是从决策线到星座图中一个点的最小距离。

c. 使用 MATLAB 或替代的计算工具来绘制符号差错概率与以 dB 为单位信噪比之间的关系图。对于 10^{-2}和 10^{-3}的符号差错概率，信噪比(以 dB 为单位)是多少？我们将这两个的 SNR 命名为 SNR-2 和 SNR-3。

d. 模拟出被加性高斯噪声损坏的 QPSK 信号传输的10 000个比特。产生随机二进制比特，并使用每两个比特来选择星座图部分(a)中的符号，添加复杂的加性高斯白噪声到符号，以使以 dB 为单位的信噪比为 SNR-2，并使用决策线来检测符号。找出符号判决差错的数量，并且用它来除以符号总数来计算符号差错率。将差错率与 10^{-2}的预期差错率进行比较。

e. 对于 SNR-3 和 10^{-3}的差错率，重复(d)。

f. 假定信道产生一个固定的相位误差 θ。给出等式，用于计算在此通道工作的 QPSK 调制解调器的差错概率。使用距离决策线的最小距离 δ，以及等式 $0.5\mathrm{erfc}(\delta/8\sqrt{N_0})$ 来计算。

g. 假设接收的信噪比为 10 dB，绘制差错概率与 $0<\theta<\pi/4$ 的相位误差之间的关系图。

h. 对于具有 $\theta=\pi/8$ 相位偏移的信道，重复(c)、(d)和(e)。

项目 3.2：衰落信道上 QPSK 调制的差错率

该项目结合了第 2 章中项目 2.6 和项目 3.1 的结果，来分析衰落信道上 QPSK 调制解调的性能。

a. 给出等式，用于计算 QPSK 的平均差错率，它是平均信噪比的函数。对于这种调制技术，绘制平均比特差错率与平均信噪比的关系图。

b. 使用 MATLAB 或其他计算工具，绘制平均符号差错概率与以 dB 为单位的信噪比的关系图。对于 10^{-2}的符号差错概率，信噪比(以 dB 为单位)是多少？我们将这两个的 SNR 命名为 SNR-2 和 SNR-3。

c. 仿真在瑞利衰落信道上的 QPSK 信号传输，加性高斯噪声损坏了 10000 传输比特。为了仿真信道，使用第 2 章中项目 6 的结果，发送符号的实现和检测过程则使用项目 3.1 的结果。运行仿真以获得在部分(b)中发现的平均信噪比。将在仿真中观察到的差错率与 10^{-2}的预期差错率进行比较，解释这两个值之间的差异。

第4章　媒体接入方法

4.1　简介

本章概述在网络中常用的媒体接入方法。接入方法组成了TCP/IP协议栈第二层和IEEE 802局域网标准的第三层的一部分，接入方法负责与媒体相互作用，以便通过共享信道协调多个终端顺利工作。大部分多址接入方法最初是为有线网络开发的，后来也适用于无线媒体。但是，有线和无线媒体的需求是不一样的，因此需要修改原来的协议来使它们适用于无线媒体。现在，有线和无线信道之间的主要区别是带宽的可用性和传输的可靠性。有线媒体包括带宽超宽和传输非常可靠的光纤（任意时间传输错误率接近于零）。无线系统的带宽总是有限的，因为媒体（空气）不能增加，并且媒体是在所有无线系统中共享的，这些无线系统包括多路广播电视和许多其他有带宽要求的应用和服务。在有线网络中，我们总能根据需要铺设附加线缆来增加容量，即使它是一个昂贵的主张。在无线环境中，可以减小蜂窝来增加容量，我们将在第5章中详细讨论这部分内容。当蜂窝减小时，蜂窝的数量就增加，这样一来，为了连接这些蜂窝就需要进一步改进有线基础设施。另外，该网络用于处理附加的越区切换和移动性管理的复杂度也增加了，这就对网络的最大容量构成了实际限制。就传输的可靠性而言，正如在第2章中看到的一样，无线媒体有多径衰落的缺点，这将对通信链路上的可靠数据传输构成严重的威胁。在第3章中讨论过，无线信道可靠性较差，为了提高无线信道中信息传输的可靠性，人们发明了许多信号处理和编码技术。尽管有了这些技术，无线媒体的可靠性还是比作为无线网络骨干的有线媒体的可靠性要低。

在有线骨干网和无线接入中，虽然我们更倾向于采用同样的接入方法和同样的帧结构，但无线网络通常使用不同大小的数据分组和经过修改的接入方法来优化不可靠的无线媒体的性能表现，如下面两个例子所述。

例4.1　IEEE 802.3和IEEE 802.11

（基于以太网的）IEEE 802.3标准是成功的，也是在局域有线通信中占主导地位的标准。因此，IEEE 802.11无线局域网标准（见第8章）从20世纪90年代初开始发展时，在理想的情况下就需要使用类似的接入方法。载波监听多路访问冲突检测（CSMA/CD）是以太网中使用的协议。然而，由于多种原因碰撞检测在无线信道中很困难，从而导致IEEE 802.11标准不得不求助于载波监听多路访问冲突避免（CSMA/CA）协议，而CSMA/CA可以看成是IEEE 802.3的无线改编版。

例4.2　异步传递方式（ATM）和无线异步传递方式

从20世纪90年代中期到后期，ATM被认为是所有未来网络的传输方案。在90年代中期，当人们考虑无线解决方案时，成立了无线ATM工作组，将带有服务质量（QoS）的ATM短分组解决方案延伸至无线接入。因为ATM是为无错而可靠的光纤传输而设计的，所以工作组必须在无线版本上做出显著改变。

为了避免与现有文献的大量重叠，我们举例来讲述在无线网络中使用的接入方法，以及为何在不同无线网络中应用不同接入方法的理由和具体的使用方法。在适当情况下我们也会提到有线网络。

面向语音的网络和面向数据的网络采纳的接入方法在传统上有很大不同。面向语音的网络被设计用于无线接入到公共交换电话网(PSTN)，在全双工[①]模式下交换几兆字节的信息，PSTN 的主要应用是持续时间相对较长的电话通信。有一个信令信道供通信双方交换短消息，在通话开始时获取电话网络中的资源(如连接、交换等)来建立会话，并在通信结束时通过释放这些资源来终止这些会话。为这些网络交互而改进的无线接入方式优先在会话的全部过程期间给用户分配一个时隙、一部分频率或一个特定的编码。我们将这些技术称为集中分配接入方法。数据网络最初主要是为无线接入因特网的突发数据设计的，而此类支撑网络中并没有独立的信令信道。在分组通信中，每个数据分组携带一些与源地址和目的地址相关的“信令信息”。我们将这些适合随机到达数据分组的网络中使用的接入方法称为随机接入方法。某些局域数据网也采用轮流接入媒体的方法，比如令牌传输和轮询方案。在另一些情况下，随机接入机制被用于临时预约媒体以发送数据包。最近几年，随着 IP 电话(VoIP)技术的使用，使得面向语音的网络和面向数据的网络之间的区别日益模糊。然而，不同接入方式类型的区别(即分配接入和随机接入之间的区别)依然存在。

在本章接下来的两节中，我们分别简要介绍用于无线接入 PSTN 的分配接入技术和用于无线上网的随机接入技术。

4.2　集中分配接入方法

在无线接入标准和技术中，与面向连接的电路交换网络，比如手机和个人通信业务(PCS)连接时，采用分配接入方法和信道划分技术。在分配接入方法中，单个用户可以在预定基础上，在其通信时间内获得一部分固定分配的信道资源、频率、时间或者扩频编码。3 种基本多址分配接入方法是频分多址(FDMA)、时分多址(TDMA)和码分多址(CDMA)。电路交换有线电话网络起初使用 FDMA，在 20 世纪中期发展成使用 TDMA。多址接入方法的选择对蜂窝式电话网络所提供的服务的容量和质量有很大影响。

在这种情况下，多址接入方法的影响显得尤为重要，以至于我们通常采用信道接入方法来称呼各种面向话音的无线系统，而实际上这些方法只是无线网络空中接口第二层的技术规范而已。

例 4.3　数字蜂窝系统的常用术语

全球移动通信系统(GSM)和北美 IS-136 数字蜂窝标准系统通常被称为数字 TDMA 蜂窝系统，而 IS-UMTS 被称为数字 CDMA 蜂窝系统。

在现实中，不同的系统使用不同的调制技术。然而，正如将在本书其他章节看到的一样，在无线蜂窝系统中，接入方法的选择对网络的容量和整体性能的影响极为深远。因此，

---

① 双工是指如何实现双方之间的双向通信。在单工通信中，信息流是单向的，在半双工通信中，信息流是双向的，但是在同一时间只有一个方向通信(时分双工——TDD)，在全双工通信中，通信是同时双向的。对于全双工操作，通常需要两个独立的物理信道[比如两个频段(频分双工——FDD)或两条分离的线缆]。

系统是真正按照其接入方法来区分的。正如我们将在蜂窝网络的例子中看到的一样，一个根据接入方法标识的网络经常会使用其他随机或固定的网络分配技术作为其整体运行的一部分。但是，网络是根据所设计网络要传输的主信息源使用的接入技术来区分的。

例 4.4　蜂窝网络中的随机接入技术

GSM 使用时隙“ALOHA”(一种随机接入方法)来建立移动终端和基站之间的链路。当无线电信号衰落时，它也有一套提高系统性能的可选跳频模式。但是，GSM 网络是为语音通信建立的，并且每次会话使用 TDMA 作为接入方法。

与接入方法相关的另一个重要的设计参数是前向信道(基站和移动终端之间的通信——下行链路)和反向信道(移动终端和基站之间的通信——上行链路)的载波频率之间的差异。如果前向和反向信道使用相同的频带进行通信，但是前向和反向信道采用交替的时隙，该系统被认为是时分双工(TDD)。如果前向和反向信道使用被充分隔离的不同的载波频率，该双工方案被称为频分双工(FDD)，参见如图 4.1 所示的实例。在 TDD 中，因为全双工操作只需要一个频率载波，使得前向和反向信道之间更多的射频电路可以共用。TDD 中信道的互易性允许准确的开环功率控制及前向和反向信道的实时同步。在低功率局域通信的系统中常使用 TDD 技术，因为这样的系统中必须仔细控制干扰，并且低复杂度和低功耗非常重要。因此 TDD 系统通常用在 PCS 网络部署的局域微微或微蜂窝系统中。对设计用于覆盖几十公里的宏蜂窝系统多使用 FDD，这种情况下，TDD 的实现更具有挑战性。

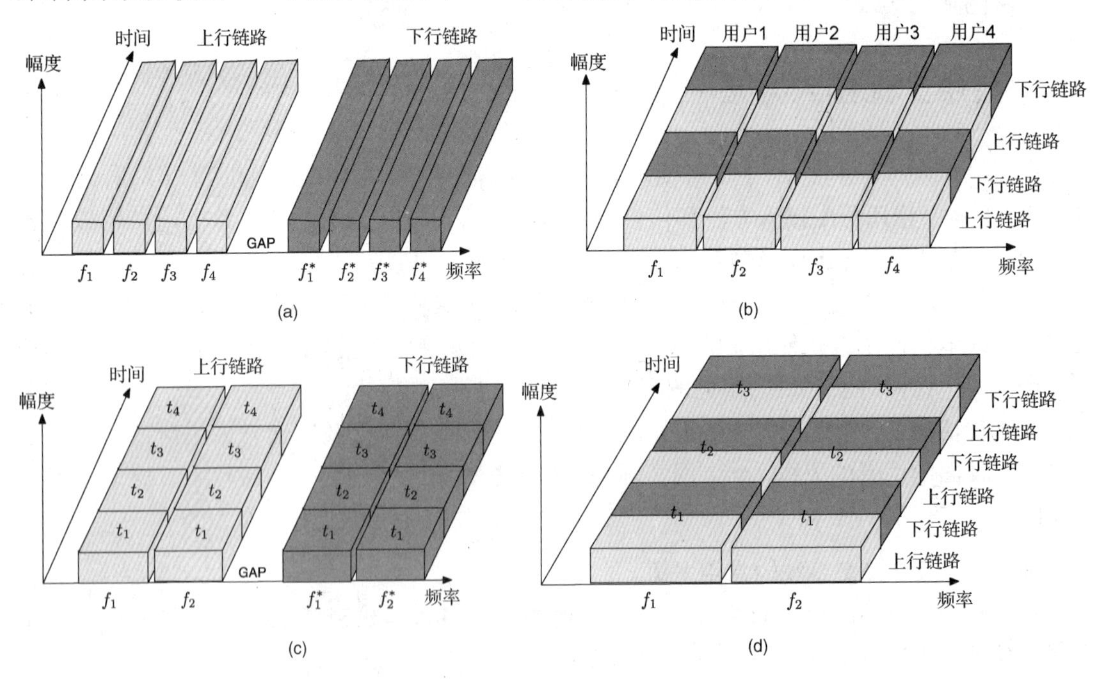

图 4.1　(a)FDMA/FDD；(b)FDMA/TDD；(c)多载波的 TDMA/FDD；(d)多载波的 TDMA/TDD

4.2.1　频分多址

在 FDMA 环境中，所有用户可以同时发送信号，并且通过它们工作的不同频率来分离彼此。频分多址(FDMA)技术是建立在频分复用(FDM)基础上的。FDM 是最古老的复用技术，并且在公共交换电话网(PSTN)中连接交换机的中继线中仍然经常使用。它也是电台和广播电视以及有线电视信号分发的不二选择。由于FDM更容易实现，所以它更适用于模拟技术。当FDM被用于信道接入时，被称为FDMA。

例4.5　高级移动电话业务(AMPS)中采用频分双工(FDD)的FDMA

如图4.2(a)所示是在第一代蜂窝移动系统和一些早期的无绳电话中经常使用的FDMA/FDD系统。在FDMA/FDD系统中，前向和反向信道使用不同的载波频率，并且在通信会话期间，一对固定的子信道被分配给一个用户终端。在接收端，移动终端从复合信号中过滤出指定信道。早期模拟蜂窝电话系统被称为高级移动电话系统(AMPS)，它为每个前向和反向信道分配30 kHz的带宽。其结果是25 MHz频谱中的总共421个信道被分配给各个方向——其中395个信道被用于语音传输，其余信道被用于信令传输。

例4.6　第二代数字无绳电话系统(CT-2)中采用时分双工(TDD)的FDMA

如图4.2(b)所示是在CT-2数字无绳电话标准中使用的FDMA/TDD系统。在所有通信中，每个用户使用同一个载波频率。前向和反向传输通过交替时隙轮流实现。这个系统是为100 m以上的距离设计的，并且语音会话以32 kbps的自适应差分脉冲编码调制(ADPCM)的语音编码为基础。为CT-2分配的总带宽是4 MHz，支持40个载波，每个载波使用100 kHz的带宽。

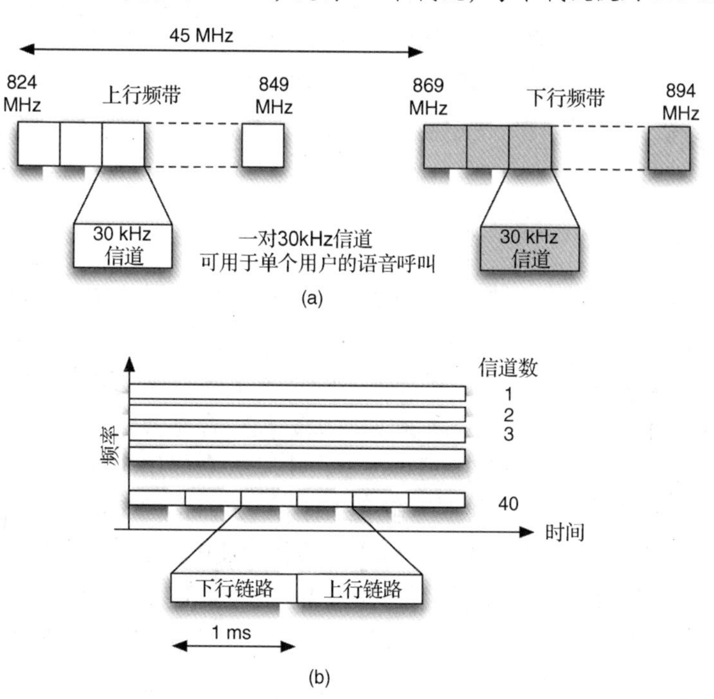

图4.2　(a)AMPS中的FDMA/FDD；(b)CT-2中的FDMA-TDD

FDMA系统的设计者要特别注意相邻信道的干扰，尤其是在反向信道中的干扰。在前向和反向信道中，发送的信号必须被限制在其分配的频带内，至少频带外的能量对使用相邻信道的用户的干扰程度可以忽略不计。无线FDMA网络的前向信道的运行非常类似于有线FDM网络。在前向无线信道中，以类似于有线FDM系统的方式，所有移动终端接收到的信号具有相同的接收功率，并且为了得到分离的载波频率，通过调整发射机和接收机滤波器的灵敏度来控制干扰。相邻信道干扰的问题在反向信道上更为严重。在反向信道上，移动终端工作的位置与基站的距离不尽相同。靠近基站的移动终端和在蜂窝边缘处的移动终端所发送的信号在基站处的接收信号强度(RSS)往往差异很大，从而造成了较弱信号比较难以探测。这个问题通常被称为远-近问题。如果带外辐射大，那么就可能会淹没所携带信号的真实信息。

例 4.7　远-近问题

(a)在空旷地带，距基站 10 m 和 1 km 的两个终端的接收信号强度的区别是什么?

(b)解释阴影衰落对接收信号强度的差异的影响。

(c)如果两个终端在两个相邻信道上工作，会产生什么影响? 假定带外辐射比主瓣低 40 dB。

解答:

(a)正如我们在第 2 章看到的，在空旷地带，距离每扩大 10 倍，接收信号强度衰减约40 dB。因此，从距基站 10 m 和距基站 1 km 的两个移动终端所接收的信号强度相差 80 dB。

(b)除了 RSS 随着距离而衰减外，我们也讨论过无线信道的多径和阴影衰落的问题，它导致功率以几十分贝(dB)的幅度波动。

(c)如果带外辐射比发射功率的辐射只低40 dB，它的强度可能会比承载信息信号的强度高出 60 dB。

为了解决远-近问题，FDMA 蜂窝系统采用两种不同的措施。首先，正如我们在第 5 章中讨论的，当一些频率被分配给一个蜂窝时，它们会被分组，使得每个蜂窝的频率距离尽可能远。采用的第二项措施是将在第 6 章讨论的功率控制。另外，每当使用 FDMA 时，在频率信道之间也要使用保护频段①，以进一步减少相邻信道干扰，然而这也会降低总频谱的利用率。

4.2.2　时分多址

TDMA 系统中，多个用户按照指定顺序使用信道来共享相同的频带。时分多址(TDMA)技术是建立在时分多路复用(TDM)方案基础上的，TDM 在电话系统中继线中经常使用。与 FDMA 相比，TDMA 的主要优点是其格式的灵活性。由于该格式是完全数字化的，并且提供缓冲和复用功能的灵活性，所以在多用户间的时隙分配很容易调整，可以为不同的用户提供不同的接入速率。这一特征在 PSTN 中更加凸显，TDM 方案应用于 PSTN 中心之间所有数字连接的骨干网。在北美地区使用的数字传输中继线系列是所谓的 T-载波系统，T-载波系统有一个等效的得到 ITU 认可的欧洲系统(E-载波)。在整个北美标准化的数字传输速率的系列中，基本的构建单位是 1.544 Mbps 链路，被称为 T-1 载波。T-1 传输帧由时分复用的 24 路脉冲编码调制(PCM)编码的语音信道构成，每个信道携带 64 kbps 的用户数据。运营商经常租用 T-载波来连接他们自己的交换机和路由器，并且形成他们自己的网络。

例 4.8　蜂窝网络中 T-载波的应用

蜂窝网络服务提供商经常从长途电话公司租用 T-载波来互连他们自己的交换机，形成移动交换中心(MSC)。MSC 与 PSTN 中普通的交换机的区别在于 MSC 可支持移动的终端。在后面的章节，当我们讨论蜂窝网络的例子时会讨论这些区别的细节。终端用户向蜂窝网络服务提供商预定服务。

---

① 在范例 4.5 中，当我们说每个 AMPS 信道是 30 kHz 宽时，这其中也包括保护带。

例 4.9　因特网中 T-1 线路的应用

因特网中的路由器有时通过租用的 T-载波电话线来相互连接以形成因特网的一部分。路由器和 PSTN 交换机的区别在于路由器能够处理分组交换而 PSTN 交换机使用电路交换。在这种情况下，终端用户向因特网服务提供商(ISP)预定服务。

在 TDMA 中，传输控制器分配时隙给用户，并且分配的时隙会一直被用户所持有直到用户释放它。在接收端，接收站同步 TDMA 信号帧并提取到分配给用户的时隙。这一操作的核心是同步，而 FDMA 系统不需要同步。TDMA 概念开始于 20 世纪 60 年代，当时是为了用于数字卫星通信系统，但直到 20 世纪 70 年代中期，TDMA 才开始商业化，用于电话网络领域[Pah94]。

在蜂窝和无绳系统中，第二代系统实现了从 FDMA 到 TDMA 的转变。第一个采用 TDMA 的蜂窝标准是 GSM。GSM 标准率先开始用于支持在特定北欧国家和欧洲其他国家之间的国际漫游。在 TDMA 格式中采用数字语音加速了网络的普及，从而改善了声音的质量，并为蜂窝网络中整合数据服务提供了更加灵活的模式。在美国，FDMA 系统非常迅速地观察到了在大城市中的带宽危机，TDMA 作为扩容方法之一，北美的 TDMA 标准(IS-54/IS136)率先得到了应用和改进，但最终还是被 IS-95 CDMA 或 GSM 取代。第二代无绳电话例如 CT-2 和数字增强型无绳电话(DECT)也采用了 TDMA，用以提供更灵活的格式以及更紧凑和低功耗的终端。在撰写本书时，DECT 在无绳电话中很受欢迎。

例 4.10　GSM 中的 TDMA

如图 4.3 所示是在欧洲第二代数字蜂窝(GSM)中使用的 FDMA/TDMA/FDD 信道。这个详细的例子显示了在 GSM 系统中使用的 8 时隙的 TDMA 方案。前向和反向信道使用不同的载波频率(FDD)。通过 TDMA，每个载波可以支持多达 8 个用户同时使用，每个用户在 200 MHz 载波带宽内可以使用经过编码的 13kbps 速率的数字语音。在分配给每个方向上的 25 MHz 的带宽内，总共有 124 个频率载波(FDMA)是可用的。在每个整体分配带宽的边缘，都分配了 100 kHz 的带宽作为保护频带。

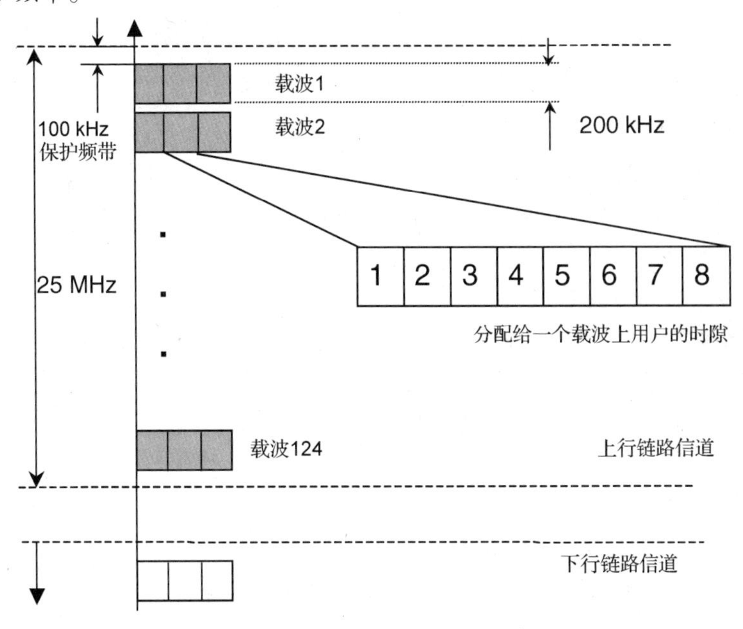

图 4.3　GSM 中的 FDMA/TDMA/FDD

例 4.11 数字增强型无绳电话(DECT)中的 TDMA

如图 4.4 所示是泛欧洲数字 PCS 标准 DECT 中使用的 FDMA/TDMA/TDD 系统。由于距离很短，TDD 格式允许前向和反向操作使用相同的频率。每个载波的带宽是 1.728 MHz，可以通过 TDMA 支持高达 12 路 ADPCM 编码的语音信道。在欧洲，分配的总频带是 10 MHz，可以支持 5 个载波(FDMA)。如图 4.4 所示是在 DECT 系统中使用的 TDMA/TDD 时隙的详细信息。每帧持续时间是 10 ms，5 ms 用于从移动终端向固定基站发送数据，另外 5 ms 用于从固定基站向移动终端发送数据。发送器以信号脉冲的方式传输信息，信号脉冲以时隙长度 10/24 = 0.417 ms 传输信息。由于每个时隙可传输 480 比特信息(包括 64 比特保护时间)，总的比特率是 1.152 Mbps。每个时隙包含用于系统控制(C 信道、P 信道、Q 信道和 M 信道)的 64 比特和用于用户信息(I 信道)的 320 比特。

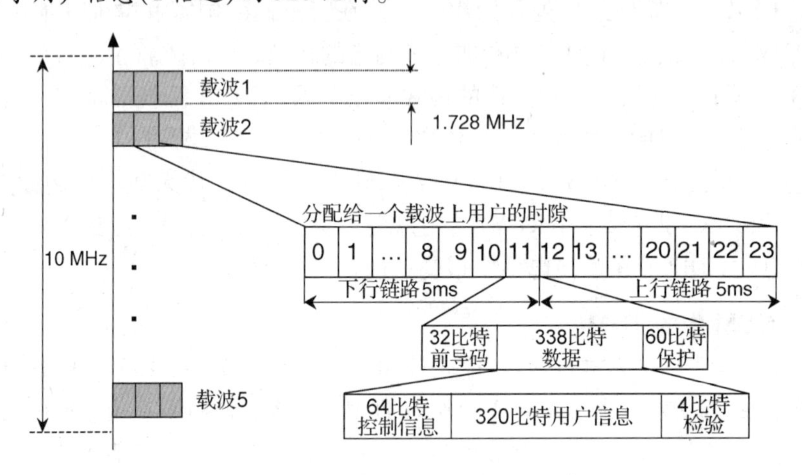

图 4.4 DECT 中的 FDMA/TDMA/TDD

例 4.12 北美 TDMA 蜂窝

图 4.5 给出了北美 TDMA 标准(IS-136)的前向(基站到终端)和反向(终端到基站)信道中 6 时隙 FDMA/TDD 的帧格式。在这个标准中，每 30 kHz 数字信道具有48.6 kbps 的信道传输速率。48.6 kbps 的数据流被划分成 6 路 TDMA 信道，每路是8.1 kbps。这一标准中的时隙和帧格式如图 4.5 所示，它比 GSM 标准中的要简单得多。40 ms 的帧由 6 个 6.67 ms 的时隙组成。每个时隙包含 324 比特信息，其中包括 260 比特的用户数据和一个 12 比特的缓慢相关控制信道中的系统控制信息。还包括一个 28 比特的同步序列，以及一个 12 比特的数字验证色码，用于识别移动终端已调谐频率的信道。在移动台到基站的方向，时隙还包含一个 6 比特持续时长的保护时间间隔，保护时间间隔里没有信号传输，该时隙也包含一个 6 比特的用以使发送器达到最大输出功率的加载时间间隔。

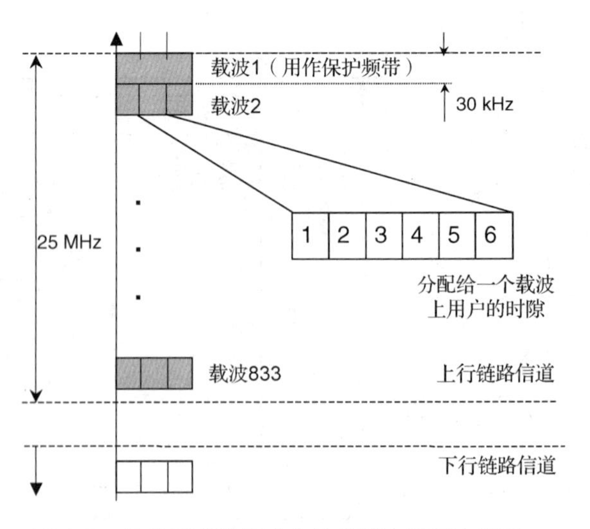

图 4.5 北美 TDMA 标准中的 FDMA/TDMA/FDD

由于远-近问题，反向信道中从占用一个时隙的用户接收到的信号，可以比从使用相邻时隙的终端接收到的信号要强很多。在这样的情况下，接收器从背景噪声中区分弱信号将变得困难。类似于FDMA系统的方式，TDMA系统也可以使用功率控制来处理远-近问题。

TDMA/FDMA 蜂窝系统的容量

TDMA或FDMA的蜂窝式系统的容量主要取决于每个蜂窝可用的信道数，进而取决于复用因子(同一频率可以分别在多少个蜂窝中重新使用)。如果假设一个采用TDMA的系统只有一个蜂窝，那么系统可同时支持的用户数量可以简单地表示为每个载波的用户数 m 乘以载波的总数目(在FDMA情况下，一个载波支持一个用户)。载波的总数由总带宽 W 除以每个载波的带宽 B 得出。因此，同时支持的用户数将是 $M = m \times W/B$。如果频率复用因子是 N_f，则每个蜂窝可支持同时工作的用户数是：

$$M = \frac{m}{N_f}\left(\frac{W}{B}\right)$$

我们将在接下来的CDMA讨论中继续讨论该问题。

4.2.3　码分多址(CDMA)

随着通信网络中语音、数据和视频业务融合的需求增长，选择CDMA作为无线接入方式看起来更有吸引力。从根本上说，在CDMA环境中多种形式业务的融合是很容易实现的，因为在这样的环境中共存，不需要任何用户终端之间的特定协调。原则上，CDMA在无需任何协调的情况下，能够较好地满足各种无线用户对不同带宽、交换模式和技术特性的需求。当然，由于每个用户的信号对其他用户产生干扰，功率控制技术对于一个CDMA系统的有效运行是必不可少的。

为了说明CDMA及其与FDMA和TDMA的联系，假设多个用户间共享可用频段和时间资源。在FDMA中，频带被划分成多个频点，每个用户在整个通话过程中占用一个频点。在TDMA中，终端共享一个大的频段，每个用户的通话占用一个时隙。如图4.6所示，在CDMA环境中，多个用户在同一个时间使用相同的频带，采用不同的码字来区分用户。这些码字是精心挑选的，所以当在同一时间同一频段使用它们时，知道特定用户码字的接收器能够在接收到的所有信号中分辨出该用户。在CDMA/FDD(图4.7(a))中，前向和反向信道使用不同的载波频率。如果发射机和接收机都使用相同的载波频率(图4.7(b))，该系统是CDMA/TDD。

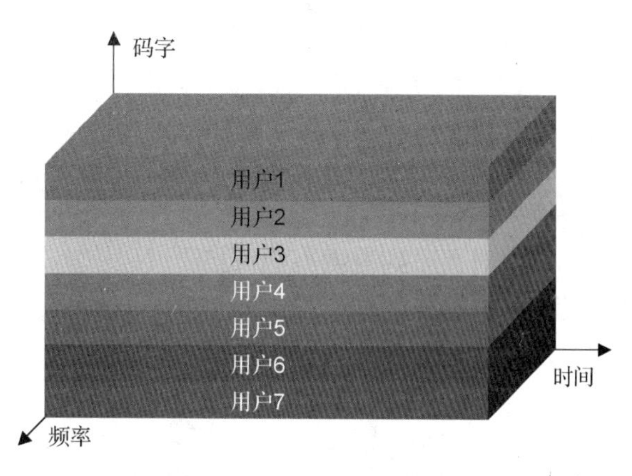

图4.6　CDMA的简单图解

在CDMA中，每个用户对其他用户接收器来说是噪音源，如果用户数量的增长超过某一特定值，则整个系统崩溃，因为每一个特定接收器接收到的信号将会被埋没在许多其他用户产生的噪声里。一个重要的问题是：在系统崩溃前有多少用户可以同时使用CDMA系统呢？下面来探讨这个问题。

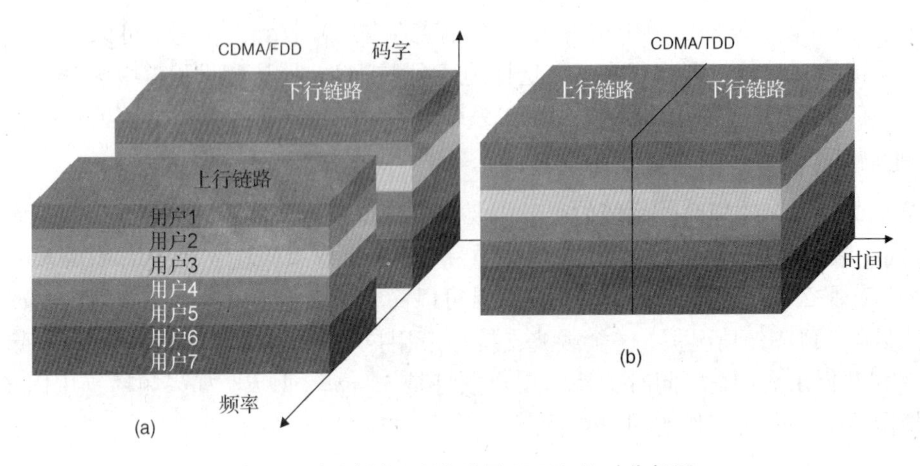

图 4.7 (a)频率；(b)采用 CDMA 的时分复用

CDMA 的容量

CDMA 系统是在第 3 章中讲述的物理层直接序列扩频传输基础上实现的。在其最简化的形式中，一个扩频发送器将信号功率扩展到比报文信号的频谱宽 N_p 倍的频谱中。换句话说，一个 R_b 带宽的报文占用一个 W 的发送带宽，其中：

$$W = N_p R_b \tag{4.1}$$

扩频接收器处理一个带有 N_p 处理增益的接收信号。这意味着，在接收器的处理过程中，具有特定接收器码字的接收信号的功率将会增加，它将超出处理前功率值的 N_p 倍。

现在来考虑一个使用 CDMA 的蜂窝系统中的单个蜂窝的情况。假设有 M 个用户同时使用 CDMA 网络的反向信道。再进一步假设，在该信道上强加理想功率控制，使得来自所有终端的信号接收功率具有相同的值 P。那么，经过接收器处理后的目标用户接收到的功率是 $N_p P$，并且 $M-1$ 个其他终端接收到的干扰是 $(M-1)P$。如果同时假设该蜂窝系统是干扰受限的，来自其他用户的干扰噪声主导着背景噪声，那么目标接收器接收信号的信噪比将是：

$$S_r = \frac{N_p P}{(M-1)P} = \frac{N_p}{M-1} \tag{4.2}$$

所有用户都对接收到数据流的可接受误码率有一个标准。对于一个系统已知的调制和编码规范，误差率的范围由一个最小值 S_r 给出，该值可以用于式(4.2)来计算并发用户的数目。然后，用式(4.1)和式(4.2)计算 M，可以得到：

$$M = \frac{W}{R_b}\frac{1}{S_r} + 1 \cong \frac{W}{R_b}\frac{1}{S_r} \tag{4.3}$$

例 4.13 单蜂窝 CDMA 系统的一个载波的容量

使用 QPSK 调制和卷积编码的 IS-95 数字蜂窝系统，需要 S_r 满足 3 dB $< S_r <$ 9 dB。信道的带宽为 1.25 MHz，传输速率为 $R = 9600$ bps。求解 IS-95 单蜂窝的容量。

解答：利用式(4.3)，可以得到：

$$M = \frac{1.25\ \text{MHz}}{9600\ \text{bps}}\frac{1}{8} \approx 16 \quad \sim \quad M = \frac{1.25\ \text{MHz}}{9600\ \text{bps}}\frac{1}{2} \approx 65\ 个用户$$

实际应用

在数字蜂窝系统的实际设计中，除了系统的带宽利用率外，其他 3 个参数也影响着系统支持的用户数量。这些参数是每一个基站天线中扇区的数量，语音激活因子，以及干扰抬升因子。在 CDMA 系统可支持的并发用户数目的计算中，这些参数被用作量化因子。扇区化天线的使用是最大化带宽利用率的重要因素。使用定向天线的蜂窝扇区减少了总的干扰，同时通过扇区增益因子增加了可以并发使用的用户数目，这个扇区增益因子称为 G_A。对于理想的扇区，在同一个基站天线覆盖扇区里的用户不会干扰其他扇区用户的使用，即 $G_A = N_{sec}$，其中 N_{sec}是蜂窝中的扇区数。在实践中天线方向图不可能设计成具有理想的特性，并且由于多径反射，用户一般会与一个以上扇区通信。在蜂窝系统通常使用 3 个扇区的基站天线，并且扇区增益因子的典型值是 $G_A = 2.5$(4 dB)。话音激活干扰抑制因子 G_v是总的连接时间与通话突发激活时间的比值。一般来说，在一个双向通话中，每一个用户说话的时间大约为 50%。自然话音流中的短暂停顿将再降低激活因子，使得每个方向上的连接时间大约占 40%。因此，G_v的典型值为 $1/0.4 = 2.5$(4 dB)。干扰抬升因子 H_0可用于说明 CDMA 系统其他蜂窝中的用户。因为CDMA蜂窝网络中所有相邻蜂窝在同一频率下工作，它们会产生额外的干扰。由于该系统的处理增益和所涉及的距离，这种干扰是比较小的，行业里一般认为 $H_0 = 1.6$(2 dB)。

合并这 3 个因子作为式(4.3)的修正，一个 CDMA 蜂窝可支持的并发用户数目可以近似为：

$$M = \frac{W}{R_b}\frac{1}{S_r} + 1 \cong \frac{W}{R_b}\frac{1}{S_r}\frac{G_A G_v}{H_0} \tag{4.4}$$

假设一个数字蜂窝系统中的性能改善因子为：

$$K_p = \frac{G_A G_v}{H_0} \tag{4.5}$$

如果事先给出了典型的参数值，其性能的改善因子为 $K_p = 4$(6 dB)。

例 4.14　带有校正因子的多蜂窝 CDMA 系统中一个载波的容量

用扇区化和语音激活校正的公式计算多蜂窝 IS-95 的 CDMA 容量。使用例 4.13 的数据。

解答：如果用包含的新校正因子重新求解以前的例子，那么同时使用的用户数范围变为 $64 < M < 260$。

4.2.4　码分多址、时分多址和频分多址的比较

在美国，CDMA 是迄今为止第二代蜂窝式无线系统中最成功的多址接入方案。随着第三代蜂窝网络也采用 CDMA 作为其多址接入方案，人们不禁要问为什么 CDMA 已成为面向语音的无线网络接入的最受欢迎的选择。扩频技术成为了军事应用最受欢迎的技术，因为该技术具有很低的被拦截概率和很强的抗干扰能力。在蜂窝网络中，CDMA 作为 TDMA 的备选被引入，以扩大美国第二代蜂窝系统的容量。其结果是，在此领域中早期的讨论大多集中在与 TDMA 相比如何计算 CDMA 的容量。然而，容量不是 CDMA 技术成功的唯一原因。事实上，使用上面提供的简单方法计算 CDMA 容量不是很确切，并受若干实际不能达到的假设所限制，比如理想功率控制。美国第一个 CDMA 服务提供商使用如“你不能相信自己的耳朵!”这样的口号来说明 CDMA 语音的卓越品质。但是，优越的声音质量依赖于语音编码器，它不是 CDMA 优于 TDMA 所能够解决的。为了更好地解释一个复杂的多学科技术如蜂窝网络成功的原因，关注消费市场的问题一直非常重要。在过去的十年中我们参与了有关 CDMA 的讨论，

也看到了在各种论坛上有关 CDMA 的大大小小的讨论。作者印象中最有趣的一件事是 1997 年在台北召开的一个大型无线会议上，在大会开幕时一位著名专家在其主题演讲中宣称："我们见证了一个并不怎么优越的 VHS 技术打败 BETA 技术的历史。"当时，CDMA 还和 BETA 很类似。而大约不到一年后，世界各地的许多公司却选择了 CDMA 作为 3G 和 IMT-2000 的首选技术。

在本节的后面一部分提出了一系列问题，使得读者能够进一步了解到，与 TDMA 和 FDMA 相比 CDMA 系统在技术方面的优势。希望读者能够从中总结出 CDMA 成功的原因。

格式的灵活性：正如我们前面讨论的那样，到上世纪末为止电话语音是电信业收入的主要来源。在本世纪初，因特网和有线电视行业的强势出现，为其他流行的多媒体应用创造了条件。原本设计用于电话应用的蜂窝电话，现在也运行了其他应用程序，并且需要多媒体应用的支持。为了支持多种数据传输速率的不同需求，网络需要灵活的数据格式。正如前面讨论的那样，从模拟 FDMA 转变到数字 TDMA 的原因之一，是 TDMA 可以为语音和数据的融合提供更灵活的环境。设计用于话音传输的 TDMA 网络的时隙，可以单独或以组的形式使用，用来供用户以不同的数据速率发送数据。然而，所有这些用户应是时间同步的，并且所有传输信道的质量是相同的。CDMA 相对于 TDMA 的主要优点是它在传输的时间和传输质量上的灵活性。在 CDMA 中，用户是由自己的代码区分的，不受其他用户传输时间的影响。用户的功率也可以根据其他用户调整，以保证一定的传输质量。在 CDMA 中，每个用户不受其他用户的制约，这为适应不同的服务要求提供了一个良好的环境，也保证了不同质量的多种传输速率，同时支持多媒体或者其他任何新兴的应用程序。

多径衰落中的性能：如第 2 章所述，无线信道的多径会引起频率选择性衰落。在频率选择性衰落中，当一个窄带系统的传输频段与衰落点一致时，则无法接收到有用的信号。当增加传输带宽时，衰减将仅占据传输频段的一小部分，这就为宽带接收器提供了机会，它可以利用未发生衰落的部分传输频段来提供更可靠的通信链路。在第 3 章中，我们介绍了在宽带系统使用的技术，如 DFE、OFDM、扇区天线和扩展频谱，可以用来处理频率选择性衰落的问题。带宽越宽，消除衰减频率造成影响的机会越多。

由于 FDMA 是模拟系统，而这些技术是数字技术，因而上述技术并没有在第一代模拟蜂窝 FDMA 系统中使用。泛欧 GSM 数字蜂窝系统采用 200 kHz 的频带，并且标准建议使用 DFE。北美数字蜂窝系统 IS-136 采用与北美 AMPS 系统中相同的模拟频段 30 kHz 进行数字传输，由于带宽较窄而未采用均衡技术。接收器处的均衡器需要额外的电路和功率消耗，这是 IS-136 的缺点之一。IS-95 CDMA 系统的带宽为 1.25 MHz，而 3G 网络中 W-CDMA 系统使用的带宽高达 5 MHz。RAKE 接收机通过利用宽带信号的所谓的带内或时间分集(见第 12 章的详细介绍)的优势来提高宽带传输的效果。这是 CDMA 系统中具有更好声音质量的原因之一。正如前面所提到的那样，语音质量还受语音编码算法的鲁棒性、服务的覆盖范围、干扰处理方法、越区切换和功率控制等因素的影响。

系统容量：系统容量取决于一系列因素，其中包括频率复用因子、语音编码率和天线类型。因此，只有在实际系统中才有可能对不同技术的系统容量进行公平的比较。第一代北美蜂窝系统在向第二代转变的过程中，在对代替第一代模拟系统的可选方案进行评估时，讨论了 FDMA、TDMA 和 CDMA 的容量。下面用简单例子来对 3 个系统的容量做一比较。

例 4.15　不同第二代系统容量的比较

将第二代 CDMA 容量与第一代 FDMA 和第二代 TDMA 系统的容量进行比较。假设在 CDMA 系统中可接受的信号干扰比为 6 dB，数据速率为 9600 bps，语音占空比为 50%，有效天线分离因子(接近理想的三扇区天线)为 2.75，相邻小区的干扰因子为 1.67。

解答：对于第二代 CDMA 系统，使用式(4.4)计算，每个载波有 $W = 1.25$ MHz，$R_b = 9600$ bps，$S_r = 4(6\ \text{dB})$，$G_v = 2$(语音激活为 50%)，$G_A = 2.75$，$H_0 = 1.67$，可以得出单个小区用户数为：

$$M = \frac{W}{R_b}\frac{1}{S_r}\frac{G_A G_v}{H_0} = 108\text{用户每小区}$$

对于第二代 TDMA 系统，载波带宽 $B = 30$ kHz，单个载波的用户数量 $m = 3$，频率复用因子(在这些系统中常用的)$N_f = 4$，每个 $W = 1.25$ MHz 带宽可服务的单个小区用户数为：

$$M = \frac{W}{B}\frac{m}{N_f} = 31.25\text{用户每小区}$$

对于第一代模拟系统，有载波带宽 $B = 30$ kHz，单个载波的用户数 $m = 1$ 和频率重用因子(在这些系统中常用的)$N_f = 7$，每个 $W = 1.25$ MHz 带宽可服务的单个小区的用户数为：

$$M = \frac{W}{B}\frac{1}{N_f} = 6\text{用户每小区}$$

这种形式的另一个例子是将这些系统与第二代 TDMA 系统——移动通信全球系统(GSM)进行比较，GSM 系统起源于欧洲，随后在美国也得到了应用。

例 4.16　北美(NA)系统与 GSM 的比较

求解 $N_f = 3$ 时的 GSM 容量。

解答：对于 GSM 系统，载波带宽 $B = 200$ kHz，单个载波的用户数目 $m = 8$，频率重用因子(在这些系统中常用的)$N_f = 3$，每个 $W = 1.25$ MHz 带宽可服务的单个小区的用户数为：

$$M = \frac{W}{B}\frac{m}{N_f} = 16.7\text{用户每小区}$$

切换：我们将在第 6 章中谈到，当移动站中的接收信号变弱，而另一个基站可以提供更强的信号给移动站时，就会需要切换。第一代 FDMA 蜂窝系统常用所谓的硬判定越区切换，其中基站控制器监控从基站接收到的信号，并在适当的时候在两个基站之间切换链接。TDMA 系统中，采用所谓的移动辅助越区切换(MAHO)，其中移动台监控从可用基站接收到的信号，并将它报告给基站控制器，然后由控制器在越区切换时做出决定。由于 FDMA 和 TDMA 中相邻蜂窝使用不同的频率，所以移动站必须先从网络断开连接，并重新连接到网络，用户就会感受到短暂的“咔哒”停顿。当从两个基站接收到的信号微弱时，在蜂窝的边缘就会发生越区切换。由于信号通过无线信道到达，所以信号总是存在波动。其结果导致决定越区切换的时间往往很复杂，用户会经历一段较差的信号质量时期，在完成越区切换过程期间可能会经历几次“咔哒”停顿。CDMA 网络中相邻蜂窝使用相同的频率，从一个蜂窝移动到另一个蜂窝的移动终端，可以通过使用信号融合，实现“无缝”越区切换。当移动台到达蜂窝之间的边界时，它与两个蜂窝进行通信。控制器结合了来自两个链路的信号，以形成更好的通信链路。当与新的基站已经建立了一个可靠的链路时，移动站停止与先前基站的连通，并且与新的基站完全建立通信。这种技术称为软越区切换。软切换为来自两个链路的接收信号提供了对偶分集，从而提高了接收质量，并消除了“咔哒”停顿和乒乓问题。

功率控制：正如本章前面所讨论的，功率控制对 FDMA 和 TDMA 系统是必要的，可用来控制相邻信道干扰，并减少远-近问题所造成的意想不到的干扰。在 FDMA 和 TDMA 系统中，需要一些功率控制来提高传送给用户的语音质量。然而，在 CDMA 中，系统的容量直接取决于功率控制，并且网络的正常运行需要一个准确的功率控制机制。对于 CDMA，功率控制是最大化系统可同时支持的用户数量的关键因素。其结果是，CDMA 系统更频繁地以更小的调整幅度调整发送功率，以支持功率的更精确控制。更好的功率控制也可以节省移动站的发送功率，从而延长了电池的寿命。CDMA 系统中更精细的功率控制也有助于移动站的功率管理，这对移动终端用户来说是一个极其重要的实际问题。

实现的复杂性：扩展频谱是一个双层调制技术，它与传统调制方案相比，要求更高的电路复杂性。反过来，对于移动终端来说，这将导致更高的功率消耗、更大的重量和成本。但是，随着电池和集成电路技术的逐渐改善，已经使得用户可以忽视这个问题带来的影响了。

4.2.5 分配接入方法的性能

电路交换蜂窝网和 PCS 电话网络里采用固定分配接入方法。在这些网络中，以类似于有线多信道环境的方式，网络的性能由发起呼叫的阻塞率来衡量。呼叫无法连通的原因有两个：(1)被叫号码占线；(2)电话公司的资源不足以提供通信会话链路。在普通的老式电话服务(POTS)中，这两种情况下用户都会听到忙音信号，但并不能区分是两种类型的堵塞中的哪一种。但是，在大多数蜂窝系统中，类型(1)阻塞的结果是反馈忙音，而类型(2)阻塞将反馈如下信息：“网络忙请稍候再拨。”在本书的其余部分，我们所指的阻塞率仅为类型(2)的堵塞率。网络流量的统计特征也是时间的函数。电话服务供应商设计他们的网络时，往往会把在流量高峰期的阻塞率设置成低于特定百分比。手机运营商通常尽量控制这个平均阻塞率低于2%。

阻塞率是用户的数目、发起呼叫的次数和通话时长的函数。在电话网络中，使用厄兰公式将阻塞率与呼叫到达平均速率和通话平均时长联系起来。在有线网络中，可以接入到多信道交换机的线路或用户数目是一个固定值。电话公司长时间监控呼叫的统计信息，并随着用户的增长来升级交换机，使得在流量高峰时间的阻塞率保持在目标值以下。在蜂窝电话和 PCS 网络中，在单个蜂窝中运营的用户数也是时间的函数。白天每个人都在办公区使用他们的移动电话，而到了晚上他们则在不同蜂窝所覆盖的住宅区中使用。因此，蜂窝电话网络流量的波动比 POTS 流量的波动要大得多。此外，电话公司可以通过增加传输线数的投资和提高网络连接的交换机质量来方便地增加他们的网络容量。而在无线网络中，可用通信信道的总数最终受限于分配用于网络运营的可用频带。为了应对流量的波动和带宽限制问题，蜂窝运营商使用复杂的频率分配策略，以最优方式共享可用资源。其中一些问题将在第 5 章中讨论。

使用厄兰公式计算流量管理

厄兰公式是电话应用中流量管理的核心。用于流量管理的两个基本方程是厄兰 B 和厄兰 C 公式。厄兰 B 公式，将阻塞概率 $B(N,\rho)$ 与信道数量 N_u 和小区信道中正常呼叫密度 ρ 联系起来。厄兰 B 公式为：

$$B(N_u,\rho)=\frac{\rho^{N_u}/N_u!}{\sum\limits_{i=0}^{N_u}(\rho^i/i!)} \tag{4.6}$$

其中，$\rho=\lambda/\mu$，λ是呼叫到达率，μ是呼叫的服务速率①。

例4.17　使用厄兰B公式计算呼叫阻塞概率

假设为搭载100名乘客的航行于赫尔辛基和斯德哥尔摩之间的渡船提供一个5条线路的无线公共电话服务系统，其中平均每个乘客每2小时会打3分钟的电话。问当乘客要打电话时，他发现5条线路②中没有一条线路空闲的概率是多少?

解答：在实际操作中，通常是已知呼叫阻塞的概率，需要计算用户数量。在这里，需要利用厄兰公式的反函数，但这个反函数公式并不存在。因此，可使用一系列表格和图形来求解该逆映射。如图4.8所示的图表反映了堵塞概率$B(N_u,\rho)$与信道数量N_u和每个可用信道正常流量ρ之间的关系。从图中可以估算出阻塞概率。流量负载是每120分钟有100用户×1次呼叫/用户×3分钟/呼叫=2.5厄兰。因为，当有5条可用线路且流量是2.5厄兰时，阻塞概率大约是0.07。

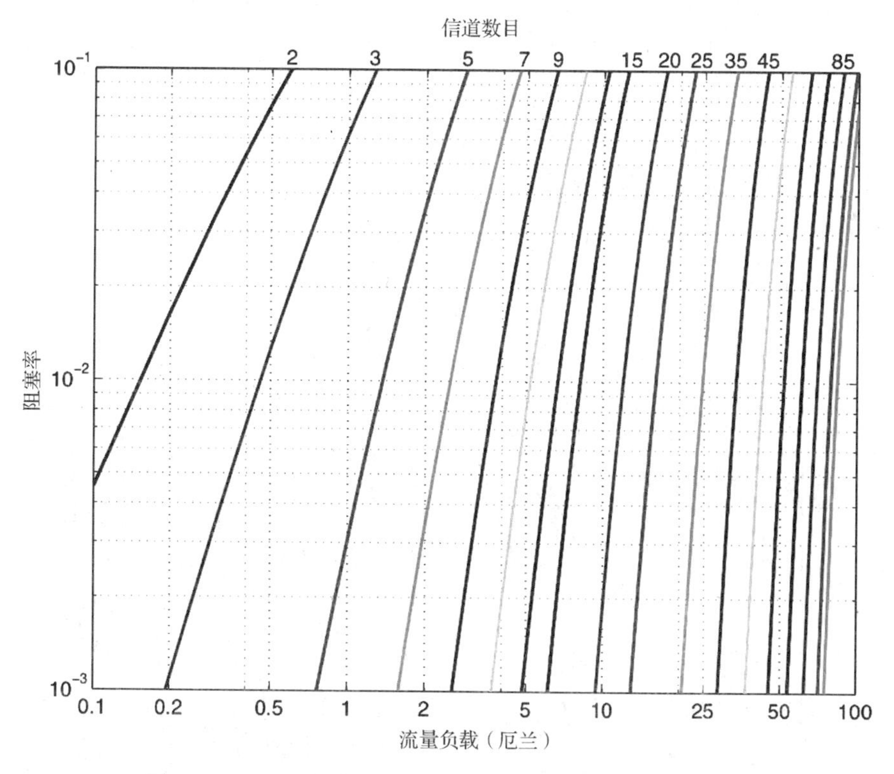

图4.8　厄兰B图表显示阻塞率是流量负载和信道数的函数

例4.18　使用厄兰B公式计算容量

一家北美TDMA蜂窝电话提供商拥有50个蜂窝基站，每个蜂窝有19个载波，每个载波

①　该公式假定抵达人数是泊松分布，服务速度是指数分布。有关的详细信息请参阅[Ber87]。

②　原文为“4条线路”，有误。——译者注

的带宽是30 kHz。假定每个用户每小时打出3个电话，每次通话的平均保持时间是5 min，在阻塞率小于2%的情况下，计算该服务提供商可以支持的用户总数。

解答：每个蜂窝的信道总数是$N_u = 19 \times 3 = 57$。对于$B(N_u, \rho) = 0.02$，$N_u = 57$，如图4.8显示，可以得出$\rho = 45$厄兰。平均每分钟有5次呼叫时，服务率是$\mu = 1/5$ min，并且可接受的呼叫到达率是$\lambda = \rho \times \mu = 1/5(\text{min}^{-1}) \times 45$(厄兰)$=9$(厄兰/min)。平均每分钟有3次呼叫时，该系统单个蜂窝可以容纳9(厄兰/分钟)/3(厄兰)/60(分)＝180个用户。因此，用户的总数是180(用户/蜂窝)×50(蜂窝)＝8000个用户。

如果一次呼叫没有接通时，不是将其阻断而是将此呼叫缓冲，等信道可用时再接续，那么使用厄兰C公式可以求出呼叫在队列中的等待时间。这些公式从一个呼叫没有得到立即处理而被延迟的概率开始计算。呼叫延迟概率由下式给出：

$$P(\text{延迟} > 0) = \frac{\rho^{N_u}}{\rho^{N_u} + N_u!\left(1 - \frac{\rho}{N_u}\right)\sum_{k=0}^{N_u-1}\frac{\rho^k}{k!}} \tag{4.7}$$

因为计算复杂，再次使用图表，基于ρ的归一化值来获得对应的概率值。图4.9是延迟的概率、信道的数目N_u和每个可用信道的归一化流量ρ之间的关系。超过时间t的延迟概率由下式表示：

$$P[\text{延迟} > t] = P[\text{延迟} > 0]\mathrm{e}^{-(N_u-\rho)\mu t} \tag{4.8}$$

这说明延迟时间呈指数分布。因而平均延迟由指数分布的平均值给出：

$$D = P[\text{延迟} > 0]\frac{1}{\mu(N_u - \rho)} \tag{4.9}$$

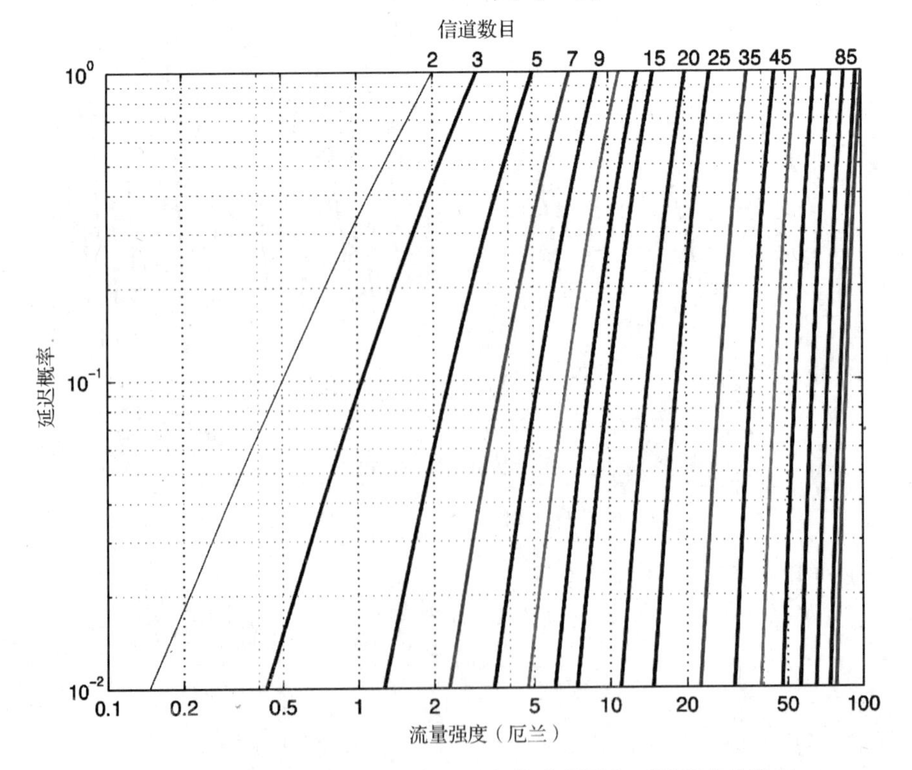

图4.9　厄兰C图表显示所提供流量与信道数量和延迟概率的关系

例4.19　用厄兰C公式计算呼叫延迟

对于示例4.17描述的轮渡，试回答下列问题：

(a)一名乘客打通电话的平均延迟是多少？

(b)一名乘客需要等待1 min后打通电话的概率是多少？

解答：

(a)利用式(4.7)，由$N_u=5$和$\rho=2.5$，可以得出P[延迟>0]=0.13。利用式(4.9)，可以得出平均延迟为0.13/(5.0-2.5)/3=0.17 min。

(b)利用式(4.8)，得P[延迟>1 min]=0.13exp[-(5.0-2.5)1/3]=0.13 exp(-0.83)=0.0565。

4.3　面向数据网络的分布式随机接入方法

随机接入方法是从计算机通信的数据突发应用中发展而来的。在讨论固定分配接入方法时已经提到：当每个用户都传输稳定信息流时，采用固定分配接入方法相对更加高效。举例来说，数字话音通信、数据文件传输或传真等都属于这种情况。但是，如果待传数据在本质上为间歇或者突发数据，那么固定分配接入方法就会因为连接时间过长而导致通信资源浪费。而且，在无线网络中，客户要为信道连接服务时间支付费用，那么固定分配接入方法即使能够传输短信息，也是一种费用高昂的方法，而且还会带来大量的呼叫建立次数。随机接入方法为传输短小的突发信息提供了更为灵活也更为高效的管理信道接入方法。与固定分配接入方法相比，随机接入方法有数据要发给每个用户时，给他们提供不同自由度的网络接入权限。用户随机接入的必然结果就是用户争抢网络信道接入权限，而这一点已由争抢传输中所发生的冲突得到证实。因此，这些接入方式有时也称为基于争抢的方法，或者简称为争抢方法。

随机接入技术广泛应用于有线局域网，在计算机网络文献中有这类技术的详细描述。而在无线应用中，这些技术也是从最初的有线版本中改进而来的。本节其他大部分内容就是描述用于无线网络的随机接入技术的发展过程。首先探讨用于无线数据网络的随机接入技术，然后介绍无线局域网(WLAN)接入方法的细节。

4.3.1　数据服务随机接入方法

数据网络随机接入方法可以分为两类。第一类是基于"阿罗哈"(ALOHA)的接入方法，在这种情况下终端传输数据分组时没有任何协同(数据分组争抢媒体)。第二类是基于载波侦听的随机接入方法，在这种情况下终端在传输数据分组前能够侦听信道的可用性。

基于"阿罗哈"的随机接入方法

为便于区分最初的协议和后续的改进协议，最初的"阿罗哈"协议有时也称为纯"阿罗哈"。该协议得名于"阿罗哈"系统，它是由夏威夷大学诺曼·阿布拉门逊及其同事们开发的一种通信网络，于1971年第一次投入运行[Abr70]。最初的系统利用一种随机接入协议，采用地基UHF无线电通信方式把该岛多个校区的计算机连接至瓦胡岛上该大学的主计算机中心。从此以后，这种协议就被大家称为"阿罗哈"协议。"ALOHA"在夏威夷语言中是问候用语"你好"。

"阿罗哈"协议的基本概念非常简单。分组从上层协议栈发出到达终端时，终端就进行传输。简单地说，终端就是在分组到达时向媒体说声"你好"。每个分组都使用差错检测码进行编码。基站/AP 对收到的分组进行奇偶校验。如果奇偶校验正确，基站就向移动站发送一个简短的确认分组。当然，由于移动站传输分组不定时，因而只要传输时间重合，分组就会发生冲突，如图 4.10(a)所示。于是，用户发送一个分组后，等待的时间要超过接收方往返确认(ACK)延迟的时间。如果没有收到确认，就认为冲突中该分组已丢失。然后，它就会随机选择延迟再次发送，以免再次冲突。

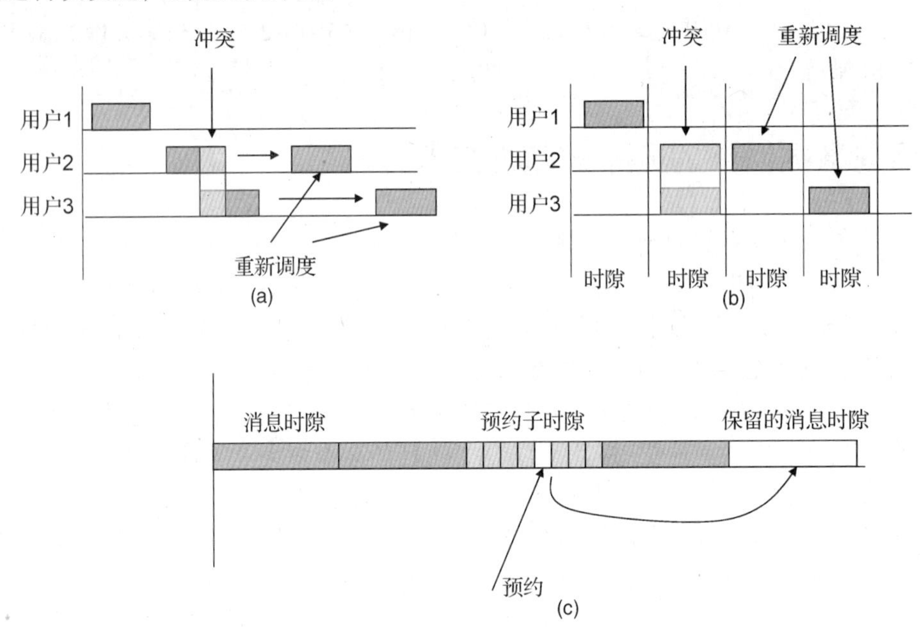

图 4.10 (a)纯"阿罗哈"协议；(b)时隙"阿罗哈"协议；(c)预约"阿罗哈"

"阿罗哈"协议的优势在于它非常简单而且不会强制移动终端同步。终端在准备妥当后才传输分组，而且如果有冲突，它们就会再次传输。该协议的劣势在于高负载条件下的吞吐量比较低。假设分组全是无序到达，而且长度相同并由大量终端生成，则纯"阿罗哈"的吞吐量为 18%。

例 4.20 纯"阿罗哈"的吞吐量

(a) 用户众多且传输率为 1 Mbps 的纯"阿罗哈"网络，其最大吞吐量为多少？

(b) 同样传输率的 TDMA 网络吞吐量为多少？

(c) 如果仅一个用户使用，"阿罗哈"网络的吞吐量是多少？

解答：

(a) 对大量移动终端而言，在传输率为 1 Mbps 的情况下，采用"阿罗哈"协议接入基站/AP，可以成功传输到基站的最大数据速率为 180 kbps。

(b) 如果是可以忽略系统开销(长分组)的 TDMA 系统，则此种定义下的吞吐量为 100%，即 1 Mbps。

(c) 如果仅有一个用户(没有冲突)使用信道且一直在传输，"阿罗哈"系统才能达到 1 Mbps 的传输率。

数据通信应用在无线信道中传输时往往需要重视其带宽限制。此时阿罗哈通常被改进为其同步版本，称为时隙“阿罗哈”。在上述条件下，时隙“阿罗哈”系统的最大吞吐量为36%，它是纯“阿罗哈”系统的两倍。

在时隙“阿罗哈”协议中，如图4.10(b)所示，传输时间被分成多个时隙。基站/AP传输定时信标信号，所有移动站都根据此信标信号同步各自时隙。一旦用户终端生成数据分组，该数据分组就会被缓冲，然后在下一时隙开始时传输。利用该方案就可以消除部分分组冲突。假设分组等长，结果要么是完全冲突，要么是根本不冲突。这样就会使网络吞吐量加倍。冲突报告和重传机制与纯“阿罗哈”仍旧一样。由于简单，时隙“阿罗哈”协议在移动站注册的早期阶段广泛使用，用于初始化与基站的通信连接。

例4.21　GSM中的时隙“阿罗哈”

在GSM系统中，移动站和基站进行初始连接从而创建TDMA话音通信信道，这是通过采用时隙“阿罗哈”协议的随机接入信道实现的。其他面向话音为主的蜂窝式系统也采用了类似的方法作为移动站注册过程的第一步。

对于无线数据应用来说，时隙“阿罗哈”协议的吞吐量仍旧很低。该技术有时结合TDMA系统组建所谓的预约“阿罗哈”(R-ALOHA)协议，如图4.10(c)所示。在预约“阿罗哈”中，时隙分成冲突期和无冲突期。在冲突期内，移动站使用非常简短的分组与即将到来的无冲突期进行争抢，而将无冲突期用于传输长分组。预约“阿罗哈”协议曾经用于20世纪90年代初期开发的牵牛星(ALTAIR)无线局域网(WLAN)中，在许可的18～19 GHz带宽中运行。预约“阿罗哈”具体执行时有多种形式，因此在应用中有时会有多个不同名称。下面的例子就提供了用于Mobitex移动数据网络的所谓动态“阿罗哈”协议的一些细节。

例4.22　动态时隙“阿罗哈”

Mobitex具有完全双工通信的能力(同时具有上行和下行传输的能力)，并采用了动态时隙“阿罗哈”协议。假设在一个蜂窝系统中有3个移动站，即MS_1、MS_2、MS_3。具体场景为：基站有两条信息要发送给MS_3；MS_1有一个短状态更新，需要一个时隙；MS_2有一条长信息要发送；MS_3不需要传输。移动站只有在特定的“空闲”周期内才能传输，该周期包括几个等长的时隙，而这些等长时隙由基站通过下行线路上定期发起的“空闲”帧来确定。在本例中，如图4.11所示，基站表明有6个可用于竞争的空闲时隙，每个都有一定长度。具体的时隙长度会根据流量情况而发生改变，这就是使用“动态”这个术语的原因。还需要指出的是，移动站并不能随心所欲地随时传输，就如同在时隙“阿罗哈”中一样。有数据要发送的移动站，即MS_1和MS_2，选择这6个时隙中的任意一个进行传送。在这种情况下，MS_1选择时隙1，而MS_2选择时隙4。这样一来，就不会产生冲突。MS_1就能够在时隙1中传输其短状态更新，之后就会停止传输。MS_2在时隙4中传输，使用称为“ABD”的信息请求接入信道。与此同时，基站已向MS_3传送其信息。一旦接收信息，MS_3就会确认。根据设计，空闲时隙可以设置在基站通过下行信道给MS_3传输数据期间，这样就可以确保MS_3发出的确认信息不在空闲时隙段，从而不会产生争抢。基站还会确认来自MS_1的状态报告，并向MS_2发送接入许可(ATD)。由于MS_2在上行信道上传输长信息，基站就可以同时将第二个信息发送给MS_3。传输和接收到正确确认(ACK)后，就可以开始下一轮空闲周期。

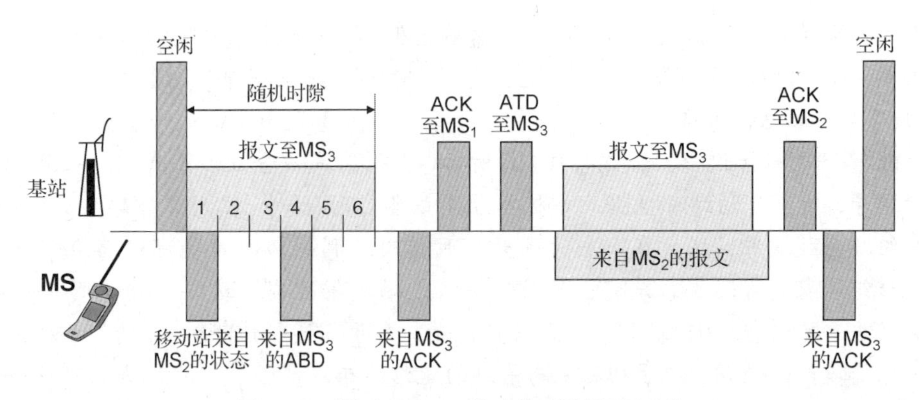

图 4.11 用于 Mobitex 的动态时隙"阿罗哈"

例 4.23 分组预约多址(PRMA)

使用预约整合语音和数据服务系统的一个例子是大卫·古德曼及其同事在研究分组预约多址(PRMA)概念时所做的工作[Goo89]。分组预约多址是在无线环境中用于传输可变话音分组和数据分组组合的一种方法。分组预约多址系统与预约"阿罗哈"密切相关，这是因为其融合了时隙型"阿罗哈"与 TDMA 协议的特性。分组预约多址被开发用于在近程无线电信道上运行的集中型网络。在为话音服务提供可接受的延迟特性方面，短暂传播时间是非常重要的因素。此处的描述与[Goo89]和[Goo91]的说法非常接近。

分组预约多址的传输格式被整合成帧，每个帧都包含一些数目固定的时隙。帧速率与话音分组到达率完全一致。根据在时隙末端所接收的基站发出的反馈信息，终端识别每个时隙是"预约"的还是"可用"的。只要没有预约信息传输，任何终端都可以使用一个可用时隙。

终端能够发送两类信息，即定期的和随机的。话音分组始终是周期性的。数据分组既可以是随机的(如果是单个的)，也可以是定期的(如果包含在长而完整的信息流中)。分组首部的一个比特规定了此分组的信息类型。终端如果有定期性信息需要发送，就会去参与争抢下一个可用的时隙。一旦成功侦听到该信息突发的第一个分组，基站就会给该发送终端发送一个预约消息，让其在下一帧专用该时隙。只要发送的分组流没有断，该终端实质上就在随后的帧中"拥有"这个时隙。信息突发结束后，终端在其预约时隙中就不再发送任何信息了。此时就会导致基站发送一个否定的确认反馈信息(NACK)，表明此时隙再次可用。

为了传输分组，终端要检验两个条件。当前时隙一定可用，而且该终端必须获准可以传输。传输许可是由伪随机数字发生器状态决定的，从统计学上来说，不同终端的许可是独立的。终端会一直尝试传输信息突发的首个分组，直至基站确认成功接收该分组，或者因为终端持有该分组时间过长而丢弃此分组。最大持有时间 D_{max}(秒)由话音通信延迟限制确定，而且还是分组预约多址系统的设计参数。如果此终端丢弃了第一个突发分组，它还会继续争抢预约去发送后续分组。如果这些分组的持有时间超过最大持有时间 D_{max} 的限制，终端就会丢弃额外的数据分组。要定期发送数据分组(而不是语音分组)的终端，当它们争夺预约时隙(相当于设置 D_{max} 为无穷大)时，会无限期地存储数据分组。因此，当一个分组预约多址系统拥堵时，话音分组丢弃率和数据分组延迟都会增大。

在[Goo91]中古德曼和魏分析了分组预约多址的效率，他们把其量化为在选定分组丢弃概率约束范围条件下，系统能够支持的每个信道上对话的最大数量。在他们的著作中，采用的约束范围为 $P_{drop}<0.01$。使用的话音源速率为 32 kbps，每个分组首部的长度都是 64 比特。

利用计算机模拟方法，他们分析了 6 种系统变量在分组预约多址系统中对效率方面的影响：(1)信道速率；(2)帧持续时间；(3)话音激活检测器；(4)最大延迟；(5)获准概率；(6)对话数量。通过研究相关约束范围下的结果，他们发现很多分组预约多址配置使每个信道可以支持 1.6 组对话，还发现这种程度的效率可以保持在很宽的范围内。他们的总体结论是分组预约多址有很大的潜能可用作话音分组多路统计复用器。但是，他们也认为要验证分组预约多址在近距离无线电系统中表现良好，还有很多问题需要解决。需要进一步探究的问题包括：在分组预约多址内混合随机分组(数据)和定期分组(话音)的效果，以及分组传输差错对分组预约多址效率的影响。

例 4.24 通用分组无线服务(GPRS)中的预约

GSM 中一个 200 kHz 的载体有 8 个时隙，每个时隙都能够以 9.6 kbps(标准)、14.4 kbps(增强)或 21.4 kbps(如果完全忽略 FEC)的速率传输数据。原始数据速率从而可以高达 8 × 21.4 = 171.2 kbps。使用时隙“阿罗哈”协议，这些时隙可以用于预约数据接入。媒体接入基于“阿罗哈”预约协议。在竞争阶段，时隙“阿罗哈”随机接入技术用于传输预约请求，基站随后通知移动站上行数据传输的信道分配，最后移动站就可以在分配的时隙上转移数据，从而避免了竞争。在下行线路上，基站向移动站发送通知，指明向移动站下行传输数据的信道分配方案。移动站将会监控所指定的信道，传输数据时不会发生竞争。

OFDMA 中的预约

OFDMA 系统中的预约行为与上述例 4.23 和例 4.24 中的基于 TDMA 系统的预约行为相似。在基于长期演进技术的蜂窝系统中，各个移动台不再预留时隙，而是在下行链路上预留资源块。一个资源块包括一组频率子载波和时隙。在长期演进技术中，资源块是 1 ms 长(两个时隙)和由 12 个子载波组成的 180 kHz 带宽，其中每个子载波宽 15 kHz。下行链路上的资源块可以以一个连续的方式或以非连续块的方式分配。根据单载波的传输特性(在第 13 章描述)，在长期演进技术的上行链路上资源块必须是相连的。

基于随机接入技术的载波侦听多路访问

基于竞争的“阿罗哈”协议的主要缺陷在于冲突和重传导致的效率缺失。在“阿罗哈”协议中，在尝试传输分组时，用户并不需要考虑其他用户的行为。避免冲突的简单办法就是在传送分组前检测信道。如果信道上有其他用户在传输，那么很明显，终端就应该延迟传送分组。采用此概念的协议就称为载波侦听多路访问(CSMA)协议或“先侦听后通信(LBT)协议”。图 4.12 显示了 CSMA 协议的基本概念。终端“1”首先侦听信道，然后发送一个数据分组。接着，终端“1”再次侦听并发送数据分组。在终端“1”第二次传输时，终端“2”侦听信道，它发现另外的终端在使用此媒体。就会使用退避算法将其传输延迟一点时间。与“阿罗哈”协议相比，CSMA 协议大大降低了数据分组冲突的概率。但是，它还不能完全消除冲突。有时候，如图 4.12 所示，两个终端都会检测到该信道忙碌并会在稍后时间重新调度分组传输，但是由于它们的传输时间重合，就会导致冲突。这种情况不会导致严重的操作问题，这是因为可以采用与“阿罗哈”协议一样的方法处理这些冲突。但是，如果两个终端之间的传输时间很长，这种情况就会频繁发生，从而就会降低阻止冲突的载波侦听效力。因此，在局域网应用中采用多个 CSMA 变形协议，但是在广域网应用中，还是优先采用“阿罗哈”协议。

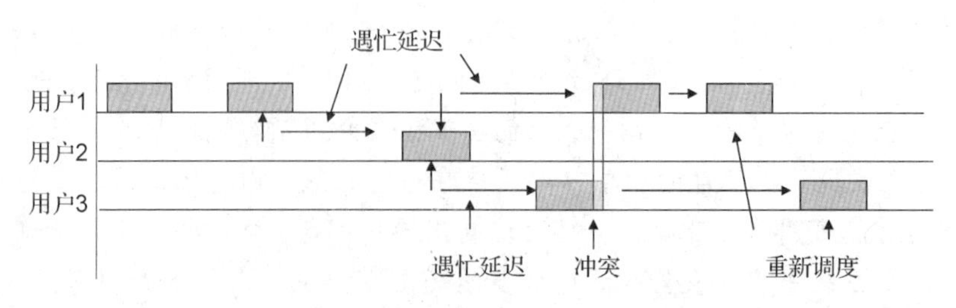

图4.12 CSMA协议的基本操作

例4.25 使用“阿罗哈”和CSMA的无线网络的例子

如前所述，Mobitex使用“阿罗哈”协议的变形，而无线局域网(WLAN)的IEEE 802.11标准采用CSMA协议。“阿罗哈”协议也应用于蜂窝电话和卫星通信应用(广域网)的随机接入逻辑信道。

由于在侦听程序和重传机制中运用的策略各不相同，从而导致在各种各样的有线和无线数据网络出现了CSMA协议的各种变形。图4.13显示了这些协议的关键区别。侦听信道后，如果终端只是在一个随机等待期之后再次试图侦听，那么这种载波侦听机制称为“非坚持”。侦听到信道忙碌后，如果终端继续侦听信道直至该信道空闲，那么此协议被认为是“坚持”的。在坚持操作中，信道变为空闲以后，如果终端立即传输分组，那么称为“1-坚持”CSMA；如果运行一个随机数字发生器，而且根据结果按照概率p来传输分组，那么此协议称为“p-坚持”CSMA。

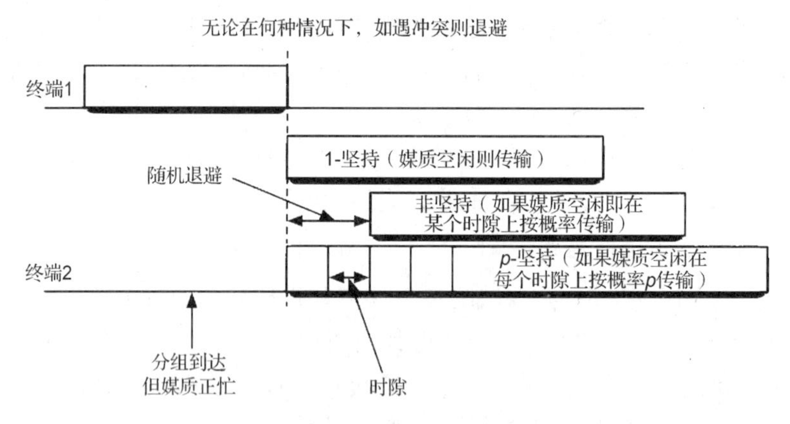

图4.13 CSMA重传备选方案

在无线网络中，由于多径和阴影衰退，同时也由于终端的移动性，信道侦听并不像有线信道的情况那样简单。在无线网络中，典型情况是两台终端都可以在期待与它们通信的第三台终端通信范围之内，但它们互相之间却不在对方的通信范围内，这是因为它们之间距离过远，或者是因为有形阻碍而使它们之间不能进行直接通信。两台终端相互间不能侦听对方的传输，但是第三台终端可以侦听到它们，这种情况就是所谓的“隐藏终端问题”。因为山区地形会屏蔽一些用户终端群，使其不能侦听到其他用户群，所以在覆盖广阔地域的无线网络中这种情况更可能出现。在这种情况下，CSMA协议就可以成功地在同一用户群中阻止冲突，但是对用户组中互相隐藏的用户就不能防止冲突了。

为了解决隐藏终端问题，需要简化侦听程序。在多跳自组织网络中，没有集中站也没有基础设施的情况下，一种称为忙音多址(BTMA)协议已经应用于军事无线电数据通信中。[Tob80]中有BTMA的简短摘要，其中讨论并比较了一些分组通信协议。在BTMA方案中，系统带宽分为两个信道：信息信道和忙音信道。无论何时，一个用户站在信息信道上发出信号能量，它就会在忙音信道上传输一个简单忙音信号(例如，一个正弦曲线)。当其他终端侦听到忙音信号时，它就会打开自己的忙音。换句话说，一个终端侦听到有用户在信息信道上时，它就会在忙音信道上发出警报通知所有用户，包括那些对传输终端隐藏的用户。准备发送数据报的用户站首先侦听忙音信道，以确定该网络是否被占用。

多数蜂窝移动数据网络采用不同的频率用于前向(下行线路)和反向(上行线路)传输。前向信道的信息从移动数据基站发送，经设计和配置后能够提供全面可信的覆盖。换句话说，尽管移动终端彼此之间可能隐藏，基站并不对移动终端隐藏。在这种情况下，就可以使用前向信道，向其他移动终端宣布该信道可用。此概念被应用于称为“数字或数据侦听多路访问”(DSMA)的协议中。DSMA在移动数据网络中非常流行，还应用于CDPD、ARDIS和TETRA中。在DSMA中，前向信道周期性广播“忙-闲”比特，宣布反向信道可用于传输信息。在进行分组传输前，移动终端检查“忙-闲”比特。一旦移动站开始传输，基站就会改变“忙-闲”比特为“忙碌”状态，从而阻止其他移动终端传输。由于来自数字信息的数据解调后才开始侦听过程，这就是所谓的数字或数据侦听多址接入，而不是载波侦听多址接入。

4.3.2 局域网接入方法

相比于广域网，局域网(LAN)操作距离更短，传播延迟更小，因此，CSMA变形协议非常适合局域网的传输媒体。开发低速广域网用于传送短消息，而设计局域网则用于促进大型文件高速传输。所以，局域网的分组要比低速移动数据网络的分组大得多。一旦分组很大，对分组冲突采取措施就会非常有用。局域网通常采用多个变形的CSMA协议，要么一旦侦听到分组冲突就停止传输，要么增加额外特性以避免冲突。

例4.26　广域和局域无线网络的分组大小

(a)确定通过移动数据网络传输大小为20 kB文件的时间，传输速率为10 kbps。

(b)该文件通过2 Mbps速率的802.11 WLAN传输，重新计算传输时间。

(c)在第一条移动数据服务中传输20 kB文件的时间内，计算第二条中WLAN能够传输的文件长度是多少?

解答：

(a)早期的移动数据网络，例如ARDIS和Mobitex，文件长度限定在约20 kB。如果数据传输率为10 kbps，那么传送这样一个文件需要$20\times 8/10=16$ s。

(b)以2 Mbps速率运行的IEEE 802.11网络传输该文件用时约80 ms。

(c)在16 s的时间内，同样的WLAN能够传输4 MB文件。

有线局域网中，最受欢迎的CSMA版本是IEEE 802.3(以太网)标准采用的CSMA/CD，该标准在有线局域网中占主导地位，它支持高达每秒几千兆比特的数据传输率。CSMA/CD的基本操作与之前讨论过的CSMA相同。从定义上看，CSMA/CD的特点是在刚开始时就可以侦听，而且一旦侦听到冲突，各冲突方的传输器就会停止传输。这样一来，冲突分组就会立即中断，从而最大限度地减少未成功传输却占用信道而造成的浪费。对以太网更多的详细介绍可参见第8章。其他局域网多址接入协议采用了“轮流”的思想(如轮询或基于令牌的方案),但是这些方案并没有广泛应用。当前的有线局域网中,以太网占据很大优势。

普通的CSMA要求通过确认(或者没有确认)来了解分组冲突状态。与之不同的是,因为冲突检测机制内置在传送器之中,所以CSMA/CD不需要反馈此类信息。检测到冲突时,传输就会立即终止,并发送一个干扰信号,从而初始化重传退避程序,如同CSMA的情形一样[Pah94]。与任何随机接入方法一样,正确设计退避算法是保证网络稳定运行的重要因素。

例4.27 二进制指数退避

IEEE 802.3以太网推荐的退避算法是二进制指数退避,它组合使用了“1-坚持”CSMA协议和冲突检测机制。终端侦听到传输时会继续侦听,直到传输完成。当信道变得空闲时,终端就发送自己的分组。如果别的终端也在等待,就会因为“1-坚持”而发生冲突。这时两台终端就会在时隙后再次尝试以1/2的概率发送,这会使两台终端之间所允许的最大传播延迟加倍。选择能够使传播延迟加倍的时隙,是为了保证即使在最糟糕的情况下,终端也能够探测到冲突。如果再有冲突,终端尝试以1/4的概率发送,为前一再次发送概率的一半。如果还有冲突,则终端每次都会继续降低一半重新发送概率,最多可高达10次。之后,继续采用最后一次的概率再发送6次。如果经过16次尝试后仍然无法发送,那么终端就会向其高层报告网络拥堵,传输就会停止。该程序成指数地增加退避时间,这也是其退避策略得名的原因。此程序的缺点在于后续到达的分组更有可能避开冲突,从而会导致先进后出的不公平情况。从中可以看出,指数退避算法的平均等候时间为5.4T,其中T是时隙用于等候的时间[Sta00; Tan10]。

CSMA/CD方案也用于很多红外局域网中,其传输和接收本身就有方向性。在这种情况下,传输站总是能够通过比较接收到的其他终端发出的信号与自己终端的传输信号来检测冲突。因为无线电传播没有方向,所以在其自身传输时要确定其他的传输就成了大问题。因此,冲突检测机制并不很适合无线局域网。但是,对无线局域网而言,兼容性非常重要。所以,这些网络设计人员不得不考虑CSMA/CD与以太骨干局域网的兼容问题,后者在有线局域网行业中占据统治地位。

冲突检测在有线网络中容易实现,可以简单地通过侦听入口处的电平是否超过阈值来进行判断。但是,由于衰减和其他无线信道的特性,这种简单方案不能直接用于无线信道。一个可以用于检测冲突的方法就是让传输站解调信道信号,然后把解调结果信息和自己的传输信息进行比较。发现不一致就可以看作是冲突指示,从而立即停止分组传输。但是,在无线信道中,传输终端自己的信号强过其周边接收到的所有其他信号,接收端因而就可能识别不了冲突,而只是简单地检测到自己的信号。为了避免这种情况发生,传输站的传输天线结构就要与接收天线结构不一样。在无线电终端中处理这种情况不大方便,这是因为需要为其发送器和接收器配备定向天线以及价格高昂的前端放大器。

如图4.14所示,这种称为CSMA/CA的方法实际上被IEEE 802.11无线局域网标准所采用。用于IEEE 802.11的CSMA/CA的元素包括:帧间间隔(IFS)、竞争窗口(CW)以及退避计数器。竞争窗口间隔用于竞争以及传输数据帧。帧间间隔(IFS)用作两个竞争窗口之间的间隔。退避计数器是用于安排分组传输的退避过程。下面举例说明此方法的运用。

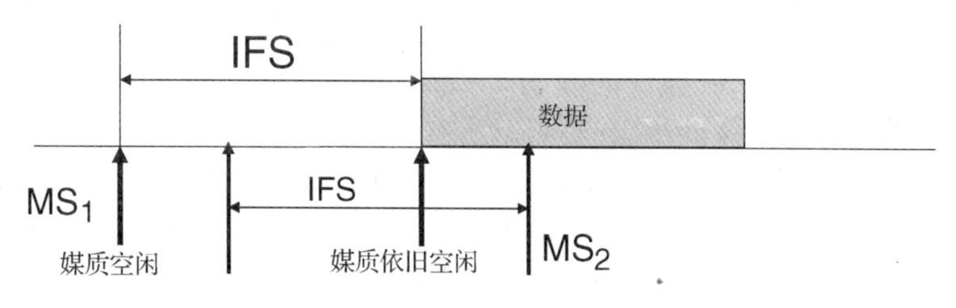

图4.14 IEEE 802.11 采用的 CSMA/CA 机制

例4.28 IEEE 802.11 中冲突避免的操作

图4.15 为用于 IEEE 802.11 标准的 CSMA/CA 机制的运行提供了一个实例。A 站、B 站、C 站、D 站和 E 站都忙于竞争发送自己的数据帧。A 站向空中传送一个帧，这时 B 站、C 站和 D 站就侦听信道，发现信道忙碌。这三个站都使用随机数字发生器以随机获取退避时间。C 站取到最小数字，而 D 站和 B 站跟随其后。这三个终端都会一直侦听此信道并延迟自己的传输，直至终端 A 的数据帧发送完成。完成后，所有这三个终端都等候帧间间隔(IFS)，并在此阶段完成后立即启动自己的计数器。一旦某个终端，此处即 C 站，完成自己的计数等候时间，就开始发送自己的帧。另外两个终端，此处即 B 站和 D 站，就会冻结它们的计数器，计数值停留在终端 C 开始发送时它们所达到的值。在 C 站传送帧期间，E 站侦听此信道，并运行自己的随机数字发生器。此处假设其产生的最终数字大于 D 站的剩余数字，但是小于 B 站的剩余数字。E 站会延迟其发送，等候 C 站完成帧传输。和前述事例的情形一样，所有终端都在等候帧间间隔(IFS)并启动自己的计数器。站 D 最先用尽其随机等候时间，然后传输自己的分组。站 B 和站 E 冻结它们的计数器，等待站 D 完成其帧传输以及其后的帧间隔，然后计数器继续开始计数。站 E 的计数器率先归零，它就开始发送自己的帧，而此时站 B 冻结自己的计数器。在站 E 完成帧传输的帧间隔之后，站 B 开始倒计数到零后发送自己的帧。这种退避策略比用于 IEEE 802.3 的指数退避优越，这是因为它消除了冲突检测程序，而且等待时间较为分布，相对平均，遵守了“先到先服务”原则。

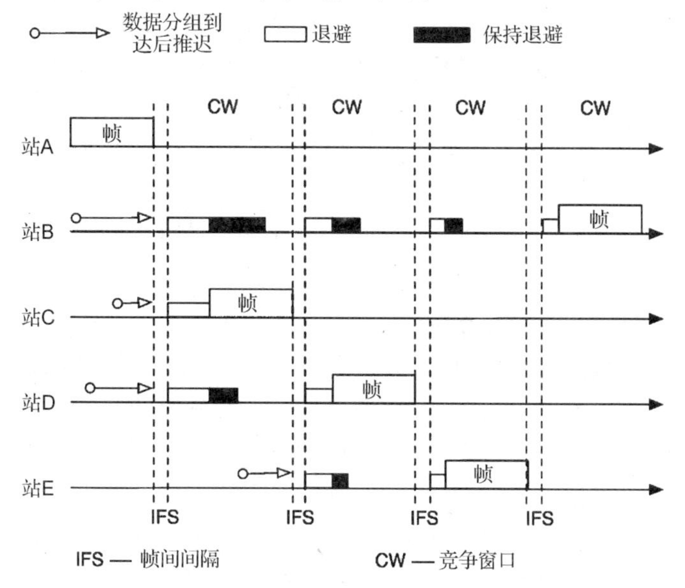

图4.15 CSMA/CA 示意图

为了避免冲突，无线局域网中可考虑的另一个相关技术就是“梳理方法”[Wil95a，b]。如图4.16所示，时间被分隔成“梳理间隔”和“数据传输间隔”。在梳理间隔，根据指派到每个站的代码，每个站都交替进行传输和聆听。所有站的代码都会一直推进，直到它们在聆听中侦听到载波。如果在代码末端未侦听到载波，它们传输自己的分组。如果侦听到一个载波，它们就会延迟发送，直至下一个梳理间隔。可用一个简单实例进一步阐明这种方法。

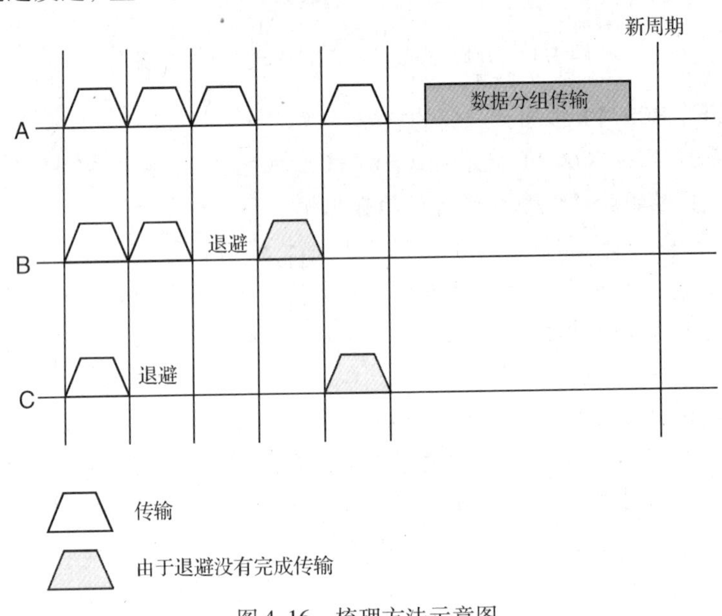

图4.16　梳理方法示意图

例4.29　用于冲突避免的梳理方法

图4.16显示了三个终端，分别使用五位数代码11101(终端A)、11010(终端B)以及10011(终端C)。在第一个时隙，三个终端都发送它们的载波，这是因为所有的代码在那个时隙都有1。在第二个时隙，终端C在侦听，并在检测到其他两个终端发送后，就从竞争中退出了，等待下一次侦听。在第三个时隙，终端B进入侦听状态，在检测到终端A的载波后，会推迟它的发送直到下一周期。当终端A发送分组时，继续交替进行发送和侦听直到梳理阶段结束(它听不到其他的终端)。终端A的数据发送结束之后，其他两个终端将会等待数据分组间间隔(IPS)而开始新的竞争。在此之后，终端B发送它的分组。终端C将会在第二个发送周期结束后发送分组。

在后文要讨论的CSMA/CA中，帧间间隔(IFS)被分成几个不同长度的间隔，分别与不同优先级相对应，从而实现优先权设定。在梳理过程中则通过给不同的优先级类别赋予不同类别的代码来设定优先权。对于低优先权的分组，0会在代码的靠前位置出现；而对于高优先权的分组，0会在代码的靠后位置出现。

无线局域网中使用的另外一种接入方法是如图4.17所示的请求发送(RTS)和允许发送(CTS)协议。准备好发送的终端发送一个简短的请求发送包，标明了源地址、目的地址以及将要发送的数据长度。目的地终端将会发送一个允许发送包。源终端无需竞争就可以发送分组了。在目的地终端发送确认之后，信道就可以用于别的服务了。IEEE 802.11支持这种模式，CSMA/CA也支持(详见第8章)。这种方法为终端在无需竞争的情况下发送分组提供了独一无二的接入权。

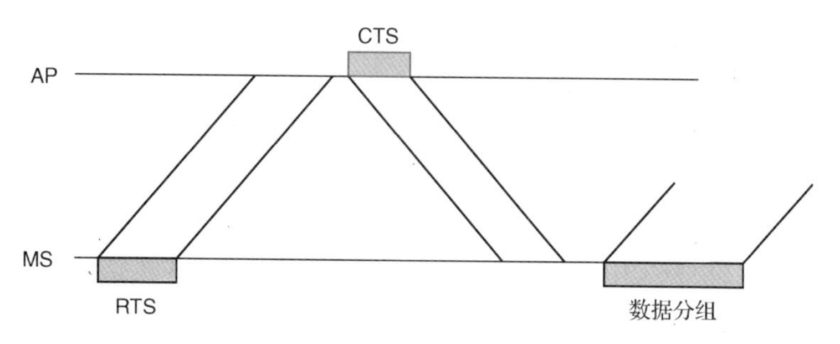

图4.17　IEEE 802.11中的RTS/CTS

无线局域网的服务质量

随着网络电话成为随机接入网络的一项重要应用，提升这种网络话音和其他即时通信的服务质量变得尤为重要。IEEE 802.11e标准尝试提升在无线局域网MAC层的服务质量。IEEE 802.11e的基本理念是向不同类别的通信提供不同的优先权。这里的优先权是指来自某类别通信的帧早于其他类别通信中的帧接入信道的能力。这有助于减少该类通信的延迟，能够提高吞吐量。IEEE 802.11中向不同类别的通信提供不同优先权的一种方法，是使不同类别的通信拥有不同的等待时间(帧间间隔)或者不同的退避间隔。采用这种方法，拿话音通信做个例子，话音通信的等待时间就比Web访问短得多，从而减少了延迟并提高了话音分组的吞吐量。

然而，这就意味着接入信道是不公平的(一些类别通信的带宽会严重不足)。公平接入媒体同时又保证吞吐量且防止延迟也是可能的，可以采用分布式技术。为解决这个问题人们已经提出了一些技术方案(参见[Pat03]详细介绍)。

无线传感器网络中的MAC协议

无线传感器网络是一种新型的网络，可以包含几千个低成本的传感器，部署在一个传感器场中用于监视和探测特定现象。在这种网络中，传感器实际上很少发送和接收有用的数据(通常是指经过本地处理的感知量)。传感器可以部署在人们接触不到的地方，因而有必要确保这些传感器中有限的电量可以持续数年。用于高速无线局域网的媒体接入方法不适合传感器网络。协调传感器的睡眠机制来减少空闲侦听时间可以延长电池的寿命。读者可以参考文献[Dem06]，以了解用于传感器网络的MAC协议。

用于高速运行的强化措施

无线局域网中应用的CSMA/CA协议的缺点之一，是等待时间严重限制了网络的吞吐量。请记住在退避时隙或者确认帧传输期间，没有利用帧间时隙来发送有用的数据。这些时间对IEEE 802.11中每个MAC层帧的传输就构成了一种开销。特别地，随着数据传输速率的增加，等待时间就成为帧传输中越来越大的一部分。随着数据传输速率的增加，帧的实际大小变小了。如果等待时间固定不变，那么最终它们就会支配帧的传输。因此，不管物理传输速率多大，无线局域网的吞吐量都不会超过某一阈值。为了解决这个问题，在IEEE 802.11n(用于无线局域网的高速标准)中，引入额外的MAC层特性来减少开销。这些特性包括将几个帧及其阻塞确认放在一起进行传输[Xia05, Sko08]。

4.3.3 随机接入方法性能

在面向话音的电路交换网络中，衡量网络性能的方法是计算发起一个呼叫的阻塞概率(阻塞率)。如果呼叫没有被阻塞，那么一个固定速率全双工信道将在整个通话时间内分配给用户使用。换句话说，用户和网络之间的互动分两步进行。首先，在呼叫过程中，用户和网络协商线路是否可用。如果可用(没有被阻塞)，网络将向用户提供有一定服务质量(QoS、数据传输率、延迟和差错率)的连接。对于即时的交互服务，例如电话交谈或者电视电话会议，如果用户没有讲话，那么分配给用户的资源就被浪费了。如果这些设施最初是用于双向话音服务的，现在要用于数据通信，那么：(1)对于突发数据文件传输，在前后两个突发数据分组之间的空闲时间里，所分配的资源都被浪费了；(2)由于分配给每个用户的资源受到更加严格的限制，大型文件传输需要较长的延迟或者等待时间。

分组交换网络的用户可以始终在线，既不需要可能会被阻塞的通信发起(协商)过程，也不需要分配固定服务质量。在这种情况下，对实时交互服务性能的分析，例如电话交谈，将会变得更加复杂，以后再讨论。这些用于数据通信的网络性能通常用平均吞吐量 S、平均延迟 D 以及对应的可提供通信量 G 来衡量。平均吞吐量 S 是每个时间间隔 T_p 内成功传输分组的平均数。可提供通信量 G 是分组时隙 T_p 内尝试传输分组的数量，包括新到的分组和旧分组的重传。平均延迟 D 是成功传输前的平均等待时间，针对分组传输间隔 T_p 取归一化值。通信量的标准单位是厄兰，可以被理解为每个分组持续时间 T_p 内的分组数量。吞吐量通常介于 0 和 1 之间，而可提供通信量 G 可能会超过 1 厄兰。

对多种媒体接入协议中 S、G 和 D 之间相互关系的分析已经成为几十年来的研究课题。这种分析依赖于对通信的统计行为、终端的数量、分组的相对持续时间以及执行的细节。假设许多终端产生符合泊松分布[①]的固定长度分组。表 4.1 总结了“阿罗哈”协议、1-坚持 CSMA 协议和非坚持 CSMA 协议的吞吐量表达式，包括各自的时隙和非时隙表达式。关于 p-坚持协议的表达式非常复杂，没有在这里列举。感兴趣的读者可以参考[Kle75b; Tob75; Tak85]，在这里也可以了解其他 CSMA 表达式的推导公式。表中的表达式也来自于[Ham86]和[Kei89]。本表中的参数 a 表示归一化传输延迟，表达式为 $a=\tau/T_p$，其中 τ 是信号从网络一端到另一端的最大传输延迟。

表 4.1 多种随机接入协议的吞吐量

协议	吞吐量
纯“阿罗哈”	$S = G\mathrm{e}^{-2G}$
时隙“阿罗哈”	$S = G\mathrm{e}^{-G}$
非时隙 1-坚持 CSMA	$S = \dfrac{G[1+G+aG(1+G+aG/2)]\mathrm{e}^{-G(1+2a)}}{G(1+2a)-(1-\mathrm{e}^{-aG})+(1+aG)\mathrm{e}^{-G(1+a)}}$
时隙 1-坚持 CSMA	$S = \dfrac{G[1+a-\mathrm{e}^{-aG}]\mathrm{e}^{-G(1+a)}}{(1+a)(1-\mathrm{e}^{-aG})+a\mathrm{e}^{-aG(1+a)}}$
非时隙非-坚持 CSMA	$S = \dfrac{G\mathrm{e}^{-aG}}{G(1+2a)+\mathrm{e}^{-aG}}$
时隙非-坚持 CSMA	$S = \dfrac{aG\mathrm{e}^{-aG}}{1-\mathrm{e}^{-aG}+a}$

① 泊松分布假设分组独立产生且互不相关，分组之间的到达间隔构成一个指数分布的随机变量。

例4.30 归一化传输延迟的计算

确定IEEE 802.3(以太网)10 Mbps的局域网和IEEE 802.11 2 Mbps的局域网的参数a。

解答： 针对星形局域网的IEEE 802.3，两个终端之间允许的最大距离为200 m。线缆中的传输速率通常约为200 000 km/s，此时$\tau=1$ μs。IEEE 802.11允许接入点和移动基站之间的最大距离为100 m。无线电的传输速度是300 000 km/s，此时$\tau=0.33$ μs。当星形局域网以10 Mbps传输1000比特数据分组时，$a=0.01$。当IEEE 802.11以2 Mbps传输1000比特数据分组时，$a=0.000\ 66$。

图4.18显示了表4.1中所列6种协议的吞吐量S以及对应的可提供通信量G，此时额定传输延迟为$a=0.01$。所有的曲线走势相同。起初，随着可提供通信量G的增加，吞吐量S也随之增加直到到达最大值S_{max}。当吞吐量达到最大值之后，随着可提供通信量G的增加，吞吐量实际上却减小了。第一个区域描述了网络的稳定运行，汇聚流量G包含了新到分组的通信和由于冲突旧分组的重传，提高了成功传输的概率。因此，吞吐量S也增大了。第二个区域代表了网络的不稳定运行，由于拥挤，G的增长实际上削弱了吞吐量S，最终迫使网络停止运行。实际上，正如我们在上一节谈到的，用于即时服务的重传技术，应当包括退避机制来防止网络在不稳定区域运行。

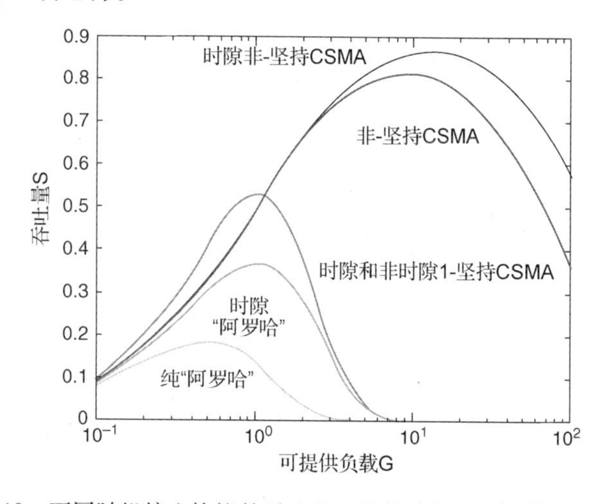

图4.18 不同随机接入协议的吞吐量S及其对应的可提供通信负载G

时隙和非时隙1-坚持CSMA的吞吐量曲线实际上难以区分。从图中可以看出，对于低级类别的可提供通信量，1-坚持协议提供最佳的吞吐量，但是，非坚持协议在更高级类别通信量上表现优异。也可以看到，时隙非-坚持CSMA协议的最大吞吐量几乎是坚持CSMA协议最大吞吐量的两倍。

表4.1中的等式也可以用于计算容量。容量定义为所有可提供通信量G所对应吞吐量的最大值S_{max}[Ham86]。下面举例说明这些曲线如何与某一特定系统关联。

例4.31 吞吐量和可提供数据传输率的关系

为了说明吞吐量和可提供数据传输率的关系，假设有一个集中式网络，可以支持10 Mbps的最大数据传输速率，而且可以使用纯“阿罗哈”协议来服务众多的用户终端。

(a)网络的最大吞吐量是多少？

(b)媒体中可提供的通信量是什么？它是怎么构成的？

解答：

(a) 由于吞吐量的最大值是 $S=18.4\%$，试图接入中央单元的终端能够在网络中获得的最大信息传输速率可达 1.84 Mbps。

(b) 在这个最大值时，终端的总通信速率为 5 Mbps（因为 $G=0.5$ 时最大值才会出现），总通信速率包括成功交付的 1.84 Mbps 分组（是新到分组和旧分组的混合），以及 3.16 Mbps彼此冲突的分组。

对于“阿罗哈”和 CSMA 系列协议，图 4.19 显示了信道容量及其对应归一化传输延迟的相关数据。曲线表明，对于上述两种协议，它们的容量与归一化传输延迟 a 的函数关系差异明显。对于“阿罗哈”协议，容量是独立于 a 的，在 a 值较大时，它比其他协议的容量都大。正如以前所讨论的，当覆盖范围很大而且传输延迟和分组长度可以比较时，这个结论才成立。图 4.19 也表明当 a 较小时，1-坚持 CSMA 的容量对归一化传输延迟没有非-坚持 CSMA 敏感。然而，当 a 较小时，非-坚持 CSMA 产生的容量大于 1-坚持 CSMA，尽管当 a 趋近范围 0.3 ~ 0.5 时，情况正好相反[Ham86]。

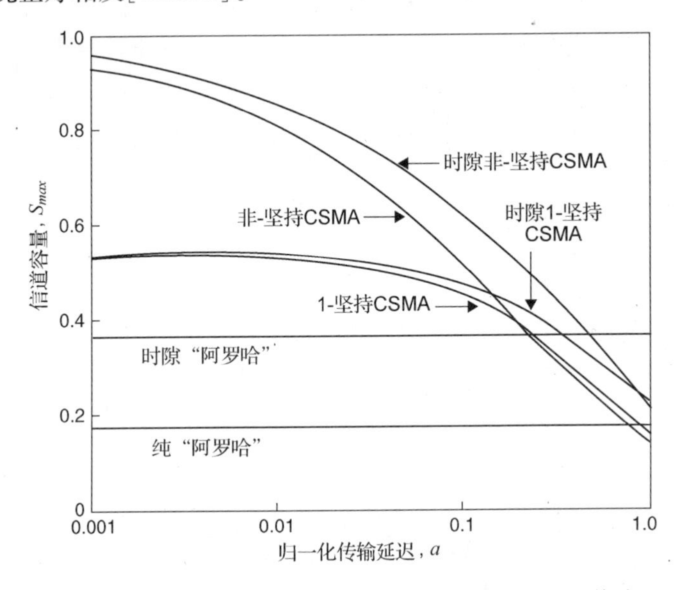

图 4.19　不同随机接入协议的信道容量及其对应的归一化传输延迟

另外一个分组通信的重要性能测定标准是所发送分组的延迟特性。对于诸如电话交谈这样的即时服务，如果延迟超过了某个特定值（几百毫秒），分组就不再有用从而会被丢弃。因此，我们需要分析信道的延迟特性来确定这些接入方法的性能。在数据传输服务中，延迟特性通常和媒体的吞吐量有关，通常的形状如同曲棍球球杆。在低负载通信时，当只有一小部分的吞吐量被利用时，传输延迟通常保持相同。随着被利用吞吐量的增加，重传分组的数量也在增加，结果分组的平均延迟也增加了。当被利用的吞吐量达到最大值时，重传延迟急剧增加，使网络处于一种不稳定的状态。此时，信道中充满了重传的分组，分组延迟也非常严重。图 4.20 表明了 ALOHA、S-ALOHA 和 CSMA 协议的延迟-吞吐量变化[Tan10]。

实际应用

上面所做的分析是抽象的，目的是给使用不同种类的接入方法提供一个理论框架。实际应用中会出现很大的偏差，不同接入方法的性能评估是通过逐个分析或者模拟每种方法得出的。在[Sta00]最后一章就提供了例子，分析了IEEE 802.3以太网中用到的指数退避算法的CSMA/CD协议以及IEEE 802.5中用到的令牌环接入方法的性能。

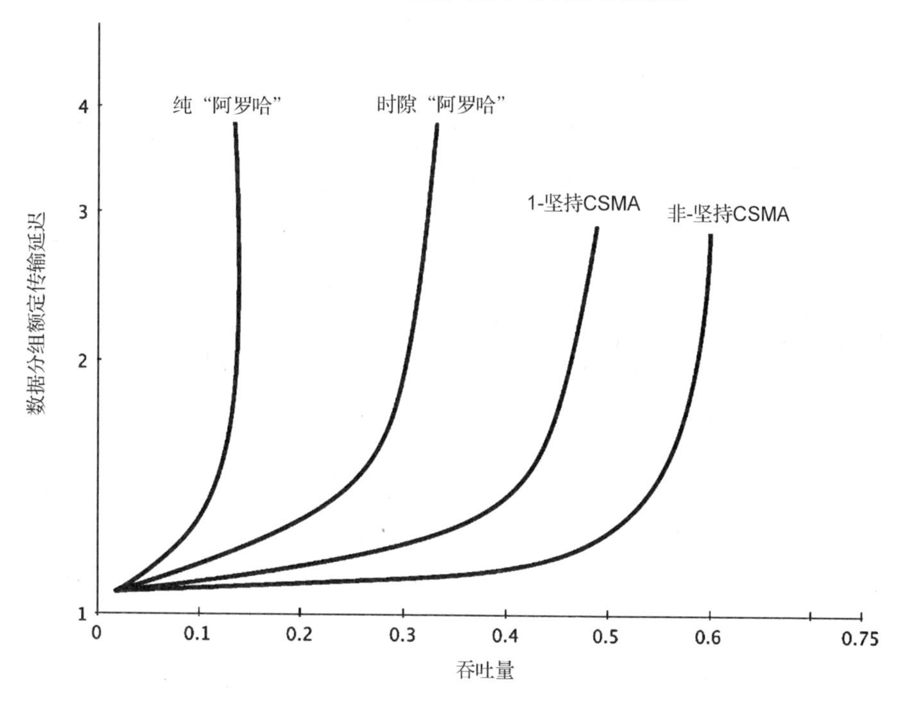

图4.20　不同随机接入协议的延迟及其对应的吞吐量

无线信道引起的复杂因素

影响有线通信吞吐量的三个有效因素是传输延迟、用户空闲时间(没有传输)以及分组冲突。在无线环境下分析协议的真实吞吐量更加复杂，这是因为它涉及隐藏终端和俘获效应。为了分析这些效应，设定我们有一个集中式接入点，有许多终端与之相连并通过一个随机接入方法进行通信。

图4.21显示了隐藏终端问题的基本含义。两个想和接入点建立连接的终端都在接入点的覆盖范围内，但是它们彼此都不在对方的覆盖范围内。天线的有限作用距离和盲区是导致隐藏终端弊病的两个主要原因。隐藏终端问题没有影响“阿罗哈”类型协议的性能，但是削弱了CSMA协议的性能。当CSMA受隐藏终端影响时，一些终端接收不到发送终端的载波，它们的发送分组更有可能会产生冲突，降低整体的吞吐量。

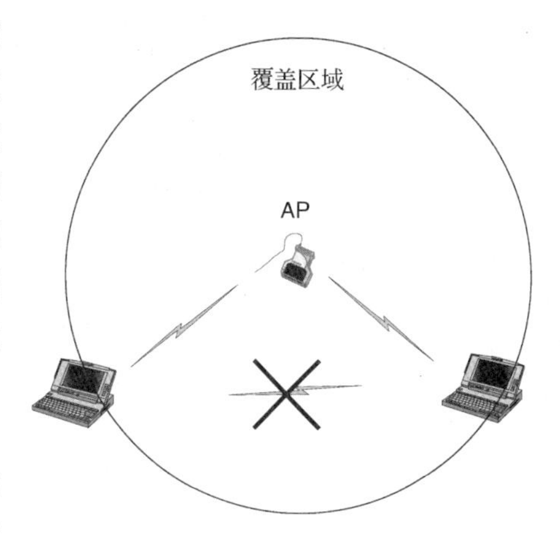

图4.21　隐藏终端问题

实际应用中，接入点的覆盖范围通常大于移动终端的覆盖范围，这是因为接入点是安装在一个专门挑选的地方来实现最大范围的覆盖(在墙的高处或者天花板上)，这样会增加隐藏终端问题的负面影响。假设接入点的覆盖范围和移动终端的覆盖范围一样大，依然无法保证在接入点覆盖范围内的所有终端能够彼此听到对方。在接

入点最大覆盖距离 L 上的两个终端可能相距 $2L$。因此，在集中式接入系统运营过程中，当这些系统采用无线局域网经常使用的 CSMA 协议时，隐藏终端问题是不可避免的。

另外一个影响无线网络吞吐量的现象是俘获效应。在无线信道中，有时候两个分组的冲突可能不会毁掉这两个分组。由于信号衰减或者“远-近”问题的影响，来自不同发送基站的分组到达时带有不同的能量级别，能量大的分组就可以在冲突中存留下来。图 4.22 显示了俘获现象的基本含义。靠近接入点的终端发送出的分组能量大于距离接入点较远终端发送的分组能量。如果两个分组随后冲突，信号强度较弱的分组就会成为背景噪声，接入点成功俘获（探测）到来自近处终端的分组。由于在计算吞吐量时，通常假设冲突分组被毁掉了（没有探测到），因而俘获效应提高了无线网络的吞吐量。

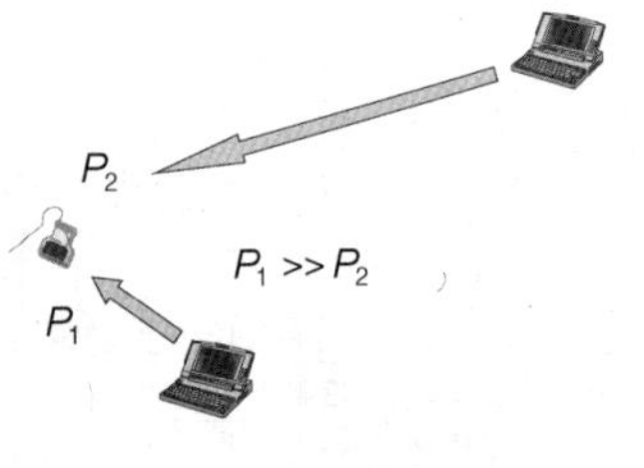

图 4.22　俘获效应

人们最早分析的是军用快速移动分组无线网络中的隐藏终端效应，建议使用忙音信号来解决隐藏终端问题。最近，人们试图分析基于多种假设的无线局域网的俘获效应和隐藏终端效应[Zha92; Zah97]。

事实上，分组的俘获是随机过程，它是用于传输的调制技术、接收信噪比和分组长度的函数。

例 4.32　俘获效应和吞吐量

图 4.23 显示了俘获效应对分组长度为 16 比特、64 比特和 640 比特的传统时隙“阿罗哈”和 CSMA 系统的影响[Zha92]，也比较了没有俘获时的传统非-坚持型 CSMA 和时隙“阿罗哈”的曲线。有俘获时，分组长度为 16 比特的 CSMA 的最大吞吐量是 0.88 厄兰，比没有俘获时多出了 0.065 厄兰。具有同样分组长度的时隙“阿罗哈”的最大吞吐量是 0.591 厄兰，比没有俘获时多出了 0.231 厄兰。

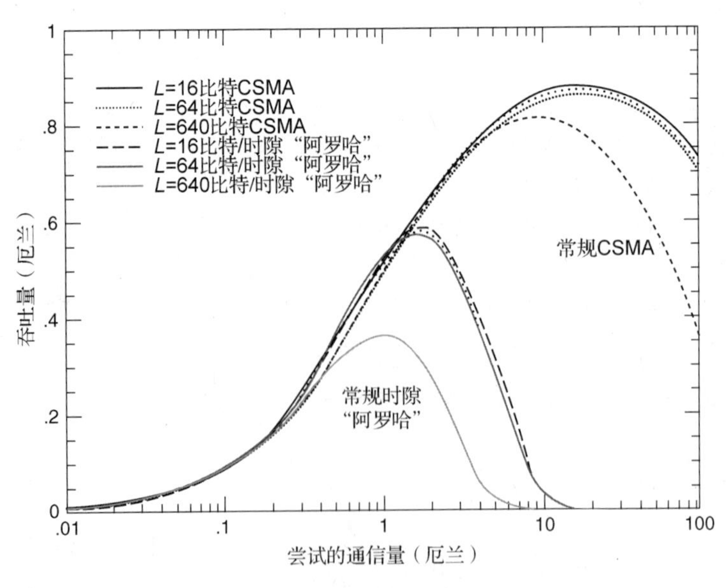

图 4.23　分组长度对有俘获时的 CSMA 和时隙“阿罗哈”吞吐量的影响。调制方式为 BPSK、信噪比 20 dB

在慢衰落信道中，如果产生测试分组的终端处于理想的位置，那么来自其他分组的干扰就很小，分组中的所有数据都会在冲突中存留下来。相反，如果产生测试分组的终端所处位置很糟糕，所有的字节会有很高的误差概率，分组将在冲突中毁灭。这样一来，系统就表现出对分组长度选择的敏感度很低，这符合对慢衰落的假设。图 4.24［Zha92］显示了 640 比特分组网络中有俘获和无俘获时 CSMA 协议的延迟吞吐量。分组延迟对分组长度做了归一化。对于这两种情形，吞吐量越接近最大值，系统就变得越不稳定，分组传输延迟就越不可接受。当俘获效应被考虑进来后，最大吞吐量增加了，不稳定现象发生在吞吐量的相对更高一点的位置上。

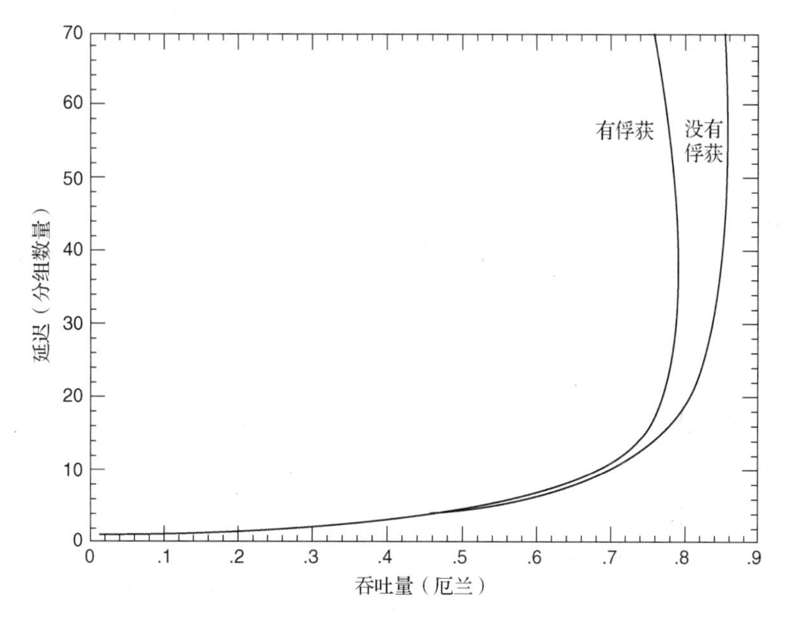

图 4.24　有俘获和没有俘获时，采用 BPSK 调制和 20 dB 信噪比的 CSMA 的延迟及其对应的吞吐量

例 4.33　无线局域网中的俘获效应和隐藏终端

图 4.25［Zah97］显示了一个无线局域网接入点的吞吐量及其对应的可提供通信量曲线，该接入点采用了 CSMA 协议而且被覆盖范围内均匀分布的诸多终端包围。如图 4.26 所示，在这种情况下，每个终端探测到在它的覆盖范围内(图中的区域 1)有一组终端，但是探测不到不在它的覆盖范围内却在接入点覆盖范围内(图中的区域 2)的那些终端。相对于区域 1 中的那些终端来说，目标终端的吞吐量和 CSMA 系统的吞吐量是一样的。然而，相对于区域 2 内的终端来说，目标终端的吞吐量和“阿罗哈”网络的吞吐量是一样的。这是因为载波探测失效，目标终端发送它们的分组时却丝毫不知道区域 2 内终端的发送。借助这些事实［Zor97］，接入点覆盖范围内每个点的吞吐量都能够被计算出来，然后计算接入点整个覆盖范围的平均值，从而计算出移动终端不同覆盖范围内的吞吐量。很显然，这样计算出来的平均吞吐量通常处于 CSMA 的吞吐量和“阿罗哈”的吞吐量之间。图 4.22 中最低的曲线，表明了隐藏终端问题被考虑进来以及每个终端的覆盖范围是接入点覆盖范围 70% 时的吞吐量。因为许多终端探测不到其他终端的发送，最高吞吐量就衰减到 25% 以下，稍稍高于“阿罗哈”最大吞吐量的 18%，远低于 CSMA 的最大吞吐量。从下面数的第二条曲线，其最大值大约是 30%，代表同样的结果，此时接入点的覆盖范围和移动终端的覆盖范围是相同的。第三条曲线描述了当隐藏终端和俘获效应被考虑进来，而且移动终端的覆盖范围小于接入点的覆盖范围时网络的性能。俘获效应将吞吐量提高了 40%。最顶端的曲线和第三条曲线相同，此时接入点的覆盖

范围和移动终端的覆盖范围相同。这种情况又将吞吐量提高了10% ~50%以上，接近于传统CSMA的性能。

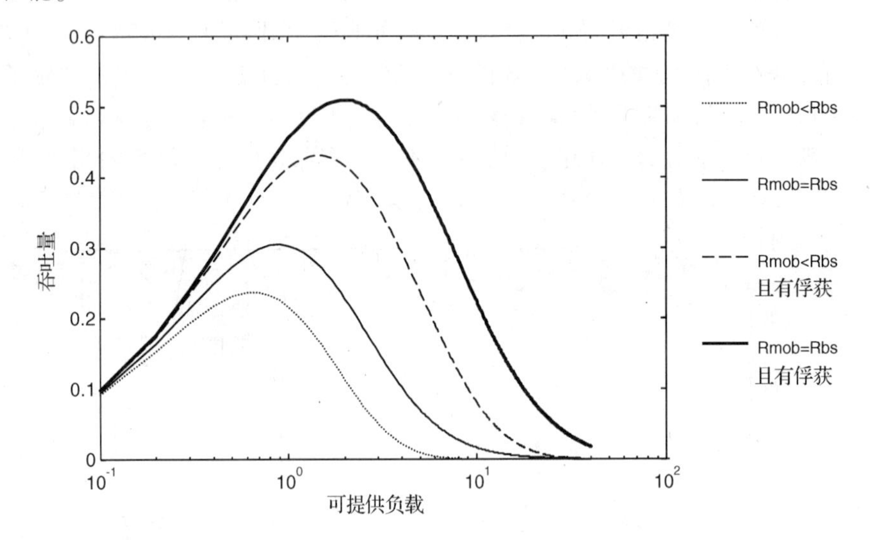

图4.25 支持多个终端无线局域网的吞吐量及其对应的可提供通信量

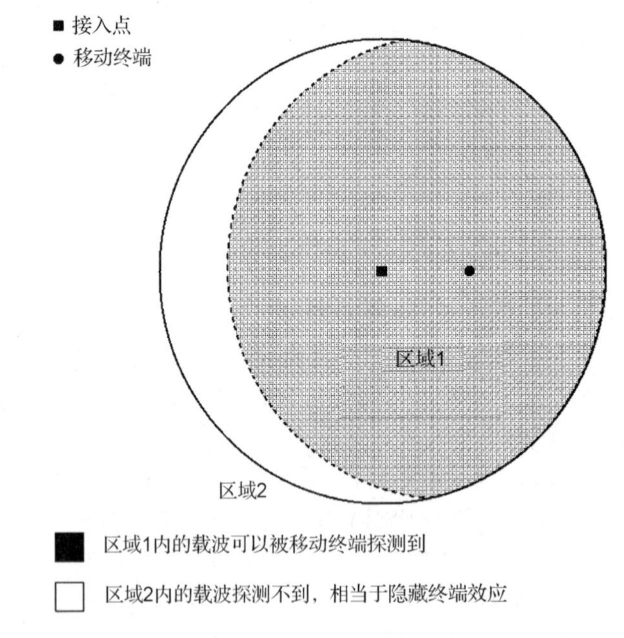

图4.26 无线局域网中接入点的覆盖范围和目标移动终端

4.4 话音和数据业务集成

随着无线通信业迈向3G和4G网络，重要的目的之一是多媒体借助单一的无线系统支持多种通信服务，包括话音和数据及其多种的形式和组合。在这种集成的系统中，一个需要解决的关键问题是多用户接入问题。正如在本章前面部分所讨论的，有效支持一种服务的接入方法不适用于另一种服务。正如第1章讲到的，在第一代和第二代网络中，无线产业分别朝着面向话音和面向数据的应用发展。如果数据服务能够有效地与话音服务整合，由于数据传输并没有严格的延迟要求，那么没有话音传输时可能会被浪费掉的传输资源就可以用于数据传输。首先，面向话音的网络发展成支持数据传输。最近，随着因特网和公共交换电话网(PSTN)上网络电话(VoIP)的普及，无线局域网(WLAN)中支持话音服务也已经引起人们的关注。

4.4.1　集成服务的接入方法

正如以前所讨论的，在分组通信环境中，话音和数据具有不同的要求。话音分组允许误差甚至话音丢失(话音包丢失 1% ~2% 对音质的影响微不足道[Kum74])。但是，数据分组容易受到丢失和误差的影响，却可以允许延迟。而且，话音的信息传输速率是恒定的，由此电路交换便成为了一种行之有效的办法。而数据传输速率却非常不稳定，因此面向话音和数据的网络使用不同的接入方法。在无线环境中，最简单的方法是给同步包(话音)和不同步包(数据)分配不同的频段。然而，将话音和数据融入一个频段，将会更加高效地利用带宽，构建更加简单的无线电接口，以及建立一个能够更好协调音频和视频同步(例如唇形同步)的环境。

4.4.2　面向话音网络的数据集成

固定接入方法，例如 FDMA、TDMA 和 CDMA，初衷是接入面向话音的电路交换网络。后来，正如在第 1 章中讲到的，几种数据服务使用了这些系统。使用这种方法来提供移动数据服务的经济动因，是部分或者充分地利用针对面向话音网络设计的现有基础设施、终端和频段。这样一来，移动数据服务提供商就节省了大部分基建的费用，包括地产费用以及天线的安装费用，并且无需新的频段来进行数据服务。如果可能的话，使用同样的话音和数据终端将会降低成本并推广服务。

例 4.34　基于 FDMA 模拟蜂窝系统的移动数据

20 世纪 90 年代初期出现的蜂窝数字分组数据(CDPD)系统，使用模拟 FDMA 蜂窝电话网络(AMPS)中可用的频率信道，提供一种覆盖分组数据服务，其支持的数据传输速率约等于话音频带调制解调器的传输速率(大约 19.2 kbps)。这个系统没有充分利用语音会话之间的停顿，只是利用了每个蜂窝区域中移动电话用户暂时尚未使用的频段。CDPD 使用 AMPS 中未用的信道来发展移动数据单元和移动数据基站之间的通信连接。理想情况下，CDPD 终端可以使用射频和 AMPS 终端的天线来传输突发分组。然而，对于 CDPD 网络来说，最重要的事情是其可以使用现有的 AMPS 网络的天线基站、天线塔和频段。由于地产、天线杆的安装和频段是网络运行的最大成本所在，CDPD 被认为是为移动数据服务全覆盖提供了高性价比的解决方案。CDPD 采用的空中接口协议和调制技术不同于 AMPS 系统。

例 4.35　基于 TDMA 系统的移动数据

20 世纪 90 年代晚期出现的 GPRS 分组数据网络，使用 GSM 网络的空中接口和基础设施来实现移动分组数据服务，能够支持可达每秒几十万比特的数据传输速率。GPRS 使用与 GSM 相同的物理分组格式和调制技术。GPRS 中的逻辑信道不使用 GSM 中的拨号方式。采用类似 CDPD 的方式，通过有线网络基础设施，GPRS 中的分组被选路到分组交换数据网络而不是通过 PSTN 进行交换。GPRS 设计时利用了 TDMA 面向话音 GSM 网络中未使用的时隙。

例 4.36　基于 CDMA 网络的移动数据

在 TDMA 系统和 FDMA 系统中，数据用户可以分别使用可用的空闲时隙和空闲信道。在 CDMA 系统中，情况有些不同。在 CDMA 的结构中，所有的主叫用户同时使用整个带宽的时空间。需要管理的资源就是信号功率。随着高效功率控制算法的应用，由移动站和基站发送的信号强度会随着移动电话位置的变化和某特定时间网络用户数量的变化而不断调整。既然不同数量的两类电话很容易混合在一起，如果每一种电话借助唯一的用户信号编码来使用信道，那么在 CDMA 的网络中，数据通话和话音通话的整合在原理上是很容易的。因此，在 CDMA 网络中，没有必要修改信道接入方法来实现话音信道和数据信道的集成，而且话音或数据的传输速率原则上可以通过在 IS-95 中供话音服务使用的多速率传输方案来改变。单一用户信道中的话音和数据服务的集成是很简单的。

从技术角度来看，促进数据融入面向话音的固定分配接入方法有两种动力：

1. 面向话音网络中使用的固定分配接入方法用于支持一定数量的并发用户。当主叫用户的数量低于这个用户数量值时，一部分的发送资源就被浪费了。
2. 由于某一时刻仅有一方说话，典型的双向通话并没有充分利用呼叫连接时间。而且，自然语言流实际上包含着话语和话语间的时隙。通常认为，在双向通话中，通话双方的平均话音活跃因素约占 40%，60% 的可利用时间都没有得到利用。

假设在某个特定区域（例如蜂窝设施中扇形天线的覆盖区域）有 N 个话音信道，可用于容纳新的呼叫和从其他地方转发来的呼叫。进一步假设此地区所有的呼叫都是按照泊松分布产生的，具有额定传输率为 $\rho=\lambda/\mu$ 的呼叫/单位信道，而且呼叫时长通常按照单位平均数分配。按照更新的理论[Bud97]，空闲信道的数量 N_{idle} 由下式给出：

$$N_{\mathrm{idle}} = N_u - p[1 - B(N_u,\ p)] \tag{4.10}$$

其中 $B(N_u,\rho)$ 代表从厄兰 B 公式计算出的 M/G/1 队列的阻塞概率，计算公式如下：

$$B(N_u,\rho) = \frac{\rho^{N_u}/N_u!}{\sum\limits_{i=0}^{N_u}(\rho^i/i!)} \tag{4.11}$$

图 4.27 显示了不同呼叫阻塞率对应的每个扇区空闲话音信道的平均数 N_{idle} 和可用信道 N 数量之间的关系。呼叫阻塞率为 2% 左右时，这个数字对大多数蜂窝网络是可以接受的，许多空闲的信道可以用于数字通信。不管信道有多少，大多数时间所有的信道都会被使用。因此当网络出现较大呼叫阻塞率时，只有很少的信道可用于数据通信。如果整合后的系统使用空闲的信道来进行数据传输，那么平均来说，数据用户可用的最大数据传输能力是 N_{idle} 乘以话音信道的编码率。正如前面讲到的那样，如果系统能够利用双向通话中的静默周期，那么额外的接近 60% 的传输能力可以用于数据传输。

另外一个重要参数是话音信道的空闲时间。空闲时间是指话音信道不被话音用户使用的时间。在一个 N 信道面向话音的网络中，假设每一个信道承担相同比例的呼叫负载，那么就可以计算出每个信道的平均空闲时间 T_1[Bud97]：

$$T_1 = \frac{N_u - \rho\times[1 - B(N_u,\rho)]}{\rho\times[1 - B(N_u,\rho)]} \tag{4.12}$$

图 4.28 显示了不同呼叫阻塞率对应信道的归一化平均空闲时间和可用话音信道数量。对于

典型的大约几分钟的通话时间，呼叫阻塞率大约是2%，平均空闲时间相当长，这就意味着数据网络有合理的时间来检测可用性和传输突发数据。

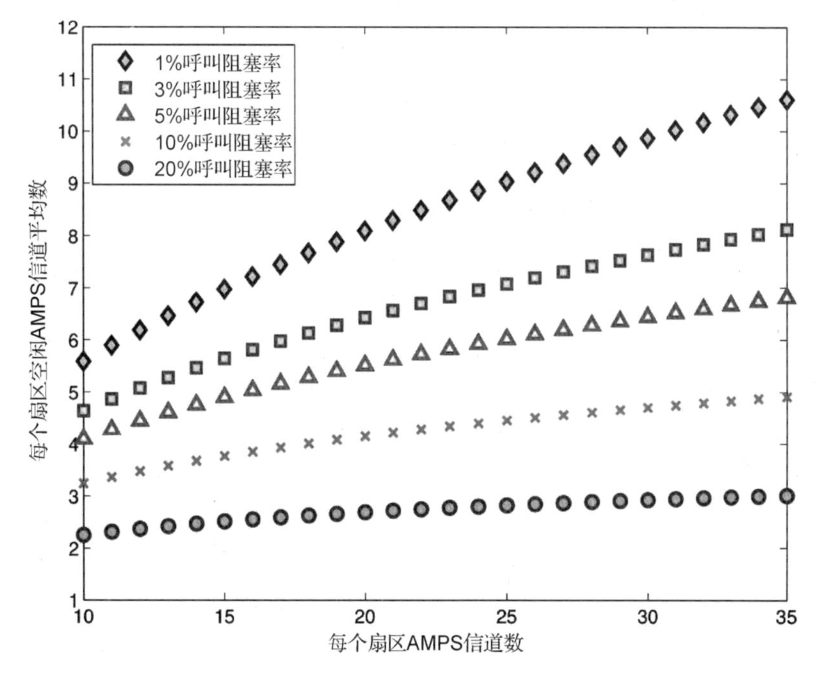

图 4.27　每个扇区空闲信道的平均数与给定呼叫阻塞率和可用信道数量的函数

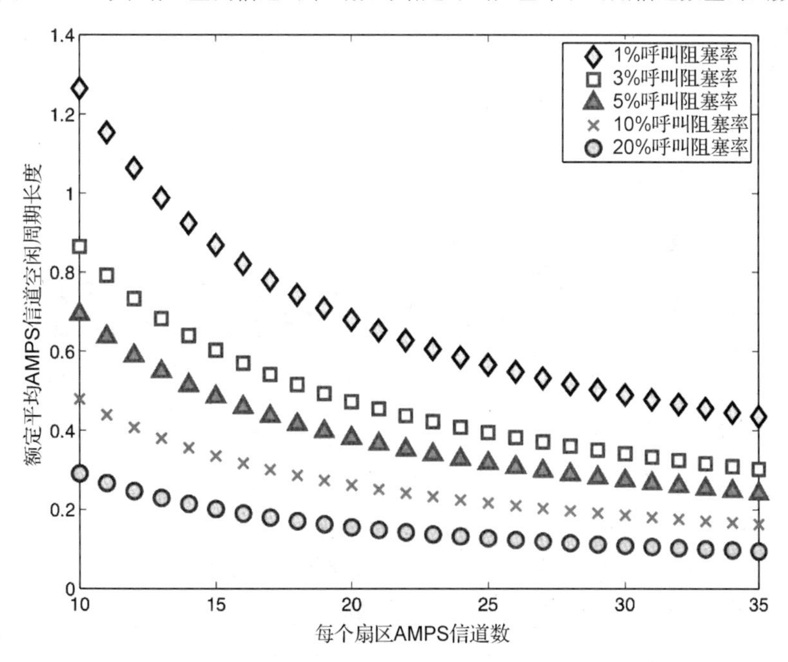

图 4.28　每个信道的归一化平均空闲时间与信道数量和呼叫阻塞概率的对应关系

有时候，所有的话音信道都被话音用户占用，没有信道可用于数据服务。如果这样的时间片断短暂，且不经常出现，一些数据服务就可以接受这种情况。否则的话，应该开设特定信道供数据服务专用。这样一来，数据用户既有自己的专用信道又能够使用空闲的话音信道。

假设遇到了网络阻塞，又没有专用的数据信道，数据传输工作将会是断断续续的。假设通话时长是按照指数分配的，那么参见[Bud97]，对于数据的能够使用信道的平均活跃时间 T_a 由下式给出：

$$T_a = \frac{1 - B(N_u, \rho)}{N_u B(N_u, \rho)} \tag{4.13}$$

这种情况下，平均阻塞时间 T_b 不是由呼叫负载决定，也不是由阻塞率决定的，而是由下式给出：

$$T_b = \frac{1}{N_u} \tag{4.14}$$

图 4.29 显示了归一化平均使用时间 T_a 和对应的信道数量之间的关系。随着呼叫阻塞率的增大，数据可以使用信道的时间缩短了，系统的阻塞时间增加了。当5%的阻塞率或者低于5%的阻塞率，少于25 条信道时，系统相当于拥有一条专用的数据信道。当更高的阻塞率且数据应用不能容忍阻塞时间时，数据服务必须配备至少一条专用信道。一些实际的例子会帮助理解这种情况。

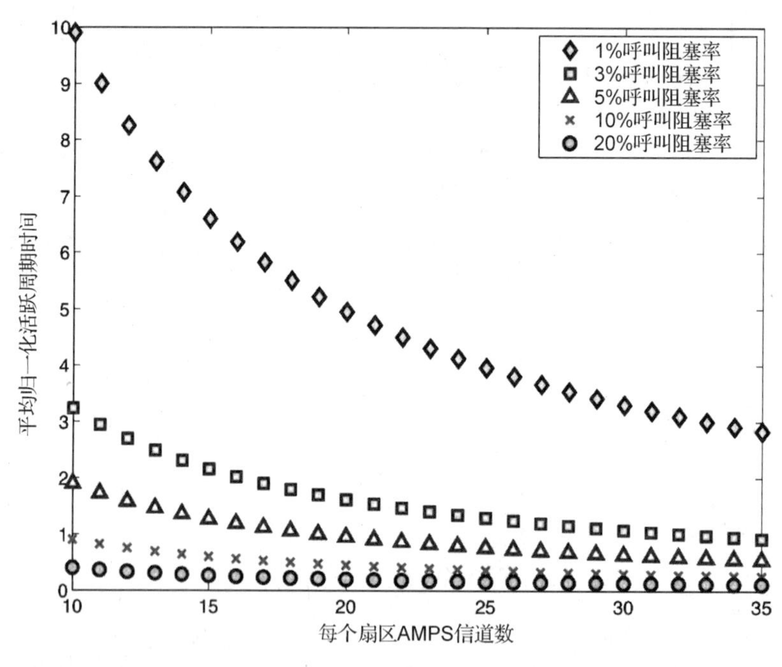

图 4.29　数据可以使用信道的平均时间与话音信道数量和呼叫阻塞概率的对应关系

例 4.37　FDMA 系统中的数据覆盖——CDPD

上面的分析事实上也说明了 CDPD 的发展，所有的分析和讨论都可以直接应用于 CDPD。CDPD 在模拟 FDMA 蜂窝网中运行，速率达每条信道 19.2 kbps，对应于在 30 kHz AMPS 信道中使用高斯最小频移键控(GMSK)调制所获得的数字发送速率。CDPD 支持信道跳频特征，使得移动数据终端在通信过程中可以跳至另一个信道，以便留出当前信道用于话音电话通话。这种特征把阻塞率维持在标准值，保证在切换时的持续运行。CDPD 数据覆盖的缺点是没有给数据用户分配几条话音信道来支持更高的数据传输率。通常，在 FDMA 系统中，为某一数据用户分配多条话音信道涉及一个终端几条射频信道的同时运行，实际上不是非常可取。基于同样的原因，FDMA 系统中的数据覆盖在利用通话中的静默周期时也会遇到困难。

例4.38　TDMA系统中的数据覆盖——GPRS

TDMA数据覆盖的例子之一便是GPRS。上面的所有分析也都适用于GPRS。然而，TD-MA格式的灵活性允许多时隙分配，从而支持更高的数据传输率。GPRS也没有利用双向电话通话中的静默周期。

一个有效集成话音和数据分组的方法是一种具有静默检测能力的可移动边界的TDMA方案。这种方案已经应用于时间分配语音插补(TASI)系统中，该系统应用于T1载波电话网络[Fis80]，用以最大化所承载的话音用户数量，并将数据传输集成到信道中。利用这一基本思想，可以设计一种TDMA/帧轮询协议，在无线局域网(WLAN)中集成话音和数据分组。这个系统包含许多话音和数据终端以及一个中央站，用于协调所有的传输[zha90]。方案如图4.30所示，整个话音和数据分组的协议就是一个可移动边界TDMA方案。一个帧由中间的一条边界分成两个区域。第一区域用于话音和数据通信，其中话音通信优先。否则，话音包占据了这个区域所有的时隙，剩余的时隙用于数据通信。第二区域预留，供数据通信专用。话音区域和数据区域之间的边界会随着每个帧中的当前话音包数量的变化而移动。每个帧中话音包的最大数量是N_1，被赋予一个合适的数值来保证最低的数据通信能力，使话音包的阻塞率低于一个可选值(在[Zha90]中为2%)。

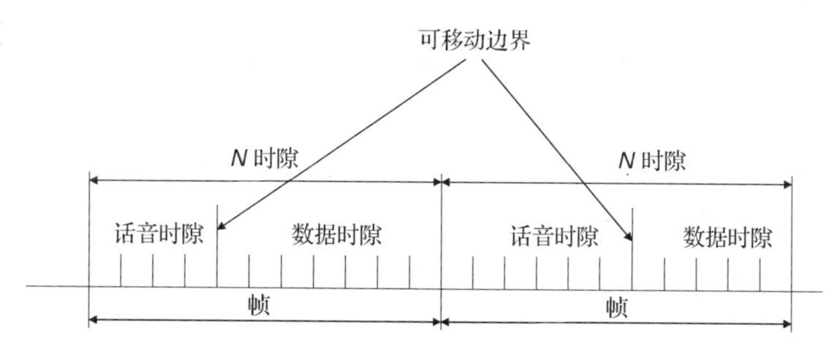

图4.30　可移动边界帧轮询系统中的帧结构

在[Zha90]中深入分析和模拟实验所得出的结果，提供了可以分配给话音和数据通信容量之间的简单经验性关系：$D = R_T - 0.032N_v - 0.29$，其中$D$是数据通信可用的以Mbps为单位的数据通信速率，$N_v$是当前采用64 kbps脉冲编码调制电话的通话数量，R_T是媒体上可用的传输速率。可以将这个等式应用于TASI系统。该系统可以使用这个协议在一个传统的24条话音信道的系统(T1载波)中，容纳30名话音用户以及一些额外的数据，传输速率为$R_T = 0.064 \times 24 = 1.536$ Mbps，以支持24个64 kbps的话音用户。当等式中的$N_v = 30$活跃用户时，最大延迟为10 ms(用于模拟实验)的数据传输速率是286 kbps。新协议还可以多支持6个话音用户以及280 kbps的数据。当用户数为24时，有487 kbps的容量可供数据通信使用，这大约占总传输速率的30%。

例4.39　CDMA中的数据覆盖

如同本章前面部分讲到的，在CDMA系统中集成突发数据和话音是非常简单的，CD-MA系统已经利用了话音活跃因子。因此，使用同样的基础设施和终端，在CDMA系统中可以覆盖数据服务。如果需要更高的数据传输速率，可以减少数据信道中的处理增益或者给一个数据连接分配几条平行信道。CDMA容纳多种数据服务所具有的天然灵活性，是挑选CD-MA作为第三代通信系统的一个主要原因。高通公司曾推荐其高数据速率(HDR)技术，仅仅通过在下行线路上采用为达到更高数据速率的多个载波，便可以支持非对称的上行线路和下行线路的数据速率。在3G CDMA 系统中的高速分组接入在第12 章中讨论。

4.4.3 面向数据网络的话音集成

话音和数据的整合已经在本书中进行了深入讨论。大多数这样的研究都是关于明确接收器与发送器之间同步的协议。这些方法使用基于分配的协议来集成话音和数据，这些协议可以分配一个固定参照时间，例如用于数据分组或者话音分组传输的时隙。同步系统可以更好地控制话音通信延迟，但是对于突发数据通信却缺乏灵活性。另外一种方法不需要明确接收器和发送器之间的同步，这就是非同步方法。非同步分组方法大多采用从分组数据网络扩展而来的协议，这些协议更加适合突发数据通信。这种方法用于话音通信时，要求相对复杂的处理来限制延迟。

竞争型数据分组通信协议，例如“阿罗哈”和 CSMA，被用于面向数据的无线网络。这些协议特别适合包含许多用户站，且每个站拥有较低平均数据通信速率和潜在性的高峰值通信速率的网络。这些协议很少需要或者无需中央控制，通常可以容纳网络中不同数量的用户。然而，当通信负载很高时，竞争型方案在分享通信资源方面非常低效。这是因为随着系统传输能力的下降，通信延迟会增加。传输能力和时间延迟的不可预测性，使得这些接入方法对于以话音为主的通信服务毫无吸引力。在这些服务中最小的传输能力和延迟都会严重影响用户对服务质量的认可。直到最近(因特网和无线时代)，固定电话服务和公共交换电话网依旧是通信业的盈利主体。在过去的一个世纪，电话用户已经把公共交换电话网的有线话音服务作为电话交谈的常规标准。

话音服务中的服务质量

在数字分组通信中，公共交换电话网话音用户享受的服务质量明确要求64 kbps PCM(或者32 kbps ADPCM)的编码数据通信率和最大100 ms 的延迟。这种服务质量称为有线话音质量。20 世纪晚期，随着蜂窝电话服务的出现，用户接受了降低的服务质量，导致服务质量降低的原因便是无线信道导致的衰落以及由切换、覆盖不足或者其他原因引起的掉线。如同在第1 章讲到的，无线电话和私人通信服务的服务目标，是使其服务质量接近固定电话的质量。如果无线电话的话音质量远远低于固定电话的话音质量，那么人们早就抛弃无线服务了。这是因为人们可以选择使用家庭或者办公固定电话来享受更好的服务质量。然而，用户不得不接受较为糟糕的蜂窝电话服务质量，这是因为他们乘坐车辆或者处于其他移动状态时，除了蜂窝电话别无选择。

另外一个不同于固定电话的事件，是因特网上的语音通话或者如同大多数人所谓的网络电话(VoIP)的出现。因特网的普及以及它对家庭市场的渗透和支持多媒体的性能加上本地通话与长途通话相同的价格(最大的优势)等因素，促进了网络电话的发展。因为处于一个分组交换环境且通过竞争获得接入机会，所以这些服务的服务质量根本得不到保障。在目前的技术条件下，网络电话的质量远远低于固定电话的质量。然而，通过因特网免费拨打国际长途电话还是推动了一些用户尝试网络电话。

在无线网络中，网络电话对移动数据应用来说毫无意义，这是因为这些服务只提供低数据通信速率，并且它们只是作为现存的面向话音网络的辅助网络存在。然而借助第三代网络的高速分组接入协议，网络电话在第三代网络中的应用近年来正在被广泛研究。然而，网络电话可以考虑在无线局域网中使用。设想在证券交易所中安装无线局域网支持交易所内用户使用的无线终端，如果能够在同一个终端上使用网络电话服务进行通话，这对他们是有用且有益的。这已经促使人们对无线局域网环境下的网络电话服务进行初步的研究，该环境采用竞争型接入方法。[Fei99]确定了在不同条件下无线局域网环境中可用话音终端的数量。

无线局域网在话音和数据通信方面的容量

无线局域网在室内应用很普遍，例如证券交易所，这里移动用户要求高速无线数据网络接入以及较高的话音通话质量。为了安装一个这样的网络，有必要建立一个数学模型来比较无线局域网在不同条件下话音和数据服务的容量性能。因此，对于一个采用 TCP/IP 协议的非对称无线局域网，必须回答下面两个问题：

1. 当数据通信总量确定时，该网络可以承载多少路通话？
2. 当话音用户数量确定时，每个用户的最大数据通信量是多少？

在[Zah00]中给出了一个数学模型来回答这两个问题，并在模型中分析了采用 TCP/IP 集成话音和数据。此时的 TCP/IP 协议运行在异步 CSMA 接入环境中。

为了将话音分组融入 TCP/IP 环境中，第一步便是挑选一个话音编码算法。如同第 3 章讲到的，不同的话音编码算法具有不同的速率。这里先提出一些理论结果，然后再讨论一些文献中登载的实验结果。为了减少由于话音通信产生的网络负载，[Zha90]采用了改进型多带激励编码(IMBE)，这是一种流行的低数据通信速率话音编码算法(4.8 kbps)并具备可以接受的服务质量。这种话音编码算法已经应用在 INMARSAT-M 和 AUSSAT 移动卫星通信系统中，并被提议作为窄带数字陆地机动无线电的 APCO-25 标准。

使用 TCP/IP 将提供在网络中发送话音或分组的两个选择：传输控制协议(TCP)和用户数据报协议(UDP)。作为流媒体协议，UDP 不支持纠错、确认、排序、流量控制。在高负载通信时，UDP 缺乏媒体流控制会引起因特网带宽阻塞，而这应该通过应用程序来予以避免。相反，TCP 具有纠错机制，采用确认机制，保证数据或话音分组的有序传输。这些需求增加额外开销，因而会增加延迟并降低网络的吞吐量。总体上说，数据分组可以容忍延迟但不能容忍分组丢失，而话音分组则可以接受 1% 的分组丢失，但不能容忍彼此间超过 200 ms 的延迟。在[Zha90]所谈到的系统中，TCP 协议用于传输数据分组来保证信息的准确性，而 UDP 则用于传输话音分组来满足延迟要求。市场上现有的几种产品采用了这种方法，然而其他的一些产品则采用 TCP 同时用于话音和数据的通信。虽然在分析中讲到采用 TCP 来实现数据传输，但是仍然有一些产品选用 UDP 进行数据传输。在这种情况下，由顶部的几层负责传输的准确性。

图 4.31 显示了一个系统的示意图，其中几个话音和数据终端通过一个无线局域网的接入点进行通信。由于人耳对于通话中超过 200 ms 的时间延迟(T_{th})非常敏感，无线终端应当采取措施将话音时间延迟降到最低。将话音放在优先于数据通信的位置是降低话音分组时间延迟的一种方法。因此，话音和数据分组应当按照图 4.32 所示的顺序存储并等待传输。每

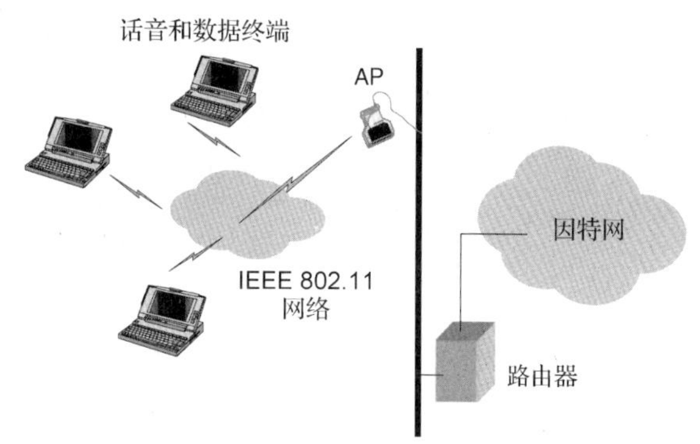

图 4.31　无线局域网中话音和数据终端系统示意图

个分组传输的总延迟中包括在终端处的排队延迟和信道传送延迟。在著作[Zha90]中采用了一个带有两个优先级，单服务员的 M/G/1 队列①作为节点模型。数据或话音分组的到达通过一个泊松随机变量进行建模。图 4.33 显示了 T_{th}分别为 100 ms 和 50 ms、带宽分别为 1 Mbps 和 2 Mbps时的系统性能和系统延迟。随着 T_{th}的减少，话音用户的最大数量也在下降。

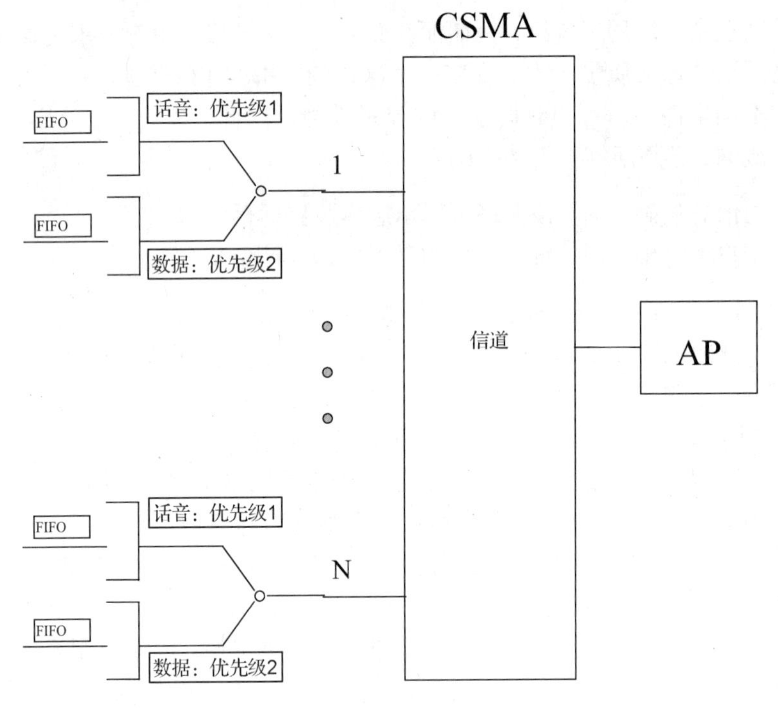

图 4.32 话音通信优先的排队模型

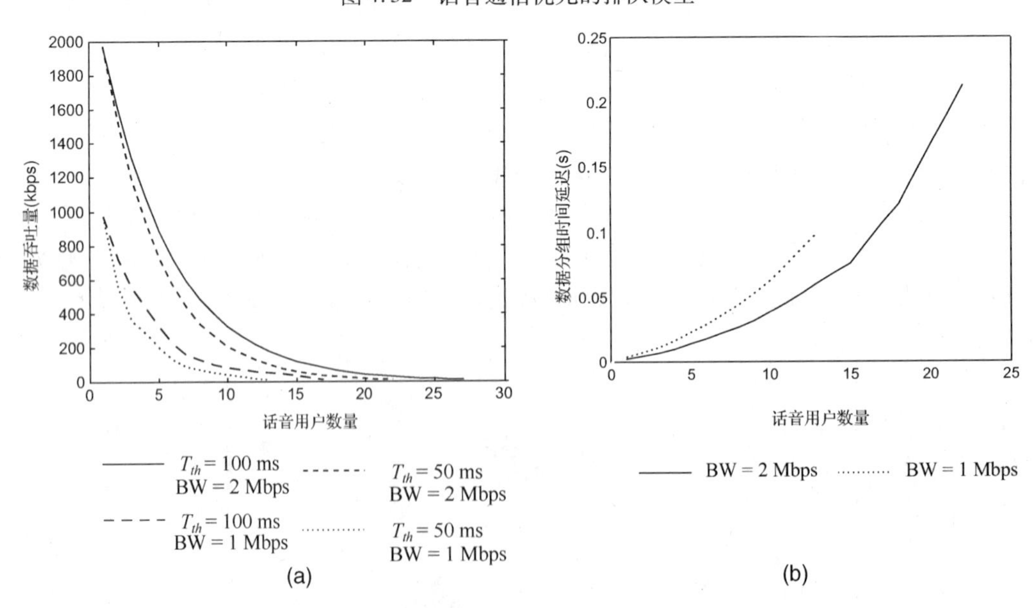

图 4.33 (a)各种话音分组可接受时延门限条件下数据吞吐量与话音用户数量对比；(b)数据分组时间延迟与话音用户数量对比

① M/G/1 队列，是指数据分组到达服从泊松分布以及队列的服务速率服从均值和方差已知的一般分布(参见[Ber87])。

例4.40 承载话音用户和数据用户的无线局域网性能

在图4.30中找出信道带宽是1 Mbps时，T_{th}分别为100 ms和50 ms时用户的数量。

解答： 从图中可以看到当T_{th}为100 ms时，可以最多支持18个话音用户；当T_{th}降低到50 ms时，最多可以支持14个话音用户。在这个例子中，数据传输速率低于10 kbps。

实际上，有许多网络电话软件包和服务，例如Skype、Speakfreely、Net2Phone和DialPad等，都可以用作测试平台来分析IEEE 802.11无线局域网环境下的话音特征。使用这些测试平台或者进行这些模拟的目的，是确定可支持的话音用户数量并作为设计参数的参考。

现实中的无线局域网在传输网络电话时的性能如何？[Gar03]所做的简单分析表明，依据移动站的平均通信速率，一个简单的802.11b蜂窝仅仅能够支持3~12个带有G711编码解码器和20 ms音频的有效载荷。[Gar03]所做的分析得到了有限的实验支持，其中一个实验是向一个802.11b的蜂窝中逐渐添加电话。当添加到第7个电话时，所有电话的音质变得非常糟糕。实验表明下行线路(接入点到移动站)是受到影响的那一部分。IEEE 802.11中的等待时间(帧间间隔和退避)以及分组开销(包括首部和响应)极大地限制了无线局域网承载网络电话的能力。[Ela04a,b]采用实验测试平台，在不同的情况下得出了相似的结论。[Med04]的著作证实了802.11无线局域网传输网络电话的低劣性能，接着证实了802.11g和802.11a的相似情况。该文并没有考虑话音包丢失对网络电话音质的影响。如果话音包丢失，网络的性能将会进一步下降。

[Wan05]的文章试图解决容量下降问题，它将VoIP净荷在接入点处聚合成一个多播分组，并将该分组发给多个移动站。借助这个方案，可以支持22个使用GSM 6.10编码解码器的网络电话，而不是原来无此方案时的12个电话。该文还说明了哪怕是存在一个单后台TCP通信流都会引起网络电话数量的减少(本例中是FTP)。这已经在[Har06]中采用马尔可夫更新过程和模拟试验进行了分析并得到证明，甚至被802.11e标准采用(该标准支持基于优先权的QoS)。在[Sha04]中证明802.11e在11 Mbps时比用于网络电话的普通802.11 DCF有更高的性能。

采用无线局域网的网际协议电话

基于竞争的分组交换网络和分配接入的电路交换网络的话音通信工作原理迥然不同。在电路交换网络中，两个终端间的固定连接是在呼叫过程中建立的。该连接支持端到端通信，数据率固定，延迟受控(主要由传播时延和可忽略的时延抖动构成)。在采用竞争接入和分组交换网络的分组话音通信中，延迟和抖动是通信质量下降的主要原因。为了防止抖动，接收器有一个缓冲区来存储具有不同延迟的已接收分组，但是以固定的时间间隔发送给用户来重构实时的话音。系统的性能与接收器处缓冲的大小相关。下面提供在[Fei99]中给出的实验性工作的总结，以此来说明传输能力和缓冲区大小的关系。

第一步是描述在无线局域网环境中实际运行网络电话时遇到的所有可能情况。图4.34显示了分组到达的情形。由于随机接入和分组交换网络的关系，以固定时间间隔发送的分组到达时会有不同的时间延迟。

总延迟是最低网络延迟加上单个分组的时延抖动，这可以借助接收器的抖动补偿缓冲区来进行控制。具有不同时间延迟的分组到达后被存储在缓冲区中，接收器中的应用程序定时阅读这个缓冲区。当有序号正确的分组时，接收器便读取这个分组，并通过扬声器发出声音；当没有这样的分组时，接收器上的应用软件便跳过这个分组。举一个简单的例子便可以更清楚地说明其工作机理。

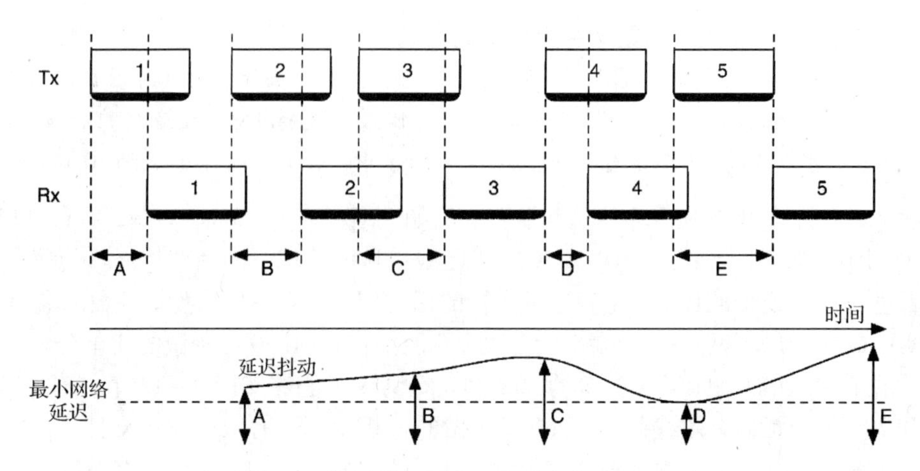

图 4.34 以固定时间间隔发送的话音分组到达示意图

例 4.41 无线局域网中 IP 电话的抖动

图 4.35 显示了接收器的工作细节以及分组的抖动补偿缓冲、到达和播放时间之间的关系。当第一个分组到达时，它被接收器的抖动补偿缓冲区延期。达到最大的许可延迟时间后，它被传输到用户应用程序，在第一个时隙中播放。第二个分组在超过了播放期限后才到达，所以被丢弃。第三个分组在期限之前正常到达并在合适的时间传送到扬声器。第四个和第五个分组没有按照顺序到达。第四个分组迟到了（在期限后才到达），因而被丢弃。第五个分组在第四个分组的期限之前就已经到达了，因而被传送到它自己的时隙。

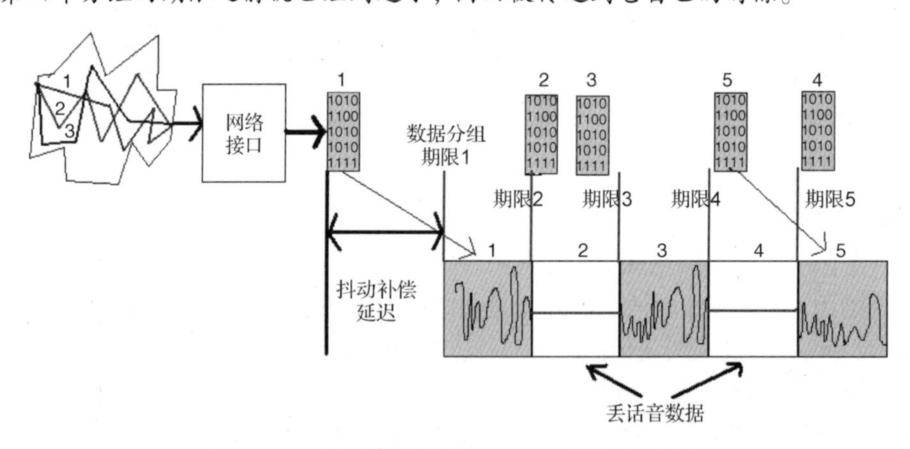

图 4.35 话音分组的接收和用于消除抖动的缓冲

正如之前所讨论的那样，用户可以接收大约 1% 的数据分组掉线率。为了不超过这个限度，接收器可以牺牲额外总延迟来延长抖动补偿缓冲时间。因此，抖动补偿缓冲时间是网络电话应用的一个重要参数。通过改变接收器缓冲时间能够调整这个参数。用户觉察到的延迟，包括最低网络延迟加上抖动补偿缓冲延迟。上面的例子也说明了在网络电话应用中，除了网络中的传输分组丢失，到达接收器超时（这种迟到是抖动补偿缓冲时间的一个函数）也会引起分组丢失。因此，抖动补偿缓冲时间和分组丢失是彼此相关的。

为了确定抖动补偿延迟和丢包率（PLR）之间的关系，在[Fei99]中研发了一种试验床来验证如图 4.31 所示的情况。在这个试验床中，采用带有接入点和诸多笔记本计算机的无线局域网基础设施测量网络电话延迟抖动的数据。图 4.36（a）显示了 1800 个分组延迟抖动的数据。测量系统发送时间戳，并在发送笔记本计算机和接收笔记本计算机上存储分组。被存储的文件经过后期处理，剔除发送计算机和接收计算机的时间差，提取校正后的延迟抖动测量数据。图 4.36(b)显示了系统的准确性(测量是通过比较连接在同一端点且从同一接收器接收相同信息的两台笔记本计算机的结果进行的)。测量误差(两台相同的笔记本计算机的测量数据差异)的平均值大约为 0.01 ms，测量数据的平均值大约为 1 ms，将测量误差限制在大约 1% 以内。通过采用延迟抖动分布，可以轻易地找出分组丢失和抖动补偿缓冲时间之间的关系。对于任何给定的抖动补偿缓冲时间，分组丢失的概率与延迟抖动超过抖动补偿时间的概率相等。图 4.37 显示了在无线局域网试验床上运行的多达 5 个站的实验结果。如果假设可接受的分组丢失率为 1%，那么当把用户数量从 1 个增加到 7 个时，最低缓冲时间将从 0.5 ms 增加到 7 ms。在[Fei99]中，可以查阅试验床的算法细节以及针对大量话音用户的 OPNET 模拟结果。

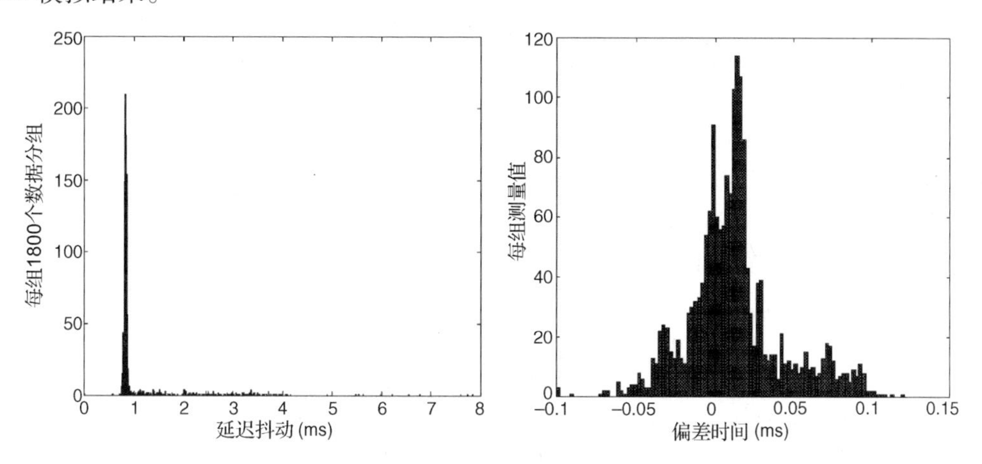

图 4.36　(a)无线局域网测试台中测量到的延迟抖动；(b)测量的准确性

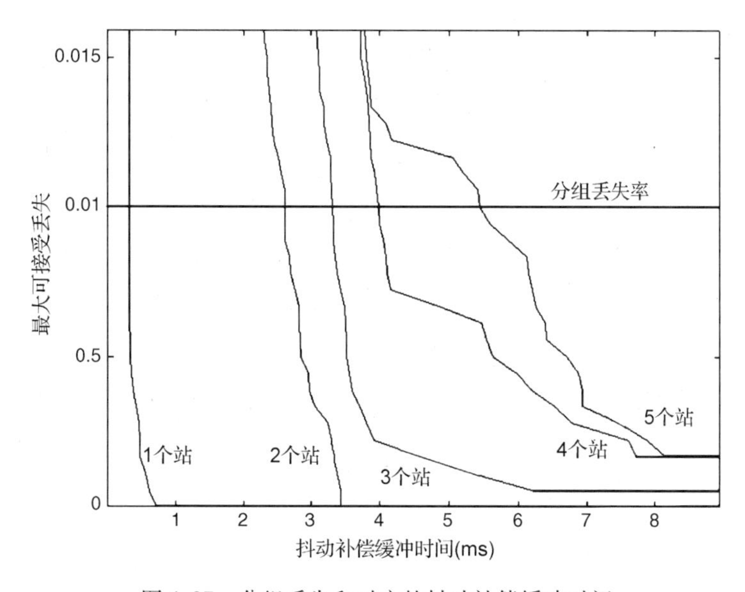

图 4.37　分组丢失和对应的抖动补偿缓冲时间

思考题

1. 说出两个双工方法和采用这些技术的一种标准。
2. 流行的数据网络接入方法有哪些？试将它们分类。
3. 试举出一种采用 FDMA 的蜂窝电话标准。
4. 为什么说在 FDMA 中防护频带是必要的？
5. 什么是二进制指数退避算法？哪一个标准使用了该算法及其使用该算法的目的是什么？该算法有什么缺点？
6. IEEE 802.3 和 IEEE 802.11 的接入技术之间的区别是什么？
7. 为什么大多数的私人通信服务标准使用 TDD，而大多数的蜂窝标准使用 FDD？
8. 在公共交换电话网(PSTN)骨干体系结构中，FDM 为什么会让位于 TDM？
9. 为什么二代的蜂窝系统从模拟的 FDMA 转向了数字的 TDMA 和 CDMA？
10. 举出三种使用 TDMA/TDD 作为接入方法的标准。
11. CDMA 作为一种接入技术有什么优点？
12. 面向话音分配接入方法和面向数据随机接入方法的性能评价有何不同？
13. 解释功率控制对 TDMA 系统和 CDMA 系统各自性能的不同影响。
14. 在无线电"阿罗哈"网络中，终端如何得知它的分组彼此冲突？
15. "阿罗哈"网络和时隙"阿罗哈"网络的最大吞吐量有何不同？是什么引起了这些不同？
16. 在无线环境中运行 CSMA/CD 有何困难？
17. 解释载波侦听机制在有线信道和无线信道中的差异。
18. 解释什么是隐藏终端问题及其如何影响基于 CSMA 接入方法的性能。
19. 解释什么是俘获效应及其如何影响随机接入方法的性能。
20. 解释将数据集成到面向话音的网络和将话音集成到面向数据的网络之间的不同。
21. 解释网络电话应用中话音接收器缓冲区的大小和分组错误率之间的关系。

习题

习题 4.1

为了在商业渡轮上提供电话服务，电话公司在渡轮上安装了一个多信道无线电话系统。这个无线系统通过无线电连接着一个岸边的基站。这个基站通过电缆和公共交换电话网(PSTN)相连。

a. 如果电话公司安装了一个四信道系统，那么用户想打电话时，发现四条电话线都被占用的概率是多少？假设一个电话平均通话时间为 3 分钟，渡轮上有 150 名乘客，乘客平均每小时打一个电话。
b. 乘客平均需要等待多长时间才能打电话？
c. 把网络阻塞的概率控制在 2% 以下需要多少信道？

习题 4.2

a. 忽略用于控制信道的频谱，在分配给 AMPS 系统的频率内可以容纳多少个双向语音信道？

b. 每个蜂窝里的信道有多少？注意 $N_f=7$ 最初用在 AMPS 中。
c. 对于北美 TDMA，当 $N_f=4$ 且每个 TDMA 信道有 3 个时隙时，重复(b)。
d. 对于 IS-95 CDMA，假设所要求的最小 E_b/N_o 为 6 dB 时，重复(b)。要求包括天线分扇区、话音活跃度和额外 CDMA 干扰的影响。
e. 在宽带 CDMA 中假设双向使用 5MHz 波段，重复(d)。

习题 4.3

a. 对于一个使用时隙非-坚持型 CSMA 协议的移动数据网络，简单描述它的吞吐量以及对应的可提供通信能力 G。分组时长为 20 ms，每个基站的覆盖半径为 10 km。假设无线电的传输速度为 300 000 km/s 以及在计算 a 参数时使用更差的延迟。
b. 对于时隙“阿罗哈”协议，重复(a)。
c. 对于 1-坚持型 CSMA 协议，重复(a)。
d. 当无线局域网接入点的覆盖范围为 100 m 时，重复(a)。
e. 对于距离地球 20 000 km 的通信卫星，重复(a)。

习题 4.4

使用[Bud97]给出的方程式重现该文中的图 6 和图 8。

习题 4.5

蜂窝电话运营商已经建立了 100 个蜂窝基站，这些基站采用具有 395 条信道和 $K=7$ 的 AMPS。

a. 使用厄兰表计算阻塞概率为 0.02、平均每小时两个电话且平均通话时间为 5 分钟的用户总数。
b. 使用数学软件工具，直接使用厄兰 B 等式来计算上述相同问题。
c. 确定一个电话的平均延迟(从图表或计算中)。
d. 在阻塞概率为 0.01 时，重复(a)。
e. 如果采用北美 TDMA 蜂窝标准且 $N_f=7$，重复(a)。
f. 如果采用北美 TDMA 蜂窝标准且 $N_f=4$，重复(a)。

习题 4.6

a. 对于一个使用时隙非坚持型 CSMA 协议的移动数据网络，简单描述它的吞吐量以及对应的可提供通信能力 G。分组时长为 20 ms，每个基站的覆盖半径为 10 km。假设无线电的传输速度为 300 000 km/s 以及在计算 a 参数时使用更差的延迟。
b. 对于时隙“阿罗哈”协议，重复(a)。
c. 对于 1-坚持型 CSMA 协议，重复(a)。
d. 对于接入点覆盖为 100 m 的无线局域网，重复(a)。
e. 对于距离地球 20 000 km 远的卫星通信线路，重复(a)。

习题 4.7

采用带有分扇区天线($N_f=4$)的 GSM 网代替带有同样多基站的现有 AMPS($N_f=7$)系统。在现有 AMPS 系统中，服务提供商拥有 395 个双工话音信道。

a. 确定 AMPS 系统中每个蜂窝的话音信道数量。
b. 确定 GSM 系统中每个蜂窝的话音信道数量。
c. 如果使用每个方向带宽为 12.5 MHz 的 W-CDMA 系统，重复(b)。假设信噪比的要求为4(6 dB)，并且要包括天线分扇区(2.75)、话音活跃性(2)以及额外 CDMA 干扰的影响(1.67)。

习题 4.8

向一条穿行于赫尔辛基和斯托海姆之间的渡轮提供一个带有 4 条线路的无线公共电话，这艘渡轮载有 100 名乘客，每个乘客平均每两小时打一个电话，每个电话通话时长为 3 分钟。

a. 用户想打电话时，却发现 4 条线路均被占用，这样的概率有多大？
b. 一名乘客平均需要等待多长时间才能轮到自己打电话？
c. 一名乘客需要等待 3 分钟以上才能轮到自己打电话，这样的概率有多大？
d. 如果这条渡轮有 200 名乘客，那么乘客平均需要等待多久才能轮到自己打电话？

习题 4.9

一个无线局域网中继段可以容纳 50 个运行相同应用软件的终端。传输速率是 2 Mbps，终端使用的时隙“阿罗哈”协议。终端产生的通信量假设服从泊松分布。

a. 给出系统的吞吐量和对应的可提供通信能力等式，并以厄兰为单位确定最大的吞吐量。
b. 以 bps 为单位，最大吞吐量是多少？
c. 以 bps 为单位，每个终端的最大吞吐量是多少？

习题 4.10

当地一条时限为 3 小时的游船载有 50 名乘客，使用一部 AMPS 无线电话和岸上通信。每个用户平均每次游览打一个电话，每个电话的平均通话时间为 3 分钟。

a. 一个人想打电话结果发现电话被占用了，这样的概率有多大？
b. 如果这部 AMPS 电话被 3 部北美 TDMA 蜂窝电话取代，而这 3 部电话在同样的频段上使用北美 TDMA 系统的 3 个时隙，重复(a)。
d. 如果这部 AMPS 电话被 6 部升级版的北美 TDMA 蜂窝电话取代，而这 6 部电话在同样的频段上使用 6 时隙升级版的 IS-54 TDMA 系统，重复(a)。

习题 4.11

假设数据报分组交换网络(图 P4.1)中有如下条件：

P：分组大小，以比特为单位；
N：两个给定系统之间中继站的数量；
A：所有通信线路上的数据传输速率以 bps 为单位；
H：分组报头大小(每个分组报头大小，以比特为单位)；
T：端到端传输延迟；
N_p：分组的数量；

L：信息长度，以比特为单位；

D：每个中继站的传输延迟。

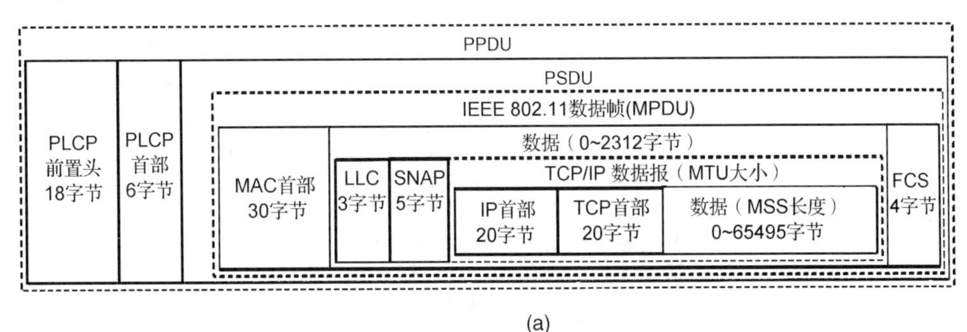

图 P4.1　在 IEEE 802.11 b 中的分组传输：(a)分组格式中的开销；(b)一个成功传输的 TCP 分组的开销

a. 根据 L、P 和 H 给出 N_p。

b. 根据 L，P，H，N、B 和 D 给出 T。

c. 作为 N、B、H 的一个函数，多大的 P 值会导致最低的端到端延迟？假设信息的长度比分组的大小大得多，传输延迟可以忽略($D=0$)。

习题 4.12

一个采用“阿罗哈”协议的 2 Mbps ad hoc 无线局域网连接两个相距 100 m 的基站，每个基站平均每秒产生 10 个分组(图 P4.2)。如果一个终端发送一个 100 比特的分组，这个分组成功传输的概率有多大？假设传播速率是 300 000 km/s，而且分组的产生服从泊松分布。

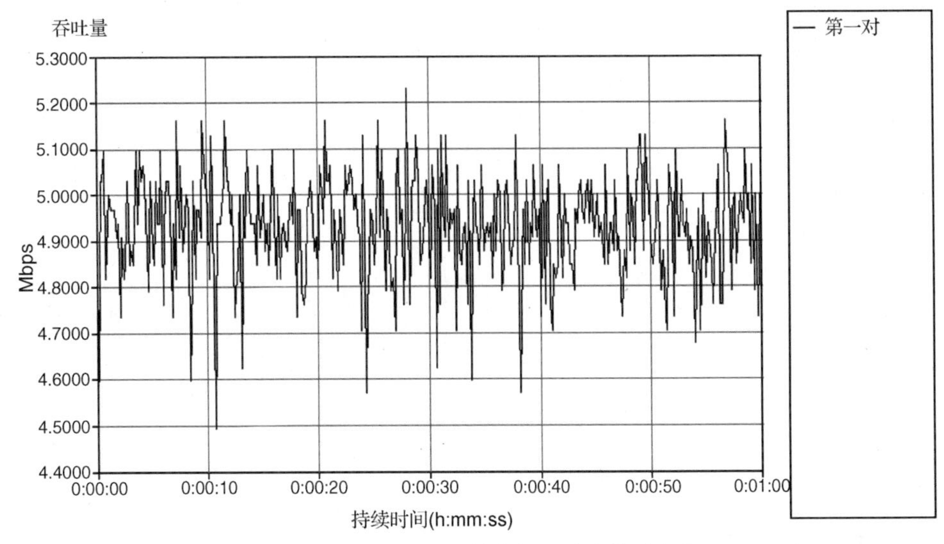

图 P4.2　802.11b 的某个位置吞吐量的变化

第二部分

网络基础设施设计原则

第5章　无线网络的部署

5.1　引言

无线网络有各种形状和大小。虽然不同网络有许多方面是相同的，但其他方面仍有很大的不同，需要分别对待。因此，重要的是分类和举出无线网络实例，这样能更好地理解本章和接下来几章讨论的问题。在本书的这部分，考虑无线网络的一般部署和运营方面的内容。本章首先讨论无线网络和与之对应的有线部分哪部分匹配。本章的其余部分将关注无线网络的干扰和频率再用部署。在第6章中，会考虑不同的无线网络的具体实例——广域、局域和个域网络。在这个过程中，将说明设计、分析、部署和管理这些无线网络的挑战和问题。第7章讨论无线网络的安全性方面的问题。

在本章中，首先考虑一般网络架构中无线网络的位置，然后提供无线网络的分类，它考虑到网络的拓扑结构和网络覆盖。网络系统的主要目标是实现不同设备之间的连接。基础网络允许计算机连接到计算机、传感器连接到计算机、蜂窝电话连接到电话、计算机连接到电话等。有线网络普遍超前于相应的无线网络(例如，有线局域网在WLAN之前被应用，有线电话在蜂窝电话成为现实之前存在了几十年)。骨干或核心网主要利用光纤，尽管微波的点到点链路和卫星链路已被用于长距离通信。因此在某些源到某些目标之间传输信息的固定网络设备和链路已经存在了，它们也许跨大陆分隔很远。该网络可以是公共电话交换网(PSTN)或因特网，尽管两者的边界已经显著模糊。本书将它们统称为“固定网络”。

现在考虑无线网络。点对点无线链路没有引起很多人的兴趣，无线网络受到关注的原因在于它们能够提供便携接入或移动接入到网络或应用的手段。所谓便携，是指在任何地方都能够携带设备，并能够连接。所谓移动，是指尽管用户和设备以100 km/h的速度运动，在任何时候仍能保持连接。引起关注的另一种类型的无线网络是一个由具有小尺寸的低功率设备组成的网络，它可以是固定的[如传感器网络或无线电频率识别(RFID)标签]。注意，便携性和移动性也意味着设备靠电池工作，并且尺寸也比较小。

为了修改传统的固定网络基础设施以支持便携式或移动无线连接，需要新的基础设施作为骨干有线网络基础设施和移动通信终端之间的接口。移动通信终端需要装备有无线前端来通过新的无线基础设施与有线骨干网通信。图5.1显示出相对于有线基础设施的无线基础设施的位置。

除了交换机、路由器和点到点链路，无线网络基础设施也需要无线收发器来与无线通信终端通信，并作为无线网络基础设施的固定部分的接入点。这些收发信机被称为基站(BS)或接入点(AP)。任何无线基站具有一个有限的覆盖区域。如果覆盖区域小于用于无线服务所需的覆盖区域，需要多个基站来覆盖服务区域。在一个区域有多个基站同时工作的情况下，当移动通信终端在不同的基站的覆盖区域之间移动时，无线网络基础设施需要协调保持无线连接的连续性。

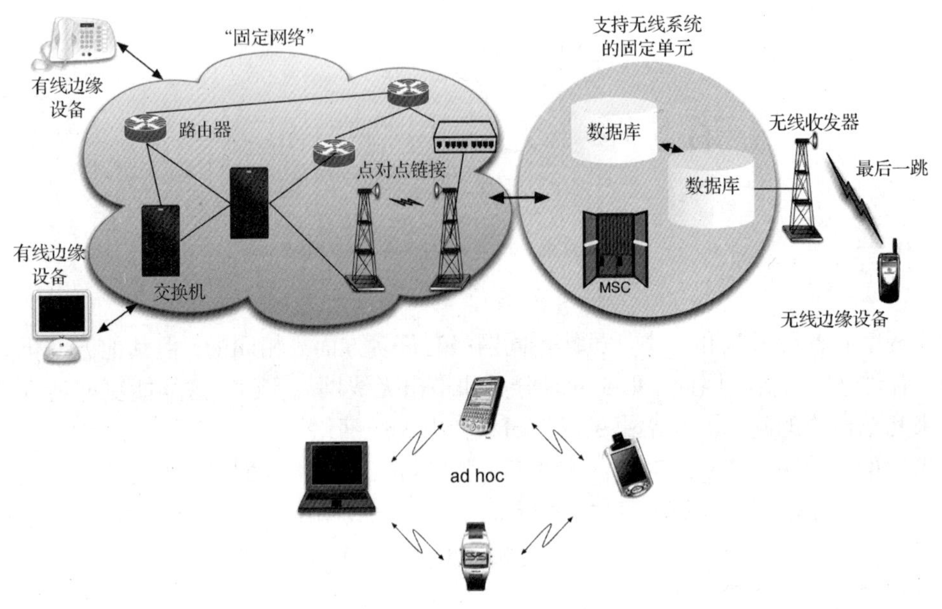

图 5.1 相对于有线网络基础设施的无线网络基础设施的位置

5.2 无线网络架构

我们已经使用了多个形容词来描述上述一些类型的无线网络，如"便携式"、"移动"、"最后一跳"、"基础设施"和"ad hoc"。下面将尽力给无线网络进行分类，并针对这些类别给出具体的实例技术和标准。首先考虑终端无线设备。所有设备，像手机、笔记本电脑、传感器、RFID 标签和其他使用无线传输的设备，将被称为移动站或 MS，除非上下文需要准确描述设备(例如，它是个传感器)。注意，有些设备可能并不移动，但仍称它们为 MS。

图 5.2 给出了无线网络的分类。在这种分类的顶部，无线网络已被划分成基于其拓扑的三大类。拓扑指的是一个移动终端与另一个终端相互通信的配置场景。

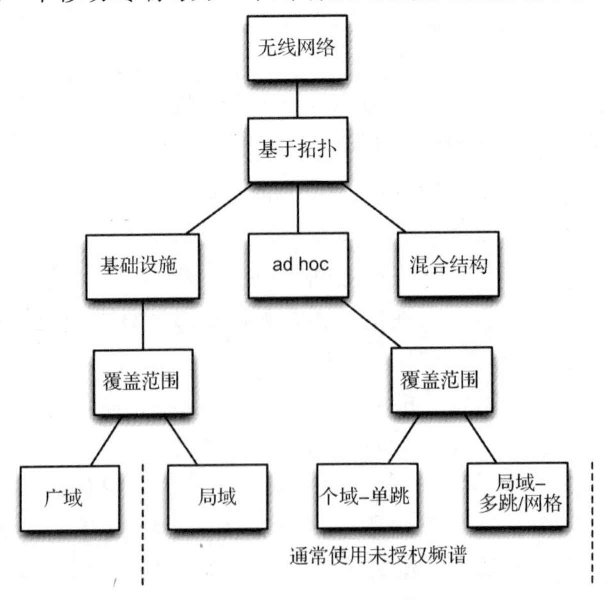

图 5.2 无线网络的分类

5.2.1　基于拓扑的无线网络的分类

基础设施拓扑结构是现在主要遇到的。有基础设施拓扑的无线网络在具体应用中得到了充分发展。在这些网络中，有一个固定的无线电收发信机与固定网络相连。在基础设施拓扑中的移动站必须彼此连接或使用固定的无线电收发信机与固定网络中的其他接入点相连。通常将这种固定无线电收发信机命名为基站(BS)。也有其他名称用于固定无线电收发机。在 WiFi 中它被称为无线接入点(AP)，因为它是固定网络的接入点。在一些标准中使用的通用术语是“协调点”(CP)。如图 5.3 所示是具有单一的基站/接入点的基础设施网络的基本操作。该基站/接入点作为网络的中心并且移动终端位于辐射线的末端。从一个无线用户台到另一处的任何通信，即对等体之间的通信，必须通过基站/接入点发送。中心站通常控制移动台并且监视每个站发送的内容。因此，中心站参与管理用户对网络的访问。

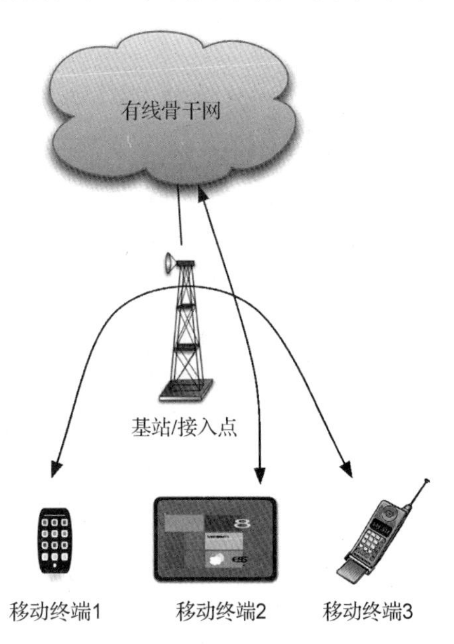

图 5.3　基础设施网络拓扑的基本操作

在任何情况下，移动站都有可能通过给定基站/接入点连接到网络上邻近该基站/接入点的一些区域。这个区域称为蜂窝。因此，许多“蜂窝”覆盖了区域，并使 MS 之间能够连接。基站或接入点通过有线或固定网络连接，使它们在给定的地理区域能够提供覆盖。因此，在基础设施的拓扑结构中，有固定(有线)基础设施，它支持移动终端之间以及移动和固定终端之间的通信。基础设施网络经常被设计为支持大型覆盖区域和多个基站或接入点操作。本章的大部分讨论内容是围绕这种类型的操作展开的。

例 5.1　使用基础设施网络拓扑结构的系统

所有标准的蜂窝移动电话和无线数据系统(1G，2G，3G，4G)使用一个基础设施网络拓扑来服务任何工作在基站覆盖区域内的移动终端。IEEE 802.11 标准和大部分无线局域网产品支持基础设施的操作。蜂窝系统的典型体系结构在第 6 章中描述。

自组织或分布式拓扑在个人数字附件中很常见，如数码相机、打印机、耳机、手机，以及其他类似的在需要时才互相连接的设备。例如，当通话时一部手机可以与耳机相连，并在通话结束后中断与耳机的连接。在稍后的时间它可以连接到一台计算机来同步日历和地址簿。计算机本身可同时与一台上传照片的数码相机连接。单词自组织(ad hoc)意味着无线网络仅为了一个特定用途设置或部署。一旦该目的完成，MS 就可以不再是网络的一部分了。自组织拓扑在传感器网络中是常见的。一些传感器可以随机部署在一个给定区域，以执行某些活动。它们可能需要根据需要彼此通信。这种结构也适用于可重构的网络，它可以在没有固定基础设施的情况下工作。这些网络主要用于军事以及用于语音和数据传输的几个商业应用。这样的拓扑结构是适合于在移动或固定的环境中快速部署无线网络。图 5.4 显示了自组织网络拓扑结构的两种变形。图 5.4(a)显示了一个单跳自组织网络，正如其名称所暗示的，每个用户终端具有直接与任何其他用户终端进行通信的能力。

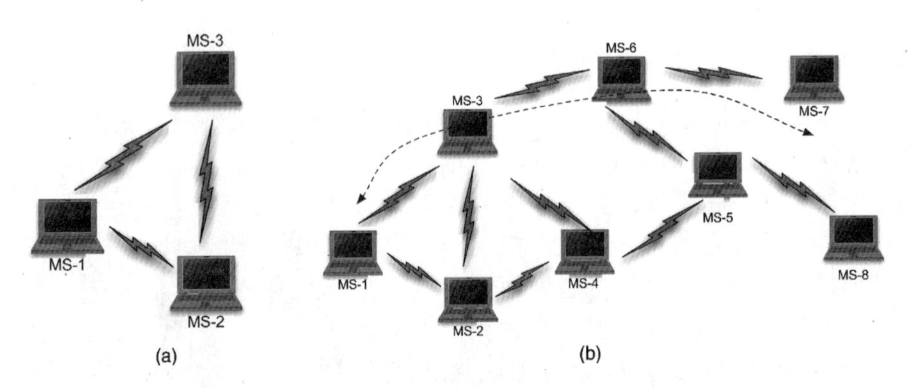

图5.4 自组织网络：(a)单跳点对点拓扑；(b)多跳自组织网络的拓扑结构

例5.2 支持单跳自组织网络拓扑结构的系统

IEEE 802.11 无线局域网标准支持用于自组织网络的单跳点对点拓扑。当终端被接通时，它首先从一个接入点或另一终端搜索信标信号，宣告自组织网络的存在。如果未检测到信标，则终端承担宣布自组织网络存在的责任。一些PCS服务，如PHS和Nextel卫星，支持语音终端之间的点对点对讲机类型的通信。蓝牙支持手机、电脑或耳机之间的点对点连接。

在一些自组织网络应用中，用户可以分布在很宽的区域中，由于发射机信号功率的限制，一个给定的用户终端也许只能够到达网络中一部分用户。在这种情况下，用户终端将不得不在遥远相隔的站点之间的整个网络中通过合作来传递消息。设计用于这种功能的网络被称为多跳自组织网络，如图5.4(b)所示。在一个自组织多跳网络中，每个终端应该知道在其覆盖范围内的相邻终端。多跳网络配置最初用在军事战术网络，对于这些网络来说，在不可预测的传播条件和广泛变化的地理区域中提供可靠通信是很重要的。

例5.3 支持多跳自组织网络拓扑的系统

在20世纪70年代为军事应用研究的早期分组无线网络中，采用的就是多跳自组织网络的拓扑结构。在90年代中期开发的用于无线局域网的ETSI BRAN的HIPERLAN标准则是支持商业应用的多跳自组织网络。

混合或异构的拓扑结构是基础设施和自组织拓扑的混合物。例如，对于灾区的紧急用途可以创建移动站的自组织网络。一些移动站也能够同时连接到蜂窝网络，形成自组织网络和固定网络之间的桥梁。有时，词语“混合和异构”用于指示具有混合技术的网络，例如蜂窝式电话网络和WiFi网络[Pah00]。在这样的网络中，移动站应该能够从WiFi网络无缝漫游到蜂窝网络，或反之亦然。

自组织和基础设施网络拓扑的比较：许多属性可用于比较基础设施和自组织网络拓扑。

可扩展性：在对等单跳网络中，扩展总是受限于无线电发射机和接收机的覆盖范围，也没有简单的方法来扩展网络覆盖范围或网络支持的容量(无线通信)。在多跳自组织网络中，当终端的数目增加时，网络潜在的覆盖范围也增大。然而，网络的通信量处理能力保持不变。为了将自组织网络连接到骨干有线网络，需要使用一个具有无线连接的代理服务器作为自组织网络的成员。实际上，所有支持自组织网络的终端都有两种模式，它也支持基础设施的操作。无线基础设施网络本质上是可扩展的。为了扩大无线基础设施网络，可以在使用同一可用频谱条件下，通过增加基站或接入点的数量来扩大覆盖区域。因此，为了支持广阔的覆盖范围和可变流量负载的应用，总是使用基础设施网络。在本章的后面将看到在基础设施拓扑结构中如何来扩展可用容量。

灵活性：基础设施网络的操作需要部署网络基础设施，这往往是非常费时和昂贵的。自组织网络本质上是灵活的，并且可以瞬间被设置。因此，自组织网络总是用于灵活性是首要考虑因素的临时应用。

可控性：为了协调无线网络的正确操作，需要集中控制某些特征，如时间同步、在一定区域内工作的移动台的发射功率等。在基础设施网络中，所有这些功能很自然地都在基站或接入点中实现。而在自组织网络中，实现这些功能需要更复杂的结构，所有终端都要求有所改变。

路由复杂度：在多跳对等网络中每个终端应当能够将消息选路至其他终端。这种能力要求每个终端监视其他终端的存在，并能连接到这些近邻的终端。对于这一点，需要一种路由算法，指示信息发送到下一个适当的终端。这些功能的实现增加了终端的复杂性和网络的操作。在基础设施和点对点单跳自组织网络中，这个问题不存在。

覆盖范围：在无线局域网中，网络覆盖范围是一个令人关注的问题，因为它对拓扑结构的选择产生影响。在对等单跳网络的拓扑结构中，两个终端之间的最大距离是在终端中使用的无线接口的覆盖范围。在基础设施网络中，两个无线终端通过一个接入点或基站进行通信。两个终端之间的最大距离是单个无线调制解调器的覆盖范围的两倍，因为通信终端可能位于基站或接入点的覆盖区域的边缘。实际上，接入点或基站经常用高支架固定在最优位置，增加了无线调制解调器的覆盖范围。这通常会导致两个终端之间的最大覆盖距离大于相同的自组织网络配置中调制解调器覆盖距离的两倍。

可靠性：在小规模的无线LAN操作和在战场上的军事应用中，另一个关注的问题是对失败的抵抗性。基础设施网络是“单点故障”的网络。如果接入点或基站失败，整个通信网络就被破坏。此问题不会在自组织的对等配置中存在。

存储和转发延迟和媒体使用效率：在对等单跳网络中，信息只被发送一次，并且没有存储和转发过程。在基础设施拓扑中，有两次数据发送，一次是从源到接入点/基站，一次是从接入点/基站到目的地。接入点/基站也应保存该消息，随后转发。这增加了分组所遇到的延迟。多跳自组织网络也有若干传送和若干存储和转发延迟，这依赖于瞬时拓扑和从源到目的地传送数据所需要的跳数。

5.2.2　基于覆盖范围的无线网络的分类

如图5.2所示的分类，如果往下走一级，可以看到根据覆盖范围，基础设施和自组织网络可以被进一步分类。覆盖范围可以被松散地定义为MS能够与所关注的无线网络进行通信的连续地理区域。如果地理区域有一个城市大，则无线网络被称为“广域”网。无线广域网(WWAN)的一个实例是蜂窝式电话网络，它提供跨越城市和有时跨越国家的覆盖范围。如果覆盖的地理区域比城市小，但足够大到可以包括一个建筑物或校园中的几个建筑物，则此无线网络被称为“局域”网络。基于WiFi的无线局域网(WLAN)是局域网的例子。“个域”网是一个存在于一个人和他的设备空间周围的小空间。通常情况下，通信仅仅在一跳之间进行。

也就是说，一个设备仅与它通信范围内的另一个设备进行通信。例如，一个连接到计算机的蜂窝电话和一个耳机经由蓝牙创建一个无线个域网(WPAN)。设备通常不作为中介中继另外两个设备之间的分组或消息。第二种类型的自组织网络允许设备通过跨越多跳实现分组中继，这使得有效通信区域较大(例如局域网)。需要注意的是覆盖局部地区的自组织网络已经被归入到同一类别被称为“网状网”的网络中。这样做的原因是，自组织网络是既不广泛应用的也不标准化的，尽管有它的原型实现和正在工作的传感器网络。后文将继续讨论这个主题。图5.2最后讨论的是无线网络使用的是授权还是免授权频谱。大多数局域和个域网使用的是未授权频谱，但是在使用时要遵守发射功率电平和公平使用的一些规则。与此相反，无线广域网(WWAN)使用授权频谱，它由美国联邦通信委员会(FCC)或其他地方的另一个监管当局分配给服务供应商。

也有其他的无线网络的分类，它可能基于设备的移动性或基于设备的功耗。我们已经讨论了便携性和移动性之间的差异。有时，固定和静止的无线连接也被包括在这个组合中。功率消耗通常与覆盖范围成比例——设备需要较高的发射功率来跨越超过单跳的距离进行通信。无线广域网的传输需要比传感器网络更高的功率，而WLAN则介于两者之间。但是，由于相邻的地理区域的传输可能会导致干扰，发送功率和无线电传播也影响网络的部署。接下来将围绕未授权频谱和无线局域网络展开探讨。

5.3 无线网络中的干扰

当两个无线网络的覆盖范围重叠，并且不采用任何协同接入机制而同时在同一频率工作时，一定会造成相互干扰。例如，一些无绳电话、蓝牙、ZigBee无线个域网以及WiFi无线局域网都运行在2.4 GHz免授权频段，并且它们受到来自对方的干扰。军事通信系统的相关文献提供了许多关于人为干扰机和干扰发射台等通信系统工作原理的详细分析[Sim85]。这些干扰机主要用于扰乱一个系统的工作，并且能够使用相对尖端技术，如多音调干扰和脉冲干扰。在日常应用中，干扰既不是有意的，也不是复杂的。大多数情况下，干扰是因为另外一个系统和我们的系统共用全部或者一定比例的带宽而产生的，用户通常希望能够通过协作的方式来最小化相互之间的干扰。由于监管限制，或要满足付费用户的需要，无线广域网必须保持特定质量的服务。正如稍后将看到的，这种网络部署是比较复杂的，涉及到谨慎的频率复用或干扰管理(5.5节~5.8节主要讨论无线广域网部署)。与蜂窝电话和无线广域网络相比，WLAN和WPAN通常部署时需要的规划最少，这是因为它们使用的是未授权频带，结构也相对简单。根据重叠无线网络的协调程度，在IEEE 802.11早期，WLAN产业已经规定了三种重叠级别：干扰、共存和互操作[Hay91]。

若多个无线网络并置会导致其中任一设备性能的严重下降，则称它们相互干扰。若多个无线网络可以并置并且不会对任一方设备的性能产生严重的影响，则称它们可以共存。共存提供了一个系统与其他系统之间在共享的频带内完成任务的能力。此时，其他系统可以选择是否按照同样的工作规则进行操作。互操作能力为多重叠无线系统采用单一规则集完成指定的任务提供了一种环境。在一个能够互操作的环境中，多个无线网络相互之间可以交换和使用信息。互操作性对有线和无线网络来说是一个非常重要的问题。

共存和干扰是无线网络设计者关注的问题，尤其是在自组织网络中显得尤为重要。IEEE

802.11 工作组首次讨论了这个免授权频段的术语[Hay91]。后来，当 FCC 公布了免授权 PCS 频段后，在免授权 PCS 频段共存的规矩或者规则的问题引起人们的重视[Pah97]，它最终失去了动力，因为免授权频段没有获得显著的人气。在 2000 年左右，IEEE 802.15 WPAN 组织的任务组之一也参加了干扰的分析。他们已经初步完成了蓝牙和 IEEE 802.11 在 2.4 GHz ISM 频段工作的设备之间的干扰分析，目前正在研究实现的共存和互操作方法[IEE01；Enn98]。

蓝牙是一个快速跳频的(1600 跳/秒、1 Mbps)无线系统，它工作在 2.4 GHz ISM 频带内，带宽为 84 MHz。2.4 GHz 频带也用于采用各种技术的 IEEE 802.11 系统和使用 DSSS 的 IEEE 802.15.4 ZigBee。因此，一个蓝牙系统和一个并置的 802.11 无线局域网系统或 802.11.4 ZigBee 系统之间的交互需要不同的无线电系统之间的干扰分析。下文使用 2.4 GHz 频段随机部署的不同类型的设备来说明无线网络中干扰的一般概念。

5.3.1　干扰范围

第一个需要讨论的问题是干扰范围，即同时在相同频率工作的两个终端之间能够产生干扰的距离。干扰范围与环境的无线传播特性、来自不同的设备的发射功率和传输技术对干扰的敏感程度有关。图 5.5 显示了干扰源、期望发射机和在干扰源的覆盖区域中的目标接收机之间常见的干扰场景。当目标接收机正在接收来自期望源的信息时，而干扰源发射信号，与其自己的目标接收机通信时，就会发生干扰。

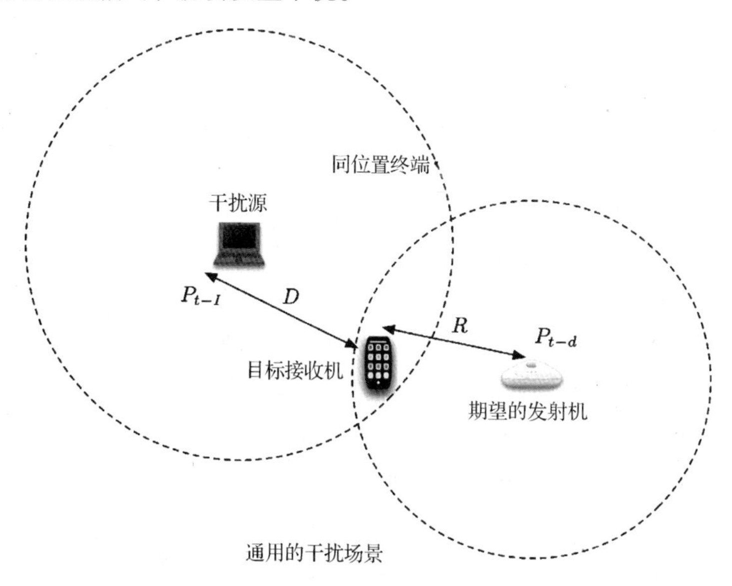

图 5.5　两个设备之间的基本干扰场景

考虑由式(2.4)给出的一般弗里斯方程。如果考虑到在式(2.2b)中给出的第一米距离的功率 P_0 是发射功率的线性函数，可以得到：$P_0 = KP_t$，其中 K 是与信号波长和天线增益相关的常数。因此，通常在距离功率梯度 α 的环境中在距离 d 处的接收信号强度为：

$$P_r = \frac{KP_t}{d^\alpha} = KP_t d^{-\alpha} \tag{5.1}$$

然后，当目标接收机正从期望源接收信号时，干扰源也正发射信号，目标接收机处的信干比由下式给出：

$$S_r = \frac{P_{r-d}}{P_{r-I}} = \frac{KP_{t-d}R^{-\alpha}}{KP_{t-I}D^{-\alpha}} = \frac{P_{t-d}}{P_{t-I}}\left(\frac{D}{R}\right)^{\alpha} \tag{5.2}$$

其中，R 和 D 分别是源和期望发射机之间的距离、目标接收机和干扰源之间的距离。另外，P_{t-d}和 P_{t-I}分别代表由期望发射机和干扰源发射的功率。因此，干扰源和目标接收机之间的干扰范围由下式给出：

$$D_{int} = R \times \sqrt[\alpha]{\frac{S_{min}P_{t-I}}{P_{t-d}}} \tag{5.3}$$

其中，D_{int}是两个终端的最大干扰距离，S_{min}是保证目标接收机能够正常工作的可接受的最小接收信干比。换句话说，干扰设备对目标接收机干扰的范围与到期望发射机的距离、目标接收机进行可靠工作的信噪比要求，以及干扰源的发送功率的大小成正比，而其干扰范围与发射机的发送功率成反比。一般来说，正如在第 2 章中讨论的，α 的取值随环境变化，在一座具有金属隔断建筑物的过道里 α 的取值小于 2，而在其开阔场地可高达 6。根据设备的位置，干扰源和目标接收机之间的路径损耗梯度也可能与 α 不同。在没有墙的开阔场地，包括许多涉及短程设备的场景，这种环境很接近自由空间传播，其 α 取值接近 2。

例 5.4　与 WLAN 相互干扰的 WPAN 通信范围

考虑到一个 IEEE 802.11 WLAN，接入点的发射功率为 20 dBm，最小信噪比要求为 10 dB，坐落在距离支持无线网络连接的设备 20 m 处。如果一个具有 0 dBm 发射功率的 ZigBee 或蓝牙设备在这一领域工作，要使得来自 WPAN 的信号可能破坏 WiFi 的分组，目标 WiFi 设备和干扰的 WPAN 之间的最小距离是多少？

(a) 假设一个露天场地的参数 $\alpha=2$，$S_{min}=10$(10 dB)，$P_{t-d}=100$ mW(20 dBm)，$P_{t-I}=1$ mW(0 dBm)，以及 $d=20$ m，根据式(5.3)，可以得到 $D_{int}=6.4$ m。这意味着如果 WPAN 和 WiFi 的频率是相同的，并且 WPAN 的发射与 WiFi 设备的接收是同时进行的，到 WiFi 设备距离小于 6.4 m 的 WPAN 设备将会产生干扰，并且破坏其接收分组。

(b) 在一个分区的环境中，当 $\alpha=4$ 时，干扰距离将增加到 $D_{int}=10.2$ m。

(c) 如果 WPAN 设备在相同分区环境中以最大发送功率 100 mW(20 dBm)工作，那么 $D_{int}=17.7$ m，这比 0 dBm 模式要大一个量级。

例 5.5　与 WPAN 相互干扰的 WLAN 范围

考虑到两个低功率 IEEE 802.15 WPAN，比如具有 0 dBm 的发射功率和 10 dB 最小信噪比要求的蓝牙或 ZigBee，它们在 2 m 典型距离中彼此通信。如果一个具有 20 dBm 发射功率的 WiFi 设备在这一领域工作，要使来自 WLAN 的信号可能破坏 WiFi 分组，目标 WPAN 设备和干扰 WLAN 之间的最小距离是多少？

(a) 使用式(5.3)，其中两个 WPAN 设备之间的距离是 $R=2$ m，$P_{t-d}=1$ mW(0 dBm)，$S_{min}=10$(10 dB)，$P_{t-I}=100$ mW(20 dBm)，可以得到 $D_{int}=63.2$ m。这是因为 802.11 设备发射功率比 WPAN 设备要多 100 倍。

(b) 如果 WPAN 设备工作在 20 dBm，与 802.11 有相同的功率，那么 $D_{int}=6.32$ m。

如果传输技术是直接序列扩频，它在 ZigBee 中使用，同时在第 3 章说过，它也是传统

IEEE 802.11 的选项之一，目标接收机所能够接受的最小接收信干比会以一个等同于 DSSS 处理增益值 N 的因子而减少。然后，窄带 FHSS 的干扰范围会显著减少。

例 5.6　蓝牙和基于 DSSS 的 IEEE 802.11 之间的干扰

考虑到例 5.5 中描述的场景，其中 IEEE 802.11 接入点 WLAN 使用具有处理增益 11 的 DSSS，这是标准最初建议的值。

(a) 假设一个开阔场地的参数 $\alpha=2$，$S_{min}=10$(10 dB)，$P_{t-d}=100$ mW(20 dBm)，$P_{t-I}=1$ mW(0 dBm)，以及 $R=20$ m。对于处理增益 $N=11$，有效最低信噪比变为 $S_{min}=10/11$，并且干扰范围会减少到大概 $D_{int}=1.9$ m(从 6.4 m)。

(b) 如果 $P_{t-I}=100$ mW(20 dBm)，可以得到的干扰范围是 $D_{int}=19$ m。

从这些简单例子得到的结论是，DSSS 减少与窄带系统之间的相互干扰。与 FHSS 系统相比，DSSS 的干扰范围减少了 $\sqrt[\alpha]{1/N}$。但是，DSSS 的频谱很宽，FHSS 和 DSSS 发生频率重叠的概率比两个 FHSS 系统发生频率重叠的概率高得多。下一节将更深入地量化研究这个问题。

5.3.2　干扰概率

上一节中分析了不同设备之间的干扰范围，并给出使用 FHSS 和 DSSS 的系统的例子。利用这些实例可以发现，FHSS 到 DSSS 或到任何其他使用一个固定带宽的系统的干扰范围，比两个 FHSS 系统的干扰范围要小。然而，FHSS 是一个随机改变工作频率的窄带信号，而其他系统始终使用相同频谱。一个窄带 FHSS，如蓝牙发射机，接收另一个系统信号产生干扰的概率，比它接收另一个 FHSS 系统信号产生干扰的概率更大。因此，两个设备之间干扰的概率有所不同，并且它在干扰分析中起着重要作用。当考虑两个 FHSS 系统时，干扰的特定概率变得完全不同。

为了进一步分析干扰，首先要注意两个 FHSS 系统之间的干扰，采用蓝牙和 802.11 FHSS 设备作为干扰系统的例子。蓝牙和 FHSS 802.11 都是跳频系统，在 2.4 GHz ISM 频带中使用 79 个载频，如图 5.6 所示的垂直轴。蓝牙分组通常比 802.11 分组短，并且跳数比 2.5 跳/秒的速率慢得多。若一个终端在其他终端的干扰范围中，并且跳频是相同的，分组会发生碰撞并摧毁。为了分析这种情况，需要找到在时间中和在频率中的碰撞概率。

因为蓝牙分组比 802.11 分组短，在一个 802.11 分组传输时，并置的蓝牙设备会产生多次跳频，每跳发送一个数据包。如果假设 L_{IE} 是 IEEE 802.11 分组的长度，L_{BS} 是蓝牙时隙长度，那么在一次 802.11 分组的发送期间，蓝牙的最小跳频数是：$n=\lceil L_{IE}/L_{BS}\rceil$，其中 $\lceil x\rceil$ 表示大于或等于 x 的最小整数。在 802.11 的分组持续时间中，发生的蓝牙的最大跳频数是 $\lceil L_{IE}/L_{BS}\rceil+1$，容易得出，一个 802.11 分组与 $n=\lceil L_{IE}/L_{BS}\rceil$ 个时隙长度为 L_{BS} 的蓝牙驻留期重叠的概率是[Enn98]：

$$P_n = L_{IE}/L_{BS} - \lceil L_{IE}/L_{BS}\rceil$$

与 $n+1=\lceil L_{IE}/L_{BS}\rceil+1$ 个蓝牙驻留期重叠的概率是：

$$P_{n+1} = 1 - L_{IE}/L_{BS} + \lceil L_{IE}/L_{BS}\rceil$$

这些简单的公式可以用于分析许多不同的实际情形。

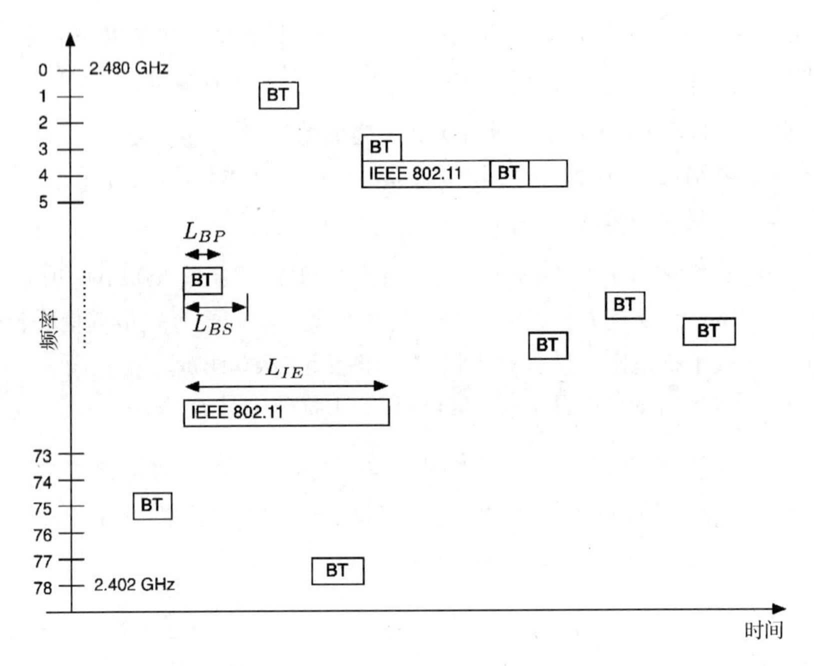

图 5.6 FHSS IEEE 802.11 和蓝牙的时频特性

例 5.7 蓝牙和 FHSS IEEE 802.11 之间干扰的概率

如果 $L_{IE}/L_{BS}=4.3$，那么一个 802.11 分组和 $n=4$ 个蓝牙驻留期的重叠概率是 30%，而与 $n+1=5$ 个蓝牙驻留期的重叠概率是 70%。

考虑上述情况，一个 802.11 数据分组能够接受的蓝牙干扰的概率 $P_{survive}$ 大约是：

$$P_{survive}=(1-P_{hit})^n P_n+(1-P_{hit})^{n+1}P_{n+1}$$

其中，P_{hit} 是 802.11 和蓝牙具有相同频率的概率，碰撞概率可以表示为 $P_{collision}=1-P_{survive}$。

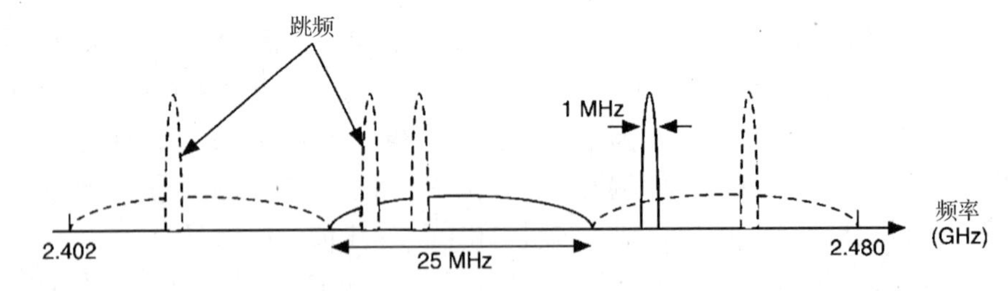

图 5.7 DSSS IEEE 802.11 和 FHSS 蓝牙的重叠频谱

例 5.8 IEEE 802.11 FHSS 与 BT 之间的碰撞概率

一个蓝牙跳频和 FHSS 系统工作频率相同的概率是 $P_{hit}=1/79=0.013$，对于一个具有 2 Mbps 速率的 1000 字节的 802.11 分组可以得到：

$$L_{IE}=\frac{1000(\text{字节})\times 8(\text{比特/字节})}{2(\text{Mbps})}=4\ \text{ms}$$

如果蓝牙正在发送单时隙数据分组，此时 $L_{BS}=625\ \mu s$，因此，

$$n=\left\lceil\frac{4\ \text{ms}}{625\ \mu\text{s}}\right\rceil=6$$

通过给出的公式，可以得出 $P_n=0.4$，$P_{n+1}=0.6$，因此：

$$P_{survive}=(1-0.013)^6\times0.4+(1-0.013)^7\times0.6=0.92$$

因此，碰撞概率为0.08或8%。

例5.9　IEEE 802.11 DSSS与蓝牙之间的碰撞概率

图5.7给出了蓝牙的跳频模式和DSSS 802.11或CCK 802.11b频谱之间相互重叠的机制。一个蓝牙跳频发生在DSSS系统工作频率上的概率为 $P_{hit}=26/78=0.33$。假设所有参数与上一个例子相同，对于一个具有2 Mbps速率的1000字节的802.11分组来说，可以得到：

$$P_{survive}=(1-0.33)^6\times0.4+(1-0.33)^7\times0.6=0.072$$

与FHSS 802.11实例的8%相比，IEEE 802.11 DSSS和蓝牙之间的碰撞概率为0.928或92.8%。

例5.10　蓝牙和IEEE 802.11b之间的干扰

IEEE 802.11b使用与802.11 DSSS相同的频带以11 Mbps的速率传输。因此，可以再次得到 $P_{hit}=26/79=0.33$。但是，对于一个具有11 Mbps速率的1000字节的802.11分组来说，可以得到：

$$L_{IE}=\frac{1000(\text{字节})\times8(\text{比特/字节})}{11(\text{Mbps})}=727\ \mu s$$

采用蓝牙单时隙数据分组，可以得到：

$$n=\left\lceil\frac{727\ \mu s}{625\ \mu s}\right\rceil=1$$

并且，$P_n=0.16$，$P_{n+1}=0.84$。因此，

$$P_{survive}=(1-0.33)^1\times0.16+(1-0.33)^2\times0.84=0.49$$

蓝牙干扰IEEE 802.11b的碰撞概率为0.51或51%。总体上来说，其性能比802.11 DSSS好，但是比802.11 FHSS差很多。

5.3.3　实验结果

上一节仅仅是基于对物理层的分析，还需要通过实验对所有层做一个彻底的分析。WPI的一个在校大学生团队为了完成他们的毕业设计，针对IEEE 802.11b与蓝牙话音和数据信道之间干扰的实验分析搭建了一个测试平台[Cha01]。在这个项目中，他们考虑了许多场景，并且测量了蓝牙、802.11设备以及无绳电话干扰设备的总丢包率、吞吐量和延迟特性。本节中将提供一些他们研究出的与图5.8所描述场景相关的结果和结论，其结果表明802.11b和蓝牙终端的干扰程度与设备之间的距离有关。

例5.11　受到IEEE 802.11b设备干扰的蓝牙分组丢失率(PLR)

图5.8显示了一个平面图，在其中一个测量场景中，设置两个相距10 m功率为20 dBm的蓝牙手提计算机(三角形)，并允许一个802.11b手提计算机(圆形)从距离蓝牙手提计算机1 m处移动到10 m处。802.11b移动站正在和另一个手提计算机通信。由于这台手提计算机距离很远，因此不会对蓝牙设备产生重大干扰。

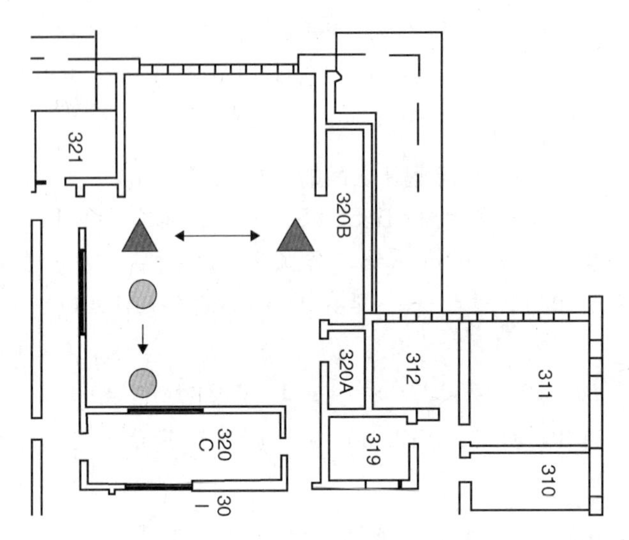

图 5.8　用于蓝牙和 IEEE 802.11b 之间干扰的实验分析的情景

图 5.9 显示了蓝牙设备的分组丢失率(PLR)。随着 802.11 干扰设备距离的增加，蓝牙分组丢失率减少。当蓝牙设备和 802.11b 干扰设备相邻时，分组丢失率为 70%，当距离增加到 5 m 时，没有干扰。需要注意的是 802.11 分组比蓝牙传输时隙长得多，但它们也可在较高的原始数据速率传送。图 5.10 显示了使用一个 ping 报文估算的延迟特征，该报文测量了往返延迟。

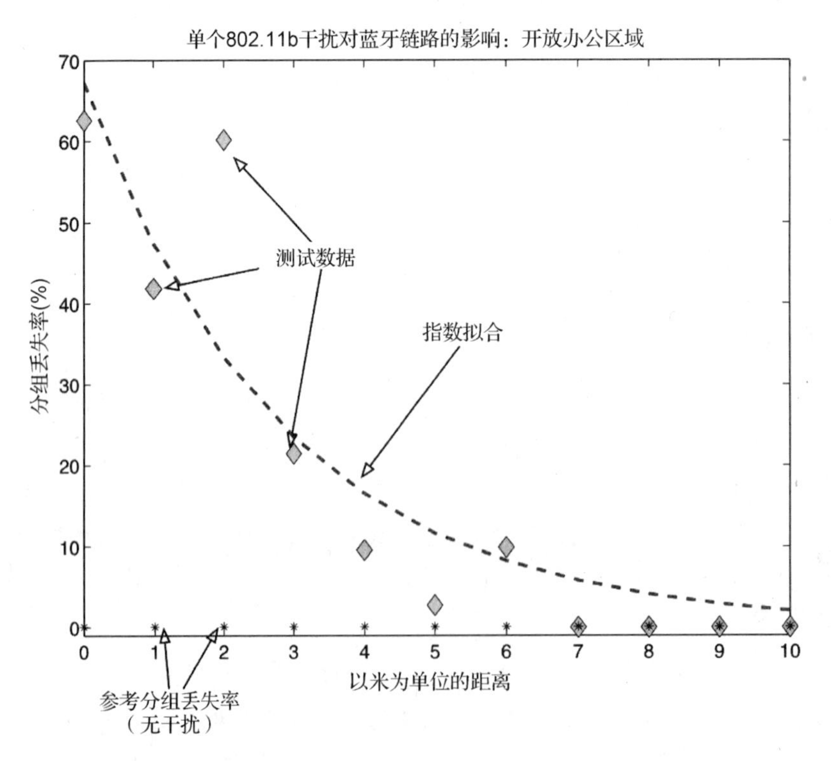

图 5.9　有无 802.11b 终端干扰的蓝牙分组丢失率(%)

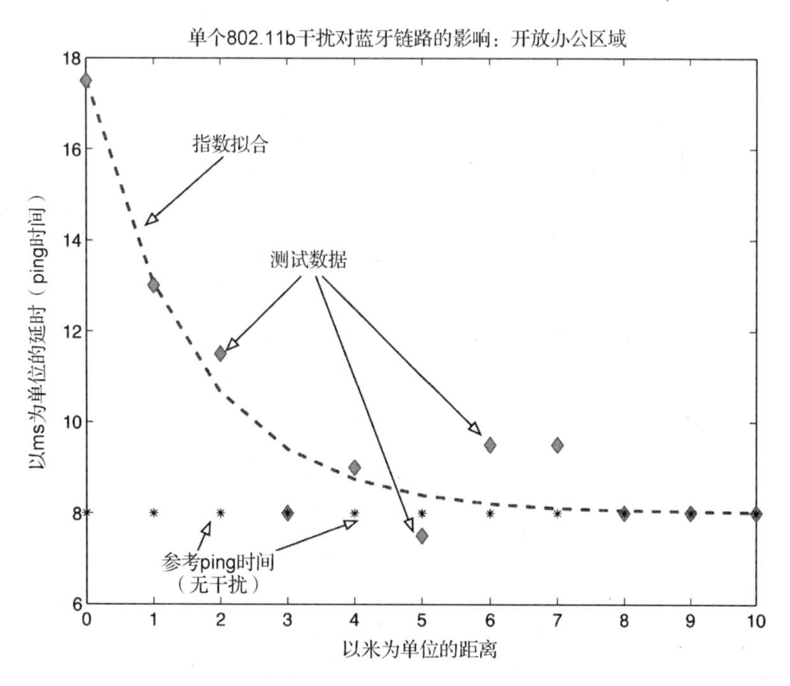

图 5.10　有无 802.11b 干扰的蓝牙延迟特征

例 5.12　受到蓝牙设备干扰的 IEEE 802.11b 的分组丢失率

图 5.11 显示了与上个例子完全相反的环境中 802.11b 的分组丢失率。在本例中，设置两个相距 10 m 的 802.11b 设备，允许一个蓝牙干扰终端从距离它们 1 m 处移动到 10 m 处。当距离蓝牙设备较近时，IEEE 802.11b 的 PLR 接近 45%，随着蓝牙干扰设备的距离增加到 3 m以上时，干扰的影响可以忽略。

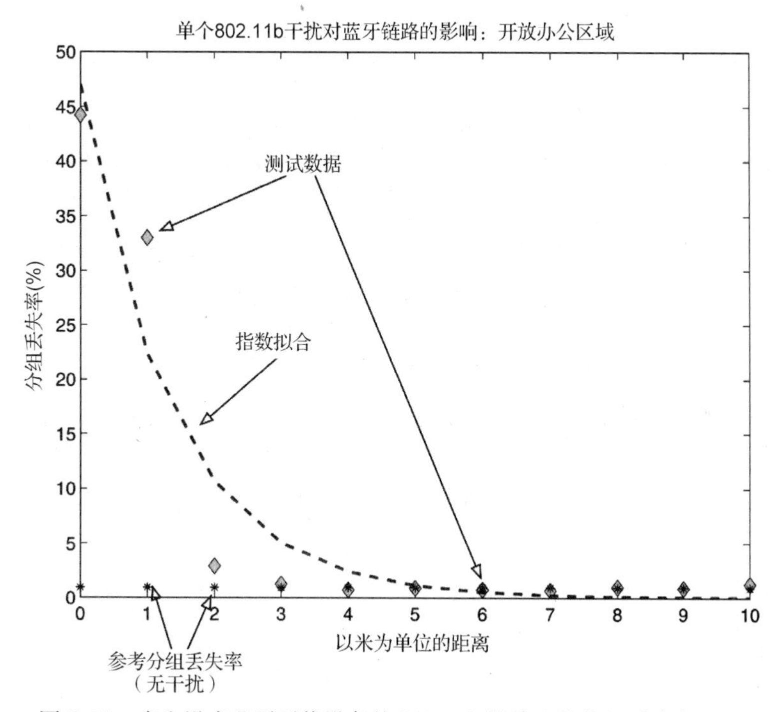

图 5.11　有和没有蓝牙干扰设备的 802.11b 链路上的分组丢失率(%)

研究结果表明，FHSS 802.11 和蓝牙设备之间的干扰是可以忽略的。然而，DSSS 802.11 设备将会严重干扰蓝牙设备。

5.4 无线局域网的部署

本节首先介绍无线局域网的部署，与蜂窝网络相比（见第 6 章），它有一个更简单的架构，更少复杂的操作流程。本节将针对 WLAN 与蜂窝电话网络之间在部署方面的差异展开讨论（其细节在后面几节中讨论）。WLAN 系统工作在免授权频带上，而蜂窝电话网络使用的是已经授权的频带。正如第 4 章讨论过的那样，基于 FDMA 和 TDMA 的蜂窝网络的网络容量依赖于配置过程中的频率复用因子，它是通过对相邻小区进行干扰计算而得出的。在 CDMA 网络中，同样也有一个关于相邻小区干扰情况的参数用于计算小区容量，该参数也是与干扰容量相关的。所有这些计算都是基于频带对于使用者是许可的这一假设，这就意味着网络规划者对于干扰在技术上是能够控制的。而 WLAN 系统使用免授权的频带，其规划者无法对干扰进行控制。一所大学校园或者一家企业中的网络管理者，为了对干扰进行控制，除了那些所有权属于学校或者企业的网络，可能会限制学生或者雇员进行 WLAN 部署。其实这种行为已经违反了政府有关使用这些频带的规定，可以被视为非法。

不像无线局域网，蜂窝网络使用相对精确的统计覆盖范围预测模型，例如在第 2 章中讨论过的奥村哈塔模型来实现最优配置。而用于室内区域的覆盖范围统计信道模型其精度是比较低的，这就对分析 WLAN 系统覆盖范围形成了一个挑战，除非采取花费大量劳动的实验测量方法或者使用密集运算的射线跟踪算法。但是，WLAN 系统接入点的价格很便宜，在当前大约只需几百美元或者更少，它们并不需要昂贵的天线塔及景观位置进行安装。而基站要比接入点昂贵得多。对于大区域覆盖范围（宏蜂窝），它们就需要昂贵的天线塔以及合适的蜂窝基站安装地点。相对来说，WLAN 系统中的无线资源管理是很简单的，这是因为 WLAN 系统只有有限数量的不重叠频段（例如，在流行的 802.11g 标准中有三个不重叠的信道），而蜂窝网络需要处理大量的信道。蜂窝网络的移动性管理比 WLAN 系统下的移动性管理复杂得多，这是因为最普遍的 WLAN 应用都是准固定的，而蜂窝网络被设计成能够在汽车内应用。此外，传统的 WLAN 数据流量是突发式的、非对称的，并且是随着时间、地点变化的。因此，在 WLAN 中并没有采用无线资源管理技术对 MAC 进行集中处理。由于以上不同，802.11 的接入点很简单，可以通过一个有线的 LAN 或者电缆/DSL 调制解调器直接连接到因特网主干网上，而蜂窝基站需要使用包含 BSC 和 MSC 的分层结构来连接到 PSTN 上。BSC 和 MSC 之所以是必要的，主要是因为在蜂窝网络中将面临更加复杂的无线资源管理、移动性管理以及连接管理技术。随着蜂窝小区规模的逐渐庞大，话音连接需要更高的质量控制，而蜂窝电话需要具备更高的移动性。

20 世纪 80 年代后期，当 WLAN 标准化活动展开时，关于安装的主要问题是拓扑结构的选择，而不是大规模蜂窝小区的配置。在当时，WLAN 系统被认为是有线 LAN 系统的延伸，用于解决有线状况下面临的种种挑战。随着 20 世纪 90 年代中期因特网接入的普及，WLAN 产业随之相应地发展，对于将 WLAN 系统集成到 3G 蜂窝系统中的思考也在不断深入。同时，对于部署具有广域覆盖范围的大规模 WLAN 的工作越来越受到重视。考虑到商业上成功的蜂窝电话网络是在相对精确的路径损耗信道模型基础上配置而成的，所以关于大区域

WLAN 系统配置上使用自动覆盖区域预测软件的研究在当时受到了普遍重视。

然而，事实上 WLAN 系统通常被部署在小范围区域中，例如住宿区或者小商店内，用户在方便的位置使用一种随机的方式连接网络，这些地方 WLAN 的无线接入点（或者路由器）能够连接到主干网上的连接点，如一根电缆或者 DSL 调制解调器。在大区域的应用中，例如在一座大型办公楼或者在一个仓库内的无线移动接入，或者是在户外的无线因特网接入设置，WLAN 系统采用网格方式进行部署[Unb03]。在建筑内的便利位置，例如走廊以及其他大的开放区域，每隔 20 ~ 30 m 安装一个接入点，这些地方理应有大的通信流量。在户外的应用中，为了优化覆盖范围，接入点通常安装在间隔较远的柱子上、多层建筑物的外墙上或者高大建筑物的顶部。网格式部署通常由建筑物所有者或独立的服务提供商（如大型购物中心的走廊）来进行，在相邻的小区之间提供具有大量重叠区域的良好覆盖，并且确保很低的故障概率。用户配置和网格式部署之间最基本的不同，在于网格式部署中一些基本的网络布置通过肉眼目测来进行，而对所挑选区域中接收信号强度（RSS）的测量以及对建筑施工图纸的研究，都有利于协调安排接入点的定位。而在用户配置中，接入点位置的选定主要取决于安装的便利性。图 5.12 显示了这些不同。该图也同时显示了最优部署的情形，它是通过软件工具来确定接入点的最佳部署位置（也许能够极小化干扰或优化用户负载）。

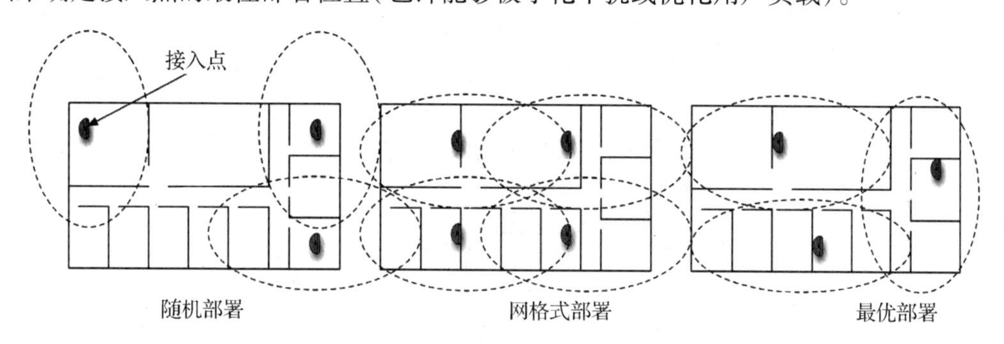

图 5.12　大规模 WLAN 中的随机部署、网格式部署和最优部署示意图

在一个典型的市中心或者工业区的街道上进行室外网格式部署时，为了将接入点安装在灯柱顶上，需要专业的技术人员以及城市和公用事业单位的配合。此外，还需要大量的布线来将接入点连接到主干网络中。使用覆盖范围最优化技术的物理部署方法看起来与网格式部署非常相似。

目前，WLAN 系统使用的主要频带是 2.4 GHz 的 ISM 频带。然而，随着 WLAN 系统的不断大众化，许多研究者断言，这个产业将会采用更高的频率，从而得以应用更宽的带宽。其过程是，首先达到 5GHz，然后达到几万兆赫兹（大约 60 GHz），而且还可能达到红外线区域内。然而，使用较高频率的小区规划还将面临其他挑战。在某些情况下，有效信号由于障碍物的阻碍而产生一定的衰落，而干扰信号是在没有阻碍的情况下到达的，这样载波干扰比（用 C/I 表示）就会降低，这种情况就会妨碍在室内区域中小区设计的合理布局。然而，如果信号被遏制在一间屋子里并且没有穿透出墙壁，那么这些墙壁就可以用于定义小区的边界。这类情况会在使用红外线和微波（大于 20 GHz）频带的 WLAN 系统中出现，其中每一个房间都构成了网络中的一个小区。下面用一个更加定量的例子说明这类情况。

例 5.13　不同环境中 WLAN 的覆盖范围

在[Unb03]中系统分析研究了关于采用随机、网格式和最佳覆盖技术的 WLAN 部署方法，在办公楼、购物中心以及校园内分别使用 5 GHz、17 GHz 和 60 GHz 频率进行部署的系统比较性能评估问题。在这部分工作中，射线跟踪软件用于在不同的环境中产生信道剖面图。图 5.13 显示了通过射线跟踪软件得到的办公室、购物中心以及大学校园的建筑布局图。考虑到不同接入点的稠密度，在不同位置分别计算其接收信噪比(SNR)来形成在不同环境下的 SNR 积累分布函数。图 5.14 显示了在一个制造车间内 5 GHz 频率下的两组积累分布函数。每一组都是由用户配置、网格式部署以及最优网络规划(每 1000 m^2 有 0.1 ~0.15 个接入点)构成。表 5.1 给出了不同环境，以及 5 GHz、17 GHz 和 60 GHz 不同频率下，SNR 密度函数的第 10 个百分位的值。与在空旷区域内采用 17 GHz 的应用情况不同(相关数据并未在表 5.1 中给出)，在商店区域内采用 17 GHz 的频率很难实现覆盖，甚至 60 GHz 也不合适。

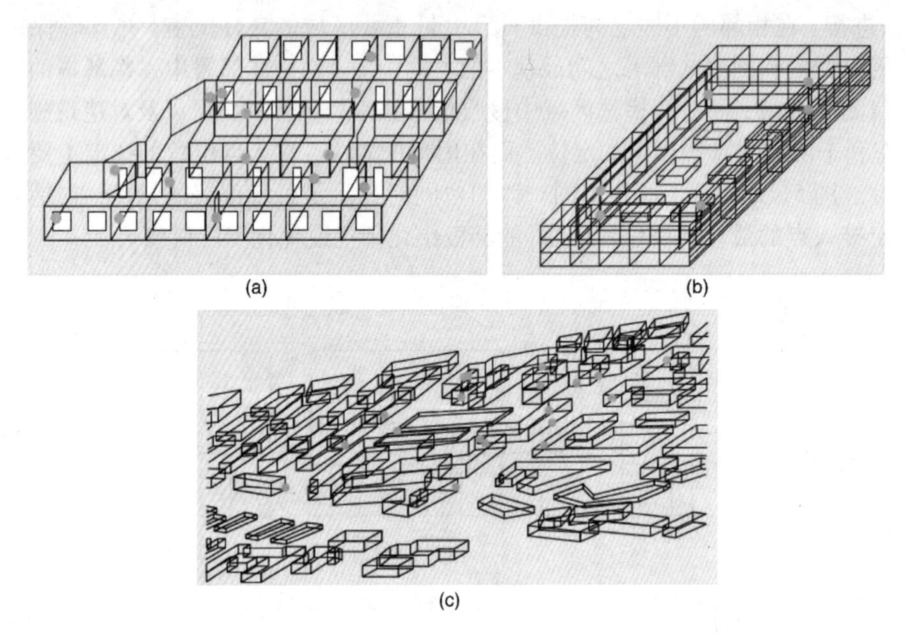

图 5.13 通过射线跟踪软件得到的用于 WLAN 性能分析的典型建筑物布局图：(a)办公室；(b)购物中心；(c)校园区域。ⓒ 2003IEEE。经许可从[Unb03]中转载

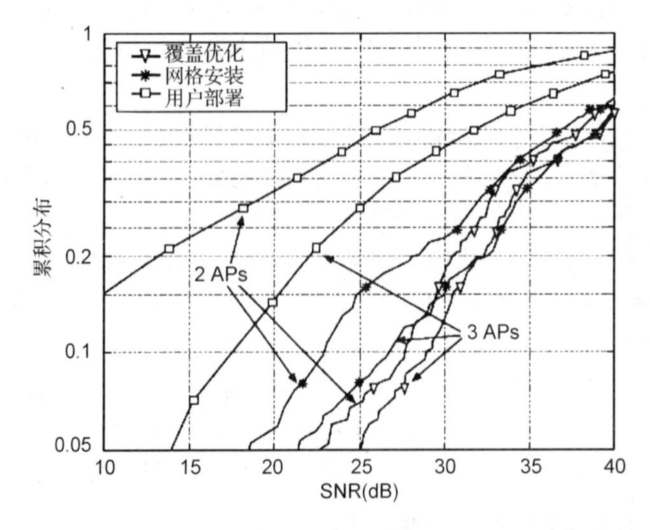

图 5.14 商场内信噪比的积累分布函数(5 GHz)。ⓒ 2003 IEEE。经许可从[Unb03]中转载

表5.1　不同环境、不同频率下SNR的第10个百分位值

部署方法	频率(GHz)	最小接入点信噪比的密度/1000 m²	第10个百分位值(dB)
办公环境			
用户部署	5	1.85	14.6
网格安装	5	1.85	17.5
覆盖优化	5	1.85	21.2
用户部署	17	14.8	16.1
网格安装	17	7.4	16.9
覆盖优化	17	7.4	19.9
用户部署	60	74.0	18.0
网格安装	60	52.0	15.2
覆盖优化	60	52.0	14.9
大型购物中心环境			
用户部署	5	0.5	21.3
网格安装	5	0.17	19.0
覆盖优化	5	0.17	22.2
用户部署	17	6.0	16.2
网格安装	17	3.0	16.0
覆盖优化	17	3.0	18.5
校园环境			
用户部署	5	0.15	14.2
网格安装	5	0.15	21.0
覆盖优化	5	0.15	22.0

通常情况下，在办公大楼中进行WLAN部署都比较简单。对于2.4 GHz和5 GHz的系统，由于信号能够穿透墙壁，因而覆盖范围相对来说不成问题，并且某些接入点可以安装在一些便利的区域，例如走廊、休息区或报告厅，通常可以覆盖一个楼层。在17 GHz和60 GHz的情况下，传播大多被限制在视距范围之内，并且从本质上来说每个房间必须有一个接入点。由于小区的尺寸很小并且在高频率具有更多的可用带宽，与那些2.4 GHz或者5 GHz的系统相比，每个用户平均的吞吐量得到了较大提升，而这些附加的吞吐量是以较高的基础设施开销为代价的。在办公区域，网络部署的方法理论并不是非常关键，而且复杂的网络规划或最佳覆盖并不能够明显地提升性能。在这样高的频段下，部署一定是要密集型的。事实上，用户配置能够比网格式部署或最佳覆盖表现得更好。在校园环境中，如果使用2.4 GHz或5 GHz的系统，那么就能够得到一个接入点布局密度合适的有效覆盖范围。17 GHz和60 GHz频段的小区尺寸过小，从而导致这类小区无法在室外网络部署。实际上，网络部署方法将会对校园环境中的系统容量产生较大的影响，因此需要选择合适的网络规划方式。无论是从所能够提供的覆盖范围方面还是从与其相关的干扰因素方面来说，大型购物中心都是一个情况十分复杂的环境。在这种环境中，那些潜在的大量用户人群不仅造成了很强的阴影，而且也造成了一个相对较低的用户平均吞吐量。环境的强烈分片化以及网络布局必须在三维空间内(商场包含多层)实现的实际情况，使得设计一个规划良好、能够提供合理覆盖范围的网络变得很困难。此时最佳覆盖范围部署方式以及某些条件下的网格式部署都能够或多或少地提升系统的性能。然而，信道容量主要受限于强干扰，而这些干扰又会因为环境的强烈分

隔而产生剧烈的波动。通过采用复杂的网络规划能够带来系统性能的潜在提升。然而，这种提升是非常有限的。

5.5 蜂窝拓扑结构、蜂窝基础和频率复用

接下来，考虑在蜂窝电话网络中使用更细致的、系统的部署方法。蜂窝网络的拓扑结构比较特殊，是一个多基站网络，在基站之间采用了频率复用的概念。可用的无线电频谱资源是一种稀缺资源，人们想尽各种办法提高频谱的使用效率。在可用的频谱范围内研发能够支持最大理论用户数量的网络结构。尤其在今天，考虑到用户对于信道容量的巨大需求，研究如何有效地利用无线频谱资源是相当重要的。在可用频谱范围内，可用频谱的空间复用是实现有效使用无线频谱的主要途径。这主要是指相距一定距离的多个用户使用相同频率的无线电频谱，也就是所谓的频率复用。频率复用技术的原理，是电磁波信号强度的衰减与其传播距离之间的关系。举例来说，当无线电信号在真空或自由空间传播时，无线电信号的强度与其传播距离的平方成反比。这意味着，只要发送器之间的距离足够远，且发送信号功率在适合的范围内时(取决于复用的距离)，就可以在相互之间没有干扰的情况下利用相同频率的无线电信号实现通信业务或者其他业务。例如，这种技术已经应用于商业的无线电广播和广播电视领域，在这些应用领域，广播站的最大发送功率有一个上限值，以确保相同频率的无线电信号可以被其他广播站使用。蜂窝概念就是一种利用频率复用技术的智能方法。在所有的大型地面通信网络和卫星无线通信网络中，蜂窝拓扑结构最具优势。20 世纪 70 年代，蜂窝通信的概念最早由贝尔实验室提出，其目的是在有限带宽内可以容纳大量的用户[Mac79]。

5.5.1 蜂窝概念

采用蜂窝技术，可以部署大量的低功率基站来发送信号，而每个基站的覆盖范围都是有限的。在这种方式下，由于相同的频谱在某一特定地区内被复用数次，因而每当建立一个新的基站或发送天线时，可用容量就倍增一次。将覆盖区域划分成一些彼此相邻的更小区域，每个小区由其自身的基站提供服务。射频信道被智能地分配到这些更小的区域里，以便减少这些小区之间的相互干扰。这样不仅提供了良好的性能，而且可以满足这些区域内的流量负荷。每一个较小的区域被称为小区，而小区又被编组成集群。每个集群使用所有的可用无线频谱。采用集群的原因，是为了避免集群中的相邻小区由于使用相同频谱而互相产生干扰。因此，将无线信道划分成不同信道组，并将这些信道组分配给集群中的不同小区。在一个集群内，对无线电频谱组的空间分配(称为子波段)必须按照能够获得理想通信质量的方式来实施。这是对无线蜂窝系统进行网络规划的重要组成部分。

在蜂窝系统中主要有两类干扰。不同集群中使用相同频率的小区之间产生的干扰称为同信道干扰，这些使用相同频率或信道的小区称为同信道小区。在一个集群内由于频率的旁瓣重叠而产生的干扰称为邻信道干扰。在集群内或者集群间分配信道时，必须尽量减小这两种干扰。

通过安装多个低功率无线发送器，蜂窝概念能够增加可用频谱支持的用户数量。接下来举例说明。

例5.14　蜂窝概念

假设在可用频谱内，一个单独的高功率发送器(如图5.15所示)可在100 km^2区域内提供35个话音信道。如果使用7个低功率发送器，其中每个发送器可在14.3 km^2区域内提供30%的话音信道，那么现在就会得到80个话音信道而不是35个。事实上，这些信道是按照避免基站间相互干扰的方式分配给每个基站的。在图5.13中，因为基站1和4的覆盖区域相距间隔足够远，它们可以使用相同的信道，而不会产生相互间的干扰，基站3和6的信道分配也是同样的道理。假设标记为1、2、5、6和7的小区使用不相交的频段，同时1和6小区使用的信道被3和4小区复用，那么这一组小区{1、2、5、6、7}就编成一集群，而3和4小区被编入到另一集群中。在极端情况下，基站的分布密度可以很大，以至于使蜂窝系统达到无限的承载容量。但是，实际上这是不可能实现的，主要有以下几个原因：这样做会导致网络负载和信令负荷、切换的频率和次数以及规划和建设系统费用的急剧增长。

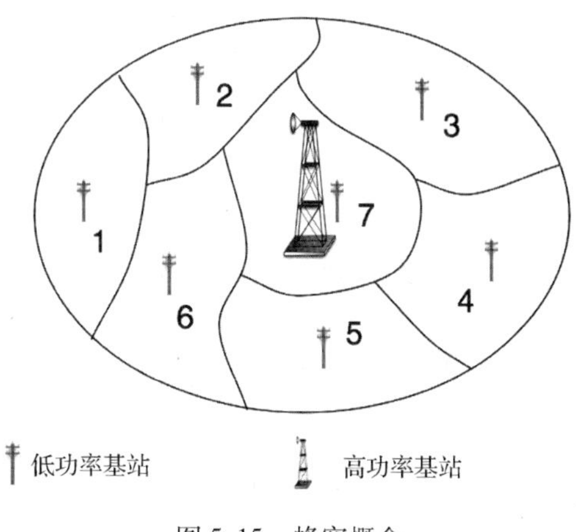

图5.15　蜂窝概念

例5.15　蜂窝拓扑结构的重要性

假设需要为一个城市提供无线通信服务，其可用的总频谱带宽是25 MHz，而每位用户需要用30 kHz带宽来实现话音通信。在这种情况下，如果使用一个发送天线来覆盖整个城市，那么只能支持25 MHz/30 kHz = 833个用户同时通话。现在采用蜂窝拓扑结构来实现对城市的无线通信服务，铺设20个低功率发送天线来构建这个蜂窝的拓扑结构，同时通过合理地部署这20个天线，以避免出现前面提到的两种干扰。将频带划分成4个信道群，并给每个小区分配一个信道群，那么每个小区就会占有25/4 = 6.25 MHz的带宽。在这个例子里假设每个集群由4个小区构成。每个小区支持6.25 MHz/30 kHz = 208个用户同时在线。

每个集群支持同时在线的用户数量是4 × 208 = 832个。如果整个系统有5个这样的集群，那么整个系统支持同时在线的用户数量就会达到832 × 5 = 4160个。可见，这种蜂窝拓扑结构的系统容量是单发送天线系统的5倍。

例5.14和例5.15阐述了蜂窝网络的主要优点和基本原理，从中可以看到蜂窝网络是依据信道带宽、小区数量、频率复用系数和网络负载容量这些因素之间的相互关系来进行规划的。如果W是总可用频谱，B是一个载波的带宽，N是集群尺寸或频率复用系数，m是每个载波的用户数量，那么每个小区同时在线的用户数量由下式给出：

$$M = \frac{m}{N}\left(\frac{W}{B}\right)$$

特别是可以观察到，网络容量可以通过以下方式提高：(a)增加m，也就是每个载波(通过改变调制或传输方案)能够支持的用户数量；(b)减少频率复用系数(N为集群的数量)。现在已经知道如何提高网络容量，而剩下的一个主要问题是如何给独立小区分配子信道组，从而将使用同一子信道的不同用户间的干扰控制在可接受的程度内。下一节将讲解这个问题。现在考虑与蜂窝拓扑结构相关的一些其他的重要问题。

蜂窝拓扑结构减少了移动终端和基站双方对于信号覆盖面积的需求。覆盖面积的减少降低了移动终端的发送功率，这是因为当信号覆盖面积较小时，移动终端与基站之间的距离也较小，只需较小的功率就可以实现通信。这将延长电池寿命并缩小终端体积，而这些对于使用手持终端的用户极其重要。所以，小区的数量越多，则系统的容量越大，终端的体积越小。然而，需要铺设固定的网络基础设施来连接蜂窝小区，并确保整个系统的协调运行。当网络小区数量增加时，铺设网络的费用和时间也会随之增加。另外，小区越小，移动终端在基站间的切换就会越频繁。因此，缩小小区不但会增加设计和铺设网络的复杂程度，还会增大固定基础设施部分的信令负荷。可见，设计蜂窝拓扑结构的技巧，是在这些系统涉及到的所有因素之间实现平衡。本章的后续部分会详细讲解这些内容。

无线蜂窝网络的另一个重要内容是扩展。无线服务提供商主要的投资方向是固定基础设施，包括基站与基站之间的连接。当一个服务提供商开始提供网络服务时，会随着用户数量的不断增长，尽量最小化基础设施的投入。用户数量增长可以带来新的收入，服务提供商因此需要扩展网络并增加基础设施以支持更多的用户。因此，为了适应用户的增长需要规划整个无线网络。

总而言之，在规划蜂窝网络时，需要着重考虑下列技术因素：

- 为各种传输技术选择频率复用模式。
- 物理扩展和无线信号覆盖模型。
- 网络增长规划。
- 容量、小区尺寸和基础设施的成本之间关系的分析。

5.5.2 蜂窝层次

为了支持不同规模的小区而采用分层的蜂窝基础结构，主要基于三个原因。第一个原因，是当某个区域难以被一个大的小区覆盖时，需要采用分层结构来扩大系统的覆盖面积。例如，为覆盖郊区而设计的小区，其发送天线安装在高塔上，并具有很大的覆盖面积。但是，这些天线的信号不能完全覆盖到城市街道或室内环境。因此，需要安装高度较低的发送天线以覆盖城市街道，而为了全面覆盖室内区域也许要将天线安装在墙壁上。安装在这些位置上的天线，其发送功率更低、覆盖面积更小，从而产生了一个更小的小区。第二个原因，是为了增加用户密度较高区域的系统容量。如果将世贸中心的蜂窝电话用户数量和州际高速公路上的用户数量对比一下，就不难看出采用这种分层结构的原因了。通过减小蜂窝小区面积的方法来增加小区的数量，就可以在更小区域内，既能够满足更多数量的用户需求又能够支持更大的信号流量。第三个原因，是某个实际的应用有时会需要一定的网络覆盖。比如，现在人们身边的无线设备越来越多，而那些设备之间的通信业务量也随之增加。这就需要非常小的蜂窝小区来实现掌上计算机或笔记本计算机与蜂窝电话的无线接入。

在现代蜂窝网络的部署方式下，人们设计了大小不同的蜂窝小区来实现全面的网络覆盖，用以支持不同地域的信号流量变化，以及各种应用领域。采用层次结构方法划分蜂窝小区，规定了以下各种小区的规模。

个人小区：这是蜂窝系统各层次中最小的小区，用于连接如便携式计算机、掌上计算机和蜂窝电话等个人通信设备。因为以上的设备通常在用户身边范围内，所以这些小区的覆盖范围只需几米。

微微小区：这些小区于铺设在建筑物内，用于支持本地用户的室内网络，如 WLAN。这些网络的覆盖范围是十几米。

微小区：在这些小区里，沿街区铺设了低于建筑屋顶的天线，并能覆盖整个街区。其覆盖范围在几百米之间，且用于城市以支持个人通信业务(PCS)。

宏小区：宏小区覆盖大城市区域，并且它们是早期蜂窝电话系统铺设的传统蜂窝小区。这些小区的覆盖范围达到几千米，在其网络覆盖区域内，它们的天线安装在典型建筑的屋顶上。

巨小区：巨蜂窝覆盖国家区域，覆盖范围可达几百千米，主要使用卫星通信。

图 5.16 举例说明了不同小区之间的关系。一个理想的网络是由这些小区构成的分层系统，其中飞机旅客由巨小区覆盖，宏小区覆盖了郊区的机动车乘客，走在街道上的行人由微小区覆盖，室内用户由微微小区覆盖，最后利用毫微微蜂窝实现个人设备的互连。

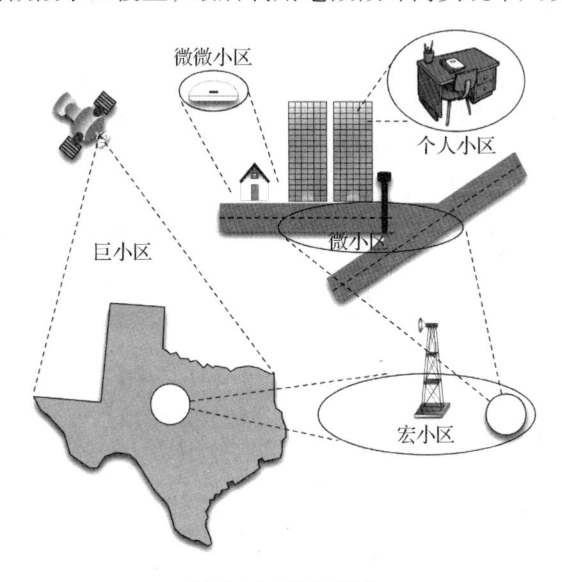

图 5.16　蜂窝层次

5.5.3　蜂窝基础和频率复用

在热点问题中，已经讨论了小区的拓扑结构和蜂窝网络，以及为了满足大量用户需求而采用的提高通信容量的体系结构。现在定量研究小区拓扑结构中的干扰特性。这样一来，依次引出了对设计集群大小的定量研究，以及在集群内部分配子频带的简单技术。

由于无线电传播的随机性，小区的实际形状是不确定的(接近圆形)，在系统设计时为了便于观察和理解，将所有小区当作相同的形状。同样，将所有小区设定为相同大小便于对小区拓扑的分析和计算。一旦从可视的拓扑图中发现存在干扰，就会在实际的网络规划中进行测量和仿真。

相同形状的小区将会形成棋盘形状，因此不会出现不明确的区域(被多个小区覆盖的区域或者小区覆盖不到的区域)。如图 5.17 所示，小区的形状只能是三种规则的多边形：等边三角形、正方形或正六边形。

这三类形状中六边形小区最接近圆形，因此用于传统系统的设计(如图 5.18 所示)。以上提到的三种形状，对于某个给定的半径(多边形中心到边的最大距离)，六边形的面积最大。因此，普遍采用六边形结构。

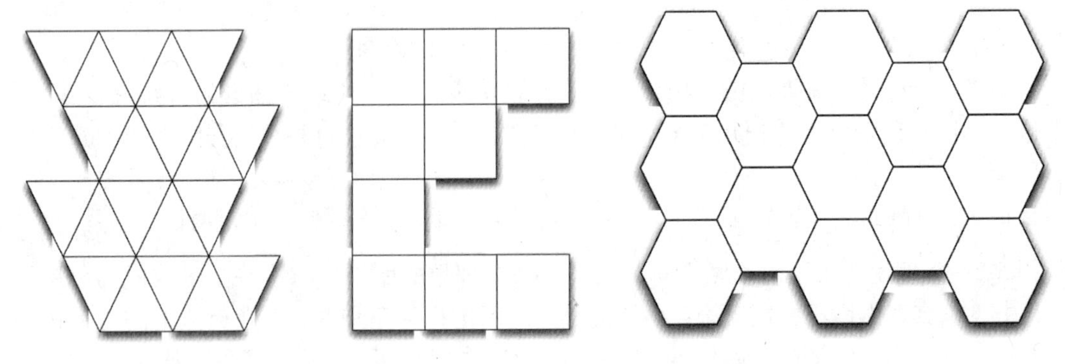

图 5.17　三角形和矩形小区　　　　图 5.18　正六边形排列不会产生模糊地带

在大多数文献以及一些粗略的设计中，将六边形小区形状作为小区的默认形状。对于考虑流量负载的分布、不同传输机制之间干扰的情况，为便于数学计算而采用圆形小区。

为了研究干扰随着距离变化产生的影响，需要一种简洁的方法来标识小区和判断距离。幸运的是，六边形小区便于研究此类问题[Mac79]。为了使系统容量最大化，必须将集群内使用同频信道的小区尽量分开部署。很明显在图中范围内只能有 6 个同信道的小区。同信道小区之间的距离需要满足 $D_L = \sqrt{3R_L}$。这里 R_L是小区的半径。同信道小区的半径、小区之间的距离和集群尺寸之间的关系如下：

$$\frac{D_L}{R} = \sqrt{3N} \tag{5.5}$$

这个数值也称为同信道复用比。此量也称为同信道复用率。N 的值只能表示为：$i^2 + ij + j^2$，i 和 j 都是整数。

例 5.16：集群尺寸 $N=7$

如上所述，i 和 j 只能取整数值。如果 $i=2$ 且 $j=1$，那么 $N=4+2+1=7$。选择小区 A，沿着六边形的一个面移动两个单元，再向 60°或 120°移动一个单元，就可以得到同信道小区。照此方式处理，就可以得到图 5.19 中的集群尺寸 $N=7$。美国的 AMPS 系统采用了 $N=7$ 的集群尺寸。

一个集群中小区的数量 N 决定了同频干扰的程度，也就是每个小区可用信道的数量。假设整个系统的可用信道数量是 N_c，每个集群使用全部 N_c个信道，对于固定信道分配方式，每个小区分配 N_c/N 个信道。人们总是期望每个小区获得最大数量的信道。这意味着 N 的值要尽可能小。然而，减小 N 的值会增加信干比。因此，需要在系统的容量与性能之间进行折中处理。

5.5.4　信干比计算

在 5.5.1 节讲到，蜂窝结构必须有序复用频谱以减少频谱复用带来的干扰。在此，详细分析系统设计时进行的性能检测，尤其是信干比与路径损耗、服务等级之间的关系。回顾 5.3 节未经许可的频带中信干比的计算。

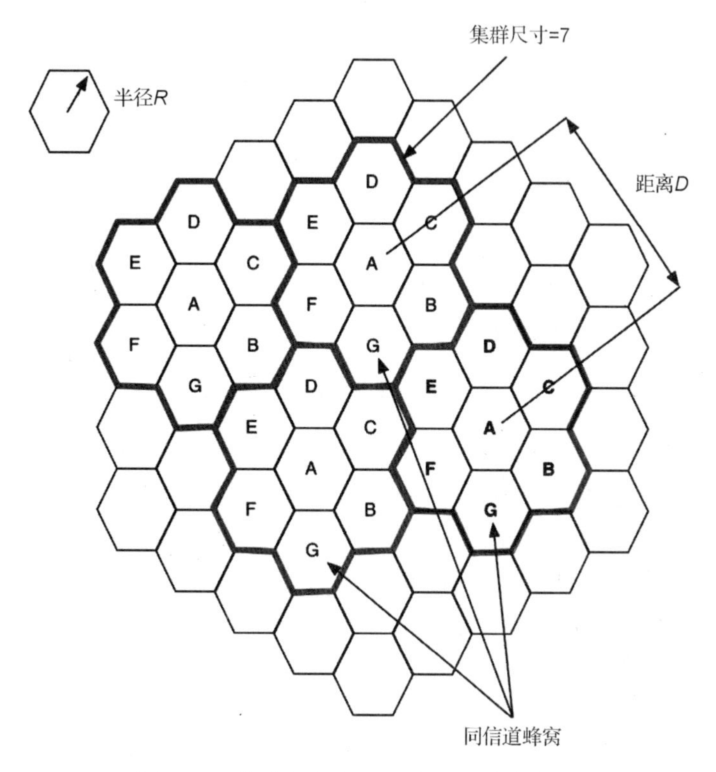

图 5.19　集群大小为 $N=7$ 的六角蜂窝结构

通常，信干比的计算与 5.3 节的方式相似，可以写成如下形式：

$$S_r = \frac{P_{desired}}{\sum_i P_{interference,i}} \tag{5.6}$$

信号强度随着距离增加而下降的系数 α，称为功率-距离梯度或路径损耗梯度。也就是说，如果发送功率是 P_t，那么在距离 d 处，以米为单位，无线信号的强度将衰减到 $P_t d^{-\alpha}$。最简单的情况下，信号强度的衰减与自由空间距离的平方($\alpha=2$)成正比。假设有两个基站发送器——BS_1 和 BS_2，具有相同的发送功率 P_t，一个移动终端距离两个基站的距离分别是 R 和 D。如果移动终端尝试与第一个基站通信，那么第二个基站的信号就是干扰。移动终端的信干比是：

$$S_r = \frac{KP_t R^{-\alpha}}{KP_t D^{-\alpha}} = \left(\frac{D}{R}\right)^{\alpha} \tag{5.7}$$

比值 D/R 越大，S_r 越大(干扰越弱)，性能越好。蜂窝无线系统的目标就是将频率(信道)分配给集群内的小区，使得干扰小区(同频或近频)之间尽可能远离。自由空间无线电的距离-功率梯度是 2，都市陆地移动无线电的距离-功率梯度增加到了 4。因此，接收信号强度的衰减是距离的 4 次方。这进一步提高了信干比。如果在某个基站周围有 J_s 个干扰基站，那么 SNR 通常可以表示为：

$$S_r = \frac{d_0^{-\alpha}}{\sum_{n=1}^{J_s} d_n^{-\alpha}} \tag{5.8}$$

其中，移动终端到通信基站的距离是 d_0，到第 n 个干扰基站的距离是 d_n。

例 5.17 六边形小区结构的 S_r

在六边形小区结构中正好有 6 个同信道小区，很明显它们都能够对某小区内一个移动终端带来相似的干扰。因此 $J_s=6$。同信道小区的距离取决于集群大小，由式(5.5)给出。移动终端到其基站之间的最远距离是小区半径 R。移动终端到干扰小区的距离大约是 D_L。对于陆地移动无线电，如果只有这 6 个同信道小区干扰，那么 $J_s=6$，信干比可以近似表示为：

$$S_r \approx \frac{R^{-4}}{J_s D_L^{-4}} = \frac{R^{-4}}{6D_L^{-4}} = \frac{1}{6}\left(\frac{D_L}{R}\right)^4 = \frac{3}{2}N^2 \tag{5.9}$$

采用分贝的形式，信干比可以表示为：

$$S_r = -7.78 + 40\log\left(\frac{D_L}{R}\right) = 1.76 + 20\log N \tag{5.10}$$

图 5.20 给出了式(5.9)中信干比随着集群大小 N 的变化曲线。式(5.9)通常用于决定集群大小以获得适宜的性能。注意，信干比受同信道复用比 D_L/R 的影响；对于一个给定的 D_L/R，可以维持一个特定的 S_r。然而，这只是一个近似值，由于不同基站可能使用不同的传送功率，路径损耗模型也可能不是这里使用的简单 d^{-4} 模型。对于 S_r 的计算，上行链路(移动终端到基站的通信)也不同于下行链路(基站到移动终端的通信)。

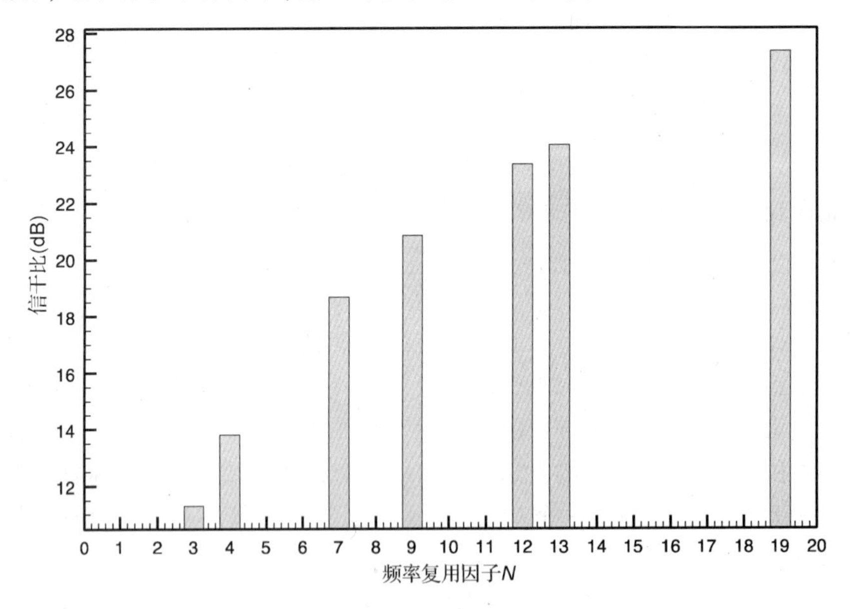

图 5.20 S_r 作为 N 的函数

对于陆地移动无线通信，接收信号的衰减是距离的 4 次方。以分贝为单位，路径损耗模型可以表示为：

$$P_r(d)(\text{dB}) = P_t(\text{dB}) - 40\log d + 10\log K \tag{5.11}$$

10 log K 对应于 1 m 处或 1 km 处的路径损耗，这要根据具体情况而定，其中 d 采用同一单位。路径损耗模型可能并不合适，尤其是接收信号强度的测量结果，表明路径损耗不仅与基站到移动终端之间的距离有关，而且与工作的无线电频率和天线的高度都有关系。无论是陆地移动无线电蜂窝结构，还是 PCS 应用的微蜂窝结构，路径损耗还与具体使用场景有关。然而，这个简单的模型适用于系统设计时的首次近似表述。

下面分析一个真实的蜂窝系统，集中讨论本章涉及的大量概念。

例 5.18　AMPS 的蜂窝结构

首先分析美国第一个蜂窝无线电话系统 AMPS，它采用了模拟 FM 机制。在这种第一代的蜂窝系统中，每一路话音信道采用 FM 技术占用 30 kHz 带宽。图 5.21 显示了 AMPS 系统的频谱分配情况。

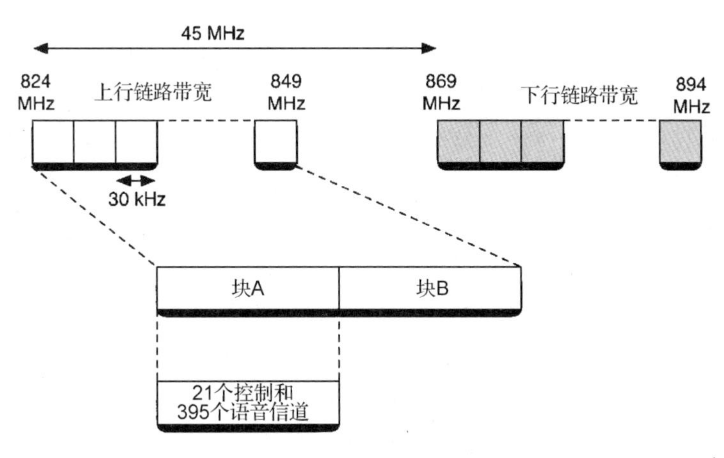

图 5.21　AMPS 系统的频谱分配

对于上行链路和下行链路各分配了 25 MHz 带宽，因此可以实现全双工传输。25 MHz 带宽频谱分隔为两个 12.5 MHz 的块。A 块分配给非传统电话服务提供商，B 块分配给传统电话服务提供商。每一个 12.5 MHz 频谱可以提供 416 个信道，每个信道带宽 30 kHz。其中，395 个信道用于话音，21 个信道用于呼叫控制。

基于对话音质量的主观测试，对一个用户来说，好的话音质量要求信干比达到 18 dB 以上。依据式(5.9)，集群大小 $N=7$。图 5.19 显示了小区结构和集群大小，相同标签的小区使用相同的频谱。同信道小区的分隔距离 $D_L=4.58R$，这样可以确保信干比在 18 dB 左右。

假设服务提供商将 395 个话音信道从 1 至 395 编号。例如，在下行链路，869.0 ~ 869.030 对应信道 1，869.030 ~ 869.060 对应信道 2，依次类推，信道 1、8、15、…都将分配给标签 A 的小区，信道 2、9、16、…都将分配给标签 B 的小区。这样可以使得一个小区内所有信道之间有足够的间隔，从而将相邻信道之间的干扰降到最低。实际应用中采用了不同的编号机制，这是因为 AMPS 系统并不能获得完整的 25 MHz 带宽。无论如何，一个小区内部的信道之间遵循了间隔 7 个信道的方法。还有一些其他的例子，由于小区的实际形状不是六边形，因此影响到集群大小 N。事实上，为了获得好的话音质量而采用了集群大小 $N=12$。

5.6　容量扩展技术

在过去 10 年中，无线电信业收入中占统治地位的是蜂窝电话业务。20 世纪的最后 10 年，这个行业呈指数增长。在激烈的竞争中，无数公司在这个繁荣和利润丰厚的行业中获得一定的收入份额。构建蜂窝网络的主要费用是基础设施的成本，包括基站和交换设备、房产(建造蜂窝站点的土地)、安装以及基站之间的链路连接。这些花费与基站的数量成正比。业务的收入直接取决于用户的数量。用户的数量会随着时间不断增加，蜂窝服务提供商必须做出合理的扩展规划。所有服务提供商开始的时候都采用最少的蜂窝站点，这样做是为了最少的初始投资。随着用户数量的增加，服务提供商获得了更多的收入。在某个时间节点，他们增加基础设施的投资来改善服务和增加网络容量以支持更多的用户。因此，发展出许多扩展蜂窝电话网络的方法。

有4种基本方法用于扩充蜂窝网络的容量。最简单的方法是为新用户分配额外的频谱。这种方法简单，却很昂贵。在美国，所谓的PCS带宽的价格是200亿美元。假设每个新用户每年带来1000美元的利润，需要2000万用户一年的利润才能达到这个数量。激烈的竞争促使服务商要以最低的成本向客户提供服务，购买频谱的方法无疑等于自杀。例子中的情况是，购买该PCS频段的前三名公司已经申请破产。但是，读者不应然断定这是不能接受的方法。在这样悲观的情景下，凸显出需要其他的替代品的至关重要性，以便除了获得额外的频谱这个简单的方法之外，来扩大产能。

第二种扩充蜂窝网络容量的方法是改变小区的结构。这类方法包括小区分裂、使用定向天线划分小区扇区、Lee的微小区技术[Lee91]、采用多重复用系数（称为分区复用[Hal83]）。本节的余下部分将详细描述这些技术。通过增加小区站点的方法改变了小区的大小和覆盖形状，通过改变天线的特性来增加容量。这些技术不需要额外频谱，也不需要对无线调制或系统接入技术做太大的改动，因此用户也不需要购买新的移动终端。这类改变小区结构的方法是更加实用、廉价的扩展网络容量的方法。

第三种扩充网络容量的方法是改变频率分配方法。与传统网络将所有信道平均分配给所有小区不同，可以根据小区的业务量需求，在小区之间采用非平均分配频带的方法。小区的业务量随着地理位置和时间而动态变化。大多数商业区域在高峰期有很大的业务负载，在晚上和周末的时候负载相对轻一些。在住宅区情况则正好相反。如果信道能够在小区之间动态分配，那么就可以提高网络整体容量。采用这种技术，对于终端或网络的物理结构不需要做任何改变，需要增加一些内部计算设备进行网络控制与管理。

第四种扩充网络容量的方法，也是最有效的方法，是改变调制和接入技术。蜂窝行业最初采用模拟FM技术，随后发展为TDMA，后来在CDMA空中接口使用数字调制。数字技术提高了网络容量，同时也构建了话音业务与数据业务的集成环境。然而，这种变迁需要用户购买新的终端，服务提供商也需要安装新的基础设施。

5.6.1 扩展容量的建设方案

小区分裂法：当某个小区内的用户数量不断增加，以至于信道的数量不能满足用户需求的时候，就必须为这个小区覆盖的区域分配更多的信道。可以通过将小区分裂成更小的小区来获得更多的信道。

分析图5.22，采用集群大小为7小区的结构。当业务负载增长时，可以引入更小的小区，比如将小区的半径减小一半。如此可以将容量扩展到4倍（由于面积与半径的平方成正比）。然而，实际上，在同信道小区的中间只能引入一个分裂小区。在这种情况下，这些较大的小区标签为**A**。因此，在分裂小区中复用那些分配给较大小区的信道，需要合理地进行最小化干扰处理。

这种方法会带来一些问题。假设分裂小区（标签**a**）的半径是$R/2$。分裂小区基站的发送功率与大小区一样。分裂小区内终端到基站的最大距离是$R/2$，在分裂小区内可以保持正常的信干比。因此，虽然分裂小区与同信道小区 **A** 的距离减小了一半，但是信干比 S_r 仍保持不变。在另一个方面，对于标签 **A** 的小区则不同，由于随着分裂小区的出现，同信道复用比变成了 $D_L/2R$。为了维持相同的干扰等级，需要降低分裂小区基站的发送功率。但是，这又会增加分裂小区内移动终端接收到的干扰。另外一种代替方法是将分配给标签 **A** 小区的信道分为两部分：一部分由 **a** 使用，另一部分不由 **a** 使用。**a** 使用的信道在大小区中只在距小区中心半径 $R/2$ 处使用，因此同信道复用比保持不变。这称为覆盖小区概念，是指较大的宏小区与较小的微小区同时共存。

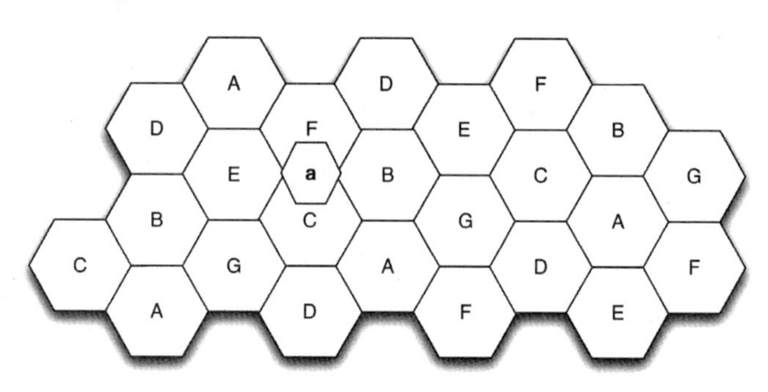

图 5.22　小区分裂

这种解决方法走下坡路的原因，在于在大小区中引入分裂小区后会导致大小区的容量下降，最终导致连锁反应将整个区域分裂成更小的半径。同样，标签 **A** 小区内的基站也将变得更加复杂，并且将有必要在覆盖域之间切换。

使用定向天线实现小区分扇区：扩充蜂窝系统容量的最简单、最流行方案，是使用定向天线的小区分扇区技术。这一技术试图降低信干比，因此就可以减小集群大小，也就增加了容量。应用定向天线目的是降低同频干扰，这样就能够将无线电传播集中在需要的方向之内。为了实现这一目标，通过设定天线定向可以使得基站天线的覆盖区域限制在小区的一部分，称为扇区。采用这种技术，小区站点保持不变，只需改变天线即可。其主要目标是将信干比增加到一定程度，从而降低频率复用系数。小的频率复用系数可以使每个小区获得更多数量的信道，增加了小区网络的整体容量。

如前面所讨论的，根据式(5.10)，信干比可以表示为：

$$S_r = \frac{1}{J_s}\left(\frac{D_L}{R}\right)^4 = \frac{9}{J_s}N^2 \tag{5.12}$$

其中，J_s 是干扰小区的数量。使用扇区天线减少 J_s 因素，因而减少了干扰，增加了 S_r。蜂窝系统中最流行的定向天线是 120°定向天线，60°定向天线也偶尔使用。下面举两个例子说明这些天线的影响，可以将复用系数从 $N=7$ 分别降低为 $N=4$ 和 $N=3$。

例 5.19　三扇区小区和复用系数 $N=7$

如图 5.23 所示，在集群大小为 7 的蜂窝系统中采用 120°定向天线技术。分配给小区的信道可以进一步分成三个部分，每一部分用于一个扇区。如图所示，同信道干扰小区的数量从 6 减少为 2，因此提高了信干比。对于全向天线(参见例 5.17 和例 5.18)，集群大小 $N=7$ 的 S_r 值是 18.66 dB。在本例中，按照式(5.10)，信干比等于：

$$S_r \approx \frac{R^{-4}}{J_s D_L^{-4}} = \frac{R^{-4}}{6D_L^{-4}} = \frac{1}{2}\left(\frac{D_L}{R}\right)^4 = \frac{9}{2}N^2 \tag{5.13}$$

由于 $N=7$，因此 $S_r=23.43$ dB。为了体现这个增益的重要性，注意到 AMPS 系统对 SNR 的要求是 18 dB，因而建议 $N=7$。然而，对于非理想情况需要更大的 S_r。

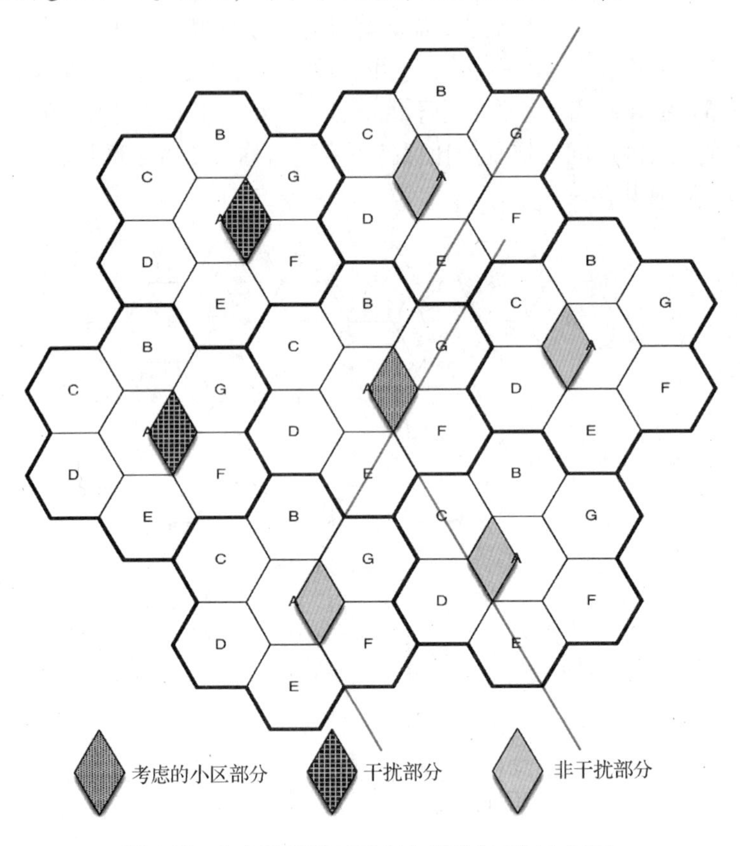

图 5.23　7 小区复用 120°定向天线(三扇区小区)

例 5.20　三扇区小区和复用系数 $N=4$

式(5.13)在本例中保持不变，由于只有两个干扰小区(如图 5.24 所示)，因而对于全向天线，$J_s=6$。因为 $N=4$，最终可以得到 $S_r=13.8$ dB，很遗憾这无法满足 AMPS 系统的要求。

很明显三扇区小区的信干比与全向天线的非扇区小区相比要好得多。$N=4$ 时，信干比是 19.9 dB。基于对话音质量主观平均意见得分(MOS)的测试，这个值大于 18 dB 的要求。

例 5.21　六扇区小区和复用系数 $N=4$ 和 $N=3$

采用 60°定向天线，可以将一个小区分为 6 个扇区。同信道干扰小区的数量减少为 1，信干比可以表示为：

$$S_r \approx \left(\frac{D_L}{R}\right)^4 = 9N^2 \tag{5.14}$$

可以在集群大小为 3 或 4 的小区中采用六扇区技术，由于信干比可达 21.58 dB 或 19.1 dB，完全满足 AMPS 的要求。小区的设计和扇区间的关系留给读者作为练习。

事实上，因为理想的天线方向图是无法实现的，所以不能够将小区扇区理想化。因此，上面例子中的小区扇区有些过于乐观了。然而，从上面例子得出的结论是扇区技术可以增加终端的信干比。需要强调的是，通过使用 3 个和 6 个扇区技术，可以将频率复用系数从 $N=7$ 降低为 $N=4$ 和 $N=3$。这样一来，可以将系统容量提高 1.67 倍和 2.3 倍，用户数量也就可以增加相同的倍数，最终转化为服务提供商的收入增益。服务提供商需要在某些区域的基站增加天线。与小区分裂法相比，使用定向天线在增加容量方面效率并不算高，但是其成本低廉。在小区分裂中，额外增加小区站点的费用，包括房产和安装天线塔的费用，远远高于定向天线的费用。小区分裂技术还需要额外规划，以便在分裂小区中保持相同的信干比等级。如果定向天线的应用没有能够降低频率复用系数，那么也能够降低 MS 所需的平均发送功率，这可以为用户延长电池的寿命。

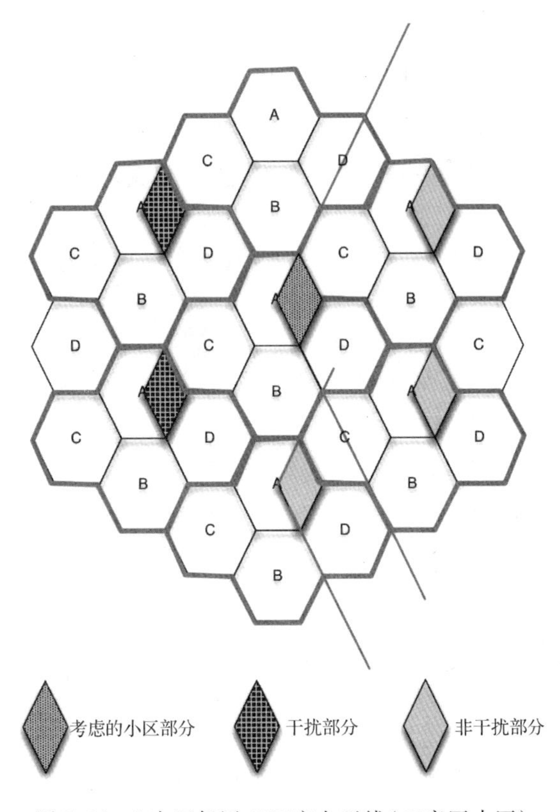

图 5.24　4 小区复用 120°定向天线(三扇区小区)

Lee 的微小区法：使用扇区的缺点是，由于信道必须在小区的不同扇区之间进行分配，每个扇区也不过是具有不同形状的新小区。因为每次移动终端从小区的一个扇区移动到另一个扇区时都必须进行越区切换，网络负荷大大增加。另外，在所有前面部分的讨论中，已经假设不管定向天线是否被采用，基站天线位于小区的中心。实际上，在小区的角落采用定向基站天线可以减少基站[Mac79]的数量。Lee 的微小区技术[Lee91]利用角落激励基站，以减少越区切换的次数，并消除小区扇区之间的信道分配。

如图 5.25 所示是 Lee 的微小区的概念。这样每个小区有一个基站，但也有位于小区角落的三个“区域中的站点”。跨越 135°的定向天线被用于这些区域的站点。所有三个区域中的站点充当用于由移动终端发送的信号的接收机。基站确定哪个区域站点具有来自移动的最佳接收质量，然后就使用该区域站点发送下行链路的信号。区域站点通过高速光纤链路连接到基站，以避免拥塞和延迟。由于某个时

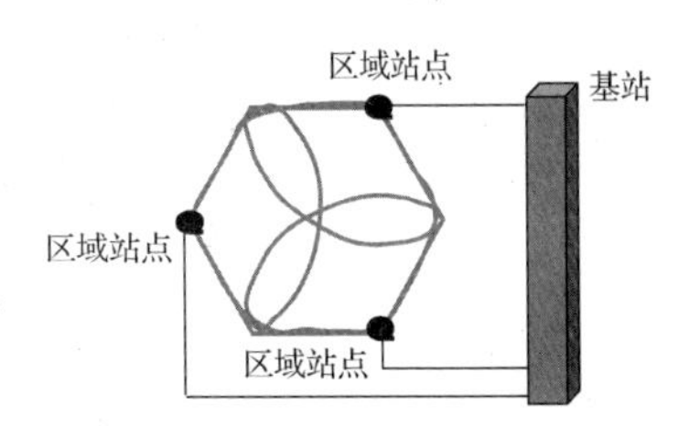

图 5.25　Lee 的微小区的概念

刻只有单一区域站点是活跃的，与具有全向天线的干扰进行比较，移动终端所面临的来自同频道区站点的干扰较小。因此，小区的大小可以减小到3，并在一个7小区集群方案中获得2.33容量增益。

请看下面的例子：

例5.22　Lee的微小区技术

采用集群大小 $N=3$，如果使用Lee的微小区概念，同信道复用率的 D_Z/R_Z 大于4.6。使用图5.26计算。

在这个例子中，采用 $N=3$ 的集群大小。每个"小区"被分成三个"区域"。在下行链路上，只有一个区是有效的。由于该区域站点是有方向性的，它们只能在另一集群相应的区域站点中引起干扰。如图5.14所示，同信道复用比率 D_Z/R_Z 显然是 $6\times\sqrt{3}/2=5.196$，比4.6大。即使所有的6个同信道区域都造成干扰，容量仍是比2.33倍大，因为集群的大小与通常值 $N=7$ 相比现在是 $N=3$。

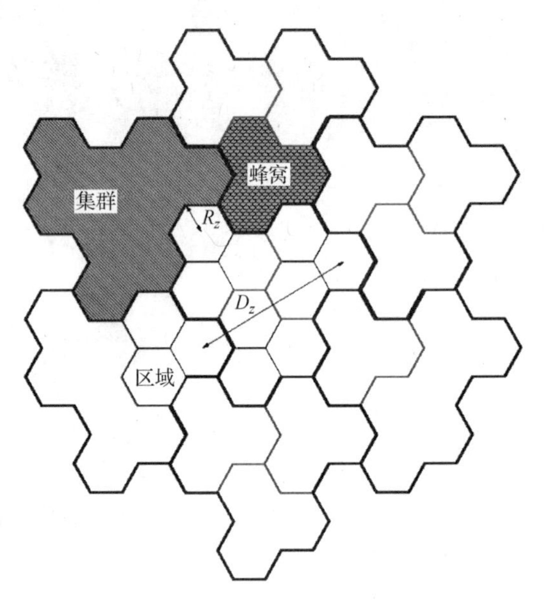

图5.26　Lee的微小区概念的例子

使用覆盖小区：在小区分裂的部分介绍的覆盖小区概念可用于增加蜂窝网络的容量。这里，信道在一个较大的宏小区中被分成完全被包含在宏小区内中的较小的微小区。相同的基站为宏观和微观小区两者服务。图5.27说明覆盖小区的基本概念。有4个参数，R_1 和 D_1 表示覆盖范围半径和宏小区中同信道小区之间的距离，R_2 和 D_2 表示覆盖范围半径和微小区中同信道小区之间的距离。该设计使得 D_2/R_2 比 D_1/R_1 大，并且从式(5.7)可以看出，微小区的信干比将比宏小区远远大得多。有两种方法利用这种情况来增加网络的容量：使用分割频带模拟系统和复用分区。一般来说，微小区被认为是属于一个覆盖网络，它覆盖在被称为底层网络的底层宏蜂窝网络上。

频率分裂模拟系统：频率分裂模拟系统使用覆盖小区内的宽带高效的调制技术。这种技术在使用频率调制(FM)的模拟蜂窝系统中应用过。在FM中，信噪比要求反比于带宽的平方。如果减少带宽到一半的原始值，则信噪比的需求将增加4倍(6 dB为单位)。如果设置 R_2 和 D_2 的同信道复用率比通常的大4倍，结果是信干比(根据式(5.6))保持不变。那么覆盖系统可以使用具有底层系统一半带宽的FM系统，网络覆盖部分中的容量增加一倍。下面给出一个例子将进一步说明这种情况。

例5.23　AMPS中的频率分裂

AMPS系统使用频带为30 kHz的FM信号，用于移动站(MS)和基站之间的通信。正如前面所讨论的，本系统需要的最小信干比为18 dB。如果开发了一个具有15 kHz带宽的覆盖系统，所需的 S_r 是24 dB，也就是比使用30 kHz带宽的系统多6 dB。根据式(5.6)得到：

$$10\log\frac{\left(\frac{D_2}{R_2}\right)^4}{\left(\frac{D_1}{R_1}\right)^4}=6\ \mathrm{dB}$$

如果在覆盖与底层网络中采用了相同的频率重用因子 $N=7$，那么 $D_1=D_2$，求解上述方程得到 $R_2=0.7079R_1$。因为被各小区覆盖的区域面积正比于小区半径的平方，覆盖小区的面积 A_2 将是底层小区的面积 A_1 的一半。覆盖对于较小六边形中的终端来说是可行的，而底层系统支持在覆盖小区边界和底层小区边界之间的层中用户。这两个区域与例子中的一样。因此，对于覆盖小区与底层小区可用的信道数量保持不变。如果用 M 代表这个数目，那么由系统使用的总带宽是 $M(15+30)$ kHz。

在原有的 AMPS 网络中每个服务提供商具有 12.5 MHz 的带宽，它被分成 416 信道，其中 395 信道用于话音，21 个信道用于控制信令。因此，395×30 kHz 的带宽用于实际流量。如果将系统替换为频率分裂底层-覆盖网络，可以得到：

$$M(15+30)=395\times30\geqslant M=263$$

对于每个底层与覆盖小区，信道总数 $M=263$，并且 $263\times2=526$ 将是可用的信道总数。这个数量比原来的系统大 1.34 倍，系统的容量提高了 34%。

相比小区分裂法或小区扇形法，该技术在容量上提供了较小的改进。然而，它并不需要对硬件基础设施做任何改动。但是，MS 和基站需要小的改动来应付多个带宽。为了进一步提高该技术的性能，有可能使用覆盖系统的另一层，甚至使用更小的小区。正如在第 1 章中看到的，日本的模拟系统对于底层网络分配每用户 25 kHz 和对于覆盖网络分配每用户 12.5 kHz(甚至是 6.25 kHz)。底层-覆盖网络的缺点是：为了保持跟踪哪些信道属于哪个覆盖而导致基站的复杂性增加，以及当移动终端从一个覆盖移动到下一个(或者从一个微小区到宏观小区)时增加了切换的次数。这需要增加基站的处理复杂性，以及当移动终端从一个微小区移动至宏小区时会发生更多次切换。

复用分区和部分频率复用：上述覆盖小区的概念可用于通过所谓的复用分区概念[Hal83]增加蜂窝网络的性能。此处，信道由一个较大宏小区和完全包含在宏小区内的较小微小区分用。两个小区的带宽保持不变。因为微小区的半径较小，用于覆盖的信干比(S_r)较大，并且相比于底层或宏小区它能够使用一个较小的同信道复用距离。例如，视情况而定，分配给微小区信道可以在每第三微小区或第四微小区中被复用，而分配给宏小区的信道只可以在每第七小区或第十二小区中被复用。这需要增加基站的处理复杂性，以及当移动终端从一个微小区移动至宏小区时会发生更多次切换。要解释这种情况，考虑下面的例子。

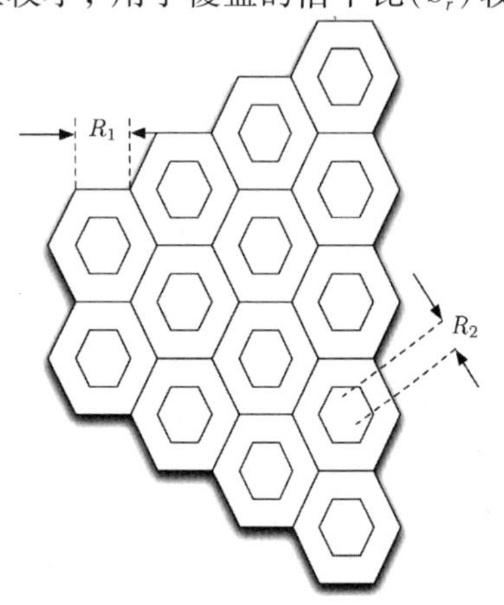

图 5.27　复用分区

例 5.24　7 和 3 分区复用

如图 5.27 所示，假设底层宏小区的半径是 R_1，覆盖微小区的半径为 R_2。如果有一个 AMPS 网络在这个基础设施中工作，对于两个网络所需的 S_r 为 18 dB。从式(5.7)可知，底层和覆盖网络都应该有 $D_1/R_1 = D_2/R_2 = 4.6$。由于 R_2 小于 R_1，通过设置与 R_1 至 R_2 的比率相等系数，D_2 可以小于 D_1。同信道复用率的改进来自一个事实，即覆盖中的微小区不是连续地彼此连接的。

假设没有重用分区的同信道复用比率为 $D_L/R = Q$。这样集群大小 N 为 $Q^2/3$（根据式(5.7)），每个小区可用的信道数量为 $N_c/N = 3N_c/Q^2$。使用复用分区，宏小区半径与微小区半径之比为 $\kappa = R_1/R_2$。根据例 5.14，用于微小区的集群的大小可以通过 κ^2 因素减小，因为微小区是非连续的。

例 5.25　分配给底层和覆盖小区的信道

考虑图 5.28。在此，在底层宏小区使用 $N_1 = 7$ 的集群大小，以确保 $D_1/R_1 = 4.6$，如此能为 AMPS 提供合适的 S_r。现在使用半径 R_2 的区域覆盖微小区，使得微小区的集群大小是 $N_2 = 3$。如果 $N_2 = 3$，从图 5.28 可以看到，$D_2 = 3R_1$。显然，$3R_1/R_2 = 4.6$ 或 $R_2 = 0.652R_1$。分配信道给微小区和宏小区的一种方法是通过占用面积来分配。这可能不是最好的情况。然而，这个例子采用了这种技术。小区的面积正比于它的半径的平方。可以看到，微小区的面积是宏小区面积的 0.652^2 倍，或是宏小区面积的 0.425 倍。假设可用频道的数量为 N_c，如果信道按面积分配，每个小区有 L 个信道，假定 $0.425L$ 信道被分配给微小区，$0.575L$ 信道被分配给宏小区。

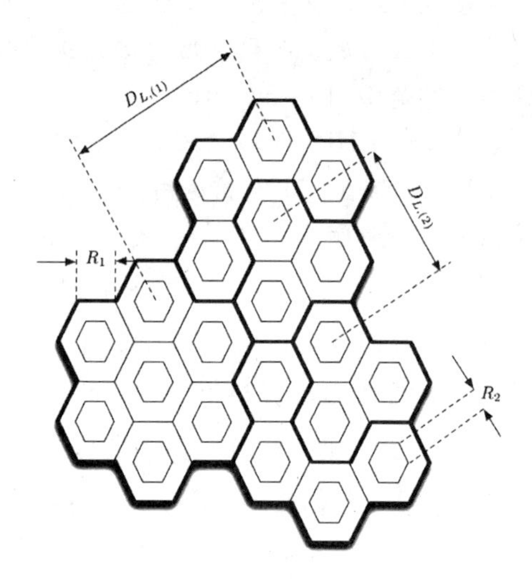

图 5.28　用于宏小区的集群大小为 7 的和用于微小区的集群大小为3的复用分区

由于集群大小分别是 7 和 3，可以得到：

$$N_c = 7 \times 0.575L + 3 \times 0.425L => L = N_c/5.3$$

对于 AMPS 操作可用的信道总数为 395，所以 $L = 75$。内部覆盖使用大约 32 个信道，并且底层使用 43 个信道。最初有 $N = 7$ 的 395 个信道，提供每个小区大约 56 个信道。容量的增加是 $75/56 = 1.34$，容量增加了 34%。实际上，较大的容量是可以预见的，因为分配给宏小区的信道也可以在微小区内使用。

多覆盖可以提供容量的额外增长。相比于其他扩展技术，部分频率复用的优点和缺点与频率分裂是非常相似的。然而，复用分区不需要修改基站或 MS 的无线电设备，它可以很容易地应用到其他调制技术。用于频率分裂的 S_r 的推导与调频是如何工作的高度相关，并且它不能以一种简单的方法延伸到数字系统。

在 4G LTE 系统中以不同的方式采用复用分区，其中接入方法是 OFDMA。在 OFDMA 中，分配频率子载波和时隙给各个用户进行传输。通过所谓的部分频率复用或 FFR，某些频率子载波在较低的发送功率被使用，这样使它们只服务移动设备，它到基站的距离较近，而其他频率子载波可以在整个小区中使用。以这种方式，在一个小区的中心使用的低功率子载波不会与在同一频率的相邻小区的传输产生干扰。这样，这些子载波根据小区的大小、小区负载、可容忍的干扰以及其他因素来选择。部署在 4G LTE 系统中的方式和过去的方式之间的主要区别在于，4G 系统中在一个细粒度的时间和频率尺度上可以做到功率分配和复用，特别是因为在此系统中有更强大的预测和协调干扰的方法。这通常被称为 LTE 系统[Ger10]中小区间干扰协调或 ICIC。与此相反，在 2G/1G 蜂窝系统中的部分复用方法大多在更长时间尺度上进行，并且频率分配是大致静态的。

如图 5.29 所示是 LTE 系统[Gho11]中部分频率复用的两种方法。在严格的部分频率复用的情况下，小区内部使用它自己的频率，此频率没有在小区外复用。如图 5.29(a)所示，每个小区内部使用频率f_1。小区外部使用在总共 4 个不同的频率中有 3 个复用系数的频率f_2、f_3、f_4。因此，具有频率f_1的发射功率比与其他频率相关联的发射功率要小。在软部分频率复用的情况下，小区的内部可以使用未在自己小区的外部使用过的频率，但在相邻小区的外部使用的频率。例如，在具有更高功率的小区外部使用f_4的小区中，频率f_2和f_3以一个低功率被使用，这样使它们只能用于小区内部，并且不能造成对相邻小区边缘处的用户的干扰。在这里需要指出，已经提到的频率，如前面所提到的并且在第 13 章中更详细地描述的一样，它实际上是所谓的物理资源块(即由一组子载波组成)，它在部分频率复用的情况下使用不同的发送功率。

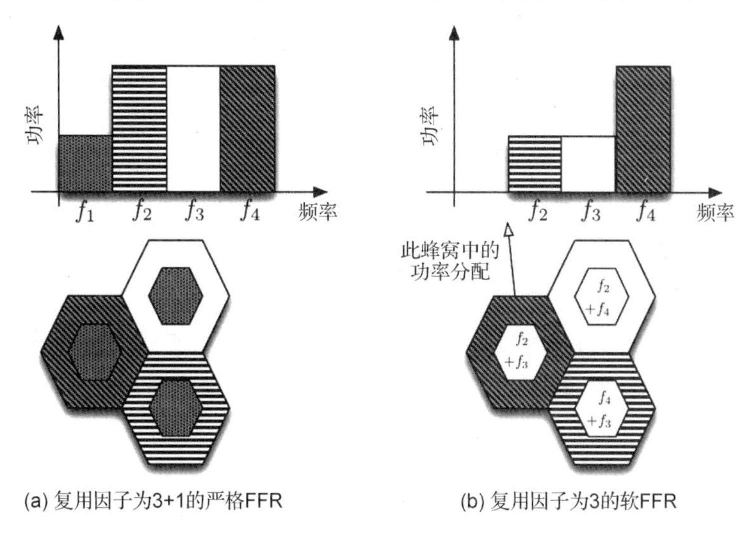

图 5.29　LTE 系统中的部分频率复用

使用波束成形和空分： 近日，采用智能天线进行容量扩展已引起重视[Leh99]。传统上，频分、时分和码分多址已被用于蜂窝通信。使用智能天线，在同一小区中的用户可以使用相同的物理通信信道，只要它们相对于基站不在同一个角度区域内。这样的多址方案被称为空分多址(SDMA)，可以由基站实现，引向窄天线波束到与它通信的移动终端。SDMA 还可以使同信道小区之间的干扰大大减少，因为它的天线方向图非常窄。在此之前，可以看到使用扇区小区，复用系数可以大大减少。更大的优点可以通过使用智能天线来获得。仿真表明跳频 GSM 系统可以有 300% 的容量增长。而 CDMA 已有报道[Leh99]其容量可以增长 5 倍(500%)。

5.6.2　信道分配技术和容量扩展

在上一节中将每个小区与一组信道相关联，信道由服务提供商分配给小区。在容量分析中，假设小区中的所有信道将被采用，并且寻找方法来增加给定地理区域内每个小区中可用信道的数量。我们研究了各种架构方案来增加每个小区可用的信道数。在所有这些方案中，相同大小的小区信道数量被假设为相同的。如果所有小区的区域中用户分布是静止的和均匀的，则这个假设是合理的。实际上，在白天，城市中心城区的小区携带高流量，在高峰期间达到峰值。但是，同一个小区在较晚的晚上或周末期间却没有大量的流量。在住宅区的小区其流量特点可能与城市中心的小区相反。显然，小区中终端的数量根据小区的位置随着时间改变，这意味着需要更复杂的方法来基于在给定时间的流量负荷动态地给小区分配信道。已经研究出一些信道分配策略来解决这个问题[Kat96]。

为了解决蜂窝网络中的信道分配或分配技术，我们从一个用户的角度看这个问题。对于用户来说，有多少频道可用或它们是如何分配的是不重要的。电路交换(语音)用户将拨一个号码，如果信道是可用的，他/她就是满意的。如果因为没有空闲信道可用导致呼叫被阻塞，那么用户会对服务提供商不满意。判断试图打电话的用户是否将有可用信道的测度就是呼叫阻塞概率(在后面一节详细讨论这个概率)。这取决于可用信道的数量和流量负载。因此，这是代表用户满意度的量。服务提供商认为，2%左右的呼叫阻塞概率将让客户满意，他们以这个数字为目标。然而，当移动终端移入和移出一个小区的边界时，呼叫阻塞概率的值会发生改变。服务提供商应保持用户数量在一个特定值以下，这样它可以容忍在所有小区中呼叫阻塞的概率随时间的波动。

信道分配技术的主要目的是，在网络的整个覆盖区域平滑呼叫阻塞概率随时间的波动。呼叫阻塞概率波动的减少允许服务供应商在整个覆盖区域接受更多数目的用户。这可以被认为等同于采用附加信道的网络扩展。换句话说，由于用户数量增加，一种可容纳这种扩展的方法是使用一个更有效的信道分配技术，以应付这种情况。服务提供商使用各种专有算法进行信道分配。这些技术可分为三大类：固定信道分配(FCA)、动态信道分配(DCA)和混合信道分配(HCA)技术。在下面的章节将研究这些技术。

固定信道分配：在蜂窝电话中，服务提供商可用的频谱块的数量和每用户所需的带宽支配着可用信道的数量。固定信道分配技术，以其最简单的形式，通过集群大小划分可用频谱，来确定每个小区无线电信道的数量。也就是说，如果可用频谱为 W Hz，并且每个信道需要 B Hz，信道的总数量为 $N_c = W/B$。如果集群大小为 N，每个小区的信道数量是 $C_c = N_c/N$。可用的无线电信道 C_c 以某一方式在小区中分配来减小相邻信道干扰。对于小区中的信道，一个明显的分配模式是分配相邻无线电频带给不同的小区。在模拟蜂窝系统中，每个无线电信道对应一个用户(一个声音信道)，而在数字 TDMA 或 CDMA 网络中，每个无线电频率信道携带几个时隙或与话音信道相关的码字。

例 5.26 在第二代蜂窝 TDMA(GSM)中的固定信道分配

在 GSM 蜂窝系统中有一对 25 MHz 频带，分配给下行链路或前向信道和上行链路或反向信道。每个无线电载波采用 200 kHz 带宽，每个载波包含 8 个时隙能够支持 8 个语音用户。可能有 125 个载体，但实际上其中只有 124 个被使用。让信道编号为 1，2，3，…，124。如果集群大小为 $N=4$，简单的 FCA 技术导致 4 组频率，由下式给出：

{1,5,…, 120}，用于第一组小区
{2,6,…, 121}，用于第二组小区
{3,7,…, 122}，用于第三组小区
{4,8,…, 123}，用于第四组小区

例 5.27 第一代蜂窝 FDMA(AMPS)和第二代北美蜂窝 TDMA(IS-136)中的固定信道分配

在前面的例 5.18 中讨论的美国蜂窝系统中，提供给每个服务提供商 12.5 MHz 的频谱。在

下行链路或前向信道，服务提供商使用 869 ~ 894 MHz 频带的一半；在上行链路或反向信道，使用 824 ~ 849 MHz 频带的一半。这些频带被分成 416 对无线电频段，每个具有 30 kHz 的块用于前向和反向信道。在 AMPS 中，每个频带携带一个语音用户，而在 IS-136 数字 TDMA 系统中，每 30 kHz 无线信道的三个用户由时隙支持。416 个无线电信道中，21 个用于控制信道，395 个用于语音流量。具有 FCA 和频率复用系数 7 可以创建以下 7 组频率以最小化干扰：

{1,8,…, 390} 用于第一组小区
{2,9,…, 391} 用于第二组小区
⋮
{7,14,…, 396} 用于第七组小区

如果网络中的流量是均匀的，上述 FCA 策略可以简单实现，这样每个小区中活跃用户的数量是相同的。它不随时间改变，这也是一个最理想信道分配策略。然而，实际上，由于移动终端从一个小区移动到另一个小区，每个小区中的流量随着时间变化。这导致某些小区中的呼叫阻塞概率更高且在其他小区值更低，这导致可用带宽的利用率差。为了均衡所有小区中信道的利用率，明显的解决方案是：具有高流量负载的小区应该以某种方式使用低流量小区中的可用空闲信道。这可以通过事先将信道非均匀地分配给不同小区来实现。假定在所有的小区中流量密度是相同的，如例 5.16 和例 5.17 所述，则信道分配算法非常简单。简单地通过系统的集群大小划分可用的信道的总数，并分配这个数目的信道给每个小区。使用流量密度和一个小区中信道数量，可确定在该小区中的呼叫阻塞概率。在所有其他小区中的呼叫阻塞概率和因此整个网络中呼叫阻塞的平均概率将与该小区中的呼叫阻塞概率相同。这里的信道分配算法和呼叫阻塞概率计算在两个独立的步骤中进行。使用非均匀信道分配技术，需要包含呼叫阻塞概率作为信道分配算法的准则。由于信道的数目和呼叫阻塞概率之间的关系是一个复杂的函数，这种算法变得复杂得多。下面的例子有助于理解所涉及的复杂性。

例 5.28　呼叫阻塞概率与非均匀流量分布

假设只有四个小区和一个集群。简单地将可用信道 N_c 除以 4。也就是说，每个小区分配 $N_c/4$ 个信道。另外假定流量均匀分布，对每个小区计算的阻塞概率是期望数据(2%)。如果流量变得不均匀，所有四个小区的阻塞概率将被改变，并且所有四个小区的平均阻塞概率也不保持在 2% 了。总的想法是，增加具有较高流量负载小区的信道数量和减少具有较低流量负载小区的信道数量，这样使网络的整体阻塞概率最小化。有四个变量，即每个小区的信道数，并且要被最小化的成本函数是呼叫阻塞概率。涉及这些变量的表达式非常复杂。最小化过程远比均匀分布的流量的情况更加复杂，因为已知在均匀分布条件下给每个小区分配相同数量的信道将得到最小阻塞率。这是问题复杂性的一个方面。当考虑有不同流量密度的同信道小区时，复杂性的其他方面出现了。优化问题现在是 N_c 变量的函数，另外较早研究的规则频率复用模式不再起作用了。前面讨论过的较简单的频率复用模式的策略是基于信道是固定的这一假设，因此在每小区具有相同数量信道的基础上计算同信道干扰。当开始考虑每个小区的信道数量不相等时，这些模式变得更加复杂。

已经有了一些根据小区的流量负载在小区之间分配信道的算法。例如，在[Zha91]中讨论了一个非均匀的致密信道分配算法。该算法首先为非均匀分布的信道定义一组模式，然后选择系统中最小化平均呼叫阻塞概率的模式。在[Zha91]中的例子的仿真结果表明，该算法

采用的不均匀分布的信道在系统中提供更好的呼叫阻塞概率。呼叫阻塞概率的减少允许平均10%和最多22%的流量被添加到系统中，同时保持与统一信道分配的呼叫阻塞概率相同。需要注意的是信道仍然是永久分配给小区，这仍相当于固定的信道分配。

信道借用技术： 非均匀信道分配是相当复杂的。更简单的方案是使高流量的小区从低流量的小区借用信道频率，并维持这些借用信道直到检测到或预测到流量模式显著变化为止。换句话说，高流量小区借用低流量小区的信道。这些技术通常被称为信道借用技术[Kat96]。与此相关的技术问题是如何能将流量分布与信道分配相关联？从哪个小区借用信道？有两种方法来借用信道：临时信道借用和静态信道借用。在临时信道借用中，高流量小区在通话结束后返还借用的信道。在静态信道借用中，信道在小区间是非均匀分布的，根据流量的有效统计，并根据预测的流量加以改变。

临时信道借用处理短期分配给小区的借用信道。当与借用信道相关联的呼叫完成时，该信道被返还给被借用的小区。

例 5.29　临时信道借用

假设在一个区域中有49个小区，集群大小为7。在统一的流量密度的情况下，把可用信道总数N_c分为7组，并使用在前面章节中研究的规定的复用模式，分配信道组给不同的小区（如图5.30所示）。呼叫阻塞概率的计算将保持与以前相同，并让此值是2%。如果设置一个N_c信道池，并且完全按需求分配信道，则有N_c个不同的信道，每个在它们的流量方面有不同的特点。

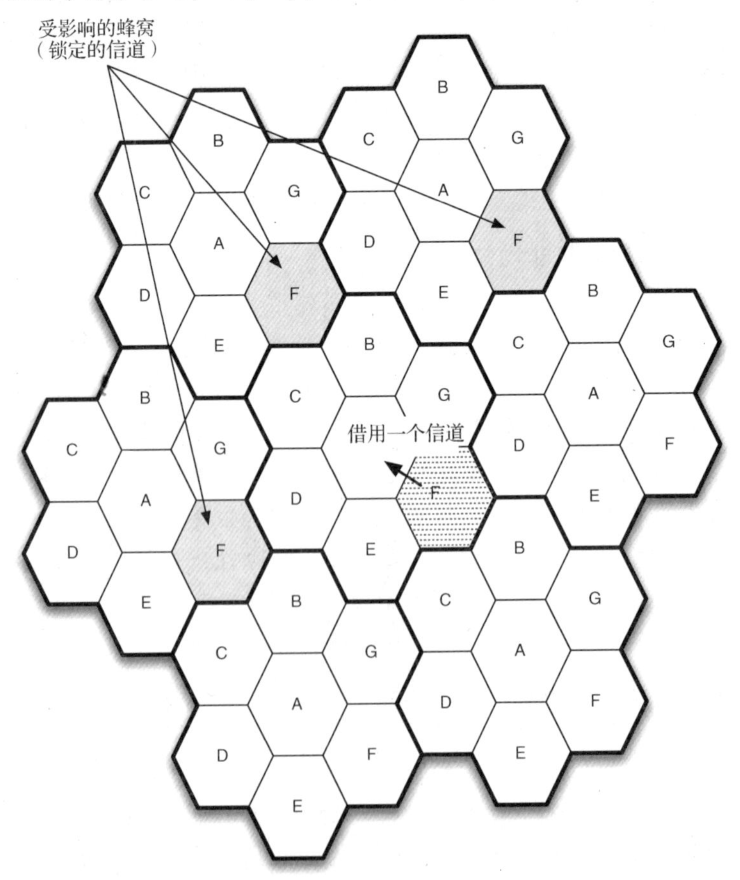

图5.30　临时信道借用

一些信道可能没有使用，而其他信道可能不断被使用。根据一个信道被使用的频率如何，以及它在哪里被使用，可能会导致别处的同信道产生高或低的干扰。假设图5.30中的集群中心的小区A从其集群内的紧密遮蔽小区F借用信道以容纳额外的流量负载。这意味着，对应标记为F的三个小区到相邻集群的左边都被锁定，直到小区A释放该信道。这是因为借用信道复用距离已经减少，因为它已经从紧密遮蔽小区F移动到小区A。

在[Kat96]中总结了一些用于从一个轻负载小区中选择空闲信道来为另一小区借用的方法。这些方法要么使所有通道可供借用(这就是所谓的简单的借用方案)，要么它们将信道分割成能借用与不能借用(这样的方案被称为混合借用方案)。简单的借用方案在轻量或中等流量负载下被认为更好。在[Kue92]中提供了一些技术的定量比较。在本书阐述的具体实例中，一些建议的借用技术被认为是能够支持比均匀分布FCA高35%的更多的流量。然而，信道借用方案需要额外的计算复杂度，以及信道的频繁切换，它们也可能会影响越区切换策略。

动态信道分配：许多研究人员研究了FCA技术的缺点来适应时空流量变化，并在过去的20年里已提出了各种动态信道分配(DCA)技术。在DCA中，所有信道被放入池中，并根据所有小区中整个信号干扰模式分配信道给新呼叫。每个信道可以在任何小区中使用，只要它满足系统信干比的要求。在蜂窝呼叫终止之后该信道返还到池中。这种技术很好地适应流量负载的时间和空间的变化。实际上，根据[Cox99]，该方案可以做到容量最大化，只要每一组同信道用户(在同信道小区中使用相同频带的用户)的信干比被平衡到特定的级别，该级别只稍大于必要的信干比值就可以。不足之处是DCA在高流量负载条件下是极其复杂和低效的。尽管已经有很多文献讨论每个DCA方案的相对表现，可达到的容量增益范围和相应的代价仍然不是很清楚，一些问题仍然没有答案[Kat96]。高密度个人通信网络的微蜂窝系统已显示出从DCA中受益很多，且仿真结果显示了采用DCA算法[Kat96]可以接近理想的性能。

DCA的基本思想非常直观。然而，现有研究提出了多种DCA方案。随之而来的问题是，这些方案相互之间的区别是什么。在DCA中，往往有多种选择可供分配信道给请求小区。为了设计一种选择策略，必须定义一个成本函数来确定要被选择的信道的适当性。这一成本函数定量地对可用信道加以排序，其依据是整体的干扰、平均呼叫阻塞概率或与这些量相关的一些参数。DCA技术之间的区别在于这个成本函数的选择和优化。

在参考文献[Kat96]中介绍了一些DCA方案，且它们被分为两类：集中式和分布式方案。在集中式方案中，存在所有信道的中心池。各种方案的不同之处是，成本函数在选择候选信道和终止呼叫将它返回中央池时的优先级的处理方式。分布式DCA技术被微蜂窝系统考虑选用，在这类系统中信道传播更难以预料，流量更加密集。在这些方案中，基站决定本地的频率分配。分布式的DCA技术进一步被分为两类技术：基于小区的和基于干扰的。基于小区的技术需要每个基站在其附近维护可用信道的列表，并且基站基于这张表在它的小区决定和分配信道给用户。这种技术是非常有效的，但所产生的费用是基站间的额外通信流量，即增加小区中的流量。为了避免这种情况，发展出分布式的DCA方案的另一个子类。这里，每个基站基于其附近移动台的接收信号强度(RSS)实现信道分配。在这样的方案中，所有信道对基站都是可用的，并且基站基于本地信息做出决定，没有任何需要与其他基站进行通信。这些方案是自组织的、简单、高效和快速的，但它们受到额外的不想要的共信道干扰的影响，这可能导致信道中断和网络不稳定性。

例 5.30　集中式 DCA

在[Zha89]中，讨论了局部优化的动态分配(LODA)策略。这里分配信道的特定小区考虑候选信道，要根据它们是否在第一级、第二级、第三级直到第 n 级的同信道单元中被使用。然后以最小的成本将信道分配给来自移动终端的请求呼叫。49 小区的 LODA 方案的仿真表明，轻量负载相比于固定的信道分配呼叫阻塞的概率可以降低 40%。

例 5.31　分布式 DCA(DDCA)

在[Goo93]中对基于信号强度分布的动态信道分配策略的例子做了仿真。DDCA 方案在微蜂窝环境或一维蜂窝系统中实现。类似的计划在 DECT[Kat96]中实施。若移动终端请求一个来自基站的信道，在基站尚未分配信道给其他小区中的移动台前，基站测量所有信道上的干扰信号功率。具有最大信干比的信道被分配给移动台。对于相同的平均流量，与固定的信道分配方案相比，DDCA 策略提供低得多的呼叫阻塞概率(大约低 30% ~50%)。容量的确切增长取决于移动站的数目和给定小区中提供的流量负载。

表 5.2 比较了用于 DCA 的所有三种类型的算法，它也简要地总结了 DCA 策略的重要特征。集中式 DCA 策略的确提供了最优或接近最优的信道分配。但是，它们要求大量的计算和信令工作，因为集中的位置必须知道可用的信道，以及关于分配哪个信道给入呼叫所做出的最佳决定所需的必要参数。这些参数可能是关于何种信道被分配给同信道小区，所考虑的信道的信干比是什么，区域内和区域周围预期的流量负载是多少，等等。另外，因为决策机制是集中式的，所以它不健壮，并且这里的故障可能导致整个系统范围的停机。从这个意义上来说，分布式 DCA 策略更好。基于 DDCA 策略的小区也可以最优地分配信道，因为基站可以相互通信来获得整个系统的信息。而基站做出决定来分配信道，缺点是基站之间需要频繁的通信更新。信号强度或者基于 DCA 策略的测量不提供信道的最优配置。然而，用于信道分配的算法是真正本地化的，并且做出呼叫建立的速度是足够的。这些方案都能提供容量的增长并能在数字无绳系统中实现，如 DECT。

表 5.2　用于 DCA 的三类算法的比较[Kat96]

优　势	接近最优	接近最优	次最优的信道分配
	信道分配	信道分配	简单的分配算法
			使用本地信息
			基站之间的最小通信
			系统容量增长， 效率，无线覆盖域
			快速实时处理
			适应流量变化
劣势	高度集中的	基站之间的	增加同频道干扰
	开销	广泛沟通	增加中断
			死锁概率
			不稳定

FCA、DCA 的对比和混合配置： 总体而言，DCA 技术显示出比单纯 FCA 技术[Goo93]性能提升 30% ~40%。表 5.3 比较了固定的和动态的信道分配策略。

表 5.3　FCA 和 DCA 的比较[Kat96]

流量负载	在高流量负载下更好	在轻/中流量负载下更好
信道分配的灵活性	低	高
信道的可复用性	最大可能	有限的
时空变化	非常敏感	不敏感
服务等级	波动	稳定
呼叫强制终止	大概率	低/中概率
小区尺寸的适应性	宏蜂窝	微蜂窝
无线电设备	仅覆盖分配给小区的信道	需要覆盖被分配给该小区的所有可能的信道
计算工作量	低	高
呼叫建立延迟	低	中/高
实施复杂性	低	中/高
频率规划	困难和复杂	无
信令负荷	低	中/高
控制	集中式	集中式、分散式或分布式

在低到中等流量负载中，DCA 策略执行起来比 FCA 技术要好得多。因为 DCA 是基于移动站的随机到达和随机信道分配，除非最大化信道的“打包使用”是一个优化准则，否则很可能同频之间的距离比分离同信道所需要的距离更大。这将尽最大可能阻止信道重复使用，导致在较大负荷下更少的容量。然而，DCA 降低了呼叫阻塞概率中的波动，也减少了呼叫的强制终止。FCA 策略在频率规划中需要大量的“离线”工作量。DCA 策略需要实时完成大量工作进行信道分配。目前并不存在一个用于将各种 DCA 策略与 FCA 相比较的统一架构[Kat96]，很难说哪个方案实际上是有益的。除此之外，也有研究提出了共同优化功率控制和越区切换策略的 DCA 方案。

因为 DCA 在较低的流量负载下更好，而 FCA 在较高的流量负载下更好，自然就产生了这两个信道分配技术是否可以组合以提供双方优点的问题。实际上，混合信道分配策略也已经得到了研究。信道的总数被划分成固定组和动态组。固定与动态信道的比对于该系统的性能是非常重要的。HCA 方案已被证明比 FCA 方案表现更好，负载增长可以高达 50%[Kat96]。

5.6.3　迁移到数字系统

模拟蜂窝系统有固有的容量紧缩，并且也有模拟通信系统的相应缺点。在 20 世纪 90 年代初期迁移到数字蜂窝系统给服务供应商和最终用户都带来了益处，提供了额外的容量、功能灵活性和控制能力。在北美 TDMA 或 IS-136 中，AMPS 所使用的相同的 30 kHz 信道被部署在以每 30 kHz 信道 6 个时隙的 TDMA 格式中，增加了高达 6 倍的容量。采用全速率语音编码，每个用户允许接入两个时隙，这样 3 个用户可以在每个 AMPS 载波上得到满足。上面所讨论的频率规划同样适用于这些 TDMA 系统，因为它们使用与 AMPS 系统完全一样的载波。然而，人们发现数字 TDMA 系统可以容忍的干扰比 AMPS 大得多，这样可以使用更紧密的复用系数。例如，对于 IS-136 系统，12 dB 的 S_r 与 AMPS 的 18 dB 相比已足够。这会进一步增加容量，因为可以使用 $N=4$ 的复用系数。在 GSM 中，9 dB 的 S_r 对慢跳频是足够的，并且能够使用 $N=3$ 的复用系数。

数字 CDMA 系统可以提供更大的容量增长，因为 CDMA 的干扰消除能力与上述方案不同。

采用 CDMA，相同频率可以在相邻小区中使用，从而将复用系数增加到 1。下面讨论 CDMA 中蜂窝网络规划问题。

5.7 CDMA 系统的网络规划

CDMA 呈现出一些独特的性能，而这些是传统的 TDMA 和 FDMA 系统所不具备的。在 TDMA 和 FDMA 系统中，每个用户单独使用一个信道。干扰仅仅来自使用相同信道的其他小区，称为同信道干扰。当然，相邻信道的信号泄露产生的邻近信道干扰也是一个因素，但是智能化的设计可以大大减少这些干扰的影响。然而，在 CDMA 系统中，所有用户同时使用相同频率的信道，因此每个用户都会产生同信道干扰。在下行链路中，通过采用时间同步的正交码来解决这个问题。在上行链路中，综合使用卷积码、扩频与正交调制技术来消除这种干扰带来的影响。CDMA 系统的网络规划远比 TDMA/FDMA 系统复杂。同时，由于相同的频率可以在所有的小区中使用，采用 CDMA 完全消除了传统的频率复用概念。

在 CDMA 系统中，不再定义一个可接受的信干比，而是定义信号质量[Hal96]。通常，信号质量表示为可接受的单位比特信干比 E_b/I_t，即允许产生大约 1% 的数据帧差错率。在 CDMA 中 E_b/I_t 被用来代替信干比 S_r。只在本节中使用 E_b/I_t 和 S_r 互换。选定 1% 作为检测标准的原因，是基于这样的帧差错率能够在话音编码输出端获得可接受的话音质量。E_b/I_t 的值通常在 6 ~ 11 dB 之间，取决于移动终端的移动速度、传播条件以及可用分集多路信号的数量等。I_t 的值取决于干扰信号的数量和干扰用户的发送功率。因此，功率控制和合适的阈值对于决定一个 CDMA 小区的覆盖范围起着至关重要的作用，对于软切换过程也有影响。在 CDMA 中功率控制和软切换的详细情况将在后面的章节中讨论。

CDMA 系统在某个时间点激活的业务信道数量(或者呼叫的数量)可以表示为：

$$M = \frac{W}{R_b}\frac{1}{S_r}\frac{G_A G_v \alpha}{H_0} \tag{5.15}$$

其中，W/R_b 是处理增益，H_0 是邻近小区的干扰(通常是来自小区中的干扰的 0.6 或 60%)，α 是功率控制精度(在 0.5 和 0.9 之间)，G_v 是话音活跃因子(约 0.45)，G_A 是小区扇区带来的增益(对于三扇区小区的值是 2.5)。

5.7.1 CDMA 网络规划中的问题

许多适用于 TDMA/FDMA 系统的原则也同样适用于 CDMA 系统，但是有很大的区别。例如，CDMA 系统的路径损耗与 TDMA 系统非常相似，在宏小区内信号强度的衰减与距离的 4 次方相关，而且与站点的位置和地形有关。下面主要介绍它们的差异。

背景噪声管理：背景噪声管理对于 CDMA 系统非常重要。如果某个区域内的用户数量超过式(5.15)限定的数量，那么系统就会受到干扰的严重影响。因为总的干扰也会随之增长，所以此时增加发送功率也无济于事。多个小区产生的干扰可能使背景噪声达到相当的程度，以至于在干扰区域内形成一个空穴，在空穴内编码增益、扩频增益都不足以克服干扰的影响。这种情况如图 5.31 所示[Hal96]。如果有一个偏远的三扇区小区，小区的 E_b/I_t 大于 7 dB，在软切换(移动终端可以与多个基站连接)地带，来自每个基站的 E_b/I_t 在 3 dB 左右，这样可以获得足够的分集增益来满足通信需要。如果太多的小区部署在一起，那么就有可能如

图 5.31 所示那样产生无法通信的强干扰地带。要尽可能减少覆盖相同区域小区的数量。通常认为，覆盖相同区域小区的数量或小区扇区的数量超过三个就不是好的做法。当地形很复杂时，问题将更加严重。而且，为了管理背景噪声，还需要考虑站点位置的选择、天线下倾角的计算和最小辐射功率等级等。

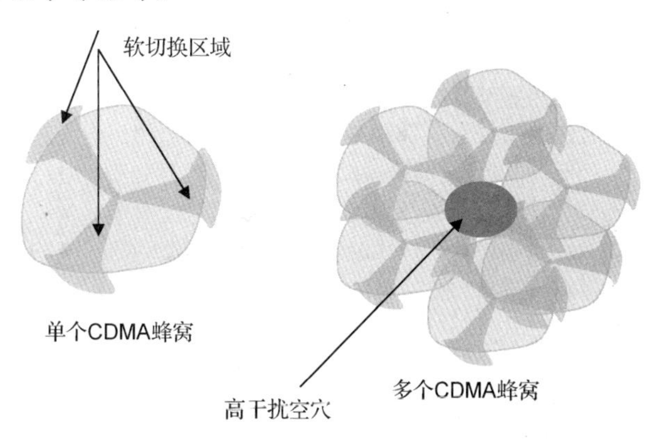

图 5.31　CDMA 系统中的背景噪声管理

小区呼吸效应：对于 CDMA 系统，小区的边界不是固定不变的，具体取决于 E_b/I_t 的值。例如，分析基站处上行链路的 E_b/I_t 值。随着业务信道上行链路的增加，E_b/I_t 值也会随之增加，从式(5.15)可以看出小区的切换边界向基站方向收缩。这种现象称为小区呼吸效应。为了确保正常的越区切换，必须降低基站导频信道的发送功率(见第 12 章的详细信息)，这样就可以使得上行链路的切换边界与下行链路的切换边界保持一致。某些时候，小区呼吸效应会对系统性能带来不利的影响，在系统规划的时候应引起注意，可以部署更多的小区或者降低系统的容量来应对。

5.7.2　传统系统的迁移

通常情况下，因为新技术带来的好处，服务提供商需要从传统技术迁移到新兴的技术。这导致额外的部署问题，往往具体到涉及的技术。在这里，使用第一代模拟系统迁移到第二代 CDMA 系统作为一个例子。

第二代 CDMA 系统通常工作在分配给第一代模拟系统和一些第二代数字 TDMA 系统的相同的频带。例如，单个第二代 CDMA 信道需要删除 41 个连续的第一代模拟 FDMA 信道。由于 CDMA 载波需要满足一组不同的信号干扰的限制，当服务提供商从模拟迁移到 CDMA 系统时，他们必须非常小心以尽量减少在这些系统之间的干扰。要从第一代模拟系统迁移到第二代数字 CDMA 系统，服务提供商可以采用三种方法[Gar00]，分别为：

1. 两个独立的系统，一个基于第一代模拟系统而另一个基于第二代 CDMA 系统。
2. 第一代模拟系统和第二代 CDMA 系统集成。
3. 部分集成系统，在边缘提供第一代模拟系统覆盖，而在核心处提供第二代 CDMA 系统与模拟系统共存。

在表 5.4 中总结了这些方法的特点、优点和缺点。

表 5.4　从第一代模拟系统迁移到第二代 CDMA 系统的方法

方法	特性	优点	缺点
独立系统	CDMA 使用频谱的一个单独子集。 CDMA 可以覆盖较大的区域(因为有更大的容量)	● 允许独立工作和独立的供应商 ● 无处不在的全数字服务 ● 可以部署更少数量的 CDMA 基站来降低成本	● 由于频谱分割造成的容量损失 ● 如果存在大量模拟终端,则模拟用户的阻塞率可能会增长 ● 操作复杂性
集成系统	同样的服务提供商在整个服务区提供 CDMA 和 AMPS	● 无处不在的全数字服务 ● 高频谱效率 ● 操作简单 ● 不需要双模手机	● 需要部署无处不在的数字基站,可能未充分利用可用容量
部分集成系统	系统的一部分被转换为同时支持第一代模拟系统和第二代 CDMA 系统	● CDMA 容量的优势只放置在必要的地方 ● 在操作方面比独立的方法更简单	● 当相邻的第一代模拟信道被移除且不能工作时,需要一个缓冲区 ● 不是到处都支持数字服务 ● 需要双模手机 ● 从第二代 CDMA 系统切换到第一代模拟系统时,会察觉到语音质量的变化

5.8　毫微微蜂窝

在过去的几年时间里，蜂窝网络服务供应商已经开始部署非常小的基站了，这些基站设备位于用户住宅中或企业中。这些装置通常被称为毫微微蜂窝，尽管不同的服务提供商给他们的设备取名并不相同，诸如微小区、微型塔或无线网络延伸等。这些设备正被作为提高接收质量或在建筑物内部和周围盲点提供覆盖的解决方案推销。毫微微蜂窝基站通过有线服务连接到因特网，在住宅或公司中则通过已有的同轴电缆、数字用户线或光纤与因特网连接。毫微微蜂窝可以通过因特网与服务供应商的网络进行通信。毫微微蜂窝通常可以提供超过 5000 多平方英寸①的覆盖。读者可以参考文献[Cla08]以了解毫微微蜂窝的概念。

毫微微蜂窝是由用户安装的，在部署服务提供商的基站时无需进行精心的网络规划。因此，毫微微蜂窝的部署要求这种装置能够自动配置。该过程通常按如下方式工作。毫微微蜂窝设备首先通过现有的有线连接(诸如电缆)与因特网连接，随后将与服务提供商网络上的服务器进行通信。该服务器可以验证毫微微蜂窝，并且在用户不干预的情况下升级其网络连接固件和能力。大多数毫微微蜂窝配备有 GPS，以获取其位置的估计(确保在该位置上它允许使用)，基于所连接的服务提供商，还可以分配一些参数给毫微微蜂窝，例如使用的频率，以及 CDMA 网络情况中毫微微蜂窝要使用的 PN 码。毫微微蜂窝基站监控环境，检测可以听到哪些网络和已部署基站的传输信息。基于这些测量信息，毫微微蜂窝可以为越区切换创建一个邻居列表，并调整它的发射功率强度。

部署毫微微小区有几个挑战。有很多类型的干扰因素——毫微微小区下行链路对常规基站的下行链路干扰，以及相应的常规基站传输对毫微微小区下行链路传输的干扰，毫微微小区的下行链路与另一个毫微微小区下行链路的干扰，连接到毫微微小区的移动设备对上行链

① 约 3.2258 平方米。——译者注

路与到常规基站的传输干扰，以及相应的常规基站上行传输对毫微微小区上行链路传输的干扰，一个连接到毫微微小区的移动设备对另一个毫微微蜂窝移动终端上行链路的传输干扰。此外，毫微微蜂窝设备的动态范围必须很大，以应对移动设备的最小发射功率的限制，以及移动设备与毫微微小区之间的短距离问题。

思考题

1. 说出基础设施拓扑结构与一个自组织拓扑结构相比的 3 个优势。
2. 比较点对点和多跳自组织拓扑。
3. 说出在蜂窝层次结构中 5 个不同的小区类型，并针对覆盖区域和天线场地进行比较。
4. 与方形或三角形的小区形状相比，为什么六边形小区形状表示蜂窝架构是理想的？
5. 对于 AMPS、GSM 和 IS-95，什么是最流行的频率复用系数？
6. 对于蜂窝拓扑的集群大小，以下什么值是可能的？为什么？假设一个六角形形状：8、21、23、30、47、61、75。
7. 说出用于增加模拟蜂窝系统的容量而不增加天线站点的数量的 5 个建设方法。
8. 解释为什么频带分裂没有在第二代蜂窝网络中使用。
9. 解释为什么部分频率复用可以同时用于第一代和第二代蜂窝网络。
10. 用于提高蜂窝网络容量的频带分裂和底层-覆盖技术之间的区别是什么？这两种技术在提高容量时为什么有效用？两者的区别在哪里？
11. 解释智能天线如何改善蜂窝网络的容量。
12. 解释为什么在固定的信道分配技术中相邻频率信道被分配给不同的小区。
13. 在 CDMA 部署中的高干扰空穴是如何产生的？
14. 比较 FCA 和 DCA 频率分配技术。
15. 毫微微蜂窝是什么？为什么这样部署？

习题

习题 5.1

考虑图 5.5 中的一般干扰场景，在此场景中蓝牙设备与 IEEE 802.11 设备并置，并互相干扰。

a. 由式(3.7)给出的香农-哈特雷约束，给出了最小信噪比 S_{min} 和每个发送字符的比特的数量 m 之间的关系。使用 S_{min} 和式(5.3)计算干扰的最小距离 D_{int}，该距离是距离功率梯度 α，蓝牙装置功率 P_{BT}，所需接入点功率 P_{AP}，以及 AP 和 802.11 设备之间的距离 R 的函数。

b. 计算干扰的最小距离 D_{int}，作为传输速率 $R_b = mR_s$，$\alpha = 2$，$P_{BT} = 0$ dBm，$P_{AP} = 20$ dBm 的一个函数。

c. 重复 $\alpha = 3$ 和 $\alpha = 4$。

习题 5.2

一个 FHSS IEEE 802.11 和一个蓝牙设备都工作在彼此附近。生成一个计算曲线图，说明其分组与 FHSS 分组大小冲突的概率。利用计算曲线图的结果说明分组长度对 FHSS IEEE 802.11 和蓝牙之间的碰撞概率的影响。注意，802.11 分组的最大长度在标准里有规定。

习题 5.3

假设有六角形形状的 6 扇区小区。绘制相应于该情况的六角形网格。计算复用因子为 7、4 和 3 时的 S_r。讨论所获得的结果。

习题 5.4

假设要部署一个具有 15 kHz 而不是现有的 30 kHz 带宽的模拟 FM AMPS 系统。还假设在模拟 FM 中载波干扰比(C/I)的要求是与带宽的平方(将频带一分为二，则 C/I 增长 4 倍)成反比。

a. 如果 30 kHz 的系统需要的 C/I 为 18 dB，以 dB 为单位，每个 15 MHz 信道的所需的C/I 是多少？

b. 实现模拟蜂窝系统每个用户 15 kHz 所需要的频率复用系数 K。

c. 如果服务提供商在每个方向(上行链路和下行链路)上有 12.5 MHz 的频带，并安装 30 个天线站点来提供服务，该系统能够支持的在所有小区中并发用户(容量)的最大数量是多少？忽略用于控制信令的信道。

d. 如果使用相同的天线地点，但系统每个信道为 30 kHz，$K=7$(而不是 15 kHz 的系统)，新系统的容量是多少？

习题 5.5

具有 100 个站点的已安装的蜂窝系统，已知频率复用因子 $K=7$，有 500 个全部双向的信道。

a. 给定每个小区的信道的数目，服务提供商可用的信道总数，以及以 dB 为单位系统的最小载波干扰比(C/I)。

b. 为了扩展网络规模，决定采用底层-覆盖系统，其中，新系统使用频率复用因子 $K=3$。在整个覆盖区域，给出分配给小区内部和外部用来保持均匀的流量密度的小区数。

习题 5.6

设 $N=12$，重复习题 5.3。

习题 5.7

a. 在第 4 章中描述的 GSM 网络中每个小区 RF 信道的数量是多少？假设 GSM 的频率复用系数为 $K=4$。

b. 这个系统中每小区并发用户的最大数目是多少？

c. 假设在相同的频带上要用一个 IS-95 扩频系统替换此 GSM 系统。每个小区用户的最大数量是多少？假设采用理想的功率控制，并且采用 IS-95 系统的实际考虑因素。

习题 5.8

a. 假设一个蜂窝系统的频率复用系数 $K=7$，以 dB 为单位，确定载波干扰比。

b. 设 $K=4$，重复(a)。

c. 如果考虑采用多符号 QAM 调制来传输信息，与 $K=7$ 的体系结构相比，当 $K=4$ 时，每个符号可以多传送多少个比特？

第6章　无线网络的运行

6.1　概要

在前面几章中，我们给出了无线电传播、无线调制解调器设计、无线接入方法以及蜂窝系统布设的原理，这些问题都与空中接口的设计和无线媒介的物理特性有关，而无线媒介是将某个移动终端连接至某个基站或接入点并继而连接至有线骨干网所需的。为了支持移动工作方式，骨干网(有时被称为核心网)必须增加一些新的功能，这些功能对于有线终端的运行通常并非必需，因而在有线系统里并不存在。这些功能包括移动性与位置管理以及无线电资源与功率管理。

移动通信的本质意味着移动终端在持续地变化位置，这提出了在移动设备运动过程中跟踪移动设备并重建已有连接或分组流的需求。移动性与位置管理执行为达到这些目的所需的操作。

如先前所述，带宽与电池功率是移动终端的一种稀缺资源。同时，我们已经看到使用某种蜂窝拓扑来“增大”带宽的后果之一是多个无线网络受干扰限制。无线电资源与功率管理方案被用以处理与减小干扰、提高电池寿命及处理稀缺的无线电资源有关的各方面实际运作问题。

许多算法与方法已经在不同的无线网络中得以实施，以实现管理移动性与无线电资源所必需的特征。在本章中，我们对用以在无线网络中实现这些特征的技术做一综述。

在本节中将考虑某些类型的无线网络的实例。我们的目标是描述体系结构性的元素并在一个很高的层级上说明它们的功能与运作方式。我们同时介绍了无线网络中所使用的一些术语。细节与示例性方法在后续章节中给出(例如，安全性在第7章中考虑，4G体系结构在第13章中考虑)。我们也将在一个高层级上考虑各类无线网络所特有的问题与挑战，这是因为它们虽然在本质上是相似的，但不同的网络类型可能其表现形式却显著不同。

6.1.1　蜂窝电话网络的运行

蜂窝电话网络是具有基础设施拓扑的WWAN的一个例子，到目前为止它具有所有无线网络中最复杂的结构。让我们考虑一个不受限于任何特殊的蜂窝电话网络标准的通用结构，如图6.1所示。这里，我们描述一种面向话音的体系结构。我们可将网络分解成三个部分——无线电子系统、网络子系统以及管理子系统。尽管这些名称本身表明了网络的组成部分，我们依然在下文查看一下各子系统的一些细节。

无线电子系统由网络中具有无线电接口或空中接口的实体构成。从图6.1看出，无线电子系统中的两个部件是移动站(MS)与基站(BS)。如前所述，BS为一个被称为单元的给定区域提供覆盖。单元在图6.1中以椭圆形示出，虽然它们在外形上实际是不规则的，如我们在第5章中所看到的那样。当某个MS加电运行时，它需要确定其所处单元内服务的可用性，该过程被称为服务发现或单元搜索。为了这一目的，所有的BS周期性地(或持续地)发射某种信标(beacon)信号，这些信号包含一定的信息，这些信息与所使用的网络相关，同时它采用已知的信令方案，在已知的频率通道上传输。这些信标信号在不同的标准中具有不同的名称。MS将首先对这一信息进行解码。如果检测到多个信标信号，MS中的算法将使其基于一个或多个标准选择其中之一，选择的标准包括通信质量、网络类型、网络容量、网络所有权等。

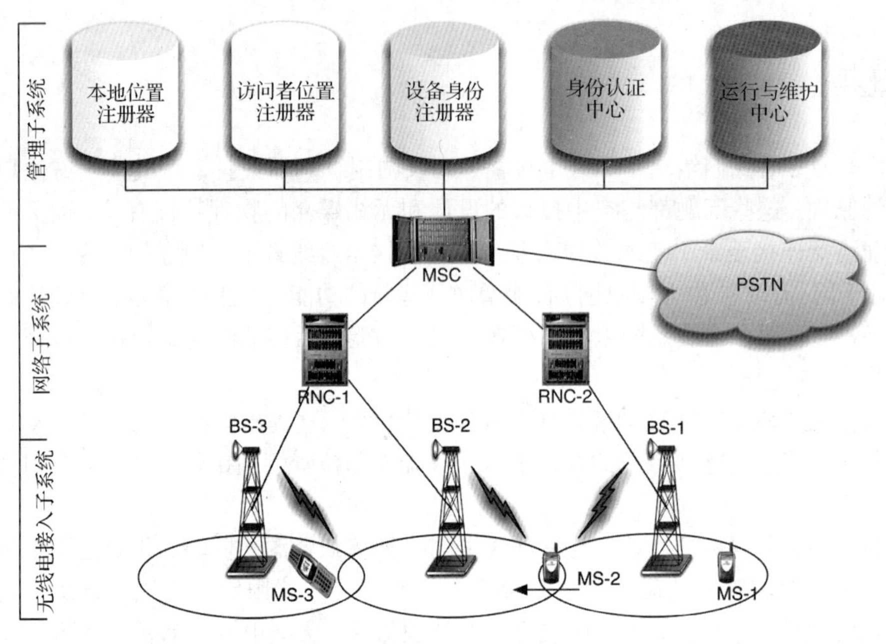

图6.1 一种一般性的蜂窝网络体系结构

在任何给定的小区中，因为这是一个基础设施拓扑，因此MS总是与某个BS进行通信，而不管另一方是另一个MS还是一个连接至PSTN的电话。MS与BS之间的通信是双向的(双工的)。MS可以同时进行接收与发射，通常是通过使用两种不同频率实现。由MS至BS的发射被称为上行链路或者反向信道。需要注意的是多个MS连接至相同的某个BS，因此BS必须能够处理许多同时的上行链路与下行链路传输。不同的MS可能同时进行发射与接收，这些发射必须不能相互干扰。这些发射的分离通过如第4章所描述的对每个MS使用不同的频率、时隙或者扩展码来实现。同时，临近的小区(例如，受BS-1与BS-2服务的小区)中将存在同时发送的现象。为了确保这些发送不相互干扰，需要采取相似的措施。通常在不同小区中使用不同频率或扩展码，但不使用不同时隙的方法，因为不同小区之间的发送同步更加困难。另外，传播时延是不可预测的，因为传播时延依赖于两个MS的位置，与它们之间的物理距离相关。

无线电子系统中的一个技术挑战是对MS的频率、时隙与/或扩展码的动态分配(参见第11~13章关于基于TDMA的2G系统、基于CDMA的2G/3G系统以及基于OFDMA的4G系统)。MS可在任意时间点开始一次呼叫，因而静态地分配给某个MS一个频率、时隙或扩展码是没有意义的。有时，可能某些频率面临更多的干扰从而导致更差的通信质量。在这种情况下，MS可能被要求转换到一个不同频率或者增加其功率。典型地，MS(以及BS中的相应变化)的时隙、频率、扩展码以及发射功率的管理是作为网络子系统一部分的无线电网络控制器(RNC)的任务。时隙、频率、扩展码以及发射功率是需要被有效管理的所谓“无线电资源”，因此这项任务被称为无线电资源管理(RRM)。一个RNC控制许多BS，并对所有BS

执行无线电资源的分配。在图6.1 中，注意 MS-2 正在从 BS-1 向 BS-2 运动。在它沿着这个方向运动时，MS-2 与 BS-1 之间链路的通信质量将恶化，从而在某个时刻 MS-2 必须转换至 BS-2，以其作为网络的接入点，这被称为“转交”。执行转交的决策需要利用与无线电资源有关的度量，同时该决策也是 RRM 的一部分。需要注意的是，测量与无线电资源(通信质量、接收信号强度等)有关的度量也不是一项平凡的任务。通常，信标信号被用作比较和确定无线电资源度量的参考信号。

为了与外部世界通信，需要一个移动交换中心(Mobile Switch Center，MSC)。外部世界包括 PSTN 与其他蜂窝电话网络。一个 MSC 通常控制一组 RNC，从而产生一个树状的层次结构。通常，BS 本身只是一个收发器。为了使某个 MS 与另一方之间建立通信，RNC 与 MSC 需要进行干预。例如，如果 MS 要与连接至地面线路 PSTN 的某部电话通信，则 MSC 需要与 PSTN 中的交换机通信，并在 PSTN 中的最后一个交换机与 MS 之间建立一条电路，该电路通过控制 BS 的 RNC，再经过空中到达 MS。读者可立即看出两个问题。首先，让我们假设 MS 没有建立连接(它处于空闲或待命状态)，并且某处的某人想要呼叫该 MS。网络如何获知该 MS 位于何处？甚至网络如何知道该 MS 是否开机？为了解决这一问题，网络中采用了位置管理技术。MS 可以利用信标信号来确定它是否如过去某个时刻一样处于相同的位置区域(本质上位置区域用一组小区来表示)或者它是否已经移动。在任何一种情况中，它都周期性地发射一条位置更新消息到网络中。这些位置更新消息被输送至一个连接至 MSC 被称为访问者位置注册器(VLR)的数据库中。注意，VLR 与下面所讨论的其他数据库都是管理子系统的一部分。当 MS 启动并发送一条位置更新消息时，VLR 与另一个被称为本地位置注册器(HLR)的数据库联系并与它交换这一信息。HLR 保持一个指向当前服务于 MS 的 VLR 的指针。当一个呼叫到达时，它首先被发送到连接至 HLR 的某个 MSC。HLR 使用指针，将连接重新定向到服务于 MS 的 VLR 所连接的 MSC。该 MSC 利用 RNC 在一组小区里呼叫 MS 并获得应答，MS 的最近报告指明它处于该组小区中。

如果 MS 已经建立了与另一方的连接并从一个 BS 运动至另一个 BS，电路是如何保持的？为解决这一问题，网络中采用了转交管理技术。在 MS 的移动过程中，VLR 和 HLR 通过交换关于该 MS 的信息来跟踪它。如果 MS 移动后所在的 BS 与原来的 BS 都受同一个 RNC 控制，那么除了令 RNC 建立一条新的从其自身到新 BS 的电路外，不需要再改变什么。如果新的 BS 被一个不同的 RNC 所控制，则 MSC 将必须参与其中。如果转交发生于一个被某不同的 MSC 所控制的 BS，则必须要引入一个新的 VLR 来完成电路的迁移。不处于活跃态的 MS 通常进入休眠或待命状态以节省电池寿命，它们偶尔醒来查看是否有人想呼叫它们。网络和 MS 必须保持某种同步与计时以确保 MS 确实能够在其醒来时看到任何发给它的消息。同样，协议也必须利用这一时间信息以确保信息的可靠传递。当 MS 首次启动并试图基于一些所解码的信标信号与网络连接时，需要进行一个身份验证与密钥建立过程。这将确保 MS 是获得授权的，并将在 MS 和 RNC 中创建密钥，从而使得通信被加密。用于这一目的的密钥仅仅由 MS 和一个被称为身份验证中心(AuC)的数据库知晓。AuC 传送临时秘密信息至 MSC/RNC/BS 以启动 MS 的身份验证并使实体之间的加密通信成为可能。设备身份注册器(EIR)是一个用于验证 MS 是否合法(不是偷取的、克隆的或者没有支付用户费的)的数据库。运行与维护中心(OMC)处理账单编制、业务核算(例如漫游、高峰时段等)及其他操作性任务。不同蜂窝数据服务，其实体与消息略有变化，但一般性的概念是相似的。

显然，我们可以看出蜂窝电话网络是一个十分复杂的由处理许多不同任务的多种不同实体构成的网络。事实上，这是目前为止最复杂的无线网络。正如我们将在下文中看到的，IEEE WLAN 在体系结构上没有那么复杂，虽然它必须要实现与蜂窝网络几乎相同数量的任务。进一步，本章所描述的这些系统的布设方式也反映了网络的复杂度。

6.1.2 无线局域网的运行

下面我们将会看到通常 WLAN 是如何运行的(细节可在第 8 章中找到)。再次强调，我们将不会试图考虑专用于某种标准的运行机制，而是尝试提供一种一般性的概述。首先，我们将考虑图 6.2 所示的一种基础设施拓扑。可以看到这种结构看起来比图 6.1 中相应的蜂窝网络体系结构简单得多。

类似于蜂窝网络，我们可认为 WLAN 中的一个无线电子系统由多个 MS 和多个 BS(被称为接入点，AP)构成。AP 连接至固定的局域网(LAN)，后者通过一个路由器连接至因特网。AP 覆盖被称为小区(它们同样具有不规则的形状，尽管它们在图 6.2[①] 中被表示为椭圆形)的区域并周期性地发射信标信号以支持服务发现。这种周期性的广播包实际上在 WiFi 标准中被称为信标，它们包含了关于基本服务集(BSS)和扩展服务集(ESS)的信息。BSS 包含一个 AP 以及它所覆盖的小区和所有与它相连接的 MS。ESS 是同一个网络上的所有 AP 以及与它们相连接的所有 MS 的集合。需要注意的是，相同网络中的 AP 通过图 6.2 所示的一个有线的局域网段相连接。用于连接 AP 的有线网络被称为分发系统。

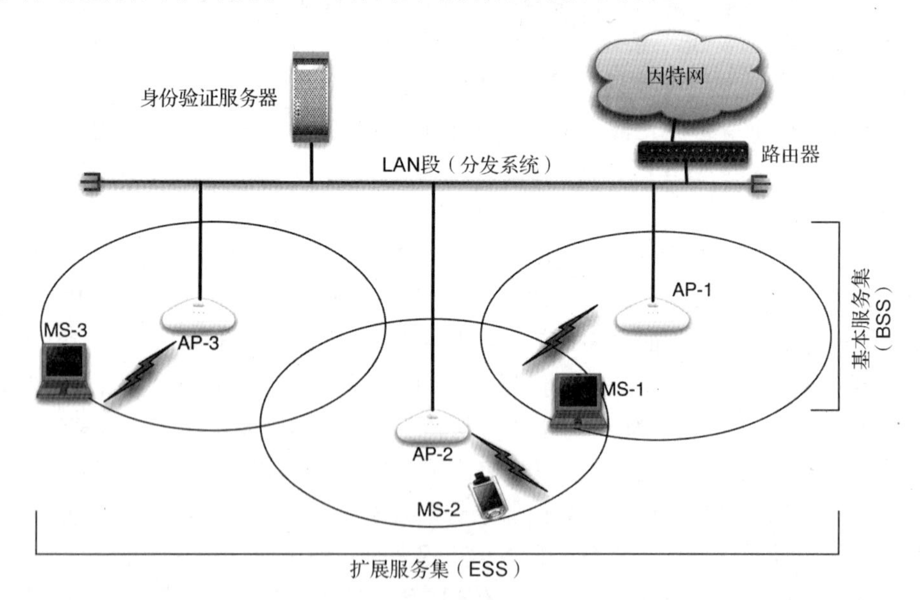

图 6.2 一种一般性的 WLAN 体系结构

在一个 LAN 中，分组在媒介中广播，连接至 LAN 的所有设备通过采用媒介接入控制(MAC)协议共用该媒介。对于 LAN 中的每一个设备，如果分组是发送给它们的，设备将接收这些包，否则将丢弃它们。值得注意的是，WLAN 结构中没有 RNC 与 MSC 等实体。而且，接入点与 MS 应该并不昂贵。因此，MAC 协议必须是简单且分布式的，从而不需要中心控制

① 此处原文是图 6.1，但是根据上下文此处应为图 6.2。——译者注

或昂贵的部件。因此，在 WLAN 中不存在使用不同频率或时隙来隔离传输的概念。各个 MS 与 AP 在相同的频率信道上传输，但这些传输必须以某种方式保持分离。载波侦听是 LAN 中用于媒介接入的通用方法。不严格地说，每个 MS 侦听媒介以查看是否存在传输。如果媒介是空闲的，MS 可以传输其数据包。实际的过程要复杂得多，因为 MAC 协议必须要处理两个 MS 同时传输所引起的冲突。

由于实际上不需要分配时隙、扩展码或者载频，RRM 在 WLAN 中的功能极少。不存在发射功率控制——重传会解决由差通信质量所引起的冲突或分组丢失。确定是否需要进行转交的需求仍然存在。MS 在对信标信号测量时，如果发现所测得的信号质量较差，则做出转交的决策。位置管理很简单。LAN 中的每一个设备都会接收分组，因而由设备来决定是接收还是丢弃一个分组。因此，某个发送方所需知道的全部信息是 LAN 中目的地设备的 IP 地址。某个以该设备为目的地的 IP 分组通过连接于 LAN 的某个路由器到达 LAN。该分组被简单地放置于 LAN 网段上，设备将会接收它。在 MS 的情况中则有些不同。MS 通过 LAN 中的某个接入点注册，接入点必须要接收发往该 MS 的数据包并将其传送至空中，BSS 中的所有 MS 收到该分组，但只有预期的 MS 将会接受该分组，其余的 MS 将丢弃它。

当 MS 从一个 AP 转到另一个 AP 时，AP 之间通过分发系统进行通信。事实上，没有复杂的转交管理策略。如果某个 MS 在 LAN 中运动从而其 IP 地址发生变化，将会发生什么呢？有两种可能性。该 MS 上的客户端应用必须处理 IP 地址的变化，这对于诸如网页浏览、电子邮件以及新出现的即时消息会议等应用是容易实现的。需要采用移动 IP（参见 6.3.3 节）来保持正在进行的通信会话（例如，一次基于 IP 的话音通话或正在进行的即时消息聊天会话）。

当一个 MS 启动时，它将执行与某个 AP 的关联。它基于信标信号的质量和内容来选择 AP。与某个 AP 的关联可能是安全或不安全的。一个安全的关联需要身份验证与随后的加密处理。在较陈旧的协议中，密钥被手工地安装于 AP 与 MS，身份验证在 AP 中执行。最近，有可能在 WLAN 中采用类似于蜂窝网络中的身份验证服务器（AS）来实现身份验证与密钥建立（除了 AS 通常位于相同的网络这一点与蜂窝网不同）。从而使所有的空中通信都是加密的。管理与运营都在外围执行，与有线计算机网络的管理方式相仿。

6.1.3　无线个域网的运行

WPAN 的历史始于两种不同的应用。作为 WPAN 技术的一个例子，蓝牙最初被设想为一种“替代线缆”的技术。另一个有趣的应用是所谓的“人体局域网”或“可穿戴专用网”。它们一起演化为 WPAN 的思想［Bra00］，WPAN 是一个围绕一到两人的以 10 m 为半径的个人操作空间（POS）中的设备所构成的独立无线网络。该网络中的 MS 均位于彼此的通信距离内（见图 6.3）。当 MS 需要互相通信时，它们会自发且不显山露水地创建一个网络。

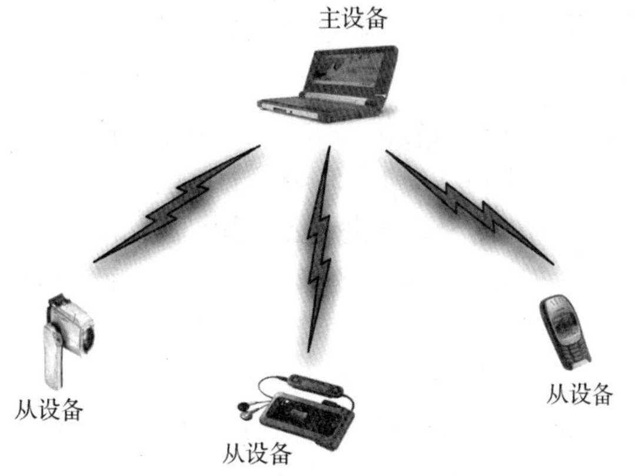

图 6.3　一种一般性的 WPAN 体系结构

由于网络应该是即插即用的，自组织与服务发现成为重要问题。回忆一下，该网络中不存在中心固定收发器(例如一个 BS 或者 AP),因此 MS 必须要互相发现并要发现彼此的性能,这是利用后续章节中讨论的专用自组织机制与服务发现协议来完成的。在蓝牙所对应的情况中,某个主设备启动通信并询问所有应答的从设备以获取所需数据(见图 6.3)。最经常出现的情况是 MS 工作于单个可用频带。干扰以及与其他网络的共存(多个 WPAN 或者多个 WLAN)在这里是一个显著问题。为了避免共处一地的 WPAN 之间的干扰,蓝牙采用了在该频带内进行频率跳变的方法。在 WPAN 的 802.15.4 标准中所采用的载波侦听机制与 WLAN 里的机制(见第 9 章)完全相同。WPAN 中的一个非常重要的要求是以最大可能的限度省电。WPAN 中的 MS 应该能够工作数天。同样,MS 的互相认证以及为 MS 之间的加密通信建立密钥的机制也是必需的。在蓝牙中,这是通过在受信任的 MS 中安装 PIN 码来实现的。PIN 码与 MAC 地址以及其他随机数字被用来建立密钥。

位置管理、转交以及 RRM 在 WPAN 中不像在蜂窝网络中那样重要,特别是因为媒介接入控制协议、更小的覆盖区域以及使用无需授权频段和低传输功率等因素导致的上述问题不再重要。

6.2　小区搜索与注册

当某个移动设备启动时,它必须首先监视其周围环境以明白哪些服务是可用的。在一个有基础设施的无线网络中,一个移动基站能够"看到"多个基站或接入点是常见的。移动设备选择一个合适的基站并将自身调整至基站参数的方式常被称为小区搜索。换言之,小区搜索是指一个移动设备在其将自身注册到无线网络之前所执行的最初的流程,这些流程使得移动站确定哪些基站正在服务某个区域以及对于某个选定基站它可利用哪些频率、时隙或编码。

如前简述,小区搜索背后的一般性思想是移动站搜索一个或更多的信标信号。典型地,信标信号是所在地域中的最强信号(按接收信号强度计)。移动站所面临的挑战之一是一个无线网络采用多个载频。通过频率重复使用,区域中的临近基站将仅仅使用载频的一个子集。移动站通常必须筛选许多载频以找出在其所在地域中有效的载频。在广域无线网络中,小区搜索显著依赖于下层技术与传输方案。1G 系统采用频率调制,因此将 FDMA 作为多址接入方案。2G 系统采用 TDMA/FDMA 或 CDMA/FDMA,而 3G 系统采用 CDMA/FDMA,4G 系统采用 OFDMA。在每种情况中,小区搜索所面临的挑战是不同的。我们现在简要描述广域无线网络所采用的一些方法以说明一般性的小区搜索过程。

在 1G 系统中,话音通信承载于会话专用的载频上。下面给出一个示例性 1G 系统中的小区搜索与注册的简化说明。在高级移动电话服务中使用了多个 30 kHz 的信道。在一个跨度为 12.5 MHz(一个 12.5 MHz 的频段用作前向链路,另一个 12.5 MHz 的频段用作反向链路)的频带内,一个服务提供者可能拥有 416 个频率通道,其中 395 个通道被用于双工话音对话,21 个通道被用于控制数据。控制数据通过频移键控进行传送。某个移动设备必须搜寻它能听到的 21 个前向控制通道中的信号最强者。一旦它发现信号最强的前向控制通道,它能够解码那条通道上的信息,其中包括系统 ID(例如,用以发现哪个服务提供者位于该区域)。如果移动设备由于干扰或其他原因不能解码控制信息,它将选择下一个信号最强的控制通道。在反向控制通道上,移动站将传送其自身 ID 并向网络注册。

同样,在基于 TDMA 的 2G 蜂窝系统中,移动站对空间进行扫描以寻找最强的载频。在某个载频上，传输在时间上被复用。例如，在GSM中，在每个200 kHz的载频上，存在一个由时隙、帧与超帧等构成的层级，这使得移动站可发现有关的时间信息。同时，某些时隙仅携带一个没有被调制的载频（有时被称为频率校正通道）以使得移动站能够使其自身与载波频率同步。然后，信标信号被移动站解码以发现单元的ID、时间同步参数以及其他与网络运行相关的信息。一个注册流程紧随其后以使移动站能够让网络知晓其处于活跃状态。

在CDMA系统中，每个单元重复使用每个载频，因此需要一个能够区分多个基站的传输的机制。在2G CDMA系统中，一个主要载波与一个辅助载波（每个均具有1.25 MHz的带宽）在系统中被预先分配。移动站总是试图首先寻找主要载波或辅助载波。cdmaOne（常见的2G CDMA系统）中的每一个基站均被同步到一个公共时间，并传输一个未经调制的导频信号（也是扩频信号，使用某种扰码），该信号形成信标信号。每个基站所使用的扰码偏离某个基准时间（该时间是系统时间中的偶数秒的倍数）。当移动站执行主要载波与某个本地产生的未调制的但加扰的载波之间的循环或周期性自相关时，它能够从所考虑区域中发射信号的多个基站所对应的自相关中检测到峰值，移动站选择自相关中最强的峰。然后，时间与系统参数从一个同步通道与多个呼叫通道中解码得到。一些细节在第12章中加以描述。在基于UMTS的3G CDMA系统中，载波在频率上更宽（5 MHz宽）而在数目上更少。然而，每个单元均有自己的扰码，这使得移动站不便于搜寻信标信号。第12章中简要讨论的一种扰码的分层分配方法使得移动站能够迅速筛选多种可能性并找出区域中提供服务的基站。

在4G系统中，系统可能使用变化的带宽，问题变得更富挑战性。因为4G系统利用OFDM，任意指定频带内的中心子载波被用来传输信标信号。

在WLAN中，移动站依然需要筛选多个频率通道以发现哪些网络处于活跃状态。典型地，每个WLAN传输一个信标分组，该分组包含关于网络的信息，同时包含移动站可能需要用来向网络注册的其他参数。移动站通常选取某个指定网络中以最大信号强度传输信标分组的接入点。如果存在多个网络，通常鼓励用户基于服务集ID来选择网络。

连接状态：在蜂窝网络中，依据设备正在做什么，移动设备被置于不同状态。移动设备没有进行话音呼叫或传输分组的常见状态被称为空闲状态。一旦启动小区搜索与注册，移动电话通常即进入空闲状态。在这种状态中，移动设备不会试图不停地保持与某个基站或网络（见6.4.3节）的无线电连接，以实现不浪费其电池功率的目的。若移动设备正在进行话音呼叫或处于分组数据传输状态，它被称为处于连接状态。根据技术与服务的不同，连接状态存在多种可能性。连接状态对于诸如LTE与HSPA等面向分组数据的服务非常重要。在这些网络中，过渡到真正开始传输数据状态的时延成为用户能够观察到的质量问题，并以开销的形式表现出来。在WLAN中，如果不存在数据传输，则移动站通常进入睡眠模式。

6.3　移动性管理

无线通信的主要优点在于其支持无线接入众多服务的能力，不管是蜂窝无线电与PCS情形下的面向话音的服务还是移动数据网络与无线LAN情形下的数据与因特网接入服务。无线接入意味着用户在连接到网络时具有四处移动的能力，并持续地拥有获取其所连接的系统所提供的服务的能力。考虑到大部分通信网络的工作方式，这会产生一系列问题。首先，为了使任意消息到达某个特定目的地，必须有一些目的地在哪里（位置）以及怎样到达目的地

(路由)的知识。在静态网络中，末端的终端是固定的，物理连接(电线或缆线)即可指明目的地。在无线网络中，终端可能在任何地方，必须存在一个定位终端的机制以使通信传递到终端。

位置管理是指无线网络为了保持对移动终端的跟踪需要执行的活动。如第5章中所述，最常见的无线拓扑采用多个小区以提供对一个较大区域的覆盖。移动终端的位置必须被确定，从而可获得关于哪个接入点(基站或接入点)正在服务移动终端所处小区的信息。其次，一旦目的地被确定，假设目的地随着时间变化保持在同一位置是不够的。当移动终端离开一个基站时，从当前基站接收到的信号水平下降，存在将通信转换到另一个基站的需要。

转交是一种将一个正在进行的移动终端与相应终端之间的连接从固定网络的一个接入点转移至另一个接入点的机制。转交管理处理该固定网络中做相应改动所需的消息，这一改动是为了应付某个正在进行的通信的位置变化。位置与转交管理一起被称为移动性管理[Aky98]。

6.3.1 位置管理

位置管理涉及在移动终端运动过程中对其位置进行跟踪，以实现向其传递声音或数据通信的目的。在话音网络的情形下，当对某个移动号码进行呼叫时，必须建立一个从主叫方到被叫方的专用通道以使对话能够进行。为此，必须在网络的固定部分建立一条电路，同时一对无线电通道必须分配给移动终端以进行话音对话。为了建立这一专用通道，移动终端必须被定位。注意这是在真正的对话发生之前进行的。如果移动终端在对话过程中发生运动，为处理对话的连续性所采取的措施被称为转交以及转交管理。在数据网络的情形中，数据包被送往一个目的终端。该数据网络中的路由器将使用目的地地址来传递分组。地址信息通常是分层且固定的，这意味着地址指向一个物理位置。如果终端是固定的，分组经路由被恰当地送达终端的物理位置。在移动终端的情况中，在将分组传送到移动终端之前，需要一些措施来确定终端处于哪里。位置管理的另一个重要功能是为了确定移动终端的状态。如果移动终端关闭，网络应该意识到它是不可到达的从而根据所请求的服务采取恰当的行动。例如，短消息可能存储于服务器上以随后送达。

位置管理一般包括三部分：位置更新、寻呼以及位置信息传播。位置更新是移动终端所发送的关于其相对于固定网络接入点的变化消息，这些更新消息的粒度与频率可能各不相同。每一次移动终端对其位置做出更新，网络固定部分中的一个数据库必须被更新以反映移动终端的新位置。不管位置是否改变，更新消息都将被发送到空中以及传播到固定网络的特定部分。由于更新是周期性的，移动终端的位置将具有在多个小区周围的不确定性。为了将某个呼入的消息送达移动终端，网络必须寻呼该组小区中的移动终端，被呼叫的终端将通过覆盖其所在小区的接入点进行回复，该回复将使网络能够以其所处小区的精度定位终端。然后，传送分组或者建立一个用于话音对话的专用通信通道的操作流程开始启动。然而，为了启动呼叫，主叫方或者呼入的消息应该触发一个来自某个固定网络实体的位置请求，该固定网络实体将访问某类数据库，该数据库包含与特定移动终端有关的最新位置信息，利用该信息产生呼叫请求，同时传送消息或者为话音呼叫建立一个信道。位置信息传播指的是存储与分发与网络所服务的移动终端有关的位置信息所需的流程。

位置管理中的基本问题是位置更新的本质、数目与频率所对应的代价与呼叫代价之间的折中[Won00]。如果位置更新过于频繁而呼入的消息很少，网络负担成为一种不必要的代价，所谓负担不仅是就稀缺频谱的使用而言，也是从为实现位置更新的更新与处理操作所需的网络资源角度而言的。如果位置更新少且不频繁，必须呼叫一个较大区域(即较多数目的小区)以定位移动终端。在没有移动终端出现的所有小区进行呼叫是一种资源的浪费。同时，基于呼叫所进行的方式，移动终端的应答可能会有时延，这是由于呼叫到它当前所处小区可能比呼叫它上次执行位置更新所处的小区要晚得多。对于诸如话音呼叫一类的应用，由于移动终端没有在合理时间内应答，从而将会导致不必要的呼叫丢失。在数据网络的情形下，根据所实行的移动性管理方案的类型，如果移动终端没有被正确定位，分组可能会被直接丢弃。

如我们在本节前面所讨论的，位置管理包含三种活动——位置更新、寻呼以及位置信息传播。存在不同种类的位置管理机制，它们采用多种位置更新机制、寻呼机制以及传播结构。我们在下面几节中讨论这些机制。

位置更新算法：位置更新算法通常有两种类型——静态与动态[Won00]。在静态位置更新中，蜂窝网络的拓扑决定位置更新何时需要启动。在动态位置更新中，用户的移动性以及呼叫模式被用于启动位置更新。

在最常见的、大多数蜂窝网络所采用的静态位置更新形式中，一组小区被分配一个位置区域(LA)标识符，如图 6.4 所示。该位置区域中的每个基站在某个控制通道上周期性地广播这一标识数字。移动终端要持续地倾听该控制通道以获取位置区域标识符。当标识符改变时，移动终端将通过发送一条含有新标识符的消息至包含位置信息的数据库来对位置进行更新。如果存在一条呼入消息，系统将在与数据库中所存储的位置标识符相对应的小区中寻呼被叫移动终端。除非位置区域标识符其间发生改变，否则移动终端通常会应答，从而成功实现双方通信。

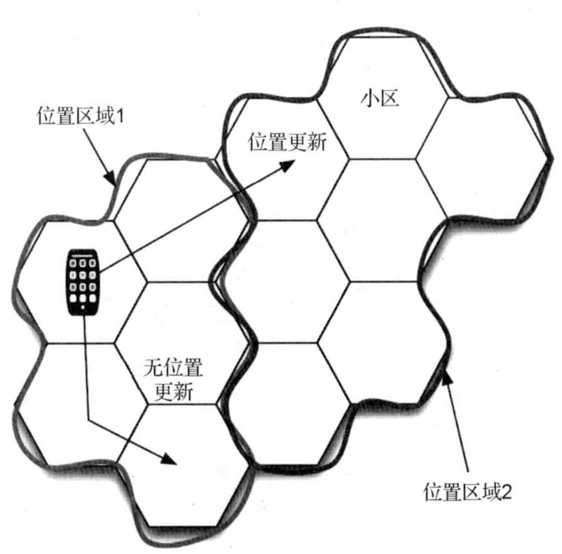

图 6.4　基于位置区域(LA)的位置更新

例 6.1　蜂窝基础结构中的位置更新机制

在如 GSM 这样的蜂窝基础设施中，位置区域身份(也称为寻呼区域)被用来进行位置更新。一个位置区域通常包含由某个基站控制器(BSC)所控制的一组小区。移动终端将在三种情形下进行位置更新：(a)刚启动时，它将其前面所记录的与当前所广播的位置区域身份进行比较，如果这两个位置区域身份不同，就会执行一次位置更新；(b)当移动终端穿过某个位置区域的边界时，它执行一次位置更新；(c)在由网络预先确定的一段时间之后，将执行一次位置更新以确保移动终端可用。在情况(b)中，由于BS广播位置区域身份，且MS被要求对其进行监控且将其与所存储的值进行比较，MS可检测到位置区域的变化。在情况(c)中，如果MS在长时间内没有离开某个位置区域，更新机制将无谓地增加开销。

静态位置区域标识符方法的主要问题是如果移动终端频繁地穿越如图6.5所示的两个位置区域的边界，将会出现连续在两个位置区域之间转换的乒乓效应。这一问题的解决方法之一是采用一个驻留计时器，该计时器在某一时间内不进行位置更新以确保位置更新是有价值的。相似的问题以及用于解决这一问题的有关算法在转交过程中会有所涉及，我们将在本章后面看到这一点。

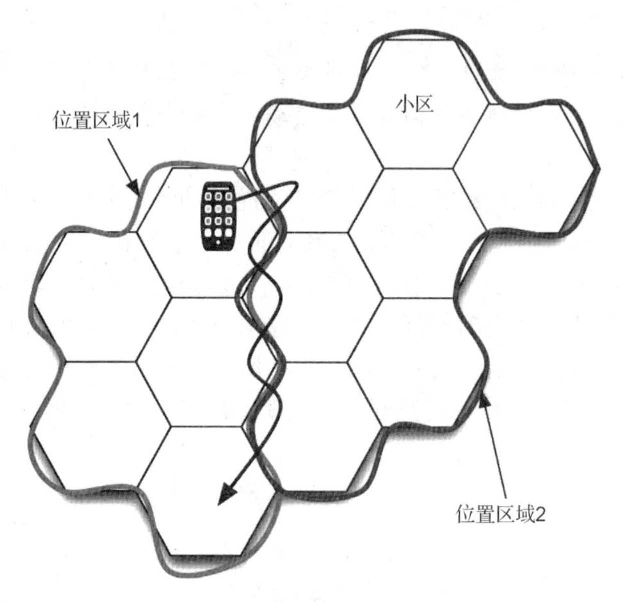

图6.5　位置区域的乒乓效应

还有许多其他可能的静态位置更新方案，包括基于距离的——其中位置更新在穿越一定数量的小区之后进行，基于定时器的——位置更新在一定时间流逝之后进行，以及考虑了控制通道上的信令负担与移动终端的位置和速度的上述两种方案的变体[Won00]。

动态位置更新方案的例子包括基于状态的与基于用户资料的位置更新。在基于状态的位置更新方案中，移动终端基于其当前状态信息做出何时进行更新的决定。状态信息可能包含若干测度，这些测度包括所耗时间、所行进的距离、所穿越的位置区域数目以及所接收到的呼叫数目，根据用户的移动性与呼叫模式，上述测度可能是变化的。根据移动终端的历程，基于用户资料的位置更新方案维护移动终端在不同时刻可能所处位置区域的一个顺序列表。对于这些方案的一种详细的对比评价请参见[Won00]。

寻呼方案：寻呼在有来话和来消息的一个小区或一组小区中广播一条消息以触发被叫移动终端的应答。仅在移动终端所处且能产生最精确的位置估计的小区中发送寻呼信息能够减小寻呼的代价。在最精确的小区位置中进行寻呼的问题是不大可能精确地确定移动终端的位置，尤其在位置更新代价必须保持在低水平的情况下。

例6.2　蜂窝基础设施中的地毯式寻呼

地毯式寻呼是指同时呼叫某个位置区域内所有小区中的移动终端，这意味着，如果位置区域更新是正确的，刚好在第一个寻呼周期，移动终端将接收到一个呼叫请求并回复它。该系统为GSM所采用，其优势是对寻呼的应答时延被保持到最小，其缺点则是寻呼必须在几个具有相同位置区域身份的小区中进行。

寻呼的另一种策略是采用“最近小区优先”方法。这里，移动终端最后被看到时所处的小区被首先呼叫，然后在每个寻呼周期中被呼叫的是与该小区等距的小区环。如果存在时延约束，如在话音寻呼情形中，在一个寻呼周期中多个环可能被同时问询。一般来说，如果第一个位置估计值不正确，应该执行下一次呼叫以使定位移动终端的概率是次大的，以此类推。寻呼在与上次位置更新所对应的区域实施，然后根据可能包含过去历程与距离的参数，后续寻呼在最可能的位置处被执行。计时器被用于声明移动终端在某个特定寻呼周期中是不可达的，这有时被称为序贯寻呼。结果表明地毯式问询能以小的负担提供最低的时延，而序贯呼叫能够维持更高的寻呼请求速率，尤其当某个区域存在多个入呼叫时。移动终端的行为模式以及用户资料也可能按照与位置更新机制相似的方式被应用于寻呼算法中。

位置信息传播：当有一个目的地为某移动终端的入口分组时，需要至少一个固定的网络实体，该实体的位置与地址是已知的，且能够被访问以获得关于移动终端的信息。一般来说，这一实体常被称为锚。锚具有关于移动终端的位置与路由信息的一些信息。如果单独一个锚被用于所有的移动终端，不仅该实体的负担增加从而成为通信的一个瓶颈，而且会使其成为一个可导致网络瘫痪的故障点。通常会按下面所描述的方式使用多个锚点。概括地讲，下面所描述的是网络实体与数据库如何被用以定位，同时所描述的方法也可推广到其他应用，如转交管理。当然具体的实现方式不同。

每个移动终端都与一个本地网络及一个本地数据库相联系。本地数据库保持对移动终端的资料进行跟踪——例如移动身份证明、身份认证密钥、用户资料、账户核算以及位置。移动终端的位置以终端所处的访问网络以及在终端的服务区内对其保持跟踪的访问数据库的形式维持。本地与访问数据库互相通信以认证并更新彼此关于移动终端的信息。我们将在关于转交管理的章节看到更多这方面的介绍。

例6.3　蜂窝基础设施中的位置信息传播

在大部分蜂窝网络的基础设施中，例如GSM，本地与访问数据库分别被称为本地位置注册器(HLR)与访问位置注册器(VLR)。当移动终端观测到位置区域身份的某次变化时，它通过基站发送一条位置更新消息至某个移动交换中心(MSC)，该MSC携带此次位置更新与其VLR联系。如果该VLR同时服务新、旧位置区域，它不做任何事情。如果该VLR没有关于移动终端的信息，它通过一条位置注册消息联系移动终端的HLR。该HLR认证并确认本次位置注册，更新它自己的数据库并发送一条消息到旧的VLR以取消那里的注册。

例6.4　蜂窝电话系统中的呼叫传送

当对某个移动电话号码发出一次呼叫时，被联系的锚实体是与移动终端的HLR相联系的MSC，HLR联系与移动终端相关联的VLR并启动呼叫。第11章中给出了TDMA蜂窝系统的呼叫传送的具体例子。

位置管理中的其他问题：数据库接入与问询管理对于减小时延与保持质量是非常重要的。为了减小对于某个集中式数据库（例如某个 HLR）的负担，可能需要在本地缓存移动终端信息。类似的策略正在考虑应用于移动 IP，这一点我们在后面将会看到。替代性的位置更新策略与呼叫算法也正在被研究。影响所有这些技术性能的一个重要因素是能够精确表示入呼叫、寻呼请求以及移动终端运动的通信量建模。

6.3.2 转交管理

转交管理涉及到实现移动终端从一个接入点的覆盖区移动到另一个接入点的覆盖区过程，保持正在进行的通信不间断的所有行为及面临问题的处理。由于采用缺省蜂窝结构以实现频谱使用的最大化，转交[Pol96]在任何移动网络中都极其重要。在蜂窝电话的情况中，转交（HO）涉及话音呼叫从一个基站到另一个基站的转移。在 WLAN 的情形中，它涉及从一个 AP 到另一个 AP 的转移连接。在混合网络中，它将涉及连接从一个基站到另一个基站、从一个 AP 到另一个 AP 以及某个 BS 与某个 AP 之间（反之亦然）的转移。

对于某个话音使用者，HO 会带来听得到的咔哒声，中断每次转交的对话[Pol96]，同时由于转交，数据用户可能丢失数据包，不必要的拥塞控制措施可能开始起作用[Cac95]。然而，信号水平的恶化是一个随机过程，诸如基于信号强度测量的简单决策机制会导致乒乓效应。乒乓效应是指在两个基站之间来回进行的几次转交，这对于用户的质量感知与网络负载都将产生严重的负担。消除乒乓效应的一种方法是尽可能长时间地坚持于某个基站。然而，如果 HO 被延迟，会不必要地持续接收微弱信号，这会带来较低的话音质量，增加了呼叫丢失与/或服务质量（QoS）恶化的可能性。因此，需要采用更加复杂的算法来决定转交的最优时间。HO 还涉及到骨干网中的一系列活动，包括对连接的重新选路与对新接入点的重新注册，这些活动构成了网络通信的额外负担。对每个 BS，HO 对通信匹配与通信密度有影响（因为空中接口上的负荷被从一个接入点转移到另一个接入点）。在用来接入空中接口的随机接入技术中，或者在 CDMA 情形中，从一个单元移动到另一个单元同时影响两个单元中的 QoS，这是因为吞吐量与干扰依赖于参与竞争可用带宽的终端数量。

尽管关于电路交换移动网中的转交机制已经做了很多的工作[Pol96;Tri98]，然而对于分组交换移动网可用文献并不多。呼叫阻塞与呼叫丢失概率等性能度量仅仅适用于实时通信，可能不适合于存在于客户－服务器类型应用中的猝发式通信。在某个话音呼叫的进行过程中，所容许的等待时间是非常有限的，资源分配必须得以保证；同时，尽管有时候一些分组可能会丢失，适度的错误率是允许的，但重传是不可能的，连接必须被持续地保持。另一方面，猝发式数据通信按照定义只需要间歇式的连接，可容忍较长的等待时间且采用丢失分组的重传机制。在这种网络中，只有当终端移出当前连接点的覆盖区域或者通信负担很高以至于执行一次转交会带来更大的吞吐量与效用，转交才会被批准。

关于 HO 目前存在很多问题。特别地，我们可以认为转交由图 6.6 所示的两个不同步骤构成。在第一步中，转交管理过程确定需要一次转交（转交决策与启动）。在第二步中，网络的剩余部分意识到该次转交，连接被重建以反映移动终端的新位置。注意，网络的固定部分中存在一个锚，它必须按照与位置管理类似的方式参与到转交管理过程之中。在转交管理过程中出现了一些问题。

如图 6.7 所示，这些问题被划分为两类：结构性问题与 HO 决策时间算法。结构性问题是与对连接进行重新选路所涉及的方法论、控制以及软件/硬件要素有关的问题。与转交决策时间算法有关的问题包括算法类型、算法所使用的测度以及性能评价方法。

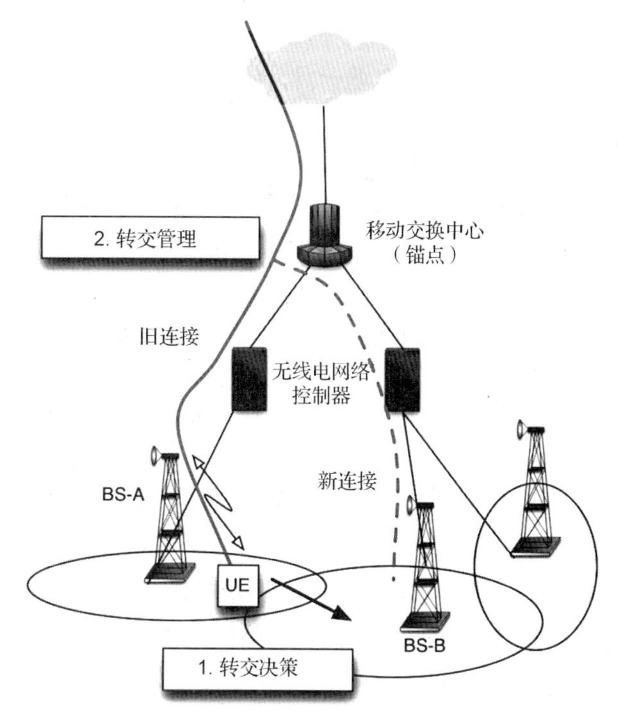

图6.6　转交中的两种基本动作

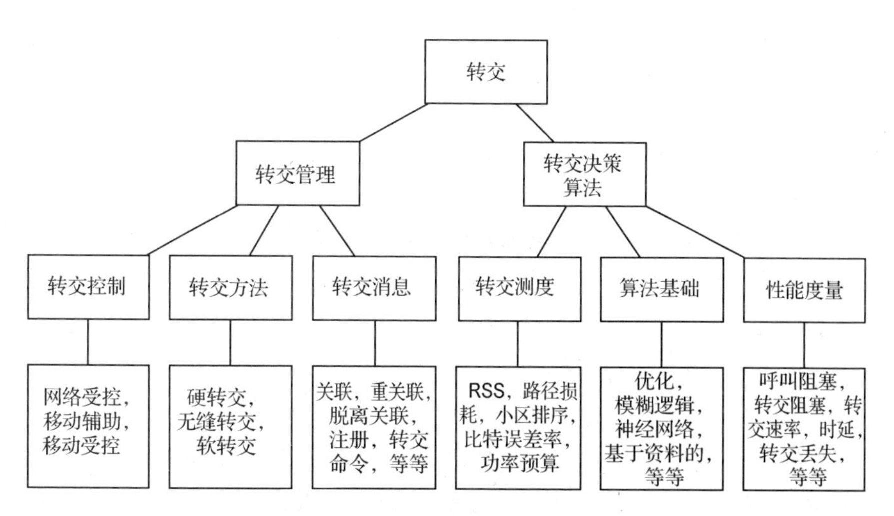

图6.7　转交机制中所涉及的重要问题

转交中的结构性问题：转交流程涉及一系列协议，这些协议通知某个特定连接的所有相关实体一次转交已经被执行且连接必须被重新定义。在数据网络中，移动设备通常被注册到一个特定连接点。在蜂窝网络中，某个空闲的移动站将选择某个正在服务其所处小区的特定基站，这是为了达到对呼入的分组或话音呼叫进行恰当选路的目的。当移动站运动并执行一次从一个连接点到另一个连接点的转交时，必须使原来的连接服务点了解到这一变化，这通常被称为分离。移动站同时必须使自身与固定网络的新接入点重新关联。参与将分组选路至移动站或者交换话音呼叫的其他网络实体必须意识到该次转交的存在从而能够无缝地延续正在进行的连接或呼叫。

例 6.5　4G LTE 中的连接

LTE 中的移动站可能处于两种状态中的一种，这两种状态是空闲状态与连接状态，它们被定义为无线电资源控制状态。在空闲状态中，移动站只能接听网络中的广播参数与呼叫消息，但移动站基于这些参数自主地决定选择哪个基站。而且，移动站仅仅被定位到一个与定位区域大小相仿的区域。在连接状态中，移动站可被定位的精度可以精确到小区，它能够传送测量与数据到基站，但是网络需要决定移动站何时必须进行一次转交。

根据在断开旧有连接之前是否建立一个新的连接，HO 被划分为硬转交与无缝转交。硬转交发生在 MS 在连接到新的 BS 并与其同步之前断开与旧有 BS 连接的情况下。无缝转交指 MS 在与原来的 BS 断开之前建立与新 BS 之间的一条通信通道。然而，通信仅能通过每次一个 BS 实现。在 CDMA 中，HO 过程中两个同时进行的连接导致软转交[Tek91]。软转交将在第 12 章中更加详细地讨论。

决策机制或转交控制可能本身即处于某个网络实体(如在蜂窝话音中)或 MS(如在 WLAN 中)中，这些情况分别被称为网络控制的转交(NCHO)与移动控制的转交(MCHO)。在 GPRS 中，MS 所发送的信息可被网络实体用于做出转交的决策，这被称为移动站辅助的转交(MAHO)。如例 6.5 中所描述，基站的选择也可能依赖于移动站的连接状态。

例 6.6　不同系统中的转交控制

在模拟的 1G 标准 AMPS 中，转交决策是网络控制(NCHO)的。移动电话交换局利用某个 MS 在不同基站处的 RSS 测量来开启转交。在 IEEE 802.11 LAN 的情形中，移动站控制着转交决策(MCHO)，它监控几个接入点(AP)的信标以决定连接到哪个 AP。网络在决定何时进行一次转交方面不起作用。

在任何情况中，就转交做出决策的实体都利用一些测度、算法与性能度量来做出决策。测量与转交决策通常是无线电资源管理流程(在 6.3 节中被描述)的组成部分。然而，我们在本节中在移动性管理框架下分析转交决策机制以保持转交的流程描述相对集中，这些在下面进行讨论。

转交决策时间算法：为做出正确的转交决策，人们应用或研究了一些算法[Pol96; Tri98]。传统算法利用门限来比较来自不同连接点的测度值并以此决定何时进行转交。许多测度已经被用在移动话音通信与数据网络中以对转交做出决策。

首先，来自连接服务点与连接邻居点的接收信号强度(RSS)测量被用于大部分网络。其他可选的或者能与 RSS 一起使用的测度还包括路径损耗、载波-干扰比(CIR)、信号-干扰比(SIR)、比特误差率(BER)、块误差率(BLER)、符号误差率(SER)、功率预算以及小区排序等。它们已经被用作特定移动话音通信与数据网络中的测度。为了避免乒乓效应，算法利用一些额外的参数，如迟滞余量、驻留计时器与平均窗口。一些额外参数(当可以提供时)可用来做出更明智的决策，这些参数包括 MH 与连接点之间的距离、MH 的速度、服务单元中的通信特征等。

传统的转交算法均建立在接收信号强度(RSS)或接收功率 P 之上。一些传统算法[Pol96]如下。

1. **接收信号强度**：选择接收信号强度最大的基站（如果 $P_{\text{new}} > P_{\text{old}}$，选择 BS B_{new}）。
2. **接收信号强度加门限**：如果某个新的 BS 的接收信号强度超过当前的 BS 且当前 BS 的信号强度低于某个门限 T，则进行一次转交（如果 $P_{\text{new}} > P_{\text{old}}$ 且 $P_{\text{old}} < T$，选择 B_{new}）。
3. **接收信号强度加迟滞**：如果某个新的 BS 的接收信号强度比原来 BS 的接收信号强度大某个迟滞余量 H，则进行一次转交（如果 $P_{\text{new}} > P_{\text{old}} + H$，选择 B_{new}）。
4. **接收信号强度、迟滞与门限**：如果某个新的 BS 的接收信号强度比当前的接收信号强度大某个迟滞余量 H 且当前 BS 的信号强度低于某个门限 T，则进行一次转交（如果 $P_{\text{new}} > P_{\text{old}} + H$ 且 $P_{\text{old}} < T$，选择 B_{new}）。
5. **算法加驻留计时器**：有时驻留计时器与上述算法一起使用。计时器在算法中的条件为真所对应的时刻被启动。如果该条件持续为真直至计时器失效，则执行一次转交。

图 6.8 以移动站沿着一条直线在两个基站之间移动为例对上述算法进行了说明。注意 RSS 不像该图示的那样光滑，而是像图 6.9 所示的那样更加随机。

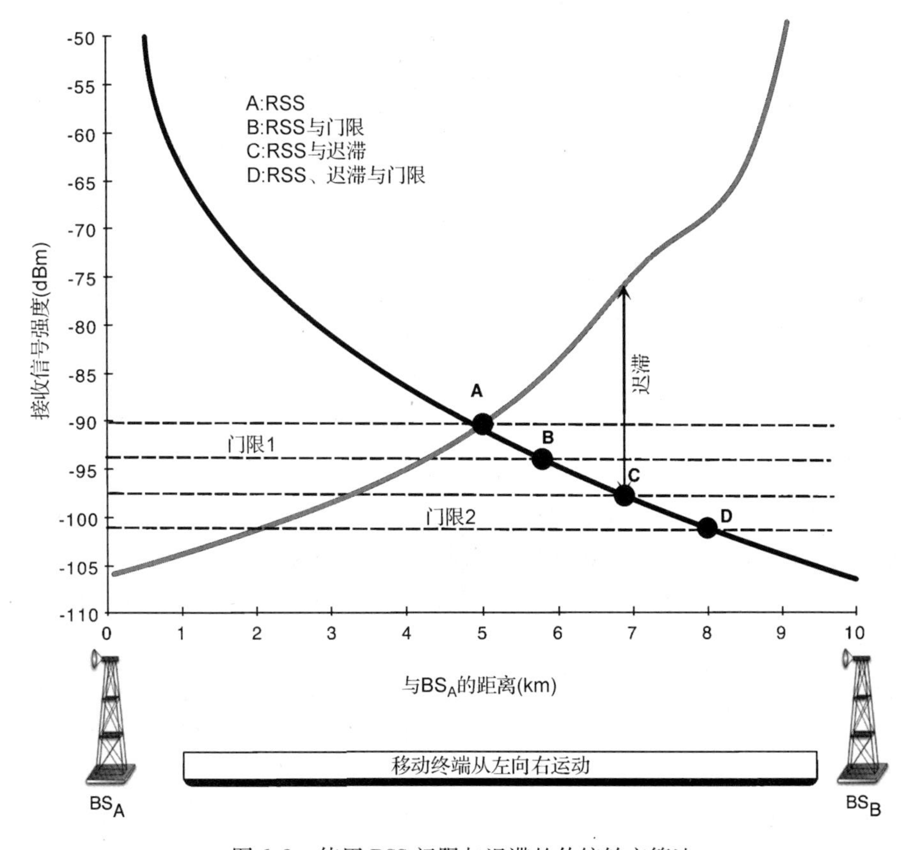

图 6.8　使用 RSS 门限与迟滞的传统转交算法

其他一些技术也被建议用于转交决策（[Pol96；Tri97]给出了关于各种算法的优秀综述），如假设检验[Lio94]、动态规划[Rez95]以及基于神经网络或模糊逻辑系统的模式识别技术[Tri97]。转交问题的复杂性，尤其是在混合数据或话音网络中，使得上述复杂算法成为必需。移动终端必须对空中进行监视以发现有望用于连接的无线数据服务。作为一个例子，考虑一个 MS，它可能连接到一个接入某局域网的 802.11 WLAN 接入点或者一个接入某骨干 GPRS 网络的 GPRS 基站子系统（BSS）。在移动终端内必须要有一种能够使移动终端选择最优可用服务并在其可用时尽快转换到该服务的机制或算法。例如，移动终端必须能够在它一检测到对于某个接入点的连接可用时就从 GPRS 服务转换到 WLAN 接入点。对于数据通信(例如网页浏览)，时延是可以接受的。

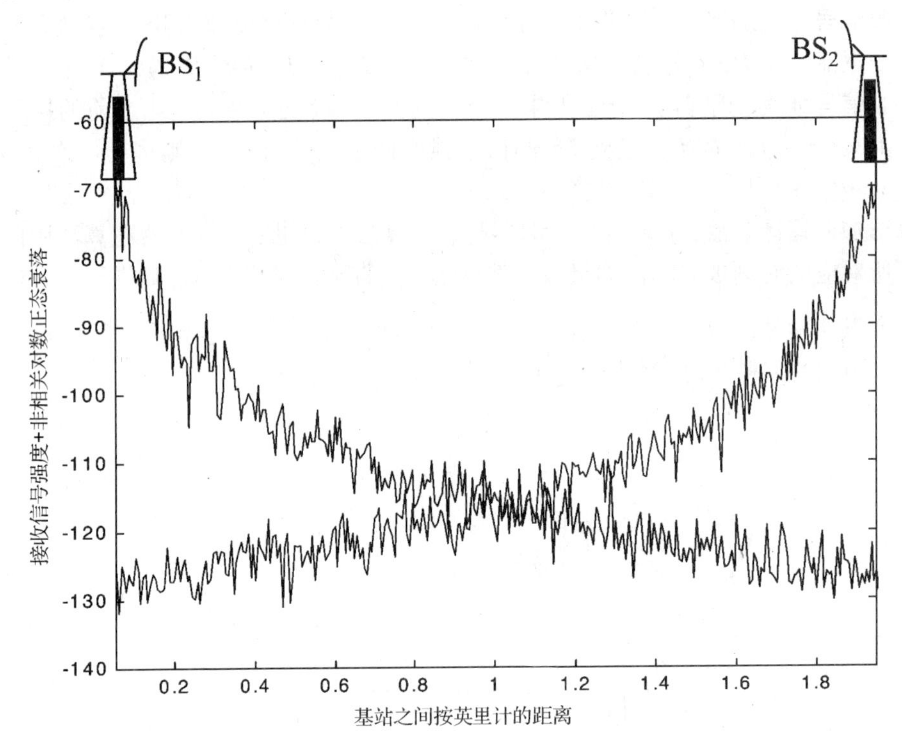

图 6.9 在两个基站之间沿着直线运动的某个 MS 所观察到的两个基站信号 RSS 样本

转交算法的性能由它们对于某些性能度量指标的影响决定。已经考虑的大部分性能度量指标，例如呼叫阻塞概率、转交阻塞概率、转交请求与实施之间的时延、呼叫丢失概率等，都与话音连接有关。转交速率(每单位时间的转交数目)与乒乓效应有关，通常算法被设计以使不必要的转交数目最小。尽管最小化转交速率在移动数据网络中是重要的，然而其他问题包括吞吐量的最大化与在转交过程中及之后保持 QoS 也必须要考虑。这些问题还没有在文献中得到足够关注。

一般性的转交管理流程：在本部分中，我们将展示一般性的无线网络中转交管理所需的不同消息与流程。与定位管理一样，特定系统的具体实现方式是不同的，我们将在后续章节中考虑一些细节。

在图 6.10 中给出了关于转交管理流程的一般性体系结构。网络中存在两类数据库——本地数据库(同时作为锚)与访问数据库。每个移动终端均向某个本地数据库注册，而该数据库追踪记录该移动终端的资料信息。访问数据库在其服务区域内对移动终端保持跟踪。本地与访问数据库按下面所描述的方式在转交管理过程中相互通信。

1. 在第一步中，做出转交的决策并启动转交。如上文所述，该决策可能在网络中由某一实体借助或不借助移动终端做出，也可能由移动终端自身做出。为达到这一目的，需要利用决策时间算法。

2. 移动终端通过一条转交声明消息向“新”的访问数据库注册。在移动终端控制的转交模式(MCHO)中，这是发给某个网络实体的第一条信息。在网络控制(NCHO)或移动站辅助(MAHO)的转交模式中，新的访问数据库可能已经意识到或正期待这一消息。
3. 新的访问数据库与本地数据库通信以获得用户资料并实现身份认证。这是在网络实体之间进行的关于 MCHO 中移动站的变化位置的首次信息交换。在 MAHO 或 NCHO 情形中，这些实体可能已经处于通信之中。
4. 本地数据库通过移动站的认证来应答新的访问数据库。如果移动站被认证，在电路交换连接中，一对可能已经准备好的流量通道被分配给移动终端以使对话继续进行。在分组通信的情况中，因为通信是猝发的，不需要类似的专用通道。两个数据库被更新以传递可能到达移动终端的新消息。新的访问数据库将移动终端纳入其服务的终端列表中。
5. 本地数据库发送一条消息至旧的访问数据库以清除发往移动终端的分组以及与移动终端有关的注册信息。这是因为在移动站进行转交时，那些本来可能被传送至原有被访问网络的分组需要被丢弃或重定向，同时旧的访问数据库需要释放它为移动终端所保留的资源，这些资源不再被需要了。
6. 旧的访问数据库清除分组，或者将分组重定向发给新的访问数据库，并从其服务终端列表中移除移动终端。

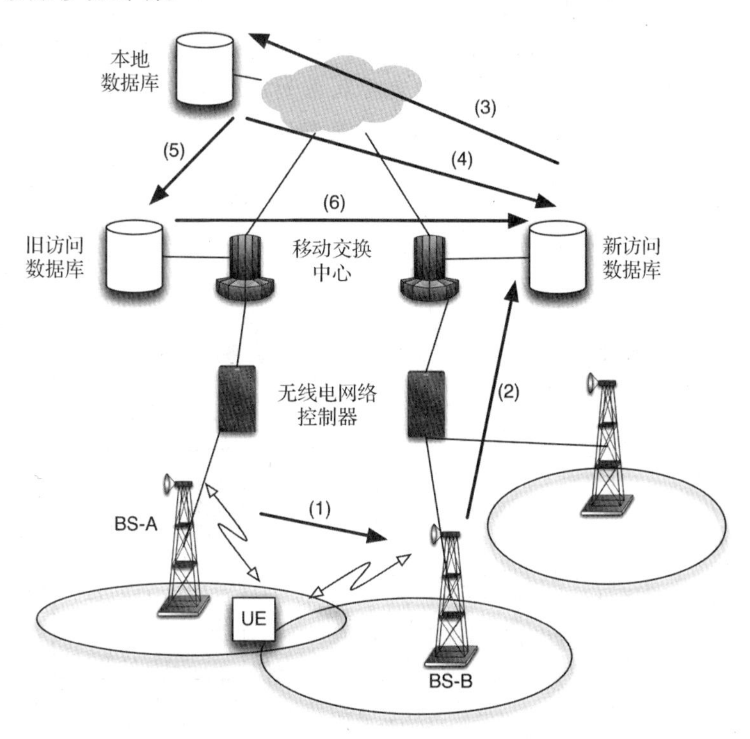

图 6.10　一般性的转交管理过程

上述步骤中的每一步对于正确地、安全地以及高效地执行转交并释放系统中不被使用的资源均是重要的。还有一些其他的结构性问题，如一个小区中信道之间的转交(小区内部的转交)、与相同数据库相关联的两个基站之间的转交(小区之间域内部的转交)或与不同数据库相关联的两个基站之间的转交(小区之间①域间转交)等。其中的一个问题在例6.7中进行了分析。当我们在后文描述具体技术时，这些问题还将被讨论。

例6.7　4G LTE中的两类转交

在LTE中，期望存在一种扁平的结构(请参见第13章及相关参考文献)，在这种结构中基站也执行无线电网络控制器的功能，同时希望基站是互相连接的。若参与到某次转交中的基站互相直接连接，当前基站与转交请求所期望到达的目标基站联系。该目标基站分配资源并回告当前基站，继而后者要求用户设备(移动装置)执行转交。一旦移动设备完成转交动作，目标基站联系数据库以更新其中关于新接入点的信息并适当地转换路径，同时它要求旧的基站释放其资源，如图6.11所示。

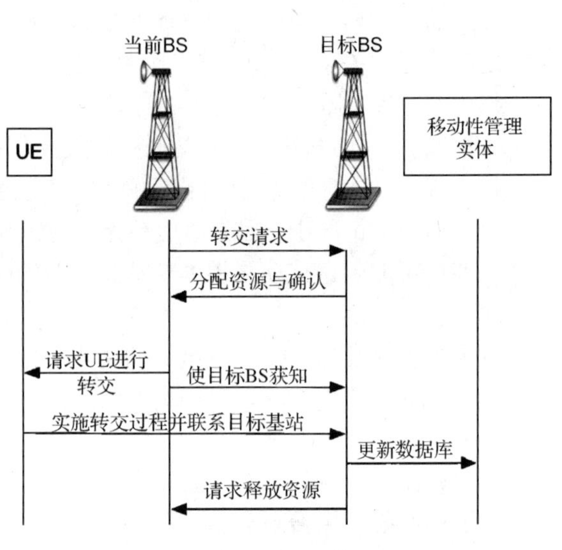

图6.11　基站直连时LTE简化的转交过程

若基站不是互相连接的，不同的移动性管理实体被牵涉进转交过程。在这种情况中，当前基站必须联系当前的移动性管理实体，该实体相应地联系目标移动性管理实体，后者再联系如图6.12所示的基站。可以注意到处于较高层级的实体(移动性管理实体)被引入到转交过程中。

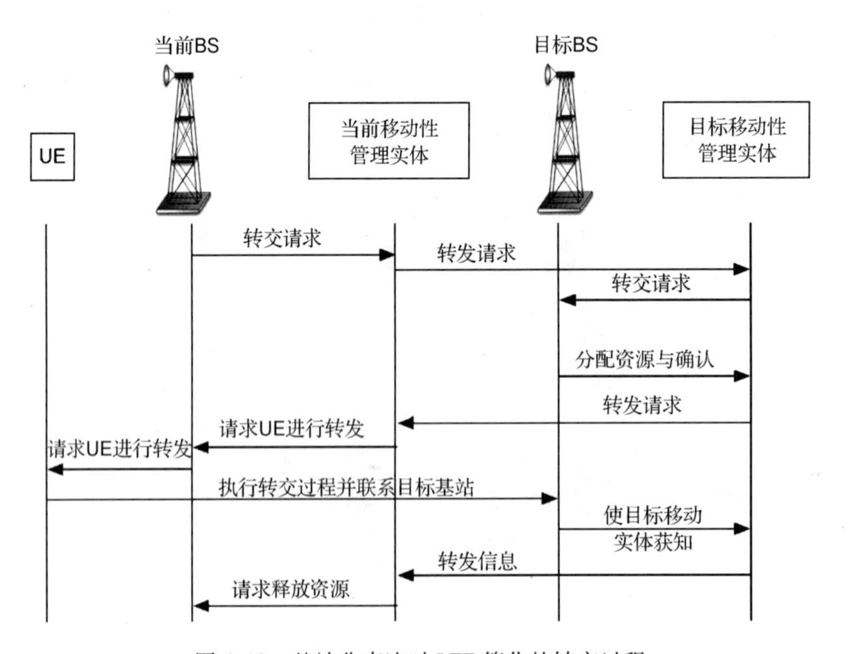

图6.12　基站非直连时LTE简化的转交过程

① 原文是Intra-cell，但是根据上下文，此处应该是Inter-cell，即小区之间。——译者注

移动性管理过程具有专属于各个系统的细节。由于对数据库与控制实体的命名随着功能的差异而不同，移动性管理过程需要关于网络实体的一些描述。关于移动性管理过程的描述在后面介绍各种技术的章节中给出。同时，当某个 MS 返回它已经离开的小区时，一些流程被用以简化骨干网中的连接。

混合网络的转交： 随着近来数据通信远远超过话音通信，起初对 WLAN 不支持的蜂窝服务提供者开始将 WLAN 看作一种可减小其网络通信负担的补充性方法。换言之，对于智能手机或平板电脑的用户来说，如果他们在 WLAN 服务可用时使用 WLAN，否则使用蜂窝数据服务时，他们可以获得更好的服务，这意味着移动设备应该能够尽最大可能从蜂窝网络无缝地切换到 WLAN 或者反方向切换。现在，大部分的蜂窝服务提供者积极鼓励用户切换至以较低代价提供更高数据率但可能并非普遍覆盖的 WLAN。消费者从无需为每月较多的数据流量支付更高的用户费中受益，同时服务供应商也无需在快速提高性能方面投资。

在 WLAN 与蜂窝数据服务之间进行切换的过程中，移动 IP 的使用对于保持无缝的网络层通信以实现实时流量可能是必需的，但这对于浏览网页或一些用户可重启应用或容忍时延的流应用通常是不必要的。当时延成为一个重要问题时，转交决策时间算法需要更加复杂以应付不同类型网络之间的切换。该领域的一些完成于 20 世纪末 21 世纪初的研究工作可见于 [Pah00]，这些工作考虑了用于蜂窝网络与 WLAN 之间切换的结构性方法与转交决策时间算法。

6.3.3　移动 IP 与 IMS

网际协议(IP)——用于数据网络的最流行的网络层协议——当初被设计时并没有考虑无线或移动网络。移动 IP 试图通过为某个负责分组转发与定位管理的移动主机创建一个“锚”来解决这一问题。由于 3G 与 4G 蜂窝网络向着全 IP 的骨干(固定)基础网发展，因此移动 IP 变得更加重要。如我们在第 11 章中所讨论的那样，叠加在 GSM 上的最早的数据服务模仿移动 IP 的行为。并且，当某个移动设备在隶属于不同 IP 子网络的局域网段之间切换连接时，移动 IP 变得重要。在本节中，我们将移动 IP 看作一种特殊的转交管理方案，该方案具有两个缺陷——它不指定第一步(转交决策与启动)或最后一步(清除并重定向数据)。就移动 IP 来说，这些是技术细节。

移动 IP [Per97] 是简化的，这是因为 IP 分组不需要像在电路交换连接中那样建立专用带宽或信道。然而，它解决了当终端移动时由 IP 所引入的一类完全不同的问题。IP 地址被用于两重目的——通过因特网对分组进行选路，并且在终端主机应用中作为一个终端点标识符。IP 网络中的连接使用套接字(Socket)来实现客户端与服务器之间的通信。一个套接字由下面的元组构成：

<源 IP 地址，源端口，目标 IP 地址，目标端口>

传输控制协议(TCP)连接无法在地址发生任何改变的情况中生存，因为它需要利用套接字来确定一个连接。然而，当终端从一个网络移动到另一个网络时，其地址发生变化，这是因为因特网使用域名，而它们被转化为某个 IP 地址。由于 IP 地址同样指向某个物理网络的位置，一个被送往某 IP 地址的分组总是经选路被送达相同的地方。

因特网工程部(IETF)的某个 IP 移动工作组负责与移动 IP 有关的活动。现在已有一些与移动 IP 有关的标准和请求评论文档(RFC) [RFC96]。针对移动 IP 的基本设计标准是：

(a)与现有网络协议的兼容性；(b)对较高层(从 TCP 到整个应用)与用户的透明性；(c)可扩展性以及从不需要大量额外流量或网络元素角度而言的高效性；(d)由于移动节点的位置变化而带来的安全性。下面讨论移动 IP 处理定位与转交管理的方法，首先介绍一些术语。

移动节点(MN)是指可改变其位置与连接点的某个终端，其通信搭档被称为通信节点(CN)，它可能是一个固定或移动节点。MN 所处的 IP 网络被称为本地网络，MN 所访问的 IP 网络被称为外地网络。MN 的本地地址是分配给作为本地 IP 网络一部分的 MN 的一个长期 IP 地址。不管 MN 处于何处，它均保持不变，同时它被用于通过(域名系统)DNS 确定 MN 的 IP 地址。转交地址(COA)是外地网络中的一个 IP 地址，当 MN 访问外地网络时，该地址被用作该 MN 的参考指针。本地代理(HA)是本地网络中为 MN 设置的锚。所有传送到 MN 的分组都首先到达 HA，除非 MN 已经处于本地网络中。外地代理(FA)(仅针对 IPv4 的情况)在为 MN 服务的外地网络中充当参考点。COA 通常是外地代理的 IP 地址，在 MN 可以充当其自身 FA 的情况中，它被称为共生的 COA。

移动 IP 中的位置管理：移动 IP 中的位置管理是通过一个注册过程与所谓的代理广告实现的。外地与本地代理通过使用代理广告消息周期性地“广告”它们的存在。同一个代理可能同时充当 HA 与 FA。代理广告使用的是 ICMP 消息的移动性扩展格式。该消息包含与 FA 关联的 COA 的信息、代理是否繁忙、最小封装是否被允许、注册是否是必须等。代理广告分组是链路上的一条广播消息。如果 MN 从其 HA 处得到一条广告消息，它必须注销其 COA 并回送一个无偿 ARP。如果 MN 没有听到任何广告消息，它必须利用 ICMP 请求一个代理广告消息。整个连接搜索流程在图 6.13 中给出。

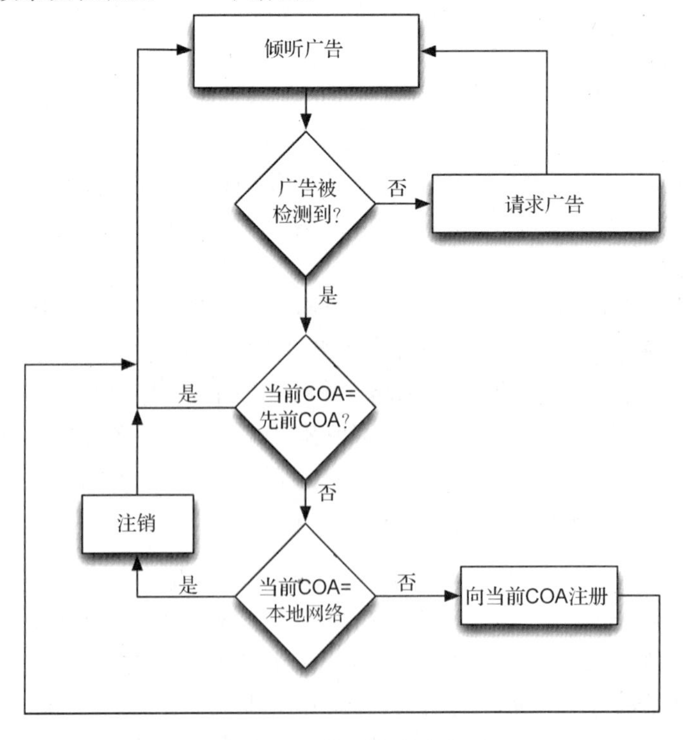

图 6.13　代理发现流程

一旦某个代理被发现，根据所发现的代理是 HA 或 FA，MN 执行一次对于 HA 的注册或注销。MN 利用 UDP 通过 FA 向 HA 发送一次注册请求(或者如果 MN 是一个共生的 COA，则直接发送)。HA 在 MN 的本地地址与具有固定生存期的当前 COA 之间建立一种移动性绑定。MN 应该在上述绑定失效之前进行重新注册。一条注册回复表明注册是否成功。基于诸如资源不足、HA 不可达、有太多同时存在的绑定、失败的身份认证等原因，HA 或者 FA 可能拒绝注册。如果 MN 不知道 HA 地址，它将向其本地网络发送一条广播注册请求，该广播被称为定向广播。对于该请求的回复是每个有效 HA 所给出的拒绝消息。MN 利用包含在拒绝消息中的 HA 地址之一进行一次有效的注册请求。HA 与 FA 保持本地与访问数据库中的 MN 的列表。一旦出现某个有效注册，HA 将为该移动节点创建一个表项，表项中包含节点转交地址、身份标志字段以及注册的剩余寿命。每个外地代理保持一个包含下述信息的访问者列表：移动节点的链路层地址、移动节点的本地 IP 地址、UDP 注册请求源端口、HA IP 地址、一个身份标志字段、注册寿命以及即将发生的或当前注册的剩余寿命。

移动 IP 中的转交管理：移动 IP 使得发送给本地 IP 地址的 MN 分组能够传递到任何 MN 所处的地方。如图 6.14 所示，CN 传输一个分组到 MN，该分组照例在步骤(1)中被传送到 MH 本地网络。在步骤(2)中，HA 拦截该分组，对其进行封装并将其传送至 FA。FA 在步骤(3)中解封装并将分组转发至 MN。从 MN 到 CN 的分组照例在步骤(4)中被发送。这一流程被称为三角路由。

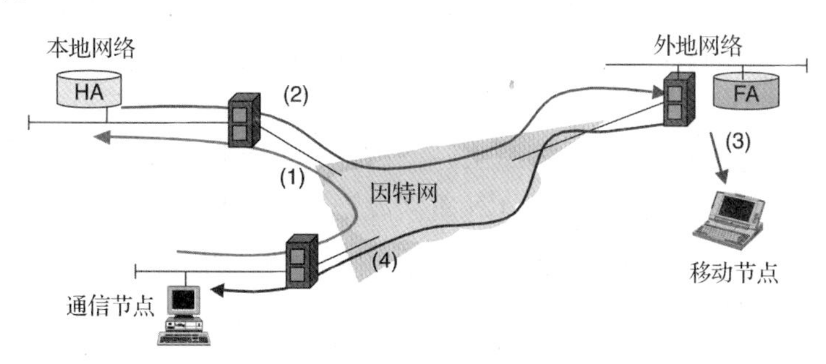

图 6.14　移动 IP 中的三角路由

为了拦截发往 MN 的分组，HA 在 MN 离开时代表它执行一个代理地址解析协议(ARP)。ARP 的工作方式如下所述：一个 ARP 请求是一条广播消息，该消息基于终端的 IP 地址寻找其 MAC(物理)地址。当一个目的地为 MN 的分组到达时，将会发出一次 ARP 请求以获得 MN 在本地网络里的 MAC 地址。如果该 MN 不在本地网内，HA 将利用它自己的 MAC 地址进行应答。当 MN 回归本地网络时，它将执行一次无偿 ARP，这是一个自发的 ARP 应答广播，发给本地网络中的每个节点，清除这些节点原来的 ARP 缓存。转发分组是通过封装(建立隧道)实现的。在隧道入口点(HA)与隧道终止点(FA)之间建立一条虚拟管道，其上传输的数据报将来自 CN 的分组作为其有效载荷。尽管可以选择更加高效的实现方式(称为最小封装)，然而移动 IP 的强制实现方式是图 6.15 所示的 IP-in-IP 封装。就来自通信节点的 IP 分组看来，它似乎只在因特网上传了一跳。

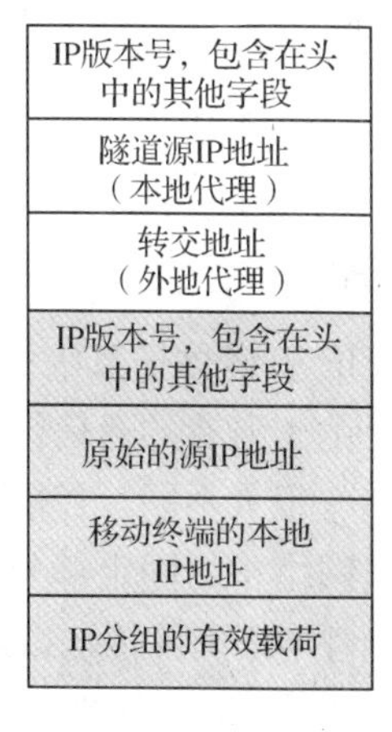

图 6.15　IP-in-IP 封装

图 6.16(a)给出了当某个 MN 从本地网络移动到某个外地网络时出现的事件序列，图 6.16(b)示出了当其返回本地网络时出现的事件序列。

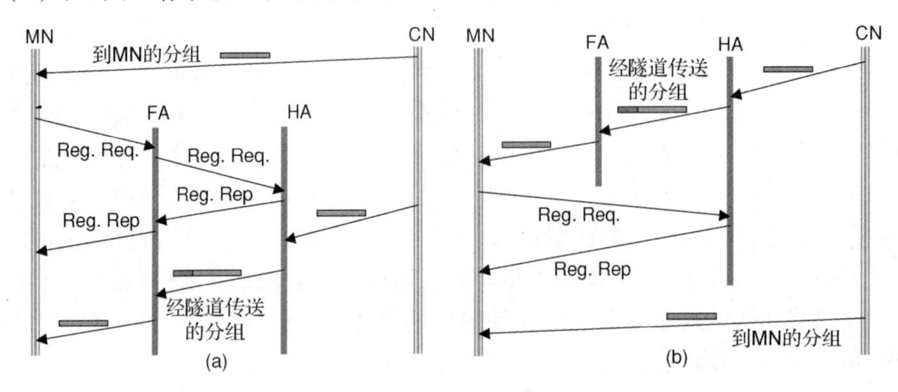

图 6.16 事件序列：(a)当 MN 向某个外地网络运动时；(b)当 MN 返回本地网络时

移动 IP 中的其他问题： 移动 IP 中有一些需要考虑的问题。由于 HA 必须要以隧道方式传送分组，这在密集流量情况中可能会成为一个潜在瓶颈。三角路由是低效的，尤其是如果分组通过路由传送到本地网络，结果却通过隧道传送到某个接近 CN 的点时更是如此。解决上述两个问题的一个方法是使因特网中的路由器能够存储移动性绑定并相应地传送分组。发往 MN 的分组可在选路过程中以需要通过隧道发往一个新地址的分组形式被检测出来并按照上述方式进行选路。然而，这会导致与安全性有关的问题，并带来改变路由器工作方式的需求。

假设某个 MN 改变其外地网络，同时当一条新的注册请求正在进行中时，数据以隧道方式送给原来的外地代理。该数据必须由 CN 重新发送，因为原来的 FA 将会丢弃发往 MN 的分组。在 CN 发送数据之后，被重新发送的数据必须被再次通过隧道发送。如果原来的 FA 能够将其所收到的分组通过隧道发送给新的 FA，这可以减小时延与阻塞。上述流程被称为平滑的转交。同样可能的是原来的 FA 在所谓“专用隧道”中将分组发送回 HA。如果一个新的注册请求还没有被激活，这使得 HA 能够检测到某个“回路”。

有时分组必须要由 HA 通过隧道传送。造成这一结果的两个常见原因是防火墙会丢弃那些具有与另一个网络对应的 IP 地址的出网分组。因此，数据包不能从 MN 直接发送到 CN。同时，由 MN 发往本地网络上主机的分组通常具有小的生存时间(TTL)，这是因为它们应该处于同一网络。一个小的 TTL 意味着分组需要将因特网理解为单跳网络。在上述两种情况中，MN 可将分组以隧道方式发送给本地代理以实现重传，这一流程被称为反向隧道传送。

IP 多媒体子系统： 在 4G 及更高级别的网络中，希望网络层的所有分组传送都是基于 IP 的。由于所有的通信(包括在空中进行的通信)都是基于 IP 的，传统话音会话的提供方式也可能有很大不同。目前正在被积极考虑的一种流行结构是 IP 多媒体子系统或 IMS，该结构在无线网络中的固定部分后方创建一个域。该 IMS 域提供一系列应用服务，例如 IP 上的话音、视频呼叫、文件传送以及即时消息。IMS 域包含一个本地用户服务器或 HSS(在某些方面取代 HLR)，该服务器包含用户资料与安全特征。关于 IMS 的详细讨论超出了本书的范围，感兴趣的读者可参考一篇描述 IMS 的早期论文[Mag06]。

6.4　无线电资源与功率管理

术语"无线电资源"本身没有明白地表示它具体是什么。在无线网络中，如我们在本书第一部分中所描述的那样，一条链路的质量依赖于几个因素。例如，给定一个传输功率，较低水平的调制方案(如BPSK)或低速率的编码方案比不进行编码或采用较高水平的调制方案(如64-QAM)能够在更远距离上保持链路可靠(即比特错误率在可接受水平上)。这是以链路上较低的数据速率为代价换来的。另外，通过增加发射功率来保持链路的质量也是可能的，但这可能对网络的其他部分造成干扰。因此，术语"无线电资源"隐含地包括传输方案与发射功率。链路本身可能与一个频率载波、一个频率载波上的某个时隙或者与载波上用于区分不同用户的扩频码相关。随着OFDM与MIMO的出现，无线电资源的思想被扩展至包括天线阵元与频率子载波。

我们同时需要区分功率控制、功率节省机制、能量效率与无线电资源管理等概念。所谓功率控制，我们指的是无线网络中为减小同信道干扰、CDMA情形中的远-近干扰或由于其他原因所使用的用来动态调整移动终端或基站的发射功率的算法、协议与技术。通过显式地使移动终端进入某种具有有限能力的暂停或半暂停的工作模式，功率节省机制被用于节省移动终端的电池寿命。然而，这是通过与网络合作来实现的，从而能够不中断正常的通信或者在出现中断时让用户感知到中断的存在。能量效率设计是一个新的研究领域，它研究在根本上节省移动终端电池寿命的方法，如在协议设计方面改进编码与调制机制，以及在软件方面加以改进。无线电资源管理指为使移动终端或网络以最优方式选择用于通信的最佳无线电资源所使用的用于持续跟踪系统中的信号强度、可用无线电信道以及其他参数(例如调制与编码)之间关系的控制信令及相关协议。

基于若干原因，无线电资源与功率管理对任何无线网络都是一个重要组成部分。无线电频谱的稀缺性以及对提高服务区域内性能的需求会导致频率在多个小区中重复使用，这一点已在第5章中讨论。安装多个基站以提供服务会带来某些现象，这些现象需要正确处理以实现无线网络的正常运行。

第一，来自工作于某个基站覆盖区域内的移动终端信号会对上行链路方向另一个基站覆盖区域内的移动终端信号造成干扰，需要通过适当控制移动终端的发射功率来减小这一干扰。类似地，某个基站所发射的信号将与下行链路上另一个基站所发射的信号互相干扰，需要控制干扰通道上基站的发射功率以使干扰最小化。

第二，正确控制移动终端的发射功率可提高它们的电池寿命并使移动终端更轻且便于使用。由于无线终端是运动的，它们依靠电池运行，从而需要尽可能长时间地节省电量以避免需要固定电源插座进行充电带来的不便。大部分电量消耗于信号发射过程中。因此，必须使移动终端的发射功率尽可能小。进一步，这需要减小接入点(某个基站或某个AP)的覆盖区域从而使接收信号具有足够高的质量。同时，当移动终端运动时，它们与当前基站进行通信的能力会下降，需要将其连接转换至某个临近基站。在运动过程中的某个点上，需要做出一个决策以从一个基站转交到另一个基站。这一决策必须基于下述因素做出：来自若干个有望作为转交候选基站所预计的未来信号特性、上述候选基站的性能与可用无线电资源以及干扰方面的考虑。例如，如果某个移动终端在深入到另一个基站的覆盖区域时继续与原来的基站通信，它将对使用相同信道的其他小区造成严重干扰。

第三，无线网络需要对无线电资源、信号强度以及其他与移动设备和当前及相邻基站之间通信有关的信息保持跟踪。所有这些任务不是由一个单独实体承担的。

我们已经在6.2节[①]中讨论了转交判决的最后一个问题。我们将在本章下面讨论被用以处理前两个问题，即无线网络中无线电资源与功率管理的一些方案与技术。无线电资源与功率管理功能通常由一个管理实体来处理，该实体与OSI协议栈的底部三层有接口。或者，可以将其看成是底部三层之上的应用层(如在GSM中一样)。在任何一种情况中，处理这一功能需要知道信号在某个特定时间点究竟如何表现，这自然需要来自协议栈较低层级的反馈。如我们在第11章中所讨论的那样，在GSM情形下，基站控制器和移动交换中心需要与移动设备通信以获得关于无线电信道状态的信息并为功率控制与信道选择提供指令。MS与网络之间的通信需要一个双向的逻辑信道。在移动站能够自主操作并自己决定什么是合适行为的数据网络中，功率控制更加难以实现。并且，无线信道的选择与进入睡眠模式是在移动站完成的。在这种情况中，一个单向信道即可胜任。一些特定技术的协议体系结构与RRM层的位置将在后续章节讨论。

6.4.1 调整链路质量

如第2章与第3章所讨论的那样，一条无线链路的质量依赖于许多因素。发射功率、发射器与接收器之间的距离、无线电传播条件、信号带宽与符号持续时间、所使用的调制与编码方案、编码流的交织、传输方案本身(例如扩频)、接收器的复杂度以及干扰都会影响链路的质量。

经验表明，对相同的接收信号干扰比，较高级的调制方案与较高的码速率会导致较大的比特误差速率。另外，如果接收信号干扰比较大，可能需要舍弃一些编码开销或者转换到某个具有较大频谱效率的调制方案，这些是由无线网络中的无线电资源管理模块控制的。典型情况下，链路的两端都监视比特差错率、接收信号干扰比、分组或帧差错率，同时自主地、通过利用反馈或通过中心控制在不同的调制与编码方案之间进行切换。交织通常固定为某种格式以保证施加于应用的时延满足时延约束条件，而这个时延是由交织所需的码字缓存所引入的。

我们不在本章中深究用于调整链路质量的各种协议与方案的细节。在话音应用(实时)中，调制与编码方案不会根据通道情况被一再调整。相反，网络依靠功率控制来保持可接受的话音质量。然而，我们这里要注意到通过改变调制方案与码率，WLAN支持链上的多种数据速率(例子参见第3章)。链路自适应机制存在于大部分蜂窝数据网络中，其中一些将在后续章节中讨论。例如，EDGE中的增量冗余，它是GSM上的一个2.5G[②]的数据服务，开始不使用编码来发送帧。如果传输成功，则可以采用高比特速率。然而，如果差错检验没通过，则帧会被以更低的码率重传直至传输成功。使用信道质量信息与混合ARQ的方案在3G与4G数据网络中是很常见的。

6.4.2 功率控制

在本节中我们将通过蜂窝网络中的示例实现来讨论基本的功率控制机制以及它们之所以重要的原因。

---

① 原文是6.2.2节，但是实际并无此章节。根据上下文应为6.2节。——译者注

② 注：此处的2.5G是指2.5代。由于要和3G和4G统一，所以仍然写成G。——译者注

蜂窝网络中的基本思想： 从模拟蜂窝系统的最初布设开始，功率控制就成为一个重要问题。如第5章中所述，同信道干扰限制了蜂窝网络的性能。同信道干扰也会导致话音信号的质量恶化，因此必须始终努力使同信道干扰最小。这等效于要求移动终端或基站工作在将导致最低可接受接收信号干扰比(SIR)的发射功率上(从而话音或通信质量是可接受的)。这似乎是一个悖论，因为可以预见保持高信号干扰比对良好的通信质量是重要的。虽然这一点在普通通信系统是正确的，在具有蜂窝拓扑的无线通信中，工作于高信号干扰比意味着移动终端或基站的发射功率较大，而小区中某个频率通道中的大发射功率会在所有使用相同频率通道的最近同信道小区中导致很强的同信道干扰，即使这些小区与给定基站的距离足够远。这将降低周围小区的通信质量，我们不希望发生这种情况。

例6.8：AMPS 中反向链路上的最小 S_r 工作过程

考虑一个 AMPS 网络。如第5章所述，通常7个小区构成的簇会使用分配给某个运营商的全部频谱。该频谱在临近小区的簇中被重复使用。同信道小区 D_L 的中心之间的近似距离是4.58R，其中 R 表示单元的半径。考虑一个移动终端位于小区簇的某个小区中。不采用功率控制，假设该终端以某个最大功率 P_t 进行发射，P_t 独立于距离。如果终端位于小区边沿，同时假设小区中的路径损失的距离－功率变化指数为4，则基站处的接收功率将正比于 P_tR^{-4}。考虑第二个移动终端，它位于与其自身基站的距离为 $R/2$ 的地方，接收功率正比于 $P_t(R/2)^{-4}=16\ P_tR^{-4}$。从而，发射功率必须必须减小到 $P_t/16$，否则基站将接收到一个比位于小区边沿的移动终端强16倍的信号。进一步，减少功率将减小它对于同信道小区以及相邻信道小区所造成的干扰。通过减小发射功率，移动终端将同时提高其电池寿命。

例6.9　大发射功率对于 AMPS 中的前向链路的影响

考虑一个重复利用因子为 $N=7$ 的 AMPS 网络。假设信道1、8、15等被分配给图6.17中标示为A的小区(参考第5章中的例5.18)。信道1对应于频带869.0～869.030 MHz。令阴影小区中的基站以6倍于其同信道中的其他基站的发射功率在通道1上发射信号，这相当于使发射功率增加了不到8 dB。对图6.17中的移动终端所观测到的信号-干扰比的影响如下：

$$S_r \approx \frac{P_tR^{-4}}{5P_tD_L^{-4}+6P_tD_L^{-4}}=\frac{1}{11}\left(\frac{D_L}{R}\right)^4$$

根据第5章，我们知道对于 $N=7$ 的情况，比值 D_L/R 等于4.58。这里 D_L 近似等于移动终端与其同信道小区之间的距离。这里计算得到的信号-干扰比大约是16 dB，这比为实现良好通信质量所需的值低2 dB。如果该区域中的所有基站信号都有问题，则移动终端所接收的信号均将是低质量的。

基于上面的例子，我们可以看出同时控制移动终端与基站的发射功率是重要的。当适当应用功率控制时，它可通过增加信号-干扰比来提高通信质量。看待该问题的另一种方式是从系统性能增加的角度出发。如果信号-干扰比可被提高，这将意味着可以使用较低的频率复用率。如第5章中所述，这将相应地增加性能。更进一步，在CDMA系统中，远近效应是至关重要的，因此有必要强制采用严格的功率控制，这将在第12章中讨论。

在研究功率控制时，通常考虑的一些方面是：(a)它被应用于前向链路还是反向链路；(b)功率控制步长是多少，它们是固定的还是自适应的；(c)该控制是分散式的还是集中式的;(d)哪些测度被用于功率控制——接收信号强度、信号-干扰比与/或分组、帧或比特误差率。下面通过例子来讨论其中一些方面。

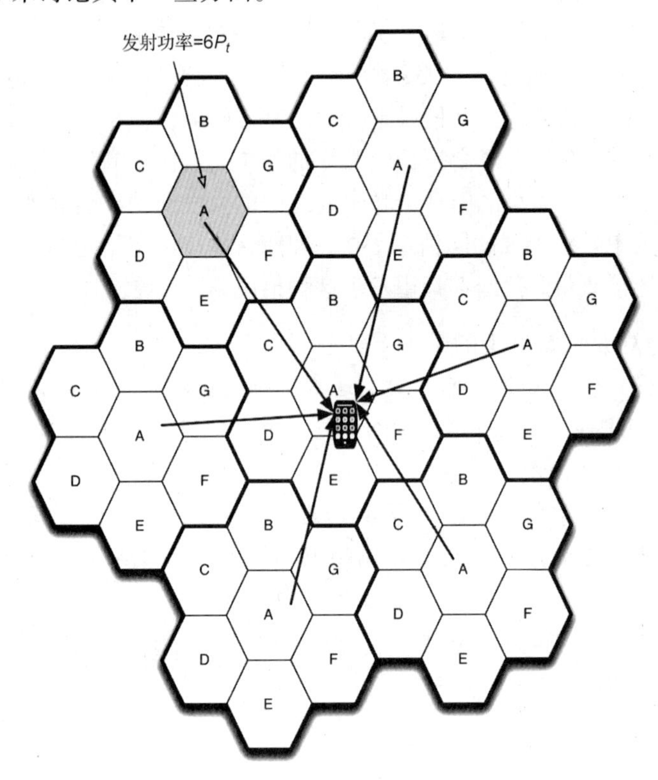

图 6.17　大发射功率的影响

开环与闭环功率控制: 基站与移动终端的发射功率必须动态地变化，因为许多现象会影响信号质量，包括衰落、移动终端的速度、与基站的距离等。同时，必须要有移动终端与基站可用来决定发射功率如何调整的机制。这通过下面所述的方式实现。

开环功率控制通常在反向链路上实现。在开环功率控制中，移动终端测量来自基站的某个参考信道的质量，有许多度量指标，如接收信号强度(RSS)或者帧或比特误差率。如果RSS或比特误差率高于特定门限，移动终端将自动地减小其发射功率。如果信号质量不好，移动终端将增加其发射功率。显然，基于许多原因，这并不是一个良好的机制。首先，关于减小或增加反向通道上的发射功率的决策建立在前向通道上信号质量的测量基础上。这些通道通常是不相关的(其中一个原因是它们具有不同频率)，前向通道上的信号接收良好不一定意味着反向通道上也如此。移动终端没有办法决定它是否已经达到了最小化发射功率的目标。同时，基于系统，在实现功率控制方面可能有显著的时延。在 TDMA 系统中，移动终端的接收与传输时间是不同的，从而在实现开环功率控制方面将会有一个滞后时间。

闭环功率控制通过实现基站与移动终端之间的一种反馈机制消除了开环功率控制的缺点。基站测量所接收的来自移动终端的信号质量并通过前向通道上的控制信令来指示移动终端应该采取何种行为。闭环功率控制也可用来控制基站处的发射功率，这通常没那么重要，因为基站不受电池电量的限制。然而，调整基站发射功率可通过减小总的同信道干扰来使系统获益。

例6.10　2G CDMA中的开环功率控制

在CDMA中，由于存在第4章中所描述的远近效应，功率控制是极其重要的。由于所有的话音信道占用相同的时隙与频隙，来自多个用户的接收信号均必须具有相同的RSS以使每个信号被正确检测。一个不必要的发射大功率信号的移动终端将阻塞其他所有移动终端的信号。

2G CDMA系统中的开环功率控制方案按下述原理工作。距基站较近的移动终端应发射较小功率，因为其信号经历较小的路径损失。处于深衰落或远离某个基站的移动终端应该发射更大的功率以克服信号强度上的损失。移动终端一启动即根据来自前向通道上的所有基站的总接收功率来调整其发射功率[Gar00]。基站不参与功率控制过程。前向路径上被用于确定移动终端发射功率的参考信道是导频信道。如果收到的导频信道信号强度很高，移动终端则向基站发射一个弱信号，否则它向基站发射一个强信号。

例6.11　2G TDMA中的闭环功率控制

2G TDMA系统(如GSM)的反向链路上的闭环功率控制按下述方式工作[Gar99]。移动终端测量6个相邻基站的RSS与信号质量并将其测量结果报告给基站收发器子系统。基站收发器子系统也测量RSS、信号质量以及到其服务区域内的每个移动终端的距离。基于这些测量值，它决定最小所需的发射功率并通过慢相关控制信道中的一个5比特域将这一功率值告知移动终端。功率控制以2 dB的步长实施。注意功率控制以远低于CDMA系统的速率实现。

集中式与分散式功率控制：上面所讨论的开环与闭环功率控制机制试图基于网络中的信号-干扰比或比特误差率门限来动态地调整移动终端或基站的发射功率。任何功率控制方案的目标都应该一致地使所有用户的信号-干扰比达到某个值，通常该值是系统中最大可能的SIR。根据进行优化的方式划分有两种方法——集中式与分布式。

在集中式功率控制(CPC)方案中，在基站控制器或移动交换中心的一个中心控制器具有系统中所有无线电链路的信息。也就是说，所有移动终端-基站组合的发射功率、接收功率、SIR以及比特误差率对该中心控制器都是已知的。假设系统是干扰受限的，可以执行某个优化算法以最大化系统中的最小SIR并最小化系统中的最大SIR，从而均衡所有无线电链路的SIR[Gra93]。尽管上述方法可提供一个最优解，然而这种方案却非常难以实现，因为中心控制器必须动态地跟踪系统中的所有链路并计算对于每个移动终端的发射功率。

在分布式功率控制(DPC)[Gra94]中，移动终端以离散步长来调整它们的发射功率，这类似于实际中的通常做法。为保持理论上的简单性，通常假设移动终端同步地调整它们的发射功率。移动终端所做出的功率调整产生了迭代，最终收敛于最优功率控制解的一系列发射功率值。理想情况下，在经过一些调整之后将导致所有的移动终端像在CPC方案中一样具有相同的SIR(它应该是系统中可能的最大值)。在实际中，对于功率水平的调整也是离散的(以数个dB为步长)。

例6.12　范例无线网络中的功率调整水平

在GSM中，根据BTS所发射的消息，每个移动终端都被要求将其功率增加或减小2 dB。在2G CDMA中，移动终端可以1 dB为步长改变它们的功率水平。北美2G TDMA标准要求移动终端应该能够使其发射功率改变4 dB以在20 ms内对来自基站的命令做出反应。在一些老的无线数据网络中，发射功率基于接收信号功率而不是SIR设定。对应地，功率控制不再基于信号质量，而是基于绝对信号强度。

6.4.3 无线网络中的功率节省机制

除了动态地改变发射功率，大部分无线网络中还存在一些其他用于节省移动终端的电池功率的内建机制。许多测量已表明大部分电池功率被消耗在信号发射过程中，一部分显著数量的功率被消耗在信号的有源接收过程中（虽然这比传输过程所消耗的功率少）。第三种工作模式被称为待命模式，它消耗的功率几乎比发射过程或信号接收所消耗的功率小一个数量级。

例 6.13 Lucent WaveLan 中的功率消耗

Lucent's WaveLan（后来的 Orinoco）是一种基于早期 IEEE 802.11 WLAN 标准的无线局域网产品。它工作于 2.0 GHz 的 ISM 频带。一个 15 dBm 的 WaveLAN 无线电所消耗的功率是：发射模式下 1.825 W，接收模式下 1.8 W，以及待命模式下 0.18 W [Agr98]。显然，待命模式消耗非常少的功率，工作在此种模式可以节省电池寿命。随着时间的推移，许多类似产品已通过技术进一步减小了其功率消耗。

为了节省功率，无线网络的工作方式常常被设计以确保移动终端尽可能长时间地处于待命或睡眠模式。一些技术被应用于无线网络以减少花费在发射或接收信号上的时间。在便携式电脑或其他数据终端中，睡眠模式受到偏爱，在该模式下无线电收发器处于关闭状态以保存功率。在诸如 GSM 和 IS-95 的话音网络中，当没有语言行为时，话音活跃因子被用于减小发射功率或完全停止发射。我们在下面小节中讨论这些技术。

非连续发射与较低发射功率：一种对节省移动终端的电池功率特别具有吸引力的选择是不进行无益的信息发射。对于实时通信，通常假设存在持续的数据流需要发射并且这种通信对于时延和抖动敏感。然而情况通常并非如此，尤其是对于双向会话而言，如果其中一个用户在某段时间内只是倾听就更不是这样。数据通信较少受到时延与抖动影响，因此对数据进行缓存并在后续时刻进行发射是可能的。非连续发射主要应用于蜂窝电话网络中，在这类网络中有附加的硬件与算法，用于检测话音存在与否。在老式的移动电话中，一定数量的信息被持续发射，不管用户是否真正在讲话。通过使用话音活跃性检测（VAD），当没有检测到话音活动时，移动终端可能表现得与有话音活动时不同。其中一种可能性（假设理想的话音活跃性检测）是在用户不说话时不发射任何信号。第二种替代性方法是以比往常低得多的信号功率重复数据，这将确保数据一直被发射，但所消耗的全部功率仅对应于真正由话音产生的那些数据。VAD 拥有其自身相关的问题。在高噪声情形中，移动终端必须能够区分在高噪声中存在有用信号以及只有噪声信号这两种情况。同时它应该能够检测低水平的话音活动。如果 VAD 实现不够好，那么在一次交谈过程中可能存在语音被剪切，或者语音中间出现截断。同时，如果绝对不发射信号，主观测试表明沉默间隙是极其令人讨厌的。因此，系统通常在沉默间隙插入一段极低功率的舒适噪声。

例 6.14 2G TDMA 中的非连续发射

在诸如 GSM 的 2G TDMA 蜂窝系统中，设备在没有语音活动时发射一段舒适噪声。当某次 VAD 确定没有语音活动时，移动终端进入一种挂起状态以阻止极短沉默时间引起的语音剪切。如果在挂起时间结束之后没有语音活动，一个沉默标识符帧将以比话音帧大的间隔发射。接收器将在检测到沉默标识符帧的存在时插入舒适噪声。

例 6.15　2G CDMA 中的非连续发射

在采用 2G CDMA 蜂窝技术的 cdmaOne 中，语音编码器根据话音活跃状态工作于不同速率。每帧产生的比特数将根据语音编码器的速率而有所不同。数据流对应于 9600 bps、4800 bps、2400 bps 或者 1200 bps。如果流量以 9600 bps 产生，比特将以 100% 的发射功率发射。在具有较低数据率的前向链路上，比特被重复然后被以 1/2、1/4 或 1/8 的发射功率在前向通道上传输。在反向链路上，非连续发射被采用。重复的比特经过门过滤确保仅有一个副本被传输。

睡眠模式：为节省电池功率所采用的一种常用方法是使移动终端在空闲期进入一种睡眠模式。该方法的思想基于先前的讨论，那里我们提到大部分功率在信号发射过程中被消耗，同时信号接收也会消耗显著的功率。通过完全关闭 RF 硬件，有可能进一步降低电池消耗。然而，存在一些与完全关闭 RF 硬件有关的问题。如果一次呼叫或一个分组在移动终端关闭时到达终端，将会发生什么？网络应该能够对如何应对进入处于睡眠模式的移动终端的呼叫或分组做出预先安排。

例 6.16　北美 2G TDMA 中的睡眠模式

在北美版的 2G TDMA 中，待机时间被定义为移动终端在其需要再充电之前持续加电并可在控制通道上提供服务的时间。工作方式被设计为允许移动终端在其处于待机状态时可长时间进入睡眠模式。移动终端被要求仅在少数时隙上监视前向链路以确定是否存在发往该终端的呼叫。然而，网络可能需要移动终端更频繁地监视信道。同时，移动终端还必须监视相邻信道以进行转交并监视广播信息。这些将影响它可进入睡眠模式的时间。剩下的时隙里，移动终端可进入睡眠模式。

例 6.17　IEEE 802.11 WLAN 中的睡眠模式

在 IEEE 802.11 WLAN 中，移动终端可进入睡眠模式并通知接入点它的决定。由于这是一个局域网，转交没有蜂窝系统那么频繁，转交不会成为一个问题。由于数据流量的猝发特性，发往移动终端的分组到达是一个更受关注的问题。接入点缓存发往 802.11 中正在睡眠的移动终端的分组。信标信号被周期性地发射，该信号包含关于发往睡眠状态的移动终端的缓存分组的信息。移动终端在其预计有信标出现时醒来并确定它应该重新进入睡眠模式还是完全醒来以接收分组。

6.4.4　能量高效的设计

节省移动终端中能量的最常用技术是利用先进的硬件设计。低功率数字 CMOS、移动 CPU 微处理器以及其他消耗很少功率的硬件设计方法通常被用于便携式与掌上电脑。除了这些真正的硬件设计，在其他层有一些方法可节省功率消耗从而提高电池寿命。有 3 种方法可用于提高电池寿命。第一种方法是调整无线网络中所用的协议以减小功率消耗。第二种方法是研究功率高效的调制与编码技术（参见第 3 章关于调制与编码的更多细节）。最后一种方法是在于针对移动终端的软件设计。下面我们讨论第一种与第三种方法。

能量高效的协议：数据与话音网络中的大部分协议与 OSI 协议模型有一定关系，虽然它们并非精确匹配所有七层。在无线网络中，更重要的层是处理真正传输符号的物理层与处理分组或话音分组在链路层帧中的传输并控制无线媒介接入的链路层。随着 TCP 与 IP 作为最流行的传输与网络层协议出现，这两种协议经常能在无线网络中看到，虽然它们目前被更多地限制用于数据网络。当IP上的话音变得流行时，IP也将出现在话音网络中。如前所述，移动终端中重要的功率节省原则是使花费在发射信号上的时间最小。这一原则可应用于不同层的不同协议设计。

链路层与MAC设计：在链路层以及在设计媒介接入控制技术时，需要考虑功率节省因素。两个设计领域已在文献中得以考虑。第一个领域是MAC设计，其设计目标是消除不必要的冲突并为睡眠模式与广播操作使用更好的协议，同时消除MAC层的不必要处理。第二个设计领域涉及链路层，在该层自动重传请求(ARQ)差错控制方案被用于丢失与损坏分组的重传。

MAC层的设计集中在以下问题上。尽可能避免冲突引起的重传技术已被引入该层。冲突在蜂窝电话中不是一个问题，在该应用中一个信道在话音呼叫持续过程中仅用于该次呼叫。然而，在大部分无线局域数据网络中，例如IEEE 802.11或IEEE 802.15.4，冲突是一个问题。即使在如GPRS的基于预约的方案中，对于网络的接入也是通过一种基于竞争的协议实现的。

例6.18 无线数据网络中的冲突避免方案

冲突避免方案已经被嵌入诸如IEEE 802.11与HIPERLAN等基于载波侦听的WLAN标准中。在IEEE 802.11中，存在两种形式的载波侦听——在物理层与在MAC层。在MAC层，某个信号的传输长度通过MAC帧中的一个字段被检测出来，同时会设置一个网络分配矢量(NAV)从而在该段时期内别人不会去尝试传输信号或进行物理载波侦听，因此减小了发生冲突的可能性并且也减小了花费在信道监视上的能量。在HIPERLAN中，多竞争阶段在很大程度上消除了冲突可能性。在一些老的广域无线数据网络中，下行链路携带一个状态标志，该标志指示上行链路是繁忙还是空闲，这再度减小了冲突的可能性。

在冲突避免之外，利用一些智能技术以进一步减小不必要的电池消耗是可能的。在局域网络中，一个移动终端将接收所有分组，不管分组是否是发往该终端的。如果该包不是发往该移动终端的，它会被丢弃。这会导致电池资源的不必要浪费。改善这一情况的可能之一是仅仅查看分组头信息并且只在该分组是发往该移动终端的条件下才继续接收该信号。

例6.19 基于载波侦听的WLAN中的智能处理

在HIPERLAN(一种早期的没有取得商业成功的WLAN标准)中，一些分组头信息被以低比特率传输方案传输以减小电池消耗[Woe98]。其中的原因如下。随着数据率的增加，多径时延扩展效应需要使用第3章中讨论的均衡技术。均衡方案会消耗大量电池功率。在HIPERLAN所支持的23 Mbps的数据率上，均衡变得十分重要。为了减小电池功率消耗，分组头信息都被以较低数据率(1.4706 Mbps)传输。并非全部分组头信息都被以低数据率传输，只有包含目的地址值的34比特被以这一低数据率传输。移动终端确定所接收值是否与其自身哈希值相匹配。如果哈希值不匹配，分组的剩余部分不再接收；如果哈希值相匹配，均衡电路被启动，分组的剩余部分被解码。当然，由于哈希值不是唯一的，存在该分组依然不是发往该移动终端的可能性。然而，发生这种情况的可能性很小。通过不接收某些信号或不对均衡电路进行不必要的使用，HIPERLAN终端可显著地节省电池功率。

实现智能分组接收的其他可能性也是存在的。由于下行链路在基础结构网络中受某个基站或接入点控制，这一特点可用于安排针对不同移动终端的数据分组的广播。然后，移动终端只需解码那些在其预定接收时间附近到达的分组[Agr98]。

自动重传请求(ARQ)方案在链路层被用于重传丢失的分组(参见第3章)。典型地，ARQ方案对像话音一类的实时通信是无用的。分组丢失可由若干个原因引起——冲突、干扰、衰落以及多径时延扩展。前面所讨论的冲突避免方案试图在可能的程度上消除冲突。然而，如第4章所述，冲突不可能被完全避免。同时，干扰、衰落以及其他无线电信道效应可在接收分组中引起差错。基于差错检测方案，重传技术被引入链路层。如果差错恢复可在接收器中通过前向差错校正实现，减少重传是可能的。事实上，一些无线系统引入第3章中所讨论的块交织来减小突发差错并激活前向差错校正机制。然而，如果信道条件非常差，上述技术均不能从差错中恢复，从而分组重传是必需的。

如果信道条件是持续恶劣的，重传分组是没有用的。事实上，这将导致对必然丢失或损坏分组的不必要传输。在[Zor97]中，一个差错控制协议的能量效率被定义为：

$$\lambda = \frac{\text{所传递的总数据量}}{\text{所消耗的总能量}} \tag{6.1}$$

Zorzi与Rao认为该测度——对应于电池生命期内被正确传送的分组的平均数目——将影响ARQ协议的选择，从能量消耗角度考虑次优协议事实上可能是更好的。

例6.20　一种能量高效的Go-Back-N ARQ协议

一种经典的Go-back-N ARQ方案发射 M 个分组然后等待来自接收器的确认。接收器仅按次序接受分组，如果某个分组没有接收到，它将发送一个否定确认(NAK)。接收器也可能对按序到达且正确接收的几个分组进行确认，方法是只对正确接收的最后一个分组发送一个确认。如果发射器在等待对于 M 个分组集合中的分组 N 的确认过程中超时或者接收到一个对于分组 N 的NAK，它将再一次重传从 N 直到 M 的所有分组。如果信道条件持续恶化，所有这些分组都可能丢失。与此不同，[Zor97]中所提出的自适应协议按如下方式工作。若出现一次NAK或超时，发射一个探测分组。该探测分组是一个小分组，它具有最小有效载荷或仅仅是一个分组头从而移动终端不会将资源浪费在发送大数据分组上。只有当收到探测分组的一个肯定确认时，发射器才恢复数据分组的正常发射。在慢衰落条件与探测分组的低能量消耗下，这种方案可使能量效率增加3倍。如果信道条件是快速变化的，上述方案可能比常规方案更差，这是因为信道可能在收到对探测分组的确认之后立即恶化。

传输层设计：数据网络中传输层所使用的最普遍的协议是传输控制协议(TCP)。如上节所述，只要信道条件是差的，传输数据分组就是浪费的，因为它们将不被正确送达。TCP具有内建机制以在检测到分组丢失时退避。这种传输退避不是因为信道条件被怀疑是差的而启动，而是因为TCP认为网络中存在阻塞，传输数量应该被减少以缓解阻塞。然而，这有可能间接地辅助减少无线网络中不必要的能量消耗，尤其是当无线信道上有相关误差时。在[Zor99]中，TCP的能量效率(在式(6.1)中定义)被以这种观点进行研究。分析表明根据信道的本质以及TCP的实现类型，可调整TCP的参数以显著增加能量效率。在某些情况中，有可能使能量效率增加约3倍。

如果TCP参数没有被正确设置，阻塞避免机制可能使吞吐量恶化并降低能量效率。对于TCP的分割方法[Agr98]在网络中引入中间主机，该主机跟踪丢失的分组与确认，并适当地处理TCP阻塞避免机制。这些方法同样能够增加系统的能量效率。

6.4.5 能量高效的软件方法

如果能使移动终端智能地运作以减小功率消耗，可获得电池消耗的显著减小。移动设备中的电池耗电，其根源是硬盘存取、中央处理单元的运行以及显示器、无线通信单元与我们到目前为止所考虑的通信协议的功率消耗。能量管理策略对上述部件中的每一种都有效，而能量管理通常由操作系统(OS)实现。这些部件通常具有低功率运作模式，并且在许多情况中具有多种操作模式。关于这些问题的全面讨论在[Lor98]中给出。操作系统必须决定何时何种操作模式是恰当的，并决定何时需要从一种模式切换到另一种模式(过渡)。它需要决定如何修改一个部件的功能以使部件尽可能经常转入低功率模式(负载变化)，以及如何使用软件以允许按新颖的节省功率的方式使用这些部件(适应性)。影响选取上述任何方法的策略的重要因素是，策略选取可能会对整体功率节省产生什么效应，因为在一个部件中节省功率除了会引入不必要的开销，还可能影响其他部件的性能或功率消耗。在某些情况中，电池的寿命不是唯一问题，还要考虑可从移动终端获得多少生产力。

表6.1给出了来自[Lor98]的考虑了与辅助存储(硬盘等)、处理单元以及移动终端的显示单元有关的能量管理问题的概括性结果。如表6.1所示，存在许多功率节省策略。根据移动设备、辅助存储设备、处理器以及显示器的类型，功率节省的提高水平会有变化。

表6.1　移动终端软件中的能量管理

成分	辅助存储	处理器	显示器
功率节省特征	5种功率模式：有源，空闲，待命，睡眠，关闭	时钟减速，关闭功能单元，关闭处理器	彩色到单色，减小更新频率，关闭显示器
问题	睡眠与待命模式消耗少得多的功率，但从待命转到空闲模式消耗功率	时钟速度减小可增加任务时间，从而增加功率消耗；关闭处理器是最佳的	影响可读性；如果存在为实现更新导致的屏幕闪烁，则可能令人讨厌
过渡策略	当不工作达到某一固定门限时间(若干秒)时，进入睡眠模式 基于硬盘存取的前面样本，使用动态门限 带预测的磁盘自旋速度(还不能很好地工作)	进程调度程序知道进程准备运行或正在运行 当进程被阻止时，CPU可能被关闭(UNIX与Windows) 预测繁忙CPU周期的数目并设置CPU时钟速度	如果一段时间之后没有用户输入则关闭或调低显示器
负载变化策略	增加磁盘存取数—增加缓存规模 在磁盘旋转减慢之前基于使用预测预先获取数据 减少寻呼并提高本地内存访问概率	使用低功率指令(能量高效的编译器) 减少低层任务所耗时间并通过管道将任务交给可能被关闭的单元 减少不必要的任务(阻止取代繁忙等待)	没有正式的负载变化策略
适应性策略	切换到闪存进行缓存与存储通过对网络的访问分流负荷减小低功率模式下的磁盘速度，提高磁盘的能量消耗效率	设计当处理器不给部件分配负载时能够自动关闭所有部件的主板	利用传感器确定用户是否正在查看显示器；使用较浅的颜色进行显示；提供仅显示活动窗口、使显示器其余部分变暗的能力

仅仅访问硬盘就会消耗大量功率，因此有建议将一些存储转移至某个网络文件服务器可

能更好。这种观点假设无线收发器所消耗的功率比硬盘存取消耗的功率小。由于发射与接收不涉及机械运动的部件，这可能是一种可行的选择，尤其是采用能量高效的协议时。闪存不易丢失且消耗较少功率。与硬盘仅仅在空闲模式就消耗 0.9 W 功率相比，闪存的读和写仅消耗 0.15 ~ 0.47 W。然而，它比硬盘大约贵 20 倍。仿真表明被用作辅助存储的闪存可减少 60% ~90% 的功率消耗。关闭处理器与减小处理器的电压和时钟速度可带来高达 70% 的功率节省，前提是这些策略要被正确实施。采用低功率状态可进一步减少显示单元所消耗的功率。可从使用低功率模式的 OS 受益的其他部件包括声卡、调制解调器与主存储器[Lor98]。

思考题

1. 与有线网相比，无线网中哪三类操作性问题是重要的？为什么？
2. 什么是小区搜索？它在 cdmaOne 中是怎么实现的？
3. 为什么连接状态很重要？
4. 说出移动性管理的两个重要问题。
5. 什么是定位管理？定位管理的 3 个组成部分是什么？它们之间的折中考虑是什么？
6. 说出 3 种位置更新机制。
7. 说出 3 种寻呼机制。解释地毯式寻呼。
8. 转交的两个步骤是什么？
9. 解释 3 种传统的转交技术。
10. 区分移动受控的与移动辅助的转交。
11. 解释一种一般性的转交流程。以 GSM 为例，解释所涉及的实体。
12. 在基站是连接的与非连接的两种情况下，LTE 的转交有何不同？
13. 什么是代理广告？为什么它在移动 IP 中是重要的？
14. 什么是平滑转交？哪些应用可从中受益？
15. 在移动站从某个距离基站较近点移动至某个距基站较远点的过程中，链路的 BER 质量怎样保持？
16. 为什么功率控制在无线网络中是重要的？
17. 对话音导向与数据导向网络，功率控制有何不同？
18. 区分开环与闭环功率控制。
19. 区分集中式与分布式功率控制。
20. 说出两类功率节省机制。
21. 区分 TDMA 蜂窝系统与 IEEE 802.11 WLAN 中的睡眠模式。
22. 在 IEEE 802.11 与 HIPERLAN 中，哪些智能协议特征可用于节省电池电量？
23. 描述一些能量高效的软件方法。

习题

习题 6.1

某个移动终端将来自 4 个基站的信号作为时间的函数进行采样。样本所对应的时间与信号强度（以 dBm 为单位）在表 P6.1 中给出。假设该移动终端开始连接到基站 1（BS_1）。移动终端通过在每个采样时间之后考虑来自基站的信号来做出转交的决策。

例如，如果仅利用 RSS，在 t =12.5 s 之后，移动终端将连接至 BS_3。对于下面的算法，在图上给出以时间为函数的基站之间的转交过渡过程。如果某一条件对多于一个基站成立，假设选择最优的基站(最强 RSS)。

a. 接收信号强度(RSS)

b. RSS + -60 dBm 的门限

c. RSS +10 dB 的滞后

d. RSS +5 dB 的滞后 + -55 dBm 的门限

表 P6.1 来自 4 个基站的 RSS 值

时间(s)	0	2.5	5.0	7.5	10.0	12.5	15.0	17.5	20.0
BS_1	-47	-57	-52	-55	-60	-62	-60	-65	-64
BS_2	-59	-56	-55	-54	-52	-51	-49	-60.5	-52
BS_3	-70	-72	-75	-70	-58	-50	-60.5	-62	-75
BS_4	-72	-71	-65	-60	-55	-53	-50	-49	-56

习题 6.2

在上面的习题 6.1 中，就减少不必要转交而言，哪种技术是最佳的？你将改变哪些参数来减少不必要转交的数目？如果为获得良好信号质量所需的最小 RSS 是 -55 dBm，你的答案会改变吗？

习题 6.3

某个移动节点具有本地地址 136.142.117.21 与转交地址 130.216.16.5。它周期性地倾听代理广告。

a. 代理广告表明转交地址是 130.216.45.3。将发生什么？为什么？

b. 代理广告表明转交地址是 136.142.117.1。将发生什么？为什么？

习题 6.4

处于 7 个同信道小区(标示为 A)中的某个蜂窝系统的移动终端在与如图 P6.1 所示相同的频率信道上发射信号。由于转交中的一次差错，中心小区内的移动终端的发射功率在其从某个基站移开时不受控制地增长，从而终端持续地与基站保持连接，即使它移出图中所示的小区 A 进入小区 D，从而其发射功率是其余终端的 3 倍。假设重复利用因子是 N_f =4。确定其他 6 个终端所经受的干扰。你可以利用终端所处小区之间的距离来近似分析终端之间的距离。评论你的结果。从功率控制角度而言，这一结果的含义是什么？

习题 6.5

在某个传输系统中，每比特的能量是 10 dBm。利用式(6.1)确定一些差错校正码的能量效率，如果通道上没有差错，这些码的码率分别是 1/5、1/3 与 1/2。然后，考虑一个利用停 - 等协议的恶劣无线电信道，即如果数据包没有被逐个正确接收，它们将被重新传输。该信道上平均有 30% 的分组被损坏。数据率为 1/5、1/3 与 1/2 的编码分别能够修复被损坏数据包的 80%、40% 与 10%。确定这种情况下差错校正码的能量效率。假设所有事件是独立的。

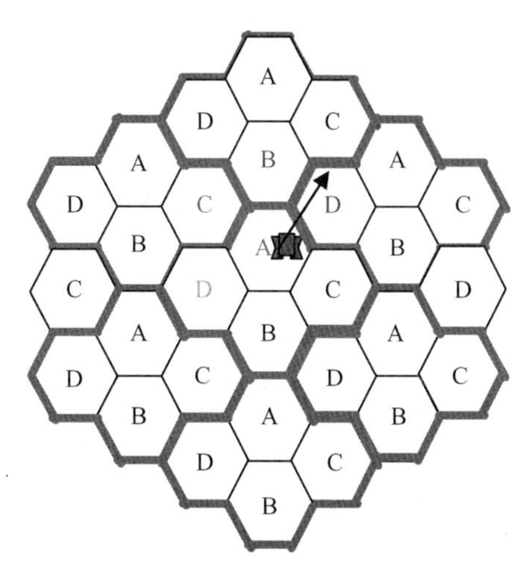

图 P6.1　干扰在某个4小区簇中的影响

项目：阴影衰落与转交的仿真

在该项目中，我们仿真由微蜂窝网络中的阴影衰落引起的平均接收信号强度的起伏，基于此，我们分析一个简单的转交算法。

工作场景在图 P6.2 中示出，4个基站 BS-i(i =1,2,3,4)位于某个微蜂窝网络中的4个街道交叉口。移动站从 BS-1 向 BS-2 运动，在图中通过 BS-1 进行通信。随着移动站的离开，来自 BS-1 的接收信号强度(RSS)下降，来自 BS-2、BS-3 与 BS-4 的 RSS 值增加。在某些点处，来自 BS-1 的接收功率变得微弱，移动站开始搜索另一个能够提供更强信号的 BS 并选择该基站作为其连接点，这种基站的改变被称为转交。在一个理想系统中，我们只期望转交决策在 BS-1 与 BS-2 之间的路径上发生一次。在实际中，根据转交算法，我们可能在不同位置处具有若干次转交。在该项目中，我们考虑最简单与最明显的算法，该算法仅仅用最强的平均 RSS 将 MH 连接至 BS。为了分析这种情况，我们采用一种信道模型来仿真来自各个基站的平均 RSS，同时观测转交的数目与位置。

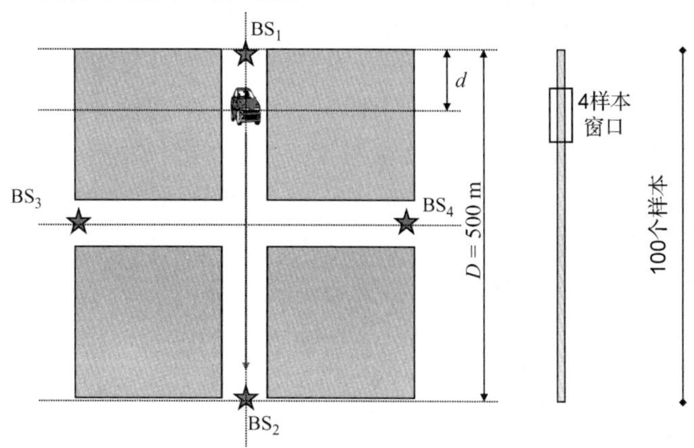

图 P6.2　微蜂窝工作模式的4基站场景

我们采用某种具有两个斜率的距离-分割模型来模拟信道(参见第 2 章)。在该模型中，路径损失以斜率 2 增加至位于距离 150 m 处的一个转折点，然后斜率增加至 3。利用这一模型，在与 BS1 和 BS2 相关的 LOS 路径上的距离 d 处的 RSS 由下式给出：

$$\mathrm{RSS}(d) = P_t - P_0 - \begin{cases} 20\log_{10}(d); & d \leqslant 150 \\ 20\log_{10}(150) + 30\log_{10}(d/150); & d > 150 \end{cases} + l(d)$$

其中，d 是以米计的移动主机与 BS-1 之间的距离，$P_t = 20$ dBm 是基站的发射功率，$P_0 =$ 38 dB是针对 1.9 GHz 的 PCS 频带计算的第一米处的路径损失，$l(d)$是对数正态阴影衰落，其标准差为 8 dB。

对于与来自 BS-3 和 BS-4 的 RSS 相关的 OLOS 传播，LOS 传播被假设到达街道拐角，在拐角之后，传播路径损失通过在拐角放置一个假想的发射器来计算，该发射器的发射功率等于在拐角处接收到的来自 LOS 基站的功率(这是一种用于仿真边沿处绕射的简单方法)。从而，在距离($d + R$)处来自 OLOS 基站的 RSS 通过下式给出：

$$\mathrm{RSS}(d) = P_t' - \begin{cases} 20\log_{10}(d); & d \leqslant 150 \\ 20\log_{10}(150) + 30\log_{10}(d/150); & d > 150 \end{cases} + l(d)$$

其中，P_t' 是中间交叉路口处的 LOS 的 RSS：

$$P_t' = P_t - P_0 - 20\log_{10}(150) + 30\log_{10}(250/150)$$

该模型假设所有到达该交叉路口的功率朝移动终端所在方向绕射。

为仿真对数正态衰落，我们假设零均值、方差为 1 的高斯噪声通过一个低通滤波器，该滤波器的传递函数如下：

$$H(z) = \frac{\sigma_2}{1 - \alpha z^{-1}}$$

其中，α 指定滤波器极点的位置，它是一个非常接近于 1 的数，以保持带宽较低。阴影衰落效应的样本可通过下面的方程模拟。阴影衰落样本记为 $s(i)$。

$$\begin{aligned} &\alpha = \mathrm{e}^{(-\frac{1}{85})} \\ &\sigma_1^2 = 8 \\ &\sigma_2^2 = \sigma_1^2 \cdot (1 - \alpha^2) \\ &s(1) = \sigma_1 \cdot N(0,1) \\ &s(i) = \alpha \cdot s(i-1) + \sigma_2 \cdot N(0,1) \end{aligned}$$

在该仿真中，仿真的第一个点必定在 $d = \sqrt{g} = \sqrt{150}$，最后一个点应该在 $d = 2R - \sqrt{g} = 500 - \sqrt{150}$。

下面的 MATLAB 代码样本为仿真提供了便利。该代码产生来自 4 个基站的 RSS 的一次仿真过程，仿真条件是移动终端从 BS-1 运动到 BS-2，两个路径损耗指数均假设为 2。

```
%声明用于距离的各种变量
R = 250;
L = 2 * R;
speed = 1;
sample_time = 0.1;
step_distance = speed * sample_time;
g = 150;
min_distance = sqrt(g);
max_distance = L - sqrt(g);
d1 = [min_distance:step_distance:max_distance];
d2 = L - d1;
```

```
d3 = abs(R - d1);
d4 = abs(R - d1);
Ns = length(d1);

% 声明变量并计算 RSS
% 第一部分：用于阴影衰落的独立于随机变量的计算
Pt = 20;
Po = 38;
grad1 = 2;
grad2 = 2;
alpha = exp(-1/85);
sigma1 = sqrt(8);
sigma2 = sqrt(sigma1^2 * (1 - alpha^2));

RSS01 = Pt - Po - (10 * grad1 * log10(d1) + 10 * grad2 * log10(d1/g));
RSS02 = Pt - Po - (10 * grad1 * log10(d2) + 10 * grad2 * log10(d2/g));

RSS_corner = Pt - Po - (10 * grad1 * log10(R) + 10 * grad2 * log10(R/g));
RSS03 = RSS_corner - (10 * grad1 * log10(d3) + 10 * grad2 * log10(d3/g));
RSS04 = RSS_corner - (10 * grad1 * log10(d4) + 10 * grad2 * log10(d4/g));

for i=1:Ns
   if d3(i) < min_distance
      RSS03(i) = RSS_corner;
   end;
   if d4(i) < min_distance
      RSS04(i) = RSS_corner;
   end;
end;

% 第二部分：将随机变量加入阴影衰落
s1(1) = sigma1 * randn(1);
s2(1) = sigma1 * randn(1);
s3(1) = sigma1 * randn(1);
s4(1) = sigma1 * randn(1);

for i=2:Ns
   s1(i) = alpha * s1(i-1) + sigma2 * randn(1);
   s2(i) = alpha * s2(i-1) + sigma2 * randn(1);
   s3(i) = alpha * s3(i-1) + sigma2 * randn(1);
   s4(i) = alpha * s4(i-1) + sigma2 * randn(1);
end;

RSS1 = RSS01 + s1;
RSS2 = RSS02 + s2;
RSS3 = RSS03 + s3;
RSS4 = RSS04 + s4;

% 画出所得到的 RSS 值
figure(1)
plot(d1, RSS1,'r')
hold on
plot(d1, RSS2,'b')
hold on
plot(d1, RSS3,'g')
hold on
plot(d1, RSS4,'c')
title('RSS versus distance along route')
xlabel('distance from BS1 in meters');
ylabel('dBm');
```

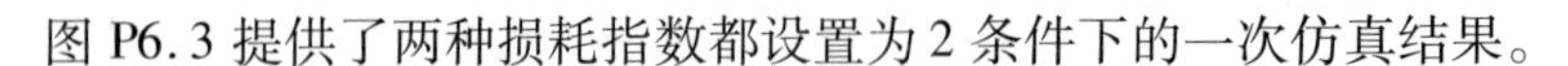
图 P6.3 提供了两种损耗指数都设置为 2 条件下的一次仿真结果。

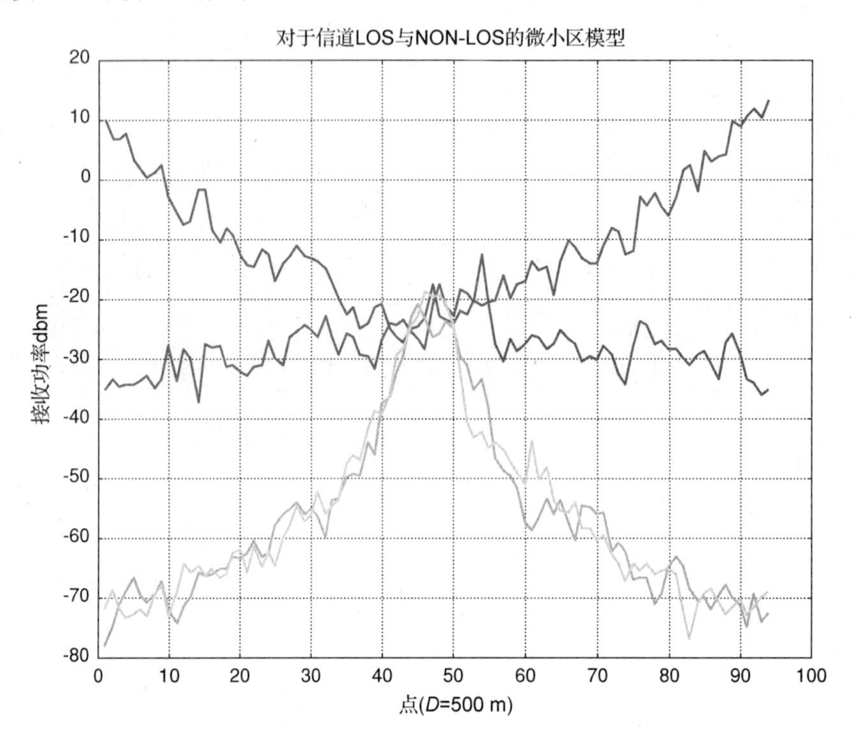

图 P6.3　MATLAB 代码的输出样本

基于上述讨论，进行下面的工作：

a. 写出你对于来自具有上述两种不同损耗指数的 4 个基站的 RSS 的仿真，并画出一组类似于图 P6.3 的示例结果。假设移动站以恒定行走速度 1 m/s 从 BS-1 附近向 BS-2 运动，图 P6.2 中给出的遮挡距离是 $R=250$ m。采样频率是 10 Hz，也就是说，移动站每 0.1 s 对 RSS 进行一次测量。

b. 假设移动站始终以最强的 RSS 与 BS 连接。对你的仿真进行扩展，以记录移动站从 BS-1 向 BS-2 移动时每个实验中的位置与转交次数。运行程序 10 次以得到 10 个随机试验结果。确定 10 次试验的转交数目与位置。提出对该简单算法的一些合理修改以减少转交次数。

第7章　无线网络安全

7.1　简介

当前各种各样不同性能的移动设备通过无线来接入互联网是普遍趋势。在过去的10年内，无线设备的部署规模较小且必须利用特定的应用软件来接入封闭式网络（比如，利用手机蜂窝网进行语音交流）。设备本身并不复杂，因此也无法轻易实现远程连接。这个时期相关的安全风险也相当低。现如今，智能手机的功能足以和个人电脑相媲美并使用极高的数据率与互联网相连，安全风险显著提升。此外，无线网络和设备正成为各种通信手段的关键。因此无线网络和设备的安全和可用性问题至关重要。

无线通信的安全威胁和安全需求和有线网络相类似，但是由于所涉及的应用程序不同且存在潜在的欺骗性，因此我们有时要区分对待。无线网络的不同部位需要不同的安全方法。空中安全通常关注于语音交流的私密性。但是随着无线服务数据使用量的增加，我们所关注的方面也在改变。对于消息的认证及其完整性也变得更为重要。

无线通信设备与无线网络的特征和性能的广泛变化引发了我们对安全问题的关注。无线通信的广播特性使得其极易被恶意拦截、恶意访问、有意的或无意的干扰所影响。在1G蜂窝系统中模拟电话极容易被发现并且通过利用RF扫频仪可以窃听对话内容。而在基于TDMA和CDMA的2G数字系统中想偷听电话就很困难，通过RF扫频仪也无法再窃听对话内容。但因为电路和芯片都是随手可得的，对于恶意进入一个系统来说难度并不大，因此系统缺乏安全性。只要系统使用的少，并且给客户带来的潜在危害小的话，采用原始的安全措施甚至不采取安全措施将不会有问题。随着越来越多的人使用无线来接入互联网并利用无线网来进行电子商务活动或处理信用卡，并在智能手机上存储大量的私人信息，其潜在的危险性正显著增加。因此一些基本的安全措施还是必不可少的，以防止黑客入侵无线网。本章将从总体上讨论安全问题。我们将提出一个关于网络安全服务和机制的概览并描述一些和无线网络相关的特殊实例。在本章中，我们尝试解决一些分属于广域网、局域网和个人网的无线网络的安全威胁和需求。

本章根据各种不同类型的无线网络（基于覆盖范围进行区分）来组织。7.2节介绍局部无线网络的安全问题和所用的网络协议。7.3节介绍个人无线网络的安全问题和所用的网络协议。7.4节考虑广域蜂窝网的相关问题，7.5节讨论其他方面的问题。

7.1.1　一般的安全威胁

引发安全问题的原因多种多样，之前所描述的因特网的开放性通信特质会协助恶意实体发动安全攻击，因为因特网存在固有的缺陷。大型网络犯罪的出现使得网络安全问题从爱好者的范畴转移至犯罪组织，这也使得安全攻击可能引发更大的经济危害。图7.1从技术角度总结了一些关于安全攻击可能发生的原因，在本章中我们将一个一般的恶意实体称为奥斯卡：它可能是一个人、一个犯罪组织或者软件。

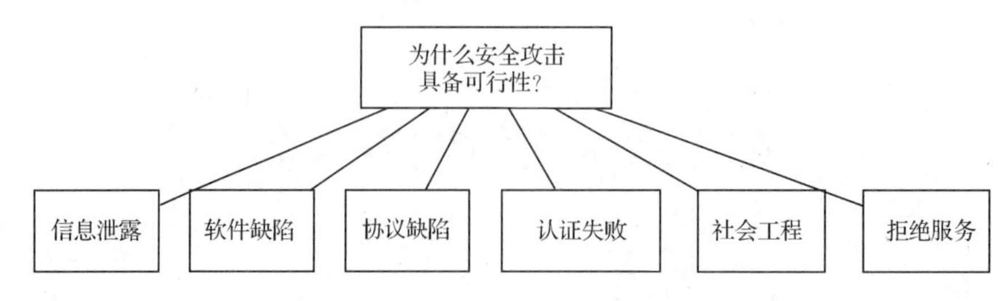

图 7.1 为什么安全攻击具备可行性

信息泄露：正如一个强盗在真正实施抢劫之前首先会对物理目标(例如银行)进行观察：勘探银行有多少警卫、有几个可用的出口等，网络攻击者通常也会探测他们所要攻击的目标网络。许多协议会因“泄露”网络以及在网络中运营的服务信息而间接帮助袭击者。信息泄露可以被用来发动社会工程攻击(稍后讨论)、破解密码、映射网络拓扑结构并获取服务者所提供的开放服务。信息泄露对某些协议而言是正常的并且我们很难阻止这些信息被泄露出去。而其他的信息泄露应当被阻止，特别是当奥斯卡积极探测受侵害网络的信息时。在智能手机上安装恶意应用软件可能就会导致它从其他应用软件或操作系统中抓取信息，这使得智能手机成为信息泄露的又一威胁。

软件缺陷：另一个常见的引发安全攻击的原因在于服务器在实现监听所知端口时存在错误(比如缓冲区溢出)。在这样的情况下，像奥斯卡这样的恶意实体就可能制造发送给服务器异常服务的数据分组。如果服务受到损害，那么它可能会让奥斯卡来控制主机。这意味着奥斯卡可能会做出在主机上安装恶意软件，用主机向其他易受攻击的主机发送恶意数据分组，窃取存储在受损主机上的含有价值信息的文件(或网络中其他信任受损主机的机器上的文件)等行为。智能手机使用种类繁多的应用软件，以前对于无线网络设备而言并不是什么大问题的软件缺陷现如今也变成了安全问题。

认证失败：此处出现的问题在于为什么服务器无法辨别出原书数据分组(内容)与恶意分组，不让这些恶意分组利用软件的漏洞。事实上，许多服务确实在尝试实现查证命令或者验证请求来源合法性的机制。遗憾的是，不是所有这样的认证机制都奏效。你不能相信一封电子邮件地址中的“来自”信息，因为这太容易伪造了。类似地，服务商潜意识中信任源地址。源地址也同样很容易伪造。我们将在本章后续部分讨论无线网络中的密码安全认证和完整性机制。

社会工程：几个世纪以来，恶意组织利用人们缺乏经验、智慧或者判断力这些弱点来为其自身获取利益。举一个例子，奥斯卡穿着一套公务员制服走进一栋大楼就会没人质疑他以及他手里拿的东西。社会工程就是奥斯卡利用用户的天真或者粗心的方法。与源邮件相似的合成邮件会让使用者点击一个名字看似可信赖的链接或者打开附件、伪造的网站、恶意的无线接入点，这是奥斯卡诱惑受害者的一些例子，社会工程也不光局限于网络领域。很有可能奥斯卡利用他获得的信息来打电话给系统管理员让他重置一个密码。社会工程攻击在许多案例中比解密和解决其他技术障碍更容易。

拒绝服务：拒绝服务(有时叫作 DoS)主要是对资源可获得性的攻击。资源在这里可能意味着网络中的带宽、信息流或者存储信息、计算资源或客户端/服务器端软件的接入口。因此，一个网络拒绝服务的典型例子是在一个链接或者网络层上朝一个目标洪泛数据分组，应用级服务拒绝包括提供错误信息、干扰信息或者让服务器崩溃。客户端的拒绝服务(DoS)指的是瘫痪客户的软件。完全避免拒绝服务是不可能的，但可以减轻它带来的影响。

7.1.2　安全加密协议

本章的附录提供了密码学及其相关的术语以及相关的技术方面的一个简要概述，例如密钥大小的重要性，以及加密算法的类型和机密性、完整性和身份验证这些安全服务是怎么通过加密来实现的。

正如我们将在本章之后部分看到的那样，今天大多数无线网络会提供机密性保护(通过加密)或者一些消息验证。一个好的安全协议由两步组成。第一步，它总是始于对通信双方的认证(详见图7.2)。通常把通信双方分别称为爱丽丝和鲍勃，恶意实体称为奥斯卡。这个实体认证和消息认证不同，它更像是附录A7所示的识别方案。最好是使用实体间的相互认证。即，爱丽丝确认她在同鲍勃对话，鲍勃也确认他在同爱丽丝对话。在实体验证阶段对分组密钥进行交换，分配或者达成一致意见(建立)也很常见。注意，这个进程是建立在爱丽丝和鲍勃交换了一些长期秘密的假设上的。这些长期秘密可能是主密钥、证书或者其他类似的信息。密钥建立进程使用一些叫作不重数的计量值，不重数只能用长期秘密使用一次来为爱丽丝和鲍勃创建分组密钥。如果没有长期秘密的信息，奥斯卡即使有不重数信息也不可能再创建分组密钥。典型地，确保机密性和完整性会使用不同的分组密钥，这确保了使用同一个密钥来达成不同目标时不会对安全性造成影响。

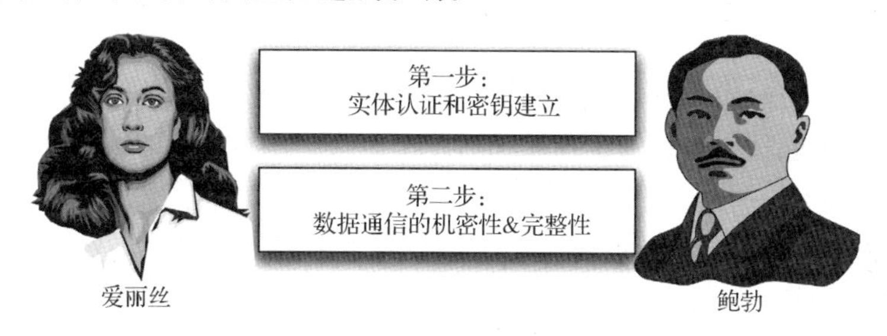

图7.2　安全通信协议的典型序列

第二步，爱丽丝和鲍勃相互认证过之后，分组或者帧以一个安全的方式在他们之间交换。“安全的方式”指的是帧或者分组被加密并且有一个附属的消息认证码或者消息完整性检查。这确保了奥斯卡既不能窃听对话，也不能伪造或者篡改数据分组，甚至他也不能在会话之中伪造成爱丽丝或者鲍勃与对方对话。

实体验证和随后的数据机密性和消息完整性在网络和技术之间实施起来是不一样的。甚至在移动设备和相应的网络实体上，密钥的管理和安装也可以有许多不同的方式。附录A7给出了更多的细节，考虑这些加密协议相关的所有方面超出了本书的论述范围。

7.2　无线局域网的安全

7.2.1　安全威胁

当IEEE 802.11设备最早出现在市场的时候，它们非常昂贵(大约几百美元)。因此它们很不常见，只在大学校园和一些特定的商业组织中使用。随着时间的流逝，技术的进步把接入点的花费减少到几十美元。笔记本电脑的内置 WIFI 接口替代了外部 PC 卡(然而也给消费者增加了隐形的成本)。在 2000 年代，这加剧了 IEEE 802.11 设备和网络的快速发展。由于早期消费者不会真正在意或者了解潜在的安全问题，因此大多数网络使用固定的未授权的频率，并且在部署时使用默认设置。

窃听和无授权访问：对私人无线数据网络来说安全逐渐变得重要起来。例如，一个组织在其地域内安装了一个无线局域网，随后被发现它的覆盖区域延伸到了一条相邻的街道。随着无线局域网 PC 卡价格的降低，任何人都能买一个 PC 卡并且在这条街上进入该组织的无线局域网。一旦恶意的实体连接到一个组织的网络，这个网络中主机和服务器的缺陷会很容易被它利用。攻击者会逐渐搜集这个组织网络拓扑结构，操作系统运行主机和服务器的特性、可能有弱点的开放服务等信息。这种情况不仅对于组织适用，它也同样适用于在自己家中部署了无线网络的普通消费者。

起初，大多数 802.11 产品都带有推荐的安全特性，但默认条件下，大多数消费者未激活这些特性。甚至就算被激活，相应的使用 802.11 早期版本的有线私密性协议或者 WEP 协议也存在漏洞，这将在 7.2.2 中介绍。因此，恶意实体很容易窃听一个无线局域网链接，甚至能够接入网络或者把分组注入专用无线局域网。即使安全协议在无线网络中的应用得到显著提高，也通常会有建议将一个组织的无线网络放在防火墙外面，这样才能够保证进入无线局域网的通信量在到达有线网络的重要财产(例如服务器和主机)之前必须穿越防火墙。

社会工程：之前的论述让我们觉得无线局域网的安全威胁来自于带有无线接口的恶意移动设备。事实上，生成一个恶意的无线局域网并不困难，因为需要的设备并不昂贵。网络钓鱼攻击的一个特殊形式，被称作“邪恶双胞胎”，就出现在几年前[Rot08]。大多数智能手机和笔记本电脑有无线局域网使 WiFi 热点的应用变得非常普遍。通常，WiFi 接入点被布置在一个区域内(例如咖啡店和酒店的热点)。在邪恶双胞胎事件中，恶意 WiFi 接入点被装置在合法的接入服务附近。当一个合法用户爱丽丝试着连接由奥斯卡建立的这样的接入点时，一个与合法服务提供者显示的网页很相似的网页显示出来。用户在这样的网页输入信用卡或者其他敏感信息是很常见的。当爱丽丝在邪恶双胞胎推送的网页中输入这个信息时，奥斯卡就能窃取这些信息。相互认证的应用能有助于预防这类安全问题。

7.2.2 安全协议

直到 2000 年代，有线等效私密性(WEP)协议[Edn04]还是 WiFi 设备唯一的安全协议，它现在还被一些无法支持 WiFi 新安全协议选项的老旧设备使用。正如之前提到的那样，部署无线局域网的花费和成本使得无线局域网所部署的数量并不多，在诚信世界使用一些类似有线等效私密性(WEP)基本原理的协议看似是合理的。“有线等效”是指通过使用有线等效私密性(WEP)协议，设计者设想一个像有线局域网那样难以打破的无线局域网，显然他们并没有做到这一点。有线等效私密性(WEP)使用 RC-4，这是一个著名的快速并且有效的用来加密的流密码。为了遵守当时的出口条例，密钥的最初大小设置为 40 比特。系统是自同步的，这种情况下每一个 MAC 层帧独立于其他 MAC 层帧加密。因此一个丢失的 MAC 帧不会影响随后其他 MAC 帧的正确传送。

有线等效私密性(WEP)和有线等效私密性问题： 无线局域网的早期安全版本忽略了如图7.2所示的实体验证和密钥建立阶段。用于有线等效私密性协议的密钥建立和管理非常简单。有两种类型的密钥：默认密钥和映射密钥。大多数设备使用默认密钥，这种情况下无线网络中的每一个移动设备和接入点使用同一套密钥。能够使用多达4个不同的密钥，但是所有设备使用一个单一密钥的现象却很普遍。映射密钥实现了不同移动设备使用不同密钥这一功能。一个接入点可能要维护一个移动设备和对应密钥的映射表格。但人们通常不这么做。甚至数据机密性和完整性也会使用这种很简单的且不安全的方法来实现。接下来我们会讨论这些问题。

例7.1　早期IEEE 802.11网络的实体验证

一些组织基于48比特802.11 MAC地址过滤分组。这些组织维护一个经过授权的MAC地址列表，如果MAC地址不匹配，分组会被丢弃。然而，只要发现了一个物理地址是合法的，仿冒该合法物理地址并不困难，因而这种实体验证手段并不安全。

如果设备支持WEP，它的实体验证有两种选择(见图7.3)。第一种选择是：接入点接受所有移动站的连接，并且移动站连接到所有可获得的接入点。第二种选择是：使用一个挑战-响应协议。如附录中介绍的那样，这通常包含了一方给另一方发送一个挑战，另一方用加密的挑战应答。这在WEP情况下是无效的，原因如下。在流密码的情况下，使用一个密钥来生成密钥流。密钥流在加密过程中与数据进行异或运算。因此，如果明文和密文都已知，密钥流也会被获知。在WEP中，挑战和响应都在空中传输。因此，一个攻击者能获取密钥流并利用它在接入点进行认证。还有可能所有移动设备通常和接入点公用相同的单一密钥,也会导致上述情况。

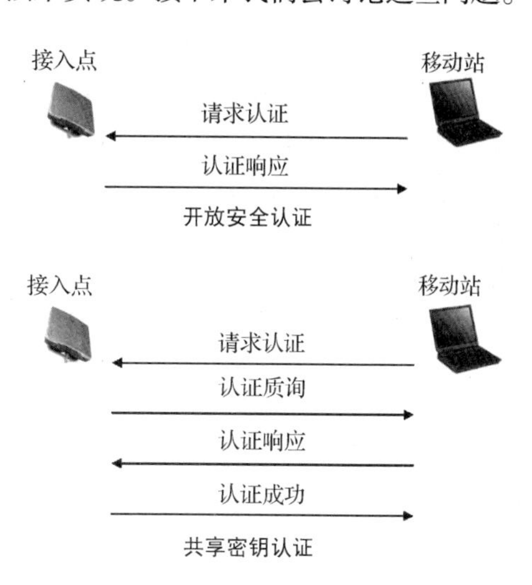

图7.3　早期IEEE 802.11网络中两种不安全的实体验证方法

如例7.1介绍的那样，如果明文和密文都已知并且它们通过流密码加密，则很容易还原出密钥流，因此使用流密码加密时同一个密钥流不能被重复使用。为了避免这种情况，在WEP中，采用一个24比特的初始矢量或者自变量和密钥联结在一起用于产生密钥流。这个问题的产生还有一个原因，就是所有的移动设备共享同一个密钥并且没有在实体验证进程中建立密钥的机制。由于鲍勃不会知道爱丽丝使用的初始矢量，爱丽丝不得不以明文的形式传输这个初始矢量。这就把WEP的初始密钥大小由原来的40比特增加至40+24=64比特。在之后的版本中，为了生成密钥流把密钥大小由104比特增加到了104+24=128比特。但由于自变量以明文形式传输，密钥大小还是那么小。如例7.2介绍的那样，在安全方面使用自变量没什么实际作用。

例7.2　初始矢量的(无)有效性

显然，初始矢量永远不能重复。如果它被重复了，密钥流就被重复了，这不利于使用流密码保障私密性。一个24比特的初始矢量意味着有2^{24}=16 777 216种关于初始矢量的不同可能性。通过一些估算得知，一个繁忙的接入点每秒可能收到多达700个MAC层帧。由于所有移动设备共享同一个密钥，有多少个移动设备在传输数据分组①无关紧要。在 700 帧/s 时，最慢需要 $2^{24}/700=23\ 968\ \text{s}=399\ \text{min}=6.65\ \text{h}$ 来得出一个重复的自变量。现实情况下，自变量会被更频繁地重复。许多笔记本电脑重启时以相同的自变量开始。同时，基于伪随机数发生器产生自变量使自变量的序列是可以预测的。

在 WEP 实施机密性和完整性的方法中携带着其他一些在 WEP 中已发现的问题(也就是自变量的使用、单一共享密钥和流密码)。数据被分割成适合在 MAC 层帧传输的分片。一个基于 CRC 的完整性检验码被加到分片之中。设备选择一个自变量，把它附加到共享私密钥中，用 RC-4 生成密钥流，加密数据分片，使用密钥流异或运算 CRC。MAC 层首部和初始矢量在未被加密的情况下传输。在 MAC 层首部中的一个字段会报告接收方该分组被加密了。CRC 被当作完整性检查使用(对抗伪造或者改写)，但它是不安全的。

例 7.3 早期 IEEE 802.11 网络中的消息认证

在早期 IEEE 802.11 网络中，数据分组用 RC-4 流密码加密。如果密钥流是不正确的，通过解密，分组的 CRC(错误检测码)会失败，接入点会抛弃这个分组。然而，这个实现很容易被攻陷，因为 CRC 的工作方式是已知的。因此，一个攻击者会猜到当接入点检查 CRC 时可能会翻转的比特，并且只翻转这些比特。这种情况下，一个加密分组能被改写，而且能被当成合法的分组被接入点接受。

WEP 没有防止重播攻击的机制。而且由于自变量以明文形式传输，有一些 RC-4 密钥很脆弱，易被发现。Fluhrer、Mantin 和 Shamir 在 2001 年介绍了一种攻击(基于他们的名字现在叫作 FMS 攻击)，这种攻击能仅用 60 个 MAC 层帧发现密钥的前 8 比特。几年后更强的攻击被发现，它使 WEP 变得彻底不再安全[Tew09]。几个免费开源的工具合并了这些攻击使得即使非专业人士也能用 WEP 发现密钥，从而使他们能进入一个自认为安全的网络。

WPA 和 802.11i：WEP 的漏洞导致在 IEEE 802.11i 标准[Edn04]中对无线局域网的安全采用了彻底的新方法。IEEE 802.11i 标准和等价的被称为 WiFi 网络安全存取(WPA)的品牌名称有一些区别。我们在这里不会详述它们的这些区别，而把它们看成是相同的。

WPA/802.11i 用图 7.2 所示的一般方法实施安全保障。其思想是实体验证和密钥建立在移动站加入一个无线局域网时始终都是必要的。一旦密钥建立过程被执行，新的会话密钥产生，这个连接都能给 MAC 层帧提供机密性和完整性服务。实体验证和密钥建立进程有时候需要更高的协议层或者连接到某网络的服务器。因此，一些完成这部分安全协议的初始接入过程是必要的。然而，网络另一些部分的接入点必须被禁止，直到实体验证和密钥建立完成为止。

要达到上述目标，如图 7.4 所示，802.11i 采用了 802.1X 架构，它由客户端、认证者和认证服务器组成。移动站相当于一个有端口访问实体(PAE)的客户端，它通过连接到认证者请求实体验证。认证者向所有设备显示两个端口。控制端口只有在实体验证成功后才能被访问。而开放端口能被所有设备访问，但是它只能通往认证服务器。实体验证能通过许多途径完成。可能会有一个简单的密码或者一个认证服务器和移动基站之间的预共享密钥，在这种情况下认证服务器可能存在于接入点之中。更多复杂的认证协议(例如使用传输层安全、Kerberos 安全认证系统、Radius 协议或者其他方法)同样可以作为选项，它们可能需要认证者

① 此处原文 dds 不知何意，故删除。——译者注

(也就是接入点)和外部服务器或者网络之间的对话。事实上可能存在这种情况，即使用一个移动电话蜂窝网络内的证书认证到接入点。

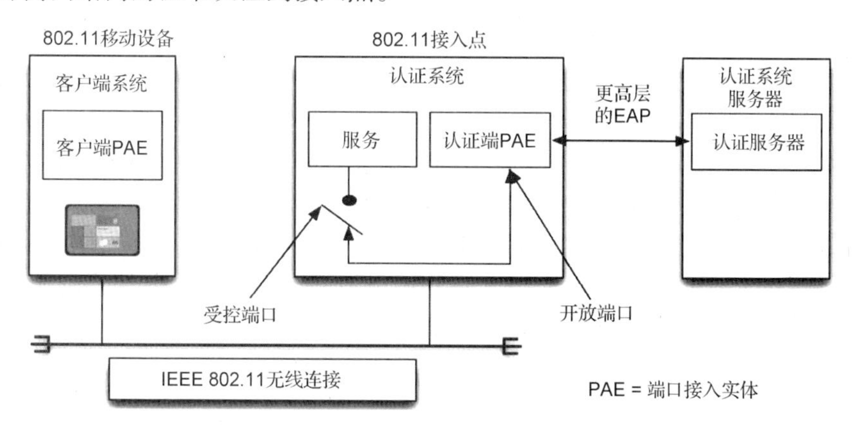

图 7.4　802.1X 客户端-认证端-认证服务器方案

实体验证进程利用可扩展的认证协议或者 EAP 实现。可扩展的认证协议其实并不是一个真正的认证协议——它更像是一个能被不同的认证机制使用的协议规范。它只指定用来交换必须用于认证信息的消息，要么明确地认证一个实体，要么拒绝它。总的来说，它用于认证请求、应答、成功或失败消息传输。

在实体验证和密钥建立进程之后，移动站(客户端)和接入点(认证者)有一对主密钥(PMK)被建立。PMK 的建立方式依赖于认证协议或者移动站和接入点之间的共享密钥。PMK 并不直接用于提供机密性和完整性。相反，如图 7.5 所示 4 个不同的分组密钥通过四向握手的方式建立。这 4 个密钥分别叫作：数据加密密钥，数据完整性密钥，扩展认证协议密钥(EAPOL-key)的加密密钥，扩展认证协议密钥(EAPOL-key)的完整性密钥，它们被统称为成对临时密钥或者 PTK。PTK 通过在会话和通信设备的 MAC 地址开始时交换的不重数产生。四向握手要求移动站和接入点双方都应该存储 PTK 并且安全地使用它。正如它的名字代表的那样，数据加密密钥被用来加密 MAC 帧，数据完整性密钥被用来提供完整性检查。有新的会话时，PTK 需要被重新建立。

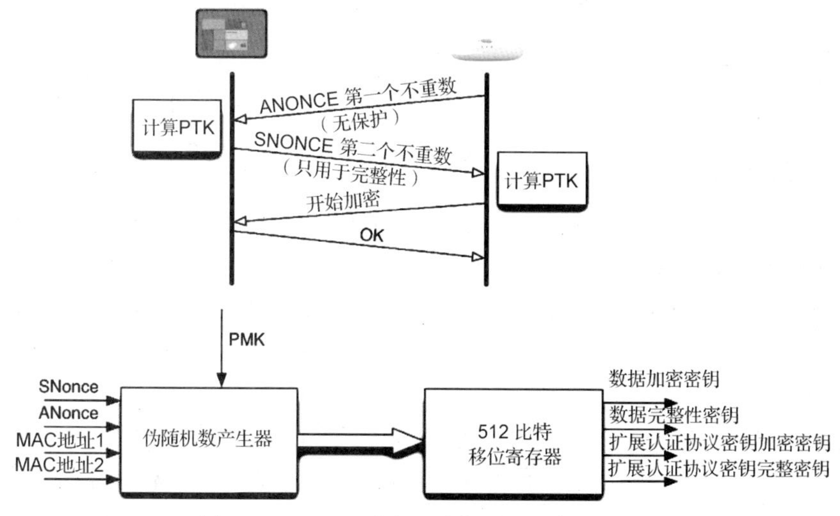

图 7.5　802.11i 中的四向握手和密钥的生成

因为有上述变化，就有可能在使用RC-4来提供更高安全性的同时，维持与WEP协议的部分后向兼容性。这是WPA的一个选项。然而，所有新的802.11设备避免使用RC-4而是使用高级加密标准(AES)作为提供机密性和完整性的算法。这需要新的计算机硬件，因此不能用于传统的IEEE 802.11设备。

图7.6展示了加密和消息完整性是怎样用高级加密标准实现的。一个802.11MAC层帧被分割成每个都是128比特的块，每个块都被AES以计数器模式加密(被认为是安全的标准化的流密码)。在这种情况下，计数器递增并被AES和数据加密密钥加密，来产生一个用于数据异或计算的密钥流。注意，MAC层首部和分组编号没被加密。为了提供报文完整性，帧的首部和净荷经过一个密码块链，或者AES的CBC工作模式。一个128比特的明文块在使用前必须要和之前的密文块进行异或运算来生成现在的128比特密文块。

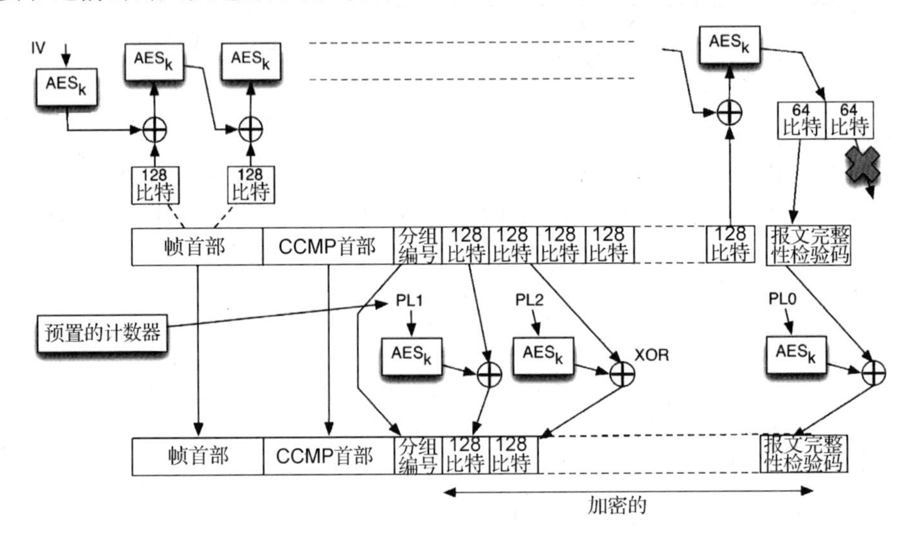

图7.6 在IEEE 802.11i中使用AES-CCM协议达成机密性和完整性

最后一个密文块的最高位64比特被用来进行完整性检查(以确保数据分组没被改写和伪造)。这个协议被称为带CBC MIC的计数器模式或CCM协议。接下来会谈到该方法也被用于IEEE 802.15.4低速率传感器网络。

7.3 无线个人网络安全

7.3.1 安全威胁

蓝牙：蓝牙(见第9章)是最著名的短距离内满足不同设备互相连接的无线个人网络。正如第9章中讨论的那样，蓝牙设备通过配对使得相互之间能够通信。如果一个恶意设备和一个诚实的设备配对，攻击者就能从诚实的设备上获取有价值的信息(例如，它的通信簿中的电子邮箱地址和其他相关的信息)或者利用蓝牙连接给服务商打昂贵的电话。这些攻击也被称为“蓝咬”(Bluesnarfing)。

已经有许多利用蓝牙的手段(详见例[Jak01])。蓝牙的对象交换协议(OBEX)被用来给不加防范的蓝牙设备发送垃圾信息。这个攻击被称作“蓝牙挟持”(Bluejacking)。一个叫作蓝牙狙击手的工具被开发出来用来远距离窃听未被加密的蓝牙连接。众所周知，许多手机病毒都是通过蓝牙连接传播的。战争蚕食(War-nibbling)是一个前面讨论过的利用一个工具来寻找给定区域所有蓝牙设备的方法。这是一种窃听攻击。

低速率传感器：虽然关于安全的工作在传感器网络的领域中只是用来作为学术研究，但是对于传感器网络来说，安全也是一个很重要的课题。在这部分中，我们简单探讨 IEEE 802.15.4 标准提供的安全特性并且简单提及一些介绍传感器网络安全威胁的调查研究工作。传感器网络是非常易受攻击的，原因如下：(a) 它的传播方式是无线的所以很容易使用强功率的天线远程接入，这或者被用于窃听，或者被用于干扰，或者被用于注入恶意流量；(b)传感器可能被大量部署并且成本很低，从而导致了一些传感器被捕获、被干扰、被盗用。恶意实体在传感器区域部署他们自己的传感器是有可能的，但是这需要对传感区域的物理保护。关于无线传感器网络的调查文献中涉及大量的安全威胁问题，所以要把它们综合在一起考虑是非常困难的。而把它们分类考虑会容易一些，因为它们中有重叠的部分，我们可以把这些威胁分成下面的这些类别。

物理层威胁：在通信协议栈的物理层，传感器网络的常见威胁是通过干扰和节点禁用破坏通信。攻击者可能会通过干扰传输传感器节点的无线电信号来扰乱可靠通信。这会导致网络分裂，由于缺乏来自特定传感区域的数据从而导致降低传感数据的可靠性，节点会不停地传输数据直到获得确认或者收到假数据，最终导致电量耗尽。干扰者可以被分成那些利用远距离无线电信号的外部的干扰者，向网络注入普通分组的欺诈干扰者，在睡眠和清醒状态互相转换的随机干扰者，还有聪明的通过感知信道活跃状态来扰乱终端对话的反应式干扰者。实验研究表明分组交付率被所有这些干扰类型所影响。干扰可能会在网络的边缘或者在那些易受攻击的物理区域里影响传感器节点。

窃听威胁：无线传感器网络中一个最常见的威胁就是信息泄露，恶意实体通过简单窃听传感器节点传输的无线电信号来获取传感器信息。即使信号被加密了，窃听也是一个大问题。因为还是存在拥有密钥的传感器节点被恶意实体利用或捕获的可能性。有一个基于恶意实体的预测感兴趣行为或者综合传感器网络总输出的计算窃听弱点的模型。除了信息泄露外，无线电传输也可能暴露传感器的位置和汇聚节点以及允许其他种类的通信量模式分析。如果网络中没有查询认证，恶意实体还可以查看传感器节点信息。

威胁影响路由：在网络中，对节点来说了解把分组送到哪里很重要，因为只有这样分组才能高效地到达目的地。传感器网络中此类路由协议仍在改进，因为直接利用那些给移动自组网设计的路由协议仍然存在很大难度。对于传感器网络来说，利用欧几里得坐标知识的地理路由是一种将数据送至目的节点的有效方式。然而，一般来说，传感器网络路由也面临和移动自组织网一样的安全威胁。这些威胁包括位置泄露，转播陈旧路由信息，通过伪造来破坏路由信息，路由表毒化，等等。此外，虫洞、黑洞和 Sybil 攻击也有可能发生。在黑洞攻击中，恶意节点会不断接近目的节点以便使它们自身成为路由之一。接下来它们可以通过丢弃分组或者通过窃听得到信息来破坏网络操作。在 Sybil 攻击中，一个单一的恶意节点声称多于一个节点，从而它能获取不成比例数量的资源并且也执行黑洞攻击。如果存在协作的节点，它们之间可以产生一个虫洞(一个隧道)并产生错误的网络拓扑。

影响位置信息的威胁：在几种应用中传感器节点的位置信息都很重要。例如，在一个给定区域的温度变化这个案例中位置需要精确地表示出来，传感器报告温度的位置测定必须是

精确的。这样的位置信息可能被用于路由甚至用于安全手段。甚至检测某个关键量值的传感器其位置本身需要保密(位置私密性)。恶意节点会通过多种方式报告位置信息来进行干扰。它们能伪造位置信息或者干扰传感器用以确定自己位置的辅助基础设施。在后一种情形中，有许多不同的方法来决定传感器节点的位置，例如利用位置已知的传感器的锚信息、确定本节点距离参考节点的跳数等。恶意节点能干扰这些位置检测活动。

影响数据聚合和网内处理的威胁：数据聚合和网内处理是传感器网络的一个重要特性。因为传感器节点收集大量的数据，有时候对于汇聚节点而言只有聚合信息才是必要的(例如，传感数量的平均值或者总和)，中间节点能处理收到的数据(网内处理)或者融合并转发这些数据。这减少了网络的通信费用和延误。然而，这样的功能也使得恶意节点引入错误值来破坏处理过程或者导致错误的融合数据变得十分容易。如果一个恶意节点负责融合或者聚集数据，问题会更严重。如果启动一个 Sybil 攻击，一个节点能声称具有多个身份，并且进一步通过创建多个虚假报告扰乱聚合数据。

时间同步威胁：传感器网络通常需要网络中的节点时间同步，原因有许多。例如，数据融合、节电的传输调度或者追踪重复的传感数据等。用参考广播或者发送者-接收者同步可以实现时间同步。通过误导不同节点的时间，从而使它们履行不同的操作(例如感知或传输数据分组)有可能会破坏传感器网络操作。

各种各样的威胁：如果传感器节点被盗用，它们可能会用很多方式破坏传感器网络。例如，一个被盗用的节点不会遵循媒介接入协议并且独占媒介。如果一个节点像 Sybil 攻击案例中的那样伪装成几个身份，它会比公平接入时更多地占用媒介。这几种方式可能都会导致拒绝合法传感器节点占用无线通信资源。在许多不同类型的传感器网络中，汇聚节点被用来收集数据，它负责查询网络中众多的传感器节点，完成各种网络维护工作。在某些情况下，移动汇聚汇点被用来调查传感器或者收集来自静态汇聚节点的数据。汇聚节点如果被盗用，就可能导致传感器网络被破坏。

7.3.2 安全协议

蓝牙安全协议：蓝牙考虑的是设备与假定安全的设备配对。通常这种配对需要人工操作。例如，像图 7.7 显示的那样，当一个手机试图与电脑配对时，电脑屏幕会弹出一个窗口。为了实现配对，用户需要手动把电脑屏幕上出现的口令输入到手机上。这会有效阻止未知的设备轻易连接已知设备。没有界面的设备就没有这个程序，比如耳机和耳麦。但是，它们采用点击并按住某键之类的人工干预来确保安全。然而，一些设备没有任何安全措施，它们很容易被恶意配对。

蓝牙会利用一些函数和算法用来加密和认证。其中一些使用 SAFER + 算法，另一些利用弱一些的线性反馈移位寄存器。

IEEE 802.15.4 网络安全：在 IEEE 802.15.4 网络中，并没有像处理上述传感器网络应用中的那些弱点与威胁的手段。然而，IEEE 802.15.4 网络中有通信连接的密码保护，它是标准的一部分，利用加密和信息认证码可以为通信数据提供机密性、完整性和认证。该标准假设传感器节点之间密钥的共享问题不在标准范围内，因此有必要使用 IEEE 802.15.4 建立附加密钥和密钥管理方案。密钥可能是成对的或者被一组节点共享。本节其余部分假定节点之间已通过某种方式共享密钥了(成组的或成对的)。

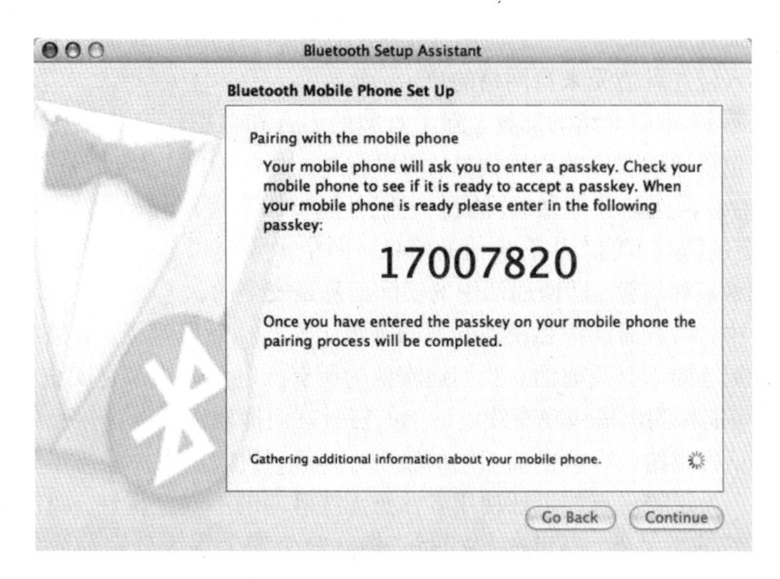

图7.7　移动电话和计算机配对

IEEE 802.15.4网络的安全措施是在每帧的基础上采用报文认证(包括消息完整性保护和重播保护)以及可选的内容加密。这使得在部署所需的安全措施时免去了不必要的密码操作所耗费的能量。不同的报文认证码的长度(32比特、64比特、128比特)会提供不同程度的保护。与之类似,可以采用也可以不采用加密机制,还可以在没有任何保护的情况下传输帧。

IEEE 802.15.4网络中最普遍的保护形式包括块密码的带计数器模式的加密块链接报文认证码(CCM)操作(参照IEEE 802.11i网络中使用的方案)。这个操作在无线局域网的IEEE 802.11i标准中也会使用(见图7.6)。IEEE 802.15.4标准指定的块密码采用高级加密标准(AES)。如802.11i中那样,计数器值被增加,然后被一个密钥加密。为提供机密性,产生的输出流与数据进行异或运算。数据被分割成128比特的组。每组被先前组的密文异或运算,然后被一个认证密钥加密。第一组被一个初始矢量异或运算,最后一个被加密的组被缩短成适当比特来形成报文认证码。接收节点可以在本地执行相同的操作来解密数据,或者比较收到的报文认证码和本地计算的报文认证码来看消息是不是被修改或伪造了。

7.4　广域无线网络安全

在本节中,我们考虑广域无线网络中的安全问题和安全协议的实现。

7.4.1　安全威胁

我们认为保密性、欺诈和数据完整性威胁是广域无线网络中的3个主要安全问题。智能手机应用程序的安全问题是无线网络中另一类相关的安全。

保密性: 正如我们在前几章中讨论的那样,语音对话是广域无线蜂窝网络中最基本的驱动力。语音通话和移动终端位置的保密性和私密性需要是无线网络中的两个重要方面。除空中接口之外,还有一个特定的设施用来解决手机、计费、流动性、功率控制等问题。空中接口有私密性需要,通过有线设施传输的信息也有其他私密性需要。空中接口容易受到窃听的影响。有线设备拥有实体防护，但是当基础设施向连接因特网的全 IP 网络迁移时，漏洞也许会使它变得能够入侵并且遭受来自网络的攻击。

正如我们在第 11 章中介绍的那样，除了真实的语音和数据还有各种各样的控制信息在空中传播。这里包括通话双方的配置信息、用户位置、用户 ID(用户电话号码)等。这些都应该被保护，因为存在滥用这些信息的可能。它们可以被用来追踪移动设备。通话模式(通信分析)在某些特定的情况下能产生有价值的信息。两个重要公司总裁之间的一小段通话如果被发现就可能预示某种趋势，即便通话中的实际信息是安全的。

在[Wil95a]中，语音通话按私密性的不同等级定义。在最低等级，理想状态是所有的语音通话私密性级别等同于有线通话。我们通常认为所有的电话通话都是安全的，但这是一种错误认识，很有可能探测出搭线在有线电话上的窃听。而探测出无线连接上的窃听则是不可能的。为日常通话提供给与有线电话相同的私密性等级，我们使用一些简单的扫描和解码加密措施就足够了。为了警示有线电话使用者注意无线呼叫的不安全特性，我们使用一个名为“缺乏私密性保护”的指示器。Wilkes [Wil95a]把这两个安全等级分别称为零级和一级。零级私密性是在无线电中不使用任何加密，因此所有人都能听到信号。一级私密性提供与有线电话通话同等的私密性，一种可能的方法是对空中的信号进行加密。对于商业用途而言，往往需要一种更有效的加密方案以确保信息具备几年的安全期限。密钥算法大小大于 80 比特(最好是 128 比特)的话正适用于这种需求。这就是所谓的二级私密性。而能够保持信息安全期限长达数百年的加密方案则主要被应用于军事通信，属于三级私密性。

对于无线数据网络，最低等级也要让信息具备几年的安全期限。这主要是因为现如今无线电子交易正变得日益普遍。信用卡信息、出生日期、社会保险号码、电子邮件地址等可能被不正当使用(用于诈骗)或者滥用(例如垃圾短信)。因此，这种信息永远不应该被轻易泄露。

欺诈：私密性和机密性一直是无线网络中的重要问题，而其他网络安全需求也变得越来越重要。过去模拟移动电话系统中有很多欺诈和乔装。自从模拟电话出现后，无线服务提供商蒙受了数十亿美元的欺诈损失。虽然在使用数字系统后欺诈难度有所增加，但这并非是不可能的，因此在连接到蜂窝网络时需要进行认证和鉴别。在第一代网络中识别被盗设备和克隆设备以及让那些没有支付的用户无法获取网络接入很有必要。下一节将考虑无线广域网络中使用的安全协议。

完整性：如第 6 章所述，无线网络中有几个操作问题，因此需要把管理信息发送到移动设备上以便完成切换，改变发送功率等行为。这些信息需要进行完整性检查，如果出现欺骗、伪造、重播信息的行为，就会破坏蜂窝网络的平稳运行。

移动性：不像无线局域网，蜂窝网络的移动设备有高度的可移动性，使用者可能横跨数千公里甚至跨国使用，他们使用手机连接家庭网络。这对呼入和呼出电话都适用，但这引发了另一个安全问题。移动设备可能并不被所有网络都知道是合法的。即使一个移动设备连接到一个已知的服务提供者，安全凭证(如共享密钥)也不能在每一个基站或基站控制器中进行本地储存。结果就是我们需要一个鉴定机制，用来远程鉴定网络和移动设备，并且创建本地可用的安全密钥。

设备安全：随着智能手机的操作系统能够像电脑一样运行应用程序和软件，安装恶意软件成了另一个安全问题。例如，在过去的几十年间，塞班是手机上主要的操作系统，有许多利用其漏洞的恶意软件。Cabir 蠕虫感染了许多制造商生产的塞班手机。Cabir 蠕虫能够利用蓝牙连接或通过共享程序复制。它会询问用户是否愿意用蓝牙接受一个信息，如果他们接受了这个请求它就会自动安装。这种蠕虫会不断地在空中搜寻附近其他的蓝牙设备，从而降低电池的使用寿命。已经有报道称恶意软件访问收费号码给用户带来了不必要的费用。

随着智能手机应用市场的不断扩展，恶意软件已经带来了新的安全问题。已经有大量关于安卓手机恶意软件的报道。由于智能手机经常携带许多有价值的信息(信用卡、银行账号、密码、图片、位置信息等)，处理那些能够获取这类信息并且将信息传送给网络犯罪分子的恶意软件成为棘手问题。为了预防这样的安全问题，一般建议是让用户避免安装未知的应用，只安装那些知名企业开发的应用软件。

7.4.2　安全协议

第一代蜂窝系统中有很少的安全特性。第二代蜂窝系统采用基于挑战-响应的实体验证来确定连接网络的设备是否合法，这在很大程度上减少了欺诈。案例 7.4 简单介绍了北美第二代蜂窝网络的实体验证。第二代网络也采取了一些语音通信加密，以防止窃听。在许多第二代系统里加密算法是不公开的，在过去这些年间经常遭受密码分析的攻击。

例 7.4　第二代(2G)蜂窝网络的挑战-响应方案

图 7.8 显示了北美第二代时分多址网络(2G TDMA)标准的结构。这种结构与第 11 章中探讨的全球移动通信系统结构相似。图中下半部分显示了网络运营标准中挑战反应机制的实施。网络(Bob)生成了一个任意编号 RANDU 并且把它通过无线电传送到移动站(Alice)。移动站用 CAVE(手机验证和语音加密)算法计算得出 AUTHU，AUTHU 值通过无线传播，网络计算出 AUTHU 的译文并比较这两个值。如果数值匹配，则移动站被证实(在第二代标准术语中被称为认证)。网络本身没有认证功能。

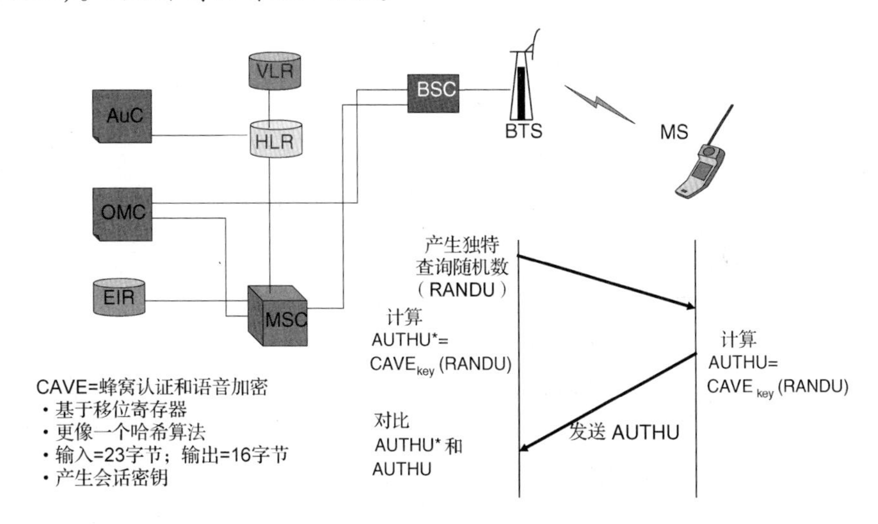

图 7.8　第二代(2G)蜂窝网络的挑战-响应

在第三代系统中，例如通用移动通信系统 UMTS(通用移动通信系统的体系结构和物理层详情见第 12 章)使用共同认证。协议遵循图 7.2 所示的两个步骤。第一步中，实体(在这个案例中是指移动设备和连接的网络)之间相互认证。在这个会话中用于联系的密钥被建立。控制消息维持完整性，而数据通信量则被简单加密。下面我们考虑一些细节。此外，在第一代蜂窝网络中没有任何形式的加密，并且像我们之前所说的那样，手机很容易被复制并且被监听。移动设备的身份被保存在设备的身份登记(设备识别寄存器)中。如果一个移动设备被登记为丢失或者被盗，EIR 能够追踪它并确保这样的设备不会连接网络。进一步追踪尝试连接网络的被盗设备可能被用于执法目的。

随着加密被用于数字系统，私密性问题更多的是与位置追踪相关联。移动电话被恶意实体追踪的预测成为了一个重要的安全问题。如图 7.9 所示，这个问题在第三代系统中通过加密解决。最初，移动设备传输它所谓的国际移动用户身份或者以明文形式传输国际移动用户识别码。一个恶意软件能够追踪到这种行为。但是一旦开启移动设备的身份验证和加密，网络就会给移动设备发送一个临时的移动用户身份验证或者 TMSI。因为 TMSI 在发送给移动设备时进行了加密，恶意实体不能用 TSMI 与其自身关联。在下一次移动设备连接网络时，它使用明文形式的 TMSI。然而，即使此时 TMSI 是可见的，也不能与 IMSI 连接，因此移动设备的安全性得到了保证。

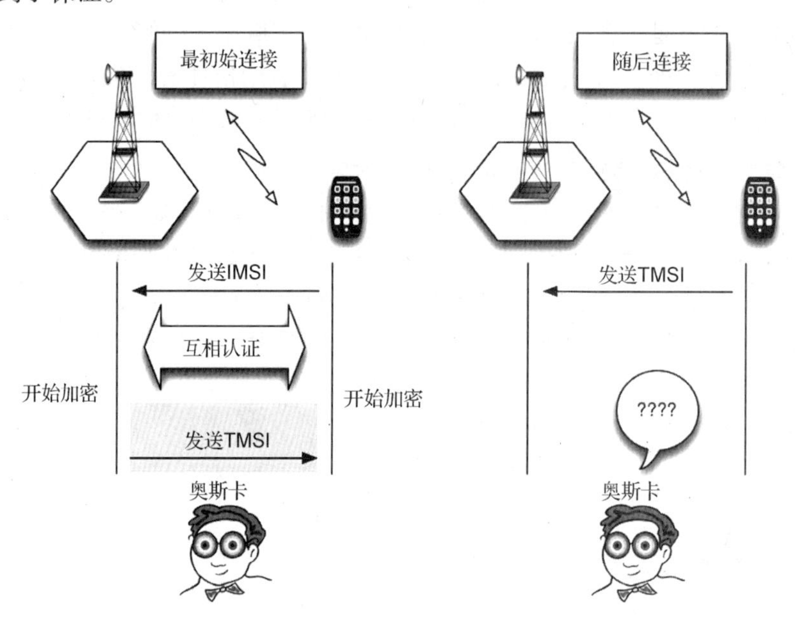

图 7.9　利用临时身份验证保持私密性

3G 系统的安全协议：无线广域网络的一个严峻的问题是在一个地域中布满了移动设备，而且经常由不同的服务提供方提供服务。身份验证密码不能保证当地的每一个访问点(例如基站或无线网络控制器——有关蜂窝网络系统结构的说明见第 6 章)都有。共享主密钥只有移动站和认证中心/归属位置寄存器知道(图 7.10 中的鉴权中心/归属位置寄存器)。当移动站连接到访问网络时，服务 GPRS 业务支持结点(SGSN)或者访问者位置寄存器(VLR)联系归属位置寄存器获取身份验证凭证。安全程序的第一步是为了从归属位置寄存器/鉴权中心获取身份验证信息凭证。在第二步中，访问者位置寄存器执行实体验证。不像第二代网络，移动电台在这个过程中也能证实它连接到了一个有效的第三代网络。并且，会话密钥同时在移动站和无线网络控制器中建立。移动站和无线网络控制器的对话经过加密和完整性检查。完整性检查的方法如下所述。有线网络通信使用在 7.5 节中简单介绍的另一种方法。更多有关 3G 通用移动通信系统接入安全的问题在[Koi04]中介绍。

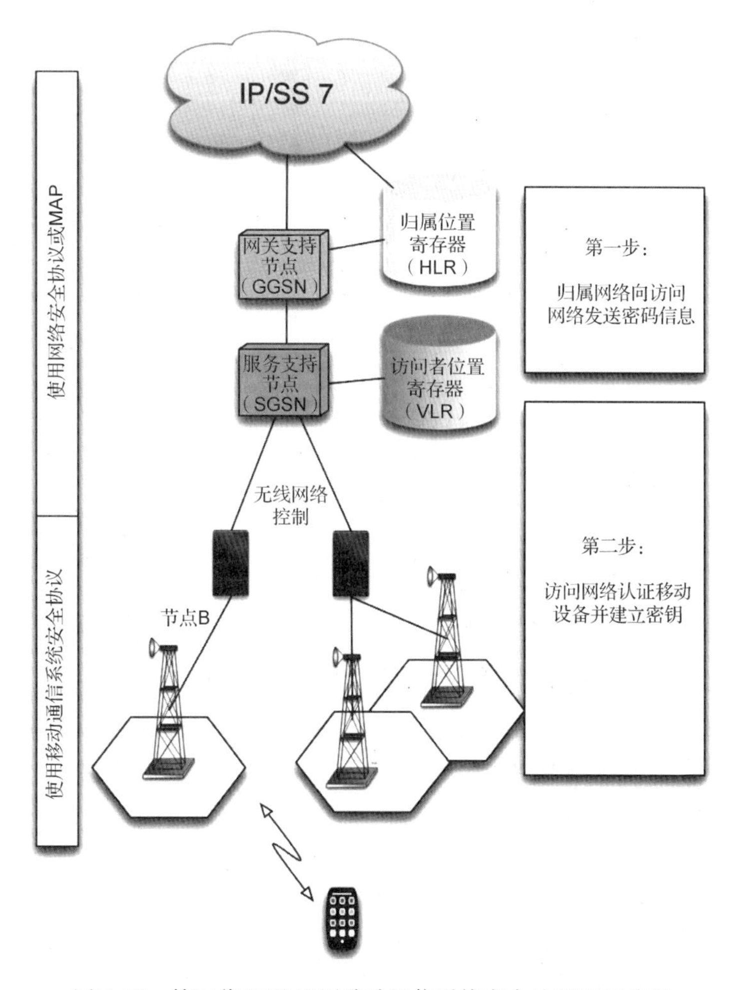

图7.10　第三代(3G)通用移动通信系统安全处理过程总图

第一步，当归属位置寄存器/鉴权中心响应连接访问网络的移动站时，它向访问网络发送一个所谓的认证向量。所访问网络的访问者位置寄存器/GPRS业务支持节点在没有给定移动设备的认证向量时会联系归属位置寄存器/鉴权中心。身份验证向量包括以下信息：

- 一个128位的随机数，它被用作不重数，该不重数将被用于RAND质询，而RAND质询根据鉴权中心的内部状态产生。
- 一个来自移动设备的被称为XRES的32比特到128比特期望响应。
- 一个128比特的加密密钥(CK)和一个128比特的完整性密钥(IK)用来确保控制信息的安全。
- 一个有48比特序号的认证令牌，一个16比特的鉴权管理域，一个64比特的信息认证码(MAC-A)。

第二步的细节如图7.11所示。移动站首先通过本地计算由认证中心、RAND函数值、认证管理功能和序号所确定的期望报文认证码X-MAC，通过该认证码来确定网络是否有效。如果预期信息认证码与信息认证码匹配，则网络认证成功。然后，手机检查以确保序号在可接受的窗口内，并为了将来使用调整窗口。

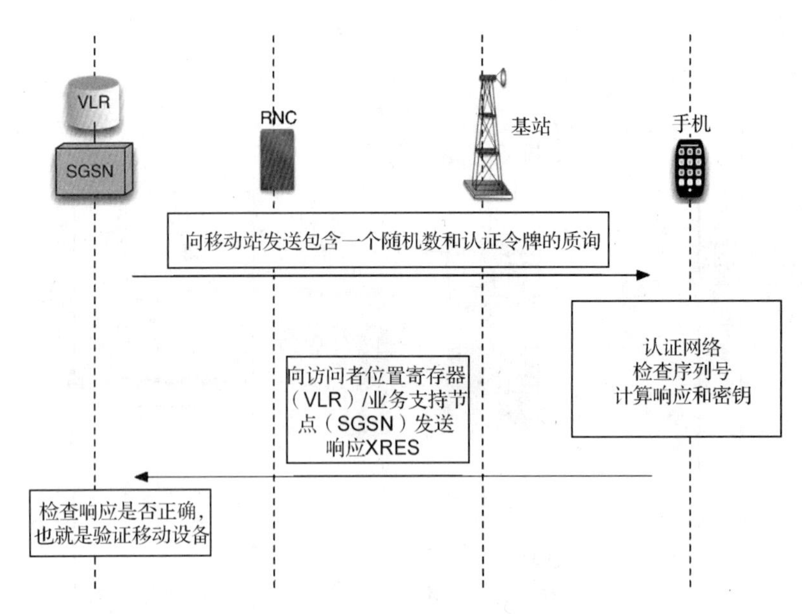

图 7.11　第三代(3G)通用移动通信系统中的实体验证和密钥建立

移动站计算期望的响应 XRES，加密密钥 CK 和完整性密钥 IK，它们均来源于主密钥和不重数 RAND。移动设备接着把期望响应发送到 GPRS 业务支持节点/访问者位置寄存器，在那里它与包含在认证向量中的期望响应进行比较。如果两者匹配，则移动站得到认证。同时也可以推导出隐藏了序列号的匿名密钥。许多函数可以用于此目的(这些函数构成了加密算法，例如高级加密标准和它的变种哈希函数的主要部分)。操作者能够自己选择加密方案，尽管标准给了他们关于加密和创建信息认证码的建议。

用来加密的加密函数是流加密函数(实质上是用于计数器模式的块加密器，计数器模式与无线局域网中介绍的高级加密标准算法的计数器工作模式类似)。它使用移动站计算出的和包含在认证向量中(因此能被无线网络控制器使用)的加密密钥 CK。完整性由完整性密钥 IK 提供，并且它只为控制信令信息提供服务，而不用于语音或数据的传输。完整性由报文认证码(CBC-MAC)提供，它也和无线局域网络中报文认证码(CBC-MAC)的操作方法类似。很明显，现在多数无线网络用计数器模式实现保密要求，而用报文认证码(CBC-MAC)实现完整性需求。

7.5　其他问题

由于无线通信设备是可移动的，因此它还有一个额外的要求，就是保存电池电量，在执行加密和解密数据计算时要尽可能少地耗电。这是一个重要的问题，因为加密算法是计算密集型的，它可能会迅速耗电。由于频谱稀缺，安全协议也应该减少移动终端和固定网络间握手的次数，也节省网络资源。这种需求通常是违背在有线网络中运行的安全协议常规的。无线信道易于出错，它可能导致信息丢失、复制或者损坏。这些会给安全协议的整体表现带来什么影响也不是很清楚。干扰、衰落、断开、切换和其他移动相关程序，以及其他无线网络的特性需要强有力的安全服务，与此同时也需要资源高效。

在早期的系统中，蜂窝网络核心部分(有线的或者固定的)的信息安全通常基于很少让外界访问网络来实现。七号信令(Signaling System No.7)被用作第一代和第二代系统的控制信令覆盖网络。移动应用部分或者MAP协议大致被用作网络层协议。在早期系统中，安全机制被添加在MAP协议之上，以生成MAPSec协议。随着第三代和第四代网络迁移到IP上，将IP作为固定网络的网络层协议，此时IPSec成为分组安全保护的自然选择。

IPSec加密两个主机或者设备之间，以及两个网络之间，或者两个主机组合之间的所有IP通信量，它为不同的终结点提供不同的安全服务。通过在IP层实现加密和认证，没有应用需要修改，安全机制对于应用和IPSec用户来说是透明的。然而，这种方法使用户认证和授予他们恰当的权利更加困难。密钥可以通过手动建立，或者使用一个非常复杂的被称为因特网密钥交换(Internet Key Exchange, IKE)[Kau02]的协议来互相验证实体并建立密钥。密钥作为单向"安全关联"的一部分被建立，这种安全关联指明目的端IP地址、密钥、加密算法和所使用的"协议"。其中包含一些用来防止类似TCP SYN泛洪的拒绝服务攻击的机制，安全关联的一端会因为建立密钥而额外耗电。

上一段中提到的"协议"与IPSec提供的两个特定的协议——认证首部协议(AH)和封装安全净荷协议(ESP)中的一个相一致。在安全首部协议中，会生成一个报文认证码，该认证码基于整个IP数据分组，扣除在传输中会改变的IP首部字段。这使接收者能检测出伪造或修改的IP分组。ESP提供对IP数据分组净荷的机密性和完整性保护，但不对分组首部提供保护。

有一种简单的方法使用这两个协议，在这种方法中两个主机之间建立一个安全关联，其方法是直接使用认证首部协议(AH)或者封装安全荷载协议(ESP)，这种应用叫作IPSec中的"传输模式"。也可以使用一个"隧道模式"，在该模式中原始IP分组利用一个新的IP首部装入另一个IP分组中。这使原始IP分组成为新分组的净荷，从而在使用AH时通过报文认证码完全保护该分组，或者使用封装安全净荷协议(ESP)，实现整个分组的机密性和完整性保护。也可能使用被称为"集束"的多重安全关联，此时在一个IP分组中认证首部协议和封装安全荷载协议都使用。一个安全关联数据库和一个安全策略数据库被用以决定如何处理从主机中出站或入站的IP分组。IPSec就其全部细节来说相当复杂。感兴趣的读者可以从[Kau02]中获取更多相关信息。

附录A7　加密和加密协议概述

诸如机密性、实体和报文认证、完整性和不可否认性的安全服务等可以通过加密技术向通信协议提供。在本节中，我们简单概述密码学和加密协议的一些重要话题，更多信息详见[Kau02; Ches03; Sta03; Sti02]。

加密原语

加密协议使用加密原语来提供安全服务。这种原语的分类如图A7.1所示。密码学是一个包含设计密码的科学(密码学)和破译密码的科学(密码分析)的广阔学科。需要加密的数据叫作"明文"，加密的结果叫作"密文"。

我们通常把通信的双方叫作爱丽丝和鲍勃，恶意实体叫作奥斯卡。数学上，用一个密钥把明文x加密成密文y写成：

$$y = e_k(x) \tag{A7.1}$$

相应的解密写成：

$$x = d_k(y) \tag{A7.2}$$

理想情况下，我们希望加密方案永远不能被破解。由于没有切实可行的方法能够达到这种绝对安全的状态，加密方案被设计成计算上的安全。加密方案应该是强大有效的，这样一来，就需要相当数量的计算资源，对手就无法在允许的时间里找到密钥或者破解报文。另一种可能是，如果能在短时间内确定密钥和明文，那么对手所花费的价值一定要比秘密信息带给他的价值更多。通常我们假设奥斯卡知道算法的运作方法，但是他缺乏密钥知识。同时，因为在话音网络里数据分组和控制报文都采用标准的格式，奥斯卡通常只能获取有限数量的明文-密文对，他会利用这些明文-密文对来实施已知明文攻击，试图恢复密钥。一旦密钥被恢复，随后所有的密文就能被轻易地解密。

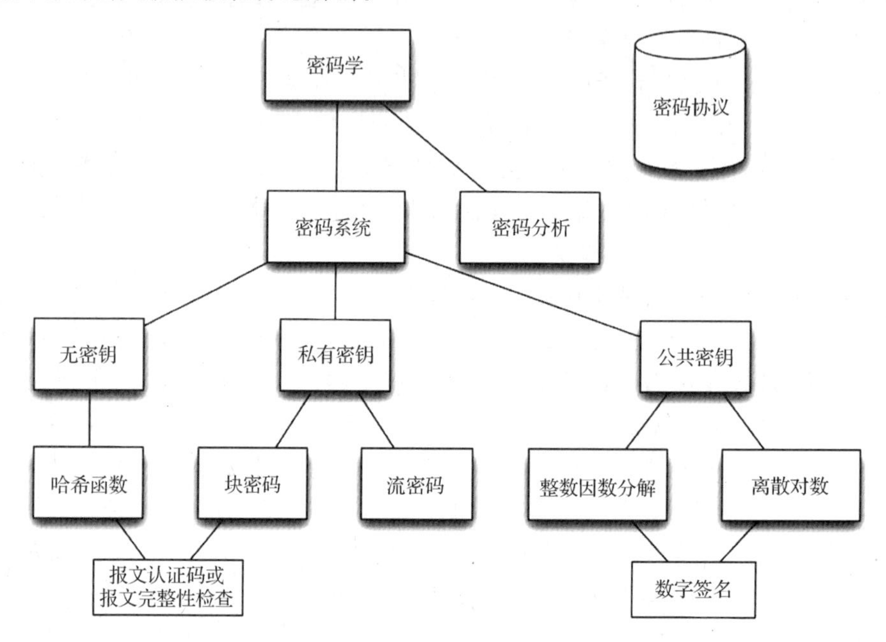

图 A7.1 加密原语的分类

到目前为止，我们讨论了安全服务，我们说过加密能提供上述服务的一部分。我们还没讨论被这些机制所使用或可以使用的加密算法。这些算法的详情超出了本书的范围，该主题内容本身形成了一个广阔的兴趣空间。本节将简单介绍一些现在常用的算法，还将讨论使这些加密算法足够安全的密钥长度。

密码或者加密算法分为私有密钥和公开密钥两类。加密方案长久以来就一直存在，但多年来一直采用的是今天所谓的私有密钥算法。这里，通信双方（图 7.2 中的爱丽丝和鲍勃）共用一个对他们之间对话加密的密钥。通常，加密和解密算法使用相同的密钥，因此这种算法也被称为对称密钥算法。例如，高级加密算法（AES）的块密码就属于这一类。图 A7.2 阐明了一个传统加密方案的图解。恶意实体奥斯卡进入了一个未被保护的信道从而获取密文。然而，他不知道爱丽丝和鲍勃的密钥 k。

形如高级加密标准的密钥算法基于两个原则：混乱和扩散。前者引入了一个对搅乱传播信息的加扰层。后者通过改变明文的一小部分，从而导致密文半数发生改变的效果来实现随机性。这消除了匹配窃听模式或对报文发生频率的窥探。因此大部分密钥算法除了采用暴力破解外是无法破解的[Sil00]。如果一个加密算法的密钥长度为 n 比特，则平均至少需要 2^{n-1} 步来解密。今天，我们认为一个长度为 80 比特的密钥对暴力破解是充分安全的，尽管如此，我们通常还是推荐使用 128 比特的密钥。

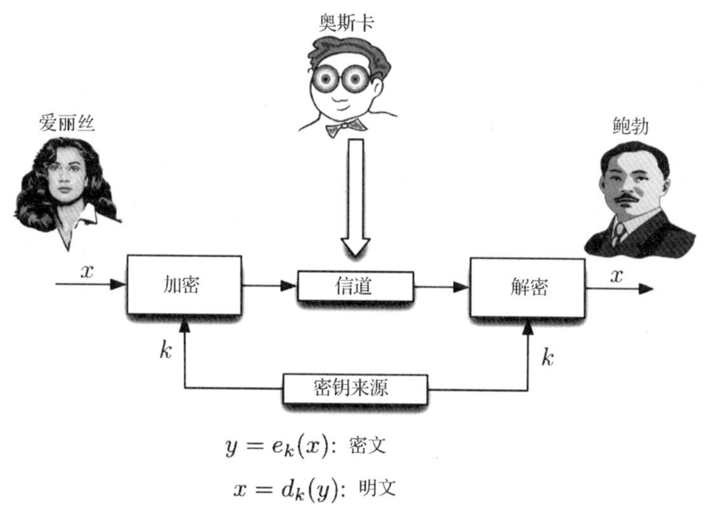

图 A7.2　传统加密模式

例 A7.1　数据加密标准对抗暴力破解的安全性

数据加密标准(DES)是一个把明文用 64 比特的组和 56 比特长的密钥加密的块密码。密钥的总数是 2^{56} 个。平均情况下，如果存在一个已知的明文-密文对，那么需要检查一半的密钥空间以找到正确的密钥。如果攻击者使用的是一个 500 MHz 的芯片，并且一次解密(或者加密)能够在一个时钟周期内完成，为了测试 2^{55} 个密钥，将花费 $2^{55}/(500\times10^{6})$ 秒 = 834 天来破解这个密码。如果并行使用 834 个芯片来执行攻击任务，该密码就不是特别安全了，因为密钥能在一天内获得。如果每个芯片价值 20 美元，此时总共的花费就会是 16 680 美元。

例 A7.2　对抗芯片速度增长的安全问题

在 1999 年，数据加密标准在少于一天的时间里花费 500 000 美元就能被破解。今天，几乎不太可能破解一个密钥长度超过 80 比特(用暴力破解需要检查大约 2^{80} 个密钥)的设计很好的块密码。然而，一个公共假设(称为摩尔定律)认为处理器或者芯片的速度每 18 个月就增长一倍，这样的话随着时间的增长就能削弱任何加密策略的安全性。例如，今天使用一个速度为 500 MHz 的芯片，那么 100 年后一个使用两倍于当前数据加密标准长度(也就是 112 比特)密钥的加密方案就能在一天内破解。

像数据加密标准这样的块密码一次加密一个数据块。流密码通过安全生成的密钥流对比特或数据字节异或来实现加密。流密码的优点是不需要将数据缓冲到一个块大小再处理，也不需要比特填充。流密码也可能更适用于抖动敏感的语音通话。缺点是该密码应该被谨慎使用，因为流密码使用的是简单的异或操作，因此每次加密都采用不同的流密码是非常必要的(一个简单的异或运算就能被反过来获取从前用过的流密码)。

数据加密标准是一个超过 20 年的私有密钥加密标准。美国国家标准与技术研究所(NIST)1998 年检查了高级加密标准，在 5 个候选算法中，国家标准与技术研究所在 2000 年

10月选择Rijndael算法作为对称密钥新标准的算法。国家标准与技术研究所考虑了大量因素来决定一个算法是否符合标准要求，这包括：

1. 安全性-对抗密码分析，数学上的稳健性，算法输出的随机性。
2. 成本-使用权要求，各种平台上的计算效率，内存需求。
3. 算法实现特性——处理不同密钥长度和块长度的能力。流密码和哈希函数的实现，硬件和软件的实现，算法的简单性等是评估这些算法的三大类别。

除了这些标准，还有一些可用的自由软件和私有密钥算法，例如IDEA、RC-4和[Sta98]。特别是RC-4已经被广泛应用于Web浏览器和诸如IEEE 802.11这样的无线网络中。

私有密钥算法的主要优点是运算速度很快，由于今天网络支持的数据率都非常高，因而几乎不可能使用公开密钥算法(下面讨论)。然而，因为每对使用者都不得不拥有一个密钥，对于一个有N个用户的通信，至少需要建立并且分发$N(N-1)/2$个密钥。这个问题并非微不足道，它们有其自身的弱点。

例 A7.3　对称密钥加密算法的密钥数量

假设一个小型企业网络有500台电脑，总共需要124 750个密钥(每两台电脑需要一个密钥)。每台电脑需要存储499个密钥来和其余499台电脑对话。如果一个雇员要使用一个掌上个人电脑，则不仅这台掌上设备需要加载500个新密钥，而且原来的500台老电脑也需要每台都增加一个手持设备的密钥。

现在有一些对称密钥算法的密钥分发技术，例如NeedhamSchroeder密钥分配方案和Kerberos安全认证系统。所有这些方案都需要几个握手步骤，并且需要初始配置一台计算机掌握主密钥。这些主密钥会以物理上安全的方式分发。然而，主密钥分配仍是系统中一个潜在的弱点。另一个给每个对话生成新密钥的方法是用主密钥和一次性随机数(称为不重数)作为单向哈希函数输入来生成密钥。还有一种方法是用主密钥来给不重数加密。

公共密钥加密是数据加密方法的一个根本性的转变。迪非和赫尔曼在1977年引进了这个概念。通过使用私有密钥，我们相当于给每对用户一个上锁的邮箱，见例A7.3。这里，如果爱丽丝想和丹通话，她就打开她和丹之间的邮箱，存储报文，然后再给邮箱上锁。这个报文现在就只能被拥有认证密钥的爱丽丝和丹获取。

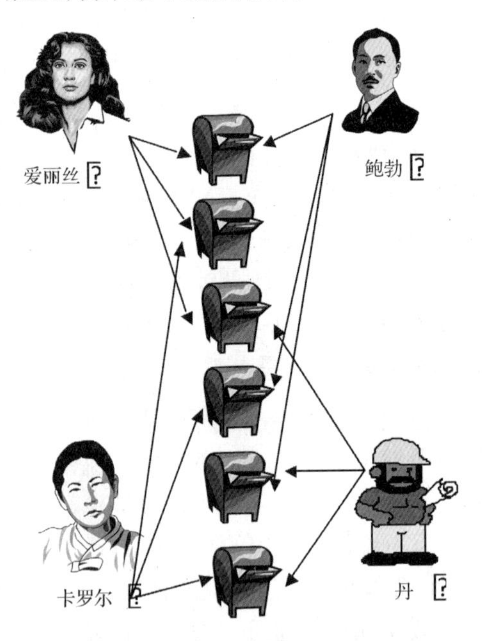

图 A7.3　私有密钥加密多个邮箱

显然，N个用户需要的邮箱数是$N(N-1)/2$。例如，如图A7.3所示，我们有4个用户6个邮箱。上面的情况不是我们使用邮箱的自然做法。邮箱和个人有关而不是和成对的通信双方有关。使用邮箱的自然方法是像下面的例子那样，爱丽丝有一个邮箱，只有她自己能给邮箱上锁和解锁(也就是说，只有爱丽丝有邮箱的完全控制权)。任何一个想和爱丽丝通信的人都需要把报文通过邮箱投递口投入邮箱。一旦一条报文投入邮箱中，只有爱丽丝能获取它，甚至报文的发起人都不能再获取它，尽管他或者她有能力根据对报文已经掌握的信息重制一份报文。

公共密钥算法和上面的例子类似。每一个人都有一对密钥：公钥和私钥。从名称可知，每个人都知道公钥，所以任何人都能使用私钥所有者的公钥加密报文。公钥就像邮箱的投递口，只有邮箱的所有者才知道私钥。这样一来，一旦报文被私钥所有者的公钥加密，那么只有他才能解密报文。一旦报文被加密，即使报文的发起者也无法将其解密。

图 A7.4 展示了公钥加密方案的示意图。注意，这里密钥不再需要安全传输。爱丽丝用鲍勃的公钥 $K_{pub,bob}$ 加密一个准备发送给鲍勃的报文。该密文被鲍勃用其私钥解密。公钥算法的设计准则如下。给定一个函数 $f(k,x)$，始终有以下的特性：

- 很容易计算 $y=f(k_{pub}, x)$。
- 给定 k_{pub} 和 y，计算上求解 $x=f^{-1}(k_{pub}, y)$ 不可行。
- 已知与 k_{pub} 相关的 k_{prv}，容易得出。
- $X=f^{-1}(K_{pub}y)$。

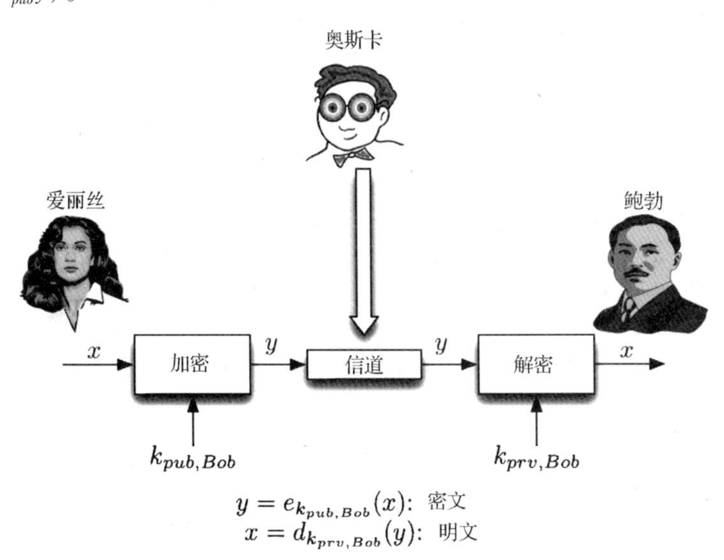

图 A7.4　公共密钥加密方案

例 A7.4　单向陷门函数

具备上述特性的函数叫作单向陷门函数。单向陷门函数的例子是因数分解问题和离散对数(DL)问题。前者基于素数相乘可以轻易得到一个复合数，但是将复合数因数分解却很难这一事实(例如，很容易得到 $7\times17\times109\times151=195\ 821$，但是把 30 616 693 分解成素数因子却很难)。后者基于这样的事实，2^{23} 除以 109 求余很容易(答案是 77)，但是想要根据 2^{u} 除以 109 求余等于 68 来确定 u 的值却很难。需要注意的是，如果采用实数算数，可以很轻松地得出 u 的值，即 $u=\log_2 68$。而采用模函数，可以将该运算简化成求解小于 109 的一组非负整数，从而导致该问题非常难以解决。因数分解被用于迪非-赫尔曼算法中，而 DL 问题则用于 DH 密钥交换协议和数字签名中。

例 A7.5　迪非-赫尔曼密钥交换协议

迪非-赫尔曼密钥交换协议基于例 A7.4 提到的离散对数问题。我们假设爱丽丝希望与鲍勃在不共享任何秘密的基础上交换一个会话密钥。爱丽丝选择一个基数 α 和一个公开的大素数 p。她只选择一个随机私有数字 a。她计算 $k_{pubA}=\alpha^{a} \bmod p$ 并发送给鲍勃。给定 k_{pubA}，α 和 p 并不能计算出 a。同样，鲍勃选择一个随机数 b 计算 $k_{pubB}=\alpha^{b} \bmod p$ 并发送给爱丽丝。b 值也同样很难确定。得到彼此的公钥后，爱丽丝和鲍勃把这些公钥引入到他们的私有数字 a 和 b 相关的指数计算中。即，爱丽丝可以计算出：

$$k_s = k_{pub\ B^a} \bmod p = \alpha^{ab} \bmod p$$

鲍勃可以计算出：

$$k_s = k_{pub\ A^b} \bmod p = \alpha^{ab} \bmod p$$

通过这种方法鲍勃和爱丽丝都会生成一个通用的会话密钥。恶意实体奥斯卡不解决离散对数问题就不能确定这个密钥。至少，除了解决离散对数问题没有已知的解决方法来获取会话密钥。

RSA 是最常用的公钥算法，它用于因数分解。无线网络中基于离散对数的迪非-赫尔曼密钥交换协议也很常用。这个协议在例 A7.4 中已经介绍过，它已广泛应用于 Web 交易、电子商务和 IP 安全的密钥转换。数据版权管理标准(DSS)也基于 DL。基于 RSA 算法的签名方案也被广泛使用。

然而，在公钥算法的情况下，对手奥斯卡知道鲍勃的公钥，这给这个问题增加了一个额外的因素。因为公钥算法基于数学建模，对于小的密钥长度，能够使用公开的结果和列表来破译密码。因此，公钥长度比私有密钥算法长度要大得多。今天为了获得更好的安全性，公钥算法的密钥长度要比对应的私有密钥长度大 3 ~ 15 倍。因为公钥算法的数学基础是已知的，它们更易遭受分析攻击，所以需要比私有密钥算法更长的密钥。椭圆曲线运算也被用于加密方案，因为人们需要比 RSA 算法更短的密钥长度。

表 A7.1 显示了密钥长度和破解一些常见公钥和私钥算法[Sil00]所需的时间。这些值基于下面的假设，即表中的值是建立在使用价值 1000 万美元的计算机硬件计算的，每行的密钥长度是相同的。

表 A7.1 不同加密方案所需的密钥长度(单位：比特)

私有密钥算法	椭圆曲线	RSA	破译时间	内　存
56	112	430	<5 分钟	很小
80	160	760	600 月	4 Gb
96	192	1020	3×10^{6}年	170 Gb
128	256	1620	10^{16}年	120 Tb

公钥算法的数学运算十分精深，因此加密效率非常低，公钥算法很少用于批量数据传输。相反，在一对通信实体中交换会话密钥可以使用公钥算法，这对通信实体接下来会在通信过程中(批量数据加密)使用私有密钥算法的会话密钥。这可以确保每次发起一个会话都会有一个新的会话密钥，从而减少恶意实体破解加密的可能性。

尽管像爱丽丝那样的诚信方的公钥能被公开，但其真实性仍然需要被核实，因为恶意实体奥斯卡也能声称自己是爱丽丝并将自己的密钥作为她的密钥发布。使用来自一个可信赖的认证机构的数字证书签名(下面看到的数字签名)来认证公钥的真实性十分普遍，这种方法被用在基于 Web 浏览器的电子商务应用中。

我们在图 A7.1 的分类中提到了哈希函数。哈希函数不是严格的加密方案，它把任意大小的数据映射到一个固定大小的数字摘要。给定这个摘要，如果这个摘要的长度大于 160 比特，我们认为要获得映射成摘要的原始数据是不可行的。如今运用广泛的哈希函数是信息摘要算法 5（MD-5）和散列算法（SHA）。

利用加密提供安全服务

加密方案和哈希函数被广泛应用于口令保护方案和用于访问控制的访问控制列表，从而具备了基于用户的身份允许或拒绝其访问特定资源的能力。身份认证和实体认证本身是一个重要的安全服务，多个应用需要它们来提供服务。访问自动取款机（ATM）、登录电脑、识别一个连网的蜂窝电话用户等，都包含身份识别方案。注意，在身份确认和报文认证之间有一个区别。当我们谈到报文认证时（下面讨论），通常是指双方交换含有信息的报文，然后单方或者双方都需要被认证。身份认证方案（有时称为实体认证）需要实体身份的认证，但是不需要包含交换内含信息的报文。

弱身份认证方案基于口令和 PIN 码，这些口令或 PIN 码不随时间变化。通常口令和 PIN 码与安全存储的哈希函数相比较。如果口令和 PIN 码用不安全的方式在空中传播，那么这种方案特别容易受到重放攻击。质询-响应认证或强认证方案通常用于无线网络。这里，爱丽丝向鲍勃声明她掌握秘密的知识而不是展现秘密本身来证明自己的身份。为了这个目的，使用一个称为“不重数”[①]的量值。不重数是指一个数字被用于一个目的不超过一次从而消除重放攻击。随机数、时间戳、序列号等在实用中被用作不重数。一个质询-响应协议的例子如下：

1. 爱丽丝通过口令和用户名向鲍勃注册。
2. 鲍勃给爱丽丝发送一个随机数（质询）。
3. 爱丽丝用一个随机数的加密值回复，即用口令作密钥来加密（响应）。
4. 鲍勃证实爱丽丝确实拥有密钥（口令）。

偷听者奥斯卡不能重复响应，因为如果他想联系鲍勃时，质询是不同的。奥斯卡也无法获取口令，因为加密方案足够安全且口令不会被泄露出去。

报文认证是一个有两种功能的安全服务：发送者认证和数据完整性。通过发送者认证，接收者能够确认报文是声称发送了报文的人发送来的。报文完整性确保接收者接收的报文在传输过程中没有被修改。这两个功能都能通过给报文增加一个加密的报文摘要（MD）、信息认证码（MAC）或者报文完整性检查（MIC）达成。不要把这里所说的信息认证码（MAC）与第 4 章提到的媒体接入控制层混淆。块密码和哈希函数能被用来产生信息认证码，这些是使用有通信双方共享密钥的块密码和哈希函数产生的数据检验和。信息认证码和报文完整性检查提供信息认证和完整性。如果恶意实体奥斯卡伪造一个报文或者修改一个合法的报文，检验和就会失败，警示接收者数据有问题。使用块密码和使用哈希函数的 HMAC 是信息认证码实施的常用标准。

信息认证码提供报文认证的方法如下。它根据报文本身以及通信双方所共享的私钥来产生一个长度固定的比特序列。不管信息是千字节长还是数以百兆字节长，信息认证码产生的固定长度的比特序列直接由报文和密钥决定。这个比特序列附加到信息后，如果机密性不是问题，那么报文能被以明文形式传送。没有报文和密钥的情况下，生成一个信息认证码的复

① 这个名词被前后重提了好几次，应该是原文问题。——译者注

制品在计算上是不可行的。如果报文在传输中被修改，接收者能通过对比接收报文的信息认证码与所传送的信息认证码进而发现这一问题。因为密钥只在通信双方之间共享，它能让报文接收者确认是谁发送的报文。

密钥报文摘要(MD)的运行方式稍有不同，密钥报文摘要只依赖于报文而不依赖于密钥。哈希函数被用于生成密钥报文摘要。报文依附于密钥报文摘要，结果使用通信双方共享的会话密钥进行加密。这样的话，报文及用于核实报文的密钥报文摘要都是安全的。报文数据必须足够长来防止“生日攻击”。给定一个长度为 b 比特的密钥报文摘要，一个有相同密钥报文摘要的伪造报文很有可能在 $2^b/2$ 次实验中生成。这个结果是根据在一组人中寻找两个生日相同的人的概率得出的，这个概率大约是一年中天数的平方根。也就是说，在一个20人的团体中，很可能有两个人的生日是相同的。

图 A7.5 显示了用哈希函数进行报文认证的原理图。左手边爱丽丝在用密钥 k 加密数据之前，将报文 x 和它的哈希函数值 $h(x)$ 联系起来。密文 $y=e_k[x\parallel h(x)]$ 使用不安全的信道中传送。鲍勃将密文解密并得到报文及与文本相串联的哈希值。他把报文 x 从哈希函数值中分离，计算一个新的哈希函数值并对两者进行比较。如果密文被改写或被替换，鲍勃就能轻易地发现这个事实。没有人能假冒爱丽丝，因为在没有密钥 k 的情况下生成能解密出报文和它的哈希函数值的密文从计算上而言是不可能的。因此，这样就保证了发送者身份认证和报文完整性。感兴趣的读者可以参阅[Sta98] 来了解其他方案和报文认证。使用哈希函数是更优选择，因为它的速度快。

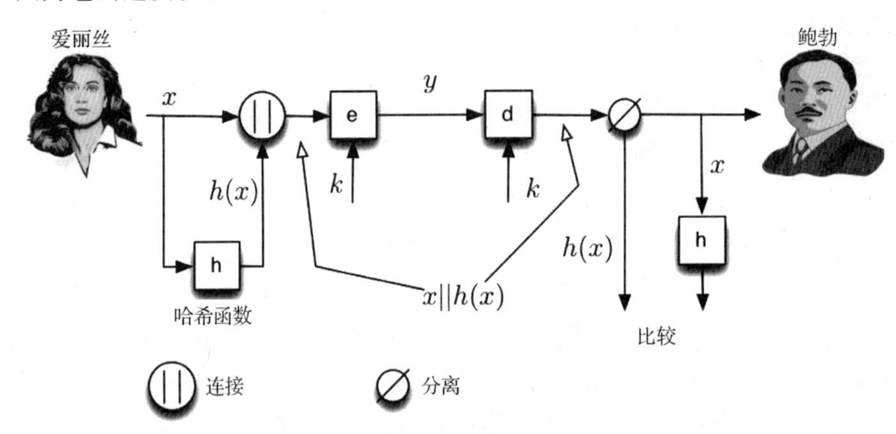

图 A7.5　应用哈希函数的报文认证

数字签名和物理签名相似，它们会认证一些信息，并查看这些信息是否被修改。这个过程涉及用公钥/私钥对的私钥来加密哈希函数值，而哈希函数的输入是部分数据信息。假使爱丽丝生成一些数据并给这些数据创建一个数字签名。任何人都能查证这个签名，因为所有人都能获取解密这个签名需要的公钥。但是除了爱丽丝没有人能生成这个签名，因为她是唯一的有私钥的人。获取公钥不能帮助奥斯卡或其他人推断出私钥。

例 A7.6　不可否认和数字签名

我们在这部分中讨论发送者认证和报文完整性认证，然而这不能保证不可否认性。例如，我们假设爱丽丝是一个消费者，鲍勃是一个电子服务商。鲍勃声称爱丽丝给他下了一个订单买了350美元的书，但爱丽丝否认这笔交易。爱丽丝称自己只买了价值100美元的书。

他们双方都能生成用于交易的密文和报文。因为双方都知道公共会话密钥，验证谁说的是真的谁是假的是不可能的。公钥算法和数字签名可用于这种情况。

我们知道只有密钥所有者知道公钥算法中的私钥部分。结果，这个信息可以绑定报文所有者和他发送的信息。通常公钥算法的操作可以让私钥也能加密一条报文。我们可以把它和下面的方案进行比较。只有邮箱的所有者能从邮箱处获取报文，因为只有他拥有打开邮箱的私钥。除了爱丽丝没人能用她的私钥加密一条报文（或者产生一个能被她的公钥解密的有含义的密文）。这个加密的缺陷是任何人都能解密报文，因为公钥可以被任何人获取。但这恰好是签名的概念。如果爱丽丝想签署一份文档，这意味着每个人都能核实她的签名，然而没有人能伪造他的签名。用私钥加密一个报文就能达到这个效果。

数字签名把这个概念更进了一步，整个文件不需要被加密。正如已经探讨的那样，如果整个文件加密这个进程会非常慢，可以把报文的密钥报文摘要用于签名或者使用私钥进行加密。加密的签名附加在报文上。这里再一次强调，从哈希函数值上推导出原始报文在计算上是不可行的，签名和报文捆绑在一起。如果文件需要加密，在签名后可以采用通用加密程序。图 A7.6 展示了数字签名应用的原理图。这里，k_{AB}是一个用于保持文件机密性的会话密钥。

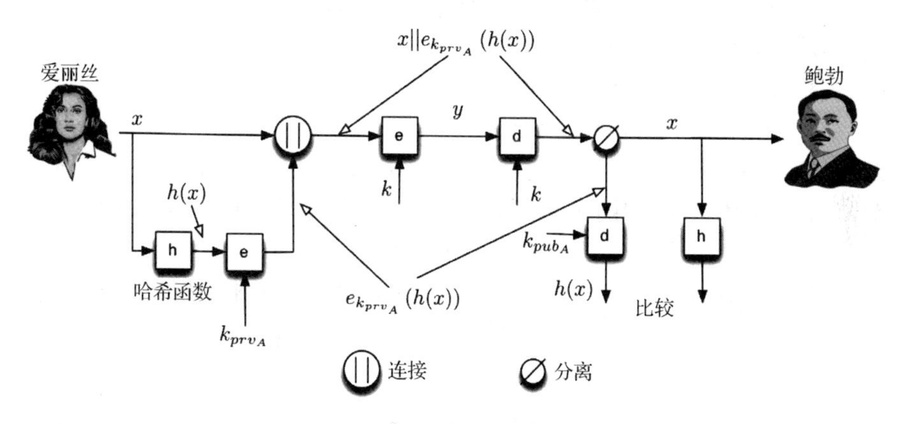

图 A7.6 数字签名

加密协议：上面讨论的密码原语被用于加密协议，其设计目标是小规模地用于特定安全实体。加密协议的设计难度很高，因为它们可能存在很难察觉的缺陷[Kau02]。一个典型的无法满足其大多数安全目标的加密协议就是 IEEE 802.11 无线局域网采用的有线等效保密协议[Edn04]。此外，密码原语利用通信双方共享的密钥，在合法通信方之间建立密钥，让奥斯卡无法获得密钥的任何信息。这个任务并不简单，并且这个过程本身就需要加密协议。密钥建立通常基于可信赖的第三方或者公共密钥算法提供的主密钥。

大多数设计良好的加密协议都具备两个阶段（见图 7.2）。第一阶段，通信实体彼此识别、认证。某些情况下实体认证是单向的（也就是说，爱丽丝向鲍勃证明自己的身份，但反之不然）。利用口令、PIN、通行语、生物特征、安全令牌等诸如此类的方法进行实体认证。质询-响应协议不需要实体显示口令，只表露其知道用于实体认证的口令信息。作为第一阶段的一部分，通信实体会为接下来的安全服务建立密钥。可以用两种方法建立密钥-密钥传输或者分发，即一方生成密钥（或者主密钥）并把它安全传输到其他通信方或者进行密钥协商，通信双方都交换用于在两端生成相同密钥的信息。双方通常是交换随机数字、序列号和时间戳(称为不重数——或者只能用一次的数字),这些信息作为密钥生成的输入信息。第二阶段,建立的密钥用于提供机密性(通过块密码或者流密码加密)和完整性(通过信息认证码或者报文完整性检查)。

思考题

1. 解释一般安全威胁的3种类型。
2. 安全协议需要的两步是什么?每一步的功能是什么?
3. 邪恶双胞胎是什么?它产生了哪种安全问题?
4. 用于WEP的密钥长度是多少?
5. 为什么WEP中实体认证不是很实用?
6. WPA是怎么解决WEP的问题的?
7. 建立在WPA中的不同密钥都是什么?它们是怎样在手机和接入点中建立的?
8. 描述AES-CCM协议。
9. 在蓝牙技术中,配对是什么?
10. 说出传感器网络中的安全威胁。解释数据聚合的威胁。
11. 蜂窝网络的私密性和认证需求是什么?
12. 公钥算法和私钥算法的区别是什么?
13. 解释在安全性和加密算法中密钥长度的重要性。
14. 什么是质询-响应方案?它在北美第二代TDMA网络中是如何工作的?
15. 解释为什么TMSI不能用于追踪手机,即使它在网络注册时是通过手机以明文形式传输的。
16. WLAN和UMTS中分组的机密性和报文完整性检查有哪些相似之处?有什么不同之处?

习题

习题7.1

一个不那么富裕的黑客使用一台旧的计算机并依靠暴力来攻击一些无线系统。不管用什么加密算法,他平均需要花费1 ms来测试一个密钥是否正确。最坏的情况是需要多长时间来攻入一个IEEE 802.11无线局域网?平均他会花费多长时间来攻入一个北美TDMA蜂窝网络?

习题7.2

在习题7.1中,黑客意识到在一个私人802.11网的密钥中最后六位总是0。对他来说最坏的情况是需要多久来攻入这个系统?

习题7.3

在习题7.1中,黑客计划:

a. 买一个二手旧电脑,该电脑每1.5 ms可以测试一个密钥。如果用两个电脑,最坏的情况他需要多长时间攻入一个系统?

b. 黑客把他买的二手电脑进行了升级，现在可以用1 ms测试一个密钥。最坏的情况他需要多长时间攻入这个系统？

项目

项目7.1

用你的笔记本来完成这个项目。用免费工具测试软件Netstumbler（http://www.netstumbler.com/）或者Windows上的无线信号扫描工具Inssider（http://www.metageek.net/products/inssider）或者等价的苹果电脑上的istumbler工具（http://www.istumbler.net/）来扫描你家附近所有的WiFi接入点。列举服务区别号（ESSID）、MAC地址、接入点所用的信道数。在你家中能探测到多少网络？你在房子外面探测时网络的数量会发生变化吗？你家附近有多少干扰网络（也就是说，使用相同信道号的网络）？

项目7.2

注意项目7.1中探测的网络只是那些选择广播它们的SSID的网络。在这个区域中也可能有不广播它们SSID的无线局域网络。使用Kismet工具（http://www.kismetwireless.net/）来看看你所处区域中是否有隐藏的网络。

项目7.3

使用你的笔记本电脑和智能手机来做这个项目。在你家附近或大学校园移动，列举你的无线设备所能探测的不同SSID的无线局域网。试着探测尽可能多的SSID。查看哪些无线局域网是被保护的。如果有可能，查看哪些使用的是WEP，哪些使用的是WPA。你看到笔记本电脑和智能手机探测到的无线局域网络的数量和类型的区别了吗？

第三部分

无线本地接入

第8章 无线局域网

8.1 简介

在本书前面的章节中，我们对无线信息网络产业的发展进行了概述，并对空中接口设计和网络操作的原理做了研究。在本书第三部分和第四部分中，我们将对一些成功的系统实例进行讨论，以帮助读者更深入地理解各种无线网络的演化细节。这部分内容被分为两组，分别讨论用于广域网的系统和用于局域网及个域网的系统。第三部分的重点是无线局域网，从本章开始对 IEEE 802.11 进行研究。IEEE 802.3，或称为以太网，是因特网接入网主要的有线接入技术。以太网起初也是作为连接同一组织内部主机的局域网络连接技术出现的。与之类似，IEEE 802.11 或 WiFi 是主要的无线局域网(WLAN)技术，无线局域网有时也被称为无线以太网(wireless Ethernet)。本章会对此技术进行概要介绍。WiFi 现在是一种成熟的技术，广泛部署在各组织、校园、热点(咖啡店、机场及宾馆)和居民区中。本节将对无线局域网的历史进行介绍。下一节将采用自顶向下的视角对 IEEE 802.11 标准进行讨论。

在过去的 20 年间，随着 WLAN 产业愿景的发展，WLAN 在各种创新技术的支持下得以实现，它为一个规模可观的市场的倍速发展带来了很大希望。现在，WLAN 和广域蜂窝业务的主要区别在于向用户传送数据的方式、数据速率的限制以及频段的规范。蜂窝数据业务是由运营公司以服务的形式提供的，而 WLAN 用户则为拥有网络的组织所有。当 3G 蜂窝产业在为数十 Mbps 的分组数据业务努力的时候，WLAN 标准已经在朝 1000 Mbps 以上的业务努力了。与其他无线网络的另一个不同之处在于，现在几乎所有的 WLAN 都运行在频率规范管理松散的免授权频段上，获取这些频段时无需缴费，也无需等待审批。

而且，如第 6 章所述，WLAN 的架构和运行特征都比本书下一部分所要讨论的蜂窝网络的相应部分简单得多。例如，它没有蜂窝网中常见的独立信道，比如导频、同步、随机接入及业务信道。相反，WLAN 有 MAC 层帧结构，用于承载控制或管理报文，或者用于承载包含了 IP 及其他高层分组的净荷。由于 WLAN 有高速媒体、较低的传播时延以及固定的分组开销等特征，所以与蜂窝网中定长的短分组不同，它使用了更长的变长分组。分布式且基于竞争的媒体接入机制更适用于覆盖范围小且业务负载较低的环境，而带宽有限、具有更大传播时延及更多用户的蜂窝网则更适宜使用集中控制的媒体接入机制。从 WLAN 发展之初，其重点就是需要网络支持更高数据速率的分组数据应用。这就使得宽带调制解调器的设计成为此项技术发展的核心部分。最终，提供固定速率或快速定长分组传输的电路交换/分组交换方式被基于路由器在骨干网中的变长分组传输所取代。

要想深入理解这些问题，回顾 WLAN 产业的历史以了解所有这些特定问题的发展，是非常有意义的，我们接下来就将对此进行介绍。对最新的 WiFi 标准，也就是 IEEE 802.11n，感兴趣的读者可以参考[Per08]，以获得更深入的了解。

8.1.1 早期经验

IBM 瑞士 Ruschlikon 实验室的 Gfeller 在 20 世纪 70 年代晚期首先提出了无线局域网的概

念[Gfe80]。生产车间的终端数量在增加，而在那种环境下很难对终端进行连线。在办公环境中，通常可以将线缆藏在吊顶，或者室内分隔区及墙壁中。但这些选项在生产车间都不可用。在办公环境中，极端情况下也可以通过导管在地板下安装线缆，甚至直接扔在地上用东西盖一下。而生产车间的环境很粗糙，地板下走线的成本高得多，而且由于重型机械可能会对线缆进行碾压，所以直接将线缆放在地面上可能很危险。IBM 实验室选择了散射红外技术来实现无线局域网，以避免与机器发射的电磁信号产生干扰，也可以避开与频率管理机构之间持久的行政交互过程。由于无法实现在合理覆盖范围的 1 Mbps 传输目标，这个项目的主要研究人员放弃了此项目。

HP 加州 Palo Alto 研究实验室的 Ferrert 基本上在同一时间开展了第二个有关无线局域网的项目[Fer80]。这个项目将 CSMA 作为接入方式，为办公环境开发了一个运行在 900 MHz 附近的 100 kbps 直接序列扩频(DSSS, Direct Sequence Spread Spectrum)WLAN。这个项目是在 FCC 的实验许可协议下实施的。但这个项目的负责人没有从 FCC 获得必需的频段，又因行政交流的复杂而感到灰心丧气，因此放弃了他的项目。几年之后，Motorola 的 Codex 试图在 1.73 GHz 实现一个 WLAN，但在与 FCC 沟通之后，此项目也被放弃了。

虽然所有开拓性的 WLAN 项目都被放弃了，但 WLAN 仍持续吸引着人们的注意力，与 FCC 的沟通也在继续进行，以获得用于此目的的频段[Pah85]。这些项目揭示了 WLAN 产业至今仍需面对的如下一些重要挑战：

1. 复杂性与成本。与有线局域网相比，各种实现 WLAN 的备用方案(比如红外技术、扩频技术或传统的无线电技术)都要复杂得多，也更多元化。
2. 带宽。无线媒体的数据速率限制比有线媒体更严重。
3. 覆盖范围。在一幢建筑物内运行的 WLAN 的覆盖范围比单条电缆(总线或环形)构成的局域网的覆盖范围要小，甚至比基于双绞线的局域网还小。
4. 干扰。WLAN 更容易受到其他重叠 WLAN 或其他处于相同频段用户的干扰。
5. 频率管理。基于无线电的 WLAN 成本会更高，也会受制于不合时宜的频率规范。

8.1.2 免授权频段的出现

无线局域网需要至少几十 MHz 的带宽，而这些无线局域网还没有显示出能够与最初仅以两个 25 MHz 频段起家并开创了很大市场的蜂窝语音产业相比的市场竞争力。具有相应频段宽度的 PCS 应用在美国拍出了数百亿美元，而 WLAN 的市场还没有超过每年十亿美元。频率管理机构的两难之处在于是否要为一个市场状况并不太好的产品分配一段频率。

在 20 世纪 80 年代中期，FCC 为此找到了两种解决方案。第一个也是最简单的方案就是为了避开蜂窝电话和 PCS 应用所使用的 1 ~ 2 GHz 频段，为其批准更高的、有大量未用频段的几十 GHz 频率。这种解决方案最初由 Motorola 和 FCC 协商，并用于 Motorola 的 Altair 中，Altair 是第一个运行在获得授权的 18 ~ 19 GHz 频段的无线局域网产品。实际上 Motorola 建立了一个指挥部来促进用户与 FCC 之间就不同地区 WLAN 的使用进行沟通。变更 WLAN 使用地点(从一个镇子搬到另一个镇子)的用户实际上可以联系 Motorola，由他们负责处理与 FCC 之间必要的频率管理问题。

第二个也是更具开创性的方案是使用免授权频段。为了应对前文提到的 WLAN 项目频段申请，在各种无线局域网研究的激励下[Pah85]，FCC 的 Mike Marcus 于 1985 年 5 月开始了免授权 ISM 频段的发布[Mar85]。ISM 频段是第一个用于客户产品开发的免授权频段，在 WLAN 产业的发展中扮演了重要的角色。简单来说，可以将授权及免授权频段比作私家后院和公共花园。如果负担得起，他/她可以拥有一个私家后院(授权频段)，并安排一场烧烤晚宴(无线产品)。如果买不起带后院的房子，他/她可以直接将烧烤晚会放在公共花园(免授权频段)里举行，在那儿，他/她应该遵循一些特定的规则或礼仪，以便大家共享公共资源。ISM 频段中的规则将传输功率限制在 1 W，并强制要求辐射超过 1 mW 的调制解调器采用扩频技术。人们相信扩频通信技术可以限制干扰，并允许多个处于相同频段的无线应用共存。表 8.1 对 ISM 频段的重要特性进行了总结。

表 8.1 ISM 频段特性总结

运行频率	902 ~ 928 MHz; 2.4 ~ 2.4835 GHz; 5.725 ~ 5.875 GHz
传输功率限制	DSSS 和 FHSS 最高 1W
所有调制方式都要求低功率	

8.1.3 产品、频段及标准

无线办公信息网络领域一些有远见的出版物对以前的工作进行了总结，并对此领域未来的发展方向进行了展望[Pah85; Pah88a; Kav87]。受到 FCC 政策以及这些出版物的鼓舞，大量 WLAN 产品开发项目在几乎整个北美大陆上如雨后春笋般发展起来。20 世纪 80 年代末期，市场上出现了使用三种不同技术的第一代 WLAN 产品，这三种技术分别是 18 ~ 19 GHz 授权频段、900 MHz 附近 ISM 频段的扩频以及红外技术。几乎同时，IEEE 802.4L 启动了一项 WLAN 标准化活动，并很快转变成一个独立单元——IEEE 802.11，此标准于 1997 年最终定稿。第一代产品包括鞋盒大小的接入点和接收器盒或 PC 安装卡，在布线确实困难的局域网中，可以通过这些产品用更昂贵的 WLAN 将工作站连接到局域网上去。现在，我们将此应用称为 LAN 扩展[Pah94; Pah05]。当时的市场预测是，大约会有 15% 的 LAN 市场份额转移到 WLAN 上去，这会在 90 年代的前几年产生每年数十亿美元的销售收入。1991 年 5 月，为了创建一个交流 WLAN 知识的科学论坛，第一个由 IEEE 发起的 WLAN 工作组与 802.11 会议同时在麻省的 Worcester 举行[Wor91]。

1992 年，作为对 WLAN 初始发展势头的后继支持，由苹果公司牵头成立了一个名为 WINForum 的产业联盟，目标是从 FCC 开展的名为数据-PCS 的活动中获取更多的免授权频段。WINForum 最终成功地捍卫了 PCS 频段的 20 MHz 带宽，这段带宽被划分为两个 10 MHz 的频段——一个用于同步(类似话音的)应用，一个用于异步(数据类型的)应用。WINForum 最初的目标是为异步应用守住 40 MHz 的频段。WINForum 还为这些频段定义了一系列的规则或称为礼仪，以实现共存。图 8.1 显示了免授权 PCS 频段以及与之相关的频谱礼仪。WINForum 礼仪基于 CSMA 而非 CDMA，也不基于 ISM 频段中使用的其他扩频通信机制。CDMA 的实现需要功率控制和更大的带宽，这在无协调、多用户、多厂商的 WLAN 环境中是不可行的；而没有 CDMA 的扩频通信只能提供带宽更小的有效解决方案，所以 CSMA 是个更好的选择。

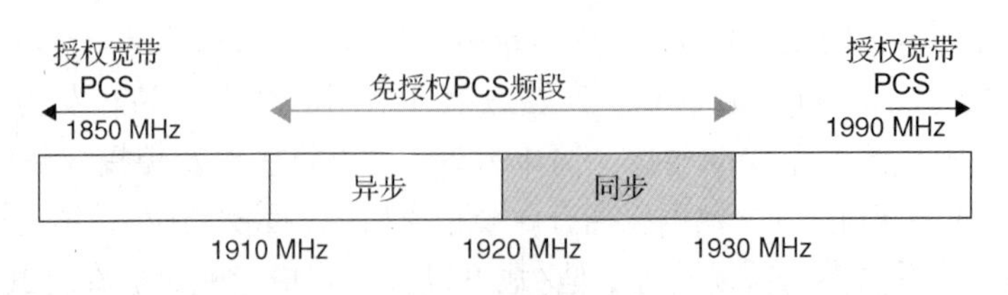

图 8.1　免受权 PCS 频段及其频谱礼仪

1992 年开始的另一项标准化活动是高性能局域网(HIPERLAN, HIgh PERformance LAN)。这个基于 ETSI 的标准旨在开发数据速率比原始 802.11 的 2 Mbps 数据速率高一个数量级，高达 23 Mbps 的高性能局域网。为了支持这些数据速率，HIPERLAN 社区为 WLAN 操作保住了两个 200 MHz 的频段：5.15 ~ 5.35 GHz 和 17.1 ~ 17.3 GHz。这也促使 FCC 在 1997 年最初的 HIPERLAN 标准(后来被称为 HIPERLAN-1)完结时，发布了名为免授权国家信息基础结构(U-NII, Unlicensed National Information Infrastructure)的频段。表 8.2 对 U-NII 频段及其限制进行了总结。人们为 U-NII 频段评估了 WINForum 礼仪，但当时的研究工作偏爱的无线 ATM 无法在对话前先监听的规则下运行，所以此规则并不适用。编写本书时，U-NII 频段已经进行了扩展，并为 IEEE 802.11 a/h/j/n 所用，而 HIPERLAN-2 项目已经终止了。但是，802.11a 和 HIPERLAN-2 首次联合在 5 GHz 的运行上支持了最流行的 IEEE 802.11g 协议，此协议支持运行在 2.4 GHz 的 54 Mbps 基于 OFDM 的 WLAN。在 21 世纪早期，美国联邦通信委员会在 60 GHz 附近为无线应用分配了数吉赫兹的带宽，鉴于有足够的带宽资源可用，IEEE 802.11 和 802.15 工作组正考虑在这些频段制定超高数据速率 WLAN 和 WPAN 的相关标准。我们将在 8.2.1 节对 WLAN 标准进行更详细的讨论。

表 8.2　U-NII 频段的特性

运行频段(GHz)	最大传输功率(mW)	天线增益为6 dBi 时的最大功率(mW)	最大 PSD(mW/MHz)	应用：建议应用与/或强制应用	其他备注
5.15 ~ 5.25	50	200	2.5	局限于室内应用	天线必须是设备的组成部分
5.25 ~ 5.35	250	1000	12.5	校园局域网	与 HIPERLAN 兼容
5.725 ~ 5.825	1000	4000	50	社区网络	在低干扰(乡村)环境中覆盖范围更广

8.1.4　市场策略的转变

20 世纪 90 年代前半段，人们希望 WLAN 能够通过鞋盒大小的产品在室内进行局域网扩展，以占据每年约数十亿美元的可观市场份额，但这一愿望没能实现。在这种情况下，出现了两种新的产品发展方向。第一种也是最简单的方法是使用现有的鞋盒型 WLAN 产品，将其传输功率提高到规则允许的最大值，并装配定向天线以用于室外建筑物间的局域网互联。这些技术上很简单的解决方案可以通过合适的屋顶天线将覆盖范围扩展到数十公里的范围。新的局域网间无线网桥可以将覆盖范围内的企业局域网连接起来。这种局域网间无线解决方案的花费要比有线连接方式，即从 PSTN 服务提供商那里租用 T1 载波线路便宜得多。第二种替代方式是将设计尺寸缩小为一个 PCMCIA 的 WLAN 网卡，以用于规模正在快速增长且要求局域网连接具有可移动性的笔记本电脑。然而，并不是所有现有产品都可以使用这种方式，它更适用于在较低频率上运行的扩频产品。图 8.2 显示了这三种 WLAN 应用。近期还出现了一些新的用于局域网扩展的低价产品，这些产品可以将台式机和工作站的串口或以太网连接器转换成运行在 11 Mbps 的 WLAN 接口。

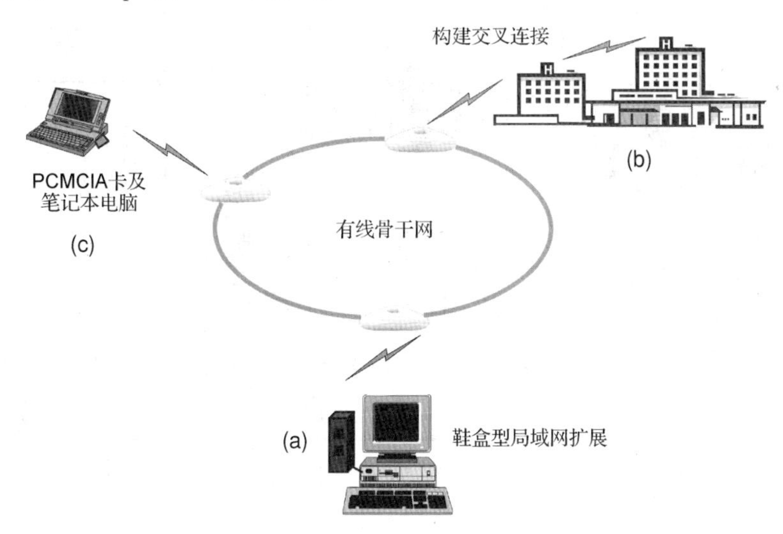

图 8.2　WLAN 产品的不同形式。(a)局域网扩展；(b)局域网间网桥；(c)笔记本电脑的 PCMCIA 卡

局域网扩展应用最初的市场策略实际上是横向的，目标就是直接向客户销售单独的 WLAN 组件。20 世纪 90 年代中期，几家成功企业所进行的另一项主要的市场策略转换是向纵向市场的转移，也就是将无线网络作为应用的完整解决方案出售。WLAN 产业介入的主要纵向市场有为仓库和生产车间提供无线库存检查及追踪的"条形码"行业、在大型股票交易中提供无线财经资讯更新的财经服务、在医院内部提供无线移动服务的医疗网络，以及为无线教室和办公室提供的无线校园局域网(WCAN，Wireless Campus Area Network)。90 年代的最后几年，所有这些努力将 WLAN 的市场份额提升到了每年 5 亿美元以上。

例 8.1　WPI 的 WCAN

图 8.3 是 NSF 发起的一个实验性 WCAN 的原理图，WCAN 是 1996 年在伍斯特理工学院(WPI)的无线信息网络研究中心(CWINS)为 WLAN 产品性能监测所设计的测试平台。这个测试平台通过使用不同技术的局域网间网桥将五幢建筑连接起来。每幢建筑内的接入点都覆盖了学生使用的笔记本电脑。教授可以将图片和电子白板上的板书进行广播，这样学生就可以从校园内不同的建筑物中加入到无线教室中来。整个无线网络通过一台路由器连接到骨干网上，以隔绝流量监控试验产生的流量。

现在，WLAN 产业的横向市场主要是在 WLAN 成本合理的地方将其作为连接扩展局域网段的一种替代手段。其中一个例子就是在需要频繁搬迁时网络的安装方式。在这种情况下，WLAN 解决方案的额外花费与有线解决方案的搬迁花费比较起来就很合理。而各种会议或(招聘、食品等)博览会的注册点所需的临时组网则是无线解决方案优于昂贵但更可靠的有线方案的另一个例子。大理石建筑或历史古迹这种不便钻孔布线，以至于很难或不可能布线的地方，则是另一种合理使用 WLAN 的情形。激励 WLAN 发展的最主要因素是家庭和办公室中笔记本电脑的广泛使用。

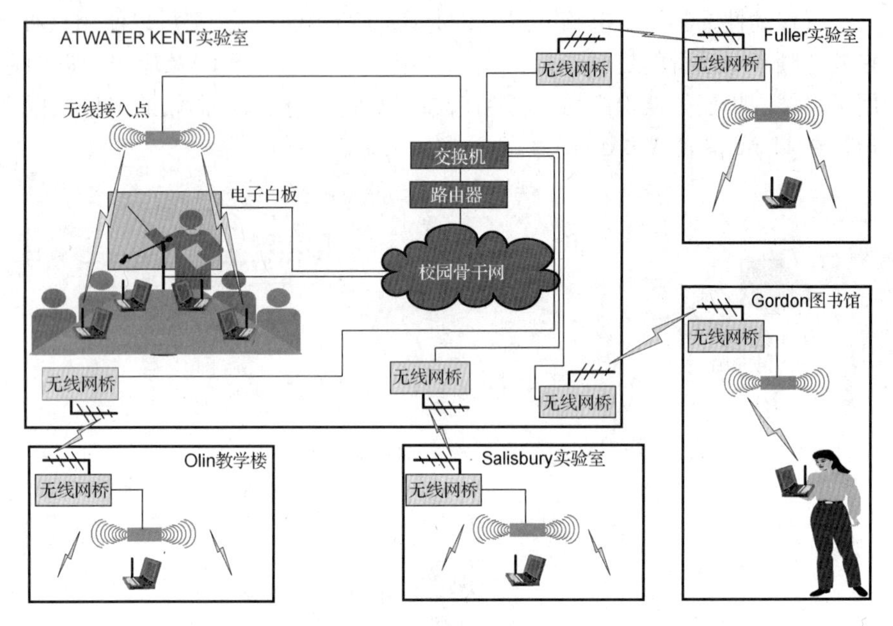

图 8.3 NSF 资助的 WPI 实验性无线校园网(W-CAN, Wireless Campus Area Network)

8.2 无线局域网及标准

IEEE 802.11 是第一个 WLAN 标准，也是到目前为止唯一一个保住了市场的标准。在 IEEE 内部，不同的工作组进行着几种不同的标准化活动。IEEE 802 LAN/MAN 标准委员会负责制定局域网(LAN, Local Area Network)标准和城域网(MAN, Metropolitan Area Network)标准。不同的工作组负责各种不同的 LAN/MAN 标准，其中 802.11 工作组负责制定无线局域网(WLAN, Wireless Local Area Networking)标准。IEEE 802.11 的标准化活动作为组号 IEEE 802.4L 下的 IEEE 802.4 令牌总线标准的一部分，最早开始于 1987 年。IEEE 802.4 与 IEEE 802.3 和 802.5 互相补充，特别关注工厂环境下的网络支持。早期使用 WLAN 的动因之一就是要在工厂的设备之间进行控制和通信。因此，通用汽车公司(GM)这样的汽车制造厂商在这项产业开始之初就非常积极地参与到了 IEEE 802.4L 的活动中。1990 年，802.4L WLAN 工作组被重新命名为 IEEE 802.11，作为一个独立的 802 标准，定义了 WLAN 的物理(PHY, physical)层和媒体接入控制(MAC, Medium Access Control)层。

WLAN 标准要整理出一种系统化的方法来定义无线宽带本地接入标准，IEEE 802.11 标准是第一个面对这种挑战的标准。与有线局域网相比，WLAN 运行在不同的媒体上，需要提供移动性和安全性支持。无线媒体有严格的带宽限制及频率规范，还会受到时间和位置相关的多径衰耗问题的影响。它注定会受到其他 WLAN，以及 WLAN 附近其他无线电及非无线电设备的干扰。无线标准中要有支持移动性的相关内容，而其他局域网标准则不需要。IEEE 802.11 的主体部分需要研究连接管理、链路可靠性管理和功率管理，其他 802 标准则完全不必考虑这些。而且 WLAN 是没有物理边界的，它们会相互交叉，因此标准化组织还要制定链路的安全性规范。出于对所有这些因素的考虑，同时也由于其他几个竞争提案的存在，IEEE

802.11 的研究花费了 10 年时间，远长于其他为有线媒体制定的 802 标准。一旦整体架构和方式明晰之后，只花了很短的时间就开发出了 IEEE 802.11b 和 IEEE 802.11a 的增强功能。

8.2.1　WLAN 标准与 802.11 标准的活动

WLAN 标准化活动的演变因地域的差别也有所不同。欧洲 ETSI 的宽带无线接入网络（BRAN，Broadband Radio Access Network）工作组致力于高性能无线局域网或 HIPERLAN 标准，美国致力于开发 IEEE 802.11 系列。而在日本，则有无线工业与产业联盟（ARIB，Association of Radio Industries and Businesses）下的多媒体移动接入通信促进会（MMAC-PC，Multimedia Mobile Access Communications Promotion Council）致力于 WLAN 标准的研究。尽管有些系统也使用授权频段（比如使用某些授权频段的 HIPERLAN），但 WLAN 所用的频谱几乎都是免授权频谱。IEEE 802.11 是唯一获得商业成功的 WLAN 标准。HIPERLAN/1 是在 20 世纪 90 年代中期标准化的，它支持复杂的多跳 ad hoc 网络。HIPERLAN/1 的媒体接入机制[Wil95b]基于一种被称为消除-生成非抢占多点接入（EY-NPMA，Elimination-Yield Non-Preemptive Multiple Access）的载波监听多点接入形式。HIPERLAN/2 使用了与 IEEE 802.11a 非常相似的物理层，以及一种基于预约和 TDMA 的媒体接入机制。但这两个标准都没有被商业产品成功应用。MMAC 的活动包括从无线个域网到户外固定公众网络的各种无线接入网络（有些与 IEEE 802.11 标准兼容）。表 8.3 对部分 802.11、HIPERLAN 和 MMAC 标准进行了总结。

表 8.3　部分 WLAN 标准的总结

标准	标准主体	频谱	数据速率	主要的媒体接入方式	主要应用地区
IEEE 802.11 b，g	IEEE	2.4 GHz ISM 频段	1，2，5.5，11 最高到 54 Mbps	CSMA/CA[1]	北美
IEEE 802.11a	IEEE	5 GHz U-NII 及 ISM 频段	最高到 54 Mbps	CSMA/CA	北美
IEEE 802.11n	IEEE	2.4 GHz ISM 频段	> 100 Mbps	CSMA/CA	北美
HIPERLAN/1	ETSI	5 GHz 频段	23 Mbps	EY/NPMA[2]	欧洲
HIPERLAN/2	ETSI	5 GHz 频段	最高到 54 Mbps	TDMA 预约	欧洲
无线接入及 WLAN	MMAC	3 ~ 60 GHz 频段	20 ~ 25 Mbps	各种方式	日本

[1] CSMA/CA——带有冲突避免的载波监听多点接入

[2] EY-NPMA——消除-生成非抢占多点接入

如前所述，有竞争力的欧洲无线局域网标准是专门用于 U-NII 频段的 HIPERLAN/2 标准。尽管 HIPERLAN/2 适用于几种不同的数据速率，但它使用了与 IEEE 802.11a 一样的物理层。此标准提出了用于功率测量和控制以及无线资源管理的机制。以前曾经有一个任务组 H 负责增强现有的 802.11 MAC 和 802.11a PHY，使其包含 U-NII 频段的网络管理、频谱控制扩展以及传输功率管理，从而实现可能的动态信道选择功能。在这种情况下，接入点可以根据它们所获得的可能会在同一信道传输的相邻接入点的信息来动态选择信道。通过这种方式，复杂的网络规划过程就可以得到简化。2003 年 10 月完成的 802.11h 标准考虑了传输功率控制（TPC）和动态频率选择（DFS）功能，以满足欧洲监管方面的需要。

除了本章已讨论的这些标准之外，IEEE 802.11 工作组还有几项正在进行的活动。有几个任务组在从事 IEEE 802.11 标准的提升工作。其中一些如下所述。任务组 J 在考虑对当前标准进行提升，提供日本使用的4.9～5 GHz之间频段上的操作。成立这个任务组是为了对802.11标准进行修改，以适应在日本使用的此频段的监管要求。为了满足这些规则的要求，预计对MAC层和PHY层都会有些修改。任务组K考虑的则是在802.11h范围之外提供增强的无线资源管理。这个任务组的主要目的是为那些需要按需启动无线和网络测量功能的高层提供一些机制。一旦功率管理及报告的标准化成为可能，就可以用其实现更高的频谱利用率、降低干扰等。未来的道路交通应该会演化为智能交通系统(ITS, Intelligent Transportation System)或ITS。任务组P(称为车载环境的无线接入——WAVE)的目标是为可能需要支持ITS应用的802.11定义一些增强功能。定义的功能将包括高速车辆之间以及这些车辆与路边设施之间在授权的ITS频段(5.9 GHz)上的数据交换。新成立的任务组Y关注的是FCC新近为WLAN操作开放的3.5 GHz频段上的操作。这个协议的目标之一是开发一个公平竞争的媒体接入协议。

还有一些任务组不直接对这些标准进行修改或添加，只负责与802.11有关的维护和其他问题。任务组M负责802.11标准的维护工作。任务组D关注的则是监管领域的更新。编写本书时，还有一些新近提出的各个级别的待批准提案——802.11t的目标是为无线性能预测推荐一些实践场景，802.11u关注的是与外部网络的互通，802.11v用于移动站的网络管理，802.11w为管理框架提供保护(数据完整性及认证)。此外，有几个研究组负责协调802.11和欧洲的ETSI标准，有几个在研究改进802.11标准以提供更高吞吐量的可能。

8.2.2 以太网和IEEE 802.11

在其他很多可供选择的有线局域网(LAN)技术中，得到持续发展的是IEEE 802.3标准，即以太网。起初，开发传统以太网是为了在使用总线拓扑结构和同轴电缆的局域网上进行操作。现在，以太网协议及媒体接入机制运行在各种不同的有线物理媒体上，采用的是已经取代了总线结构的星形拓扑结构。IEEE 802.11或称为WiFi，最初被设计为“无线以太网”，它的分组格式和MAC层都是根据IEEE 802.3，即有线以太网的相应部分构建的，而物理层则完全是重新设计的，以适应本质上更复杂的无线媒体。现在，较低层的数据通信中最流行的分组格式就是以太网分组，较高层的通信则使用TCP/IP。

以太网的媒体接入基于具有冲突检测的载波监听多点接入(CSMA/CD)技术，第4章对此技术进行了简要的介绍。如果同一个局域网上的两台主机传输的分组可能同时出现在媒体上，就会产生冲突。在使用有线媒体的传统以太网中，网卡会根据检测到的基带信号电压高于单个终端传输的预期电压水平而发现冲突。有线媒体只要观察电压是否增高到一定门限以上就可以检测到冲突，与之不同的是，由于衰落和天线反馈会造成广泛的功率变化，要检测无线媒体上的冲突非常困难。因此，IEEE 802.11标准没有使用CSMA/CD，使用的是其修订版本：带有冲突避免的载波监听方式CSMA/CA。总的来说，从性能和花费的角度来看，在空中应该使用冲突避免而不是冲突检测机制。这是以太网和WiFi-MAC层的主要区别之一。本章稍后会看到，IEEE 802.11中使用了几种冲突避免机制。

WiFi的分组格式也是建立在以太网分组格式基础上的。以太网分组有一个包含了前导码和起始定界符的首部。接收端用前导码与所传输分组的时序同步，起始定位符则是一个特殊的序列，用来说明MAC分组实际信息内容的开始。MAC分组的信息内容以目的地址开始，然后是源地址，接下来是实际净荷字段和一个用来检测所接收分组的完整性以确定是否需要重传的 CRC 差错检测码。IEEE 802.11 将首部从 MAC 信息中分离出来，并将其称为物理层汇聚协议(PLCP, Physical Layer Convergence Protocol)。除了前导码和起始定位符之外，PLCP 包含了更多的信息，比如可能会随信道变化的数据速率和我们后面会解释的协议类型。因为每台终端都连接到一个接入点上，IEEE 802.11 的 MAC 分组会有 4 个地址字段。我们需要两个 MAC 地址点来标识一台无线终端。有些附加字段用于支持控制分组以及无线环境所需的其他特性，稍后将对这些附加字段进行讨论。

WiFi 的物理层比以太网使用的简单基带信号复杂得多。我们在第 3 章讨论了一些物理层传输和编码方案。本章还将对这些物理层方案的细节进行讨论。

8.2.3　IEEE 802.11 概述

像很多系统(比如蜂窝系统)一样，用来传输语音的、面向连接的标准都要首先明确所要提供的服务。然后定义参考系统框架及其接口，最后制定详细的分层接口以适应所有服务的需求。而 IEEE 802.11 这样面向无连接数据网的情况则有很大的不同。IEEE 802.11 标准提供了一个通用的物理层和 MAC 层规范，以适用于各种传输层和网络层都构建在 IEEE 802.11 MAC 层之上的无连接应用。现在，TCP/IP 是占有主导地位的传输/网络层协议，它承载了所有流行的无连接应用，比如 Web 接入、Email、FTP 或 telnet，而且它可以在包括 IEEE 802.11 在内的所有局域网 MAC 层上工作。因此，IEEE 802.11 标准不需要指定服务。但是，IEEE 802.11 为本地或私人拥有的 WLAN 提供了很多有竞争力的解决方案。在这种情况下，标准化的第一步就是将所有这些解决方案集合成一组带有适量选项的要求。下一步就是通过与面向连接的标准类似的方式定义一个参考系统模型，以及相关的详细接口规范。

IEEE 802.11 标准的参与者数量很快过百，他们提出了很多解决方案。这些需求集合的定稿过程并不容易，需求包括：

- 用一个 MAC 层来支持多种物理层。
- 应该在同一地区允许多个交叉网络存在。
- 能够处理来自其他 ISM 频段无线电和微波炉的干扰。
- 处理“隐藏终端”问题的机制。
- 提供一些选项，用于有时限要求的业务。
- 可以提供隐私和接入控制服务。

除此之外，还要求标准不涉及授权频段的操作。这些需求为标准采纳不同的选项设置了总体方向。然而，与此类标准中常见的情形一样，实际采纳的选项都基于市场上已有的成功产品。

与大多数局域网标准一样，802.11 标准只与 OSI 协议栈中的下两层，也就是物理(PHY, physical)层和媒体接入控制(MAC, Medium Access Control)层有关。MAC 层和 PHY 层运行在支持很多其他局域网协议的 IEEE 802.2 逻辑链路控制(LLC, Logical Link Control)层之下。在 802.3 这样的有线局域网标准中，有几个物理层对应于同一个 MAC 规范。IEEE 802.3 就是个很好的例子，它最初是为厚重的同轴电缆设计的，但随后进行了修改以包含细同轴电缆、各种双绞线，甚至光纤链路。IEEE 802.11 标准以同样的方式制定了一个可以在很多不同 PHY 标准上使用的公用 MAC 协议。这些 PHY 标准包括“基本”IEEE 802.11 标准、802.11b和 g 标准，以及 802.11a 标准。802.11 工作组正在考虑新的 802.11n 物理层。MAC

协议基于具有冲突避免的载波监听多点接入(CSMA/CA, Carrier-Sense Multiple-Access With Collision Avoidance)技术。它还指定了一种名为点协调功能(PCF, Point Coordination Function)的可选的轮询机制。除了MAC和PHY层之外，IEEE 802.11标准还规范了一个在媒体上传输管理报文的管理平面，管理员可以通过这个平面来协调MAC和PHY层的工作。MAC层管理实体(MLME, MAC Layer Management Entity)负责漫游和节能等管理问题。物理层管理实体(PLME, PHY Layer Management Entity)在信道选择及与MIME的交互上提供帮助。站点管理实体(SME, Station Management Entity)负责处理这些管理层之间的交互。图8.4显示了与IEEE 802.11有关的协议栈。

基本的IEEE 802.11标准指定了三种不同的物理层——两个使用的是无线电频率(RF, Radio-Frequency)，一个使用的是红外(IR, Infra-Red)通信方式。RF PHY层是基于扩频(SS, Spread Spectrum)的——要么是直接序列(DS, Direct Sequence)，要么是跳频(FH, Requency Hopping)，而IR PHY层则是基于脉冲位置调制(PPM, Pulse Position Modulation)的。标准为这三种物理层都指定了两种不同的数据速率——1 Mbps和2 Mbps。RF物理层运行于2.4 GHz的工业、科学及医药(ISM, Industrial, Scientific and Medical)免授权频段。

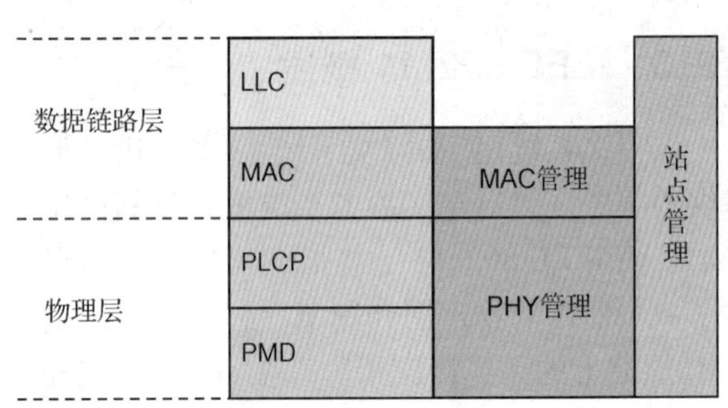

图8.4 IEEE 802.11协议栈

例8.2 PHY层解决方案的起源

IEEE 802.11的DSSS解决方案基于荷兰NCR设计的WaveLAN [Tuc91]。FHSS解决方案受加州Proxim设计的RangeLAN、加州Photonics产品的影响很深，而伊利诺伊州的Spectrix则影响了DFIR标准的设计。

IEEE 802.11b标准指定了运行于2.4 GHz的更高数据速率——5.5 Mbps及11 Mbps的物理层。PHY层使用一种称为补码键控(CCK, Complementary Code Keying)的调制机制。传输速率取决于信号的质量，而且它与基于基本802.11标准的DSSS后向兼容。根据信号质量的不同，传输速率可能会掉到更低的值。802.11g标准通过正交频分复用(OFDM, Othogonal Frequency Division Multiplexing)将2.4 GHz ISM频段的数据速率进一步提高到54 Mbps。IEEE 802.11a标准[Kap02]负责5 GHz免授权国家信息基础结构(U-NII, Unlicensed National Information Infrastructure)频段的PHY层。这些频段同样指定了以OFDM作为调制技术的最高54 Mbps的数据速率。根据PHY层替代协议的不同，频段被分为几个信道。每个信道都支持相应PHY层替代协议所允许的最大数据速率。被称为802.11n的超高速率(>100 Mbps)PHY层建议在收发器端使用多个输入输出天线。这项技术通常称为多入多出(MIMO, Multiple Input Multiple Output)技术，它也使用OFDM作为调制方案。

接下来的几节将按照自顶向下的方式讨论IEEE 802.11标准。首先讨论的是IEEE 802.11中可能采用的不同拓扑结构，重点是对一些管理功能的理解。然后，是对802.11 MAC层的详细讨论，以及PHY层的各种替代协议。研究了802.11 WLAN的基本操作之后，将会讨论IEEE 802.11的安全问题，以及近期正在进行的进一步扩展标准的活动。

8.3 IEEE 802.11 WLAN 操作

本节将讨论 IEEE 802.11 的操作问题、MAC 层和物理层，并会对安全问题进行简要的介绍。第 6 章对 WLAN 和 WWAN 之间一些结构上的差异进行了讨论，更多细节和安全方面的比较是在第 7 章讨论的。

8.3.1 拓扑与结构

IEEE 802.11 WLAN 的拓扑可以是两种类型之一——基本结构或 ad hoc 结构(参见图 8.5)。在基本拓扑结构中，接入点(AP, Access Point)覆盖了一个称为基本服务区(BSA, Basic Service Area)的特定区域，移动站(MS, Mobile Station)之间或者移动站与因特网之间都是通过 AP 进行通信的[Cro97]。AP 被连接到一个局域网段，并形成网络的接入点。所有通信都是通过 AP 进行的。因此，一个移动站想要和另一个移动站通信时，首先要将报文发送给 AP。AP 查看目的地地址，并将其发送给第二个移动站。AP 和所有与之关联的移动站合称为一个基本服务集(BSS, Basic Service Set)。在 ad hoc 拓扑结构(也称为独立 BSS 或 IBSS)中，互相在对方范围内的移动站，可以不通过有线的基本结构直接相互通信。但一个移动站无法转发那些传送给不在源移动站范围内的另一个移动站的分组。图 8.5 显示了这两种拓扑的结构图。移动站和 AP 都由一个 48 比特的 MAC 地址来标识，这个 MAC 地址与链路层的其他 MAC 地址相似。在基本结构的拓扑中，AP 的 MAC 地址也是 BSSID——BSS 的唯一标识符。

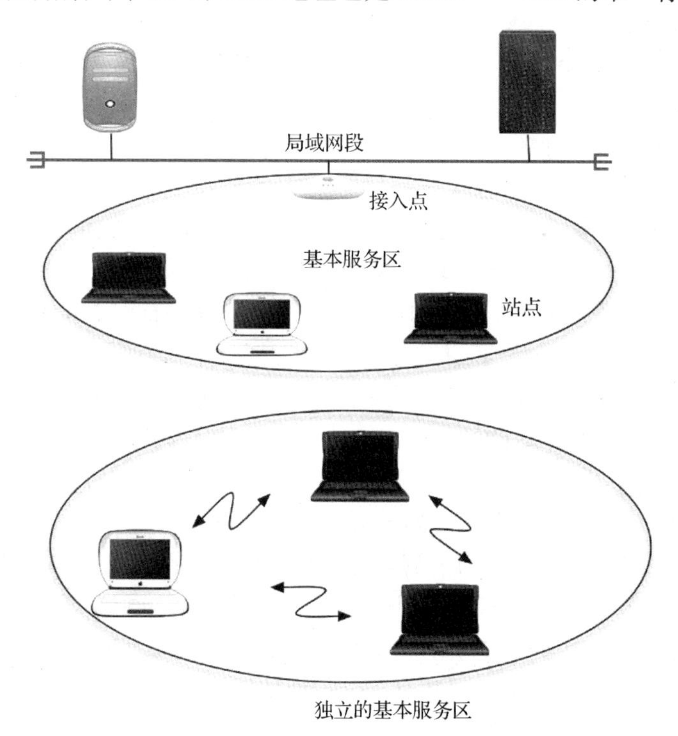

图 8.5　IEEE 802.11 的拓扑结构

我们假设任何 WLAN 设备，不管是移动站还是 AP 的通信范围都是一个半径为 R 的区域，然后来对这两种拓扑的优点进行比较。假设两个移动站与 AP 的距离都在范围 R 内，一个移动站就可以通过这个 AP 与另一个最远 $2R$ 之外的移动站进行通信。这里的开销就是从 AP 到目的地的额外传输。在 ad hoc 拓扑中，目的移动站离源移动站的距离不能超过 R。其优点是信息都可以在一跳内收到。

扩展基本拓扑结构的覆盖范围

根据所部署的环境和使用的传输功率，AP 可以覆盖一个半径为 30 ~ 250 英尺的任意区域。覆盖的范围取决于环境的无线传播特征以及天线特性(参见第 2 章)。墙、地板和设备等障碍物的存在会减小覆盖范围。很多安装了 802.11 的新设备使用的都是集成天线，进一步减小了覆盖范围。要覆盖一个建筑物或校园，通常需要部署多个连接到同一局域网的 AP。一组这样的 AP 及其成员移动站称为一个扩展服务集(ESS，Extended Service Set)，其覆盖范围称为扩展服务区(ESA，Extended Service Area)。连接不同 AP 并且支持 ESS 服务的有线骨干网称为分布系统。分布系统支持 AP 之间漫游这样的服务，这样移动站就可以通过比之前更广的覆盖范围接入网络了。这与蜂窝电话系统很像，在蜂窝系统中，由多个基站提供对一个区域的覆盖，每个基站只覆盖其中一个蜂窝。但要注意的是，蜂窝电话系统有复杂得多的基础结构来处理漫游和越区切换问题。在 802.11 WLAN 中，在一个局域网内漫游是很简单的，在不同局域网之间的漫游则需要高层(比如移动 IP)的支持。

基本拓扑结构中的网络操作

启动移动站，并将其配置为运行在基本拓扑结构中，它就可以执行被动或主动扫描。在被动扫描的情况下，移动站只是扫描不同的信道来检测 BSS 的存在。可以通过 AP 伪周期性广播的信标帧检测到 BSS 的存在。之所以称其为伪周期，是由于信标应该以一定的时间间隔周期性地传输。但是，AP 不能为了传输信标而抢占正在传输的信道。在对 MAC 层进行讨论时，我们会看到，所有设备在传输帧之前都要等待媒体空闲。如果媒体忙，AP 就要等媒体空闲之后才能传输信标，在这种情况下，信标的传输就不具有严格的周期性了。信标是一种用来宣告网络存在性的管理帧。它包含了与网络有关的信息——BSSID 和网络的功能(比如，它所支持的物理层协议，安全性是否是强制的，MAC 层是否支持轮询，信标传输的间隔，定时参数等)。信标与蜂窝电话系统中某些控制信道类似(比如 GSM 中的广播控制信道——BCCH)。MS 还在信标帧中进行了信号强度测量。进行主动扫描时，MS 已知它要连接的网络 ID。在这种情况下，MS 会向每个信道发送一个探测请求帧。监听到探测请求的 AP 会以一个本质上与信标类似的探测响应帧来回应。在任何一种情况下，MS 都会创建一个扫描报告，其中包括可用的 BSS，这些 BSS 的性能，它们的信道、定时参数及其他一些信息。移动站就用这些信息来确定可以与之关联的兼容网络。

为了将自己与一个 AP 关联起来，如果网络支持认证，那么移动站必须将自己的信息交给网络以鉴别身份，我们将在稍后的小节对此进行介绍。否则，只要移动站满足了网络发布的能力要求，就可以向 AP 发送一条关联请求帧。关联请求会通知 AP 这个移动站想要加入网络，它还会提供关于这个移动站的附加信息，比如 MAC 地址、监听信标的频率(称为监听间隔)、所支持的数据速率等。如果 AP 对这个移动站的能力感到满意，就会以关联响应帧进行回应。在这条报文中会发送给移动站一个关联 ID，同时会确认移动站现在可以连接到网络上了。在这个关联过程中，网络可以对移动站进行认证，反之亦然。与操作的 ad hoc 模式不同，在操作的基本模式中，管理员可以控制对网络的接入。

如果一个移动站在 BSS 间移动，或者它移动到一个 AP 的范围之外，然后返回这个 AP 的

BSA，就要重新与 AP 关联。为此，它要使用一个形式上与关联请求帧类似的重新关联请求帧，只是帧中会包含老 AP 的 MAC 地址。AP 会以一条重新关联响应帧进行回应。IEEE 802.11 中有 3 种移动类型。“不迁移”型说明移动站是静态的或只在一个 BSA 范围内移动。“BSS 迁移”说明移动站会从一个 BSS 移动到同一个 ESS 内的另一个 BSS。最常见的移动形式是“ESS 迁移”，在这种方式中，移动站可以从一个 BSS 移动到一个新 ESS 中的另一个 BSS。在这种情况下，高层连接可能会断开(保持持续连接，需要移动 IP 的支持)。从一个 BSS 移动到另一个 BSS 的移动站要能够检测到老 AP 信号强度的衰减，并在发送重新关联请求之前检测到新 AP 的信标。它也可以用探测请求报文取代对新 AP 信标的检测。两个 AP 之间的简单切换是由移动站发起的。在蜂窝电话系统中，移动站在网络实体(比如基站控制器)的指导下完成从一个基站到另一个基站的切换。它们可能会用到移动站提供的信息，比如不同基站的信号强度。图 8.6 显示了 WLAN 的切换过程。

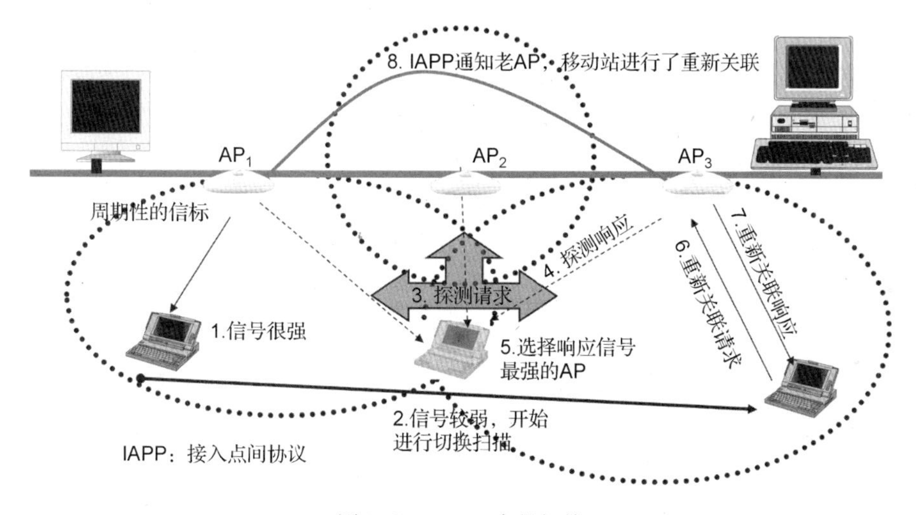

图 8.6　WLAN 中的切换

无线网络中最重要的问题之一是在不同有线网络接入点之间的漫游。只有不同厂商的设备都支持同样的协议集并能实现互操作时，才可能进行这种漫游。以前曾有一个任务组 F 提出过一个接入点间协议(IAPP，Inter-Access Point Protocol)来实现多厂商设备间的互操作性。比如，当移动站从一个 AP 移动到另一个 AP 的范围，并发送一条重新关联请求时，新 AP 必须能够通过分布系统与老 AP 进行沟通，通知它进行切换，并释放老 AP 中的资源。这个过程可以通过 2003 年 7 月标准化为 802.11f 的 IAPP 来实现。802.11f 标准说明了接入点之间要交换的信息和信息格式，还包含了在分布系统上通过 IAPP 实现多厂商接入点间互操作的推荐做法。

功率管理是 IEEE 802.11 WLAN 中网络操作的一个重要组成部分。空闲接收状态是局域网适配器功耗的主要因素。我们面临的挑战是如何在空闲期间关掉电源的同时维持会话。IEEE 802.11 的解决方案是把移动站置于睡眠模式，将数据缓存在 AP 中，并在移动站醒来的时候发送数据。与蜂窝电话系统中持续的功率控制相比，这种解决方案是为突发性数据应用量身定制的。移动站没有帧要发送的时候，就可以进入睡眠模式来省电。如果在一个移动站睡着的时候，其 AP 收到发送给它的帧，AP 就会将帧缓存起来。睡着的移动站会周期性地醒来，去监听信标帧。它醒来的频率是由早前提到的监听间隔决定的(见图 8.7)。信标帧中还包含一个称为流量指示图(TIM，Traffic Indication Map)的字段，这个字段包含的信息说明 AP

是否缓存了发送给某指定移动站的分组。如果移动站检测到有发送给它的帧，就会从睡眠模式中醒来，并在再次入睡之前接收这些帧。移动站用一个省电轮询帧来通知 AP 它已经准备好接收缓存帧了。当移动站处于活跃模式时，AP 会将缓存的数据发送出去。

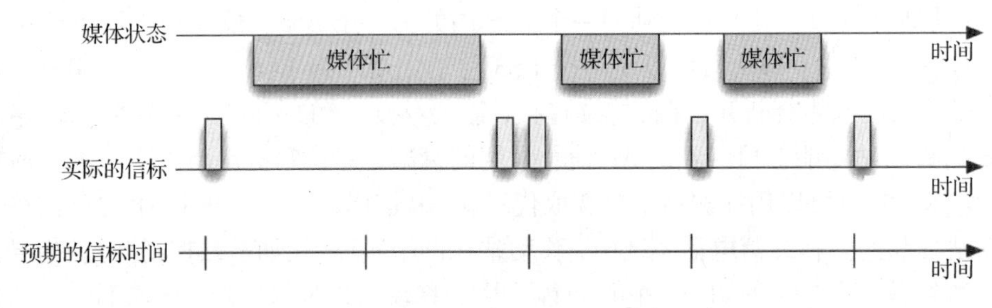

图 8.7 IEEE 802.11 的功率管理

如果移动站选择离开网络或关机，它会向 AP 发送一个解除关联帧。这个帧会结束移动站和网络之间的关联，这样网络就可以释放之前为这个移动站保留的资源(比如关联 ID、缓存空间等)了。

ad hoc 拓扑结构中的网络操作

在 ad hoc 拓扑结构中，没有固定的 AP 来协调传输、定义 BSS。运行在 ad hoc 模式的移动站会加电，扫描信道以检测来自其他位于附近的可能已经建立起 IBSS 的移动站的信标。如果没有检测到任何信标，移动站就会声明它自己的网络。如果检测到了信标，移动站就可以通过与基本拓扑结构类似的过程加入这个 IBSS。一个 IBSS 中的移动站可以轮流承担发送信标的责任。功率管理的工作过程与之类似，只是源移动站自己要向接收移动站发送一个通告流量指示图(ATIM，Announcement Traffic Indication Map)帧。

网状拓扑结构中的网络操作

由于无线网状网可以在无需大量固定(有线)基础设施的情况下，在很大的区域内部署无线网络，因此近期颇受瞩目。无线网状网包括一组通过空中接口相互连接并在由此构成的网络中转发分组的实体，从而降低了转发分组时对有线骨干网的需求。其中某些实体的行为会与创建基本拓扑 WLAN 的 AP 类似，成为网状网的接入点。其他实体会连接到因特网上，使网状网中所有的设备都可以接入因特网。无线网状网可以使用多种技术，比如基于 IEEE 802.16 或 WiMAX 的设备(参见第 13 章)，或者基于 IEEE 802.11 的设备。2004 年建立了 802.11 任务组“S”来研究 802.11 网状网，并提出了一个使用无线分布系统而非 ESS 中有线分布系统的标准。[Lee06]对网状网中的一些操作要素提出了建议。在网状网中，AP(或移动站)要能够通过空中接口相互转发分组，这样经过几跳无线转发就可以将分组从源移动站传送到目的移动站了。有转发能力的实体称为网点(mesh point)。要有一种机制来确定从一个网点到另一个网点的路径，且此机制应该在 MAC 层实现。网状网入口(mesh portal)使得到其他网状网、局域网或因特网的连接成为可能。MAC 层的多播和广播能力是 IEEE 802.11s 标准要涉及的另一个内容。这个任务组还要对当前的 IEEE 802.11 标准进行提升，以提供一种用 4 个 MAC 地址配置分布系统的方式，这样可以在接入点之间构建某种网状网结构，比如允许自动拓扑结构学习以及在自配置多跳拓扑结构中进行动态路径配置的有线或无线网状网。目前已经有可以执行此任务以扩展家庭中覆盖范围的专有协议了，但此标准将允许不同的场景有不同的要求(比如，快速建立和拆除、最大化吞吐量等)。

8.3.2　IEEE 802.11 MAC 层

IEEE 802.11 网络中的移动站要共享传输媒体，也就是空气。如果两个移动站同时传输，而且都是在目的地的覆盖范围内进行传输，就可能会产生冲突，造成帧的丢失。MAC 层负责控制对媒体的接入，并确保移动站可以以公平的方式和最小的冲突接入媒体。媒体接入机制是基于载波监听多点接入的，但与前面讨论的对等有线局域网标准(IEEE 802.3)不同，它并没有冲突检测机制。IEEE 802.3 对信道的检测很简单。接收端会读取电缆线路上的峰值电压，并将其与一个门限值进行比较。由于信道的动态特性，在射频中很难对冲突进行检测。因为移动站要同时进行发送和接收，冲突检测的硬件实现也很困难。作为替代方案，此时所采用的策略是尽可能地避免冲突。802.11 有两种类型的载波监听——对媒体中能量的物理监听和虚拟监听。物理监听是通过 IEEE 802.11 物理层的 PLCP 产生的空闲信道评估(CCA, Clear Channel Assessment)进行的。CCA 是根据对空中接口的"实际"监听产生的，监听可以通过检测空中的比特或通过检测载波的 RSS 是否超过某个门限值来实现。基于比特检测做出的决策会稍慢，但更可靠。基于 RSS 的决策可能会由于干扰电平高而引起误告警。最好的设计应该充分利用载波监听和检测数据监听两者的优点。除了物理监听之外，IEEE 802.11 还提供了虚拟载波监听。IEEE 802.11 帧中有一个持续时间字段，虚拟监听就是通过解码这个字段，告知移动站此帧的生存时间来实现的。MAC 层的"长度"字段指定了媒体被释放之前必须经过的时间值。这个时间存储在网络分配矢量(NAV, Network Allocation Vector)中，当它倒计时到零时，说明媒体又空闲了。我们会以 ad hoc 拓扑结构为例来说明 IEEE 802.11 MAC 层，但此过程与在基本拓扑结构里是完全一样的。

分布式协调功能

我们首先介绍 IEEE 802.11 中称为分布式协调功能或 DCF 的基本媒体接入过程。图 8.8 显示了 IEEE 802.11 中接入媒体的基本方法。移动站就会在传输之前先对信道进行监听，如果媒体空闲，移动站就会继续监测一段时间，这段时间称为分布式协调功能(DCF, Distributed Coordination Function)帧间间隔(IFS, Inter Frame Space)，或 DIFS。如果经过了 DIFS 之后，媒体仍然空闲，移动站就无需等待，可以直接传送它的帧了。否则，移动站会进入一个回退过程。其工作原理是，如果另一个移动站在第一个移动站之后监听媒体，它也会等待 DIFS 的时长。但在 DIFS 时长到期之前，第一个移动站可能已经开始传输了。监听到传输时，第二个移动站就要回退。无线媒体的环境相对比较恶劣、传输不可靠，因此所有的传输都需要确认。如果帧的目的地成功接收到帧，就会按下面的方式向源端回送一个确认(ACK)。它会等待一段被称为短帧间间隔(SIFS, Short Inter Frame Space)的时间，然后传送 ACK。SIFS 的值比 DIFS 小。所有 IFS 的值都取决于替代的物理层。因此，所有其他在原始帧发送之后监听到信道空闲的移动站都还在等待，ACK 帧的优先级比它们的传输优先级高。为了保持公平，避免冲突，监听了 DIFS 时长并发现媒体都空闲然后发送了帧的移动站，如果想立刻再发送另一帧，就要进入回退模式。除非它传输的是多个分段中的一帧。在这种情况下，移动站可以在要传输的第一帧中说明分段的数量，并在帧传输完毕之前一直占用此信道。

回退过程工作原理如下。一旦移动站进入回退过程，它就会挑选一个称为回退间隔(BI, Backoff Interval)的随机值，这个值均匀分布在零和一个名为竞争窗口(CW, Contention Window)的数之间。然后，移动站会对媒体进行监视。当媒体至少空闲了 DIFS 时长时，移动站会从 BI 值开始倒计数，只要媒体处于空闲状态就一直倒计数。每隔一段时间(称为一个时隙)，计数器就会递减一次。如果在计数器递减到零之前监听到媒体被占用，移动站就会将计数器冻结，并继续监视媒体。一旦计数器变成零，移动站就可以传输它的帧了。图 8.9 显示了这个过程。

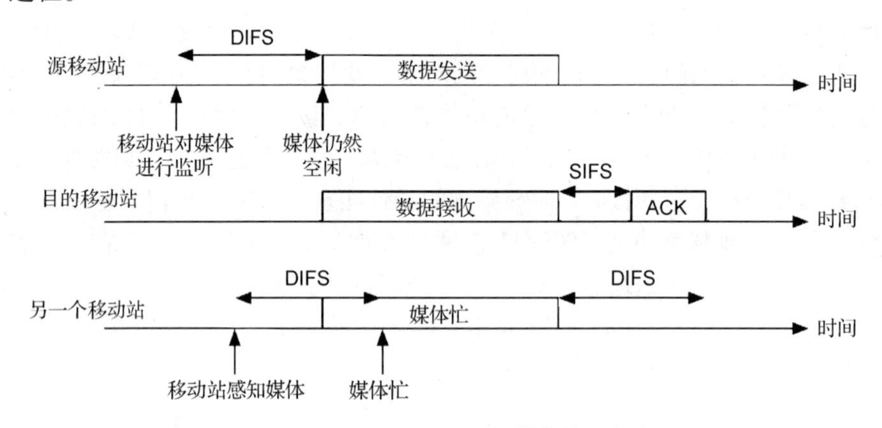

图 8.8 IEEE 802.11 的基本媒体接入方式

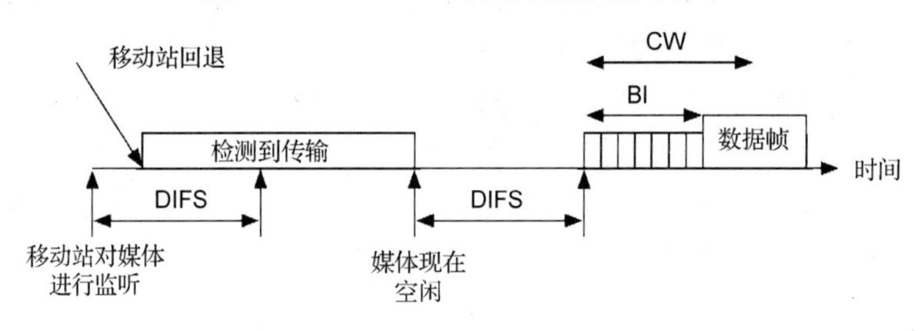

图 8.9 IEEE 802.11 的回退过程

与 IEEE 802.3 类似，IEEE 802.11 MAC 也支持二进制指数回退。最初，CW 被设置为一个名为 CW_{min}的值，这个值通常为 $2^5 - 1 = 31$ 时隙。因此，BI 会在 0 和 31 时隙之间均匀分布。时隙的时间会随物理层的变化而变化。比如，在 IEEE 802.11b 标准中是 20 μs，在 802.11a 标准中是 9 μs。如果分组(可能由于冲突或信道出错)没能成功传输，CW 的值就会翻倍。然后，移动站就会选择一个在 0 和 $2^6 - 1 = 63$ 时隙之间均匀分布的 BI 值。这个过程可以一直继续下去，直到 CW 达到 CW_{max}(通常是 1023 时隙)为止。这种方法的基本原理如下所述。如果很多个移动站竞争媒体，那么很可能会有一个或多个移动站选择同样的 BI 值，这样它们的传输就会产生冲突。通过增加 CW 的值，这种可能性就会降低，以减少冲突发生的可能。

帧可能由于信道出错或冲突而丢失，所以需要一条来自目的端的肯定 ACK 来确保帧已经被成功接收了。在 802.11 中，每个移动站都要维护重试计数器，如果没收到 ACK，就将计数器递增。到达重试门限时，就认为帧无法传送，将其丢弃。

隐藏终端问题及可选机制

在使用载波监听的无线网络中，存在一种特有的隐藏终端问题(参见第 4 章)。假设所有移动站都是一样的，且具有图 8.10 所示的传输和接收范围 *R*。

MS-C 可以听到来自 MS-A 的传输内容，而 MS-B 听不到。因此，当 MS-A 向 MS-C 传输帧时，MS-B 监听不到信道忙，所以 MS-A 对 MS-B 来说就是隐藏的。如果 MS-A 和 MS-B 同时向

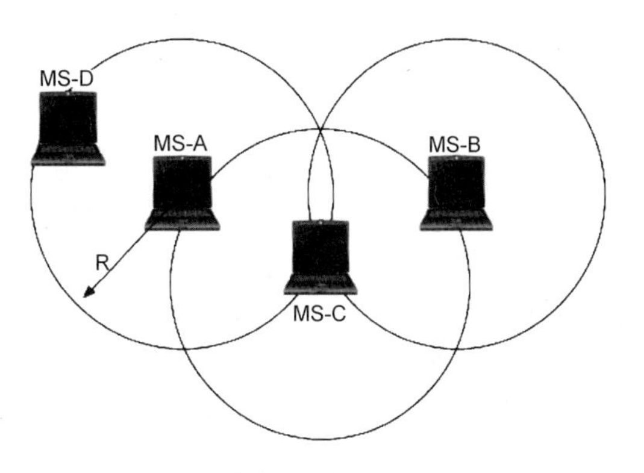

图 8.10　对隐藏及暴露终端问题的说明

MS-C 传输帧，就会产生冲突。这个问题称为隐藏终端问题。它还有一个称为暴露终端问题的对偶问题。在这种情况下，MS-A 向 MS-D 传输一帧。MS-C 听到了这个传输，就会回退。但其实 MS-C 是可以向 MS-B 传输帧的，这两个传输过程不会相互干扰或冲突。在这种情况下，MS-A 就称为暴露终端。隐藏终端和暴露终端问题都会造成吞吐量的损失。

为了降低隐藏终端问题造成冲突的可能性，如图 8.11 所示，IEEE 802.11 的 MAC 层有一种可选机制。假设 MS-A 要向 MS-C 发送一帧，首先它会发送一个称为请求发送（RTS，Request-to-Send）的短帧。MS-A 的传输范围内都会听到这个 RTS 帧，这个范围包括 MS-C 和 MS-D，但不包括 MS-B。MS-C 和 MS-D 都被提醒过 MS-A 要发送帧了，它们不会试图在同一时间使用媒体。这是通过虚拟载波监听过程实现的，这个过程会将 NAV 设置为成功完成帧交互所需的时间。作为对 RTS 帧的响应，MS-C 会发送一个允许发送（CTS，Clear-to-Send）帧，其传输范围内的所有移动站都会听到这一帧，其中包括 MS-B 和 MS-A，但不包括 MS-D。MS-A 通过 CTS 帧知道 MS-C 已经准备好接收数据帧了。同时它还会提醒 MS-B，某个移动站有数据要传输给 MS-C。因此，MS-B 会估计这次与 MS-C 通信的完成时间，并延迟它要传输的所有帧。通过这种方式，即便 MS-B 在 MS-A 的传输范围之外，也可以通过 CTS 报文来扩展载波监听的范围，从而减少隐藏终端问题的发生。当然，RTS 帧自身也可能与来自 MS-B 的传输发生冲突。在这种情况下，MS-A 和 MS-B 都要进入回退过程，重新传输它们的帧。

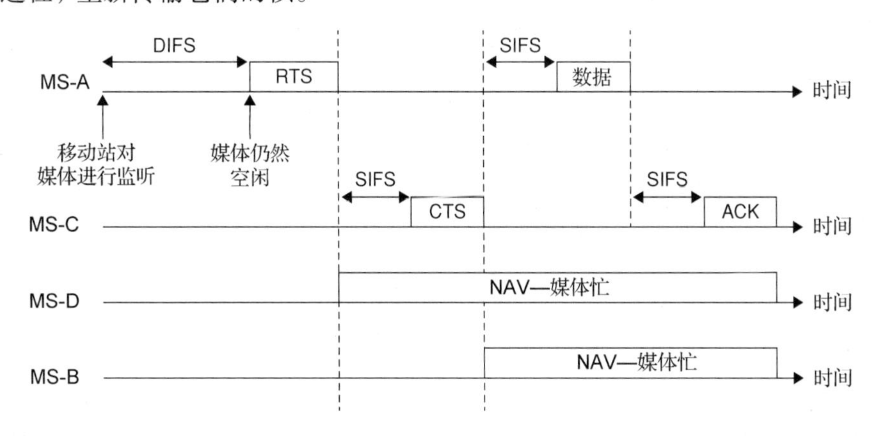

图 8.11　RTS-CTS 机制的运行过程

在 802.11 中，可以通过 RTS 门限对 RTS-CTS 机制进行控制，所有比这个门限值大的单播帧和管理帧都要通过 RTS-CTS 机制传输。将这个值设为 0 字节，所有帧就都得通过 RTS-CTS 机制传输。其默认值为 2347 字节，也就是所有分组都禁用 RTS-CTS 机制。使用 RTS-CTS 信号时，CTS 帧是由目的端移动站在等待了 SIFS 时长之后发出的。使用这种方式，与所有其他至少需要等待 DIFS 时长，甚至额外的回退等待时间的帧相比，CTS 帧是有优先权的。RTS-CTS 信号的使用降低了 WLAN 的吞吐量，但在密集环境中可能必须使用这种机制。

点协调功能

通过 DCF 按照上述方式使用 CSMA/CA 的一个后果是无法对帧时延或抖动设置任何界限。根据流量和选中的 BI 值，帧可能会被立即传输，也可能要缓存到媒体空闲为止。对实时应用，比如语音或多媒体应用来说，可能造成性能的下降，需要严格时延限制的情况尤其如此。为了提供一定的时延限制，IEEE 802.11 标准提供了一个可选的 MAC 机制作为它的一个组成部分，这种机制称为点协调功能(PCF, Point Coordination Function)[Cro97]。PCF 通过下面描述的轮询机制为帧提供了无竞争接入方式。

当 AP 在媒体空闲了 PCF 帧间间隔(PIFS, PCF Inter Frame Space)的时长后，通过向其发送一个信标帧捕获了媒体时，这个过程就开始了。PIFS 比 DIFS 小，比 SIFS 大。被称为点协调者的 AP 会在信标帧中发布一个无竞争周期(CFP, Contention Free Period)，在此周期内普通的 DCF 操作会被抢占。所有只使用 DCF 的移动站都会设置一个 NAV，说明在 CFP 时长内媒体都忙。AP 维护了一个 CFP 期间需要轮询的移动站列表。移动站首次通过关联请求与 AP 关联时就进入了这个轮询列表。然后 AP 会对列表中的每个移动站进行数据轮询。轮询会在时长 SIFS 之后发出，相应的移动站也会在时长 SIFS 之后发送对轮询的 ACK 和所有相关数据。如果没有来自移动站的对轮询的响应，AP 在发送下一个轮询帧或数据之前会等待 PIFS 时长。AP 还可以在 CFP 内它选择的任意时间发送管理帧。图 8.12 显示了一个 PCF 操作实例。

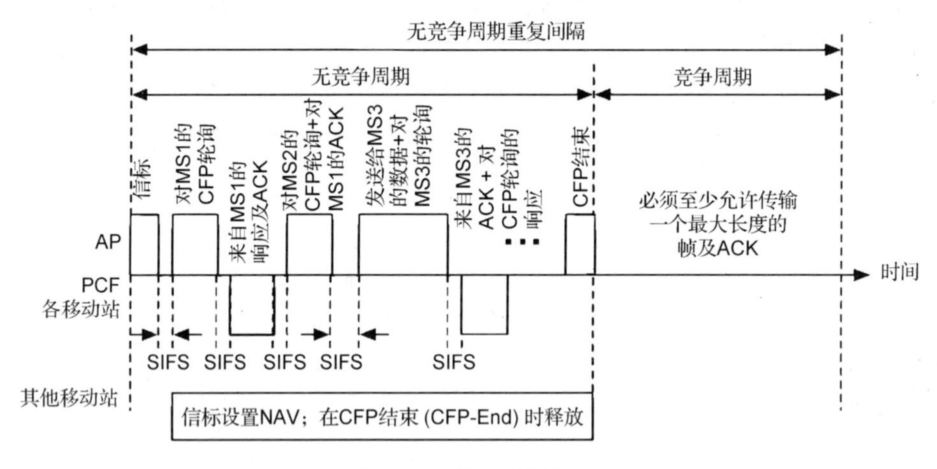

图 8.12 PCF 的操作

AP 通过一条名为 CFP-End 的报文来说明 CFP 的结束。这是发给所有移动站的一条广播帧，会释放仅基于 DCF 的移动站中的 NAV。在 CFP 之后，一个竞争周期就开始了。在这个周期中，移动站必须至少能传输一条使用 DCF 的最大长度帧并接收一个 ACK。竞争周期结束之后可以重新开始 CFP。在 IEEE 802.11 中，PCF 机制是可选的。现在部署的大部分商业系统都不支持 PCF，而且现在的 WLAN 对实时业务的支持也不是很好。注意，轮询是有很多开销的，尤其是在轮询到某些移动站，而它们没有帧要发送的时候，开销问题尤其突出。

MAC 帧格式

本书不会定义 IEEE 802.11 MAC 帧所有不同的帧格式，也不会对这些字段进行非常详细的讨论，但会通过一些例子来说明 MAC 帧的格式。图 8.13 显示了 MAC 帧的通用格式。最高有效位是最后一个（最右边的）比特，而且比特是按照从左到右的顺序传输的。帧控制字段有两个字节，包含很多字段。它承载了诸如协议版本、帧类型（管理——探测请求、关联、认证等；控制——RTS、CTS 等；或者数据——纯数据、CFP 轮询及数据、空等）、重试次数以及帧是否被加密（稍后讨论）。在虚拟载波监听期间，持续时间字段对 NAV 的设置来说是很重要的。

图 8.13　MAC 帧的通用格式

帧中最多有 4 个地址字段[Gas02]。帧的类型不同，地址也会有所不同。常用地址有源地址和目的地址，如果目的地与接收端不同（比如接收端是 AP，但目的地是某个局域网段上的一个有线节点），则还有接收端地址、发送端地址（同样，如果发送端与源端不同，即发送端是 AP 时使用）以及 BSSID。当帧有分段时，会使用序列控制字段。帧主体承载了来自高层的净荷，帧校验序列是一个 32 比特的循环冗余检验码，用来在接收端验证帧的完整性。图 8.8 中的帧格式是用在基本拓扑结构中的。在 IBSS 中，只使用了 3 个地址字段。

RTS 和 CTS 帧是非常短的帧——分别是 20 字节和 14 字节，如图 8.14 所示。ACK 帧与 CTS 帧非常相似。

图 8.14　RTS 和 CTS 的帧格式

与以太网相比，IEEE 802.11 是一个无线网络，需要有控制和管理信令来处理注册过程、移动性管理、功率管理和安全性。要实现这些特性，802.11 的帧结构中应该包含很多指令分组，与我们在广域网中介绍的类似。这些指令的实现能力嵌在 MAC 帧的控制字段里。图 8.15 显示了 802.11 MAC 帧控制字段的整体格式，并对除了类型和子类型之外的所有字段进行了介绍。这两个字段非常重要，因为它们说明了各种指明分组用途的指令。两个比特的类型字段说明了帧类型的 4 种选项：

- 管理帧（00）
- 控制帧（01）
- 数据帧（10）

- 未指定(11)

4 比特的子类型字段提供了为每种类型的帧最多定义 16 种指令的机会。表 8.4 显示了帧控制字段中类型和子类型所有已用的 6 比特值，未用的组合为将来融入新特性提供了可能。

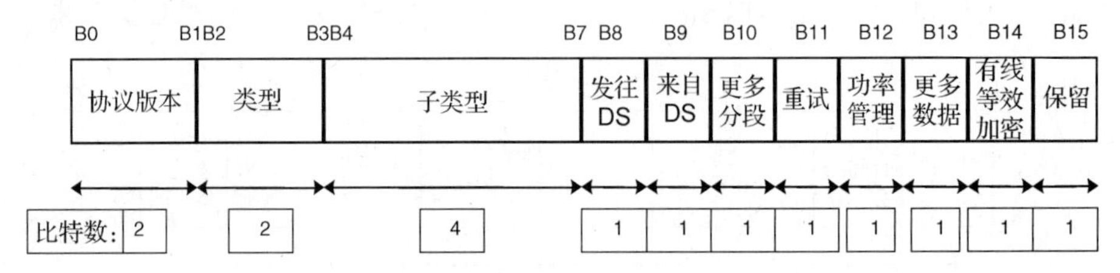

协议版本：现在为00，其他选项保留以备未来使用
发往DS/来自DS："1"用于两个AP之间的通信
更多分段：如果后面还有分段的另一部分，则为"1"
重试：如果分组是重传的，则为"1"
功率管理：如果移动站处于睡眠模式，则为"1"
更多数据：在省电模式下还有更多要传送给终端的分组，则为"1"
有线等效加密：数据比特被加密则为"1"

图 8.15 IEEE 802.11 MAC 首部帧控制字段的细节

表 8.4 类型和子类型字段以及与其相关的指令

管理类型(00)	关联请求/响应(0000/0001)
	重新关联请求/响应(0010/0011)
	探测请求/响应(0100/0101)
	信标(1000)
	ATIM：通告流量指示图(1001)
	解除关联(1010)
	认证/解除认证(1011/1100)
省电轮询(1010)	控制类型(01)
	RTS/CTS(1011/1100)
	ACK(1101)
	CF 结束/带有 ACK 的 CF 结束(1110/1111)
数据类型(10)	数据/带有 CF ACK 的数据(0000/0001)
	带有 CF 的数据轮询/带有 CF 和 ACK 的数据轮询(0010/0011)
	没有数据/CF ACK(0100/0101)
	CF 轮询/CF 轮询 ACK(0101/0110)

图 8.16 显示了信标帧的主体。移动站可以通过时间戳与 BSS 同步。信标间隔说明了多久可以听到一次信标。其值通常为 100 ms，但管理员可以对它进行修改。性能信息(两个字节)提供了与拓扑结构有关的信息(是基本结构还是 ad hoc 结构)、是否必须进行加密，以及是否支持附加特性。附加特性之一就是信道适变性，通过这种特性，AP 可以在一段预先设定的时间之后跳到其他信道上。

我们还没有讨论到物理层可选项。信标中的参数集提供了加入网络所需的物理层参数的有关信息。比如，如果使用了跳频(FH，Frequency Hopping)，FH 参数集就会指定跳频模式。如前所述，流量指示图(TIM)字段则用来支持可能正处于睡眠模式的移动站。

时间戳 8字节	信标间隔 2字节	性能信息 2字节	SSID 变长	跳频参数集 7字节	DS参数集 2字节	CF参数集 8字节	IBSS参数集 4字节	TIM 变长

图 8.16　信标帧的帧主体

8.3.3　物理层

IEEE 802.11 标准主体对几个不同的物理层可选协议进行了标准化。1997 年首次标准化时，有 3 个物理层选项。这些选项被为“基本”IEEE 802.11 物理层可选协议。IEEE 802.11b 支持 2.4 GHz ISM 频段上最高 11 Mbps 的业务，IEEE 802.11g 标准支持 2.4 GHz ISM 频段上最高 54Mbps 的业务，IEEE 802.11a 标准支持 5 GHz U-NII 频段上高达 54 Mbps 的业务。在讨论这些可选协议之前，我们先来看看 IEEE 802.11 的物理层。

IEEE 802.11 的物理层被分为两个子层——物理层汇聚协议(PLCP，Physical Layer Convergence Protocol)和物理媒体相关(PMD，Physical Medium Dependent)层。PLCP 有一项功能，可以将底层的媒体相关功能与 MAC 层需求进行适配。比如，PLCP 可以向帧中添加一些附加字段来启用物理层的同步。PMD 决定了信息比特如何在媒体上传输。当 MAC 协议数据单元(MPDU，MAC Protocol Data Unit)到达时，PLCP 层会附加一个专门为所选传输媒体的 PMD 设计的首部。然后，PMD 会根据信令技术规范将 PLCP 分组发送出去。

基本 IEEE 802.11 标准

基本 IEEE 802.11 标准指定了 3 种不同的物理层可选协议，其中两个协议使用了 2.4 GHz ISM 频段的射频传输，一个使用了散射红外(DFIR，diffused infra-red)传输。

跳频选项

2.4 GHz ISM 频段的传输首选是使用跳频扩频(FHSS，Frequency Hopping Spread Spectrum)。整个频段被分为 1 MHz 宽的信道，规范中认为很重要的一点是，传输时要将 99% 的能量限制在一个这样的信道中，以减少对其他信道的干扰。这些限制也是美国联邦通信委员会(FCC)强制的规则要求。标准指定了 95 个这样 1 MHz 宽的信道，并对其按序编号。美国只允许使用 79 个这样的信道。使用 FH 选项的设备在传输帧时会在这些信道之间跳跃。在每个信道的停留时间大约是 0.4 秒，或者说 IEEE 802.11 FHSS 系统的最低跳跃率是每秒 2.5 跳，这个速率是很低的。跳跃序列(信道跳跃模式)由数学函数决定。{3，26，65，11，46，19，74，…}就是跳跃模式的一个例子。在美国，每组跳跃模式最多可以有 26 个不同的信道。这就意味着可以创建 3 个正交跳跃集(因为美国有 79 个信道)。如果有 3 个 AP 使用了这 3 个正交跳跃集，这些网络之间就不会产生干扰。FHSS 所用的调制方案称为高斯频移键控(GFSK，Gaussian Frequency Shift Keying)。这种调制方案是用频率信息来对数据进行编码的。可以在信道内使用两个或四个频率。在前一种情况下，数据速率是 1 Mbps；在后一种情况下，数据速率是 2 Mbps。FHSS 系统的优点是接收器的实现比较简单。FHSS PMD 的 PLCP 引入了一个 80 比特的字段用于同步、帧定位符，还有些字段用来说明数据速率。根据这个字段，可以在 1.0 ~ 4.5 Mbps 之间以 500 kbps 为步长来调整数据速率。但是，标准只支持 1 Mbps和 2 Mbps。此选项中 SIFS 和回退时隙的值分别为 28 μs 和 50 μs。

图 8.17 显示了 PLCP 首部的细节，这个首部被添加到白化(随机化)的 MAC PDU 中，为使用 IEEE 802.11FHSS 物理层规范的传输做准备。PLCP 的附加比特包括一个前导字段和一

个首部。前导字段是一个0、1字符交替的序列，共80比特，可以用于提取所接收的载波时钟和比特同步信息。如图所示，帧定位符的开始(SFD, Start of Frame Delimiter)是具有特定模式的16比特，用来标识帧的开始。PLCP的下一部分是包含3个字段的首部。12比特的分组长度宽度(PLW, Packet Length Width)字段说明了最高可达4 KB的分组长度。4比特的分组信令字段(PSF, Packet-Signaling Field)说明了从1 Mbps开始，以0.5 Mbps为步长的数据速率。

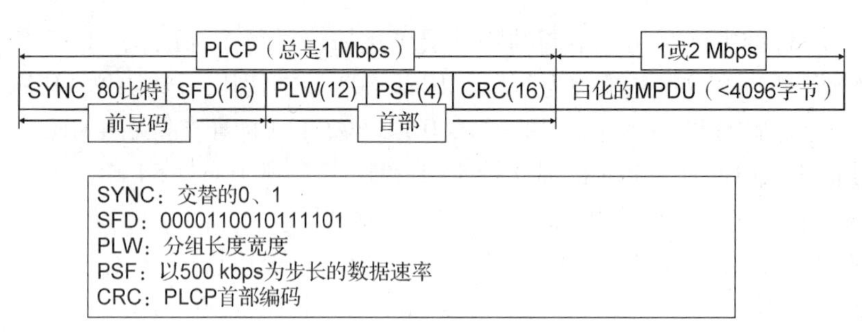

图8.17 IEEE 802.11中跳频选项的PLCP帧

例8.3 物理层数据速率规范

现有的1 Mbps最初是用0000来表示的。2 Mbps由0010表示，也就是2×0.5 Mbps+1 Mbps=2 Mbps。此系统表示的最大的3比特数为0111，即7×0.5+1=4.5 Mbps。如果所有的4个比特都用上，速率就可以到15×0.5+1=8.5 Mbps。这些限制说明数据速率甚至都到不了10 Mbps。

其余的速率是保留给未来使用的。它添加了16比特的CRC来保护PLCP的比特位。CRC可以从最多2比特的差错中恢复出来，另外也可以识别出PLCP比特是否被损坏了。PCLP的总开销一共16字节(128比特)，比最大MPDU净荷的0.4%还要少，说明在较低数据速率上运行PCLP的影响较小。收到的MPDU通过扰码器传输，以实现随机性。由于随机信号的频谱是平的，降低了所收信号的直流偏移，所以所传比特的随机化过程又称为白化过程。扰码器是一个简单的带有特殊反馈的移位寄存器有限状态机，可以用于所传比特的扰码和去扰码。

直接序列选项

直接序列扩频(DSSS, Direct Sequence Spread Spectrum)调制技术是IEEE 802.11最常见的商业实现。DSSS在多径信道上有一些固有的优势，可以增加AP的覆盖范围[Tuc 91]。我们会简要讨论这个PMD层的特性。第12章将对DSSS的细节进行讨论。

在DSSS系统中，数据流被“削”成几个较窄的脉冲(码片)，这样就增加了所传信号占用的频谱。一种常见的实现方式是将数据流(通常是一串正负矩形脉冲)乘以扩频信号(通常是另一串正负矩形脉冲，但比数据流的脉冲窄得多)。数据流是随机的，且取决于传输的需求，而扩频信号则是确定的。图8.18(a)显示了一个例子，在这个例子中，数据流$d(t)$与扩频信号$a(t)$相乘产生了信号$s(t)$，然后将其调制到一个射频载波上。在这张图中，一个宽数据脉冲中包含了11个窄脉冲。脉冲的振幅可正(+)可负(-)。这样带宽就会扩展11倍，这种情况称为处理增益(对处理增益的一般性讨论还可参见第3章和第4章)。它使用了扩频信号特定的脉冲模式。IEEE 802.11标准使用的模式是巴克序列。如图8.18(b)所示，巴克序列有一个有趣的特性，就是它的自相关有非常尖锐的峰值和非常窄的旁瓣。由于此特性的存在，接收端可以拒绝来自多径信号的干扰，并在恶劣的无线环境中健壮地将信息恢复出来。带有差分二进制相移键控(DBPSK, Differential Binary Phase Shift Keying)的巴克序列用于 1 Mbps 的数据速率，带有差分正交相移键控(DQPSK, Differential Quadrature Phase Shift Keying)的巴克序列用于 2 Mbps 的数据速率。在任何一种情况下，码片速率都是 11 Mcps (每秒兆码片)。

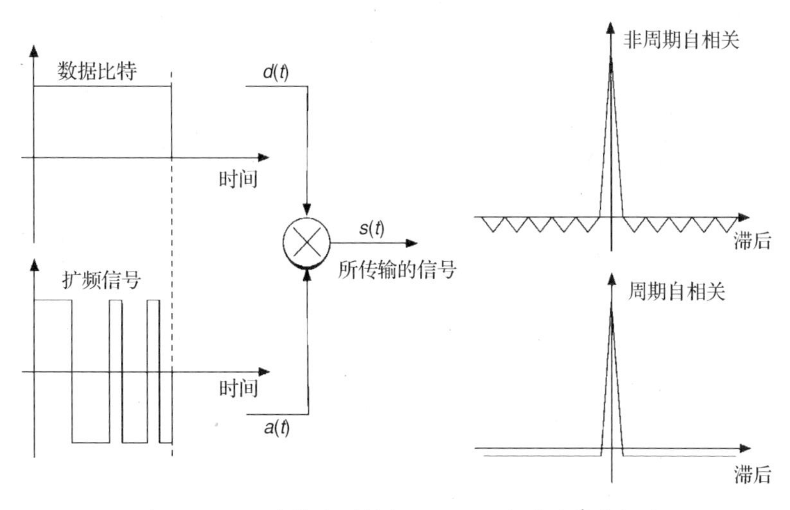

图 8.18　(a)直接序列扩频；(b) 巴克脉冲的自相关

与 FHSS 不同，承载 2 Mbps 的信号现在占据了 25 MHz 的带宽。IEEE 802.11 标准为 DSSS PMD 指定了 14 个信道。信道 1 位于 2.412 GHz，信道 2 位于 2.417 GHz，以此类推(参见图 8.19)。在美国只有前 11 个信道可用。图 8.12 显示了美国的信道化情况。由于每个信道都占据了约 25 MHz 的带宽，而信道间隔只有 5 MHz，所以信道间有明显的重叠。如果同一个地区的两个 WLAN 要使用相邻的信道，就会出现严重的干扰和吞吐量的下降。美国有 3 个正交信道(信道 1、6、11)可以无干扰地部署。由于跳频选项的采样速率在 1 Msps 符号率的量级上，所以实现起来更简单一些。直接序列实现要求抽样率在 11 Mcps 量级上。但是，DSSS 的带宽更宽，所以覆盖范围更大，信号也更稳定。

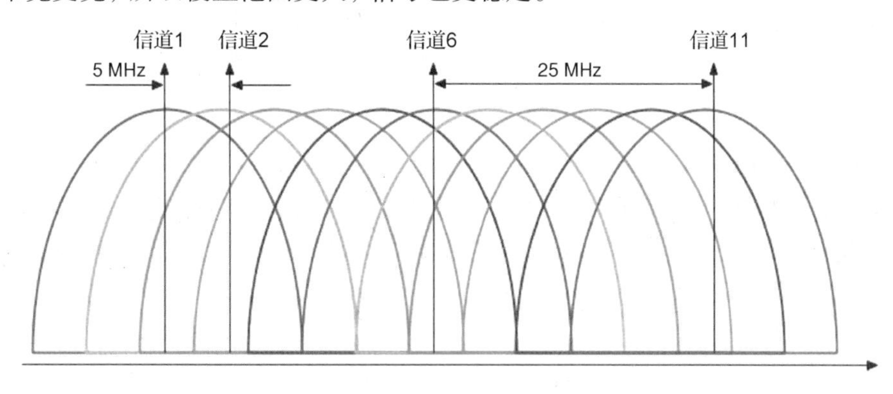

图 8.19　IEEE 802.11 直接序列选项的信道化

图 8.20 显示了 IEEE 802.11 DSSS 版 PLCP 帧的细节。其整体格式与 FHSS 类似，但是因

为它们的传输技术不同，不同的厂商也为 FHSS 和 DSSS 标准的开发设计了不同的模型产品，所以，字段长度有所不同。PLCP 子层再次引入了一些字段，以用于同步(128 比特)、帧定界和差错检测。PLCP 首部和前导码通常都是用 DBPSK 以 1 Mbps 速率传输的。分组的其余部分是根据数据速率通过 DBPSK 或 DQPSK 传输的。此选项中 SIFS 和回退时隙的值分别为 10 μs 和 20 μs。MAC 层 MPDU 的传输速率是 1 Mbps 或 2 Mbps，但是，与标准的 FHSS 版本类似，DSSS 版的 PLCP 也使用了更简单的、速率始终为 1 Mbps 的 BPSK 调制。DSSS 的 MPDU 不需要加扰以实现白化，因为每个比特都是作为一组随机码片传输的，这些码片就是白化的传输信号。DSSS 中 SYNC 的长度是 128 比特，比 FHSS 的要长，这是因为 DSSS 需要更长的时间同步。DSSS 的 SFD 格式与 FHSS 的完全相同，但如图 8.20 所示，其代码值有所不同。DSSS 的 PSF 字段称为信号字段，它用了 8 个比特来标识以 100 kbps 为步长的数据速率(比 FHSS 的精确度高 5 倍)。

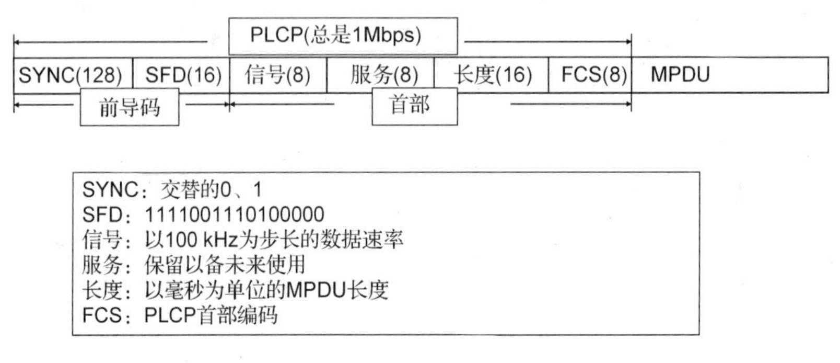

图 8.20 IEEE 802.11 中 DSSS 的 PLCP 帧

例 8.4 IEEE 802.11 中各种数据速率的帧格式

使用上面的编码方式，我们可以用 00001010(10 × 100 kbps)表示 DSSS 的 1 Mbps，用 00010100(20 ×00 kbps)表示 2 Mbps，用 00110111(55 ×100 kbps)和 01101110(110 ×100 kbps)分别表示(IEEE 802.11b 中使用的)5.5 Mbps 和 11 Mbps。此系统的最大数值为 11111111，表示 255 ×100 kbps =25.5 Mbps。

DSSS 的服务字段保留以备未来使用，在 FHSS 版本中此字段并不存在。DSSS 的长度字段与 FHSS 中的 PLW 类似，但长度字段表示的是以毫秒为单位的 MPDU 长度。DSSS 的帧校验序列(FCS，Frame Correction Sequence)字段与 FHSS 的 CRC 字段完全一样。

DFIR 选项

IEEE 802.11 的第三种选择是使用红外线(IR)传输(Valadas，1998 年)。IR 传输占据的频谱位于 850 nm 和 950 nm 之间的波长上。使用的是散射红外传输技术——也就是说通信是全向的。指定的传输范围在 20 米左右，但传输无法穿透物理障碍。它使用的调制方案是脉冲位置调制(PPM，Pulse Position Modulation)。1 Mbps 的数据速率由 16-PPM 支持，2 Mbps 的数据速率由 4-PPM 支持。这种方式与 IrDA(红外数据协会)的标准有可比性，IrDA 标准主要用于相互间隔几英尺的两台(笔记本电脑和个人数字助理这样的)设备之间从几百 kbps 到几 Mbps 的通信。

DFIRPMD 的运行基于 250 ns 脉冲的传输，这种脉冲信号是将发射端 LED 在开、关之间以脉冲时长进行切换产生的。图 8.21 分别说明了 IEEE 802.11 为 1 Mbps 和 2 Mbps 推荐的

16-PPM 和 4-PPM 调制技术。在 16-PPM 中，会对 4 比特信息块进行编码，并根据其值占据 16 比特长的序列中的 16 个时隙之一。用这种格式，每 16 × 250 ns = 4000 ns 承载了传输速率为 4 b/4000 ns = 1 Mbps 的 4 比特信息。对 2 Mbps 来说，每 2 个比特被 PPM 调制为时长 4 × 250 ns = 1000 ns 的 4 个时隙，得到的数据速率为 2 b/1000 ns = 2 Mbps。指定的峰值传输光功率为 2 W，平均值为 125 mW 或 250 mW。

图 8.22 显示了 DFIR 的 PLCP 分组格式。PLCP 信号显示在一个基本脉冲的 250 ns 时隙单元中。用光敏二极管检测器进行的非相干检测不需要载波恢复，也不需要复杂的随机码同步，所以它的 SYNC 和 SDF 字段较短。3 时隙的数据速率指示系统用 000 表示 1 Mbps，用 001 表示 2 Mbps。长度和 FCS 字段与 DSSS 完全相同。唯一的新字段是直流电平调整（DCLA，DC Level Adjustment），这个字段会发送一个 32 时隙的序列，接收端可以通过这个字段来设置所收信号的电平，以确定收到的“0”和“1”的门限。MPDU 的长度被限制在 2500 字节以内。

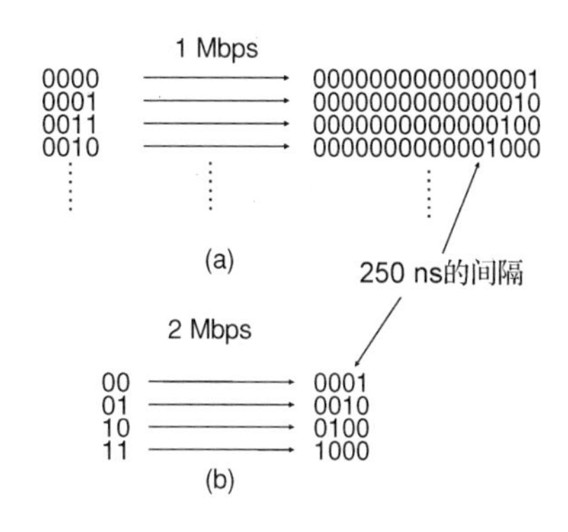

图 8.21　IEEE 802.11 的 DFIR 版本中使用 250 ns脉冲的PPM：(a)用于1 Mbps的16-PPM；(b)用于2 Mbps的4-PPM

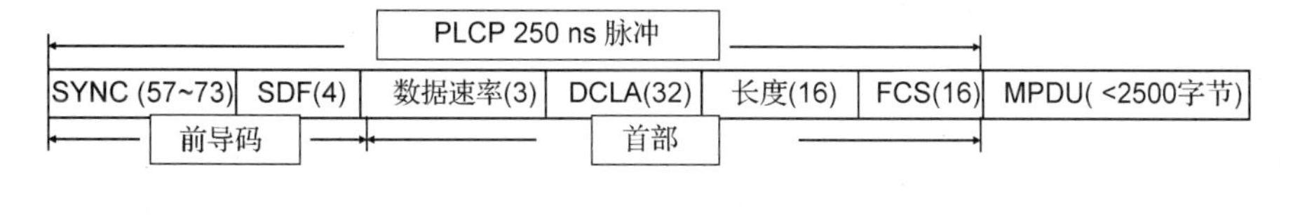

SYNC：交替的0、1脉冲
SFD：1001
000和001分别用于1 Mbps和2 Mbps
DCLA：直流电平调整序列
长度：以毫秒为单位的MPDU长度
FCS：PLCP首部编码

图 8.22　IEEE 802.11DFIR 的 PLCP 帧

IEEE 802.11b 和 802.11g

尽管 IEEE 802.11 的直接序列选项成功了，但它在指定的数据速率上消耗了大量带宽。码片率为 11 Mcps，但最大数据速率为 2 Mbps。也就是说，每毫秒传输一次的 11 码片巴克序列，最多只能承载两比特信息。为了提高数据速率，IEEE 802.11b 标准采用了一种略有不同的方式。IEEE 802.11b 的设备是每 0.727 μs 传输一个 8 码片的码字，而不是每毫秒传输一次 11 码片序列。每个 8 码片的码字最多可以承载 8 比特的信息，最高数据传输速率为 $8/(0.727 \times 10^{-6}) = 11$ Mbps。如果码字只承载了 4 比特的信息，数据速率就是 5.5 Mbps。码字是从一种名为补码键控（CCK，Complementary Code Keying）的技术中导出的[Hal99]。

在 8 个比特映射为一个 8 码片码字的情况下，CCK 按照如下方式工作。输入数据流被分解为若干 8 比特的单元。假设将最低有效位标识为 d0，最高有效位标识为 d7。然后，如表 8.5 的前两列所示，定义 4 个相位，对应于一对比特的四种可能值。如表 8.5 的第三、四列所示，根据这两个比特值的不同，这些相位会取一个值。比如，如果 d5 =0 且 d4 =1，则相位 $\varphi_3=\pi$。一旦确定了相位，就由矢量

$$C=\{\mathrm{e}^{\mathrm{j}(\phi_1+\phi_2+\phi_3+\phi_4)},\mathrm{e}^{\mathrm{j}(\phi_1+\phi_3+\phi_4)},\mathrm{e}^{\mathrm{j}(\phi_1+\phi_2+\phi_4)},-\mathrm{e}^{\mathrm{j}(\phi_1+\phi_4)},\mathrm{e}^{\mathrm{j}(\phi_1+\phi_2+\phi_3)},\mathrm{e}^{\mathrm{j}(\phi_1+\phi_3)},-\mathrm{e}^{\mathrm{j}(\phi_1+\phi_2)},\mathrm{e}^{\mathrm{j}(\phi_1)}\}$$

给出 8 码片的码字。

表 8.5　CCK 的映射

二　位　组	相 位 参 数	二位组(d_{i+1},d_i)	相　　位
(d1, d0)	φ_1	(0,0)	0
(d3, d2)	φ_2	(0,1)	π
(d5, d4)	φ_3	(1,0)	π/2
(d7, d6)	φ_4	(1,1)	-π/2

这个矢量中有些属于集合{+1，-1，+j，-j}的元素，其中 j 是 -1 的平方根。在 RF 中，可以将这四个元素映射为载波的不同相位，接收端将这种相位信息解码，恢复数据比特。可以将 CCK 当作一种调制方案，也可以将其作为一种编码方案。上面这个等式中的所有项都包含第一相位，将此因子提取出来，会得到：

$$\boldsymbol{c}=\{\mathrm{e}^{\mathrm{j}(\varphi_2+\varphi_3+\varphi_4)},\mathrm{e}^{\mathrm{j}(\varphi_3+\varphi_4)},\mathrm{e}^{\mathrm{j}(\varphi_2+\varphi_4)},-\mathrm{e}^{\mathrm{j}(\varphi_4)},\mathrm{e}^{\mathrm{j}(\varphi_2+\varphi_3)},\mathrm{e}^{\mathrm{j}(\varphi_3)},-\mathrm{e}^{\mathrm{j}(\varphi_2)},1\}\mathrm{e}^{\mathrm{j}(\varphi_1)}$$

这种编码方式说明我们的 256 变换矩阵可以被分解为两个变换，一个是直接映射 2 比特(一个复合相位)的单位变换，另一个是将 6 比特(3 相位)映射为一个 8 元素复合矢量，这个矢量有 64 种由上述等式的内部函数确定的可能取值。如图 8.23 所示，上述分解过程简化了 CCK 系统的实现。在发送端，串行数据被划分为 8 比特的地址。8 位中的 6 位用于选择作为 8 位复合代码产生的 64 个正交码之一，另 2 位直接在串行传输代码的所有元素上进行调制。接收端实际上包含两个部分：一个是使用巴克代码的标准 IEEE 802.11 DSSS 解码器，另一个解码器带有用于正交码的 64 个相关器，这是 IEEE 802.11b 的常用解调器。通过查看 PLCP 的数据速率字段，接收端就知道应该对收到的分组使用哪个解码器了。这个方案为同时使用 802.11 和 802.11b 设备的 WLAN 的实现提供了环境。

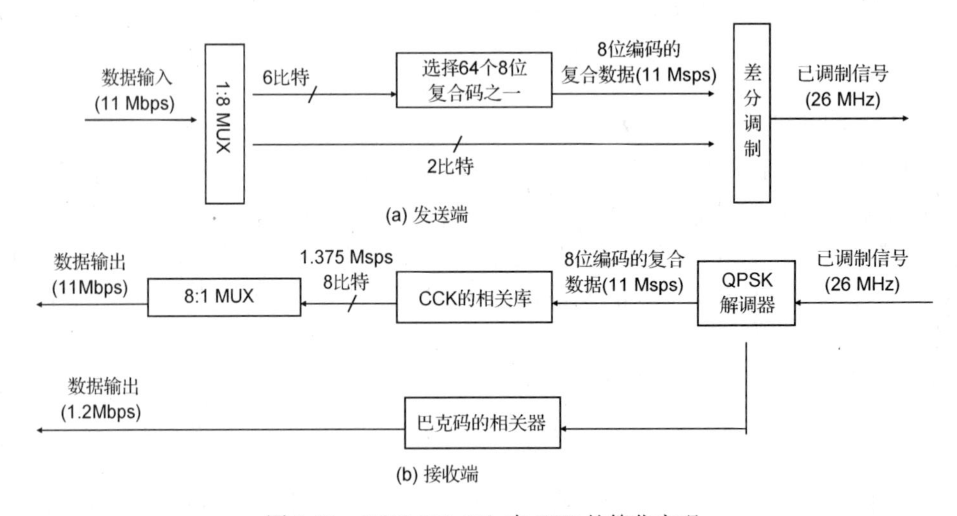

图 8.23　IEEE 802.11b 中 CCK 的简化实现

CCK 的优势是它在将数据速率提高了 5 倍的同时，维持了 IEEE 802.11 的信道化。对于无线环境中的多径问题引发的衰落来说，CCK 也是足够强壮的。在此选项中，SIFS 和回退时隙的值分别为 10 μs 和 20 μs。IEEE 802.11b 有一个未被广泛采用的名为分组二进制卷积码（PBCC，Packet Binary Convolutional Coding）的可选调制方式。PBCC 比 CCK 优越的地方在于它为前向纠错使用了强大的卷积编码。

IEEE 802.11g 标准[Vas05]通过尽量少地修改物理层的帧，以及引入一些必备和可选的物理层组件，维护了对 IEEE 802.11b 和 IEEE 802.11 DS 选项的后向兼容。在 PLCP 层，802.11g 允许使用短的前导码来降低分组开销。此标准指定的 4 种物理层前面都加了术语 ERP 作为前缀，表示采用扩展速率的物理层。标准指定将正交频分复用（OFDM，Orthogonal Frequency Division Multiplexing）和 CCK 作为必备的调制方案，最高强制数据速率为 24 Mbps。通过 OFDM，IEEE 802.11g 还提供了更高的可选数据速率 36 Mbps、48 Mbps 和 54 Mbps。OFDM 与 IEEE 802.11a 使用的调制方案一样，我们将在后面对其进行讨论。PBCC 是 802.11g 的可选调制方案，原始数据速率可以是 22 Mbps 和 33 Mbps。下面我们将讨论 802.11a 中的 OFDM，但经过某些修改之后，这些讨论也适用于 802.11g。更多有关 OFDM 的细节将在第 13 章讨论。

IEEE 802.11a 标准

在无线信道中以超高数据速率进行传输的主要问题之一是多径色散造成的所谓无线信道相干带宽问题。相干带宽将信道的最高数据速率限制为此带宽内可支持的速率（比如，如果相干带宽为 B Hz，信道带宽 $W \gg B$ Hz，那么除非使用了均衡或扩频技术，否则 W Hz 的传输带宽将导致不可恢复的错误）。为了克服这个限制，可以在几个子信道上发送数据，每个子信道都处于相干带宽或更低的数量级上，这样，数据就可以正确到达了。使用几个子信道，并降低每个信道的数据速率，就可以增加每个信道的信号持续时间。如果每个信道的信号持续时间都比多径色散大，错误就会更少，这样就可以支持更高的数据速率了。使用很老的 OFDM 技术来维护带宽有效性时，可以使用这个原则。数据用户线（DSL，Digital Subscriber Line）上用过 OFDM，它还被用来克服铜线上衰减随频率发生变化的问题。OFDM 将间距载波（子信道）尽可能靠近，并完全以数字化方式实现系统，尽可能减少模拟部件的使用。IEEE 802.11a、HIPERLAN/2 和 IEEE 802.11g 都将 OFDM [Kap02]作为物理层使用。

IEEE 802.11a 指定了 80 个 20 MHz 的信道[Nee99]。如图 8.24 所示，在每个信道中都用正交载波以 OFDM 方式创建了几个子信道：每个信道都被指定了 52 个子信道，每个子信道带宽大约是 300 kHz，其中 48 个子信道用于数据传输，4 个用作同步的导频信道。一个 OFDM 符号（包含所有载波上符号的总和）持续 4 μs，承载 48 ~ 288 之间任意数量的编码比特。比如，速率为 54 Mbps 时，OFDM 符号有 216 个数据符号。代码速率为 3/4 时，编码比特/符号的值为 4 × 216/3 = 288。这可以通过使用不同的调制方案来实现——从每个子信道只有一个比特的二进制相移键控到正交幅度调制（QAM，Quadrature Amplitude Modulation）这样更复杂的调制方式。差错控制编码在确定数据速率的过程中也扮演了很重要的角色。表 8.6 对所支持的各种数据速率的一些特性进行了总结。

802.11a 中的 PLCP 没有同步字段，因此略有不同。4 比特的速率字段说明了要传输的数据速率。表 8.6 显示了不同数据速率下此字段的值。前导码和首部通常是用 BPSK（较低的数据速率）调制的。此选项中 SIFS 和回退时隙的值分别为 16 μs 和 9 μs。

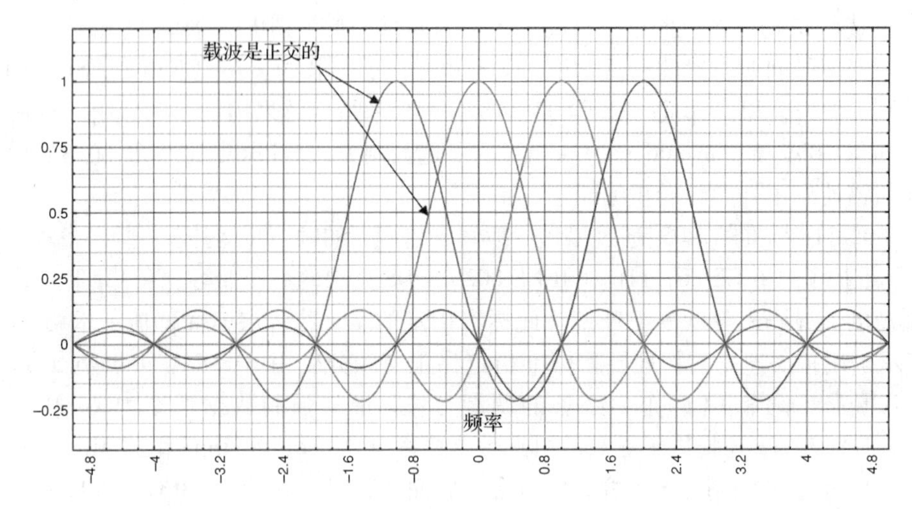

图 8.24 OFDM 中的正交载波

表 8.6 IEEE 802.11a 的数据速率及相关参数

数据速率(Mbps)	调　　制	码　　率	数据比特/符号	已编码比特/子信道	PLCP 速率字段
6	BPSK	1/2	24	1	1101
9	BPSK	3/4	36	1	1111
12	QPSK	1/2	48	2	0101
18	QPSK	3/4	72	2	0111
24	16-QAM	1/2	96	4	1001
36	16-QAM	3/4	144	4	1011
48	64-QAM	2/3	192	6	0001
54	64-QAM	3/4	216	6	0011

IEEE 802.11n 标准

IEEE 802.11a 和 IEEE 802.11g 的 MAC 和物理层将原始数据速率限制为 54 Mbps，并根据流量负载、信道条件等情况将吞吐量限制为 54 Mbps 的一小部分。因此，一个新的任务组开始起草 IEEE 802.11n 标准，它会对 MAC 和物理层进行改进以便将吞吐量提升到 100 Mbps 以上(最高到 600 Mbps)。注意，这里的吞吐量不只是空中的原始数据速率，而是实际的网络吞吐量。有一段时间，任务组 N 中有两个物理层和 MAC 层的竞争建议——WWiSE(全球频谱效率，World-Wide Spectrum Efficiency)和 TGnSync，每个阵营都有很多厂商支持。两个建议在物理层都使用 MIMO。市场上也有遵循这些建议中部分规范的产品。这两个建议都没能成功获得 75% 的选票。2006 年 1 月，这两个建议与第三个建议进行了整合，并最终获得了批准。

有些被提出并成为标准一部分的提高吞吐量的方法使用了定向天线或波束成形，将两个 20 MHz 信道合成一个更宽的 40 MHz 信道的信道绑定，OFDM 的多入多出(MIMO，Multiple-Input Multiple-Output)，以及 MAC 层的吞吐量提升。如第 3 章所述，MIMO 使得链路的频谱效率远高于传统系统的 1 bps/Hz 量级，达到数十 bps/Hz。频谱效率的增加可以通过使用空时技术(参见第 3 章和第 13 章)来实现，比如空时编码、波束成形和空间复用。这些技术要么通过分集提高了链路的可靠性，要么通过消除干扰增加了容量，要么利用多重天线同时发送了多个数据流。

提高了802.11n吞吐量的主要MAC优化是通过帧聚合来降低开销[Xia05]。数据速率很高时，等待时间、回退及帧首部开销都会显著降低吞吐量。降低此项开销的一种方式是使用聚合帧——在MAC层和物理层使用都可以。与之类似，确认信息也可以被延迟或聚合。帧聚合可以用于单个目的地、多个目的地，也可以为多个目的地使用多种速率。

IEEE 802.11ac标准

IEEE 802.11n标准提升了吞吐量。但随着时间的推移，技术也要随着不断出现的应用而发展。最近几年，高质量视频流已经成为一种非常重要的应用。很多人现在不仅会在电视上，而且会在笔记本和平板电脑这样的设备上观看点播视频流。同步视频流和像游戏这样的实时带宽密集型应用也迫使WLAN向更高的吞吐量发展。

这种需求促成了本书编写期间IEEE 802.11ac标准[Nee11]的推出。此标准包含了IEEE 802.11n范围之外的信道绑定。IEEE 802.11ac绑定的不是两个20 MHz的信道，而是最多允许绑定4个信道，使得总带宽可高达80 MHz。而且，一台设备可同时使用两个80 MHz信道来进一步提高吞吐量。当然，只有在包含这么大带宽的5 GHz频段才可能实现，在2.4 GHz频段是无法实现的。物理层还进行了另外两项修改以提高吞吐量。第一项是在IEEE 802.11a/g/n使用的64-QAM调制方式之外，使用了256-QAM方式。最高码率为5/6，且有两个使用MIMO的空间流，IEEE 802.11ac链路在一个80 MHz绑定信道内的原始数据速率可以超过800 Mbps。第二项是多用户MIMO的使用，使用此技术时，接入点可以通过多个空间流将数据同时发送给多个移动站。这样，移动站就不需要等待信道接入了，而且接入点可以传输高达4倍800 + Mbps速率的数据，从而提高了网络的总吞吐量。

物理层可选方案总结

表8.7对IEEE 802.11中不同的物理层可选方案进行了总结。

表8.7　IEEE 802.11物理层可选方案总结

标准	频谱-US(GHz)	数据速率(Mbps)	传输方案
基本的IEEE 802.11	2.402 ~ 2.479	1，2	GFSK、FHSS
	2.402 ~ 2.479	1，2	B/QPSK、DSSS
	850 ~ 950 nm	1，2	PPM、IR
802.11a	5.15 ~ 5.35， 5.725 ~ 5.825	6 ~ 54	OFDM
802.11b	2.402 ~ 2.479	1，2，5.5，11	CCK
802.11g	2.402 ~ 2.479	1 ~ 54	OFDM\CCK
802.11n	2.4和5.0	最高达600	MIMO/OFDM
802.11ac	2.4和5.0	> 1 Gbps	MIMO/OFDM以及多用户MIMO

8.3.4　基本结构WLAN的容量

移动用户在某个蜂窝的覆盖范围内移动时，接收SNR会发生变化，可以认为它是一个随机变量。比如，图8.25说明了一个移动站在购物中心的不同位置时SNR的统计行为。对传统的电路交换语音应用来说，每个用户都有与接收SNR无关的单一数据速率，容量是根据某个蜂窝内或整个网络中可用语音信道的数量来计算的，可用语音信道的数量是可用带宽总量的函数(参见第5章)。所有现代无线数据应用都是多速率系统，其数据速率会根据接收

SNR 和分组丢失进行调整。IEEE 802.11a/g 和 HDR 服务就是多速率 WLAN 和移动数据系统的实例。在多速率系统中，每个移动站都可以根据接收 SNR 的值运行于某个数据速率上。在单用户环境中，MS 的数据速率就是它在某区域中移动时运行的所有数据速率的平均值。在多用户环境中，每个移动站的平均数据速率是媒体接入控制技术和那个区域中移动站数量的函数。本节其余部分将提供一个在不考虑媒体接入控制的前提下理解无线数据网络容量的架构。

数据速率 (Mbps)	覆盖距离 (m)	覆盖范围 (m^2)	$p_n=\frac{A_i}{\pi D_4^2}$
R_1=11	D_1=50	A_1=7850	0.19
R_2=5.5	D_2=70	A_2=7536	0.18
R_3=2	D_3=90	A_3=10048	0.24
R_4=1	D_4=115	A_4=16092	0.39

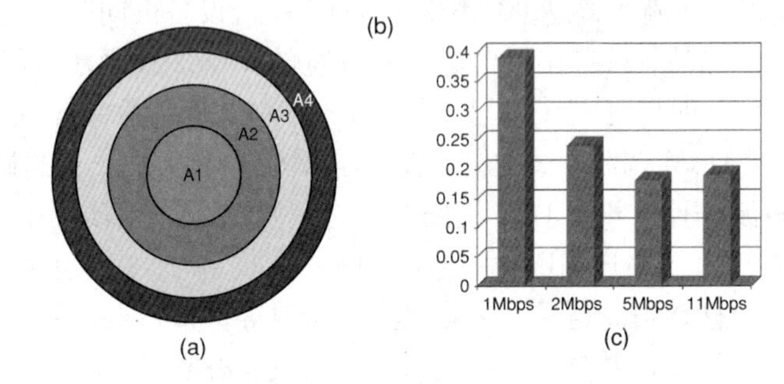

图 8.25　半开放室内环境中 IEEE 802.11b 的数据速率和覆盖范围：(a)不同数据速率的覆盖范围；(b)数据速率的概率计算；(c)数据速率的概率密度函数

在无线数据应用中，多速率移动站可以在距离接入点或基站很近的地方获得最高速率。随着距离的增加，接收到的信号强度会衰减，SNR 也会随之降低，一直到最高数据速率所必需的 SNR 达不到的那个点，调制解调器就会切换到较低一挡的数据速率。随着距离的持续增加，数据速率会持续下降到更低的值，直到信号强度降到接入点或基站覆盖允许的最低速率之下。在包含多个 AP 以提供全面覆盖的基本结构 WLAN 中，我们希望当信号衰落到一个较低门限之下时，有其他接入点或基站可以连接。因此，对一个被无线数据服务覆盖了的区域来说，用户可用的数据速率是呈空间分布状态的，其中每个位置都与系统中多个可用速率之一相关联。换句话说，覆盖区域内任意位置的数据速率构成了一个离散的随机变量。定义这种具有统计速率的多速率系统容量的方法之一就是将空间容量定义为处于覆盖区域内随机位置的用户观察到的数据速率的平均值。使用这种定义的空间容量由下式给出：

$$R_{av}=\sum_{n=1}^{N}p_nR_n \tag{8.1}$$

其中，R_{av}是平均空间数据速率，R_n是可用的多个速率之一，p_n是此数据速率出现的概率，也就是能够获得该特定数据速率的区域与接入点或基站覆盖的所有区域的比值。

例 8.5　IEEE 802.11b 的空间容量

IEEE 802.11b 支持 4 种数据速率，即 11 Mbps、5.5 Mbps、2 Mbps 和 1 Mbps。在半开放的室内环境中，可以在保持这些速率时使覆盖距离分别达到 50 m、70 m、90 m 和 115 m。图 8.25(a)显示了覆盖区域以及 AP 周围提供了不同数据速率的圆圈。对于一台位于覆盖区域内任意位置的终端来说，处于每个区域的概率为特定数据速率所占区域与总覆盖区域的比值。也就是说，$p_n = A_i/\pi r^2$，其中 r 是最大圆圈的半径(115 m)。图 8.25(b)显示了数据速率、覆盖距离、环形面积和具有特定数据速率的概率。图 8.25(c)显示了根据某数据速率的覆盖区域与整个覆盖区域的比值计算出来的数据速率概率密度函数。如果将图 8.25 中的数据速率以及从密度函数得到的概率代入式(8.1)，AP 的平均数据速率或空间容量就是 2.584 Mbps，远低于预期的 11 Mbps。

上述方案给出了基本结构 WLAN 的最坏情况。实际应用中，网络设计者会将蜂巢交叠，而且交叠都发生在数据速率很低的地方，以减少其对平均数据速率的影响。蜂巢应用中空间容量的最大值是在相邻 AP 离得足够近，使得用户总能获得最高数据速率(在例 8.6中就是 11 Mbps)的情况下产生的。如图 8.26 所示，对常见的网格设置来说，支持最大空间分集的接入点间的最短距离(网格的大小)为 $r_g = \sqrt{2} r_1$，其中 r_1是可以使用最高数据速率的圆形的半径(在例 8.6 中就是 50 m)。对这种情况来说，系统数据速率的概率密度函数就是一个概率为 1 的 11 Mbps 脉冲函数。当接入点间的网格距离增长到大于 r_g时，数据速率的概率密度函数中就开始有较低的数据速率了，这样就会降低空间平均速率。如前所述，如果没有覆盖间隙，最低空间吞吐量不能小于单个接入点的空间吞吐量(在例 8.6 的 802.11b 中就是 2.584 Mbps)。本章讨论的是单楼层室内环境，更多有关多楼层环境的讨论请读者参见[Hil01]。

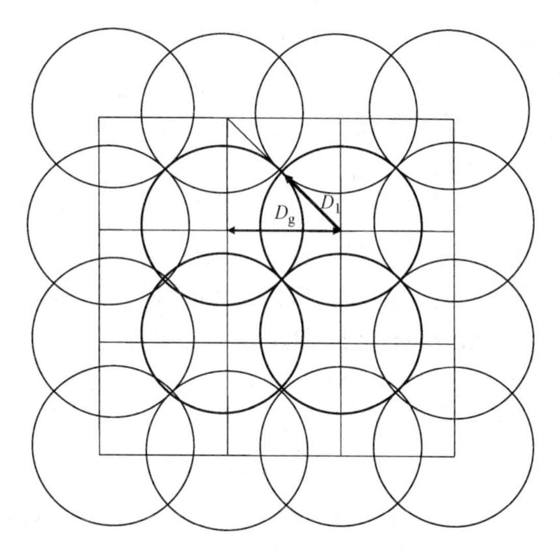

图 8.26　具有最优空间容量的网格部署

8.3.5　IEEE 802.11 的安全问题及实现

无线网络安全是个很重要的问题，主要原因是将无线信号包含在一个受保护的周界内是非常困难的[Edn04]。任何人都能收到无线信号，任何人也都可能向网络中插入信号。通常，在任何无线或有线网络中都要部署机密性、实体认证、数据认证和完整性等安全特性或服务以防范安全威胁[Sti02]。IEEE 802.11 标准中有一些机制可以提供链路层的机密性、完整性和认证功能(更多细节参见第 7 章)。从 802.11 链路传输出来的所有数据都没有受到保护。比如，一个与 AP 通信的移动站，它在空中传输的所有 IEEE 802.11 帧可以都是受保护的，而一旦 AP 收到帧，在将其发送给分布系统之前，所有保护都被移除了。因此，如果某些应用的净荷需要安全保护，就会要求在较高层提供额外的安全性能(比如 IPSec 或安全套接字层——SSL)。

在 IEEE 802.11 中提供机密性和认证的原始机制被称为有线等效加密(WEP，Wired Equivalent Privacy)机制[Gas02；Edn04]。过去几年在文献中发表过几种攻击 WEP 的技术方案。可以用 AirCrack、Kismet 和 WEPcrack 这样的免费工具来提取 WEP 加密使用的密钥。WEP 使用了带有 40 比特密钥的 RC4 流加密(尽管现在大多数商业产品中都可以选用 128 比特的密钥)。WEP 和 RC4 算法自身实现中存在的缺陷使 WEP 对当今的应用来说不够安全。

WEP 最初是作为一个自同步、可输出且有效的选项在标准中提出的。虽然它确实满足了这三个特性，但在安全性上存在很多不足。

接下来我们简要讨论 IEEE 802.11 最初的安全性实现，同时对近期提出的一些增强功能进行说明。

WEP 的实体认证

IEEE 802.11 中强制的实体认证机制被称为开放系统认证。在这种情况下并没有真正的认证。如果一台 IEEE 802.11 设备向另一台设备发送一帧，它会被隐式地接受。比如，移动站向将“开放系统”作为认证算法(认证算法 =0)的 AP 发送一帧。如果 AP 允许开放系统接入，就会直接接受此帧并发送一个响应。AP 可以从这个事务过程中获得移动站的 MAC 地址，以便用于通信。

另一种较好的认证过程被称为共享密钥认证，WEP 就是在此过程中实现的[Gas02]。如果网络使用了 WEP，就要强制使用共享密钥认证机制。假设网络上所有设备共享一个密钥。移动站会发送一个序列号为 0 的帧进行认证，并将认证算法设置为 1(表示共享密钥认证)。然后，AP 在向移动站发送响应的同时发送一条明文的查询报文(128 比特)。移动站会以查询文本的加密形式作为响应。如果 AP 能够验证应答的完整性，移动站就被认证了，而且它的共享 WEP 密钥也配置好了。有时，一个移动站在将自己与某个 AP 关联之前，会与多个 AP 进行认证。这个过程被称为预认证。但是，这种认证方式还是不太安全，而且它使用的流加密方式也给协议带来了一些缺陷(细节参见第 7 章)。

有几种商业产品还实现了地址过滤机制，只允许特定的 MAC 地址接入网络。这并不是标准的一部分，而且恶意用户也可以很容易地使用欺诈 MAC 地址。但是，IEEE 802.11 网络可以将地址过滤作为一种附加安全措施使用。

WEP 的机密性和完整性

在 IEEE 802.11 中，机密性就是通过 RC4 流加密对所有分组加密来提供的。流加密的使用如下。用密钥生成一个伪随机比特序列(被称为密钥流)。如果这个序列的周期很长且算法很强，理论上来说，就不可能有人在不知道密钥的情况下生成序列。伪随机生成器与 40 比特的密钥一起生成一个密钥序列，这个序列会与明文报文进行简单的异或。这样生成的伪随机序列将与 MAC 帧进行异或，保护帧内容的安全以防止干扰。RC-4 是一种用来生成伪随机密钥流的算法。这个算法使用了密钥，在 WEP 中密钥就是一个 24 比特长的初始矢量(IV, Initialization Vector)。对所有事务来说，密钥都是不变的，所以如果 IV 没有变化，就会生成相同的伪随机密钥流。攻击者可以捕获两个加密帧的流，将其异或，删除密钥流。这样他就有了两个数据帧的异或值。如果他碰巧知道一个数据帧的内容，就可以获知另一帧的内容了。由于 IV 只有 24 比特长，攻击者很可能会破解加密方案。一个广为人知的攻击行为就是 Fluhrer、Mantin、Shamir(FMS)对 RC-4 的攻击。而且，有些很弱的密钥也会使加密方案更容易被攻破。攻击者也可以根据正在使用的序列号重新发送分组。为了确保没有攻击者对报文进行了修改，WEP 协议使用了内建 CRC 来验证报文的完整性。用 CRC 检查报文的完整性也有一些缺点，近几年也有一些相关的讨论公开发表。

WEP 的密钥分配

IEEE 802.11 标准没有明确应该如何将共享密钥分配给各台设备(AP 和移动站)。通常这是个人工安装密钥的过程，用户会在设备驱动软件中输入密钥。遗憾的是，这个过程不具有可扩展性，而且由于人的参与，存在一些缺陷。用户购买新设备时，可能会在一张纸上写下密钥，然后丢了。有些厂商有自动密钥分配机制。Cisco 的轻量级可扩展认证协议用查询-响应机制在 AP 上生成一个密钥，并在移动站本地生成一个相同的匹配密钥，然后就可以用这个密钥进行成功的加密通信了。

802.11i 的安全特性

IEEE 802.11 工作组的任务组 I 为 IEEE 802.11 提供了一个增强的安全框架，此框架被称为 802.11i，并于 2004 年 6 月被批准成为一个标准。有些厂商已经实现了此标准中的部分元素。此框架包含了与 WEP 类似的强健安全网络（RSN，Robust Security Network），但它具备几种新的设备能力[Edn04]。在过渡安全网络（TSN，Transitional Security Network）中 WEP 和 RSN 设备是可以共存的。

在 802.11i 的标准化过程中，名为 WiFi 联盟的主要 WLAN 制造商联盟也在考虑提高传统设备安全性的方案。此联盟提出的方案被称为 WiFi 保护接入（WPA），此方案在 WEP 中引入了名为临时密钥完整性协议（TKIP，Temporal Key Integrity Protocol）的增强功能。在此协议中，仍将 RC-4 作为加密算法使用，但它增加了一些特性来克服 WEP 的弱点。它使用了报文完整性代码，而不是 CRC 校验。改变了 IV 的生成方式。每一帧的加密密钥都会变化，增加了 IV 的长度，还添加了密钥管理机制。

在 802.11i 中，RC-4 被高级加密标准（AES，Advanced Encryption Standard）所取代。需要特别注意的是，密钥流和报文完整性检查都将由计数器模式密码块链接的 MAC 协议（CCMP，Counter-mode Cipher-block-chaining MAC Protocol）生成。与生成密码流的流加密方式不同，AES 是一种块加密方式——它是运行在固定长度的数据块上的。但所有块加密都可以在不同模式下运行，而密码块链接（CBC，Ciper-Block-Chaining）只是这些操作模式之一。计数器模式是另一种操作模式。计数器模式通常被用于生成密钥流，CBC 通常用于生成报文完整性检查。在其他具有良好安全性的系统中，这两种模式都有使用。

TKIP 和 AES-CCMP 都提供了机密性和报文完整性。为了进行实体认证，IEEE 802.11 系统还得依赖于查询响应协议。历年来，也有一些为有线局域网的拨号实体认证和端口安全开发的协议。其中包括 802.1X、可扩展认证协议（EAP，Extensible Authentication Protocol）和远程用户拨入认证服务（RADIUS，Remote Authentication Dial-In User Service）。注意，这些协议并不都是地位相当的，比如 802.1X 和 RADIUS 都可以用 EAP 进行实体认证和密钥分配。EAP 自身可以通过一些查询响应协议，比如查询握手认证协议（CHAP，Challenge Handshake Authentication Protocol）或 SSL，对设备进行认证。WPA 和 RSN 都要求将 802.1X 和 EAP 作为 802.11 网络接入控制机制的一部分。注意，随着机场、咖啡厅等热点网络的出现，接入控制正日益成为一个很重要的问题。

思考题

1. 说出在美国使用的 3 类免授权频段，并对其可用频段规格和覆盖范围进行比较。
2. 对有线局域网（以太网）和无线局域网当前的数据速率状态进行比较。
3. 为什么 WLAN 和 WPAN 产业必须使用免授权频段？

4. 解释一下无线的局域网间网桥和无线局域网的区别。

5. IEEE 802.11 WLAN 可以在哪三种拓扑结构中运行？它们有什么区别？

6. 说出 WLAN 标准考虑使用的 4 种主要传输技术，并给出与每种传输技术有关的标准化活动。

7. 对作为 WLAN 的物理层可选方案使用的 OFDM 和扩频技术进行比较。

8. 给出传统 IEEE 802.11 使用的 DSSS 和 FHSS 的物理规范小结。

9. 在 IEEE 802.11 中提供，而在传统局域网比如 802.3 中没有提供的 MAC 服务有哪些？

10. 为什么 802.11 的 MAC 层有四个地址字段，而 802.3 只有两个？

11. 802.11 中的 PCF 是什么？它提供什么服务？是如何实现的？

12. 解释一下隐藏终端和暴露终端的区别。

13. 解释一下为什么 802.11 中的 AP 也作为网桥使用。

14. 802.11 中 MAC 管理子层有什么职责？

15. 使用 PIFS、DIFS 和 SIFS 时间间隔的目的是什么？它们在 IEEE 802.11 中是如何使用的？

16. 802.11 的探测信号和信标信号有什么区别？

17. 解释一下 802.11 中信标信号的定时操作。

18. IEEE 802.11 是如何提供认证和完整性的？

19. IEEE 802.11a/g 为了提供 36 Mbps 的原始数据速率，使用了什么调制方案和代码速率？用信号数量和每秒比特数来解释一下如何实现这个速率。

20. IEEE 802.11n 与 IEEE 802.11a 或 IEEE 802.11g 有何区别？

21. IEEE 802.11ac 与 IEEE 802.11n 有何区别？

22. 基本拓扑 WLAN 的不同部署方式之间有什么区别？

习题

习题 8.1

要像 802.11b 那样用 CCK 传输信息序列 00111100。矢量形式的 CCK 码字是多少？给出所有步骤。假设比特 d0 是最高有效位。

习题 8.2

a. 用生成 CCK 的等式生成与数据序列{0,1,0,0,1,0,1,1}相关的复合传输码。

b. 为序列{1,1,0,0,1,1,0,0}重复步骤(a)。

c. 说明生成的两个传输码是正交的。

习题 8.3

原始 WaveLAN 是 IEEE 802.11 的基础，它为 DSSS 使用了一个 11 比特的巴克码[1, -1, 1,1, -1,1,1,1, -1, -1, -1]。

a. 绘制此码的非周期自相关图(细节参见第 12 章)。

b. 如果使用的系统用的是与 CDMA 码片长度一样的随机码，用全向天线和一个接入点可以同时支持多少个数据用户？

习题 8.4

a. 如果在 IEEE 802.11 的 PPM-IR 物理层，使用了基带曼彻斯特编码而不是 PPM，传输数据速率是多少？必须给出理由。

b. IEEE 802.11b 的符号传输率是多少？在一个编码符号中使用了多少复合 QPSK 符号？一个传输符号中映射了多少比特？编码符号的冗余是多少(编码符号与可选总数的比值)？

c. IEEE 802.11g 每条信道中编码符号的符号传输率是多少？这个符号速率与数据速率(6 Mbps，9 Mbps，12 Mbps，18 Mbps，27 Mbps，36 Mbps，54 Mbps)和传统编码速率(1/2，3/4，9/16)有什么关系？

习题 8.5

假设所有移动站都用 RTS/CTS 机制发送分组，重画图 8.8 的时序图。

习题 8.6

IP 语音应用层软件每 20 ms 生成一个 64 kbps 的编码语音分组。在两台有 WLAN PCMCIA 卡的笔记本上安装此软件，与一个连接到快速以太网(100 Mbps)的 AP 进行通信。

a. 如果 PCMCIA 卡使用了 IEEE 802.11 的 DSSS，以毫秒为单位的语音分组长度是多少？

b. 如果两台终端几乎同时开始发送语音分组。给出时序图来说明如何用 CSMA/CA 机制通过无线媒体向 AP 发送第一个分组？

c. 如果使用的是 11 Mbps 的 802.11b，而不是 802.11 的 DSSS，重复步骤(a)和(b)。如果数据速率为 5.5 Mbps，会有什么变化？

习题 8.7

图 P8.1 显示了一座办公建筑的布局。如果 AP 和移动站 1、2 和 3 之间的距离分别为 50 m、65 m 和 25 m，确定 AP 和移动站之间的路径损耗：

a. 使用基于每堵墙模型的路径损耗和自由空间损耗(假设每堵墙的墙损耗为 3 dB)。

b. 使用第 2 章的 802.11 路径损耗模型。

根据 802.11 的传输和接收功率规范，确定单个 AP 是否能涵盖整座建筑。

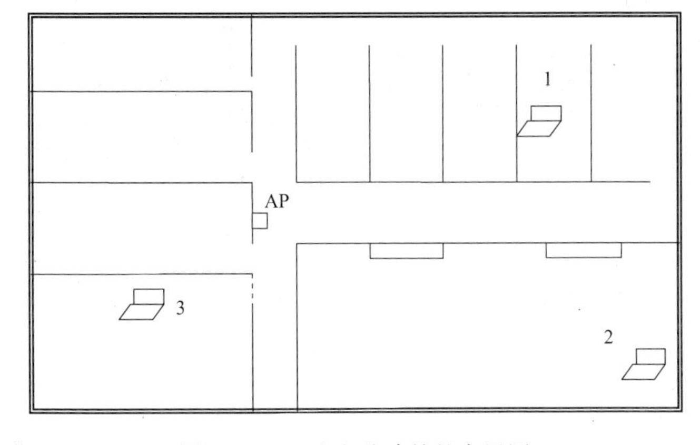

图 P8.1　一座办公建筑的布局图

习题 8.8

为一座办公建筑设计一个无线局域网。由于无法进行测量或现场勘察，所以只能依赖统计模型和其他一些信息。对实际放置接入点的位置也有某些限制。有下列信息可用：

接入点和移动终端之间墙数最大值 = 4。

接入点和移动终端之间楼层的最大值 = 2。

可能的发射功率 = 250 mW 和 100 mW。

接收器灵敏度为 -90 dBm。

从接入点到建筑边界的最大距离 = 30 m。

建筑中有办公室的墙体、砖墙和金属门。

阴影衰落余量 = 8 dB。

保守估计一下建立 WLAN 所需的接入点数量是多少？为什么？说出你的假设、模型，并给出所有假设和计算的理由。提示：使用第 2 章适用于室内区域的路径损耗模型。

习题 8.9

假设能够可靠使用数据速率 11 Mbps、5.5 Mbps、2 Mbps 和 1 Mbps 的覆盖区域半径不是例 9.6 给出的值，而是 20 m、30 m、40 m 和 50 m。接入点的空间容量是多少？如果 1 Mbps 数据速率最多可以在 70 m 范围内使用，空间容量会有什么变化？假设所有其他值保持不变，绘制出 1 Mbps 的覆盖区域在半径 50 ~ 100 m 的范围内变化时，与空间容量的关系图。

习题 8.10

图 P8.2(a) 显示了分组的构造开销以及使用 TCP 分组的应用程序开销。每个 TCP 分组的长度最高可达 65 495 字节，分组可以被分段，以适应最大 MAC 分组长度 2312 字节。TCP/IP 首部为 40 字节，802.2 LLC/SNAP 首部为 8 字节，802.11 MAC 和 PLCP 首部及同步前导码分别为 34 字节和 24 字节。TCP ACK 是一个没有应用数据的 TCP 首部，MAC ACK 显示在图 P8.2(b) 中。假设 SIFS 和 DIFS 间隔分别为 10 μs 和 50 μs，在数据分组长度为 100 字节和 1000 字节、数据速率为 11 Mbps、5.5 Mbps、2 Mbps 和 1 Mbps 的情况下，确定 802.11b 应用的吞吐量。

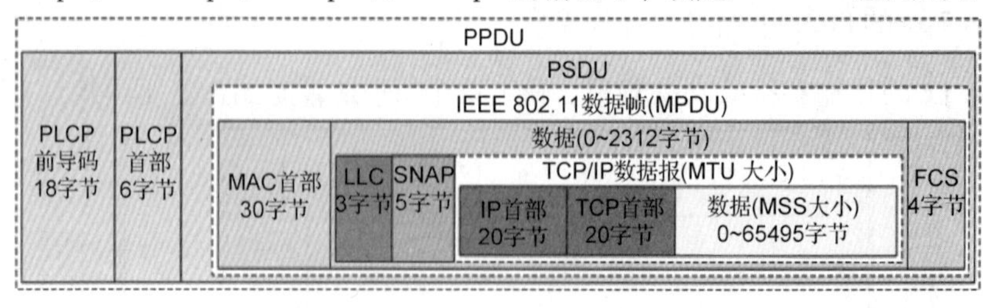

(a)

(b)

图 P8.2 IEEE 802.11b 的分组传输：(a)分组的构造开销；(b)TCP 分组成功传输的开销

习题 8.11

现实中，WLAN 的吞吐量是信道特征的函数，会随时间波动。图 P8.3 显示了在 1 min 的观测时间内，一台 802.11b 终端的典型应用吞吐量。由于存在信道衰耗和其他缺陷，我们在发送端和接收端之间某个特定的距离进行测试时，这个吞吐量会随时间发生变化。随着发送端和接收端之间距离的增加，以及 RSS 的降低，这个平均吞吐量也会降低。根据经验，在一座办公建筑中，IEEE 802.11b 的吞吐量(Mbps)和距离(m)的关系遵循下列近似公式：

$$S_u(r) = -0.2r + 5.5 \tag{P8.1}$$

a. 确定(以 Mbps 为单位的)最大吞吐量和(以 m 为单位的)最大覆盖范围。

b. 我们可以通过

$$\bar{S_u} = \frac{2\int_0^{R_L} rS_u(r)\mathrm{d}r}{R_L^2}\ [\text{Mbps}] \tag{P8.2}$$

找出在一个接入点覆盖区域内随意走动的用户的平均吞吐量。其中，R_L是 WLAN 的吞吐量接近于零且 WLAN 不再覆盖的距离。

c. 用式(P8.1)和式(P8.2)来计算一个在 WLAN 覆盖区域内随意走动的用户的平均吞吐量。

d. 将计算结果与 IEEE 802.11b 的最大和最小标称数据速率进行比较。对它们与你的计算结果之间的差异进行解释。

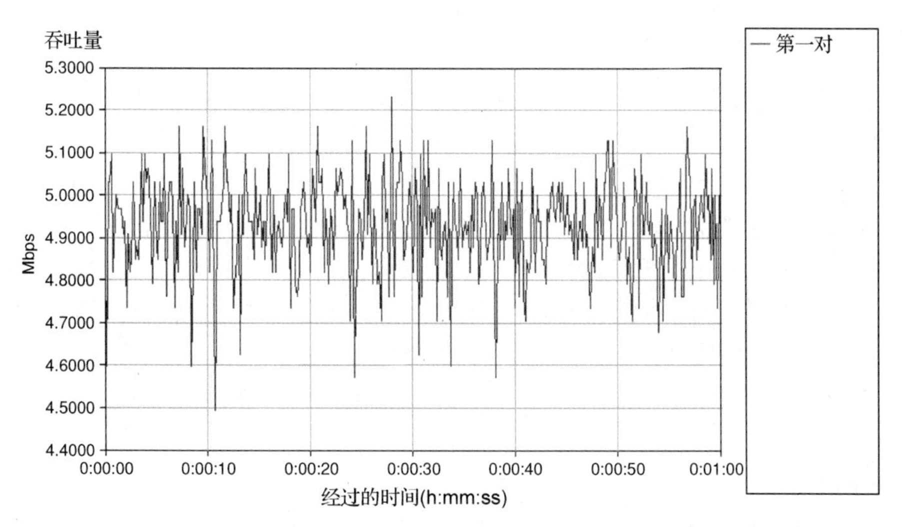

图 P8.3　802.11b 中某个位置的吞吐量变化

习题 8.12

典型办公建筑内，IEEE 802.11g 平均吞吐量与距离的关系经测量符合以下函数：

$$S_u(r) = \begin{cases} 22; & 0 < r < 1 \\ -22\log 10r + 25; & r > 1 \end{cases} \tag{P8.3}$$

a. 用式(P8.1)和式(P8.2)来计算一个在 WLAN 覆盖区域内随意走动的用户的平均吞吐量。

b. 将计算结果与 IEEE 802.11g 的最大和最小标称数据速率进行比较。对它们与你的计算结果之间的差异进行解释。

项目

这些项目都假定你家里有无线网络，且有一台可以连接到 WiFi 网络的笔记本电脑。

项目 8.1：IEEE 802.11 的 RSS

有很多软件工具(比如，PassMark 的 WirelessMon)可以用于搜集靠近移动站的接入点的相关信息。笔记本电脑的操作系统会自带很多工具。这些工具提供了很多特性，我们要用它记录位于不同位置的选中接入点(AP)的接收信号强度(RSS，Received Signal Strength)，并将这些测量值与 IEEE 802.11 模型相比较。可以通过下列步骤，用这些工具进行 RSS 测量。

- 在你的笔记本电脑上安装一个用于 RSS 测量的软件工具(比如，可以从 http://www.passmark.com/products/wirelessmonitor.htm 下载 wirelessmon.exe)。
- 设置软件来监视你选中的接入点，可以通过其 MAC 地址，有时也可以通过其 SSID 来区分这些接入点。
- 修改软件的日志选项，来记录一个 AP 的特征。
- 记录一个特定 AP 的 RSS 读数。

a. 你拥有建筑的楼层布局图，在建筑物某个特定的楼层四处游走，以查找那个楼层 AP 的准确位置。在建筑物方案中将位置标示出来。

b. 在选中的楼层选择 5 个不同的位置，分别离选中的 AP 大约 1 m、5 m、10 m、20 m 和 30 m 远。将这些点分散在整个楼层，并在楼层平面图上将其标示出来。确定从选中点到那一层每个 AP 位置的距离。

c. 对每个位置的 RSS 至少测量 1 min。计算从每个位置的每个 AP 收到的平均 RSS，并将其记录在一张表中，将距离与目标 AP 的 RSS 关联起来。

d. 用这张表为目标楼层的所有 AP 生成一张(以 dBm 为单位的)平均 RSS 与(以对数尺度为单位的)距离的散点图。

e. 为你的数据找到最合适的 802.11 模型。

f. 用 www.speakeasy.net/speedtest 来记录在这 5 个位置中每个位置上测量到的数据速率。

g. 对每个位置上 speakeasy 给出的吞吐量、功率和距离之间的关系进行解释。

项目 8.2：IEEE 802.11 WLAN 的覆盖范围和数据速率性能

I. RSS 的建模

如图 P8.4 所示，为了给 IEEE 802.11b/g WLAN 的覆盖范围开发一个模型，WPI 的一群大学生在 WPI 的 Atwater Kent 实验室(AKL)第三层的 6 个位置对接收信号强度(RSS)进行了测量。如表 P8.1 所示，从制造商推荐的传输功率中减掉了 RSS 之后，他们计算出了所有点的路径损耗。

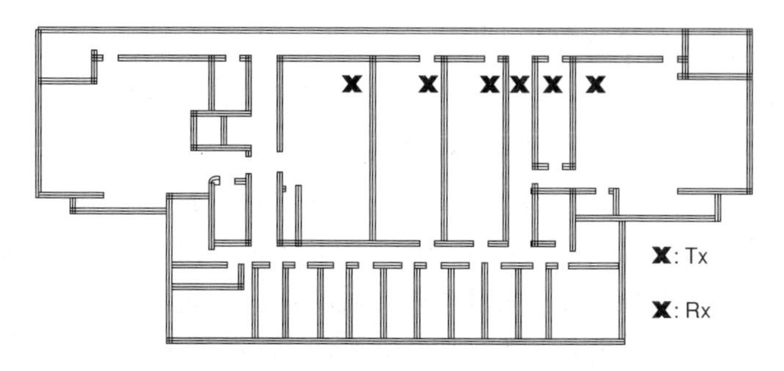

图 P8.4　用于 RSS 和路径损耗计算的发送端及前 5 个接收端的位置

表 P8.1　发送端和接收端之间的距离以及实验的相关路径损耗

距离(m)	墙　数	L_p(dB)
3.0	1	62.7
6.6	2	70.0
9.5	3	72.75
15.0	4	82.75
22.5	5	90.0
28.8	6	93.0

为了给 WLAN 的覆盖范围开发一个模型，他们使用了简单的距离-功率梯度模型：

$$L_p = L_o + 10\alpha \log d$$

其中，d 是发送端和接收端之间的距离，L_p是发送端和接收端之间的路径损耗，L_o是第一米处的路径损耗，α 是距离-功率梯度。根据测量结果确定 L_o和 α 的一种方式是绘制所测 L_p与 Log$d$ 的关系图，并找出测量结果的最佳拟合线。

a. 用学生的测量结果来确定距离-功率梯度 α，以及离发送端第一米处的路径损耗 L_o。在报告中提供 MATLAB 代码，并绘制出得到的结果及最佳拟合线图。

b. 制造商通常会为典型的室内环境提供类似的测量表。表 P8.2 显示了 WLAN 产品的制造商之一 PROXIM 提供的开放区域(没有墙的区域)、半开放区域(典型的办公区)以及封闭区域(较苛刻的室内环境)中不同距离的 RSS。使用制造商提供的测量结果，为制造商使用的 3 个区域重复步骤 (a)。制造商使用的哪些测量区域与学生们进行测量的 Atwater Kent 实验室三楼相似呢？假设这些测量使用的传输功率为 20 dBm。在报告中要包含用于计算不同位置距离-功率梯度的标绘图。

表 P8.2　数据速率、不同区域中的距离以及 IEEE 802.11b 的 RSS(Proxim)

数据速率(Mbps)	封闭区域(m)	半开放区域(m)	开放区域(m)	信号电平(dBm)
11	25	50	160	-82
5.5	35	70	270	-87
2	40	90	400	-91
1	50	115	550	-94

II. 覆盖范围研究

IEEE 802.11b/g WLAN 支持多种数据速率。随着发送端和接收端间距离的增加，WLAN 会降低其数据速率以扩展覆盖范围。IEEE 802.11 b/g 标准为 WLAN 推荐了一组数据速率。表 P8.3 的第一列显示了 IEEE 802.11b 标准支持的 4 种数据速率，最后一列表示的是支持这些数据速率所要求的 RSS。表 P8.3 显示了 Cisco 提供的 IEEE 802.11g 的数据速率和 RSS。

a. 根据 Proxim 提供的表 P8.2，为封闭、开放、半开放区域绘制 IEEE 802.11b WLAN 的数据速率与覆盖范围(阶梯函数)比较图。讨论不同区域的覆盖范围与数据速率性能，并将其与项目第一部分计算出来的不同区域的 α 值关联起来。

b. 用在 Atwater Kent 实验室第三层得到的 α 和 L_0，绘制那个区域运行的 IEEE 802.11b和 g WLAN 的数据速率与覆盖范围(阶梯函数)图。讨论一下 Atwater Kent 实验室第三层 802.11b 和 g 的数据速率及覆盖范围在性能上的区别。

表 P8.3 IEEE 802.11g(Cisco)的数据速率和 RSS

数据速率(Mbps)	RSS(dBm)
54	-72
48	-72
36	-73
24	-77
18	-80
12	-82
9	-84
6	-90

第 9 章　低功耗传感器网络

9.1　简介

如第 1 章所述，无线网络的空中接口是沿着两条不同的路径发展的，一个是通过蜂窝电话系统将手机连接到 PSTN，主要是电路交换电话网络对移动设备的接入，另一个通过 WLAN，使笔记本电脑和其他设备可以通过无线数据连接连到因特网上。这种发展始于 20 世纪 80 年代早期，那时 PSTN 是最常见的通信媒体，也是迄今为止信息网络产业规模最大的部门。在这个发展过程中，全球居民的通信习惯已逐渐转向由因特网支持的数据应用了。与此同时，WLAN 产业也变得越来越重要。为 WLAN 数据应用设计的空中接口影响了蜂窝空中接口的转变，该转变从以语音为中心的 TDMA 和 CDMA 转到以数据为中心具有集中调度功能的 OFDM 设计(参见第 13 章)。此外，无线个域网(WPAN, Wireless Personal Area Networking)产业的出现对 WLAN 进行了补充，并将应用扩展到了一些新的领域。WPAN 以两种不同的方式对 WLAN 进行了补充。首先，它降低了低速 ad hoc 传感器网络应用中所用设备的功耗，这些设备对电池寿命的要求要远高于连接到 WLAN 的现有设备的电池寿命要求。其次，在千兆无线局域网中，将 WLAN 的数据速率提高到了现存产品和标准之上。这些应用促进了 IEEE 802.15 标准的活动，从 20 世纪 90 年代末开始，这个委员会开发了很多标准。图 9.1 说明了数据速率和很多常见应用之间的关系，以及 WPAN 技术是如何在支持这些应用时为 WLAN 技术提供补充的。

有文献记载的第一个 WPAN 是在 20 世纪 90 年代中期 DARPA 项目中出现的 BodyLAN [Den96]。BodyLAN 是一个低功耗、小规模、价格便宜的 WPAN，它以适当的数据速率将一个人附近大约 5 英尺(1.75 米)范围内的个人设备连接起来。在 BodyLAN 项目的推动下，从 1997 年 6 月开始，作为 IEEE 802.11 标准化活动的一部分，启动了一个 WPAN 工作组。1998 年 1 月，WPAN 工作组发布了 WPAN 的原始功能需求。1998 年 5 月，发布了蓝牙的发展进程，并在 WPAN 工作组中建立了一个蓝牙特别小组[Sie00]。1999 年 3 月，IEEE 802.15 工作组被批准成为 802 社团的一个独立小组，负责处理 WPAN 标准的相关问题。在编写本书时，IEEE 802.15 WPAN 组已经是一个重要的标准化委员会了，它由大量工作于千兆无线及低功耗传感器网络的分委员会组成。

在低功耗传感器网络的标准化过程中，IEEE 802.15 社团完成了非常成功的 IEEE 802.15.1 蓝牙标准和 IEEE 802.15.4 标准，这些标准对物理层和 MAC 层进行了规范，可以与 ZigBee 应用一同使用。IEEE 802.15.6 小组工作于新出现的体域网(BAN, Body Area Networks)。本章从技术层面对两种最常见的低功耗低速率 WPAN 技术——蓝牙和 IEEE 802.15.4(我们将称其为 ZigBee)进行了讨论，我们还对新兴的 BAN 技术进行了介绍。蓝牙和 ZigBee 都运行于 2.4 GHz ISM 免授权频段，WLAN 也在此频段上运行。从技术层面介绍这些技术手段时，我们只提供结构和通信层的细节。与之相反，BAN 技术可运行于几个频段，其重点在于人体内部及周边的应用。这是一种新出现、未开发的无线传播媒体，因此，在介绍这种技术时，我们将重点放在无线信道的建模上。

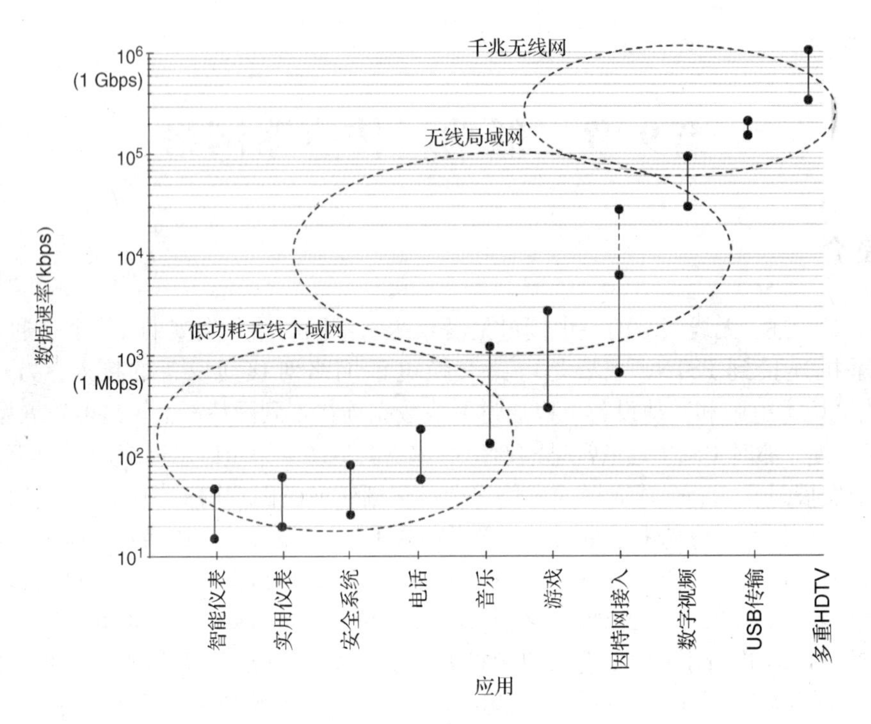

图 9.1 应用、带宽要求以及 WLAN/WPAN

9.2 蓝牙

蓝牙和 ZigBee 技术借鉴了传统 IEEE 802.11 标准最初使用的基于空中接口的原始扩频技术。尽管 IEEE 802.11 WLAN 的空中接口自此发展为使用 OFDM 和 MIMO 技术，但 IEEE 802.15 标准的低功耗 WPAN 已经选择了传统的扩频传输技术。如第 3 章所述，这并不是偶然的，扩频技术是低功耗低速率无线空中接口设计的首选技术。在 MAC 层，蓝牙最初的设计得到了多家蜂窝电话系统设备设计公司的支持，它填补了主要面向语音的 WPAN 应用的空白。ZigBee 遵循 IEEE 802.11 的 MAC 和物理层协议，是作为传感器数据应用的低功耗 WPAN 技术出现的。本章对这两种技术以及它们与传统 IEEE 802.11 技术的关系进行了解释。本章的讨论对覆盖范围只有数米的个域网中语音和数据应用的集中及随机接入方式进行了比较。讨论中给出的例子也包含了 WPAN 环境中 FHSS 和 DSSS 传输技术的细节。

蓝牙是一种用于短距离无线语音和数据通信的开放规范。起初，它是作为个域网中电缆的替代方式开发并在全球运行的。1994 年，最早的蓝牙研究始于瑞典的 Ericsson。1998 年，Ericsson、Nokia、IBM、Toshiba 和 Intel 等公司成立了一个特殊兴趣小组，在 IEEE 802.15 的旗帜下对概念进行了扩展，并开发了一个标准。1999 年，发布了第一个规范 v1.0b，之后此规范被接受为 IEEE 802.15 WPAN 的 1 Mbps 网络标准。现在，蓝牙已经渗透到了巨大的智能手机市场以及众多消费电子设备中。

蓝牙这个名字的起源很有意思，值得一提。“蓝牙”是公元前 940 ~ 981 年间，丹麦和挪威国王 Harald Blaatand 的绰号。蓝牙被介绍给公众时，同时展示了图 9.2 显示的石雕，展示者声称这个石雕曾被竖立在 Harald Blaatand 的首都 Jelling [Blu00]。这个奇怪的石雕被解释为蓝牙将他手中的手机和无线记事本连接起来。这张图还用来象征通过“蓝牙”来连接个人计算机和通信设备的美好愿景。蓝牙，就是那个国王，也被称为和平使者，他将基督教传给了斯堪的纳维亚人，使他们与其他欧洲人的信仰和谐一致。这件事也被用来象征 WPAN 产业的全球制造厂商之间需要进行协调以支持 WPAN 产业的发展。

蓝牙是第一种为综合语音和数据应用设计的流行短程 ad hoc 网络技术。与 WLAN 不同，蓝牙追求的不是非常高的数据速率，它将有效数据速率维持在 1Mbps 以下，但它采用了嵌入式结构设计，适于支持语音应用，这些应用传输的是集中控制的较短分组。蓝牙 3.0 可以(在需要的时候)使用同一位置的 WiFi 信号来提高数据速率。从2011 年开始，蓝牙4.0 提供了对功耗超低的计数器和心率监测仪等设备的支持，扩展了蓝牙的潜在应用范围。这些设备中的电池预期可以在无需更换或充电的情况下持续数月。

图 9.2 石头上蓝牙的图片

蓝牙小组最初的考虑是使用图 9.3 所示的 3 种基本应用场景[Blu00]。图 9.3(a)显示的第一种应用场景是“替代有线连接”，用于将个人电脑或笔记本电脑连接到其键盘、鼠标、麦克风和记事本。如此场景的名字所示，它避免了在当今个人计算设备周围的多个短距离布线。图 9.3(b)显示的第二种应用场景用于相互之间距离很近的，比如一个会议室内，几台不同设备的 ad hoc 连接。正如我们在第 7 章看到的那样，WLAN 标准和产品通常也会考虑在此场景下的应用。图 9.3(c)显示的第三种场景将蓝牙作为到蜂窝网络、有线连接或卫星链路提供的广域语音和数据服务的接入点使用。IEEE 802.11 社团也考虑了这种整体接入点的概念。但蓝牙接入点是以综合的模式接入到语音和数据骨干基础设施上去的。现在，蓝牙主要用于第一种场景，将健身监测仪等所谓“智能”设备连接到智能电话上去的应用也日益增加。也可以用它将音乐以流的方式发送到计算机或 MP3 播放器等设备的扬声器或耳机里去。

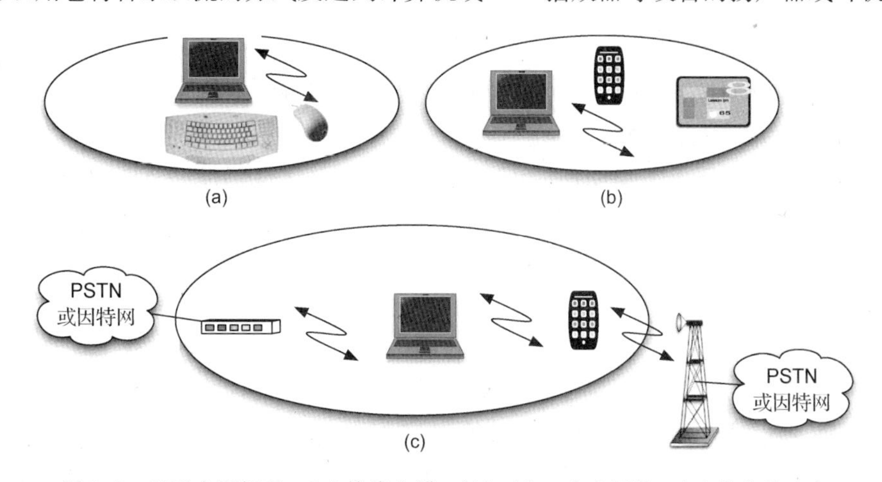

图 9.3 蓝牙应用场景：(a)替代电缆；(b)ad hoc 个人网络；(c)综合接入点

9.2.1 整体结构

蓝牙的拓扑结构被称为分散 ad hoc 拓扑，如图 9.4 所示。在分散 ad hoc 环境中，有大量只支持几台终端的小型网络并存，它们之间可能还有互操作。为了实现这样一个网络，我们需要一个即插即用的环境。网络应该是自配置的，这样就为构建新的小型网络，以及加入现存的小型网络提供了一种简便的机制。为了构建这样的环境，系统应该能够为网络的连接提供不同的状态。终端应该可以选择同时与多个网络相关联。接入方式应该允许小型独立 ad hoc 连接的构建，以及与蓝牙涉及的大型语音及数据网络之间进行交互的可能。

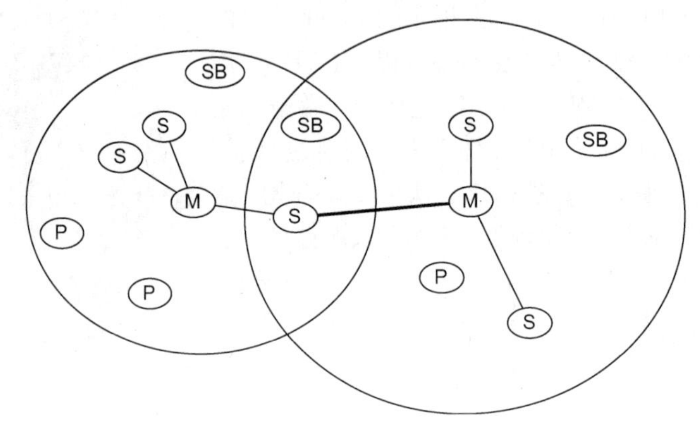

蓝牙状态：M—主、S—从、P—停止以及SB—待命

图 9.4 蓝牙的分散 ad hoc 拓扑结构以及微微网的概念

为了适应这些特性，蓝牙规范将一个(与 IEEE 802.11 的基本服务区类似的)小蜂窝定义为一个微微网，并定义了 4 种状态：主状态“M”，从状态“S”，待命状态“SB”，以及停止/保持状态，或者开启了蓝牙功能的终端的停止“P”状态。初始化连接的移动终端就是那个微微网中的主设备。连接到主设备的设备被称为从设备。但如图 9.4 所示，蓝牙拓扑结构允许“从”终端加入多个微微网。一个微微网中的蓝牙主终端可以同时处理 7 个从设备，且活跃从设备最多可达 200 个。如果无法接入，终端可以进入 SB 模式，等待稍后加入微微网。无线通信也可以处于“停止”状态或低功耗连接状态。处于停止模式的终端会释放其 MAC 地址，而处于 SB 状态的则会保留其 MAC 地址不释放。一个区域中最多可以运行 10 个微微网 [Blu00]。还需注意的是，在图 9.4 中，两台主设备的覆盖范围是不同的，因为蓝牙允许不同类型的设备使用不同的传输功率。

蓝牙规范选择了运行于 2.4 GHz 的免授权 ISM 波段。优点是世界范围内该波段均可用，缺点是有其他用户的存在，尤其是同波段内 IEEE 802.11 产品的存在。2000 年代早期，IEEE 802.15 的一个分委员会的工作就是处理蓝牙和第 5 章讨论的 IEEE 802.11 及 11b 之间的干扰问题。

9.2.2 协议栈

蓝牙的显著特征之一就是它提供了完整的协议栈，允许不同的应用在各种设备之间进行通信。其他无线局域网，比如 IEEE 802.11，通常都只为通信过程指定了最低三层的协议。蓝牙中用于语音、数据和控制信令的协议栈如图 9.5 所示[Haa00]。RF 层指定了用于发送和接收信息的无线调制解调器。基带层指定了比特级和分组级的链路控制规则。它规定了分组装配的编码和加密方式，以及跳频操作的工作方式。链路管理协议通过提供认证和加密、微微网中各单元的状态、功率模式、流量调度机制以及分组格式，将链路配置给其他设备使用。逻辑链路控制及适配协议为高层协议提供了面向连接和无连接的数据服务，其中包括协议复用、分段和重装，以及对最多长达64 000字节的数据分组进行的群组抽象。音频信号直接从应用程序传输到基带层。链路管理协议和应用程序也会交换控制报文交互信息，以便为应用程序准备好物理传输机制。逻辑链路控制及适配协议之上还有3种其他的协议。服务发现协议能够发现服务的特征，并将两台或多台蓝牙设备连接起来，以支持音乐流、传真、打印、电话会议或电子商务设施之类的服务。电话控制协议定义了电话应用建立语音通信所需的呼叫控制信令和移动管理功能。通过这些协议，就可以开发传统的电信应用了。

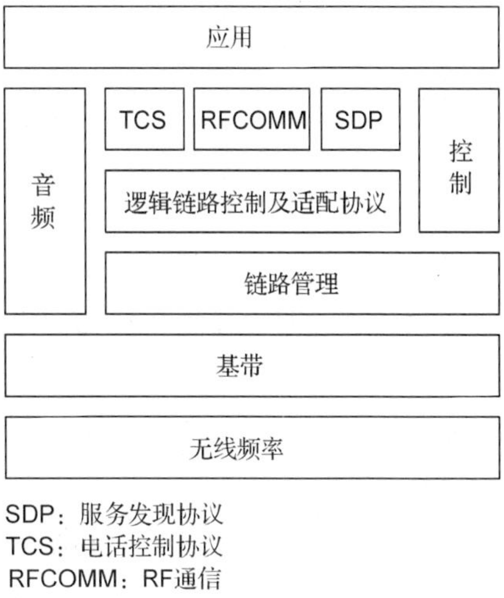

应用
音频
TCS　RFCOMM　SDP
逻辑链路控制及适配协议
控制
链路管理
基带
无线频率

SDP：服务发现协议
TCS：电话控制协议
RFCOMM：RF通信

图9.5　蓝牙协议栈

例9.1　蓝牙的电话控制协议

图9.6显示了实现无绳电话应用所需的协议栈。音频信号会被直接传输给基带层，而服务发现协议和电话控制协议运行在逻辑链路控制及适配协议和链路管理协议之上，负责处理信令和连接管理。

射频通信(RFCOMM，Radio Frequency Communication)是一种“电缆替换”协议，它在蓝牙基带上仿真标准短程有线串口来转换数据信号。使用这种接口协议，就可以在蓝牙设备上实现很多非蓝牙专用的协议，以支持使用串行接口的传统应用了。

例9.2　蓝牙的轻量应用

图9.7显示了一个vCard(数字名片)传输应用的实现。这个应用协议运行在蓝牙协议栈中由RFCOMM协议承载的对象交换协议之上。然后，如图9.7所示，它会将得到的分组通过逻辑链路控制及适配协议和基带层传输，之后才进行实际的无线频率“空中”传输。

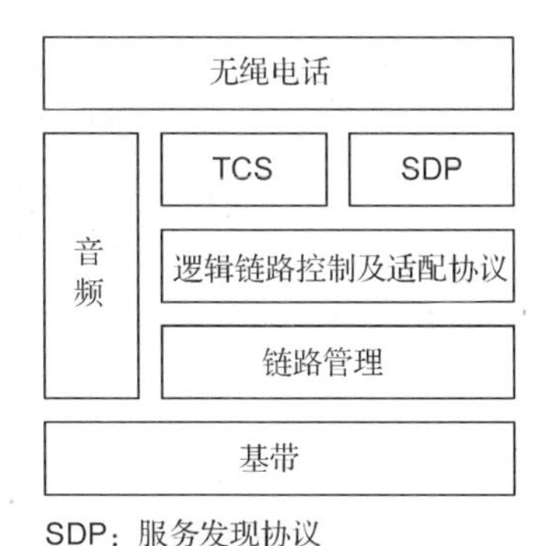

图9.6　在蓝牙上实现无绳电话应用的协议栈

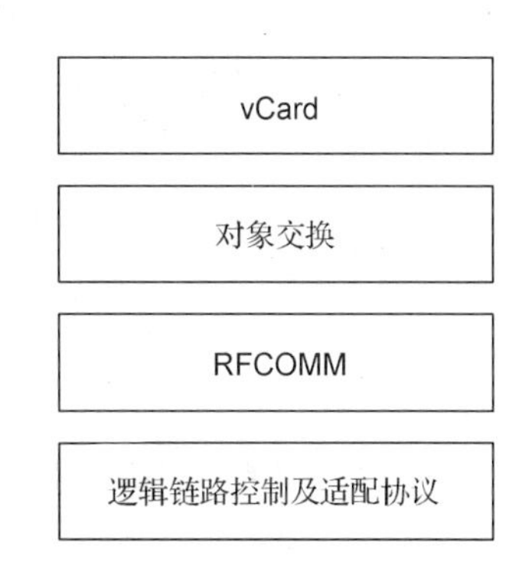

图9.7　在蓝牙上实现vCard交换的协议栈

图9.5定义的协议要么是由蓝牙工作组独立开发的，要么是对现存协议的改进版本。不同的应用可能会使用不同的协议栈，然而，它们都会共享同样的物理和数据链路控制机制。蓝牙特别兴趣小组在其规范中采纳了很多流行的因特网及PSTN现存协议。蓝牙规范是自开放的，其他协议都可以在现存协议栈之上使用。

例 9.3 蓝牙上的 FTP

图 9.8 给出了实现文件传输协议应用的协议栈。对象交换(OBEX, Objective Exchange)和 RFCOMM 协议对数据传输进行管理，而服务发现协议则提供了链路建立机制，与前两个例子类似，得到的结果会被发送给基带和无线频率物理传输协议。

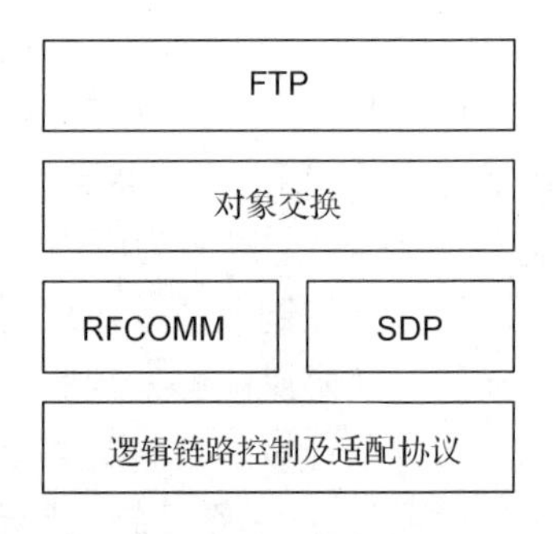

图 9.8 在蓝牙上实现 FTP 的协议栈

蓝牙的整体协议栈结构并没有完全遵循传统模型(比如七层的 OSI 模型)及相应的缩写形式。因此，后继小节的划分可能看起来会和本书介绍的其他无线局域网略有不同。但是，我们会尽量使描述与其他网络形式类似，以便为读者提供一致的介绍，使其在理解细节的同时，能与类似系统的细节联系起来。

9.2.3 物理层

在蓝牙系统中，物理层的传统等价体嵌在蓝牙协议栈的 RF 和基带层中。蓝牙的物理连接使用了标称天线功率为 0 dBm(大约 10 m 的覆盖范围)的 FHSS 调制解调器，该调制解调器也可运行于 20 dBm(大约 100 m 的覆盖范围)。蓝牙的低功耗版本为其流行应用，比如电缆替代应用提供了合理的覆盖范围，并确保了与运行于相同频段的 802.11 设备之间只有适度的干扰。

与 IEEE 802.11 FHSS 标准的 1Mbps 选项类似，蓝牙规范使用了一个两级的高斯 FSK 调制解调器，其传输速率为 1 Mbps，在从 2.402 GHz 到 2.480 GHz 的免授权波段上的 79 个信道之间进行跳频。如第 2 章所述，室内区域短程覆盖的均方根时延扩展小于 100 ns。这样的话，信道的相干带宽大约是 $\frac{0.1}{100\times10^{-9}}=1\ \text{MHz}$。因此，对于 1 MSps 的传输速率，信道频率响应相对平直。所传输的波形保留了其原有形状，无需复杂的信号处理技术来均衡信道。两级的高斯 FSK 调制解调器可以用频率解调器实现简单的非相关检测。这个调制解调器的复杂版本将 GMSK 作为调制方案。GMSK 是 GSM 标准所使用的传输技术(参见第 11 章)。FSK 和 MSK 的区别在于，MSK 中数据传输使用的两个频率间的距离是 FSK 中两个频率间隔的近 1/2。因此，GMSK 的带宽有效性是 GFSK 的两倍，但 GFSK 是用更简单且功率有效性更高的电路实现的。WPAN 运行于可以使用更宽频谱的免授权频段，而且它是设计用来支持低功耗 ad hoc 传感器网络的。在这种环境中，GFSK 是比 GSM 所用的 GMSK 更好的解决方案。

尽管原始 IEEE 802.11 中和蓝牙中的基本 FHSS 物理层传输技术是一样的，但蓝牙使用的跳频速率、模式和数量都与 IEEE 802.11 不同。蓝牙的跳频速率是 1600 跳每秒(625 微秒的停留时间)，而 IEEE 802.11 采用的是 2.5 跳/秒(400 毫秒的停留时间)的系统。如第 2 章所述，大多数室内环境的多普勒扩展都在 5Hz 左右。多普勒扩展为 5 Hz 时，信道的相干时间大约是 200 ms。由于蓝牙和 IEEE 802.11 使用的慢速 FHSS 系统每跳只发送一个分组，所以蓝牙的帧格式使用的是与信道相干时间相比短得多的分组，这更适用于面向语音的网络，这种网络要避免实时语音会话流的重传。

蓝牙规范为每个微微网分配了一个特定的跳频图案(Pattern)。这个图案是由微微网的标识和微微网中主终端的主时钟相位决定的。图 9.9 显示了蓝牙跳频策略的实质。整个跳频图案被分为32个跳频段。这32跳伪随机跳频图案是根据主终端标识和时钟相位产生的。ISM频段的79个跳频是按照奇偶分类的。每个32跳序列都以频谱中的某个点开始，由于它要么跳在奇频率上，要么跳在偶频率上，所以跳频图案会覆盖64 MHz频段。每个跳频段结束之后序列会被修改，跳频段会前向移动16个频率。这32跳被串联在一起，每个新跳频段都会被分配一个随机选择的或奇或偶的索引。通过这种方式将跳频段沿着载波序列滑动，使得每个频率的平均使用时长都差不多(就像均匀概率分布一样)。微微网时钟或标识的变化会改变跳频序列和跳频段的映射。这样，具有不同(伪)随机跳频序列集的微微网就可以在同一相邻区域中运行了。这些跳频序列之间并不是正交的，但它们相互之间是随机的。在79个跳频中找到大量正交序列是很困难的[Haa00]。

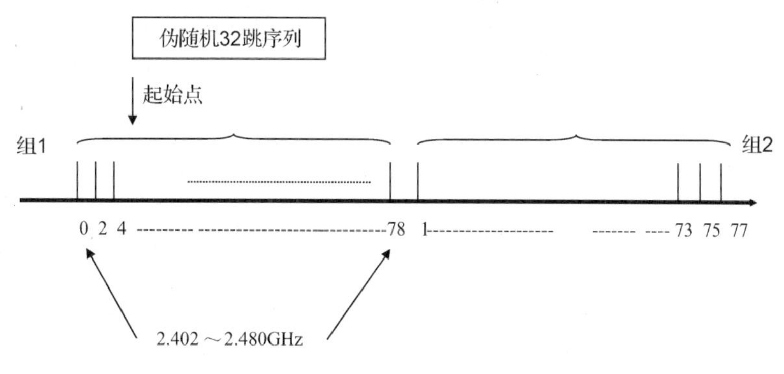

图9.9　蓝牙跳频序列机制

为了保护传输数据的完整性，蓝牙在基带控制器中使用了两种纠错机制。前向纠错码通常用于首部信息，如果需要，也可以将其扩展到语音分组的净荷数据部分。数据应用中可选的净荷编码方式降低了重传的次数，这样可以增加吞吐量。语音应用的净荷编码提高了实时流分组的完整性，会改善用户服务的质量。由于首部信息很短而且很重要，所以总是会被编码。在首部检测到差错就可以快速请求重传，而对语音净荷来说，就可以快速决定是保留还是丢弃受损分组。总的来说，可灵活选择是否为净荷使用前向纠错码的机制，提供了在信道质量很好且无差错的情况下，避免由于开销带来吞吐量增加的可能。基带层也为数据分组使用了一种无编号自动重复请求机制，在这种机制下，接收端要对所收到的数据进行确认。对需要确认的数据传输来说，如果使用了首部差错检测和净荷差错检测的话，两者都必须处于“无差错”状态。蓝牙协议栈基带层实现的这些功能通常都是在传统的网络协议参考模型的数据链路层中实现的。

9.2.4　MAC机制

尽管蓝牙无线系统的调制技术和运行频率密切遵循FHSS 802.11的相关规范，但蓝牙的MAC机制与802.11有很大的不同。蓝牙接入机制是一个面向语音的创新系统，与IEEE 802.11 WLAN面向数据的CSMA/CA(参见第8章)不完全相同，与蜂窝网络使用的面向语音的CDMA或TDMA接入方式(参见第11章和第12章)也不完全相同，但有些地方与这些接入方式有些关联。

蓝牙的媒体接入机制是通过轮询来建立链路的FHSS/CDMA/TDD系统。每秒1600个跳频这样相对快速的跳跃机制可以在625 μs(以1 Mbps的速度发送625比特)的较短时隙内传输一个分组，这样在有干扰时的性能会更好。从某些方面来说，蓝牙的媒体接入是一个用FHSS实现的CDMA系统。在蓝牙CDMA中，每个微微网都有自己的扩频序列，而在数字蜂窝系统使用的传统DSSS/CDMA系统中，不同的扩频码是用来标识每个用户链路的。由于（为了防止远近效应）DSSS/CDMA需要使用集中功率控制，而这在蓝牙应用所预想的包含很多设备类型的分散ad hoc拓扑结构中是不可能实现的，所以蓝牙没有选择DSSS/CDMA。蓝牙的FHSS/CDMA无需CDMA操作的集中功率控制功能，所以它允许数十个微微网在同一地区相互交叠，以提供远高于1Mbps的有效吞吐量。

如第7章所述，IEEE 802.11的FHSS版本运行在与蓝牙相同的79跳模式上，但它只有3个跳频图案集。而蓝牙FHSS/CDMA系统的吞吐量小于79 Mbps，它可以在802.11 a/g里使用的协作FDM或OFDM系统中实现。由于2.4 GHz的ISM波段维持了较低的功耗，所以蓝牙选择了FHSS/CDMA，而不是简单的FDM或OFDM。蓝牙中每个微微网的接入方式都是基于TDMA/TDD的。TDMA格式允许一个微微网中包含多个语音和数据终端。时分双工（TDD）降低了发送端和接收端之间的串扰，可以采用无线信号在发送和接收模式之间切换的单芯片实现方式实现。为了在大量终端之间共享媒体，在每个时隙中，由"主"设备来选择并轮询可以进行传输的"从"设备。由于基于竞争的接入方式为短分组（625比特）生成了过多的开销，所以这里使用了轮询而不是竞争接入方式。回想一下第4章的内容，基于竞争的接入方式要求有等待时间和回退周期，可能会比蓝牙使用的625 μs时隙长。

9.2.5 帧格式

蓝牙分组格式建立在每跳一个分组，以及一个625 μs长的基本单时隙分组基础上。该分组可以扩展到3时隙（1875 μs）和5时隙（3125 μs）。这种帧格式和FHSS/TDMA/TDD接入机制允许"主"终端对多台为微微网中的语音和数据应用使用了不同数据速率的"从"终端进行轮询。

例9.4 微微网的运行

图9.10显示了微微网中运行的几个蓝牙帧格式的例子。在图9.10(a)中，一台主终端（M）与三台从终端（S1～S3）进行通信。TDMA/TDD格式允许同时与3台终端进行连接，并为传输以及每个方向上传输的两个分组之间的时间间隔分配了625 μs（等于以1 Mbps的速率发送625个比特）的时隙。终端上可能会运行不同的应用（不同速率的语音或数据），但传输应该以蓝牙工作组标准化委员会指定的某种单时隙细化分组格式进行。标准规定的时间间隔是200 μs，以便终端为TDD操作从发送器模式切换到接收器模式[Haa00]。图9.10(b)显示的是非对称通信方式，其中主设备使用的是较高速率的3时隙链路，从设备则运行在使用单时隙分组的较低速率上。图9.10(c)表示的是较高速率的3时隙对称通信链路，图9.10(d)则是一个非对称通信，主到从链路采用高速的5时隙，从到主采用较低速的单时隙链路。

图9.11显示了蓝牙的整体分组结构。接入代码字段为72比特，首部字段54比特，不同净荷的长度最高可达2744比特，相当于5个时隙的长度。如图8.17所示，在IEEE 802.11 FHSS分组中，物理层的前导码和首部分别是96比特和32比特，而净荷长度可达4096×8 = 32 768比特。开销的长度基本在同一范围内，但802.11的最大净荷长度至少要高一个数量级。为了获得更好的衰落性能，蓝牙使用了更为灵活的较短分组，但这是以降低了吞吐量的、更高比例的开销为代价的。

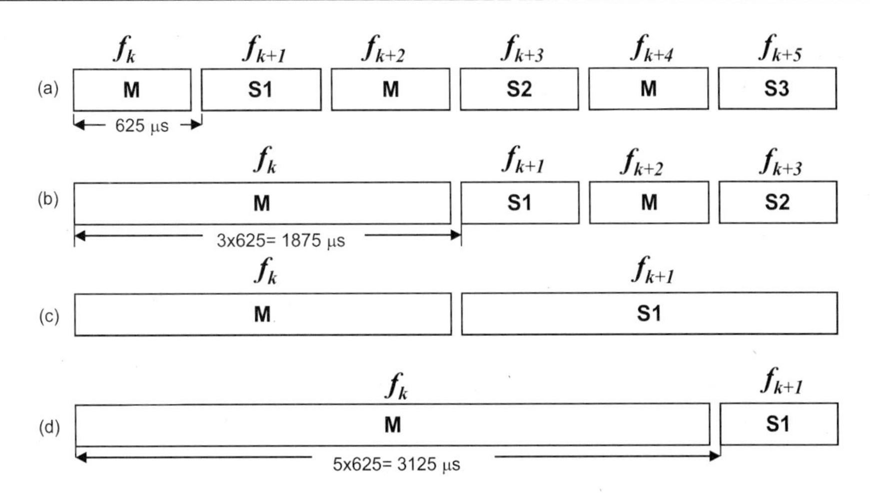

图9.10 蓝牙中TDMA/TDD多时隙分组格式：(a)单时隙分组；(b)非对称三时隙；(c)对称三时隙(1875μs)；(d)非对称五时隙(3125μs)

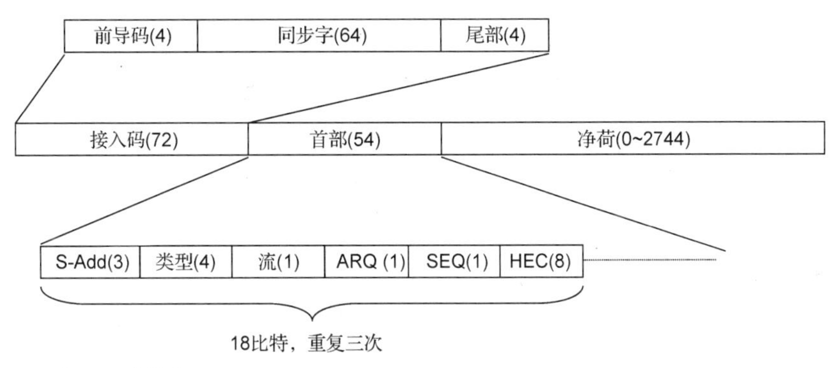

图9.11 蓝牙分组的整体帧格式

接入码字段包含一个4比特的前导码和一个4比特的尾部，加上一个64比特的同步PN序列，PN序列包含大量具有良好自相关和互相关特性的代码(对自相关和互相关性的讨论参见第12章)。每台蓝牙设备唯一的IEEE MAC地址有48比特，它被当作为设备跳频导出PN序列的种子。接入码有4种不同的类型。第一种类型定义了主设备及其微微网地址。第二种接入码类型指定了一个用来呼叫某个特定从设备的从设备标识。第三种类型是为稍后会介绍的查询过程保留的一个固定接入码。第四种类型是一个专用接入码，它是为识别打印机或蜂窝电话这样特定的设备集合所保留的。

如图9.10所示，首部字段有18比特，会重复三次以提高可靠性。这18比特以一个3比特的从地址标识符开始，然后是4比特的分组类型，3比特的状态报告，以及一个用于首部的8比特差错奇偶校验。通过3比特的从地址可以对微微网中7个可能的活跃从设备进行寻址。4比特的分组类型允许存在16种不同等级的语音服务、不同速率的数据服务，以及控制分组。3比特的状态报告用于标识终端信息溢出、分组成功传输的确认，以及用来区分已发和重发分组的排序。

蓝牙特殊兴趣小组指定了不同的净荷及相应的分组类型码，以实现多种语音和数据服务。微微网中不同的主从对可以使用不同的分组类型，在通信会话过程中，分组类型可以任意改变。4 比特的分组类型为蓝牙分组的净荷标识出 16 种不同的分组格式。这些净荷格式中的 6 种主要用于分组数据通信，3 种主要用于语音通信，1 种是综合的语音和数据分组，4 种是语音和数据链路共用的控制分组。

图 9.12 所示的 3 种语音分组是具有不同保护等级的，将其编码为 1、2、3，以标识其质量水平。这些语音分组都是单时隙分组，净荷长度固定为 240 比特。它们不使用状态报告比特，因为语音分组对时延很敏感，但对小于 1% 的适度分组丢失率并不敏感。因此，不需要对其进行重传。但是，语音是一种需要稳定数据速率的实时应用。因此，语音分组是在预留的周期双工间隔中传输的，以支持每个语音对话 64kbps 的传输，这也是 PSTN 中常用来承载数字化语音的速率。等级最低的 1 级语音分组为用户语音样本使用了全部 240 比特，2 级分组为用户语音样本使用了 160 比特，并用 80 比特进行了 1/3 前向纠错码奇偶校验，3 级分组为用户语音样本使用了 80 比特，并用 160 比特进行了 2/3 前向纠错码奇偶校验。为了将语音样本的数据速率保持在 64 kbps，每个方向的 1、2、3 级分组分别每 6、4、2 个时隙发送一次。

接入码(72)	首部(54)	净荷(240)

语音等级1：语音采样(240)

语音等级2：语音采样(160) | FEC(80)

语音等级3：语音采样(80) | FEC(80)

FEC：前向纠错

图 9.12　单时隙语音分组帧格式的 3 个选项

例 9.5　高质量语音分组的数据速率

1 级的语音分组为 240 比特长，是每 6 时隙发送一次的单时隙分组。承载分组的时隙是以 1600 时隙/秒的速率创建的。因此，支持 1 级语音的有效数据速率为：$\dfrac{1600\left(\dfrac{\text{时隙}}{\text{s}}\right)}{(\text{时隙})}\times 240$（比特）= 64 kbps。

例 9.6　语音和数据分组的综合

图 9.13 显示了一个综合了微微网中 1 级语音分组和不同格式数据的例子。每 6 个时隙交换一个双向语音分组，以支持对称的 1 级语音信道，其余的 4 个时隙用来传输使用各种对称和非对称格式的数据分组。

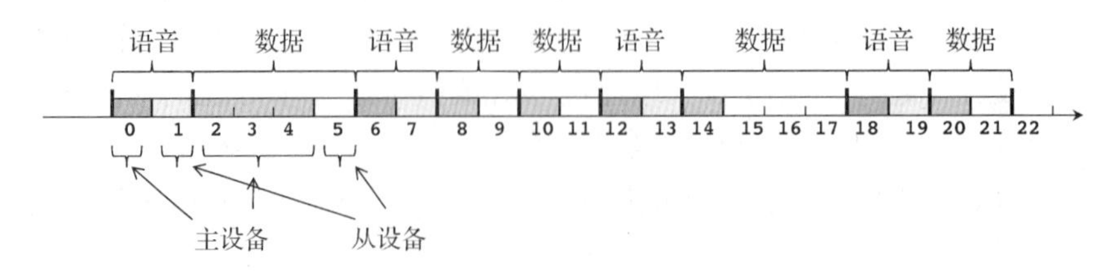

图 9.13　蓝牙媒体接入中语音与数据的综合

1 级语音占用了微微网 6 个可用时隙中的两个，每 6 个时隙传输 240 比特，等价于 64 kbps的稳定数据流。2 级和 3 级语音在每个时隙中分别占用 160 比特和 80 比特，为了支持语音连接所需的 64 kbps 链路，它们在每 6 个时隙中分别需要 4 个和 6 个时隙。所以，3 级语音要占用一个微微网的所有资源，以支持最好的语音质量。大多数蓝牙语音应用都使用这种模式，这实际上就是数字电话线的替代应用。

图 9.14 显示了 6 种数据分组净荷的整体格式。净荷自己有 8 比特或 16 比特的首部、净荷以及用作长数据分组的差错检测机制的 16 比特循环冗余检验(CRC)码(对码块的描述参见第 3 章，CRC 码是它的一个子集)。其首部包含与分组长度及标识有关的信息。如果要将此首部与 IEEE 802.11 的首部相比，可以将其开销与图 8.13 所示的 802.11 MAC 开销进行比较。这里蓝牙的开销要比 IEEE 802.11 MAC 帧的 34 字节(272 比特)开销低得多。蓝牙开销的节省主要是因为 802.11 使用了 4 个地址——设备和中间接入点的源和目的地。蓝牙只用了一个 48 比特的 IEEE MAC 地址来标识一台设备，此地址嵌在接入码中，其他地方都不需要。

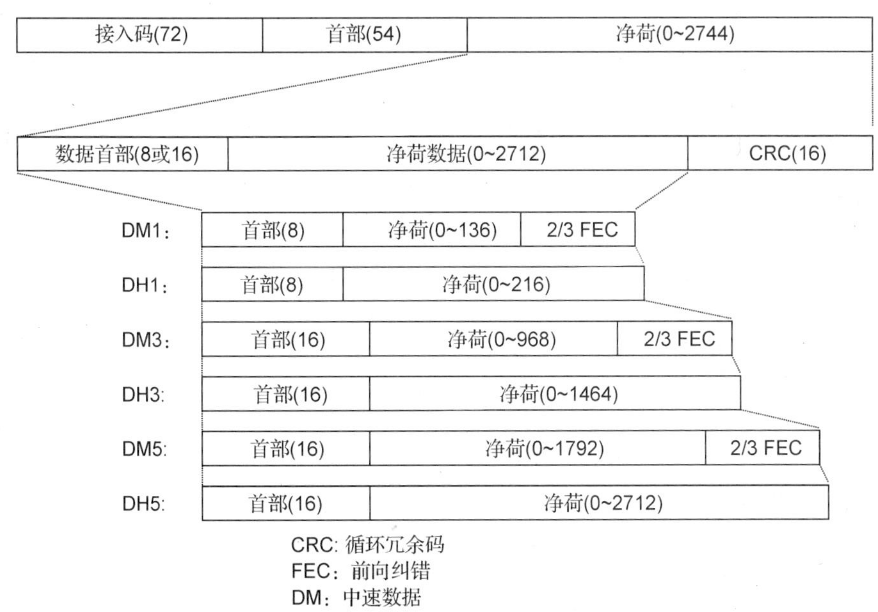

图 9.14　具有两种不同质量水平，长度为 1、3 和 5 时隙的分组的数据传输帧格式

根据所受差错保护程度的不同，这 6 种数据分组被分为中速和高速分组，数据速率的等级根据承载数据的时隙数量(1、3 或 5)来划分。这些区别将数据分组分成了六类。图 9.14 显示了所有这 6 类数据分组的整体帧格式。中速数据分组使用了 2/3 前向纠错码，以较低的数据速率为代价提高了链路的可靠性。高速数据分组没有进行编码，以实现较高的数据速率。通过为分组数据净荷长度使用不同数量的时隙，使用编码选项，改变每个方向所传分组的特性(是否对称)，就可以根据蓝牙规范实现很多具有可变速率的分组数据链路了。

例 9.7　蓝牙的高速数据速率

图 9.14 显示了主从设备间一条高速单时隙对称数据(DH1)链路，在每个方向上(每隔一个时隙)以每秒 800 时隙的速率每个时隙承载 216 比特。相关数据速率为 216(比特/时隙)×800(时隙/秒)=172.8 kbps。

例9.8 蓝牙的中等数据速率

图9.14显示的中速5时隙非对称数据(DM5)链路，用5个时隙的分组，每个分组承载1792比特。如果主设备用这种配置来下载数据，则如图9.10(d)所示，我们要分配一个单时隙中速数据分组(DM1)，从设备的每个分组承载136比特。在这种情况下，每个方向上每秒传输的分组数量为1600/6 = 266.67。因此，主设备的数据速率就由下式给出：

$$1792(\text{比特/分组})\times 1600/6(\text{分组/秒}) = 477.8\ \text{kbps}$$

这个非对称连接中从设备的数据速率为136(比特/分组)×1600/6(分组/秒) = 36.3 kbps。

表9.1给出了蓝牙规范的帧格式支持的所有12种对称及非对称数据链路。可以用与例9.7和例9.8类似的方式计算出这些链路的数据速率。最大数据速率723.2 kbps出现在单个用户的非对称信道上，而反向信道只支持57.6 kbps。读者应该记住，数据应用都运行于突发模式，所以即使主设备节点在与最多7台从数据终端通信，大部分时间也只会有一台从终端在与主终端通信。多台从终端试图同时与一台主终端进行通信时，提供给从终端的服务质量会以共享吞吐量或带来额外时延的形式受损。在面向语音的接入方式，比如蓝牙所使用的接入方式中，要想达成一个折中的方案，就需要一个在会话开始时就协商好的复杂算法来对服务质量进行处理。将这种情况与802.11使用的CSMA/CA进行比较，802.11在开始时是没有协商过程的。当多台终端试图与一个接入点进行通信时，媒体会被共享，第4章和第8章介绍的CSMA/CA接入方式会自动做出折中的决定。对分布式数据来说，只有使用CSMA/CA比较合适。但是，当语音成为主导应用时，TDMA/TDD类型的接入方式在较低层为语音使用了快速硬件设备，可以保证一定的服务质量(比如，稳定的数据速率)，而CSMA/CA无法简单地做到这一点，需要在较高层的软件中实现(比如，在CSMA/CA之上使用服务质量机制或轮询机制)。

表9.1 对称及非对称模式下蓝牙的数据分组类型以及相关数据速率

类型	对称(kbps)	非对称(kbps)	
DM-1	108.8	108.8	108.8
DH-1	172.8	172.8	172.8
DM-3	256.0	384.0	54.4
DH-3	384.0	576.0	86.4
DM-5	286.7	477.8	36.3
DH-5	432.6	721.0	57.6

蓝牙中还未介绍的流量分组仅剩数据-语音分组了，它是一种必须以固定间隔传输、具有相同接入码和整体首部的语音及数据混合分组。语音部分承载了80比特没有任何编码的语音净荷，数据部分是一个带有16比特2/3 CRC编码和8比特数据净荷首部的、长度为0~72比特的短分组。这个分组也使用了3个状态报告比特。

蓝牙规范还定义了4种控制分组。第一种分组只占据了半个时隙，它承载的是没有数据或者甚至连分组类型代码也没有的接入码。这个分组是在连接建立之前使用的，只用来传输一个地址。第二种和第三种分组有接入码和首部，因此有分组类型码和状态报告比特。第二种分组是用来确认信令的，这个分组本身没有对其自身的确认消息。第三种分组是用作轮询的，其格式与第二种分组类似，但它有确认消息。主终端使用轮询分组来查找其覆盖范围内的从终端。第四种分组承载了用接入码和跳频时间来同步两台设备所需的全部信息。这个同步分组用于查询和寻呼过程，稍后将对这两个过程进行解释。

9.2.6　连接管理

如图9.6所示，蓝牙的链路管理协议层和逻辑链路控制应用协议层负责进行链路建立，认证和链路的配置。真实 ad hoc 网络中的一个重要问题是如何在相关要素以随机方式出现和消失，且没有中央单元发送信号来协调这些终端工作的网络中建立和维护所有的连接。在数字蜂窝系统和 WLAN 中，都有公共控制信号或信标信号，新终端可以通过这些信号来锁定网络，并与网络交换标识信息。蓝牙规范是通过独特的查询和寻呼算法来启动网络的。

图9.15显示了蓝牙的整个状态图。在微微网形成之初，所有设备都处于待命模式。然后，某台设备会发起一条查询，并成为主终端。在查询过程中，主终端会注册所有待命终端，使其成为从终端。需要注意的是，主终端不一定是功率更强的设备。只要一台照相机初始化了查询过程，它就可以是主设备，而笔记本电脑成为从设备。查询过程完成之后，所有从终端的识别和定时信息都通过同步控制分组发送给主终端。连接以一条寻呼报文开始，主终端用它向从终端发送自己的定时和标识信息。连接建立起来之后，就开始通信会话，最后可以将终端重置为待命、保持、停止或嗅探状态。保持、停止和嗅探是省电选项。连接到几个微微网上，或者管理一台低功耗设备时会使用保持模式。在保持模式中，只要该单元一退出这种模式，就可以重启数据传输。

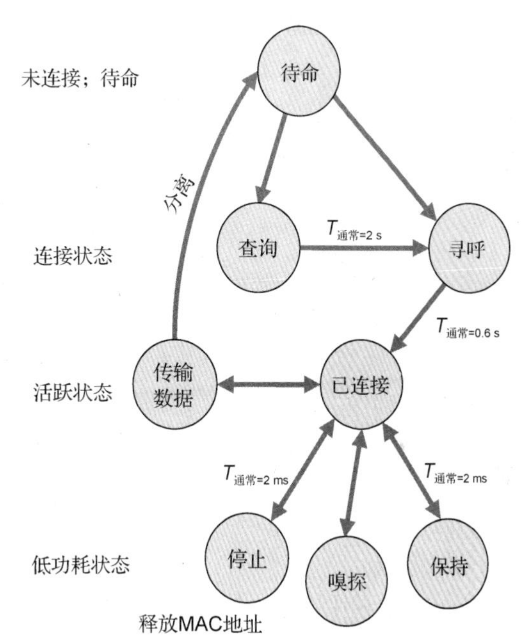

图9.15　蓝牙规范的功能性视图

在嗅探模式中，从设备会根据应用的需求在已增加且可编程的时间间隔内对微微网进行监听。在停止模式中，设备会放弃其 MAC 地址，但仍保持与微微网的同步。处于停止模式的设备不再贡献流量，但偶尔会监听主终端的流量以便重新同步，或查看广播报文。

蓝牙中查询和寻呼算法的主要创新在于对两台不同步但都知道一个共同地址的终端的搜寻机制。下面的例子对这个算法进行了解释。

例9.9　同步搜寻算法

两台具有同一个48比特 IEEE 802 地址的蓝牙设备首先用这个相同的地址生成一个共同的32跳跳频模式，并为它们所有分组的接入码生成一个共同的 PN 序列。然后，它们会如图9.16所示开始其操作。在初始状态下，终端1在与共同跳频模式相关的另一个跳频上每半个时隙发送两个承载了共同接入码的标识 ID 分组，并在下一时隙监听从设备（终端2）的响应。如果没有响应，它会继续在共同跳频模式的两个新频率上广播 ID 分组，并以10 ms（8个2时隙时长）为周期将此过程重复8遍。在这10 ms内，会在总共32个不同跳频中的16个上广播这个共同 ID。如果没有响应，终端1会假定终端2处于睡眠模式，并一遍遍重复同样的广播过程，直到传输周期比终端 2 预期的睡眠时间长为止。此时，终端 1 会假设终端 2 已扫描过了，但其扫描频率不在图 9.16(a)指定的 16 跳之中，然后继续对图 9.16(b)中指定的 32 个跳频的后半段进行广播。如果终端 2 处于睡眠模式，它会以 11.25 ms 为周期，周期性地醒来，以指定的频率扫描信道，查找它期望的接入码，然后再次进入睡眠状态。在每个 11.25 ms 的扫描周期中，终端 2 的滑动相关器会尝试在 16 个不同的频率上检测所需的地址。如果这些频率中的一个与扫描频率相同，相关器就会达到峰值，并将同步信号发送出去。根据操作的不同，终端 2 可以在同一频率或一个新频率上做第二次扫描，以进行验证。这两种情况的目标都是将遇到的频率与广播频率相同的可能性最大化。

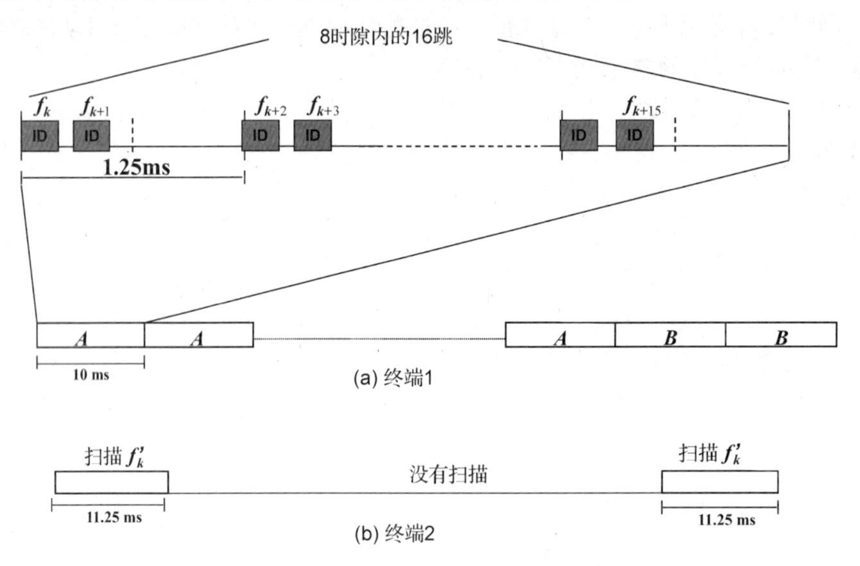

图 9.16 蓝牙中寻呼算法的基本搜寻过程

在查询和寻呼过程中使用了上面这个例子介绍的基本原则，下面两个例子解释了这些应用使用上述机制的情况。

例 9.10 寻呼过程

和前面的例子一样，主终端(终端 1)会广播承载了被寻呼终端接入码的 ID 寻呼队列，每时隙广播两次，在下一时隙等待响应，然后在被寻呼终端的新跳频上重复寻呼队列，每 10 ms 覆盖 16 个频率，并在预估的睡眠时间内重复此过程。从终端会用其跳频模式的 32 个频率之一扫描 11.25 ms，进入睡眠模式，然后在下一个跳频上扫描。频率相同时，从终端的相关器输出会出现一个峰值，然后，作为响应，从终端会将自己的 ID 分组作为对跳频定时检测的确认发送出去。然后，主终端会停止广播 ID 分组，并发送一个包含其自身 ID 和定时信息的同步分组。从终端会以另一个 ID 分组作为响应，以便与主终端的定时相匹配，之后连接就建立起来，从终端加入微微网，可以进行信息交换了。通常，主终端知道跳频模式的大致定时，以及 16 种最可能的跳频就足以建立连接了。如果像前面的例子那样，估计出错，在预估的睡眠时间内没有响应时，主终端会求助于下半段的 16 个跳频。

例 9.11 查询过程

查询报文通常用于发现蓝牙设备，包含使用蓝牙的打印机、传真机和其他地址未知的类似设备。查询过程的一般形式与寻呼机制非常相似。查询过程保留了一个独特的接入码和跳频模式。换句话说，任意设备的任意属性都能识别出查询过程。与寻呼类似，查询以一个"查询者"开始，每半时隙在不同跳频上广播一个 ID 分组，每 10 ms 涵盖 16 个频率，并重复相同的过程直到收到响应为止。"被查询者"用滑动相关器扫描 11.25 ms。频率相同时，所有扫描设备中的滑动相关器会出现峰值。为了避免冲突，检测到查询 ID 的设备会运行一个随机数生成器，并在再次扫描信道之前等待生成器输出的时间长度。在等待了随机时间之后，第二次出现峰值时，被查询终端会发送一个同步分组，以便查询者了解它的 ID 和定时信息。这个过程结束之后，查询者的无线设备就有了其覆盖范围内所有无线设备的设备 ID 和时钟了。完成首次查询之后，被查询设备会改变其扫描频率，继续扫描下一条查询，并跟踪同步信号。

9.2.7　安全性

蓝牙规范提供了使用保护和信息的机密性。蓝牙有 3 种运行模式——不安全、服务级安全和链路级安全。设备也可以被划分为可信和不可信的。它使用了两个密钥(128 比特的认证密钥和 8 ~ 128 比特长的加密密钥)，128 比特长的随机数和 48 比特的设备 MAC 地址。任意一对想要通信的蓝牙设备都会用一个初始密钥、设备的 MAC 地址和一个私人标识码创建一个(被称为链路密钥的)会话密钥。目前已知此协议存在几个漏洞[Jak01]，通过这些漏洞，根据通信协议中会话初始化过程的不同，恶意实体可以获得私人标识码和密钥。其他细节可参见第 7 章。

9.3　IEEE 802.15.4 和 ZigBee

ZigBee 是一组协议，可以在某范围内的节点间建立网状网络，网络中某些节点具有多跳路由能力，它是为使用 IEEE 802.15.4 标准的操作定义的，IEEE 802.15.4 标准指定了低速率、低功耗、低成本的无线个域网的 PHY 和 MAC 层规范。第一个 ZigBee 规范是在 2004 年批准的，最新版本于 2007 年发布。IEEE 802.15.4 和 ZigBee 之间的关系与 IEEE 802.11 和 WiFi 的关系类似。在很多地方，我们都将 ZigBee 和 IEEE 802.15.4 这两个术语互换使用。

IEEE 802.15.1 蓝牙标准是一种受到 IEEE 802.11 FHSS 标准影响的低复杂度、价格低廉、低功耗的单跳 ad hoc 网络设计，与之类似，IEEE 802.15.4 标准的设计也受到了 IEEE 802.11 DSSS 标准的影响。与 IEEE 802.11 WiFi 设备相比，ZigBee 设备是为结构最简的低功耗传感器这样的分散设备之间的超低功耗通信设计的。ZigBee 设备的很多应用和无线覆盖范围都与蓝牙类似。但是，ZigBee 倾向于更快地构建微微网，提供更多的活跃设备，更长的电池寿命，但使用更低的 20 ~ 250 kbps 的数据速率。灵活的数据速率和更短的连接时间使 ZigBee 更适宜于面向数据的无连接应用，以便在传感器和因特网间进行通信。

为了遵循与我们介绍其他无线网络技术的细节时一样的格式，这里还是以整体结构和通用协议栈作为开始，后继小节介绍了物理层、媒体接入控制层的细节以及分组在这些层里是如何形成的。

9.3.1　整体结构

IEEE 802.15.4 标准整体结构的特性之一就是定义了两种类型的节点功能。这两种节点类型称为全功能设备和精简功能设备。全功能设备作为微微网的协调者或主设备使用，也可以作为公共节点或全功能从设备使用。全功能设备可以与网络中(在其无线通信范围内的)

任意其他设备进行通信，还可以为整个 ZigBee 网络中的路由报文（分组或帧）提供进一步的帮助。与之相反，精简功能设备定义得极其简单，只有很少的资源和贫乏的通信能力，通常只作为与全功能设备通信的从节点使用。因此，这类设备通常大部分时间都处于睡眠模式，且很少通信（比如，只在检测到某个事件或感知到某些参数时才通信），这样其电池一次就可以持续数月时间。精简功能设备的这种特性为满足各种应用的需求提供了拓扑结构实现上的灵活性。我们来看一个无线电灯开关应用的典型例子。由于电灯所在节点被连接到主电源上，没有功率限制，可以将其当作一个全功能设备，由电池供电的电灯开关应该是一个精简功率设备以节约能源，提高电池的使用寿命。实际上，在编写本书时，已经有引入了 ZigBee 功能的 LED 灯泡了，它们可以与能和 WiFi 路由器连接的 ZigBee 网桥进行通信。用户可以通过 web 或其智能手机上的应用来控制对灯泡的操作。

按照与蓝牙和 IEEE 802.11 类似的方式，IEEE 802.15.4 和 ZigBee 可以支持对等和星形网络拓扑结构。IEEE 802.15.4 新增的一种拓扑方式是集群树形拓扑结构。图 9.17 显示了基于 IEEE 802.15.4 的 ZigBee 网络的所有 3 种拓扑结构。图 9.17（a）显示的对等网络可以使用任意模式的连接。这些连接的可扩展程度可能取决于每对节点之间的距离。图 9.17（a）中的节点都是全功能设备，也就是说，可以将其作为构建能够执行自我管理和组织的动态网络的基础使用。图 9.17（b）显示了一个带有主从操作的简单星形拓扑结构，与蓝牙的结构类似。但如前所述，ZigBee 网络有两类节点，在构建网络以支持应用方面提供了更多的灵活性。网络协调器必须是一个全功能设备，而图 9.17（b）中的其他节点，根据应用的不同，可以是全功能或精简功能设备。图 9.17（c）显示了一个更复杂的集群树形拓扑结构的例子，此结构由两种不同的设备，三个星形协调器和一个将星形连接起来的网络协调器构成。图中的协调器在 ad hoc 网络中起到了路由器的作用，也就是说，网络协调器管理了整个网络。这种类型的拓扑是 ZigBee 独有的，可以用这种结构构成一个带有简单端节点的分层式 ad hoc 网络，这些端节点大部分时间处于睡眠状态，使得电池寿命变得极长。

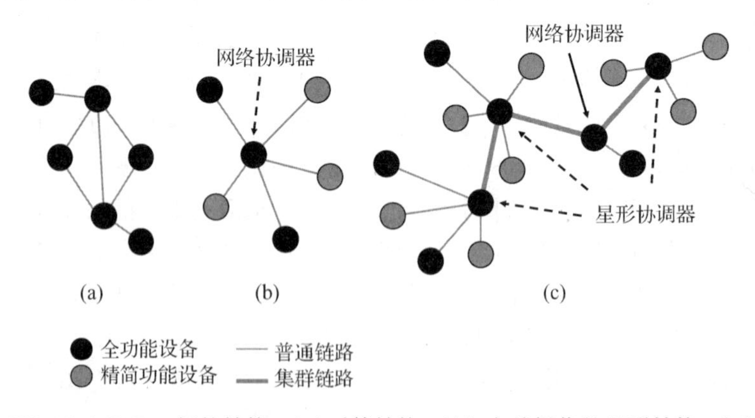

图 9.17　IEEE 802.15.4 ZigBee 拓扑结构：（a）对等结构；（b）主从操作的星形结构；（c）集群星形结构

在集群树形拓扑结构中，有 3 种不同类型的节点操作。第一种类型是精简功能设备或哑端节点设备，它们大部分时间处于睡眠模式以延长电池寿命。每个这样的端设备允许最多 240 个端点为不同应用共享同样的无线信号。比如，一个三联电灯开关就可以有 3 个不同的端点共享同样的无线电信号和电池。第二类设备是中级路由器，它有通信协议栈报文的处理能力，和响应对其附近睡眠端设备的一般查询的能力。这些路由器还要负责查找向不在其范围内的节点发送报文的最佳路由。在分层结构最上层的第三类节点是网络协调器，它总是处于开机状态，需要连接到优质的电源上。除了作为路由器之外，网络协调器还为基本的网络操作，比如为网络查找一个合适的频率信道，设置了一些规则。

在 IEEE 802.15.4 标准(以及 ZigBee 高层协议)中，网络的构建是通过 WPAN 协调器实现的。在星形拓扑中，节点会直接与 WPAN 协调器通信，且所有通信都是通过协调器进行的。这在很多方面都与节点和无线局域网接入点的通信很像。在对等拓扑结构中，只要设备在无线范围内，它们之间都可以直接通信。

在星形拓扑中，只要部署了全功能设备，它就自动成为 WPAN 协调器。如果它加电时没有监听到任何其他设备，这台设备只要发送信标，声称自己是协调器就可以了。在对等拓扑结构中，也使用类似的机制，也有一个 WPAN 协调器(通常是第一台加电的全功能设备)。但是，只要允许，设备就会直接相互通信。如果有两台或多台全功能设备都想成为协调者，就需要使用基本 IEEE 802.15.4 标准范围之外的一些竞争解决方案了。

集群树是 IEEE 802.15.4 网络中对等拓扑的一般形态。图 9.17(c)显示了一个带有 3 个集群的集群树实例。这里假设大部分设备都是全功能设备(尽管精简功能设备也可以作为叶节点连接到集群上去)。第一台声称自己是协调器的全功能设备(或一台具有更强功率或能力的设备)成为总 WPAN 协调器，它会传输信标帧并为其他节点(以及其他协调器)提供同步。随着网络的发展，总 WPAN 协调器会指示另一台设备成为它自己所在集群的 WPAN 协调器。通过这种方式，集群可以发展成一个大网络。此标准规范了 WPAN ID 以及信标传输的冲突解决方案。

9.3.2　协议栈及操作

尽管 ZigBee WPAN 是设计在最远 10 m 的短距离内运行的简单的 ad hoc 传感器网络，但其网络设计也分了几层，用来实现网络内部的通信、到更高层网络的连接，以及最终到因特网的上行链路。如图 9.18 所示，与所有其他通信网络一样，基于 IEEE 802.15.4 的 ZigBee 将通信任务在协议栈中分了层。较低层，也就是物理层和媒体接入控制层，是由 IEEE 802.15.4 标准定义的，而较高层则是由 ZigBee 联盟指定的。此外，独立的应用程序开发者可以定义自己的应用层，与 ZigBee 定义的各层和协议进行通信。栈的顶端是应用层，底端是物理无线传输层。中间的分层用于粘合应用和实际的传输媒体，这样节点间就可以可靠、有效、安全地通信了，设计者在简单的支持环境中开发应用时会用到一些接口，节点还可以通过这种分层结构与这些接口进行通信。

如图 9.18 所示，在 ZigBee 定义的协议之上有一个 ZigBee 设备对象，这是一种特殊的应用程序对象，所有的 ZigBee 节点上都有。这个应用对象的地址总是为“零”，其他运行在 ZigBee 模块上的应用对象从 1 到 240 编号。这些对象构成了一台端设备要支持的各种应用。设备对象有它自己的属性资料，其他的用户应用对象和其他 ZigBee 节点可以对其进行访问，它还对整体的设备管理、安全密钥以及各种策略负责。ZigBee 模块中每份属性资料都包含一张网络中其他 ZigBee 模块及其所提供服务的列表。所有其他应用端点都使用表中的信息来发现其他设备，管理绑定，进行安全及网络设置。图 9.18 的应用支撑层协议通过维护一张“绑定表”将网络中的报文选路到运行在一个 ZigBee 模块上的不同应用端点，并将报文转发给适当的应用。

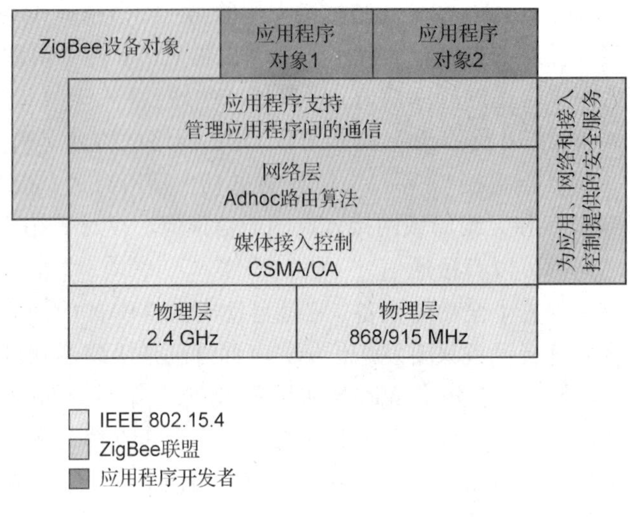

图 9.18　IEEE 802.15.4 ZigBee 协议栈

网络层提供了将 MAC 层通信发送给全星形、树形或网状网所需的路由和多跳功能。ZigBee 使用了一种适用于 ad hoc 网络的，名为 Ad-hoc 按需距离向量（AODV，Ad-hoc On-demand Distance Vector）协议的距离向量路由算法。这个算法可以通过转发报文、发现相邻设备以及构建到其他节点的路由图等方式自动为节点构建一个低速 ad hoc 网络。在协调器节点上，网络层会在新设备首次加入网络时为其分配网络地址。

安全服务协议提供了密钥的建立和交换安全方式，并通过加密和报文完整性检查用这些密钥来保护通信链路（更多细节参见第 7 章）。安全服务的工作跨越了 3 个层次，为每层都提供了安全保护。与无线网络的所有其他安全服务一样，本层负责在数据产生或接收时对其进行加密和解密，并在接收时对其进行认证（完整性检查）。ZigBee 设备对象层规定了安全服务实施的安全策略和配置机制。

9.3.3　物理层

IEEE 802.15.4 以与蓝牙和 IEEE 802.11 类似的模式运行于免授权无线频段。除了这些标准使用的几乎全球可用的 2.4 GHz 波段，IEEE 802.15.4 标准还支持欧洲的免授权 868 MHz 波段以及美国和澳大利亚等国家的免授权 915 MHz 波段的操作选项。IEEE 802.15.4 的物理层在这 3 种不同的频谱上定义了 3 种数据速率分别为 20 kbps、40 kbps 和 250 kbps 的信道，共 27 个。图 9.19 显示了 27 个不同的信道，以及标准在这 3 个不同的频谱上为其指定的相关带宽。第一个信道带宽为 0.6 MHz，位于 868 MHz，其信道号为“0”；另外 10 个信道位于 915 MHz 波段，每个带宽 2 MHz；其余 16 个信道位于 2.4 GHz 波段，每个带宽 5 MHz。IEEE 802.15 标准委员会的任务组 4c 正在考虑为中国使用的 779 ~ 787 MHz 波段制定标准，任务组 4d 则在考虑日本使用的 950 ~ 956 MHz 波段标准。除了信道号之外，标准还定义了信道页面。信道页面被用来区分频率信道中使用的不同调制方案。

基本的无线技术使用的是与传统 IEEE 802.11 模式类似的直接序列扩频（DSSS，Direct Sequence Spread Spectrum），但它使用了不同的码片速率和调制技术。868 MHz 和 915 MHz 波段分别使用了码片速率为 0.3 Mcps 和 0.6 Mcps 的二进制相移键控（BPSK，Binary Phase Shift keying）调制方式和 15 码片线性反馈移位寄存器（LFSR，Linear Feedback Shift Register）伪随机序列。这样可以得到位于 868 MHz 的单信道的数据速率：

$$\frac{0.3(\mathrm{Mcps})}{15(\mathrm{cpb})} = 20\ \mathrm{kbps}$$

位于 915 MHz 波段的 10 个信道中，任意一个的数据速率为：

$$\frac{0.6(\mathrm{Mcps})}{15(\mathrm{cpb})} = 40\ \mathrm{kbps}$$

一个可选的幅移键控调制方案允许通过一种码分复用方式（通过使用近似正交序列，对比特进行扩频后，将其并行发送出去）来提高数据速率。

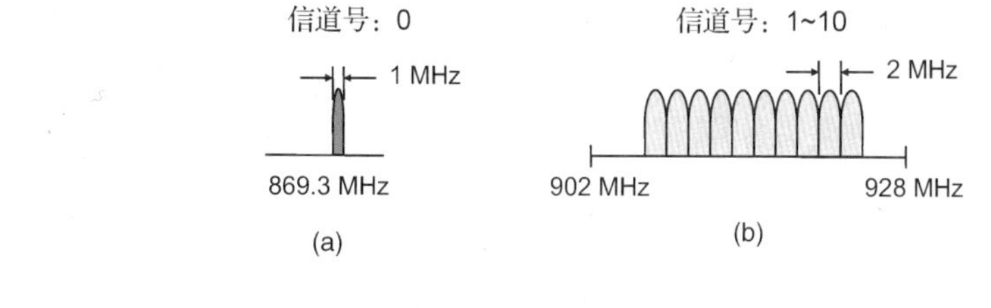

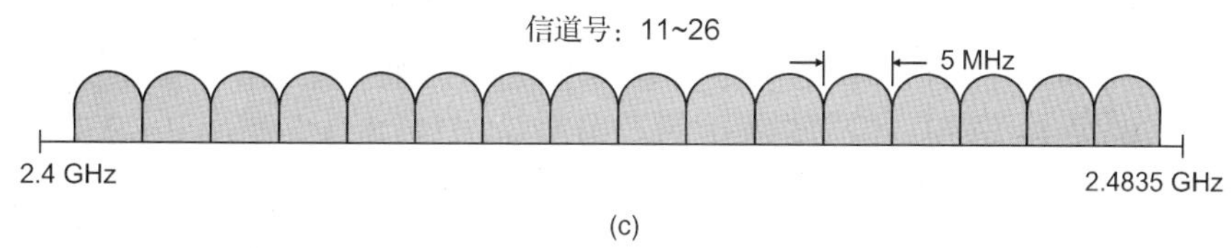

图 9.19　IEEE 802.15.4 中不同物理层选项所使用的频段：(a) 1 个位于 868 MHz 的信道；(b) 10 个位于 915 MHz 的信道；(c) 16 个位于 2.4 GHz 的信道

2.4 GHz 的操作使用了十六进制的正交编码，码字长度为 32 码片。数据传输所用的调制技术是偏移 QPSK。整体结构与 IS-95 CDMA 系统的反向信道类似，其反向信道也使用了 M 进制的正交编码和偏移 QPSK 调制。偏移 QPSK 提供了一个恒定包络，降低了最后一级无线信号放大器的功率损耗。M 进制正交码降低了错误率，而且增加了所接收比特的完整性。接收端是非相干实现的，不需要在发送端和接收端之间进行载波同步，也就避免了过度的功率消耗和相干调制所需的相位锁定回路带来的复杂性。采取这些措施是为了满足无线通信的低成本低功耗实现要求。以速率 250 kbps 到达的原始数据流用于创建速率为

$$\frac{250(\mathrm{kbps})}{4(\mathrm{bpS})} = 62.5(\mathrm{kSps})$$

的 4 比特块的数据，以构成要传输的信号。

然后，将每个 4 比特块都映射为 16 个正交符号之一。再用偏移 QPSK 调制将码片以 2 Mcps 的速率传送出去。因此，IEEE 802.15.4 中使用的这种 DSSS 传输方案的网络处理增益为：

$$\frac{2(\mathrm{Mcps})}{250(k\ \mathrm{bps})} = 16$$

这里需要提醒读者的是，基本 IEEE 802.11 DSSS 传输方案中的处理增益为 $N=11$，这与 IEEE 802.15.4 标准所用增益相当接近。读者还应记住的是，IEEE 802.11b 中使用的 CCK 调制方案是另一种 M 进制正交编码方式。这些观测结果显示出了本地无线网络的成功演进路径。

与 IEEE 802.11 设备的最大传输功率 20 dBm（100 mW）相比，IEEE 802.15.4 无线信号

的最大传输功率通常是0 dBm(1 mW)。假设自由空间传播的距离-功率梯度为2，这20 dB的差异就是IEEE 802.11设备的覆盖范围大一个数量级的原因。如第2章所述，覆盖范围取决于环境。但通常我们假设WPAN的覆盖范围大约是10 m，WLAN的覆盖范围大约是100 m。无线信号较低的传输功率以及考虑功耗的设计是IEEE 802.15.4和IEEE 802.11设备设计上的主要区别之一。2.4 GHz波段的接收器灵敏度至少是-85 dBm；对868/915 MHz波段的BPSK调制来说，接收器灵敏度至少应该是-92 dBm。这样，868/915 MHz波段的操作就有额外7 dB可用了。另外，用式(2.3)来计算2.4 GHz和868 MHz在第一米处的路径损耗，会得到：

$$20\log\left(\frac{2.4(\mathrm{GHz})}{868(\mathrm{MHz})}=8.8(\mathrm{dB})\right)$$

对低频操作来说，两个波段之间的差值就累积到了15.8 dB。在自由空间中，这就是较低频段操作的覆盖范围高达大约$10^{15.8/20}\approx 6$倍的原因。在室内环境下，较低频率也可以更好地穿透墙壁，这样会将较低频率的覆盖范围增加到更大的值。

9.3.4　MAC层

IEEE 802.15.4标准的媒体接入控制基于带有冲突避免的载波监听多路访问(CSMA/CA)，这也是IEEE 802.11标准中使用的主要媒体接入控制技术。第4章提供了CSMA/CA的部分细节。总的来说，IEEE 802.15.4中的CSMA/CA是第8章介绍的IEEE 802.11标准所用CSMA/CA的简化版本，IEEE 802.11标准使用的CSMA/CA包含了用于保持电量和降低功耗的不同选项。802.15.4中没有802.11的MAC中包含的PCF选项、各种帧间时延(PIFS、DIFS和SIFS)，以及RTS和CTS机制。IEEE 802.11中提供的RTS/CTS和PCF功能，在这里是由更简单也更有实际保障的时隙传输提供的。媒体接入控制层提供了某节点及其(无线范围内)直邻节点之间的可靠通信，并负责在传输之前将数据包装到帧结构中，然后对收到的分组进行解包，查看是否出错。此外，本层提供了信标及同步功能，以提高通信的有效性。网络的形成要么是基于信标的，要么是无信标的。信标不遵循载波监听原则，是以固定的时间表发送的。确认分组也是在分组或MAC帧到达之后，在不进行载波监听的情况下发送的。802.15.4 MAC的另外两个重要特性是：(a)允许使用有保障的时隙；(b)为安全通信提供综合的MAC支持。有低时延实时要求的设备可以使用协调器分配给它们的所谓有保障时隙，而不需要进行载波监听，细节如下。

802.15.4的MAC协议在超帧结构下运行(参见图9.20)。超帧被定义为两个信标之间的时间段，信标是协调器传输的特殊管理分组。信标对WPAN进行同步，并提供与网络有关的信息。在两个信标之间的时间，也就是超帧内，传感器节点会有一个活跃区间和一个非活跃区间。活跃区间可以分为一个竞争区间和一个无竞争区间。竞争区间被划分为多个时隙。在每个时隙中，节点都用带有冲突避免的载波监听多点接入技术来访问信道。这个过程相当简单。每台设备都会等待一段随机的时间看看信道是否空闲。如果空闲，就直接传输；否则，就退后另一段随机的时间，并再次尝试(参见图9.20的底端)。这种接入方式会受到前面第4章介绍的载波监听的缺陷，比如隐藏终端问题的影响。WPAN协调器在无竞争区间创建了有保障时隙，节点无需与其他节点竞争就可以使用这些有保证时隙，因此，使用无竞争区间就可以实现预定的接入。WPAN也可能没有信标，这种情况下，所有节点都要使用未划分时隙的CSMA/CA。

标准考虑到了由低功耗设备发起的“事务”，否则这些设备可选择处于低功耗模式。在星形拓扑结构中，节点可以向协调器发送数据，或者从协调器接收数据。在前一种的情况下，节点只是用 CSMA/CA 向协调器发送数据，如果要求，可以获得一条确认。在后一种情况下，节点首先应该向协调器请求数据，然后获得一条对其请求的确认，所请求的数据则紧随其后。收到数据时，它会向协调器确认。确认不需要像数据帧那样等待媒体空闲。或者，信标中会包含某传感器节点是否有挂起数据的相关信息。除了两个对等节点的同步传输可能需要几个特殊步骤之外，对等传输的方式与之类似。MAC 层要想对帧进行处理，在连续的帧传输之间就必须有一段时间间隔。与用来分隔长帧和短帧的长帧间间隔和短帧间间隔相比，接收到帧和传输确认信息之间的时间是最短的。

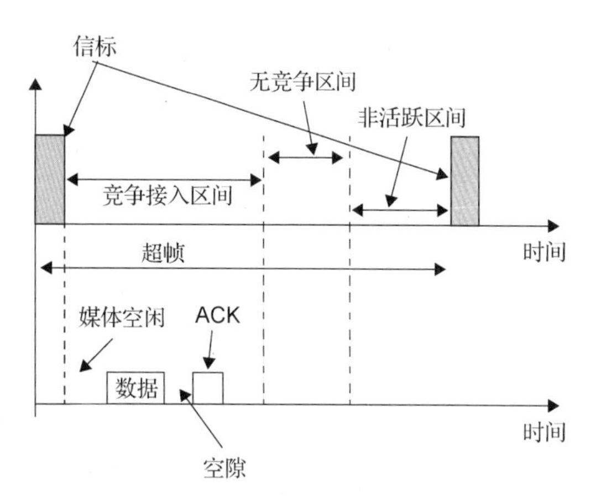

图 9.20　IEEE 802.15.4 的媒体接入示意图

总的来说，ZigBee 协议最小化了无线信号处于“启动”状态的时间，以降低不必要的功耗。在未启用信标的网络中，功耗显然有高有低：有些设备总处于活跃状态，而其他一些设备则将大部分时间都用来睡觉。这些网络使用了未划分时隙的 CSMA/CA 信道接入机制，路由器的接收器通常都处于持续活跃状态，这就要求有更稳固的电源供应。这些网络允许截然不同的能量消耗。路由器会大幅度消耗能量，而端节点只有在检测到外部刺激（比如，温度升高这样的事件）时才传输信息。这种操作的典型例子就是我们前面讨论过的电灯操作。在使用信标的网络中，只有在传输信标之后节点才会被激活。专门的 ZigBee 路由器节点会周期性地发送信标，向其他用户确认自己的存在。其他节点可以在信标之间入睡，以节省能耗。对不同的物理传输选项来说，信标间隔在 15 ~ 24 ms 之间变化。这个选项更适用于较高的流量负荷，与 IEEE 802.11 中的操作非常相似。

9.3.5　帧结构

IEEE 802.15.4 为数据、确认、信标和 MAC 命令使用了 4 种不同类型的帧。图 9.21 显示了这 4 种分组类型的帧格式。每帧都有 4 字节的前导码、1 字节的分组起始定界符和 1 字节的帧起始字段，帧起始字段中有 7 个比特用来标识以字节为单位的分组长度，因为设备地址不是 2 字节（16 比特），就是 8 字节（64 比特），所以还有 1 个比特来标识寻址模式。除了净荷之外，所有分组的物理服务数据单元都有一个 2 字节的帧控制字段来承载控制报文，1 字节的序列号在（对大应用分组的）分段和重装过程中记录分组的顺序，最多 20 字节的寻址字段，2 字节的帧校验码进行差错检测。确认分组不需要包含任何地址字段，但其他分组都有源和目的地址，用来说明 PAN 协调器节点地址的 2 个字节，以及 2 个或 8 个字节的设备地址。数据帧的净荷是要传输的信息和一个用来确保物理服务数据单元的总体长度保持在 127 字节以下的长度值。信标的净荷为其他设备提供了同步和自配置所必需的信息。MAC 命令控制字段承载了不同的 MAC 控制报文。

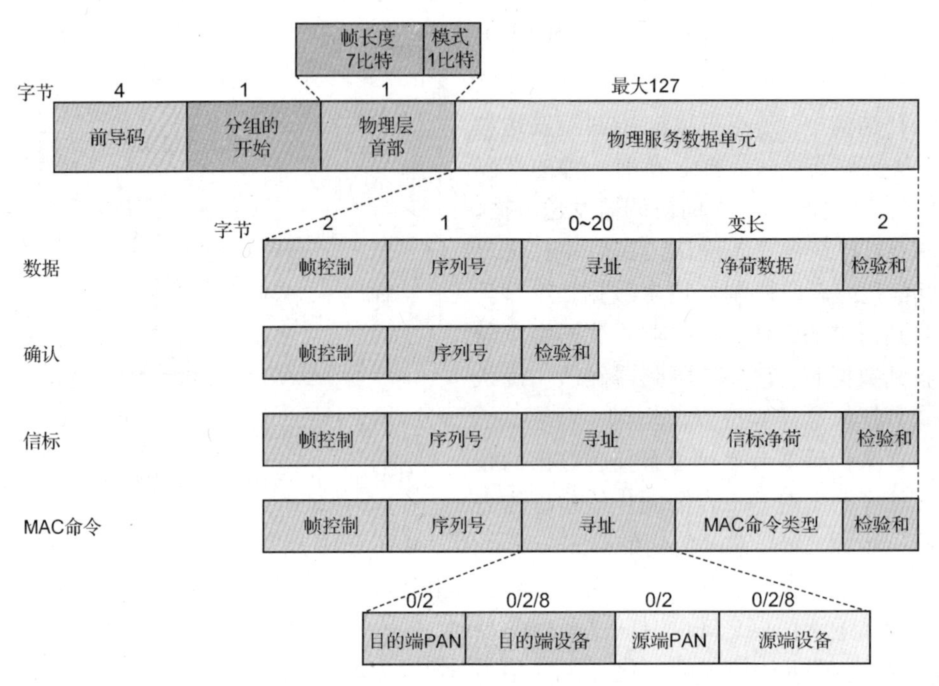

图 9.21 IEEE 802.15.4 分组的帧格式

9.3.6 ZigBee 与蓝牙和 WiFi 的比较

表 9.2 对 WiFi(802.11g)、蓝牙和 ZigBee 技术进行了比较，所有这些设备都使用 2.4 GHz 免授权 ISM 波段，但 ZigBee 还支持在同等传输功率下覆盖范围更大的 868/915 MHz 波段。蓝牙和 ZigBee 的调制技术使用的都是扩频技术(但使用的是不同的类型)，这是一种高能效传输技术。这两种设备还使用了非相干调制，以降低电子设计的复杂性和功耗。WiFi 和 ZigBee 的 MAC 都基于 CSMA/CA，这是一种适用于数据应用的分布式 MAC 协议。ZigBee 实现的特性较少，是 WiFi MAC 协议的简便版本。蓝牙中的每个微微网都使用了一种基于轮询的集中式类 TDMA/TDD 技术，更适用于面向连接的电话应用。在蓝牙中，不同的微微网由 FHSS/CDMA 技术分隔开来。ZigBee 网络的数据速率在蓝牙的数据速率范围内，适用于 ad hoc 低速传感器网络应用。WLAN 通常会提供更高的数据速率(802.11g 为 54Mbps)，更适用于家庭和小型办公网络的现代计算机网络应用以及公共建筑的普遍接入。

表 9.2 802.11、802.15.1 和 802.15.4 的比较

技术/特性	802.11g(WiFi)	802.15.1(蓝牙)	802.15.4(ZigBee)
频率	2.4 GHz	2.4 GHz	2.4 GHz 和 868/915 MHz
调制方式	OFDM	FHSS/BPSK	DSSS/QPSK
MAC	CSMA/CA	TDMA/TDD	CSMA/CA
最大数据速率	54 Mbps	1 Mbps	20/40/250 kbps
设备类型	一种	一种	全功能/精简功能
信道数量	11 ~ 14(3 个正交)	79(跳频)	26
最大设备数量	32	8	高达 65535
电池寿命	数小时/数天	数周	数月
覆盖范围	100 m	10 m	10/50 m
拓扑结构	星形、对等	星形、对等	星形和集群树
连接时间	< 10 s	3 ~ 5 s	30 ms

ZigBee 允许使用两种不同类型的终端，这样就可以设计大部分时间都在睡眠以延长电池使用寿命的简单端点了。尽管 2.4 GHz WiFi 和 ZigBee 的信道数量看起来差不多，但 ZigBee 的信道更窄(5 MHz)，这样可以实现 16 个无重叠的信道。IEEE 802.11g 网络只有 3 个无重叠信道。蓝牙允许的微微网数量多达 79 个，远远超过了其他两种网络，但由于通常都只有少量微微网，而节点数量很多，所以每台主设备可以容纳的节点数量实际上扮演了更重要的角色。在 ad hoc 传感器网络中，只能同时连接 7 个节点，这是很受限的，而 ZigBee 较多的节点数(每个节点都有很多应用)则很让人期待。ZigBee 所有特性的设计都是为了将功耗最小化，这样电池的寿命会更长。WiFi 的覆盖范围更大(也具有更高的传输功率)，这对计算机网络来说是很重要的。蓝牙和 ZigBee 都是为低速率 ad hoc 传感器网络设计的，可以通过某些拓扑结构来扩展其覆盖范围。ZigBee 构造集群树形网络的能力极大提高了 ad hoc 网络的覆盖范围，使其成为地域分布很广的大量传感器网络中各种应用的更好选择。

由于这些区别的存在，WiFi 和蓝牙都有其特定的应用。WiFi 统治了家庭、小型办公室和 ad hoc 公共建筑接入市场。蓝牙则为车内电话连接和音频设备提供了很多 ad hoc 的有线连接替代应用。ZigBee 预期会为医疗、电网、家庭自动化的传感器网络和读表传感器网络应用开发出类似的市场。

9.4　IEEE 802.15.6 体域网

本章对待 IEEE 802.15.6 体域网、IEEE 802.15.1 蓝牙以及 IEEE 802.15.4 ZigBee 的主要不同之处在于后两者是完整成熟的标准，而第一个则是以新技术发掘为目标的进行中的标准化活动。IEEE 802.15.6 更像早期的 IEEE 802.11，那时对无线局域网的意义有各种看法，而且也没有对横向市场的洞悉来帮助判断对哪方面的标准化工作有迫切的需求。因此，我们对本节的处理会稍有不同。本节以 BAN 产业会成为一项重要产业的原因作为开端，然后介绍这种无线网络技术和其他现存无线网络技术之间的区别。

9.4.1　什么是 BAN

工程创新通常是由科幻小说中的一些隐喻激发出来的。然后，由经验科学或工程学塑造出设计特定设备所需的技术和市场。无线网络产业是由 20 世纪 60 年代的科幻电影 *Star Trek*《星际迷航》中科克船长的通信器激发产生的。在某些无线网络的早期展示中展出过这个通信器。大约半个世纪之后的现代智能化手机可能就是对那种幻想最接近的模拟了。智能手机几乎与那个通信器同样大小，可以进行多媒体通信，几乎无处不在。但当斯波克先生处于严重危险之中时，目前我们尚不能将他用激光传送到安全地带!

体域网产业可能是受到了 20 世纪 60 年代另一部科幻电影《神奇旅程》的影响，在那部电影中，一台航天器和它的航天员一起被缩小成一个可以在人体内部游览的微型设备。那台航天器失去了通信和定位能力，在最终通过他们所游览的那个人的眼药水离开人体之前，他们在人体内经历了一趟无法控制的戏剧性旅程。编写本书时，内窥镜胶囊已经可以在人体的消化系统中穿行了，人们认识到还可以通过其他微型机器人在人体血液循环中的穿行来支持各种保健应用。我们没有什么技术可以将人缩小，但我们有足够强的远程控制能力，让机器人在人体内部进行操作，而无需在飞行器中配备操作人员。

其实主要问题是“我们是怎么实现这些的?” 在过去十年中，半导体设备的小型化和成本的降低使得在各种流行无线网络应用中将小型低价的计算设备和无线通信设备用作传感器成为可能，而且在接下来的20年中，这种趋势也应该会继续。可以预见的是，会有大量围绕传感器技术设计的新型应用出现，刺激世界经济的下一轮工业增长。与此产业相关的经济增长中最有前途的领域之一就是人体传感器网络，也被称为体域网(BAN, Body Area Network)[Yan06]。这些网络应该将可穿戴和可植入的传感器节点与因特网连接在一起，以支持大量应用，其中包括传统的体外温度仪表或植入的起搏器、新兴的血压传感器、用于青光眼的眼压传感器以及用于健康监测和精确药量使用的智能药丸。大量有关尺寸和成本、能量要求以及无线通信技术的技术挑战都在研究之中，这些研究的核心就是对人体内部及周围无线传播的理解。

为了支持这个行业的发展，联邦通信委员会(FCC)近期为医疗无线通信服务(MedRadio)分配了一个专门的波段[FCC09]，并成立了IEEE 802.15.6标准来负责处理这些新兴技术的标准化工作。IEEE 802.15.6标准为可穿戴和可植入传感器网络定义了一些媒体特性技术和模型[Aoy08; Hag08a, Hag08b; Kim08]。

9.4.2 整体结构及应用

图9.22显示了BAN的整体结构，它将植入和体载传感器设备连接到一个体载基站和一个与因特网连接的外部接入点上。植入和体载设备的特点有所不同，因为它们可能有不同的尺寸、不同的通信、定位和功耗要求及能力。体载基站通常安装在人体臀部上方的腰带上，携带较大的电池，具有扩展的计算能力和板载存储器。传感结果及其他数据可以实时或定时发送到因特网上去。比如，在胶囊内窥镜系统中，位于人体消化系统中的胶囊会将视频传输给负责存储信息的体载基站。稍后，病人去看医生时，视频会被传送到计算机上，进行进一步的处理和诊断。在心脏起搏器应用中，医生可能会为了对病人心脏进行远程监控，要求病人在一天的某些时段靠近WiFi接入点，以发送心脏信号样本。从无线网络的角度来看，系统的设计应该适应所有这些情况。正确的网络设计包含对信道行为的理解和建模，以及对物理层和MAC层的设计以支持设想的应用。

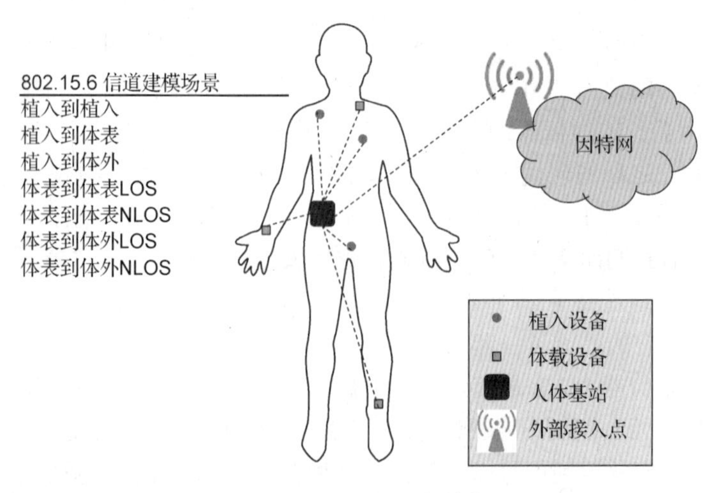

图9.22 BAN的一般结构

9.4.3　信道测量及建模

无线网络应用的无线信号传播测量和建模从对测量场景和频带的定义开始。对每个场景都进行测量活动，之后对测量结果进行处理和分析，为每个场景的信道行为开发统计模型。然后，将这些模型用于性能测量和备用无线网络解决方案的评估。图 9.22 显示了一个通用场景，其中包含植入和体表传感器及基站，以及它们是如何连接到外部接入点上去的。IEEE 802.15.6 为 BAN 信道建模考虑了 7 种测量场景。无线传播模型有 4 种不同的类型：植入到植入，植入到体表及外部接入点，体表到体表，以及体表到外部网络连接。这些类型被进一步划分为场景，植入到植入有一个场景，其他信道建模类型都各有两种场景，这样一共就有 7 种场景，图 9.22 的左上方对其进行了总结。

图 9.23 显示了 IEEE 802.15.6 为 BAN 应用程序使用的免授权频带，其中包括用于植入传感器测量场景的 401 ~406 MHz 医疗无线通信服务(MedRadio)波段[FCC09]，以及用于非植入传感器的工业、科学及医疗(ISM, Industrial, Scientific and Medical)频带和超宽带(UWB, Ultra-Wideband)频段。MedRadio 波段是 FCC 近期发布的，用来取代 402 ~405 MHz 的医疗植入通信系统和医疗植入遥测系统波段 [FCC03]。所有这些波段都是 FCC 为低功耗、免授权 BAN 植入应用分配的。医疗植入通信波段最初用于数据传输，以协助外部医疗处理收发器和植入医疗设备之间，或者植入医疗设备与植入医疗设备之间的诊断和治疗功能。运行在 403.5 ~403.8 MHz 的医疗植入遥测系统波段用来周期性地提供从活跃的植入设备到外部接收器的单向非语音数据传输。MedRadio 波段比医疗植入波段宽 2 MHz，提供了更大的灵活性以适应新型设备的需要。902 ~908、2400.0 ~2483.5 和 5.15 ~5.35 MHz 的 ISM 波段是 1985 年以来首次为无线本地通信发布的免授权波段。FCC 于 2013 年发布的 UWB 3.1 ~10.6GHz 波段也是一个用于低功耗短距通信的免授权波段。IEEE 802.15.6 标准为这些频率以及其他一些频率上的 BAN 应用定义了信道模型[Yaz10]。

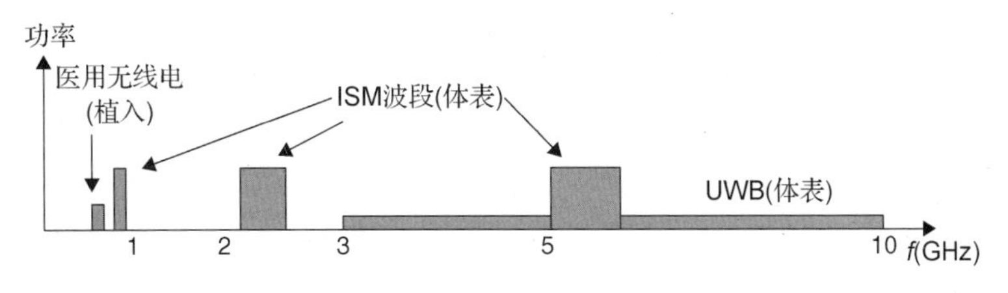

图 9.23　BAN 所用的频带

IEEE 802.15.6 研究的 BAN 通信信道模型提供了一种测量手段，可以用来测量在 BAN 的特定频率和应用场景中运行的传感器设备的覆盖范围及数据速率限值。除了传输之外，我们还需要用于人体内部设备定位的信道模型。通过定位信道模型，可以确定对不同的植入及体载传感器所做的位置估算的准确度和精确性有什么局限。植入和体载传感器的定位是一个新的研究领域，很可能会用到以前室内环境定位的相关研究成果[Pah98, Pah02, Pah05, Pah06; Say10]。对 BAN 的高速无线通信中无线特性的测量使本节早前提到的大量应用成为可能。对 BAN 定位特性的测量使得另一些有趣的植入传感器应用成为可能，比如体内无线内窥镜胶囊的定位，体表装载的应用，以及手术室内手术设备的定位[Pah12a, b]。

人体内部无线传输分析面临的挑战：编写本书时，对人体内部及周围的无线信号传输进行信道测量和建模以支持波形传输及设备定位的工作仍处于起步阶段。从创新研究的角度来看，人体内部及周围无线信号传输的测量及建模具有独特的挑战性，使得这一领域对基本或基础的研究非常有吸引力。这种挑战是由媒体的一些特性和 BAN 应用造成的，这些 BAN 应用与那些适用于传统室内无线传输的应用完全不同。人体内部传输和整个室内环境传输之间的重要区别在于体内传输媒体与在液体中的传输类似，液体的导电性与传统室内无线传输的主要媒体——空气的导电性有显著的不同。另外，人体内部由具有不规则几何边界的连续非均匀媒体组成，而对无线传输来说，传统室内环境则是具有清晰几何边界的离散非均匀环境。图 2.1(a)显示了一个典型的室内环境，说明了我们是怎样进行几何构建的，以及大部分传播都是通过空气进行的事实，以构建使用射线光学的简单无线传输模型。图 9.24 显示了具有不规则几何边界的连续非均匀人体内部结构，在人体内部不能使用简单的射线追踪技术来开发无线传输模型。不同器官、骨骼和肌肉组织内的无线传输都有着极大的不同，给分析和建模工作提出了挑战。

室内环境也是非常复杂的传输媒体，但通过网络分析仪可以很容易地测量宽带无线信道的特征，并开发出(第 2 章讨论的)实验统计模型。人体内部无线通信和定位信号的无线传输研究所面临的第二个挑战是我们无法直接在人体内部设置天线来收集统计型无线传输模型的实验数据。

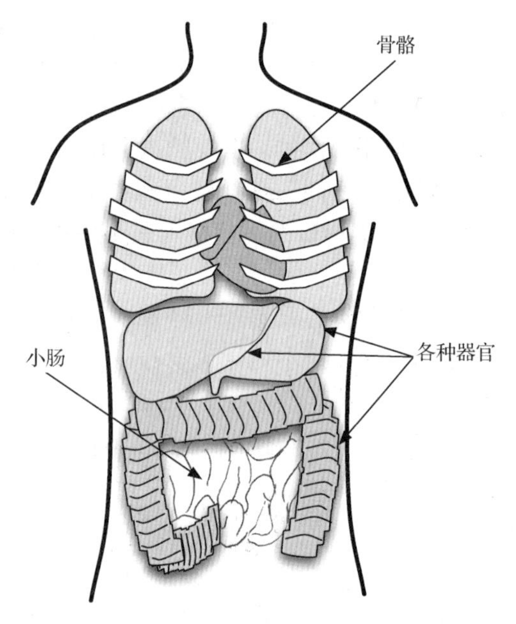

图 9.24　人体内部不同的器官和骨骼

在自由空间中，我们用信号的传输时间做精密测距，来测量发送器和接收器之间的距离。无线电波的传输速度与空气中的光速相同，将传输时间乘以无线电波的传输速度就可以得到传输距离。这在人体内部是无法实现的。由于人体是非均匀液态媒体，无线电波的传输速度与空气中的光速不同，各种器官中的传输速度也不一样。因此，体内无线传输分析面临的第三个挑战就是对定位应用的传输时间的测量。

理解信号传输的本质对设计有效、低功耗、低成本的通信系统，以及体域网的精确定位来说至关重要。因此，研究的第一步就是启动一个测量及建模程序来理解人体内信号传输的本质。编写本书时，为了理解人体内部及周围的无线传输本质所得到的测量结果还都是些碎片，对人体周边的一些定位应用，比如在膝盖手术期间对手术设备的定位[Pah12a,b]，或者内窥镜胶囊的定位[Pah12a,b]也没有特别的关注。因此，仍然需要用于 BAN 的无线高速通信和定位应用的详尽测量程序。

人体内部 RF 传输的计算技术：如果用时域有限差分法(FDTD, Finite Difference Time Domain)直接解麦克斯韦方程的话，对无线传输分析来说，室内环境会是一种非常复杂的环境。在较小的室内区域中，可以用建筑特有的射线追踪和射线光学对无线通信和定位的无线传输进行分析[Pah05]。所以，标准化委员会为(第 8 章讨论的)WLAN 和我们在本章讨论的低功耗 WPAN 使用了这种环境的广义统计模型。统计模型基于多径特性的实验测量值，这些测量值是通过在目标建筑的不同位置放置天线获得的。对人体内部信号的测量需要在人体内部放置天线，这就变得非常复杂，使得这种方法并不可取。为了确定人体内部无线传输的特性，研究人员使用了麦克斯韦方程的直接解，他们利用人类假体模型或使用死亡动物的器官，通过对被测者进行有限的、大部分位于体表的测量，来验证这些结果。

没有将 FDTD 这样的计算技术用于一般室内区域的另一个原因在于，使用这些技术时，要把建模区域划分成尺寸在传输频率波长数量级的网格，然后要对麦克斯韦方程求解，麦克斯韦方程中包含使用了积分和微分数值方法的微积分。对典型的 WLAN 和 WPAN 应用来说，操作频率为数吉赫兹(GHz)，这样，其波长就在厘米数量级。典型室内区域的 3D 网格非常巨大，要模拟这样的环境需要进行海量的计算。在研究人体内部的无线传输时，直接计算麦克斯韦方程的计算技术，比如 FDTD，在计算上就变得可行了，而且也确实有商用产品。研究人员通常会用这些商业软件对人体内部的路径损耗和衰落特性进行建模[Yaz07b; Hag08a, b; Say10]。

为了测量宽带无线通信和定位的信道特性，需要对人体内部的波形传输进行分析。图 9.25 显示了商用 Ansoft HFSS TM 模拟软件在具有立方边界和两个偶极天线的环境下得到的典型结果。图 9.25(a)显示了在没有人体的情况下边界的情况和天线的位置。两条水平黑线表示偶极。图 9.25(b)显示了位于两个天线之间的人体，以及人体内部的电场图。通过这个模拟，就可以对实际测量的结果和 HFSS 模拟的结果进行比较了。图 9.26 给出了图 9.25 所示的两个场景下的测量结果以及 HFSS 仿真信道脉冲响应。

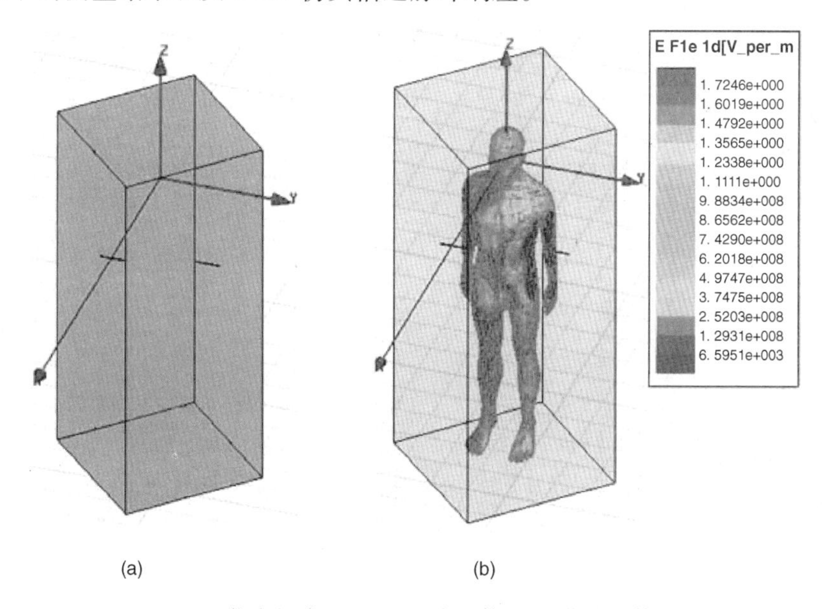

图 9.25　Ansoft HFSS TM 仿真的建立：(a) 没有人体;(b) 带有人体和电场图。两条水平黑线表示偶极天线。在[Ask11]的授权下转载。版权@ 2011, John Wiley 和 Sons

在台式机上使用 Ansoft HFSS 进行宽带仿真的话，每个场景要花几天的时间。为了减少计算时间，可以使用被广泛接受的计算平台(比如 MATLAB)来加速这个过程[Mak11]。这种方法可以成数量级地缩短计算时间，在几分钟内获得信道脉冲响应。图 9.27 显示了在[Mak11]描述的 MATLAB 上进行的人体仿真，以及[Kha11]中研究的人体内部宽带波形传输结果。HFSS 和 MATLAB 中 FDTD 仿真之间的计算差别还在于它选择了图 9.27 中计算更加友好的方形网格，而不是图 9.25 中 HFSS 使用的三角形网格。

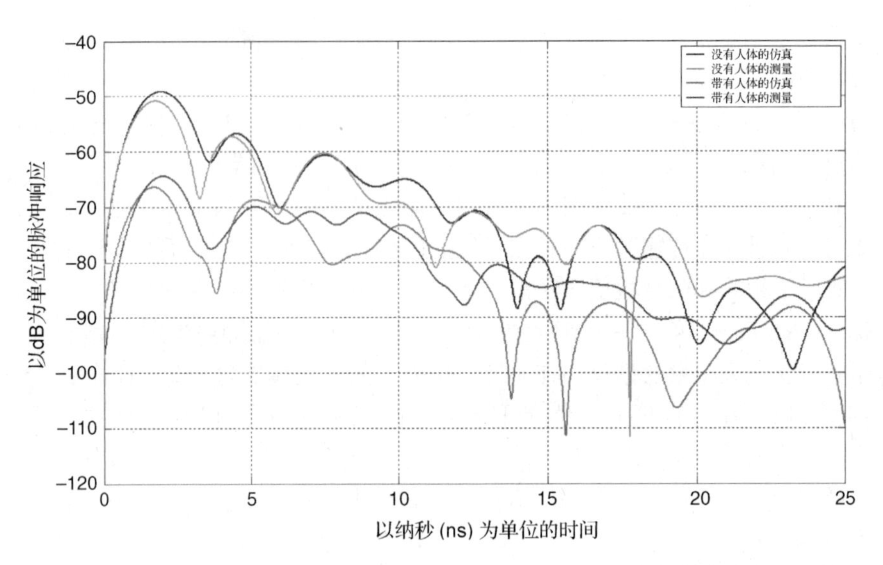

图 9.26 从 HFSS 仿真获得的脉冲响应，以及在图 9.25 两个场景中的实际测量值[Kha11]。在[Ask11]的授权下转载。版权@ 2011，John Wiley 和 Sons

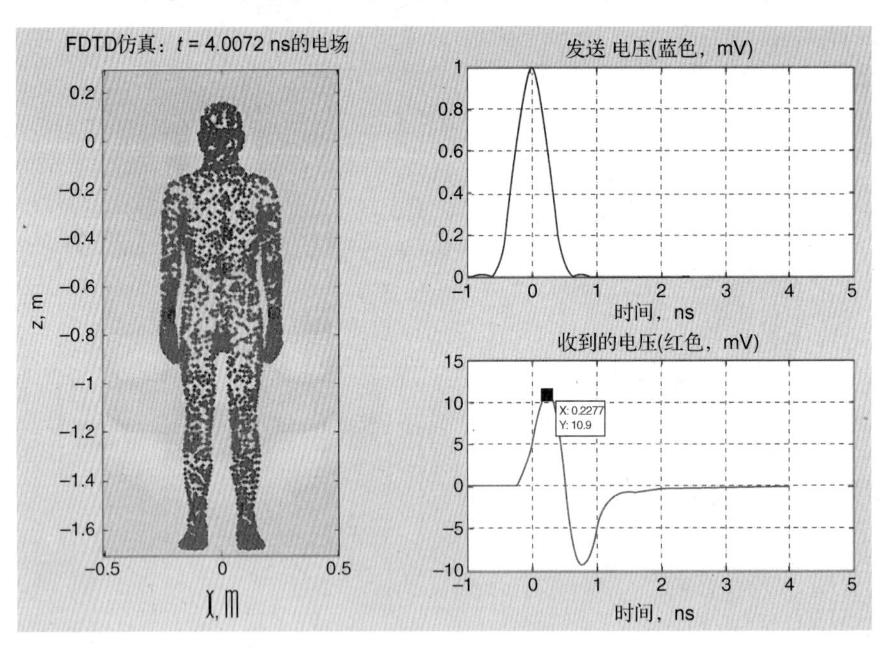

图 9.27 从使用 MATLAB 的 FDTD 仿真获得的脉冲响应[Kha11]。@ 2011 IEEE 在[Kha11]的授权下转载

人体内部的实验性测量：为了检测人体内部无线传输分析所用计算技术的准确性，可以使用假体模型。人们使用了几种不同的假体设置来测量人体内部的无线传输，并测试为体域应用设计的天线的性能。在[Joo06]中，研究人员使用了填充有组织仿真液的玻璃纤维外壳假体。仿真液是典型的糖水基体液，从移动终端进行的颅内天线传输测量也经常使用这种仿真液。在[Alo06]中，研究人员使用了类似的全身中空假体，此假体带有塑料外壳，内部为装有植入天线的动物器官，以此来塑造和仿真人体组织，以便对植入无线传输进行测量。[Soo04]使用由 TX-151、糖、盐和水构成的组织仿真材料，来验证螺旋及蛇形天线的性能结果。在[Kim04]中，研究人员使用了由去离子水、盐和纤维素制成的人体组织仿真液来验证

平面倒F形天线的性能。在[Hig07]中，研究人员将植入物置于有机玻璃假体(直径30 cm的圆柱体)内，并将信号强度作为距离的函数进行了测量。

假体的设计都有不同程度的细节。图9.28显示了一个中空躯干假体和一个具有真人骨骼和各种器官腔体的全身假体。这两种假体都是由Phantom实验室(Salem，纽约)设计的。对一般的应用来说，可以在腔体中灌注不同液体的混合物。对无线通信和定位的无线传输建模来说，要能够在人体内部已知的位置上放置天线，这样会增加设计的复杂性。理想情况下，假体躯干上应该有一个大的存取口，这样就可以将各种物品塞入假体中。图9.28的中空假体花费了数千美元，而整个假体的花费大概要比它高30倍。整个假体的制造非常复杂，但它更紧密地模仿了人体。骨头来自真正的人体，四肢都有自己的接口来填充液体。手臂和腿在肩、肘、臀和膝盖的位置都有简单的枢轴关节。

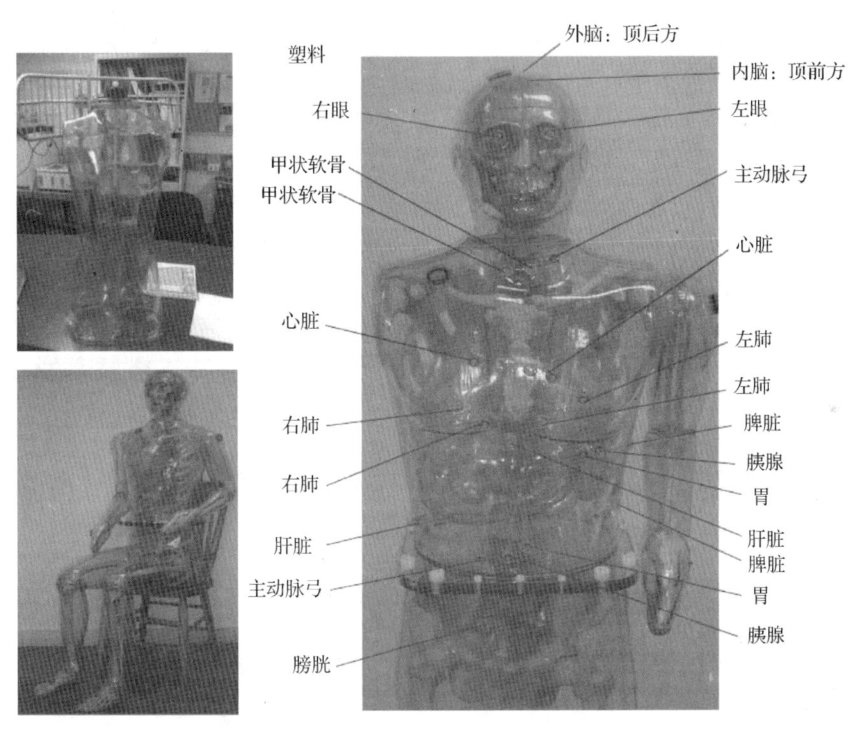

图9.28　不同的假体：(a)空心躯干假体；(b)具有人体骨骼和器官的全身假体；(c)器官细节

体表无线传输测量及建模：研究人员对人体周围无线高速BAN应用的RF传输测量进行了一些研究。[Ryc04]的作者用FDTD方法导出了400 MHz、900 MHz和2400 MHz波段的信道模型，显示了行波对人体周围传输的影响。在[For06]和[Gou08]中，作者根据3~6 GHz波段的实际测量结果，提出了一个UWB信道及路径损耗模型[Yaz07a；Min08；Saw08]。具体来说，[Yaz07a]对人体UWB天线及其传播特性的效果进行了讨论。[Min08]和[Saw08]的研究为人体到外部的信号传输进行了信道建模，并提供了这些场景的路径损耗和时延特性的测量结果。

人体的信道测量及建模：在各种频率(包括902~928 MHz和2400~2483.5 MHz ISM波段以及3.1~10.6 GHz UWB频率)上为体表到体表以及体表到外部天线进行了体表测量活动[Yaz10]。

体表装载的传感器的信道管理及建模被分为人体到人体的实验和人体到外部的实验，这些实验又被进一步划分为通视(LOS，Line of Sight)和不可通视(NLOS，Non-LOS)场景。在通视场景中，发送器和接收器之间有一条直接的无阻碍路径。在不可通视场景中，人体阻碍了信号在发射器和接收器之间直连路径上的传输。图 9.29 显示了在通视以及有人体阻隔的不可通视情况下，体表到体表和体表到外部的四种测量实验结果。在通视实验中，我们可以清楚地看到直接路径，这也是信号最强的路径。在不可通视实验中，直接路径不是最强路径，整个信道脉冲响应有着明显不同的行为模式。多径配置的显著不同说明了为这些场景和应用分别建立通视和不可通视信道模型的必要性。

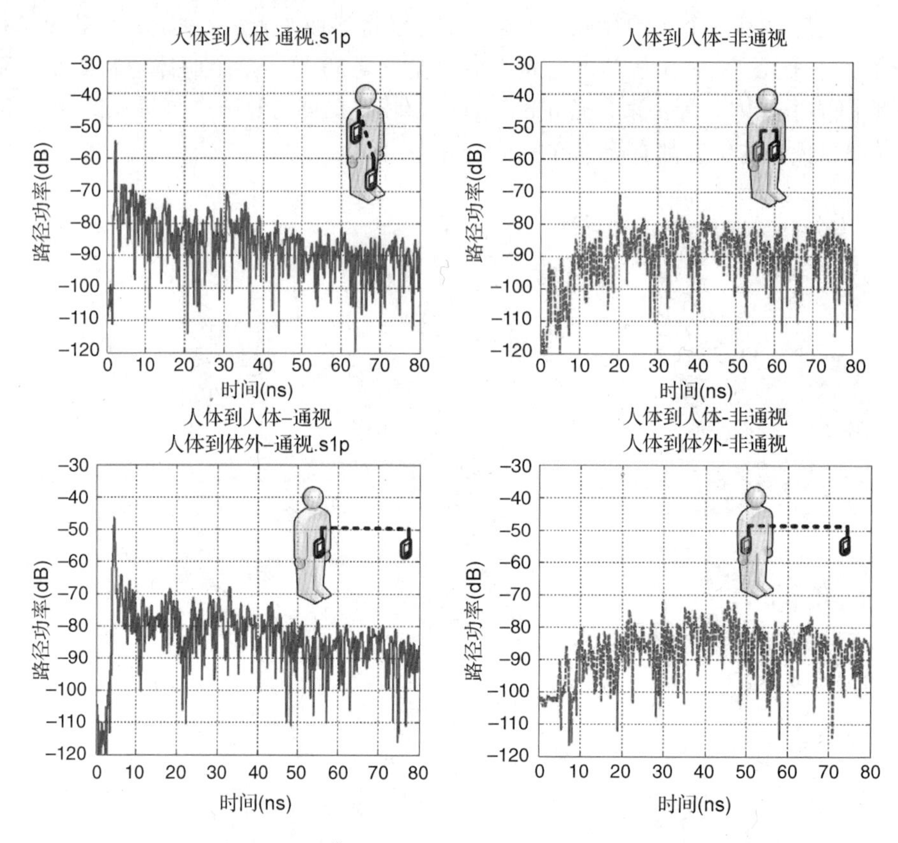

图 9.29 人体 4 个不同应用场景的信道脉冲响应

在图 9.29 中，如果在对路径建模时假定路径穿越了人体，通过实验测量，就可以用射线追踪算法对经墙壁反射的其他路径进行建模，为外部 BAN 应用的无线传输建立一个复合模型。图 9.30 显示了这种方法背后的总体思路。射线追踪为传输分析提供了一种射线光学近似，在不太适合将 FDTD 作为传输分析解决方案的较大区域中可以使用这种方法。射线光学方式的优点是使我们可以用更紧凑的方案来解释路径到达的行为[Ali02]。

9.4.4 物理层和 MAC 层

BAN 的物理层和 MAC 层设计在很大程度上与应用有关。例如，对心跳的持续监视可能需要一条到因特网的实时低速链路，而内窥镜胶囊诊断每秒几张照片的传输可能需要使用强大差错控制编码的可靠低功耗传输，但对数据的处理可以在数据收集之后进行。当然，对所有的 BAN 应用来说，原则上都需要节能的调制和媒体接入控制方法，很多研究人员都在研究这些问题。很重要的基本问题还包括人体内部对象的定位，以及适用于人体应用的定位方法的发掘。这是一个正在不断获得前进动力的新兴研究领域。

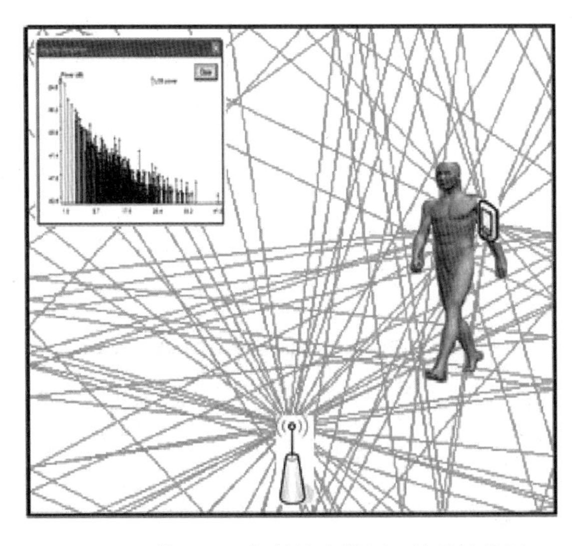

图 9.30　使用了几何射线光学原理的传输分析

思考题

1. 什么是 IEEE 802.15？它和蓝牙、ZigBee 以及 BAN 技术有什么关系？

2. IEEE 802.15 设备规范和 IEEE 802.11 WLAN 设备的设备规范有什么区别？

3. 说明蓝牙终端可以处于哪四种状态，并解释这些状态之间的区别。

4. 给出最初考虑使用蓝牙技术的 3 类应用，并说明哪些与 802.11 WLAN 技术类似。

5. IEEE 802.11 使用的 FHSS 传输方案和蓝牙使用的传输方案在数据速率、调制技术、可用跳频、跳频速率，以及跳频的数量和模式等方面有什么相似和不同之处？

6. 802.11 和 802.15 给出的 ad hoc 连网解决方案之间有什么区别？

7. IEEE 802.15.4 中的全功能设备和精简功能设备之间有何区别？

8. IEEE 802.15.4 的信道页面和信道号之间有何区别？

9. 基于 IEEE 802.15.4 的传感器网络中星形拓扑和集群树形拓扑结构之间有何区别？

10. 蓝牙和 IEEE 802.11 FHSS 的帧格式和 MAC 协议有何区别？

11. 蓝牙支持多少种不同的语音业务？它们之间是如何区分的？

12. 蓝牙支持多少种不同的对称及非对称数据业务？

13. 蓝牙支持的最大非对称分组数据速率是多少？它每跳使用多少个时隙？反向信道的相关数据速率是多少？

14. 将蓝牙的首部和接入码与基于 IEEE 802.11FHSS 的 PLCP 首部进行比较。

15. 蓝牙中寻呼和查询算法的实现有何不同？

16. ZigBee 和 IEEE 802.11 DSSS 的帧格式和 MAC 协议有何区别？

17. 蓝牙和 ZigBee 所支持的数据速率、分组格式和 MAC 层有什么本质区别？

18. IEEE 802.11 协议栈和 IEEE 802.15.4 协议栈有何区别？

19. 什么是 BAN？哪个标准化活动对其进行了规范？这种技术支持的典型应用有哪些？

20. 人体内部的无线传输分析使用了哪些计算方法？

习题

习题 9.1

画出在蓝牙上实现电子邮件应用所需的完整协议栈，并对其进行解释。

习题 9.2

假设蓝牙中的编码语音在每个方向的传输速率都是 64 kbps。

a. 使用 HV1 信道的分组格式，说明这些分组每六个时隙发送一次。
b. 使用 HV2 信道的分组格式，计算这些分组的发送频率。
c. 为 HV3 分组重复(b)。

习题 9.3

a. 蓝牙中的跳频速率是多少？在每个单时隙分组传输中发送了多少比特？
b. 如果蓝牙的 HV3 语音分组的每一帧都承载了 80 比特的语音样本，分组传输的效率(开销与整个分组长度之比)是多少？
c. 确定要以什么频率发送 HV3 分组才能在每个方向上支持 64 kbps 的语音。
d. DH5 分组为每个 5 时隙分组承载了 2712 比特。确定这种情况下每个方向上的有效数据速率。

习题 9.4

对蓝牙支持的所有其他数据速率(参见表 9.1)重复计算例 9.7 和例 9.8。

第 10 章　千兆无线技术

10.1　简介

通信网络已经发展到为手机、电脑和消费电子设备提供无处不在的连接。无线网络技术已经发展到可采用无线接入连接这些设备。在第 8 章已经讨论过，在过去的 30 年里，WLAN 产业发展为支持家庭网络和热点覆盖，并最终被智能手机行业所采纳，智能手机行业为芯片组以每年数十亿片的规模销售打开了市场。随着移动计算机和智能手机的速度和内存增加，对无线接入的数据率需求从传统的 IEEE 802.11 支持的 1 ~ 2 Mbps 量级到由 802.11n 支持的几百 Mbps 量级。在第 9 章已经讨论过，在过去 10 年里，出现了其他两种无线技术，作为现在流行和一直增长的 WLAN 产业的补充。第一种无线技术是低功率的 WPAN 无线网络，诸如蓝牙和 ZigBee，它是为 ad hoc 传感器网络设计的。这些技术是第 9 章的核心。第二种是个人区域网络和设备，包括了更多的最新技术，作为 WLAN 的补充已经达到了超高的数据率，目前这种技术已经出现，可服务于需要超高速无线连接的多媒体应用。在本章中我们讨论这样的网络，通常称它们为“千兆无线”网络。

在本书写作之时，超高速度的 WPAN 产业并不像低功率 WPAN 产业那样已形成并很成熟。超高速度的 WPAN 产业正在经历发展阶段，投资者们期望在近期会出现一个很大的市场。然而，从事这个产业的研究和发展的人认为，这个产业将服务于很多应用，包括高清晰视频流，无线千兆以太网，无线中转站，无线显示，桌面点到多点连接，无线回程和无线 ad hoc 网络[Guo07; Dan10; Per10; Kum11]等。对于 3G 移动数据系统(参见第 12 章)的最大数据率是 2 ~ 10 Mbps，而 WLAN 行业正在销售含有最新 802.11n 技术的100 Mbps以上速率的系统。无线移动数据服务提供类似于蜂窝网络的广泛覆盖，而 WLAN 则给本地应用提供 100 m 左右的覆盖范围。对于超高速的 WPAN 系统的候选技术，其目标在至少数百 Mbps 到若干 Gbps 数据率，室内覆盖范围达到 10 m。

本章的目标在于提供对这个产业发展的概述，并提供这些网络的设计和工作过程的基本原理的详细示例。这个超高速的 WPAN 产业有两个发展策略。这个领域的第一个发展策略以超宽带(UWB)技术形式出现，其结果是导致了在 3.1 ~ 10.6 GHz 无需授权频段中出现了多种替代实现技术，我们将以这些详细设计作为示例讲解。第二个发展策略开始得更晚，它是以毫米波(mmWave)60 GHz 无需授权带宽的开放使用开始，其相关工作还在进展中，我们对其做一概述。

10.1.1　3.1 ~ 10.6 GHz 的超宽带(UWB)组网

20 世纪 90 年代末到 21 世纪初，在商业和军事两个应用中，超宽带(UWB)通信作为短距离无线 ad hoc 网络的发送方式开始引人注目。用于 UWB 通信的第一个技术称为脉冲无线电[Win00]，这个技术基于直接基带脉冲发送而未采用载波调制。脉冲无线电的主要优点之一是实现周期性的窄脉冲发送具备可行性，它的功率消耗很低。正由于这种低功耗特征，如同

第3章所述，脉冲传输技术在设计远程控制设备时应用也很普遍，尽管大部分应用采用红外线而不是无线电作为传输信号。

自从20世纪50年代开始，脉冲传输就已经用于军事雷达应用中[Tay01]，而在通信应用上的第一个专利则发布于1973年[Ros73；Gha03a，b]。在军事应用领域对UWB的新一波感兴趣浪潮开始于DARPA项目，诸如BodyLAN(体域网)工程和小单元作战-态势感知系统(SUO/SAS)。在这些项目中需要低功率小尺寸的无线技术，以支持宽带多速率的无线通信，同时具备室内室外区域精确定位能力。而在这些地方，采用GPS的传统定位技术其性能无法令用户满意。

正如第9章所述，在1997年IEEE 802.15 WPAN标准委员会开始定义人体局域网(BodyLAN)的规范，并最终将蓝牙接纳为其标准规范(802.15.1b)。也是这个标准组织，在其IEEE 802.15.3a的分委员会里考虑了超宽带(UWB)的解决方案。这个委员会关注于定义工作在3.1~10.6 GHz的无需授权频段的WPAN的标准规范，而3.1~10.6 GHz这段频率是2002年由FCC开放给公众的。

要理解超宽带这个术语，我们可以快速回顾一下不同时期所采用的各种无线技术所占用的带宽。第一代(1G)模拟蜂窝系统至多占用30 kHz，每个通信方向占用的总带宽大约为25 MHz，由两家服务提供商分用。第二代(2G)数字蜂窝系统所占用的带宽通常与第一代(1G)的带宽相同，只是额外增加几十兆赫兹(MHz)的频谱用于分配给PCS频带，这个PCS频带由网络管理员使用，以支持2G技术。商业化比较成功的GSMTDMA系统其每个子载波占用200 kHz，而第二代cdmaOne系统其每个子载波占用1.25 MHz。第三代(3G)数字蜂窝系统其每个射频(RF)子载波占用带宽不超过5 MHz，可用总带宽大约在100 MHz的量级。相比之下，IEEE 802.11 WLAN的每个载波占用最大带宽为26 MHz，最大可用总带宽在5 GHz区域的几百兆赫兹(MHz)范围内。我们将这些带宽与UWB系统的带宽相比较，UWB系统的规范表明了带宽在吉赫兹(GHz)量级，并且可用总带宽大约在几吉赫兹(GHz)左右。图10.1显示了蜂窝、PCS、WLAN和UWB系统的相对带宽。蜂窝和PCS系统有更高的功率谱密度，占用相对更小的带宽，而WLAN有更大的分配带宽并且具有比蜂窝系统更小的功率谱密度，UWB系统比WLAN具有更大的带宽(一个量级以上)和最低的功率谱密度。

图10.2给出了FCC规定的可供无需授权UWB通信的频谱遮罩示意图。图10.2也指明了IEEE 802.15.3a建议所考虑的频谱。最初申请是用于UWB的频段覆盖整个频谱，并且完全采用脉冲无线电技术。然而，在经过多次有关对其他低功率设备(特别是GPS接收机)造成干扰的争论后，FCC决定指定这一频谱遮罩，从而减少了在0.96~3.1 GHz之间的辐射干扰。通过这种方式实现与已有的流行系统的无害共存。

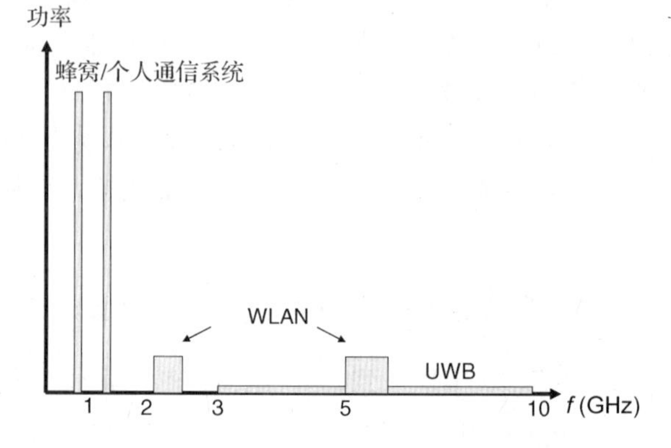

图10.1 蜂窝网、PCS、WLAN、UWB可提供的相对功率限制和带宽

就标准化过程而言，在2003年，IEEE 802.15.3小组完成了速率分别为11 Mbps和55 Mbps的初步标准。IEEE 802.15.3a的目标是使用UWB技术将这

个数据率提高到几百 Mbps 量级和提高到 Gbps 量级(这比速率为 11 Mbps 的 802.11b 高一个量级以上)。在 IEEE 802.15.3a 标准小组中，采用了几个选项来评估 UWB 通信，其中包括早期的脉冲无线电技术，以及直接序列(DS-UWB)和多频带的 OFDM 系统(MB-OFDM)。这一标准的势头后来逐步减弱，最终在 2006 年 1 月消失。然而，该委员会的技术成就具有较强的教学价值，它考虑了其他替代技术来实现超高速的 WPAN 的无线传输，来达到“千兆无线”的目标。关于 UWB 通信的更多细节可以参见文献[Gha04; Opp04]，以及这些文献里引用的其他文献。

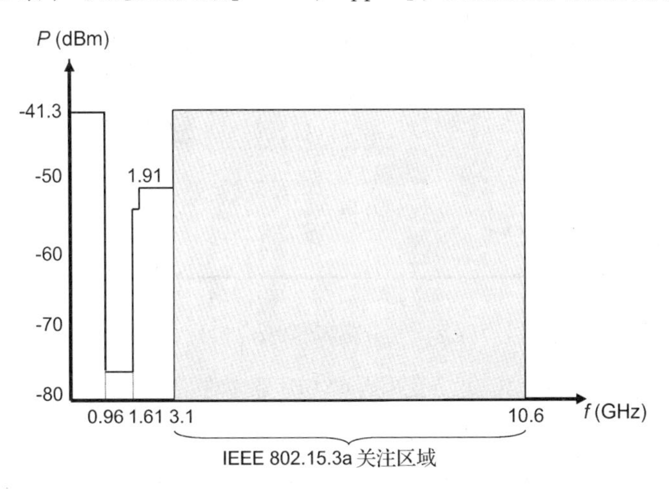

图 10.2　供无须授权 UWB 通信的 FCC 频谱遮罩

10.1.2　60 GHz 的千兆无线技术

2001 年，FCC 开放了 57 ~ 66 Hz 的无须授权频段，这个频带并不是在任何地方都可以使用的，而在绝大部分国家中部分可用。通常将它称为 60 GHz 频段。后来，该频谱的开放开启了千兆无线应用的另一波活动。这个研究发展领域的社会团体认为，毫米波(mmWave)相对于 UWB 技术有若干个优点。相对于不同国家，UWB 的监管规则不同。对室内和室外的应用而使用不同频带的规则，或者当该设备对这些频段的其他服务产生干扰时它必须做出的反应规则，在不同的国家各不相同。正如前面所述，UWB 的频谱与流行应用相重叠，流行应用诸如工作频率为 5.2 GHz 的 WLAN(参见图 10.1)，导致了工作在这些频带的应用互相干扰。为了让多子载波可以同时工作，这些限制让整个频带的信道划分成更窄的频带，这样更窄的频带限制了可达到的最高数据率，同时也限制了 802.11n 的可达到的最高数据率。

图 10.3 给出了世界上主要工业国家可用的 60 GHz 毫米波的波谱[Wig10]。毫米波谱提供了在 60 GHz 频段的连续 7 GHz 带宽，从而克服了 UWB 信道化的困难。另外，把工作频率提高到 60 GHz 即可包括室内信号，这样可以设计更小的方向天线阵列来满足更安全和更少干扰的环境，这对于很多应用是很有用的。由于这些特点，在过去几年形成了很多标准化联盟，其目的是寻找并实现 60 GHz 毫米频带的技术。这些标准化联盟中比较好的例子是 IEEE 802.15.3c 小组和 IEEE 802.11ad 小组。IEEE 802.15.3c 小组是在 WPAN 研究群体中涌现出来的[IEEE09]，而 IEEE 802.11ad 小组则是从 WLAN 研究群体中涌现出来的[Per10]。

802.15.3c 的形成是为了定义另一种 60 GHz 毫米波的物理层替代方案，以弥补于 2003 年发布的 802.15.3 WPAN 标准。802.15.3c 小组形成于 2005 年 3 月，并在 2009 年 9 月为该信道定义了新的 MAC 层和物理层[IEEE09]。该技术有望与其他的 WPAN 技术共存，并支持高清晰视频流和速率超过 2 Gbps 的其他流应用。IEEE 802.11ad 小组建立于传统的 IEEE 802.11 的商业成功之上，预计很快将完成标准[Per10]。

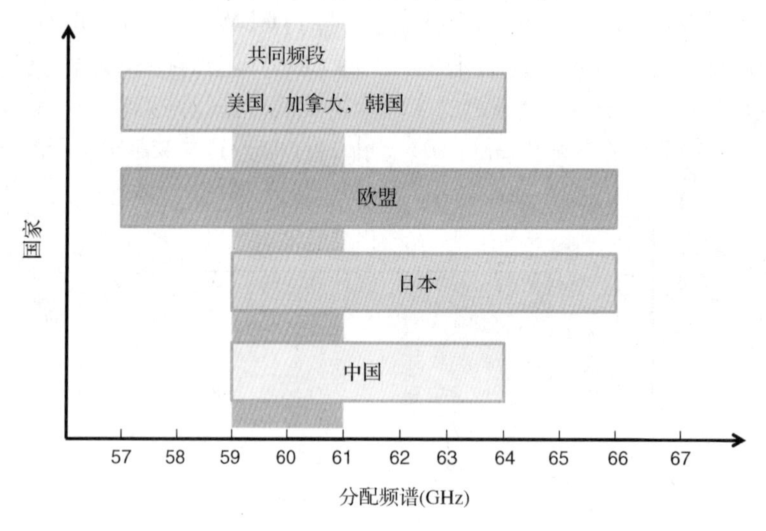

图 10.3　世界范围内 60 GHz 频谱的可用情况

10.2　3.1 ~10.6 GHz 的 UWB 通信技术

“千兆无线”的思想首次产生来源于超带宽(UWB)通信网络和 IEEE 802.15.3a 研究群体。这一研究群体探索了 UWB 信道的特征，评估了 UWB 通信的其他替代技术，并与 FCC 讨论解决了这些系统的无需授权频带使用规则问题。在此努力之后，他们定义了 3 个主要传输技术：脉冲无线电、直接序列 UWB 和多载波 OFDM。他们开发了 UWB 信道模型，目的是研究3.1 ~10.6 GHz UWB 无线频谱的覆盖范围以及描述3.1 ~10.6 GHz UWB 无线频谱的多径到达特征。在这里，我们提供这些方法的概述，还有首次被考虑应用于短距离通信的系统案例。这章的最后一节，我们讨论在 UWB 和毫米波谱中为了测试这些系统的性能而设计的信道模型。

与扩频信号类似，UWB 信号可以通过设计实现与已有的其他无线系统共存。由于 UWB 系统的带宽比扩频系统的带宽更大，所以它可以很容易地覆盖现有系统，而不给现有系统带来不可忍受的干扰。同时，由于带宽超宽，UWB 系统的功率谱密度很低，可以覆盖很多含有不同传输要求的已有系统。我们在第 2 章讨论过，信道衰落是在不同路径上接收信号产生的重叠引起的。由于它是超宽带，UWB 信号隔离了多径分量，导致了稳定的接收信号功率，以及削弱的快衰落效应。UWB 系统使用吉赫兹(GHz)量级的带宽，允许实现千兆无线传输和更精确的定位。这两个特点被认为是支持视频游戏和家庭娱乐产业，以及城市巷战和应急响应等军事应用的关键。

10.2.1　脉冲无线电和跳时接入

正如我们前面提到的，对 UWB 通信感兴趣开始于脉冲无线传输的思想。通过这项技术，持续时间短(几十纳秒的量级)和功耗低(高功率持续周期在几百纳秒左右)的脉冲用于信息传输。这一脉冲很明显占用很大的带宽(几 GHz)，这正是称为 UWB 的原因所在。UWB 信号的频谱高度非常低，原因是发送功率低可以进一步覆盖更大的带宽。

脉冲形状和天线：脉冲无线 UWB 的信号发送器的实现不包括调制，如果精心设计的话，发送器可以比传统的窄带宽或宽带扩谱系统更简单。脉冲无线电 UWB 的设计者选择如下发送波形：(1)高带宽和高的信号处理增益，对已有系统的干扰可忽略；(2)相对于背景噪声的频谱更高，目的是 FCC 让它与已有的系统共存；(3)实现相对简单；(4)看起来像无直流分量的带通信号的频谱。

例 10.1　脉冲无线电超宽带脉冲形状

时域公司 (Time Domain Corporation)是专业从事设计脉冲无线电 UWB 系统[TDC13]的领先公司之一。该公司开发的最早的系统使用单周期脉冲，其数学描述为：

$$v(t) = 6A\sqrt{\frac{e\pi}{3}}\frac{t}{\tau}e^{-6\pi\left(\frac{t}{\tau}\right)^2} \tag{10.1}$$

其中，A 表示脉冲的峰值幅度，τ 是确定脉冲宽度的常数，t 是时间变量。单脉冲的频谱在频域上表示为：

$$v(f) = -j\frac{2f}{3f_c^2}\sqrt{\frac{e\pi}{2}}e^{\frac{\pi}{6}\left(\frac{f}{f_C}\right)^2} \tag{10.2}$$

其中 $f_c = 1/\tau$ 是脉冲的中心频率。图 10.4(a)显示了 $\tau = 0.5$ ns 时在中心频率 $f_c = 2$ GHz 的典型脉冲图。脉冲的半功率(3 dB)带宽占用 2 GHz，如图 10.4(b)所示，脉冲周期性发送，信息编码于脉冲的位置，从而实现了脉冲位置调制系统。图 10.5(c)和图 10.5(d)表明脉冲重复以及对信号频谱的影响。用于这个实现的典型脉冲宽度是在 0.2 ns 和 1.5 ns，在连续脉冲之间的时间间隔在 25 ~ 100 ns 的范围[TDC13]。

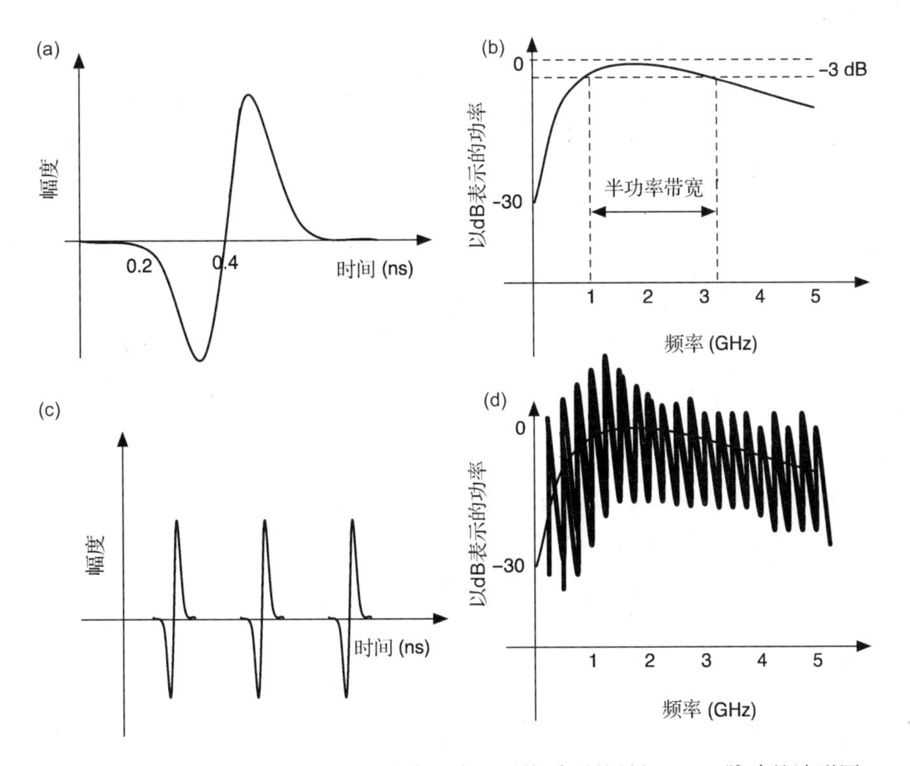

图 10.4　(a) 由 TDC 设计的最早脉冲无线电系统采用的最初 UWB 脉冲的波形图；(b)脉冲频谱图；(c)脉冲的重复；(d)重复脉冲产生频谱尖峰图

UWB系统设计的挑战之一是天线的选择，特别地，这是对早期脉冲无线电系统更大的挑战。UWB系统覆盖频谱范围从比较低的频率到几个吉赫兹(GHz)。为这些频带设计天线需要对宽频谱有平坦响应并且必须是紧凑的。由于这些条件难以维持，所以用于脉冲无线电传输的天线实际上改变了传输脉冲的形状。

例10.2 脉冲无线电脉冲形状和天线

例10.1介绍的脉冲形状实际上是接收脉冲形状。图10.5的左图给出了实际的发送脉冲。当脉冲施加于领结天线时，脉冲传播就会曲折，接收信号发生变化，如图10.5的右图所示。天线此时的行为等同于过滤器，甚至在自由空间中，脉冲随着发送器天线的波形辐射产生分化，并由接收器天线吸收[Win98]。

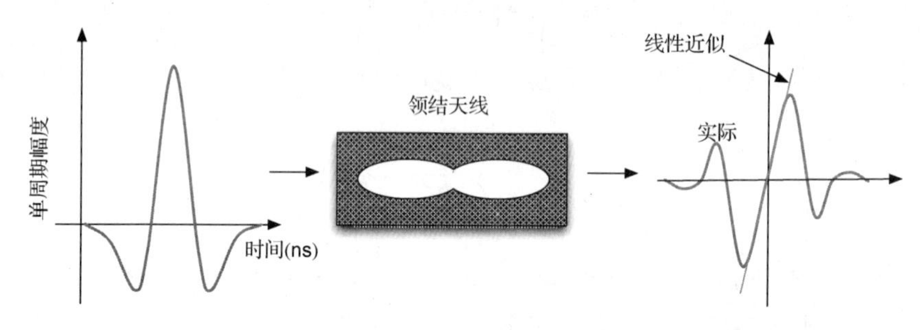

图10.5 通过领结天线对的脉冲传输，并在接收器前端观察产生的波形图，参见文献[Win98]

跳时扩频传输：脉冲位置调制(PPM)的脉冲无线的方案是结合跳时扩频传输媒体接入控制器来支持多用户环境。图10.6阐述了这个传输技术的工作过程。基本发送波形 $w_{tr}(t)$ 每 T_f 秒重复一次。每个周期分成更短的时隙 N_h，它被称为码片时间 T_c，其中 $N_h T_c \leq T_f$。长度为 N_s 的随机数产生器产生PN序列 $\{c_j^k\}$，它用于确定时延 $c_j^k T_c$ 与这个周期脉冲位置的关系。d 的附加偏移要么在正方向，要么在负方向(按照传输信息比特)，它导致脉冲放置时间提前或推迟一个随机时延，其长度由 $c_j^k T_c$ 确定。

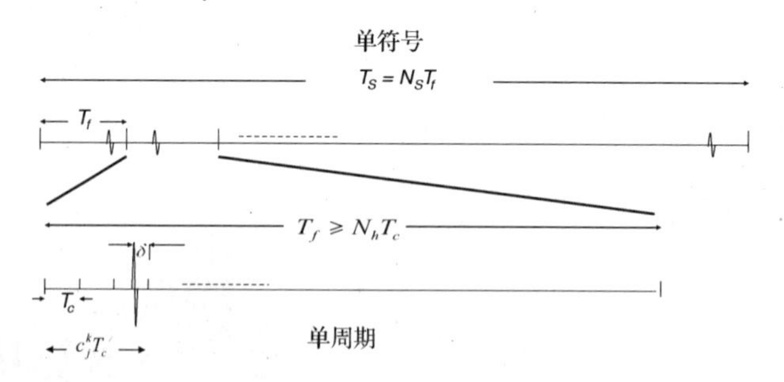

图10.6 跳时脉冲无线电系统的传输格式。发送符号、符号周期、码片时间、在一个周期内脉冲位置之间的关系。关于这些图以及进一步实验结果的更多信息，请参见文献[Win00]

传输信息比特的方式如图10.6所示，周期数为 N_s，每个周期都会发送PN序列 $\{c_j^k\}$ 里的新随机数。因此，第 k 个用户的传输信号表示为：

$$x_{tr}^k(t^k) = \sum_{j=-\infty}^{\infty} w_{tr}(t^k - jT_f - c_j^k T_c - \delta d_{\lfloor j/N_s \rfloor}^k \tag{10.3}$$

其中，$d_j = \{0,1\}$ 是信息在 N_s 周期中保持不变的信息数字。由于每 $N_s T_f$ 秒传输一位，所以数据率为 $R_s = 1/N_s T_f$ (bps)。

例 10.3　跳时系统的数据率

典型值为：$T_f = 100$ ns，$N_s = 500$，数据率 $R_s = 20$ kbps 最大码片持续时间 $T_c = 0.2$ ns 时我们可以得到 $\delta = 0.1$ ns。

图 10.7 表明直接序列扩频（宽带更窄）和上述 UWB 跳时扩频系统之间的区别。直接序列扩频系统把它分成更小持续时间的码片，因此具有相同发送功率和数据率时，UWB 会有更低的功率谱密度，带宽扩展等于直接序列扩频系统的增益。就 UWB 跳时扩频脉冲无线电系统而言，传输脉冲占用了码片的一小部分，从而导致带宽进一步扩展，因此减少了功率谱密度。

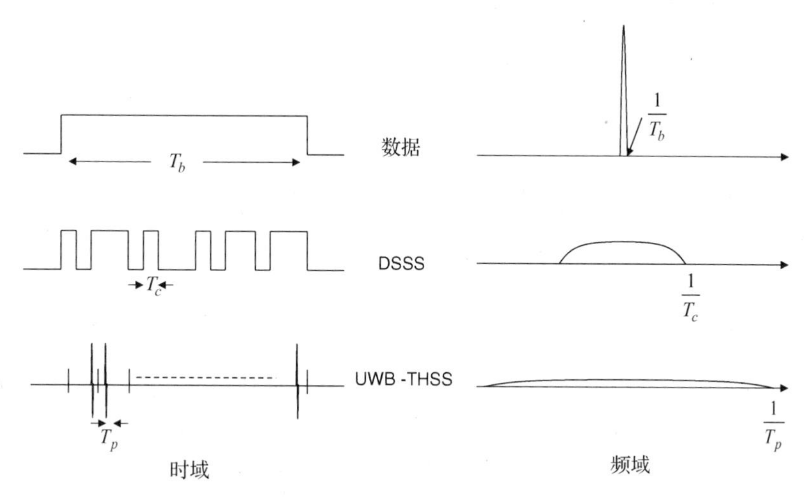

图 10.7　比较窄带数据、DSSS、UWB-THSS 的时间特性和频率特性

10.2.2　直接序列 UWB

在脉冲无线电的实际工作中，UWB 脉冲会干扰到许多已存在的系统，包括蜂窝系统、WLAN、GPS 等[Ham02]。其中，工作在具有较低信号强度地域的 GPS 接收机极其容易被 UWB 干扰。鉴于对以上方面的考虑，2003 年 FCC 决定授权 UWB 设备的工作频段为如图 10.1 给出的模板，该决定使得人们的注意力从 IEEE 802.15.3a UWB 标准化活动转向了 3.1 ~ 10.6 GHz频段。随后，如图 10.5 所示使用低频带的脉冲无线电失去了标准化委员会的支持。2003 年，在 FCC 确定超宽带频段之后，标准委员会提出了两个主流的 802.15 提案，分别是直接序列超宽带（DS-UWB）方案和多频带正交频分复用（MB-OFDM）方案。这一节的剩余部分主要讲述 DS-UWB 技术，MB-OFDM 技术将在下一节中讲述。WPAN 产业中基本的小区覆盖指的是大约 10 m 覆盖范围的微微蜂窝小区，而在该范围内工作的网络被称为微微网。不同的 WPAN 技术支持不同数量的重叠微微网。例如，IEEE 802.15.1 工作组提出的第一个 WPAN 标准，也就是蓝牙，它支持 7 个重叠的微微网。新的 UWB 提案考虑多频段和 MAC 的结合，以支持更大数量的重叠微微网。

物理层和 M-BOK：直接序列超宽带（DS-UWB）系统使用直接序列扩频（DSSS）技术，20 世纪 90 年代末该技术被3G 蜂窝网络物理层选用。在脉冲传输中，可以利用脉冲的双极性，加上无传输信号来生成一种含三元符号的传输技术。如图 10.8 所示，在 DS-UWB 系统中，3.1 ~ 10.6 GHz 的频段被划分为两个频带，低频带占据 3.1 ~ 4.9 GHz 的频谱，高频带占据 6.2 ~ 9.7 GHz 的频谱。其中，高频带的带宽是低频带的两倍，导致了高频带具有更短的时域脉冲，可以支持更高的符号传输速率。为了避免与工作在 5 GHz 频段的 IEEE 802.11a 设备之间产生干扰，4.9 ~6.1 GHz之间的频谱被有意忽略了。DS-UWB 系统中的每一个微微网可以在上述提到的两个频带中工作，工作在同一个频带中的多个微微网可以采用三元多进制双正交键控(M-BOK)扩频码，通过码分复用(参见第 12 章蜂巢 CDMA 的讨论)方式进行分离[Mac03]。

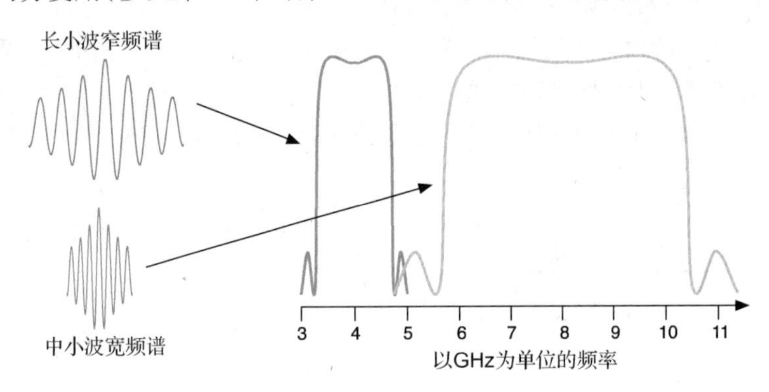

图 10.8　两个不同脉冲用于 DS-UWB 建议的频谱图。实际时域和频域响应参见[Koh04]

例 10.4　*M*-BOK 数据编码

表 10.1 给出了由 IEEE 802.15.3a 提出的 DS-UWB 系统长度为 24 的 *M*-BOK 三元码，每一个码片可以取 3 个值：{ -1，0，1}。对于 $M=2$，第一行及其反向，也就是每个码片翻转，可以形成 2 个码元，每一位输入信息可以映射为两个符号中的其中之一；对于 $M=4$，前两行及其反向可以形成 4 个码元，输入信息被分成多个 2 比特组，每组可分别使用 4 个码元中的一个来映射；对于 $M=8$，表中的 4 行及其反向组成 8-BOK 码，输入信息被分成多个 3 比特组，每组可以映射为某一个 8-BOK 码。

表 10.1　码长为 24 的 *M*-BOK 三元码($M=2$，4，8)

2-BOK 使用第一行码	-1 1 -1 -1 1 -1 -1 1 -1 0 -1 0 -1 -1 1 1 1 -1 1 1 1 -1 -1 -1
4-BOK 使用第一和第二行码	0 -1 -1 0 1 -1 -1 1 -1 -1 1 1 1 1 -1 -1 1 -1 1 -1 1 1 1 1
8-BOK 使用 1,2,3,4 行码	-1 -1 -1 -1 1 -1 1 -1 1 -1 -1 1 -1 -1 1 -1 -1 1 1 0 -1 0 1 1
1,2,3,4	0 -1 1 1 1 -1 -1 -1 -1 -1 -1 -1 1 -1 1 -1 0 1 -1 1 1 -1 -1 1

M-BOK 码在系统中起两个作用：作为一个扩频码来区分属于不同微微网的用户，并在每个微微网作为一个 *M* 进制正交的编码技术来提高性能。与用于 cdmaOne 的沃尔什码(见第 12 章描述)相比，沃尔什码用于在前向通道来区分用户，而在后向通道使用 *M* 进制正交来改进性能。由 IEEE 802.15.3a 提出的 *M*-BOK 系统起两个作用：编码和调制。脉冲无线电解决方案里选择 *M*-BOK 方案来实现脉冲位置调制的原因是它的性能更好，对于多速率和多信道操作更灵活。由 IEEE 802.15.3a 提出的 *M*-BOK 系统长度为 24 和 32，多达 64 个元素的数组来实现不同数据率。

图 10.9 提供了用于脉冲无线电的脉冲位置调制(PPM)和不同 *M*-BOK 码型的性能比较，与前一个例子所提出的性能相类似[Siw04]。对于低误码率，2-BOK 比 PPM 大 3 dB，随着我们增加一倍的符号数，要求每比特信噪比减少大约 1 dB。这个可以表明随着 *M* 趋近于无穷，*M*-BOK达到香农极限。在实际情况下，我们必须保持相同的符号传输速率。增加 *M* 值就会增加系统的数据率，但是需要更高的每符号信噪比。这种方式与其他多速率无线数据网络类似，随着发送器与接收器的距离减少，信号强度增加，我们可以使用更大的符号速率来达到更高数据率。

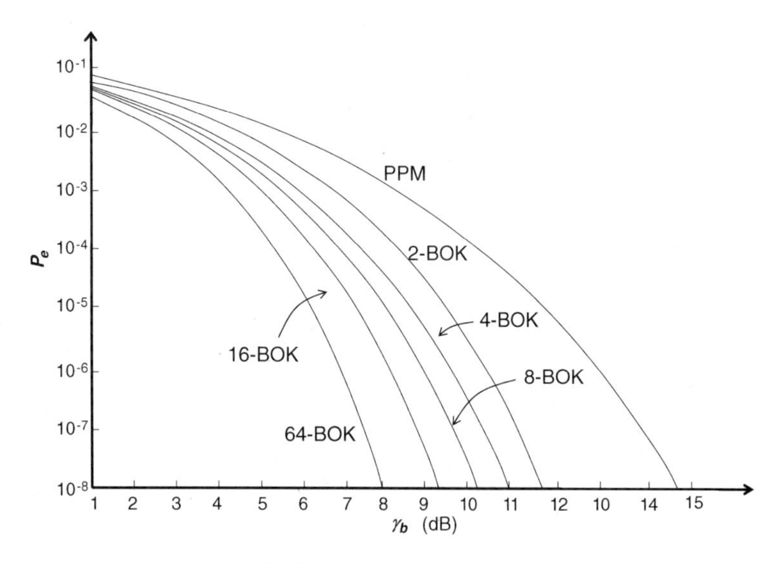

图 10.9　AWGN 信道上不同 *M*-BOK 码型与 PPM 的性能。与这些图相关的更进一步实验结果请参见[Koh04]

在 IEEE 802.15.3a 的 DS-UWB 方案中，可以通过改变处理增益以及 *M*-BOK 编码和调制技术，以改变不同 *M* 值的方式获得不同的数据率。然而，具有较高处理增益的低数据速率可以覆盖更大的区域。在高、低频带下的码片速率分别是 2.736 Gcps 和 1.368 Gcps。对于低频带下扩频因子为 24 或 32 的基本码元，传输速率可表示为 1.368(Gcps)/24(chips) = 57 MSps，1.368(Gcps)/32(chips) = 42.75 MSps。与之相类似，高频带支持两个基本数据速率，分别是 114 MSps 和 85.5 MSps。不同的数据速率可以由这些基本速率和 3 种不同的编码方式来产生。第一种编码是码率 $r = 0.50$ 的卷积编码，第二种编码是码率 $r = 0.87$ 的(55, 63)RS 编码，第三种是既具有 1/2 卷积码又含有(55, 63)RS 编码的级联码，其最终码率 $r = 0.44$。这个标准也允许 BPSK 与 QPSK 调制在这个频带传输。这个功能允许进一步支持数据率的多样化。表 10.2 提供 DS-UWB 可达到的数据率汇总，DS-UWB 方案通过编码和调制的不同结合来支持数据率达到或接近于 1 Gbps [Koh04]。

表 10.2　DS-UWB 支持不同的数据率[Koh04]

信息数据率(Mbps)	调制策略	符号速率	是否四相	码率 r
25	2-BOK	57	否	0.44
50	2-BOK	114	否	0.44
114	4-BOK	114	否	0.5
112	8-BOK	85.5	否	0.44
200	4-BOK	114	是	0.44
224	64-BOK	85.5	否	0.44
450	64-BOK	85.5	是	0.44
900	64-BOK	85.5	是	0.87

例 10.5　DS-UWB 中的数据速率计算

对于表 10.2 中给出的 25 Mbps 速率，我们采用两种码型 0、1 来表示比特，并采用 BPSK 调制(无四相相移)。因此，星图中的每一点可以通过一个比特来识别，未经编码的数据传输速率是 57 Mbps，与码元传输速率相同。编码之后的数据速率可以表示为 57 Mbps × 0.44 =

25 Mbps。对于 200 Mbps 的传输速率，有 4 种码元，每个码元 2 比特。由于引入 QPSK 调制，每个码元额外添加 2 比特。因此，总体上来说每个码元有 4 比特。如果符号速率为 114 MSps，编码率 $R=0.44$，则有

$$114\ \text{Msps}\times 4\ \text{bps}\times 0.44=200.64\ \text{Mbps}$$

使用频率、时间、编码方式的媒体接入： 工程师和科学家总是努力利用过去成功的故事和技术，很多新技术的发展是基于重新"发明"这些过时的发明来实现的。如前所述，就 DS-UWB而言，MAC 方法融合了 FDM、TDM 和 CDM 技术。它所做的就是充分利用这些技术所有好的特征。为了控制干扰，FDM 方案在两个频带中选择一个进行传输。CDM 使用三元码集合{±1、0}，分别进行码长为 24 的 2-BOK、4-BOK 和 8-BOK 编码，以及码长为 32 的 64-BOK编码。这样一来，每个频带中就有 4 个可选的 CDMA 码，可以产生一些供选择的逻辑信道，以支持多个微微网的同时工作。在每个微微网中，都可以使用 TDM 来分离不同的用户。下面的例子可以帮助理解这一复杂的媒体接入方法。

例 10.6　DS-UWB 中的 MAC

图 10.10 显示了多房间室内区域的 DS-UWB 方案中使用 FDM、CDM 和 TDM 接入方式的例子。通过 FDM 方式在低频带(LB)和高频带(HB)之间划分每个微微网集合。同一个使用相同的频带的微微网构成一个集合，该集合内的微微网通过 CDM 编码方式划分为信道 A、B 和 C。随后，在每个小区内，通过 TDMA 的中央调度系统来划分用户，这与其他 TDMA 系统例如 LTE(见第 13 章)中使用的方法相类似。

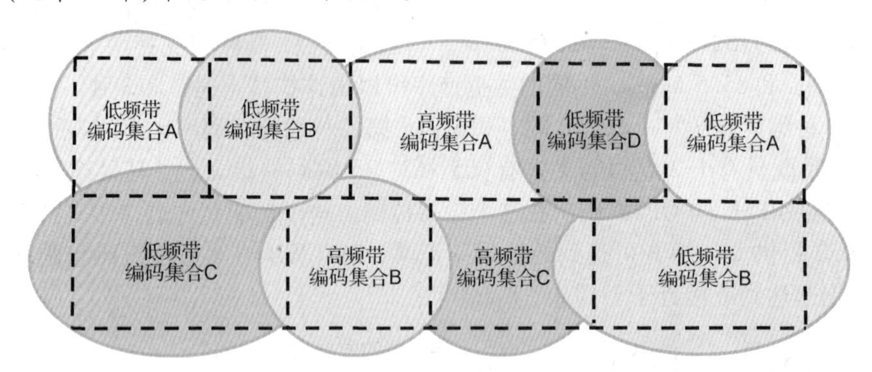

图 10.10　IEEE 802.15.3a 提案中用于 DS-UWB 的 FDM/CDM/TDM 接入的微微网分布。每个房间里的用户通过时分复用共享信道

10.2.3　多频带正交频分复用

到目前为止，第二种主流的 IEEE 802.15.3a 提案是多频带正交频分复用(MB-OFDM)技术。MB-OFDM 系统使用 OFDM 技术[Sho03]，该技术首次被 IEEE 802.11 WLAN 标准选择采用，后来渗透到蜂窝无线数据行业。MB-OFDM 方案与 DS-UWB 类似，工作在 UWB 的 3.1 ~ 10.6 GHz 无需授权频段。依据该方法，如图 10.11 所示，该频谱被划分为 15 个子频带，每个带宽 528 MHz。在每个子频带中，通过一个采用 QPSK 调制的 128 点 OFDM 系统来限定数学运算所需要的精密度，并保证具有超高采样率的数字实现。MAC 采用时频多址(TFMA)方式，将跳频扩频(FHSS)和直接序列扩频(DSSS)中频率分集和时间分集的优点融入 MAC 技术中。

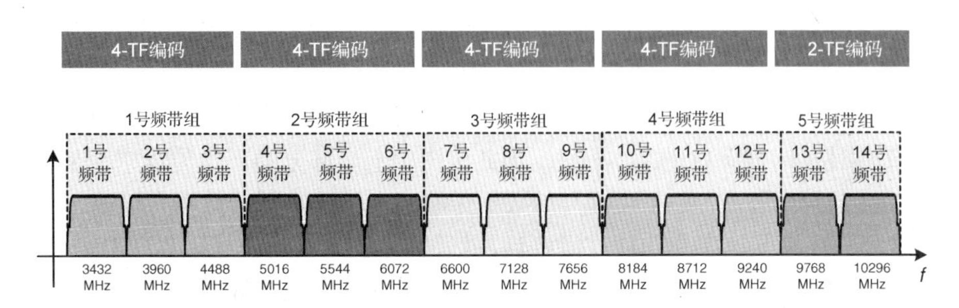

图 10.11　IEEE 802.15.3a 在 3.1 ~ 10.6 GHz 频带的 MB-OFDM 提案概述。此图用于阐述信道分组和每组信道中的时间频率媒体接入方案

图 10.11 显示了 MB-OFDM 提案中信道分配和媒体接入之间关系的概况，无需授权的 UWB 频谱 3.1 ~ 10.6 GHz 中的 15 个子频带被划分为带宽为 528 MHz 的 5 个组。其中，第一组是最理想的，这是因为第二组与 U-NII 频带和 IEEE 802.11a 设备之间存在干扰，而其他组覆盖区域较小。每个物理微微网可以在一个频带组中工作，而多个逻辑微微网可以通过不同的 TFMA 编码共享一个频带组。第一组 ~ 第四组有 4 种用于逻辑信道分离的时频编码，第五组有两种时频编码。由于每个微微网通过一个 TF 码识别，因此 MB-OFDM 提案可以在整个 UWB 频谱里容纳 18 个微微网。

表 10.3 给出了第一组 ~ 第四组中使用 TF 编码的 4 种模式，以及第五组中使用 TF 编码的两种模式。第一组 ~ 第四组各有 3 个可供使用的不同频带，时间序列长度为 6，每个频带被各个码元使用两次；第五组有两个频带，码长为 4，在每个码元传输过程中每个频带被使用两次。如表 10.3 所示，采用该技术，相邻微微网每个码长有两次碰撞。

表 10.3　MBOA 建议的 MB-OFDM 系统的 TF 编码[Wel03]

频　带　组	前导序列模式	TF 码长	时间频率码					
1,2,3,4	1	6	1	2	3	1	2	3
	2	6	1	3	2	1	3	2
	3	6	1	1	2	2	3	3
	4	6	1	1	3	3	2	2
5	1	4	1	2	1	2	-	-
	2	4	1	1	2	2	-	-

MBOA 提出每个时频槽(slot)传输一个 OFDM 符号。因此，把频带小组 1 的一个循环作为一个例子，在这里，我们发送 6 个 OFDM 符号，采用频带 1，2，3，顺序如表 10.3 第一行所示。像其他 OFDM 系统，每个 OFDM 符号由三部分组成：携带信息、循环前缀和符号之间的时间间隙。该系统使用 242.4 ns 的信息宽度，采用 60.6 ns 的循环前缀来对抗多径，设置了 9.5 ns 的保护时间间隙(GP)，总体码元宽度为 312.5 ns。设计循环前缀和时间间隙的值是用于适应信道的多径时延扩散(参见第 2 章和第 13 章)以及在不同频段间切换而引入的时延。在 128 个子载波中，其中 100 个是用于传输信息的数据载波，12 个是用于载波和相位跟踪的导频载波，10 个是保护载波(或哑载波)，剩下的 6 个子载波备用来同步(与 IEEE 802.11 OFDM 类似)。因为码元宽度为 312.5 ns，采用 2 比特/码元的 QPSK 调制，所以 MB-OFDM 方案数据的基本传输速率是：

$$1/312.5(\text{ns/符号}) \times 2(\text{比特/符号}) \times 100(\text{载波}) = 640\ \text{Mbps}$$

该系统中的多速率数据通信是通过调整时间脉冲宽度和改变编码速率来实现的。在所有 WLAN 和 WPAN 系统中也可以改变编码速率，但是在 MB-OFDM UWB 提议中新提出了脉冲扩频传输。要调整时间宽度，同一个时间序列可以分别采用扩频因子 2 或 4，以将码元传输速率提高 2 倍或 4 倍。图 10.12 阐述了时间宽度的基本概念，因此该图中上半部分的平均传输速率是下半部分的时间宽度和功耗的一半。然而，下半部分的数据传输速率是上半部分数据传输速率的 2 倍。因此，时间宽度间隔在不同速率和功耗方面更具灵活性。表 10.4 给出了 MB-OFDM UWB 系统的数据速率规范。随后一个简单的例子阐述了如何达到该表所示的不同数据速率。

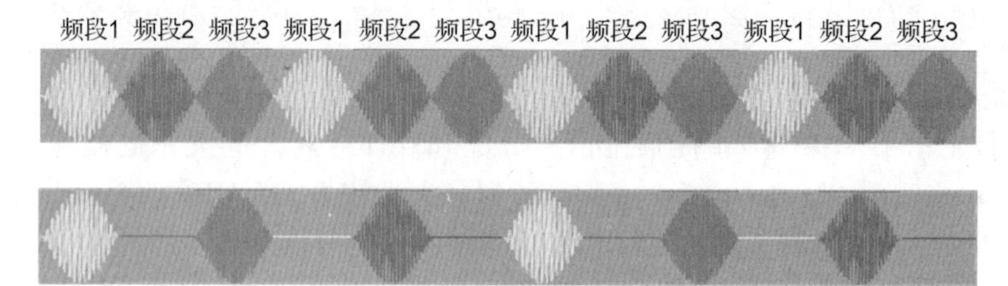

图 10.12　MB-OFDM 使用调整时间脉冲宽度的速率控制。上半部分的时间宽度是下半部分的时间宽度的一半。上半部分的数据传输速率是下半部分的数据传输速率的两倍

表 10.4　MBOA 建议的 MB-OFDM 系统的不同 TF 编码规范

信息数据速率(Mbps)	55	80	110	160	200	320	480
编码速率(R)	11/32	1/2	11/32	1/2	5/8	1/2	3/4
扩频率	4	4	2	2	2	1	1
原始比特率(Mbps)	640	640	640	640	640	640	640

例 10.7　MB-OFDM UWB 系统中数据速率的计算

表 10.4 中最低的数据速率是 55 Mbps，通过采取扩频速率为 4 的 11/32 编码率获得。其中，扩频速率可重复使用以达到不同的数据速率。因此，数据速率可以表示为：

$$640\ \text{Mbps} \times 11/32(\text{比特/编码比特})/4(\text{扩频率}) = 55\ \text{Mbps}$$

10.2.4　UWB 通信的信道模型

正如第 2 章所述，无线网络的信道模型非常复杂，无线信道行为复杂性的原因在于多径的出现。一般来说，为了让设备按照标准建议工作，标准组织定义覆盖和信道多径结构的路径损失模型。这个多径是由发射器和接收器之间或周围的障碍物引起的，因而它是一个应用环境的函数。影响信道行为的另一个重要因素是关键信号的工作频率和带宽。随着工作频率的增加，信号穿透墙和其他物体的能力发生了变化，从而导致信道的路径损失特征的变化。例如，WiFi 设备工作频率在几吉赫兹(GHz)，无线信号容易穿透建筑物的墙。随着工作频率增加到几十吉赫兹(GHz)，信号逐渐就被局限在室内。随着工作频率的增加，可以接入的带宽更宽。因此，我们可以设计系统使用几百兆赫兹(MHz)到几吉赫兹(GHz)的带宽，而不是像 WiFi 一样工作在几十兆赫兹(MHz)范围内。该带宽的显著变化要求在信道上传输更窄的脉冲。这些脉冲会解出更多的多径分量，因而需要新的多径结构模型。在我们解决多径分量的同时，多径的数量也在增加，同时其幅度抖动的统计值也在不断变化。

对于工作在 2.4 GHz 的低功率 WPAN 设备来说，使用在第 9 章讨论过的 WLAN 信道模型

比较有效。但是我们需要工作在3.1～10.6 GHz和60 GHz频段的新的千兆无线WPAN信道模型。本节的剩余部分讨论路径损耗以及3.1～10.6 GHz UWB信道的多径模型。

UWB信道的路径损耗模型：当信号带宽宽度为几吉赫兹(GHz)时，有人可能会问这样一个问题：给定这么大的带宽，接收信号强度应该如何建模？本书的前面几章建立了信道中心频率的路径损耗模型。假设模型对整个传输带宽都是有效的，因为带宽至多几十兆赫兹(MHz)而中心频率大约为几吉赫兹(GHz)。但是这个假设在UWB通信中将不再有效，因为中心频率和带宽都为几吉赫兹(GHz)。考虑Friis的自由空间传播公式[见第2章的式(2.1)]，接收信号强度是频率的逆函数。因此，当带宽超宽时，频谱低频部分的接收信号强度比高端高频部分的接收信号强度更强。基于这个事实，读者很可能会怀疑能否将窄带路径损耗建模技术再应用于UWB无线传播中。假设采用理想的发射放大器和理想天线，即频谱所有频率增益都相同，考虑在自由空间中传播，使用式(2.1)，接收信号强度作为频率的函数表示为：

$$P_r(f) = P_t G_t G_r \left(\frac{\lambda}{4\pi d}\right)^2 = \frac{P_t G_t G_r c^2}{(4\pi d)^2 f^2} \tag{10.4}$$

其中，P_t是平均发送功率谱密度。超宽带系统带宽为W的平均发送功率$P_{t-ave} = P_t(f) \times W$，中心频率为$f_c$的平均接收功率表示为：

$$\begin{aligned} P_{r-ave}^{UWB} &= \int_{f_c-W/2}^{f_c+W/2} P_r(f)\mathrm{d}f = \frac{P_{t-ave}G_t G_r c^2}{W(4\pi d)^2}\left[\frac{1}{f_c - W/2} - \frac{1}{f_c + W/2}\right] \\ &= \frac{P_{t-ave}G_r G_t c^2}{(4\pi d)^2 f_c^2}\left[\frac{1}{1-(W/2f_c)^2}\right] \end{aligned} \tag{10.5}$$

式(10.5)的第一项等于窄宽系统的接收信号强度，它与UWB系统的平均发送功率和中心频率相等。假如有一个工作在UWB系统中心频率上的窄宽系统，这个就是接收功率，表示为：

$$P_{r-ave}^{NB} = \frac{P_{t-ave}G_r G_t c^2}{(4\pi d)^2 f_c^2} \tag{10.6}$$

用式(10.6)替换式(10.5)，根据传统的窄宽系统，UWB系统接收信号强度表示为：

$$P_{r-ave}^{UWB} = P_{r-ave}^{NB}\left[\frac{1}{1-(W/2f_c)^2}\right] \tag{10.7}$$

式(10.7)描述带宽和UWB系统的接收信号功率以及等价的窄带系统之间的关系。考虑了FCC规定的UWB频谱如图10.2所示，相同谱密度的系统的最大可允许带宽可占用3.1～10.6 GHz带宽，其中W=7.5 GHz，f_c=6.85 GHz。用这些值代入式(10.7)，可以发现窄带与UWB系统之差只有1.5 dB。从这些讨论可以得出窄带路径损耗模型描述接收功率是一个具体值，而不是关于频率的函数。这个值可以用来近似UWB系统的路径损耗[Sol01；Foe04]。这个观察很大程度上减少了经验信道测试和UWB系统建模技术的复杂度。简单地说，可以把所有第2章描述的测量和建模技术应用到UWB系统中。

图10.13阐述了UWB系统接收信号功率与不同距离散点图，将实验数据进行最佳一阶拟合和二阶拟合后的结果。实验所用的发送器和接收器采用锥形天线，工作频率在3～6 GHz频段，场地为伍斯特理工学院阿特肯特实验室的一楼，所用模型在1 m处的理论路径损耗为

42 dB，所有场景如图 10.13 所示。该实验的一阶梯度路径损耗模型表示为：

$$L_p = 42 + 33\log d \tag{10.8}$$

用二阶梯度划分模型进行相同的实验，表示为：

$$L_p = 42 + \begin{cases} 2.7\log d, d \leqslant 10\text{m} \\ 27 + 67\log\frac{d}{10}, d > 10\text{m} \end{cases} \tag{10.9}$$

类似结论在文献[Cas02]中也有所记录。在居民和商业建筑的更多实验记录可参阅文献[Gha03a，b]。

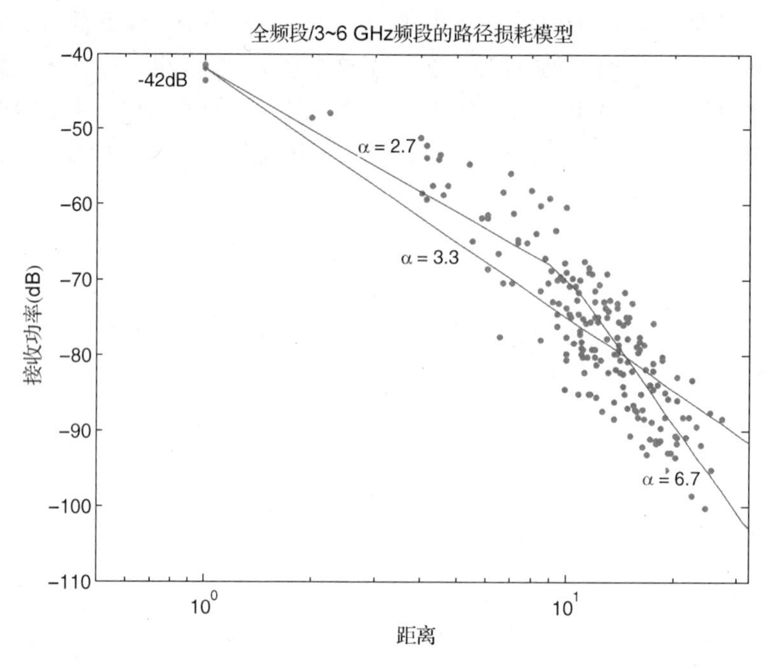

图 10.13　阐述了接收信号功率和距离关系的散点图以及最佳一阶单斜率和两段分割的路径损耗模型

UWB 多径行为建模：图 10.14 所示为一个样本 UWB 信道在典型办公室内有障碍物的 LOS 环境中，带宽为 3 GHz，中心频率为 4.5 GHz 的频率响应和时间响应。由于带宽是超宽的，所以可以分解出很多路径。室内墙作为平行镜面，创造无穷个镜像，每个镜像都反射了发射器和接收器之间的射线。由于这些墙相隔几米，因此与每条射线对应的路径其长度差异也在米的量级。由于每米引入 3 ns 时延，3 GHz 的系统带宽可以分解很多路径。我们考虑一下 WiFi 设备，假如它工作在 2.4 GHz，带宽为 84 MHz，或者工作在 5.2 GHz，带宽为 125 MHz，我们可以看到 UWB 的路径数要比 WiFi 设备多一个数量级。值得注意的是，WiFi 使用信道化会更进一步减少实际信号的频带宽度。

虽然增加路径数目不会改变总的平均接收功率和信道的 RMS 时延扩散，但是它会影响到达率和信道波动的统计数。一般来说，假设对于超宽带宽，所有路径都可以分离，每个路径的信号幅度都是相对固定的。随着终端的移动，发送器和接收器之间由于人的走动，路径的幅度会发生变化，这是因为阴影衰落呈现为对数正态分布(在第 2 章讨论过)。随着带宽变得更窄，相邻路径之间的幅度和相位相互交叠，产生了多径衰落，接收信号强度的快速波动服从瑞利分布或莱斯分布。因此，UWB 传输的主要物理特性之一是从不同路径接收信号的稳定性。

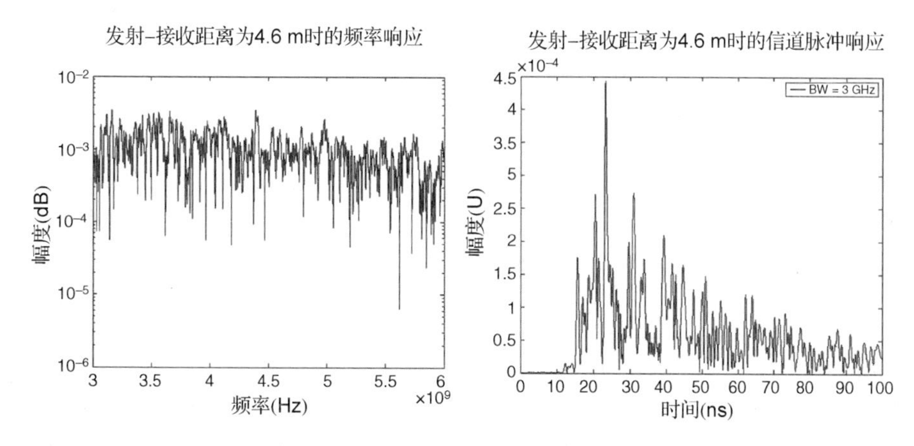

图 10.14　UWB 系统带宽为 3 GHz，在有障碍物的 LOS 环境中的频率响应和时间响应图

为 UWB 信道设计第一个信道模型所要考虑的另一个因素是路径的到达时间。本书在前面已经介绍过，传统模型为了容易描述，假设路径以固定间隔时间到达，然而现实中路径到达是以随机间隔时间到达的，人们已经开发了若干个模型用于反映它们的行为[Sal87；Gan91]。固定到达间隔的假设是有用的，因为它能简化信道的硬件模拟。通信系统的性能评估结果在很大程度上并不受这个假设影响。然而，路径的到达间隔时间却会对定位系统的性能产生影响，因为这些系统要计算在路径上的飞行时间，而定位也是 UWB 技术的主要应用之一。这就要求定位采用更复杂的模型，与经验型的宽带测量结果更加近似。下文描述 IEEE 802.15 WPAN 研究团队考虑的模型之一。该模型基于 Intel 公司的测量结果[Foe04]，有时它也被称为 Intel 模型。

UWB 多径建模之 Intel 模型：类似于萨利赫-巴伦苏埃拉模型[Sal87]里对传统射频信号的建模，Intel 模型认为信道路径到达是以一组射线形式，到达服从泊松分布(即到达间隔呈指数分布)，这个方式类似于文献[Gan91]，更进一步假设幅度波动服从对数正态分布。图 10.15 说明簇的基本概念和射线以簇的形式到达。

所有的脉冲响应表示为：

$$h(\tau)=\sum_{l=0}^{\infty}\sum_{k=1}^{\infty}\beta_{kl}\delta(\tau-T_l-\tau_{kl})\mathrm{e}^{\mathrm{j}\varphi_{kl}} \tag{10.10a}$$

其中，对 l 的和表示簇，对 k 的和代表每个簇的射线到达。T_l 是第 l 簇的时延。在簇内的路径强度表示形式为：

$$\overline{|\beta_{kl}|^2}=\overline{|\beta_{00}|^2}\mathrm{e}^{-T_l/\Gamma}\mathrm{e}^{-\tau_{kl}/\gamma} \tag{10.10b}$$

其中，$\overline{|\beta_{00}|^2}$ 是第一个簇第一条路径的平均功率。Γ 和 γ 是衰落率，分别与簇和簇的射线有关。由于簇的到达和簇内的射线服从泊松过程，簇和射线的到达间隔速率服从指数分布，表示为：

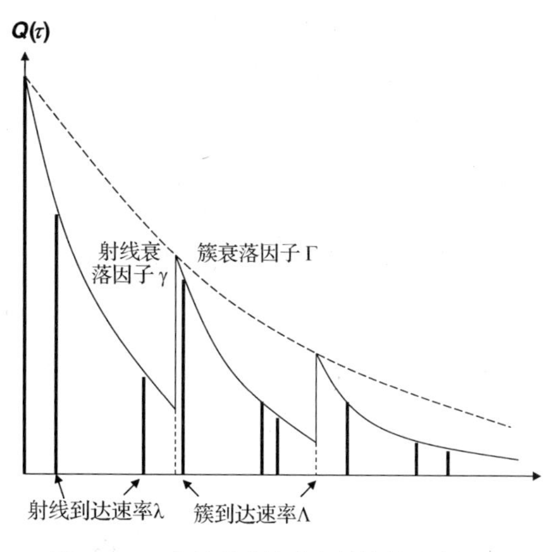

图 10.15　多径到达的簇和射线的基本概念

$$p(T_l/T_{l-1}) = \Lambda e^{-\Lambda(T_l - T_{l-1})}$$
$$p[\tau_{kl}/\tau_{(k-1)l}] = \lambda e^{-\lambda[\tau_{kl} - \tau_{(k-1)l}]} \tag{10.10c}$$

其中,Λ 和 λ 分别表示簇到达速率和射线到达速率。

Intel 模型开始于这个框架，假设路径是双簇到达的，信号幅度 β_{kl} 是对数正态分布的，相位 φ_{kl} 建模为二进制数字，仅等概率选择 0° 和 180° 两个值。要服从对数正态分布，假设 $20\log_{10}(\beta_{kl})$ 服从均值为 μ_{kl}、方差为 σ^2 的正态分布。对数正态分布的均值表示为：

$$\mu_{kl} = \frac{10\ln(\overline{\beta^2(0,0)}) - 10T_l/\Gamma - 10\tau_{k,l}/\gamma}{\ln(10)} - \frac{\sigma^2\ln(10)}{20} \tag{10.11}$$

其中，$\overline{\beta^2(0,0)}$ 是第一条路径的平均接收功率，$\tau_{0l} = T_l$ 是第 l 簇的到达时延。τ_{kl} 是第 k 条路径第 l 簇的时延。Γ 和 γ 分别表示簇和射线衰落因子。表 10.5 显示了 3 个有障碍物的 LOS (OLOS) 样本模型和两个样本 LOS 模型的上述模型参数。

表 10.5 对 UWB 信道行为仿真的 5 组参数

信道特征	OLOS	OLOS	OLOS	LOS	LOS
平均附加延时(τ_m; ns)	17	22	27	3	4
RMS 延时(τ_{rms}; ns)	15	20	25	5	9
模型参数					
Λ(1/ns)簇到达速率	1/11	1/14	1/15	1/22	1/60
λ(1/ns)射线/路径到达速率	1/0.35	1/0.33	1/0.32	1/0.94	1/0.5
Γ 簇衰落因子	16	22	30	7.6	16
Γ 射线衰落因子	8.5	10	10	0.94	1.6
σ(dB)对数正态衰落的标准差	4.8	4.8	4.8	4.8	4.8

图 10.16 显示了两个仿真信道冲激响应的样本，采用的是 IEEE 802.15 WPAN 委员会推荐的信道模型。图中每条路径由一个脉冲表示。为了使其更像实际测量结果，我们需要将该冲激响应与带宽和实际 UWB 测量结果或通信系统带宽相同的脉冲(如升余弦脉冲)冲激响应进行卷积。

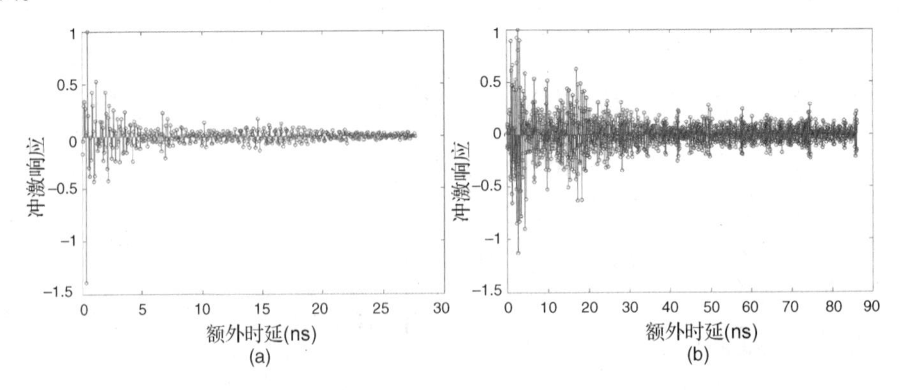

图 10.16 使用 Intel 的 UWB 信道模型进行两组信道仿真，条件分别是(a)LOS 条件和(b)OLOS 条件

10.3 60 GHz 的千兆无线技术

由于计算机产业的发展，无线数据网络技术已经发展到支持各种新型的应用场景。无线局域网产业已经兴起，它能够支持将家庭、办公室和公共场所的无线局域网接入因特

网。这个发展分为两步：第一步，发现在恰当频段的技术实现；第二步，发现技术的真实应用和市场。在20世纪90年代左右，WLAN产业主要在寻找技术，而到2000年代初期WLAN产业为相当大的市场找到了成功的应用。在发现WLAN的有效技术期间，我们构想了某些应用，在为这些应用找到对应市场的过程中，我们发现出现了许多其他的应用，这反映了计算机产业领域的平行发展。类似地，在2000年代初左右，在检验UWB频谱的过程中发现了千兆无线技术，而当前在60 GHz的研发活动则来源于前述相当大的市场中流行应用的激励。

在本书写作之时，若干小组在致力于定义未来60 GHz毫米波无线技术，以及在为此技术发现其对应的市场。这一节给出了应用场景和体系结构，这些场景和体系结构是由60 GHz毫米波千兆无线社团[Wig10]所构想的，而系统的实现细节可参见文献[ECM08]。在60 GHz频段的新兴技术的其他例子可参见文献[Per10, IEEE09]。这些技术广泛取材于UWB频谱的实验性设计中，而UWB的实现性设计在前面章节中已经介绍过。

10.3.1 体系架构和应用场景

图10.17(更多细节可参见[Wig10])为可能出现的千兆无线网应用做了分类。第一类应用的距离大约1 m，典型应用是使用千兆无线实现端到端文件传输(绝大部分用以替代电缆)。这些将被用于在不同设备如电脑、摄像机、移动多媒体存储系统之间实现个人图像信息交换以及多媒体交换。第二类应用称为“无线显示”，它包括把多媒体系统的内容投影到大显示屏的多媒体应用。这些多媒体千兆无线应用需要覆盖10 m左右的范围。第三类应用是把电脑外围设备连接到移动计算设备。第四类应用是当笔记本电脑靠近接入点时提高传统WiFi应用的吞吐量。这些连接有不同费用、规模和电池的需求。例如，无线通用串行总线(USB)设备用于文件传输，必须非常便宜、小巧并且消耗极低功率，而无线通信设备则被安装在监视器上，它可能对功率和尺寸没有严格限制，而且用户愿意为它支付更高的费用。因此，这个领域的绝大部分标准组织会致力于实现这些设备的某几个选项，其目的是为更多的异构网络应用的实现提供更灵活的环境。图10.18说明同构网络与异构网络之间的区别之处。在同构网络中所有终端的物理层都是相同的，而在异构网络中物理层是不同的，两个终端之间需要相互连通和共存，以保证彼此相互通信，同时相互交互时也不会相互干扰[ECM08]。在本书写作之时，IEEE 802.11ad小组有一个标准支持60 GHz毫米波网络，它与称为WiGig的产业联盟共同制定该标准。IEEE 802.11ad和WiGig之间的关系与IEEE 802.11和WiFi的关系类似(参见第8章IEEE 802.11ac标准)。

在文献[ECM08]中所推荐的60 GHz无线系统有3类设备。设备类型A被视为“高端”设备，它采用可训练天线(波束成形)和复杂传输信号处理技术，包括MIMO等，在LOS和NLOS信道条件下提供多媒体服务。设备类型B被视为“经济型”设备，采用非训练天线和最少的信号处理，只在LOS信道条件下提供多媒体服务。设备类型C被视为“低端”设备，它采用便宜的物理层实现，支持小于1 m的短距离数据传输。图10.19显示异构网和同构网共存和协作的场景。有3类物理层用于连接这些网络中的设备：覆盖范围为10 m的6.4 Gbps物理层，覆盖范围为3 m的3.2 Gbps物理层，以及覆盖范围为1 m的3.2 Gbps物理层。

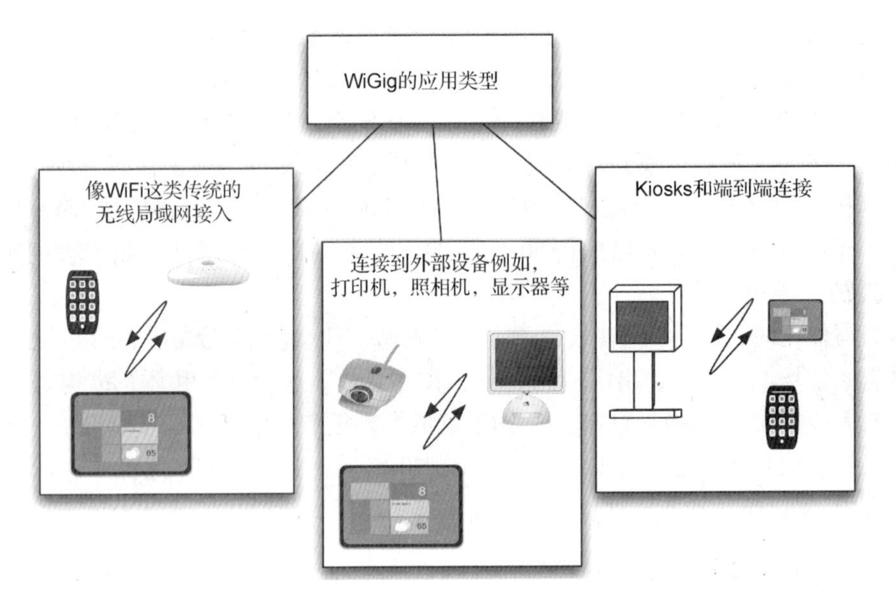

图 10.17　构想中的 60 GHz 千兆无线网同类型的应用

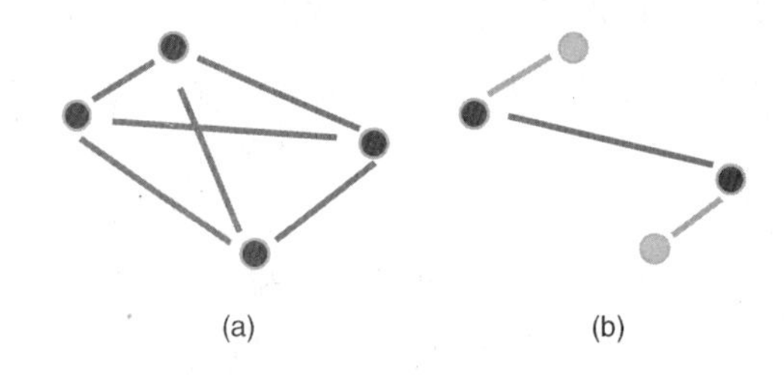

图 10.18　(a)所有设备具有相同物理层的同构网络；(b)设备具有不同物理层的异构网络

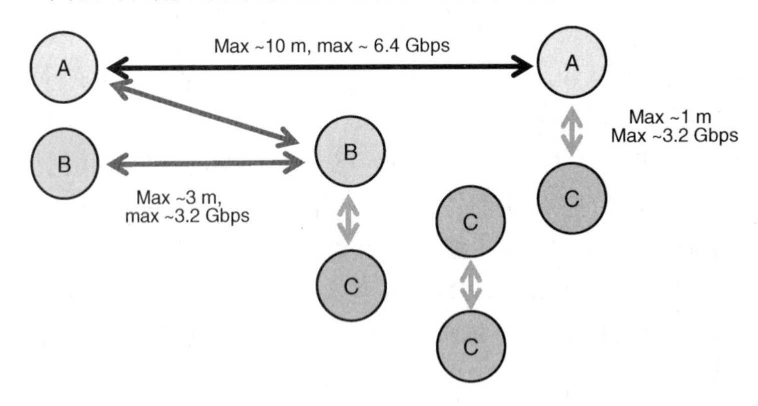

图 10.19　异构网和同构网共存和协作以连接不同物理层的 3 类终端

10.3.2　传输和媒体接入

要适应无需授权频带(该频带没有对干扰的控制)的无线组网，传统系统(如 IEEE 802.11)在每个频段支持若干信道。采用这种方法，无线设备可以更灵活地控制由邻居设备产生的干扰(例如，如果必要的话采用不同信道)。另外，信道化允许调整国际频率分配规则带来的差异。例如，在传统的 IEEE 802.11 DSSS 方案中有 3 个不重叠信道，后来扩展为更多个重叠的信道。当更有效的带宽调制和编码技术(诸如 M 进制正交码和多载波 OFDM 技术)在无线局域数据通信领域中找到应用场合时，数据率与可获得的传输带宽同比例增长。考虑到这一论述，要实现千兆无线组网，我们需要允许若干个信道的频谱，每个信道带宽在 GHz 数量级。

60 GHz 毫米波无需授权频段总共有 7 GHz 可用频谱带宽，这让千兆无线技术可以支持多个信道。图 10.20 显示了文献[ECM08]提议的在 60 GHz 的 4 个信道划分方案，每个信道的带宽略高于 2 GHz。如图所示，这种信道化方法同时也适用于不同国家分配不同的信道。60 GHz频带的另一个优点是，在 60 GHz 的 4 个信道，其路径损耗特征比工作在更低频率相同带宽的 UWB 信道的路径损耗更均匀。假如把式(10.5)中的 $W/2f_c$ 作为接收功率均匀性度量的话，那么在 60 GHz 的所有 4 个信道上，这个参数大约为 0.02。假如我们对 2 ~ 10 GHz 频谱做类似的信道化，在第 1 个信道上这个参数大约为 0.3，而在第 4 个信道上这个参数大约为 0.1。因此，由于受 802.11a 设备的干扰，以及高带宽/中心频率比，正如前面章节所述，工作在 UWB 频带的无线网络设计者无法像在高频段那样提供很多“接近相同”的信道。

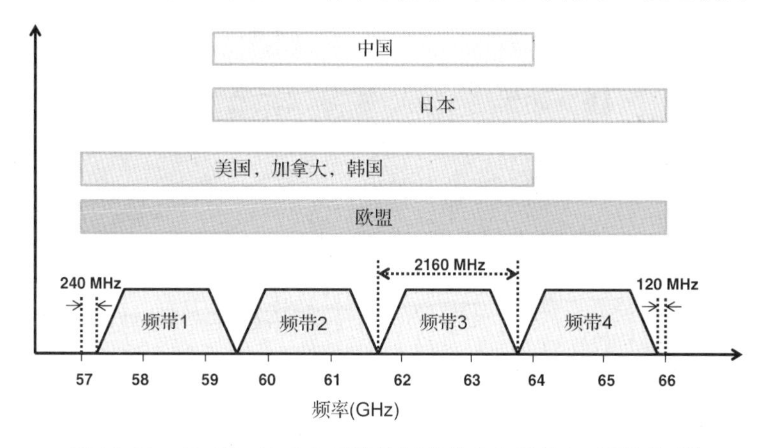

图 10.20　60 GHz 的千兆无线的频率带宽和世界各地可用频谱

就物理层而言，工作在 60 GHz 毫米波频带的系统可选择：(a) 单载波和(b) 多载波 OFDM 选项。这些技术都没有像传统的使用扩频技术的 IEEE 802.11 那样在数据率上做牺牲。然而，正如可以预计到的那样，单载波方案对多径的容忍度更差，而复杂的 OFDM 子载波在处理多径问题时更有效。因此，单载波用于传输更低功率和更短距离的应用，而更健壮的 OFDM 则用于支持更高功率和更长距离的应用。对于每个物理层选项，其方式类似于其他多速率无线数据网络，60 GHz 毫米波系统通过使用多种不同符号传输调制和编码技术，以支持更广泛的数据率和覆盖范围。例如，[ECM08]推荐的系统支持类型 A 终端的数据速率在 0.4 ~ 6.4 Gbps之间，覆盖范围最高可达 10 m，采用的是单载波和多载波 OFDM 传输。类型 B 和 C 终端只采用简单的单载波调制解调器，只支持最高 3.2 Gbps 的速率，覆盖范围只有 1 ~ 3 m。

60 GHz 毫米波系统进一步充分利用了新的物理层特征，使用相控阵天线来实现波束成形和定向传输。由于阵列天线的长度与发送信号的波长成正比，实现在 60 GHz 的小天线阵列要比 3 ~ 10 GHz 频段的天线阵更实际。在 60 GHz 天线的 1/4 波长阵元长度为 1.25 mm，而在 2.4 GHz 天线的阵元长度大约增加到 5 cm。因此，60 GHz 的阵列天线可以设计在芯片表面。在设计 60 GHz 毫米波系统时，集成天线阵的简单性和实用性已经引起了足够的关注，很多人已经在研究 60 GHz 定向天线在各种场景下的效果。

物理层使用定向天线减少了发射功率需求，这是由于潜在的天线增益导致的。而对发射功率的减少是非常必要的，因为增大工作频率会导致增加传输功率需求。正如式(10.4)所描述的那样，在一米内的损耗和其他损耗导致接收功率与工作频率成反比。因此，随着中心频率为6 GHz的 UWB 频谱移动到60 GHz 毫米波系统，我们需要大约100 倍或比 20 dB 更高的传输功率，以便于在传输距离相同处保持相同级别的接收功率。在同样的发射功率和 LOS 信道中，其中距离-功率梯度为2，20 dB 的损耗会导致覆盖范围的幅度减少一个量级。这个意味着 WPAN 在6 GHz 覆盖10 m，而在60 GHz 覆盖1 m。使用定向天线可以补偿一些功率损耗，原因是将信号的辐射范围局限在一个窄波束里而不是朝所有方向均匀扩散。限制某个方向的辐射也减少了对其他通信设备的干扰(见第5 章讨论的扇区天线)，可支持潜在的空间重用以及因为空间重用所带来的额外空间吞吐量。图 10.21［ECM08］解释了采用定向天线实现空间重用的思想。图中，使用定向天线可以允许用户在同一个空间里开设3 个不同的网络，而相互之间干扰最小。

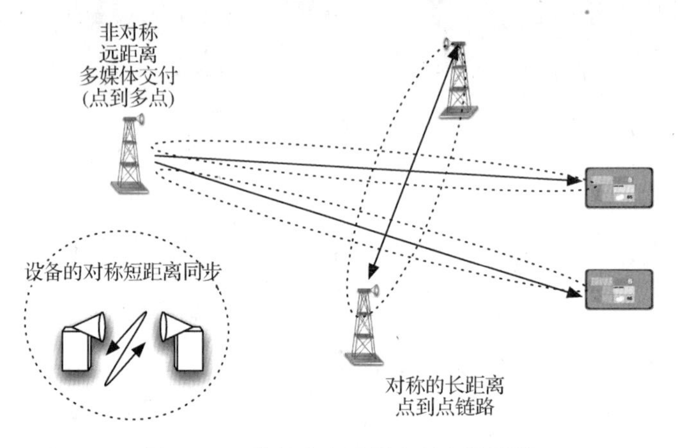

图 10.21　使用定向天线实现空间重用

与媒体接入控制有关的传统问题(见第4 章)在 60 GHz 毫米波系统中仍然存在。要支持不同的应用，60 GHz 毫米波系统需要同时提供 CSMA/CA 的灵活性和 TDMA 的确定性控制，对于通用的多用户数据应用(诸如因特网浏览和文件转换)由 CSMA/CA 支持，而传输实时多媒体内容这类有服务质量(如时延)需求的业务则由 TDMA 支持［Per10］。在任何实际市场出现之前，对 CSMA/CA 和 TDMA 的媒体接入的方向很难做出决定性取舍。像文献［Per10］一样同时提供两个选项是一种可行的方案。其他的设计方案包括设计两个独立的 MAC，并且像蓝牙和 ZigBee 一样，让用户来挑选适合其应用的某一个协议。

在60 GHz 毫米波系统中，设计媒体接入控制遇到的新挑战是解决定向天线问题，允许多个叠加的网络实现空间重用。我们需要某些机制来实现互操作性以及这些网络间的共存能力。当我们开始实现网络叠加，以及在运行期间终端的朝向发生改变或者网络的形态发生变化，从而影响了定向传输时，这一问题就出现了。在设计毫米波定向天线的媒体接入控制机制时，需要特别注意发现网络中的设备，载波侦听问题，隐终端问题，以及设备操作在并不影响他人时被阻止(暴露终端)的问题等［Dan10］。

10.3.3　60 GHz 毫米波网络的信道模型

新兴无线技术的新颖之处主要取决于新的应用和无线传输模型。不同技术之间的传输技术和媒体接入控制方法大体相似，尤其在最近一段时期，各类替代技术的有效性已经得到了广泛研究。60 GHz 毫米波千兆无线网的无线传播很大程度上有别于工作在 2 ~ 10 GHz 频段的传统 WLAN 和 WPAN。由于在60 GHz 频段波长太短，所以无法穿透墙或其他物体。因此，绝大部分信号局限在发射机所在的室内区域。从发射机到接收机的传输绝大部分通过 LOS 路径实现。随着 LOS 路径被破坏(例如发射机到接收机之间被人或物体遮挡)，LOS 路径衰落严重，几条反射路径会将信号传送给接收机。另外，正如前面讨论过的，要补偿严重的路径损失，毫米波系统采用定向天线，从而改变了在这些频段的信道建模需求。在传统的 WLAN 和 WPAN 系统中，通常采用全向天线(二维的)，这种情况已经引导了在 60 GHz 频段的信道建模的标准化工作，这些工作在建模过程中包含了极化效应和波束形成，以及将物体在信道的多径结构中移动所产生的影响。

由于只有少数几条路径，且路径被限制于室内，从而导致几何射线跟踪技术(见 2.3 节)成为信道建模的理想技术。图 10.22(a)[Mal09]显示了会议室的典型应用场景。这个场景用于在 3 m×4.5 m 的会议室里对 60 GHz 频段做大量测试。测量结果与图中 5 个路径的射线追踪结果对比：LOS 路径 A；两个一阶反射 B 和 C；两个二阶反射 D 和 E。根据接收天线和发送天线的相对方位角，这些路径可以携带信号。图 10.22(b)显示了大部分与 LOS 路径对应的强信号路径以及一阶和二阶反射路径的信噪比(SNR)，这些反射信号是不同发射机和接收机天线方位角的函数。由于大量角度组合在一起，我们得到的一阶反射信号强度比 LOS 信号低 10 dB，二阶反射信号强度低 20 dB。对于大多数实际应用，只分析一阶反射就足够了，这与 2.3 节的例 2.11 类似。图 10.22(c)通过改变发送器和接收器的天线俯仰角获得的总接收信号强度。有两个簇的俯仰角(大约 0°和 45°)分别属于 LOS 路径和天花板的一阶反射。这些结果支持直观的概念，那就是几何射线是 60 GHz 毫米波系统的无线传播分析和建模的合适工具。不同场景的 60 GHz 模型的更多细节见参考文献[Mal10]，信道仿真的 MATLAB 代码在参考文献[Mas09]中提供。

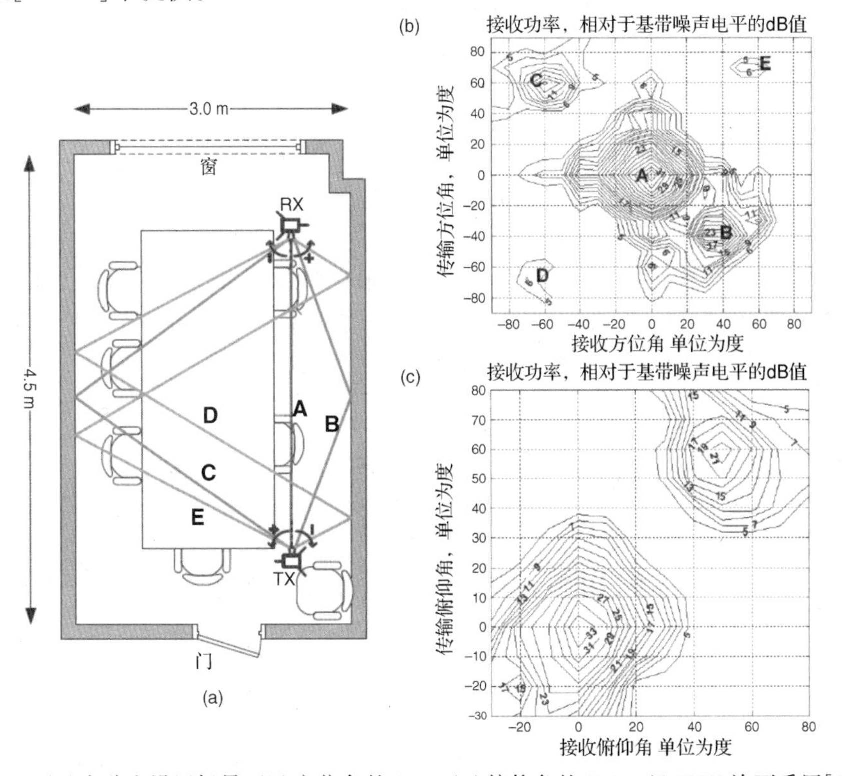

图 10.22　(a)办公室设置场景；(b)方位角的 SNR；(c)俯仰角的 SNR：经 IEEE 许可采用[Mal09]

思考题

1. 指出与 UWB 通信有关的 IEEE 标准组织，以及指出这个小组已经开发了哪些其他流行无线标准？

2. 比较 WPAN 的两个解决策略（蓝牙和 UWB）在频谱、发送功率、覆盖范围、数据速率和微微网数量上有何不同？

3. ISM 频带与 UWB 频带重叠的频段是哪个？使用这个频段的 IEEE WLAN 标准是哪一个？

4. 802.15.3a DS-UWB 提案中的数据速率、频带、MAC/PHY 层分别是什么？

5. 802.15.3a MB-OFDM 提案中的数据速率、频带、MAC/PHY 层分别是什么？

6. DSSS 和 UWB 的跳时技术在带宽和信号扩展技术方面有何区别？

7. 给出 802.15.3a 中 900 Mbps 的 DS-UWB 提案星座图中的频带、调制技术、码片速率、码长和码字数量信息。

8. 为什么 DS-UWB 系统中的 4.9 ~ 6.2 GHz 频带没有被使用？

9. 给出 IEEE 802.15.3a DS-UWB 提案中所支持的频带范围、信道数量和数据速率范围。

10. 给出 IEEE 802.15.3a MB-OFDM 提案中所支持的频带范围、信道数量和数据速率范围。

11. 3.1 ~ 10.6 GHz 频段的 UWB 技术和 60 GHz 的毫米波技术有何区别？

12. 哪些应用激励了千兆无线毫米波技术的发展？

13. 比较 UWB 和毫米波技术的传播环境。

14. 毫米波 WPAN 网络的同构网和异构网有何区别？

15. 毫米波技术用定向天线的实际优点是什么？有哪些挑战？

习题

习题 10.1

假设 UWB 设备带宽为 1 GHz，工作在包含全部 IEEE 802.11a 频段的一个频段上。如果 UWB 设备和 IEEE 802.11a 设备都试图与一个同时支持这两种技术的 AP 进行通信，并且假设它们与 AP 之间的距离相同，距离-功率梯度是 2，那么：

a. 在 AP 处接收到的 IEEE 802.11a 信号的信噪比是多少？

b. 在 AP 处接收到的 UWB 信号的信噪比是多少？

习题 10.2

a. 给出长度为 24 的所有 8-BOK 编码，并证明第一个码字与第二、第三个码字是正交的。

b. 计算高频段中扩频因子为 24、32 的 DS-UWB 的两个基本数据速率。

习题 10.3

a. 如表 10.3 所示，给出 MB-OFDM 中所有的时间频率跳频模式，其中每个编码有两次碰撞。

b. 参考表 10.4 给出的所有数据速率，重新计算例 10.7。

习题 10.4

a. 假设频带的起始频率为 f_{st}，使用式(10.7)推导出作为带宽 W 和起始频率的函数的接收 UWB 功率和窄带功率之比。

b. 使用(a)得出的结论，画出功率比(用 dB 表示)与 $0 < f_{st} < 5$ GHz 的关系图，其中 $W = 5$ GHz。

c. 设 $W = 10$ GHz，重复(b)。

d. 使用(b)和(c)得出的结论，讨论频谱的平坦性对起始频率和带宽的敏感性。

习题 10.5

a. 电子设备的敏感性是发送信号和背景噪声的函数，假如带宽 20 MHz，工作在中心频率 2.45 GHz，WLAN 设备的敏感性为 -94 dBm，那么带宽 2 GHz，工作在中心频率 5 GHz，UWB WPAN 设备的敏感性为多少？假设简化为线性关系。

b. 采用(a)中的 WLAN 和 WPAN，比较在 1 m 处的路径损耗。

c. 假设 WLAN 的发送功率为 100 mW，WPAN 的发送功率为 1 mW，计算每个设备允许的最大路径损耗。

习题 10.6

使用由式(10.8)和式(10.9)给出的 UWB 路径损耗模型计算习题 10.5 的 1 mW UWB WPAN 设备的覆盖范围。比较该问题中 WLAN 设备的覆盖范围和 WPAN 设备的覆盖范围之差异。使用第 2 章的 IEEE 802.11 模型 C 计算 WLAN 设备的覆盖范围。

习题 10.7

使用式(10.10)对 UWB 信道的多径到达建模，计算该模型在给定路径幅度下的 RMS 时延扩展，假设有两个簇。

第四部分

广域无线接入

第11章　TDMA蜂窝系统

11.1　简介

在本书的前面，我们在第一和第二部分里首先提供了无线接入和定位产业的发展概述，然后解释了空中接口和网络基础设施的设计原则。在本书的第三部分，我们讨论了局域和个域网的无线接入技术，它们均主要设计用于通过无需授权的频带实现本地无线接入，从而接入因特网。在第四部分，从本章开始，我们将讨论广域网无线接入技术，传统上这些接入技术被分为不同时代。第一代(1G)模拟蜂窝网络被发展用于实现到PSTN的无线接入，它采用的是授权的频段。这项技术后来转化为第二代(2G)数字蜂窝网络，采用的是TDMA和CDMA技术。2G系统最初部署在20世纪90年代早期，主要用于蜂窝电话应用，同时也部分考虑并整合了低速无线数据应用，数据的速率在几十kbps的量级，与语音频带调制解调器的能力相近。随着因特网于上世纪90年代中期的普及，第三代(3G)蜂窝网络开始出现，它采用CDMA技术，能提供更高的、量级在几Mbps的数据速率。最近，随着智能手机如iPhone的普及，对多媒体无线因特网应用的需求成为第四代(4G)蜂窝网络支持高达数百Mbps的数据率的幕后推动力，4G蜂窝网络采用OFDM和MIMO技术来支持这么高的速率，而这些技术最初是设计用于WLAN应用的。在本部分和第六部分中我们分析这些无线蜂窝技术的一些细节，并解释它们是如何发展而来的。

本章致力于将GSM技术作为主要的样例系统来探讨2G TDMA系统。在20世纪80年代的2G系统朝蜂窝和个人通信系统(PCS)[Pah85][①]的演变过程中，出现了很多TDMA系统。在20世纪90年代，随着手持终端的电池技术的进步和移动电话的压倒性普及，数字蜂窝系统和PCS系统之间的区别消失了。对于容量不断增长的需求使得服务供应商更加注重频谱的可用性，而不再注重技术本身。随着新的2 GHz左右的PCS频段出现，大多数服务提供商通过升级自己的数字蜂窝的工作频率来扩展他们的移动电话服务，工作频率从大约1 GHz扩展至大约2 GHz，但是却没有使用所谓的PCS标准。如今，GSM是迄今为止世界范围内在蜂窝和PCS这两个频段上最流行的TDMA标准，用户达数十亿。该系统的结构也很清楚，对教学很有帮助。因此，我们使用GSM作为我们的样例TDMA系统。

无线网络是复杂的多学科系统，对相关标准的说明往往很长，令人费解。我们解释标准的目的是向读者提供足够的信息来了解系统的总体目标，理解体系结构中网络的硬件和软件结构视图，以及一些协议和算法的细节，以了解信息传递是如何实现的，及其演变的路径。这条路径开始强调的是高品质的无线接入到PSTN，后来转向无线接入到因特网。在本章中，我们首先定义了通用蜂窝网络的目标和架构；然后，我们将讨论设计用来支持无线设备的移动性的有关机制；最后，作为样例TDMA网络，我们将描述GSM用于基础设施内各要素之间

---

① 无线接入和定位原理，第一版，Kaveh Pahlavan和Prashant Krishnamurthy，c 2013 John Wiley & Sons，Ltd. John Wiley & Sons有限公司2013年出版。

的通信协议。为了最大限度地减少理解所有标准细节的困难，我们有意识地减少对标准所有方面的说明，将各标准的素材以类似的形式展现出来。采用类似的形式将有助于读者更好地掌握各种技术的整体特征，帮助读者更容易理解感兴趣的细节。然而，这种努力不会完全消除所有难点，因为每个标准使用它自己的参考模型和大量的缩略语，并且这些参考模型和缩略语随标准的不同而不同。为了进一步帮助读者，我们也提供了一些示例，来更加深入地描述一个标准的某些功能。通过这种方式，我们保证了标准文本的深度得以维持，同时一些重要的特征也得到了更详细的处理。

11.2 什么是 TDMA 蜂窝

在20世纪80年代后期，第一代(1G)模拟蜂窝网络的普及超出了服务供应商的预期。随后，两个不同的问题促使第二代(2G)数字蜂窝网络分别在欧洲和美国兴起。在欧洲，不同的国家采用了一些不同的标准，而这些国家又往往并不大，因此移动用户的漫游成了一个大问题。为了采用统一的标准和解决漫游问题，欧洲人决定采用 TDMA 数字蜂窝技术，以 GSM 作为标准。在美国则是另一种情形。各大城市，例如纽约或洛杉矶的用户已经达到了相当的规模，从而在高峰时段，移动用户分别会经历不可接受的延迟或呼叫限制，导致有必要采用带宽效率更高的系统。2G 同时采用了 TDMA 和 CDMA 数字蜂窝技术。GSM 技术是第一个 2G 数字蜂窝系统，它出现的时间恰好处于世界上所有其他国家逐渐采用蜂窝技术的时代。其结果是，它很快获得了全世界的广泛接受，最终成功地渗透入美国市场，从而成为被世界各地采用的最成功的 TDMA 技术。

1982 年，欧洲国家将 890 ~ 915 MHz 和 935 ~ 960 MHz 频段分配为泛欧 2G 蜂窝网络标准的工作频段，GSM 标准化组织也于同一年成立。该组的章程是开发一个 2G 的标准，以解决当时在欧洲存在的 6 个不同的 1G 模拟蜂窝系统之间的漫游问题。在评估了几个选项后，该委员会决定开发一个统一的新数字标准，该标准既有利于漫游，同时又能有利于大批量的生产。1991 年，该标准的规范完成，1992 年，开始部署第一套 GSM 系统。到 1993 年，22 个国家的 32 个运营商采用了 GSM 标准；到世纪之交，近 150 个国家采用 GSM 作为它们的蜂窝网运行规范；到撰写本书时，它已经是采纳国家最多的技术。

虽然 GSM 的最初目标可以通过定义新的空中接口来满足，但是 GSM 标准组织更进一步，并不仅仅定义了空中接口，同时也定义了一个系统，该系统支持(当时)新兴的综合语音和数据服务功能，与其他新兴固定网络的功能保持一致。除此之外，该委员会还确定了网络中一些硬件和软件要素之间的接口，使 GSM 成为一个完整的数字蜂窝标准，非常适合用于教学目的。其中这种演进导致的讽刺性后果是，GSM 和后来其他的 2G 数字蜂窝系统给所有用户带来了综合语音和数据服务的移动数字业务，反过来却使原有的有线综合业务系统丧失了市场，有线综合业务再也没有普及，也从来再未获得过用户的广泛欢迎。这反映了电信产业的真正的多学科性质，该行业的市场行为并不总是像更细分的产业如组件设计那样容易预测。

11.2.1 传统业务和不足

理解一个多用途系统的第一步是确定该网络所提供的业务，因为整个网络设计用以支持这些业务。开发模拟蜂窝系统主要用于单一应用程序——语音，其他数据业务是以类似语音应用的模拟接入方式接入到电话网络中，这些数据业务包括传真、语音频带调制解调器等，它们被定义为在模拟语音服务之上的叠加服务。GSM 是一个综合语音、数据服务，提供除模拟蜂窝电话之外多项业务的系统。这些业务被划分为 3 类：电信业务、承载业务和补充业务。

电信业务根据标准协议在两端用户的应用程序之间提供通信。这些业务包括：电话，紧急语音呼叫，传真，电传，短信业务(SMS)和图文。该标准的协议栈最上层已经被指定，使得它可以借助这些应用使用的协议通信。

承载业务提供在用户网络接口或接入点之间发送信息的功能。传统的承载业务包括各种电路交换接入电话网和分组交换公用数据网。为了实现承载业务，标准的下层和帧格式必须指定在空中接口上传输是如何实现的。

补充业务不是独立的业务，它们是对承载业务或电信业务的补充。GSM 中的补充业务包括呼叫转移及呼叫限制。它们可同时适用于承载和电信业务。其他辅助服务包括呼叫等待、主叫号码识别等。这些业务通常是在蜂窝网络的有线基础设施里实施的。

回顾这些业务，我们观察到一些业务，如电话和短信很红火，而有的像智能电报、可视图文、传真或全部数据服务在 GSM 里很少被流行的应用使用。复杂的多学科技术是基于对未来新兴业务的构想而设计的，由于新出现的应用沿着其自身的道路发展，最终一些服务存活下来了，而另外一些则消失了。另外，进化过程创建了一些新的应用，而这些应用在标准制定时尚未预见到，要支持这些新的应用则要求标准的升级，并且在必要的时候，需要出现新标准来替代不合时宜的老标准。GSM 当时考虑的主要应用是蜂窝电话，而短消息 SMS 则是在标准完成 10 余年后意外走红的应用程序。

由 GSM 所支持的无线数据应用大多是电路交换数据，数据率最高为 9600 bps，这与当时的话音频带调制解调器兼容。在此期间，在 20 世纪 90 年代中期，因特网接入成为数据通信的主要途径，这要求 GSM 标准有所改变，以及采用一些新兴技术以适应这一变化。多媒体应用通过无线接入因特网需要更高的数据速率，要支持这一点，GSM 需要修改。提高数据率和接入因特网需要在基础设施上加以变更，同时也需要标准中的空中接口有所改变，这些将在后文解释。

在本章的其余部分，我们首先描述原先的 GSM 系统，然后将继续解释其空中接口是如何被修改的，以支持高数据速率，并以分组交换方式接入因特网。

11.2.2　蜂窝网络参考体系结构

为了具体说明电路交换无线蜂窝网络的复杂性，需要详细描述支持系统运行的终端、固定干线网硬件以及软件数据库(参见第 6 章)。为了能够详细描述这样一个复杂的系统，首先需要建立一个参考模型或整体体系结构，然后根据整体体系结构将系统划分为多个子系统来理解网络的各组成部分及其运行原理。大多数蜂窝网络的体系结构是相似的，不同系统的主要差别在于空中接口和无线接入技术不同。我们将蜂窝网络的体系结构描述为 3 个主要部分，如图 11.1 所示。这 3 个主要部分分别是移动站(MS)、基站子系统(BSS)以及网络和交换子系统(NSS)。图 11.2 更多地是从硬件的角度描绘网络的组成部分以及各部分之间的联系。这种分层划分方法摘自[Hau94]，在后续章节中，我们将按照这种分法来讲解系统的要素。标准化组织定义了上述参考模型，指明了参考模型中不同要素接口之间的协议细节。这使得支持多厂家更容易，每个厂家只需要设计符合标准接口的某个硬件或软件要素就行了。多厂家支持促进了产业的增长，同时通过竞争控制了支出。

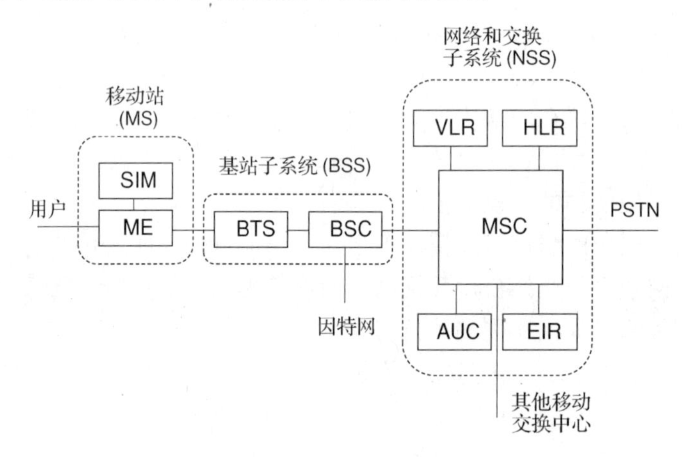

图 11.1　典型蜂窝网络的体系结构要素参考模型

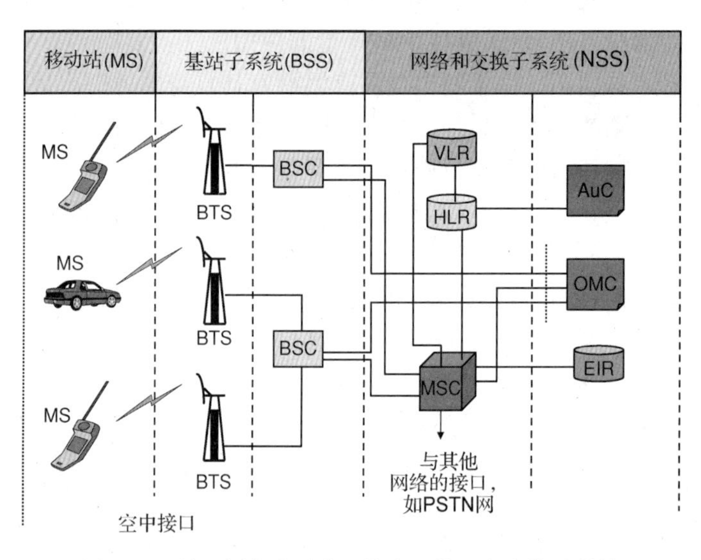

图 11.2　从不同角度看典型蜂窝网络的参考体系结构

移动站：移动站(MS)与用户交换信息，同时移动站还将与基站子系统(BSS)通信的信息更改为符合基站空中接口通信协议的格式。用户与移动站通过麦克风和扬声器来实现话音通信，用键盘和显示器来发送短信，智能手机通过触摸屏，或者通过数据线或蓝牙与数据终端的连接实现其他数据应用。移动站有两个组成部分。第一个组成部分是移动设备(ME)，这是客户从设备制造商或经销商那里购买的一个硬件设备。移动设备在其他标准里也被称为用户设备。这个硬件设备包含了所有实现接入协议的组件，而这些协议用于与用户交互，以及接入到基站子系统(BSS)的空中接口。这些组件包括扬声器、话筒、键盘和无线调制解调器。因此移动设备的价格昂贵。为了鼓励更多的用户订购无线服务，很多早期的，甚至今天的蜂窝产业服务提供商会对移动设备提供价格补贴。

移动站的第二个组成部分是用户标识模块(SIM)，它是一张智能卡，用于识别如地址和服务类型等用户特征，它在用户订购服务时发放给用户。在系统内，呼叫是直接发给 SIM 卡而不是发给终端的。短信息也存储在 SIM 卡中。在第一代模拟蜂窝系统里无法使用 SIM 卡，而在北美的第二代数字蜂窝标准里并没有实现这一选项。尽管用户标识模块是一个相当简单的概念，但是它对于用户与服务提供商之间的交易方式产生了重大影响。每张 SIM 卡都携带用户的个人信息，以满足一些常见的应用。

例 11.1　漫游和 SIM 卡

用户访问不同的国家但并不愿意使用家里的手机号码打电话，因为漫游费很昂贵。这时他们可以随身携带自己的终端，并在他们接入的国家购买当地的 SIM 卡来打电话。利用这种方法，用户可以避免花费手机漫游的费用，但是其代价是联络号码的变化。

例 11.2　用不同 SIM 卡共享一个终端

几个用户可以使用不同的 SIM 卡共享同一个终端。在芬兰奥卢大学的在电信实验室里，有许多移动终端可供访问者借用，这些访问者使用自己的 SIM 卡。因此，来自美国和加拿大的访问者能获得供个人使用的移动电话服务，而无需去投资购买一个移动终端，因为这些移动终端在他们的国内可能没有用(制式不同)。

由于 SIM 卡上装有一个用户的私人信息，所以网络采用了一种安全机制，要求使用者提供口令标识号(PIN)，才能获取卡上的信息。

基站子系统：基站子系统通过空中接口与移动站(MS)相连，又通过有线协议与有线基础设施相连。换句话说，基站子系统实现空中接口和有线固定基础协议两者之间的转换功能。无线传输和有线传输的要求不同，这是因为无线传输是不可靠的、带宽受限的和支持移动业务的。因此，无线传输协议和有线传输协议是不同的，这就需要基站子系统为这些不同的协议提供转换。

例 11.3　语音转换

在蜂窝网里，用户的语音信号通过语音编码器被转换成速率约为 10 kbps 的语音编码(用语音编码器产生的数字化语音)，并发送给空中接口。采用低速语音编码的原因是确保采用带宽效率较高的格式，从而不给稀缺的无线电资源增加压力。但是，有线骨干网采用 PSTN 结构的 64 kbps 的 PCM 数字话音信号。因此，移动站将模拟语音信号转换成 10 kbps 的数字语音编码，而基站子系统(BSS)则将码速从 10 kbps 转换成 64 kbps。

例 11.4　典型蜂窝网络里的信令

在有线网络中，建立连接的信令格式是传统有线电话使用的多音频制式，而数字蜂窝系统则是通过交换一定数量的数据分组来建立通话。这就需要在基站子系统中将这种通信转换成有线网络的拨号信令。

通过前面对语音编码和建立拨号连接这两个例子的讲解，可见空中接口的数据传输协议和有线基础链路的数据传输协议是不同的，而这些协议的转换都是在基站子系统中完成的。此外，我们将在 11.7 节介绍 TDMA 网络的高速数据服务时看到，为了在同一空中接口中实现数据分组服务，基站子系统还要把分组交换数据和电路交换的 PSTN 话音流分离开，并将它们分别发送到因特网和 PSTN。

基站子系统由两部分组成。第一个组成部分是基站收发信系统(BTS)，它是为了通过空中接口进行物理通信而与移动站对应的部分。基站收发信系统的组成部分包括一个发送器、一个接收器和工作在空中接口上的信令设备，其物理位置位于小区的中心，并与基站子系统的天线安装在一起。一个 BSS 可以控制一个到数百个 BTS。

第二个组成部分是基站控制器(BSC)，它是基站子系统内部的一个小型交换机，主要功能是实现对频率的管理和完成基站子系统内各基站收发信系统之间的漫游。在一个单基站收发信系统中，基站控制器的硬件部分被安装在天线设备中，而在多基站收发信系统中，基站控制器的硬件部分则与其他网络和交换子系统(NSS)的硬件部分一起被安装在交换中心里。

网络和交换子系统：网络和交换子系统(NSS)负责整个网络系统的运行。它支持系统与其他有线网络和无线网络之间的连接，并负责用户注册，维护与移动站的连接。网络和交换子系统可以看成是与其他 PSTN 交换机进行通信的特殊无线交换机，同时具有支持蜂窝移动运行环境的功能。网络和交换子系统是蜂窝网络中最复杂的组成部分，包括一个硬件设备，也就是移动交换中心(MSC)，以及 4 个软件模块，分别是游客位置寄存器(VLR)、归属位置寄存器(HLR)、设备识别寄存器(EIR)和认证中心(AuC)。运行和维护控制(OMC)单元监控着该设备的运行。

与 PSTN 交换机连接的无线交换机的硬件部分是 MSC，它采用 PSTN 通用的传统协议与 PSTN 交换机以及同一个服务提供商管辖区域中的其他 MSC 通信。MSC 还负责向网络提供移动终端状态和位置的具体信息。

归属位置寄存器(HLR)是负责管理移动用户账户的数据库软件，它存储了用户地址、业务类型、当前位置、转发地址、认证/加密密钥和账单信息等用户信息。除了利用电话号码来识别用户终端外，还可以用存储了国际移动用户标识符(IMSI)的 SIM 卡来识别，IMSI 与实际电话号码完全不同。国际移动用户标识符(IMSI)只用于蜂窝网络的内部应用。

例 11.5　典型蜂窝网络里的编号策略

一名芬兰用户的电话号码是 358-40-770-5246，前三个数字是国家代码，接下来的两个数字是具体的 MSC 代码，其余的是电话号码。同一用户的国际移动用户标识符(IMSI)却是在 244-91 后面再加上 10 位数字，它与电话号码完全不同。前三个数字的 IMSI 号码识别国家，即芬兰，接下来的两个数字是运营公司的代码(服务提供商 Telia)。

游客位置寄存器(VLR)的功能与归属位置寄存器(HLR)相似，不同之处在于它是一个识别在 MSC 管辖区域中漫游用户信息的临时数据库软件。游客位置寄存器(VLR)给漫游用户分配一个临时移动用户标识符(TMSI)，其目的是为了避免在空中接口中传送国际移动用户标识符(IMSI)。在本地和接入地为移动站维护两个数据库，这样当移动站接入不同 MSC 管辖的区域时，即处于漫游状态时，也可以提供对此移动站的呼叫路由和拨号。如同在第 6 章和后续章节所述，这种采用两个数据库来支持用户移动的机制，几乎被所有的移动网络所采用。

认证中心(AuC)用于管理实现用户认证和用户加密的不同算法。不同类别 SIM 卡的加密算法不同，因此认证中心分别收集所有这些算法，从而使网络和交换子系统(NSS)能够管理来自不同地区的不同终端。

设备识别寄存器(EIR)是另一个数据库软件，用于对移动站设备故障或失窃认证进行管理。这个数据库记录了含有设备生产商、生产国家和类型等参数的国际移动用户标识符。这些信息可以用于手机被盗报告和监测手机是否在被许可的规范内运行。服务提供商可选择是否安装设备识别寄存器。

11.3　支持移动环境的机制

至此，我们已经描述了一个可无线接入 PSTN 的典型数字蜂窝网络的软件和硬件组成部分，现在就可以讲解蜂窝网络是如何利用这些要素来实现不同的功能。在所有设计用于连接 PSTN 的广域网无线接入技术中都嵌入了 4 种机制，移动电话可以借助它们在网络里建立和保持连接。这 4 种机制是注册机制、呼叫建立机制、切换机制（切换 hand-off 或转交 handover）和安全机制。用户在网络中开启移动设备时就需要注册，而呼叫建立机制则发生在用户发起或接收一个呼叫时，切换机制帮助移动站在呼叫过程中改变与网络的接入点，最后由安全机制保护用户免受欺诈和窃听。对于上述机制的一般性描述已在第 6 章介绍，本节将以典型 TDMA 体系结构中的实现为例详细介绍它们的实现，该典型 TDMA 系统通过授权的频段广域无线接入到 PSTN 中。当讨论注册机制和呼叫建立机制时，将它们与 PSTN 中与之相似的机制进行对比讲解，从而可以更直观地阐述蜂窝无线网络的复杂机理。

11.3.1　注册

当申请模拟电话业务时，电话公司会用一对电话线将家用电话连接到 PSTN 端局交换机的一个端口上。然后，电话号码会被登记在电话网的数据库中，并且该注册信息是固定的。因此，有线接入网络的连接和注册过程只需要操作一次，此后只要业务申请是有效的，连接就是活跃的，注册也会持续生效。但是，对于蜂窝网络的无线接入，每当开启移动设备时，都需要建立新的连接，并可能需要在网络中重新注册。事实上，在不同的地区，我们也许要通过一个不属于自己服务提供商的基站来接入网络。因此，一个无线网络所需的注册过程比一个有线网络的注册过程要复杂很多。

从技术上讲，一旦开启了移动设备，它就被动地同步到蜂窝网络的频率上。然后，它与最近的基站实现比特和帧同步，从而准备与基站进行信息交换。完成初步设置后，移动设备读取系统和蜂窝的标识符，以确定其在网络中所处的位置。整个过程通常被称为小区搜索。如果移动设备的当前位置与之前的发生了变化，那么移动设备启动注册程序。在注册过程中，网络为移动设备提供一个信道，用于初始的信令交互。移动设备提供自身身份信息，以换取网络身份信息，最后，网络对移动设备进行认证。如果移动设备在先前的区域开启，那么这种连接是最简单的。但是，当移动设备在一个新的 MSC 管辖区中打开时，就需要改变游客位置寄存器（VLR）和归属位置寄存器（HLR）中存储的所有信息，此时这种注册过程是最复杂的。下面举例说明当移动设备在新的 MSC 里开机时，典型无线接入 PSTN 的注册过程的复杂性。

例 11.6　注册过程

如图 11.3 所示，在一个典型的数字蜂窝电话网络中，当移动设备在一个新的 MSC 管辖区中开机时，需要 12 个注册步骤。在前 4 个步骤中，移动站和基站系统之间建立一个无线信道用于处理注册申请。接下来的 4 个步骤，完成网络和交换子系统对移动站的认证。此后的 3 个步骤向移动站分配一个临时移动用户标识符（TMSI），同时调整存储于

VLR 和 HLR 中的表项。最后一步，释放用于传送报文的临时无线电信道，开始在业务信道上传输信息。

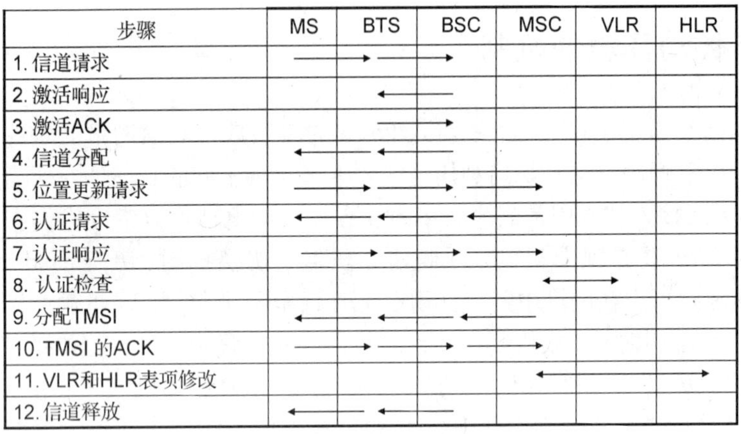

步骤	MS	BTS	BSC	MSC	VLR	HLR
1. 信道请求	→	→				
2. 激活响应		←				
3. 激活ACK		→				
4. 信道分配	←	←				
5. 位置更新请求	→	→	→			
6. 认证请求	←	←	←			
7. 认证响应	→	→	→			
8. 认证检查				↔		
9. 分配TMSI	←	←	←			
10. TMSI 的ACK	→	→	→			
11. VLR和HLR表项修改				↔	↔	
12. 信道释放	←	←				

图 11.3　典型数字蜂窝网络的注册过程

11.3.2　呼叫建立

传统无线接入到 PSTN 的呼叫建立开始于一个拨号过程。在这个过程中，电话号码先被传送给最近的 PSTN 交换机，然后，在那里利用路由算法找到通过中间交换机到达目的地的最佳路径。链路建立之后，位于目的地的最后一个交换机(端局)向主叫方反馈一个信号，说明被叫是否处于空闲状态，而这个信号要显示给主叫方的用户。当目的地终端设备摘机时，向主叫方的端局发送另一个信号以停止对方的等待音，并建立通信链路。在移动环境下，需要两个链路建立过程，分别是移动网-固话网的呼叫建立和固话网-移动网的呼叫建立。移动网-移动网的呼叫则是前两种呼叫建立的组合。下面用两个事例来说明在典型蜂窝网络中这两种呼叫建立的详细过程。

例 11.7　手机发起的呼叫

相对于传统有线接入 PSTN 的 5 个呼叫建立步骤，在一个典型的数字蜂窝网络中，变成了 15 步的呼叫建立过程。如图 11.4 所示，准备用于呼叫建立的 5 个步骤与典型数字蜂窝网络注册过程的步骤是一样的。接下来的两个步骤开始加密以提供防窃听保护。最后，除了多了一个业务信道的分配程序，其余的呼叫建立步骤与有线网络类似。

例 11.8　目的地是移动终端的呼叫过程

最复杂的呼叫建立情况是固定电话拨打一个正漫游到其他 MSC 的移动电话。如图 11.5 所示，拨号后，此次呼叫由 PSTN 送至被叫移动电话所属的 MSC。然后，这个 MSC 从归属位置寄存器(HLR)中获得路由信息。在本例中，因为移动电话漫游在其他 MSC 的管辖区域内，所以为了确定移动电话的位置，需要将新 MSC 的地址发送至其所属 MSC，以使原 MSC 和新 MSC 建立联系。在新 MSC 中，游客位置寄存器(VLR)开始在其管理的所有基站子系统(BSS)中发起一个寻呼过程。收到 MS 的回复后，VLR 将所需的参数发送给新 MSC，使新 MSC 建立与 MS 的连接。

步骤	MS	BTS	BSC	MSC
1. 信道请求	→	→		
2. 信道分配	←	←		
3. 呼叫建立请求	→	→	→	
4. 认证请求	←	←	←	
5. 认证响应	→	→	→	
6. 加密命令	←	←	←	
7. 加密就绪	→	→	→	
8. 发送目的地址	→	→	→	
9. 选路响应	←	←	←	
10. 分配业务信道	→	→		
11. 业务信道建立	←	←		
12. 空闲/忙信号	←			
13. 呼叫接受	←	←	←	
14. 连接建立	→	→	→	
15. 信息交互	↔			

图 11.4　在一个典型的数字蜂窝电话网络中手机发起呼叫的建立过程

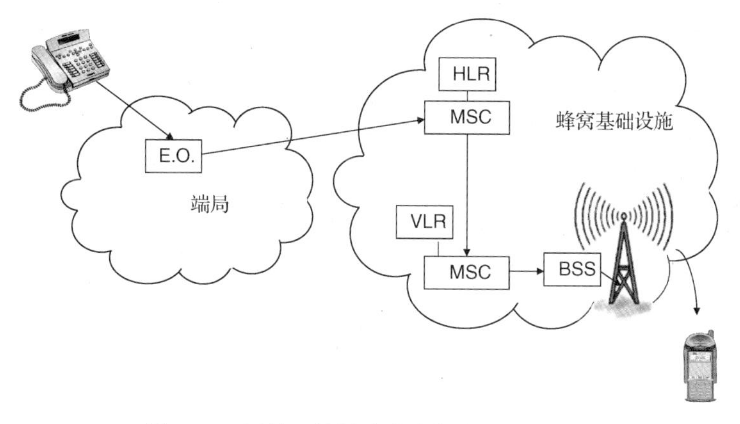

图 11.5　目的地是漫游移动终端的呼叫过程

11.3.3　切换

无线接入 PSTN 时切换的过程大体上按照第 6 章里处理移动管理的过程执行。在本节中我们介绍一个详细实例，说明在典型 TDMA 无线接入 PSTN 时终端辅助的切换过程是如何工作的。切换有两种类型：内部和外部。内部切换是指在同一基站的不同基站收发信系统之间的切换，而外部切换是指属于同一 MSC 的不同基站之间的切换。两个不同 MSC 的基站之间有时也会发生切换，在这种情况下，原来的 MSC 继续处理呼叫管理业务。两个不同国家的 MSC 间的漫游是被禁止的，这种漫游的呼叫会被直接切断。

切换是由多种原因引起的，其中在小区边界对移动电话信号功率变化的检测是产生切换的最常见原因。其他引起切换的原因还包括负载均衡。所谓负载均衡，是指通过将呼叫从高度拥塞的小区转移到低负荷小区的方式，以缓解网络的阻塞程度。切换可以是同步的，也可以是异步的，具体取决于涉及的两个小区是否同步。由于在前一个方案中移动站不需要完成自身的重新同步过程，所以切换延迟更小（相对于异步情况 200 ms 的延迟，同步情况为 100 ms）。

图 11.6 显示了在典型蜂窝状网络中由同一个 MSC 控制的两个基站（BS）之间完成一次

切换的详细过程。基站收发信系统为移动站提供相邻小区的可用信道列表。移动站侦听来自这些相邻小区的接收信号强度(RSS)，并将侦听到的参数上报给 MSC。如第 6 章所述，这被称为移动辅助的切换。基站收发信系统也监控来自移动站报文的接收信号强度，以决定是否切换，并使用专门的算法来决定何时切换。如果做出了切换的决定，那么 MSC 和新基站收发信系统协商建立一个新的信道，同时利用切换命令指示移动站准备实施切换。当切换完成时，移动站用一个发送给 MSC 的切换完成报文作为切换完成标识。

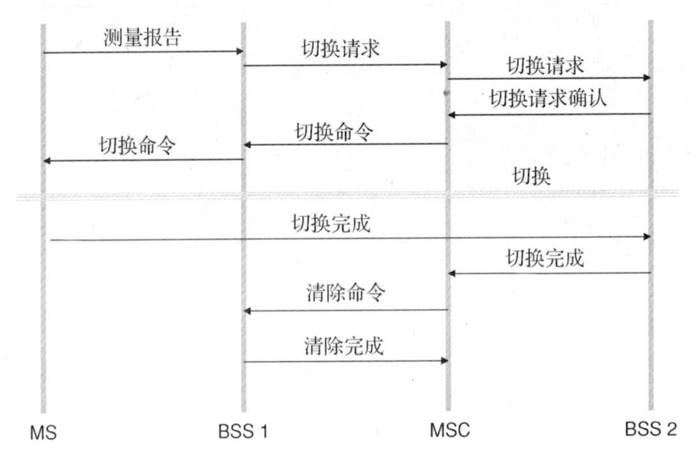

图 11.6　同一个 MSC 控制下的两个 BSS 间的切换过程

11.3.4　安全

蜂窝系统中的安全机制，通常用于防止认证过程中的欺骗，以及避免无线传输时用户号码被窃取，并在可能情况下加密通话。所有这些安全措施都是采用专用(秘密)算法实现的。

无线通信对于安全的要求与有线通信很相似(参见第 6 章安全和加密的详细讲解)，但是由于涉及的应用领域以及欺诈的潜在可能性各不相同，因而有线通信和无线通信采用不同的方式保障通信安全。在无线通信系统中，多个部分都需要安全机制。在蜂窝系统无线通信时，安全保密通常是为了保障个人话音通信的私密性。随着无线数据服务业务量的增加，安全领域也在发生改变。报文鉴别、认证、授权等方面也成为了蜂窝网络无线接入到 PSTN 时的重要问题。与有线网络相比，无线网络本质上是不安全的，这是因为无线信道的广播传输特性使它更容易被窃听。模拟蜂窝电话就非常容易被侦听，利用一台 RF 扫频仪就可以窃听模拟蜂窝电话的通话内容。数字无线网络如 TDMA 和 CDMA 就很难被窃听，即便使用 RF 扫频仪也不会起作用。但是，因为系统的电路和芯片可以随意获得，所以不采用安全机制的系统，也许很难阻止对它的入侵行为。

无线接入 PSTN 的保密要求：无线传输中，除了话音和数据以外还有一些控制信息，包括呼叫建立、用户位置、通信双方的用户 ID(或电话号码)等信息。由于这些信息都有被滥用的可能性，因而要确保它们的安全。在某些情况下，呼叫模式(流量分析)可以得到有价值的情报。话音和数据流量应该从保密性角度考虑予以加密。

认证和完整性：虽然安全和保密仍然是无线网络的重要问题，但是近年来其他方面的安全需求也逐渐变得重要。过去，在模拟蜂窝电话系统中存在大量的欺诈和假冒行为。虽然对于数字系统而言，实施这些行为更加困难了，但也不是不可能的。因此，需要准确地识别和认证一个移动设备。通过检查控制信息的完整性，可以确保假冒信息不会引起网络的异常运行，进而导致通信系统的大面积瘫痪。

实现： SIM 卡带有一个微处理器芯片，该芯片可以执行安全目的所需要的计算。图 11.7 和图 11.8 显示了一个典型蜂窝网络中认证和加密过程的基本原理。我们使用 GSM 作为一个典型例子说明原理，而其他系统也是采用相似的运行步骤实施的。密钥 K_i 存储在 SIM 卡，该密钥对每张卡都是唯一的。这个密钥被用于两种算法——A1 及 A2，这两种算法分别用于认证和加密。

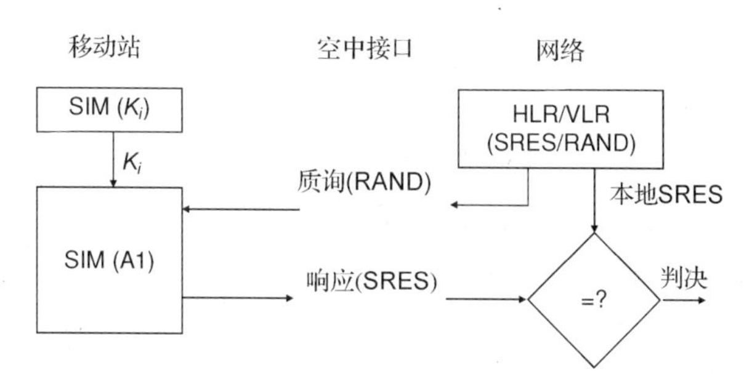

图 11.7　蜂窝网络的基本认证原理

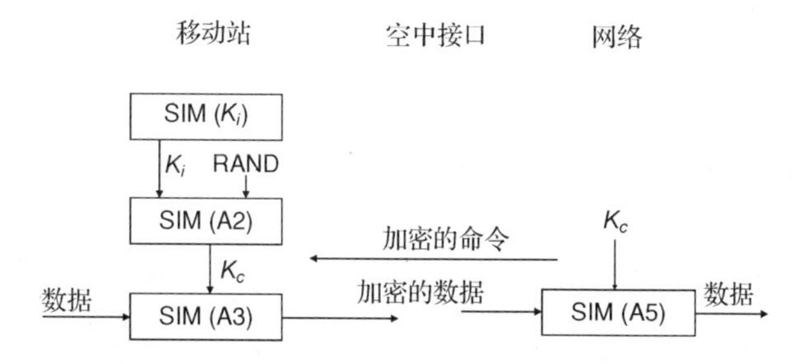

图 11.8　典型蜂窝网络加密的基本原理

用于认证时，如图 11.7 所示，密钥 K_i 用于基站子系统和 MS 之间的质询-响应认证协议中。视情可采用 A2 算法，利用密钥 K_i 来生成一个私有密钥 K_c 对信息（话音或数据）进行加密。此外，使用第三种加密算法对控制信道信号进行加密。对安全的健壮性起重要作用的是典型密钥 K_i 的长度和质询的响应。图 11.8 显示了典型蜂窝网络加密的基本原理。基于 A2 算法，利用质询随机字符串和密钥 K_i 产生一个新的加密密钥 K_c，再使用密钥 K_c 并基于第三种算法 A3 来加密数据。安全性的另一个方面是在蜂窝网络中，各系统之间不共享密钥。作为替代，由质询使用的随机数、质询的响应和加密数据密钥 K_c 构成 3 个参数，用于实现在 VLR 与 HLR 之间的交换。VLR 验证 MS 产生的响应与参数是否相同。A2 和 A3 算法是保密的，在不同系统间并不共享。

在 3G 系统里，报文认证（参见第 7 章）用于确保控制报文的认证与完整性。

11.4　通信协议

本章前面介绍了蜂窝网络业务和体系结构的组成要素，并且全面介绍了采用这种结构以支持蜂窝网络移动运行的机制。在本节中，将描述这些要素和机制是如何相互结合成整体以实现上述蜂窝网络业务的。通过标准化组织制定的协议栈，网络组成要素之间实现相互通信。标准化组织指明了所有体系结构前述各要素之间的接口。这些接口包括规定了 MS 和 BTS 之间的通信过程的空中接口，该接口是定义最详细的接口，同时也是唯一的与无线传输相关的接口。BTS 与 BSC、BSC 与 MSC 之间的接口核心来自于已有的有线协议。蜂窝网络的协议栈通常可以分为 3 层：

- 第一层：物理层
- 第二层：数据链路层(DLL)
- 第三层：网络或报文层

图 11.9 作为示例，给出了 GSM 的主要硬件要素及其相关接口相互通信的协议体系结构。BTS 和 BSC 之间的接口通过有线或光纤传输，它支持64 kbps 的话音业务和16 kbps 的数据/信令业务。这两种业务都是基于 D 信道链路接口协议(LAPD，PSTN 网络里使用的数据链路层协议)传输。将不同的 BSC 接入 MSC 的接口同样也采用有线，基于 PSTN 的现有协议。其物理层速率为 2 Mbps 的 PSTN 标准连接，采用信令协议建立通信链路。PSTN 里的报文传输协议(MTP)和信令连接控制部分(SCCP)分别用于无错传输和建立逻辑连接。这些协议都是用于建立和维护 PSTN 有线网络连接的已有协议。

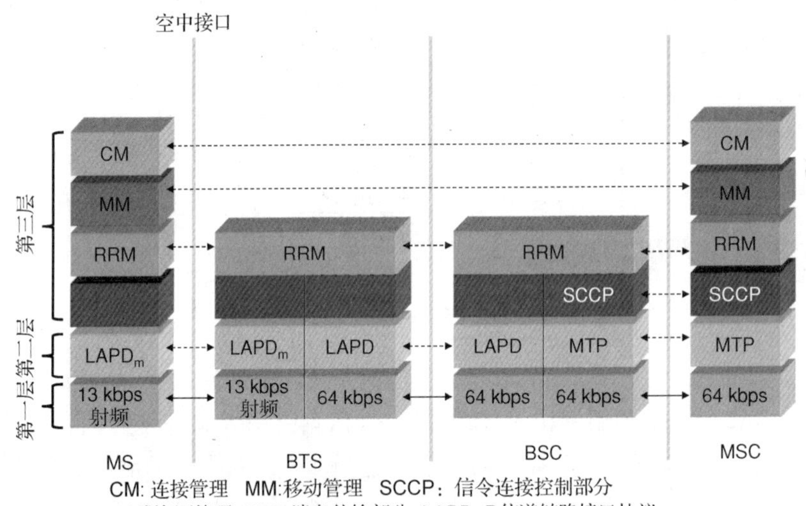

图 11.9 GSM 协议体系结构

所有用于实现接入到电路交换 PSTN 电话网的蜂窝网络，其参考模型和协议栈的总体结构是一样的。主要区别在于空中接口物理层的实现，该接口可以采用 TDMA 或 CDMA 技术。在接下来的 3 节中，将通过具体的实例详细讲解这 3 层，使读者了解一个典型的蜂窝网络如何支持不同的服务。

11.4.1 第一层：物理层

对于无线网络的有线接口，物理层通常遵循传统的 PSTN 标准，数字化语音以每用户 64 kbps的数据率在网络里传输。GSM 规范里定义的新物理层是用于空中接口的。该层指明不同话音和数据业务的信息是如何封装成分组并在无线电信道上发送的。它指明了无线电调制解调器的细节、流量的结构以及空中的控制分组，还有如何将各种业务映射到分组的比特中。该层指明了调制和编码技术、功率控制方法以及时钟同步方法，这些都用于建立和维护信道。

对蜂窝网络空中接口的典型物理层的描述是标准化组织的主要工作之一。其中包括分组如何形成和发送的细节，这些分组要携带流量和信令、控制消息，以及空中传输的信息比特所对应的信道和信号规范描述信息。在本节的剩余部分，我们描述分组在蜂窝网的三层结构中是如何形成并发送的。信道模型和传输信息比特的调制解调器设计将在 11.5 节中单独讨论。

功率和功率控制：如第 6 章所述，功率管理是无线网络的一个重要问题。蜂窝电话网络的功率管理能够帮助服务提供商控制用户之间的干扰，并减少终端上的电力损耗。因此，功率管理直接影响服务质量和电池寿命，而这些对于用户来说都是非常重要的。

GSM 里的移动站主要分为两类：车载和手持终端。车载终端使用汽车电池，而手持终端使用充电电池。车载终端的天线安装在汽车外面，远离用户身体；而手持终端的天线靠近用户的耳朵和大脑，这会引起对高辐射影响健康的担忧。有赖于基站（参见第 5 章）的性能参数，蜂窝电话网络的辐射半径从 100 m 到 35 km 不等。蜂窝小区的范围也对 BTS 和 MS 之间所需发送功率起着至关重要的作用。为了让制造商和服务提供商适应不同 MS 和 BSS 的多种需求，不同蜂窝网络标准定义了许多种辐射功率等级。例如，在 GSM 标准中，对于移动终端，将功率从 29 dBm（0.8 W）至 44 dBm（20 W）分为 5 个功率级别，相邻级别之间间隔为 4 dB。对于基站发送功率，从 34 dBm（2.5 W）至 55 dBm（320 W）范围内，以 3 dB 为步长分为 8 个级别。

移动站的射频功率通常控制在所需要的最小值（可以小到 20 mW），以减小不同小区之间的共信道干扰，并最大限度地延长电池寿命。通过监测干扰信号和接收信号的强度，基站子系统计算单个 MS 的功率等级，并通过控制信令分组将信息发送给 MS。

TDMA 物理层分组突发：在基于 TDMA 的面向连接的无线接入网络中，数据和信令控制信息是以突发分组的形式发送的。在本节中我们以 GSM 为例，描述传输系统是如何形成这些突发的。欧洲的 GSM 使用 890 ~ 915 MHz 作为上行链路（反向信道），使用 935 ~ 960 MHz 作为下行链路（前向信道）。如图 11.10 所示，每个方向占用的 25 MHz 带宽被分为 124 个信道，每个信道占据 200 kHz 带宽，而且在频谱两边各有 100 kHz 的防护频带。每个载波为 TDMA 的运行提供 8 个时隙。每个载波的数据速率为 270.833 kbps，而这是由标准带宽扩展系数为 0.3 的 GMSK 调制解调器提供的，GMSK 将在 11.5 节介绍。在这种数据速率下，每个比特的持续时间为 3.69 μs。用户突发数据分组的传输时长固定为 577 μs，其中包括信息比特和间隙期（GP），其总时长相当于 156.25 个 3.69 μs 比特传输时间。

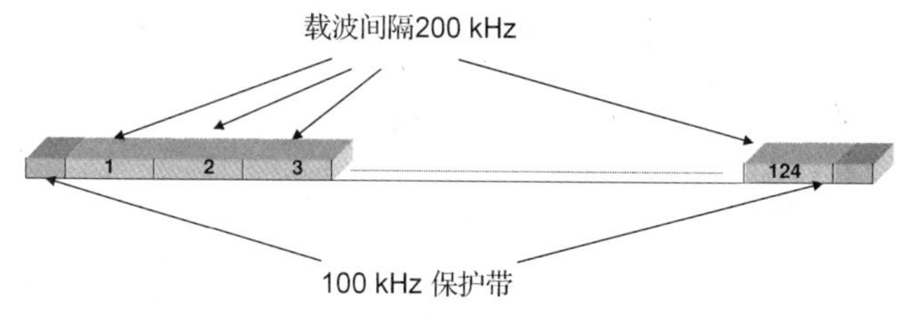

图 11.10　GSM 的频段划分

GSM 为业务和控制(或信令)提供了4种突发类型。图11.11显示了所有这4种突发分组类型。常规突发分组(NB)，如图11.11(a)所示，在分组的开始和结束部分，分别有3比特的跟踪位(TB)，还有相当于8.25比特的间隙期(GP)，两组58比特加密数据(共116比特)，以及一个26比特的训练序列。三个0比特的TB为数字无线电路提供一个间隔，用以克服发送功率上下滑动带来的不确定期，并初始化(重置)数据的卷积解码。26比特的训练序列用于训练接收端的自适应均衡器。由于在传送数据分组期间，信道的工作状态一直在持续变化，因此训练均衡器的最有效位置是在突发分组脉冲的中间部分。116比特的加密数据分组包括114比特数据，以及位于每个数据末端用于标明此数据是用户业务还是控制或信令的2个标志位。用户业务数据帧的长度为456比特，如图11.12所示，数据帧中的数据通过交织运算变成用于发送的常规突发分组(NB)。每个NB中58比特数据块由57比特数据和1位标志组成。交织的目的是通过在几个用户之间分散衰落效应以提高用户性能。由于每20 ms产生456比特，因而20 ms内到达的信息等于456比特。此标准规定了将20 ms的用户信息映射到456比特的方案。

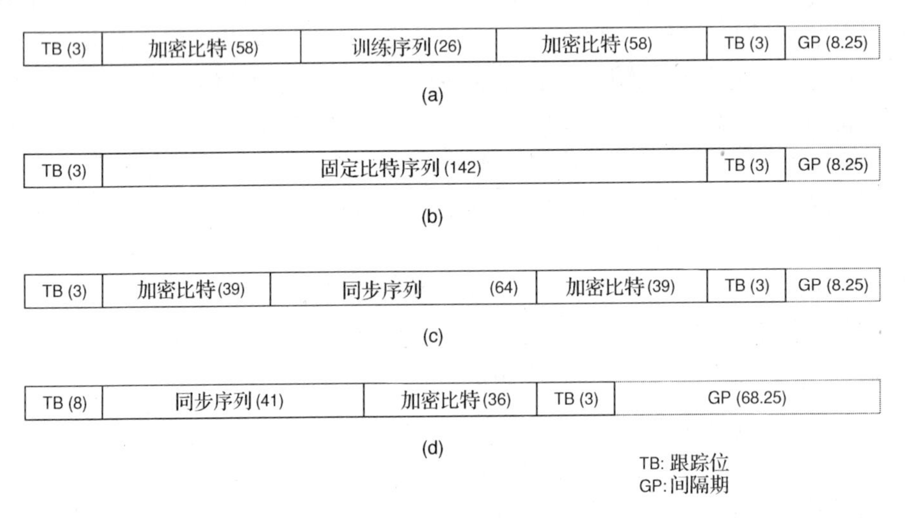

图11.11 GSM的4种突发分组类型：(a)GSM正常突发；(b)频率校正突发；(c)同步突发；(d)随机接入突发

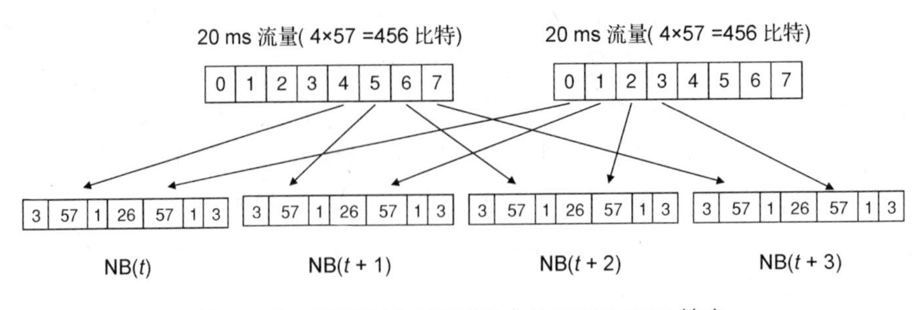

图11.12 将流量帧交织到空中的TDMA GSM帧中

例11.9 语音流量的分组化

图11.13显示了语音信号如何形成456比特的分组。对于13 kbps的编码语音，每20 ms会形成一个260比特的数据分组。前50个最高有效位先受到一个3位的循环冗余码CRC的保护，然后再被添加到第二组重要性较低的132比特，以及一个4比特的全0跟踪位。由此

产生 132 +53 +4 =189 位编码，然后用 1/2 卷积编码器进行编码，使得比特数增长两倍达到 378 比特。卷积码提供了纠错功能。这 378 比特编码与 78 比特最不重要的语音编码合在一起，组成一个 20 ms 的 456 比特的数据分组。如图 11.11 所示，利用这 456 比特的数据分组形成传输突发分组。在此编码方案中存在 3 种语音编码类型：前 50 比特既采用 CRC 检错码，也采用 1/2 编码率的卷积纠错保护码。第二组 132 比特只采用卷积纠错保护码，以及最后 78 比特不采用保护码。因此，通过将它们分成不同的类型，语音编码器可以保护代表较大电压值的更重要的比特。

例 11.10 数据编组

图 11.14 显示了 9600 bps 的数据形成 456 比特数据包的过程。192 比特的信息加上 48 比特的信令信息和 4 个跟踪位，构成一个 244 比特的数据包，然后利用 1/2 收缩卷积编码器将其扩展到 456 比特。通过减少(删除)某些比特，收缩编码可以将 1/2 卷积编码加倍后的数据减少一些[Por01]，所产生的 456 比特随后与语音分组类似的方法转换成正常突发分组。有趣的是，13 kbps 的语声编码信号和 9600 bps 的数据调制信号在空中接口上都占据相同的传输资源。更多的信道编码比特被分配到数据调制解调器数据分组中，借此获取更好的误码率性能。

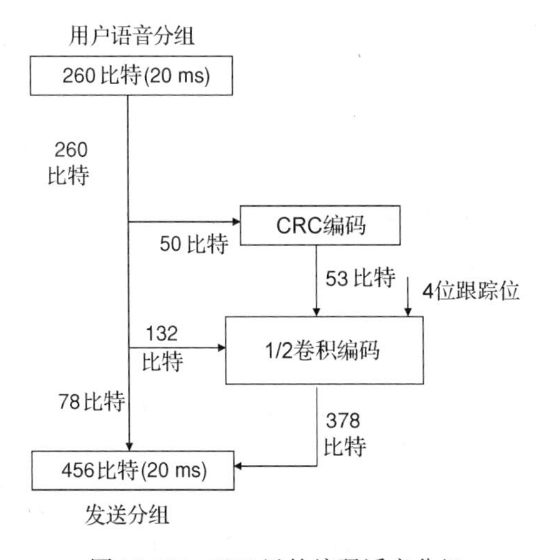

图 11.13 GSM 里的编码话音分组

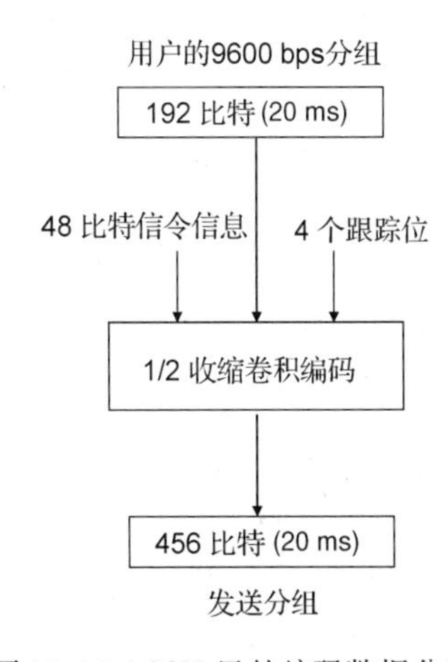

图 11.14 GSM 里的编码数据分组

例 11.11 信令信道

除了业务信道，我们还需要一些信令或控制信道，用于确定业务数据分组如何在网络内选路。信令信道使用 NB 作为在空中接口上的信道(如图 11.15 所示)，并使用 184 比特信令码传送信令报文。这些比特首先与 40 个额外的奇偶校验位和 4 个跟踪位一起采用块编码封装成一个 228 比特的数据块。然后，通过一个 1/2 卷积编码器编码，将这个 228 比特的数据块编码成一个占 20 ms 时隙的 456 比特数据分组，从而变成了如图 11.12 所示用于传输的一个突发分组。

另外 3 个类型的突发分组更加简单，都是为特定任务设计的。剩余几种突发分组中最简单的是频率校正突发分组，如图 11.11(b)所示。在突发分组的开始和末尾各有 3 个 TB。分组的其余部分全是 0 比特，这使得载波频率不需要任何调制信号就可以直接发送。一个相当于 8.25 比特持续时间的间隙期(GP)被用作这个突发分组和其他突发分组之间的间隙期

(GP)。BS 广播频率校正突发分组，移动站则利用它与系统的主时钟同步。

同步突发分组(SB)，如图 11.11(c)所示，除了两点不同之外与 NB 很相似。这两点不同分别是 SB 的训练序列更长，以及 SB 的编码数据用于完成识别网络的特定任务。BTS 广播同步突发分组，同时 MS 利用它完成均衡器的初始训练，初步认知网络身份和时隙同步。

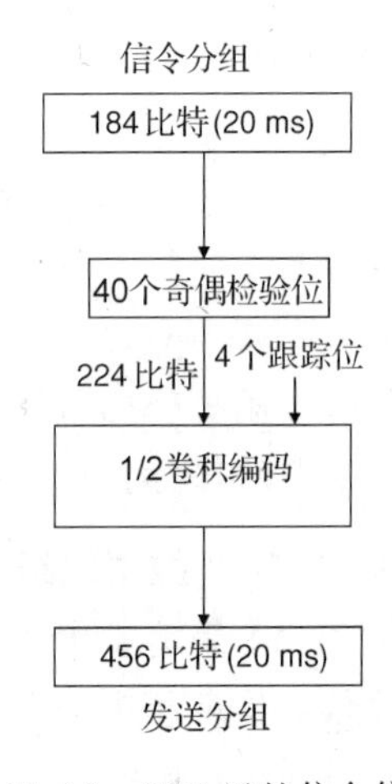

图 11.15 GSM 里的信令信道

当 MS 在网络中注册时，MS 利用随机接入突发分组接入 BS。除了有一个较长的起始和同步序列用于初始化均衡器之外，其整体结构与常规突发包相似。另一个主要的区别是 GP 的长度更大，允许粗略计算 BTS 和 MS 间的距离。这种计算可以通过判定随机接入突发分组的到达时间来实现。68.25 比特持续时间的 GP 换算为 252 μs。如果超出了此 GP，那么说明从 MS 发送的信号在到达 BTS 之前，传输距离超过了 75.5 km(速度为 300 000 km/s)。

时分多址帧层次：当采用多时隙传输用户业务信息和多种控制信息时，大量的突发分组被直接发送到不同的终端，这就需要一个分层结构并在其中能够辨别出某个突发分组的具体位置。此时每个终端需要一个计数器，用于在不同层次上跟踪与其相关的数据分组。

例 11.12　GSM 里的 TDMA 帧层次

GSM 空中接口标准提供了多种业务信道和控制信道，这两种信道被定义在一种层次结构里，而这种层次结构是在基本的 8 时隙 TDMA 传输格式的基础上制定的。该帧的层次结构如图 11.16 所示，描述了 GSM 网络的 TDMA 帧层次结构，从 0.577 ms 间隔的一个突发数据分组到一个长度超过 3.5 小时的超帧。帧层次结构的基本构件是一个 4.615 ms 的帧。每个帧包含 8 个突发分组或时隙。时隙间隔相当于约 156.25 比特，正如在图 11.11 中所看到的，当没有信号传输时，相当于 8.25 比特(对于随机接入突发包是 68.25 比特)的持续时间被用作间隙期。如图 11.16 所示，层次结构中接下来的一级是一个 GSM 的复帧。每 120 ms 的复帧由 26 个帧组成，每个帧包含 8 个时隙。在每个复帧中，24 个帧用于携带用户信息，而剩下的两个帧用于携带与单个用户有关的系统控制信息。计算每个话音用户的平均数据速率需要考虑以下情况：每 120 ms 内要发送 24 个话音突发分组，而每个分组携带 $2\times57=114$ 比特信息。因此，每个用户的平均数据速率是 $24\times114/0.120=22800$ bps。这种语音编码方式将 13 kbps 的数据速率、检错和纠错码、帧附加码以及传输间隔，一起组成高达 22.8 kbps 的传输速率。

如图 11.16 所示，8 时隙帧也可以被组合成控制复帧而不是业务复帧。控制复帧用于建立几种类型的信令和控制信道，这几种信道用于实现系统接入、呼叫建立、同步和其他系统控制功能。业务复帧或控制复帧组成超帧，超帧转而又组成超长帧。终端的计数器需要跟踪超长帧、超帧和复帧这几个级别数据分组的数量，从而实现和网络的通信。

移动终端复帧计数器需要随时跟踪本终端的业务信道。另一个计数器需要跟踪业务超帧，以确定两个控制帧的位置。利用那些帧的计数器，可以从适当的位置上将嵌入在控制复帧中的多种控制信令信息抽取出来。

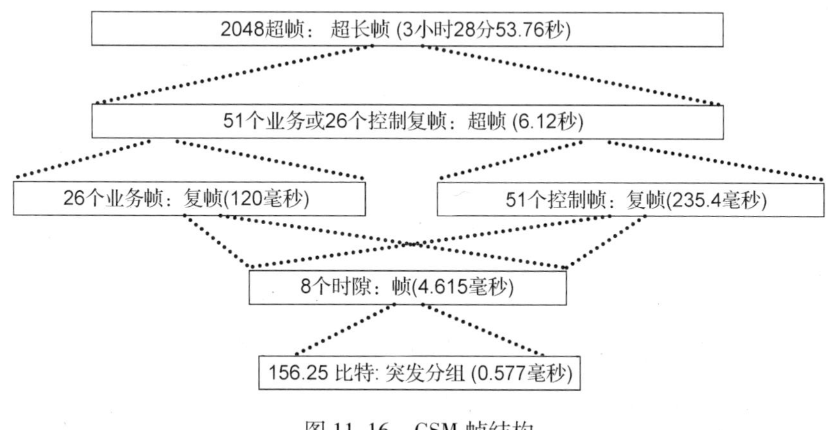

图 11.16　GSM 帧结构

逻辑信道：在上节中，我们描述了业务和控制分组如何插入 GSM 时隙体系以及终端如何使用计数器来在整个帧结构中识别特定突发分组的位置。终端和基站之间的通信包含用户信息(语音和数据)以及信令和控制信息。整个通信系统可以被认为是分布式实时计算机，使用大量指令将信息分组从一个地点搬移到另一地点。我们需要完成几个主要任务以使该系统工作。我们需要用于注册和呼叫建立的初始信令传输，需要在终端之间维持同步，需要管理移动性，同时需要完成数据业务的传递。采用与计算机类似的方式，我们需要一组指令和端口，来指示网络的不同要素完成其特定的任务。在电信系统中，这些端口被称为逻辑信道。逻辑信道采用物理 TDMA 时隙或者物理时隙的一部分来实现，用以指导网络中的某项操作。

逻辑信道通常被分为两个主要类别：业务信道和控制信道。业务信道是个双向信道，在 MS 和 BTS 之间承载话音和数据业务。业务逻辑信道在如图 11.11(a)所示的 NB 物理层突发分组之上实现。在 GSM 系统中，这些信道携带 13 kbps 语音编码数据和 9600 bps、4800 bps 和 2400 bps 数据。图 11.13 和图 11.14 分别给出了 13 kbps 语音和 9600 bps 数据帧的生成过程。就像前面看到的，当我们把各信道的信令开销加在一起时，网络的总比特率是 22.8 kbps。

控制信道可以分为 3 类：广播信道、通用控制信道和专用控制信道。广播信道由 BTS 广播给 BTS 覆盖区域内的所有移动站。这些广播信道包括频率控制信道，BTS 用它来广播载波同步信号。BTS 覆盖区域内的移动站使用该广播信道来同步自己的载波频率和比特时钟。这个信道在如图 11.11(b)所示的物理层频率校正突发分组之上实现。另外一个广播控制信道是 BTS 使用的同步信道，BTS 用它广播帧同步信号给所有移动站。使用该信道，移动站将同步其计数器，在 TDMA 帧序列中指明到达分组的各比特位置。在物理层上它采用图 11.11(c)①所示的同步突发分组实现。第三个重要的逻辑广播信道是广播控制信道，BTS 用它广播同步参数、可用业务、蜂窝 ID 以及用于切换的信号强度测量信息。一旦 BTS 和移动站之间的载波比特和帧同步建立起来，基于 NB 上实现的该信道将通知移动站有关覆盖这一区域的 BTS 的环境参数信息。

公共控制信道也是一组用于呼叫建立的单向信道。这些信道的一个例子是寻呼信道，BTS 用它在有入呼叫时寻呼对应的移动站，它也是在 NB 上实现的广播信道。另一个例子是

① 原文是图 11.9，有误。——译者注

随机接入信道，在短的如图 11.11(d)所示的随机接入突发分组上实现。移动站用这个信道接入 BTS，以建立呼叫连接，使用的是时隙 ALOHA 协议，在 GSM 业务帧里竞争一个可用的时隙。

专用控制信道是为个人用户提供信令和控制信息的双向信道。这些信道被分配给每个终端，以传送呼叫建立、移动管理的网络控制信息，以及在 BTS 和移动站之间交互必要的参数信息以维持链路。有关逻辑信道和 GSM 操作过程的更详细描述可参见[Goo97, Red95]。为了实现所需的功能，例如图 11.4 给出的移动呼叫建立过程，15 个步骤的每步都要映射到一个逻辑信道上，这些逻辑信道的先后顺序就是操作过程的具体实现。例如，信道请求报文映射入逻辑随机接入信道，安全则通过专用的其他逻辑信道实现，等等。

11.4.2 第二层：数据链路层

任何面向连接的网络都可以认为是由两个网络构成：一个用于传输业务信息，而另一个用于传输信令和控制信息。信令和控制信息既可以通过相同的物理信道传输，也可通过不同的物理信道传输。在如图 11.13 和图 11.14 所示的 GSM 业务信道中，信息比特与具有较强检错和纠错功能的代码一起进行编码形成 456 比特的分组，然后在 4 个 NB 里发送。信令和控制数据通过第二层和第三层的信息传送。第二层的总体功能是检测第三层的数据包流，并在一个物理层上实现多个服务接入点(SAP)。在 GSM 中第二层检查第三层的地址和序号，并管理传输包的确认信息。除此之外，第二层允许两个用于并行信令和短消息(SMS)的服务接入点。与其他 GSM 数据服务在业务信道上传输不同，GSM 里的短信业务信道并没有走常规的业务信道。在 GSM 里，SMS 是通过信令信道上的一个携带用户信息的伪信令分组来实现的。GSM 的第二层提供了短信数据复用到信令数据流中的机制。

图 11.17 给出了 GSM 中空中接口第二层的典型格式。地址字段是可选的，它区分了服务访问点、协议更新类型以及消息的属性。控制字段也是可选的，它记录了帧的类型(命令还是响应)以及发送和接收序号。长度指示指明信息字段的长度。信息字段承载第三层净荷。填充比特全为“1”比特，将长度扩展到期望的 184 比特。在端到端第二层通信中，例如确认信息里没有第三层净荷，填充比特将填满信息字段。

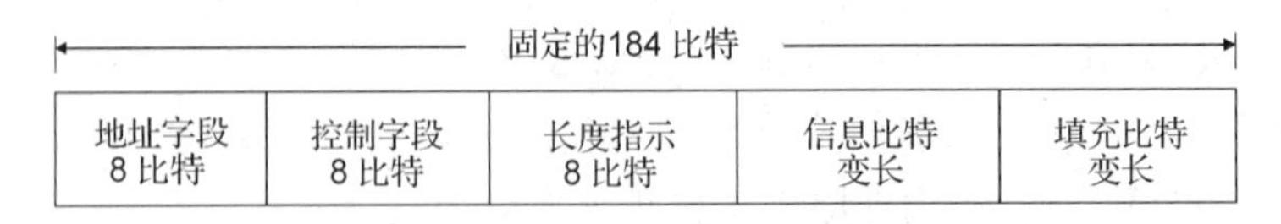

图 11.17 GSM 空中接口中第二层帧格式

11.4.3 第三层：网络层

如同 11.3 节中讨论的，需要某些机制来建立、维持和结束一个移动通信会话，网络层(信令层)提供了支持这些机制所需的协议。网络层还要负责辅助业务和短信业务的控制功能。业务信道被映射为不同的逻辑信道，然后由不同格式的常规突发分组承载，具体的格式与话音和数据服务的差异相关。信令信息采用其他突发分组和更复杂的第二层封装方式。如图 11.4 所示的注册过程中，一个信令进程、信令机制或信令协议是由一系列的通信事件组成的，或者说由系统硬件要素间的报文组成，这些报文在封装成第二层帧的逻辑信道上实现。第三层定义了封装在第二层帧中的逻辑通道上报文的实现细节。在网络的两个要素之间通信的所有报文中，只有很少一部分，如第二层确认报文，不携带第三层的信息。

图 11.18 给出了网络中两个要素交互的第二层和第三层报文的典型格式。它们首先以简单的纯第二层报文开始启动交互过程，其中不携带第三层信息位。随后跟着许多携带第三层信息的第二层报文，以完成必要的操作。最后，一对纯第二层报文断开两个要素之间的会话。第二层分组的信息位，如图 11.17 所示，指明了第三层报文的操作模式。

第三层报文的数量远大于纯第二层报文。如图 11.9 所示，为了进一步简化第三层报文的类型，通常将第三层报文分为 3 个子类或子层：无线资源管理（RRM）、移动管理（MM）和连接管理（CM）。

第二层报文 设置通信模式 无编号确认
第三层 RRM、MM和CM 报文开始 .... (第三层报文结束)
第二层报文 拆链 无编号确认

图 11.18　实现网络运行机制过程中典型的报文格式

报文名称	类别
1. 信道请求	RRM
2. 当前分配	RRM
3. 呼叫建立请求	CM
4. 认证请求	MM
5. 认证响应	MM
6. 加密命令	RRM
7. 加密就绪	RRM
8. 发送目的地址	CM
9. 选路响应	CM
10. 分配业务信道	RRM
11. 业务信道建立	RRM
12. 空闲/忙信号	CM
13. 呼叫接受	CM
14. 连接建立	CM
15. 信息交换	

图 11.19　GSM 里移动站发起的呼叫建立过程并将每一步映射到第三层的子层中

第三层的无线资源管理（RRM）子层负责管理工作频率和无线链路的质量。在有线网络中没有与这一子层相似的部分，这是因为在有线网络中通常没有信道频率分配问题。无线资源管理（RRM）子层的主要职责是：在运行慢跳频选项功能时，分配无线信道并跳变到新的信道，管理切换进程，并测量 MS 的报告以判定是否要切换，实施功率控制，以及适应前向定时同步。

移动管理（MM）子层负责处理移动性问题。这些问题与无线通信没有直接的关联。这一子层的主要职责是：位置更新、认证程序、TMSI 管理以及 IMSI 的连接和拆分过程。连接管理（CM）子层，负责建立、维护和释放电路交换连接及提供短信帮助。连接管理（CM）子层的具体进程有：移动端发起或终止的呼叫建立，在呼叫过程中传输模式的改变，使用双音控制拨号，以及移动管理（MM）子层中断后的呼叫重建。图 11.19 显示了移动呼叫初始建立的 15 步过程，这在前面已经讨论过了，每一步映射入一个第三层子类。请注意，第三层不处理业务信息，因此没有子层与业务处理部分关联。

对每个报文的编码和 GSM 报文完整列表的详细说明超出了本书的范围。对于在 GSM 第三层中使用报文的完整列表，读者可以参考[Goo97]，而进一步的操作详情可以参考[Red95]或[Gar99]。

11.5 蜂窝网络的信道模型

正如我们在第2章中说明的，无线传播建模的目的是构建支持工具，从而采用路径衰耗模型和基于散射函数的多径效应建模来计算覆盖范围，对无线传输技术进行性能评估。路径衰耗模型通常由式(2.7)给出，这里再次列举如下：

$$L_p = L_0 + 10\alpha \log d + X$$

其中，路径衰耗 L_p 与距离发射器1 m时的路径衰耗 L_0、距离-功率因子 α、发送者与接收者之间的距离 d 以及代表阴影衰落的零均值高斯随机变量 X 相关。散射函数由式(2.22)给出，列举如下：

$$S(\tau, \lambda) = Q(\tau) \times D(\lambda)$$

它是两个函数的复合。延迟功率谱：

$$Q(\tau) = |h(\tau)|^2 = \sum_{i=1}^{L} P_i \delta(\tau - \tau_i)$$

代表了到达延迟不同的多径分量接收信号功率部分，而多普勒谱 $D(\lambda)$ 则代表了每个到达多径分量的功率波动。如在第2章中所述，标准化组织分别为不同的无线网络应用定义了标准所适用的各种环境、工作频率、带宽和功率等级下的相关函数。蜂窝网络原先设计用于城区通信，户外应用一般是在车内，工作频率1 GHz以下。微电子领域的进步将设备扩展至便携式手持终端，进一步将应用领域延伸至室内环境。对更多带宽的需求导致将PCS频段拓展至接近2 GHz。上述变化的后果是，不同时期有好几个组织在对蜂窝网络应用的信道开展建模工作。这些组织将蜂窝网络的信道模型划分成蜂窝层次结构，其中包括覆盖广域的宏蜂窝，覆盖密集城市区域街道的微蜂窝，以及覆盖室内区域的模型。在本节的剩余部分，我们将概述部分模型，这些模型已在蜂窝网络的各种频率和各种蜂窝层次结构上都开发出了路径衰耗和散射函数。

表11.1 城区PCS应用的COST-231模型

一般公式： $L_p = 46.3 + 33.9 \log f_c - 13.82 \log h_b - a(h_m) + [44.9 - 6.55 \log h_b] \log d + C_M$ 其中，f_c 的单位是MHz，h_b 和 h_m 的单位是m，d 的单位是km		
取值范围		
中央频率 f_c(MHz)		1500～2000 MHz
h_b, h_m(m)		30～200 m，1～10 m
D		1～20 km
C_M	大城市	0 dB
	中等城市/郊区	3 dB

11.5.1 蜂窝网络路径损耗模型

在蜂窝层次结构中，不同位置的宏蜂窝其覆盖区域在几公里到几十公里之间。这些都是传统的“小区”，这些小区对应一个基站的覆盖区域，与传统的蜂窝电话基站相关。工作的频率主要在900 MHz左右，而随着PCS的出现，此类小区的频段调整到1800 MHz和1900 MHz

左右。许多文献报告了很多城市和地区的宏蜂窝区域的接收信号强度测量结果。传统蜂窝频段最受欢迎的测量结果是 Okumura-Hata 模型对应的结果，我们在表 2.4(2.2.5 节)里作为最受欢迎的路径衰耗模型描述过它。该模型最初为蜂窝频段设计，后来扩展到了 PCS 频段。这一扩展被称为 COST-231 模型，在表 11.1 里进行了总结。参数 $a(h_m)$ 在表 2.4 里定义，增加了校正参数 C_M，第一米的路径衰耗在表 11.1 里得到调整，以将模型扩展到 1500 MHz 之上，一直到 2 GHz 频段(现在包含了 PCS 的 1800 ~ 1900 MHz 频段，当设计原始模型时，该频段还没有放给蜂窝电话使用)。这种打补丁的扩展是蜂窝网络的信道模型特征之一，因为它们工作于昂贵的授权频段，在蜂窝电话产业发展过程中不断扩展。宏蜂窝环境下的路径衰耗模型的更多例子可以参见[Pah 05]。

微蜂窝是覆盖数百米到 1 千米左右的小区，支持它的基站天线通常低于屋顶线，通常装在路灯杆或电线杆上。

微蜂窝的形状也不再是圆形(或者近似为圆形)，因为它们被布置于城市区域的街道上，高耸的建筑物构成了城市峡谷。很少有信号能够穿越楼宇，因而微蜂窝的形状更像一个十字或者方形，这取决于基站天线的放置位置是在街道的交叉处还是在交叉口中间。传播特征非常复杂，信号的传播受楼宇和地面的反射、附近车辆的散射、在阻挡路径上楼宇角落和屋顶的衍射所影响。与宏蜂窝的无线电传播不同，微蜂窝要考虑多种特殊场景。

Bertoni 等[Har99]基于旧金山湾区的信号强度测量值开发了一个经验型路径衰耗模型，在很多情况下它与 Okumura-Hata 的模型结果相似。相应的路径损耗模型归纳见表 11.2。

表 11.2 微蜂窝的路径衰耗公式

环境	场景	路径衰耗表达
低地	不可通视	$L_p = [139.01 + 42.59\log f_c] - [14.97 + 4.99\log f_c]\ \mathrm{sgn}(\Delta h)\log(1+\lvert\Delta h\rvert) + [40.67 - 4.57\,\mathrm{sgn}(\Delta h)]\ \log(1+\lvert\Delta h\rvert)\log d + 20\log(\Delta h_m/11.8) + 10\log(20/r_h)$
高地 $h_m = 1.6$ m	街道 垂直于可通视街道	$L_p = 135.41 + 12.49\log f_c - 4.99\log h_b + [46.84 - 2.34\log h_b]\log d$
	街道 平行于可通视街道	$L_p = 143.21 + 29.74\log f_c - 0.99\log h_b + [411.23 + 3.72\log h_b]\log d$
低地 + 高地	可通视	$L_p = 81.14 + 39.40\log f_c - 0.99\log h_b + [15.80 - 5.73\log h_b]\log d,\ d < d_{bk}$
		$L_p = [48.38 - 32.1\log d] + 45.7\log f_c - (25.34 - 13.9\log d)\log h_b + [32.10 + 13.90\log h_b]\log d + 20\log(1.6/h_m),\ d > d_{bk}$

下面将详细介绍表 11.2 里的各种参数和量纲。像往常一样，d 是移动终端与发送器之间的距离，量纲是 km；h_b 是基站的高度，量纲为 m；h_m 是移动终端天线的高度，从地面算起，量纲是 m；f_c 是载波的中心频率，量纲是 GHz，范围是 0.9 ~ 2.0 GHz。除此之外，还定义了如下参数。移动终端与其最近的屋顶距离用 r_h (单位：m) 表示。作为衍射屏的屋顶(参见图 11.20)以及距离此类屋顶的最近距离(在很多情况下大约 250 m)，在非可通视条件下将起到重要作用，从而引入校正因子。最近建筑物的高度与接收机天线的差值用 Δh_m 表示，它也和 r_h 一样会引入校正因子。环境中的平均建筑物高度在微蜂窝环境下是个重要参数。基站发

送器与建筑物平均高度的相对高度差用 Δh 表示。通常 Δh 在 $-6\sim8$ m 之间。在可通视条件下，可以观察到有两个明确的路径衰耗陡坡，一个在近端区域，一个在远端区域。断点距离 d_{bk} 用于分割路径衰耗的两个分段的线性拟合(参见 2.2.5 节 WLAN 的断点模型)。断点距离依赖于基站的高度、移动台天线的高度以及载波的波长 λ(量纲均为 m)，其公式为 $d_{bk}=4h_bh_m/1000\lambda$。

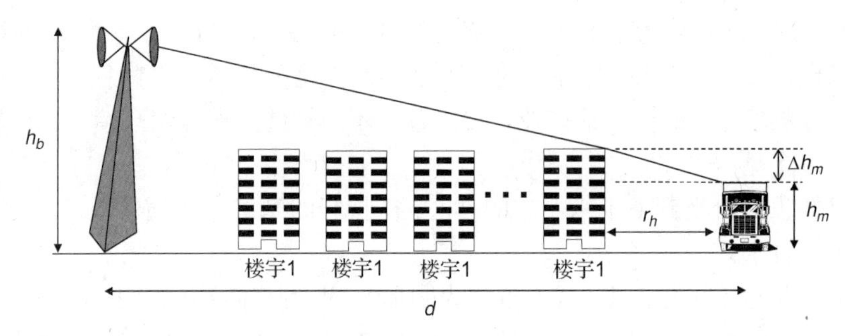

图 11.20 微蜂窝的几何图，r_h 和 Δh_m 的定义

例 11.13 微蜂窝的路径衰耗计算

运行在城市高楼区域内的某 1.8 GHz PCS 系统，试判定其 BS 和 MS 之间的路径衰耗。MS 位于 BS 所在街道的垂直街道上。BS 和 MS 距离街道交叉口的距离分别为 20 m 和 30 m。基站高度是 20 m。

解： 移动站到基站的距离是 $(20^2+30^2)^{1/2}=36.05$ m。使用表 11.2 对应的等式，我们可以将路径衰耗写为：

$$L_p = 135.41 + 12.49\log f_c - 4.99\log h_b + [46.84 - 2.34\log h_b]\log d = 68.89 \text{ dB}$$

除了上面提到的经验模型，也有些理论模型[Ber94]预测微蜂窝环境下的路径衰耗，它们被许多标准化组织所采纳。另外一个微蜂窝环境的可用模型是 JTC 模型，在[Pah94]里解释。这个模型采用与 COST 模型类似的方式提供了 PCS 微蜂窝的模型。

在户外区域的模型里，路径衰耗和天线高度的关系是线性的。其结果是，以 dB 表示的路径衰耗，在计算宏蜂窝和微蜂窝的路径衰耗计算公式里，与基站的天线高度呈对数关系。[Ber94]的测量结果表明，当我们在多楼层结构中考虑室内传播时，这一假设并不合理。某种情况下，有理论解释指明在楼层数量增加时，逃逸窗外的衍射会带来重要影响。

对路径衰耗和距离的线性关系的改进是增加一个非线性函数，该函数输入是路径衰耗模型中涉及到的楼层数，如下式：

$$L_p = A + L_f(n) + B\log d + X \tag{11.1}$$

此处 $L_f(n)$ 代表楼层数 n 对应的功率衰耗函数，X 是个对数正态分布的随机变量，代表阴影衰落。这种设置类型通常用于多楼层建筑物，服务提供商在楼顶安装一个天线，或者在某中间楼层安装天线以覆盖该建筑的几个楼层。表 11.3 给出了以 dB 为量纲的几个推荐参数，用于式(11.1)在 1.8 GHz 载波频率处计算路径衰耗。表格的行给出了第一米路径衰耗，距离-功率关系因子，计算多楼层路径衰耗的公式，以及对数正态阴影衰落参数的标准差。假设基站和移动设备在同一幢大楼里。参数按照三类室内区域给出，分别是住宅、办公室以及商业建筑。该表取自[JTC94]里描述的 PCS 应用的无线信道模型。

表 11.3　室内路径衰耗计算(JTC 模型)的参数

环境	住宅	办公室	商业建筑
A(dB)	38	38	38
B	28	30	22
$L_f(n)$(dB)	$4n$	$15+4(n-1)$	$6+3(n-1)$
对数正态阴影	8	10	10

11.5.2　蜂窝网络散射函数模型

蜂窝网络的最早散射函数模型之一是 GSM 工作组为宏蜂窝操作定义的。该工作组定义了一组信道模型，采用离散的延迟功率谱，其长度因农村地域、城市地域和丘陵地带而不同[GSM91]。每种路径可选用的多普勒功率谱要么是 Rician 模型，要么是经典的瑞利模型。采用类似窄带信号的仿真方式，经典瑞利模型的多普勒功率谱是：

$$D(\lambda)=\frac{1}{2\pi f_m}\times\left[1-\left(\frac{\lambda}{f_m}\right)^2\right]^{-\frac{1}{2}},\quad -f_m\leqslant\lambda\leqslant f_m \tag{11.2}$$

此处，f_m是可能的最大多普勒频移，它与移动终端的速度有关，其公式为$f_m=v_m\times c/f$。v_m是移动速度，f 是无线电信号的中央波长。注意此处我们使用λ作为多普勒频率而不是波长。

Rician 功率谱是经典多普勒功率谱和一个直达路径之和，并经过加权，以使总的多径功率与单独直达路径功率相同：

$$D(\lambda)=\frac{0.41}{2\pi f_m}\left[1-(\lambda/f_m)^2\right]^{-1/2}+0.91\delta(\lambda-0.7f_m),\quad -f_m<\lambda<f_m \tag{11.3}$$

要仿真信道，每个位置上的绝对功率由 Okumura-Hata 路径衰耗模型确定。该组织推荐的延迟功率谱 $Q(\tau)$示例在图 2.22 中给出。COST-207 标准委员会推荐采用该模型的微小差异版本来仿真 GSM 信道[Cos86]。

JTC 推荐一个更精细和详尽的模型来仿真不同区域 1900 MHz PCS 频段的无线电传播特性[JTC94]。这一规范包括室内和室外信道的参数。该建议书的路径衰耗模型在 11.5.1 节中讨论过，这里我们讨论[JTC94]里定义的多径剖面结构。JTC 模型的通用结构和 GSM 模型相同，但是 JTC 模型更丰富。JTC 模型将环境分为室内和两个室外类别。内部区域随后又被分为住宅、办公室和商业区。外部区域包括城市高楼、城市/郊区低楼宇和室外居住区。每一类室外区域被细分为其他类别，划分依据是发送器天线高度与建筑物顶的相对关系。每一类跟我们描述的 GSM 模型一样仿真无线信道。该模型为每一类离散时间模型定义两种类型的多普勒频谱——经典瑞利和平坦类。经典频谱与 GSM 模型里使用的瑞利频谱类似。平坦频谱用于仿真室内区域的多普勒频谱，由下式定义：

$$D(f)=\frac{1}{2\pi f_m},\quad -f_m<f<f_m \tag{11.4}$$

由于同一个区域的每条无线电链路多径特性差别可能很大，该模型为每种环境推荐了 3 种不同的信道剖面类型，提供了广泛的多径延迟类型，覆盖了区域里每一种类别。表 11.4 ~ 表 11.6提供了 JTC 室内区域宽频带多径信道模型列表。每个表有 3 个信道模型 A、B 和 C，对应好、中、差条件。在参考阅读[Pah05]中我们对此模型有进一步的讨论，对所有 JTC 模型的详细描述可参见[JTC 94；Pah05]。

表 11.4 商业建筑室内的 JTC 宽频带多径信道参数

类型	信道 A		信道 B		信道 C		多普勒功率谱 $D(\lambda)$
	相对延迟(ns)	平均功率(dB)	相对延迟(ns)	平均功率(dB)	相对延迟(ns)	平均功率(dB)	
1	0	0	0	0	0	0	平坦
2	100	-5.9	100	-0.2	200	-4.9	平坦
3	200	-14.6	200	-5.4	500	-3.8	平坦
4			400	-6.9	700	-1.8	平坦
5			500	-24.5	2100	-21.7	平坦
6			700	-29.7	2700	-11.5	平坦

表 11.5 办公建筑室内的 JTC 宽频带多径信道参数

类型	信道 A		信道 B		信道 C		多普勒功率谱 $D(\lambda)$
	相对延迟(ns)	平均功率(dB)	相对延迟(ns)	平均功率(dB)	相对延迟(ns)	平均功率(dB)	
1	0	0	0	0	0	0	平坦
2	100	-8.5	100	-3.6	200	-1.4	平坦
3			200	-11.2	500	-2.4	平坦
4			300	-10.8	700	-4.8	平坦
5			500	-18.0	1100	-1.0	平坦
6			700	-25.2	2400	-16.3	平坦

表 11.6 住宅建筑室内的 JTC 宽频带多径信道参数

类型	信道 A		信道 B		信道 C		多普勒功率谱 $D(\lambda)$
	相对延迟(ns)	平均功率(dB)	相对延迟(ns)	平均功率(dB)	相对延迟(ns)	平均功率(dB)	
1	0	0	0	0	0	0	平坦
2	100	-13.8	100	-6.0	100	-0.2	平坦
3			200	-11.9	200	-5.4	平坦
4			300	-111.9	400	-6.9	平坦
5					500	-24.5	平坦
6					600	-29.7	平坦

11.6 TDMA 蜂窝网络的传输技术

在选择无线应用所要采用的调制技术时，可能需要考虑很多因素。这些需求在 TDMA 系统里限制性更强，该系统里使用了单载波，在传输过程中没有使用扩展频谱技术。从广义上说，载波调制技术可以划分为 3 类，分别是幅度、频率和相位调制技术。TDMA 数字蜂窝传输技术设计采用特定类型的高功率效率放大器，这类放大器是常见的功率放大器中功率利用率最高的。然而，这些放大器具有很强的非线性特征，因此它需要发送信号的包络接近恒定。除此之外，为了在多载波下工作，它们必须应对大量因衰落导致的幅度抖动。其结果是幅度调制技术不受欢迎，而频率和相位数字调制技术在该产业里作为传统的调制技术崭露头角。TDMA 网络的无线电调制解调器同时需要旁瓣低，以使相邻载波频率的干扰最小。发射台给其正在发送的用户信道紧邻的上部和下部用户信道带来的干扰被称为邻信道干扰，它是设计 TDMA 蜂窝系统时需要考虑的主要参数。一个靠近天线的移动站的带外干扰对更远的移动站来说是严重的干扰源。因此，在设计 TDMA 蜂窝网络的传输系统时，需要特别小心以确保发送信号的旁瓣值非常低。另外一个设计 TDMA 无线电调制解调器的重要因素是对多径的敏感性。各种调制技术对于多径有不同程度的抵抗能力。在开发数字蜂窝和 PCS TDMA 标准时它是需要考虑的主要问题，需要确保在该标准指明的全部使用地域范围内，用户能够有效应对可能会遇到的最恶劣多径情况。此处我们介绍 GSM 使用的高斯最小频移键控(GMSK)调制技术，以此为例介绍 TDMA 蜂窝网络采用的传输技术。

频率调制是移动无线电行业里主流的模拟调制技术。数字频率调制被称为频移键控(FSK)，它是无线通信中简单和常用的技术手段。图 11.21(a)显示了二进制 FSK 调制的基本原理。二进制的基带数据流在发送到信道之前，被编译成两个不同频率的信号。如图 11.21(b)所示，为了最简单地实现这种调制，可以将二进制数据流直接送入一个传统的模拟 FM 发送器中，并在接收方使用一个模拟 FM 接收器对信号进行解调。在理想情况下，模拟 FM 发送器在其输出端将报文信号的瞬时幅值，线性地映射到一个变频的等幅正弦波上。因为一个二进制输入信号只有两种级别的幅值大小，所以输出的将是一个双频的恒定包络信号，其两个频率对应两个不同的信号电平。如果基带输入信号有多个电平，则输出将仍然是恒定包络的信号，其频率的数量将和发送信号的电平数量一样多。

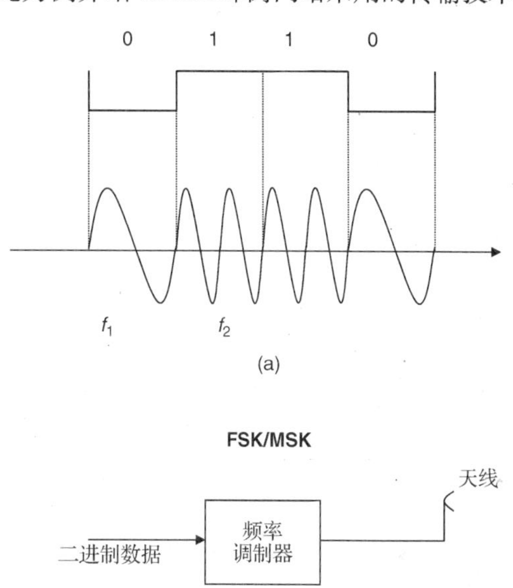

图 11.21　(a) FSK 基本概念；(b)使用频率调制收发器实现FSK

设计 FSK 调制技术的一个重要参数是频率间的频率间隔。这个间隔距离不仅代表了 FSK 信号占用的带宽，而且是在接收端为保持最佳检测采用的具体数值。检测的目的是为了确保传输码元的正交性。对于非相干检测(当接收器不锁定接收的载波相位时)，FSK 调制技术使用频率间的最小间隔 $1/T_s$[①]，其中 T_s是传输数据码元的持续时间。对于相干解调，频率间的最小间隔可减少为 $1/2T_s$。这是为了确保传输码元正交可以接受的最小频率间隔。最小间隔为 $1/2T_s$ 的 FSK 调制技术称为最小频移键控(MSK)，在设计 GSM 时，最小频移键控(MSK)是一种在无线通信领域中非常流行的传输技术。

如图 11.22 所示，如果要使 MSK 信号的无线电通信更具有吸引力，那么在调频之前，需要将发送的数字信号进行滤波，以减少由旁瓣导致的干扰。最常用的滤波器是高斯滤波器，而采用这种滤波器的调制技术称为高斯最小频移键控(GMSK)，这是在 TDMA 无线网络中最常用的调制技术。频率调制器的输出端发送信号仍然是个恒定包络的信号，避免了功率放大器可能会引入的非线性。在时域上，高斯滤波器平滑了电压电平的突变转换。因此，在从一

① 原文是 $1/2T_s$，根据上下文判断，此处有误。——译者注

个电平频率转换到另一电平频率时，将有一个平滑的过渡，这会减少传输的频率调制信号的旁瓣干扰。由于相位代表了载波频率随时间的变化，频率的逐渐转换调制技术不会导致信号相位的突然跳变，因此它们被称为连续相位调制技术。蜂窝 TDMA 无线电信道的期望调制技术是连续包络连续相位调制技术，它能够避免非线性，并且旁瓣很低。GMSK 是连续包络连续相位调制技术的理想范例。

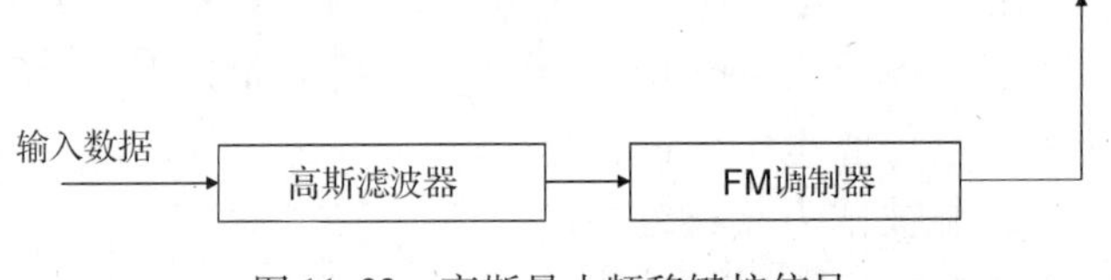

图 11.22 高斯最小频移键控信号

影响 GMSK 性能的一个重要因素是时间带宽积 $W \times T_s$。在这里，W 是 3 dB 带宽，T_s是符号持续时间。图 11.23 显示了高斯滤波器归一化 3 dB 带宽时 $W \times T_s$变化导致的 GMSK 信号谱密度。对于 $W \times T_s \to \infty$，高斯滤波器的带宽是无限的(没有过滤)，系统此时实际是个 MSK 系统。当滤波器带宽逐渐变窄时，发送信号的旁瓣以及对应的邻信道干扰都在减小。与之对应的是，过滤器的带宽减少进一步平滑了时域的电平转换，从而增加了接收端检测到差错的概率。调制解调器的设计者必须在邻信道干扰和检测差错率之间取折中。GSM TDMA 标准为蜂窝电话应用的初始设计中建议 $W \times T_s$值为 0.25，其他标准中设计用于移动数据应用时，$W \times T_s$ 参数值高达 0.5。

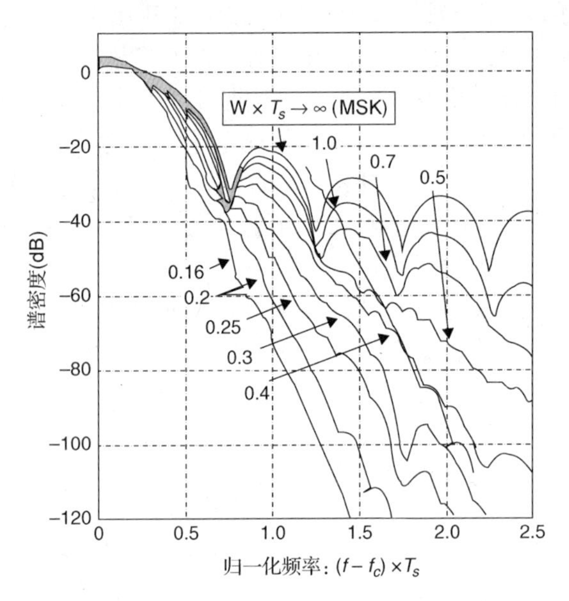

图 11.23 不同 $W \times T_s$积下的 GMSK 信号谱

对于 AWGN 条件下的稳定信号接收，[Mur81]给出的 GMSK 比特差错概率是：

$$P_b = \frac{1}{2}\text{erfc}(\sqrt{\alpha\gamma_b})$$

其中参数 α 是一个与归一化带宽 $W \times T_s$相关的常数。α 的取值由下式决定：

$$\alpha = \begin{cases} 0.68 & \text{当采用 GMSK 时，} W \times T_s = 0.25 \\ 0.85 & \text{当采用简单 MSK 时，}(W \times T_s \to \infty) \end{cases}$$

从这些 α 的取值可以看出，当 $\alpha = 0.25$ 时 GMSK 的性能比 MSK 的性能下降约 1 dB，因此在 GSM 设计中取 $\alpha = 0.25$。图 11.24 比较了 GMSK 和 QPSK 调制的差错概率。GMSK 的性能比 QPSK 的稍有降低，但是它拥有理想的恒定包络特性。其他 TDMA 网络使用了 QPSK 的变种，其变化的意图是使得 QPSK 的包络更接近恒定包络[Pah05]。

更高的带宽效率要以更复杂的相干实现以及更低的未编码比特差错率需求为代价获得。数据业务通常在比特差错率上较面向话音的网络有更严格的限制。蜂窝网电话可接受比无绳电话更低的质量，因为无绳电话设计用于有线品质的操作。需求的多样性与特定业务的可用带宽结合在一起，形成了不同标准里的调制参数的多样性。

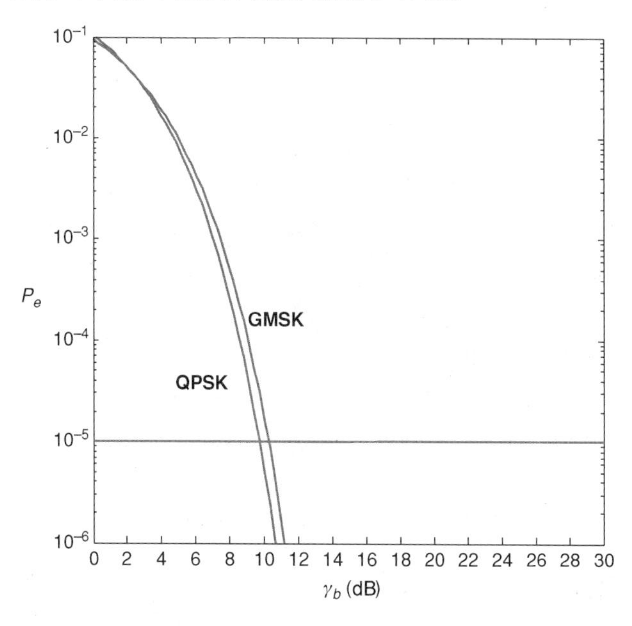

图 11.24　GMSK($\alpha=0.25$)和 QPSK 的每比特信噪比与差错概率关系图

11.7　用于因特网接入的 TDMA 演进

本章所描述的 2G TDMA 技术在上世纪 80 年代中期时原设计用于替代模拟蜂窝电话，设计的焦点在于提供更可靠的蜂窝电话应用，以及一些补充业务。在上世纪 90 年代中期，因特网和数据应用开始作为重要的通信手段显现，无线数据通信开始引起注意，从而导致多种技术在该领域的出现。这些技术被划分为采用其自身体系结构的技术，使用蜂窝网络基础结构，其自身的空中接口和技术被综合入现有蜂窝基础设施和空中接口中的技术[Pah94]。后者最终发展起来，成为第一个广为采用的移动数据网络。这些系统构建于现有数字蜂窝网络基础上，它们可以支持分组交换数据，旨在无线连接上提供更高的数据速率。这些网络的具体实现需要改变空中接口，以及蜂窝网络的有线基础设施。在本节中我们解释这些系统是如何在 TDMA 蜂窝网络里发展起来的，以及发展这些系统需要做哪些根本性的改变。

11.7.1　体系结构和 MAC 层的改变

设计用于采用 TDMA 方式接入因特网的网络重用了现有的 TDMA 基础设施，类似于图 11.1 和图 11.2，所设计的终端如果要连接到 PSTN，需要通过 BSS 和 BSC。数据分组使用相同的物理层突发分组，这些分组会到达 BSS 和 BSC，但是它们将被重定向到因特网，而不是到 MSC 后再到 PSTN。要把分组重定向到因特网，通常 TDMA 网络使用两个硬件要素，首先是一个嗅探器，它负责提取和将分组交换数据交付给/取自于 BSC，其次是一个移动路由器，它负责将分组引导至/取自因特网，同时支持移动操作(图 11.25)。移动路由器与 MSC 等效，MSC 是 PSTN 的网关交换机，它们都可以处理连接到其端口上的终端的移动性问题。在蜂窝网络产业这些节点有时也被称为支撑节点。嗅探器支撑节点负责分组数据业务，而移动路由器则是移动接入互联网的网关。

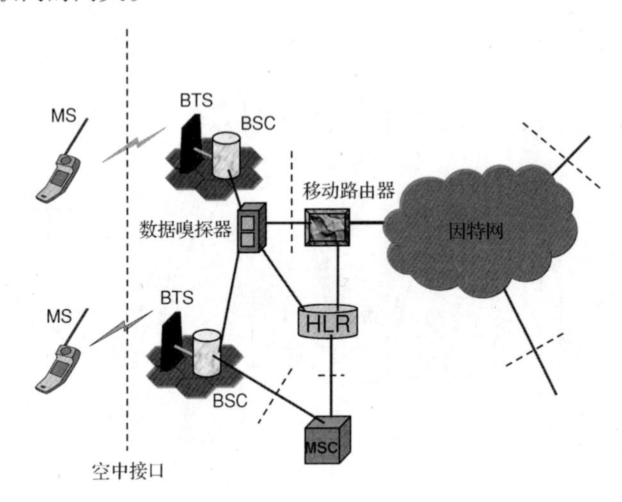

图 11.25 采用电路交换蜂窝电话基础设施的因特网接入系统体系结构

混合的分组交换数据和电路交换业务随后被协议层处理。协议栈的整体结构如图 11.26 所示，该图显示了分组是如何从高层流入，随后流经应用和信令层到达融合和逻辑链路控制层，无线电链路控制或 MAC 层，以及实际传输数据比特的物理层。在传统蜂窝网络上实现因特网接入的典型协议栈的更详细结构可以通过一个示例说明。每个 MS 有个临时的逻辑链路标识，通过它每个 MS 在逻辑链路控制首部识别自己。

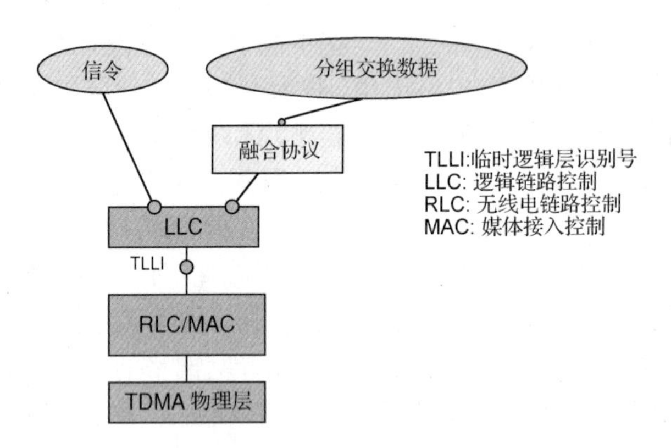

图 11.26 电路交换蜂窝网络的分组交换协议体系结构

例 11.14 GPRS 和 TDMA 因特网接入

通过 GSM 基础设施接入因特网的通用分组无线电系统(GPRS)里的 MS 分组数据流转换过程如图 11.27 所示。移动终端使用与 GSM 相同的物理无线电信道，端到端应用采用 IP 分组，而 GPRS 在网络层支持 IP 分组。融合协议支持多种网络协议，其中包括因特网里使用的 IP 分组。该层复用和解复用网络层净荷。逻辑链路控制层在 MS 和融合协议层之间形成一个逻辑链路。融合协议层执行序列控制、差错恢复、流量控制、加密以及支持各种服务质量。无线电链路和媒体接入控制为 TDMA 帧层次准备数据。456 比特的物理层分组最后被编码成 114 比特的突发分组，并以与 GSM 突发分组相同的方式在空中传输。

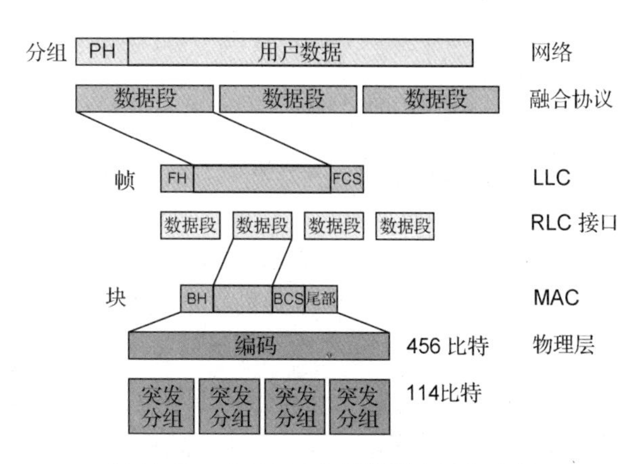

图 11.27　GPRS 的分组数据流转换过程

通过与电路交换蜂窝电话网连接到 PSTN 类似的方式，分组交换移动数据网络采用适当的机制来支持移动性。这些机制提供了挂接过程，位置更新和切换，以及功率控制和连接的安全性。在接入移动数据业务之前，MS 必须向网络注册，并为分组交换数据网“所知”。MS 向某移动路由器(称为服务 GPRS 支撑节点或 SGSN)执行挂接过程，过程包含了认证。移动路由器给 MS 分配一个临时的逻辑链路标识号，并为该 MS 建立一个分组数据协议上下文。该协议是为每个会话创建的一组参数，其中包括 IP 连接版本(IPv4 或 IPv6)，分配给 MS 的移动地址，请求的服务质量参数，以及移动路由器地址，该地址是因特网接入点。这些信息存储在 MS、嗅探器和移动路由器中，并相应地用来给分组选路。

移动数据网络里的位置和移动性管理过程基于对 MS 位置的持续跟踪，以及相应地把分组选路送给 MS 的能力。在移动数据网络里，嗅探器和移动路由器分别起到了游客和归宿数据库的功能。在典型的移动数据基础设施里有两级连接(隧道机制)，一级是在 MS 和嗅探器之间，另二级是在嗅探器和网关之间。两级隧道机制分别对应小范围移动和广域移动。每次 MS 执行切换，进入就绪状态后，就会在 MS 和嗅探器之间建立一个新的逻辑连接。如果网关不发生变化，嗅探器以外的分组隧道维持不变。

功率控制和安全机制与电路交换蜂窝网的实现方式非常相似。加密算法用于提供用户数据的私密性和完整性保护，对于移动终端发起或终结的点到点数据传输和终结于移动终端的点到多点组数据传输都可以支持。算法局限在 MS 和嗅探器之间的连接加密。数据应用不是实时话音，通常将终端在没有数据时置于睡眠状态是有利的。这种方法可以节省传输功率。

11.7.2　TDMA 分组交换网络的数据率

一般电话的应用需要实时平衡的双向通信与相对较低的数据速率。TDMA 无线蜂窝网络的设计者将他们的网络设计成专注于这一应用，力图使语音用户数最大化。例如，在 GSM TDMA 系统中，有 8 个用户共享一个 200 kHz 的带宽，以及一个“毛”数据率大约在 270 kbps 的链路。对于如图 11.11 所示的常规突发分组的每 144 比特数据，有 26 比特的训练序列，6 个跟踪位和 8.25 比特的时间间隔。此外，分组突发的一部分用于控制和信令。如果我们把这些开销分摊到 8 个用户，可以有每 20 毫秒 456 比特，每个工作在 TDMA 一个时隙里的用户可获得 22.8 kbps 的最大速率。然而，这些 456 比特的一部分要用于编码，从而将数据率降为话音可到 13 kbps，或者电路交换数据率最高到 9600 bps。对于分组交换数据应用的突发分组，最重要的特征是数据速率。数据率越高，信息传递的速度越快，该传输技术就越受欢迎。如前所述，为了提高数据率，可以给一个用户分配额外的时隙。如果我们把所有的 8 个时隙分配给一个用户，最大的 GPRS 数据率将为 8 ×22.8 = 184.4 kbps。然而，一部分数据将被用于编码及其他用途，我们永远达不到此速率。表 11.7 显示了一组 GPRS 分组交换数据可以得到的数据率，分别采用不同数量的时隙和编码策略。注意最大可能的数据率接近 172 kbps，此时采用最小编码，所有的时隙都分配给一个用户，这比 184.4 kbps 要小 12.4 kbps。我们避免讨论这些编码技术的细节，以及每个时隙发送多少比特，比特类型是什么，读者可以通过分析我们前面用到的支持不同数据率的其他编码技术，想象出这些编码技术的具体实现机制。

表 11.7　不同信道编码策略下 GPRS 数据速率样本(单位 kbps)

近似信道编码率	单时隙	四时隙	八时隙
1/2	9.2	36.8	73.6
2/3	13.55	54.2	108.4
3/4	15.75	63	126
1	21.55	86.2	172.4

为了进一步提高数据速率，可以想象要在相同频段增加数据率，可以采用更加复杂的调制技术，增加每个符号承载的比特数。例如，在 GSM 和 GPRS 中，传输技术是 GMSK，它发送的是二进制数据，每个符号一个比特。如果我们将调制方式改为 8-PSK，则可以在每个符号里发送 3 比特，将带宽上限从 184.4 kbps 增加到 553.2 kbps。在这种情况下，当用户靠近基站且收到的信号强时，可以获得最大的数据率。当我们远离基站时，将回退到 GMSK，速率也相应回退。GSM TDMA 里实现这一概念的系统被称为增强型数据速率 GSM 演进(EDGE)。表 11.8 给出了典型 EDGE 实现可以达到的样本格式，它也是通过不同时隙数量和调制方式实现的。GPRS 和 EDGE 系统的具体编码方式稍有不同，因此相同调制机制和相同时隙数量的数据速率并不完全匹配。有关不同数据速率和 EDGE 性能的细节可参见 [Yal02]。

表 11.8　不同调制和信道编码策略下 EDGE 数据速率样本(单位 kbps)

近似信道编码率	调制机制	单时隙	四时隙	八时隙
1/2	GMSK	8.8	35.2	70.4
1	GMSK	17.6	70.4	140.8
1/3	8-PSK	22.4	89.6	179.2
1	8-PSK	59.2	236.8	473.6

TDMA 网络可以达到的数据率受限于载波带宽。用于 TDMA 的调制解调器并不扩展频谱，因此它们与其他用 CDMA 和 OFDM 传输技术的网络所采用的扩频调制解调器相比，拥有更窄的传输带宽。每个载波更高的带宽可实现更高的数据率。为分组交换数据应用和因特网接入增加最高可达数据率是蜂窝网络朝 3G CDMA 和 4G OFDM 传输技术发展的动力。

思考题

1. 数字移动电话和公共交换电话系统之间有哪些区别?
2. 说出 GSM 体系结构里的 3 个子系统。

3. 说出 GSM 提供的 3 类业务。

4. GSM 的帧层次结构的重要性是什么?

5. GSM 提供的数据业务有哪些?

6. 在 TDMA 网络中采取功率控制的诱因是什么? 说出 GSM 系统中与处理功率控制相关的要素。

7. 什么是 VLR 和 HLR, 它们的物理位置在哪里? 为什么需要它们?

8. 注册和呼叫建立之间的区别是什么?

9. 执行切换的原因是什么?

10. 网络受控和移动站辅助切换的区别是什么?

11. 逻辑和物理信道之间的区别是什么?

12. 说出 GSM 中的 5 个最重要的逻辑信道名字?

13. GSM 是如何将 456 比特的语音、数据或控制信号转换成一个 156.25 比特的常规突发分组的?

14. GPRS 里如何给一个用户更高的数据速率? 在 EDGE 里是如何做到的? 有什么区别?

15. 与 GSM 相比, GPRS 或者 EDGE 需要哪些额外的要素?

习题

习题 11.1

a. 使用图 11.13 中的比特和持续时间, 证明 GSM 的语音编码速率是 13 kbps, 支持一个 13 kbps 的编码语音信道的有效传输速率是 22.8 kbps。

b. GSM 系统的八个时隙所需要的传输带宽是多少?

c. 给出系统的整体开销速率, 它是 GSM 所需的业务传输速率和实际传输速率之差。

d. 确定系统的效率, 它是开销和毛传输速率之比。

习题 11.2

a. 考虑如图 11.16 所示的 GSM 多帧传输。采用多帧、帧、时隙的整体结构来说明 GSM 传输速率实际是 270.833 kbps。

b. 在每个 GSM 多帧里, 24 帧被用于业务, 2 帧用于相关的控制信令。考虑到具体的突发帧和多帧结构, 表明每个 GSM 话音业务的有效传输速率是 22.8 kbps。

c. 慢关联控制信道在 26 个时隙的业务多帧里使用一个时隙的 114 比特, 这个信道以 bps 为量纲的传输速率是多少?

习题 11.3

独立专用控制信道(SDCCH)在每 51 个控制多帧里使用四个时隙, 如图 11.16 所示。使用超帧定时来确定该逻辑信道的有效数据速率。

习题 11.4

考虑图 11.14, 计算一个 9600 bps 的 GSM 数据业务的净数据速率(数据 + 信号)和有效的传输速率。

习题 11.5

a. 考虑到图 11.10 所示的 GSM 系统频率分配策略，给出用于双向 GSM 通信的 50 MHz 带宽支持的业务信道总数。

b. 给出每 MHz 带宽支持的 GSM 信道总数。

c. 对于频率复用因子 $N=4$ 和 $N=3$，给出每个小区的信道数量。

习题 11.6

对北美的 TDMA 系统重复习题 11.5，假设这个系统用 AMPS 系统代替，有 395 个业务信道，频率复用因子 $N=7$。

习题 11.7

a. GSM 接收机允许的功率调整时间是什么？提示：常规、频率校正和同步突发分组的时间间隔，如图 11.11 所示，被设计成允许在此期间完成功率调整。

b. 随机接入突发分组的时间间隔，如图 11.11 所示，是为了保证这个分组不与常规突发分组碰撞。GSM 基站的最大覆盖范围，也就是 BS 和 MS 之间的最大距离是多少？假设这一时间间隔保留用于无线电波以 300 000 km/s 的速度来回传播。

c. 同步突发分组的同步序列长度设计用于允许双向比特同步的时间向前调整。使用此参数来计算 GSM 的最大覆盖范围。将此结果与(b)的结果进行比较。

第12章　CDMA蜂窝系统

12.1　简介

在蜂窝电话业，码分多址(CDMA)主要指的是空中接口和接入技术采用的是在第3章描述的基于直接序列扩频[①]的传输技术。差错控制编码和频谱扩展技术、软切换以及严格的功率控制在基于CDMA的系统的设计和运行中发挥着十分重要的作用。CDMA的空中接口与TDMA技术中的空中接口差别显著，但是其支持无线接口的核心(固定)网络的基础设施却与GSM的基础设施核心网络非常相似。尽管在美国的2G CDMA采用了单独的标准，但是其网络要素的功能却与GSM中的要素类似。

在前一章中，我们讨论了基于TDMA的移动电话标准的部分细节，采用的主要范例是GSM。GSM标准来自于欧洲，它是欧洲电信标准协会倡议朝统一的数字蜂窝系统方向发展的结果。虽然GSM的最初目标可能通过简单定义新的空中接口就可以满足，然而该组织已经超出了空中接口的范畴，定义了一个完整的系统，该系统能支持有线ISDN般的服务，以及支持其他新兴的固定网络功能。为此目的，该委员会还定义了一些网络中其他硬件和软件要素的接口，使得GSM成为一个完整的数字蜂窝标准。

与欧盟的GSM不同，美国的标准制定工作是在已开发的或者成熟的技术基础上发展而来的，同时也考虑了大量业界意见。电信行业协会(TIA)，或电信产业解决方案联盟(ATIS)的T1P1委员会开发了北美的无线标准。由TIA开发的所谓临时标准(IS)形成了部署蜂窝系统的基础，直到它们正式被指定为TIA或ITU标准为止。高级移动电话服务(AMPS)是在20世纪80年代在美国占主导地位的模拟移动电话服务。而AMPS仅指定了空中接口，却很少为骨干基础设施提供标准，从而导致很多专属实现方案相互之间缺乏互操作性。跨系统边界的漫游非常复杂，需要用户干预。为了解决这些问题，该电信行业协会在制定IS-41标准时，在两个AMPS系统之间规定了一个开放的通信接口。2G数字蜂窝服务在空中接口这一领域朝两个不同的方向发展：时分多址(TDMA)，即IS-136标准；码分多址(CDMA)，即IS-95标准。这些标准之间通过空中接口是无法互操作的，除了通过双模式电话机，这种话机实际上实现了两个独立的无线电系统，通过协调移动终端来发现一个地区里可以使用的无线服务。干线基础设施由IS-41标准规定，但是它发展成同时支持IS-136和IS-95标准。IS-136标准实际上已经在任何地方均被GSM所取代。我们不讨论北美网络参考模型，因为它与GSM非常接近，而GSM已在前一章中描述。欲了解CDMA和其他北美系统的固定基础设施的更多详细信息，读者可参考[Gar00；Goo97]。

IS-95是北美的2G数字蜂窝标准，它采用CDMA作为接入方式和空中接口技术。这项技术是由高通公司在1990年左右开发的，它也被称为cdmaOne，系其品牌名称。我们将在下文中把IS-95及其变型称为cdmaOne。1989年，高通首次展示了CDMA技术，并于1991年开发

---

① 蓝牙技术将跳频扩频与CDMA结合，而UWB技术则将CDMA与脉冲位置调制相结合。

了通用空中接口规范。1993 年，TIA 出版了高通公司的通用空中接口规范，称为 IS-95 临时标准。该 cdmaOne 标准已经发展至 3G 蜂窝标准，被称为 cdma 2000。

在 21 世纪初，第三代合作伙伴计划(3GPP)同样制定了一个基于 CDMA 的 3G 蜂窝标准。该标准通常被称为通用移动电信系统或 UMTS (Universal Mobile Telecommunication System)。空中接口被普遍称为宽带 CDMA 或 W-CDMA 方式。UMTS 的核心网络架构再次与 GSM 的核心网后向兼容，同时包含了一些更新过的实体(例如，GPRS 支持节点)，这些实体用于处理数据业务。UMTS 的目标是支持更高的数据速率，可以支持多媒体应用，提供高的频谱效率，并且定义多多益善的接口标准。尽管语音业务仍然是收入的主要来源，但因特网接入的分组数据，先进的短信服务如多媒体电子邮件，以及实时多媒体应用(例如远程医疗和远程安全等)却越来越被重视。这些业务带来的要求包括：改善语音质量(有线的质量)，任何地方的数据传输速率高达 384 kbps，以及室内达到 2 Mbps，支持分组和电路交换数据服务，与现有的 2G 系统和卫星系统的无缝连接，无缝的国际漫游，以及支持多个并行的多媒体连接等。

本章的重点是对 2G(基于 cdmaOne)以及 3G(基于 UMTS)蜂窝标准里的 CDMA 空中接口规范加以说明。这些系统的 CDMA 空中接口有几分相似，也存在几分差异。CDMA 空中接口也是更高层协议的依靠，因为许多控制信令功能已经被减少到只需变动空中接口。这简化了基于 CDMA 系统的逻辑信道，并且也使得它们与基于 TDMA 的蜂窝系统差别很大。术语"CDMA"此时意味着不再是单纯的空中接口，它包括诸如软切换和严格的功率控制等功能，这对于该网络的操作是必不可少的。若要进一步了解，读者可参考研究 CDMA 系统的几本书(例如，[Gar00; Hol00])。

12.2 为什么需要 CDMA

码分多址(CDMA)既是一种接入方法，又是一种空中接口。在蜂窝电话系统中采用 CDMA 的原因有很多，这些原因包括 CDMA 在系统级带来的优势，也包括 CDMA 物理层的有利性质使其在干扰和衰落环境下很健壮。所有的 CDMA 系统采用某种形式的直接序列扩频和强大的差错控制编码。这意味着，在 CDMA 系统中一个载波的带宽是每个用户(或逻辑信道)在载波上所支持的数据速率的很多倍(通常大两个数量级)。CDMA 蜂窝通信系统的意义在于，它可能重用所有蜂窝的频率，这一点与第 5 章描述传统的蜂窝电话并不相像。换句话说，用户数据，例如所有小区的所有用户产生的语音，在大多数实施方案中，和控制信道的信令信息在同一时间同一频率一起发送。这可以通过使用多种物理层方案实现，诸如带处理增益的扩频，本质上抗多径效应的能力，基于多信号处理增益的 RAKE 接收机和强大的纠错码，利用了自然对话停顿来减少干扰从而带来可观增益的可变速率语音编码器，相对快速的功率控制机制以最小化干扰，以及软越区切换，等等。所有这些方案减少了每个比特正常工作时应对干扰/噪声所需要的能量(E_b/I)。若正常工作所需要的 E_b/I 值降低，就使得每一个蜂窝都使用相同的频率变得没有问题。而在 TDMA 和 FDMA 蜂窝系统中，使用相同频率则会带来同信道干扰。

当第一个采用名为 cdmaOne 标准的 CDMA 系统成功实施时，CDMA 的优势变得非常明显。在部署时，该标准与模拟和 TDMA 系统相比表现出系统容量增加，同时由于使用了更好的语音编码器，从而语音质量也有改善。话音呼叫的质量通过使用软切换(本章稍后介绍)进一步提高。对多径和衰落的本质抵抗能力，低 E_b/I 要求，严格的功率控制的实现导致了更低的功耗(平均 6 ~7 mW)，这仅是模拟或 TDMA 电话功耗的约 10%。此外，正如前面提到的，cdmaOne 的实现并不需要烦琐的频率规划，因为所有的蜂窝在同一时刻采用的是相同频率(尽管为正确部署做适当调整是必要的)。上述原因导致 CDMA 也成为 3G 系统的热门之选。

虽然 CDMA 确实为语音流量带来了很大灵活性，但其缺点也体现在大带宽要求，严格功率控制的必要性，以及实现的复杂度上。它已经被 4G 系统弃用，在 4G 系统中数据流量占主导地位。在 4G 系统中，正交频分复用因能够提供灵活的带宽分配机制而成为 4G 选择的传输方案，OFDM 将在第 13 章中讨论。

12.3　基于 CDMA 的蜂窝系统

基于 CDMA 的蜂窝系统提供的服务本质上与在第 11 章中讨论的相似。网络和系统架构在性质上也与诸如 GSM 的 TMDA 系统相似。CDMA 系统的无线资源管理、移动性管理和安全的协议也都是采用类似 TDMA 系统的方式实现。然而，采用 CDMA 作为空中接口是两者产生差别的主要原因，我们将在本章后面看到这些差异。在小区搜索、控制信令、处理功率控制，特别是采用软切换过程中差异明显。在本章中，我们主要讨论这些差异，集中精力研究空中接口的实施。我们使用两个 CDMA 系统作为示例——基于 IS-95 的 2G 数字蜂窝标准(它也是 CDMA2000 的基础，CDMA2000 是一种 3G 标准)和 UMTS 采用的基于 WCDMA 的 3G 标准。这些系统具有不同的载波带宽，CDMA 的具体实现也不相同。

在 UMTS 里，根据相关应用的服务质量需求共定义了 4 种通信量类别。这些类别是会话(例如，实时的语音呼叫)，流(例如，录播视频)，互动(例如，网络浏览或聊天)，以及背景(例如，下载文件或电子邮件)。这些类别的延迟、误码率和带宽要求各不相同。例如，语音通话能够比文件下载容忍更大的错误率，但需要严格的时延限制。在本章中我们将不会花太多篇幅描述这些服务，因为它们与第 11 章所描述的类似。主要的差别是 UMTS 认为诸如 Web 浏览和文件下载这类通信量类别与传统的话音呼叫的重要性是等同的。

如第 6 章所述，无线网络操作需要一定的机制，如无线资源管理、移动性管理和安全，来支持用户终端的移动性。这些机制如何在一个 TDMA 蜂窝系统中实施已在第 11 章描述。从功能的角度来看，类似的机制在 CDMA 蜂窝系统里也是必要的。例如，当一个呼叫到达时，需要寻呼目的移动台。同样，当移动终端的信号质量开始恶化时，将一个呼叫从当前基站切换到另一个基站也是必要的。

在 CDMA 系统中，差异体现在这些机制是如何实现的，因为大家都采用直接序列扩展频谱作为物理层的传输方案。小区搜索利用了扩频序列的自相关性质。由于远近效应的存在，越区切换则更复杂，从而导致一个所谓的软切换策略。也是因为远近效应，功率控制成为关键因素。帧大小和报文长度往往量身定做，以匹配内嵌在扩频序列里的时序关系。

我们将在下一节中看到，上述某些机制的实施可以差别很大，并且将利用直接序列扩频的固有特征。因此，在本章中我们将首先研究物理层，然后再解释各种支持移动性的机制是如何在 CDMA 蜂窝系统中实现的。

12.4 直接序列扩频

CDMA 系统的空中接口是目前所有系统中最复杂的，同时它与 TDMA 系统中通常前向和反向信道对称不同，它在前向和反向信道上的频谱扩展和差错控制编码方式往往不同。在前向信道，传输起始于一个单一发射机(基站)，同时给所有用户的传输都是同步的。因此，有可能采用正交扩频码以最小化用户之间的干扰。在反向信道上，移动终端随时在必要时发送数据，并且传播延迟也各不相同。由于传输不同步，采用的扩频方式也不同。一个例子是采用相同的正交码，但采用正交调制以降低错误率。在后续章节中，我们会特地指明前向和反向信道加以研究。

在第 3 章中，我们讨论了扩频和差错控制编码技术的基础知识。在本章中，我们以 CDMA 系统中的实现细节为例讨论这些技术。根据系统的不同，CDMA 的实际实现各不相同。在直接序列扩频里，所发送的符号被切成许多码片，并且码片的图案(例如，在二进制符号中它们是正的还是负的)被称为扩频序列。在二进制的情况下，扩频序列可以写成向量，而 +1 和 -1 分别代表码片的极性。选择扩频序列的依据是具有“良好的”自相关和互相关特性。我们在 12.4.1 节里阐述“良好的”的具体含义。

考虑如图 12.1 所示的简单情况，其中初始的基带脉冲是一个持续时间为 T 秒的矩形脉冲。正矩形脉冲代表“0”，负矩形脉冲代表“1”。这样的包含随机比特的信号，其带宽正比于 $1/T$。采用直接序列扩频的话，系统不再发送该宽矩形脉冲来表示 1 比特，而是发送一组更小的(时间上)矩形脉冲，这些矩形脉冲被称为码片序列，每个 T_c 间隔发送一个码片信号。该信号的带宽正比于 $1/T_c$。一些脉冲是正极性的，一些是负极性的。在图 12.1 中，一比特有 11 片，较小的矩形码片序列可以由向量[1 1 1 -1 -1 -1 1 -1 -1 1 -1]来表示。因此，为了发送一个“0”，对应于[1 1 1 -1 -1 -1 1 -1 -1 1 -1]的脉冲序列将被发送。而要发送一个“1”，则负序列[-1 -1 -1 1 1 1 -1 1 1 -1 1] 将被传输。这个特定的 11 码片序列对应于 Barker 序列，也被称为 Barker 码，它在 IEEE 802.11 规范里 1 ~ 2 Mbps 数据速率时使用(见第 8 章)。

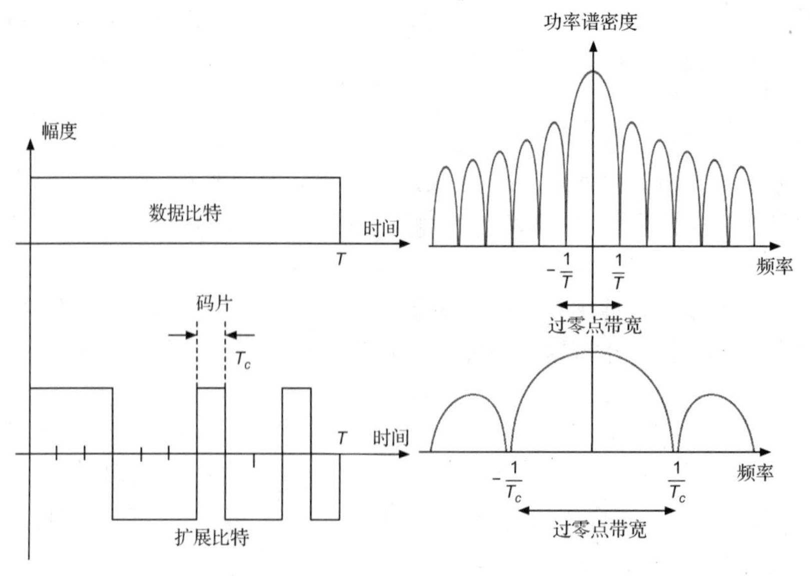

图 12.1 宽矩形基带信号及其功率谱密度(上)和一个 11 码片的直接序列扩频信号与该信号的乘积及其功率谱密度——未按比例(下)

接收器需要在本地生成所述扩展序列的副本，并且在解码数据比特之前同步码片。当码片被同步后，接收机将所接收的信号与本地产生的扩频序列相乘，就可以再生宽的矩形脉冲。这是因为，负的码片乘以一个负码片其结果为正($-1\times-1=1$)。这个过程可以用一个相关器或匹配滤波器接收机来实现(见图 12.2)。

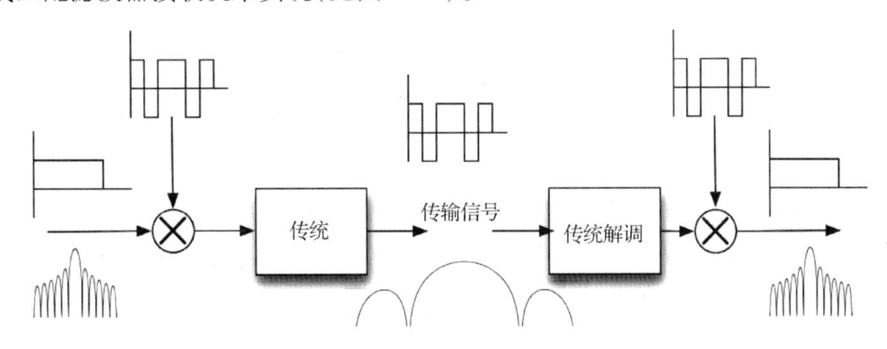

图 12.2 DSSS 收发器的工作过程

12.4.1 直接序列扩频的接收处理

扩频序列的自相关和互相关属性对于它们在 CDMA 系统里的应用是很重要的。在前文提到要使用“好”的自相关和互相关属性。此处将更深入地研究“好”意味着什么。这里的目标并不是严谨的数学，而是给大家提供一个概念性的思路，让读者理解为什么自相关和互相关属性很重要。

首先让我们考虑如图 12.3(a)所示的从发射机到接收机的单次传输过程。假设不存在多径或干扰，每 T 秒传输一个符号。为了检测发送的符号并确定哪些符号被传输，接收器通常将所接收的信号与本地保存的基本符号形状副本相关联，以获得符号的自相关参数。在没有干扰和多径时，接收机对自相关的峰值(加上任何噪声)取样，并确定传播的是哪些符号。

接下来让我们考虑如图 12.3(b)所示两个同时发送的同步传输。这可能是从一个基站发给两个不同的移动站或用户。如果两个信号在时间上完全对齐，则各个符号也对准。所接收的信号将包括这两个信号的总和。我们考虑用户 1 的接收机。接收机将该信号之和与符号形状进行相关处理。如果两个信号都使用不同的扩频序列，则相关的结果将是用户 1 的自相关与用户 1 序列及用户 2 序列的互相关之和，前提是两个用户精确同步。这时的互相关是干扰，在理想情况下我们期望其为零。遗憾的是，它并不是零，但是通过使用正交序列进行扩展并采用 PN 序列做加扰处理，互相关可以做得非常小。

最后，考虑一下如图 12.3(c)所示的信号多径接收。在图中只显示了两条显著路径。在两条显著路径之间存在明显的“延迟”，该延迟与符号持续时间 T 相比无法忽略。这与在第 2 章中讨论的信道的时间扩散相对应，如果接收机尝试检测从第一条路径上到达的符号 1，则会受到沿着第二路径到达的信号的干扰。干扰包括符号 0 的一部分，在图 12.3(c)中显示为“0”，以及符号 1 的一部分，因为这些符号使用相同的扩展序列，来自第二条路径的干扰将呈现出用户扩展序列的自相关旁瓣。从图 12.3(c)中可以注意到，沿着所述第二条路径到达的信号将呈现出一个自相关峰值，该峰值与沿第一条路径到达的信号产生的自相关峰值相比有延迟。一个 RAKE 接收机可以利用该第二个峰值，这将提供分集增益。稍后讨论。

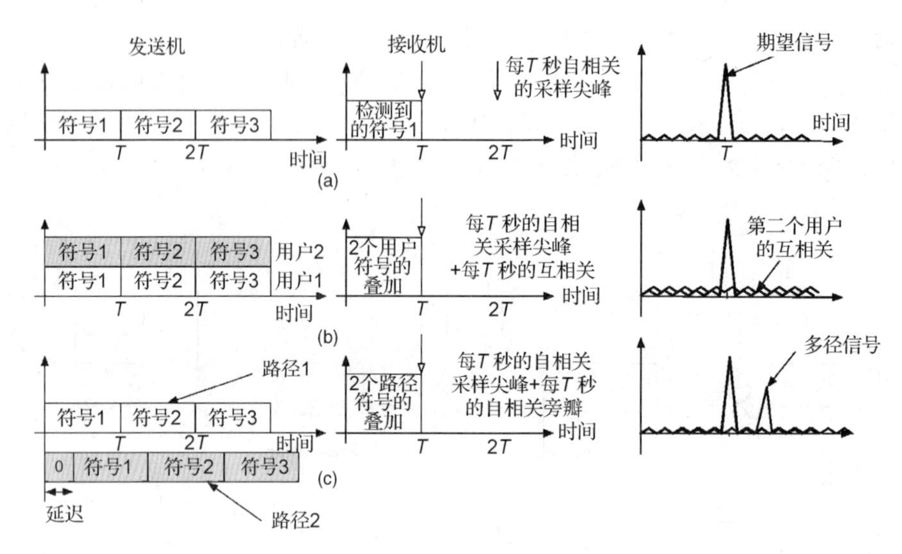

图 12.3 符号的传输：(a)单次传输；(b)两个同步的传输；(c)单次传输的多径接收

综上所述，在 CDMA 系统中，同时存在多用户干扰和多径干扰。因此采用扩频序列时下列因素很重要：(a)不同的序列之间具有几乎为零的互相关；(b)自相关函数具有脉冲状的窄主瓣和极低的副瓣。我们接下来探讨这些问题。

12.4.2 使用正交序列实现信道分离

重新考虑一下图 12.2(b)给出的情形，此时有多个使用直接序列扩展频谱的同步传输。如果多个传输所使用的扩频序列其两两之间的互相关都是零，那么从本质上说，这就像将多个传输分隔开，每个传输独立使用一个信道一样。这种情况与以频率分隔(如同 FDMA)或以时间分隔(如同 TDMA)相似。区别在于分隔是使用扩频序列或码字来实现的，因此称为码分复用 CDMA。当两个同步的码字的互相关函数是零时，这两个码字称为是正交的。正交码字也因此被称为信道分离码字。当持续时间为 T 秒的两个信号 $s(t)$ 和 $u(t)$ 同步时，互相关函数由下式给出：

$$R_{su} = \int_0^T s(t)u(t)\mathrm{d}t$$

当考虑互相关的离散形式时，我们使用的是序列这一名词。假设 $\mathbf{S} = \{S_i\}$ 和 $\mathbf{U} = \{U_i\}$，两个长度 N 的序列，其第 i 个元素分别记为 S_i 和 U_i。这些序列零滞后(信号是同步)时的互相关函数由下式给出：

$$R_{su} = \sum_{i=0}^{N-1} S_i U_i$$

对于从正交码字而来的正交信号，互相关函数 R_{su} 是 0。对于滞后不为零的互相关函数由下式给出：

$$R_{su}(k) = \sum_{i=1}^{N} S_i U_{i-k}$$

在计算周期性相关函数时，下标$[i-k]$以模 N 计算。在计算非周期性相关函数时，下标如果超出$[1,N]$的范围，则元素计为 0。

沃尔什码：CDMA 系统里最常使用的正交码字是沃尔什码，我们在第 3 章中已经介绍过。沃尔什码的哈达玛矩阵形式的每行均与其他行正交。如下例所示可以递归生成哈达玛矩阵。

例 12.1　哈达玛矩阵和沃尔什码的递归生成

一阶哈达玛矩阵是 $\mathbf{H}_1 = [0]$。高阶哈达玛矩阵可以通过递归式 $\mathbf{H}_{2N} = \begin{bmatrix} H_N & H_N \\ H_N & \overline{H_N} \end{bmatrix}$ 获得。此处 $\overline{H_N}$ 是矩阵 H_N 将所有的 0 和 1 互换而得。很容易看出二阶哈达玛矩阵是 $\mathbf{H}_2 = \begin{bmatrix} 0 & 0 \\ 0 & 1 \end{bmatrix}$。照此处理，不难生成第二代 CDMA 系统采用的 H_{64}。哈达玛矩阵的每一行对应一个沃尔什码字。考虑

$$H_8 = \begin{bmatrix} 0 & 0 & 0 & 0 & 0 & 0 & 0 & 0 \\ 0 & 1 & 0 & 1 & 0 & 1 & 0 & 1 \\ 0 & 0 & 1 & 1 & 0 & 0 & 1 & 1 \\ 0 & 1 & 1 & 0 & 0 & 1 & 1 & 0 \\ 0 & 0 & 0 & 0 & 1 & 1 & 1 & 1 \\ 0 & 1 & 0 & 1 & 1 & 0 & 1 & 0 \\ 0 & 0 & 1 & 1 & 1 & 1 & 0 & 0 \\ 0 & 1 & 1 & 0 & 1 & 0 & 0 & 1 \end{bmatrix}$$

该矩阵的第一个沃尔什码字是[0 0 0 0 0 0 0 0]，是一个全零码。最后一个沃尔什码是[0 1 1 0 1 0 0 1]。注意所有的沃尔什码两两之间正交。换言之，上述矩阵中，如果任何两行的各元素异或，然后将所得元素都异或，结果是零。矩阵也可以基于代表 0 或 1 的方波的极性，写成 −1 和 1 的形式。此时，计算互相关函数时不再采用每元素异或操作，而是如前面介绍过的那样采用每元素乘法，然后将各元素的乘积求和。

图 12.4 给出了从示例 12.1 中描述的沃尔什码产生的两个正交信号。该图中两个信号 $s(t)$ 和 $u(t)$ 对应着矩阵 $\mathbf{H}_{12}$ 的第 2 行和第 4 行。“0”代表正矩形脉冲，而“1”代表负矩形脉冲。两个信号的积包含两个正值区和两个负值区，积分求和结果是互相关为零。在离散形式下，将 0 用“1”替换，1 用“−1”替换，可以得到 **S** = [1 −1 1 −1 1 −1 1 −1] 和 **U** = [1 −1 −1 1 −1 1 1 −1]。将 **S** 和 **U** 按每元素相乘，可以得到 **S. U** = [1 1 −1 −1 −1 −1 1 1][①]。把 **S. U** 的元素求和，可以得到和为零。这就是互相关函数值，说明这两个序列是正交的，以数学形式表示就是：

$$R_{su} = \sum_{i=0}^{7} S_i U_i = 1 + 1 - 1 - 1 + 1 - 1 - 1 + 1 + 1 = 0$$

请注意给定沃尔什码的长度和给定码片速率，数据率就确定了。举例来说，假设原始数据率 $R_b = 19.2$ kbps，沃尔什码长度 64。编码后的码片速率 $R_c = 64 \times 19.2 \times 10^3 = 1.2288 \times 10^6 =$ 1.2288 Mcps。当码片速率是 1.2288 Mcps，沃尔什码长为 64 时，数据率总是 19.2 kbps。通过对数据符号的重复，可以实现更低的数据率。如果移动站需要更高的数据率，则必须给它分配更多的沃尔什码字。每个码分的信号可以携带 19.2 kbps 的数据，总体数据率可以更高。这种支持不同数据率的方法被称为多码方法。

---

① 原文有 9 个元素，有误。——译者注

另一种提高数据速率的方法是修改扩展因子或扩频码的长度。例如，如果沃尔什码有长度 $N = 32$ 的码片，数据速率将是 $1.2288 \times 10^6/32 = 38.4$ kbps①。这种扩频因子可改变以支持不同的数据传输率的方法被称为可变扩频因子方法。长度小于 64 的沃尔什码并不总是与长度更长的沃尔什码正交。为了维持不同长度码字的正交性，需要采用改进方法来选择正交码字。接下来讨论的就是改进方法。

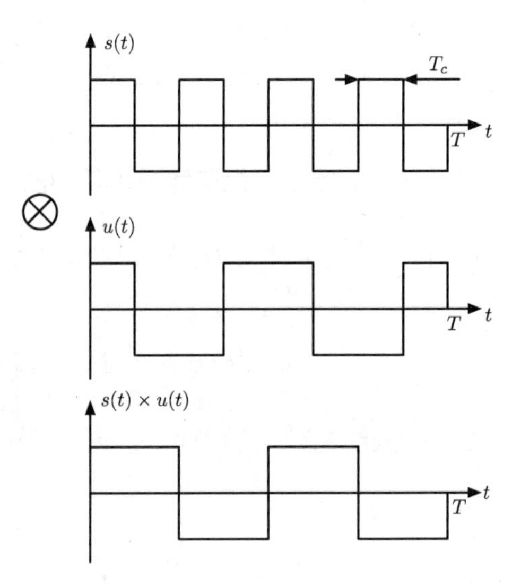

图 12.4　正交信号的互相关函数值为零

OVSF 码：CDMA 系统中使用的另一个正交扩频码是正交可变扩频因子码或 OVSF 码。OVSF 码与沃尔什码相同，但是其使用方法不同。OVSF 码通过低维度矩阵的某些行递归生成，而不是整个矩阵递归生成。具体做法的示例如图 12.5 所示，该例中生成长度最大为 8 的 OVSF 码。例如，不像示例 12.1 那样采用 2×2 矩阵来生成 4×4 矩阵，行 $C_2[0] = [1\ 1]$ 用于生成长度为 4 的两个码字，$C_4[0] = (C_2[0]\ C_2[0]) = [1\ 1\ 1\ 1]$ 以及 $C_4[1] = (C_2[0]\ -C_2[0]) = [1\ 1\ -1\ -1]$。类似地，$C_2[1] = [1\ -1]$ 可以用来生成 $C_4[2] = (C_2[1]\ C_2[1]) = [1\ -1\ 1\ -1]$，$C_4[3] = (C_2[1]\ -C_2[1]) = [1\ -1\ -1\ 1]$。注意，当 $C_2[0]$ 重复时，它与 $C_4[2]$ 与 $C_4[3]$ 正交，但是它与 $C_4[0]$ 和 $C_4[1]$ 不正交，因为 $C_4[0]$ 和 $C_4[1]$ 是它的子孙。

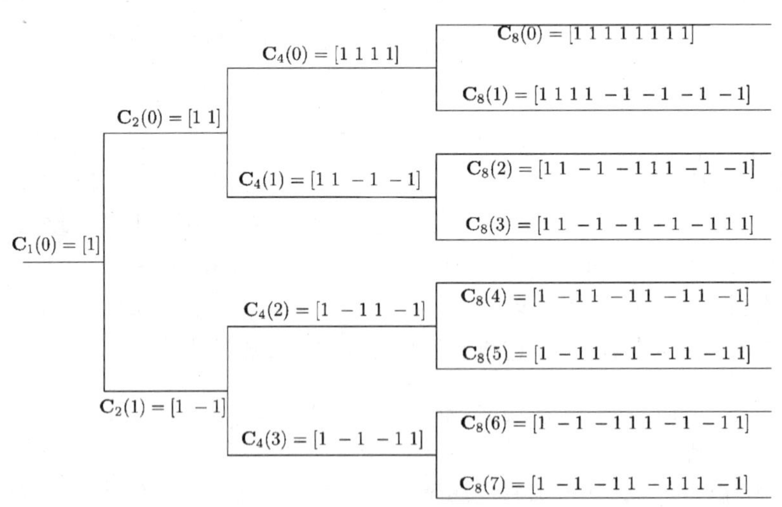

图 12.5　OVSF 码的递归生成

OVSF 码的生成方式允许非零的部分相关码字的分离。当使用可变扩频因子或处理增益时（一些信号具有较高/较低处理增益，或者说每个数据符号比通常情况有更多/更少的码片），仍然可能保持信号的正交性。换句话说，OVSF 码保持了不同长度的扩频码字之间的正

① 原文为 312.4 kbps，有误。——译者注

交性。尽管每个 OVSF 码字并不能都一直使用，图 12.5 所示的树允许系统根据信道的数据率给每个信道分配码字，与此同时保证信道之间的正交性，或者在无法做到所有信道完全正交时，至少做到高速率信道块之间是正交的。

正交码字对于信道分隔非常有用，当信号未同步（例如上行链路）或存在多径延迟（时间分散）时，不同信号之间的互相关值可能会很大。图 12.6 显示了两个 64 码片沃尔什码的互相关绝对值。注意，当迟滞为 64（信号同步）时互相关值是零。但是只要漂移一个码片，就会导致互相关值高达 44。与自相关峰值 64 相比，互相关值非常高。这可能会导致接收端的比特差错率大幅提高。

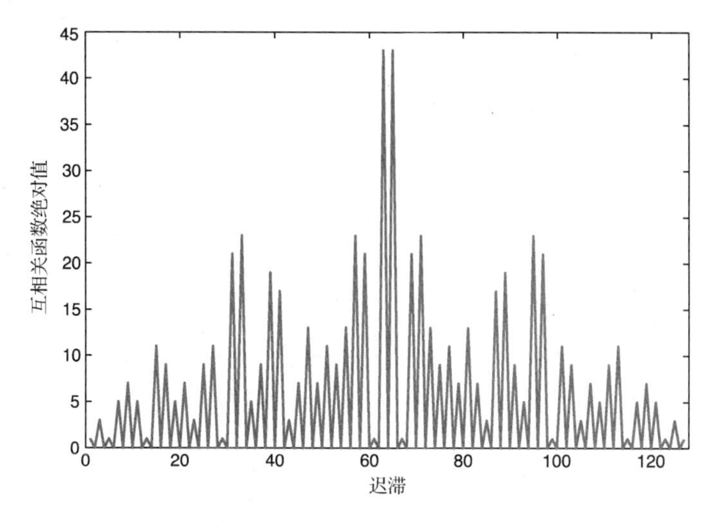

图 12.6 两个 64 码片沃尔什码字在不同迟滞下非零互相关值

为了应对这一问题，在使用正交码字扩展一个信号后，码片将被进一步扰码，扰码所用的伪噪声码(PN 码)在特征上与 IEEE 802.12 使用的 Barker 码类似。下面我们将讨论 PN 码及其属性。

12.4.3 多径分集与 PN 序列

PN 序列常常被 CDMA 系统采用，以减少相关旁瓣，同时利用多径分集。PN 序列的自相关性质使得它们在补偿多径延迟扩散和时间分散并同时利用多径分集方面具有吸引力。自相关函数的数学性质在例 12.2 和例 12.3 中讨论。

矩形脉冲的自相关函数具有三角形形状，如图 12.7 所示。这对于没有多径分散以及符号间干扰的信道来说是合理的，接收机可以在自相关值接近峰值处采样，以判定发送的是“0”还是“1”。在多径分散信道（参见第 2 章）里，宽自相关函数将导致严重的符号间干扰，以及不可删减的差错率。相反，如果使用直接序列扩频，利用具有“好”的自相关属性的扩频序列，反过来可以利用多径分散。

如图 12.7，Barker 序列具有非周期自相关特性，看起来更像一个冲激函数。它具有很窄的三角峰，宽度为 $2T_c$，旁瓣很小，因而会带来与矩形脉冲相比小得多的符号间干扰。由于基本的传输单元是持续 T_c 秒的码片，最后信号的带宽扩展成与 $1/T_c$ 成比例，它比原始信号带宽宽 $N = T/T_c$ 倍（参见图 12.1）。N 被称为扩频信号的处理增益。注意，Barker 序列的自相关峰与旁瓣的比例也近似于处理增益 N。最大长度序列（在第二代 CDMA 系统中称为 M 序列）同样拥有良好的周期自相关属性，如例 12.3 和下面讨论的那样。

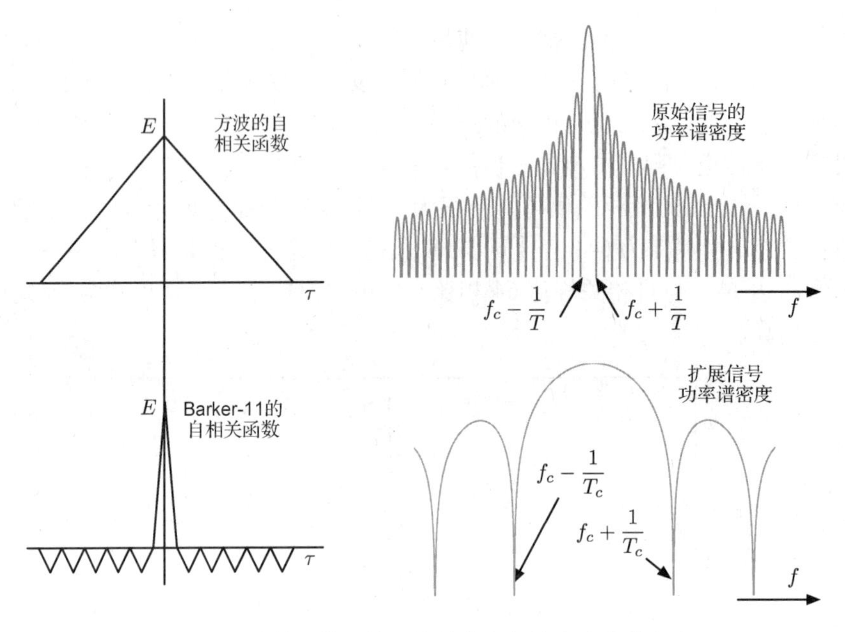

图 12.7 原始基带和扩展信号的自相关和功率谱密度

在时间分散或者频率选择性多径信道里，每个可解出的显著多径分量将在接收机的输出端产生一个峰值(经过延迟)，如图 12.3(c)所示。多径分量的可解性依赖于码片持续时间 T_c，分量之间的时延至少在 T_c之上的可以解出。如同第 3 章所述，可以利用 RAKE 接收机来利用这些多径分量的分集特性。图 12.8 显示了有 3 个“探头”的 RAKE 接收机框图。这意味着该接收机可以利用多达 3 个显著可解的多径分量。如果某个峰值受到了深度衰落，很有可能另外一个峰值没有受影响，因而增加了在衰落信道上的通信可靠性。另外，这些峰值可以通过恰当的分集融合策略融合在一起，以获取更多增益。

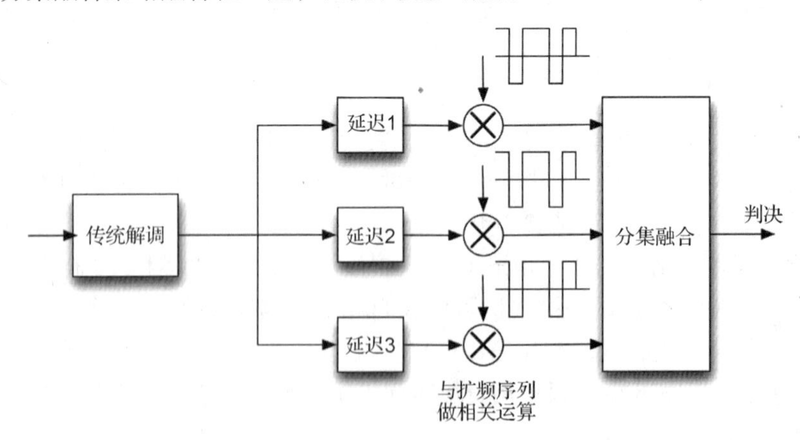

图 12.8 3 个探头的 RAKE 接收机

最大长度或 *M* 序列：PN 序列通常采用线性反馈移位寄存器生成，如第 3 章简要介绍的那样。如图 12.9 所示，线性反馈移位寄存器包含 m 个带反馈连接的移位寄存器。反馈连接由反馈系数 c_i标记，c_i取值为 0 或 1。如果 $c_i=0$，则没有反馈。M 级线性反馈移位寄存器由它的特征多项式表示，特征多项式指明了反馈系数。例如，如果 $c(x)=1+x+x^4$，它是个 4 级线性反馈移位寄存器，$c_0=1$，$c_1=1$，$c_2=0$，$c_3=0$。注意，特征多项式的度数是 m。对于某些特定的反馈连接，由 m 级线性反馈移位寄存器产生的序列或码字其最大周期为 2^m-1。这样的序列被称为最大长度或 M 序列。

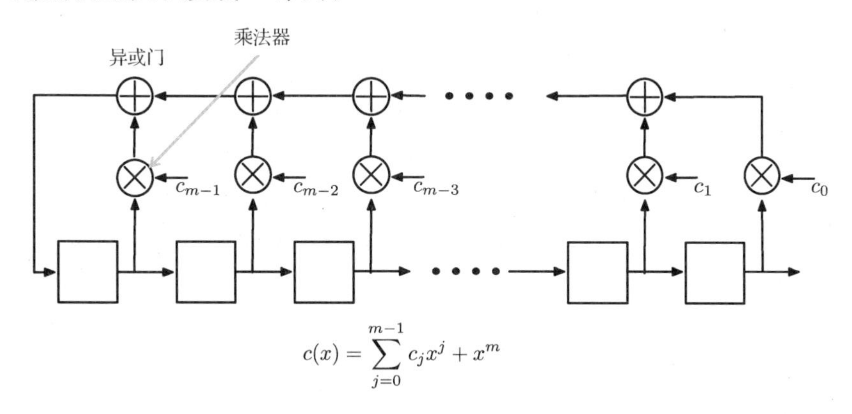

图 12.9　m 级线性反馈移位寄存器及其多项式代表

M 序列用于在第二代 CDMA 系统中加扰。M 序列可以采用与本原多项式对应的线性反馈移位寄存器产生，本原多项式是系数互为素数的多项式。研究利用各种度数的本原多项式产生特定周期的 M 序列的文献众多。M 序列因为其有趣的自相关特性而被重视。

考虑如图 12.10 所示的 $m=3$ 的三级线性反馈移位寄存器。该线性反馈移位寄存器的特征多项式是 $1+x+x^3$。设标记为 A、B、C 的移位寄存器的初始内容分别为 1、0、0，如图 12.10 中的表所示。当线性反馈移位寄存器按时序工作时，寄存器内容向前移位，也就是说 C 里的比特移入 B，B 的比特移入 A，寄存器 A 的比特移出（作为输出）。同时，寄存器 A 和 B 的内容异或并移入寄存器 C。因此线性反馈移位寄存器的新状态是 A=0，B=0，C=1，如表中第二行所示。随着电路继续按时序运行，状态运转经过 $2^3-1=7$ 种可能状态，最后回到初始的 0，0，1 状态（从右至左阅读每行）。产生的序列周期为 7，对应为 1 0 0 1 0 1 1。重复序列看起来像 1 0 0 1 0 1 1 1 0 0 1 0 1 1…… 根据初始状态不同，序列可能看起来不一样，但总是会有三个连续的 1、两个连续的 0、一个单独的 0 和一个单独的 1。这种运行长度分布是 M 序列的属性之一，它会带来良好的自相关属性。我们将在下面的例 12.2 和例 12.3 中继续讨论。

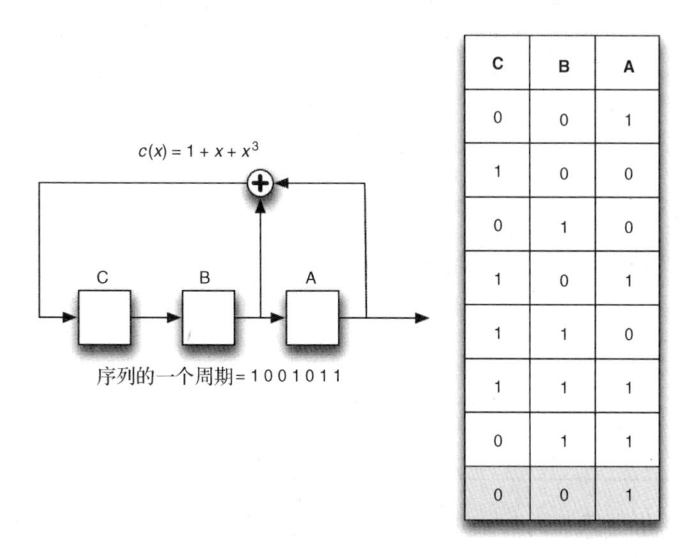

C	B	A
0	0	1
1	0	0
0	1	0
1	0	1
1	1	0
1	1	1
0	1	1
0	0	1

图 12.10　$m=3$ 级线性反馈移位寄存器产生的长度 $N=7$ 的 M 序列

例 12.2 非周期自相关

自相关(或者一个序列与自身的相关性)定义如下。假设一个扩频序列长度为 N。非周期自相关关注的是序列和延迟的(或超前的)该序列版本之间的相关性，如图 12.11 所示。延迟或迟滞 l 可以为正或为负。当考虑序列时，迟滞 l 是变化范围从 $1-N$ 到 $N-1$ 的整数。超过此范围的迟滞，两个序列没有交集，因此非周期自相关是零。当迟滞 $l=0$ 时，两个序列100%重合，如图 12.11 所示。一旦序列分别对准，将序列的每个重合的元素相乘，然后将所有的积求和，得到的就是非周期自相关值。考虑前述 7 个码片的 M 序列，我们将 0 用"-1"代替，得到序列为[1 −1 −1 1 −1 1 1]。表 12.1 给出了该序列的非周期自相关的计算过程。

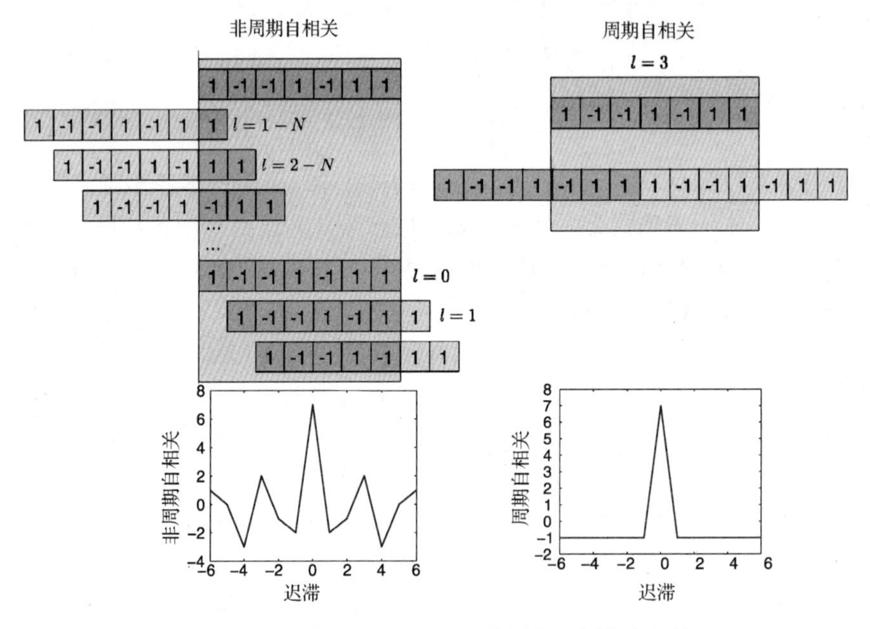

图 12.11 M 序列长度 $N=7$ 的非周期和周期自相关

表 12.1 计算序列[1 −1 −1 1 −1 1 1]的非周期自相关值

延迟	重合序列	自相关值
$l=1-N=1-7=-6$	[1 −1 −1 1 −1 1 1]和[1 0 0 0 0 0 0]	1
$l=2-N=-5$	[1 −1 −1 1 −1 1 1]和[1 1 0 0 0 0 0]	0
$l=3-N=-4$	[1 −1 −1 1 −1 1 1]和[−1 1 1 0 0 0 0]	−3
$l=4-N=-3$	[1 −1 −1 1 −1 1 1]和[1 −1 1 1 0 0 0]	2
$l=5-N=-2$	[1 −1 −1 1 −1 1 1]和[−1 1 −1 1 1 0 0]	−1
$l=6-N=-1$	[1 −1 −1 1 −1 1 1]和[−1 −1 1 −1 1 1 0]	−2
$l=0$	[1 −1 −1 1 −1 1 1]和[1 −1 −1 1 −1 1 1]	7
$l=N-6=1$	[1 −1 −1 1 −1 1 1]和[0 1 −1 −1 1 −1 1]	−2
$l=N-5=2$	[1 −1 −1 1 −1 1 1]和[0 0 1 −1 −1 1 −1]	−1
$l=N-4=3$	[1 −1 −1 1 −1 1 1]和[0 0 0 1 −1 −1 1]	2
$l=N-3=4$	[1 −1 −1 1 −1 1 1]和[0 0 0 0 1 −1 −1]	−3
$l=N-2=5$	[1 −1 −1 1 −1 1 1]和[0 0 0 0 0 1 −1]	0
$l=N-1=6$	[1 −1 −1 1 −1 1 1]和[0 0 0 0 0 0 1]	1

非周期相关特性在比特解码时很重要。假设接收信号有两个可解的显著多径分量。当接收机同步到第一条路径时，来自第二条路径的信号是干扰。

该干扰可以被分为两部分。第一部分来自先前比特，第二部分来自正在解码的当前比特。注意这两个比特可以拥有同样或者不同的极性。假设两个路径的相对延迟是 2 个码片，也就是 $2T_c$。干扰的第一部分相当于延迟 $l=2-N$，而第二部分干扰对应于延迟 $l=2$。在图 12.7 中，可能分别对应 0 和 −1，对于总的值为 −1 的干扰，加上期待的信号值 7，变为 6。

例 12.3　周期或循环自相关

周期自相关考虑的是如图 12.11 所示的序列本身和延迟的以及回转的序列版本之间的相关性。在本例中，每个序列总是有 N 个码片。相关值不像非周期相关那样只把序列的一部分纳入相关计算。当扩频信号没有调制数据比特时，就要用到周期性相关，正如在第二代 CDMA 系统的导频信道里就使用自相关。对于最大长度序列，周期性自相关函数总是在零迟滞时有个峰值 N，在所有其他迟滞时值为 −1。如前所述，M 序列的属性被 cdmaOne 的导频信道利用。

其他 PN 序列：尽管最大长度序列具有良好的周期性自相关特性(参见示例 12.3)，两个同样长度的 M 序列的周期性互相关可能在特定迟滞条件下很差。此外，任何给定长度的 M 序列数量并不大。事实上，正如下面所讨论的，在第二代 CDMA 系统中，所有的基站都使用相同的 M 序列，只是采用一个偏移量来区别不同基站的信号。然而，这需要基站使用全球定位系统来同步。

在 UMTS 中，其中基站不同步，因此使用的是其他类型的 PN 序列。它使用的是从 M 序列推出的 Gold 序列和 Kasami 序列。周期为 2^m-1 的 Gold 序列有 2^m+1 种，与 M 序列相比，极大地增加了此类序列的数量。所有 Gold 序列对同时也有良好的周期性互相关属性，不像 M 序列，不同 M 序列对之间的互相关属性可能好也可能不好。Gold 序列的周期性自相关特性没有 M 序列好，但是其他优势使其成为 UMTS 采用的扩频码字。Gold 序列同时也用于全球定位系统(GPS)中。在 GPS 里，使用的是长度为 1023($m=10$)的 Gold 序列。在 UMTS 里，采用的是截短 Gold 序列，长度为 38 400，本章后面将对此做进一步描述。

12.5　范例 CDMA 系统中的通信信道和协议

在本节中，我们考虑 2G CDMA 系统(IS-95 或 cdmaOne)和 3G CDMA 系统(UMTS)的几个范例，以检查直接序列扩频和编码是如何在实际蜂窝系统里应用的。

12.5.1　2G CDMA 系统

前向信道：前向信道在基站和移动站之间。cdmaOne 的前向信道占据了与 1G AMPS FDMA 和 2G 北美 TDMA 标准相同的频率谱。每个 cdmaOne 载波占据了 1.25 MHz 带宽，AMPS 和 IS-136 的每个载波都占据了 30 kHz 的带宽。cdmaOne 前向信道包含 4 种类型的逻辑信道：导频信道、同步信道、寻呼信道和业务信道。如图 12.12 所示，每个载波包括一个导频信道、一个同步信道、最多 7 个寻呼信道和一些业务信道。这些信道利

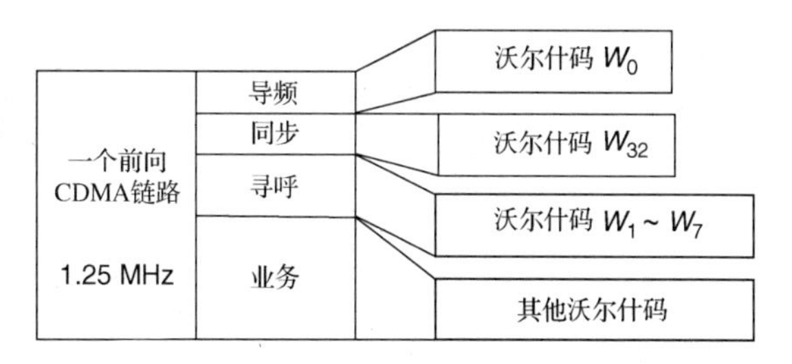

图 12.12　cdmaOne 中的前向信道

用不同的扩频码实现彼此间的区分。在前向信道中，采用 QPSK 调制方案传输扩频信号。

所有信道传播过程的基本样式如图 12.13 所示。任何以符号形式表示的信息（在编码、交织后）都要被长度为 64 位的沃尔什码扩展（调制），而沃尔什码是从哈达玛矩阵中得到的。每一个沃尔什码确定 64 个前向信道中的一个信道。各种沃尔什码在 cdmaOne 里用于扩展各种逻辑信道。导频信道采用全零沃尔什码 W_0。同步信道分配的沃尔什码为 W_{32}，以此类推。一些沃尔什码的分配如图 12.12 所示。

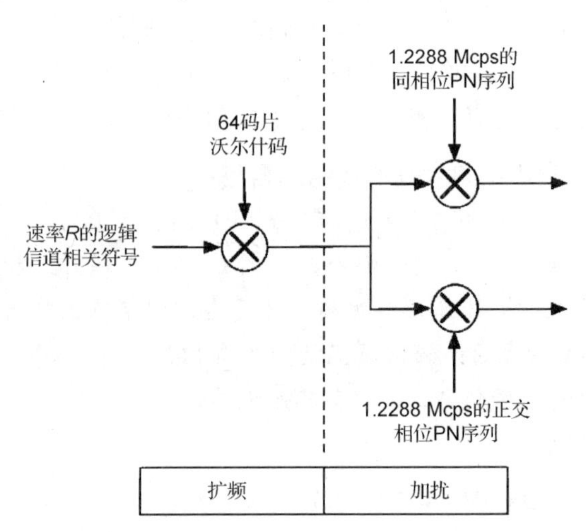

图 12.13 cdmaOne 中前向信道的基本扩频过程

在信道符号被正交码字扩展以形成独立的信道后，它们随即在同相和正交相移线路上被称为短 PN 扩频码的码字加扰。同样的信道符号同时经过同相和正交相移线路。这种调制方法被称为双 BPSK。这与真正的 QPSK 调制不同，QPSK 里一半的信道符号经过同相线路，另一半符号经过正交相移线路。PN 扩频码如前所述并不正交，但是具有优秀的自相关和互相关属性，以使不同蜂窝和蜂窝不同扇区之间的干扰最小化，以利用多径分集。PN 扩频码是由线性反馈移位寄存器（LFSR）产生的 M 序列码，其长度是 15 比特，周期是 32 767 个码片加上一个额外的零码片，总数是 32 768 个码片。正交码用于分离一个蜂窝小区内不同信道间的传输信号，而 PN 发送码用于区分不同小区之间的传输信号。实际上，PN 序列用于区分一个区域内使用相同频率的基站。所有基站使用相同的 PN 序列。但是，通过设置某些数值，每个基站的 PN 序列与其他基站的 PN 序列之间存在偏移。基于这个原因，cdmaOne 的基站必须在下行链路上保持同步，而这种同步是通过全球定位系统 GPS 实现的。

PN 序列的周期用于定时和同步。码片的持续时长是 0.8138 μs。PN 序列的一个周期持续时间是 $0.8138 \times 10^{-6} \times 32\ 768$①$= 26.67$ ms。每秒 PN 序列重复 37.5 次，每 2 秒重复 75 次。任何帧的第一个比特通常从偶数秒开始，因此采用 PN 序列的周期可以很快地同步到一个帧上。在下面的例 12.4 中，我们考虑导频和同步信道的生成。

例 12.4 导频和同步信道

产生导频信道的方法如图 12.14(a)所示。导频信道的目的是为了在一个蜂窝小区中对全部 MS 提供一个参考信号，以便为相干解调提供相位参考。导频信道相对于其他信道电平高 4 ~6 dB。导频信道用于锁定所有的其他逻辑信道，也可以用于信号强度的比较。导频信道采用全零沃尔什码，并且除射频载波外，并不包含信息。为了识别基站，导频信道同样利用 PN 扩频码来实现扩频。识别基站的方法是观察 PN 序列的偏移，即它偏移了多少个码片。在 IS-95 中，PN 序列最小允许 64 码片的偏移。这样一来，即使在密集的微蜂窝区域，也可以为每个基站的唯一身份识别提供 512 个可用的扩频码偏移。

同步信道用于获取初始同步时间，其形成方式如图 12.14(b)所示。它采用沃尔什码 W_{32}

① 此处原文是 32 786，有误。——译者注

实现扩频。注意，它使用与导频信道相同的 PN 扩频码作为扰码。同步信道数据速率为 1200 bps。经一个 1/2 卷积编码后，数据速率增至 2400 bps，重复该过程至 4800 bps，然后使用块交织编码。同步报文包括系统和网络的认证信息、PN 短码的偏移量、PN 长码的状态(或掩码)和寻呼信道的数据速率(4.8 kbps 或 9.6 kbps)。

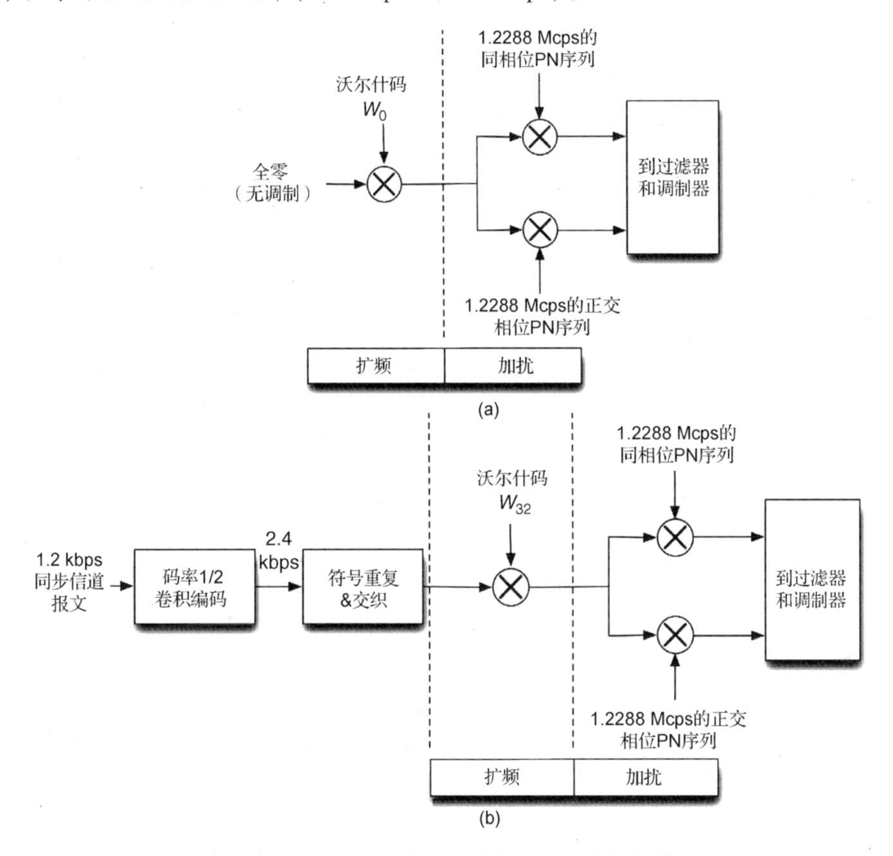

图 12.14　cdmaOne 里的(a)导频和(b)同步信道处理

与 GSM 情况(参见第 11 章)相同，当有来电时，寻呼信道用于寻呼 MS，并为呼叫建立传送控制报文。图 12.15 显示了如何创建一个寻呼信道报文。它采用沃尔什码 1 ~ 7，以至于寻呼信道数量最多可能达到 7 个。导频、同步和寻呼信道没有功率控制。如图 12.15 所示，在采用沃尔什码扩展码字之前，寻呼信道符号首先使用 PN 长码进行扰码。利用一个寻呼信道长度为 42 的长码掩码产生长码。这意味着，PN 长码是由长度为 42 位的线性反馈移位寄存器产生的，其码片周期为 $2^{42}-1$。尽管长码产生速率为 1.2288 Mcps，但是每 64 个码片里实际只有一个用于加扰寻呼信道符号，它经过了一个十分频器。注意，移动站必须要知道这个长码掩码。同步信道携带有此信息，该信息在寻呼之前可能已被移动站解码。

业务信道携带实际的用户信息(如数字编码话音或数据)。前向业务信道有两个可能的速率集，分别称为 RS1 和 RS2。RS1 支持数据率为 9.6 kbps，4.8 kbps，2.4 kbps 和 1.2 kbps。RS2 支持 14.4 kbps，7.2 kbps，3.6 kbps 和 1.8 kbps。不同的速率集对应不同的语音编码率。IS-95 要求强制支持 RS1，而 RS2 的支持是可选项。两个速率集的符号处理流程分别如图 12.16 和图 12.17所示。沃尔什码 $W_2 \sim W_{31}$ 和 $W_{33} \sim W_{63}$ 可以分别用于扩频业务信道，具体取决于小区内支持多少个寻呼信道。

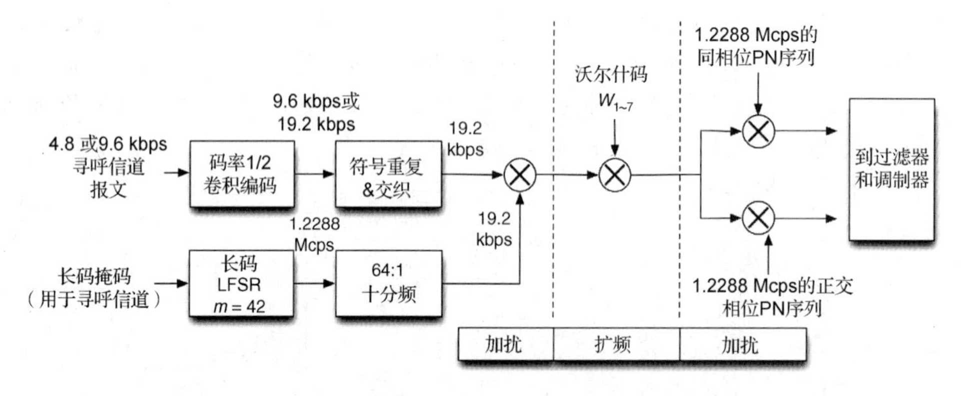

图 12.15 IS-95 里的寻呼信道处理

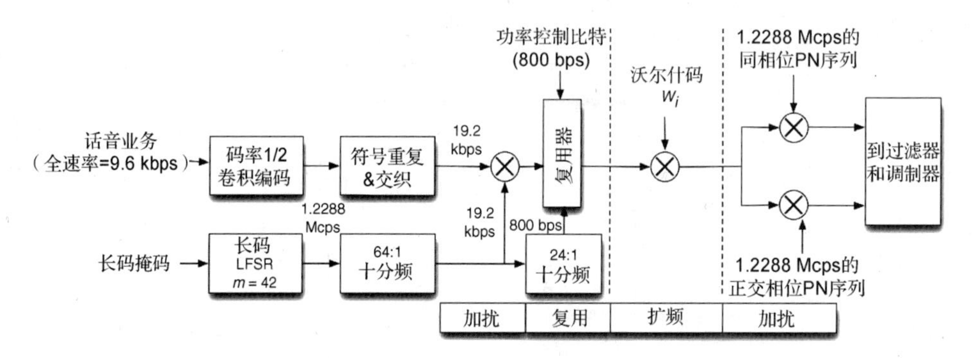

图 12.16 cdmaOne 里的前向业务信道处理(速率集 1)

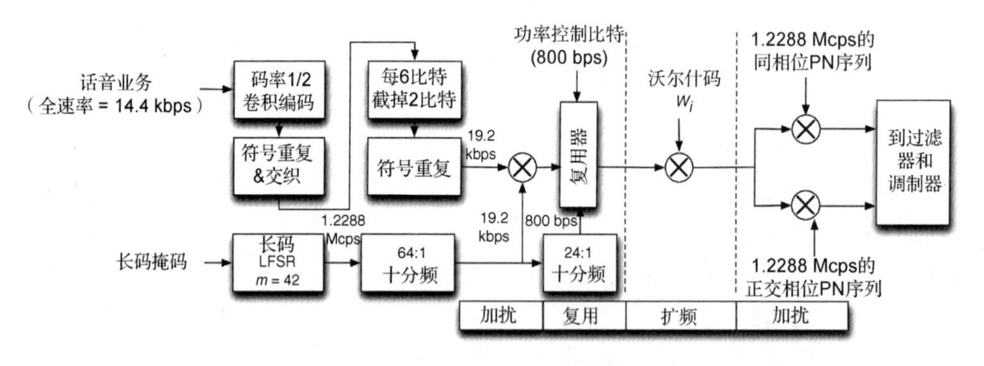

图 12.17 cdmaOne 里的前向业务信道处理(速率集 2)

例 12.5 前向业务信道

前向业务信道利用一个 1/2 卷积编码器，可以将到达的业务数据速率提高一倍。在 RS1 的情况下，采用符号重复将数据速率增至 19.2 kbps。对于 9.6 kbps 话音编码没有符号重复，也被称为全速率话音(由于数据率经过 1/2 卷积编码器后速率已经到 19.2 kbps 了)。而对于 2.4 kbps 的语音编码有 4 次符号重复。低数据率话音业务，例如 2.4 kbps，产生于用户不怎么讲话或者没说话时。在 RS2 情况下，全速率话音业务是 14.4 kbps。在符号重复器输出端的最后速率是 28.8 kbps①，它是由每 6 个比特截断取 4 个比特(丢弃两个比特)得来的。这将数据率降低到块

① 处原文是 212.8 kbps。但是根据上下文，以及后面的公式计算，应该是 28.8 kbps。——译者注

交织器输入端的 19.2 kbps。前向业务信道与反向链路来的功率控制信息复用，如图 12.16和图 12.17所示。功率控制比特以 800 bps 的速率与加扰的话音复用。功率控制比特插入的位置由长码决定。注意，话音业务在被沃尔什码扩展之前要经过 PN 长码加扰，然后扩展信号又再被 PN 短码加扰，用于区分不同的扇区/小区，实现空间分集，同时减少信道之间的干扰。

反向信道：2G CDMA 的反向信道与前向信道完全不同。它采用偏移 QPSK(OQPSK)，而不是采用前向信道中的双 BPSK。偏移 QPSK 是一个更接近恒定包络的调制策略，它比原 QPSK 的相位不连续性更小。如果调制策略不恒定并且有明显的相位不连续，非线性放大器将会产生谱的旁瓣(前面通过相移过滤器压制掉的)，从而可以导致邻信道干扰。因此，偏移 QPSK 使 MS 发送器产品的功率效率更高。相比之下，双 BPSK 调制技术在 MS 中更容易实现解调，因此它被用在了前向信道。CDMA 逻辑反向信道的整体结构如图 12.18 所示，它只有两种类型的信道：接入信道和业务信道。

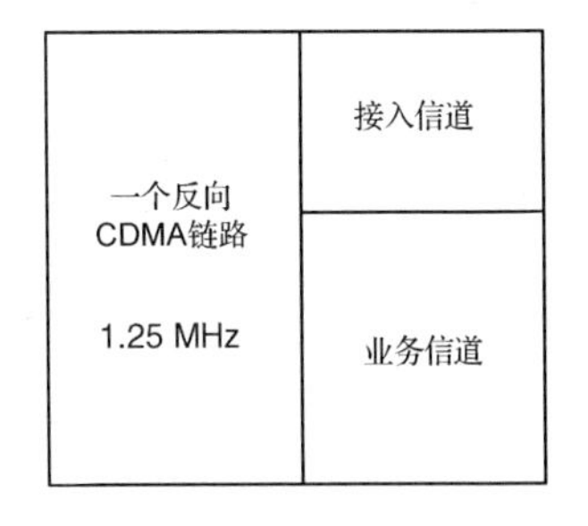

图 12.18　cdmaOne 里的反向信道

例 12.6　2G CDMA 反向链路的波形编码

作为波形编码的简单示例，考虑哈达玛矩阵 H_{12} 的例子。有 8 个正交的沃尔什码。我们可以将 3 比特的输入映射到 8 个波形中的某一个，如图 12.19 所示。这种映射在图 12.19 里是随意的。

IS-95 里采用的是不同的映射策略。考虑长度为 64 的沃尔什码。有 64 个类似的码字，相互之间正交。如果这些序列用作波形，代表一组信息比特，则可以用沃尔什码编码 $\log_2 64 = 6$ 比特信息。例如，一个输入数据流 0 0 0 0 0 0可以采用全零沃尔什码 W_0 传输。这有点像六十四进制调制策略，传输有 64 个符号或字母可选。接收机采用相关性来检测符号。在 IS-95 中，用来编码的沃尔什码由下式确定：

$$i = c_0 + 2c_1 + 4c_2 + 8c_3 + 16c_4 + 32c_5$$

其中，c_5是最近比特。例如，如果输入的 6 个比特是(1 1 1 0 1 0)，则要选的沃尔什码是 $i = 1 + 2\times1 + 4\times1 + 8\times0 + 16\times1 + 32\times0 = 23$；也就是说，$W_{23}$被用于传输。

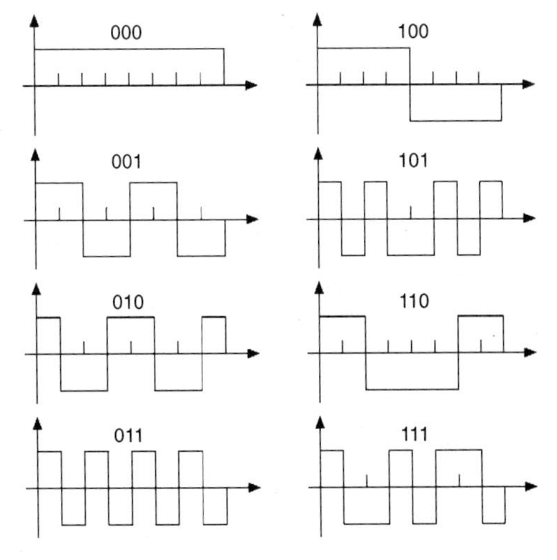

图 12.19　将数据比特映射到沃尔什码编码的符号中

如前所述，IS-95 里只有两种类型的反向信道：接入信道和反向业务信道。接入信道的产生在例 12.7 里考虑。它包含注册报文、短报文、要呼叫的电话号码拨号数字、报文相关的安全性，例如询问和应答、对寻呼报文的应答等(这些报文功能的更多细节参见第6 章)。移动站采用类似 Aloha 的策略(参见第 4 章)来竞争接入信道，以建立呼叫。

例 12.7　IS-95 里的接入信道

移动站通过接入信道向基站传送控制信息，比如呼叫初始化信息、寻呼响应信息等。

IS-95 中接入信道上的数据速率为固定的4800 bps。利用1/3 卷积编码器发送，会将数据速率提高到14.4 kbps，而采用符号重复又能够将数据速率提高到28.8 kbps①。现在，利用六十四进制正交调制器，将每6 位映射成64 位。这个过程可以认为是"扩展"信号到码片速率为(64/6) ×28.8① =307.2 kcps。长 PN 码用于区分不同的接入信道。在六十四进制正交调制器的输出端用4 作为因子进行扩频，从而产生了1.288 Mcps 的码片速率。细节如图12.20 所示。

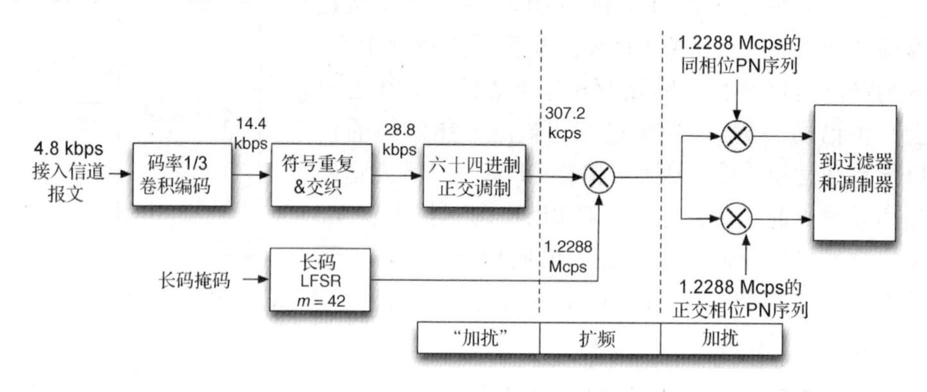

图 12.20 cdmaOne 的接入信道处理

反向业务信道如图12.21 所示。突发分组在编码和交织之后，但正好在六十四进制正交调制之前，其速率是28.8 kbps①。六十四进制正交调制器的输出速率是28.8 ×64/6 = 307.2 kbps。通过长 PN 码用4 作因子进行扩频后，最后的码片速率为307.2 ×4 = 1.2288 Mcps。在基础编码信道内，使用一个数据随机发生器以屏蔽符号重复情况下的冗余数据。这个过程删除了被称为"功率控制组"的信息，以减少传输功率，同时也减少反向链路的干扰。对于这个屏蔽冗余数据以减少干扰的更详细信息将在功率控制一节里讨论。反向业务信道向基站发送与导频信号强度相关的信息以及帧误码率的统计数据，同时也用于向基站传送控制信息，如切换完成报文和参数响应报文。这些控制报文在可能包含部分语音业务流(弱音和突发)或没有语音业务流(空白和突发)的帧里传输。

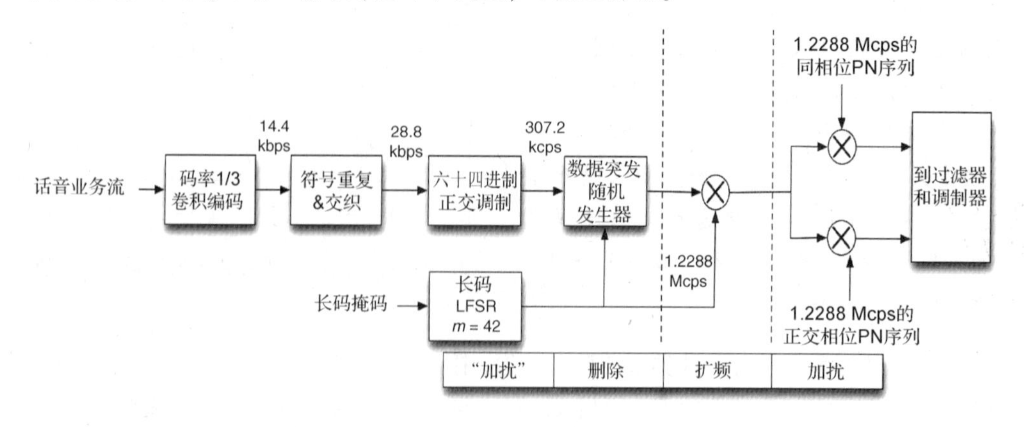

图 12.21 cdmaOne 里的反向业务信道处理

① 此处原文是212.8 kbps。但是根据上下文，以及后面的公式计算，应该是28.8kbps。——译者注

分组和帧格式：如上所述，有 4 种前向逻辑信道：导频、同步、寻呼和业务信道。反向信道分为接入信道和业务信道两种。前向业务信道在 RS1 的 9600 bps 、4800 bps 、2400 bps 或 1200 bps 数据速率上和 RS2 的 14400 bps 、7200 bps 、3600 bps 或 1800 bps 数据速率上承载用户数据(数据比特或者编码语音)。前向业务信道的帧长度为 20 ms。每个 20 ms 的帧进一步被分为 16 个功率控制组，每个持续 1.25 ms。功率控制的粒度有赖于这些功率控制组的大小。如前所述，2G CDMA 中的功率控制数据率在 $1/1.25\times10^{-3}=800$ 次/秒。表 12.2 显示了信息比特、帧差错控制校验比特以及每种情况跟踪比特的数量。

表 12.2　前向业务信道的帧的内容

速率集 1				速率集 2			
数据率 (bps)	信息比特	CRC 比特	跟踪比特	数据率 (bps)	信息比特	CRC 比特	跟踪和预留比特
9600	172	12	8	14400	267	12	9
4800	80	8	8	7200	125	10	9
2400	40	0	8	3600	55	8	9
1200	16	0	8	1800	21	6	9

同步信道向 MS 提供了有关系统 ID (SID)、网络 ID(NID)、PN 短序列的偏移量、PN 长码状态和系统时钟等信息。如图 12.22(a)所示，这些报文可能会加长，并被分裂成 32 比特同步信道帧。3 个同步信道帧组成一个 96 比特的同步信道超帧。同步信道帧持续 26.67 ms，恰好是 PN 序列的一个周期。因此，同步信道帧与 PN 序列的周期对齐。超帧持续时间为 80 ms。这种内嵌的定时关系需要设置移动站的线性反馈移位寄存器的状态。第一个同步信道帧的“报文起始”(SOM)位是 1，属于同一报文的后续位均是 0。报文本身(在顶部显示)由报文长度、数据、检错码和一些填充码组成。用零填充是为了确保每个新报文在一个新超帧内开始(图 12.22)。

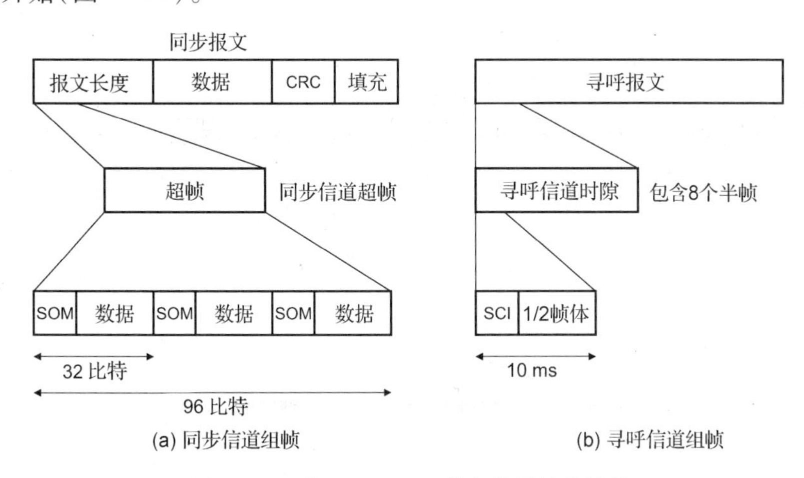

图 12.22　某些 cdmaOne 前向信道的帧结构

寻呼信道，如图 12.22(b)所示，向 MS 通报了若干参数，包括业务信道信息、TMSI、接入请求响应、邻近基站列表以及它们的数据。寻呼可以是有时隙的，也可以是无时隙的。在前一种情况下，为使 MS 节省电池能量，该信道被分成 80 ms 的时隙。寻呼信道报文与同步信道报文结构相似(包括报文的长度、数据和 CRC 等)。由于它太长而不能在一个时隙中传输时，因而将其分隔成 47 比特或 95 比特（数据速率为 4800 bps 或 9600 bps），并在一个寻呼信道的半帧（10 ms）中传输。半帧有一个称为同步封装指示器（SCI）的比特，具有与报文起始位类似的功能。然而，在这种情况下，一条报文可以在任何地方开始（不需要在一个半帧内）。而且，若将同步封装指示器设置为 0，则表明在同一半帧内一个寻呼报文结束和另一个报文开始。8 个寻呼半帧合并成一个 80 ms 的寻呼时隙。

例 12.8　寻呼信道半帧和时隙里的比特数

寻呼信道的半帧和时隙里有多少个比特？

解： 比特数量取决于数据速率。如果数据速率是 9600 bps，那么一个 10 ms 的半帧将携带 96 比特（1 个比特 SCI）。同样，如果数据速率是 4800 bps，那么比特数量是 48。因此，一个由 8 个半帧组成的寻呼时隙在 9600 bps 速率时将包含 $96 \times 8 = 768$ 比特，而速率为 4800 bps 时，则包含 $48 \times 8 = 384$ 比特[①]。

接入信道数据速率是 4800 bps，且每个接入信道报文（与同步报文结构相似）是由几个持续 20 ms 的接入信道帧组成的。因此，一个接入信道帧长度是 96 比特。一个接入信道前置码总是先于一个接入信道报文，它包括几个帧中所有比特都是 0 的 96 比特帧。实际报文本身被分散在 96 比特的帧中，包含 88 比特数据和 8 比特设置为零的跟踪位。

反向业务信道再次被分隔成 20 ms 的业务信道帧。这些帧被进一步分成 1.25 ms 的功率控制组（参见图 12.23（a））。在一个帧中有 16 个功率控制组。一个数据突发包随机发生器按照数据速率随机地屏蔽（删除）个别功率控制组，其结果是减小了反向信道的干扰。例如，按照 4.8 kbps（半数据速率），8 个功率控制组被屏蔽（删除）。除了话音业务，业务信道还可以传输信令或者备用数据。在空白与突发模式下，整个帧都用于携带数据；在弱音与突发模式下，帧的内容一部分是话音，一部分是数据。反向业务信道的帧结构与前向业务信道的帧结构非常相似。

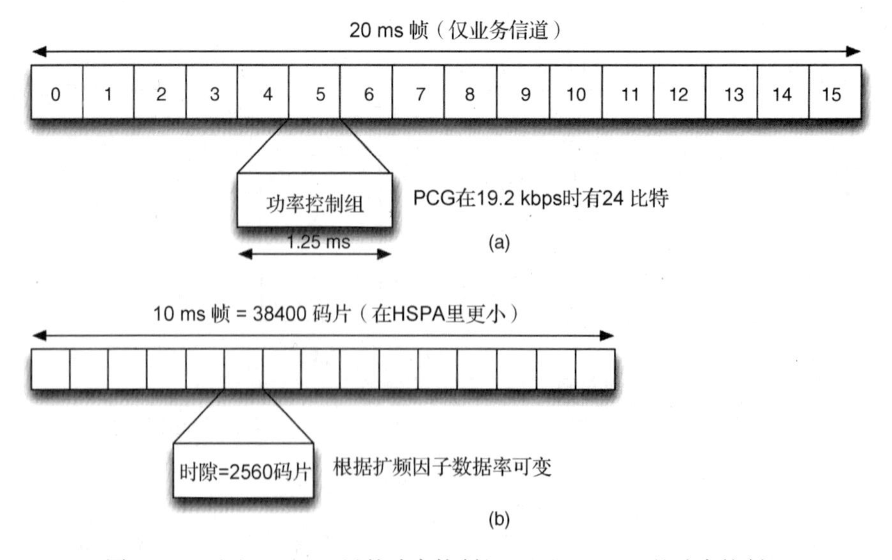

图 12.23　（a）cdmaOne 里的功率控制组；（b）UMTS 里的功率控制组

① 此处原文是 784 比特，有误。——译者注

12.5.2　3G UMTS 系统

在 UMTS 中，基站被称为节点 B，而移动台则被称为 UE(用户设备)。在 GSM 中的基站控制器被替换为无线电网络控制器或 RNC(其工作模式与基站控制器类似)。UMTS 网络的其余部分类似于在第 11 章中描述的带 GPRS 增强的 GSM 网络。GPRS 支撑节点仍用于处理 UMTS 中的数据流量。UMTS 体系结构的简化框图如图 12.24 所示。

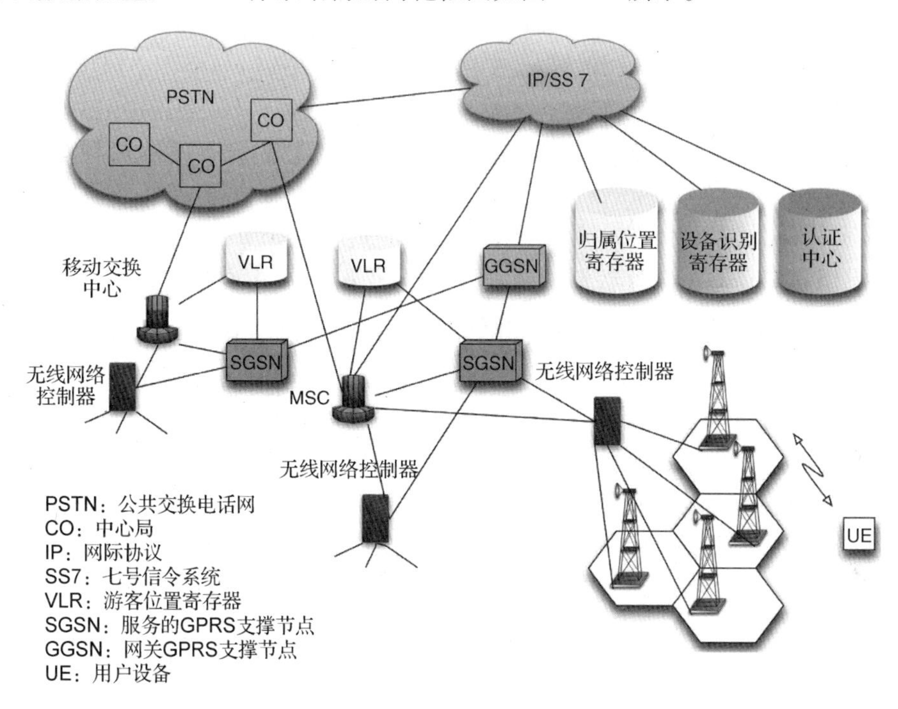

图 12.24　UMTS 的简化体系架构

UMTS 中的逻辑通道被称为传输信道。专用传输信道用于携带用户数据(例如，语音呼叫)和呼叫相关的信令数据(例如，测量报告与越区切换命令)，而公共传输信道则用于携带一般信令和控制信息(例如，寻呼消息和接入消息)。这些逻辑信道被映射到物理信道，而物理信道是由任一基站或移动台所生成的实际信号。物理信道可以携带恰好一个传输信道，并在某些情况下可携带两个传输信道。某些传输信道也可以被分割，然后在两个物理信道上传输。因此与 cdmaOne 相比，UMTS 中产生信道的复杂性更高，在本书中我们不考虑其实现细节。然而，传输信道的某些功能是相似的(例如，使用一个寻呼信道和接入信道，以分别寻呼移动站和建立呼叫)。

3G 系统的主要要求是，它们应该能够支持多种应用程序的数据传输速率(从户外的 384 kbps 到室内区域的 2 Mbps)和操作环境。这意味着，必须从宏蜂窝到微蜂窝各级都维护好操作的服务质量。将所有这些类型的基站如同 IS-95 那样同步在一起是很困难的。在 WCDMA 中，基站可以工作在异步模式，从而省却了对 GPS 的需求，而 GPS 本来是用于同步基站的。相应地，UMTS 里 PN 序列的使用方式也发生了变化。

UMTS 的码片速率是 3.84 Mcps，它比 cdmaOne 的 1.2288 Mcps 码片速率要大得多。对应的频率载波带宽也相应更大，大约是 5 MHz。码片持续时间较小使得在时间分集信道上的多径分量的分辨率更高。正交码将下行链路上发给不同移动站的传输数据分离开，同时在上行链路上也将同一个移动站产生的多个数据流分离，从而像 cdmaOne 一样扩展了频谱带宽。跟 cdmaOne 类似，PN 码只对码片加扰(并不增加带宽)，用以在下行链路上区分不同基站或者小区扇区的传输，在上行链路上区分多个移动站的信号。在直接序列扩展后采用真 QPSK 调制方案。同相和正交相位线上分别承载不同的数据符号，这与 cdmaOne 不同，在 cdmaOne 里，同相和正交相位线上承载的都是相同的数据。因此，UMTS 物理层比 cdmaOne 的更复杂。

UMTS 的帧长为 10 ms，与 cdmaOne 里的 20 ms 业务帧长度相比要小。当码片速率是 3.84 Mcps 时，10 ms 的码片数量为 38 400 码片，它对应于 UMTS 中 Gold 序列的一个周期。回想一下，在 IS-95 中的同步信道帧长为 26.67 ms，它对应于短 PN 加扰序列的一个周期。因此，PN 加扰序列的周期包含可以由接收机利用的固有定时信息。这不像 GSM 的 TDMA 系统，其中明确的帧结构和帧层次对于 TDMA 系统来说至关重要。UMTS 中的帧被进一步分成 15 个时隙，如图 12.23(b)所示。每个时隙有 2560 个码片，数据比特的数目取决于扩频因子。这些时隙与 cdmaOne 的功率控制组类似，在 cdmaOne 中，功率控制的粒度是时隙。每个时隙持续 $10/15 = 0.67$ ms，功率控制的频率为 $1/0.67 \times 10^{-3} = 1500$ 次/秒。

前向信道： UMTS 的前向信道包括映射到物理信道的传输信道，也包括一些仅用于信令、不携带任何高层数据(也就是说没有相应的运输信道)的物理信道。扰码的使用与同步和公共导频信道的使用方式不同(参见 12.6 节，了解 UMTS 与 IS-95 相比在小区搜索上有何不同)。与小区相关的信息在一个广播信道上承载。这些信道没有功率控制。前向接入信道包含控制信息和发送给移动站的分组数据(例如短消息)。寻呼信道用于在有来电时寻呼移动台。前向接入信道和寻呼信道共用一个物理信道，不具备功率控制能力。一个专用的物理信道(每移动站恰好对应一个)同时承载用户数据和信令信息，以及一些导频符号。用户数据和控制信令数据之间是时分的。专用信道的功率控制速度很快，达到 1500 Hz，这将在后面描述。标准同时指明了一个下行的数据业务共享信道，最后该信道发展成用于高速分组接入的多个信道，这将在 12.7 节中描述。

反向信道： 在各种环境中支持可变数据速率和各种操作再次主宰了 3G 系统的反向链路实现。专用信道包括从每个移动站发往基站的一个专用数据信道以及一个专用的控制信道。这些信道以码分方式复用，与前向信道时分不同。为了区分这些信道，每个移动站都采用正交码(OVSF 码)。这与 cdmaOne 的反向信道非常不同，其中正交码用于波形编码，而不是分离从相同的移动站发出的数据流。注意，正交码不用于区分不同的移动台的发送数据。为了区分同一个小区里不同移动站的传输数据，通常采用截短的 Gold 码，其长度为 38 400 码片。这些码字同样也给 RAKE 接收机带来了良好的分集增益。

12.6 CDMA 里的小区搜索、移动性和无线电资源管理

在所有的第二代蜂窝系统中，IS-95 标准是最复杂的，因为它使用了扩频技术，给用户带来了一系列在基于 TDMA 的系统中无法提供的优势。这些包括频率重用率为 1，在干扰和多径条件下的鲁棒性能，以及增加容量的能力。采用导频信道的 M 序列用于同步和解调、小区搜索、多样性、越区切换，以及功率控制。采用 RAKE 接收机是 CDMA 的一个重要特征。它在衰落环境下提供了内在的分集效应，从而提高了语音质量。一个 RAKE 接收机的探头可以选择一个多径信号，也可以选择来自另一基站的信号，只要基站在 MS 的通信范围内。这种

能力在 cdmaOne 中被用以执行所谓的软切换，从而改善切换过程中的语音质量。软切换以外的移动性管理基于在第 6 章中讨论的通用移动性管理过程。针对 CDMA 的情况，又增加了一些特定消息。

采用扩频的缺点是远近效应成为主导，为了防止从一个用户发送的信号掩盖了另一个用户的信号，必须要执行严格的功率控制。实施严格的功率控制的优点在于，该 MS 可以操作在最小所需的 E_b/N_0功率上以获得足够的性能。这可以增加电池寿命和降低移动终端的尺寸和重量。

采用导频信号，软切换和功率控制这些特征也延伸到第三代蜂窝系统。UMTS 采用了软切换和功率控制，但具体实现方式与 IS-95 有所不同。我们将在下面说明这些操作。

12.6.1 小区搜索

小区搜索是指移动站如何发现谁正在某地理区域内提供服务，以及发现当移动站加电时所必要的系统参数、定时等。如同第 6 章所描述的，每个无线系统需要一个信标信号，以便移动站能够捕获，然后用以判定其能获得的可用网络和可用服务。在 CDMA 系统中，通常导频信道被用作信标，通过其扩展序列实现此目的，尽管具体实现上 2G 和 3G 系统之间有差异。

2G 里的小区搜索：在基于 cdmaOne 的系统里，采用周期为 32 768 码片的 M 序列对扩频信号加扰，如前所述。cdmaOne 的导频信道没有数据(所有的符号都为零)，并且进一步被无零转换的沃尔什码 W_0扩展(因为 W_0所有的码片都为 0)。如果假设一个正极性的矩形脉冲表示一个零，数据码元被沃尔什码扩展之后，如图 12.14(a)所示，基带信号没有变化。本质上，导频信道在 I 和 Q 通道上被 M 序列扩展。在移动台，当接收机用本地产生的 M 序列对信号进行相关处理时，如果只存在一个导频信号，那么将会在(周期性的)自相关函数中看到一个单峰，如图 12.11 所示。在一个真正的蜂窝系统中，总会存在多个导频信道，因为所有基站使用相同的载波频率和相同的 M 序列(虽然对 M 序列有不同的偏移)。

当多个导频存在(来自不同基站)时，如图 12.25(a)所示会观察到多个峰。峰的位置取决于两个因素：(1)发送导频的基站和该移动站之间的传播延迟；(2)PN 序列的偏移量。偏移量是 64 码片的倍数。每个码片持续 $1/1.2288\times10^6=0.813$ μs。64 码片的持续时间是 52 μs，如果信号以光的速度传播，该信号可在这段时间里行进 15 km。因此，偏移量是尖峰所处位置的决定性因素。当检测到多个尖峰时，MS 在一组检测到的尖峰里挑选最强的导频信号。该导频信道同时提供了定时信息(一个周期 26.67 ms)，尖峰是周期性的，并且可以用于检测同步信道，该信道提供了关于所述基站或小区扇区的附加信息。

UMTS 里的小区搜索：不像基于 cdmaOne 的系统，在 UMTS 中，不同的小区使用不同的加扰 PN 序列。移动站不能搜索所有可能的加扰序列来发现某个基站或小区扇区使用的序列。移动站并不试图发现不同的可听到的未调制导频信道，移动站首先尝试使用所有小区都用的同一个 256 码片加扰码[参见图 12.25(b)]。主同步信道只在每个时隙的头 256 比特存在，因此对应主同步信道的尖峰同时也提供了时隙边界的定时信息。辅助同步信道，与主同步信道对齐，同样在每个小区里都运行，但是每个小区使用另一个 256 码片码字用于辅助同步信道。这个码字可以在 64 个不同码字中选择。移动站发现最强的辅助同步信道，并用它的扩频码字解码。为了确保该码字被正确检测，自相关过程在一个帧的 15 个时隙的每个时隙里都执行。这同时也提供了帧边界的定时信息。一旦在辅助同步信道上使用的码字确定，小区或扇区的主加扰码字就可以确定。在辅助同步信道可选用的 64 个码字中，每个码字都有 8 个主加扰码字关联。主加扰码字由未调制的公共导频信道确定，随后被用于解码其他信道，特别是广播信道，其中包含有基站的信息。顺便说一句，广播信道与同步信道时分复用。在每个时隙中，开始的 256 个码片由同步信道占用，其余的 2304 码片由广播信道占用。

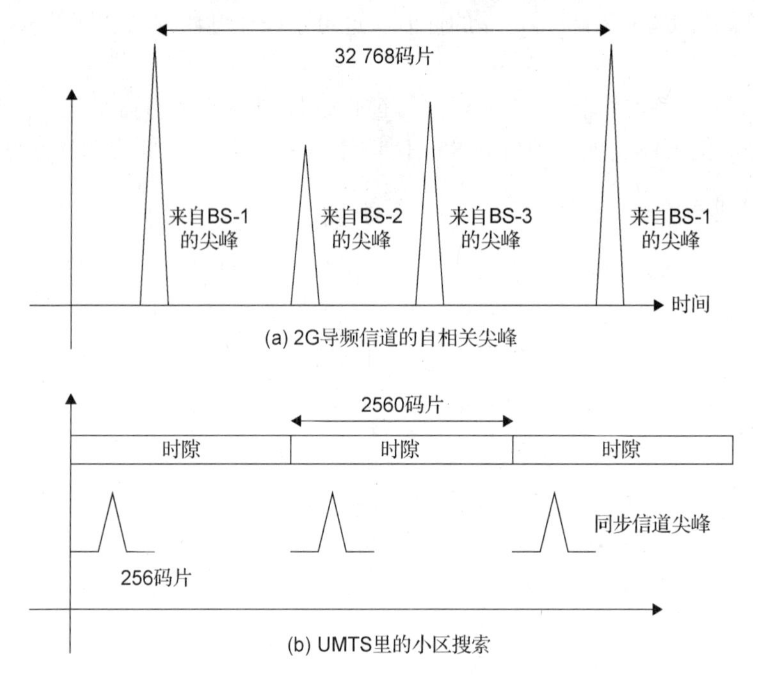

图 12.25　CDMA 系统里的小区搜索

12.6.2　软切换

软切换是指一个过程，其中一个 MS 与多个候选基站通信，直到最后决定流量从其中的哪一个走。实施软切换的原因是基于远近效应和相关的功率控制机制。如果一个 MS 离基站过远，连续增加其发送功率以补偿远近效应，它很可能会最终进入不稳定状态。它还将给相邻小区的移动台造成大量干扰。要避免这种情况，确保 MS 与能收到最大信号强度的基站相连，就要实施软切换策略。一个 MS 将持续跟踪附近的所有基站，并在必要时与多个基站短暂通信，以决定选择哪个基站作为其连接点。

在 cdmaOne 中定义了 3 种类型的软切换，如图 12.26 所示。在图 12.26(a)所示的更软切换情况下，切换发生于同一小区的两个扇区之间。在如图 12.26(b)所示的软切换的情况下，越区切换发生于不同小区的两个扇区之间。在如图 12.26(c)所示的更软切换的情况下，候选的切换包含属于同一小区的两个扇区，以及不同小区的第三个扇区。在所有情况下，切换决策机制或多或少都是相同的。是否需要拆除抑或重新建立基础设施上的连接都取决于最终切换所涉及的小区/扇区。

软切换过程涉及多个基站。控制主基站协调在软切换期间为呼叫增加或删除其他基站。主基站使用切换指示消息(HDM)来表示导频信道已被使用或移除，视软切换过程的需要而定。在某些情况下，主基站在切换后也发生变更。来自多个基站的信号在 BSC 或 MSC 中组合，并作为一个单一的呼叫处理。这个过程使用帧选择加入消息来实现。图 12.27 给出了双向软切换中建立和结束切换的过程示例。MS 从新基站中检测到导频信号并通知主基站。在与新基站建立起业务信道后，所述帧选择加入消息被用来在 BSC/MSC 的两个基站中选择信号。过了一会儿，来自老基站的导频信号开始减弱，MS 将请求删除它，这是通过一个帧选择删除消息实现的。

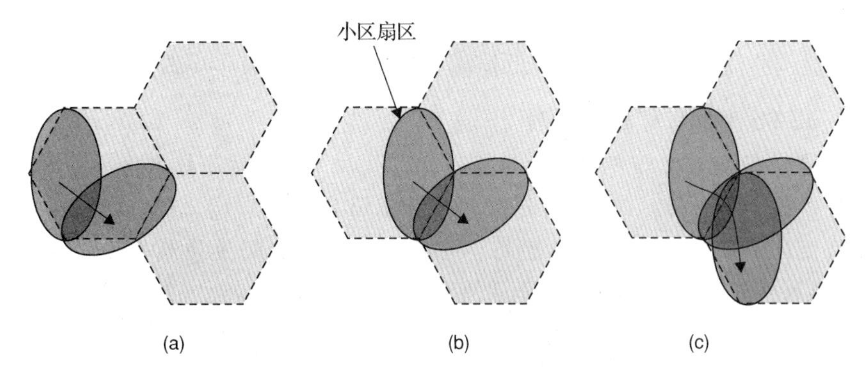

图 12.26 (a)更软切换；(b)软切换；(c)软-更软切换

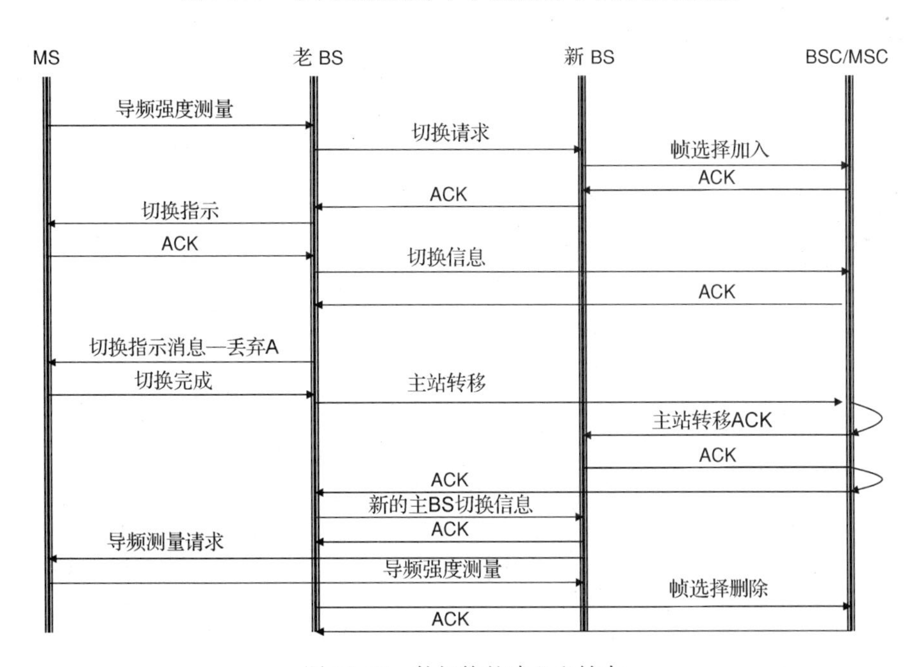

图 12.27 软切换的建立和结束

2G 的切换决策： cdmaOne 不同小区的导频信道都参与了切换机制。这背后的原因是，这是唯一的不受功率控制的通道，因而提供了对 RSS 的量度。MS 保留了所有可听到的导频信道的列表，并将它们分为以下 4 类。活动集包括被 MS 连续监测或使用的导频。cdmaOne 的 MS 具有 3 个 RAKE 探头，允许它监视或使用最多 3 个导频。活动集的导频信道在下行链路上由基站的 HDM 指示。候选集最多只能有 6 个导频，这些导频代表了不在活动集内，但具有足够强的 RSS 可供解调以及解调相应业务信道的基站。邻居集包含属于相邻小区的导频信号，MS 可以通过寻呼信道的系统参数消息推断出它是否属于相邻小区。剩余集包含所有其他系统可能存在的导频。由于使用 RAKE 接收机捕获多径分量，它采用搜索窗口来跟踪每一组导频信道。搜索窗口足够大，能够捕获一个基站导频的所有多径分量，但是同时又足够小，以使搜索时间最小。多径时延是 MS 和 BS 之间距离的函数，相应的搜索窗口也会受影响。

软切换过程采用几个门限，这与第 6 章讨论的 RSS 门限类似。关于这些门限的更多细节在[Gar00]里可找到。当导频的强度低于阈值时，MS 将启动一个驻留定时器。除非在定时器超时之前导频强度变回到阈值以上，否则 MS 将在给定集合中放弃该导频。如同在第 6 章讨论的那样，设置这些门限和定时器的高低值需要折中考虑(例如乒乓效应)。

例 12.9 IS-95 里的导频检测门限

移动站维持一个在活跃集中使用的导频列表。最初，移动站连接到一个基站，只有它的导频和导频的多径分量在活跃集中(并通过切换指示消息被告知)。当移动台渐行渐远时，相邻小区的导频变得更强。如果它的强度高于导频检测门限，则该导频必须被添加到活跃集中，此时 MS 进入所谓的软切换区域。如果导频检测门限值过小，有可能信号会由于噪声或干扰引起错误警报，导致将导频信道插入到活跃集。如果导频检测门限过大，则有用的导频不被添加到活跃集中，呼叫可能被丢弃。必须使用该门限的合适值。该值往往跟小区的位置相关。

例 12.10 在软切换中使用各种门限

图 12.28 给出了一个示例(取自[Gar00])，说明切换门限是如何工作的。一旦导频信号强度超过导频检测门限，它将被转移至候选集(1)，MS 发送导频强度测量信息给正在发送导频的基站。基站发送一个切换指示消息到移动站(2)，此时该导频被转移到活跃集。MS 获得一个业务信道，并发送一个切换完成消息(3)。在导频强度下降到低于一定的“丢弃”门限时，切换丢弃计时器将被启动(4)。如果导频强度在定时器到期后仍然低于该阈值，移动台发送另一个导频强度测量给与导频相关联的基站(5)。当它收到对应的不带导频的切换指示消息时，移动站将把导频移动到邻居集(6)，并发送一个切换完成消息(7)。在某些时候，活跃的基站将给它发送一个邻居更新列表消息，其中不再包含该导频，然后它将被移入剩余集(8)。

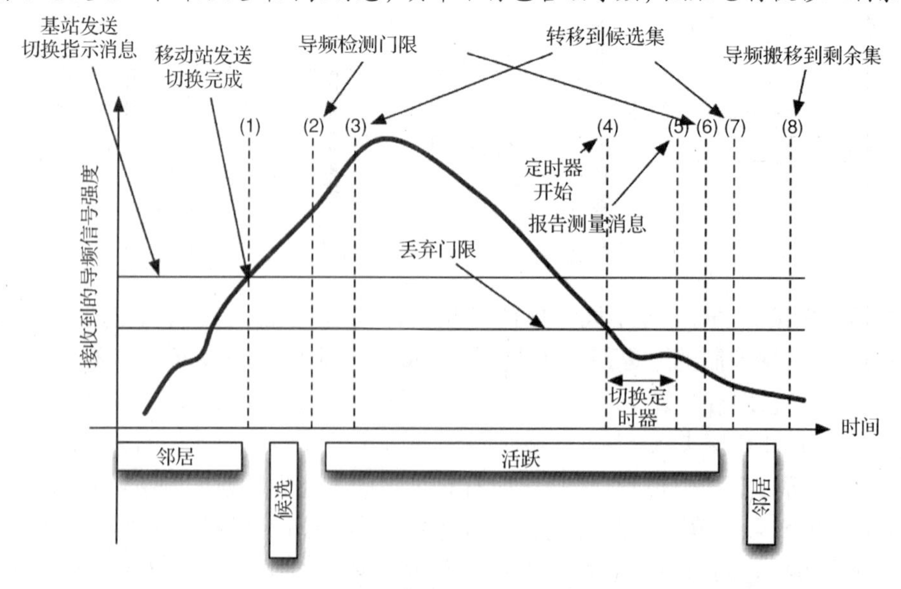

图 12.28 IS-95 里的切换门限

所有的信号强度测量基于导频信道。切换也是移动台辅助的切换，因为移动站会将信号强度测量结果报告给网络。切换门限可以动态调整，以改进系统性能。

3G UMTS 的切换决策： 在 UMTS 中，切换过程有所不同。再一次，移动站维护着不同的导频组，活跃集对应着完成呼叫所需要的导频信道。相对门限值和滞后裕量被采用，代替了 cdmaOne 里的绝对值(即导频强度互相比较，而不是采用固定的增加和丢弃导频门限值，该值需要 cdmaOne 的具体使用环境加以微调)。算法的工作过程在取自[Hol00]的下述示例里描述。

例 12.11　WCDMA 里的软切换

图 12.29 显示出在 UMTS 中软切换的一个例子。沿着横坐标表示的事件(x 轴)对应于当活跃集还没满员时在活跃集里增加一个导频，或者从活跃集里删除一个导频。在第一个事件(1A)时，导频被添加到活跃集，因为它的强度比最好的导频强度减去一个报告幅度加上一个滞后余量更高，而且持续时间超过 ΔT。某个导频随后从活跃集里被移除(事件 1B)，如果它的强度低于最好的导频强度值报告范围之和以及一个滞后裕量，其持续时间超过 ΔT。事件 1C 对应于导频的组合添加和删除。这在活跃集已满且集合里的最差导频在 ΔT 时间里低于最好的导频强度值，再减去一个滞后裕量的这种情况下，最坏的导频将被删除，最佳的候选导频被加入活跃集。报告范围是用于软切换的阈值。

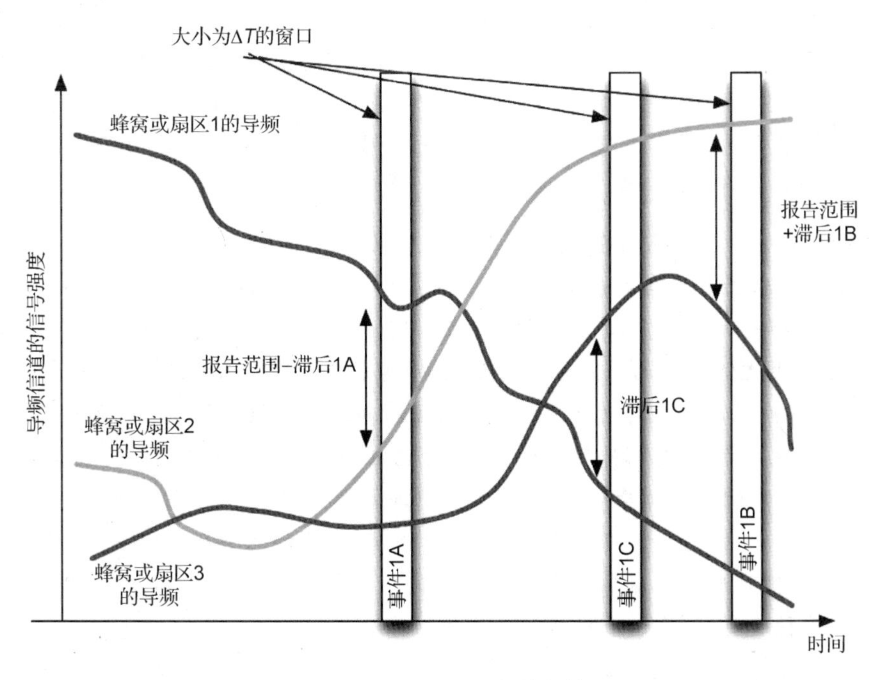

图 12.29　UMTS 里的软切换

应当指出的是，当用于比较信号强度时，要采用平均值而非瞬间的样本值。

12.6.3　功率控制

像所有的蜂窝电话系统一样，CDMA 也是干扰受限的。然而，同信道和邻信道干扰在这里并不是主要问题。事实上，干扰来自于在同一频率段同时发送的其他用户。为了避免远近效应，实现良好的功率控制是很重要的。另外，为了保持良好的主观语音质量，例如衰落和阴影的影响，需要通过增加发射功率来实现。在 CDMA 的情况下，一个重要的因素是；信号强度可能是合理的，但收到的帧仍然因为干扰的存在导致有差错。在接收信号强度和帧差错率之间还存在着非线性关系。因此，使用帧差错率作为功率控制的判决依据比采用接收信号强度作为判决依据更受欢迎。通常认为最大差错突发为两帧，帧差错率在 1% 左右，可以维持最佳的语音质量，而如果在 0.2% ~3.0% 范围内，最多有 4 个帧的差错突发是可以忍受的。注意，这种方法与模拟和基于 TDMA 的蜂窝系统中使用的设计准则差异很大，在这些系统中信号和共信道干扰比要达到一定的值才能获得好的话音质量。

在 cdmaOne 中，功率控制尤其是在反向链路上非常重要，因为该方向上采用的是非相干检测。具体实现时有两种类型的功率控制：开环和闭环。它们已在第 6 章中讨论过。在前向链路中采用的是慢速移动站辅助的功率控制策略。

例 12.12 在 2G CDMA 中的开环反向链路功率控制

在分配业务信道之前，CDMA 里没有闭环功率控制，因为闭环功率控制涉及到基站的反馈，它在业务信道上传输，频率是 800 次/秒。出于这个原因，为了防止信号强度的突然下降，采用的是开环功率控制策略。这里的规则是使用的发射功率反比于所有 BS 发来的导频信号的接收信号强度。在接入信道，如果导频信号强，则 MS 用弱信号发送请求。可能会因为碰撞或者因发射功率低的原因收不到确认。如果没有收到确认，则会发送更强一些的接入探测信号。这将重复数次，直到到达最大功率电平之后停止。然后该过程将会在一个退避时延后重复。要获得一个业务信道可以重复多达 15 次请求。开环功率控制的缺点是假设前向和反向链路的特性是相同的，同时响应时间很缓慢(30 ms)，并且使用所有的基站接收到的总功率来计算所需要的发射功率。

例 12.13 在 2G CDMA 中的闭环反向链路功率控制

在下行业务信道上，功率控制位以每 1.25 毫秒(800 次/秒，见图 12.30)的频率发送。零位指示 MS 应该增加其发射功率，一位指示该 MS 应当减小它的发射功率。BS 的接收机每 1.25 毫秒计算一次收到的 E_b/I_t(信号干扰比)，将其采样 16 次，如果它超过一个预先设定的目标，则该 MS 将被指示降低其功率 1 dB；如果没有超过预先设定目标，则 MS 将被指示增加其功率 1 dB。这就是所谓的内环功率控制，因为它主动参与 MS 的发送功率值的变更。基站的目标值控制了长期的帧差错率。FER 与 E_b/I_t 并不线性相关，它同时也是速度、衰落、环境和其他因素的函数。目标 E_b/I_t 同样随时间而变，以反映准确的数值。如果 FER 足够小，则它每 20 毫秒减少值为 x dB。通常情况下，$100x$ 的值是 3 dB。如果 FER 开始增加，则目标值可迅速增大。这种改变目标 E_b/I_t 的机制被称为外环功率控制。

例 12.14 2G CDMA 里的前向链路功率控制

前向链路上的功率控制被用来减少小区间干扰。在一个小区内部，多个用户使用正交序列，干扰的主要来源是来自其他小区的用户或来自于多径。此时使用移动站辅助的功率控制。MS 周期性地报告前向链路的 FER 给基站，基站随后相应调整其发送功率。预先设置有最大和最小传输功率值，以避免过度的干扰，从而避免语音质量相应下降。

在 UMTS 中，闭环功率控制以类似于 2G CDMA 系统的方式实施，功率控制位的传输速率为 1500 次/秒。这允许非常快的控制功率，可以显著提高 UMTS 里的功率增益，尤其是在行走速度时可以做到这一点。内环和外环功率控制都采用与 cdmaOne 类似的方式。UMTS 的差别是快速功率控制同时在前向和反向链路上实现(对于特定的物理信道——请记住并不是所有的信道都有功率控制)。目标 E_b/I_t 在 5.5 ~ 7.0 dB 之间变化，具体跟车速和信道条件有关。

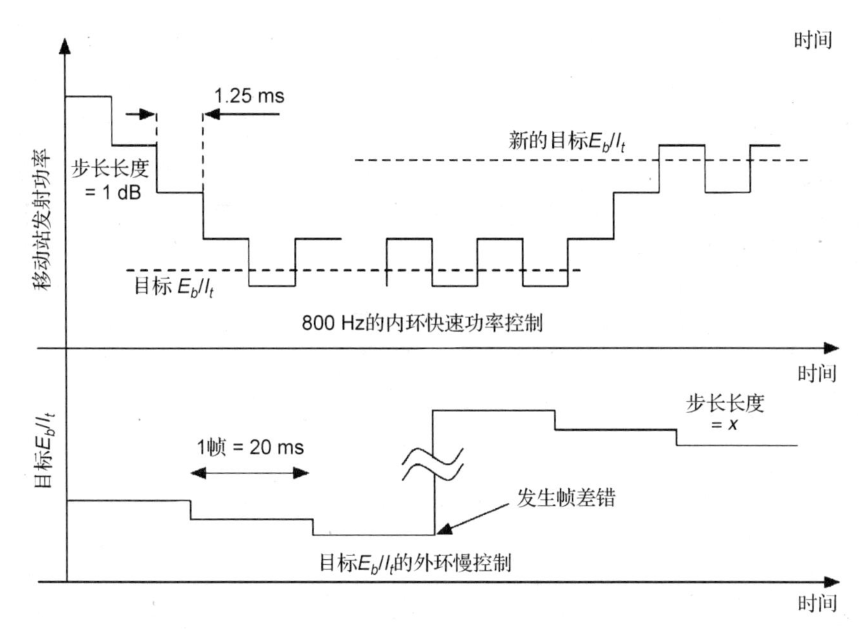

图 12.30 cdmaOne 里的反向链路内环和外环闭环功率控制

12.7 高速分组接入

电话和语音是蜂窝无线网络 30 多年来的主要应用和收入来源，自从这些应用在 20 世纪 80 年代初出现以来一直如此。20 世纪 90 年代出现的因特网和 2000 年代中期出现的智能手机和平板电脑给人的交流方式带来了显著改变。短消息或短信在 20 世纪 90 年代末和 2000 年代初呈爆炸式发展。随后电子邮件、微博、社交网络、IP 语音，以及其他采用 IP 的交流方式，使得主宰标准以及数据组网标准的、在面向话音的标准基础上建立起来的电路交换连接应用起来非常蹩脚。

数据组网标准的缺陷列举如下。在网络的有线侧，无线链路级的“连接”在移动站和基站控制器或无线网络控制器之间建立(见图 12.24 的示例体系结构，包括服务和网关 GPRS 支持节点——SGSN 和 GGSN)。在移动站和无线网络控制器之间有两跳，当资源必须被释放后分配时，就会引入时延。在网络的其他实体之间也要建立分组隧道。例如，链路级的逻辑链路标识符被用来识别承载从一个移动站到一个 SGSN 的 IP 负荷的连接。可以使用 GPRS 隧道协议承载从 SGSN 到 GGSN 的业务，IP 分组将最终从 GGSN 进入因特网。这两个级别的隧道引入额外的延迟。在空中接口的无线电级别上，物理层为语音应用设计(使用 BPSK 或 QPSK，具有相当高的约 1% 的帧差错率)。业务信道的严格功率控制会导致更难以实现较低的帧差错率。

高速分组接入或 HSPA 旨在克服部分上述缺陷。它同时也使服务提供商能够增强他们的数据服务，对网络体系结构和物理层的彻底变革则需要长期演进或 LTE 来逐渐实现

[Rao09]。在本节中，我们强调 HSPA 和最初设计用于语音业务与叠加的数据业务的 3G UMTS 在实现上的一些差异。

体系结构的变化： 用于语音业务的无线电链路（在 2G 和 3G 系统中是电路交换）在移动站和基站或无线网络控制器之间建立。无线电资源的分配（信道、时隙、扩频码和传输功率）由基站或无线网络控制器控制。在 HSPA 的情况下，为了快速调度资源，允许基站或节点 B 在本地处理它的无线电资源，将时隙和扩频码通过下行链路分配给移动站。如下面所解释的，分配可以非常迅速地变更。两隧道的协议结构被简化如下。控制信令仍然发生于 SGSN。但该 RNC 可以直接发送用户数据分组给 GGSN，而不是通过一个链路层隧道发给 SGSN，再由 SGSN 建立第二个隧道到 GGSN，如图 12.31 所示。我们将在第 13 章看到，这种没有层次的扁平结构与 4G 系统的体系结构类似。

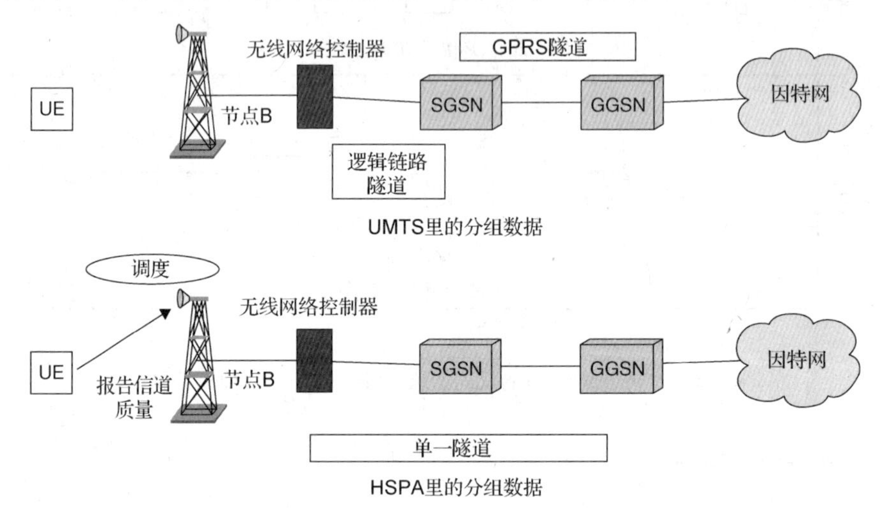

图 12.31　HSPA 的体系结构变化，用户数据直接从 RNC 发给 GGSN

媒体接入的变化： 要快速分配和释放资源，UMTS 里使用的 10 ms 帧［参见图 12.23(b)］在 HSPA 里变成更短的 2 ms 帧。因此，基站或节点 B 可以在下行链路的每 2 ms 分配一次资源给各移动台。下行链路使用一个为所有活跃移动站所共享的信道。

在上行链路上，在 10 ms 帧被划分为 5 个子帧，以产生类似的效果。每个移动站具有一个属于自己的专用信道，这些移动站的专用信道之间是码分的。在 UMTS 中，一个移动站只要连续发送控制信息（如前述那样与用户信息码分复用），该移动站就处于连接状态。当移动台没有数据发送时，为了减少对上行链路的干扰和节省电量，移动台就会变到一个不同的状态。遗憾的是，当移动站要返回到可以发送数据的状态时，移动台必须经过一个随机接入过程，其时长可长达 700 ms，从而偏离了快速分配和释放无线资源的想法。为了克服这个问题，HSPA 采用的是所谓的“连续分组连接”。这里控制信息被屏蔽或删除，当没有数据需要发送时，控制信息会被周期性地发送，以维持网络的连接。

资源分配以移动站报告给基站的信道质量信息为依据。这个信道质量信息和移动站使用的带宽由基站决定，以决定在给定的 2 ms 帧里分配多少带宽给移动站。媒体接入同时以一种新的方式使用重传机制。重传机制被称为混合 ARQ 或 H-ARQ。接收机（上行链路的基站和下行链路的移动站）并不丢弃收到的差错分组，它保留错误的分组并请求重传。在差错纠正时使用穿刺 Turbo 编码。这意味着所有的冗余编码比特开始并不传输。当收到一个重传请求后，发送者可以只发送额外的用于提高差错纠正率的比特，也可以再次传输整个分组，但是采用另外一组编码比特。这将显著提高重传分组的成功接收概率。

物理层的变化：基于信道质量信息，HSPA 的每一帧物理层都可以修改。亮点如下：

1. 在下行链路中使用的扩频因子总是 16，不同于常规的 UMTS，其 OVSF 码可用于改变扩频因子。因此，每帧里可使用多达 16 个不同的正交码。所有的这 16 个正交码都可以分配给单个移动站，以增加其数据速率，也可以将不同的扩频码分配给不同的移动站。扩频码的分配取决于基站或节点 B 使用的调度算法。
2. HSPA 可以采用更高级别的调制策略。在下行链路上，可以采用 64-QAM 和 16-QAM 来增加数据速率。在上行链路上，如果帧大小为 2 ms，则可以使用 16-QAM。
3. HSPA 确保网络和设备可以使用 MIMO 来提高容量或链路质量，其实现途径是在发送机和接收机上都装两根天线。每根天线可以发送不同的数据流，采用不同的调制和编码策略。

思考题

1. 给出 4 种原因解释为什么说 CDMA 是 3G 蜂窝系统一个不错的选择。
2. 解释 CDMA 系统里使用的两种类型扩频码的性质和原因。
3. 沃尔什码和 OVSF 码之间的区别是什么？
4. 什么是 RAKE 接收机？它是如何在 cdmaOne 里使用的？
5. 什么是 UMTS 使用的带宽和码片速率，它们与 cdmaOne 里使用的相比如何？
6. 比较 cdmaOne 和 UMTS 中使用的扩频码在信道分离和加扰中的作用。
7. 每个 cdmaOne 载波有多少可用的物理信道，哪种类型的编码使这些信道之间相互分离？
8. 说出 cdmaOne 使用的前向和反向信道。
9. 沃尔什码是如何在 cdmaOne 的正向和反向通道里使用的？解释其中的差别。
10. 绘制由所述特征多项式表示的线性反馈移位寄存器：$c(x)=1+x+x^4$。
11. 用框图表示 cdmaOne 的基本扩频过程。
12. cdmaOne 中使用的长 PN 码和短 PN 码之间在周期性上有什么差异，系统是如何使用它们的？
13. CDMA 系统里有哪两种方法可用于支持多速率传输，而不需要改变调制或差错控制编码率？简要解释之。
14. cdmaOne 里的 PN 偏置意味着什么？
15. 为什么在 CDMA 里功率控制很重要？
16. cdmaOne 里的前向和反向链路的功率控制差异是什么？
17. cdmaOne 里实现的功率控制速率是多少？它与 UMTS 实现的差异在哪里？
18. 无线网络里的切换判决要使用接收信号强度测量机制。说出在 IS-95 里用于此目的的前向信道名称。
19. 什么是小区搜索？UMTS 的小区搜索与 cdmaOne 相比有何不同？

20. 什么是软切换？采用 cdmaOne 里的各种导频集来解释。

21. 为什么要在 IS-95 里监视多个导频信道？什么时候将来自某基站的某导频信道从活跃集移到候选集中？

习题

习题 12.1

图 12.17 所示框图显示了 IS-95 CDMA 系统的前向业务信道。回答与该框图有关的下列问题：

a. 卷积编码器、符号重复器和块编码的作用是什么？

b. 沃尔什码的作用是什么？

c. 哪种类型的编码用作长码，以及它在系统里的作用是什么？

d. 导频 PN 序列里使用的短码目标是什么？它与基站的身份识别是如何联系的？

习题 12.2

a. 画出所有 4 种四比特沃尔什函数。

b. 画出所有 4 个函数的非周期性自相关函数。

c. 画出第一个和第二个函数的非周期互相关函数。

习题 12.3

对 16 比特沃尔什码重做习题 12.1。

习题 12.4

a. 给出所有的 8 比特沃尔什码。

b. 取第一个和第四个码字，表明它们是正交的。

c. 如果将这些码字用于数据传输速率为 10 Mbps 的链路上的 M 进制正交编码，那么用户数据速率是多少？

习题 12.5

M 序列是一类在 2G CDMA 系统里使用的扩频序列。计算 M 序列的非周期自相关函数，它由下列向量给出。假设码片持续时间为 T_c，M 序列“脉冲”的持续时间是 T。M 序列是：[1 -1 -1 1 1 1 -1 1 1 1 -1 -1 -1 -1 1 1]。可以使用 MATLAB 里的 xcorr 函数来验证你的结果。

习题 12.6

考虑图 12P.1 所示的线性反馈移位寄存器：

a. 确定输出数据流的一个周期。假设初始值是 0，0，0，1，从右至左。

b. 该序列的周期是多少？它是一个最大长度序列吗？

c. 这个 LFSR 的多项式表示是什么?

d. 对思考题 10 里的 LFSR 重复(a)和(b)。

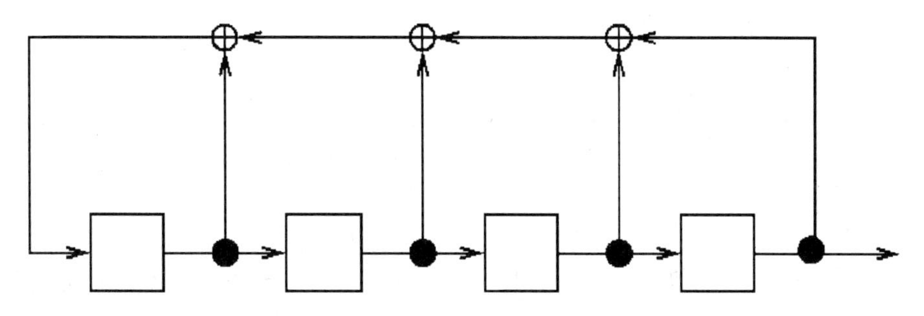

图 12P.1　产生习题 12.7 里的 LFSR 码字的状态机

习题 12.7

CDMA 系统的最大码片速率是 1.28 Mcps。假设系统中有 6 个用户，其中 3 个需要 160 kbps，两个要求 320 kbps，一个需要 640 kbps。使用 OVSF 码树将码字分配给每个用户。说明其为什么能工作(或为什么不能工作)。

习题 12.8

给出下式的数学归纳法：

$$\mathbf{H}_N\mathbf{H}_N^{\mathrm{T}} = N\mathbf{H}_N$$

其中，$\mathbf{I}_N$是大小为 N 的单位矩阵，^{T}是指转置操作。清楚地给出每一步。

习题 12.9

考虑下面给出的度数为 5 的本原多项式。编写一个 MATLAB 脚本生成一个由对应于这两个多项式的 LFSR 所产生的周期序列。运用 MATLAB，绘制这两个序列的非周期性和周期性自相关值，评价你的结果。

$$F(x) = 1 + x^2 + x^5 \text{和} G(x) = 1 + x + x^2 + x^4 + x^5$$

习题 12.10

考虑与四级 LFSR 相关联的两个本原多项式：

$$p_1(x) = x^4 + x^3 + 1 \text{ 和 } p_2(x) = x^4 + x + 1$$

确定由相应的 LFSR 产生的 M 序列的一个周期。计算这两个序列的周期性互相关值，并绘制出结果。

习题 12.11

a. 使用表 3.1(AWGN 里的 BER)，计算在 BER 为 10^{-3}时所需的 γ_b，假设调制方案为 QPSK。(提示：可以使用 MATLAB 函数 erfc 计算互补误差函数。)

b. 使用式(4.4)以及由(a)部分确定的 γ_b(同 S_r)，计算在一个小区的一个扇区里支持的同时用户的数量 M，该小区有三个扇区天线，一个 2G CDMA 载波。假设数据传输速率为 R =9600 bps，性能改进因子为 K =4 (6 dB)。

c. BER 在 10^{-2} ~ 10^{-12}之间取不同值时，重复(a)和(b)，产生一个计算机连线图，该图 BER 为对数坐标，相对应的另一坐标为用户数量 M，取线性坐标。用此图解释差错率需求对 CDMA 系统容量的影响。

d. 重复(c)，画出每 MHz 频带的归一化用户数量。如果我们把系统改到 UMTS，这种图或者(c)中的图会变化吗？解释为什么。

习题 12.12

a. 假设在 W-CDMA 系统中要支持最低差错率要求为 10^{-3} 的 19.2 kbps 数据业务。在该 WCDMA 系统的一个载波里要支持 100 个同时用户，最小的码片速率和带宽需求是多少？假设性能改善因子 $K = 4$(6 dB)，并使用表 3.1 和式(4.4)。

b. 如果将用户的数量需求增加 2 倍，那么(a)中的带宽需求是多少？

c. 如果将用户的数据率需求增加到 192 kbps，那么(a)中的带宽需求是多少？

d. 如果将用户的差错率需求增加到 10^{-4}，那么(a)中的带宽需求是多少？

习题 12.13

CDMA 网络最初设计用于电话语音应用，在整个通话过程中，多数用户需要持续的低速信息流。后来，数据应用要求更高的数据速率，以传输短的信息分组，而这一需求变得越来越迫切，网络设计者不得不修改他们的设计，使得每个用户可以使用多个码字，并且如果该终端靠近基站时，基站会将调制解调器调整为每个符号传输携带更多的比特。这个问题给出了一个定量的例子，说明这种转变有一个设计原则，而该原则已被许多高数据率蜂窝无线数据网络生产商采纳。

a. 在 CDMA 网络中，我们有 50 个不同的语音用户的反向信道，每一个数据率为 9600 bps，同时共享信道媒介。请问对于每个用户来说，信干比为多少？这其中包括天线分区干扰(2.75)、话音活动(2.0)及额外的 CDMA 干扰(1.67)。载波带宽取1.25 MHz。

b. 如果系统使用 BPSK 调制，每个用户的误码率(BER)是多少？

c. 如果将前向信道的50 个码字全部分配给一个用户以发送短分组，那么当该用户传输分组时，该用户的有效数据率是多少？

d. 如果在(c)部分里的用户使用16-QAM 而不是 QPSK，那么短分组的有效数据率和 BER 分别是多少？

第13章 OFDM和MIMO蜂窝系统

13.1 引言

蜂窝网络在20世纪70年代后期第一次提出时主要用于双向语音通信，特别是电话通话采用了无线方式。在过去的10年里，人类的交流方式已发生了明显变化。尽管在蜂窝网络里语音电话仍然构成了很大一部分的流量，但短信、即时通信、电子邮件、使用Skype软件视频电话的应用，广播或如多播的微博如推特多播，社交网站如Facebook和Google+正越来越多地成为人们交流的主要手段。这些通信的流量特征不再遵循传统语音通信的流量特征。在很多情况下，流量是突发性的、延时可容忍的，往往不像传统语音通话那样有严格的实时要求。然而，传输过程应基本无差错，因为数据需要在通信实体中以各种不同格式展现(例如，显示一个网页)。

正如我们在第11章和第12章所描述的，2G和3G蜂窝网络设计、建造和部署的基础应用是语音呼叫，同时它也是运营商的收入来源。在CDMA网络中，语音通话允许最高有1%的帧差错率。随着大数据业务的出现，吞吐量、数据速率和时延成为一种感兴趣的重要指标，而不是支持语音通话的数量或者质量(参见第4章关于爱尔兰(Erlangs)的讨论)。考虑到数据业务的重要性，人们对网络体系结构和协议进行了修改。从网络结构的变化可以看出，4G网络比2G和3G系统的网络层次要少，而且所有支持分组交换的实体均采用IP作为网络协议。层次的减少将使用户数据分组有更短的时延。4G系统被设计成可以利用不同的载波带宽，范围从1.4 MHz到20 MHz。回忆一下，基于TDMA的GSM其载波带宽固定在200 kHz，基于IS-95标准的CDMA带宽是1.5 MHz，以及基于UMTS标准的CDMA带宽是5 MHz。带宽的灵活性需求使得采用直接序列扩频作为传输技术很有挑战性。此外，为了支持2 Mbps的原始数据速率使用直接序列扩频，以及使处理增益达到128且采用较低频谱效率的调制方案(如QPSK)，每个信道均需要大约100 MHz的带宽。随着数据速率的进一步增加，使用直接序列扩频作为传输方案的选择已不被认为是最好的选项。同时，技术的进步使得多载波调制的使用成为可能。因此，第四代或4G蜂窝系统采用正交频分复用(OFDM)作为支持分组数据业务的基础传输方案。此外，物理层技术的发展，如MIMO(见第3章)，允许频谱效率进一步增加，从而超过3G系统可以达到的频谱效率。

在前面几章中讨论了2G和3G蜂窝网络已取得商业上的成功。2G蜂窝网络有两种类型的空中接口，分别基于TDMA和CDMA。在第11章中也曾提到，GSM是最流行的基于TDMA的2G蜂窝网络。在第12章中，我们举例提到商业化名称为cdmaOne的2G CDMA系统，以及将UMTS作为3G CDMA蜂窝系统的例子。UMTS采用了CDMA，但第12章也提到，它在某些方面与cdmaOne是不同的。

第三代合作伙伴项目3GPP一直负责开发UMTS标准。在第12章的最后，我们介绍了高速分组接入(HSPA)，这是一种建立在UMTS的基础上但有所改进以适应和支持数据业务的技术。4G中一些体系结构的变化部分或多或少在HSPA已有实现。在HSPA中，物理层仍然是基于 CDMA 和直接序列扩频，但对于数据业务的支持效率不高。在 2000 年代中期，3GPP 的标准化进程考虑了被称为 UMTS 长期演进(long term evolution) 的技术，它完全通过采用 OFDM 来支持分组数据流量。这里使用缩写 LTE 来表示长期演进。LTE 本身已经成为一个标准，它被世界上大部分服务提供商认为是 4G 蜂窝网络的可选用系统。同样也在 2000 年代中期左右，另一个使用 OFDM 的广域分组数据服务标准出现了，它在商业上被称为 WiMax。WiMax 是 IEEE 中 IEEE 802.16 标准工作组制定的标准。WiMax 是第一个被商业化部署的 4G 技术，但它近年来出现被 LTE 代替的现象。读者可以参考[Rao09; Gho11]了解更多关于 LTE 的细节，以及参考[Das06; And07]了解更多关于 WiMax 的细节。

在本章中，我们将审视利用 OFDM 作为底层物理层的 4G 技术。举例时，我们主要使用 LTE 标准，但偶尔也会使用 WiMAX 标准。我们的焦点将集中在基于 OFDMA 的蜂窝技术的体系结构和物理层连接上。我们还会简要地描述核心网络(有线或固定部分)，该网络完全基于 IP。

13.2 为什么要用 OFDM

正如第 3 章所述，OFDM 并不是一种新的技术。它是在 20 世纪 60 年代发明的，但它并没有获得商业上的成功，直到 20 世纪 90 年代随着技术的进步才使成功成为了可能。OFDM 已广泛应用于有线网络，运用在数字用户线(DSL)的接入链路上，被称为离散多音调(DMT)。在本世纪初，OFDM 提供抵御多径色散和频率选择性衰落的能力，使得它成为无线局域网的一个有吸引力的选择。IEEE 802.11a 标准以及后来的 IEEE 802.11g 标准均采用 OFDM 技术作为物理层传输机制。IEEE 802.11n 标准的物理层也继续使用 OFDM。

最早版本的 WiMax 利用单载波传输来支持数据业务而不是采用直接序列扩频，而直接序列扩频是第 12 章中描述的 3G 网络所采用的方案。单载波传输使具有定向天线的点到点链路的运用有意义，因为单载波传输可以使衰落和多径色散的影响最小化。随着终端设备成为小型化移动设备，多径色散使单载波传输没有了吸引力，WiMax 的物理层最终也选择了 OFDM。标准机构发展 LTE 时选择 OFDM 作为物理层，并且使它成为 4G 蜂窝系统的唯一选项。

13.2.1 多径色散下的鲁棒性

正如第 3 章以及第 8 章中讨论无线局域网时所讲到的，作为传输技术的 OFDM，其本质是将宽带无线信道转变为一系列窄带无线电信道。这意味着 OFDM 子载波上面临着平坦衰落而非频率选择性衰落，这使得它更容易应对由无线信道引起的信号降质。MIMO 方案为了提高可靠性和容量，往往在平坦衰落无线信道工作较好而在频率选择性衰落信道中并不一定好，它可以从使用 OFDM 当中获得显著效益。而且，OFDM 可以使用廉价的芯片进行快速傅里叶变换(FFT)，其与为改善多径色散效应而带来的复杂性，以及与使用复杂自适应均衡的传统技术相比额外增量很小。

对抗多径色散：图 13.1 解释了 OFDM 对数据应用具有吸引力的原因。信道的相干带宽 B_c确定传输带宽，可以利用其接收信号，这些信号有很高概率不失真。如果传输带宽小于 B_c，那么收到的信号是相对无符号间干扰的。即使有一些失真，也可以利用相对简单的均衡器来消除所产生的符号间干扰。如果传输带宽比 B_c 大得多，那么信号将会显著失真，导致不可预测的错误，除非在接收机处使用复杂的自适应均衡器来消除失真。

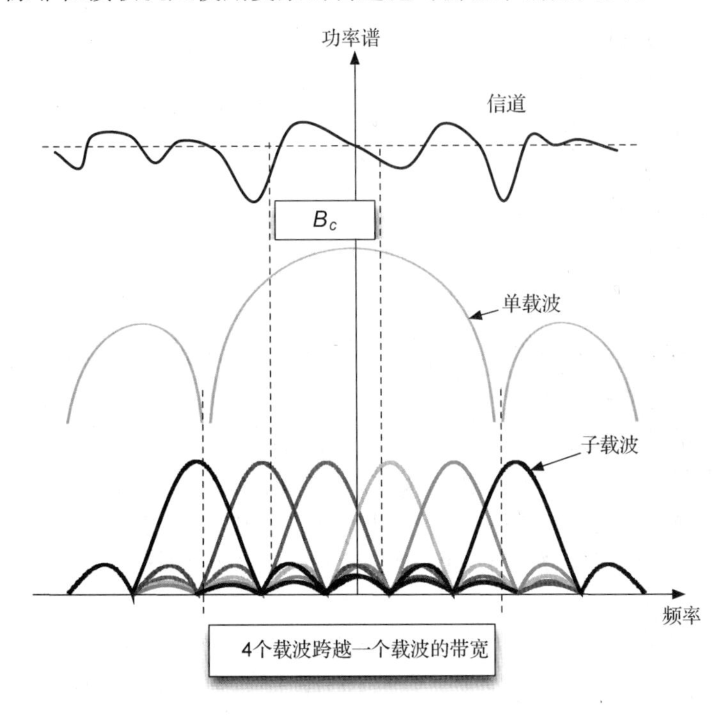

图 13.1　利用 OFDM 对抗频率选择性，同时支持高数据速率

接下来将介绍为什么会影响高数据速率。传输带宽 W 与符号持续时间 T_s 有这样的关系：$W \approx 1/T_s$。随着数据速率的增加，符号持续时间减少，这意味着传输带宽将随之增加。例如，假设一个数据速率为 96 Mbps 且每个符号需要 6 比特表示（如 64-QAM），符号速率（码元速率）为 16 Msps，符号持续时间 $T_s = 62.5$ ns。相应的传输带宽大约为 16 MHz 量级。在城市地区的 RMS 多径延迟扩散可以达到几微秒。假设 RMS 多径延迟扩散为 5 μs，其中一个相干带宽为 $B_c = 1/(5 \times 5\ \mu s) = 40$ kHz。显然，高数据率传输方案不可能采用单载波传输而不面临严重的符号间干扰。

图 13.1 显示了单载波调制方案可以由 OFDM 传输方案取代。在这张图中，4 个 OFDM 子载波代替单载波。信道的频率响应也如图所示。如果子载波具有很小的带宽，我们可以看到它们是通过一个基本上平坦衰落的信道进行传输的。这样，每个子载波的信道频率响应在频率上是大致恒定的，虽然每个子载波的实际值不同。在图 13.1 所示的例子中，大概可能是 3/4 的子载波通过一个良好的信道而第一个子载波可能会面临较大的平坦衰落。然而，即使没有任何编码，大约 75% 的数据在没有使用复杂接收机技术的情况下仍能被有效接收。

例 13.1　数据速率、相干带宽和 OFDM

有一个蜂窝系统的 RMS 多径延迟扩散为 5 μs 且相干带宽为 40 kHz。假设符号持续时间为 T_s，传输时可以没有明显频率选择性失真的信号（见第 3 章）的带宽可以达到 $W \approx 1/T_s = 40$ kHz，那么符号持续时间为 25 μs。如果每个符号携带 4 比特且调制方案为 16-QAM，则总的数据速率可以支持 $4 \times 40 \times 10^3 = 160$ kbps。使用 OFDM 且总的可用带宽为 1.6 MHz，40 个子载波的每个携带 160 kbps，那么总数据速率可以达到 6.4 Mbps。本例中忽略了 OFDM 循环前缀及其他方面的开销(见下文)。

例 13.2 LTE 的数据速率

在这个例子中，我们讨论几个 LTE 数据速率的示例。正如前面所提到的，LTE 支持几种不同的传输带宽。我们讨论其中的两种：1.4 MHz 和 5 MHz。在 1.4 MHz 的情况下，LTE 采用 72 个子载波，每个 15 kHz，则总的“占用”带宽为 1.08 MHz(其余作为保护带)。5 MHz 的带宽允许使用 300 个子载波，每个 15 kHz，则总的“占用”带宽为 4.5 MHz。在任何情况下，一个 OFDM 符号是 1/15 = 67 μs。每个子载波可以根据不同的调制和编码方案以不同的速率进行数据传输。

OFDM 的系统实现：我们在这里不提供严格的推导来讨论 OFDM 是如何实现的，而是利用直观的图表有效地帮助我们理解 OFDM 的实现。图 13.2 显示的框图说明了 OFDM 传输方案通常是如何实现的。在讨论这个框图前，让我们通过模拟化形式简要地考虑 OFDM 是如何工作的。我们先假设中心载波频率为f_c以及有 4 个子载波，分别为f_1、f_2、f_3和f_4，且这 4 个子载波频率正交。为清晰起见，图 13.3 的例子中显示了其中 3 个正交子载波。通常情况下，各频率之间的间隔为 $1/T_s$，其中 T_s是 OFDM 符号持续时间。复合信号将表示为：

$$s(t) = \cos(2\pi f_1 t) + \cos(2\pi f_2 t) + \cos(2\pi f_3 t) + \cos(2\pi f_4 t) = \sum_{i=1}^{4} \cos(2\pi f_i t)$$

当信号 $s(t)$ 中 t 为持续时间 T_s时，它成为一个 OFDM 符号。请注意，我们可以把这个符号表示为 $s(t) = \sum_{i=1}^{4} \mathrm{Re}\{\exp(2\pi f_i t)\}$，$0 \leqslant t \leqslant T_s$。一般情况下，当有 N 个子载波时，我们会使用正交调制(同时使用正弦和余弦)，复合符号 a_i表示第 i 路子载波上的信息，复合的 OFDM 符号可表示为：

$$s(t) = K\sum_{i=1}^{N} a_i \exp(2\pi f_i t), \ 0 \leqslant t \leqslant T_s$$

在这里 K 是一个常数。如果假定频率(f_i)和时间(t)都被采样，采样样本数为 N，则可以将上式中 $s(t)$的样本值记为：

$$s[n] = K\sum_{i=1}^{N} a_i \exp(2\pi in/N)$$

上面的方程是 OFDM 系统的离散形式，这与离散傅里叶逆变换很相似，它可以采用 FFT 算法有效地在硬件中实现。这使 OFDM 系统得以简单而有效地实施。

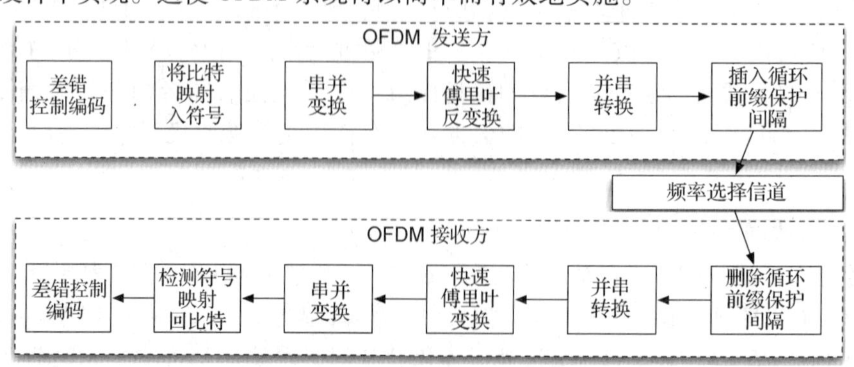

图 13.2 OFDM 作为传输方案的方框图

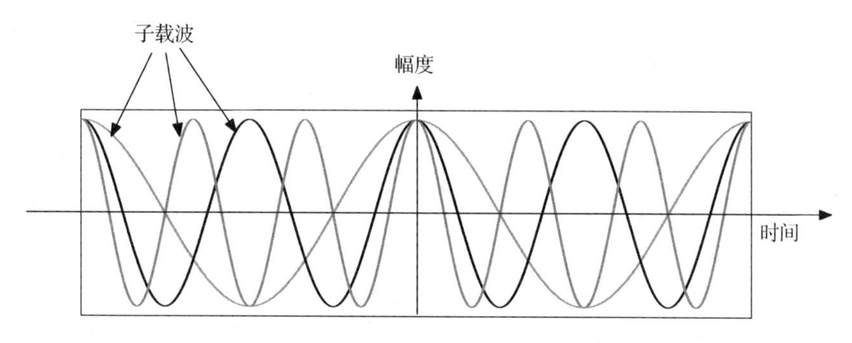

图 13.3　OFDM 三个正交子载波的示例

现在我们可以看看图 13.2 的细节。正如第 3 章所述，源数据比特使用差错控制编码方案（如块编码、卷积编码或 Turbo 编码）。通过所选的调制方案，编码的比特流被映射到符号上。例如，如果采用 QPSK，经过编码，一个符号可以含有两比特信息。符号以串行方式到达且需要被缓冲起来直到 N 个符号均可用。这部分在图 13.2 中表示为串并转换模块。在串并转换之后，通过快速傅里叶反变换（IFFT）模块工作恢复抽样信号 $s(t)$，然后在频率选择性衰落的信道中进行传输。

在 OFDM 符号传输之前，它要和保护间隔或循环前缀级联。当多径延迟扩散大于 OFDM 符号造成载波间干扰时，该循环前缀或保护间隔可以起到保护作用。循环前缀的思想如图 13.4 所示，信号沿着两条路径到达接收机时有一个稍大于 OFDM 符号持续时间的相对延迟。在这个图中只举例说明一个子载波是如何避免干扰的。循环前缀是 OFDM 符号很重要的组成部分，它复制符号的结束部分并将其连接在符号的开始处。在每个 OFDM 符号加入循环前缀使得它们可以在不同的载波上保持正交性，尽管会存在一个多余的多径时延。如图 13.4 所示，由于循环前缀的存在，在解码窗口内载波将表现为余弦形式。循环前缀在减少多径时延导致的差错的同时，也增加了 OFDM 传输的开销。下面两个例子将阐述该开销。

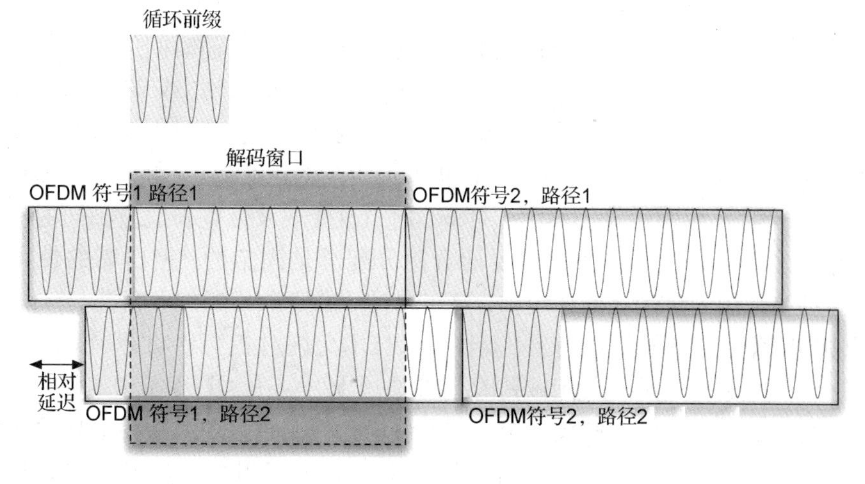

图 13.4　通过循环前缀降低载波间干扰

例 13.3　循环前缀的长度和开销

假设在使用 OFDM 的多径信道环境中可能会碰到的最大多径时延为 1 μs。如果一个 OFDM 字符长为 20 μs，添加 1 μs 可以克服过度延迟的循环前缀，那么开销将达到 $1/(20+1)=$

4.76%。引入的开销是在带宽上，因为单位时间内需多传输一些无用的信息。同理，在电源方面也有开销。

例 13.4 LTE 的循环前缀

在 LTE 中的一个 OFDM 符号长为 1/15 kHz≈67 μs。循环前缀的长度根据符号位于时隙的何处而变化。正如我们将看到的，LTE 中通常为 0.5 ms 的一个时隙中有 7 个 OFDM 符号。一个时隙中 OFDM 符号的实际占用时长为 $7 \times 67\ \mu s = 0.46$ ms，循环前缀占用剩余的时间。第一个 OFDM 符号具有循环前缀为 5.2 μs，而其余 6 个 OFDM 符号循环前缀为 4.7 μs，则总的循环前缀长为 $4.7 \times 6 + 5.2 = 33.4\ \mu s$。每个 0.5 ms 时隙开销所占比率为 $33.4 \times 10^{-6} / 0.5 \times 10^{-3} = 6.7\%$。请注意，循环前缀足够长，足以处理室外环境中典型的多径时延扩散。

相比之下，在 IEEE 802.11a 中，OFDM 符号长为 3.2 μs，循环前缀长为 0.8 μs。则每个字符的开销达到 $0.8/4 = 20\%$。

13.2.2 资源的灵活配置

采用 OFDM 作为传输技术，导致可以对无线电资源进行创新性使用，并由此衍生出形如正交频分复用多址接入(OFDMA)的媒体接入技术。OFDMA 既可以灵活地配置无线资源的(带宽/功率)给各种应用，特别是在下行方向，又能在系统中为用户提供多样性选择，具体如下所述。

无线资源分配：在基于 OFDM 的 4G 系统前所采用的蜂窝系统中，载波带宽是固定的。例如，在北美的 TDMA 系统中，该载波带宽被固定在 30 kHz，而在 GSM 系统中，载波带宽被固定在 200 kHz。在 2G 的 CDMA 系统中，载波带宽为 1.25 MHz，而在 3G UMTS 中，载波带宽为 5 MHz。在所有这些情况下，在任何给定的时间一旦一个载波被分配给一个移动站，无论它是否必要，在这段时间里该节点分配的带宽总是固定的。

改变带宽分配的一个途径是及时重新分配带宽。如第 12 章所描述，这是 HSPA + 拥有的一项功能。在 HSPA + 中，移动站所分配的带宽数量随着每个传输时间间隔或帧而改变，根据具体实现，间隔或帧在 2 ~ 10 ms 之间。此外，在 HSPA 中，基站(或节点 B)在基站控制器没有直接参与的情况下，也拥有给手持终端分配带宽的能力，从而减少在资源分配决策中的延迟。在 HSPA + 中，也可以给手持终端分配更多或更少的正交码(一帧中可最多给一个移动站分配 16 个正交码)。载波带宽仍然为 5 MHz，而想改变载波带宽来适应不同的应用需求是很难做到的。举个例子，语音业务所需要的资源分配总是固定的，但所需的带宽很低。因此，在每个移动站采用固定带宽的系统中，要实现灵活的资源分配并不容易。

在基于 OFDMA 系统的下行链路上，媒体接入技术允许对各个移动终端采用灵活的资源分配，其粒度在传统系统里是不可能做到的。图 13.5 显示了在 OFDMA 中如何在每个时隙的基础上分配资源。为简单起见，假设每个子载波可以在任意时隙中灵活地分配给任何移动终端。通常，如 LTE 等的蜂窝系统，将一组子载波和传输时间间隔定义为物理资源块(PRB)，它可以在不同的移动终端间灵活分配。LTE 的物理资源块包括 12 个子载波，每个时隙持续时间为 0.5 ms，带宽为 15 kHz(总带宽为 120 kHz)。更多细节可参见 13.4 节。

多用户频率分集(Multi-user Frequency Diversity)：采用 OFDMA，将使下行链路在子载波分配上具有很强的灵活性，可以使 4G 系统从频率及时间领域利用所谓的多用户分集能力。

多用户分集的总体思路是：因为不同的用户及移动站在蜂窝网络所处的位置不同，所以对于不同的用户及移动站来说信道条件非常不同，当有很好的信道质量时，可以通过移动站的调度传输使网络的总吞吐量得到增加。在 3G 系统中，由于信道受载波频率的限制，想观察信道条件的变化只有依靠时间。所以，一个有着“良好的信道条件”的移动站，只能及时调度。而在 OFDMA 系统中，调度既可以通过频率子载波数量，又可以通过时间来达成。

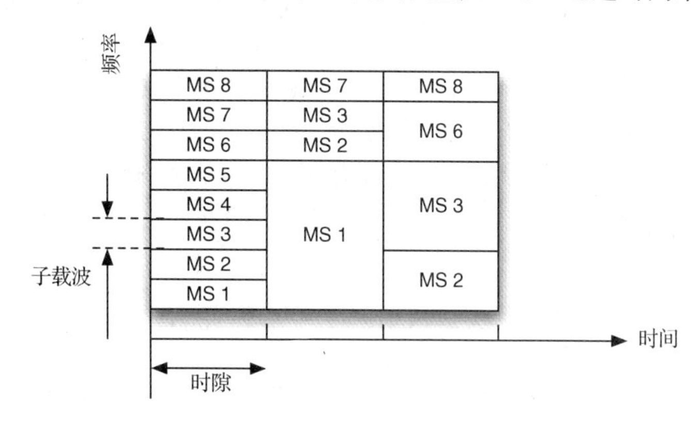

图 13.5　OFDMA 中灵活的资源分配

图 13.6 显示了适用于 OFDMA 系统的一个多用户分集例子。正如图中显示，信道条件是关于频率的函数，所以在不同地点的不同移动站可以看到不同的信道条件。因此，通过每个时隙将最佳子载波分配给移动站的方式，可以利用信道的分集特性。

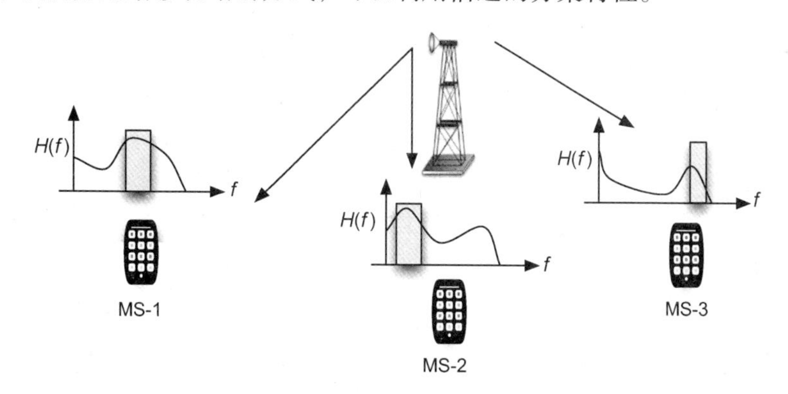

图 13.6　OFDMA 的多用户分集

然而，多用户分集的好处会随着用户的数量、编码和交织的次数以及其他所采用的可靠性传输方案的增加而减少。如果采用 MIMIO 的发射分集，它可以提供抵御窄带小尺度衰落的能力，使得各移动站的信道质量近乎相似。因此，多用户分集只有在某些情况下才能提供好处。

13.2.3　OFDM 的挑战

利用 OFDM 作为传输方案，存在着 OFDM 自身的一些挑战。利用 FFT 实现 OFDM，可以使硬件简单化，然而传输方案的多载波性质会引入射频方面的挑战。在本节中，我们将着重讨论 OFDM 的峰值平均功率比(PAPR)问题，以及 LTE 在上行链路上所采用的单载波 FDMA。此外，OFDM 对同步的严格要求也引起另外一些 OFDM 实现上的问题。如果子载波的频率不同步，它们可能不再是正交的，这将引起载波间干扰。同样，如果子载波在时间上不同步，它们也将可能不再是正交的，这将导致性能的下降。

峰值平均功率比(PAPR)问题：一个多载波调制的主要问题是：复合信号(包括所有的副载波)的峰值功率远大于信号的平均功率，这是因为子载波振幅排列不同。在某些特定时刻，子载波的排列对齐，则幅度相加成一个很大的值，而在其他的时间点，幅度之和却较小。如图 13.7 所示，该图上的子载波只有 4 个，每个使用二进制调制(BPSK)并携带一个“0”。在复合 OFDM 符号的开始和结束部分，4 个子载波的振幅总和比较大，实际上相当于每个子载波振幅的 4 倍。然而，在 OFDM 符号的中间部分，由于子载波的幅度相反累加，此时振幅比较小。某种程度上这跟 OFDM 符号的小尺度衰落相像，但它实际上是由子载波独立造成的。在调制方案类型变为 64-QAM 的情况下，随着子载波数的增加，峰值与平均值之间的差异将随着增大。

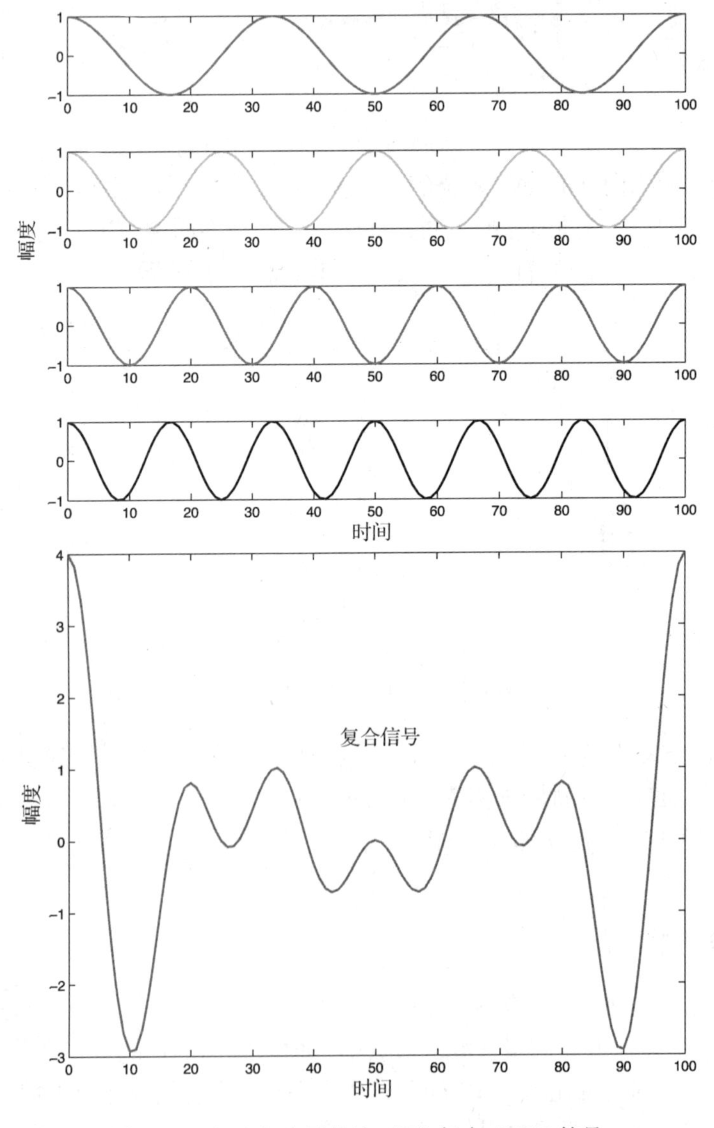

图 13.7 (上)各个子载波;(下)复合 OFDM 符号

这个问题在基于 OFDM 的网络硬件实现时很重要。在峰值平均功率比大的情况下，不管是移动站还是基站，用于无线传输的射频放大器在大功率范围内都需要线性特性。这将导致放大器非常昂贵而且低效。相反，如果放大器在非线性范围内工作，其效率反而很高而且成本低。但这两个问题是相互矛盾的。首先，放大器在非线性区域使用时会使所得信号的频谱产生扭曲的旁瓣，这些旁瓣将引起相邻信道发生干扰。一个解决的方案就是降低信号的平均功率，使放大器工作在线性区域内。但是，这将导致接收机处的信号信噪比低。另外，信号可以在放大前被限制在一定的振幅水平之间，但这也将导致旁瓣产生及误码率增加。

为了解决 PAPR 问题，LTE 在上行链路上采用单载波频分多址(SC-FDMA)。在下行链路中，基站允许做得复杂些，可以采用昂贵的技术解决 PAPR 问题，但对于使用电池电源的移动设备来说，费用偏高。SC-FDMA 技术保留了 OFDM 的优点，但实际上它通过一种聪明的方式使单载波代替多载波进行数据传输，从而弱化了峰值平均功率比问题。下面将介绍如何实现 SC-FDMA。

单载波频分多址接入：单载波频分多址接入技术被采用在 LTE 的上行链路上。SC-FDMA 仍然将数据映射到所分配带宽里的整个子载波群中的少数几个子载波上。但每个子载波携带符号的方式不同。SC-FDMA 的使用貌似一个宽带信号正在一个较短的时隙中传输，但事实并非如此。

下面将通过一种非正式的方式进行描述(见图 13.8)。首先，假设一个 OFDM 符号持续时间为 T_s秒，且包括 N 个子载波，每个子载波本身带有一个数据符号(具体取决于子载波的调制方案)。相当于字符及调制方案的持续时间不变，始终为 T_s秒。这是通过 N 个符号并行发送、IFFT 计算及串行发送 IFFT 样本所共同实现的。SC-FDMA 的“符号”也持续 T_s秒。但是，在任何一个子载波上，数据符号仅持续了 $1/N$ 时间。换句话说，每个子载波在单个 SC-FDMA 字符持续时间上传输了很多数据符号。然而，在同一组子载波上的数据符号是相同的，这些子载波可能连续地或者分布式地分布在分配的频谱里。如果子载波是连续的，单个移动站可以看到的频率分集数量是有限的，但利用多用户频率分集的能力将得到加强。如果子载波是分布式的，每个移动站将受益于频率分集。注意，SC-FDMA 符号也级联了防止过度多径延迟的循环前缀。

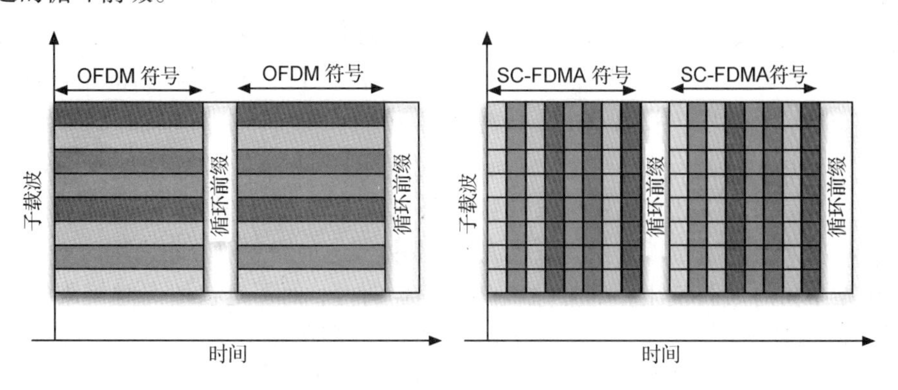

图 13.8　OFDM 和 SC-FDMA 符号图解

要实现上述过程，要求 N 个数据符号要在采用 IFFT 之前进行预编码。在 SC-FDMA 中，该预编码随着频移一起进行 FFT 运算，因此，该信号占据了上行链路频谱的右边部分。回忆一下，多个移动站将在同一时间传送上行，则它们在传输之前必须在频谱上适当分开。因此，基站接收机必须先执行一般的 FFT 运算以区分属于不同移动站的信号，再执行独立的 IFFT 运算。虽然从图 13.8 可以得知数据符号被分成很小的碎片，然而我们还是要强调经过一段时间后，子载波矩形块会构成完整的传输“符号”，不管是 OFDM 还是 SC-FDMA 均是如此。因此，子载波块是传输的基本单元，尽管我们以子载波和数据符号来描述以便更容易理解 OFDM 和 SC-FDMA 的行为差异。

13.3 多输入多输出

在第 3 章简要描述过，采用多输入多输出(MIMO)机制的发射机及其相应的接收机均有多个射频电路，因此其无线连接的能力及可靠性得到了提高。4G 无线网络有一个共同的特点，均通过某种形式支持 MIMO 机制，如 LTE 和 WiMax。在本节中，我们将回顾关于 MIMO 的某些知识。由于 MIMO 机制的复杂性而且详细了解时需要掌握线性代数及数字通信方面的知识，因此我们在此采用简单化处理的方式介绍 MIMO 机制。

图 13.9 分别显示的是传输和接收天线。在一般情况下，有 M 个传输天线和 N 个接收天线，像这样的 MIMO链路被称为 $M\times N$ 链路。可以想象在图 13.9 中每一对天线存在一个广播频道，即在天线 A 和天线 P 之间存在一个通道，在天线 A 和天线 Q 之间存在另一个通道，等等。在图 13.9 中，我们用 $\tilde{h}_{ij}$ 表示天线 I 和天线 J 之间的信道，它是等效低通脉冲响应信道[类似第 2 章讨论的 $h(t)$]。根据使用的调制方案、符号持续时间及环境的性质，每个信道均可能受到平坦衰落、频率选择性衰落或者视距限制等除路径损耗和阴影衰落之外的干扰，这使得 MIMO 系统信道具有复杂的表征。在采用 OFDM 技术的情况下，在很少或者没有频率选择性多径失真的情况下大部分的 MIMO 系统工作性能达到最佳。此时，$\tilde{h}_{ij}$ 可作为瑞利分布的随机变量，它将根据多普勒谱及时变化(参见第 2 章)。

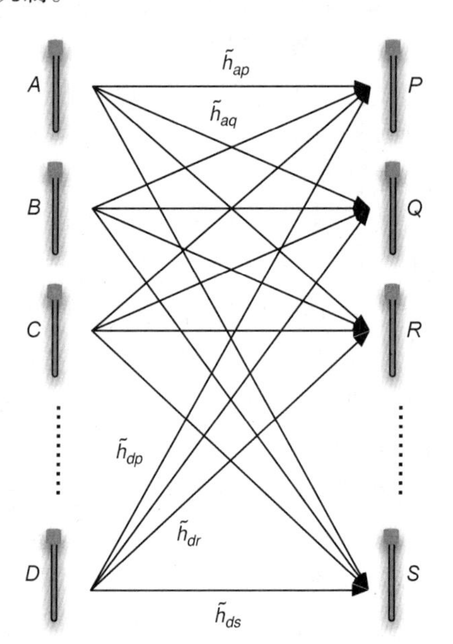

图 13.9 MIMO 机制图解

在 LTE 等4G 系统中，采用 OFDM 技术使得 MIMO 系统在无线通信中可以具有许多优势。而从单一的移动终端看来，4G 系统充分利用了 MIMO 机制的传统优势。MIMO 机制采用传输和接收分集以提高基站与移动终端之间链路的可靠性。采用 OFDM 技术时，可以采用空频块编码，具体实施如同发射分集采用时空块编码。不同的是，基站不同的天线使用相邻分载波传输编码符号，而不是在编码时使用符号持续时间。如果移动终端有多个天线，它还可以从额外的接收器分集中受益。而且，多个天线的波束赋形可以增加该移动终端的数据速率。下面进行简要描述。

13.3.1 分集

在第 3 章中讨论过，分集是 MIMO 系统的第一个优势。如第 3 章提到的，当信号接收器收到一个信号的多个独立不相关副本时，便出现了分集。即使其中一个信号副本衰减，但其他的信号副本并不会随着衰减，因此信号接收器可以可靠地恢复出传输数据。这里快速总结一下，分集会导致误码率曲线向左偏移，因此要达到相同的平均误码比特率所需要的每一位平均信噪比更小。这将要求一个较低的发射功率，或者在相同发射功率时增加其覆盖范围（如果不采用其他的编码/交织技术）。

传统的蜂窝系统以及最近的系统中，如手机等移动终端并没有配备多个天线，而基站有很多接收天线，因此基站有分集是很正常的。在 20 世纪 90 年代后期，出现了能否利用基站的多个接收天线为单天线（或多天线）移动终端提供分集的问题。Alamouti [Ala98] 及其他文献[tar98]提出了空时块编码（STBCs）以实现发射分集，甚至对只有单个天线的移动终端也可以实现。下面简要描述一下发送分集是如何运行的。

Alamouti 编码：首先假设基站有两个发射天线（分别为 0 和 1）而移动终端只有一个接收天线。这是一个 2×1 的 MIMO 系统。假设这两个发射天线和接收天线之间的信道是相互独立的，我们可以在一个平坦的瑞利衰落信道上获得阶数为 2 的分集，下面将对此进行介绍（见图 13.10）。另外，假设接收机可以从发射机发送的导频符号确定信道的衰落系数，而且这些系数随着时间的变化速度比符号持续时间慢。接收机并不需要将确定的衰落系数发往发射机，这通常被称为开环机制，一般比闭环机制容易实现，因为闭环机制中发射机需要从接收机获取信道信息，并根据信道特性进行传输预编码。

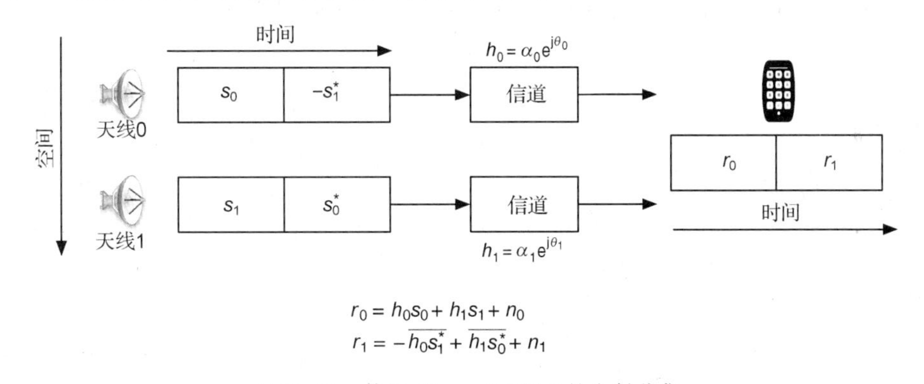

图 13.10　使用 Alamouti STBC 的发射分集

将天线 0 和接收机之间复杂的信道系数表示为 $h_0=\alpha_0 e^{j\theta_0}$，天线 1 和接收机之间复杂的信道系数表示为 $h_1=\alpha_1 e^{j\theta_1}$，其中 α 为正态分布而 θ 为均匀分布。如果一个复杂的符号 s 通过天线 i（$i=0, 1$）传输，则接收机将收到 $r=\alpha_i e^{j\theta_i}s$。当两个发射器发出同一信号时，接收机将收到两个接收信号之和。

Alamouti STBC 的聪明在于通过两个天线同时发送字符。如图 13.10 所示，天线 0 在第一个符号持续时间传输符号 s_0，在第二个符号持续时间传输符号 s_1 的复共轭负符号（即 $-s_1^*$）。天线 1 则在第一个符号持续时间传输符号 s_1，在第二个符号持续时间传输符号 s_0 的复共轭符号（即 s_0^*）。假设两个天线的传播时间相近，则在第一个符号持续时间接收到的信号将会是：

$$r_0 = h_0 s_0 + h_1 s_1 + n_0$$

其中，n_0 为加性高斯白噪声。在第二次符号持续时间，接收到的信号将为：

$$r_1 = -h_0 s_1^* + h_1 s_0^* + n_1$$

如下所示，接收机将对两个接收信号执行线性组合。通过估计计算得出 s_0、s_1，即 $\widehat{s_0}=h_0^*r_0+h_1r_1^*$，$\widehat{s_1}=h_1^*r_0-h_0r_1^*$。在这两个方程中，我们将替换成关于 h_0 和 h_1 的表达式，可以看到结果为：

$$\begin{aligned}\widehat{s_0}&=h_0^*r_0+h_1r_1^*=h_0^*[h_0s_0+h_1s_1+n_0]+h_1\left[-h_0s_1^*+h_1s_0^*+n_1\right]^*\\&=\left(|h_0|^2+|h_1|^2\right)s_0+h_0^*n_0+h_1n_1\end{aligned}$$

同样，$\widehat{s_1}=(|h_0|^2+|h_1|^2)s_1+h_1^*n_0-h_0n_1$。注意，对 s_i 的估算表达式为 $\widehat{s_i}=(|h_0|^2+|h_1|^2)s_i+$ 噪声。因此，如果 h_0 发生严重衰减(即接近于0)，估值有很高的概率保持较好结果，因为 h_1 并没有发生严重衰减，反之亦然。换句话说，这类似于有两个含噪副本的符号 s_i，或者其分集阶数为2。

注意，Alamouti 编码的传输符号比较复杂，因为我们使用了正交调制。此外，每两个符号持续时间传输两个不同的符号(总共单位时间内有 4 个符号在两个天线之间进行传输，但其中的两个是另外两个的复共轭形式)。Alamouti 编码的传输速率为 2/2 = 1。也就是说，使用 Alamouti 编码信道的带宽效率并没有降低。而且，如果移动设备有多个接收天线，除发射分集外可能还会有接收分集。

其他的 STBC 和 SFBC：在一般情况下，如果一个发射机有 M 个天线，而且它将在 m 个符号持续时间里传输总共 k 个符号(包括重复的负/复共轭符号)，空时块编码速率为 k/m。通常，分集增益阶数为 M。唯一的全速率复杂 STBC 是基于正交设计的 Alamouti 编码 [Tar98]。像这样的编码，编码时将定义一个规格为 $m\times M$ 的矩阵 $\mathbf{S}$ 表示符号是如何在时间和天线(空间)上传输的。这样的编码类型有以下的性质：$\mathbf{S}^{\dagger}\mathbf{S}=\sum_{j=0}^{k-1}|s_j|^2\mathbf{I}$，其中 $\mathbf{I}$ 为单位矩阵。图 13.11 给出了速率为 1/2 的 STBC，其中传输天线 $M=3$，符号持续时间 $m=8$，字符数 $k=4$。这种复杂的 STBC 提供的分集增益为 3。

空间

$$\mathbf{S_3}=\begin{bmatrix}s_0&s_1&s_2\\-s_1&s_0&-s_3\\-s_2&s_3&s_0\\-s_3&-s_2&s_1\\s_0^*&s_1^*&s_2^*\\-s_1^*&s_0^*&-s_3^*\\-s_2^*&s_3^*&s_0^*\\-s_3^*&-s_2^*&s_1^*\end{bmatrix}$$

时间

图 13.11 速度为 1/2、传输天线 $M=3$ 的 STBC，符号持续时间 $m=8$，字符数 $k=4$

不再在时间上使用不同的符号持续时间，而是在不同频率的载波上传输符号以达到相同的目的，这样的编码方式称为空频块编码(SFBC)。基于 OFDM 技术的4G 系统采用这种类型的编码方式以获得 MIMO 机制的分集。

13.3.2 空间复用

空间复用是 MIMO 机制增加两个设备之间无线连接能力的一种方式。在图 13.9 中，M 个传输天线中的任何一个均可同时并行地传输不同的数据符号。给定适当的信道特性，现有 N 个接收天线，如果 $N>M$，则这 N 个接收天线可以解码所有数据(尽管这些信号到达接收器时叠加在一起)。注意，由于有 M 个传输天线进行传输，每个时刻均有 M 个数据符号被传输(和接收)，而不是在一个符号持续时间内发送一个数据符号，这大大增加了链路的数据传输速率。在一般情况下，空间复用可以通过降低分集增益获得，两者可以相互转换(即分集增益高时则空间复用低，反之亦然）。4G 无线系统采用了各种差错控制编码方式及 OFDMA 技术，同时还利用分集，因此在大多数情况下多个天线将会提高各环节的能力，而不仅仅是发送分集增益。

13.3.3 波束赋形

使用基站和移动站的多个天线实现波束赋形，是无线系统从 MIMO 机制受益的最后一种方式。在这种情况下，来自相互干扰的发射器信号可以通过多个接收天线调零。此时所期望的传输增益就会提高。干扰抵消和波束赋形的效果依赖于采取的策略，其具体机制不在本章讨论范围内。LTE 里的基站通过实现波束赋形可以增加特定移动站的天线增益。波束赋形还被运用在 IEEE 802.11n 里，近来在 WiFi 设备里也得到应用。

13.4 WiMax

我们将简要地介绍 WiMax 进而详细地讨论 LTE。1998 年，在美国国家标准技术研究院（NIST）发起的会议上，提出了制定关于点对多点户外应用标准的想法，也被称为无线城域网区域网络（WMAN），并于 1999 年被 IEEE 802.16 标准化委员会接受为 IEEE 标准。术语中的点到多点指的是一个实体如基站（点）为多个用户站（多点）提供服务的框架体系，如图 13.12 所示。该委员会的章程定义了固定及移动无线系统的空中接口标准，采用点到多点的设计及/或网状网络技术，因此能够支持非常高的数据传输速率（宽带）。网状网络类似于 ad hoc 网络，其中的物理实体相当于路由器，在转发数据包的同时也作为无线发射机和接收机。然而，Mesh 路由器通常是固定的，不能移动。网状网技术的部分标准后来被移至 IEEE 802.20 工作组下，目前正考虑是否将移动宽带无线接入（MBWA）作为一个单独的标准。

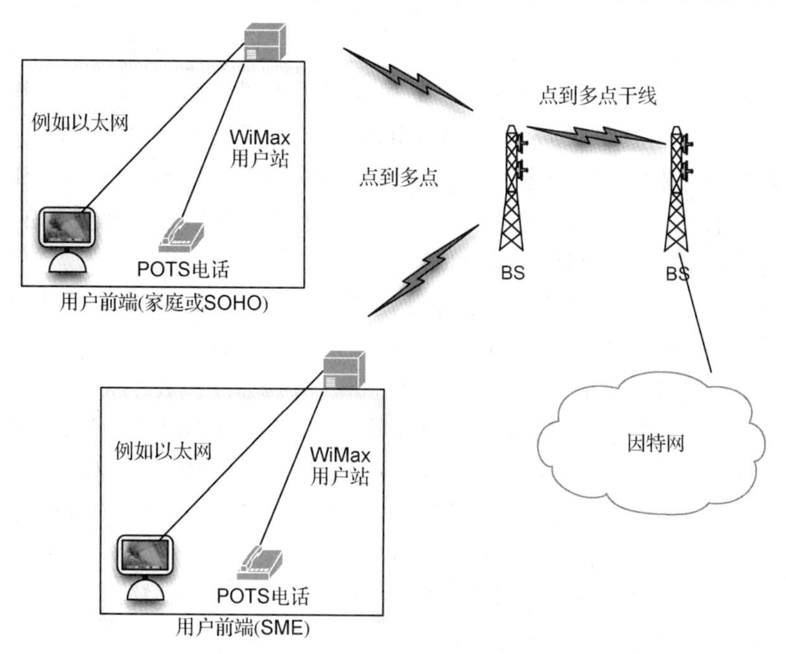

图 13.12　在 WiMAX 发展过程中宽带无线接入到户的图解

最初用于点对多点无线网络的 IEEE 802.16 标准工作在 10～66 GHz 频段之间，远远高于蜂窝电话所用频段，批准于 2001 年。这个早期的标准支持高达 134 Mbps 的原始数据速率，通过使用普通的 QPSK、16-QAM 及 64-QAM 单载波调制机制，使得视距条件(LOS)下覆盖区域达到半径 1～3 英里(1.6～4.8 km)。正如我们在 13.2 节所讨论的，单载波调制在频率选择性信道中工作性能不佳，除非采用自适应均衡。因此，这种方法更适用于视距条件下的固定终端，其信道的延迟扩展会很小，且只有一条主信号通道(更多详情请参见第 2 章)。

图 13.13 说明了覆盖面积与复杂调制技术之间的联系，具体指的是点对多点网络系统中所运用的调制技术。正如预期的那样，相对于高级的调制方案可以应用于接近基站的地方，而在远处，末端系统只能使用层次较低的调制方案，因此所提供的数据速率较低。原来的 IEEE 802.16 标准，也称为本地多点分配系统(LMDS)，并没有成为商业上成功的产品。然而，它却吸引了来自蜂窝网络设备厂商的广泛关注。

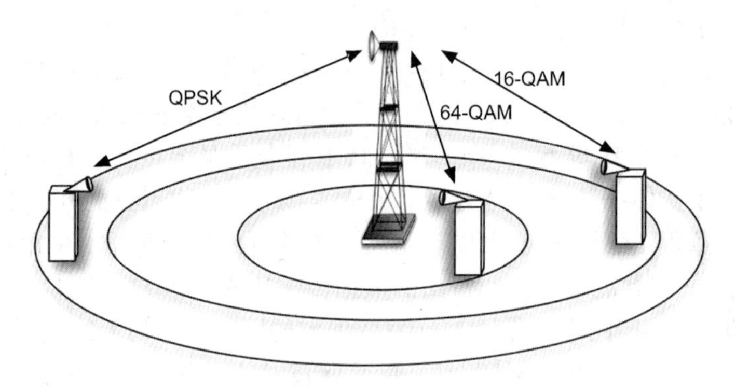

图 13.13　早期的 WiMAX 物理层传输方案及覆盖范围

2001 年左右，WiMAX 论坛工业团体成立，其致力于改善 IEEE 802.16 早期的标准以及推广标准/审查标准的符合性，以确保不同的供应商及制造商的设备实现互操作性。如今，正如 IEEE 802.11 标准被习惯性地称为 WiFi 一样，IEEE 802.16 标准被称为 WiMAX。WiMAX 论坛认为这一技术是有线宽带接入技术如同轴电缆及数字用户线(DSL)的有竞争力对手，该技术可以提供宽带接入互联网的最后一千米服务。虽然目前并没有在这方面取得成功，但这一标准的前进趋势将导致 IEEE 802.16 标准的复兴。

作为复兴的一部分，IEEE 802.16a 标准于 2003 年正式通过，作为早期 IEEE 802.16 标准的修改版，允许在 2～11 GHz 频段工作，不再使用单载波传输而改为 OFDM 技术，从而扩大非视距条件(NLOS)及环境下的覆盖面积。IEEE 802.16b 标准扩大了其标准范围，其工作频段包括 5～6 GHz，而且将增加措施以支持服务质量。下一个在 IEEE 802.16 标准上修改而来的标准是 IEEE 802.16c 标准，其系统模型相当于工作频段为 10～66 GHz 的 802.16 标准。802.16d 标准完成于 2004 年，是一个根据 ETSI 的泛欧洲 HIPERLAN(户外版无线局域网)标准修改而成的项目，取代早期的 802.16a、b 以及 c 的修正。

在这段时间里，对于 WiMAX 的讨论热潮才开始，而 IEEE 802.16e 标准于 2005 年正式批准，这将增强该标准族的移动性方面的性能，使其更像蜂窝网络。IEEE 802.16e 标准有时被称为“移动 WiMAX”标准，它使用 OFDMA 作为媒体接入机制以及更详细的 QoS 规定。图 13.14 列举了 802.16d 及 802.16e 标准完成后 WiMAX 的服务图示。这一情景提出了通过一个全面的无线网络连接偏远的农场、工厂、小型办公室/家庭写字楼、商业楼宇以及移动终端等多个无线连接设备，适合部署于偏远地区以及骨干网现有布线仍有限的发展中国家。因此，可以看到 WiMAX 技术将作为无线局域网与传统的蜂窝电话网络的一种连接方式。WiMAX 论坛定义了一个架构更为复杂的无线局域网（见第 6 章和第 8 章）以支持服务质量，后面将利用室外天线支持移动性，这也将使得它与蜂窝网络相似（见下面的讨论）。然而，基于 OFDM 的传输技术则受到了 HIPERLAN 以及其他无线局域网标准的影响。接下来，我们将通过简要介绍 WiMAX 的物理层和 MAC 层了解 WiMAX 的总体结构。

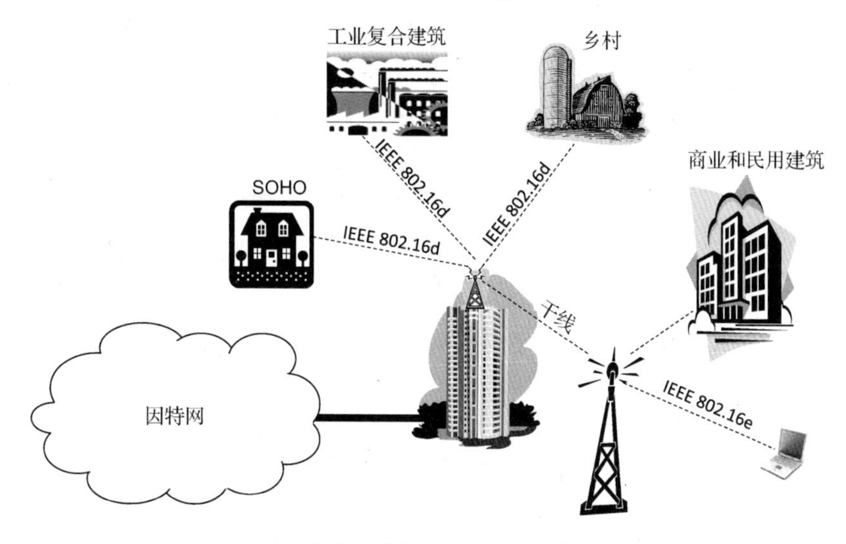

图 13.14　WiMAX 的应用情景

13.4.1　WiMAX 的总体结构

WiMAX [Das06] 一直在考虑向扁平化架构的演变（后面将讨论的 LTE 也是如此）。IEEE 802.16 标准只规定了物理层和媒体接入控制层，而没有限定网络结构，这部分工作由 WiMAX 论坛负责。图 13.15 中显示了 WiMAX 的普通架构，并列举了一个缩减版的 3G 架构示意图（见第 11 章）作为比较。图 13.16 所示是 WiMAX 的 3 个子系统：移动用户站（MSS）、接入服务网络（ASN）和连接服务网络（CSN）。

在分层的情况下，WiMAX 网络在很大程度上就像一个 3G 网络。移动用户站就像 3G 网络和 LTE 网络中的用户设备。接入服务网络包括基站和接入服务网络网关。基站之间相互连接，而网关（可以处理多个基站）与连接服务网络连接。网关还设有外地代理以解决流动性问题（见第 6 章关于移动 IP 的讨论）。连接服务网络具有处理流动性的本地代理功能，此外还有审计、认证、授权等功能，以解决安全及用户计费等问题。连接服务网络与因特网相连。

在扁平化架构中，基站本身包括网关的功能。可以看到，扁平化架构中，每个基站均有一个网关可以直接连接到连接服务网络，从而减少了接口数量（例如，网关与网关的接口、基站与网关的接口），同时减少跳数使得延迟降低，并允许基站灵活地调度传输，无线资源可以在本地进行调度处理而不是通过一个远程接入服务网络网关调度。这种在基站调度无线资源并进行本地处理的方式类似于 HSPA 所采用的方法（参阅第 12 章的描述）。

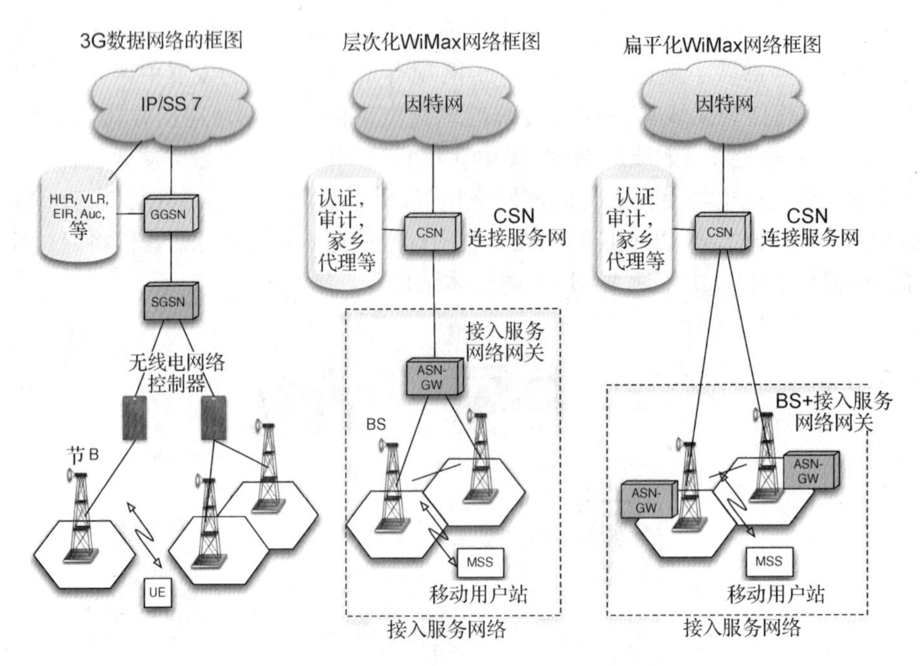

图 13.15 WiMAX 的层次化和扁平架构

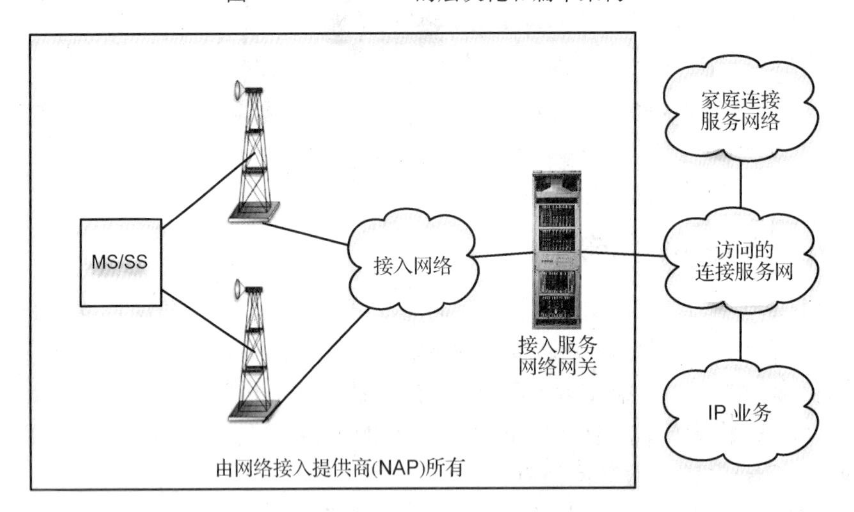

图 13.16 WiMAX 的总体架构

WiMAX 架构进一步区分接入与网络供应商。一个网络接入提供商包含多个接入服务网络，而网络服务供应商拥有支持接入服务网络的连接服务网络，从而允许 WiMAX 可以有多个服务提供商。WiMAX 定义了图 13.16 中各实体之间的多个连接，可以支持多厂商共同经营，在本书中不予讨论。该体系结构是灵活的，可以适应不同的硬件配置，因此能适应不同类型的固定终端和移动终端以及不同品种的 BS(例如那些处理更大的覆盖范围的 BS)。移动性通过移动 IP 进行管理，在连接服务网络时通过归属代理，而在接入服务网络时一般使用外地代理。

图 13.17 简述了 IEEE 802.16 标准的协议栈。类似于其他的 802 标准，该标准也只定义了两层。标准中的 MAC 层包括通用的 MAC 层、会聚层及安全层。标准定义了各种各样的会聚层服务以区别处理特定的数据，从而支持 QoS 服务，并阐述如何将以太网、ATM 及 IP 等有

线技术封装在 802.16 空中接口中。该标准的 MAC 层还描述了一种安全通信程序，在认证过程中使用安全的密钥交换，在数据传输时对数据进行加密。这些特点使得应用程序在开发时更快、更加安全可靠，这是 802.11 MAC 协议栈所不具备的。此外，WiMAX 的 MAC 层还指定了为睡眠及空闲终端提供的节能机制，并支持切换机制。这些 WiMAX 的特点与蜂窝网络非常相似，其物理层也有自己的会聚协议，支持速率自适应操作以适用于不同的调制技术。

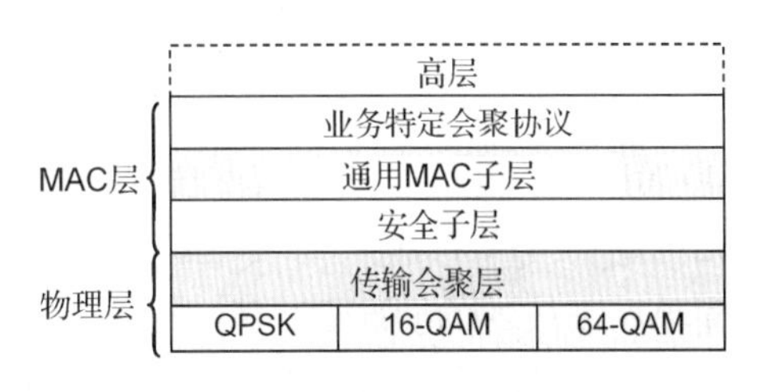

图 13.17　WiMAX 的协议栈

13.4.2　WiMAX 的 MAC 层

IEEE 802.16 标准确立了一个共同的 MAC 层，采用了统一分配的基于连接接入的调度算法。在原来的 IEEE 802.16 标准中，媒体接入以 TDMA 基础，而后面版本的标准，即 IEEE 802.16 d/e 中，已改为使用 OFDMA，这可以理解为 FDMA/TDMA 方案的一个现代化实现版本。

IEEE 802.16 标准在授权和免授权频段均支持时分双工(TDD)和频分双工(FDD)操作。在本地频谱管理要求包含成对的频段以适应 TDD 或 FDD 的部署时，WiMAX 可以工作在 FDD 模式。FDD 适用于需要更广泛覆盖率的电话业务，双工且延迟敏感的电话业务对频段具有对称的要求，而 TDD 可以调整下行链路和上行链路的比率从而有效地支持具有非对称业务特点的应用，如互联网接入。在这种情况下，下行链路数据速率基本上大于上行链路数据速率。此外，TDD 可以利用信道互通性以更好地支持链路预测，具体通过信道自适应、MIMO 信道估计以及其他“闭环”方式中先进的天线技术(发射器可以利用接收器的反馈消息调整信息传输方式)等实现。而 TDD 的下行链路和上行链路共用单一频段，为适应不同的全球频谱分配提供更大的灵活性(例如，在没有配对的谱带存在的情况下)，同时其射频电路的实现也相对简单。

相比于 IEEE 802.11 MAC 层采用 CSMA/CA 竞争方式进行连接，IEEE 802.16 MAC 层采用面向连接、集中分配接入的机制，更适合支持 QoS 保障，从而在传统电话连接及新兴的 VoIP 和 IP 应用中获得更好的语音质量。IEEE 802.11 MAC(参见第 4 章及第 7 章)使用基于 CSMA/CA 的竞争方式进行连接，仅能提供有限的 QoS 支持，具体的方式有改变等待时间(可变帧间距，即 IFS)、采用点协调功能(PCF)实现轮询以及请求发送/清除发送机制来防止隐藏终端等。在 IEEE 802.16 中，每个时隙给基站或接入点分配某些特定的子载波，这些时隙可以扩大及合并，但同一时隙不能被其他的移动台使用。在高流量负载的情况下，这种方法比 IEEE 802.11 竞争接入方式更为稳定、带宽效率更高。基于 CSMA/CA 竞争的接入连接具有简单的优势，不需要冗余信号来预约信道，也不需要声明谁应该在什么时候占据哪一部分信道。分配和随机接入 MAC 协议的差异是短距离无线网络及广域无线网络设计时的基本差异。一般来说，分配接入技术更适合于如电话业务等实时流媒体应用，而基于竞争的访问更适合于突发性的数据应用。

13.4.3　WiMAX 的物理层

传统 802.16 LMDS 系统的物理层定义在 10 ~ 66 GHz 频段，使用 3 种单载波调制方案——QPSK、16-QAM 和 64-QAM，带宽分别为 20 MHz、25 MHz 和 28 MHz。注意，这里考虑的带宽远大于一个广域移动环境所期待的相干带宽。例如，RMS 延迟拓展为 5 μs，相干带宽为 40 MHz(如例 13.1 所述)，相对应的单载波传输带宽为 20 MHz。最高数据速率为 134 Mbps，采用的是 64-QAM 调制方式，带宽为 28 MHz。在这么高的载波频率(大于 10 GHz)而且只采用简单调制技术的情况下，基站的覆盖面积将被限制在最多数英里的视线(LOS)环境里。因此，该技术只适用于固定的最后一英里接入应用。这严重限制了单载波技术的实用性。这个问题被认为是原来 IEEE 802.16 标准的未能成为商业赢家主要原因之一。从覆盖情况考虑，IEEE 802.11 技术运行频率为 2.4 GHz，且已经存在于市场中，并且价格合理，作为最后一英里的无线互联网接入方式，它可以提供一个比 LMDS 更便宜、更好的解决方案。

修订后的 IEEE 802.16d 标准采用具有 256 个子载波的 OFDM 传输技术，工作频段为 2 ~11 GHz，使用 QPSK、16-QAM 和 64-QAM 调制方式，在带宽为 20 MHz 的情况下能支持高达 75 Mbps 的速率。不同用户的载波通过正交频分多址接入(OFDMA)方式接入网络，可供用户使用的共有 2048 个载波。OFDMA，如先前所描述的那样，是一种多址接入或复用的方案，将来自多个用户的数据流在频率及时隙上进行灵活复用。

工作在较低频率及使用强大的 OFDM 传输技术(后来作为 IEEE 802.11a 和 g 标准室内应用的传输方案)将延长室外覆盖面积，使用 802.16d 点对多点机制的基站覆盖半径可达到 5 英里(4.8 ~8 km)，即使在非视距条件下。IEEE 802.16e 标准工作在 2 ~6 GHz 的频段间，其目标是支持移动终端。该标准使用可扩展的正交频分多址(S-OFDMA)传输数据，可支持 1.25 MHz 和 20 MHz 的信道带宽，最多可容纳 2048 个子载波。通过调整 FFT 的大小确定子载波的频率间隔，从而实现可扩展性。改变 FFT 的大小将影响子载波的数量，进而使不同的载波可以更灵活地选择 QPSK、16-QPSK 或 64-QAM，为自适应速率传输提供更为宽松的环境。

13.5 长期演进

长期演进(LTE)是由 3GPP 标准组织发展起来的作为一种从基于 CDMA 的 3G UMTS 系统迁移到蜂窝系统的方法，能较好地支持数据流量以及如 IP 语音等实时应用。LTE 网络的所有通信均采用 IP 数据分组，采用分组交换以对抗 2G 和 3G 蜂窝网络中的传统电路交换连接。OFDMA 作为下行链路的传输/媒体接入方案，而上行链路则采用 SC-FDMA 作为传输/媒体接入方案。下面将简要地描述 LTE 的网络结构、分组流、上下行链路的组帧以及关于操作方面的内容。读者可以参考[Gho11]获得更详细的信息。

13.5.1 结构和协议栈

本节将描述 LTE 网络的典型网络架构，讨论如何创建数据分组以及它们如何在 LTE 网络中移动。

扁平的网络结构： LTE 的一个主要目标是降低用户数据延迟(所谓的用户面延迟)，即由移动站发送到离开无线接入网络的这段时间，一般为 5 ms 或者更少。如图 13.18 所示，其中的原因是 LTE 扁平状的网络结构相比于 3G 或 2G 蜂窝结构，在网络结构上层次更少，所需要的功能由大多数实体执行。

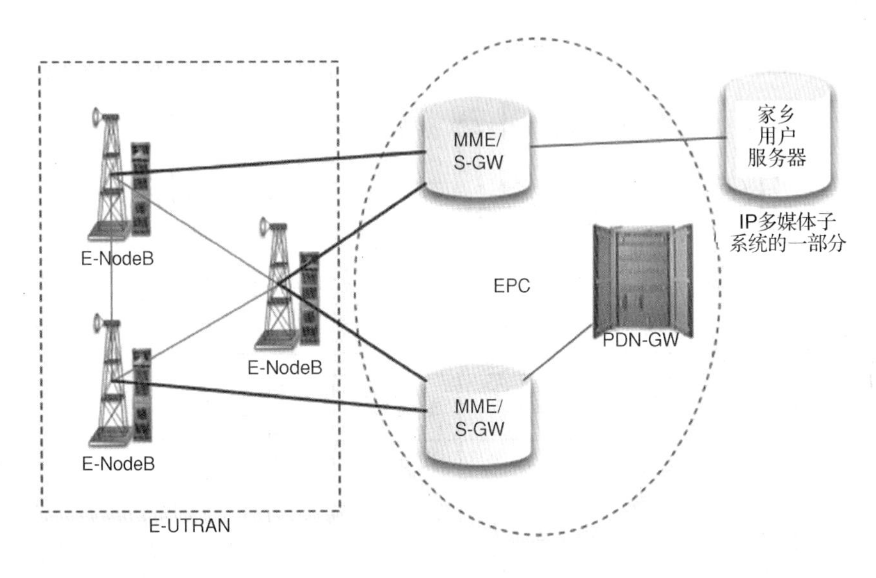

图 13.18　LTE 的一般结构

网络分为演进的分组核心(EPC)和演进的无线接入网络两部分。注意，无线接入网包括用户设备或移动站，以及被称为进化节点 B(eNode-B)的增强型基站。LTE 中的 eNode-B 执行所有 GSM 基站控制器的功能(见第 11 章)，或者执行 3G UMTS 系统中无线网络控制器的功能(见第 12 章)。多个 eNode-B 之间按需求可以实现相互连接。例如，如果两个 eNode-B 之间需要切换，它们之间有一个连接可以使得二者进行沟通。如图 13.18 所示，服务 GPRS 支持节点(SGSN)的功能被纳入移动管理实体(MME)中。服务网关(S-GW)在物理上可能位于 MME 上，也可能单独存在。S-GW 位于无线接入部分与核心网络之间。所有的无线电传输均结束于 S-GW。它将数据分组转发给分组数据网网关(PDN-GW)，网关的其余接口连接着互联网。PDN-GW 也可以是一个 IP 多媒体子系统(IMS)，实现在 LTE 网络里支持 IP 电话语音服务。家乡用户服务器(HSS)处理用户认证，以及对 IP 网络服务的授权。

分组流：图 13.19 和图 13.20 是关于如何在 LTE 网络中实现控制数据及用户数据流的简化示意图。如图 13.19 所示，分页、安全性、流动性、会议管理等控制消息都是由无线资源控制(RRC)层进行传输的。只有移动站和 e-NodeB 位于 RRC 层。承载者建立于移动站和 PDN-GW 之间，可以传输带有特定 QoS 服务的 IP 分组，其中 QoS 服务可以根据不同应用而改变(例如，话音与电子邮件有不同的 QoS 服务需求)。承载者 IP 分组和 RRC 分组通过分组数据会聚协议(PDCP)层进行传输，该层可执行压缩、加密、空中消息完整性等功能。PDCP 层也结束于 e-NodeB。无线链路控制层将数据分割成分组，并与 MAC 层协同工作，依次将分组发送至 PDCP 层。它在确认模式下对丢失的分组执行自动重传请求，当然它也支持非确认模式(在该模式下损坏的分组不重传)。当 RLC 无法正常运行时，可通过透明模式实现随机接入。该 MAC 层可实现调制格式选择、编码、MIMO 方案、发射功率电平以及对一个给定的分组实现纠错等功能。物理层通过物理资源块传输分组，我们将在下面做进一步描述。在第 11 章和第 12 章中已提到了 GPRS 隧道协议中的 GTP。S1 承载者通过一个 e-NodeB 和一个 MME/S-GW 之间的 S1 接口传输数据。

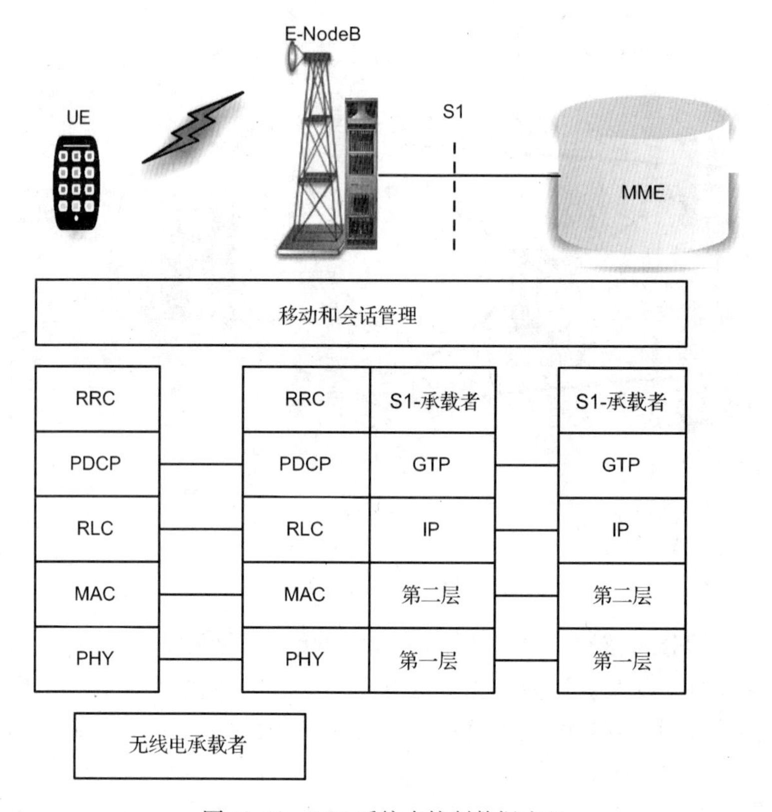

图 13.19 LTE 系统中控制数据流程

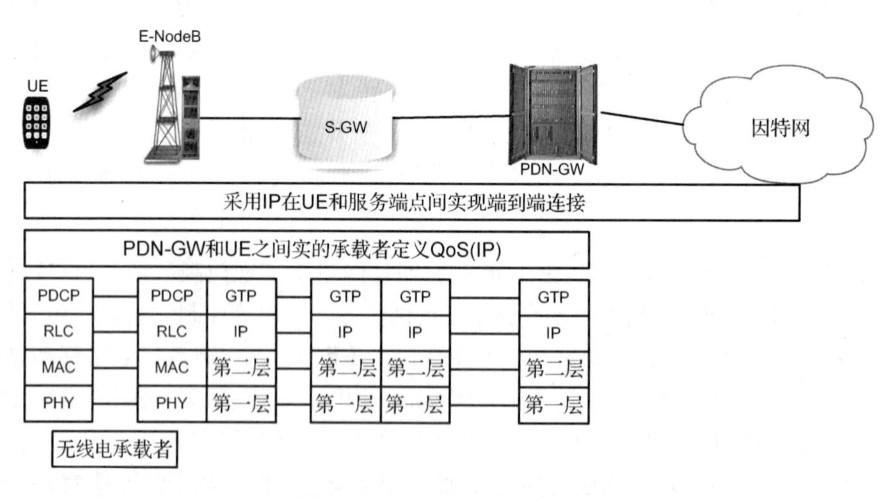

图 13.20 LTE 的用户数据流

承载者 IP 分组以移动站或 PDN-GW 作为终结点(见图 13.20)，可以选择具有一定的分组差错率和时延规范的保证比特率服务，也可以选择不能保证比特率的尽力而为服务。保证比特率主要应用于实时语音/视频对话、游戏及流媒体等，尽力而为服务则主要应用于电子邮件、文件共享、IP 话音的信令等。

映射到无线电信号的信道：如同 UMTS 一样，LTE 规定了逻辑信道、传输信道、MAC 层控制信息以及物理信道。逻辑信道建立于 RLC 和 MAC 层之间，并包含所需的网络操作的功能。传输信道建立于 MAC 层和物理层之间，包含调制、编码及其他细节。MAC 层控制信息通过特定的物理信道进行传输，包含调度信息、功率控制命令等服务于物理层程序的信息。物理信道实际上将传输信道数据以及 MAC 层控制信息在空中进行传输。举一个例子，包含系统信息的逻辑广播控制信道被映射到两个传输信道——下行共享信道和广播信道。下行共享信道是通过空中的物理下行链路控制信道实现的，而广播信道则通过空中的物理广播信道实现。

在 LTE 标准中定义了很多逻辑信道、传输信道和物理信道，在本书中我们不做详细讨论。图 13.21 显示了逻辑、传输、物理等各种信道之间的映射关系，以及 MAC 层控制信息到物理信道的映射。不同物理信道上的 MIMO 选项也各不相同。可以增加数据速率的空间复用主要应用于物理下行共享信道，而其他信道大多采用开环发射分集，类似于 13.3 节中所讨论的 Alamouti 码，并不是所有的调制方案对所有的物理信道都适用。例如，物理 HARQ 指示符信道只能使用 BPSK 作为调制方案，而传输用户数据的物理下行共享信道可以使用 16-QAM、64-QAM 或 QPSK 作为调制方案。

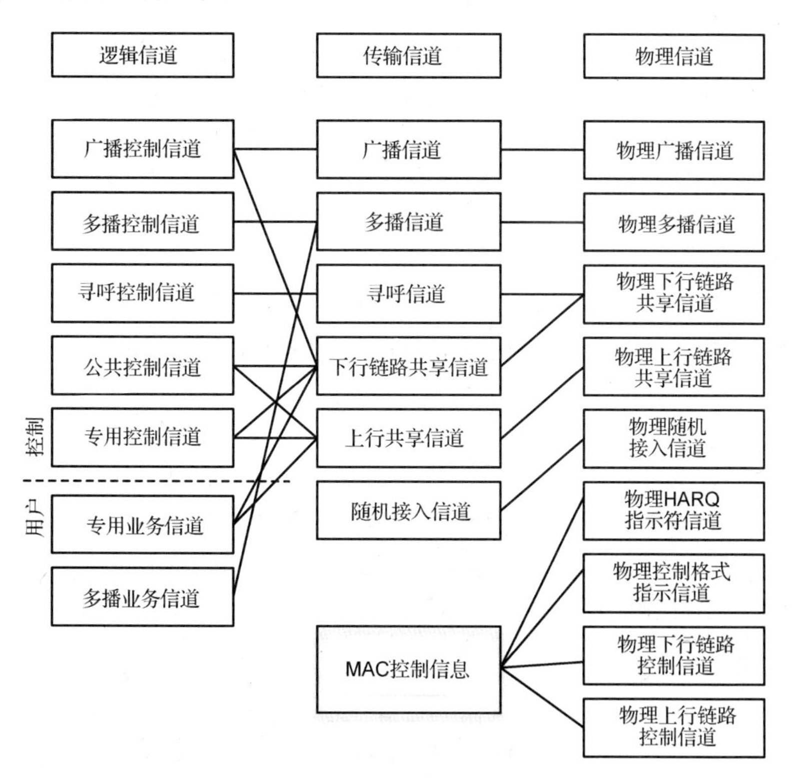

图 13.21　逻辑信道、传输信道、物理信道之间的映射关系

13.5.2　LTE 系统的下行链路

如前所述，LTE 支持多种带宽和数据速率。显然，小的带宽只能支持较小的数据速率，但能够支持的最小带宽（1.4 MHz）也需要一个保护带，因此开销相对更高，达到带宽的 22.8%（参见以下的例 13.5）。表 13.1 显示了下行链路所支持的带宽以及一些相关的参数（FFT 大小和子载波的数目）。回想一下，在 LTE 中每个子载波带宽为 15kHz。

表 13.1　LTE 系统下行链路所支持的传输带宽

带宽(MHz)	1.4	3	5	10	15	20
FFT 大小	128	256	512	1024	1536	2048
子载波数目	72	180	300	600	900	1200
PRB 数目	6	15	25	50	75	100

例 13.5　LTE 保护带宽开销

让我们从一些传输的例子中计算 LTE 保护带的带宽开销。传输带宽为 1.4 MHz 时，子载波的数量为 72 个。子载波占用的带宽为 72×15 kHz = 1.08 MHz。剩余的 0.32 MHz 带宽作为保护带，则总的开销为 0.32/1.4 = 22.8%。另一种情况，传输带宽为 20 MHz 时，子载波数为 1200 个，占用的带宽为 1200×15 kHz = 18 MHz。此时保护带带宽为 2 MHz，总的开销为 2/20 = 10%。

图 13.22 表示了频率复用情况下下行链路的框架结构。下行链路传输时被分成许多无线帧，每帧 10 ms。这与 UMTS 帧大小相同。然而，无线帧是由多个 1 ms 的子帧构成的，每个子帧包含两个时隙。与 HSPA 2 ms 的缩减帧相比较，1 ms 子帧可以使基站根据链路质量快速(和公平)地调度移动台，从而利用多用户分集。子帧的每个时隙均由 7 个 OFDM 符号组成。如例 13.4 中所讨论的，大部分情况下，第一个 OFDM 符号的循环前缀比其他符号的循环前缀长。每个 OFDM 符号至少由 12 个子载波构成。一个 0.5 ms 的时隙包含 7 个 OFDM 符号，每个字符由 12 个带宽为 15 kHz 的子载波组成，在 LTE 中称每个子载波为物理资源块(PRB)。在下行链路上，分配给任何移动终端的最小无线电资源大小为两个物理资源块。注意，一个物理资源块的带宽为 12×15 kHz = 180 kHz。在时分双工模式下，帧结构是类似的，除了需要特殊的子帧以区分在同一载波上传输的上行链路和下行链路。

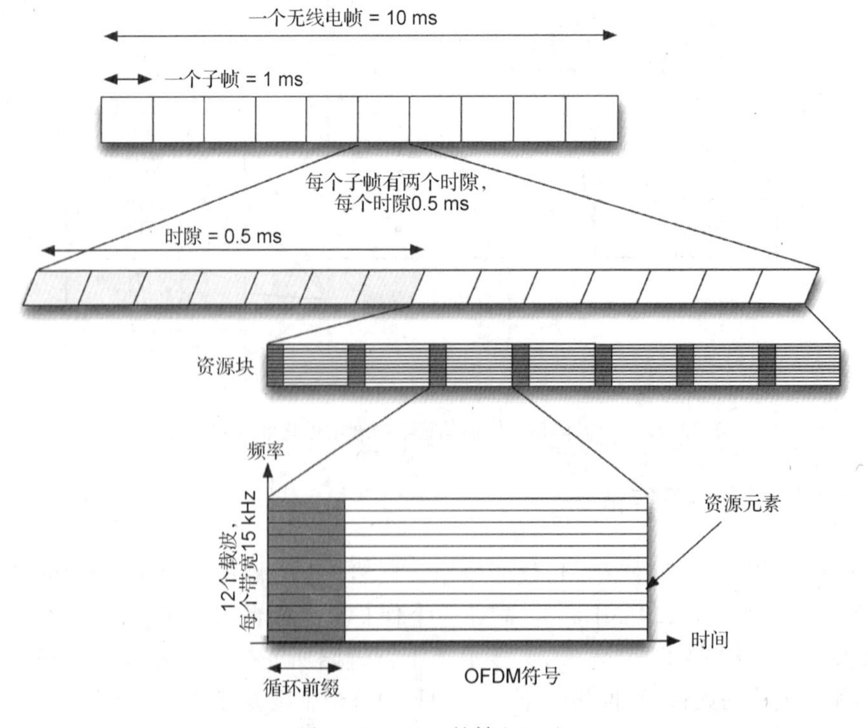

图 13.22　LTE 的帧(FDD)

图 13.23 显示了在下行链路上如何进行传输信道的信息处理。首先，传输信道消息将被分割成块，并在块上添加循环冗余校验码。块进一步分割以便于使用卷积编码或 Turbo 编码。这两种编码方案用于差错校验，而循环冗余校验码与混合自动重复请求(HARQ)共同起到差错检测的作用，这跟 HSPA 方案非常类似(参见第 12 章)。在比特被映射到调制码元及 MIMO 模式(空间复用、分集、天线端口等)之前，如果有必要，编码单元可以进行交织及重复。最后，符号被映射到由 OFDM 符号及载波构成的物理资源块，并通过不同的天线传输。

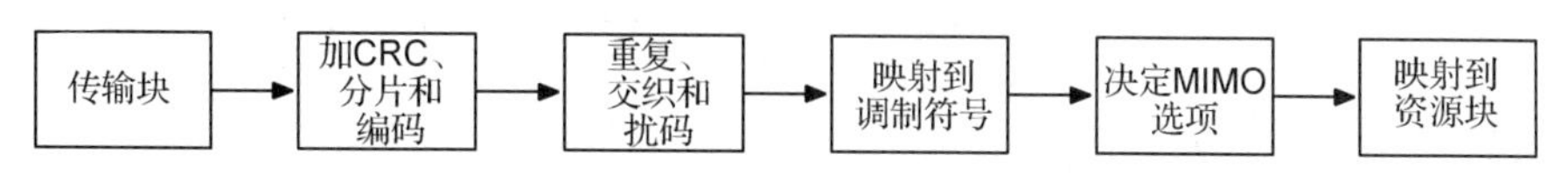

图 13.23　下行链路上传输信道信息处理

13.5.3　LTE 系统的上行链路

在上行链路中，LTE 采用 SC-FDMA 而不是以前所说的 OFDMA 。使用 SC-FDMA，可以通过一种连续的方式分配子载波(这是当前正在使用的选项)，也可以(均匀)地分配子载波。当分配连续子载波时，SC-FDMA 类似于 FDMA，通过分配给手机不同的频谱块实现同时发送。其次，配置是在 180 kHz 物理资源块的范围内实现的，一般情况下物理资源块包括 7 个 OFDM 符号。配置由 e-NodeB 执行，以确保某一移动站在上行链路传输时同一蜂窝内的另一移动站不受干扰。物理资源块的分配信息通过物理下行控制信道传输给移动站。为了利用频率分集的优势，配置时将考虑信道质量，以及使用跳频(例如，每隔几个单位时间改变所分配的物理资源块)。

不像下行链路，大多数移动站一般只有一个 RF 电路(虽然一个设备可能有多个天线)，因此不会使用多个天线同时传输，而 e-NodeB 能够选择提供最好信号质量的天线。这类似于选择分集，在这种情况下，移动站使用最佳的天线发送信号给 e-NodeB。有时，两个移动站可能在同一时间被分配到相同的物理资源块。这种情况被称为多用户 MIMO，e-NodeB 使用多个天线将来自不同移动站的信号分离。这类似于空间复用，尽管事实上信号是由不同的发射机发射的。除了 SC-FDMA 需要 DFT 预编码以外，上行链路的传输块处理基本类似于下行链路(见图 13.23)。

13.5.4　LTE 系统操作问题

本小节描述了一些有趣的 LTE 系统级操作问题，如小区搜索、调度与信道接入、网络规划、移动管理以及安全。

小区搜索：当一个移动站第一次开机时，它需要发现所在地理范围内的有效服务。在第 12 章中，我们讨论了 CDMA 系统中小区搜索的过程，其中，2G 系统采用导频信道来发现该地区基站所提供的服务。在 OFDMA 系统中，系统变得更加复杂，因为每一个蜂窝不可以使用相同的频率。此外，灵活的带宽支持预示着移动站必须扫描处在不同频率的多个传输信道。

在 LTE 中，小区搜索也应用到帧及物理资源块。在一个 10 ms 的帧中，两个同步信号被发送两次。它们被称为主要同步信号(用于时隙定时和物理层 ID)和次同步信号(用于帧定时、小区 ID 及其他参数)。如图 13.22 所示，一个 10 ms 的帧包含 10 个子帧。每个子帧有两个时隙，每帧总共有 20 个时隙。主同步信号在第 1 个时隙及第 11 个时隙的最后一个 OFDM

符号进行传输。辅同步信号放在主同步信号之前。从表13.1中可以观察到，无论其传输带宽为多少，至少有6个PRB总是可用的。在所有情况下，同步信号均是在正中间的6个PRB进行传输，所以手机可以检测到这些信号。图13.24对此进行了阐述。

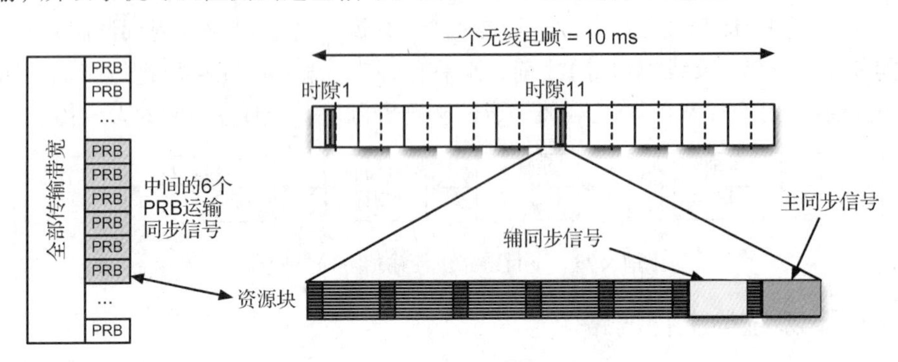

图13.24 LTE系统中的小区搜索

为了使主同步信号容易被检测到，LTE采用了长度为63的Zadoff-Chu序列基元（其中一个基元被删除且将零点置于边缘）作为72个子载波的数据符号，从而构成正中间的6个PRB。Zadoff-Chu序列是复杂的、具有理想周期自相关性（零延迟及其他值均为零的峰）的序列（序列中的基元都是复数），从而使得移动设备能够快速检测到主同步信号。辅同步信号使用长度为31的M序列（见第12章）。一旦主同步信号被检测到，移动站便知道了时隙边界。但它仍然不知道循环前缀的长度（虽然一般情况为4.7 μs长），必须盲检测直到找到辅同步信号。一旦信号全部被正确识别，就可以解码广播信道以获得附加的小区具体信息。

调度和信道接入：如前所述，LTE在频率和时间上均利用多用户分集。e-NodeB负责为移动站调度上行链路及下行链路的资源，根据信道质量及公平原则进行调度。物理下行控制信道用于将资源分配信息发送给移动站。信道质量由移动站向e-NodeB报告。信道质量可以包括整个带宽的信道情况（例如，20 MHz），或者一组特定的PRB。报告信道质量将会带来额外的开销。在报告整个波段平均质量所用开销不大的情况下，依照PRB的顺序以更细的粒度报告信道质量情况，将会提升分集的效果。移动站可以根据需要或者定期报告信道质量。调制和编码取决于报告的信道质量。此外，传输过程中使用混合ARQ（HARQ），即重发与原始传输相结合从而改进可靠性（参见第12章中HSPA方案的有关讨论）。

如同在大多数蜂窝广域系统中一样，在开始时，移动站的随机接入过程对于资源分配是有必要的。移动台可以同步到网络，也可能在上行链路上失去同步，即使此时小区搜索使得下行链路已同步。随机接入过程将涵盖这两种情况。移动站在物理随机接入信道上向e-NodeB发送前导信息。如果有多个移动台同时传输，e-NodeB可以区分这些传输并分配有限的资源给每个发送请求的移动站。在获得初始资源后，移动站可以向e-NodeB请求额外的资源。Zadoff-Chu序列用于识别特定移动站。在必要的情况下，上行链路定时信息也可由e-NodeB发送至移动站。

网络规划：如同所有的蜂窝系统，频率复用对于LTE系统也是必要的。一般情况下，在第5章所描述的频率复用问题在这里同样适用。LTE采用了与分区复用相似的分数频率复用思想，从资源块级别上提高了频谱效率（详见第5章）。其基本思想是，特定频率组的传输将工作在不同的发射功率上。只有小区中央的移动站需要工作在较低发射功率，因为它们不能干扰到邻近小区的传输。因此，普遍性的频率复用是可能的。然而，工作在较高功率上的传输将会干扰到邻近的小区，因此这种情况下只能复用少数频率（每第 3 个或第 4 个小区之间复用）。e-NodeB 之间的协调可以改善频谱效率，这个过程在 LTE 文献中被称为小区间干扰协调（ICIC）。

其他操作问题：LTE 的安全是通过加密和控制消息完整性实现的，其中控制消息由图 13.19中的 RRC 层进行传输。用户数据是加密的。移动站和归属用户服务器共享主密钥，其他密钥来自于该主密钥，采用不重数如随机数来生成。派生密钥在需要的情况下，可经预定的移动站发送至移动管理实体或者 S-GW。

移动性管理主要涉及 eNodeB，eNodeB 有能力在节点之间通过 PDCP 层推送（或清除）分组，而那些未能交付给移动站的分组将触发一次切换。在上行链路中，移动站则必须将分组重新传输给一个新的 e-NodeB（参见第 6 章）。

13.5.5　杂项

LTE 系统信道模型：国际电信联盟以及由欧洲联盟发展起来的 WINNER 工程已经建立起适合评估 LTE 的信道模型。该模型在很多方面与第 2 章及第 7 章所讨论的信道模型相像。路径损耗模型有频率校正因子，而阴影衰落具有依赖于环境的标准差。视距环境下标准差为 3 dB，非视距环境下为 8 dB，具体值在两者之间波动。多径功率指数下降情况下的多径配置可适用于各种场合。

支持语音通话：LTE 系统中对于语音电话的支持不像传统的 2G 和 3G 蜂窝网络，因为没有现成的电路交换连接。尽管对于某些业务来说可以保证比特率，但数据仍在分组交换的模式下进行传输。这意味着 IP 语音对于语音通话来说是一个具有吸引力的选项。在撰写本书时，运营商基本统一到 LTE 语音上来（Voice over LTE）了，其中 LTE 语音（VoLTE）是 IP 多媒体子系统作为干线支撑的语音会话标准。这些标准的具体细节超出了本章的范围。

13.6　LTE Advanced

展望未来，标注组织已经考虑 LTE 技术的改进型。对应的标准有时被称为 LTE-Advanced。一些关于此标准正在讨论的主要特性列举如下。

1. 为了支持高达 1 Gbps 的数据速率，需要更多的带宽。对于这一点，预计 LTE-advanced 将支持载波聚合，类似于 IEEE 802.11n。它可以聚集 5 个 20 MHz 载波从而达到每链路总共 500 个 PRB，而不是仅仅是 20 MHz 上的 100 个 PRB。这同时可以增加频率分集及多用户分集的好处。
2. 正在积极考虑支持如家庭基站的小蜂窝以增加可靠性及容量。小蜂窝与宏蜂窝的协同是 LTE-advanced 考虑的部分。
3. 大多数 LTE 支持两个传输天线和两个接收天线，LTE-advanced 可能在下行链路上支持 8 个天线。
4. 网络的架构可能向包括中继节点以及具有各种功能的异构实体的方向演变。协同传输也在考虑的范围内，以提高可靠性及传输能力。

思考题

1. 解释4G蜂窝系统为何选择OFDMA而非CDMA。
2. 比较4G系统的信道带宽与2G、3G蜂窝系统相应的信道带宽。
3. 相比于2G、3G系统，4G系统架构的主要变化是什么?
4. 解释OFDM如何提供频率选择性衰落方面的鲁棒性。
5. 循环前缀是什么? 为什么对于OFDM很重要?
6. 多用户分集是什么? 它在OFDMA系统是如何实现的?
7. 峰值平均功率比的问题是什么? LTE中使用什么方法来解决这个问题?
8. MIMO系统优势的3种类型是什么?
9. 解释发射分集和空频块编码思想。
10. 比较4G蜂窝系统的PHY层与IEEE 802.11无线局域网的PHY层。
11. 比较4G蜂窝系统的MAC层与IEEE 802.11无线局域网的MAC层。
12. LTE的上行链路与LTE下行链路有何不同?
13. 在LTE系统中当执行小区搜索时会出现什么问题? 这些问题是如何解决的?
14. 分数频率复用是什么? 与第5章的重用分区进行比较。
15. LTE系统中的语音会话是如何在空中传输的?

习题

习题13.1

考虑一个四载波OFDM系统。载波频率分别为f_c、f_c+1/T、f_c+2/T及f_c+3/T，其中符号持续时间$T=100/f_c$。如果所有的载波均使用BPSK且$f_c=1$ MHz，请画出每个载波所传输的各位均为“0”的一个OFDM符号。假设每个载波幅度均为1。

习题13.2

考虑时空块编码参数由下面矩阵给出，其中列表示天线、行表示时隙。这样的编码需要多少传输天线? 编码的速率为多少? 解释你如何得出的答案。

$$s=\begin{bmatrix} s_0 & s_1 & s_2 & s_3 \\ -s_1 & s_0 & -s_3 & s_2 \\ -s_2 & s_3 & s_0 & -s_1 \\ -s_3 & -s_2 & s_1 & s_0 \\ s_0^* & s_1^* & s_2^* & s_3^* \\ -s_1^* & s_0^* & -s_3^* & s_2^* \\ -s_2^* & s_3^* & s_0^* & -s_1^* \\ -s_3^* & -s_2^* & s_1^* & s_0^* \end{bmatrix}$$

习题13.3

说明当$m=3$时，习题13.2中时空块编码符合以下性质：$m=3$:$\mathbf{S}^{\dagger}\times\mathbf{S}=\left(\sum_{j=0}^{m}|s_j|^2\right)\mathbf{I}$,

其中，I 为适当大小的单位矩阵，† 表示先转置然后对矩阵中每一个元素进行复共轭运算转置。这是空时块编码中使用正交设计的一个属性。

项目

项目 13.1：模拟一个简化的 IEEE 802.11a/g OFDM

几个无线局域网标准采用了 OFDM 技术，包括 IEEE 802.11a、IEEE 802.11g、HIPERLAN/2，以及本地多点分布服务(LMDS)和数字音频广播(DAB)系统。在本项目中我们通过 MATLAB 软件实现 IEEE 802.11a，g 以及 HIPERLAN-2 中 OFDM 的调制和解调技术。本项目将实现的仿真模型是一个简化版的 IEEE 802.11a 标准。完整的标准文档可以从 IEEE Xplore (http://ieeexplore.ieee.org)下载。

图 P13.1 显示了一个简化版的 IEEE 802.11a/g OFDM 系统，实现了基于 OFDM 的调制解调技术。完整的仿真需要额外的细节，包括差错控制编码、交织、循环前缀、导频子载波、波形整形、载波调制以及无线电传播信道的影响，这些超出了本项目的范围。

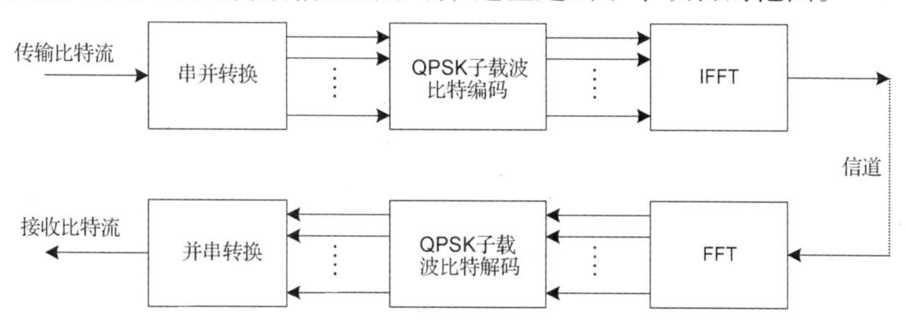

图 P13.1　基带 OFDM 收发器的简化仿真模型

图 P13.1 显示的是本项目将实现的系统模型，仿真参数如表 P13.1 所示。串行传输的比特流通过一个串行并行转换器转换为并行数据，在每个输出线上均输出两个串行比特(该仿真中总共有 52 条输出线，因为 N_st = 52)。每个组的两个比特被编码为一个复合 QPSK 符号，如图 P13.2 星座图所示。随后，根据图 P13.3 显示的映射方案，52 个复合 QPSK 符号被映射到 IFFT 块的输入，无输入时则被设置为零。执行 IFFT 以获得持续时间为 3.2μs (T_FFT = 3.2 μs)的时域 OFDM 符号(有 64 个复合抽样)。

表 P13.1　OFDM 项目仿真参数

参数	值
N_st：子载波数目	52
N_FFT：IFFT/FFT 输入的数目	64
BW：带宽	20 MHz
Delta_F：子载波频率间隔	0.3125 MHz (= BW/N_FFT)
T_FFT：IFFT/FFT 周期	3.2 μs (= 1/delta_F)

在接收端，发送的比特流可以通过逆向过程恢复，如图 P13.1 下半部分所示。

在本项目中，我们在 MATLAB 上实现了基带 OFDM 的调制解调系统，如图 P13.1 所示。以下是对实施的具体要求及可交付成果：

a. 实现图 P13.1 中除 IFFT 和 FFT 以外的所有模块，其中 FFT 和 IFFT 模块可以使用 MATLAB 中的 fft( )及 ifft( )函数。

b. 生成一个有 104 个随机二进制位的向量 bits_in，作为图 P13.1 中你所实现系统的输入。在输出处接收比特向量 bits_out。注意，比特向量 bits_in 和比特向量 bits_out 长度相等。在你的 MATLAB 程序中，通过观察下面的代码段输出验证接收到的比特流是否与传输比特流完全一致，在你的 MATLAB 程序应该包含以下代码：

```
if sum(abs(bits_in - bits_out)) == 0
    disp('Transmitted bits are successfully received !');
else
    disp('Transmitted bits are received in ERROR !');
end;
```

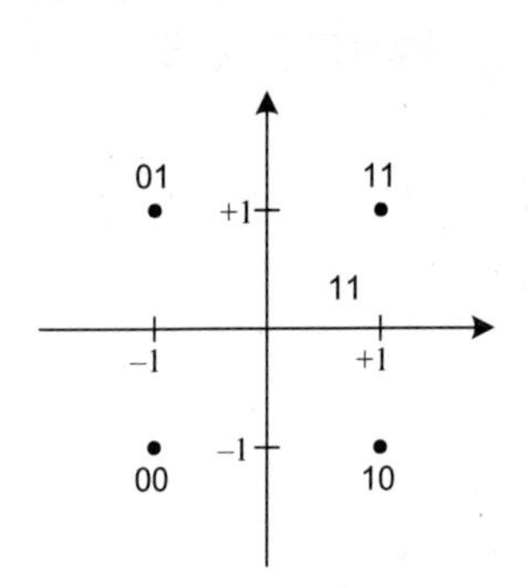

图 P13.2　QPSK 子载波比特编码的星座图

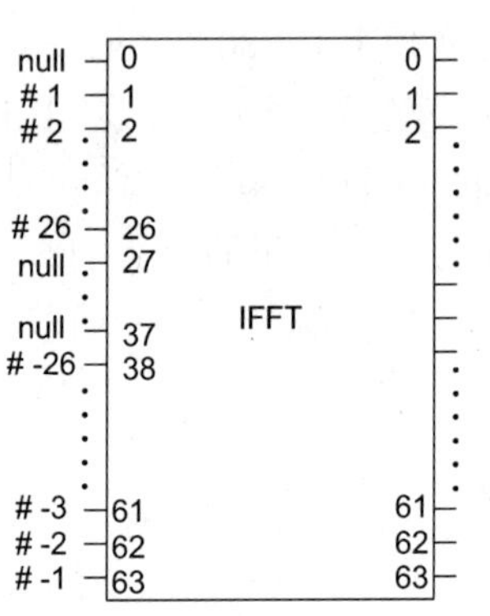

图 P13.3　IFFT 的输入和输出

c. 画出时域 OFDM 符号的实数部分及虚数部分，它们是同相且正交的信号，你可以在你的仿真中选择适当的时间轴并在不同的图中显示出来。根据表 P13.1 可知 OFDM 符号的持续时间为 3.2 μs，因此时间轴应从 0 μs 到 3.2 μs。

d. 画出你在本仿真中生成的 OFDM 符号频谱图。由于带宽为 20 MHz，所画图的频率轴应从 -10 MHz 到 10 MHz。

该项目需要提交的内容包括仿真的 MATLAB 源代码以及生成的图。

第五部分

无 线 定 位

第14章 地理定位系统

14.1 引言

正如在第1章中讨论的，时间(时域)和位置(空域)的关联信息对于人类来说非常重要，正因如此，所以对时间和位置的测量成为信息处理的重要组成部分之一。今天，手机正作为新的看时间工具而取代传统的手表。同时，它们也能够定位自己的位置并且通过全局或局部坐标系将自己的位置关联到地图上。

地理定位、位置定位、定位、无线电定位等都是当今被广泛使用的术语，用于表示在不同环境中确定移动站位置的能力。位置通常意味着移动站的坐标，可能是二维或三维的，通常包含移动终端所在的经度和纬度信息。在室内和建筑物内，可能会采用其他坐标或可视化技术来表示一个移动站的位置。通常而言，定位的本质是一张采用这些坐标的地图，一些我们可以在地图上识别的地标，以及一种测量到这些地标距离的方法。以往的科学家和工程师已经设计了多种用于导航的地图，游客们借助它们提供的信息在城市之间游览，以及遍览某个城市，直至观光特定的建筑。近来，随着技术的进步，人们提出了将定位和导航应用于人体内部的想法。

地理定位技术在无线市场获得空前重视的原因有好几个，其中主要是美国联邦通信委员会(FCC)强制要求无线蜂窝运营商能够给公众安全应急点(PSAP)提供紧急呼叫911人员的位置信息。然而，除了提供紧急救援位置外，地理定位技术从总体上说，无论是对于军事还是商业应用都是非常重要的。如手机、PDA、笔记本电脑等无线设备的广泛使用，使得基于位置的服务和应用大行其道[Bar03；Dru01；War03]，而这些服务和应用都需要定位信息。基于商业定位服务的例子有：在医院及时地定位病人和设备；为个人和家居应用定位儿童和宠物的位置；门房服务以及位置感知相关的服务(例如，定位最近的咖啡店或者基于客户所在的位置提供博物馆的布展信息)。利益驱使着提供商将在未来几年里增加基于位置的服务。在军事和公共部门，使士兵、警察和消防战士掌握关于他们的位置和其他人员的位置，以及受害者、出口、危险、敌人等方面的信息将是无价的。

定位行业的突破开始于过去的几十年，主要通过使用射频信号来测量地标(作为参考点)和移动电子设备之间的距离(测距修正)。全球定位系统(GPS)在户外一直是最成功的定位技术，并且我们现在看到GPS接收机已经成为一种廉价、普遍使用的小东西。如今，GPS技术在民用个人导航市场上广泛应用。关于GPS系统的完整描述已经超出了本书的范围，有兴趣的读者可以在文献[Kap96]中找到更多的信息。虽然GPS已取得了巨大的成功，然而它在上文描述的应用中仍然存在几个缺点，特别是室内应用。GPS的设计假设是卫星到移动站之间的链路，即发射机和接收机之间经常是直接通视的。该接收机测量接收信号的到达时间(TOA)来测量卫星地标和自己的距离，并借此定位自身在地球上的位置，误差在几米范围内。然而，在城市和室内区域，GPS定位精度明显受损，接收到的信号会受到广泛的多径效应影响。但正是在城市和室内区域里存在着许多应用，它们均可以从定位信息中受益。在

20 世纪90 年代中期 GPS 的替代方案，即使用现有的无线电基础设施成为一个新兴的行业。现在已经开始使用蜂窝基站塔台和室内的 WiFi 定位技术，最近开始使用 RF 信号在人体内部定位。

在本章中，我们讨论当今无线网络的定位问题，一些经过研究并被标准化的替代性户外和室内定位技术，以及这一领域的发展趋势。用于定位的传感器行为原理和性能界限将在第 15 章介绍。与定位相关的实际问题在第 16 章中讨论。将本章视为基于无线电的地理定位系统的概览章节也可以。某些话题将在第 15 章和第 16 章的必要之处再次遇到。

在下一节中，我们将考虑一些示例应用程序，以及和定位相关的监管问题。在 14.3 节中，对传感过程和定位算法进行了讨论。其影响包括：(a)位置定位是在哪里实现的(在 MS 中还是在无线网络中)；(b)必要的参考位置的数量和性质；(c)位置估计的准确度和精度。本节还将考虑蜂窝电话系统的标准规范，这些规范里使用了上述某些算法。14.4 节描述了在蜂窝网络里使用的位置服务体系结构，14.5 节则概述了 ad hoc 网络和传感器网络中的定位技术。

14.2　无线定位是什么

地理定位可以简单地定义为在全局或本地坐标系中，定位一个装置或人的位置的能力。坐标可以是地球表面的纬度和经度，以及地球上方的高度。坐标也可以是相对的、本地的，例如，在一个建筑物的某一层以及该层的某个房间。定位信息通常具有一定的准确度和精度。准确度是指判定位置和实际位置的距离差。精度是差错小于准确度的次数比例。任何系统定位一个 MS 需要感知与 MS 相关的一些特征来确定其位置。位置由某些算法确定，而这些算法将以这些检测到的特征作为输入。此外，需要采用一些协议来传输感知到的信息给某些实体，以便于这些实体判定设备位置或者提供其他服务。在本章中，我们将描述这些与确定移动站位置有关的各方面内容。

术语“位置服务”是指提供基于移动用户的地理方位、位置或已知地点的服务。这些服务主要是基于地理定位的基础设施和系统来获取用户位置信息。正如上文提到的，定位系统已经在民用及军用环境中发掘了多种应用。许多这样的应用程序如今已经可以提供导航服务(提供在一个地区的驾驶方向或企业的位置)，信息服务(提供本地新闻、天气、交通等)，以及礼宾服务(预定晚餐、电影票、咨询服务等)。与位置相关的商业、内容、广告和个性化服务正大行其道。每个应用程序都对准确性和位置精度有特定的需求。在室内，如库存和资产管理方面的应用(如定位医院的轮椅)，精度必须在一个给定的楼层的几米内。对于 E-911 紧急响应，要求的精度相对较低，稍后再讨论。下面我们将讨论室内和户外应用的例子，这些应用正变得越来越重要。

传统室内定位技术的应用，其应用方向主要是定位人和建筑物内的东西。寻找医院里的精神病患者和便携式设备，如投影仪、轮椅等这些经常被移动的，却不会回到原来位置的应用是两个普通的例子。所谓的个人定位服务(PLS)[Kos00]还可以在室外进行，需要被定位的人要携带一个定位装置。有两种可能的策略：在第一种情况下，有人请求服务，要求向这些人提供某人当前的位置信息，随后服务者采取适当步骤来判定该人的位置；在第二种情况下，此人迷路或处在其他困境下，可以用恐慌按钮来请求帮助。在这里，定位服务将确定位置并提供请求援助。至于定位装置，只有前一种情况适用。

现有的通信和计算环境，无论是在住宅和办公室一般都是静态配置，使重新配置任务极其复杂和烦琐，需要手动干预。为了克服这种不便，不少组织正在考虑部署智能空间和智能办公环境，使得办公环境可以随场景自动改变本身的功能[War03]。这样的场景感知网络建立于对其周围有谁或是什么的认知基础上。有了位置感知，计算设备从小型的掌上电脑、台式电脑和互联网设备都可以根据它们当前的用户组来个性化设置，这些用户的每一位可能都需要从智能环境中获取独特的服务。为此，智能空间不仅要知道当前谁在线，也应该知道用户的位置和附近是否有其他移动设备。例如，一个掌上电脑应能自动确定最近的打印机来打印办公文件。这种非传统的应用也需要定位服务。

室外定位应用有很多，最常见的就是利用 GPS 在公路上行驶时的自我定位的应用。信息技术已经远远增加了应用数量并且超越了这个简单的自我定位应用。术语"远程信息处理"过去常常意味着电信和信息处理的融合，现在已经发展到包含自动驾驶系统与 GPS 定位机制、无线通信相结合，以提供自动路边援助，远程诊断，以及传递内容(信息和娱乐)给汽车等服务。这种系统的一个优秀例子是通用汽车的安吉星系统[OnStar]。智能交通系统(ITS)在自主导航车辆的同时，可以利用最新的交通信息、道路状况、旅行时间等。这包括车队管理及汽车自动换挡。为了通过网络或因特网从服务供应商或服务器获取相关信息，车辆应能够提供其位置和目的地信息。另外，服务提供商应该能够确定车辆的位置。

14.2.1　无线紧急服务

在本节中，我们将介绍无线环境下基于定位的服务和 E-911 服务，该需求性能关注指标主要是准度和精度。我们也将介绍一些提供位置信息和性能指标计量有关的政策方面问题。在本章的后面，我们简单总结了不同的蜂窝标准。本书第 7 章对蜂窝系统做了更加详细的讨论。

到目前为止，无线增强-911 或 E-911 服务已经成为蜂窝通信定位技术投资和发展的最大刺激因素。由于固定电话所处位置已知，且精度在一栋楼里几个房间的范围，所以在有线电话上呼叫 E-911 服务的呼叫者会被立即定位。如果呼叫者使用的是移动电话，获取位置的技术会比较复杂。最简单的情况下，可以获得的唯一信息是呼叫者与某一特定基站相连。

蜂窝服务提供商可能会将位置信息用于切换或位置管理[3GPPa; Dra98]等与网络相关的问题。然而，手机大部分准度和精度的等级被 FCC 规定的指标所驱赶。这些指标是 FCC 为美国境内 E-911 公共安全应用所设置的。在美国，FCC 负责与电信服务相关的监管问题。E-911 服务通过公共安全应答点为呼叫者提供紧急援助，FCC 指明了 E-911 呼叫的精度和准确度指标。服务提供商在 100 米内至少有 67% 的时间以及在 300 米内至少有 95% 的时间能够定位到呼叫者，并且提供信息给公共安全应答点。读者可以参考[Mey96;FCC03;Ree98]查看更多的细节。在欧洲，紧急服务被称为 E-112 服务，并且监管当局正在为 E-114 指定准确度和精度等级。

蜂窝系统使用多种不同的物理层和网络标准，因而在不同系统中定位技术也不一样。第一代蜂窝系统(也称为 1G 系统)使用模拟调制方案并且不支持任何定位服务。第二代或 2G 系统采用的是数字调制和两种多址技术——在移动通信系统(GSM)中使用时分多址(TDMA)，在 IS-95 或 cdmaOne 系统中使用码分多址(CDMA)。第三代或 3G 系统完全基于 CDMA，但又有两个主要标准：CDMA2000 和 UMTS。UMTS 继承了 GSM，而 CDMA2000 则继承了 IS-95。所有的 2G 和 3G 标准有望同时满足 FCC 的要求。尽管所有的定位方案都有一些共同的特征，然而标准和术语之间仍然存在一些差异，我们将在 14.3.3 节讨论这些差异。

在无线局域网(WLAN)中没有强制性的定位要求。大多数配备 WLAN 的设备都遵循 IEEE 802.11 标准或者增强功能，如 802.11a，b 或 g。有一些在 802.11 WLAN 里的专属定位方案主要使用射频指纹以及下述一些变种技术。这些系统的定位精度从几米到几十米不等，视应用环境而定(建筑材料、建筑物、校园等)。

14.2.2　地理定位系统的性能指标

在本节中，我们对地理定位系统的性能指标进行讨论，主要依据的是[Tek98]里的工作。从传统意义上讲，无线系统主要解决的是无线电通信的性能问题，如服务质量、服务等级、误比特率、容量、可靠性和覆盖率。其中的一些性能问题对地理定位系统同样有效，在下面还将介绍新的地理定位系统指标。表 14.1 根据[Tek98]对无线电通信和地理定位系统的性能指标进行了比较。

表 14.1　移动通信和地理定位系统性能指标的对比

移动通信系统	地理定位系统
服务质量	服务的准确性
● 信号干扰比	● 定位请求的范围应在 δ 米内
● 误包率	● 地理定位接收机的距离误差分布
● 误比特率	
服务等级	位置的有效性
● 呼叫阻塞概率	● 定位请求没有被实现的比例
● 资源可用性	● 不可接受的位置不确定性
● 不可接受的质量	
覆盖范围	覆盖范围
● 任何可能通信的地点	● 任何可以定位的地点
容量	容量
● 可以处理的用户密度	● 可以处理的位置请求/频率
其余方面	其余方面
● 建立呼叫的延迟	● 计算位置的延迟
● 可靠性	● 可靠性
● 数据库查询时间	● 数据库查询时间
● 管理和复杂性	● 管理和复杂性

已知位置的准确性是地理定位系统最重要的性能指标之一，这类似于在无线电通信系统中对误比特率或误包率的要求。误比特率的实际指标值可能会根据应用程序而有所不同。例如，话音包可以容忍 1% 的误比特率，但数据分组的误比特率至少达到 10^{-6}。同样，室外定位应用的精度相对于室内要求较低。

定位系统精度通常是指确切位置周围的不确定区域在多次重复测量报告中的百分比。例如，针对 MS 的位置，67% 的测量误差在 50 米内，或 95% 的测量误差在 100 米内。这个精度很大程度上取决于无线电传播环境、接收机的设计、噪声和干扰特征、相同位置处可用的冗余测量值以及信号处理的复杂性。在[Kri98;Pah98]中讨论了针对室内环境进行测量和模拟时，最终导致测量结果不确定的距离误差分布。

无线电通信系统的服务等级通常是指在高峰期的呼叫阻塞率。以类似的方式，可以用位置请求无法实现的概率来衡量地理定位系统的服务等级。如果由于定位精度不可接受的数量和测量值过多最终使得位置传感测量不可用，那么位置请求将无法实现。

无线电通信系统的覆盖范围与最小的服务区域有关，在该范围内才有可能访问无线网络。对于地理定位系统来说，覆盖范围相当于用感知特性值进行足够多次数的位置计算的可行性。

最后，与无线电通信系统类似的其他几个问题在地理定位系统中[Tek98]也非常重要——触发位置测量的延迟、定位算法的计算时间、网络传输延时、数据库查找时间、位置请求和位置信息接收之间的端到端时延等。可靠性——平均故障间隔时间和故障平均修复时间、网络管理和复杂性都是非常重要的问题。

14.3 射频位置检测和定位方法

在本节中，我们将描述基本的定位方法。在下面的章节中，我们将对常见的地理定位系统的体系结构进行讨论并且定义了不同的定位方法。14.3.2 节介绍了射频位置检测的方法和算法。

14.3.1 通用结构

如图 14.1(a)[Cha99]所示为一个地理定位系统的功能体系结构。定位的两个基本功能因子是估计移动台的位置以及以适当的属性与无线网络中的一些个体共享这些信息。

地理定位系统测量或检测从一个运动物体到一个固定的接收机或从一组固定的发射机到移动接收器的无线电信号射频参数。有两种可以得到移动台实际估计位置的方法。在自我定位系统中，移动台通过测量自己到已知发射机的距离或方向来完成自我定位(例如 GPS 接收器)。在一些情况下，可以采用航位推算这种方法。航位推算是指在移动站点的先前位置是已知的情况下，通过移动站运动路线和距离来实现对运动物体当前位置估计的一种预测方法。自我定位系统通常被称为手机或以终端为中心[Mey96]的定位系统。在远端定位系统中，位置已知的网络接收机分别测量每个接收机到移动物体之间的距离或方向来计算移动发射机的位置[Dra98]。远端定位系统也称为基于网络或以网络为中心[Mey96]的定位系统。基于网络的定位系统的移动站可以做成简单的收发信机，其具有体积小、功耗低、便于携带或作为一个简单和廉价的标签附着于需要跟踪的资产的优势。此外，还有一种间接的远端或自我定位系统，移动物体可以通过适当的信道发送其位置信息到控制中心或从控制中心发送移动物体位置信息给其本身。

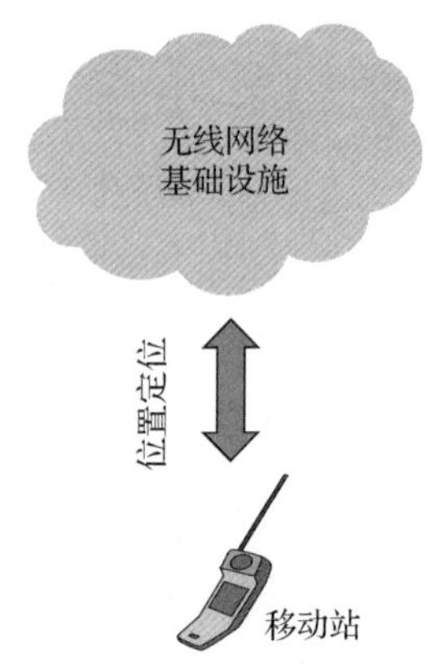

图 14.1 室内定位系统的功能体系结构

例 14.1 间接远端定位

在间接远端定位时，E-911 的公共安全应答点需要呼叫者的位置信息。如果使用的是手机定位系统，MS 既可以使用 GPS 也可以通过多个基站的信号来确定自己的位置，该信息通过一个基站发送到位置控制中心。

如图 14.2 所示是一个地理定位系统架构[Kos00]的例子。地理定位服务提供商给用户提供位置信息和位置感知服务。根据用户提出移动站位置信息的请求，服务提供商将通过位置控制中心查询移动站的坐标。该用户可以是一个想要跟踪移动设备的商业用户，也可以是一个回复 E-911 电话的公共安全应答点。位置控制中心将收集用于计算移动站位置的信息，这些信息可以是接收信号强度、基站 ID、信号到达时间等参数，我们将在后面对此进行讨论。根据移动站以前的信息，一组被称为地理定位基站(GBS)的基站不仅可以用于寻呼移动站，还可以直接或间接地获得位置参数。一旦这些信息被采集，位置控制中心可以确定移动物体的位置并且将信息发送给服务提供商。服务提供商使用此信息将 MS 的位置直观地显示给用户。有些情况下用户可以是移动站自身，尤其是应用包含自定位功能时系统的消息和体系结构都可以大大简化。

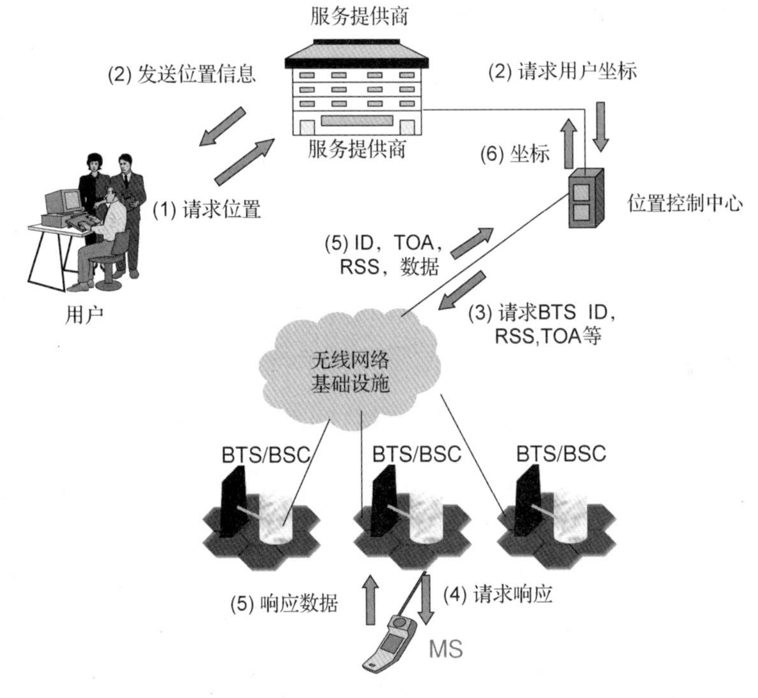

图 14.2　地理定位系统的一般结构

14.3.2　定位算法

定位过程中用于估计 MS 位置的参数有：与网络中 MS 连接点(POA, point of association)的邻近度参数，到达时间(TOA)和到达时间差(TDOA)测量方法的距离测量参数，接收信号强度(RSS)测量方法的相位差参数，角度和到达方向(A/DOA)测量方法的角度测量参数，某一个位置信号特征的指纹和签名，以及上述参数的组合[3GPPa]。图 14.3 表示了这些定位方法是如何工作的。在下面的讨论中，我们会根据自我定位和远端定位对定位方法进行详细的介绍。定位方法的替代方法(甚至是间接定位)都可以以同样的方法工作。

下面将介绍如何确定移动终端的位置。例如，远端定位系统是由多个地理定位基站来共同确定 MS 的位置(同样的方法也适用于自定位系统)。通过研究 MS 给已知接收机发送的无线电信号的特征可以确认 MS 的位置。GBS 根据自身位置来测量特定的信号特征并且估计 MS 的位置。一般性问题可表述如下：

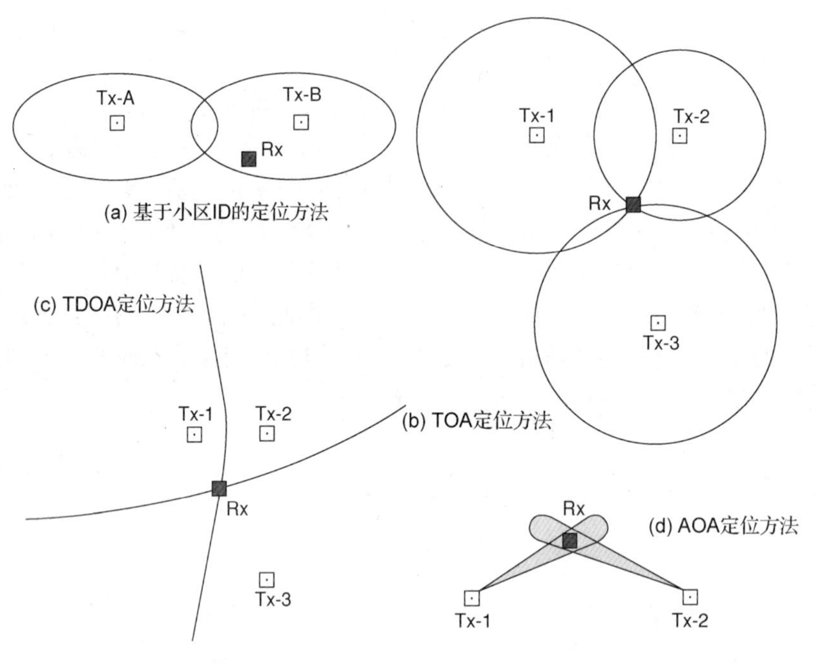

图 14.3 定位感知方法

通过 N 个接收机(GBS)的坐标(x_i, y_i)；$i=1,2,3,\cdots, N$ 可以确定其本身的位置。我们可以利用发射机发送信号的特征来确定 MS(x_m, y_m)的位置。

习惯上为了确定(x_m, y_m)，MS 的距离或方向(或两者同时)必须由多个 GBS 收到的信号来估计。距离可以通过接收信号的属性，如信号强度、信号相位以及到达时间来确定。MS 的方向可以由接收信号的到达角度来确定。如今还可以使用一些备用的方法，例如利用射频信号的匹配近似度或距离近期关联点的邻近度。

关联点的邻近度

大多数无线网络使用固定的访问点对网络进行访问。这些访问点可以是蜂窝网络中的基站(BS)，也可以是无线局域网中的接入点(AP)。BS 或 AP 的无线电收发器在特定地理区域"蜂窝"上提供服务(见第 5 章和第 6 章)。在关联点(POA)邻近度的方法中，MS 通常在蜂窝区域内某处。例如，在图 14.3(a)中，接收器(Rx)是在发射机(Tx)B 的覆盖区域(蜂窝)内，但是一个蜂窝的大小可能和 100 米的微蜂窝区一样小，也可能和 15km 的宏蜂窝区一样大。因此，精确度和准确度会根据 BS 或 AP 的部署密度和覆盖区域变化。MS 的位置坐标(x_m, y_m)与 BS 的位置坐标(x_i, y_i)在这种情况下是相关的。

基于距离的技术

如果到移动站的距离至少有 3 个不同的发射机(其位置是已知的)，那么移动接收机的覆盖范围可以构建 3 个重叠的圆圈。如图 14.3(b)所示，三圆相交的点就是接收机的位置。发射机和接收机之间的距离可以用接收信号强度、发送信号的到达时间或到达时间差来估计。

在二维空间上估计移动物体的位置需要 3 个测量值，而在三维空间上估计移动物体的位置则需要 4 个测量值。如图 14.3(b)所示是在二维空间估计位置的 3 个测量值。如果接收机和移动物体之间的距离估计为 d，那么移动物体就位于一个以接收机为中心、半径为 d 的圆上。第二个测量值减少了位置模糊度，移动站位于两圆的公共线顶点上。第三个测量值就可以获得移动物体的准确方位。

到达时间/到达时间差：由发送信号以 0.3 m/ns 的速度在空气或自由空间传播可以得出发射机和接收机之间的距离。这就是到达时间(TOA)技术，它的修改版本被现有的 GPS 接收机和 E-911 定位系统[Kap96]采用。当一个地理定位基站检测到信号时，将确定其绝对到达时间。如果已知 MS 发送信号的时间，那么地理定位基站将在两次时间差中得到一个估计时间。这个时间就是信号从 MS 到达定位基站的飞行时间。在判定到达时间时引入的误差通常会导致用来确定位置的两个圆产生相交区域而不是一个点。在这种情况下，定位估计算法将会选取区域内的一些点作为估计位置。采用 TOA(或 TDOA)技术的无线系统采用脉冲传输、相位信息或扩频技术进行时间估计。例如，无论是自我定位还是远端定位收到的两个信号的时间差，都可以通过它们的互相关关系来进行时间估计。

例 14.2　基于 TOA 的商业室内定位系统

近年来，用于室内定位的商业产品逐渐出现在市场上[Wer98]。

如图 14.4 所示为 TOA 商业室内定位系统的整体系统结构。该系统使用了结构简单并且可以附加在财产或人员胸章上的标签。室内区域被划分为小区控制器服务的小区，并且小区控制器连接了许多位置已知的天线(在[Wer98]里是 16)。为了定位标签，一个小区控制器通过不同天线以时分复用方式在免许可的 ISM 频段发送 2.4 GHz 扩频信号。根据小区控制器天线网络的接收信号，标签只需将接收信号的频率改到 2.4GHz 或是 5.8 GHz 里的另一个频率，并且将携带标签 ID 信息的相位调制信息发送回到小区控制器。标签和天线之间的距离由往返飞行时间来确定，根据其距离，可以使用 TOA 方法得到标签的位置。主机通过 TCP/IP 网络或其他方式关联每个小区控制器来管理标签的位置信息。由于是小区控制器产生信号并且测量往返飞行时间，因此标签和天线不需要具有时钟同步的功能。

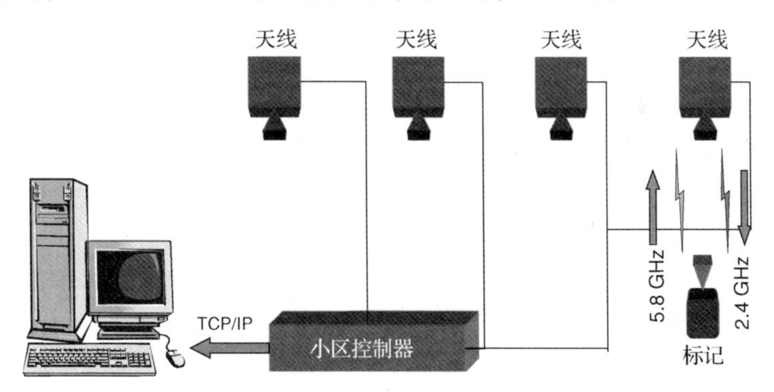

图 14.4　本地室内定位系统

多径效应是室内定位技术的限制因素之一(见第 2 章中的讨论)。如果没有多径信号分量，到达时间(TOA)就只需要通过扩频信号的自相关函数来确定。自相关有两个码片宽，其中从底噪电平上升到峰值需要一个码片时间。如果码片速率为 1 MHz，那么噪声从噪声基底上升到峰值则需要 1000 ns，提供了一个千分之一为 30 cm 的增量“标尺”。同理，PinPoint 系统选择的 40 MHz 码片速率，将提供一个 25 ns 的标尺，所提供的实际增量大约为 3.8 m。因为 2.4 GHz 和 5.8 GHz 的免授权频段的监管限制，要实现更快的码片速率比较困难，而且必须要采用信号处理技术来进一步提高精度。如果上行链路和下行链路通信使用不同的频带，那么信道之间的干扰可以被进一步消除。

如果到达的绝对时间是未知的，那么应该优先考虑发射机之间的到达时间差(TDOA)技术。TDOA 技术利用了多个发射器之间的时间差。在这种情况下，两个发射器的测量时间相减，结果为如图 14.3(c)所示的两个双曲线的交点。在 GPS 中，利用 TDOA 技术，定位卫星发射的到达信号的时间差被用来实现定位。TDOA 技术规定发射器必须放置在双曲线(而不是圆)之间的焦点上。三个或更多的 TDOA 测量值为双曲线的交点提供确定的位置。精确解和泰勒级数近似求解可以用来解决这些方程。与 TOA 相比，TDOA 的主要优点是不需要知道发射机的发射时间。因此，在 MS 和 GBS 中不需要严格的时间同步。然而，TDOA 要求所有用于定位的地理定位接收机的时间同步。

当存在误差时，可以用几何来计算圆或双曲线的交汇区域，然后估计被测设备位于区域的哪一点。信号多径传播(见第 2 章)使信号到达时间出现误差(差异)，因为信号可能由于多径反射需要花费更多的时间到达接收机。递归的最小二乘估计法(在本章后面介绍)在距离测量有误差时使用。由接收信号的绝对到达时间可以确定第 i 个 GBS 的距离 d_i，$d_i = c \times \tau$，其中 c 是光速，τ 是信号到达 GBS 所用的时间。如果第 i 个 GBS 的位置是(x_i, y_i)并且移动物体的位置是(x, y)，我们可以总结出 n 个形如下式的等式：

$$f_i(x, y) = (x - x_i)^2 + (y - y_i)^2 - d_i^2 = 0 \tag{14.1}$$

$i = 1, 2, \cdots, N$。地理定位在提高移动定位算法的精确度方面已经做了大量的研究，特别是当 N 大于 3 或 4 时(因此在测量中提供冗余的信息)，测量的冗余信息就可以用来减少所引入的噪声、环境、多径等方面[Kap96]的误差。图 14.5 介绍了用递归最小二乘法来计算 MS 的位置。

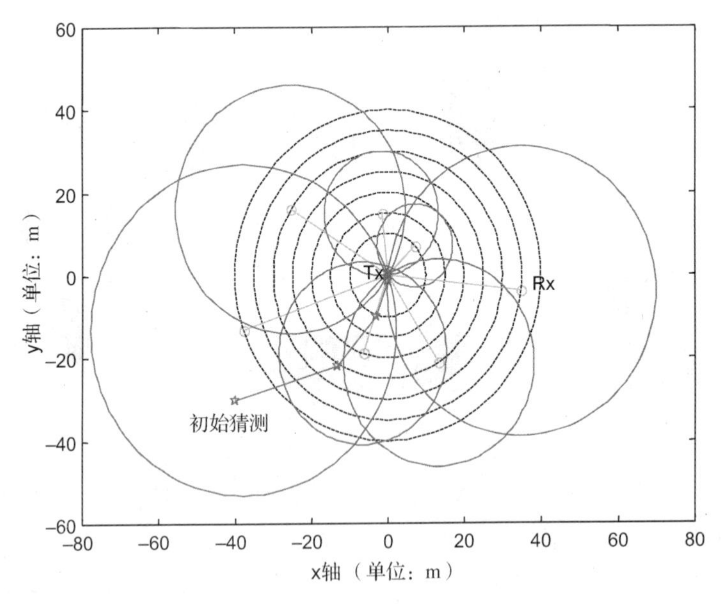

图 14.5 利用 7 个 GBS 测量值，借助递归最小二乘法来判定 MS 位置

接收信号强度：如果已知 MS 的发射功率，由于无线信号的路径损耗取决于距离（见第 2 章)，那么可以根据 GBS 测量的接收信号的强度(RSS)，利用已知的数学模型来估计发

射机和接收机之间的距离。当使用 TOA 方法时，由测量距离可以确定一个以接收机为圆心的圆，同时移动发射机位于圆上。TOA 方法导致自定位系统出现了低复杂度的接收机，但是由于在路径损耗模型上具有广泛的多样性和在阴影衰落效应的模型上具有大的标准差偏差，最终导致该方法非常不可靠。接收机不会区分 LOS 路径和反射路径之间的信号强度[Mey96]。特别是在室内，功率距离因子从 15 ~20 dB 每十倍距离到 70 dB 每十倍距离变化。同时路径损耗模型的参数因子都与特定的位置相关。因此，这种技术不能在要求精度为几米的环境下使用。这种方法的精度可以利用预先测量的以接收机[Fig69]为中心的接收信号强度等高线和在多个基站[Kos00]的多次测量结果来提高。在[Son94]中介绍的模糊逻辑算法就可以显著提高定位精度。

例 14.3　基于 RSS 的商业地理定位系统

由 Sovereign Technology 公司研发的 Paltrack 室内定位系统[Pal13]的基本设备包括标签、天线、小区控制器和管理软件服务器系统，并且采用基于 RS-485 节点平台的网络结构。在服务区域内，已知位置收发器连接成网络，发射标签则附加在设备之上。当处在运动时或在预定的时间间隔内，标签发射机在 418 MHz 频段发送唯一的识别码给收发器网络，收发器通过测量接收信号强度(RSS)以及利用 Sovereign Technology 公司研发的健壮的 RSS 算法来估计标签的位置。主收发控制器从其他收发器处收集测量信息并且将信息转发给基于 PC 的服务系统。Paltrack 的精度是 0.6 ~2.4 m，其核心是基于 RSS 的地理定位算法。

接收信号相位：接收信号相位是另一种地理定位度量指标。在参考接收机帮助下测量载波相位，差分 GPS(DGPS)可以大大提高定位精度，从标准 GPS 的 20 m 精度提高到 1 m 以内[Kap96]。但是相位测量存在的问题是周期属性导致的歧义(周期为 2π)，而标准的伪距测量是无歧义的。因此在 DGPS 中，有歧义的载波相位测量值可以用来微调伪距测量结果。互补型卡尔曼滤波器被用于融合低噪模糊载波相位测量和无歧义的高噪声伪距测量值[Kap96]。室内地理定位系统可以用信号相位方法与 TOA/TDOA 或 RSS 方法结合来微调估计的位置。与 DGPS 不同，在经常能够保持 LOS 信号条件的地方，室内地理环境的多径条件会导致相位测量出现更多的误差。

基于方向的测量技术

如图 14.3(d)所示，如果已知两个固定发射机的位置，接收机就可以通过确定到这两个发射机的角度来计算本身的位置，这就是到达方向或角度技术定位。如果方向测量设备(天线阵的波束宽度)的精确度是 $\pm\theta_s$，接收机处 AOA 测量设备将会以 $2\theta_s$ 的角度扩展将待测位置限制在发射机视距(LOS)信号路径内。如图 14.3(d)所示，两个 AOA 测量设备就能确定发射机的位置。

但是这种技术却存在一个问题，即无线系统的大多数信号的传输角度非常宽。天线在 2G 蜂窝网中要么是全方位发射，要么是大于 120°发射，因此在蜂窝系统的定位标准里没有使用 D/AOA 技术。此外，位置估计的精确度取决于发射机相对于接收机的位置。如果发射机在两个接收机之间的直线上，AOA 测量方法就不能确定发射机的位置，这就导致往往需要两个以上的接收机来提高位置精度。另外，无线信号在传播过程中会遇到反射和衍射，从而使信号的到达角几乎随机。对于主要的物体都在发射机附近并且远离接收机(地理定位基站)的宏蜂窝环境而言，AOA 方法可以提供准确的定位精度。但如果 LOS 信号路径出现堵塞，从而使用反射或散射的信号分量到达角度来估计方向的话，就会导致出现大的位置误差。在室内环境中，周围物体或者墙壁通常都会阻挡 LOS 信号路径，因此 AOA 技术并不适合室内地理定位系统。此外，AOA 技术还要求在接收机处放置昂贵的天线阵来追踪到达信号的方向。尽管 AOA 方法在使用智能天线和窄波束天线的下一代蜂窝系统中是可行的，但它在总体上不适用于廉价的室内应用。

基于签名的技术

由于多径传播，导致 TOA 或 AOA 出现的问题可以通过利用多径传播进行定位来解决。这种想法是在给定环境下的特殊位置有独特的无线电签名或指纹[Kos00]。由于地形和中间障碍的原因，接收信号可以非常独特，与具体位置紧密关联，所以信道的多径结构对每个位置都是独一无二的，并且从该位置发射出同样的 RF 信号都被认为是该位置的指纹或特征。这个性质在专有系统中被用来建立特定服务区域下位置栅格的"签名或指纹数据库"。接收信号在车辆沿栅格移动时被记录下来存入签名数据库。当其他的车辆移动到同样的地方时，它将把收到的信号与数据库中的对应项进行对比，由此来确定它的位置。这种方案对于多径结构已经被探测过的室内应用也同样有用。通过产生特征数据库和相关联位置，就可以估计移动站的位置，只要它能够测量当前位置的无线电签名，并将其与数据库记录加以比对。

例 14.4　基于指纹识别的商业定位系统

一个被称为 U.S. Wireless Corporation(美国无线公司)的公司在加州奥克兰市中心区设计并实施了一个被称为无线电相机的计划。移动站发射 RF 信号，然后信号因为多径效应发生散射。无线电相机测量 RF 信号并且收集所有多径射线，然后使用多径射线产生定位模式签名(Location Pattern Signature)，将定位签名和一个已知数据库进行比较来确定位置。通过对定位模式签名的连续测量可实现追踪。Ekahau 是无线局域网地理定位系统的供应商，它使用 RSS 指纹来估计移动站的位置。

在无线局域网中，来自已知位置的多个不同的 AP 的接收信号强度会被当作位置特征。随着无线局域网被广泛部署，以及能连接无线局域网的移动站具有扫描多个接入点和测量 RSS 的功能，部署不需要额外基础设施或特殊硬件的指纹定位系统有可能实现。典型的例子是：来自 N 个 AP 的 RSS 信号构成了 N 维向量，平均向量为 $\mathbf{R}_{(i)} = [r_{1(i)} r_{2(i)} r_{3(i)} \cdots r_{N(i)}]$，$i = 1,2,3,\cdots,L$，被存入数据库中，典型情况下这些 AP 是在所服务区域里的一个正方形或矩形栅格中。数据库有 N 个条目，每个条目都对应于一个位置的平均 RSS 向量。当一个移动站想确定自身位置时，可以测量一个 RSS 向量样本 $\mathbf{S} = [s_1 s_2 s_3 \cdots s_N]$。$\mathbf{S}$ 和 $\mathbf{R}_{(i)}$ 之间的欧几里得距离由下式确定：

$$D_{(i)} = \|\boldsymbol{S} - \boldsymbol{R}_{(i)}\| = \sum_{n=1}^{N} (s_n - r_{n(i)})^2 \tag{14.2}$$

计算向量样本和数据库条目之间的欧几里得距离(由 $i = 1,2,3,\cdots,L$ 来计算 $D_{(i)}$)。具有最小欧几里得距离的数据库条目对应的位置相关联样本被用来估计移动物体的位置。这个过程如图 14.6 所示，该流程和第 3 章介绍的在信号星座中匹配接收信号一样，最大的区别是该流程中的"噪声"并不一定是高斯分布的(尽管通常假设是高斯噪声)。进一步讲，数据库的条目不一定要构成完整的结构群。匹配数据库条目的更多细节和有关的误差都将在[Kae04; Swa08]中介绍。

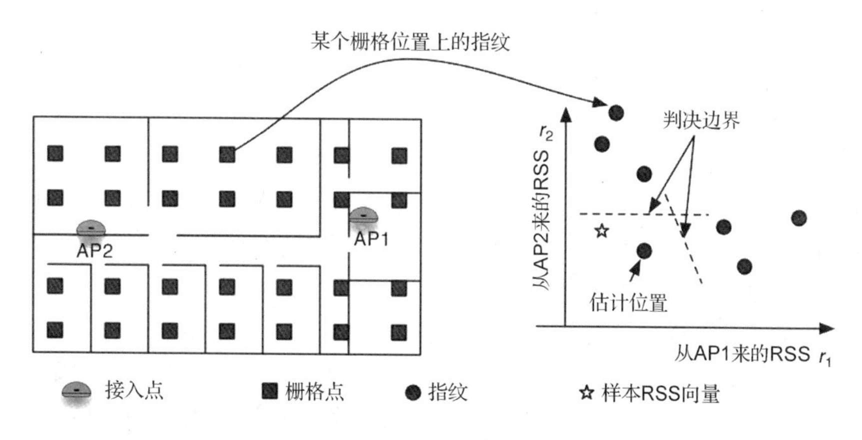

图 14.6　采用 RSS 指纹估计位置的图解

基于签名的定位技术的缺点是它并不是免费的。无线电签名会由于环境的改变随着时间改变，并且数据库的大小必须是适当的，而且不可能捕获所有可能的信号签名。收集 RSS 信号数据来建立指纹数据库非常耗时耗力。最后，在任意时间的某个地点都能同时看到 N 个接入点的可能性并不大，如果接入点较少，那么它仍然可以根据接入点的可见性来辨别位置，但此时的精度会较低。

混合定位方案

近年来，人们开始尝试结合传感方法和技术来提高位置估计的精度。PDA 可以同时使用 WLAN 和蜂窝信号来估计移动站的位置便是一个很好的例子，Skyhook 就是一个使用 WLAN 进行位置估计的著名企业。最近，人们又开始考虑使用蓝牙和 WLAN 来提高在建筑内进行位置估计的精确度。

14.3.3　蜂窝电话系统的定位标准

在本节中，我们将对用于 RF 定位的蜂窝电话标准技术进行介绍，这些标准所采用的技术在之前的章节中已经介绍过。E-911 服务在一开始指明的强制执行选项包括传统的 GPS 定位和以网络为中心的 TDOA 定位。GPS 为 E-911 系统提供足够的精度，特别是在美国政府取消信号“选择性服务”的限制之后。GPS 的一个缺点是根据移动站所能够观测到的卫星群，初次定位的时间会非常长。并且在城市楼宇间使用 GPS 也存在一系列问题。然而，相比于独立的 GPS，网络中心方法能够提供更快的时间完成初次定位，但其缺点是不可靠而且不准确。蜂窝网络标准里的地理定位就是这样由各种各样的方法组成的。

基于接入点邻近度的技术：使用 POA 技术定位移动站所采用的标准被称为小区 ID 技术[Tre04;3GPPa]。在大多数蜂窝标准中，基站为自己本身提供小区广播信息服务，而在 GSM 中则由广播控制信道携带着这一信息。在 IS-95 或 cdma2000 系统中，导频信道和同步信道共同提供基站信息。在 3G UMTS 中，小区 ID 技术可以使用寻呼、位置或路由区更新或者小区更新消息来获得服务基站的信息[3GPPa]。当移动站和基站相关联时，移动站能知道自身位置附近的小区(或小区扇区)。移动站可能会猜测这个基站是离自己最近的一个基站，而这个猜测只有在来自最近小区的广播控制信道或导频信道的接收信号同时也是最强的时候才正确。在大多数情况下，移动站总是和信号最强的基站连接。由于无线电传播效应，一个移动站有时会通过一个距离很远的基站入网。如[Tre04]中所报告的那样，高达 43% 的情况下，移动站都可能将自己与远处的基站关联起来。一个小区的覆盖范围是不规则的，需要提前知道移动站的区域范围。[Tre04]所述的使用小区ID技术的精确度在纽约是800 m，而在意大利则是500 m。小区ID技术的精确度可以通过使用CDMA系统中的往返时间或在TDMA系统帧结构里使用时间前移信息来提高。

基于TOA/TDOA的技术：大多数蜂窝定位标准都使用TOA或TDOA方法来估计移动站的位置，其标准包括增强型观察时间差(E-OTD)、观察到达时间差-下行链路的空闲期(OTDOA-IPDL)、上行链路的到达时间差(UTDOA)、辅助GPS(AGPS)和高级前向链路三边测量(A-FLT)等。我们将在下面对这些标准进行简单的讨论。

E-OTD是移动站最早的定位标准，并且在GSM和EDGE(增强型数据传输)系统里被推荐使用。E-OTD的想法是移动站可以确定多个基站的TDOA，并且使用TDOA技术或改进算法来确定移动站本身的位置。被称为"增强"的原因是它需要额外的"位置测量单元"来计算不同GSM基站的时间差(这些基站之间没有同步)。这种方法由于E-OTD的时钟精度和定时准确性问题使其准确度和精准度一般不会达到FCC的规定。E-OTD的精度根据所覆盖区域是在城市还是乡村，据报道在50～400 m之间，可提供的概率在70%～95%之间变化[Mar02]。而且E-OTD获得估计位置的时间能达到5 s，使用E-OTD方法需要对手机软件进行更改以配合E-OTD方法。

A-FLT标准和E-OTD标准相似，不同的是A-FLT标准在IS-95蜂窝系统中使用导频信号。服务基站和相邻基站的导频信号被用来计算TDOA双曲线。IS-95基站的优点是使用GPS来完成时间同步。IS-95的扩频信号的持续时间为0.813 μs，这使得其精度较高。在A-FLT中，报告精度是1/8码片时间。[Nis00]中的测量报告表明67%的时间精度是48 m，90%的时间精度是130 m。增强型前向链路三边测量(E-FLT)和A-FLT相似，但它使用不同的网络信令协议，并且可以利用位置测量单元附加的信息或无线电签名来提高精度。由于cdma2000和IS-95相似，所以在cdma2000标准里也使用A-FLT和E-FLT。

OTDOA标准也使用TDOA测量方法，但它在UMTS标准里使用。移动站测量多个基站之间的帧时差，它以与E-OTD相似的方式使用位置测量单元来应对基站的异步传输。UMTS使用CDMA作为接入策略，当一个移动站靠近一个基站时，可能会因为该基站的高功率信号从而导致移动站不会收到其他基站发送的信号。为了使移动站能够收到其他基站发送的信号，通过使每个基站在一小段时间里停止传输(称为空闲期)来实现，这个技术也称为OTDOA-IPDL技术。移动站不仅可以计算本身的位置，也可以将测量值报告给一个可以计算移动站位置的独立移动定位中心网络。[Por01]的仿真结果表明，OTDOA方法具有较高的准确度和精准度。在郊区，精确度能在67%的时间内达到17 m，在95%的时间内达到27 m；在城区，精确度根据其周围环境的类型变化而变化，在67%的时间内精度可达到68～86 m，在95%的时间内可达到156～193 m。在UTDOA标准中，不同的位置测量单元可以使用所有接收到的移动站发送的TDOA信号来计算移动站的位置。这种方法不需要移动站做任何事，但是位置测量单元必须按服务提供商的要求来部署。

网络辅助GPS方法可以显著提高蜂窝网络定位的精确度[Dju01]。在每个移动站安装GPS接收机可以使其确定自身的位置。由于很多因素，在移动站单独使用GPS并不可行。接收机冷启动到第一次获得定位信息的时间可能需要好几分钟，移动站需要清晰的视野来观察至少4颗卫星，所以这个方案在城市楼宇之间并不可行；如果一个移动站必须扫描卫星、接收卫星信号和判决自身位置的话，它将严重地消耗移动站的电量。如果是辅助 GPS 的话，移动站将会内置一个局部(或低复杂度)的 GPS 接收机，并且 AGPS 服务器会放置在网络里的恰当位置。通过预测移动站可能发现哪个卫星信号，并把这一信息发送给移动站，网络实体会将第一次卫星准确定位的时间由几分钟缩短至几秒钟甚至更少[Dju01]。无线网络发送参考时间、可见的卫星列表、卫星信号扩频码相位和到移动站的恰当搜索窗口等相关信息，来减少移动站的任务量。这种方法不仅可以减少初次定位的时间，也可以提高位置估计的精度。辅助 GPS 可以使网络实体发现信号较弱的信号，并且发送一个“灵敏度协助信息”给移动站。AGPS 可以在 GSM、IS-95、cdma2000 和 UMTS 系统中使用，并且当 GPS 信号不可用时，可以和 Cell-ID、E-OTD、A-FLT 或 OTDOA 等技术相互配合使用。AGPS 的精度在 5 ~ 30 m 之间。

基于位置签名的技术：尽管没有标准指明要采用 RF 位置签名来估计移动站的位置，但仍有一些公司和研究工作尝试证明该方法的可行性[Pol13]。在[Aho03]中，已知位置的多径密度剖面被用作 RF 签名。一个数据库关联机制被用于将测量的多径剖面和数据库存储的剖面数据相关联。数据库里具有最高相关性的剖面被用来作为移动站的估计位置。在[Aho03]里的仿真结果表明 67% 的估计位置精度在 25 m 内，而 95% 的位置精度在 140 m 内。

表 14.2 提供了不同定位方法的总结比较，这些方法都基于前面讨论的一些性能测量参数。该表不言自明。

表 14.2 蜂窝系统里的地理定位技术比较

地理定位技术	覆盖范围	精确度	延迟	复杂度/成本/其他
小区 ID	全部	低—最高 800 m	低；消息包含在发射信号中	低
E-OTD	70% ~95% 取决于区域类型	中等—由于时钟精度(50 ~400 m)	最高达到 5 s	需要额外的测量单元来应对不同步
A-FLT 或 E-FLT	好	正常的 (48 ~130 m)	中等	利用 CDMA 系统的小码片 手机不需要改动私密性是网络控制的
OTDOA	好	高；取决于区域类型	中等	需要基站来定期中断发送，以避免远近效应
辅助 GPS	好；室内覆盖不行	很高	短时间完成首次定位，但需要在网络和移动站之间有大量的信令	由网络完成计算，所以对手机电池寿命影响最小
无线电指纹	好	高	匹配指纹对应的计算量	建立指纹库工作量大

14.4 蜂窝系统的定位服务架构

本节主要介绍用于蜂窝无线系统里定位服务网络架构和协议。蜂窝系统定位服务主要是在完成位置感知后，为用户提供基于位置的服务。此类协议数量众多，实现复杂，蜂窝网络的类型多样和在很多不同情况下应用的各种标准使得要在很短的章节里难以完整介绍所有内容。因此，我们接下来将分类介绍在户外人们如何接收网络以及享受网络提供的服务。读者可以参考如[3GPPa]的第三代合作项目和对应的美国标准来完整理解这一主题。我们也将指出本节所考虑的消息主要指的是控制消息(即用以确保实际通信或信息交互的信令消息)。

正如 14.3 节所介绍的，很多像小区 ID、观测的到达时间差、高级前向三边链路测量等这样的技术在蜂窝网络中都被用来确定移动站的位置。在蜂窝无线系统中，具有传递声音和数据通信功能的常规设备在定位服务(LCS)架构中传递位置感应信息和查询管理定位服务。为简单起见，我们将位置信息的信令和通信分为以下三部分：

1. 空中传输(或接入网络通信)，负责实现移动站和其余网络之间的通信。例如，IS-801 标准可以完成 IS-95 或 cdma2000 这种基于蜂窝系统的 CDMA 通信。
2. 蜂窝系统固定网部分的信令(核心网络通信)，它对于定位和解决移动性问题至关重要。例如，EIA/TIA 的 JSTD-036 标准指定了无线应急服务和定位服务，扩展了信令网络的能力，将位置和应急相关信息以标准的格式在信令网里传输。
3. 使用定位服务架构的应用协议。我们将介绍开放移动联盟(OMA)制定的移动定位协议，同时开放移动联盟还定义了一套为应用程序提供定位服务的构件和服务。

本节总结了 3 种在蜂窝网络下定位服务的通信类型，其目标不是覆盖所有的标准和体系结构，而是对蜂窝网络里用于定位服务的标准和消息格式进行概述和总结。

14.4.1 蜂窝网络架构

图 14.7 是一个蜂窝系统的体系结构示意图，它并不专指一个特定的标准，而是使读者能够了解蜂窝网络里的不同组件。读者也可以参考第 6 章和第 11 章了解更多蜂窝系统架构的细节。在无线电接入子系统中，移动站有时也被称为用户设备，需要对它进行定位。基站是指位于网络各接入点上的固定发射机。移动站和基站可以在空闲时间(信令)、通话过程中(话音)或其他数据传输过程中进行通信。基站由无线网络控制器(RNC)控制，并且无线电网络控制器管理每个基站和移动站的无线电资源(频率信道、时间空挡、扩频码、传输功率等)。

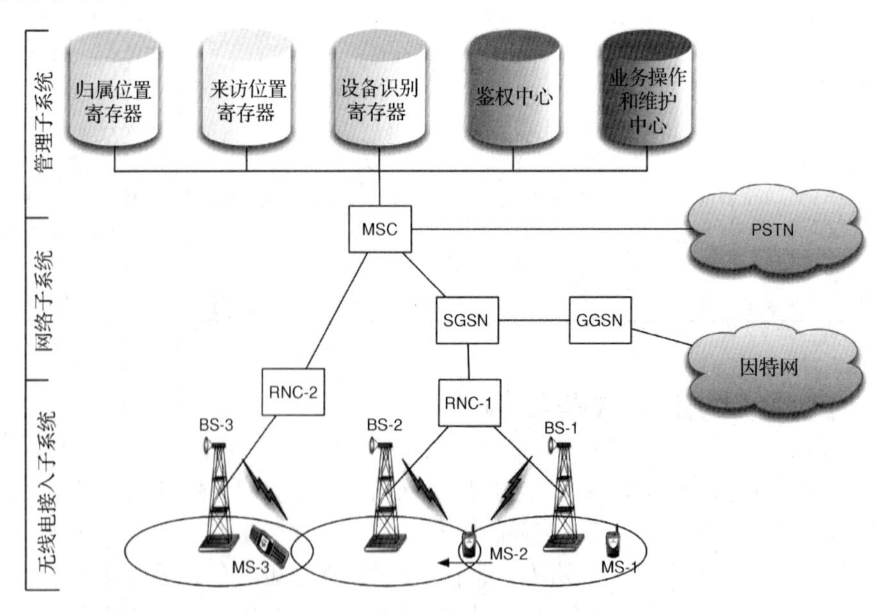

图 14.7 通用蜂窝网络体系结构

网络子系统承载语音和数据通信量，并且处理话音和数据分组的选路。移动交换中心

(MSC)和 GPRS① 服务支持节点(SGSN)以及 GPRS 网关支持节点(GGSN)分别负责处理语音和数据。网络实体执行移动性管理任务，记录移动站所处的一个小区或一组小区，并且当移动站切换时，处理呼叫和分组的选路问题，此时，移动站从一个小区切换到另一个小区(例如图 14.7 中的 MS-2)。这些网络实体和公共交换电话网(PSTN)或因特网相连。如图 14.7 所示，管理子系统的几个数据库主要用于当前服务移动站的网络实体、安全问题、审计以及其他一些操作。

蜂窝网络架构专门用来处理语音和数据通信，要支持定位服务需要一些增强型措施。特别地，需要新的实体来确定定位信息，并且将该信息适当地传递给有关部门(公共安全应答点——紧急服务和定位业务客户等)，这些改变将在稍后描述。这就像在 7.7.1 节中蜂窝系统里支持数据业务时的改变一样，将会引入新的实体(主要是支持节点)与蜂窝系统接口，并与因特网连接。在定位服务体系结构中，我们将介绍支持定位估计的新实体。

14.4.2 定位服务体系结构

如图 14.8 所示，附加的网络实体都必须支持定位服务，图 14.8 所示的体系结构并不符合任何特定的标准，但是介绍了一些如 J-STD-036 和 3GPP TS 25.305 这些不同标准里的一些重要网络实体。本节的目标主要是对这些实体进行一般性的讨论，而并不会单独地介绍每个标准。尽管图 14.8 所示的部分实体是分开的，但它们也有可能是一体化的。

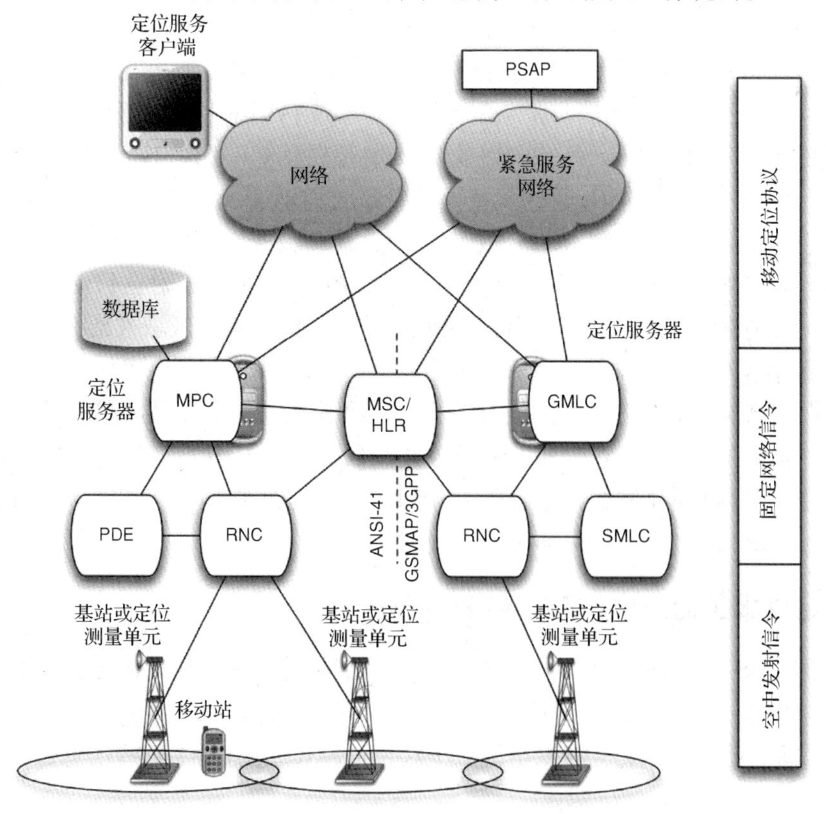

图 14.8　蜂窝网定位服务体系结构

① GPRS 是通用分组无线电服务(General Packet Radio Service)的缩写。

定位测量单元(LMU)是一个辅助移动站判定其位置的设备，它使用来自移动站的信号来判定移动站的位置。它通常和辅助 GPS 系统一起使用，协助移动站确定自身位置。上行链路到达时间差这样的定位技术可以测量无线电信号并且交给如 RNC 这样的网络实体。当定位测量单元通过有线连接和 RNC 通信时，它会主动与基站相关联。当使用空中接口和 RNC 通信时，则会变成一个独立的定位测量单元。

移动定位中心(MPC)是使用 ANSI-41 信令来处理蜂窝网络的定位信息的实体，比较有代表性的是北美蜂窝系统[TR-45-02]。它采用定位判定实体(PDE)，利用辅助 GPS 技术或观察时间差技术来确定移动站的位置。当移动站在呼叫或开始呼叫时，定位判定实体可以利用移动站信息或定位测量单元来确定移动站的位置。一个移动定位中心可能会使用多个定位实体。移动交换中心和移动定位中心相关联，同样的移动定位中心也可以和多个移动交换中心相关联。移动定位中心和移动交换中心之间通过紧急服务网络通信，稍后将介绍。移动定位中心也可以处理位置信息的访问限制。

在像通用移动通信系统(UMTS)或全球移动通信(GSM)这样基于 3GPP 的网络[3GPPa]中，网关移动定位中心(GMLC)和服务移动定位中心(SMLC)在定位方面所起到的作用与移动定位中心和位置判定实体一样。当移动站请求确定其位置时，网关移动中心是第一个连接点。服务移动定位中心协调必要的资源来确定移动站的位置，有时也会利用移动站的信息或位置测量单元来计算位置和自身的精确度(采用移动站或定位测量单元的信息)。

紧急呼叫往往都是由公共安全应答点(PSAP)来应答的，而公共安全应答点则通过紧急服务网络(ESN)与蜂窝系统中的固定设备相连，紧急服务网络一般也与移动定位中心或网关移动中心和移动交换中心相连接。紧急服务网络考虑支持两种类型的呼叫：①位置信息通过信令的方式随紧急呼叫到达 ESN；②ESN 必须提取位置信息。第一种情况下(称为随路信令或 CAS)，紧急服务实体(ESNE)通过紧急呼叫服务与移动交换中心通信并且获得位置信息；第二种情况下(被称为非呼叫相关信令或 NCAS)，紧急服务消息实体(ESME)和移动定位中心或网关移动定位中心相连接以获取位置信息。如图 14.8 所示，附在移动定位中心的数据库将移动站的位置变为其所在的应急服务区域的号码。应急服务区域被指派给公共安全应答点以及形如警察、火警或救护车等的紧急服务。

最后，在更高层，我们将讨论定位服务客户端和定位服务器(通常和网关移动定位中心或移动定位中心共同工作)。它们通常采用独立的底层网络技术。定位服务客户端无论是用于紧急服务还是其他目的(例如，礼宾服务)请求位置信息，它都必须和定位服务器通过网络沟通(通常使用 IP 协议)来获得移动站的位置。

14.4.3 定位服务的空中(接入网络)通信

根据不同于 IS-95/cdma2000 和 3GPP 系统的标准规定，在移动站的定位过程中，一些通信必须通过空中接口实现。尽管这些信令在空中产生，但是从功能视角看，这些信令也非常重要，它将查询移动站的信号强度、定时、往返时间、GPS 信息等，这些信息都将被用来测距以实现定位。

IS-801 标准规定了在 IS-95 或 cdma2000 网络中，移动站和基站之间支持定位的信令消息。这项标准规定了移动站和基站都要采纳的格式、消息和程序，当收到消息后就要进行相应的处理。大多数消息都以请求和响应的形式存在，移动站发送的请求消息包括请求基站功能、GPS 辅助、GPS 年历和 GPS 日历；移动站发送的响应消息包括移动站信息、导频相位、时间偏移值和伪距测量值。基站请求移动站的响应消息并且应答移动站的请求。

在 3GPP 网络中，支持定位的信令消息由无线电资源控制（RCC）消息携带[3GPPb]，消息格式和 IS-801 的请求-应答方案一致。无线电网络服务控制器产生基站发往移动站的无线资源控制测量消息，其中包括：提供服务的移动定位中心数据、GPS 辅助数据或执行测量的移动站指令。移动站以无线电资源控制测量值作为应答，其中包括移动站的位置或其他能够帮助服务移动定位中心确定位置的测量值。一些控制和报告信息对于定位的成功至关重要。

14.4.4　在固定基础设备（核心网络）提供定位服务的信令

当一个移动站位置请求消息到达时，图 14.8 中固定设备实体必须相互之间交流信息来进行定位，并且发送信息给相应的目的地。对应的信令在 JSTD-036 和 3GPP TS 25.305 V.7.2.0标准中有详细的说明。这些标准考虑到各种各样的情景——如 CAS 和 NCAS 呼叫、紧急呼叫自动检测、处理位置判定以及在呼叫正在切换时提供定位等。我们简单总结了固定基础设施里的信令。

当一个移动站发起一个紧急服务呼叫时，向公开安全应答点发送位置信息被称为“紧急定位信息交付”或 ELID。服务于移动站的移动交换中心发起应急呼叫，为获得定位信息去连接移动定位中心或网关移动定位中心。一个定位实体或移动定位服务中心可能会自动检测紧急呼叫的调用，并发起计算移动站位置的程序。也可能由移动定位中心或网关移动定位中心来联系定位实体或提供服务的移动定位中心，从而启动相关过程并获得定位信息。一旦移动定位中心或网关移动定位中心得到位置信息，它将发送这些信息给移动交换中心。在 CAS 呼叫情况下，移动交换中心发送这些位置信息给 ESNE，发送的信息包括会话用户号和移动站的位置。在 NCAS 会话情况下，发起应急呼叫且为移动站提供服务的移动交换中心，将会发送“紧急服务路由字”（本质上是为移动站提供服务的基站或小区扇区信息）给 ESNE。然后，与 ESNE 关联的 ESME 会自动向相应移动定位中心或网关移动定位中心请求定位信息。如果会话过程中移动站发生切换，两个或更多移动交换中心可能会被包含在交付位置信息的过程中。

在 ELID 的不同网络实体中，协议采用了多种标准格式。在基于 ANSI-41 的系统中（如 cdma2000 和 IS-95），ANSI-41 被用于移动交换中心间的通信，同时在移动交换中心之间和其他实体之间也都有所应用。这些系统中有两种特殊协议被采用。“定位服务协议”（LSP）用于 PDE 和移动定位中心间，或者用于选路数据库和移动定位中心间。“紧急服务协议”（ESP）用于移动交换中心和 ESME 之间。综合业务数字网络（ISDN）开发的协议在移动交换中心和 ESNE 之间采用。为了达到类似的通信效果，GSM 移动应用部分（GSMAP）在 3GPP 系统中使用。

14.4.5　移动定位协议（MLP）

移动定位协议是应用层机制的一个范例，它由定位服务客户端使用，从定位服务器（如移动定位中心或网关移动位置中心）中获取移动站的定位信息。此协议也能用于紧急服务。MLP 最初是由定位互操作论坛（LIF）[LIF02]开发的。MLP 规范的目标是开发网络应用的标准方法（用 XML），并将其用于获取来自蜂窝网络实体的位置信息。LIF 的工作后来转向开放移动联盟（OMA）[Bre05]，OMA 是一个由数百个电信企业和开发移动服务市场的相关企业组成的行业，用以确保这些服务之间的互操作性。

图 14.9 所示是一些与 MLP 相关的协议/服务层。最高层定义了 3 种类型的 MLP 服务。正如 3GPP 定义的一样，基本 MLP 对应于紧急服务和 ELID。先进的或其他服务能够遵循 MLP 规定进行开发。一些已经定义的服务包括标准和紧急定位服务(进一步分类对延迟敏感的单个定位的立即响应和 LCS 客户请求定位信息的报告响应)。一个触发的定位报告服务内容为：当一个事件发生时或经过一段特定时间后移动站需要报告其位置信息。核心的定位元素采用文本类型定义(DTD)，它形成了可扩展标记语言(XML)的构件。XML 消息的传播在最底层中描述。映射到如 HTTP 和简单对象访问协议(SOAP)这样的标准 Web 服务协议在这里描述，同时也包括映射到无线会话协议的内容，而无线会话协议是 OMA 开发的无线应用协议的一部分。

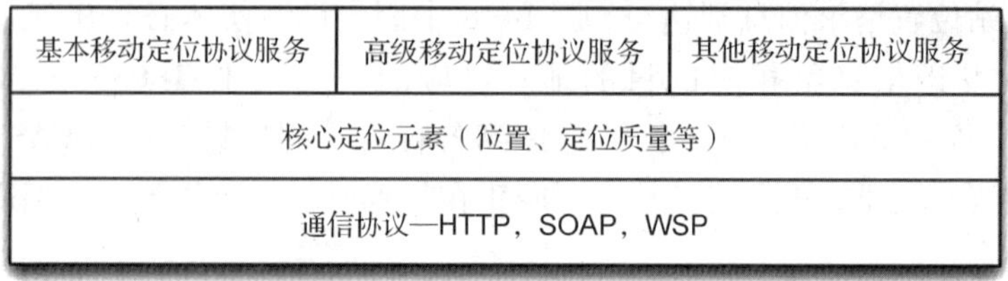

SOAP是指简单对象访问协议
WSP是指无线会话协议

图 14.9 部分移动定位协议栈

MLP 工作方式是相当简单的。一个定位服务客户端从使用 MLP 请求的定位服务处请求定位信息，它可以运用 HTTP 和 SSL(见第 11 章中对 SSL 的简单讨论)中的 XML 语言传输。位置请求是一个 XML 文档，它可以包含移动站的识别码，其格式可以是北美移动识别号码格式或者是 GSM 移动用户识别码格式，还可以包含定位信息的有效期、应答时间和精确度。来自定位客户端的应答也被发给使用 MLP 的 LCS 客户端。这个位置应答同样是一个 XML 文档，它提供了如精确度、应答时间等信息。

14.5 ad hoc 和传感网络定位

在无基础设施的 ad hoc 网络或传感网络中，地理定位被称为“位置判定”(localization)，每个网络中的节点(移动设备或基站)都需要判定自身位置。在传感网络中，因为物理测量值(如反应器温度)常常和位置(如在反应器所处位置的温度是否过高)相关，所以传感器位置很重要。节点的资源限制使得在其中嵌入 GPS 芯片不可行。在许多情况下，固定基础设备的缺失使得定位成为一个挑战性难题。

图 14.10 介绍了 ad hoc 和传感网络中的问题。网络中节点的连通通过虚线标注(只有两个节点间有线连接才可以连通；为了到达其他节点，必须通过多跳通信)。假设这些网络中的部分节点是可以位置感知的(因为有 GPS 芯片嵌入或者网络管理员已经手动设置了位置信息)。ad hoc 网络中的定位问题后来变成确定网络中剩余节点位置的问题。如图 14.10 所示，节点 B 可以直接观测到 3 个位置已知节点。通过测量到这 3 个节点的距离(运用信号强度或 TOA)，节点 B 能预测自身的位置。一旦节点 B 知道它自己的位置，它就能帮助节点 F 确定它的位置，因为节点 F 能观测到节点 B 和两个位置已知节点。然而，若节点 B 估计它自己位置时出现错误，这些错误将携带到节点 F 的位置估计中。通过这种方式，大部分节点能预测

自己的位置。一些节点可能永远也不能够观测到 3 个可以感知自己位置的节点(即使那些能通过迭代得知自己位置的节点，如节点 F)。然而，它们通过协作能够计算出自己的位置，如节点 C 和节点 G，这些节点和不同的位置已知节点连通。在极端情况中，如节点 A，它不能和一个位置已知节点直接连通，并且相邻节点很少，此时的定位差错可能比较显著。

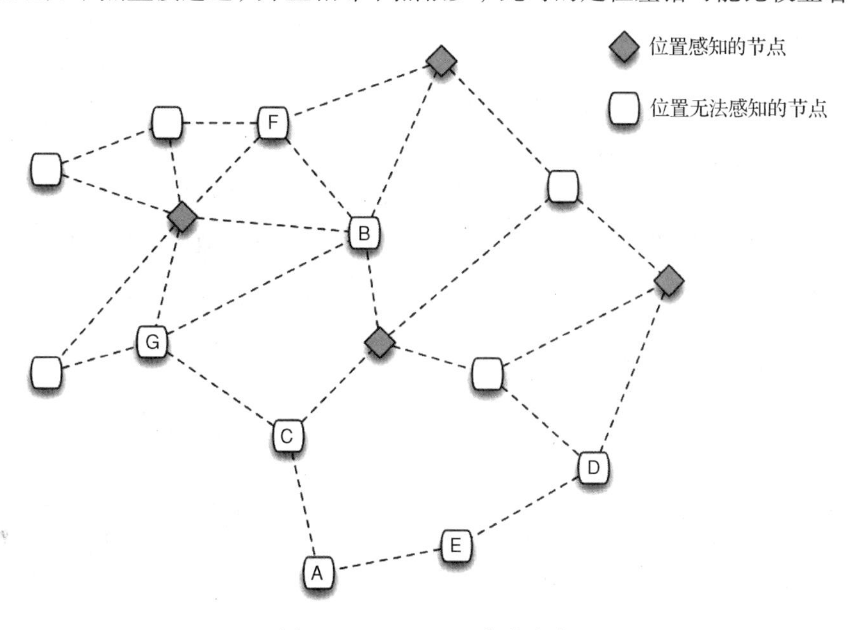

图 14.10　ad hoc 网络的定位

这里(如[Sav01a, b])的大部分工作需要利用信号强度或到达时间测量值来确定距离。连通性也可以作为估计一些位置已知节点(如[Bul00])的距离的度量。在[Nic03]中提出了运用多个超声设备来估计信号的到达方向，它同时也运用测距来估计无基础设施网络中的节点位置。

思考题

1. 为什么蜂窝服务供应商对基于定位的服务感兴趣？给出基于定位的服务示例。
2. 解释 GPS、无线蜂窝辅助 GPS 和室内定位系统的不同。
3. 什么是 E-911 服务？谁制定这些服务？
4. 解释通信和定位服务之间性能指标的 3 种不同。
5. 比较移动中心和网络中心定位技术在复杂度和准确度方面的不同。
6. 什么是无线定位系统的基本要素？
7. 远端和自定位系统之间的不同是什么？
8. 用关联点的邻近度作为移动站位置估计的优缺点是什么？
9. 说出 3 种用于定位发现的主要技术，并且解释它们在系统中是如何实现的。
10. 在地理定位方面，TOA 和 TDOA 如何不同？
11. 为什么 RSS 不是测量发射机和接收机之间距离的好措施？RSS 距离估计如何改进？
12. 为什么 AOA 技术不能在室内定位领域广泛应用？

13. 在室内区域中，基于 RSS 指纹的定位技术的优缺点是什么？

14. 为什么不能肯定移动站会和距离最近的基站或接入点连接？

15. 在使用 TOA/TDOA 的蜂窝系统中，说出使得 CDMA 系统比 GSM 系统精确度更高的两个理由。

16. OTDOA 方法和 UTDOA 方法有什么不同？

17. 为什么蜂窝网络采用辅助 GPS 而不是在每个移动站里嵌入一个完整的 GPS 接收机？

18. 比较蜂窝系统下，不同 TOA/TDOA 定位方法的精度性能。

19. 描述蜂窝系统中移动定位中心的功能。

20. 为了支持定位服务，移动网络架构中需要什么样的新型实体？

21. 在 ad hoc 或传感网络中，节点不能直接和位置已知节点连通，那么它们是怎么确定它们的位置的？

习题

习题 14.1

两个坐标为(500,150)和(200, 200)的基站测量移动终端的信号与 x 轴之间的到达角度。第一个基站测量角度为 45°，第二个为 75°。移动终端的坐标是什么？

习题 14.2

在习题 14.1 中，如果第一个基站没有正确测量来自移动终端的 AOA，而是测为 50°或测为 30°会发生什么？

习题 14.3

位于(50,50)、(300,0)和(0,134)的基站 A、B、C 发现距离移动终端的距离分别为 90 m、200 m 和 100 m。根据这些值画出圆，并确定移动终端的位置。

习题 14.4

在习题 14.3 中，如果移动设备没有正确测量出距离基站 B 的距离，而是测为 100 m，则会发生什么？测为 300 m 呢？

习题 14.5

考虑有 5 个给定指纹[-40 -65 -70]、[-73 -33 -57]、[-67 -55 -71]、[-38 -59 -59]和[-55 -55 -55](所有值单位为 dBm)的指纹数据库分别与 5 个标记为 A、B、C、D 和 E 的房间关联。指纹变量是从 3 个点测量的各种位置的平均 RSS 值。一个移动基站从这片区域的 3 个相同接入点中取样。样本 RSS 矢量为[-41 -60 -66]dBm。计算样本 RSS 矢量和 5 个指纹间的 RSS 矢量。根据欧几里得距离按递增规则排序。移动站最可能被定位在哪一个房间？这个估计有没有可能是错误的？为什么？

课题

1. 在这个课题中，可以使用观测到的 WLAN SSID 来开发一个原始定位系统。用任何在第 9 章项目部分提到的工具，如 Netstumbler、iStumbler 或 Inssider 来发现沿你所在街道不同位置上可见的网络 SSID。创建一个表格将特定位置与一系列可见 SSID 关联起来。这一系列可见的 SSID 必须不同，这样你可以用以识别不同的位置。然后在街道边上的随意位置，通过查看一列可见 SSID 来尝试预测你在哪里。通过你的实验，描述这个方法的准确度。提出方法来改进精确度。
2. 假设有 N 个距移动基站距离为 d_i 的点，并且都来自 N 个已知位置坐标点，(x_i, y_i)，$i = 1,2,3,\cdots,N$。得到 N 个等式：

$$f_i(x, y) = (x_i - x)^2 + (y_i - y)^2 - d_i^2 = 0$$

(x, y) 是未知的移动站坐标。当 d_i 的估计存在误差时，最小二乘法提供了一个估计 x 和 y 的方法。此方法原理如下。设 $\mathbf{F} = [f_1(x,y) f_2(x,y) \cdots f_N(x,y)]^{\mathrm{T}}$ 构造雅克比矩阵如下：

$$\boldsymbol{J} = \begin{bmatrix} \dfrac{\partial f_1(x, y)}{\partial x} & \dfrac{\partial f_1(x, y)}{\partial y} \\ \cdots & \cdots \\ \dfrac{\partial f_N(x, y)}{\partial x} & \dfrac{\partial f_N(x, y)}{\partial y} \end{bmatrix}$$

选择一个估计答案为 $\mathbf{U} = [x^* \quad y^*]$。在 $\mathbf{U}$ 情况下确定答案误差为 $\mathbf{E} = -(\mathbf{J}^{\mathrm{T}}\mathbf{J})^{-1}\mathbf{J}^{\mathrm{T}}\mathbf{F}$。新答案是 $\mathbf{U} + \mathbf{E}$。依次迭代，通过计算叠加在前一答案上的新误差逐步减小答案中的误差，直到答案不再改变为止。编写一个 MATLAB 程序，输入为 N 个已知位置，N 个距离估计，一个答案的预测，并且提供移动基站最终位置作为输出。而且，添加另外的代码画出从初始预测开始到中间各次答案的轨迹。

第 15 章　射频定位基础

15.1　介绍

在第 14 章，我们提供了无线定位的概述以及蜂窝无线网中系统级的架构和协议描述。如前所述，用手机实现定位的驱动源头是 E-911 服务①。1996 年，联邦通信委员会提出规定，要求无线服务商能够在紧急情况下以规定的精度定位手机(67% 的时间里误差不超过 100 m)。在 20 世纪 90 年代后期，室内定位的军事和商业应用的需求被明确提出，这导致一系列的研究活动持续了 10 年之久，而这些研究活动主要目的是理解和量化定位系统的性能。本章将描述各种用于定位的传感器的性能建模和分析方法。我们重点讨论用于定位测距的性能界限。

图 15.1 所示为无线定位系统的功能框图，即放大了图 14.1 所示大系统的定位功能部分。

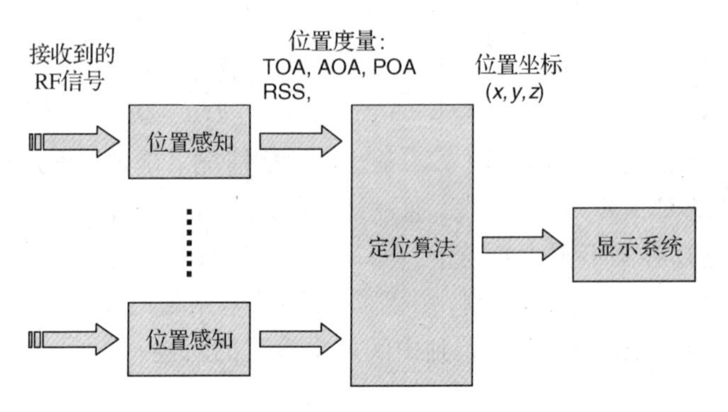

图 15.1　无线定位系统的功能框图

系统主要要素如下：(i)一些位置感知设备提供移动站(MS)相对于显著标志物(RP，参考点)的位置的相关指标；(ii)一个处理各位置感知要素上报的指标，以估计 MS 位置坐标的定位算法；(iii)在地图上标识移动站位置的显示系统。这些位置指标可以近似表明信号接收强度(RSS)、信号到达方位(DOA)和到达时间(TOA)。此定位算法处理接收到的指标值来确定移动站坐标。随着指标测量变得越来越不可信或不准确，定位算法的复杂度也随之增加。显示系统将预测位置坐标标记到区域地图上。此显示系统可以是一个服务器或移动定位单元上的服务或应用程序，也可以是一个只限本地访问的局域网软件，还可以是如谷歌地图那样的全球可访问的 Web 服务。显然，随着信息获取范围的增加，显示系统的设计将变得愈加复杂。在导航应用中，当拥有移动站的某些运动信息时，我们将把射频定位与运动模型信息相结合来进一步提高定位估计精度。

设计射频定位系统有两种基本方式。第一种方式是开发信令系统和主要用于定位应用程

① 美国的紧急救援服务。——译者注

序的位置传感器网络基础设施。第二种方式是使用现有的无线网基础设施来定位移动站。第一种方式的优点是物理层规范和相应的定位感知结果的质量可由系统设计者控制。移动站可以设计成一个非常小的可穿戴式标签或贴纸，基础设施里的传感器密度可根据需要调整，以满足定位发现应用要求的精度。第二种方式的优点是避免了昂贵且耗时巨大的设计和开设特定基础设施的过程。然而，它需要更智能的算法来弥补测量指标的粒度缺失。

当我们将一个定位应用从一个环境搬到另外一个环境时，度量指标的行为就会改变，所以我们需要研究这个区域的射频传播过程来明白这一行为。因此，在评估不同定位方式的相对表现时，射频传播分析尤为重要。

原则上，对于理解基于射频定位的技术，研究 RSS 和 TOA 的行为就足够了，即便我们使用的是 DOA 技术也是如此。这两种方式都尝试估计未知位置的移动设备和已知位置的多个参考点间的距离。RSS 用于通信和定位是一样的，因此为 RSS 开发的模型同样适用于基于 RSS 的定位。然而，为通信链路多径特征分析而设计的宽频带模型可能不再适用于基于 TOA 的定位系统分析，因为这些模型设计用于描述多径信道时延扩散，以分析接收信号的码间串扰，而在基于 TOA 的定位技术中，我们关心的则是沿第一条路径到达信号的强度和到达时间，以及其他可识别多径分量的强度和到达时间。

15.2　射频传感器表征模型

随着射频定位感知应用数量的增长，为应对不断开发出的大量不同的定位技术情况，我们需要一个评估这些技术效果的框架。大部分性能评估技术需要用到传感器行为的统计模型，这些模型可以描述测量指标和预期数据(传感器工作在理想条件下得到的数据)的偏差。这些模型需要将系统表现和传感器密度及部署计划联系起来。使用 TOA、RSS、DOA 或者时延功率映射图位置标记的传感器其行为各异，因此需要为不同度量分别开发模型。

15.2.1　RSS 传感器表征模型

在发送机和接收机之间给定位置，用来表征富含多径的室内和城区环境的整体信道冲激响应模型如下：

$$h(\theta, \tau, t, d) = \sum_{i=1}^{L} \beta_i^d(t) \mathrm{e}^{\mathrm{j}\varphi_i^d(t)} \delta[t - \tau_i^d(t), \theta - \theta_i(t)] \tag{15.1}$$

式中，β、φ、θ 和 τ 分别代表振幅、相位、角度和每个路径的到达延迟，d 是发送者和接收者之间的距离。基于接收信号长度的射频探测器处理接收信号来确定平均接收信号强度，并用它来预测 $\hat{d}$，即目标对象和定位传感器之间的距离。平均 RSS，P_d，单位为 dB，在给定距离下的数值为：

$$P_d = 10\ \log[RSS_d] = 10 \log\left[\sum_{i=1}^{L} \overline{|\beta_i^d(t)|^2}\right] \tag{15.2}$$

式中，β_i 为式(15.1)中定义的到达路径的振幅。平均 RSS 的测量值独立于测量设备带宽，因此运用 RSS 得到的测量距离与带宽无关。在宽频带测量情况下，多径衰落的影响平均分布在信号频谱上，这个平均分布由测量每个到达路径强度并在式(15.2)中运用来计算。对于窄带系统，我们只会收到一个由多径衰落特征导致幅度振荡的到达脉冲，我们需要在更大的时间范围内平均这个信号来确信多径衰落效应被消掉。

为了计算发送者和接受者之间的距离，我们运用测量到的平均 RSS 和一个距离-强度关系来确定 $\hat{d}$，即目标对象和定位传感器之间的距离。如果将测量误差定义为测量和实际值之间的不同，如 $\varepsilon_d = \hat{d} - d$，这个 RSS 系统误差同样与系统带宽无关。RSS 的测量相对来说比较简单和精确，但测量 RSS 和距离之间的关系既复杂又多样化。因此，基于 RSS 技术的精确度依赖于采用 RSS 的距离预测模型的精确度。

许多在室内区域将 RSS 强度和到发送者、接收者的距离关联起来的统计模型都在第 2 章讨论过，这些模型都是为无线通信应用而开发的。就像我们在第 2 章讨论的，射线追踪算法提供了一个接受强度更可靠的预测，它是通过运用建筑布局实现的。因此，这些算法可以用来改善运用 RSS 的传感器表现性能。然而射线追踪算法计算强度大，另一种可选方式是运用几何统计模型。几何统计模型的优点、它为特定场所建模的能力且同时消除射频追踪算法复杂度等内容在[Has2]中描述。用于室内定位的射频追踪算法的早期应用之一和入侵检测在[Has04]中说明。

15.2.2 到达时间传感器表征模型

在 TOA 系统中，TOA 的测量需要更加复杂的接收器，测量的准确性依赖于系统的带宽和多径条件。TOA 传感器通过公式 $\hat{d}_w = c\hat{\tau}_{1,w}$ 来估算信号发送方和接收方的距离，其中 c 代表光速，$\hat{\tau}_{1,w}$ 的概念与在式(15.1)中一致，表示信号发送方到接收方的直线路径估算距离。估算的 TOA 来自于对接收器接收的信号的第一个高峰的测量，这个值是信号带宽和环境的多径条件的函数。例如，在可以用 GPS 应用的自由空间信道中，接收器在开放空间中，多径对其影响是极小的。因此，我们可以利用 1 MHz 的信号带宽从数万公里之外的卫星测量距离，并且实现几米甚至更小的误差。然而，在多径丰富的环境中，如室内，即使利用根据周围系列建筑参考点的 TOA 系统和几个吉赫兹的高频带宽设备，要实现类似的精确度依然存在很大挑战。

图 15.2［Ala06a］说明了多径对于到达时间的估计的影响。式(15.1)中描述的模型中的多径部分用脉冲表示。图 15.2 中较低的部分显示的是从典型的室内环境中通过射线追踪获得的脉冲数据。在实际的定位系统中存在有限的带宽，而且每一脉冲都由一个波形表示。为了测量到达时间，我们需要找到第一个到达路径下的峰值，并将此作为信号发送方到接收方的直接路径距离。在可视路径下，图中的第一条路径是最强路径，代表了发送器和接收器之间的直达路径，通过测量该路径的峰值时间来确定到达时间。正如图 15.2(a)所示，在多径条件下，受其他接近第一路径的路径影响，脉冲的峰值可能偏离期望值。这种偏离对 TOA 的估计造成影响，由此导致发射者和接收者之间距离的错误估计。这种误差是脉冲宽度，也就是系统带宽的函数，系统带宽与脉冲宽度成反比。

在视线受阻的条件下，直达路径可能被某些事物阻挡(如金属电梯)，而且如果信号强度低于接收器的侦测下限(如图 15.2(b)所示)，我们将得到无法侦测的直达路径(UDP)条件，这样将使到达时间的测量产生巨大误差［Pah98］。理论上，无论系统带宽多大，都无法避免这种误差。为了更好地了解在富含多径环境下 TOA 系统的特征，我们需要得到在某环境中到达时间估计误差和多径条件的关系。由于这一关系非常复杂，习惯上与其他 RF 传播统计模型相似，我们需要借鉴统计和经验模型。我们从［Ala06a］中描述的关于距离测量误差和信号带宽及距离的关系模型开始讨论。

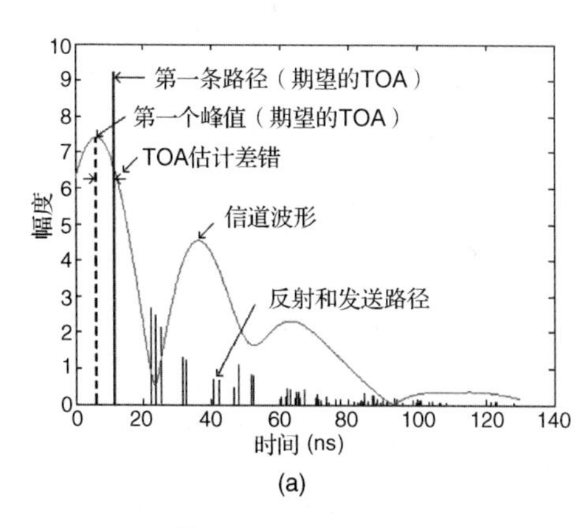

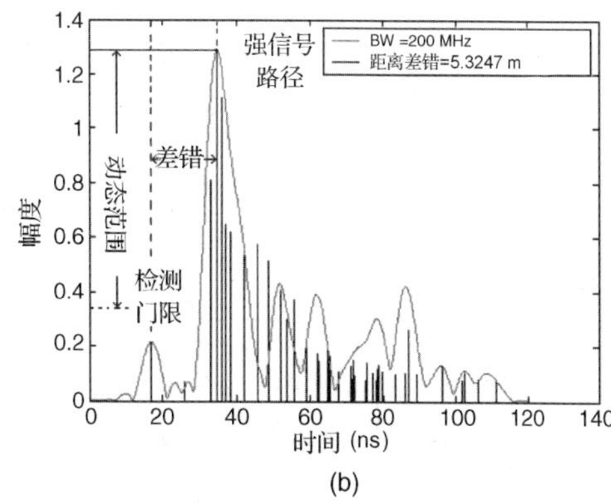

图 15.2　TOA 估计的多径影响：(a)多径分量接近直达分量的到达时间；(b)无法检测的直达路径

我们将带宽为 w 的系统的距离测量误差定义为：

$$\varepsilon_{d,w} = \hat{d}_w - d \tag{15.3}$$

其中，d 表示 RP 和移动设备的真实距离，$\hat{d}_w = c\hat{\tau}_{1,w}$ 是依据在给定带宽下接收器测量的第一个峰值时间估计的距离。在[Ala06a]中，距离测量误差被分为两部分，一是由于受接近第一峰值的多路径的影响，$\varepsilon_{m,w}$，另一部分是 UDP 误差，无论是否有明显的阻碍物，这一误差都被计入多路径误差，UDP 发生条件为 $\varepsilon_{U,w}$：

$$\varepsilon_{d,w} = \varepsilon_{m,w} + \xi(d)\varepsilon_{U,w} = \gamma_w \cdot \log(1+d) + \xi(d) \cdot \varepsilon_{U,w} \tag{15.4}$$

多路径误差有两部分：一个 $\log(1+d)$ 比例因子运用对数函数调整距离误差，最小值为零，其后的增长为对数型增长；一个高斯随机变量 γ_w，其均值为 m_w、方差为 σ_w^2 有关的概率密度函数为：

$$f_{\gamma_w} = \frac{1}{\sigma_w\sqrt{2}} e^{-\frac{(x-m_w)^2}{2\sigma_w^2}}$$

随机变量统计根据系统带宽调整误差。这种方法隔离了距离和带宽对距离测量误差的影响。UDP 误差由反应 UDP 发生概率的二进制随机变量 $\xi(d)$ 表示，它是由距离 d、另一个高斯随机变量 $\varepsilon_{U,w}$、其均值为 $m_{U,w}$ 和方差为 $\sigma_{U,w}^2$ 得到的。概率密度函数为：

$$f_{\varepsilon_{U,w}} = \frac{1}{\sigma_{U,w}\sqrt{2}} e^{-\frac{(z-m_{U,w})^2}{2\sigma_{U,w}^2}}$$

随着距离的增加，发生 UDP 现象的可能性增大。随着系统带宽的增加，测量误差的方差减少。表 15.1 给出了 Worcester Polytechnic Institute 的 Atwater Kent 实验室在实验室的同一楼层，通过 405 超宽带测量得到的模型参数。图 15.3 比较了经验测量结果和 200 MHz 和 1 GHz 带宽下按模型计算结果的 CDF 值。

表 15.1　运用式(15.4)[Ala06a]的测距误差模型中用到的参数。此表版权为 2006 IEEE 再版，获得[Ala06a]的授权

W(MHz)	m_W(m)	σ_W(cm)	$P_{closeU,W}$	$P_{farU,W}$	$m_{U,W}$(m)	$\sigma_{U,M}$(cm)
20	3.66	515	0	0.005	.12.83	0
50	1.57	205	0	0.009	24.48	21.1
100	0.87	115	0	0.091	5.96	358.5

续表

W(MHz)	m_W(m)	σ_W(cm)	$P_{closeU,W}$	$P_{farU,W}$	$m_{U,W}$(m)	$\sigma_{U,M}$(cm)
200	0.47	59	0.006	0.164	3.94	289.0
500	0.21	26.9	0.064	0.332	1.62	80.9
1000	0.09	13.6	0.064	0.620	0.96	60.4
2000	0.02	5.2	0.070	0.740	0.76	71.5
3000	0.004	4.5	0.117	0.774	0.88	152.2

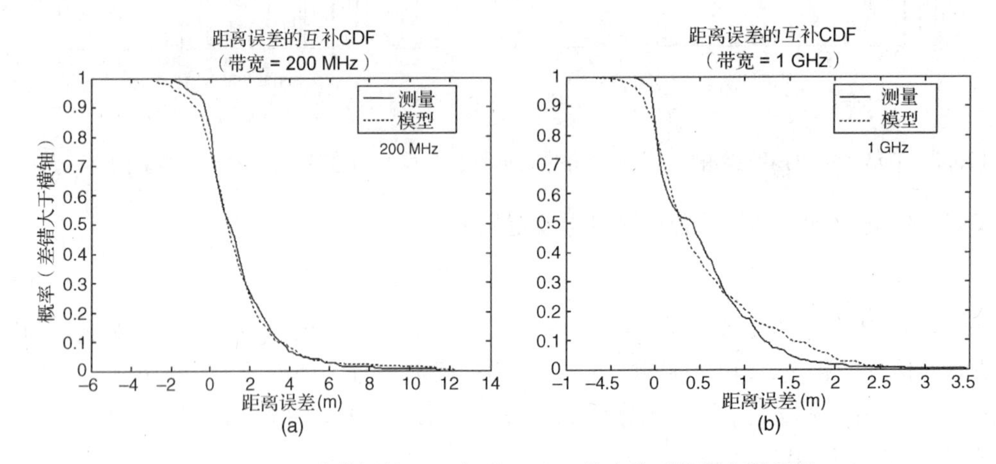

图 15.3　经验数据的 CDF 与基于 TOA 的定位系统距离测量误差模型对比，带宽分别为：(a) 200 MHz；(b) 1 GHz

15.2.3　DOA 表征模型

DOA 定位射频传感器通过直达路径测量和估计信号到达角度，式(15.1)中的 $\hat{\theta}_1(t)$ 来自/发往每个参考点来计算方位修正值。

研究 DOA 的唯一模型是 Spencer 模型。它假设信号以集群方式到达，DOA 由下式决定：

$$\theta_i(t) = \Theta_l - \omega_{kl}$$

其中，Θ_l 代表集群到达角，ω_{kl} 代表集群中的某一射线。到达集群角 Θ_l 假设均匀分布在 0 ~ 2π之间，集群射线角分布为拉普拉斯分布，由下式给出：

$$p(\omega_{kl}) = \frac{1}{\sqrt{2\pi}} e^{-|\sqrt{2}\omega_{kl}/\sigma|}$$

其中，σ 表示到达的方差。集群到达角度方差的典型值是 22°[Spe00]。在 IEEE 802.11n 宽带信道模型里用到了一个变种 Spencer 模型[Pah05]。在 IEEE 802.11n 模型中，集群到达用泊松过程建模，集群里的射线到达角度用拉普拉斯分布建模。一种新颖的 DOA 测量方法和室内区域的 DOA 有限经验数据分布都可以在[Tin01]中找到。

如前所述，因为 DOA 在城镇和室内定位系统中至今未证明比热门的 RSS 和 TOA 系统更合理有效，因此这类方法没有吸引到大量的研究工作，这些研究工作需要信道表征模型。在这一领域的进一步研究对于确定定向天线在室内和室外定位发现应用方面的局限性有帮助。现存的其他模型，如[Spe00]和[Tin01]给出的那些，已经针对通信应用做了开发和验证。为了验证这些模型的准确性需要更进一步的研究，以用来分析 DOA 定位系统的行为和设计相关算法。可以预计，当直达路径被阻塞时，DOA 测量会遇到 TOA 测量时同样的问题。更进一步，由于反射和其他无线电广播变化莫测，相邻多径分量的到达方向之间可能会显著不同。

15.3　距离测量的性能界

在射频定位系统的设计中，我们需要比较不同定位系统的性能。以我们使用香农-哈特雷界来比较给定信号信噪比下达到最大数据速率的不同调制方案类似的方式，在定位时，在方差方面通常运用 Cramer-Rao 下界 CRLB(Cramer-Rao Lower Bound)，它是一个和定位预测有关的误差传播的度量，用于比较定位替代方法的定位预测精度。方差越小，位置预测误差大的机会越小。和不同信息传输应用有不同误码率要求一样，不同定位应用有不同的精确度要求。对于一个概念上的系统设计，一个定位工程师可以比较用于定位的不同度量的 CRLB 来选择合适的技术，或者决定基础设施安装密度，从而满足一定的精度要求。

15.3.1　估计理论和 CRLB 基本原理

为了解释 CRLB 定位应用，我们以图 15.4 中的一个简单例子开始介绍。

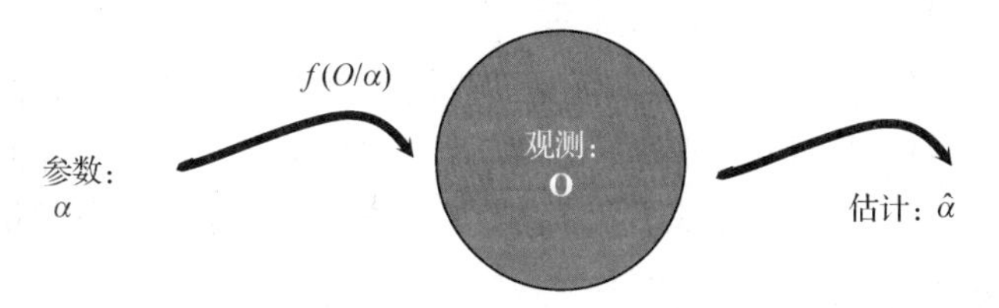

图 15.4　单一参数的估计过程基础和 CRLB

假设有一个移动设备和参考点之间的距离参数 α 需要测量。假设我们测量的参数为 $\boldsymbol{O}$，此参数为接收信号的 TOA 测量值。测量观测值和参数并不相同，如果多测量几次，每次测量我们都会得到一个不同的值。如果给定测量实际值，观测的概率分布函数为 $f(\boldsymbol{O}\mid\alpha)$，参数估计的最小方差可以由 CRLB 来确定。这是通过所谓的 Fisher 信息矩阵的逆运算给出的[Van68]：

$$\boldsymbol{F}=E\left[\frac{\partial\ln f(\boldsymbol{O}/\alpha)}{\partial\alpha}\right]^2=-E\left[\frac{\partial^2\ln f(\boldsymbol{O}/\alpha)}{\partial\alpha^2}\right]$$

换句话说，CRLB 通过下式给出：

$$\text{CRLB}=\text{Var}\ [\hat{\alpha}(\boldsymbol{O})-\alpha]\geqslant\boldsymbol{F}^{-1}$$

例 15.1　CRLB

对于零均值高斯噪声 η 和方差 σ^2 干扰的单次观测可由下式给出：

$$\boldsymbol{O}=\alpha+\eta$$

$\boldsymbol{O}$ 的条件概率密度函数为：$f(\boldsymbol{O}\mid\alpha)=\dfrac{1}{\sqrt{2\pi}\sigma}\exp\left(-\dfrac{(\boldsymbol{O}-\alpha)^2}{2\sigma^2}\right)$。

Fisher 矩阵计算如下：

$$\boldsymbol{F}=-E\left[\frac{\partial^2\ln f(\boldsymbol{O}/\alpha)}{\partial\alpha^2}\right]=\frac{1}{\sigma^2}\Rightarrow\text{CRLB}=\boldsymbol{F}^{-1}=\sigma^2$$

这个结果意味着基于一次测量样本，我们的估计值的方差和测量噪声方差相同，这在直观上是正确的。

下面是和 CRLB 计算相关的另一个简单例子，我们考虑一个参数的多次测量和参数估计的 CRLB。

例 15.2　N 次观测 CRLB

在 N 次观测中，每一次观测都被零均值高斯噪声 η 和方差 σ^2 干扰，这些观测由下式给出：

$$O_i = \alpha + \eta_i, \qquad i = 1, 2, 3, \cdots, N$$

观测的联合概率密度函数为：

$$f(\boldsymbol{O}|\alpha) = \prod_{i=1}^{N} \frac{1}{\sqrt{(2\pi)^N}\sigma_i} \exp\left(-\frac{(O_i-\alpha)^2}{2\sigma_i^2}\right) = \frac{1}{\sqrt{(2\pi)^N}\prod_{i=1}^{N}\sigma_i} \exp\left(-\sum_{i=1}^{N}\frac{(O_i-\alpha)^2}{2\sigma_i^2}\right)$$

Fisher 矩阵为：

$$F = -E\left[\frac{\partial^2 \ln f(\boldsymbol{O}|\alpha)}{\partial\alpha^2}\right] = \frac{N}{\sigma^2}$$

并且 CRLB 由 $F^{-1} = \dfrac{\sigma^2}{N}$ 得到。

例 15.2 的结果表明运用 N 个样本观测能帮助我们将观测误差减少到原来的 $1/N$ 倍。一个能够实现这个界限的简单算法是对所有观测取平均值，并且用它作为距离估计值。对于 CRLB 平均值有一个直观上的理解对于下一阶段基于 RSS、TOA 和 DAA 的定位技术的定量比较有帮助。

15.3.2　基于 RSS 定位

在一个基于 RSS 定位系统中，我们运用测量(观测到的)接收强度来确定移动设备和参考点之间的距离。像我们在 2.2 节提到的那样，RSS 随着距离的对数线性下降。2.7 节描述了在给定环境下路径损耗和距离之间的关系，它是距离强度梯度 α 和阴影衰落随机因子 X 的函数，X 采用标准差为 σ 的高斯分布随机变量模型。如果按接收信号强度重写这个等式，则接收机中的观测强度为：

$$\boldsymbol{O} = P_r = P_0 - 10\alpha \log d + X$$

我们想要用这个观测值来计算距离 d，这个观测值的概率函数分布为：

$$f(O/d) = \frac{1}{\sqrt{2\pi}\sigma}\mathrm{e}^{-\frac{(O-P(d))^2}{2\sigma^2}} = \frac{1}{\sqrt{2\pi}\sigma}\mathrm{e}^{-\frac{(P_r-P_0+10\alpha\log d)^2}{2\sigma^2}}$$

那么，

$$\mathbf{F} = -E\left[\frac{\partial^2 \ln f(O/d)}{\partial d^2}\right] = E\left[\frac{\partial \ln f(O/d)}{\partial d}\right]^2 = \frac{(10)^2\alpha^2}{(\ln 10)^2\sigma^2 d^2}$$

CRLB 值将为：

$$\mathrm{CRLB} = \mathbf{F}^{-1} = \frac{(\ln 10)^2}{100}\frac{\sigma^2}{\alpha^2}d^2$$

因为 CRLB 是估计的方差，误差的标准差是该值的根：

$$\sigma_{\mathrm{P}} \geqslant \frac{\ln 10}{10}\frac{\sigma}{\alpha}d$$

这意味着围绕其平均值的误差扩散随着距离的增长而增长。

例 15.3　例子

在一个室内环境中，距离强度梯度 $\alpha = 3.5$，接收器和发射器间的距离 $d = 10$ m 时的阴影衰落衰落方差 $\sigma^2 = 8$ dB，我们将由 $\sigma_P \geq 1.86$ m 得到 CRLB。这意味着在终端和参考点间距离为 10 m 的时候，任何运用 RSS 的范围预测算法和系统都无法得到一个超过 1.86 m 的准确度。

正如我们在下一节观察到的，这些错误显著高于基于 TOA 的距离测量。因为各种各样的统计路径损耗模型，以及由于阴影衰落影响导致这些模型存在较大的标准偏差错误，致使通过 RSS 得到的距离直接测量值不可信。为了使基于 RSS 的定位系统更为可信，我们需要在系统中添加特定的智能来辨认不同地理区域的无线传播特性，再通过离线的测量来校准，运用楼宇内的射线追踪的复杂构建模型，或者运用复杂的图形识别算法来实现定位[Pah02]。因此，基于 RSS 的系统复杂性在于处理不可靠的 RSS 报告。

15.3.3　基于 TOA 的定位系统

TOA 系统通过信号传播延迟来测量距离。这种系统设计导致自由空间接收到的信号波形产生一个尖峰，用测量 TOA 尖峰的变化来确定发送者与接收者之间的距离。对于自由空间的 TOA 定位系统，如果传播脉冲是 $s(t)$，接收器上观测信号由下式给出：

$$O(t) = s(t-\tau) + \eta(t)$$

其中，τ 是发射器和接收器之间的信号传输时间，$\eta(t)$ 是加性高斯白噪声分量，接收方观测的频谱高度为 $N_0/2$。在给定参数值 τ 时为了得到观测的概率密度函数，我们应该注意到我们正在观测方差为 σ^2 的高斯噪声，就如我们随着 K 的无穷变大条件下观测信号的 K 个点。换句话说，观测的概率密度为：

$$f(O|\tau) = \frac{1}{(\sqrt{2\pi}\sigma)^K} \exp\left\{-\frac{1}{2\sigma^2}\sum_{k=1}^{K}[O_k - s_k(\tau)]^2\right\}\Bigg|_{k\to\infty} \propto \exp\frac{1}{N_0}\int_{T_0}[O(t)-s(t-\tau)]^2 \mathrm{d}t$$

这个 Fisher 矩阵现在是从该函数的自然对数的二阶导数来计算的：

$$\ln[f(O/\tau)] = \frac{1}{N_0}\int_{T_0}[O(t)-s(t-\tau)]^2\,\mathrm{d}t = \frac{1}{N_0}\int_{T_0}[O^2(t) - 2O(t)s(t-\tau) + s^2(t-\tau)]^2 \mathrm{d}t$$

因为

$$\frac{\mathrm{d}^2}{\mathrm{d}\tau^2}\int_{T_0} E\left[O^2(t)\right]\mathrm{d}t = \frac{\mathrm{d}^2}{\mathrm{d}\tau^2}\int_{T_0} E\left[s^2(t-\tau)\right]\mathrm{d}t = 0$$

TOA 估计的 Fisher 矩阵由下式给出：

$$F_\tau = E\left[\frac{\mathrm{d}^2}{\mathrm{d}\tau^2}\{\ln[f(O/\tau)]\}\right] = \frac{2}{N_0}\int_{T_0}\frac{\mathrm{d}^2}{\mathrm{d}\tau^2}E[O(t)s(t-\tau)]\mathrm{d}t$$

$$= \frac{2}{N_0}\int_{T_0}\frac{\mathrm{d}^2}{\mathrm{d}\tau^2}s^2(t-\tau)\mathrm{d}t = -\frac{1}{\pi N_0}\int_{-\infty}^{+\infty}\omega^2|S(\omega)|^2\,\mathrm{d}\omega$$

因此代表估计值方差的 CRLB 由下式给出：

$$\text{CRLB} = F^{-1} = \frac{\pi N_0}{\int_{-\infty}^{+\infty} \omega^2 |S(\omega)|^2 \, \mathrm{d}\omega}$$

由于每个符号的能量被定义为：

$$E_s = \int_{-\infty}^{+\infty} s^2(t)\mathrm{d}t = \frac{1}{2\pi}\int_{-\infty}^{+\infty} |S(\omega)|^2 \, \mathrm{d}\omega$$

并且信噪比为：

$$\rho^2 = \frac{2E_s}{N_0}$$

如果我们定义脉冲归一化带宽为：

$$\beta^2 = \frac{\int_{-\infty}^{+\infty} \omega^2 |S(\omega)|^2 \, \mathrm{d}\omega}{\int_{-\infty}^{+\infty} |S(\omega)|^2 \, \mathrm{d}\omega}$$

则基于 TOA 的定位技术的 CRLB 为：

$$\text{CRLB} = \frac{1}{\rho^2 \beta^2}$$

它是信噪比的倒数和用于 TOA 测量的传输波形归一化带宽的函数。

例 15.4　平滑频谱 TOA 的 CRLB

如果运用图 15.5 中的平滑频谱来计算 CRLB 将得到：

$$\beta^2 = \frac{\int_{-\infty}^{+\infty} \omega^2 |S(\omega)|^2 \, \mathrm{d}\omega}{\int_{-\infty}^{+\infty} |S(\omega)|^2 \, \mathrm{d}\omega} = \frac{2\int_{f_0-\frac{W}{2}}^{f_0+\frac{W}{2}} (2\pi f)^2 \frac{S_0}{2} 2\pi \mathrm{d}f}{2\int_{f_0-\frac{W}{2}}^{f_0+\frac{W}{2}} \frac{S_0}{2} 2\pi \mathrm{d}f}$$

$$= \frac{4\pi^2}{3} \frac{\left(f_0 + \frac{W}{2}\right)^3 - \left(f_0 - \frac{W}{2}\right)^3}{W} = 4\pi^2\left(f_0^2 + \frac{W}{12}\right)$$

和

$$\rho^2 = \frac{2E_s}{N_0} = \frac{2P_s T_0}{\sigma^2 / W} = 2 \times \text{SNR} \times WT_0$$

CRLB 由下式给出：

$$\sigma_\tau^2 \geqslant \frac{1}{\rho^2 \beta^2} = \frac{1}{8\pi^2}\frac{1}{\text{SNR}}\frac{1}{WT_0}\frac{1}{f_0^2 + \frac{W}{12}}$$

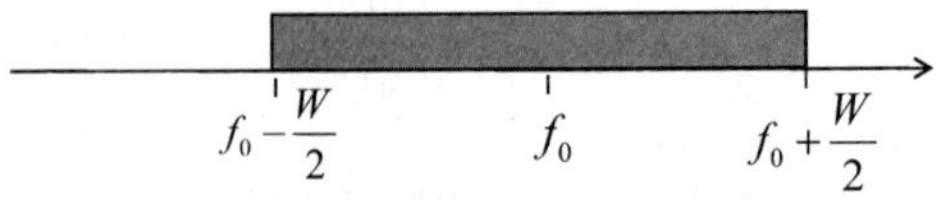

$f_0-\frac{W}{2}$　f_0　$f_0+\frac{W}{2}$

图 15.5　例 15.4 中用于基于 TOA 系统计算 CRLB 的平滑频谱

例 15.5　2.4 GHz ISM 频段的 CRLB

一些商业产品运用 2.4 GHz 的 ISM 频段来设计 TOA 定位系统。如同在第 3 章看到的，在大约 10 dB 信噪比情况下我们能够建立一个可信数字通信链路，并且在 2.4 GHz 的 ISM 频段中最大带宽值为84 MHz。如果假设 $WT_0=1$，运用基于TOA的定义技术可以知道误差扩散以下式为量级：

$$\sigma_d \geqslant c\sqrt{\frac{1}{8\pi^2}\frac{1}{\text{SNR}}\frac{1}{WT_0}\frac{1}{f_0^2+\frac{W}{12}}} \approx 3\times10^8\sqrt{\frac{1}{8\pi^2}\frac{1}{10}}\times\frac{1}{2.4\times10^9}=4.5\times10^{-3}$$

比较这个和传统室内区域的几米的误差量级，我们注意到在TOA系统中，达到厘米级精度是可行的。然而，我们会发现在测量信号尖峰时如果出现纳秒级误差，这将会导致结果中精度上产生30 cm的误差。

15.3.4 基于DOA的定位系统

在DOA系统中，定位传感器测量来自发射终端的接收信号方向(如到达角度)，发射终端为定向天线或天线阵列。图15.6描述了一种非常简单和基础的技术，该技术运用DOA来导航船只。有指南针的航海家可以识别两个地标、一个灯塔、一个天线塔的角度，并且通过匹配穿过地标的角度来分辨船只的方位。这个简单例子描述了在指南针和地图的帮助下运用DOA定位的过程。

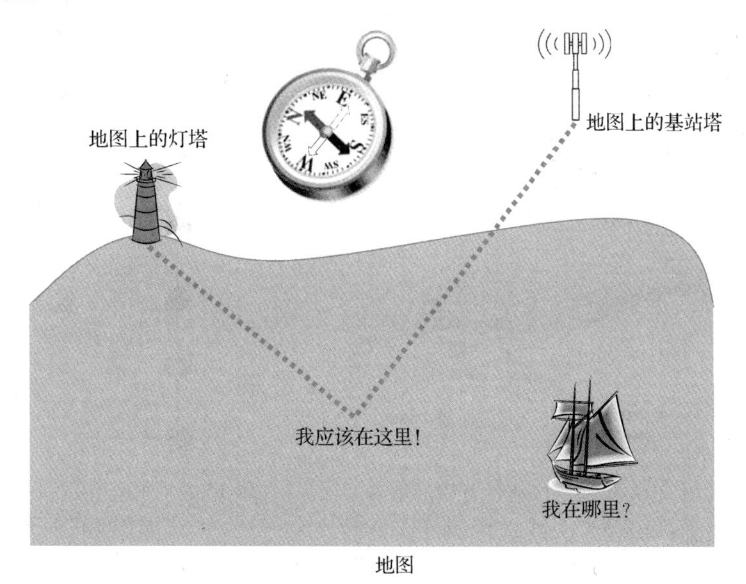

图15.6　采用简单地图和地标、指南针实现定位的简单概念图，用于揭示DOA的重要性

在运用RF设备定位中，如图15.7(a)所展现的，如果我们有一个参考点RP，参考点有波束宽度为 θ_s 的定向天线，以及另一种度量如平均RSS或TOA来测量距离，我们能够定位一个目标(或标签Tg)达到比例为 $d\tan\theta_s$ 的准确度。像图15.7(b)所展现的，如果采用两个有定向天线的参考点，我们能够达到同样的准确度。因此，DOA测量能够运用单个天线和另一种测距方法测量两个参考点之间的距离来发现位置。我们能清楚地观测到，给定DOA测量的准确度，位置估计的准确性依赖于相对于参考点的标签位置。当标签位于两个参考点中间时，DOA测量将不能提供一个位置度量。因此，通常需要多于两个参考点来提高定位准确性。在宏蜂窝环境中，基本散射点位于发射点周围而远离接收器，DOA方法能提供可接受的位置精确度。但如果LOS信号路径被阻挡，此时用它反射或散射的信号DOA做定位估计，则会发生极大的定位偏差。在室内环境中，周围的物品和墙通常阻挡LOS信号路径。因此

DOA 方法将无法再作为室内定位的唯一方法。基于 DOA 的测量在下一代蜂窝系统中是一个可行的选择，因为届时智能天线会广泛部署以提高通信容量，而天线增加给 DOA 测量带来了方便，但对于低成本应用来说 DOA 通常不是一个好方法，尤其在室内和密集城镇区的富含多径的环境中 DOA 很难使用。

如图 15.8 所示，如果运用天线阵列测量 DOA，当天线间距离远大于阵列规模时，DOA 估计的 CRLB 如[Mal07]所示由下式给出：

$$\sigma_D^2 \geqslant \frac{12c^2}{N_a(N_a^2-1)l\cos(\alpha)}\sigma_\tau$$

其中，N_a 是天线阵列中天线数量，l 是天线阵列间距离，α 是天线阵列和信号 DOA 路线之间的角度。因此，当终端到达方向和天线阵列成正交时，得到最大精度；当终端到达方向和天线阵列平行时，DOA 测量不可预测。天线数量和天线间距离的增长将会提升测量的准确度。这个准确度将可以和基于 TOA 的系统匹敌。

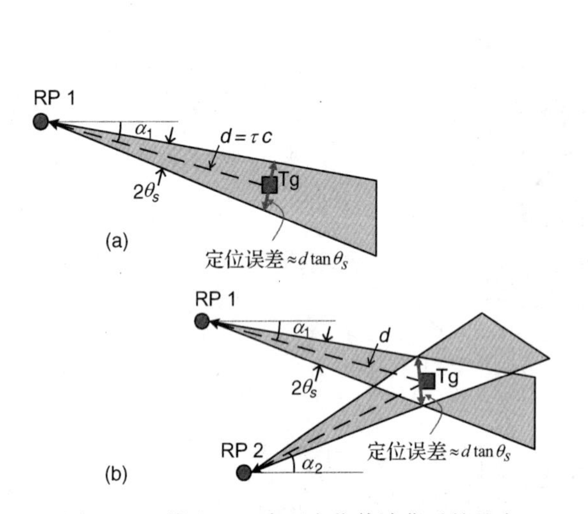

图 15.7 利用 DOA 实现定位估计背后的基本概念：(a)单个天线；(b)两个天线

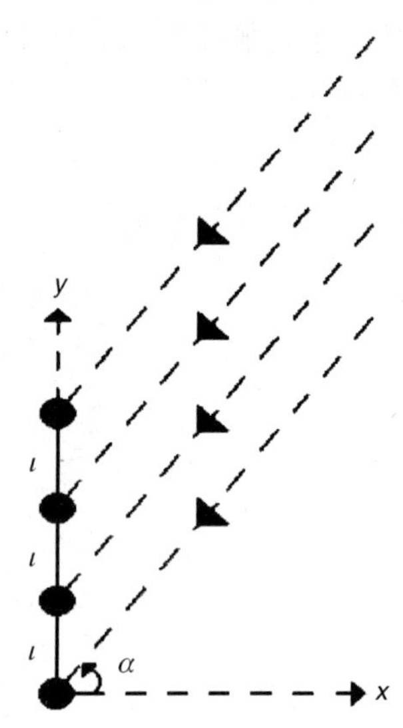

图 15.8 在运用一个天线阵列的 DOA 系统中，计算 CRLB 的参数

15.4 无线定位算法

在上一节，我们分析了当运用 RSS、TOA、DOA 作为度量来确认地标和移动终端之间距离时定位方法的精度界限。如图 15.1 所示，为了发现设备位置，我们需要一个定位算法结合从不同参考点(地标)接收的度量来定位设备。基于 GPS 系统的特征定义良好的算法对于卫星是可行的。除此之外有最小二乘算法和最大似然算法，还有基于单个快照测量算法，以及运用测量和历史移动轨迹来定位的算法。有种类丰富的连续过滤器，它们用于自适应地预估一些噪声处理过程[Kap96；Mis10]中的未知参数。

GPS 将重点精力放在基于 TOA 的定位算法上并取得了巨大的成功。GPS 能提供从数十米级到厘米级的定位精度范围，并在用户资源足够的条件下定位速度接近于实时[Mis10]。实质上，这些技术对于室内感知系统是可以应用的。然而室内位置感知需要准静态的应用和多个不可靠的参考点，而现有的 GPS 算法则是为移动系统和少数的可靠参考点设计的，并不能取得最佳效果。室内和城镇定位不可靠的原因，正如我们在 15.2 节所讨论的，是由于多径环境中的 TOA 和 DOA 技术变得不可靠的缘故。其结果是今天基于 RSS 定位技术虽然精度低但在多径环境中表现更为恒定，因而它成为了在如智能设备定位系统等流行商业应用中采用最普遍的方式。基于 RSS 定位技术利用建筑物内现有 WLAN 基础设施来做商业应用中的定位。而在公共安全和军事应急应用领域，过去 10 年或更长时间里则一直在研究使用多种 RF 和商业定位传感器的混合定位技术。

正像我们先前讨论的那样，TOA 和 RSS 度量在城镇和室内区域无线定位系统中最受欢迎。TOA 度量测量距离更加精确，但是需要额外的基础设施。RSS 度量测量简单，并且与现有通信基础设施结合良好，但可信度较低(变化广泛)并且常常需要更复杂的算法和额外的校准规则。我们对算法的讨论重点将放在基于 TOA 和 RSS 的定位系统。

15.4.1　测距和定位间的关系

基于前面一节对定位性能界的讨论，接下来可以考虑定位误差和测距间的关系。为了解决这个问题，我们首先参考[Che02]给出基于 RSS 定位系统的定位估计误差。考虑采用 N 个参考点作为地标，运用 RSS 来定位设备的情况。信号接收强度和参考点间距离的关系如下：

$$P(r_i)=P_0-10\alpha_i\log r_i+X,\ i=1,2,3,\cdots,N$$

和

$$r_i=\sqrt{(x-x_i)^2+(y-y_i)^2}$$

其中，X 代表阴影衰落，(x,y) 和 (x_i,y_i) 代表参考点设备位置。如果接收强度计算模型是准确的，则定位误差将来自于阴影衰落效应，它可以被建模为方差为 σ^2 的高斯随机变量模型。阴影衰落导致接收强度变化 d$\boldsymbol{P}$，从而强度变化导致距离估计错误 d$\boldsymbol{r}$。从给定参考点来的信号强度变化由下式给出：

$$\mathrm{d}P_i(x,y)=-\frac{10\alpha_i}{\ln 10}\left(\frac{x-x_i}{r_i^2}\mathrm{d}x+\frac{y-y_i}{r_i^2}\mathrm{d}y\right);\quad i=1,\cdots,N$$

向量格式的 d$\boldsymbol{P}$ 和 d$\boldsymbol{r}$ 关系为：

$$\mathrm{d}\boldsymbol{P}=\boldsymbol{H}\mathrm{d}\boldsymbol{r}\Rightarrow\mathrm{d}\boldsymbol{r}=(\boldsymbol{H}^{\mathrm{T}}\boldsymbol{H})^{-1}\boldsymbol{H}^{\mathrm{T}}\mathrm{d}\boldsymbol{P}$$

其中：

$$\mathrm{d}\boldsymbol{P}=\begin{bmatrix}\mathrm{d}P_1\\ \mathrm{d}P_2\\ \cdot\\ \mathrm{d}P_N\end{bmatrix};\quad \mathrm{d}\boldsymbol{r}=\begin{bmatrix}\mathrm{d}x\\ \mathrm{d}y\end{bmatrix};\quad \boldsymbol{H}=-\frac{10}{\ln 10}[\alpha_1\cdots\alpha_N]\begin{bmatrix}\frac{x-x_1}{r_i^2} & \frac{y-y_1}{r_i^2}\\ \cdot & \cdot\\ \cdot & \cdot\\ \frac{y-y_N}{r_N^2} & \frac{y-y_i}{r_N^2}\end{bmatrix}$$

因为阴影衰落为一个零均值高斯随机变量：

$$\mathrm{cov}(\mathrm{d}P_i,\ \mathrm{d}P_j)=\begin{cases}\sigma^2, & i=j\\ 0, & i\neq j\end{cases};\quad i,j=1,2,\cdots,N$$

因此，位置估计的协方差为：

$$\mathrm{cov}(\mathrm{d}\boldsymbol{r}) = \sigma^2\left(\boldsymbol{H}^{\mathrm{T}}\boldsymbol{H}\right)^{-1} = \begin{bmatrix} \sigma_x^2 & \sigma_{xy}^2 \\ \sigma_{xy}^2 & \sigma_y^2 \end{bmatrix}$$

由阴影衰落导致的定位偏差的标准差为：

$$\sigma_r = \sqrt{\sigma_x^2 + \sigma_y^2}$$

例 15.6　室内定位误差

图 15.9 展示了利用上述分析结果判定一个 30 m×30 m 房间内基于 RSS 定位误差等高线的例子。路径损耗模型的距离功率指数是 $\alpha = 2$，并且阴影衰落的标准差假设为 $\sigma = 2.5$ dB。图 15.9(a)运用 3 个接入点作为参考地标，图 15.9(b)运用 5 个接入点作为参考。在两种情况下定位错误的标准差沿着区域边界线较高，而在中心区域差错率则较低。

通常定位误差与测距误差处于同一水平。然而在一个区域里的误差分布是不同的，并且随着测距误差上下抖动。当我们在中心区域时，所获得的到所有参考点的测距精度相同，此时的定位估计会更加精确。

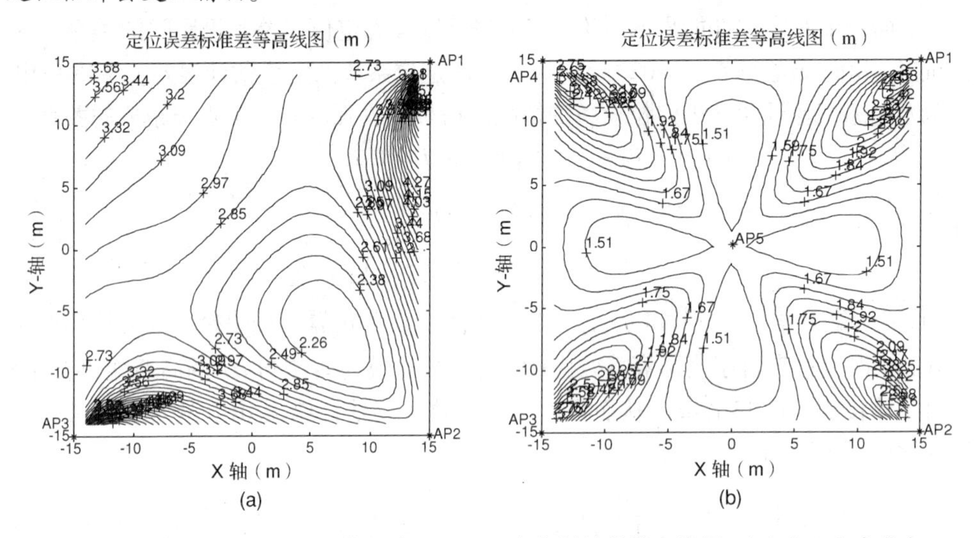

图 15.9　在一个 30 m×30 m 房间内基于 RSS 定位误差的等高线图：(a)有 3 个参考点；(b)有5个参考点。版权所有：2002IEEE。第二次印刷。经[Che02]授权使用

15.4.2　基于 RSS 模式识别算法

室内和城镇基于 RSS 定位技术的不同流行商业产品运用不同的模式识别算法。所有这些算法依赖于该地区的现地测量来创建 RSS 测量数据库，从而创造参考点的"指纹"，如蜂窝塔基站和无线接入点等地标的 RSS 测量值。这些无线地图数据库可以被用来估计基站或接入点的位置，以及某些设备的位置，这些设备能够报告来自基站或接入点的无线信号具体读数值。在城镇地区，通过在街道驾驶和标记来自参考点地标 RSS 的读数，从而形成数据库。而参考点的位置是由 GPS 来定位的。

例 15.7　简单质心算法

位置未知的地标如 WIFI AP 的定位最常用的方法是采用简单质心算法，如图 15.10 所示。

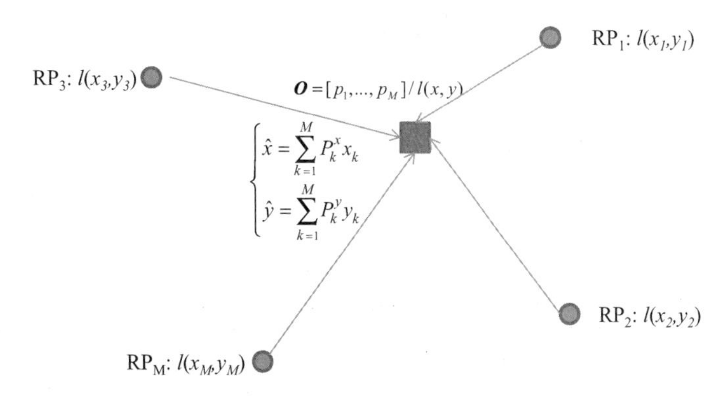

图 15.10　使用从多个参考点到指定参考点的距离加权的质心算法概述

有 N 个参考点 RP，每个由 GPS 读取定义为：

$$\{l(x_n, y_n)\ ;\ n=1,2,\cdots,N\}$$

并且给定一个参考点位置 $l(x,y)$，设备通过 M 个位置未知的接入点测量(观察)RSS：

$$\{\boldsymbol{O}=[p_1,\cdots,p_M]/l(x,y)\} \tag{15.5}$$

更进一步，引入 L 个参考点位置，我们已经测得它们来自给定 WIFI AP 的 RSS。然后质心算法从 L 个参考点位置的 GPS 读数中估计 AP 的位置：

$$\begin{cases}\hat{x}=\sum\limits_{k=1}^{L}P_k^x x_k\\ \hat{y}=\sum\limits_{k=1}^{L}P_k^y y_k\end{cases}$$

P_k^x 和 P_k^y 分别是二维坐标位置中沿 x 轴和沿 y 轴的平均权重。最简单的质心算法给所有参考点赋以相同的概率：

$$P_k^x=P_k^y=\frac{1}{L}$$

更复杂的质心算法可以将功率读数做权重，使权重正比于他们的功率读数，从而所有参考点中心处的位置估计值会更靠近读数高的参考点。

最近邻居算法是首先在室内区域[Bah00]里被用以定位的一种简单算法。因为 GPS 在室内区域不工作，因此在这个方法中在室内区域地图上要手动标记参考点位置。

例 15.8　最近邻居算法

图 15.11 举例介绍了最近邻居算法背后的通用思想，我们从地图上 N 个已知参考点中收集了 M 个接入点的 RSS 数据库：

$$\left\{\boldsymbol{O}_n=[p_{n,1},\cdots,p_{n,M}];l(x_n,y_n)\right\}\ ;\ n=1,2,\cdots,N$$

给定式(15.5)中未知位置功率读数，得到每个参考点的距离度量：

$$d_n=\sqrt{\sum_{m=1}^{M}\left(p_n-p_{n,m}\right)^2},\quad n=1,2,\cdots,N$$

我们选择参考点最短距离位置作为设备位置：

$$l(\hat{x},\hat{y})=l(x_i,y_i)\ ;i\ 是\ d_{\min}\ 的索引号$$

这个算法的优点是不需要知道参考点位置，并且能够通过从更多参考点测量 *RSS* 来形成更大的数据库，从而提高算法精确度。

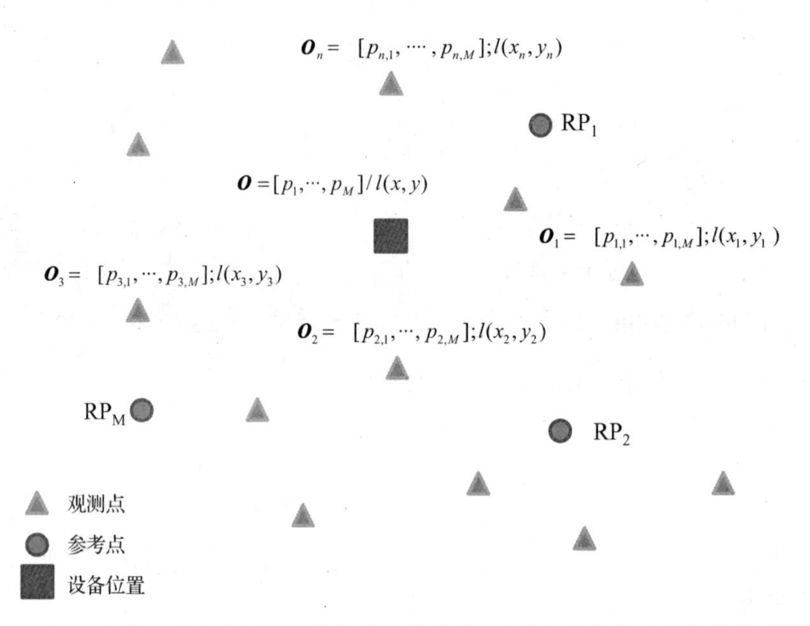

图 15.11　运用从不同位置参考点的测量接收强度数据库，来进行设备位置定位的最近邻居算法概览

最近邻居算法的一个简单修正是 *K* 次最近邻居算法，我们选择具有最短距离的 *K* 个位置：

$$l(x_k, y_k); k=1,\cdots,K$$

我们将 *K* 个最短距离点的质心作为设备位置：

$$l(\hat{x}, \hat{y})=\frac{1}{K}\sum_{k=1}^{K} l(x_k, y_k)$$

例 15.9　最近邻居算法性能

图 15.12(a)[Pah02]展现了芬兰奥卢大学无线通信中心通信实验室的部分布局。图中展现了沿着一个长走廊的 4 个 802.11b 接入点位置和 31 个参考点测量位置，相邻参考点间相距两米隔开。携带移动设备通过长走廊时，在每个位置上测量 RSS 值。图 15.12(b)展现了当终端从右上角边缘的 AP-I 到达竖直走廊底部 AP-IV 过程中，4 个接入点的各自 RSS 测量值。当测量数据应用最近邻居算法时，定位误差的标准差是 2.4 m，约 80% 位置的定位误差小于 3 m。

虽然最近邻居算法可以使用任何可测的度量值，只要该度量值能提供到达附近地标的距离信息就可以，例如 TOA 或 RSS [Bah00]，但基于 RSS 系统的算法更为流行。为了形成最近邻居算法的参考点数据库，可以结合已知地点距接入点的 RSS 读数，也可以根据给定环境中参考点和移动设备距离来计算 RSS。这个方式可以避免花大量的时间来实地测量以形成数据库。因为路径损耗模型不可靠，因而 RSS 测量已经被证明是更加实际的解决方案[Bah00]。这一观点使人们想到，可以使用测量的统计模型来提高性能。

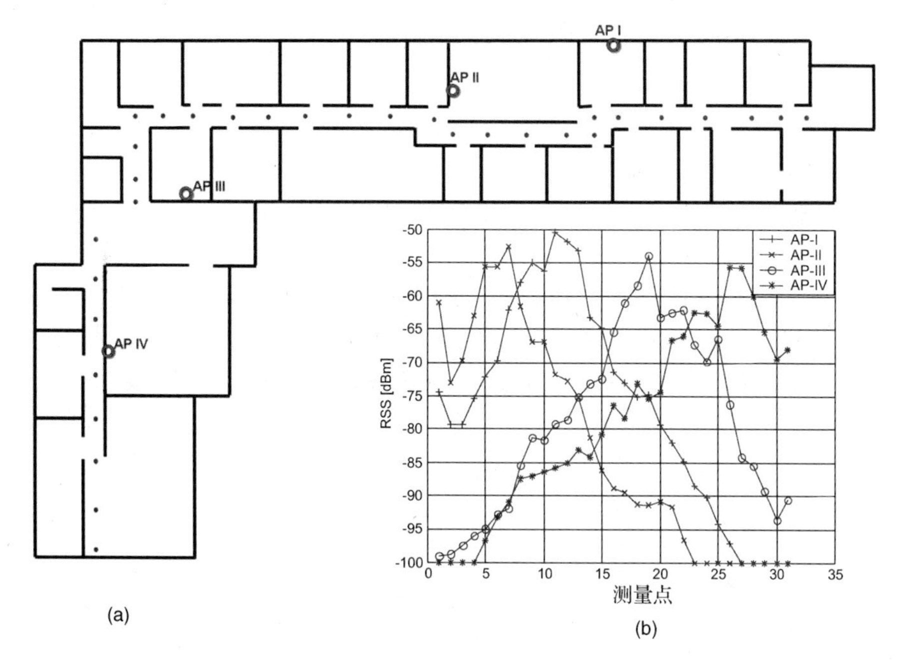

图 15.12　(a)芬兰奥卢大学 CWC 实验室一层 WLAN 接入点的建筑外观和位置;(b)不同位置的 RSS 签名[Pah02]。版权所有:2002 IEEE。第二次印刷,经[Pah02]授权使用

例 15.10　统计内核方法

运用统计方式实现室内定位的先驱之一见[Roo02a]的报道 。在这种方法(叫作内核方法)中，这些数据是从已知 N 个参考点中收集到的 M 个接入点的测量信息，其中每个位置有 K 次测量值：

$$\boldsymbol{O}_n = \left[\boldsymbol{o}_{n,1}, \cdots, \boldsymbol{o}_{n,M}\ ;\ l(x_n, y_n)\right]\ ;\ n = 1, 2, \cdots, N$$

$$\boldsymbol{o}_{nm} = (p_{nm1},\ p_{nm2}, \cdots, p_{nmk});\quad n = 1, \cdots, N;\ m = 1, 2, \cdots, M$$

上述位置估计依赖于式(15.5)中的测量值。这个内核方法定义了一个依赖于所有测量信号强度的质量概率分布函数，并且假设同一位置的两次测量强度的不同形成高斯随机变量。测量数据库中的观测数据和观测值的联合概率密度函数定义如下：

$$p(\boldsymbol{O}|l_n) = \frac{1}{M}\sum_{m=1}^{M} K(\boldsymbol{O}, \boldsymbol{O}_{nm})$$

其中：

$$K(\boldsymbol{O}, \boldsymbol{O}_{nm}) = \frac{1}{(\sqrt{2\pi}\sigma)^K}\mathrm{e}^{-12\sigma^2\sum_{k=1}^{K}(p_m - p_{nmk})^2}$$

由贝叶斯定理：

$$p(l_n|\boldsymbol{O}) = \frac{p(\boldsymbol{O}|l_n).p(l_n)}{p(\boldsymbol{O})} = \eta\,.\,p(\boldsymbol{O}|l_n)$$

此方法中的估计值预期是给定观测强度值下的定位预期值：

$$l(\widehat{x}, \widehat{y}) = E\left[l|\boldsymbol{O}\right] = \sum_{n=1}^{N} l(x_n, y_n)p(l_n|\boldsymbol{O}) = \eta\sum_{n=1}^{N} l(x_n, y_n)p(\boldsymbol{O}|l_n)$$

在此式中 η 是确定的，所以总概率是归一化的，这意味着：

$$\eta = 1/\sum_{n=1}^{N} p(\boldsymbol{O}|l_n)$$

例 15.11 统计内核算法性能

图 15.13 提供了一个最近邻居和内核技术[Roo02a]之间的比较。其测试区域为一个混凝土、木头和玻璃结构的 16 m×40 m 的办公室，办公室内有 10 个接入点(8 个沿周边，2 个在中心)。训练数据是用 155 个点，这些点构成 2×2 m 的栅格，在每个格点(刻度)处，记录有 40 个 RSS 观测值。测试数据是在相似的 2×2 m 栅格处独立收集的，但选择的测试点都离校准点尽量远。在每 120 个测试点处，均收集 20 次观测值。图上纵轴代表平均距离测量误差，水平轴代表每个位置的观测值。

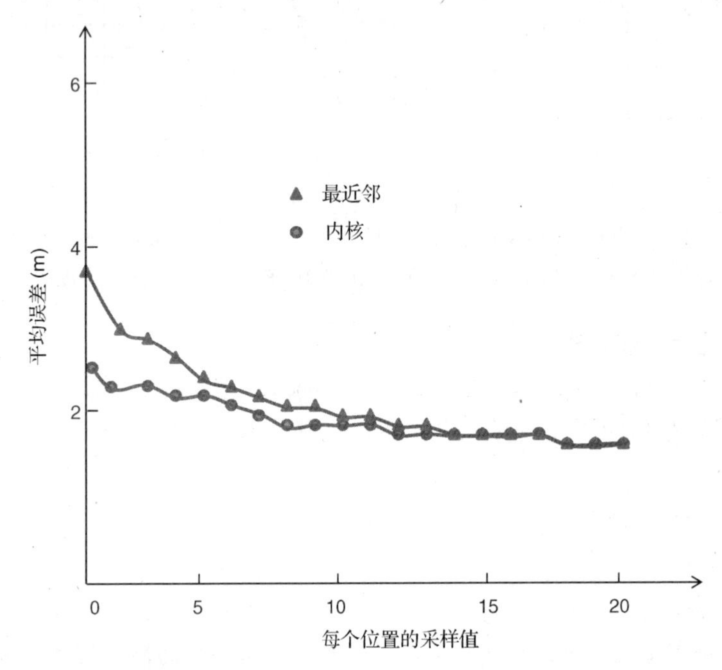

图 15.13 最近邻和内核算法的性能比较。版权所有：2003 IEEE。第二次印刷，经[Unb03]授权使用

例 15.9 和例 15.11 中的算法没有利用本书第 2 章给出的信道模型知识优势。原则上，如果有可信的信道模型，就能够避免测量，并且利用信道模型中计算得到的 RSS 的预测值训练算法。我们有无线传播行为的统计模型和建筑物特定模型。第 2 章中描述的统计模型是不太精确的，并且需要大量的经验测量值来计算一个特定区域的参数。如果我们做大量经验测量来确定精确模型，则可以直接在定位应用中使用这些测量值。然而，在第 2 章，我们展现了射频追踪算法可提供对 RSS 的近似估计。射频追踪算法需要区域电子地图，在大部分无线定位应用中，我们都有电子地图显示区域中终端的位置。下面的例子提供了这一领域的一些初步结果。

例 15.12 射频追踪的室内定位

在[Hat04]中，一个二维射频追踪软件用于在伍斯特理工学院阿特沃特肯特实验室(AKL)第一层实现定位。图 15.14 展现了建筑格局和环绕的墙，用于性能分析的路径，5 个接入点的位置，以及被用作参考点的栅格覆盖区域。这个射频追踪软件生成了从每个栅格节点接入点得到的 5 个 RSS 值的一个矢量值。运用最近邻居算法，可以计算出移动主机位置。这个估计位置用来计算距离测量误差。图 15.15(a)展现了在 AKL 不同大小的栅格中距离测量误差的累计分布函数。比较例 15.9 和例 15.11 的结果，AKL 建筑是由大量混凝土和金属构建的更为大型的砖型建筑物，但是接入点较少。在 1 m 的栅格空间中，在 60% 的位置上，距离测量误差低于 5 m。图 15.15(b)展现了接入点数量的效果。如果将接入点数量从 5 减少到 2，60% 的位置上距离测量误差将从 5 m 增长到 13 m。

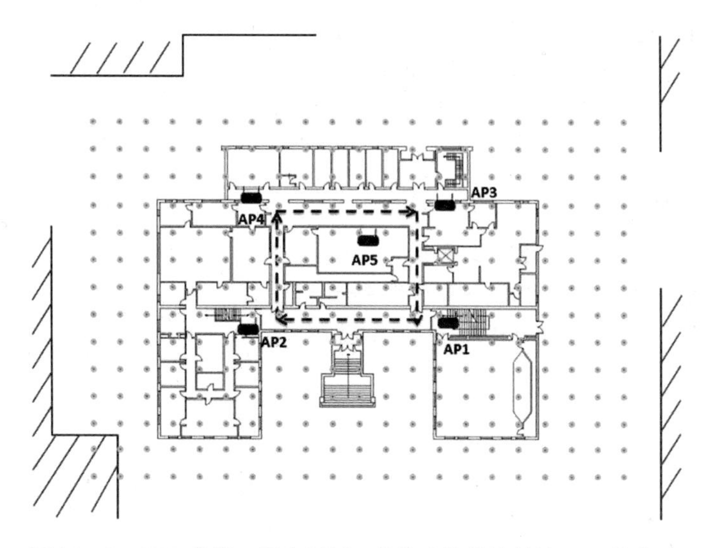

图 15.14　AKL 的第一层布局图，其他建筑物的外墙，AP 的位置以及用于射线追踪的栅格。虚线用于位置性能评估

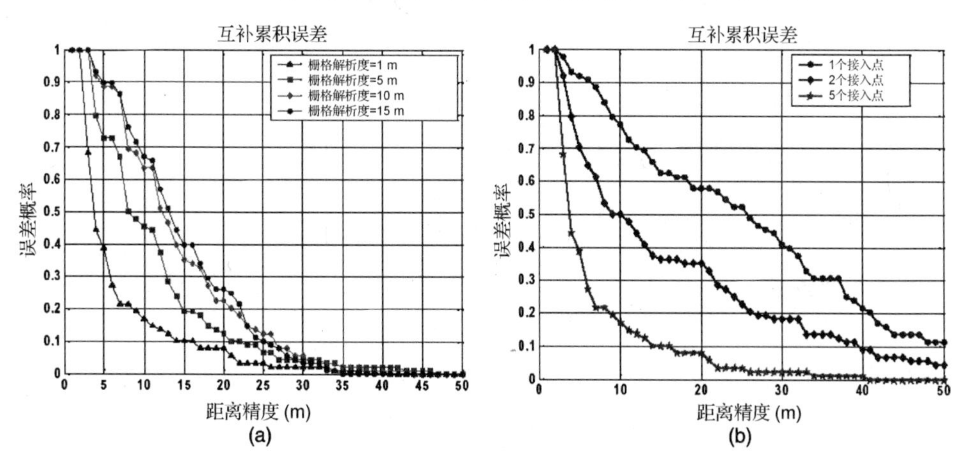

图 15.15　采用二维射线追踪实现定位的距离测量误差统计：(a)栅格大小的影响；(b)AP 数目的影响[Hat04]。版权所有：2004 IEEE。第二次印刷，经[Hat04]授权使用

在富含多径的信道中，我们不再是运用每个位置的整体信号强度，而是测量每个多径分量的 RSS 签名来增加系统准确性。当系统中测量这些指标可以实现时，就可以实现低成本的性能增强。例如，在 DSSS CDMA 系统中，就可以分别测量 RAKE 接收机所有抽头的时间和信号强度，而不再测量总的 RSS，从而提高定位性能。

15.4.3 基于 TOA 的最小二乘法

采用可靠的基于 TOA 的距离测量方法来测量到已知位置的地标之间的距离，就可以用简单的几何三角方法来发现一个设备的位置，而不需要做任何指纹匹配工作。如图 15.16 所示，因 TOA 测量的不准确所导致的距离地标参考点的距离估计错误，会使几何三角技术只能提供移动设备位置的一个大致区域，而不是一个精确位置坐标。

为了在测量有关位置的度量过程中存在错误的情况下得到位置坐标估计，出现了种类丰富的直接和迭代统计定位算法，这些算法通过将问题等价为一组非线性迭代等式来解决问题。其中最简单的迭代算法是最小二乘(LS)算法。

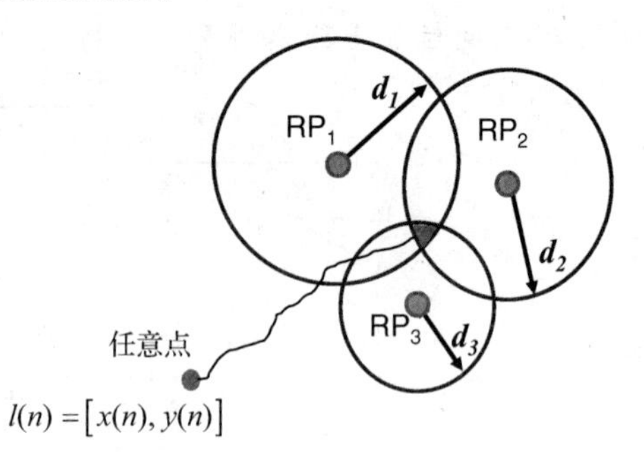

图 15.16 三角问题的迭代解法，当距离测量有误差时

例 15.13 LS 算法

在二维定位(参见第 14 章的有关项目)中这个问题的通常描述是：我们有一组 N 个非线性等式，定义到 N 个我们作为参考点的已知坐标之间的距离为：

$$f_i(x,y)=(x_i-x)^2+(y_i-y)^2-d_i^2;\ i=1,2,\cdots,N$$

在这 N 个非线性等式中，d_i 是距离第 i 个参考点的测量距离，(x,y) 和 (x_i,y_i) 分别是设备的未知位置和用作参考点的地标已知位置。函数 $f_i(x,y)$ 反映了设备到第 i 个参考点的距离的测距误差。如果定义二次矢量函数 F 为：

$$F=[f_1(x,y),\ f_2(x,y),\cdots,f_N(x,y)]^{\mathrm{T}}$$

F 的雅克比矩阵定义为：

$$\boldsymbol{J}=\begin{bmatrix}\dfrac{\partial f_1(x,y)}{\partial x} & \dfrac{\partial f_1(x,y)}{\partial y}\\ \cdots & \cdots \\ \dfrac{\partial f_N(x,y)}{\partial x} & \dfrac{\partial f_N(x,y)}{\partial y}\end{bmatrix}$$

如果从任意一个位置开始：

$$l(n)=[x(n),y(n)]$$

通过下式更新位置：

$$l(n+1)=l(n)+E_n$$

其中：

$$E_n=-\left(J^{\mathrm{T}}J\right)^{-1}J^{\mathrm{T}}F$$

这个算法能从一个任意位置开始并且迭代求解二次方程。图 15.16 展现了算法从一个任意位置更新到所有圆的交叉区域位置所走的路径。

LS 算法的变种被用来在城镇和室内区域定位。例 15.10 分析了一个变种算法。

例 15.14 室内定位的 LS 和 RGWH 算法

在[Kan04a]中，对在房间角落有 4 个参考点的方形区域中的最小二乘法和剩余加权

(RGWH)最小二乘算法的性能进行了评估。LS算法是以上描述的最简单的传统梯度算法，它用在基本GPS系统中，从而迭代缩小位置估计的错误范围。在二维应用中，如这个例子中考虑到的，它需要3个参考点中的最小值。参考点越多，算法预期可以提供越精确的定位。原本为蜂窝定位开发的RGWH [Che99a, b]是另一个版本的LS算法，它计算了定位的所有可能方法，在我们的情况下包括所有可能的3个参考点组合和4个基准点解决方案。定位最终估计是所有估计的加权平均值。加权因子是所有剩余误差的逆。这意味着剩余误差越大、可靠性越低的位置权重越小。用随机数发生器来确定房间内的均匀分布位置。运用基于TOA测距的距离测量误差模型[Ala06a, b]，依据15.2.2节，不同系统带宽下到4个参考点的估计距离均可确定。这些距离用于LS和RGWH算法来确定终端在区域里的估计位置。定位误差是估计位置和实际随机选定位置之间的差。通过重复这个试验，每个算法在不同系统带宽下的定位误差统计结果都被确定下来。图15.17展现了多种系统带宽下的两种算法的性能比较。RGWH算法在低带宽情形下性能稍微较好。

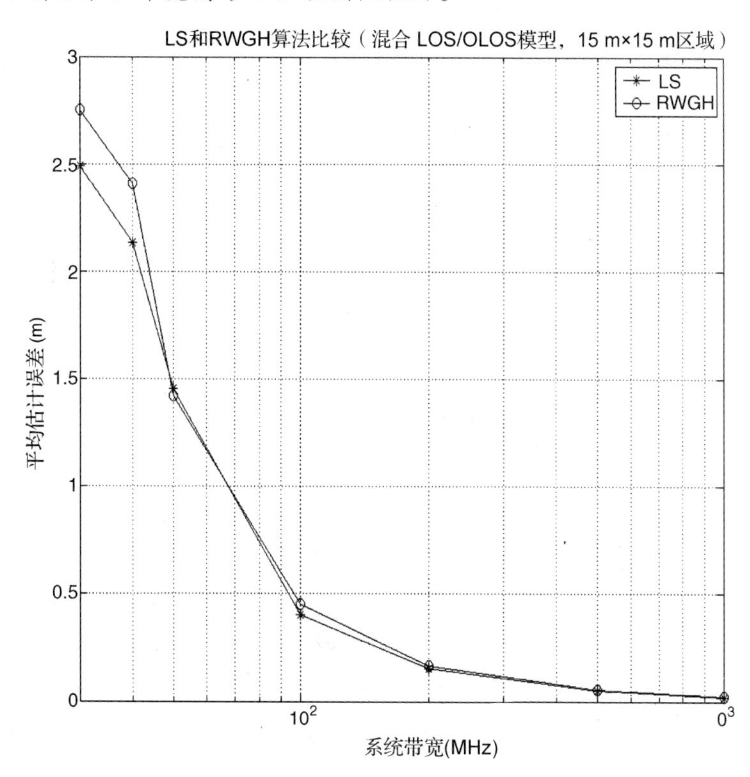

图15.17 LS和RWGH算法的平均估计定位误差与TOA系统带宽之比，在15 m×15 m房间内，室内兼具通视和非通视条件[Kan04a]

思考题

1. 解释GPS、无线蜂窝辅助GPS和室内定位系统之间的不同。

2. 为什么在室内区域中GPS不能有效起作用？

3. 为什么GPS使用距离移动设备成千上万米远的卫星，却仍然能达到接近智能电话现有室内定位系统的精度？

4. 为什么 RSS 不是测量一个发射机和接收机之间距离的好措施？RSS 距离估计如何能有效提高？

5. 为什么 AOA 技术在室内定位中不流行？

6. 什么是 CRLB？

7. 为什么当加性高斯白噪声有多个样本或观测值时，CRLB 会更好？

8. 测距和定位之间的误差关系是什么？

9. 解释质心算法的工作原理。

习题

习题 15.1

a. 运用[Ala06b]模型，在 1 GHz 带宽、LOS 条件，没有 UDP 条件下，确定 3 m、5 m、15 m距离的基于 TOA 测距误差的平均值和方差。

b. 距离 5 m，在 1 MHz、10 MHz 和 100 MHz 带宽下，重复(a)。

c. 其他数据模型相同，在有 UDP 条件下，重复(a)和(b)。

习题 15.2

假设 d_i 是 MS 到 N 个已知方位 (x_i, y_i) 的距离，我们获得了 N 个 d_i 的估计值，$i = 1,2,3,\cdots,N$，从而有 N 个等式：

$$f_i(x, y) = (x_i - x)^2 + (y_i - y)^2 - d_i^2 = 0$$

(x, y) 是 MS 的未知位置。当 d_i 估计有误差时，最小二乘原理提供了估计 x 和 y 的方法。原理如下。设 $\boldsymbol{F} = [f_1(x,y) f_2(x,y) \cdots f_N(x,y)]^{\mathrm{T}}$。首先，可以构建雅克比矩阵为：

$$\mathbf{J} = \begin{bmatrix} \dfrac{\partial f_1(x, y)}{\partial x} & \dfrac{\partial f_1(x, y)}{\partial y} \\ \cdots & \cdots \\ \dfrac{\partial f_N(x, y)}{\partial x} & \dfrac{\partial f_N(x, y)}{\partial y} \end{bmatrix}$$

下面我们选中一个答案，其估计值为 $\mathbf{U} = [x^* \ y^*]$，我们确定该答案的误差为 $\mathbf{E} = -(\mathbf{J}^{\mathrm{T}}\mathbf{J})^{-1}\mathbf{J}^{\mathrm{T}}\mathbf{F}$，用来评估估计值 $\mathbf{U}$。新的答案是 $\mathbf{U} + \mathbf{E}$。采用迭代运算，通过计算叠加在先前答案上的新误差减少答案中的错误，得到新的答案，重复此运算直到答案中误差不再改变。已知参考点位置为：(10,10)，(0,15)，(−5,5)。到这些参考点的测量距离分别是 15 m、16 m、5 m。试运用最小二乘方法判定估计的位置。初始位置选为(2,2)。

习题 15.3

证明基于 RSS 测距的 CRLB 由下式给定：

$$\sigma_D^2 \geqslant \frac{(\ln 10)^2}{100} \frac{\sigma_{sh}^2}{n_p} d$$

其中，σ_{sh} 代表对数正态分布阴影衰落的零均值高斯随机变量的标准差；n_p 是路径损耗因子；d 为两个节点之间的距离。

习题 15.4

将基于 RSS 定位的二维 CRLB 扩展到三维场景下。举出一些应用的例子，在这些例子中 3D CRLB 界将发挥作用。

习题 15.5

运用图 15.8 中定义的天线阵列的参数来表示 DOA 估计的 CRLB 如下所示：

$$\sigma_D^2 \geqslant \frac{12c^2}{N_a(N_a^2-1)l\cos(\alpha)}\sigma_\tau$$

其中，N_a 是天线阵列中天线的数量，l 是天线阵列中天线之间的距离，α 是天线阵元与信号 DOA 之间的夹角。

第16章　无线定位实践

16.1　引言

自20世纪90年代中期以来，应用于GPS不能正常工作的室内和城市区域的无线定位技术，已经成为商业和公众安全应用领域的一个热门研究方向。在写作本书时，基于RSS的WiFi定位技术正在主导着商业市场，在所有流行的智能手机中作为GPS芯片组的补充，而在没有GPS芯片组的许多其他设备(如平板电脑、电子阅览器、计算机和笔记本电脑)中独立运行。从现代的基于位置发现服务的企业，如Yelp，到传统的导航定位服务，这些技术利用随机部署在全球的WiFi设备，对数以万计的智能设备应用程序提供室内和城市区域内合理精度的定位信息[Pah10；Wor12]。

公共安全和军事应用领域需要更加精确的定位以便于第一时间响应，因此人们正在研究更加精确的定位技术，例如精确的室内混合定位技术[Moall]。这些混合技术中的射频定位技术想通过基于TOA的定位使结果变得更加精确。在这一章中，我们将着重解决应用于军事和商业需求的室内和城市定位技术所面临的实际问题。另外，我们将会探究在人体内的定位技术所面临的挑战，它是新兴的无线健康产业未来研究的一个重要领域[Pah12a，b]。

16.2　无线定位技术的出现

自从20世纪80年代无线局域网出现以来[Pah85]，通过突破性的创新技术使无线技术得到普遍应用是无线变革的奇迹之一。这些创新技术的发生是因为WiFi技术被设计应用于数据应用，以及底层网络总是想为无线网接入争取更高的数据速率(高于100 Mbps)以支持不断增长的多媒体应用。这些互联网应用通常被应用在一些室内区域，在这些区域中存在大量的多径效应，这需要复杂的创新传输技术来实现高速率数据传输。因此，正如本书第一部分介绍的，无线局域网引入了扩展频谱技术的第一个成功商业应用，以及后来的OFDM和MIMO天线系统。和WLAN产业相反，大约拥有70亿用户的繁荣的蜂窝网络产业是伴随着一个以较低速率(大约10 kbps)的蜂窝电话应用为中心而出现的，它要求当用户在一个大的城市范围内移动时能够全面覆盖并能支持持续的服务质量。这些蜂窝网络的现状促使了CDMA的3G蜂窝网络技术的发展。在写作本书时，4G手机行业正在使用LTE技术，这种技术采用了成功的无线互联网接入技术WiFi网络所使用的OFDM和MIMO技术。

在2000年，也就是首个IEEE 802.11标准完成后三年，使用WiFi信号定位的技术出现在文献[bah00 li00]上。该技术的第一个商业应用是实时定位系统(RTLS)，它被用于跟踪精度在几米范围内的室内区域的资产和人员。在过去几年中，WiFi定位找到了应用于WiFi或者无线定位系统(WPS)的方法，它被应用在一些新型智能设备，如iPhone中，以作为GPS和发射塔的定位补充。这些定位方法用于在都市地区里数量繁多的日常消费应用，其范围从社交网络到给照片和视频标记位置信息。这些应用程序通常接受大概几十米范围的误差精度，但是它们要求及时的位置定位信息和全面的定位覆盖。这个扩展的用户需求对行业造成了挑战，因为 GPS 技术不够及时，并且在几乎所有这些应用程序启动时，都不足以覆盖室内区域。发射塔和 GPS 辅助定位技术够快，但它们使用现有的基础设施时可能无法提供所需的精度。使用 WiFi 定位的 WPS 行业的出现解决了这些不足。促使这种技术产生的原因除了 24 颗或 32 颗 GPS 卫星和成千上万的手机信号发射塔，还有在世界范围内的亿万 IEEE 802.11 WLAN 接入点，这些接入点有可能用来在各种户外环境和室内环境中定位终端。

WPS 补充了 GPS 的室内覆盖，减少了确定固定位置时定位的时间(因为 GPS 需要时间来实现可靠估计)，改进了功率消耗，并提供抗干扰能力。同时 GPS 也补充了 WPS，提供全面的室外覆盖和通用坐标参考框架。在 2008 年，作为新兴智能设备的领跑者，iPhone 开始把 WiFi 芯片补充到它的 3G CDMA 芯片组中，来实现无论在何地都能高速地无线上网，并且在融合系统中除了使用 GPS 和信号发射塔来定位外，还补充了 WiFi 定位和跟踪能力。在写作本书时，在智能手机和其他设备中的 WiFi 定位技术每天都会被数以几亿次地应用。图 16.1 表明 APS Skyhook(在波士顿，麻省的一个公司)在西雅图地区的 AP 数据库。作为数据库的大小的一个例子，在写作本书时，Skyhook 数据库有全球约 5 亿个接入点信息。

图 16.1　Skyhook 公司(波士顿，麻省)在西雅图地区的 AP 数据库。@2012 Skyhook, Inc

本节重点介绍 WiFi 定位产业在新兴的智能设备中的应用。我们描述了基于接收信号强度(RSS)的 WiFi 定位技术如何从基于到达时间(TOA)的 GPS 技术发展而来，以及这两种技术如何互补以满足智能终端上新兴的令人充满期待的应用需求。

16.2.1　WiFi 定位的发展

传统的 GPS 不适用于室内应用，它不能很好地工作在这些地区(在可用性或准确性方面)。在 20 世纪 90 年代后期，也就是 DARPA 为满足在军事和公共安全领域的室内定位需求所推出它的精度达到 1 m 的小型作战态势感知系统(SUO/SAS)项目时[Pah98]，风险投资家们就开始投资开发室内定位技术的初创企业，如 PinPoint(Woburn, Mass)[Wer98]和 WhereNet(圣克拉拉市，加州)等，这些企业的产品精度可以与 SUO/SAS 精度媲美。在 GPS 中使用的 TOA 技术所获得的巨大成功促使军事和商业领域的研究人员开始朝该方向研究。

这个想法听起来很简单，可以根据在 15.3 节中的 TOA 系统的 CRLB 的解释，TOA 系统测距误差的方差由下式给出：

$$\sigma_D \geqslant \sqrt{\frac{1}{8\pi^2}\frac{1}{\mathrm{SNR}}\frac{1}{T_0 W}\frac{1}{f_0^2}\frac{1}{1+\dfrac{W^2}{12f_0^2}}} \tag{16.1}$$

式中，T_0是观察时间，SNR 是信噪比，f_0是中心频率，W 是系统的带宽。对于在 GPS 体系中使用的频率而言，如果我们可以等待几分钟这种传播误差可以控制在几米范围内。如果我们希望把这一技术扩大到室内定位技术，则要应对三个挑战：

1. 需要在合理的测量时间内确定一个更高精度的对象。
2. 当信号穿透建筑时需要额外损失 20～30 dB 的路径损耗。
3. 需要一种算法来应对多径效应。

为了应对这些挑战，在 20 世纪 90 年代后期，一大批基于 TOA 的军事和商业室内定位系统被设计出来，但都没有达到预期的要求。DARPA 不得不在精度需求上做出让步，而这些商业初创企业很快都失败了[Pah06]。

在 SUO/SAS 项目中所进行的室内定位应用的无线电传播研究结果发现了造成经常导致意外错误的科学来源，那就是在阻碍视线的室内环境下严重的多径效应。在接下来的几年中，为了克服这种问题，军事和公共安全人员找到了许多解决由多径所造成的室内定位技术挑战的方法，其中包括 UWB、超分辨率、多径分集及协作定位技术[Pah02，Pah06]。最近，研究团队认为惯性导航系统在实现更准确和精确的室内定位上可以弥补射频室内定位技术的不足[Moa11]。

16.2.2 WiFi 定位：TOA 和 RSS

自 20 世纪 90 年代末室内定位技术出现以来，对商业应用而言，阻碍它被广泛应用的一个主要原因是新的专属硬件的价格，以及建设使室内定位技术具有有用性和可行性所必需的基础设施。成本的因素促使厂商尝试利用现有的无线局域网基础设施来服务于室内定位技术，这种方法由于合理的开发成本，在办公环境中得到迅速普及。在 2000 年，基于 TOA [Li00]和基于 RSS [Bah00]的 WLAN 定位技术出现在相关文献上，随后诞生了 WiFi 定位产业。本世纪初，WiFi 定位技术的出现激发了人们对这个行业的巨大热情。对基于 TOA 的室内定位技术而言，基于在这个领域[Li00]发表的开创性论文，不同的公司申请了一大批专利。使用 WiFi 无线网络基础设施服务于定位应用的思路渐渐地蔓延到其他新兴网络标准化领域，如应用于 UWB 通信(见第 10 章)的 IEEE 802.16.3 和应用于使用 ZigBee 技术的无线传感器网络通信(见第 9 章)的 IEEE 802.16.4。尽管基于 TOA 的 WiFi 定位系统可以利用现有的基础设施，但是仍然需要对硬件设计进行一定的修改来获取从 WiFi 信号接收到的 TOA 估计值。此外，就如军事系统一样，任何一个基于 TOA 的定位系统要实现精确的定位都要面对多径的挑战，解决这个问题需要复杂的算法和技术。由于这些原因，不管基于 TOA 的室内定位研究投入有多大，商业市场依旧在等待受欢迎的产品，与此同时研究的重担大多被军事和公共的安全部门所承担。

基于 RSS 的定位系统，可以直接利用现有的 WiFi 硬件设施，而没有对终端的 WiFi 设备和接入点的硬件做任何修改。这些系统使用一个定位“软件补丁”读取和处理来自不同接入点的 RSS。正如我们在 15.3 节所介绍的那样，基于 RSS 定位的相关精度对多径和带宽不敏感，因此该系统不需要在终端和基础设施之间进行同步。所以，基于 RSS 的室内定位系统在商业上迅速获得成功，在这个领域一些开创性的论文发表之后[Bah00]，一些初创公司如 Ekahau(赫尔辛基，芬兰)和 Newberry Networks(波士顿，麻省)迅速创建起来。在写作本书时，在这一领域的公司已经能制造 WiFi RFID 标签来跟踪资产和人员信息，这些公司有时把他们的行业称为实时定位系统(RTLS)行业，自从 2012 年底谷歌宣布推出著名公共建筑的室内地图后，在这一领域又出现了一大批初创企业。

在上世纪末，随着 iPhone 和其他智能设备的广泛应用，基于 RSS 的 WiFi 定位技术在都市定位方面获得了巨大的发展。这种技术是被英特尔的 Place Lab 研究出来的，随后被 Skyhook(波士顿，麻省)公司作为一种商业产品推广使用。在这些设备中使用的 WiFi 定位系统有时被称作 WiFi 或者无线定位系统(WPS)，这种系统在应用领域、业绩预期、数据采集技术和应用算法方面与 RTLS 有着很大的不同。在本章的剩余部分，我们将会解释基于 RSS 的 WiFi 定位技术是怎样在不同的 RTLS 和 WPS 系统中工作的。

16.2.3 基于 RSS 的 WiFi 定位是怎样工作的

RSS 不是距离估计的可靠估计指标。我们在第 2 章和第 15 章讲到过，一般用来计算距离发射机为 d 的所接收到 RSS 的室内传播统计模型由下式给出：

$$P_r = P_0 - 10\alpha \log d + X \tag{16.2}$$

式中，P_r是接收功率，α 是环境的距离指数因子，X 表示描述阴影衰落影响下的零均值高斯随机变量。正如 15.3 节中所讲到的，通过式(16.2)把距离和功率联立，可得出测距误差的 CRLB 的计算公式：

$$\sigma_P \geqslant \frac{\ln 10}{10}\frac{\sigma}{\alpha}d \tag{16.3}$$

式中，σ 是阴影衰落的标准差。

距离因子随着环境的不同将会取不同的值，在无线电传播的波导通道中时，它的值会在 2 以下，当它在有着庞大的金属设施的建筑中时，它会增长为 6，对于大多数的室内 OLOS 环境它一般是 4 左右。阴影衰落方差通常为 5 ~ 10 dB [Pah05]。使用传播范围内的这些值以及使用 RSS 的测量距离，其测量误差可以与发送方和接收方的距离相当，在部署有 WiFi 的典型的室内区域内，误差最大值为 30 ~ 50 m。这些值对于典型的 RTLS 商业应用，如资产跟踪和定位建筑内的老年人是不可接受的，但是它们对于 WPS 的应用，如方向导航、定位服务是可以接受的。因此，虽然 RTLS 和 WPS 遵循相同的运作原则，它们都叫作“基于 RSS 的定位技术”，但是它们在实施的技术细节方面完全不同，它们服务于该产业的两个不同的部门。在建筑里我们使用 RTLS，在大都市里我们使用 WPS，这两个行业有个共同的特点，那就是利用网络覆盖区域，收集来自不同地方的 WiFi 接入点的 RSS 所观察的数据。随后，我们使用模式识别定位算法从数据库中找到未知的接入点位置，以及正在读取 WiFi 接入点周围 RSS 值的设备的位置。在接入点覆盖范围内，设备通过周期性地读取广播的信标信号，可以被动地测量 WiFi 接入点的 RSS，也可以通过周期性地探测接入点主动地获取 RSS(请参考第 8 章在无线局域网中信标和探针消息的讨论)。RTLS 和 WPS 都不能支持全方位覆盖，它们通常和 GPS 结合在一起。这两种行业在细节方面有哪些不同，以及它们是如何和 GPS 整合在一起的将在下一节中介绍。

16.3 WiFi 定位系统的对比

本章前面提到，使用基于 RSS 的 WiFi 定位技术的两个产业已经出现了。RTLS 产业，致力于发展垂直应用的室内定位技术，旨在发现在特定建筑里的人或设备，如医院、博物馆或仓库。第二种产业是 WPS 产业，旨在支持众多的智能手机的定位应用或其他在任何地方的新兴设备，如阅读器以及笔记本电脑的定位应用。

16.3.1　RTLS：RFID 应用的 WiFi 定位

市场和应用： RTLS 最普遍的应用是追踪仓库里的资产，定位医院内部"有需求"的人员和设备，开发满足像在博物馆这种公共场所内的游客需求的导航地图，定位在护理之家有特殊需求的老人和病人，并监控远离看护的儿童或宠物。第一代 RTLS 产品是运行在装有 WiFi 设备的笔记本电脑和台式计算机的软件程序。该软件运行着两种模式：一个是数据收集模式，用户在这里创建建筑内的参考数据库；一个是定位模式，在这里软件从接入点周围读取 RSS 的终端信息。后来，WiFi 芯片组集成在一个小小的 RFID 定位标签上用来组成一个 RTLS 应用的嵌入式系统。最近，一些厂商已经把 GPS 芯片集成在 RFID 标签内，当设备在两个被观测的站点移动时它可以提供持续的标签定位信息。这种商业模式从站点授权以及收集和维护站点观测数据上获得收入。WiFi RFID 标签的引入增加了销售单个标签的新收入来源。在这个领域里，这个市场足够可以维持一些小公司的运营。

绩效期望与数据库： 为了使 RTLS 支持相应的应用，RTLS 系统需要在室内区域的定位精确到米，正如前一节讲到的，由式(16.3)给出的 CBLA 表明，由于这些值有一定的范围变化，导致了不能经常获得这样的精度值。为了解决这个问题，RTLS 需要接入点使用一种比普通接入点分离更小的空间分离方法，使用已知位置的站点观测数据库，然后通过匹配模式算法来定位终端。为了建立数据库，系统采集参考测量值的已知位置，这些信息通常被可视化地标注在一栋建筑中某一楼层的布局图里，然后手动地敲进数据库来创建无线电传播图。由于手动添加测量位置的地理标签是非常耗时的，所以这些系统的制造商通常建议在一个给定的位置，获取几套来自不同终端位置的测量值。如果我们能自动添加参考位置的地理标签，从而节省时间和更快地创建数据库，那将是非常理想的。然而，由于 GPS 不能覆盖室内区域，所以没有办法知道可靠的位置信息，通常它也不能提供所需的几米的精度要求，而这种需求正是 RTLS 应用所能提供的。图 16.2 表明在一个如图 16.3 所示的典型的实验室建筑里，采用 Ekahau 软件对于不同数量的接入点和测试点可获得的性能。图 16.2 表明，利用 3 个接入点和 27 个测试点，可以实现 1 m 左右的精度。

算法和覆盖： RTLS 产品通常卖给私人企业，它被用来探测他们建筑里的位置。因为企业在他们的建筑里也有自己的 AP，AP 的定位通常是可用的。然而，正如我们之前讨论的，RSS 是一种不可靠的距离估计。出于这种原因，15.4.2 节描述了一种模式识别算法，它的原理是通过把现存的 AP 的 RSS 签名和所有的在已知位置观测的 RSS 数据库相匹配。这些算法中，第一种算法是一种简单的最近邻算法[Bah00]，它确定了未知位置接入点的 RSS 和在数据库中已知位置 RSS 的不同功率，并得出一个最小 RSS 差的估计值作为未知点的位置估计(参照例 15.8 和例 15.9)。

可以采用随机算法来改善精度[Roo02a, b]，在已知位置数量减少的情况下，它基于数据库中已知位置的加权值之间的联系，使用更多的测量值得出未知位置的信息(参照例 15.10和例 15.11)。随机算法的优势是它只需要数据库中少量的已知位置值。无论是最近邻算法还是随机算法它们都不需要接入点的实际位置(由于在公司里定位系统和接入点的所有者是相同的，所以对这些应用而言可以获得接入点的位置)。如果接入点的位置是可靠的，那么可以考虑用无线电传播的特性来提高精度并且减少采集数据所需的时间。对于无线电传播而言，最流行的模型是式(16.2)所描述的统计模型，但是这些模型不能提供十分精确的可以帮助精准定位的 RSS 估计值，这个事实在这个产业出现之时就已被确认[Bah00]。统计模型不是唯一的 RSS 估计值方法；射线跟踪算法提供了在室内建筑区域里更精确估计 RSS 的方法[Pah05]。在建筑内部，这种射线跟踪算法使用建筑布局来提供更加精确的 RSS 估计。对无线电传播构建的精确模型以及对接入点位置信息的掌握避免了收集参考点数据库海量测量值时所耗费的大量精力。这种方法已经在[Hat06]中提出。

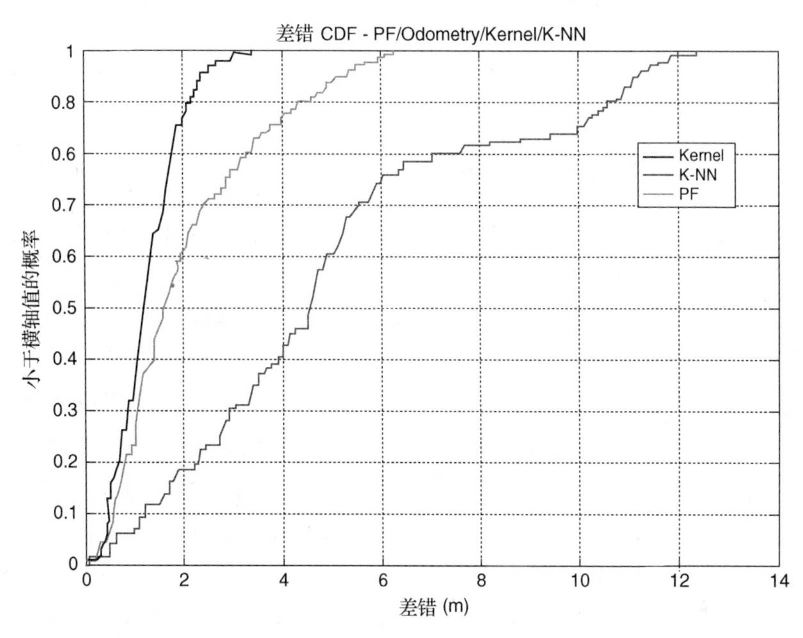

图 16.2　两种不同 WiFi 定位算法位置误差的 CDF 以及粒子滤波结合 WiFi 定位和惯导系统定位在如图16.3所示的室内路线中的CDF

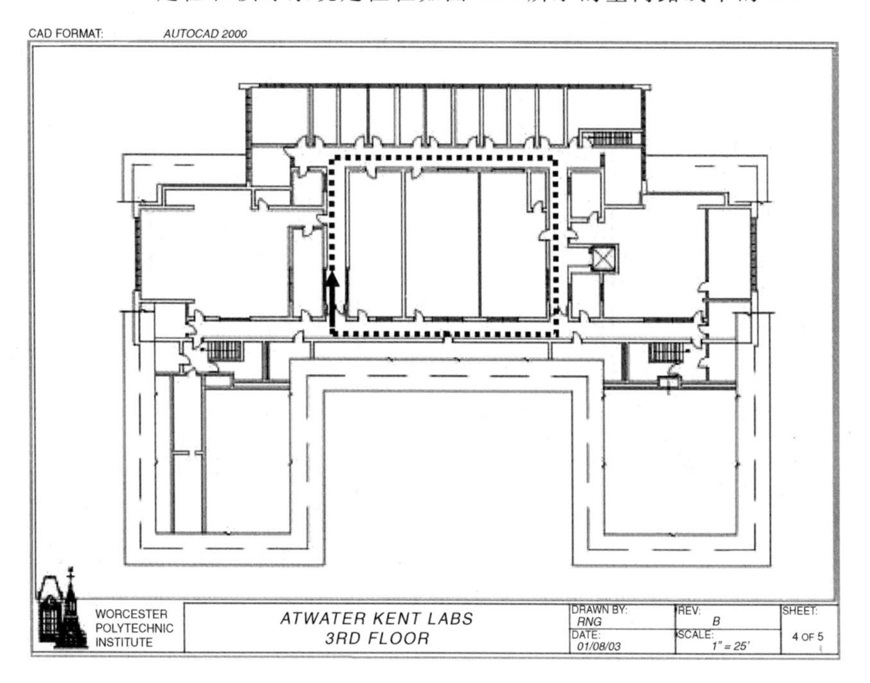

图 16.3　用于 RTLS 算法性能评价的伍斯特理工学院，阿特沃特肯特的实验室三楼室内场景(麻省，伍斯特理工学院)

RTLS 系统卖给了已经有 WiFi 网络覆盖的公司并且 RTLS 系统的覆盖范围和 WiFi 网络覆盖范围一样。为了在一个区域里使用有限的 RSS 读取值提高位置估算的精度，可以额外增加没有网络连接的接入点。这些额外的接入点不需要拥有无线设备的全部功能，因此它们可以以较小的费用来设计生产。系统有时会位于相互隔离的位置，为了扩展在公司建筑之外的系统覆盖范围，可以把 WiFi RFID 标签和 GPS 芯片集成在一起来提供户外覆盖。这种集成算法很简单：把 WiFi 定位设为默认定位设备，然后利用 GPS 读取没有被 WiFi 定位覆盖的位置信息。这种集成模式的另外一种优点是以前 WiFi 定位坐标只是基于建筑布局的局部坐标，但现在它可以映射到全球 GPS 定位坐标。

16.3.2 WPS：软件 GPS

WPS 的数据库是通过在大都市街道沿街扫描来获取的，它使用 GPS 标记测量的位置和时间然后发现无线接入点的位置(参照例 15.7)。随后，当一名用户的设备读取到来自 WiFi 接入点周围的 RSS 时，它会发送一个请求给数据库，通过把它读取的 RSS 值和数据库的值以及之前 GPS 读取的值进行比较，利用一种模式识别算法来计算它的位置。因此，一个 WPS 系统可以被视为一种软件 GPS 系统，它在一个给定的时间内把 GPS 读取值和在那个时间 WiFi 接入点周围的 RSS 读取值进行关联。因为 WiFi 设备的位置是固定的，而卫星提供给 GPS 的定位估算值是变化的，所以可以将几个不同精度水平的 GPS 读取值和相同的 WiFi 接入点联系在一起，或者可以通过匹配识别技术利用实际驾驶地图来修正 GPS 读取值。这种方法可以使 WPS 有可能提供一种比 GPS 本身更高的精度。图 16.4 显示出图 16.5 所示的测试路线对于 Skyhook(麻省，波士顿)的性能结果。这个数据说明，在人口密集的城市地区，在误差的累加分布方面 WiFi 定位比 WPS 性能更好。这种情形和我们去郊区相反，由于那里 WiFi 定位覆盖的限制，我们可以看到利用卫星 GPS 定位可以提供更高的精度。图 16.6 和图 16.7 提供了在一个更开阔的波士顿郊区的性能评估图，它显示出 GPS 表现的性能比 WPS 更好。

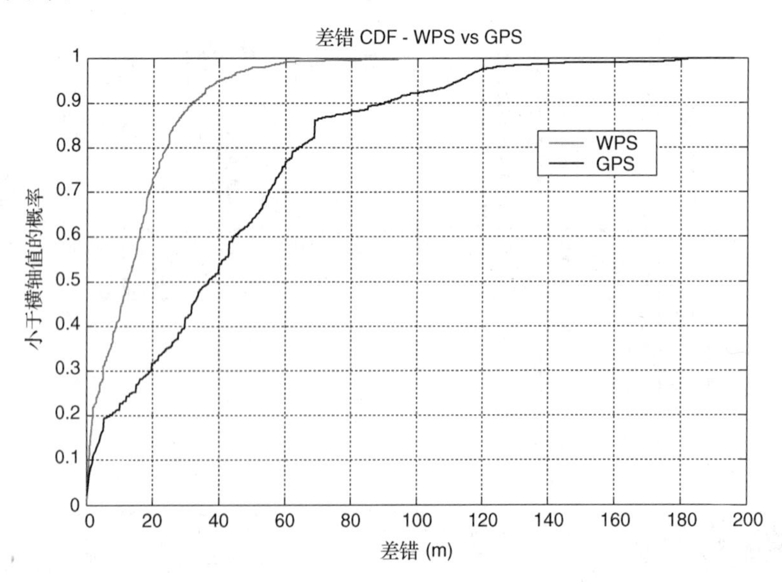

图 16.4 在旧金山的一个测试路线中 WPS 相对于 GPS 的性能比较，该路线如图 16.5 所示

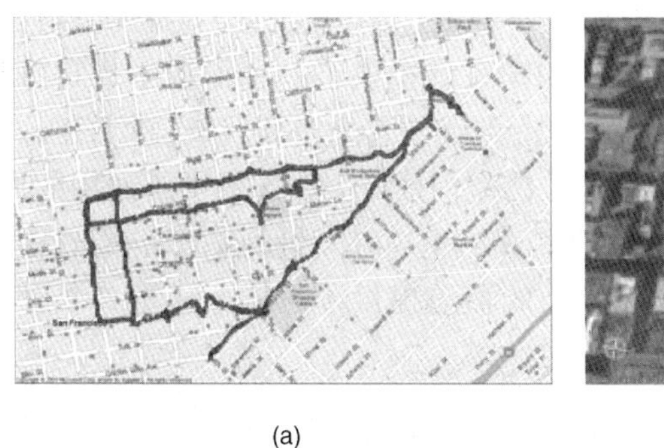

(a)　　(b)

图 16.5　(a)在旧金山对应于图 16.4 显示的结果中的测试路线；(b)在旧金山市区的卫星地图。@ 2012 Skyhook, Inc.

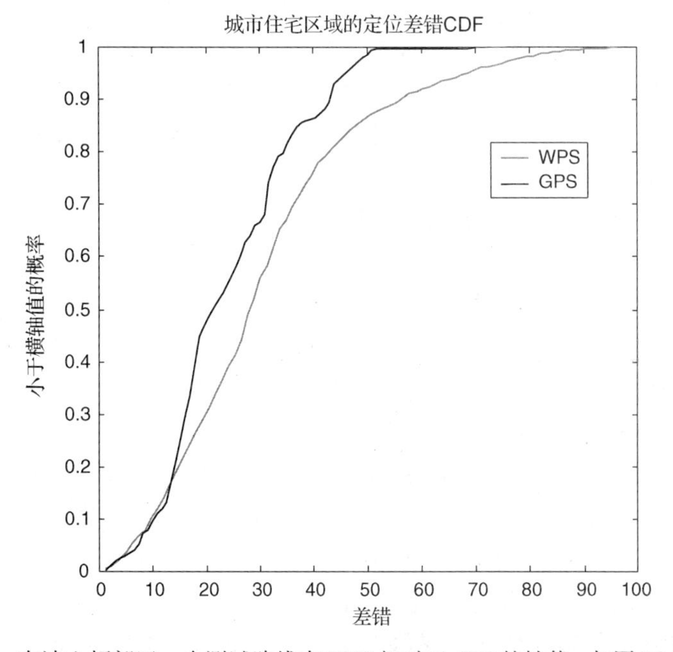

图 16.6　在波士顿郊区一个测试路线中 WPS 相对于 GPS 的性能，如图 16.7 所示①

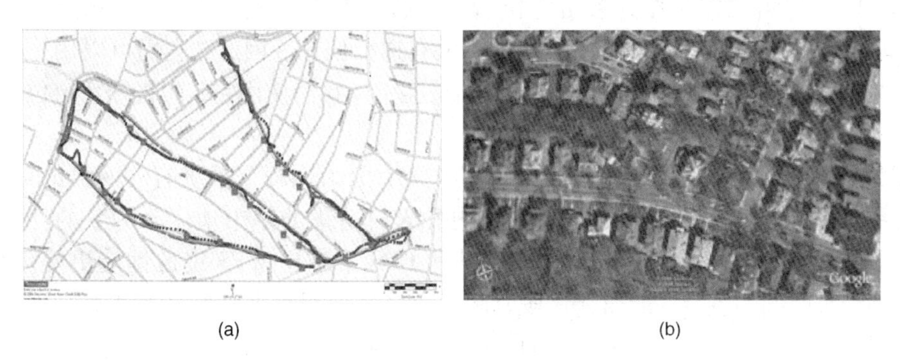

(a)　　(b)

图 16.7　(a)在波士顿郊区的对应于图 16.6 显示的结果的测试路线；(b)这个区域的卫星地图。@ 2012 Skyhook, Inc.

① 此处图的说明里是郊区，但是图上的图例说明却是城市住宅区域。可能是原文错。——译者注

从这个角度来看，一个WPS系统可以看作是一个记忆和改进GPS定位的软件系统，并且后期可以完全不需要GPS的硬件。这种软件GPS系统提供了一种低成本、低功耗并且能够潜在提高精度的快速定位技术。WPS最重要的特点就是它是基于WiFi读数工作的，这种方式把WPS的覆盖范围延伸到GPS不能很好定位的室内区域。GPS提供了通用的户外覆盖，但是它不能工作在大部分室内和城市区域，而这些区域里拥有大量的基于定位的移动电脑应用。WPS软件和GPS硬件集成在一起为这种复杂的覆盖提供了可能，只要一个设备能内嵌GPS芯片就可以使用。

智能设备中混合定位技术的演进：2010年左右，定位技术已经成为智能手机、平板电脑、上网本上的核心元素，它正在开创一个整合了定位技术和导航技术的迅猛发展的市场，每位用户可以在日常应用中使用导航技术，如用来发现本地服务，标注图片和视频，发现当地新闻，当然还可以进行方向导航。这些应用程序通常接收的精度在几十米，但是它们要求确定位置及时和覆盖面广。这些要求让GPS和蜂窝塔定位来独立实现是无法做到的，因此这些需求促使了混合定位系统和WiFi定位技术的集成。这场革命开始于iPhone的定位跟踪技术，接着扩展到iPad和上网本，然后又找到了一种方法应用到其他新兴的智能设备中，如电子阅读器、相机和其他流行的应用(如社交网络)中。

WPS的一个基本优点是，当平板电脑、上网本和笔记本电脑没有安装GPS和蜂窝手机芯片时，WPS可以作为一个独立的解决软件使用。该方案是很合理的，因为平板电脑、上网本和笔记本电脑的WiFi芯片组可以建立互联网连接，并且WiFi是可用的，WPS也可以工作。智能手机同时有蜂窝网络连接和WiFi芯片组。WiFi信号可以来自热点、家庭路由器、公共接入点以及企业无线网络，这些网络覆盖了大部分必要的室内和城市区域，因为这些地方经常要上网。较低精确度的蜂窝定位可以作为一种覆盖补充，如在洲际公路，这些地方的WiFi信号可能不会一直可用。因此，基于RSS的WPS和蜂窝塔定位相结合可以给智能手机提供广泛的覆盖、快速定位、较低功耗、较低成本的软件定位服务。这种方案首次被老式iPhone采用，同时也是自那时开始进入市场。今天，iPhone的最新版本以及大部分其他智能手机同时也携带了GPS芯片组，它可以补充覆盖范围并提高户外定位的精度。

WPS和基于RSS的蜂窝定位集成是很简单的。有更高精度的WPS作为默认定位设备，当WPS不可用时，蜂窝定位作为备份定位引擎。因为WPS和蜂窝定位是在软件上实现的，所以在功耗配置、电池寿命以及定位时间之上没有选择偏见。因此，它们可以用一种很简单的方法集成：当WiFi定位可用时，因为它更加精准所以我们使用它，而将蜂窝定位作为一种备份。

然而，WPS和GPS集成要牵扯到更复杂的技术，因为这两个系统有着明显的互补属性，它可以被用来提升该系统的整体属性。在室内和人口密集的城市地区，WPS的性能比GPS更好，但是在道路上的大多数时间一个热启动的GPS系统比WPS定位性能更好。在室内，GPS需要几分钟时间实现定位，而在这段时间里大多数应用程序已经开始工作，硬件会消耗智能手机或上网本宝贵的电池寿命。因此，在室内区域WPS被作为默认的定位方法，如导航定位发现之类的应用，它从室内开始一直持续到室外，在GPS启动并预热成功后，如果用户在室外区域，则设备定位引擎可以切换到GPS。怎样结合这两种定位技术以达到精度、功耗和定位时间的最优化是一个复杂的工程挑战，它需要复杂的工程解决方案。这些需求已经刺激了一些初创企业开始专注于WPS、GPS和蜂窝定位的集成应用。在军事和公共安全应用方面，要解决快速的数据采集问题，以及在 WPS 和 GPS 定位技术中无线电信号电磁干扰问题，则需要更深入的研究。

数据采集和算法：WPS 的数据库是通过在大都市街道沿街扫描来获取的，它使用 GPS 标记每一个测量点的时间和位置。WPS 的数据库比 RTLS 系统的数据库大得多，它的数据采集过程涉及大量的在都市地区的驾驶者。

由于在都市里有大量的接入点并且位置是持续变化的，因此这里没有办法精准地追踪它们，所以通常来说实际 WiFi 接入点的分布可以模拟为在一个特定时间和空间的随机过程。在任何给定的时间间隔内，新的接入点被建立起来，一些旧的接入点消失或者被重新定位。没有一个权威机构可以一直控制这些接入点的所有权、安装或者移除。在给定的时间内，确定 WiFi 接入点的实际位置是不现实的。因此，通过沿街扫描获得的数据库只是随机现象中的一个快照，所以在一个给定的时间内，数据库不会包含整个地面的真实场景以及所有接入点的位置。随着时间的流逝，数据库的覆盖范围和精确度都会衰减，因此我们需要周期性地更新数据库。这个过程非常具有挑战性，它需要一个细致的驾驶方案以及重新扫描的数据库使收集的花费最优化。因此对于 WPS，数据库的采集与维护需要很高的花费并且是一个一直持续的过程。采集的数据库质量随着采集方法的不同变化很大，它取决于收集数据库方法的复杂性和深度。

利用所谓的用户“有机数据”来更新数据库这样一种有效的方法，可以降低维护成本，扩大覆盖面，增加重新扫描间隔。当用户开始启动一个定位应用时用户终端就可以收集有机数据或者在终端安装一个程序自动地周期性采集数据。使用这种有机的数据更新数据库可以增加数据库的大小，减少更新的时间间隔，从而使维护成本显著降低。

把有机数据系统性地整合到通过合理的驾驶搜索程序所收集的数据库上需要数据挖掘算法，以确保额外的有机数据不降低定位的总体精度。在 WPS 所收集的数据库中，地理标签都带有 GPS，大量的测量值所覆盖的区域取决于驾驶者的速度，数据库的地理覆盖范围取决于司机间的协调规划。对于数据的事后处理，我们需要另外一套算法，以减少 GPS 数据库的地理标记错误，使数据库的空间分布接近均匀。这些算法与实际 WPS 使用的定位算法是相分离的。

专为 WPS 设计的定位算法必须解决由于 WiFi 接入点的空间和时间的随机性造成的数据的不确定性，以及和个人接入点相关联数据的分布不均匀性问题。直接使用基于最近邻算法的这些算法来处理大量的数据并不一定总是最佳解决方案[Che05]。WPS 的无线电传播环境涉及由室内到室外的多个复杂场景，这种情形比应用在室内到室内传播的 RTLS 更不可预测。这些特征有时可以被用来改善算法的精度。

对于在大都市地区从事数据采集以及 WiFi 定位后期处理的公司来说，这些 WPS 设计上的复杂性已经为创新工程和科学开辟了一块新的领域。许多公司有类似的搜索引擎，在搜索引擎方面 Google 独占鳌头，它拥有更多更好的处理数据，以及在大都市地区更好的 WiFi 定位数据。它拥有最大的数据库以及最好的后处理数据算法，可以用更精确和更广泛的可用性数据来定位设备。

16.4　实际的 TOA 测量

RSS 的测量是非常简单和直接的，几乎不受系统的带宽所约束。相反，TOA 的测量需要在发送端与接收端之间进行严格的时间同步，并且受系统的带宽影响很大。因此，基于自身的 TOA 测量一直受到广泛的关注，一直是基于 TOA 定位研究内容中的核心部分。在自由空间或者空气中，无线电信号以光速匀速传播。TOA 信号既可以通过测量收到的窄带载波信号的相位进行实际测量，也可以通过测量宽带窄脉冲的时间来得到。用来测量 TOA 的宽带脉冲可以通过宽带直接扩频(DSSS)序列信号产生，也可以通过超宽带(UWB)脉冲产生。因此，测量 TOA 的技术可以分为 3 类：宽带、窄带和超宽带技术。

16.4.1 使用窄带载波相位测量 TOA

我们可以通过测量接收信号载波相位并且和发送载波相位相比较来测量 TOA 或者信号传播的时间。图 16.8 说明了这种方法。接收和发送之间的载波相位差可以用来测量两点之间的距离。接收到的载波信号相位 ϕ，以及信号的相关 TOA τ 之间的关系是 $\tau = \dfrac{\phi}{2\pi f_c}$，其中 f_c 是载波频率(参见例 2.9)。众所周知，在接收端使用差分 GPS 测量参考载波相位比使用传统的 GPS 可以把定位精度从 20 m 提高到 1 m [Kap96]。与相位测量相关的一个普遍问题是图 16.8(a)显示的模糊性。这种模糊性是由于信号相位的周期性(2π 周期)的结果。我们无法测量相位与相位相关的超过数值为 2 的延迟。传统的 DSSS 和 UWB 测量方法使用脉冲传输计算信号传播时间，这通常是没有模糊性的，并且理论上它们可以测量任何延迟值。因此，在 GPS 中，模糊的载波相位测量是用来改善 DSSS 测量方法的。在 GPS 系统中，采用一个互补的卡尔曼滤波器来将低噪声的载波相位模糊测量和不模糊但是噪声更大的 TOA 测量结合在一起[Kap96]。

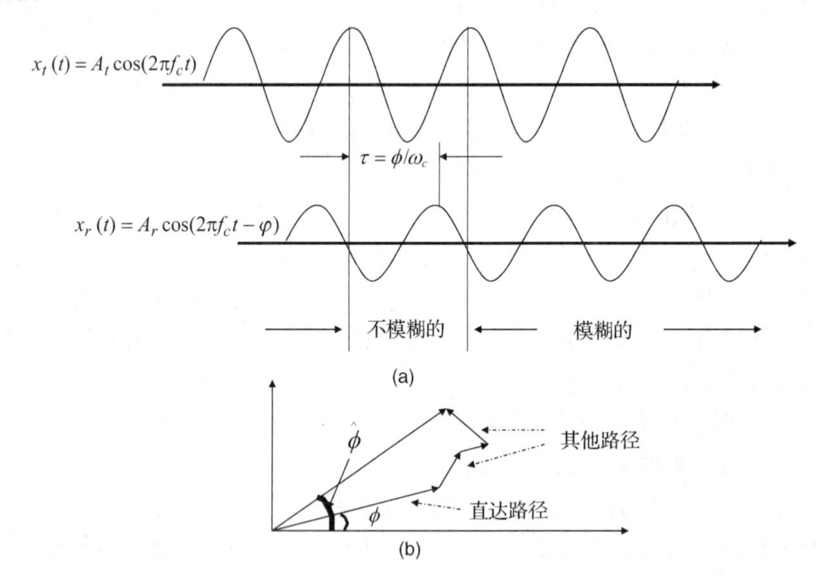

图 16.8 (a)在测量中使用接收信号相位的窄带 TOA 测量，在测量过程中存在模糊性；(b)多径到达的矢量图

和 GPS 不同，在直接路径总是假定存在严重的多径效应条件下，在室内和户外地理环境中多径会给相位测量造成很大的误差。当一个窄带载波信号在多径环境中传播时，如图 16.8 所示，接收到的载波信号是由大量的载波集合而成的，这些载波来自不同的路径，拥有相同的频率但是有不同的振幅和相位(见 2.3.1 节)。该复合接收信号的频率基本保持不变，但是由于严重的距离测量误差导致相位和直接 LOS 信号有很大的不同。直接的结论是采用窄带载波信号的基于相位距离测量在多径条件下不能提供精确的距离估计。

16.4.2　宽带 TOA 测量和超分辨率算法

直接序列扩频(DSSS)宽带信号已经用于 GPS 和其他测距系统许多年了。在这样的一个系统中，正如我们 3.5.4 节介绍的，使用发送机通过一个已知的伪随机序列把调制信号(传播)发送出去。然后一个接收器通过本地产生的 PN 序列与接收信号进行相关运算来获得带有尖峰的窄波。发射机和接收机之间的距离由第一个相关峰值的时间决定，由于在接收机端相关过程的处理增益，DSSS 测距系统在抑制其他工作在相同频带的无线电干扰时，其性能比其他系统性能表现得更好。

在拥有大量多径的环境中，如室内信道，正如在 15.2.2 节和图 15.2 中所介绍的，多径在测量 TOA 时产生了两个问题。在接收机和发射机之间，接近直达路径(DP)的路径造成了第一条路径的峰值变化，从而因多径产生了误差。并且，有时第一条路径本身被金属物体所遮挡，从而在 TOA 测量中造成了大量的误差。在图 15.2(a)中，DP 由第一条路径表示，这也是最强的路径。这条路径的大概位置就是 TOA 的期望值。在 DP 之后到达的是大量的反射和传输路径信号，具有低振幅。如果系统的带宽是无限的，这些路径上的信号在接收机都会被当作脉冲被观测到。然而，在现实中，带宽是有限的，每一条路径都会在接收机中形成脉冲波(参照 2.4.2 节)。正如在图 15.2(a)中观察到的接收到的波形将是大量的发射波形的叠加，这些波形的振幅和到达时间与脉冲一样，但是和脉冲波形做了卷积。这些额外的脉冲波形形成了图中接收端的波形，我们称之为信道分布图。

在一些室内定位技术应用中，由于实际中可用的带宽不足，导致 DSSS 不能提供足够的精度。但是，它能够在相同的带宽下实现更高的测距精度。一些研究人员被高分辨率频谱估计技术所启发，已经研究了用于此目的的超分辨率技术。图 16.9 [Li04]说明对于测量室内信道分布图而言，超分辨率技术是很有用的。在这幅图中，多重信号分类(MUSIC)算法是超分辨率技术的一个例子。这两种技术的第一种技术，使用傅里叶变换把频域信道响应直接转换为时域信号，然后检测直接路径的到达时间。第二种技术使用传统的直接扩频信号互相关技术(DSSS/xcorr)。超分辨率技术可以通过频率信道响应以更高的精度判定 TOA。

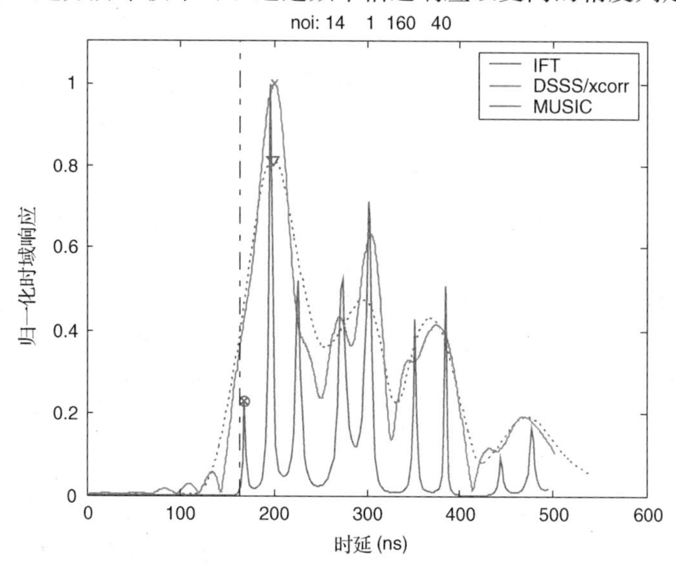

图 16.9　超分辨率算法解决多径分量的有效性

16.4.3 UWB TOA 测量

正如我们先前提到的，在多径传播环境中，信号带宽是影响 TOA 的关键因素之一。一般来说，带宽越大，测距精度越高。UWB 系统可以扩展超过几吉赫兹的带宽。因此，作为 TOA 室内定位应用的一种精确测量手段，这些系统引起了相当大的关注。图 16.10(a)显示了在办公区域 500 MHz 带宽条件下一种典型的信道脉冲响应测量方法，图 16.10(b)提供了在相同场景 3 GHz 条件下的情况。在发射机和接收机之间描述实际距离的期望到达时延是 40.5 ns，在 500 MHz 和 3 GHz 带宽的条件下估计的延迟时间分别为 45.5 ns 和 40.7 ns。5 ns 和 0.2 ns 的误差在 TOA 的估计中分别造成 1.67 m 和 6.7 cm 的误差，很明显可以看出 3 GHz 带宽有更高的精度，再仔细看这张图会发现 500 MHz 带宽中第一路径的振幅要比 3 GHz 带宽第一路径的振幅大。这是由于在 500 MHz 带宽时系统解析的多径数量比 3 GHz 少好几倍，因此多个路径的脉冲结合成了一个脉冲，从而导致路径振幅更强。因此 500 MHz 的路径振幅从统计上看大于 3 GHz 的路径振幅。换句话说，因为 500 MHz 有较强的路径，所以 500 MHz 系统直达路径所覆盖的区域应该比 3 GHz UWB 系统的更大。因此自然产生了这样一个问题：如果第一路径没有检测到，那将会发生什么情况。

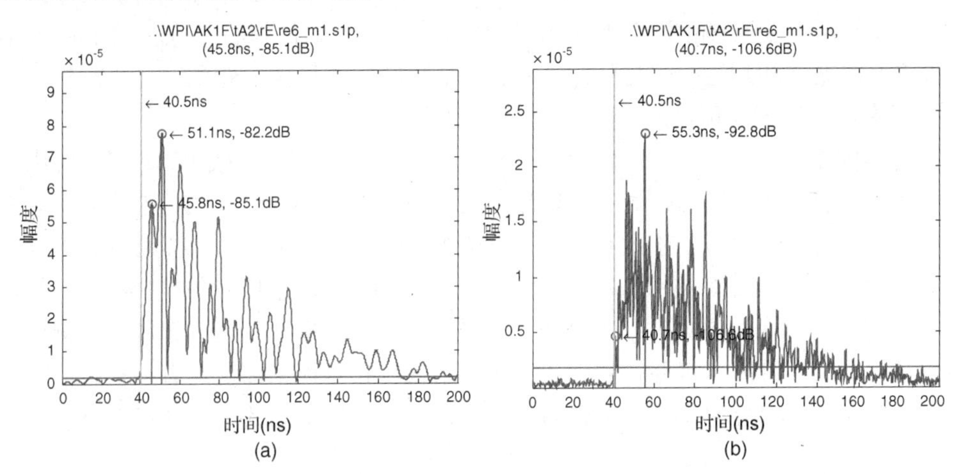

图 16.10　典型的 UWB 信道分布图：(a)500 MHz 带宽；(b)3 GHz 带宽

当一个移动终端逐渐远离基站时，直达路径的信号强度和总接收功率都会呈指数衰减。在阻碍视线的环境中，当 DP 低于一定的阈值时，其他的路径依旧可以被检测到。接收机假定第一个被检测到的路径分布为 DP，这个错误在宽带 TOA 测量中将会造成很大的误差。我们把这种情形叫作不能检测到直达路径(UDP)情形，正如在 15.2.2 节中提到的。图 15.2(b)显示了在 UDP 情况下一个 200 MHz 带宽发射脉冲的射线追踪结果。因为最强路径的强度与第一路径的差值大于接收机的动态范围(可检测的信号电平低于最强路径的范围)，这就是明显的 UDP 场景，此时第一个可以检测到的路径被检测并被确定为 DP，造成了 5.23 m 的误差。图 16.11 显示了 UWB 在 500 MHz 和 3 GHz 的带宽下测量的两种 UDP 情况。在 500 MHz 和 3 GHz的带宽下，分别产生了 13.5 ns(3 m)和 20.4 ns(6 m)的误差。在 500 MHz 带宽时，多条在 3 G 带宽时可以解析的路径组合在一起，导致总体分布图的路径信号强度更大。在图 16.11所示的例子里，一些早期的 3 GHz 带宽下低于阈值的路径(图 16.11(b))在 500 MHz 带宽下组合在一起，其信号强度已经超过阈值，这将导致一个较小的测量误差。

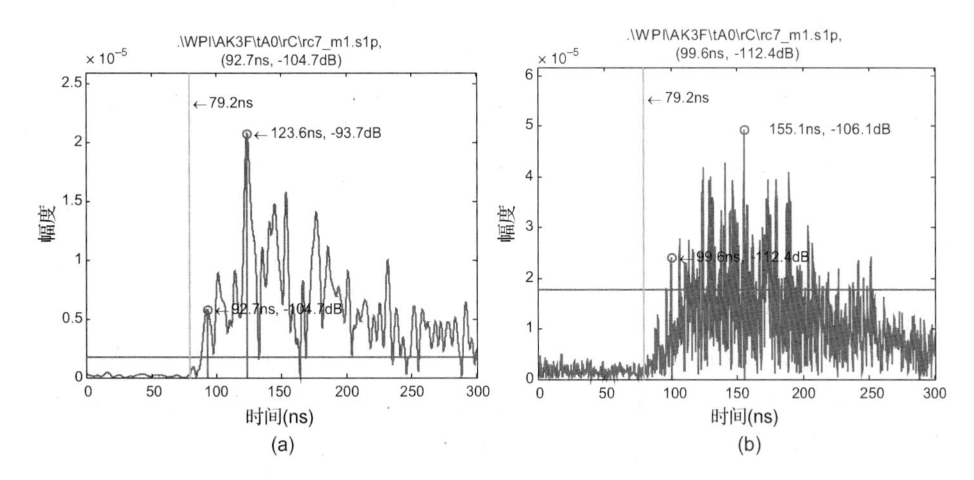

图 16.11　样本 UDP 条件下的 UWB 测量：(a)500 MHz 带宽；(b)3 GHz 带宽

在本章的前面说过，宽带 TOA 系统的精度限制是由带宽限制引起的，在窄带宽的情况下靠近 DP 的路径会给估计的 DP 带来位置移位(分布图的第一个高峰)。当我们增加带宽时，这个问题被解决。在这一节中我们发现，在 UDP 条件下，当增加带宽时，在某些点会增大宽带 TOA 的测量误差。随着 UWB 带宽的释放，我们有足够的带宽来实现精确的距离测量，对于准确的宽带 TOA 系统测量，它的主要挑战是找到 UDP 条件的补救方法。

16.5　没有 DP 情况下的定位

在本节中，我们介绍一个动态的定位策略，该策略中一个目标在一个典型的办公环境中沿着定好的行走路线行走，我们通过更多的定量性能分析来继续我们的讨论。图 16.12 显示了在阿肯斯特实验室三楼的一个动态场景(伍斯特理工学院)，用户在这个场景中将会沿着建筑中心部分的不同路线行走。在楼层的两边有两个大型的金属物体：右边是电梯，左边是 RF 隔离室。这两个物体阻挡了信号路径，特别是当它们位于发射机和接收机之间时，它们可以造成遮挡的 UDP 条件。图 16.12 显示了在大楼里的三条行动路线，上部和下部路径是从走廊一端到另一端的直线，另外一条路线是条环形路线，它是用户在建筑中央部分绕圈行走的路线。发射机 1(Tx-1)位于左侧大型实验室的中间。在发射器上边和左边有大量的遮挡 UDP 条件，在下边和右边的走廊没有 UDP 条件。当在建筑中央沿环路移动时有 40% 的时间观察到 UDP 状态。通过 Tx-1 发射器沿着移动路径追踪，我们可以观察在不同的 UDP 条件下，分析大量的测距误差的表现以及不同技术对减轻它们的效果。在我们讨论过的协同定位技术中的最后一部分中，除了 Tx-1，我们也需要用到 Tx-2、Tx-3 来实现二维定位并解释相关的技术。为了进行分析，我们使用一个校准过的宽带测量射线跟踪软件沿着路线每隔 13 cm(图形用户界面分辨率)生成信道冲激响应。

16.5.1　没有 DP 时的测距误差

在分析的第一步，我们在图 16.12 中用 Tx-1 沿上方和下方路径行走，以显示在遮挡和自然 UDP 条件下基于 TOA 的测距误差的表现。遮挡 UDP 主要是由连接 DP 的发射机和接收机之间的巨大金属物体所造成的。当发射机和接收机之间的距离足够大以至于 DP 消退，但是依旧有一些信号可以沿着其他路径到达时，自然 UDP 便产生了。我们的目标是把这些 UDP 条件和重要的传播参数联系在一起，如总功率、直达路径(DP)功率、第一个检测到的路径(FDP)功率。图 16.13 显示了这 3 个参数，以及沿着向上和向下路线的测距误差结果。除了当一个 UDP 的情况发生外，DP 和 FDP 接收到的功率是相同的。左边的图显示，较低的路线没有任何遮挡 UDP 条件。在发射机和接收机之间大概 30 m、45 m 和 50 m 的地方会出现距离测量误差小于 0.5 m 的 3 条突发自然 UDP。在这些区域，DP 和 FDP 的功率差大概为 10 dB。当用户沿着向上的路线行走时，右图显示了遮挡 UDP 条件的一个明显的例子。当沿着这条路线移动时，在距离标记处 18 ~ 30 m 左右，金属室产生了一个遮挡的 UDP 从而引起了几米的测距误差，以及在 DP 和 FDP 之间产生了十几分贝(dB)的差值。这一分析表明，在遮挡 UDP 的条件下会产生较大的 DP 功率衰落，造成较大的测距误差，然而在自然 UDP 条件下则会产生适度的 DP 功率衰落，以及相对较小的测距误差。

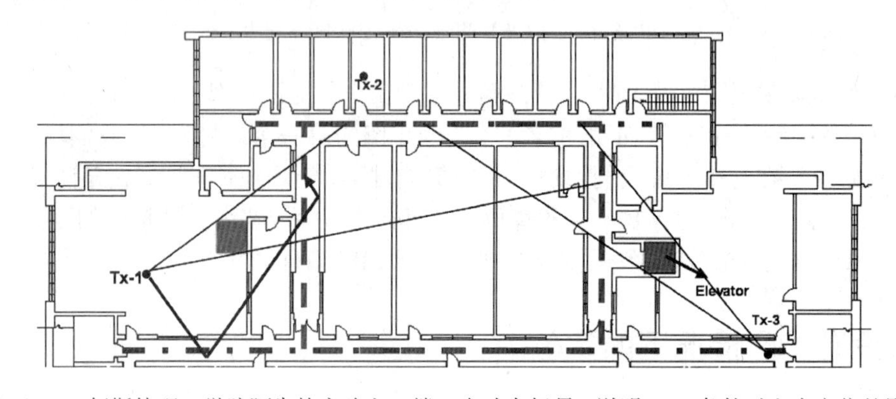

图 16.12 伍斯特理工学院阿肯特实验室三楼一个动态场景，说明 UDP 条件对室内定位的影响

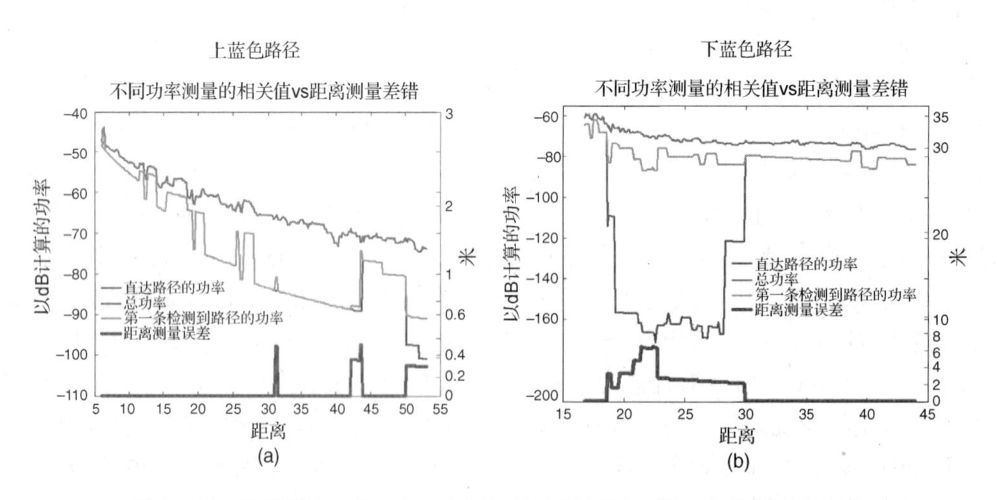

图 16.13 测距误差、总功率、直达路径功率(DP)、第一个检测到的路径(FDP)与行走距离的函数关系：(a)上部路径；(b)下部路径

16.5.2 带宽的影响

正如前面所讲，测距误差要么是由系统带宽限制造成的，要么是由于发生 UDP 条件造成的。为了证明带宽在整体性能上的影响，我们要仔细考虑环路方案和 Tx-1 发射机，因为40%的 UDP 条件发生在这个位置周围。图 16.14 显示了 Tx-1 发射机在环路方案中测距误差的

CDF 以及随带宽变化情况。实线和射线追踪的直接结果相关联，每一条路径由一个无限带宽的脉冲代表。在环路路线较低的部分，大约 60% 的位置可以发现无限带宽的 DP，我们可以在发射机和接收机之间估计零误差的精准距离。对于剩下的 40% 位置，RF 隔离室阻挡了 DP，由于在信道脉冲响应中错误地探测到 FDP 而不是 DP，从而造成了高达 7 m 的测距误差。当我们逐渐减小带宽，从 300 MHz 到 200 MHz 再到 100 MHz 时，由于图中的 CDF 受带宽影响，图 16.14(a)出现了越来越大的测距误差。因为由带宽限制引起的测距误差可以在正负任意一个方向影响 FDP 的信道分布图，我们现在也可以观察到负测距误差。带宽的降低扩大了误差范围。例如，一个 100 MHz 的带宽的误差将在 -5 m 到 10 m 之间。

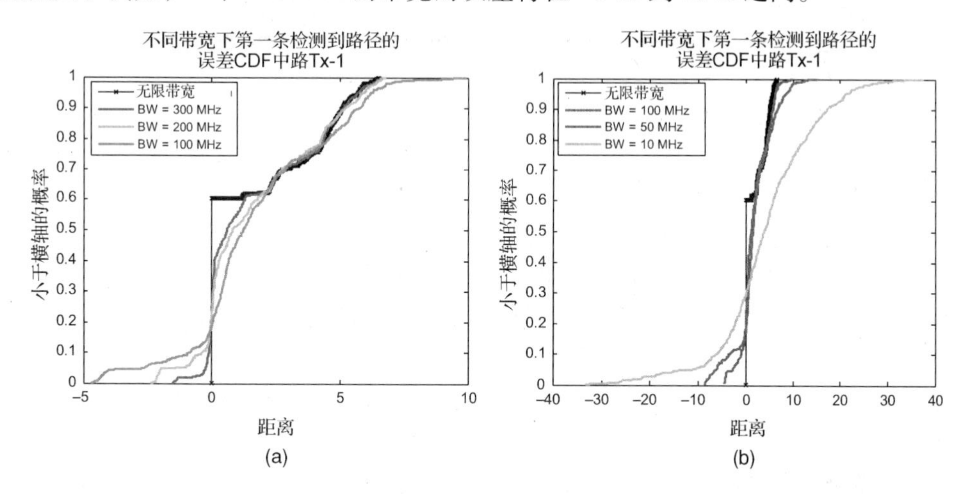

图 16.14 测距误差的 CDF：(a)300 ~ 100 MHz 带宽；(b)100 ~ 30 MHz 带宽

图 16.14(b)在发射机和接收机最大距离为 40 m 以内的回路中，使用了比 10 MHz 更窄的带宽，测量到的测距误差高达 -30 ~ 40 m。因此，用于 GPS 系统的 1 MHz 左右的带宽是不够的，我们需要几百兆赫兹的带宽来提供合理的保护来避免室内广泛的多径效应的影响。例如，对于一个 200 MHz 的带宽测距误差范围在 -3 ~ 7 m 之间，这和在无限带宽条件下观察到的高达 7 m 的 UDP 误差相当。为了减少下面这些值的带宽需求，如 16.4.2 节介绍的，可以使用超分辨率算法来进行后处理。然而，为了减少在无限带宽下的 UDP 观察到的低于这些值的误差错误，我们需要使用一些从本质上不同的方法，这些方法将在下一节中介绍。

传统的无线通信技术(如频分复用、时分复用，以及使用 MIMO 技术的空分复用)在缺乏 DP 时，对于减小大的测距误差并不是很有效。在缺乏 DP 的条件下比较有前途的两种精确的室内定位技术是：(1)利用非直达路径定位；(2)协同定位[pah06]。

16.5.3 利用多径分集定位

图 16.15 说明了一个简单的两路径场景中 DP 和墙壁反射路径的 TOA 之间潜在关系的基本准则。当移动接收机沿 x 轴移动时，它在 x 轴方向的运动距离与 DP 长度之间的关系满足 $dx\cos\alpha = dl_{DP}$。如图 16.5 所示的几何图形，对于反射路径也有公式：$dx\cos\beta = dl_{P_n}$。因此，可以通过下面的公式利用反射路径的改变值计算出 DP 长度的改变值：

$$dl_{DP} = dl_{P_n}\frac{\cos\alpha}{\cos\beta} \quad 或 \quad d(\mathrm{TOA}_{DP}) = d\left(\mathrm{TOA}_{P_n}\right)\frac{\cos\alpha}{\cos\beta} \tag{16.4}$$

换句话说，知道了到达路径和移动方向的夹角 β，以及移动方向和 DP 的夹角 α，就可以从反射路径 TOA 的变化估算出 DP TOA 的变化。这个基本原理可以推广到更多对象的反射路径以及三维情形。这种方法的一般性描述参见[Pah06]。

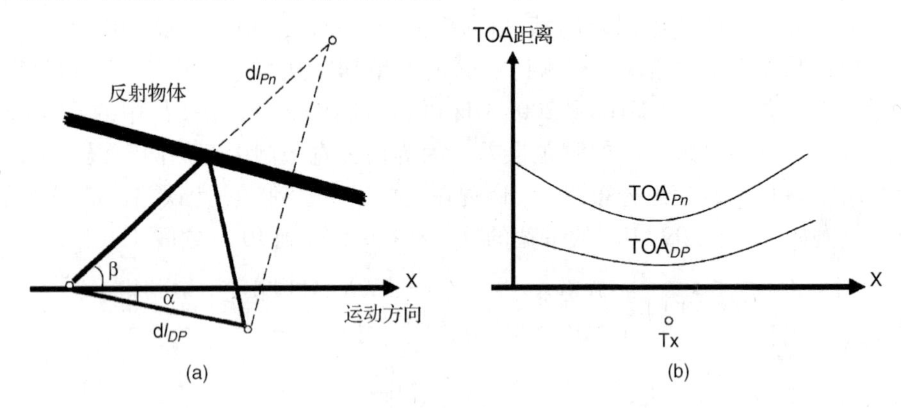

图 16.15 (a)基本的两路径反射环境；(b)路径 TOA 之间的关系

在室内定位应用中，可以利用这一原理来定位缺乏 DP 的 UDP 地区的移动位置。我们知道了以前发射机的位置，以及移动方向，我们甚至在没有 DP 的情况下依然可以计算出 α。如果可以找到一种测量 β 的方法，就可以在式(16.4)中利用 α 和 β 来跟踪一个沿着 UDP 环境中移动的位置。

为了使用不是 DP 的路径来追踪位置，我们应该能在所有其他路径中识别它，并且这条路径的大量反射路径应该停留在相同的感兴趣的区域。在图 16.15 所示的简单的两路径模型中，当我们沿着区域移动时，第二条路径通过从墙上反射一直在持续，并且由于这是除 DP 之外的唯一路径，所以可以很容易地辨别出来。由于第二条路径同时支持两个条件(持续且唯一非 DP 路径)，如图 16.15(b)所示，因此这条路径的 TOA 是很平滑的，我们可以利用它来追踪 DP。在现实的室内情境中，在缺少 DP 的条件下，我们有许多其他的路径可以使用，而此时最简单的追踪路径是第一检测路径(FDP)和最强路径(SP)。无论是 SP 还是 FDP 在我们所关心的 UDP 区域里都有不连续的特性。这种不连续的特性是由这些路径的路径指数的变化造成的。换句话说，如果把一个路径值或者指数和一条路径联系在一起，并且这条路径是和所给墙面的反射场景联系在一起的，那么当我们沿着这个区域移动时，FDP 或者 SP 的路径指数或者反射场景都会改变。这些改变都会造成路径 TOA 性能的跳变，因此损害了估计过程所需的平滑性[Pah06]。

16.5.4 使用空间分集的协同定位

在二维定位中至少需要 3 条链路或者连接来与已知位置的参考终端相连。这些链路对于参考终端和目标终端之间的距离可能有不同的估计质量，具体依赖于信道中 DP 的可靠性。在协同定位中使用空间分集，在存在大量多径环境中，我们可以避免来自 UDP 条件链路所报告的估计误差。换句话说，位于更好的空间位置的参考点提供的冗余信息被用来减小定位误差。这种情况在 ad hoc 和传感器网络里很普遍，在这些网络里有已知参考点位置的固定基础设施，这些参考点可以用于定位，并且在区域里还有大量的移动用户。当需要定位一个移动终端时，我们除了从各自固定的参考点的距离来定位移动终端，也可以使用来自于其他移动用户的相对距离。因为这种定位技术是通过合作进行的，所以把这种方法称作协同定位。当参考点的数量有限且分散时，以及 ad hoc 终端的数量多而到参考点的连接数量不足时，所使用的类似的方法也可用于传感器和 ad hoc 网络的普通定位[Sav01a,b,Sav05]。对于一般定位而言，我们只需要知道终端在哪里就可以了。在这个领域的文献不会强调由 UDP 条件造成的大误差。这里介绍的概念是在传感器定位和 ad hoc 网络环境中使用内嵌的链路冗余信息来实现精准的室内定位。为了辨明这一新概念我们将再次使用实例来说明。

图 16.16 显示了在我们选择的一个办公环境中，一个拥有 3 个参考发射机的定位方案以及环路方案。Tx-1 位于建筑左侧的大型实验室内，在这里 40% 的 UDP 条件是由环路周围的 RF 隔离室造成的，Tx-2 位于建筑布局上方的小办公室内，这里覆盖了没有任何 UDP 条件的整个环路，Tx-3 位于走廊的下部，这里在环路周围大约有由电梯引起的 50% 的 UDP 条件。图 16.16 在路线周围大量变化的线显示了对于拥有 3 个沿着环路的已知的参考发射机基于 TOA 的定位，使用传统的最小二乘法位置估计的结果。例如，无论 DP 在何时存在，在底部以及右手边的路线测距误差都是非常小的。例如，在上部路线，有一到两个 UDP 条件存在于我们到参考点的 3 条链路中，此时测得的测距误差是非常大的。这个观察显示，无论何时，如果所有链路的 DP 都是可靠的，则可以实现精准的定位，但是只要有一条链路没有 DP 则会有较大的定位误差。换句话说，如果避免了 UDP 条件，我们就可以实现精准定位。因此，如果我们有超过最低数量的参考点，并且假定可以检测到 UDP 条件，我们可以不选择拥有 UDP 条件的链路来实现精准定位。

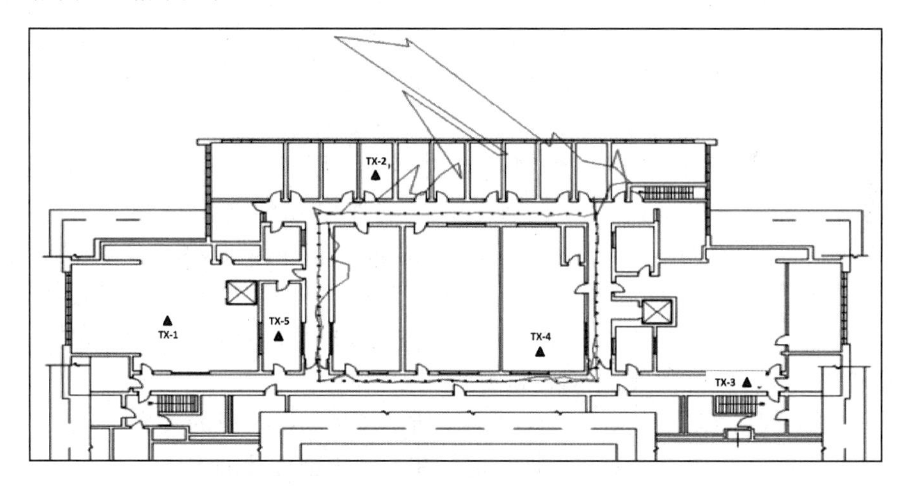

图 16.16　在特沃特肯特实验室三楼所做的空间分级的演示

为了证明这种方法的有效性，考虑这样一个例子，我们有两个其他的用户，Tx-4 和 Tx-5，每一个都位于可以有 3 条连接到参考主发射机的 DP 的好位置。正如图 16.16 所示，当使用这3 个主参考发射机来估算 Tx-4 和 Tx-5 的位置时，我们对它们有非常好的定位，在一个 ad hoc 传感器环境中我们也可以假设，通过沿着环路移动的这个目标接收器也可以测量离 Tx-4 和 Tx-5 的距离。在这个特殊的例子中因为到 Tx-4 和 Tx-5 的距离测量有 DP 存在，所以测距非常精准。当移动用户沿着环路移动时，它通过最小二乘算法利用 Tx-4 和 Tx-5 的估计位置以及Tx-2的实际位置来定位自己，图 16.16 中靠近路线的那条线便是估计的结果。正如图 16.16所示，我们的估计现在是非常准确的。定位精度的大幅改善是由于避免 UDP 条件以及利用 ad hoc 传感器网络的冗余信息实现精准协同定位的结果。

在上面的例子中，我们证明了在传感器和 ad hoc 网络中使用冗余信息来实现精准定位的潜在优势。在实际中，我们需要研发算法来实现这一概念。这些算法需要智能地发现测距估计的质量以及可能发生的 UDP 条件，通过使用这些信息来实现定位。对于普通协同定位的算法第一次出现在[Sav01a,b],随后在后续的文献[Sav05]中被讨论，但并不适用于我们的方法。我们需要新的算法来处理在没有 DP 条件下的测距误差行为。我们需要找到一种涉及每一个测距和定位估计的质量评价技术，旨在于传感器和 ad hoc 网络中研发精确协同定位算法。这些算法应该使用冗余信息来避免不可靠的参考源以及使用空间分集来实现鲁棒定位。在[Als08]中提出了一种实际的解决方案，它是一个初级算法，可以使用信道行为来实现精准协同定位。在[Hei09]提供了一种 UDP 条件判别方法。

16.6 人体内部定位的挑战

在过去的 10 年中，半导体设备的小型化以及成本的降低使设计小巧、低成本计算以及无线通信的设备可用作传感器，这些传感器应用于广泛的无线网络应用中，这种趋势预计在未来的几十年中会一直继续下去。据预计，无数围绕着传感器技术设计的应用将会大量涌现，从而刺激相关产业的蓬勃发展。最有前途的产业领域之一是和身体传感器相关的产业(也被称作体域网络，BAN)[Yan06]。这些网络将有希望把可穿戴式和可植入式的传感器节点联系在一起并通过互联网支持多种应用，这些应用包括：从传统的外置式温度计或植入起搏器到新兴的血压传感器、压力传感器、青光眼压力传感器、监测健康的智能药丸和精准给药等。

为了支持该产业的发展，联邦通信委员会(FCC)已经分配给医疗通信无线服务(MedRadio)特殊的频带[FCC09]。IEEE 802.15.6 已经解决了这些新兴技术标准方面的问题。IEEE 802.15.6 建模了电波在人体内部传播的特性，并定义了可穿戴和植入传感器的网络传输技术。这些标准要求传输功率在 25 μW 左右，以确保电磁辐射保持在一个健康的水平[FCC09]。当然对于所有的 BAN 应用来说，急需高功率效率的调制和媒体接入控制方法，并且已有一大批研究者正在着手解决该主题[kim08]。这一节最重要和基本的问题就是在无线医疗应用中如何帮助微型机器人如内窥镜胶囊等在人体内部的导航定位 。这是一个新的研究领域，近年来获得了一些发展[Aoy09;Ban11]。

对于任何无线网络来说，理解信号传播的本质是实现精准定位的关键。因此，研究的第一步是开始测量并开展建模工作，从而理解信号在人体内部传播的本质。今天，现有的对于信号在人体内部或周围传播测量和建模的文献支离破碎，且均未考虑在人体内部的传播[Aoy09]。IEEE 802.15.6 正在创建一个对于不同传感器的复杂信道模型以及应用于通信应用的频带[Yaz10]。对于研究定位射频信号在人体内部传播行为的应用有很大的需求。定位技术最基本的原理是工作在目标设备到参考点所发出信号的 RSS 或者 TOA 基础上的。对于基于 RSS 的系统，其定位和通信信道模型是相同的。然而，对于更精确的基于 TOA 的系统，我们需要跟传统的为通信应用所设计的信道模型不相同的信道模型。

从创新研究的角度来看，人体周围和内部的无线电传播测量和建模给 RF 定位应用带来了巨大的挑战，使这个领域的基础研究变得非常吸引人。这种挑战是由几种特殊的人体介质引起的，它在原理上不同于传统的室内无线电传播挑战。人体内部的无线电传播是在非均匀的液体环境中传播的，这是我们在使用发送机和接收机之间的信号 TOA 来估计距离时所要面对的挑战。为了定位人体内部的设备，参考点很自然地随着人体传感器的持续移动而移动，甚至当我们站立不动时也是如此[Fu12]。因此，不像室内定位，这里的基础设施和环境不断地移动，导致不准确的位置估计。为了测量到达时的多径效应以及它们对TOA定位的影响，我们通常参考基于UWB测量的统计经验模型，UWB测量是对信道特征的测量，方法是在应用环境的不同位置放置天线来实现。在人体内放置天线是不现实的，我们需要借助于计算机技术[Say10]，或者使用假体，或使用一个动物的尸体进行经验测量[Pah12a,b]。在仿真人体内部无线传播中最流行的计算方法是有限元法(FEM)[Ask11]和有限差分时间域(FDTD)[Kha11]。为了验证这些模拟的结果，我们需要与人体穿戴传感器测量到的经验测量数据相匹配。在人体内部，距离是厘米的范畴，所以期望有一种模拟技术和测量设备能够精确到厘米。因此需要非常精细的栅格来进行模拟计算，同时需要极大的带宽来测量模拟或死去动物的尸体。

16.6.1　在人体内部基于RSS定位的性能界限

我们首先研究一下人体消化系统内的基于RSS的机器人的定位性能界限，定位采用的是已知位置的体表传感器。此处有人体内的一对路径损耗模型可以用于本目的。我们用在[Say10]中给出的模型，来设置路径衰耗梯度以及阴影衰落方差，并用其计算基于RSS定位的Cramer Rao (CBLR)方差下界。在计算性能界限时，我们采用人体内定位所需要的三维定位技术，该技术在[YE12]中描述。

在[Say10]所给出的模型中，与在2.2.4节中描述的路径衰耗模型类似，在发送机和接收机之间距离为d的路径衰耗(以dB为单位)由以下模型给出：

$$L_p(d) = L_p(d_0) + 10\alpha \log \frac{d}{d_0} + X(d > d_0) \tag{16.5}$$

其中，d_0是参考距离，可以设为50 mm，α是路径损耗的梯度，它是由在人体内部不同深度的传播梯度决定的。正如我们早就提及的，人类的人体组织会强烈地吸收射频信号。因此，可以预计路径损耗梯度值可以比在真空中传播值的两倍还要高。在式(16.5)中的随机变量X是由人体内部组织的阴影引起的偏差，该偏差是个呈对数正态分布的随机变量。用于给植入人体表面传感器的路径损耗建模的参数归纳在表16.1中。在这张表中对应于深层和表层植入人体的传感器而言我们有两组参数，以dB为单位的σ值是阴影衰落X的标准差。根据[Say10]建立的模型可知，如果距离小于10 cm，我们可以使用表皮组织到表面的路径损耗模型，否则，我们将使用深层组织的路径损耗模型。使用这个路径损耗模型，与15.4.1节类似，我们可以对于一个在人体内部的设备计算定位误差，只要该人体内安装有作为定位参考点的传感器设备。

表16.1　用于基于RSS协同定位的性能评价所采用的信道参数

植入身体表面	$L_p(d_0)$	α	σ_{dB}
深层组织	47.14	4.26	7.85
表皮组织	49.81	4.22	6.81

图16.17显示了安装的身体传感器相对于栅格点的位置以及人体内部的胃、小肠、大肠的位置。CRLB是通过在各器官的三维栅格计算得出的。图16.18显示了使用[Ye12]描述的三维CRLB基于RSS定位的3组性能评价结果。图16.8(a)显示了定位胶囊在小肠和胃部的CDF函数的定位误差要小于在大肠内的误差。在小肠和胃内的误差平均值大约为45 mm，而大肠内约为50 mm。胶囊在胃中时其定位误差具有最低的平均值，但与其他两个器官相比它

的误差分布更广。这些观察可以由传感器阵列和器官之间的几何关系解释。从图 16.17 中可以看到，胃位于接收传感器阵列系统的上部，并且它的体积是 3 个器官中最小的。因此定位误差在胃部环境变化较大。位于胃上部的点有较大的定位误差，因为它们远离接收器阵列系统的中心，而在胃下部的点有较小的误差。小肠位于在人体腹腔的中心部分，相比于大肠，它的管腔比较集中，因此，小肠内的定位误差小于大肠内的定位误差。图 16.18(b)分别给出了在 3 个器官中的平均定位精度和人体表面传感器数量之间的关系。在这些仿真中，采用了 4 种不同的体表传感器，它们以不同的密度覆盖同一身体部位，并对每个器官的每组传感器位置重复实验 1000 次。随着接收传感器的数量从 8 到 16，又从 16 到 32 的增加，定位误差在大幅度地减小，但是当我们把数量从 32 增加到 64 时，误差并没有相应地大幅减小。产生这种现象的原因是人体躯干的面积是有限的，32 个传感器早已经提供了所需的定位密度。使用 32 个传感器有 5 厘米左右的平均定位误差，用 64 个传感器所降低的定位误差大约只有 1 厘米。使用其他方法来提高精度是非常有必要的。提高性能的最简单的方法是考虑基于 TOA 的定位，它在应用于人体定位时，也有其自身的挑战。

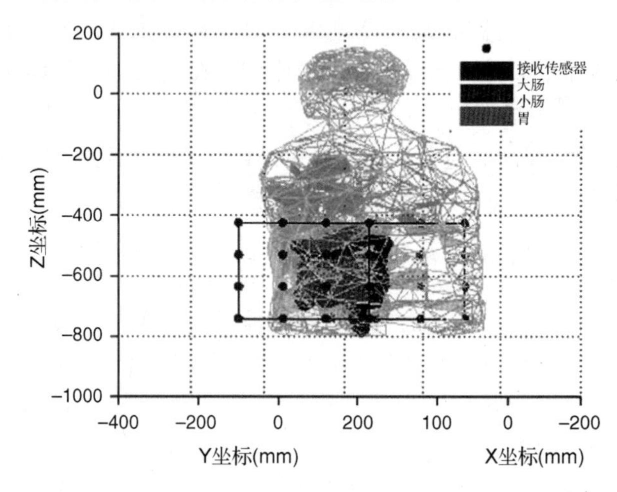

图 16.17 在人体表面有 32 个传感器时对胃肠道内设备定位的典型仿真场景

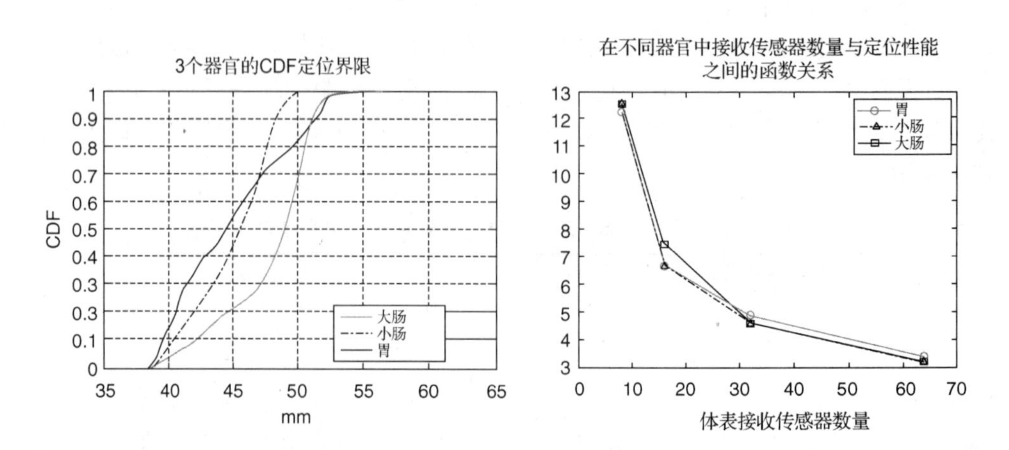

图 16.18 基于 RSS 的胶囊内镜的定位界限：(a)不同器官的 CDF 误差；(b)90% 最小均方差与安装在人体表面传感器数量之间的关系

16.6.2 在人体内基于 TOA 射频定位的挑战

在上一节中我们发现在人体内使用 RSS 的定位技术可以实现几厘米的精度范围。正如在 15.3.3 节中所述，为了实现更精准的定位需要考虑基于 TOA 的定位技术，这些技术对媒体的多径效应是非常敏感的。传统的 TOA 定位应用中，在接收端可以测量到发射脉冲有个尖峰，根据尖峰出现的位置可以测量飞行时间，而距离就是飞行时间和传播速度的乘积，传播速度与光速相同。人体内的环境和液体环境相似，液体里的传播速度有一个相对介电常数函数：

$$v(\omega)=\frac{c}{\sqrt{\varepsilon_r(\omega)}}$$

其中，速度 v 是介电常数 ε_r 的函数，而介电常数则是工作频率 ω 的函数。此外，人体是由各种器官组成的复合结构，每个结构都有不同的导电特性和相对介电常数。因此，我们不知道确切的传播速度，这样就造成了飞行时间的错误估计。

考虑到在身体传播的总距离是身体内各器官或组织距离的和，总距离可以表示为：

$$d_{total}=d_1+d_2+\cdots+d_n$$

其中，d_1 到 d_n 是在各器官或组织里传播的距离，在实际中我们可以用人体的平均介电常数来估计人体内的传播速度。公式为：

$$\bar{v}=\frac{c}{\sqrt{\overline{\varepsilon_r}}}$$

因此，距离估计可以表示为：

$$\hat{d}=\hat{\tau}\,\bar{v}=(\widehat{\tau_1}+\widehat{\tau_2}+\cdots+\widehat{\tau_n})\frac{c}{\sqrt{\overline{\varepsilon_r}}}=\sum_{i=1}^{n}\frac{d_i}{v_i}\frac{c}{\sqrt{\overline{\varepsilon_r}}}=\left(\frac{d}{\frac{c}{\sqrt{\varepsilon_1}}}+\frac{d}{\frac{c}{\sqrt{\varepsilon_2}}}+\cdots+\frac{d}{\frac{c}{\sqrt{\varepsilon_n}}}\right)\frac{c}{\sqrt{\overline{\varepsilon_r}}}$$

$\hat{d}$ 和 d_{total} 的不同是由人体内介质的不均匀所导致的测距误差。实际距离和利用平均传播速度采用 TOA 测得的测量距离之间的误差是由于采用单一速度而不是多个速度造成的。

为了显现由于人体的非均匀介质的影响而造成的基于 TOA 定位技术误差量的大小，在[Ye12]的人体躯干中进行了三维仿真。人体躯干包括 8 个主要的器官，每一个都有不同的体积和电导率，如表 16.2 所示。图 16.19 显示了数据采集方案。在人体躯干上大约随机选择了 500 个位置。在身体的不同侧面的位置建立了 DP，每条路径被分割成通过人体器官的不同路径。采用上述方程来估算位置，同时采用飞行时间来计算实际距离，很自然，测距误差是由人体的非均匀介质造成的。用于计算飞行时间的平均介电常数是由人体各器官根据体积得来的介电常数的权重获得的，在躯干环境的平均介电常数为 46.35。用于模拟的不同器官的体积和介电常数见表 16.2。

表 16.2 用于模拟人体非均匀性影响的介电常数和器官体积（单位是 mm^3）

肠(50.7, 3936.3)	胃(67.8,357)	胆囊(52.3, 12.4)
肺(23.77,4320)	心脏(65.97,625.4)	肾(68.0,325.1)
脾(63.1,160.2)	肝(51.15,1357)	肌肉(47.8,32403.4)

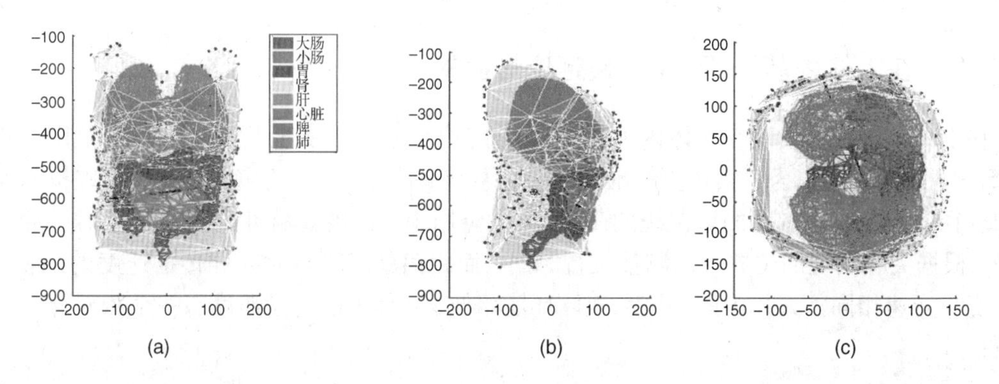

图 16.19 在人体躯干仿真中三维测量中的测距误差，该测距误差是由于人体非均匀性影响了无线电传播造成的：(a)前视图；(b)侧视图；(c)顶视图

图 16.20 给出了由于人体的非均匀介质造成的基于 TOA 的测距误差的仿真结果，以及最适合的高斯分布模拟结果。测距误差的标准偏差为 2.43 mm[①]，而平均值为 -3.92 mm。测距误差的平均值为负值，因为人体躯干腔中最大的器官是肺，它有比人体器官平均介电常数小得多的介电常数。在实践中的偏差估计值并不扮演重要的角色，因为它可以很容易被消除。2.43 mm 的标准偏差是由整个躯干的传播速度的变化引起的。应用于如在小肠内的内窥胶囊移动时，由于在介质中的变化要比整个躯干的变化小得多，所以这个值会减小。

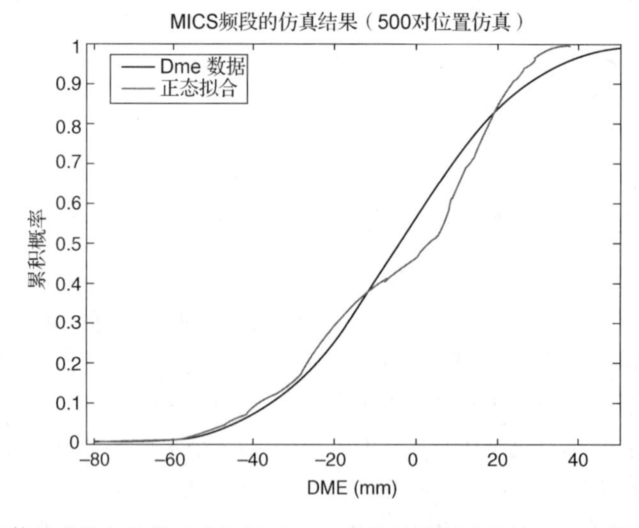

图 16.20 由人体的非均匀特性造成的基于 TOA 定位的测距误差的 CDF 和最佳拟合高斯分布

为了进一步分析在人体应用中基于 TOA 系统的性能，我们需要通过人体的 TOA 信号的经验性宽带测量数据。在人体中使用天线测量是不现实的，我们需要借助计算机模拟人体内的无线电传播。如果这些测量值用于 TOA 估计，这个问题也有其自身的特殊性，我们接下来讨论。

16.6.3 人体内传播的宽带射频建模

在人体内 RF 定位精确算法设计的最大挑战是对于体内定位应用缺少无线信道带宽模

① 原文是 24.3 毫米，与下文数值不一致。根据上下文及图形判断应为 2.43 毫米。——译者注

型。因为在人体内进行 RF 测量是不现实的，所以研究者使用假人、动物的尸体进行模仿测量，或者利用计算机技术在人体内模拟测量射频特性。要模拟复杂的路径，如假人或者动物尸体中的小肠内的路径是非常困难的，计算技术可能被认为是不准确的和不真实的。然而，有可能利用在假人和人体表面获得的有限测量数据来验证和校准射频传播的软件仿真，从而计算人体内的麦克斯韦方程。

在文献中，有 3 种在人体内 RF 传播的模拟仿真软件：在[Aoy09；Kur09]里使用的市售 SEMCAD X 软件，在[Say10；Ask11]里使用的 Ansoft HFSS 软件，以及在 MATLAB 上开发的 CWINS/WPI 专有的 FDTD 软件[kha11]。

对于在人体内基于 TOA 的定位应用，我们需要使用这些软件工具来分析从人体内发出的信号的宽带特性。图 16.21 显示了有多个传感位置的测量传感器以及使用 MATLAB 在人体内宽带信号传播的 FDTD 模拟结果[Kha11]。用于模拟人体的架构是用 1.56 的均匀介电常数和 0.5 S/M 的均匀电导率来代表平均肌肉组织。在仿真中采用吸收边界条件来隔离人体表面的路径和其他从人体周围反射而来的多径路径。用于产生归一化信道冲激响应的点源天线独立于天线辐射模式。图 16.21(b)和(c)显示了来自 FDTD 模拟的发射和接收样本。在给定的 100 MHz 带宽里，天线被用作分离器。“第一路径”的 TOA 为 0.2277 ns，代表距离为 5 cm。

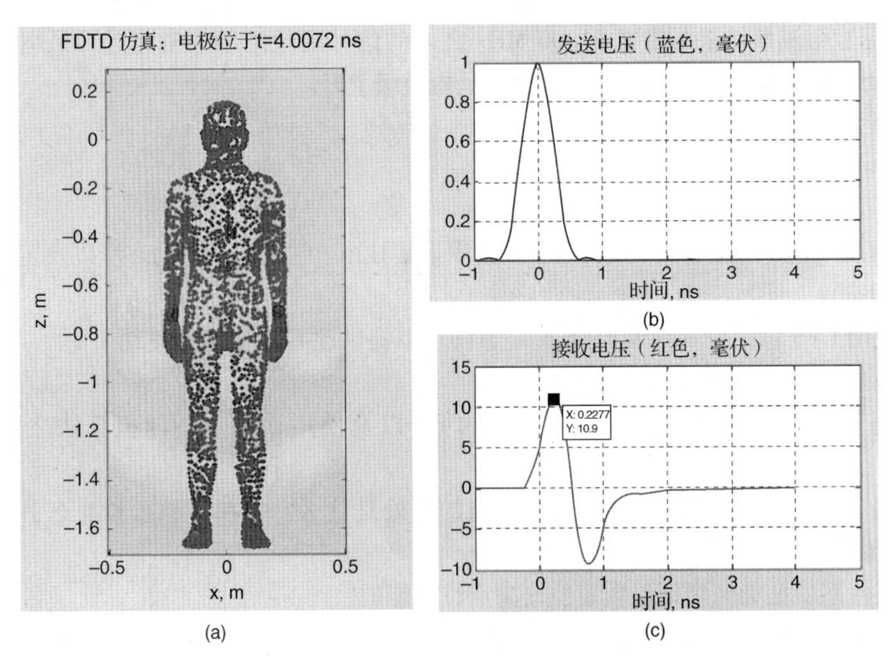

图 16.21　在 MATLAB 上的 FDTD 仿真：(a)传感器放置的位置；(b)发射机的波形；(c)从仿真波形中获得的样本

为了分析基于 TOA 定位模拟的准确性，使用图 16.21(a)所示的场景，[Kha11]进行了大量的仿真。由于发射机有固定位置，所以接收机要随着距离发射机的距离变化移动自己的位置。图 16.22 显示了在模拟的同质人体中测量 TOA 和实际测量距离的对比图，以及 TOA 和距离关系的最佳拟合曲线。实际测量结果和最佳拟合曲线之间的差异是由内嵌的计算方法引入的整体量化误差带来的测距误差。这张图得出的测距误差方差约为 0.72 mm。用于 FDTD

模拟的人体模型是均匀的，可以去除来自计算误差引起的非均匀影响并可以简化模拟模型。计算模拟中观察到的误差大大低于在16.5节讨论的人体非均匀特性影响引起的误差。

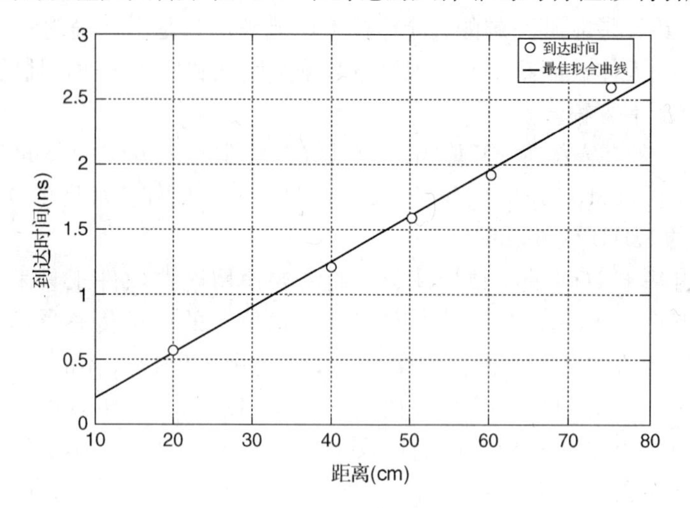

图16.22 在FDTD模拟中基于TOA的估计距离与实际距离之比(传感器位置有多个)

有关在图16.21中使用的FDTD模拟有效性的后续跟踪研究表明，尺寸为12.5 mm的栅格时的实际宽带测量结果与带宽在100 MHz之内的信号测量结果非常相近。采用更宽的带宽时需要更小的栅格，此时的计算复杂度将呈指数级上升。

思考题

1. RTLS和WPS技术在精度需求、数据库采集技术、它们所使用的环境以及定位算法方面有什么不同?

2. 使用GPS标记位置的WPS系统是怎样可以提供比GPS更高精度结果的?

3. 为什么WPS被称为软件GPS?

4. 基于LS的算法和使用距离来定位的RP以及使用训练点的随机算法之间有什么不同?

5. 在定位应用中卡尔曼滤波和粒子滤波的好处是什么? 它在半静态和静态手机定位方面有什么帮助?

6. 惯性系统是如何帮助射频定位提高定位性能的?

7. 用于定位的典型机械传感器是什么?

8. 在基于RSS定位中使用确切的AP定位和在随机位置中使用RSS读取位置的优点和缺点是什么?

9. 不同于其他定位方案的RFID定位具体有什么不同?

10. 在室内混合定位系统中典型的定位技术是什么? 我们为什么需要混合定位技术?

11. 使用载波相位的TOA估计精度是如何受多径条件影响的?

12. 对基于TOA的定位超分辨率算法的作用是什么?

13. 对于基于TOA的室内定位，UWB技术是如何起作用的?

14. 多径分集是如何在多径条件下定位的?

15. 协同定位技术和传统的定位技术有何不同?
16. 可使用 GPS 的定位环境和室内定位，人体定位有哪些不同?
17. 人体的非均匀性是怎样影响基于 TOA 定位的?
18. 室外、室内及人体的定位地图之间有什么不同?

习题

习题 16.1

从 NIST 网站 http://snad.ncsl.nist.gov/uwb/获得 UWB 测量样本。目的是描述每一个建筑的前五个点位的定位误差和距离。通过信道脉冲响应在网页上以图形化显示估计的 TOA。

a. 画出 CDF 误差，并作出误差分布图。
b. 制作一个误差与距离的散点图，你能作出这些数据的线性回归模型吗?
c. 在每个建筑中选择一个有 3 个读数的位置，并使用 LS 算法找到位置和相关的定位误差。

习题 16.2

WiFi 设备的带宽为 20 MHz，在最小可接受的 10 dB SNR 条件下，它能覆盖大约 30 m。

a. 对于在典型的室内区域使用第 2 章的 IEEE 802.11 路径衰耗模型 C，确定此系统覆盖的边缘基于 RSS 定位精度的 CRLB。
b. 用基于 TOA 的定位重做上题。

习题 16.3

利用图 16.15(a)推导式(16.4)。

习题 16.4

a. 在三路径的信道中，抵达时通过三条路径传播的距离分别是 3 m、5 m 和 8 m。如果工作频率为 2.4 GHz 并且只在空气中传播，确定、描述并画出在多径媒体中的脉冲响应。假定沿着第一路径传播的信号的接收功率为 0 dBm。
b. 如果在水中实验，水中的距离功率梯度为 7，媒体的电导率约为 85，请再解答此问题。

习题 16.5

在电导率非均匀环境中测量基于 TOA 的测距误差以及在不同介质中测量直接路径距离的测距误差。

项目

项目 16.1：WiFi 定位

在这个项目中，我们使用软件(例如，WirelessMon 平台)在建筑中使用笔记本电脑或智能手机(例如, AKL 的二楼)采集数据。然后用数据库比较基于 RSS 的定位算法的一些基本性能。

第一部分:数据采集

a. 走在阿特沃特肯特实验室二楼的类似于图 P16.1 中的特定路线,观察 RSS 和沿着路径的 MAC 地址数。请携带一个普通的笔记本电脑或者智能手机,走到图 P16.1 中环路上标记的 5 个点的每一个点位,在此位置上记录 log 20 的 RSS 读取值。注意,记录时待在同一个位置且转身要慢。我们称这种数据库为训练数据库。请附上你记录数据的打印样本,上面要显示 MAC 地址和对应的 RSS 读数。列出 AP 的数量以及你的样本日志中不同 AP 的 RSS CDF 值。

b. 通过"沿街驾驶"找到在二楼上的 AP 的位置。在楼层地图的布局中标明这些位置。对每一楼层的 AP 附加 AP 读数日志,在日志中标明楼层上每个 AP 的 RSS 读数。注意,在一个位置上你可能会发现几个 AP 信号。在你的样本记录中包含 AP 的数量和不同 AP 的 RSS 范围。

c. 走到以小矩形标记的 10 个位置上,生成另外一个数据库,给每个位置生成一个 RSS 读数日志。我们称之为测试数据库。

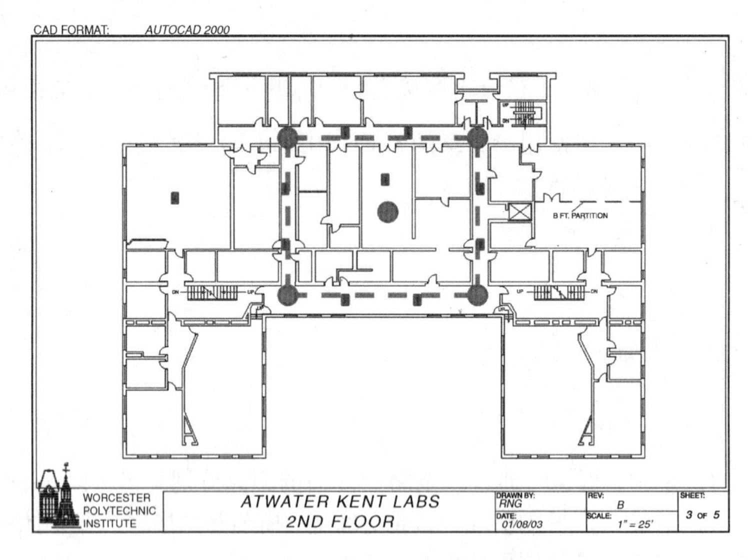

图 P16.1 阿特沃特肯特实验室(AKL)的二楼布局

第二部分:测试算法

1. 使用 AP 的位置和 IEEE 802.11 的路径损耗模型 C 计算每个测试点到二楼 AP 的距离。使用距离和迭代算法来定位,采用习题 15.2 中介绍的算法。
2. 使用第一部分(a)中的训练库和例 15.10 介绍的核心算法确定 10 个测试点的位置。
3. 使用(1)和(2)中介绍的算法计算所有 10 个点的估计位置和实际位置的误差。给出这两种算法的均值、方差和距离测量误差的 CDF。
4. 你如何比较两个算法?为了提高算法的性能你对训练点的位置以及 AP 的放置位置有什么建议?
5. 对于所有的位置,确定 RSS 信号的 CRLB,描绘它自身而不是从算法得来误差的 CDF。

参考文献

[3GPPa] 3GPP TS 25.305 V. 7.2.0 (2006-03), Technical Specification: Group Radio Access Network; Stage 2 functional specification of User Equipment positioning in UTRAN (Release 7), 3rd Generation Partnership Project, 2006.

[3GPPb] 3GPP TS 25.331 V. 7.1.0 (2006-06), Technical Specification: Group Radio Access Network; Radio Resource Control (RRC); Protocol Specification (Release 7), 3rd Generation Partnership Project, 2006.

[Abr70] N. Abramson, "The ALOHA System – Another Alternative for Computer Communications," *AFIPS Conf. Proc., Fall Joint Comput. Conf.*, 37, 281–285(1970).

[Agr98] P. Agrawal, "Energy Efficient Protocols for Wireless Systems", Proceedings of PIMRC'98, pp. 564–569, September 1998.

[Aho03] S. Ahonen and H. Laitinen, "Database correlation method for UMTS location," In Proceedings of the IEEE Vehicular Technology Conference (VTC), Vol. 4, pages 2696–2700, April 2003.

[Aky98] I.F. Akyildiz et al., "Mobility management in current and future communications networks" *IEEE Network Magazine*, pp. 39–50, July/August 1998.

[Ala06a] Bardia Alavi, *Distance Measurement Error Modeling for Time-of-Arrival Based Indoor Geolocation*, Ph.D. dissertation, Worcester Polytechnic Institute, May 2006.

[Ala06b] B. Alavi and K. Pahlavan, "Modeling of the TOA based Distance Measurement Error Using UWB Indoor Radio Measurements," *IEEE Communication Letters*, Vol. 10, No. 4, pp: 275–277, April 2006.

[Ala98] S. Alamouti, "A Simple Transmit Diversity Technique for Wireless Communications," *IEEE JSAC*, Oct. 1998, pp. 1451–1458.

[Ali02] M.H. Ali and K. Pahlavan, "A New Statistical Model for Site-specific Indoor Radio Propagation Prediction based on Geometric Optics and Geometric Probability", IEEE JSAC on Wireless Networks, Jan. 2002.

[Alo06] Alomainy, A. Hao, Y. Yuan, Y. Liu, Y. "Modelling and Characterisation of Radio Propagation from Wireless Implants at Different Frequencies" Wireless Technology, 2006. The 9th European Conference on, pp. 119–122, 10–12 Sept. 2006.

[Als08] NayefAlsindi, "Indoor Cooperative Localization for Ultra Wideband Wireless Sensor Networks," *PhD dissertation,* ECE Department, WPI, May 2008. http://www.wpi.edu/Pubs/ETD/Available/etd-042308-115256/unrestricted/nalsindi.pdf.

[And07] J.G. Andrews, A. Ghosh, and R. Muahmed, *Fundamentals of WiMAX: Understanding Broadband Wireless Networking*, Prentice Hall, 2007.

[Aoy08] Takahiro Aoyagi, Jun-ichi Takada, Kenichi Takizawa, Norihiko Katayama, Takehiko Kobayashi, Kamya Yekeh Yazdandoost, Huan-bang Li and Ryuji Kohno, "Channel model for wearable and implantable WBANs," IEEE 802.15-08-0416-04-0006, November 2008.

[Aoy09] T. Aoyagi, K. Takizawa, T. Kobayashi, J. Takada, and R. Kohno, "Development of a WBAN channel model for capsule endoscopy," Proc. of 2009 International Symposium on Antennas and Propagation, Charleston, SC, U.S.A., pp. 1–4. Jun. 2009. http://ieeexplore.ieee.org/stamp/ stamp.jsp?tp=&arnumber=5172160.

[Ask11] F. Askarzadeh, Y. Ye, U. Khan, F. Akgul, K. Pahlavan and S. Makarov, "Computational Methods for Localization in Close Proximity," chapter in *Position Location – Theory, Practice and Advances: A Handbook for Engineers and Academics*, John Wiley and Sons, 2011.

[Bah00] P. Bahl and V. N. Padmanabhan. "RADAR: An In-Building RF-based User Location and Tracking System," Proc. IEEE INFOCOM'00, pp. 775–784, March 2000.

[Ban11] *The 1st Invitational Workshop on BAN Technology and Applications,* June 19–20, Worcester, MA.

[Bar03] S. Barnes, "Location-Based Services: The State of the Art," e-Service Journal 2.3, pp. 59–70, 2003.

[Ber87] D. Bertsekas and R. Gallagher, *Data Networks*, Prentice Hall, New York, 1987.

[Ber94] H. L. Bertoni, W. Honcharenko, L.R. Maciel, and H.H. Xia, "UHF propagation prediction for wireless personal communications", *Proceedings of the IEEE*, Vol. 82, No. 9, pp. 1333–1359, September 1994.

[Bla92] K.L. Blackard et al., "Path Loss And Delay Spread Models As Functions Of Antenna Height For Microcellular System Design," *Proc. 42nd IEEE Vehicular Technology Conference*, Denver, CO, 1992.

[Blu00] Bluetooth Special Interest Group, "Specifications of the Bluetooth System, vol. 1 v. 1.1, 'Core' and vol. 2 v. 1.0 B 'Profiles'," 2000.

[Bra00] R.C. Braley, I.C. Gifford, and R.F. Heile, "Wireless Personal Area Networks: An Overview of the IEEE P802.15 Working Group," *ACM SIGMOBILE Mob. Comput. Commun. Rev.*, Vol. 4, No. 1, pp. 26–33, 2000.

[Bre05] M.R. Brenner, M.L.F. Grech, M. Torabi, and M.R. Unmehopa, "The Open Mobile Alliance and Trends in Supporting the Mobile Services Industry," Bell Labs Technical Journal, 10(1), pp. 59–75, 2005.

[Bud97] K.C. Budka, H.J. Jiang, and S.E. Sommars, "Cellular Packet Data Networks", Bell Lab Technical Journal, Summer 1997.

[Bul00] N. Bulusu, J. Heidemann, D. Estrin, "GPS-less Low-Cost Outdoor Localization for Very Small Devices," IEEE Personal Communications, pp. 28–34, October 2000.

[Bur00] E. Buracchini, "The software radio concept", IEEE Communications Magazine, pp. 138–143, September 2000.

[Cac95] R. Cacares and L. Iftode, "Improving the performance of reliable transport protocols in mobile computing environments", IEEE JSAC, pp. 850–857, June 1995.

[Caf98] J. Caffery, Jr. and G.L. Stuber, "Subscriber Location in CDMA Cellular Networks", *IEEE Trans. Veh. Technol.*, Vol. 47, No. 2, May 1998.

[Cas02] D. Cassioli, M.Z. Win, and A.F. Molisch, "The Ultra-Wide Bandwidth Indoor Channel: From Statistical Model to Simulations", IEEE Journal On Selected Areas In Communications, Vol. 20, No. 6, August 2002, pp. 1247–1256.

[Cha01] M.V.S. Chandrashekhar, P. Choi, K. Maver, R. Sieber, K. Pahlavan, "Evaluation of Interference Between IEEE 802.11b and Bluetooth in a Typical Office Environment", Proc. PIMRC '01, San Diego, 2001.

[Cha99] S. Chakrabarti and A. Mishra, "A network architecture for global wireless position location services," Proc. ICC'99, pp. 1779–1783, 1999.

[Che02] Y. Chen and H. Kobayashi (2002). Signal Strength Based Indoor Geolocation. Proceedings of the IEEE International Conference on Communications. pp 436–439. 28 April – 2 May 2002. New York.

[Che05] Y.C. Cheng, Y. Chawathe, A. LaMarca, and J. Krumm, "Accuracy Characterization for Metropolitan-scale Wi-Fi Localization," *Proceedings of Mobisys 2005*, pp. 233–245, 2005.

[Che99a] P-C. Chen, "*Mobile Position Location Estimation in Cellular Systems*", PhD thesis, WINLAB, Electrical and Computer Engineering, Rutgers University, 1999.

[Che99b] P-C. Chen, "A non-line-of-sight error mitigation algorithm in location estimation", Proceedings of the IEEE Wireless Communications and Networking Conference, 1999.

[Ches03] W.R. Cheswick, S.M. Bellovin, and A.D. Rubin, Firewalls and Internet Security, Addison–Wesley, 2003.

[Cla08] H. Claussen, L.T.W. Ho, and L.G. Samuel, "An Overview of the Femtocell Concept," *Bell Labs Technical Journal*, Vol. 13, No. 1, pp. 221–246, 2008.

[Com98] IEEE Communications Magazine on Geolocation Applications, 1998.

[Cos86] COST 207 TD(86)51-REV 3 (WG1), "Propagation on Channel Transfer Functions to be Used in GSM Tests ", Sep. 1986.

[Cox99] A. Lozano and D.C. Cox, "Integrated Dynamic Channel Assignment and Power Control in TDMA Mobile Wireless Communication Systems", IEEE JSAC, Vol. 17, No. 11., pp. 2031–2040, Nov. 1999.

[Cro97] B.P. Crow, I. Widjaja, L.G. Kim, and P.T. Sakai, "IEEE 802.11 Wireless Local Area Networks", IEEE Communications Magazine, Vol. 35, No. 9, pp. 116–126, Sept. 1997.

[Dan10] R.C. Daniels, J.N. Murdock, T.S. Rappaport, and R.W. Heath, Jr. "60 GHz Wireless: Up Close and Personal", IEEE Microwave Magazine, Dec. 2010 Supplement, pp. S44–S50.

[Das06] S. Das, T. Klein, A. Rajkumar, S. Rangarajan, M. Turner, and H. Viswanathan, "System Aspects and Handover Management for IEEE 802.16e," *Bell Labs Technical Journal*, Vol. 11, No. 1, pp. 123–142, 2006.

[Dem06] I. Demirkol et al., "MAC Protocols for Wireless Sensor Networks: A Survey," IEEE Communications Magazine, April 2006.

[Den96] L.R. Dennison, "BodyLAN: A wearable personal network", Second IEEE Workshop on WLANs, Worcester, MA, 1996.

[Dha02] N. Al-Dhahir, C. Fragouli, A. Stamoulis, W. Younis, and R. Calderbank, Space–time processing for broadband wireless access, Communications Magazine, IEEE, Vol. 40 Issue 9, Sep. 2002, pp. 136–142.

[Dju01] G.M. Djuknic and R.E. Richton, "Geolocation and Assisted GPS", IEEE Computer, February 2001.

[Dra98] C. Drane, M. Macnaughtan, and C. Scott, "Positioning GSM telephones," IEEE Communications Magazine, 36(4):46–54, 59, April 1998.

[Dru01] M-A. Dru and S. Saada, "Location-based mobile services: the essentials," Alcatel Telecommunications Review, 2001.

[ECM08] ECMA TC48 draft standard for high data rate 60 GHz WPANs, October 2008.

[Edn04] J. Edney and W.A. Arbaugh, Real 802.11 Security: Wi-Fi Protected Access and 802.11i, Pearson Education, 2004.

[Ela04a] M. Elaoud, D. Famolari, A. Ghosh, "Experimental VoIP Capacity Measurements for 802.11b WLANs," IEEE Consumer Communications and Networking Conference, 2004.

[Ela04b] M. Elaoud and P. Agrawal, "VoIP Capacity in IEEE 802.11 Networks," Proc. IEEE PIMRC, 2004.

[Eng94] P.K. Enge, "Global Positioning Systems: Signals, Measurements and Performance," Intl J. Wireless Info. Networks, vol. 1, no. 2, Apr. 1994.

[Enn98] G. Ennis, Doc. IEEE P802.11-98/319, Impact of Bluetooth on 802.11 Direct Sequence, September 15, 1998.

[Ert98] R.B. Ertel, P. Cardieri, K.W. Sowerby, T.S. Rappaport, and J.H. Reed, "Overview of Spatial Channel Models for Antenna Array Communication Systems", IEEE Personal Communications, Feb. 1998.

[Erc99] V. Erceg et al., "An empirically based path loss model for wireless channels in suburban environments," *IEEE JSAC*, Vol. 17, No. 7, pp. 1205–1211, July 1999.

[Fal96] A. Falsafi, K. Pahlavan, G. Yang, "Transmission techniques for radio LAN's – a comparative performance evaluation using ray tracing", IEEE Journal on Selected Areas in Communications, Vol. 14, No. 3, pp. 477–491, April 1996.

[FCC03] FCC E-911 webpage 2003 (http://www.fcc.gov/e911).

[FCC09] FCC Rules and Regulations, "MedRadio Band Plan", Part 95, March 2009 (http://www.cwins.wpi.edu/workshop11/ppt/business_Charles.pdf).

[Fei99] J. Feigin and K. Pahlavan, "Measurement of characteristics of voice over IP in a wireless LAN environment" *IEEE International Workshop on Mobile Multimedia Communications (MoMuC '99)*, pp. 236–240, 1999.

[Fer80] P. Ferert, "Application of Spread Spectrum Radio to Wireless Terminal Communications," *Proc. NTC '80*, Houston, TX, 244–248 (Dec. 1980).

[Fig69] W. Figel, N. Shepherd, and W. Trammell, "Vehicle location by a signal attenuation method", IEEE Trans. Vehicular Technology, vol. VT-18, pp. 105–110, Nov. 1969.

[Fis80] M.J. Fischer, "Delay Analysis of TASI with Random Fluctuations in the Number of Voice Calls," *IEEE Trans. Commun.*, **COM-28**, 1883–1889 (1980).

[Foe04] J. Foerster and Q. Li, UWB Channel Modeling Contribution from Intel, 24 June, 2002, IEEE P802.15 Working Group for Wireless Personal Area Networks (WPANs), IEEE P802.15-02/279r0-SG3a.

[For06] A. Fort, J. Ryckaert, C. Desset, P. De Doncker, P. Wambacq, and L. Van Biesen, "Ultrawideband channel model for communication around the human body, "IEEE Journal on Selected Areas in Communications, vol. 24, pp. 927–933, April 2006.

[Fri46] H.T. Friis, "A Note on a Simple Transmission Formula", Proceedings of the I.R.E. and Waves and Electrons, May 1946, pp. 254–256.

[Fu12] R. Fu, Y. Ye, N. Yang, and K. Pahlavan, "Characteristic and Modeling of Human Body Motions for Body Area Network Applications", invited paper, *Wireless Health special issue based on the IEEE PIMRC'11 best papers, International Journal of Wireless Information Networks, Springer*, Vol. 19, No. 3, August 2012, 219–228.

[Gan91] R. Ganesh and K. Pahlavan, "Modeling of the Indoor Radio Channel", IEE Proceedings-I, June 1991.

[Gar00] V.K. Garg, IS-95 and CDMA2000, Prentice Hall, Upper Saddle River, 2000.

[Gar03] S. Garg and M. Kappes, "Can I add a VoIP call?," Proc. ICC'03, pp. 779–783, 2003.

[Gar99] V.K. Garg and J.E. Wilkes, Principles and Applications of GSM, Prentice Hall, Upper Saddle River, NJ, 1999.

[Gas02] M.S. Gast, 802.11 Wireless Networks: The definitive guide, O'Reilly & Associates, 2002.

[Ger10] C.G. Gerlach, I. Karla, A. Weber, L. Ewe, H. Bakker, E. Kuehn, and A. Rao, "ICIC in DL and UL with Network Distributed and Self-Organized Resource Assignment Algorithms in LTE," *Bell Labs Technical Journal*, Vol. 15, No. 3, pp. 43–62, 2010.

[Get93] I.A. Getting, "The Global Positioning System," IEEE Spectrum, pp. 36–47, Dec. 1995.

[Gfe80] F.R. Gfeller, "Infranet: Infrared microbroadcasting network for in house data communication", IBM research report, RZ 1068 (#38619), April 27, 1981.

[Gha03a] S.S. Ghassemzadeh, L.J. Greenstein, A. Kavèiæ, T. Sveinsson, and V. Tarokh, "UWB indoor path loss model for residential and commercial buildings", *in Proc. IEEE VTC* – Fall 2003, pp. 3115–3119.

[Gha03b] S.S. Ghassemzadeh, L.J. Greenstein, A. Kavèiæ, T. Sveinsson, and V. Tarokh, "UWB indoor delay profile model for residential and commercial buildings", *in Proc. IEEE VTC* – Fall 2003, pp. 3120–3125.

[Gha04] M. Ghavami, L.B. Michael, and R. Kohno, Ultra-Wideband, Signals and Systems in Communication Engineering, John Wiley and Sons, 2004.

[Gho11] A. Ghosh, J. Zhang, J.G. Andrews, and R. Muhamed, *Fundamentals of LTE*, Prentice Hall, 2011.

[Goo89] D.J. Goodman, R.A. Valenzuela, K.T. Gayliard, and B. Ramamurthi, "Packet reservation multiple access for local wireless communications", IEEE Transactions on Communications, Vol. 37, No. 8, pp. 885–890, Aug. 1989.

[Goo91] D.J. Goodman and S.X. Wei, "Efficiency of packet reservation multiple access", IEEE Transactions on Vehicular Technology, Vol. 40, No. 1 Part: 2, pp. 170–176, Feb. 1991.

[Goo93] D.J. Goodman, J. Grandhi, and R. Vijayan, "Distributed Dynamic Channel Assignment Schemes", Proc. of the 43rd IEEE Veh. Tech. Conf., pp. 532–535, 1993.

[Goo97] D.J. Goodman, Wireless Personal Communications Systems, Addison–Wesley, 1997.

[Gou08] A.A. Goulianos, T.W.C. Brown, and S. Stavrou, "A Novel Path-Loss Model for UWB Off-Body Propagation", IEEE Vehicular Technology Conference, pp. 450–454, May 2008.

[Gra93] S.A. Grandhi, R. Vijayan, D.J. Goodman, and J. Zander, "Centralized power control in cellular radio systems", IEEE Transactions on Vehicular Technology, Vol. 42, No. 4, pp. 466–468, November 1993.

[Gra94] S.A. Grandhi, R. Vijayan, and D.J. Goodman, "Distributed Power Control in Cellular Radio Systems", IEEE Transactions on Communications, Vol. 42, pp. 226–228, February 1994.

[GSM91] GSM Recommendation 05.05, "Radio Transmission and Reception," ETSI/PT 12, Jan. 1991.

[Gue97] S. Guerin, Y.J. Guo, and S.K. Barton, "Indoor propagation measurements at 5 GHz for HIPERLAN", *10th Int. Conf. Ant. Prop.*, pp. 306–310, April 1997.

[Guo07] N. Guo, R.C. Qiu, S.S. Mo, and K. Takahashi, "60-GHz Millimeter-Wave Radio: Principle, Technology, and New Results", EURASIP Journal on Wireless Communications and Networking, Volume 2007.

[Haa00] J.C. Haartsen and S. Mattisson, "Bluetooth-a new low-power radio interface providing short-range connectivity", Proceedings of the IEEE, Vol. 88, No. 10, pp. 1651–1661, Oct. 2000.

[Hag08a] J. Hagedorn, J. Terrill, W. Yang, K. Sayrafian, K. Yazdandoost, and R. Kohno, "MICS Channel Characteristics; Preliminary Results", IEEE 802.15-08-0351-00-0006, September 2008.

[Hag08b] J. Hagedorn, J. Terrill, W. Yang, K. Sayrafian, K. Yazdandoost, and R. Kohno, "A Statistical Path Loss Model for MICS," IEEE 802.15-08-0519-01-0006, September 2008.

[Hal83] S.W. Halpern, "Reuse partitioning in cellular systems", Proc. Of the IEEE Vehicular Technology Conference, pp. 322–327, 1983.

[Hal96] C.J. Hall and W.A. Foose, "Practical Planning for CDMA Networks: A Design Process Overview", *Proc. Southcon'96*, pp. 66–71, 1996.

[Hal99] K. Halford, S. Halford, M. Webster, and C. Ander, "Complementary code keying for RAKE-based indoor wireless communication", IEEE International Symposium on Circuits and Systems, Vol. 4, pp. 427–430, Orlando, FL, 1999.

[Ham02] M. Hamalainen, et al., "On the UWB System Coexistence with GSM900, UMTS/WCDMA, and GPS," IEEE J. Sel. Areas. Comm., Vol. 20, No. 9, 2002.

[Ham86] J.L. Hammond and P.J.P. O'Reilly, *Performance Analysis of Local Computer Networks*, Addison–Wesley, Reading, MA (1986).

[Har06] S. Harsha, A. Kumar, and V. Sharma, "An Analytical Model for the Capacity Estimation of Combined VoIP and TCP File Transfers over EDCA in an IEEE 802.11e WLAN," Proc. IEEE IWQoS06, 2006.

[Har99] D. Har, H.H. Xia, and H.L. Bertoni, "Path-loss prediction model for micro-cells", IEEE Transactions on Vehicular Technology, Vol. 48, No. 5, pp. 1453–1462, September 1999.

[Has02] M. Hassan-Ali and K. Pahlavan, "A new statistical model for site-specific indoor radio propagation prediction based on geometric optics and geometric probability," *IEEE JSAC Wireless*, Vol. 1, No. 1, Jan. 2002.

[Hat04] A. Hatami and K. Pahlavan, "In-building Intruder Detection for WLAN Access", The IEEE Aerospace and Electronic Systems Society conference, PLANS, Monterey, CA, April 2004.

[Hat06] H. Hatami, *Application of Channel Modeling for Indoor Localization Using TOA and RSS,* Ph.D. Dissertation, Worcester Polytechnic Institute, 2006.

[Hat80] M. Hata, "Empirical formula for propagation loss in land mobile radio services", IEEE Transactions on Vehicular Technology, Vol. VT-29, No. 3, pp. 317–324, August, 1980.

[Hau94] T. Haug, "Overview of GSM: Philosophy and Results", International Journal of Wireless Information Networks, Jan 1994.

[Hay91] V. Hayes, "Standardization efforts for wireless LANS", IEEE Network, Vol. 5, No. 6, pp. 19–20, 1991.

[Hei09] M. Heidari, N.A. Alsindi, and K. Pahlavan, "Identification of the Absence of Direct Path Component in Indoor Localization Systems," IEEE Transactions on Wireless Communications, Vol. 8, Issue 7, 2009, pp. 3597–3607.

[Hei98] R. Heille, WPAN functional requirement, Doc. IEEE 802.11/98/58, Jan 22nd, 1998.

[Hig07] H. Higgins, "Body implant communications – is it a reality?" in *Proceedings of the IET Seminar on Antennas and Propagation for Body-Centric Wireless Communications*, pp. 33–36, London, UK, April 2007.

[Hil01] A. Hills, "Large Scale Wireless LAN Design", IEEE Communication Magazine, pp. 98–105, Nov. 2001.

[Hol00] H. Holma and A. Toskala (eds), *WCDMA for UMTS: Radio Access for Third Generation Mobile Communications*, John Wiley and Sons, NY, 2000.

[How90] S.J. Howard and K. Pahlavan, "Measurement and Analysis of the Indoor Radio Channel in the Frequency Domain," IEEE Trans. Instr. Meas., No. 39, pp. 751–55, 1990.

[IEE01] Proc. IEEE Workshop on Wireless LANs, Newton, MA (Sep. 2001).

[IEEE09] Part 15.3: Wireless Medium Access Control (MAC) and Physical Layer (PHY) Specifications for High Rate Wireless Personal Area Networks (WPAN). Ammendment 2: Millimeter-wave-based Alternative Physical Layer Extension, IEEE Std 802.15.3c^{TM}-2009 (Amendment to Std 802.15.3^{TM}-2003.), October 12, 2009.

[IS-801-99] IS-801, Position Determination Service Standard for Dual Mode Spread Spectrum Systems, Telecommunications Industry Association, 1999.

[Jak01] M. Jakobsson and S. Wetzel, "Security Weaknesses in Bluetooth", RSA Conference'01, April 8–12, 2001.

[Jay84] N.S. Jayant and P. Noll, *Digital Coding of Waveforms*, Prentice–Hall, Englewood Cliffs, NJ, 1984.

[Joo06] J. Krogerus, C. Icheln, and P. Vainikainen, "Experimental Investigation of Antenna Performance of GSM phones in Body-Worn and Browsing Use Positions," Proceedings of the 9th European Conference on Wireless Technology, pp. 330–333, 10–12 Sept. 2006.

[JTC94] JTC Technical Report on RF Channel Characterization and Deployment Modeling, Air Interface Standards, Sep. 1994.

[Kae04] K. Kaemarungsi and P. Krishnamurthy, "Modeling of Indoor Positioning Systems Based on Location Fingerprinting," Proc. IEEE Infocom, March 2004.

[Kan04a] M. Kanaan and K. Pahlavan, A comparison of wireless geolocation algorithms in the indoor environment, Proceedings of the IEEE WCNC, April 2004.

[Kan04b] M. Kanaan and K. Pahlavan, CN-TOA – a New Algorithm for Indoor Geolocation, IEEE PIMRC, Sep. 2004.

[Kap02] S. Kapp, "802.11a. More bandwidth without the wires", IEEE Internet Computing, Volume:6, Issue:4, July–Aug. 2002.

[Kap96] E.D. Kaplan, Understanding GPS: Principles and Applications, Artech House Publishers, 1996.

[Kat96] I. Katzela and M. Naghshineh, "Channel assignment schemes for cellular mobile telecommunication systems: a comprehensive survey", IEEE Personal Communications, pp. 10–31, June 1996.

[Kau02] C. Kaufmann, R. Perlman, and M. Speciner, Network Security: Private Communication in a Public World, Prentice Hall PTR, 2002.

[Kav87] M. Kavehrad and P.J. McLane, "Spread spectrum for indoor digital radio", *IEEE Communications Magazine*, Vol. 25, No. 6, pp. 32–40, 1987.

[Kei89] G.E. Keiser, *Local Area Networks*, McGraw–Hill, New York (1989).

[Ker00] J.P. Kermoal, L. Schumacher, P.E. Mogensen, and K.I. Pedersen, "Experimental investigation of correlation properties of MIMO radio channels for indoor picocell scenarios", 52nd IEEE Vehicular Technology Conference, 2000, pp. 14–21, 2000.

[Kha11] U. Khan, K. Pahlavan, and S. Makarov "Computational Techniques for Wireless Body Area Networks Channel Simulation Using FDTD and FEM" at the *33rd Annual International Conference of the IEEE Engineering in Medicine and Biology Society (EMBC)*, pp. 5602–5607, 2011.

[Kim04] J. Kim and Y. Rahmat-Samii, "Implanted antennas insidea human body: simulations, designs, and characterizations," *IEEE Transactions on Microwave Theory and Techniques*, vol. 52, no. 8, part 2, pp. 1934–1943, 2004.

[Kim08] J. Kim, H. Soo Lee, J.K. Pack, and T.H. Kim, "Channel modeling for medical implanted communication systems by numerical simulation and measurement," IEEE 802.15-08-0274-02-0006, May 2008.

[Kle75] L. Kleinrock and S.S. Lam, "Packet Switching in a Multiaccess Broadcast Channel: Performance Evaluation," *IEEE Trans. Commun.*, COM-23, 410–423 (1975).

[Koh04] R. Kohno, M. Welborn, and M. Mc Laughlin, DS-UWB Proposal, IEEE P802.15 Working Group for Wireless Personal Area Networks (WPANs), Document number: IEEE 802.15-04/140r2, March 2004.

[Koi04] G.M. Koien, "An introduction to access security in UMTS," *IEEE Wireless Communications*, Vol. 11, No. 1, 2004.

[Kos00] H. Koshima and J. Hoshen, "Personal Locator Services Emerge," *IEEE Spectrum*, February 2000, pp. 41–48.

[Kri98] P. Krishnamurthy, K. Pahlavan, and J. Beneat, "Radio propagation modeling for indoor geolocation applications", Proceedings of IEEE PIMRC'98, September 1998.

[Kri99a] P. Krishnamurthy and K. Pahlavan, "Analysis of the probability of detecting the DLOS path for geolocation applications in indoor areas", 49th IEEE Vehicular Technology Conference, Vol. 2, pp. 1161–1165, 1999.

[Kri99b] P. Krishnamurthy and K. Pahlavan, "Distribution of Range Error and Radio Channel Modeling for Indoor Geolocation Applications", Proc. PIMRC'99, Osaka, Japan, 1999.

[Kri99c] P. Krishnamurthy, "Analysis and Modeling of the Indoor Radio Channel for Geolocation Applications", Ph.D. Thesis, Worcester Polytechnic Institute, August 1999.

[Kue92] S.S. Kuek and W.C. Wong, "Ordered Dynamic Channel Assignment Scheme with Reassignment in Highway Microcells", IEEE Transactions on Vehicular Technology, Vol. 41, No. 3, pp. 271–276, August 1992.

[Kum11] R. Kumaralingam and G. Rahul, "The 60GHz Wireless Network Infrastructure", White Paper February 2011, http://ers.hclblogs.com/wp-content/uploads/2010/07/The-60GHz-Wireless-Network-Infrastructure.pdf.

[Kum74] K. Kummerle, "Multiplexer Performance for Integrated Line- and Packet-Switched Traffic," ICCC, Stockholm, 1974.

[Kur09] D. Kurup, W. Joseph, G. Vermeeren, and L. Martens, "Path loss model for in-body communication in homogeneous human muscle tissue," *IET Electronics Letters*, pp. 453–454, April 2009.

[Lee06] M.J. Lee and J. Zheng, "Emerging Standards for Wireless Mesh Technology," IEEE Wireless Communications, pp. 56–63, April 2006.

[Lee91] W.C.Y. Lee, "Smaller Cells for Greater Performance", IEEE Communications Magazine, pp. 19–23, November 1991.

[Leh99] P.H. Lehne and M. Pettersen, "An Overview of Smart Antenna Technology for Mobile Communications Systems", IEEE Communications Surveys, pp. 2–13, Vol. 2, Fourth Quarter, 1999.

[Li00] X. Li, K. Pahlavan, M. Latva-aho, and M. Ylianttila, "Indoor Geolocation using OFDM Signals in HIPERLAN/2 Wireless LANs", IEEE PIMRC 2000, London, Sep. 2000.

[Li04] X. Li and K. Pahlavan, "Super-resolution TOA estimation with diversity for indoor geolocation," *IEEE Trans on Wireless Comm*. Jan 2004.

[LIF02] LIF TS 101 Specification, Location Inter-operability Forum (LIF) Mobile Location Protocol, Version 3.0.0, June 2002.

[Lio94] G. Liodakis and P. Stravroulakis, "A Novel Approach in Handover Initiation for Microcellular Systems," Proc. Vehicular Tech. Conf. '94, Stockholm, Sweden, 1994.

[Lor98] J.R. Lorch and A.J. Smith, "Software strategies for portable computer energy management", IEEE Personal Communications Magazine, pp. 60–73, June 1998.

[Mac03] J. McCorkle, "DS-CDMA: The Technology of Choice For UWB," IEEE P802.15-03/277r0. July 19, 2003.

[Mac79] V.H. MacDonald, "The Cellular Concept", *The Bell System Technical Journal*, Vol. 58, No. 1, pp. 15–41, January 1979.

[Mag06] T. Magedanz and F.C. de Gouveia, "IMS – the IP Multimedia System as NGN Service Delivery Platform," *Elektrotechnik und Informationstechnik*, Vol. 123, August 2006.

[Mak11] S.N. Makarov, U.I. Khan, M.M. Islam, L. Reinhold, and K. Pahlavan, "On Accuracy of Simple FDTD Models for the Simulation of Human Body Path Loss", *the Proceedings of the IEEE Sensor Application Symposium*, San Antonio, TX, February 22–24, 2011.

[Mal07] A. Mallat, J. Louveaux, and L. Vandendrope, "UWB based positioning in multipath channels, CRBs for AOA and for hybrid TOA-AOA based methods," *in Proceedings of the IEEE International Conference on Communications* (ICC), Glasgow, Scotland, June 2007.

[Mal09] A. Maltsev, R. Maslennikov, A. Sevastyanov, A. Khoryaev, and A. Lomayev, "Experimental Investigations of 60 GHz WLAN Systems in Office Environment", *IEEE Journal on Selected Areas in Communications*, Vol. 27, No. 8, pp. 1488–1499, October 2009.

[Mal10] A. Maltsev et al., Channel Models for 60 GHz WLAN Systems, IEEE P802.11-09/0334r8, May 20, 2010, https://mentor.ieee.org/802.11/dcn/09/11-09-0296-16-00ad-evaluation-methodology.doc.

[Mar02] I. Martin-Escalona, F. Barcelo, and J. Paradells, "Delivery of non-standardized assistance data in E-OTD/GNSS hybrid location systems," Proc. IEEE PIMRC, Vol. 5, pp. 2347–2351, September 2002.

[Mar85] M.J. Marcus, "Recent US regulatory decisions on civil use of spread spectrum", Proc. IEEE Globecom, 16.6.1–16.6.3, New Orleans, December 1985.

[Mas09] R. Maslennikov and A. Lomayev, "Implementation of 60 GHz WLAN Channel Model," IEEE 802.11-09/854r0, July 2009 https://mentor.ieee.org/802.11/dcn/09/11-09-0854-00-00adimplementation-of-60ghz-wlan-channel-model.doc.

[McD98] J.T.E. McDonnell, "5 GHz indoor channel characterization: measurements and models", *IEE Coll. on Ant. and Prop. for future mobile communications*, 1998.

[Med04] K. Medepalli et al., "Voice Capacity of IEEE 802.11b, 802.11a, and 802.11g Wireless LANs," Proc. Globecom, 2004.

[Mey96] M.J. Meyer, T. Jacobson, M.E. Palamara, E.A. Kidwell, R.E. Richton, and G. Vannucci, "Wireless enhanced 9-1-1 service – making it a reality," Bell Labs Technical Journal, Vol. 1, No. 2, pp. 108–202, Autumn 1996.

[Min08] D. Miniutti, L. Hanlen, D. Smith, A. Zhang, D. Lewis, D. Rodda, and B. Gilbert, "Characterization of small-scale fading in BAN channels," IEEE 802.15-08-0716-01-0006, October 2008.

[Mis10] P. Misra and P. Enge, *Global Positioning System: Signals, Measurements, and Performance*, Revised Second Edition, Ganga–Jamuna Press, 2010.

[Moa11] N. Moayeri, J. Mapar, S. Tompkins, and K. Pahlavan (eds), Special Issue on Localization and Tracking for Emerging Wireless Systems, *IEEE Wireless Communications*, April 2011.

[Mor10] T. Morgan, An Intelligent Data Mining Technique for Emerging Location Based Applications, 2nd Invitational Workshop on Opportunistic RF Localization for Next Generation Wireless Devices, WPI, Worcester, MA June 13–14, 2010 (http://www.cwins.wpi.edu/workshop10/pres/exec_2.pdf).

[Mur81] K. Murota and K. Hirade, "GMSK Modulation for Digital Mobile Radio Telephony," *IEEE Transactions on Communications*, Vol. 29, No. 7, pp. 1044–1050, 1981.

[Nee11] R. Van Nee, "Breaking the Gigabit per Second Barrier with 802.11ac," IEEE Wireless Communications, April 2011.

[Nag98] A. Naguib et al., "A Space Time Coding Modem for High Data Rate Wireless Communications," *IEEE J. Sel. Areas. Comm.*, pp. 1459–1477, October 1998.

[Nee99] R. van Nee et al., "New high-rate wireless LAN standards", *IEEE Communications Magazine*, Vol. 37, No. 12, pp. 82–88, Dec. 1999.

[Nic03] D. Niculescu and B. Nath, "Ad hoc positioning system (APS) using AOA," Proc. IEEE Infocom, pp. 1734–1743, April 2003.

[Nis00] D.N. Nissani and I. Shperling, "Cellular CDMA (IS-95) location, A-FLT proof-of-concept interim results," The 21st IEEE Convention of Electrical and Electronic Engineers in Israel, 2000, pp. 179–182, 2000.

[OnStar] General Motors OnStar website: http://www.onstar.com.

[Opp04] I. Oppermann, M. Hamalainen, and J. Iinatti, UWB Theory and Applications, John Wiley and Sons, 2004.

[Pah00] K. Pahlavan, P. Krishnamurthy, et al., "Handoff in hybrid mobile data networks", *IEEE Personal Communications Magazine*, April 2000.

[Pah02] K. Pahlavan, X. Li, and J. Makela, "Indoor Geolocation Science and Technology", *IEEE Comm. Mag.*, Feb. 2002.

[Pah05] K. Pahlavan and A. Levesque, Wireless Information Networks, 2nd edn, John Wiley and Sons, 2005.

[Pah06] K. Pahlavan, F. Akgul, M. Heidari, A. Hatami, J. Elwell, and R. Tingley, "Indoor Geolocation in the Absence of Direct Path", in *IEEE Wireless Communications Magazine*, 2006.

[Pah09] K. Pahlavan and P. Krishnamurthy, *Networking Fundamentals, Wide, Local and Personal Area Communications*, John Wiley and Sons, 2009.

[Pah10] K. Pahlavan, F. Akgul, Y. Ye, T. Morgan, F. A. Shabdiz, M. Heidari, and C. Steger, "Taking Positioning Indoors: Wi-Fi Localization and GNSS", InsideGNSS, vol. 5, no. 3, May, 2010.

[Pah12a] K. Pahlavan, Y. Ye, R. Fu, and U. Khan, "Challenges in Channel Measurement and Modeling for RF Localization Inside the Human Body," Invited paper, *International Journal on Embedded and Real-Time Communication Systems* (IJERTCS), 3(3), 18–37, July–September, 2012.

[Pah12b] K. Pahlavan, G. Bao, Y. Ye, S. Makarov, U. Khan, P. Swar, D. Cave, A. Karellas, P. Krishnamurthy, and K. Sayrafian, "RF Localization for Wireless Capsule Endoscopy", invited paper, *special issue on localization, International Journal of Wireless Information Networks*, Springer, on line, October 14, 2012.

[Pah85] K. Pahlavan, "Wireless Communications for Office Information Networks," *IEEE Commun. Mag.*, **23**, No. 6, 19–27 (1985).

[Pah88a] K. Pahlavan, "Wireless Intra-Office Networks," *ACM Trans. Office Inf. Syst.*, 6, 277–302 (1988).

[Pah88b] K. Pahlavan and J.L. Holsinger, "Voice-Band Data Communication Modems: a Historical Review, 1919–1988," IEEE Communi Mag., 26(1) 16–27 (1988).

[Pah90] K. Pahlavan and M. Chase, "Spread Spectrum Multiple Access Performance of Orthogonal Codes for Indoor Radio Communications," IEEE Trans on Communi, COM-38, 574–577 (1990)

[Pah94] K. Pahlavan and A.H. Levesque, "Wireless data communications", Proceedings of the IEEE, Vol. 82, No. 9, pp. 1398–1430, Sept. 1994.

[Pah97] K. Pahlavan, A. Zahedi, and P. Krishnamurthy, "Wideband local access: wireless LAN and wireless ATM", *IEEE Communications Magazine*, Vol. 35, No. 11, pp. 34–40, Nov. 1997.

[Pah98] K. Pahlavan, P. Krishnamurthy, and J. Beneat, "Wideband radio propagation modeling for indoor geolocation applications", IEEE Comm. Magazine, pp. 60–65, April 1998.

[Pal13] PalTrack Tracking Systems, http://www.sovtechcorp.com/.

[Pat03] W. Pattara-atikom, P. Krishnamurthy, and S. Banerjee, "Distributed Mechanisms for Quality of Service in Wireless LANs", IEEE Wireless Communications: Special issue on "QoS in Next-generation Wireless Multimedia Communications Systems", Vol. 10, No. 3, pp. 26–34, June 2003.

[Ped00] K.I. Pedersen, J.B. Andersen, J.P. Kermoal, and P. Morgensen, "A stochastic multiple-input-multiple-output radio channel model for evaluation of space-time coding algorithms", 52nd IEEE Vehicular Technology Conference, 2000, pp. 893–897, 2000.

[Per08] E. Perahia and R. Stacey, *Next Generation Wireless LANs*, Cambridge University Press, 2008.

[Per10] E. Perahia, C. Cordeiro, M. Park, and L.L. Yang, "IEEE 802.11ad: Defining the Next Generation Multi-Gbps Wi-Fi", *7th IEEE Consumer Communications and Networking Conference*, Las Vegas, Nevada, USA, 9–12 January 2010.

[Per97] C.E. Perkins, Mobile IP: Design Principles and Practices, Addison Wesley Communications Series, 1997.

[Pol96] G.P. Pollini, "Trends in Handover Design", IEEE Communications Magazine, March 1996.

[Pol13] Polaris Wireless, http://www.polariswireless.com.

[Por01] D. Porcino, "Performance of a OTDOA-IPDL positioning receiver for 3gpp-fdd mode," in Second International Conference on 3G Mobile Communication Technologies, pp. 221–225, March 2001.

[Pra92] G.J.M. Janssen and R. Prasad, "Propagation measurements in an indoor radio environment at 2.4 GHz, 4.75 GHz, and 11.5 GHz", *Proc. of the 42nd IEEE VTC*, pp. 617–620, 1992.

[Pro08] J.G. Proakis and M. Salehi, Digital Communications, 5th edn, McGraw–Hill, 2008.

[Rao09] A.M. Rao, A. Weber, S. Gollamudi, and R. Soni, "LTE and HSPA+: Revolutionary and Evolutionary Solutions for Global Mobile Broadband," *Bell Labs Technical Journal*, Vol. 13, No. 4, pp. 7–34, 2009.

[Rap02] T.S. Rappaport, *Wireless Communications: Principles and Practice*, 2nd edn, Prentice Hall, New Jersey, 2002.

[Red95] S. Redl, M.K. Weber, M. Oliphant, and W. Mohr, An Introduction to GSM, The Artech House Mobile Communications Series, Artech House, 1995.

[Ree98] J.H. Reed, K.J. Krizman, B.D. Woerner, and T.S. Rappaport, "An overview of the challenges and progress in meeting the e-911 requirement for location service," IEEE Communications Magazine, 36(4):30–37, April 1998.

[Rez95] R. Rezaiifar, A.M. Makowski, and S. Kumar, "Optimal control of handoffs in wireless networks", Proc. IEEE VTC'95, pp. 887–891, 1995.

[RFC96] IETF RFCs, "IP Mobility Support," available at http://www.ietf.org/rfc/rfc2002.txt and "Mobile IP Network Access Identifier Extension for IPv4," available at http://www.ietf.org/rfc/rfc2794.txt.

[Roo02a] T. Roos, P. Myllymaki, H. Tirri, P. Miskangas, and J. Sievanen, "A Probabilistic Approach to WLAN User Location Estimation," *International Journal of Wireless Information Networks*, Vol. 9, No. 3, July 2002.

[Roo02b] T. Roos, P. Myllymaki, and H. Tirri, "*A Statistical Modeling Approach to Location Estimation*", IEEE Transactions on mobile computing, Vol. 1, No. 1, Jan.–Mar. 2002.

[Ros73] G.F. Ross, Transmission and Reception System for Generating and Receiving Baseband Duration Pulse Signals without Distortion for Short Baseband Communication Systems, US Patent 3,728,632, April 1973.

[Rot08] V. Roth, W. Polak, E. Rieffel, and T. Turner, "Simple and effective defense against evil twin access points," *ACM WiSec*, 2008.

[Ryc04] J. Ryckaert, P. De Doncker, R. Meys, A. de Le Hoye, and S. Donnay, "Channel model for wireless communication around the human body", Electronics Letters, Vol. 40, No. 9, pp. 543–544, April 2004.

[Sal87] A.M. Saleh and R.A. Valenzuela, "A Statistical Model for Indoor Multipath Propagation," *IEEE J. Selected Areas Commun.*, **SAC-5**, 128–137 (1987).

[Sav01a] C. Savarese, J.M. Rabaey, and J. Beutel, "Locationing in Distributed Wireless Ad-Hoc Sensor Networks", *Proceedings of the ICASSP*, May 2001.

[Sav01b] A. Savvides, C-C. Han, and M.B. Srivastava, "Dynamic fine-grained localization in Ad-Hoc networks of sensors," Proc. Mobicom, pp. 166–179, 2001.

[Sav05] A. Savvides, W. Garber, R. Moses, and M. Srivastava, "An analysis of error inducing parameters in multihop Sensor node Localization", *IEEE Transactions on mobile computing,* November 2005.

[Saw08] H. Sawada, T. Aoyagi, J-i. Takada, K.Y. Yazdandoost, and R. Kohno, "Channel model between body surface and wireless access point for UWB band," IEEE 802.15-08-0576-00-0006, August 2008.

[Say10] K. Sayrafian-Pour, W.B. Yang, J. Hagedorn, J. Terrill, and K.Y. Yazdandoost, "Channel Models for Medical Implant Communication", *Special issue on BAN, Int. Journal of Wireless Information Networks*, Vol. 17, No. 3/4, pp. 105–112, Springer, 2010.

[Sex89] T. Sexton and K. Pahlavan, "Channel modeling and adaptive equalization of indoor radio channels", IEEE JSAC, Vol. 7, pp. 114–121, 1989.

[Sha04] S.S. Shankar et al., "Optimal Packing of VoIP Calls in an IEEE 802.11a/e WLAN in the Presence of QoS Constraints and Channel Errors," Proc. IEEE Globecom, pp. 2974–2980, 2004.

[Sha48] C.E. Shannon, "A Mathematical Theory of Communication," *Bell Syst. Tech. J.*, **27**, 379–423, 623–656 (1948). [Reprinted in book form with postscript by W. Weaver, University of Illinois Press, Urbana, IL (1949).]

[Sho03] G. Shor, TG3a-Wisair-CFP-Presentation, DS-UWB Proposal, IEEE P802.15 Working Group for Wireless Personal Area Networks (WPANs), Document number: IEEE 802.15-03/151r3, May 03.

[Sie00] T. Siep, I. Gifford, R. Braley, and R. Heile, "Paving the Way for Personal Area Network Standards: An Over View of the IEEE P802.15 Working Group for Wireless Personal Area Networks", IEEE Personal Communications, Feb. 2000.

[Sil00] R.D. Silverman, "A Cost-Based Security Analysis of Symmetric and Asymmetric Key Lengths", *RSA Bulletin Number 13,* April 2000.

[Sim85] M.K. Simon et al., *Spread Spectrum Communication*, Computer Science Press, 1985.

[Siw04] K. Siwiak and D. McKeown, Ultra-Wideband Radio Technology, John Wiley & Sons, 2004.

[Sko08] D. Skordoulis et al., "IEEE 802.11n MAC Frame Aggregation Mechanisms for Next Generation High Throughput WLANs," IEEE Wireless Communications, pp. 40–47, February 2008.

[Sol01] S. Soliman, "Report of Qualcomm Incorporated," In the matter of revision of Part 15 of the Commission's Rules Regarding Ultra-Wideband Transmissions Systems, ET Docket No. 98-153, March 5, 2001.

[Son94] H-L. Song, "Automatic Vehicle Location in Cellular Communications Systems", IEEE Trans. Vehicular Technology, vol. 43, No. 4, pp. 902–908, Nov. 1994.

[Soo04] P. Soontornpipit, C.M. Furse, and Y.C. Chung, "Design of implantable microstrip antenna for communication with medical implants," *IEEE Transactions on Microwave Theoryand Techniques*, Vol. 52, no. 8, part 2, pp. 1944–1951, 2004.

[Spe00] Q.H. Spencer, B.D. Jeffs, M.A. Jensen, and A.L. Swindlehurst, "Modeling the Statistical Time and Angle of Arrival characteristics of an Indoor Multipath Channel", IEEE JSAC, Vol. 18, No. 3, pp. 347–360, March 2000.

[Sta00] W. Stallings, Local and Metropolitan Area Networks, Sixth Edition, Prentice Hall, New Jersey, 2000.

[Sta03] W. Stallings, Network Security Essentials, Second Edition, Prentice Hall, 2003.

[Sta98] W. Stallings, Cryptography and Network Security, Prentice Hall, 1998.

[Sti02] D. Stinson, Cryptography: Theory and Practice, CRC Press, 2002.

[Swa08] N. Swangmuang and P. Krishnamurthy, "Location Fingerprint Analyses Toward Efficient Indoor Positioning," Proc. Percom, March 2008.

[Swa12] P. Swar, K. Pahlavan, and U. Khan, "Accuracy of Localization System inside Human Body using a Fast FDTD simulation Technique" *6th IEEE International Symposium on Medical Information and Communication Technology*, La Jolla, CA, March, 2012.

[Tak85] H. Takagi and L. Kleinrock, "Throughput analysis for persistent CSMA systems", IEEE Trans. Comm., Vol. 33, pp. 627–638, 1985.

[Tan10] A.S. Tanenbaum and D.J. Wetherall, Computer Networks, fifth edition, Prentice Hall, 2010.

[Tar98] V. Tarokh, N. Seshadri, and A.R. Calderbank, "Space-Time Codes for High Data Rate Wireless Communications: Performance Criterion and Code Construction," *IEEE Trans. Info. Theory*, Mar. 1998, pp. 744–765.

[Tay01] J.D. Taylor (ed.), Ultra-Wideband Radar Technology, CRC Press, 2001.

[TDC13] Time Domain Corporation website (http://www.timedomain.com).

[Tek91] S. Tekinay and B. Jabbari, "Handover policies and channel assignment strategies in mobile cellular networks", IEEE Communications Magazine, Vol. 29, No. 11, 1991.

[Tek98] S. Tekinay, E. Chao, and R.E. Richton, "Performance benchmarking for wireless location systems," IEEE Communications Magazine, 36(4):72–76, April 1998.

[Tew09] E. Tews and M. Beck, "Practical attacks against WEP and WPA," *ACM WiSec*, 2009.

[Tin01] R. Tingley and K. Pahlavan, "Time–space measurement of indoor radio propagation," *IEEE Trans. Instrumentation and Measurements*, Vol. 50, No. 1, February 2001, pp. 22–31.

[Tob75] F.A. Tobagi and L. Kleinrock, "Packet Switching in Radio Channels, Part II: The Hidden-Terminal Problem in Carrier Sense Multiple Access and the Busy-Tone Solution," *IEEE Trans. Commun.*, **COM-23**, 1417–1433 (1975).

[Tob80] F.A. Tobagi, "Multi-access protocols in packet communication systems", IEEE Trans. Comm., Vol. 28, pp. 468–488, 1980.

[TR-45-02] TR-45, Enhanced Wireless 911 Phase 2, TIA/EIA-J-STD-036-A, Revision A, March 2002.

[Tre04] E. Trevisani and A. Vitaletti, "Cell-ID Location Technique, Limits, and Benefits: An Experimental Study," Proc. 6th IEEE Workshop on Mobile Computing Systems and Applications, WMCSA'04, 2004.

[Tri97] N. Tripathi, "Generic Adaptive Handoff Algorithms using Fuzzy Logic and Neural Networks", Ph.D Thesis, Virginia Polytechnic Institute and State University, August 1997.

[Tri98] N.D. Tripathi, J.H. Reed, H.F. VanLandingham, "Handoff in Cellular Systems", IEEE Personal Communications Magazine, December 1998.

[Tuc91] B. Tuch, "An ISM Band Spread Spectrum Local Area Network: WaveLAN," *Proc. IEEE Workshop on Wireless LANs*, Worcester, MA, 103–111 (May 1991).

[Unb03] M. Unbehaun and M. Kamenetsky, "On the Deployment of Picocellular Wireless Infrastructure", IEEE Wireless Communications Magazine, pp. 70–80, Dec. 2003.

[Van68] H.L.V. Trees, *Detection, Estimation, and Modulation Theory*. New York: Wiley, 1968.

[Vas05] D. Vassis, G. Kormentzas, A. Rouskas, and I. Maglogiannis, "The IEEE 802.11g standard for high data rate WLANs", IEEE Network, pp. 21–26, May/June 2005.

[Wan05] W. Wang, S.C. Liew, and V.O.K. Li, "Solutions to Performance Problems in VoIP Over a 802.11 Wireless LAN," IEEE Trans. Vehicular. Tech., Vol. 54, No. 1, January 2005.

[War03] J. Warrior, E. McHenry, and K. McGee, "They know where you are," IEEE Spectrum, 40(7):20–25, July 2003.

[War97] A. Ward, A. Jones, and A. Hopper, "A New Location Technique for the Active Office", IEEE Personal Communications, October 1997.

[Wel03] M. Welborn, M. Mc Laughlin, P. Ceva, and R. Kohno, DS-UWB Proposal, IEEE P802.15 Working Group for Wireless Personal Area Networks (WPANs), Document number: IEEE 802.15-03/334r3, September 2003.

[Wer98] J. Werb and C. Lanzl, "Designing a positioning system for finding things and people indoors," *IEEE Spectrum*, Vol. 35, No. 9, September 1998, pp. 71–78.

[Wig10] WiGig White Paper: Defining the Future of Multi-Gigabit Wireless Communications, WiGig Alliance, July 2010.

[Wil95a] J.E. Wilkes, "Privacy and Authentication Needs of PCS", *IEEE Personal Communications*, August 1995.

[Wil95b] T.A. Wilkinson, T. Phipps, and S.K. Barton, "A Report on HIPERLAN Standardization," International Journal on Wireless Information Networks, Vol. 2, pp. 99–120, March 1995.

[Win00] M.Z. Win and R.A. Scholtz, "Ultra-wide bandwidth time-hopping spread spectrum impulse radio for wireless multiple-access communications, IEEE Transaction on Communications, Vol. 48, No. 4, pp. 679–691, April 2000.

[Win98] M. Win and R. Scholtz, "On the performance of ultra-wide bandwidth signals in dense multipath environment," *IEEE Comm. Letters*, Vol. 2, No. 2, Feb. 1998, pp. 51–53.

[Woe98] H. Woesner, J-P. Ebert, M. Schlager, and A. Wolisz, "Power saving mechanisms in emerging standards for wireless LANs: A MAC level perspective", IEEE Personal Communications Magazine, pp. 40–48, June 1998.

[Wol82] J.K. Wolf, A.M. Michelson, and A.H. Levesque, "On the probability of undetected error for linear block codes", IEEE Trans. Comm., Vol. 30, pp. 317–324, 1982.

[Won00] V.W.S. Wong and V.C.M. Leung, "Location management for next generation personal communication networks", IEEE Network Magazine, pp. 18–24, September/October 2000.

[Wor08] The First International Workshop on Opportunistic RF Localization for Next Generation Wireless Devices, WPI, Worcester, MA, June 16–17 http://www.cwins.wpi.edu/workshop08/index.html.

[Wor12] The Third Invitational Workshop on Opportunistic RF Localization for Next Generation Wireless Devices, New Orleans, LA, May 7, 2012 http://www.cwins.wpi.edu/workshop12/index.html#.

[Wor91] First IEEE Workshop on WLANS, Worcester, MA, 1991.

[Xia05] Y. Xiao, "IEEE 802.11n: Enhancements for Higher Throughputs in Wireless LANs," IEEE Wireless Communications, December 2005.

[Yal02] R. Yallapragada, V. Kripalani, and A. Kripalani, EDGE: a technology assessment, IEEE International Conference on Personal Wireless Communications, Dec. 2002.

[Yan06] G.-Z. Yang and M. Yacoub, Body sensor networks, Springer-Verlag, London, 2006.

[Yan94] G. Yang and K. Pahlavan, "Sectored Antenna and DFE Modem for High Speed Indoor Radio Communications," IEEE Trans. Vehic. Tech., Nov. 1994.

[Yaz07a] K.Y. Yazdandoost and R. Kohno, "An antenna for medical implant communications system", European Microwave Conference, pp. 968–971, Oct. 2007.

[Yaz07b] K.Y. Yazdandoost and R. Kohno, "The Effect of Human Body on UWB BAN Antennas," IEEE802.15-07-0546-00-0ban.

[Yaz10] K.Y. Yazdandoost and K. Sayrafian-Pour, "Channel Model for Body Area Network (BAN)", IEEE P802.15-08-0780-12-0006, November 2010.

[Ye12] Y. Ye, P. Swar, and K. Pahlavan "Accuracy of RSS-Based RF Localization in Multi-Capsule Endoscopy," invited paper, *Wireless Health special issue based on the IEEE PIMRC'11 best papers, International Journal of Wireless Information Networks*, Vol. 19, No 3, Springer, August 2012, pp. 229–238.

[Zah97] A. Zahedi and K. Pahlavan, "Terminal Distribution and the Impacts of Natural Hidden Terminal," *Electronic Letters*, Vol. 33, No. 9, pp. 750–751, April 1997.

[Zha89] M. Zhang and T-S.P. Yum, "Comparisons of Channel Assignment Strategies in Cellular Mobile Telephone Systems", IEEE Transactions on Vehicular Technology, Vol. 38, No. 4, pp. 211–215, November 1989.

[Zha90] K. Zhang and K. Pahlavan, "An integrated voice/data system for mobile indoor radio networks", IEEE Trans. Vehicular Technology, Vol. 39, pp. 75–82, 1990.

[Zha91] M. Zhang and T-S.P. Yum, "The Non-uniform Compact Pattern Allocation Algorithm for Cellular Mobile Systems", IEEE Transactions on Vehicular Technology, Vol. 40, No. 2, pp. 387–391, May 1991.

[Zha92] K. Zhang and K. Pahlavan, "Relation between transmission and throughput of slotted ALOHA local packet radio networks", IEEE Trans. Comm., Vol. 40, pp. 577–583, 1992.

[Zor97] M. Zorzi and R. Rao, "Energy-Constrained Error Control for Wireless Channels", IEEE Personal Communications Magazine, pp. 27–33, December 1997.

[Zor99] M. Zorzi and R. Rao, "Is TCP Energy Efficient?", Proc. of MoMuC'99, pp. 198–201, 1999.